射流的不稳定性理论

Jet Instability Theory

曹建明 著

清华大学出版社
北京

图书在版编目（CIP）数据

射流的不稳定性理论/曹建明著. —北京：清华大学出版社，2022. 3
ISBN 978-7-302-60154-8

Ⅰ. ①射… Ⅱ. ①曹… Ⅲ. ①水射流破碎－稳定性－研究 Ⅳ. ①TD231. 6

中国版本图书馆 CIP 数据核字（2022）第 030433 号

责任编辑：许 龙
封面设计：傅瑞学
责任校对：赵丽敏
责任印制：丛怀宇

出版发行：清华大学出版社
网　　址：http://www.tup.com.cn，http://www.wqbook.com
地　　址：北京清华大学学研大厦 A 座　　**邮　　编**：100084
社 总 机：010-83470000　　**邮　　购**：010-62786544
投稿与读者服务：010-62776969，c-service@tup.tsinghua.edu.cn
质量反馈：010-62772015，zhiliang@tup.tsinghua.edu.cn
印 装 者：艺通印刷（天津）有限公司
经　　销：全国新华书店
开　　本：185mm×260mm　　**印　　张**：31　　**字　　数**：752 千字
版　　次：2022 年 3 月第 1 版　　**印　　次**：2022 年 3 月第 1 次印刷
定　　价：98.00 元

产品编号：094967-01

FOREWORD

前言

射流碎裂即是液体的初级雾化，是喷雾理论研究的热点和难点。国内外许多一流大学和研究机构对液体碎裂过程深入研究了100年以上。由于理论推导过程异常繁复，要求研究者具备扎实的流体力学和数学知识，因此研究工作需要不断积累才能发展，每进展一步都显得难能可贵，经常需要深入细致、一丝不苟的反复探讨才会有所定论。

本书是作者继2013年在北京大学出版社出版的著作《液体喷雾学》之后，在其基础上，总结国内外最新研究成果而完成的又一部专著，主要反映了作者本人近年来的研究成果，其中很大一部分研究成果尚未发表过。本书对射流的不稳定性理论进行了系统论述，目的一是供研究生或高年级本科生使用，使他们在学习和研究中能够很快触及学科的前沿问题，为推动和促进机械学在我国的发展做出一点贡献；二是抛砖引玉，为广泛的学术探讨作一块铺路石。本书涉及大量的公式推导，推导过程尽量做到详尽，便于理解。

感谢加拿大维多利亚大学(UVic)机械工程系的教授们给予的指导和帮助，在作者访问该大学期间赠送了许多学术资料；感谢中国国家自然科学基金委员会(基金项目编号：50676012)、加拿大国家自然科学与工程研究理事会(NSERC)对于作者研究工作给予的支持；感谢汽车运输安全保障技术交通行业重点实验室、交通新能源开发应用与汽车节能陕西省重点实验室对于喷雾实验设备和场地的支持；感谢参考文献的著作者们；感谢我的研究生们所做的大量具体工作，几年来，我们夜以继日，奋斗不息，克服了一个又一个难题，逐步完善书稿。此外，还要感谢清华大学出版社为本书的出版所做的大量认真细致的工作。正是有了以上所有单位和个人的支持和帮助，才使本书的写作和出版得以顺利完成。

限于作者的水平和知识范围，疏漏甚至错误之处恐难避免，谨请使用本书的读者批评指正。

曹建明

2021年8月于长安大学

CONTENTS

目录

第1章 绪论与综述

射流是指流体离开固体壁面的约束之后,进入周围自由环境而形成的流体团块。喷雾液体射流受到液体喷射压力、运行速度、密度、黏性、表面张力,环境气体压力,密度,顺向、横向或旋转方向,以及复合方向气流速度等因素的影响,雾化成大量细小的离散液滴,液体的表面积明显地增大了。在动力装置和燃油锅炉的燃烧室中,雾化使随之发生的燃烧——传质传热过程大为加强。因此,开展雾化机理的研究对于实际喷雾和燃烧系统的设计和改进是十分重要的。

地球自然界的雾化有下雨、瀑布和海水雾化等;宇宙中类星体吸积盘两极接近于光速的等离子喷流。喷雾的应用主要有以下几个方面:

(1) 日常生活:淋浴、花园和草地的浇水,整理发型的发胶和摩丝,灭蚊蝇的喷药器和空气消毒,清洁器,空气加湿器,清洁街道的洒水车,喷雾作画,喷墨打印机等。

(2) 医用:雾化清痰器和挥发性麻醉剂的蒸发等。

(3) 生产和工艺流程:雾化干燥(如牛奶制品、咖啡和茶叶、药片糖衣、肥皂和清洁剂等),雾化润湿,雾化冷却(如雾化池、塔、反应器等),雾化反应(如吸收器、烘干器和汽车烤漆房),粉末冶金,表面涂脂(如环氧树脂、聚酯类等),泡沫和乳化剂的制取,汽车清洗喷头,制衣(包括表面处理、喷雾印染、纤维和绝缘材料的制作等),半导体和计算机芯片的酸碱蚀刻等。

(4) 农业:给果树喷洒农药的喷雾器和农业灌溉等,用喷雾器进行农作物给水要比放水漫灌节约更多可贵的水资源,而且农作物的长势良好,这种方法要求雾化液滴的尺寸不能太小,以便喷射得更远,增大灌溉的覆盖面积。

(5) 消防:雾化后的水滴能够吸收更多的热量,从而有效地压制火势。

(6) 沥青雾化铺路(常表现为非牛顿流体)。

(7) 燃烧室:燃油锅炉、柴油机、汽油机、燃气轮机、飞机发动机和火箭发动机的燃料雾化。在这些装置中,喷嘴的设计、制造精密度很高,雾化的大量小颗粒燃料液滴能够有效地增大燃料与助燃剂接触的表面积,使燃料蒸发迅速,充分与助燃剂混合,增强质量和热量的传递并燃烧完全,减少排放污染。

(8) 燃料电池的质子交换膜喷雾涂层。

喷雾的流体介质可以是牛顿流体,也可以是非牛顿流体;可以是液体,也可以是气体、固体,甚或是等离子体。本书将主要论述黏性液体喷射进入不可压缩或者可压缩气体环境,参数角标“l”表示液体,“g”表示气体。

当液体射流离开喷嘴后,射流流体团块首先碎裂成较大的液片、液线和大颗粒液滴,该过程通常称为液体射流的碎裂,或者称为液体的初级雾化或一级雾化。这些较大的液片、液线和大颗粒液滴是不稳定的。一方面,表面张力将促使液滴成为球形,因为球形液滴所需要的表面势能是最小的;液体的黏性会抵抗液滴几何形状的任何变化而使之趋于稳定。另一方面,湍流的径向速度分量和作用于液体表面的空气动力会促使液体碎裂。一旦外部作用力超过了表面张力,进一步的碎裂就会发生,该过程称为雾化,或者称为液体的二级雾化甚至多级雾化。直到球形液滴的表面张力与外部作用力平衡,细小的离散液滴才会稳定下来。

根据射流的空间形态,通常可分为平面液膜射流,简称平面液膜(plane liquid film)或平面液体层(plane liquid sheet);圆射流,又称为圆柱液体(liquid jet);环状液膜射流,简称环状液膜(annular liquid film)或环状液体层(annular liquid sheet)。图 1-1 所示为射流三种空间形态的照片。平面液膜在喷嘴出口处的初始液膜半厚度为 a(m),液膜的长度、宽度远远大于其厚度。圆射流在喷嘴出口处的初始半径为 a(m)。环状液膜在喷嘴出口处的初始内环半径为 r_i(m),外环半径为 r_o(m)。圆射流为一实芯圆柱或圆锥形液体,环状液膜为一空芯圆柱或圆锥形液体层。从照片中能够看出明显的射流表面波。需要说明的是,除照片和加注物理量单位的图示以外,本章所有其他图示均为示意图。

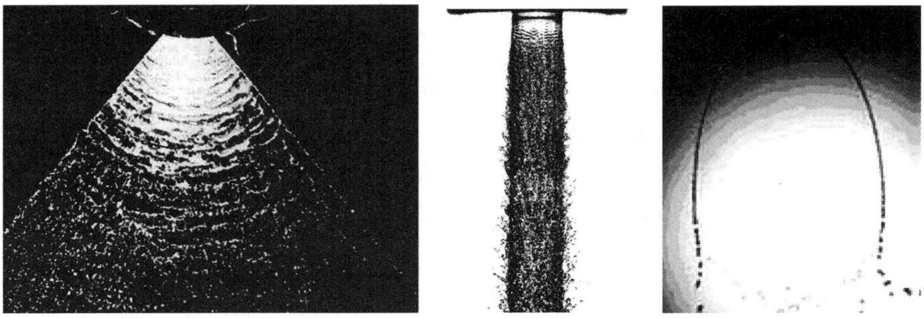

(a) (b) (c)

图 1-1 射流的空间形态

(a) 平面液膜;(b) 圆射流;(c) 环状液膜

射流流体团块在周围气体的扰动下会在气液交界面处形成表面波。当平面液膜两侧气流流速相等,或者环状液膜内外环气流流速相等时,表面波的波形呈现正对称波形(varicose)或者反对称波形(sinuous),如图 1-2 所示。对于正对称波形,平面液膜上下气液交界面的相位差角,或者环状液膜内外环气液交界面的相位差角 $\alpha=\pi$,$e^{i\alpha}=-1$。式中,$i=\sqrt{-1}$为复数的单位虚数;对于反对称波形,平面液膜上下气液交界面的相位差角,或者环状液膜内外环气液交界面的相位差角 $\alpha=0$,$e^{i\alpha}=1$。而当平面液膜两侧气流流速不等,或者环状液膜内外环气流流速不等时,平面液膜上下气液交界面的相位差角,或者环状液膜内外环气液交界面的相位差角既不等于 0,也不等于 π,而是介于 0 和 π 之间的任何值,表面波形呈现近正对称波形(para-varicose)或者近反对称波形(para-sinuous)。对于近正对称波形,平面液膜上下气液交界面的相位差角,或者环状液膜内外环气液交界面的相位差角 $\alpha\to\pi$,$e^{i\alpha}\to-1$;对于近反对称波形,平面

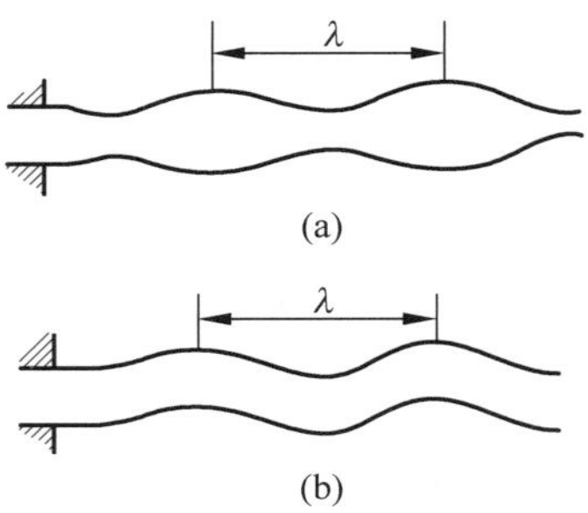

图 1-2 液体表面波的波形

(a) 正对称波形;(b) 反对称波形

液膜上下气液交界面的相位差角，或者环状液膜内外环气液交界面的相位差角 $\alpha \rightarrow 0$，$e^{i\alpha} \rightarrow 1$。由于圆射流的气液交界面只有一个，因此也就不存在气液交界面之间的相位差角 α，其表面波仅有正/反对称波形，而没有近正/反对称波形。

表面波受射流碎裂因素的影响，振幅不断增长，在某一最大表面波增长率（又称为支配表面波增长率 dominate wave growth rate）及其对应的波数（又称为支配波数 dominate wave number）或者对应的特征频率（又称为支配特征频率 dominate eigenfrequency）下碎裂。尽管稳定极限（又称为截断波数 cut off wave number）的扰动频率达到最大，表面波所具有的能量也最大，但由于表面波增长率为零，因此它不能代表表面波容易碎裂的最不稳定工况点，只能表示波数的最大范围。

在本书作者 2013 年出版的专著《液体喷雾学》[1] 中，第 2～4 章平面液膜、圆射流、环状液膜的时间模式瑞利波线性不稳定性理论、第 5 章液滴碎裂过程、第 6 章液滴尺寸分布、第 7 章液滴尺寸测量、第 8 章喷嘴及其特点等章节已经论述过的内容本书不再赘述。鉴于射流流体团块的碎裂理论是雾化研究的热点和难点，要求学习者具备扎实的流体力学和数学知识，常常需要反复探讨才会有所进展，因此本书将进一步深入探讨射流的初级雾化——液体碎裂的基本过程和机理。

1.1　液体喷射碎裂的影响因素

在喷嘴的喷雾过程中，液体的物理性质——密度、黏性和表面张力极大地影响着喷嘴的流动特性和雾化特性。Tate[2]、Christensen 和 Steely[3] 研究了液体的物理性质对雾化特性的影响。理论上，通过压力喷嘴的质量流动率将随着液体密度的变化而改变。实际上，如果没有液体其他的物理性质和外部环境的影响，液体的密度将很难改变。由于液体的可压缩性极小，密度变化不大，所以在大多数情况下液体密度本身对雾化的影响很小。但由于气体的可压缩性较大，气液密度比对雾化过程的影响就不能忽略不计了。因此，必须清楚液体物理性质各参数之间的关系以及它们对雾化过程的影响。

喷雾使连续的液体团块碎裂成为大量的细小液滴，液滴的稳定性将取决于液体的表面张力，表面张力阻止液滴表面的变形，雾化所需要的最小能量就等于表面张力系数乘以液体表面积的增加量。因此，无论喷雾发生在何种条件下，表面张力都是雾化过程中十分重要的液体物理性质。液体碎裂与雾化过程中常用到的量纲一参数——韦伯数（We）就与空气动力与表面张力的比值有关。通常，水的表面张力系数为 0.073 N/m，石油产品的表面张力系数为 0.025 N/m。对于大多数置于空气中的液体，它们的表面张力系数只随温度的升高而减小，而与液体放置的时间无关。

在大多数情况下，黏性是液体最重要的物理性质。虽然它对喷雾影响的敏感程度不如表面张力，但是它的影响不仅体现在雾化液滴的尺寸分布上，而且还有液体在喷嘴内部的流动速率和雾化的模式。液体黏度系数的增加将使雷诺数（Re）减小，减缓湍流的发展，阻止喷雾射流的碎裂，使雾化液滴的尺寸增大。液体黏性对喷嘴内部流动的影响是十分复杂的。对于低黏度液体，黏度系数的增大会使流动速率增加，在这种情况下，喷嘴流通面积对流动速率的影响是很大的。不过，对于高黏度液体，流动速率通常会随着液体黏度系数的增大而减小，液体黏度系数的增大会使压力喷嘴的喷雾锥角变窄，当液体黏度很高时，锥形液束可能演变成一条长长的直线。对于燃油来讲，液体的黏性通常会影响雾化的质量，使之变差。燃气轮机和航空推进器所用喷气喷嘴的燃油的黏度系数要比用于汽车上的压力喷嘴燃油的黏度系数小，因而喷气喷嘴所产生的油滴尺寸对于燃油黏度系数的细小变化就不是那么敏感。

表 1-1 列出了用于喷雾的部分液体的物性参数，液体的黏度系数通常随着温度的升高而减小，加热燃油会使雾化质量得到改善。温度对某些碳氢化合物燃料的表面张力系数和动力学黏度系数的影响如图 1-3 和图 1-4 所示。图 1-3 所示为高温下不同密度的汽油和煤油的表面张力系数随温度的变化关系；图 1-4 所示为高温下空气和各种燃料蒸汽的动力学黏度系数随温度的变化关系。与液体的性质相反，这些气体的动力学黏度系数随温度的升高而有所增大。

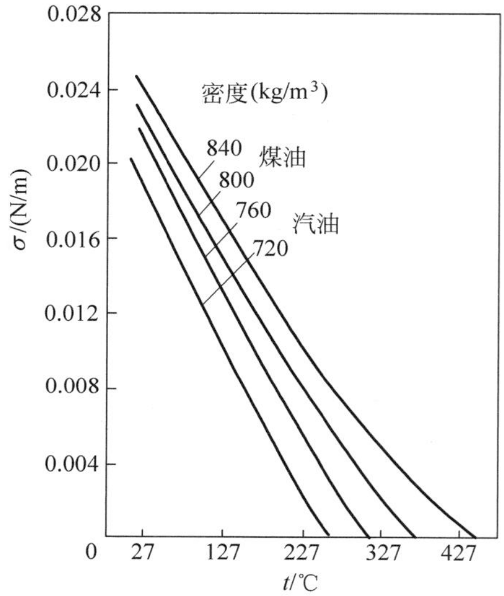

图 1-3　高温下不同密度的汽油和煤油的表面张力系数随温度的变化关系

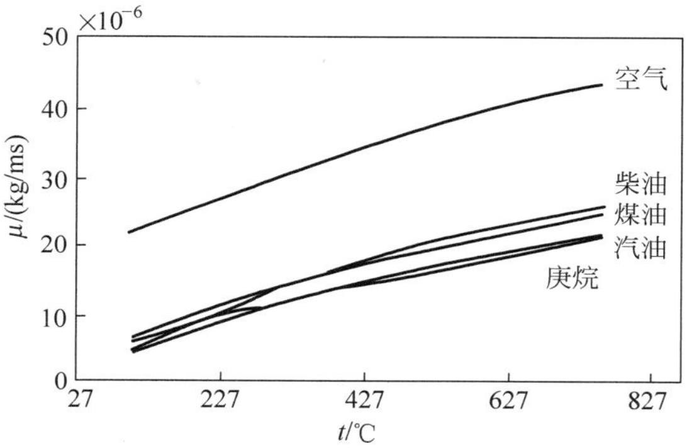

图 1-4　高温下空气和各种燃料蒸汽的动力学黏度系数随温度的变化关系

表 1-1　液体的物性参数

液　体	温度 t/℃	动力学黏度系数 μ_1/(Pa·s)	密度 ρ/(kg/m³)	表面张力系数 σ/(N/m)
水	18	0.00105	999	0.073
	27	0.00085	996	0.0717
汽油	20	0.0017	720	
煤油	20	0.0016	800	0.026
柴油	20	0.0052	840	0.031
轻机油	16	0.114	895	
	38	0.0342	884	
	100	0.0049	846	
重机油	16	0.661		
	38	0.127		

续表

液　体	温度 t/℃	动力学黏度系数 μ_1/(Pa·s)	密度 ρ/(kg/m³)	表面张力系数 σ/(N/m)
三氯甲烷	0	0.0007		
	20	0.00058	1489	0.02714
	30	0.00051		
正乙烷	0	0.0004		
	20	0.00033		0.0184
	27	0.00029		0.0176
	50	0.00025		
乙烷	27	0.000035		0.0007
丙烷	27	0.000098		0.0064
丁烷	27	0.00016		0.0116
戊烷	0	0.00029		
	27	0.00022		0.0153
庚烷	0	0.00052		
	27	0.00038		0.0194
	40	0.00034		
	70	0.00026		0.0194
辛烷	20	0.00054		0.0218
	27	0.0005		0.021
壬烷	27			0.0223
癸烷	20	0.00092		
	27			0.0233
甲醇	0	0.00082	810	0.0245
	20	0.0006		0.0226
	27	0.00053	780	0.0221
	50	0.00040		
乙醇	0	0.00177	800	0.02405
	20	0.0012	791	0.02275
	30	0.001		0.02189
	50	0.0007		
	70	0.0005		
乙二醇	20	0.0199		
	40	0.00913		
	60	0.00495		
	80	0.00302		
	100	0.00199		
丙酮	0	0.0004		0.0261
	20	0.00032	792	0.0237
	27	0.0003		
	30	0.000295		
	40	0.00028		0.02116

续表

液　体	温度 t/℃	动力学黏度系数 μ_1/(Pa·s)	密度 ρ/(kg/m^3)	表面张力系数 σ/(N/m)
苯	0	0.00091	899	
	10	0.00076		0.0302
	20	0.00065	880	0.029
	30	0.00056		0.0276
	50	0.00044		
	80	0.00039		
甲苯	0	0.00077		0.0277
	20	0.00059		0.0285
	30	0.00053		0.0274
	70	0.00035		
苯胺	10	0.0065		0.0441
	15	0.0053	1000	0.04
	50	0.00185		0.0394
	100	0.00085		
氨水	11		628	0.0234
	27	0.00013	601	
	34		590	0.0181
联氨	1	0.00129		
	20	0.00097		
	25			0.0915
四氯化碳	0	0.00133		
	20	0.00097	799	0.027
	50	0.00065		
	100	0.00038		0.0176
碳酸	40	0.007		
蓖麻油	10	2.42		
	15		969	
	20	0.986		
	30	0.451		
	40	0.231		
	100	0.0169		
亚麻油	15		942	
	30	0.0331		
	90	0.0071		
橄榄油	10	0.138		
	15		918	
	18			0.0331
	20	0.084		
	70	0.0124		
棉籽油	16		926	
	20	0.007		

续表

液　体	温度 t/℃	动力学黏度系数 μ_1/(Pa·s)	密度 ρ/(kg/m^3)	表面张力系数 σ/(N/m)
甘油	0	12.1	1260	0.063
	15	2.33		
	20	0.622		0.063
松节油	0	0.00225	870	
	10	0.00178		0.027
	30	0.00127		
	70	0.000728		
汞	0	0.0017	13600	
	20	0.00153	13550	0.48
	40	0.00045		
萘	80	0.00097		
	100	0.00078		
	127			0.0288

图 1-5(a)和(b)为平面液膜碎裂的照片，其中，图 1-5(a)所示为水膜的碎裂，其动力学黏度系数为 0.001 Pa·s，喷射速度为 55 m/s；图 1-5(b)所示为高黏度液膜的碎裂，动力学黏度系数为 0.017 Pa·s，喷射速度为 91 m/s。可以看出，低黏度液膜容易碎裂成液片，而高黏度液膜则更易碎裂成液线。此外，低黏度液膜雾化形成的小颗粒液滴更多，说明在此情况下液体的黏性比喷射速度对雾化的作用更加明显。

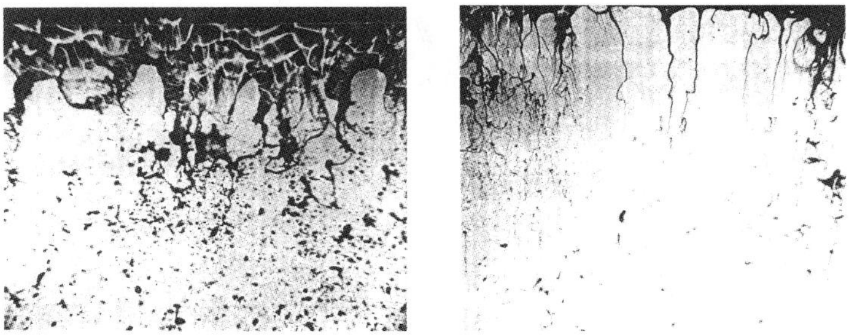

(a)　　(b)

图 1-5　平面液膜的碎裂

(a) 水膜；(b) 高黏度液膜

绝大多数流体符合牛顿黏性定律，$\tau=-\mu\dfrac{\partial u}{\partial y}=-\mu u_{,y}$，即流体单位面积上的切应力等于流体的动力学黏度系数与流体的速度梯度(或称剪切速率)的乘积，流体的剪切应力与速度梯度呈线性关系，负号表示动量传递方向与速度增加方向相反。但也有例外，如泥浆、沥青和固体粉尘颗粒的流体，它们的切应力与速度梯度呈非线性关系，这类流体称之为非牛顿流体。对于这种流体，速度梯度随动力学黏度系数的增大而减小，因此，需要尽可能地减小流体供给系统和喷嘴处的压力损失，并且由于流体的高黏性和低速度梯度，初级雾化碎裂的液滴很少二次雾化。

本书中对于偏导数的表示是采用简写形式的。一阶偏导数可以记作$\frac{\partial y}{\partial x}=y_{,x}$,二阶偏导数可以记作$\frac{\partial^2 y}{\partial x^2}=y_{,xx}$,三阶偏导数可以记作$\frac{\partial^3 y}{\partial x^3}=y_{,xxx}$,…,后文相同。

液体喷射进入气体环境的压力(背压)和温度范围非常广阔,液体燃油喷射进入业已着火的燃烧系统中更是如此。在柴油机中,缸内气体的压力和温度远远高于柴油自燃的临界条件;在涡轮机的燃烧室中,燃油喷入的是高涡流、高湍流的气体介质中;在工业锅炉中,燃油则是喷入高温火焰中。

压力喷嘴和旋转喷嘴的喷雾模式也要受到喷射压力与背压之差 ΔP 的影响,高速喷雾的喷射作用会导致环境气体发生强烈的扰动,并使喷雾的锥角缩小。随着压差 ΔP 的增加和喷射速度的进一步增大,这种影响会越来越大,并造成液束形态的改变。背压还会对雾化液滴的尺寸产生影响,液滴平均直径随着背压的增加而增大,达到一个最大值后,会缓慢下降。

1.2 液体喷射的分区

碎裂长度 L_b 是从喷嘴出口到射流碎裂点的距离,碎裂时间 t_b 是从开始喷射到射流发生碎裂的时间,它们都可以通过理论和实验研究方法得到。碎裂长度和碎裂时间是评价初级雾化效果的重要参数。在喷雾的雾化区,液体的速度越高,则周围气体对液体的扰动作用越大,碎裂长度和碎裂时间越短,初级雾化越不明显,液体细小颗粒越多。

液体射流碎裂的长度和时间与液体的速度密切相关,图 1-6 是液体的碎裂长度随液体速度 U_l 的变化关系。图中 A 点之前的虚线表示滴流,即流体呈不连续的滴状,A 点的速度是流体滴流到连续液体的临界速度。A—B 段为层流区,碎裂长度随液体速度的增大几乎呈直线增长,B 点称为第一上临界点;B—C 段为过渡区,碎裂长度随液体速度的增大而减小,C 点称为下临界点;C—D 段为湍流区,碎裂长度随液体速度的增大再次增大,D 点称为第二上临界点;D—E 段为雾化区,碎裂长度随液体速度的增大而减小。由于碎裂长度、碎裂时间与射流的基流速度之间有如下关系:$L_b=t_bU_l$,因此只需求出其中一项就可以得到另一项。下面对图 1-6 中的典型区域和点进行介绍。

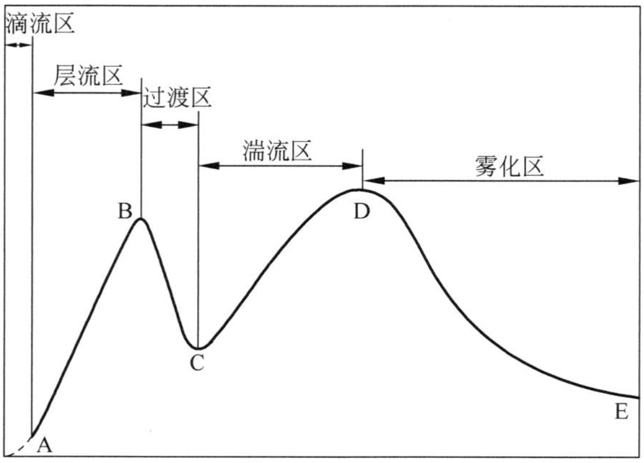

图 1-6 碎裂长度随喷射流速变化的分区

1.2.1　层流区

层流区内流体的流动状态为层流。通常，射流在层流区中气液交界面的表面波呈现正对称模式或者近正对称模式。

对于平面液膜，在该区域内，液体的碎裂长度随喷射速度的增大而几乎呈直线增大，见图 1-7。喷射压力为 0.2 MPa 下的碎裂长度曲线与 0.4 MPa 下的几乎重合，说明液体碎裂与喷射压力没有直接关系，喷射压力只有通过喷射流速才会对液体的碎裂过程构成影响。应该指出，流体的流动状态不仅与喷射速度有关，而且与喷嘴的宽厚比有关，小一些的宽厚比喷嘴更容易形成层流流体。

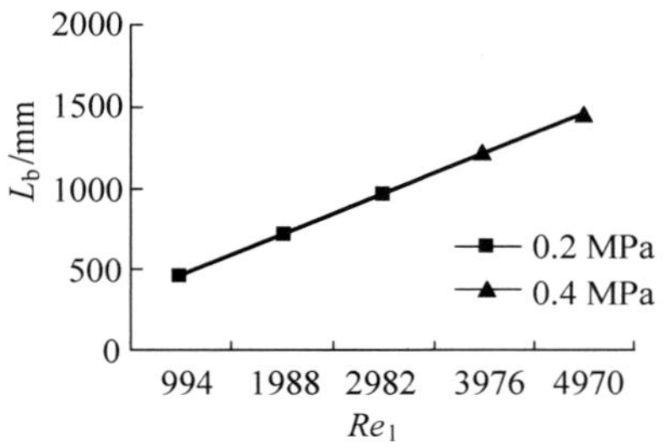

图 1-7　层流区喷射流速对液体碎裂长度的影响

对于圆射流，Weber[4] 从理论上研究了低速层流圆射流的碎裂长度和碎裂时间，他认为层流圆射流的碎裂主要取决于周围气体的空气动力作用和液体的表面张力。对于非黏性层流，碎裂长度

$$L_b = 1.03d\sqrt{We_1}\ln\frac{d}{2\xi_0} \tag{1-1}$$

式中，d 为喷孔直径(m)；$We_1=\frac{a\rho_1 U_1^2}{\sigma_1}$ 为圆射流的液流韦伯数(Weber number)，其中，ρ_1 为液体密度(kg/m^3)，σ_1 为液体的表面张力系数(N/m)；ξ_0 为喷孔出口处圆射流一级波的初始扰动振幅(m)。

对于黏性层流

$$L_b = d\sqrt{We_1}(1+3Oh_1)\ln\frac{d}{2\xi_0} \tag{1-2}$$

式中，$Oh_1=\frac{\mu_1}{\sqrt{\rho_1\sigma_1 a}}=\frac{\sqrt{We_1}}{Re_1}$ 为圆射流的欧尼索数(Ohnesorge number)，其中，$Re_1=\frac{aU_1}{\nu_1}$ 为圆射流的雷诺数(Reynolds number)，ν_1 为液体的运动学黏度系数(m^2/s)；μ_1 为液体的动力学黏度系数(Pa·s)；ν 与 μ 的关系为 $\nu=\frac{\mu}{\rho}$。欧尼索数在雾化过程中的作用不容忽视，它表示液体黏性对碎裂过程的影响。

然而，后来所做的实验研究并没有完全支持 Weber 的这一理论公式，虽然曲线的趋势基本一致，但 Weber 公式的计算结果比实验数据小了许多。Mahoney 和 Sterling[5] 对 Weber 公式进行了修正

$$L_b = \frac{d\sqrt{We_1}(1+3Oh_1)\ln\frac{d}{2\xi_0}}{f(Oh_1, We_1)} \tag{1-3}$$

函数 $f(Oh_1, We_1)$ 的推导较为复杂，见参考文献[5]。公式(1-3)与实验数据拟合得很好。

1.2.2　过渡区

过渡区内流体的流动状态为介于层流和湍流之间的过渡流。在该区域内，液体的碎裂

长度随喷射速度的增大而减小。通常，射流在过渡区中气液交界面的表面波呈现反对称模式或者近反对称模式。

第一上临界点B十分重要，它是层流区与过渡区的转折点，也是液体表面波的正对称模式或者近正对称模式向反对称模式或者近反对称模式转化的转化点。在喷射流速由低到高的变化过程中，射流的碎裂长度存在由随喷射流速的增大而增大向随喷射流速的增大而减小的过渡，射流表面波由正对称模式或者近正对称模式向反对称模式或者近反对称模式逐渐过渡，即存在不同的液体不稳定区，不同区域内液体所呈现的不稳定性是大不相同的。因此，稳定区存在过渡临界点。

对于圆射流该点的界定，Grant 和 Middleman[6] 提出了如下的临界雷诺数经验公式

$$Re_{\mathrm{crit}} = 3.25 Oh_1^{-0.28} \tag{1-4}$$

应该注意，这里的临界雷诺数与管内流动的上下临界雷诺数不同，它是圆射流脱离喷嘴壁面后、位于气体环境中的情况，液体表面外是气体而不是管壁。

1.2.3 湍流区和雾化区

湍流的速度较大，它的碎裂主要取决于环境气体的空气动力作用和湍流的径向速度分量。对于圆射流，湍流的速度较大，碎裂长度很短，甚至远远小于圆射流的直径。Baron[7] 提出了一个水湍流圆射流的经验公式，后经 Miesse[8] 的实验数据所证实

$$L_{\mathrm{b}} = 538d\sqrt{We_1}\,Re_1^{-0.625} \tag{1-5}$$

从方程(1-5)中可以看出，当液体流速提高时，韦伯数和雷诺数均增大，碎裂长度增加。

当喷嘴出口流通面积极小，而湍流的速度又极大时，液体在喷嘴出口附近就会被环境气体的切应力撕裂成细小的液滴。此时液体的碎裂属于雾化区，基本采用实验测量的方法进行研究。在这种情况下，液体的碎裂长度极小，并且随着液体速度的增加，碎裂长度会越来越小。

喷嘴的几何形状和气体环境的背压也是影响碎裂长度的重要因素。Hiroyasu 等[9] 提出采用喷口的长径比 l/d 来定义不同喷口的几何形状。在水圆射流喷射进入常压空气的实验中，发现湍流速度在 50 m/s 以下时，碎裂长度在 20～60 mm 的范围内随流速的增加而增大，而在 50～200 m/s 的流速下，碎裂长度则随流速的增加而减小。当喷口的长径比 l/d 从 4 增大到 20 时，碎裂长度逐渐减小；而当长径比 l/d 从 20 增大到 50 时，碎裂长度又逐渐增大。如果环境空气的背压提高到 3 MPa(柴油机缸内的背压为 3 MPa，甚至更高)，碎裂长度随流速的变化趋势与背压为常压的基本一致，流速 50 m/s 是分界点，碎裂长度大为缩小，为 20～30 mm，说明空气密度和阻力的增加将促使碎裂长度变短，雾化效果改善。但在大背压下，喷口长径比对碎裂长度的影响变小，几乎看不出喷口几何形状的影响。

若环境空气并非静止而是高速运动的，如柴油机缸内要组织强烈的气流运动，那么，圆射流横向气流的空气动力作用对于喷雾来说就是至关重要的了。横向气流速度的提高将加速圆射流碎裂成大量的细小液滴。

1.3 液体喷射的多级表面波

在对柴油机缸内超临界喷雾油束空间形态的观察中发现，在油束的边缘有一些梳子状结构[10]，如图 1-8 中白框所示。图 1-8 展示了亚临界射流与超临界射流在空间形态上的区

别，图中的 p_r 为油束周围环境气体的对比态压力。将图 1-8(b)，(c)的超临界喷雾油束与图 1-8(a)及图 1-1(b)的亚临界油束对比，可以看出超临界油束边缘的梳子状结构是由于亚临界油束边缘的卫星油滴蒸发造成的。要从理论上解释油束边缘卫星油滴的形成过程，则需要对射流的碎裂机理进行更为深入的研究。射流的多级表面波和瑞利-泰勒联合表面波理论的共同应用能够期望用来解释喷雾液束边缘析出卫星液滴的物理现象。

射流的表面波是多级的，由此使得亚临界喷雾液束的边缘呈现出粗糙的表面。图 1-9 所示为三级表面波叠加的示意图。从图中可看出，第二级表面波附着在第一级表面波之上，而第三级表面波又附着在第二级表面波之上。该图反映了目前喷雾理论研究者所采用的三级表面波叠加方式，该方式是由 Nayfeh[11] 及 Jazayeri 和 Li[12] 建立的。可以看出，多级表面波叠加之后的气液交界面变得不再光滑，而是错落有致，粗糙不平。而粗糙不平表面的进一步碎裂最终将会导致卫星液滴的析出。

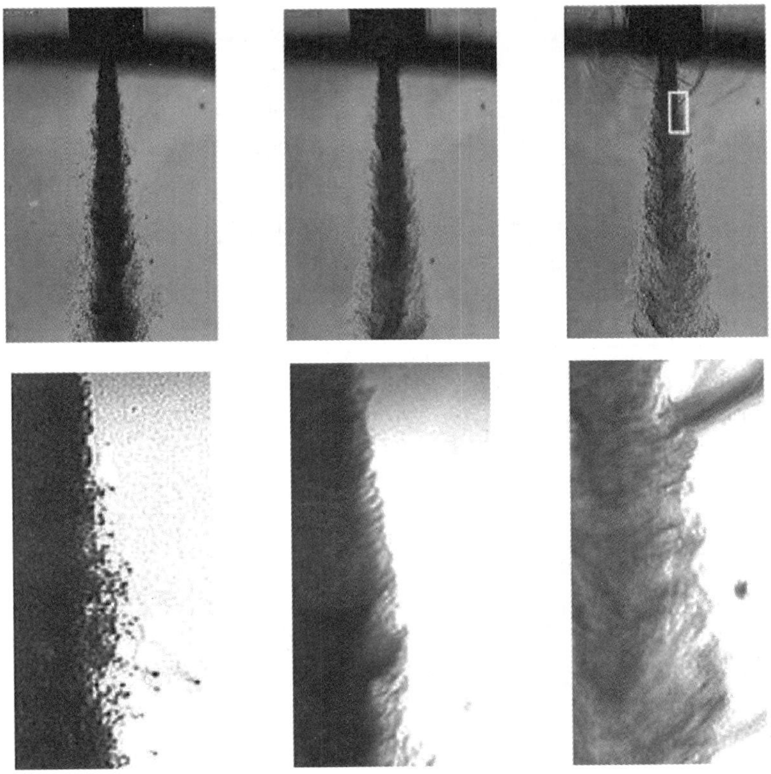

(a)　(b)　(c)

图 1-8　亚临界射流与超临界射流空间形态的区别

(a) $p_r=0.91$，$Re=75281$；(b) $p_r=1.22$，$Re=66609$；(c) $p_r=2.71$，$Re=42830$

目前，对于多级表面波的研究是采用非线性不稳定性理论进行的，根据表面波振幅解数值计算得到的叠加波形图还能够预测射流的碎裂长度和碎裂时间。

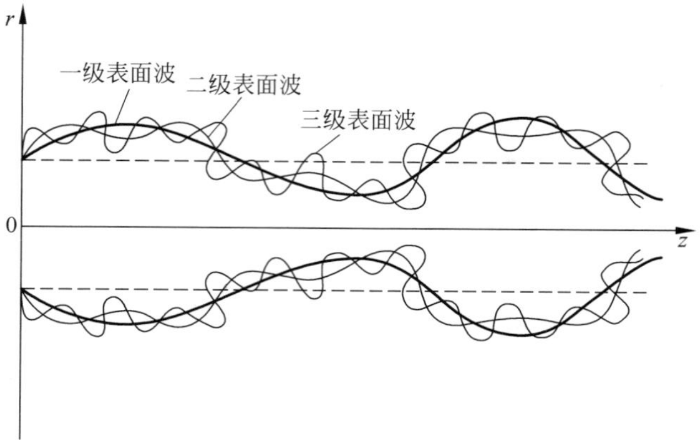

图 1-9　三级表面波的叠加

1.4　气液交界面的瑞利波和泰勒波

射流流体团块在周围气体的扰动下会在气液交界面处形成表面波，沿射流喷射方向的表面波称为瑞利波（Rayleigh wave），简称 R 波；沿横向或者旋转方向的表面波称为泰勒波（Taylor wave），简称 T 波。对于平面液膜，沿液体喷射的 x 方向的是 R 波，沿 y 方向的是 T 波，如图 1-10 所示。沿 x 方向的液膜是一个波动的曲面，而沿 y 方向的液膜则是一个未

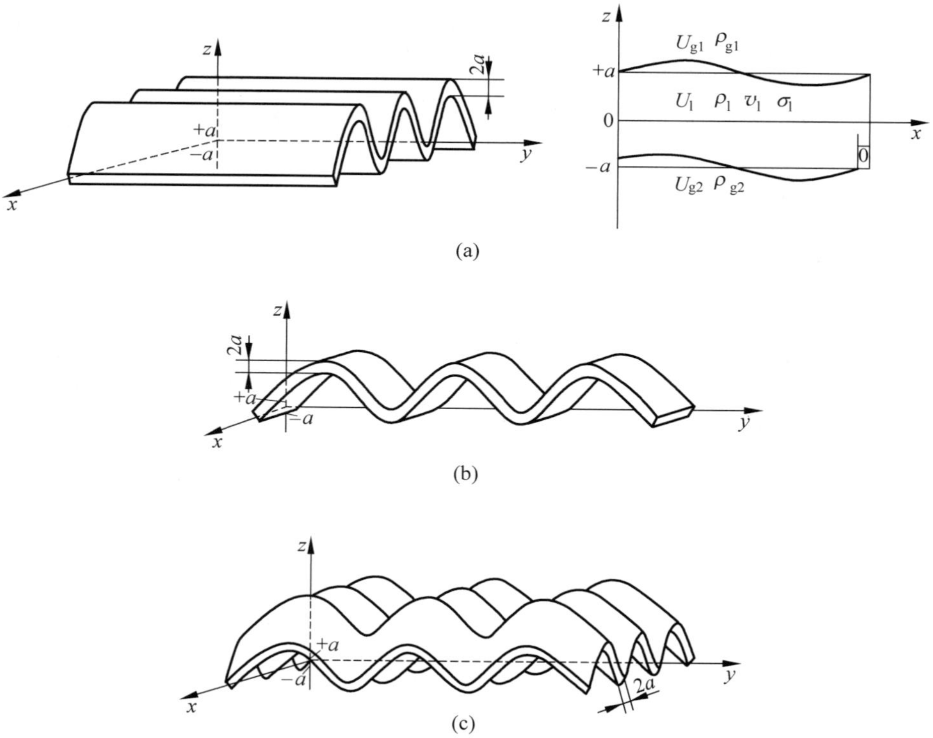

图 1-10　平面液膜射流的瑞利波和泰勒波

(a) 瑞利波（R 波）；(b) 泰勒波（T 波）；(c) 瑞利-泰勒波（R-T 波）

经扰动的面，如图 1-11(a) 所示。假设 a 为平面液膜在喷嘴出口处的半厚度，ξ 为表面波的振幅(m)。则 $a+\xi$ 为 R 波的波峰面，$a-\xi$ 为 R 波的波谷面。当考虑有 T 波时，沿 y 方向的液膜是一个经过扰动的波形曲面，如图 1-11(b)所示。

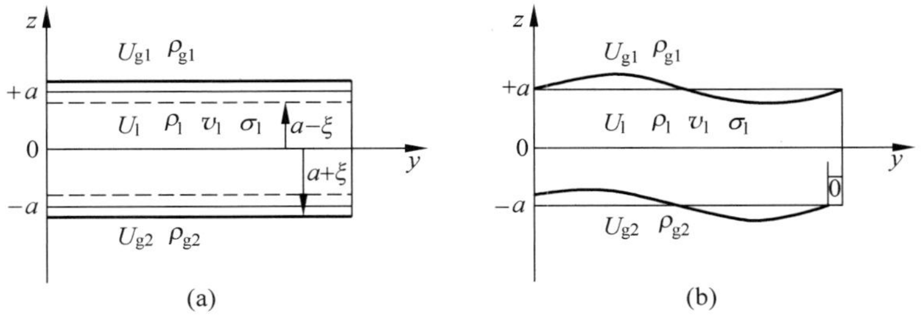

图 1-11　平面液膜的泰勒波

(a) 无泰勒波；(b) 有泰勒波

对于仅考虑 R 波的情况，表面波为一个光滑曲面，没有卫星液滴的形成。液膜仅在顶端裂开，形成带状断裂带，其宽度为液膜碎裂时的半个波长 $\frac{\lambda_b}{2}$(m)，其中，角标“b”表示射流碎裂点参数。断裂带随后在液体表面张力的作用下聚集成直径为 D_l(m)的棒或线状，再碎裂成大量的离散液滴，如图 1-12 所示。Lefebvre[13] 给出了液体棒或线的直径的表达式

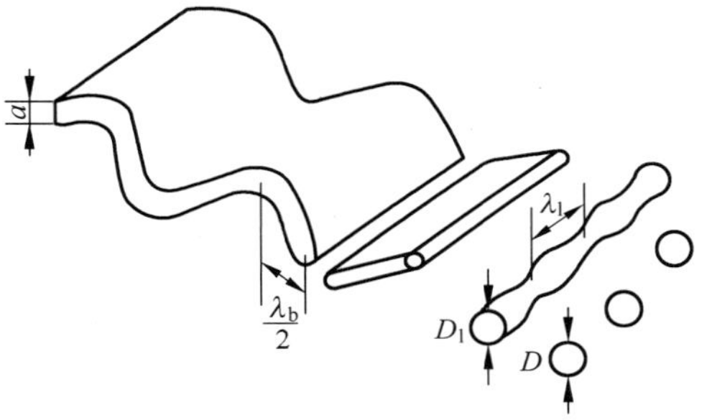

图 1-12　平面液膜瑞利波的碎裂

$$D_l=\left(\frac{4}{\pi}\lambda_b a_b\right)^{1/2} \tag{1-6}$$

式中，a_b 为液膜碎裂时的半厚度(m)。液滴直径 D(m)与液体棒或线的直径 D_l 的关系为

$$D=1.89D_l=1.89\left(\frac{4}{\pi}\lambda_b a_b\right)^{1/2} \tag{1-7}$$

液膜碎裂时的半厚度可以表示为

$$a_b=\frac{1}{2}\left(\frac{1}{2H_\xi^2}\right)^{1/3}\left(\frac{C_0^2\rho_g^2U_d^2}{\rho_l\sigma_l}\right)^{1/3} \tag{1-8}$$

式中，$H_\xi=\ln\frac{\xi_b}{\xi_0}$，$\xi_b$ 为液膜碎裂时的表面波振幅(m)，ξ_0 为喷嘴出口处液膜表面波的初始扰动振幅(m)；C_0 是与喷嘴形状有关的系数；ρ_g 为环境气体的密度(kg/m^3)；U_d 为气液体的流速差(m/s)。

对于圆射流，沿液体喷射 z 方向的是 R 波，见图 1-13；沿旋转 θ 方向的是 T 波。沿 θ 方向是一个未经扰动的圆面，而沿 z 方向则是波动的曲面，如图 1-14(a) 所示。假设 a 为圆射流在喷嘴出口处的半径，ξ 为表面波的振幅，则圆面 $a+\xi$ 为 R 波的波峰面，圆面 $a-\xi$ 为 R 波的波谷面。当考虑有 T 波时，沿 θ 方向是一个经过扰动的波形圆面，如图 1-14(b) 所示。

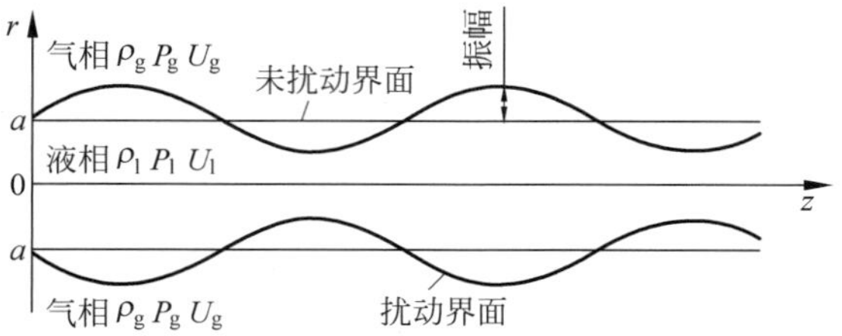

图 1-13 圆射流的瑞利波

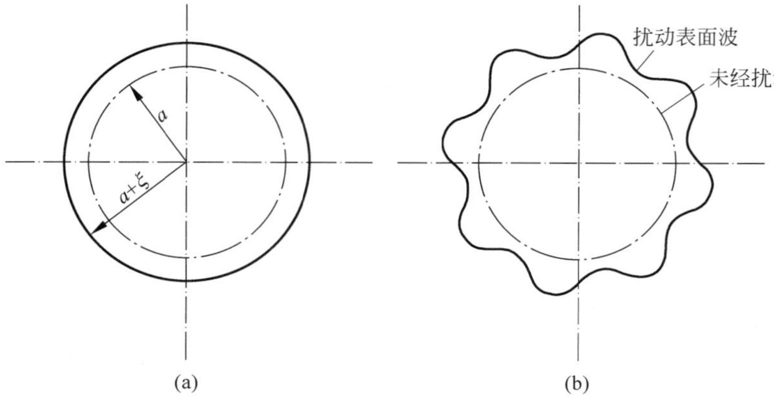

图 1-14 圆射流的泰勒波

(a) 无泰勒波；(b) 有泰勒波

对于环状液膜，沿液体喷射 z 方向的是 R 波，见图 1-15；沿旋转 θ 方向的是 T 波。沿 θ 方向是两个内环半径为 r_i、外环半径为 r_o 的未经扰动的圆面，而沿 z 方向则是两个波动的内外环曲面，如图 1-16(a)所示。其中，圆面 $r_i+\xi$、$r_o+\xi$ 为 R 波的波峰面，圆面 $r_i-\xi$、$r_o-\xi$ 为 R 波的波谷面。当考虑有 T 波时，沿 θ 方向是内外环两个经过扰动的波形圆面，如图 1-16(b)所示。

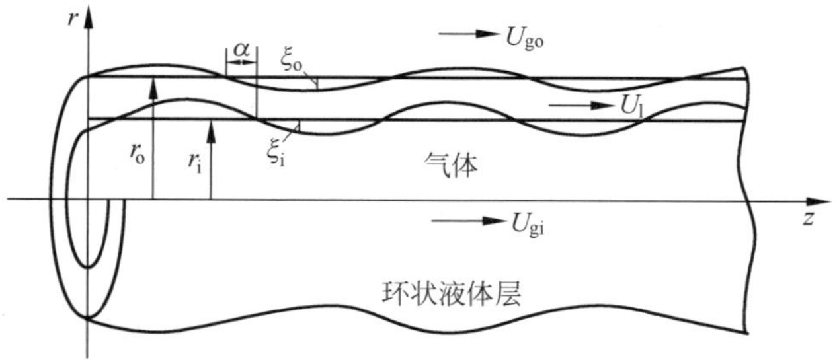

图 1-15 环状液膜的瑞利波

环状液膜受环境气体的扰动作用，在喷嘴出口处就产生了波动，其碎裂长度比平面液膜的短。当不考虑泰勒波时，环状液膜的内外环均为光滑的曲面，没有卫星液滴形成。液膜在顶端碎裂形成环形断裂带，随后再碎裂成大量的细小液滴。Rayleigh[14] 认为，环形断裂带的厚度就等于液膜碎裂时顶端的厚度，宽度等于一个波长。

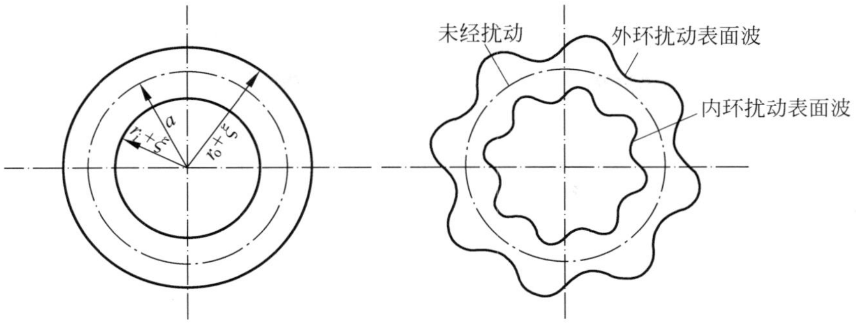

图 1-16　环状液膜的泰勒波

(a) 无泰勒波；(b) 有泰勒波

通常，T 波的扰动振幅要比 R 波的小得多，波谷很浅。数值计算结果也显示射流的不稳定性主要受 R 波的影响，T 波几乎没有什么贡献，T 波只是对卫星液滴的形成构成影响。因此，目前大多数学者都忽略了射流气液交界面的 T 波，而仅研究 R 波。只有当单向旋转气流速度很大，或者复合气流中的旋转气流流速远远大于顺向气流流速时，T 波对于圆射流和环状液膜不稳定度的影响才会逐渐显现，并在射流的碎裂过程中起主导作用。除了 R 波和 T 波之外，平面液膜还有沿 z 方向的波，圆射流和环状液膜还有沿 r 方向的波，使得射流厚度方向或者径向端面产生波动，造成 R 波、T 波，或者 R-T 波发生弯曲和错位，这些物理现象能够从图 1-1 的射流照片中观察到。目前对于 z 方向或者 r 方向波的研究还未见报道。

1.5　表面波的时间空间和时空模式

对射流的不稳定性分析是在时间、空间和时空上对表面波频域特性进行的研究。因此，对于射流表面波的探讨可以分为时间模式(temporal)、空间模式(spatial or convective)和时空模式(absolute)。本书采用的时间模式表面波扰动表达式的形式与空间模式和时空模式的不同，而空间模式和时空模式的表面波扰动表达式的形式相同，只是各参数的含义不同。对于线性不稳定性理论，目前大多数学者研究的只是时间模式，对于空间模式和时空模式的研究较少；对于非线性不稳定性理论，则采用时空模式进行研究。

由于色散准则关系式推导过程的繁复性，本书对于射流瑞利-泰勒波的研究仅限于时间模式，而对于时间模式、空间模式和时空模式的研究则仅限于瑞利波。

对于一个复数指数函数 $\exp(a+\mathrm{i}b)$，如果指数为实部 a，称 e^a 为该指数函数的增长项；指数为虚部 b，则称 $\mathrm{e}^{\mathrm{i}b}$ 为该指数函数的波动项。指数的实部 a 为正，则 $\exp(a+\mathrm{i}b)$的值是波动增大的，波动是不稳定的；指数的实部 a 为负，则 $\exp(a+\mathrm{i}b)$的值是波动减小的，波动是稳定的。如果用 $\exp(a+\mathrm{i}b)$来描述液体射流气液交界面处的表面波行为，那么当 a 为正时，表面波振幅持续波动增长，射流变得越来越不稳定；当 a 为负时，表面波振幅持续波动减小，射流变得越来越稳定。波动项 $\mathrm{e}^{\mathrm{i}b}$ 的值介于$-1\sim1$，即$-1\leqslant\mathrm{e}^{\mathrm{i}b}\leqslant1$。当 $b=0$ 时，$\mathrm{e}^{\mathrm{i}b}=1$；而当 $b=\pi$ 时，$\mathrm{e}^{\mathrm{i}b}=-1$。如果增长项 e^a 仅与时间 t 相关，即 $a=f(t)$，则称为时间模式；

如果增长项 e^a 仅与位移 x 相关，即 $a=f(x)$，则称为空间模式；如果增长项 e^a 与时间 t 和位移 x 都相关，即 $a=f(x,t)$，则称为时空模式。在时间模式与空间模式中，如 a 与 b 中的一个为复数，则另一个必须为实数。

对于线性不稳定性分析，时间模式瑞利波的扰动表达式的一般形式为 $\exp(\omega t+\mathrm{i}kx)$。式中，对于直角坐标系的平面液膜，$\omega$ 称为圆频率或者复数特征频率(eigenfrequency)(rad/s 或 s^{-1})，$\omega=\omega_r+\mathrm{i}\omega_i$；$t$ 为时间(s)；k 为实数波数(wave number)(m^{-1})，简称波数(m^{-1})；x 为位移(m)。将 $\omega=\omega_r+\mathrm{i}\omega_i$ 代入 $\exp(\omega t+\mathrm{i}kx)$，得扰动表达式 $\exp(\omega_r t+\mathrm{i}\omega_i t+\mathrm{i}kx)$。式中，$\omega_r$ 为时间轴表面波增长率(s^{-1})；k 为空间轴波数，简称波数(m^{-1})；ω_i 为时间轴波数，即实数特征频率(s^{-1})；推导得到的色散准则关系式为 $f(\omega_r,k)=0$ 和 $f(\omega_r,\omega_i)=0$，研究多采用前者。

数值计算显示时间轴波数 ω_i 与空间轴波数 k 互为相反数，即如果 ω_i 为负，则 k 必然为正，反之亦然。以喷嘴出口作为时间和位移坐标的零点，当 k 为正、ω_i 为负时，如果扰动表达式取 $\exp(\omega_r t+\mathrm{i}kx)$，则液体波动从喷嘴出口向 x 轴的正向传播，R 波与射流同向；如果扰动表达式取 $\exp(\omega_r t+\mathrm{i}\omega_i t)$，则液体波动从喷嘴出口指向 x 轴的反向，波动向喷嘴内部传播，波动要受到喷嘴壁面的约束，已经不属于本书的研究范畴，应舍去，这就是大多数学者对于时间模式仅取色散准则关系式 $f(\omega_r,k)=0$ 进行研究的原因所在。还有另一种情况，就是当 ω_i 为正、k 为负时，如果扰动表达式取 $\exp(\omega_r t+\mathrm{i}\omega_i t)$，则液流波动正向传播，R 波与射流同向；如果扰动表达式取 $\exp(\omega_r t+\mathrm{i}kx)$，则液流波动反向传播，位于喷嘴内部，也不属于本书的研究范畴，应舍去，对于时间模式仅取色散准则关系式 $f(\omega_r,\omega_i)=0$ 进行研究。该研究非常稀少，目前仅有史绍熙等发表过一篇论文[15]。

对于喷嘴内部液流的波动问题，流体压力、流速、振幅的波动将造成喷嘴内部靠近壁面处的压力降低，影响喷嘴内部流场的空化和超空化现象。此外，喷嘴内部流体的波动还会对出口处的射流初始扰动振幅 ξ_0 构成影响。也就是说，喷嘴出口处射流相对于壁面的偏移不仅与液体的表面张力相关，而且还与喷嘴内部液体的波动相关。在对射流的初始扰动振幅的实验观测中，可以明显看到喷嘴出口处射流相对于壁面的偏移。非线性不稳定分析数值计算结果中也存在这种偏移，与上述理论分析完全相符，它们可以相互印证。

空间模式瑞利波的扰动表达式的一般形式为 $\exp(\mathrm{i}\omega t+\mathrm{i}kx)$，式中，$\omega$ 为实数特征频率(s^{-1})，k 为复数波数(m^{-1})。将实数 ω 和复数 $k=k_r+\mathrm{i}k_i$ 代入 $\exp(\mathrm{i}\omega t+\mathrm{i}kx)$，得扰动表达式 $\exp(-k_i x+\mathrm{i}\omega t+\mathrm{i}k_r x)$。则 $-k_i$ 为空间轴表面波增长率(m^{-1})，由于 k_i 本身为负，因此 $-k_i$ 为正；k_r 为空间轴波数，简称波数(m^{-1})；ω 为时间轴波数，即实数特征频率(s^{-1})。时间模式和空间模式的时间轴波数或者空间轴波数之一必是与喷嘴内部液体波动相关的项。与时间模式类似，当 k_r 为正、ω 为负时，射流的色散准则关系式取 $f(-k_i,k_r)=0$；而当 ω 为正、k_r 为负时，则取 $f(-k_i,\omega)=0$，研究多采用前者。

时空模式瑞利波的扰动表达式的一般形式与空间模式的相同，为 $\exp(\mathrm{i}\omega t+\mathrm{i}kx)$，式中，$\omega$ 为复数特征频率(s^{-1})，k 为复数波数(m^{-1})。将复数特征频率 $\omega=\omega_r+\mathrm{i}\omega_i$ 和复数波数 $k=k_r+\mathrm{i}k_i$ 代入，得扰动表达式 $\exp(-\omega_i t-k_i x+\mathrm{i}\omega_r t+\mathrm{i}k_r x)$。式中，$-\omega_i$ 为时间轴表面波增长率(s^{-1})，$-k_i$ 为空间轴表面波增长率(m^{-1})。同样由于 ω_i 本身为负，因此 $-\omega_i$ 为正；ω_r 为时间轴波数，即特征频率(s^{-1})；k_r 为空间轴波数，简称波数(m^{-1})。色散准则关

系式分别取 $f(-k_i,\omega_r,k_r)=0$ 和 $f(-\omega_i,\omega_r,k_r)=0$，研究多采用前者。

非线性不稳定性分析采用 $\exp(\mathrm{i}\omega t+\mathrm{i}kx)$ 形式，与线性不稳定性分析对比时采用 $\exp(-\omega_i t-k_i x+\mathrm{i}\omega_r t+\mathrm{i}k_r x)$ 形式，色散准则关系式通常取 $f(-\omega_i,k_r)=0$ 进行研究。

值得注意的是，在许多学者对于射流的线性不稳定性理论研究中，都在空间模式和时空模式表达式中的特征频率 ω 前加有负号，即 $\exp(-\mathrm{i}\omega t+\mathrm{i}kx)$。但我们在对非线性不稳定性理论的研究中发现，$\omega$ 前有负号的时空模式表达式不符合射流的初始条件，而线性不稳定性理论是不设置初始条件的。因此，为了将线性不稳定性理论与非线性不稳定性理论相衔接，我们将时空模式表达式特征频率 ω 前的负号去掉了。如果将我们的 ω 看作其他学者的 $-\omega$，这样处理实际上对于研究结果是没有影响的。

Gaster、Li（加拿大工程院院士）、史绍熙（中国科学院已故资深院士）提出的时间模式和空间模式的扰动表达式是不同的，但时空模式的扰动表达式都是相同的，为 $\exp(\mathrm{i}\omega t+\mathrm{i}kx)$。对于时间模式、空间模式和时空模式的扰动表达式有三种划分方法：①Gaster[16] 的时间模式和空间模式的扰动表达式均为 $\exp(\mathrm{i}\omega t+\mathrm{i}kx)$，则时间模式、空间模式和时空模式的扰动表达式都是完全相同的；②Li 等[17-20] 的时间模式扰动表达式为 $\exp(\omega t+\mathrm{i}kx)$，空间模式和时空模式的是 $\exp(\mathrm{i}\omega t+\mathrm{i}kx)$；③Chen 等[21]、史绍熙等[15] 的时间模式和空间模式的扰动表达式为 $\exp(\omega t+\mathrm{i}kx)$，时空模式的是 $\exp(\mathrm{i}\omega t+\mathrm{i}kx)$。史绍熙等还选用特征频率，对时间模式与空间模式的数值计算结果进行了比较，结果显示正/反对称波形的时间模式与空间模式的扰动表达式没有本质的差别，数值大小的差异也很小。其实，对于模式的划分是可以相互转化的，只是参数符号代表的含义不同而已，本书采用的是第 2 种划分方法。Gaster 和史绍熙等分别从不同的表面波扰动表达式出发，分析了时空模式、时间模式和空间模式之间的参数关系。下面对射流表面波扰动模式之间的变换做详细的阐述。

1.5.1　Gaster 变换

假设扰动如实际射流表现的那样，既在时间上扰动与发展，又在空间上扰动与发展。以平面液膜表面波为例，将纵向位移，即振幅记为

$$\xi=\xi_0(z)\exp(\mathrm{i}\omega t+\mathrm{i}kx) \tag{1-9}$$

式中，$\xi_0(z)$ 为喷嘴出口处的初始扰动振幅(m)，可以简写为 ξ_0。

1.5.1.1　柯西-黎曼关系式

在给定雷诺数下，关于特征值 ω 和 k 的特征函数、即色散准则关系式为

$$f(\omega,k)=0 \tag{1-10}$$

由此可以产生 ω 和 k 为实数的两种模式。第一种模式下，ω 为复数，k 为实数，液体射流的发展符合时间模式；第二种模式下，ω 为实数，k 为复数，液体射流的发展符合空间模式。将这两种模式分别标记为时间模式(T)和空间模式(S)，则

时间模式(T)：$k_i(T)=0$，

$$k(T)=k_r(T) \tag{1-11}$$

$$\omega(T)=\omega_r(T)+\mathrm{i}\omega_i(T) \tag{1-12}$$

$$\xi=\xi_0\exp[-\omega_i(T)t+\mathrm{i}\omega_r(T)t+\mathrm{i}k(T)x] \tag{1-13}$$

空间模式(S)：$\omega_i(S)=0$，

$$k(S)=k_r(S)+\mathrm{i}k_i(S) \tag{1-14}$$

$$\omega(S)=\omega_r(S) \tag{1-15}$$

$$\xi=\xi_0\exp[-k_i(S)x+\mathrm{i}\omega(S)t+\mathrm{i}k_r(S)x] \tag{1-16}$$

假设在一给定区域内，将时空模式(T,S)隐式色散准则关系式改写为显性形式，ω 假定为 k 的解析函数。有

$$\omega(k_r,k_i)=\omega_r(k_r,k_i)+\mathrm{i}\omega_i(k_r,k_i) \tag{1-17}$$

时空模式(T,S)的扰动振幅表达式为

$$\xi=\xi_0\exp[-\omega_i(T,S)t-k_i(T,S)x+\mathrm{i}\omega_r(T,S)t+\mathrm{i}k_r(T,S)x] \tag{1-18}$$

方程(1-18)满足柯西-黎曼关系式

$$\omega_{r,k_r}=\omega_{i,k_i} \tag{1-19}$$

$$\omega_{r,k_i}=-\omega_{i,k_r} \tag{1-20}$$

将方程(1-18)代入方程(1-19)和方程(1-20)，可以验证，Gaster 时空模式(T,S)的扰动振幅表达式符合柯西-黎曼关系式。

1.5.1.2 对 Gaster 时空模式扰动表达式满足柯西-黎曼关系式的验证

由于柯西-黎曼关系式仅针对时空模式，所以只需对时空模式扰动表达式是否满足柯西-黎曼关系式进行验证。对于时空模式，ω 和 k 均为复数，将 $k=k_r+\mathrm{i}k_i$ 和 $\omega=\omega_r+\mathrm{i}\omega_i$ 分别代入表面波扰动振幅表达式(1-9)，有

$$\xi=\xi_0\exp(-\omega_i t-k_i x+\mathrm{i}\omega_r t+\mathrm{i}k_r x) \tag{1-21}$$

通过变换，有

$$\omega_r=\frac{\ln\dfrac{\xi}{\xi_0}+\omega_i t-\mathrm{i}k_r x+k_i x}{\mathrm{i}t}=\frac{1}{\mathrm{i}t}\ln\frac{\xi}{\xi_0}+\frac{1}{\mathrm{i}}\omega_i-\frac{x}{t}k_r+\frac{x}{\mathrm{i}t}k_i \tag{1-22}$$

$$\omega_i=\frac{\mathrm{i}\omega_r t+\mathrm{i}k_r x-k_i x-\ln\dfrac{\xi}{\xi_0}}{t}=\mathrm{i}\omega_r+\frac{\mathrm{i}x}{t}k_r-\frac{x}{t}k_i-\frac{1}{t}\ln\frac{\xi}{\xi_0} \tag{1-23}$$

由方程(1-22)可得

$$\omega_{r,k_r}=-\frac{x}{t} \tag{1-24}$$

$$\omega_{r,k_i}=-\frac{\mathrm{i}x}{t} \tag{1-25}$$

由方程(1-23)可得

$$\omega_{i,k_i}=-\frac{x}{t} \tag{1-26}$$

$$\omega_{i,k_r}=\frac{\mathrm{i}x}{t} \tag{1-27}$$

由方程(1-24)～方程(1-27)可得方程(1-19)和方程(1-20)。由此可以验证，Gaster 时空模式扰动表达式(1-9)能够满足柯西-黎曼关系式。

1.5.1.3　时间模式与空间模式的相互变换

将柯西-黎曼关系式(1-19)和式(1-20)对 k_i 积分,积分限为时间模式(T)到空间模式(S)的所有状态,保持 $k_r=k(T)=\text{const.}$,并且积分下限 $k_i(T)=0$,$\omega_i(S)=0$,则

$$\omega_i(T)=-\int_0^{k_i(s)}\omega_{r,k_r}\mathrm{d}k_i \tag{1-28}$$

$$\omega(S)-\omega_r(T)=-\int_0^{k_i(s)}\omega_{i,k_r}\mathrm{d}k_i \tag{1-29}$$

由于 k_r 在时间模式(T)到空间模式(S)之间是常数,所以

$$k(T)=k_r(S) \tag{1-30}$$

对于泊肃叶(Poiseuille)和布拉休斯(Blasius)流动,$\omega_{i,k_r}=o(\omega_{\text{i-max}})$,即当 ω_i 在给定雷诺数下为最大时,ω_{i,k_r} 是一个高阶小量,且在时间模式(T)中 $o(\omega_{\text{i-max}})=o(10^{-3})$。假设在空间模式($S$)中,$k_i$ 的高阶小量与 ω_i 的同阶,并有 $k_{i,\omega_r}=o(\omega_{\text{i-max}})$。将此结论扩展到从时间模式($T$)到空间模式($S$)的所有状态,并认为方程(1-22)中的被积函数是 $\omega_{i,k_r}=o(\omega_{\text{i-max}})$,则有

$$\omega(S)=\omega_r(T)-k_i(S)o(\omega_{\text{i-max}})=\omega_r(T)-o[\omega_{\text{i-max}}k_i(S)] \tag{1-31}$$

略去 $\omega_{\text{i-max}}^2$ 之后的项,即略去高阶小项 $o[\omega_{\text{i-max}}k_i(S)]$,可以近似得到等式

$$\omega_r(T)=\omega(S) \tag{1-32}$$

在区间 $[0,k_i(S)]$ 的任意点 k_i^* 附近将 ω_{r,k_r} 按泰勒级数展开,有

$$\omega_{r,k_r}=\omega_{r,k_r}(k_i^*)+\omega_{r,k_rk_i}(k_i^*)(k_i-k_i^*)+\cdots \tag{1-33}$$

将方程(1-33)代入方程(1-28),有

$$\omega_i(T)=-k_i(S)\omega_{r,k_r}(k_i^*)-\left[\frac{1}{2}k_i^2(S)-k_i(S)k_i^*\right]\omega_{r,k_rk_i}(k_i^*)+\cdots \tag{1-34}$$

由于方程(1-20)中 $\omega_{r,k_i}=-\omega_{i,k_r}=o(\omega_{\text{i-max}})$,于是有

$$\frac{\omega_i(T)}{k_i(S)}=-\omega_{r,k_r}(k_i^*)+o[k_i(S)\omega_{\text{i-max}}] \tag{1-35}$$

略去 $\omega_{\text{i-max}}^2$ 之后的高阶小项,并假设 $\omega_{r,k_r}\neq 0$,则有

$$\omega_{r,k_r}=-\frac{\omega_i(T)}{k_i(S)} \tag{1-36}$$

式中,ω_{r,k_r} 可由空间模式(S)到时间模式(T)之间的任意一个状态确定。由此,时间模式(T)与空间模式(S)各个参数之间的关系式为方程(1-30)、方程(1-32)和方程(1-36)。将方程(1-13)和方程(1-16)代入方程(1-30)、方程(1-32)和方程(1-36)中可以验证,Gaster 时间模式(T)和空间模式(S)的扰动振幅表达式符合时间模式(T)与空间模式(S)各个参数之间的关系式。

1.5.1.4　对 Gaster 扰动表达式满足时间模式与空间模式相互变换的验证

时间模式(T)下,将方程(1-11)和方程(1-12)代入扰动振幅表达式(1-9)中

$$\xi(T)=\xi_0\exp[\mathrm{i}\omega_r(T)t-\omega_i(T)t+\mathrm{i}k(T)x] \tag{1-37}$$

通过变换,有

$$\omega_r(T)=\frac{\ln\frac{\xi(T)}{\xi_0}+\omega_i(T)t-\mathrm{i}k(T)x}{\mathrm{i}t}=\frac{1}{\mathrm{i}t}\ln\frac{\xi(T)}{\xi_0}+\frac{1}{\mathrm{i}}\omega_i(T)-\frac{x}{t}k(T) \tag{1-38}$$

方程(1-38)对 $k(T)$ 求偏导，有

$$\omega_r(T)_{,k(T)}=-\frac{x}{t} \tag{1-39}$$

将方程(1-39)代入方程(1-38)，有

$$\omega_r(T)=\frac{1}{\mathrm{i}t}\ln\frac{\xi(T)}{\xi_0}+\frac{1}{\mathrm{i}}\omega_i(T)+\omega_r(T)_{,k(T)}k(T) \tag{1-40}$$

空间模式(S)下，将方程(1-13)和方程(1-14)代入扰动振幅表达式(1-9)中，有

$$\xi(S)=\xi_0\exp[\mathrm{i}\omega(S)t+\mathrm{i}k_r(S)x-k_i(S)x] \tag{1-41}$$

通过变换，有

$$\omega(S)=\frac{\ln\frac{\xi(S)}{\xi_0}+k_i(S)x-\mathrm{i}k_r(S)x}{\mathrm{i}t}=\frac{1}{\mathrm{i}t}\ln\frac{\xi(S)}{\xi_0}+\frac{x}{\mathrm{i}t}k_i(S)-\frac{x}{t}k_r(S) \tag{1-42}$$

方程(1-42)对 $k_r(S)$ 求偏导，有

$$\omega(S)_{,k_r(S)}=-\frac{x}{t} \tag{1-43}$$

将方程(1-43)代入方程(1-42)，有

$$\omega(S)=\frac{1}{\mathrm{i}t}\ln\frac{\xi(S)}{\xi_0}-\frac{1}{\mathrm{i}}\omega(S)_{,k_r(S)}k_i(S)+\omega(S)_{,k_r(S)}k_r(S) \tag{1-44}$$

由于 $k(T)=k_r(S)$，$\omega_r(T)=\omega(S)$，$\xi(T)=\xi(S)$，联立方程(1-40)和方程(1-44)，可得方程(1-36)。由此可以验证，Gaster 时间模式和空间模式的扰动表达式(1-9)也能够满足泊肃叶和布拉休斯层流流动时间模式与空间模式相互转换的关系式(1-30)、式(1-32)和式(1-36)。

1.5.2 史绍熙变换

史绍熙时间模式(T)和空间模式(S)的扰动振幅表达式采用

$$\xi=\xi_0\exp(\omega t+\mathrm{i}kx) \tag{1-45}$$

色散准则关系式为方程(1-10)。

1.5.2.1 柯西-黎曼关系式及其验证

时间模式(T)：$k_i(T)=0$，有方程(1-11)、方程(1-12)和

$$\xi=\xi_0\exp[\omega_r(T)t+\mathrm{i}\omega_i(T)t+\mathrm{i}k(T)x] \tag{1-46}$$

空间模式(S)：令 $\omega_r(S)=0$，有方程(1-14)和

$$\omega(S)=\mathrm{i}\omega_i(S) \tag{1-47}$$

$$\xi=\xi_0\exp[-k_i(S)x+\mathrm{i}\omega_i(S)t+\mathrm{i}k_r(S)x] \tag{1-48}$$

应该注意的是，史绍熙空间模式(S)对于参数的定义与 Gaster 的不同，其 $\omega_r(S)$ 对应于 Gaster 的 $-\omega_i(S)$，而 $\omega_i(S)$ 对应于 Gaster 的 $\omega_r(S)=\omega(S)$。

时空模式(T,S)的扰动振幅表达式与 Gaster 的扰动振幅表达式相同，为方程(1-18)。

假设在一给定区域内，将时空模式(T,S)隐式色散准则关系式(1-10)改写为显性形式，

则柯西-黎曼关系式(1-19)和式(1-20)成立。由于史绍熙的时空模式(T,S)的扰动振幅表达式与 Gaster 的完全相同,因此同样可以验证,史绍熙时空模式扰动振幅表达式符合柯西-黎曼关系式。

1.5.2.2　时间模式与空间模式的相互变换

将柯西-黎曼关系式(1-19)和式(1-20)对于 k_i 从时间模式(T)到空间模式(S)积分,有

$$\omega_i(S)-\omega_i(T)=\int_0^{k_i(s)}\omega_{r,k_r}\mathrm{d}k_i \tag{1-49}$$

$$\omega_r(T)=-\int_0^{k_i(s)}\omega_{i,k_r}\mathrm{d}k_i \tag{1-50}$$

时间模式(T)的 ω_i 与空间模式(S)的 ω_i 之差为一个高阶小量,即

$$\omega_i(S)=\omega_i(T)+k_i(S)o(\omega_{r\text{-max}})=\omega_i(T)+o[\omega_{r\text{-max}}k_i(S)] \tag{1-51}$$

略去高阶小项,可以近似得到等式

$$\omega_i(T)=\omega_i(S) \tag{1-52}$$

在 $[0,k_i(S)]$ 区间的任意点 k_i^* 附近将 ω_{i,k_r} 按泰勒级数展开,有

$$\omega_{i,k_r}=\omega_{i,k_r}(k_i^*)+\omega_{i,k_rk_i}(k_i^*)(k_i-k_i^*)+\cdots \tag{1-53}$$

将方程(1-53)代入方程(1-50),有

$$\omega_r(T)=k_i(S)\omega_{i,k_r}(k_i^*)+\left[\frac{1}{2}k_i^2(S)-k_i(S)k_i^*\right]\omega_{i,k_rk_i}(k_i^*)+\cdots \tag{1-54}$$

由于 $\omega_{i,k_i}=\omega_{r,k_r}=o(\omega_{r\text{-max}})$,于是有

$$\frac{\omega_r(T)}{k_i(S)}=\omega_{i,k_r}(k_i^*)+o[k_i(S)\omega_{r\text{-max}}] \tag{1-55}$$

略去高阶小量,得

$$\omega_{i,k_r}=\frac{\omega_r(T)}{k_i(S)} \tag{1-56}$$

因此,时间模式(T)与空间模式(S)各个参数之间的关系式为方程(1-30)、方程(1-52)和方程(1-56)。这些关系式与本节前面的论述完全相符。将方程(1-46)和方程(1-48)代入方程(1-30)、方程(1-52)和方程(1-56)中可以验证,史绍熙时间模式(T)和空间模式(S)的扰动振幅表达式符合时间模式(T)和空间模式(S)各个参数之间的关系式。

1.5.2.3　对史绍熙扰动表达式满足时间模式与空间模式相互变换的验证

时间模式(T)下,将方程(1-11)和方程(1-12)代入扰动振幅表达式(1-45)中

$$\xi(T)=\xi_0\exp[\omega_r(T)t+\mathrm{i}\omega_i(T)t+\mathrm{i}k(T)x] \tag{1-57}$$

通过变换,有

$$\omega_i(T)=\frac{\ln\dfrac{\xi(T)}{\xi_0}-\omega_r(T)t-\mathrm{i}k(T)x}{\mathrm{i}t}=\frac{1}{\mathrm{i}t}\ln\frac{\xi(T)}{\xi_0}-\frac{1}{\mathrm{i}}\omega_r(T)-\frac{x}{t}k(T) \tag{1-58}$$

方程(1-58)对 $k(T)$ 求偏导,得

$$\omega_i(T)_{,k(T)}=-\frac{x}{t} \tag{1-59}$$

将方程(1-59)代入方程(1-58)，有

$$\omega_i(T)=\frac{1}{\mathrm{i}t}\ln\frac{\xi(T)}{\xi_0}-\frac{1}{\mathrm{i}}\omega_r(T)+\omega_i(T)_{,k(T)}k(T) \tag{1-60}$$

空间模式(S)下，将方程(1-13)和方程(1-46)代入扰动振幅表达式(1-45)中，有

$$\xi(S)=\xi_0\exp\left[\mathrm{i}\omega_i(S)t+\mathrm{i}k_r(S)x-k_i(S)x\right] \tag{1-61}$$

通过变换，有

$$\omega_i(S)=\frac{\ln\dfrac{\xi(S)}{\xi_0}+k_i(S)x-\mathrm{i}k_r(S)x}{\mathrm{i}t}=\frac{1}{\mathrm{i}t}\ln\frac{\xi(S)}{\xi_0}+\frac{x}{\mathrm{i}t}k_i(S)-\frac{x}{t}k_r(S) \tag{1-62}$$

方程(1-62)对 $k_r(S)$ 求偏导，得

$$\omega_i(S)_{,k_r(S)}=-\frac{x}{t} \tag{1-63}$$

将方程(1-63)代入方程(1-62)，有

$$\omega_i(S)=\frac{1}{\mathrm{i}t}\ln\frac{\xi(S)}{\xi_0}-\frac{1}{\mathrm{i}}\omega_i(S)_{,k_r(S)}k_i(S)+\omega_i(S)_{,k_r(S)}k_r(S) \tag{1-64}$$

由于 $k(T)=k_r(S)$，$\omega_i(T)=\omega_i(S)$，$\xi(T)=\xi(S)$，联立方程(1-59)和方程(1-64)，得方程(1-56)。由此可以验证，史绍熙时间模式和空间模式的扰动振幅表达式(1-45)也能够满足泊肃叶和布拉休斯层流流动时间模式与空间模式相互转换的关系式(1-30)、式(1-52)和式(1-56)。

能够通过推导进行验证，Gaster 和史绍熙的时空模式(T,S)的表面波扰动振幅表达式能够满足柯西-黎曼关系式，时间模式(T)和空间模式(S)的扰动振幅表达式均能够满足时间模式(T)和空间模式(S)各个参数之间的关系式。对于模式的划分，为了避免对参数的定义不同而引起的混淆，时间模式(T)我们采用史绍熙的扰动表达式，空间模式(S)和时空模式(T,S)我们采用 Gaster 的扰动表达式。对于同一射流分别采用时间模式(T)和空间模式(S)进行研究，时间模式(T)的表面波增长率与空间模式(S)的不同，时间模式(T)仅有时间轴表面波增长率 ω_r，而没有空间轴表面波增长率，表达了射流气液交界面表面波的时域特征；空间模式(S)仅有空间轴表面波增长率 $-k_i$，而没有时间轴表面波增长率，表达了表面波的空域特征。两模式的特征频率是一样的，波数也相同，但两模式波数所用的参数符号不同。时间模式(T)的特征频率用 ω_i 表示，空间模式(S)的特征频率用 ω 表示；时间模式(T)的波数用 k 表示，空间模式(S)的波数用 k_r 表示。特征频率与波数的微分与时间轴增长率和空间轴增长率之比相关。时空模式(T,S)既有时间轴表面波增长率 $-\omega_i$，又有空间轴表面波增长率 $-k_i$；既有特征频率 ω_r，又有波数 k_r，表达了表面波的时空域特征。时空模式(T,S)的时间轴表面波增长率 $-\omega_i$ 对应于时间模式(T)的时间轴表面波增长率 ω_r，即 $-\omega_i(T,S)\sim\omega_r(T)$；时空模式($T$,$S$)的波数 k_r 对应于时间模式(T)的波数 k，即 $k_r(T,S)\sim k(T)$；时空模式(T,S)的特征频率 ω_r 对应于时间模式(T)的特征频率 ω_i，即 $\omega_r(T,S)\sim\omega_i(T)$；时空模式($T$,$S$)的空间轴表面波增长率 $-k_i$ 对应于空间模式(S)的空间轴表面波增长率 $-k_i$，即 $-k_i(T,S)\sim -k_i(S)$；时空模式(T,S)的波数 k_r 对应于空间模式(S)的波数 k_r，即 $k_r(T,S)\sim k_r(S)$；时空模式(T,S)的特征频率 ω_r 对应于空间模式(S)的特征频率 ω，即 $\omega_r(T,S)\sim\omega(S)$。

实际上，在进行色散准则关系式和稳定极限推导时，都不会将 ω 和 k 写成 $\omega_r+\mathrm{i}\omega_i$ 和

$k_r + ik_i$ 的复数形式。时间模式的扰动表达式仍然采用 $\exp(\omega t + ikx)$、空间模式和时空模式的也仍然采用 $\exp(i\omega t + ikx)$ 形式，只是在应用 MATLAB 软件或 FORTRAN 语言编制数值计算程序时，时间模式要将 ω 定义为双精度型复数，k 定义为双精度型实数；空间模式要将 ω 定义为双精度型实数，k 定义为双精度型复数；而时空模式要将 ω 和 k 都定义为双精度型复数。对于数值计算的复数结果，要根据模式选择复数的实部和/或虚部进行输出。

1.6　扰动的维数

扰动是指在气液相界面处发生的使射流不稳定的流体干涉现象。无论射流和周围环境气体的物理物性参数如何变化，只要流体发生流动，扰动都是不可避免的。即使是射流喷射进入静止气体环境中也是如此。甚至在真空环境中，射流仅依据自身的扰动也会在液体相界面处造成振幅逐渐变化的不稳定波动，直至碎裂。

平面液膜采用 x 方向、y 方向和 z 方向的直角坐标系；圆射流和环状液膜采用 r 方向、θ 方向和 z 方向的圆柱坐标系。三维扰动的质量守恒方程、动量守恒方程、运动学边界条件、附加边界条件、动力学边界条件，推导得到的扰动振幅、扰动压力和扰动速度的表达式都是三维的。对于平面液膜，由于液膜很薄，即沿 z 方向上的厚度远远小于沿 x 方向上的长度及沿 y 方向上的宽度。因此，液膜碎裂主要受到振幅在 z 方向上表面波的影响。对于圆射流和环状液膜，液束沿 r 方向的变形相比于沿 θ 方向和 z 方向的变形要大得多[22-24]。二维扰动(瑞利波/泰勒波)有两个动量守恒方程，质量守恒方程、运动学边界条件、附加边界条件、动力学边界条件都是一个，推导得到一个一维扰动振幅、一个扰动压力、两个扰动速度表达式。三维扰动(瑞利-泰勒波)经过简化为一个三维质量守恒方程、三个三维动量守恒方程、一个一维运动学边界条件、两个二维附加边界条件、一个一维动力学边界条件，推导得到一个一维扰动振幅、一个扰动压力、三个三维扰动速度表达式。

1.7　液体喷射的线性和非线性不稳定性理论

虽然对于液体碎裂机理的研究存在不同的解释，如湍流扰动说、空穴扰动说、边界突变说和压力振荡说等，但从目前的情况看，上述理论都只能对实验中所观察到的某一现象做出解释，而不能全面解决问题。采用线性或者非线性空气动力扰动扩展技术研究液体表面波不稳定碎裂过程是液体碎裂机理研究中最成功的理论，也是目前大多数液体喷射碎裂过程研究者所采用的研究方法和手段。对液体碎裂机理的研究还处于积累发展阶段，最终目标是采用非线性不稳定性理论，得到基于雷诺方程的黏性液体喷射进入可压缩气流中的模型。目前，对三种典型的射流——平面液膜、圆射流和环状液膜气液相界面的数理模化和碎裂机理的研究已经有所进展，但尚未完善。

在以往的研究中，许多学者和本书作者[1]已经对三种典型射流的碎裂过程进行了大量的实验研究，并与理论研究结果进行了对比。理论上，数值计算可以适用于任何工况，除非是计算设备不能满足计算需求，例如存储空间和/或运行速度不够，以及计算数据溢出等情况，数值计算范围要比实验研究广泛得多。由于自由射流碎裂过程的影响因素很多，且对一些影响因素十分敏感。因此，理论研究应将重点放在揭示射流规律性的普适原理之上，以起到指导实践的深层次作用。

1.7.1 线性和非线性不稳定性的区分

液体表面波线性不稳定性理论(或者称为线性稳定性理论)是以气、液体的质量、动量守恒为基础,以连续性方程和纳维-斯托克斯(Navier-Stokes)方程组作为控制方程组,代入运动学边界条件、附加边界条件和动力学边界条件,考虑到气液体速度、密度,液体的表面张力和黏性及气体可压缩性等影响,推导得到色散准则关系式(dispersion relation),它是一个复数指数方程。表面波增长率随表面波的波数或波长的变化关系是隐含给出的。波数 k 与波长 λ 的关系为 $k=2\pi/\lambda(\mathrm{m}^{-1})$。由于色散准则关系式很复杂,无法得到其解析解,故应用穆勒(Muller)方法[25]编制 FORTRAN 语言程序,或者应用 MATLAB 软件,可以求得色散准则关系式的数值解,得到表面波增长率随表面波数的变化曲线或者曲面。

目前所进行的线性不稳定性理论分析是建立在连续性方程和纳维-斯托克斯方程组基础上的,即模型将不考虑雷诺应力的影响,这样方程组就是封闭的,不需要补充模型。在推导连续性方程和纳维-斯托克斯方程组时,并没有限制流动状态是层流还是湍流,因而它对层流和湍流同样成立[26]。对于环境气流马赫数 $Ma\leqslant1$ 的小扰动,可采用线性不稳定性理论研究,实际上大多数喷雾应用都属于此范畴;但对于 $Ma>1$ 的超声速强湍流,就要基于雷诺方程,采用非线性不稳定性理论,并考虑激波和气体的可压缩性进行分析,研究接受性问题,其数值解还可多支分叉,牵涉混沌问题。虽然目前已有基于雷诺方程的解析解研究,但讨论的是定常流进入静止气体环境中的简单模型[26]。

通常,流体运动的基本方程还要加上初始条件和边界条件才能构成流体力学的定解问题。流体运动所遵循的控制方程组是普适的,因此流动的个性就体现在初始条件和边界条件的差异上。初始条件是对不恒定流动指定初始时刻流场的某些流动参数。也就是说,能够满足某流场初始条件的流体流动形态可能有多种,流体流动方程可能有很多个,并不是唯一的。这些流体的流动方程在某一设定的初始时刻均受限于流场的初始条件,但却是彼此不相同的,这就构成了满足初始条件的不恒定流动问题。边界条件是指运动方程的解在流场的边界上必须满足的运动学、附加和动力学条件。线性不稳定性理论对于控制方程组的定解只需要引入边界条件,即运动学边界条件、附加边界条件和动力学边界条件,而不必设置初始条件就能够解决流体不恒定流动的定解问题。由 Li 和他的研究生 Jazayeri[12] 建立的共轭复数模式非线性不稳定性理论对于连续性方程和动能守恒控制方程组的定解则除了要引入边界条件,即运动学边界条件和动力学边界条件以外,还要设置初始条件才能够解决流体不恒定流动的定解问题,否则定解的条件就不够。从他们的研究角度说明,非线性不稳定性理论不如线性不稳定性理论那样普适。而由曹建明和研究生王德超(2018)(毕业年)、舒力(2018)、张凯姝(2020)等建立的时空模式非线性不稳定性理论对于连续性方程和动能守恒控制方程组的定解仅需引入边界条件,即运动学边界条件和动力学边界条件,而不必设置初始条件也能够求得气液相微分方程的定解,尽管时空模式的扰动振幅也同样能够满足共轭复数模式的初始条件,而且时空模式非线性不稳定性理论能够很好地与线性不稳定性理论相衔接[27]。

线性不稳定性理论的研究对象是小扰动，对于小扰动来说，纳维-斯托克斯方程组中的非线性项可以忽略不计。动量守恒方程组中的扰动速度对于位移或者旋转角度坐标一阶偏导数前面的系数如果是变量，则认为是非线性项；如果是常数，则认为是线性项。线性不稳定性理论即将动量守恒方程组中的非线性项直接删去，而保留线性项。该推导过程称为对动量守恒方程组的线性化。

此外，在动力学边界条件中，表面波扰动振幅 ξ 对于顺流方向位移坐标 x 的一阶偏导数 $\xi_{,x}$ 表示 ξ 在 x 方向变化曲线的斜率。在射流喷射的不稳定性理论中，当 $\xi_{,x}=1$ 时，表面波的切线为一条 45°直线。如果 $\xi_{,x}\leqslant 1$，表面波波动曲线将很平缓，$\xi_{,x}$ 可以被忽略，则认为扰动为小扰动，其表达式可以简化为线性的；如果 $\xi_{,x}>1$，ξ 在 x 方向的曲线的斜率较大，则认为扰动不再是小扰动，而是大扰动，其表达式为非线性的。非线性表面波将比线性表面波更加不稳定，也更接近于液体喷射与雾化的实际情况。因此，$\xi_{,x}=1$ 是区分小扰动和大扰动的界限，也是采用线性不稳定性理论和非线性不稳定性理论进行分析的界限。在推导动力学边界条件时，将 $\xi_{,x}$ 忽略掉的推导过程称为线性化。

Li 和 Jazayeri 认为，线性不稳定性理论主要用于物理和物性参数对射流不稳定性影响的分析，而非线性不稳定性理论则可用于对射流碎裂长度和碎裂时间的预测[12]，其中，对碎裂长度的预测更为重要。

1.7.2 时间模式线性不稳定性分析

通过对复数形式色散准则关系式的数值计算，可以对计算结果进行不稳定性分析。对于时间模式，色散准则关系式将分别得到 $f(\omega_r,k)=0$ 和 $f(\omega_r,\omega_i)=0$ 曲线，由于两条曲线几乎重合，通常取前者进行研究，如图 1-17 所示。曲线最高点所对应的表面波增长率为时间轴支配表面波增长率 $\omega_{r\text{-dom}}$，它所对应的波数为支配波数 k_{dom}，角标“dom”表示支配参数。$(\omega_{r\text{-dom}},k_{dom})$点就是射流的最不稳定工况点，在该点处射流最易碎裂，射流所具备的流动条件就是射流碎裂的必要条件。曲线与横坐标的远端交点为截断波数 k_0，或者称为稳定极限，它表示波数的范围。

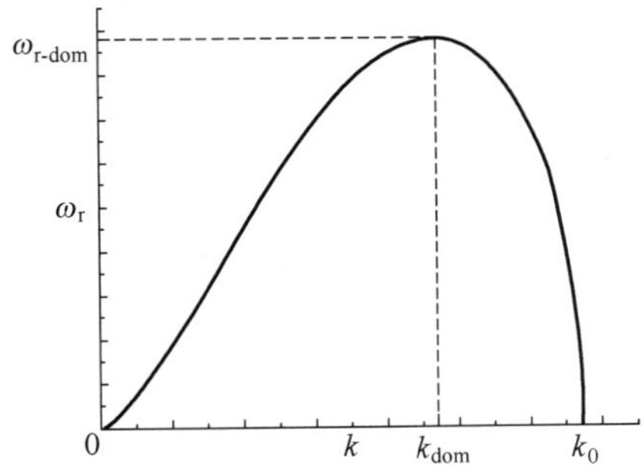

图 1-17 时间模式线性不稳定性分析

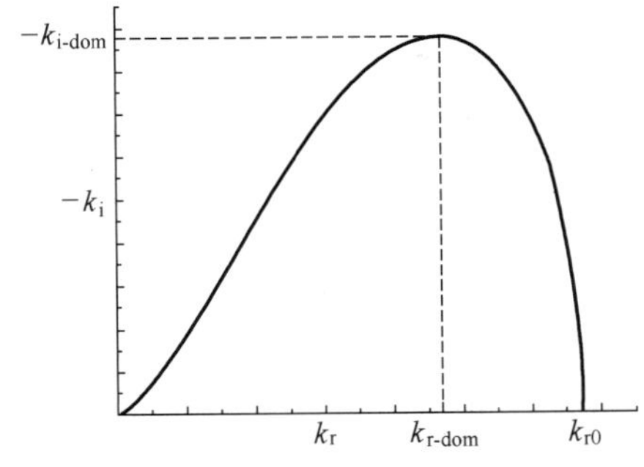

图 1-18 空间模式线性不稳定性分析

1.7.3 空间模式线性不稳定性分析

对于空间模式，色散准则关系式为 $f(-k_i,k_r)=0$ 和 $f(-k_i,\omega)=0$，两条曲线也几乎重合，通常取前者进行研究，如图 1-18 所示。不仅如此，时间模式与空间模式曲线之间的差异仍然很小，只是在气液密度比变化的情况下略有不同。空间模式的支配工况点为$(-k_{i\text{-dom}},k_{r\text{-dom}})$。

1.7.4 时空模式线性不稳定性分析

1.7.4.1 三维时空曲面图

对于时空模式，色散准则关系式为 $f(-\omega_i,\omega_r,k_r)=0$ 和 $f(-k_i,\omega_r,k_r)=0$，可以绘制出两个三维曲面图。每个曲面均有一个峰值点，该点为支配表面波增长率：时间轴为 $-\omega_{i\text{-dom}}$，空间轴为 $-k_{i\text{-dom}}$。支配波数分别是 $(\omega_{r\text{-dom}},k_{r\text{-dom}})_T$ 或者 $(\omega_{r\text{-dom}},k_{r\text{-dom}})_S$。对于 $f(-\omega_i,\omega_r,k_r)=0$，该点需满足方程

$$\omega_{i,\omega_r}=\omega_{i,k_r}=0 \tag{1-65}$$

对于 $f(-k_i,\omega_r,k_r)=0$，该点需满足方程

$$k_{i,\omega_r}=k_{i,k_r}=0 \tag{1-66}$$

如果绘制的是 $f(\omega_i,\omega_r,k_r)=0$ 和 $f(k_i,\omega_r,k_r)=0$ 三维曲面图，那么求取的就不是一个峰值点，而是鞍点，即曲面的最低点。以前可以通过绘制三维曲面图的等高线图(contour map)，再寻求等高线图的夹点(pinch point)，Li 和 Shen[20]在进行时空模式不稳定分析中采用的就是这种方法。现在计算机的运行速度已经飞速发展，无须采用绘制等高线图的方法来求取鞍点的数值解，直接绘制三维曲面图就可以了。然而，尽管计算机技术已经十分先进，但是数值计算仍然会面临不小的困难。在数值计算中，要预设一个公差数 TOL。对于时间模式或空间模式的二维计算，我们预设的 TOL$=10^{-4}$。当采用穆勒方法前后两次相邻计算的绝对误差小于等于 TOL 时，计算即被中止。也就是说当两次计算的绝对误差在万分之一以内时，就可以认为计算已经相当精确地得到了数值解。对于时空模式的三维计算，计算网格划分得越细，则越接近于数值解。要想达到与二维数值计算同样的计算精度，三维网格数就要划分为 $10^{13}\sim10^{14}$，网格数较少会使得网格过粗，极有可能漏掉数值解；如果采用网格搜索方法缩小网格范围，又可能搜索到谬根。这么大的计算量，目前的计算机很难完成。因此，三维曲面图很难绘制。采用穆勒方法可得到数值解的三维时空曲线图，以代替三维时空曲面图。Bers 认为，采用穆勒方法得到的三维时空曲线数值解与三维时空曲面解等效，可以用来分析时空模式不稳定性。

1.7.4.2 波动的相速度与群速度

指数函数可以与三角函数在复数范围相互转换，并且以正弦函数和余弦函数表示。对于正/余弦波，相速度(phase velocity)的定义为：单一频率波的位相面在介质中的传播速度。对于扰动振幅为 $\xi=\xi_0\exp[\mathrm{i}(\omega t+kx)]$ 的液体射流，相速度定义式为

$$v_p=x_{,t}=\frac{\omega}{k} \tag{1-67}$$

群速度(group velocity)定义为：波包的包络在介质中的增长速度。群速度定义式为

$$v_g=\omega_{,k} \tag{1-68}$$

将方程(1-67)代入方程(1-68)，可得群速度与相速度之间的关系

$$v_g=(k\cdot v_p)_{,k}=v_p+\omega\frac{v_g}{v_p}v_{p,\omega} \tag{1-69}$$

则

$$v_g = \frac{v_p}{1 - \frac{\omega}{v_p} v_{p,\omega}} \tag{1-70}$$

按照色散类型可以分为：(1)$v_{p,\omega}<0$，则 $v_g<v_p$，称为正常色散；(2)$v_{p,\omega}>0$，则 $v_g>v_p$，称为反常色散；(3)$v_{p,\omega}=0$，则 $v_g=v_p$，称为无色散。当群速度和相速度均为变量时，为正常色散或者反常色散；当群速度与相速度均为固定的常数时，那么 $v_{p,\omega}=0$。根据方程(1-70)，则 $v_g=v_p=\text{const.}$，为无色散。例如，对于群速度的均值 $\bar{v}_g$ 和相速度的均值 $\bar{v}_p$，必然有 $\bar{v}_g=\bar{v}_p=\text{const.}$。其中，const. 表示常数。

1.7.4.3 三维时空曲线图

图 1-19(a)所示为时空模式的三维时空曲线图，纵坐标为时间轴表面波增长率或者空间轴表面波增长率 $-\omega_i/-k_i$，横坐标为特征频率 ω_r 和波数 k_r。在 Bers 的论文中，纵坐标为表面波的增长率 ω'_{0i}，横坐标为速度 V_x 和 V_y，角标“0”表示支配参数“dom”。$\omega'=\omega-kV$，在“dom”点，$v_{g0}=v_{p0}=\frac{\omega_{0i}}{k_0}=\text{const.}$，则 $kV=k_0V_0=\omega_{0i}$，那么，$\omega'_{0i}=\omega_i-\omega_{0i}$。式中，$\omega_{0i}=\text{const.}$，$\omega'_{0i}$ 和 ω_i 均为变量。可以进行纵坐标变换为 $-\omega_i=-(\omega'_{0i}+\omega_{0i})$，同理，也可以对 k'_{0i} 进行纵坐标变换为 $-k_i$。横坐标 V_x 和 V_y 可以为时间坐标和空间坐标。对于射流，$V=v_g$。由于相速度与群速度具有函数关系式(1-70)，即 $v_p=f(v_g)$，因此横坐标 v_{gt} 和 v_{gx} 可以变换为 v_{pt} 和 v_{px}。由于特征频率 ω_r 与相速度 v_{pt} 成正比，波数 k_r 与相速度 v_{px} 正相关，因此横坐标又可以从 v_{pt} 和 v_{px} 变换为 ω_r 和 k_r。

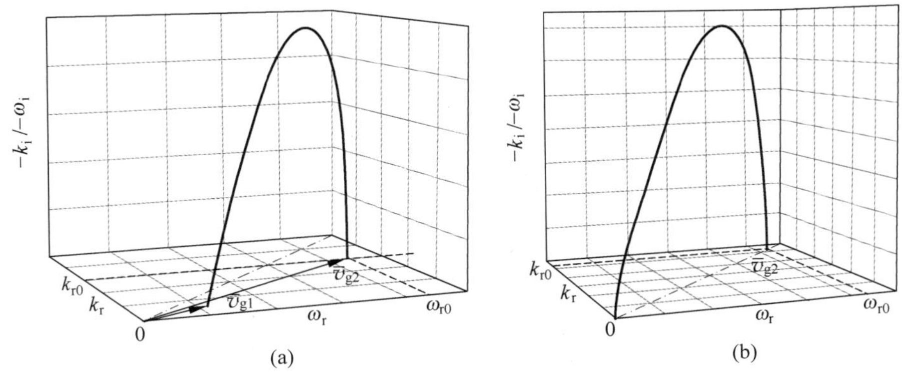

图 1-19 时空模式的三维曲线图

(a) 原理图；(b) 数值计算结果

曲线 $f(-\omega_i,\omega_r,k_r)=0$ 和 $f(-k_i,\omega_r,k_r)=0$ 的极坐标初、终点截距分别为 $\bar{v}_{g1}=\bar{v}_{p1}=\frac{\omega_{r1}}{k_{r1}}$ 和 $\bar{v}_{g2}=\bar{v}_{p2}=\frac{\omega_{r2}}{k_{r2}}$。1 点的坐标与时间轴临界特征频率 ω_{rc} 和空间轴临界波数 k_{rc} 有关，即 $\bar{v}_{g1}=\sqrt{\omega_{rc}^2+k_{rc}^2}$。通常，$\omega_{r1}=k_{r1}=0$，则 $\bar{v}_{g1}=\bar{v}_{p1}=0$。2 点的坐标与时间轴截断特征频率 ω_{r0} 和空间轴截断波数 k_{r0} 有关，即 $\bar{v}_{g2}=\sqrt{\omega_{r0}^2+k_{r0}^2}$。根据数值计算结果，对于对称型射流(注意：不是指正对称或者近正对称波形)，如平面液膜或者圆射流，在通常情况

下，$\omega_{r0} \approx k_{r0}$，时空模式的时间轴曲线与空间轴曲线几乎完全重合，则三维时空曲线位于波数面 ω_r-k_r 的 45°方向。图 1-19(a) 变成了图 1-19(b)。在这种情况下，由色散准则关系式构成的射流表面波时域特性与空域特性相当，表现方式雷同。只有在高气液密度比和小韦伯数情况下，三维时空曲线才会发生弯曲，不在波数面 ω_r-k_r 的 45°方向，射流表面波的时域特性与空域特性不再均衡。而对于非对称型射流，如环状液膜射流，无论物理物性参数如何变化，时间轴的表面波增长率总是比空间轴的大，射流表面波的时域特性与空域特性不均衡。

如图 1-20 所示，对于 $f(-\omega_i,\omega_r,k_r)=0$ 曲线，每固定一个 $-k_i$，就可以得到一个 $(-\omega_{i\text{-dom}})-(\omega_{r\text{-dom}},k_{r\text{-dom}})_T$ 点，改变 $-k_i$ 的值，就可以得到一组 $(-\omega_{i\text{-dom}})-(\omega_{r\text{-dom}},k_{r\text{-dom}})_T$ 点，绘制出 $(-\omega_{i\text{-dom}})\sim(-k_i)$ 曲线图。该曲线有一个特殊点，即 $-k_i=0$ 的点，它是时间模式的点。也就是说，时间模式是时空模式的一个特例。同理，对于 $f(-k_i,\omega_r,k_r)=0$ 曲线，每固定一个 $-\omega_i$，就可以得到一个 $(-k_{i\text{-dom}})-(\omega_{r\text{-dom}},k_{r\text{-dom}})_S$ 点，改变 $-\omega_i$ 的值，就可以得到一组 $(-k_{i\text{-dom}})-(\omega_{r\text{-dom}},k_{r\text{-dom}})_S$ 点，绘制出 $(-k_{i\text{-dom}})\sim(-\omega_i)$ 曲线图。该曲线也有一个特殊点，即 $-\omega_i=0$ 的点，它是空间模式的点。也就是说，空间模式也是时空模式的一个特例。$(-k_{i\text{-dom}})\sim(-\omega_i)$ 和 $(-\omega_{i\text{-dom}})\sim(-k_i)$ 曲线图的峰值点就是时空模式的最不稳定工况点。通过改变计算过程中的流动参数，如：液流雷诺数 Re_1、韦伯数 We_1、欧拉数 Eu_1、欧尼索数 Oh_1、气流马赫数 Ma_g、气液流速比 U、气液密度比 $\bar{\rho}$、气液压力比 $\bar{P}$ 等，可以分析这些参数对时间模式、空间模式和时空模式碎裂过程的影响。

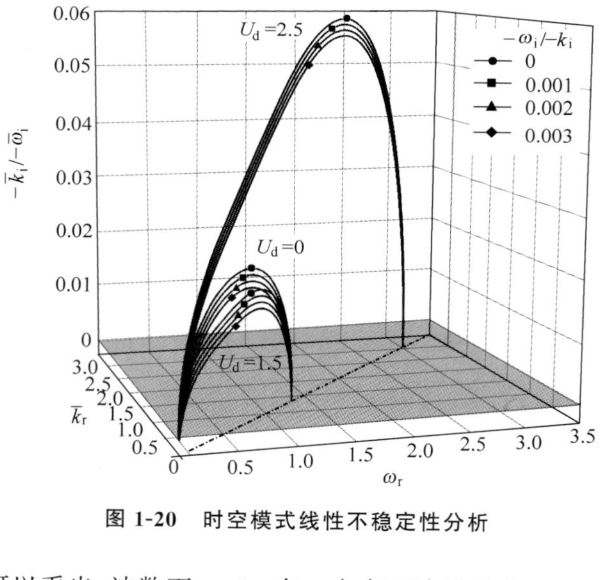

图 1-20 时空模式线性不稳定性分析

从图 1-20 中还可以看出，波数面 ω_r-k_r 有一个表面波增长率 $-k_i/-\omega_i=0$ 的波数零平面，如图中颜色加深平面所示。曲线位于零平面以上的部分 $-k_i/-\omega_i \geqslant 0$，为不稳定区，表面波振幅为正向增长，直至液体碎裂；曲线位于零平面以下的部分 $-k_i/-\omega_i<0$，为稳定区，表面波振幅为负向增长，液体将永远不会碎裂。$-k_i/-\omega_i$ 曲线两端，有可能由上至下延伸，从临界波数点和截断波数点处穿过零平面，进入稳定区。说明特征频率和波数在较低或者较高的情况下，表面波最稳定。曲线与零平面的交点称为临界波数点(critical wave number）和截断波数点（cut off wave number），其中，距原点较近的交点称为临界波数点（ω_{rc}，k_{rc}）；距原点较远的交点称为截断波数点（ω_{r0}，k_{r0}），或者称为稳定极限。使得曲线与零平面相交的流动参数称为临界参数和截断参数。临界参数有临界液流雷诺数 Re_{lc}、临界液流韦伯数 We_{lc}、临界液流欧拉数 Eu_{lc}、临界液流欧尼索数 Oh_{lc}、临界气流马赫数 Ma_{gc}、临界气液流速比 U_c、临界气液压力比 P_c 等；截断参数有截断液流雷诺数 Re_{l0}、截断液流韦伯数 We_{l0}、截断液流欧拉数 Eu_{l0}、截断液流欧尼索数 Oh_{l0}、截断气流马赫数 Ma_{g0}、截断气液流速比 U_0、截断气液压力比 P_0 等。每个工况的临界参数和截断参数都是不同的，不可能一成不变。

1.7.5　非线性不稳定性分析

非线性不稳定性分析是对第一级波、第二级波和第三级波的支配参数 $\bar{\omega}_{i1/2/3\text{-dom}}$、$\bar{\omega}_{r1/2/3\text{-dom}}$、$\bar{k}_{r1/2/3\text{-dom}}$ 进行计算，得到第一级波、第二级波和第三级波的扰动振幅初始函数表达式，再分别乘以 $\bar{\xi}_0$、$\bar{\xi}_0^2$ 和 $\bar{\xi}_0^3$，即可得到第一级波、第二级波和第三级波的扰动振幅值。如图 1-21 所示，根据各时间点三级波的扰动振幅值，绘制第一级波、第二级波和第三级波的波形图，以及三级波的波形叠加图，从而得到射流的碎裂长度和碎裂时间。

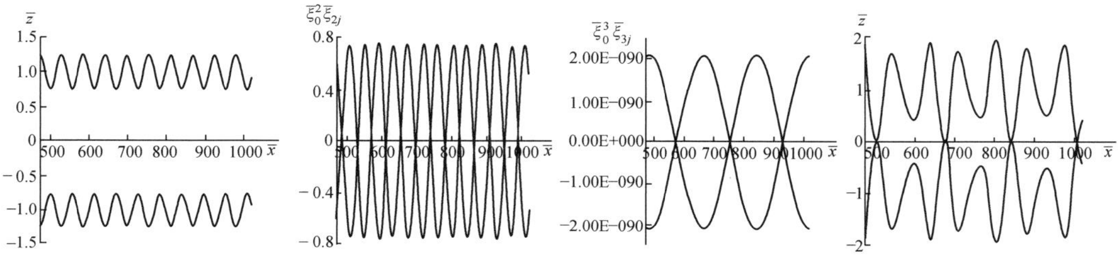

图 1-21　非线性不稳定性分析的三级表面波波形图

(a) 第一级波；(b) 第二级波；(c) 第三级波；(d) 三级波叠加

1.7.6　时空的均衡性和时空曲率

1.7.6.1　时空的均衡性

时空的均衡性表达了时/空间模式或者时空模式时间轴与空间轴表面波增长率的异同，即时/空间模式二维曲线或者三维时空曲线纵坐标数值大小的差异。如果时/空间模式的表面波增长率二维曲线几乎重合，数值大小也几乎相同，时空就是均衡的。如果时/空间模式的表面波增长率二维曲线分离，数值大小存在差异，时空就是不均衡的。时空模式的时/空间轴支配表面波增长率数值相等，时空均衡；如果数值不相等，时空就是不均衡的。

当时/空间模式均衡时，可以采用时/空间模式的任何一种进行射流的不稳定性研究，大多数学者采用的是时间模式；但当时/空间模式不均衡时，则采用表面波增长率较大者，也就是使得射流更不稳定者进行研究。

对于时空模式，同一工况下的三维时空曲线可以有无数条，其中，只有当 $-\bar{\omega}_{i\text{-dom}}=$

$-\bar{k}_{\text{i-dom}}$ 时的一条曲线是均衡的，其余 $-\bar{\omega}_{\text{i-dom}} \neq -\bar{k}_{\text{i-dom}}$ 的曲线都是不均衡的。即使是时空模式的特殊点，也是最高点时间模式（$-\bar{k}_{\text{i-dom}}=0$）和空间模式（$-\bar{\omega}_{\text{i-dom}}=0$）下，时空显然也是不均衡的，而且是最不均衡的。因此，当时/空间模式的两条曲线几乎重合，数值大小也几乎相同时，时空是均衡的。但对于时空模式，即使当时间轴与空间轴曲线几乎重合，数值大小也几乎相同时，时空也未必就是均衡的。在射流的支配参数点或者碎裂点处，时空模式的量纲一扰动表达式为 $\exp(-\bar{\omega}_{\text{i-dom}}\bar{t}-\bar{k}_{\text{i-dom}}\bar{x}+\mathrm{i}\bar{\omega}_{\text{r-dom}}\bar{t}+\mathrm{i}\bar{k}_{\text{r-dom}}\bar{x})$，上标"¯"的参数表示量纲一参数。理论推导和实验研究的量纲一时间与量纲一位移相等，即 $\bar{t}=\bar{x}$，见第 5、8、11 章的非线性不稳定分析。因此，不论时空均衡与否，时空模式除了可以采用时/空间轴表面波增长率 $-\bar{\omega}_{\text{i-dom}}/-\bar{k}_{\text{i-dom}}$ 评价射流在时/空间轴上的不稳定性之外，还可以采用量纲一时空表面波增长率来评价时空模式射流在时/空间轴上的整体不稳定性。量纲一时空表面波增长率可以定义为

$$\bar{G}_{\text{ab}}=(-\bar{\omega}_{\text{i-dom}})+(-\bar{k}_{\text{i-dom}}) \tag{1-71}$$

1.7.6.2 时空曲率

时空曲率表达了时空模式中时间轴特征频率与空间轴波数的异同，即三维时空曲线横坐标数值大小的差异。如果三维时空曲线位于 $\bar{\omega}_{\text{r}}$-$\bar{k}_{\text{r}}$ 波数平面 45°方向的垂直平面上，时空曲率为零，时空就是平直的。如果三维时空曲线的一部分或者全部偏离 $\bar{\omega}_{\text{r}}$-$\bar{k}_{\text{r}}$ 波数平面 45°方向的垂直平面，时空曲率不为零，时空就是弯曲的。当时空平直时，特征频率与波数相等，即 $\bar{\omega}_{\text{r}}=\bar{k}_{\text{r}}$；当时空弯曲时，$\bar{\omega}_{\text{r}}\neq\bar{k}_{\text{r}}$，三维时空曲线的支配表面波增长率点会被压弯降低，射流更加稳定，不易碎裂。

1.8 速度流函数和势函数

为了便于求解偏微分控制方程组，引入一个标量函数 $\psi(\text{m}^2/\text{s})$，使得一个纵坐标为 z、横坐标为 x 的平面直角坐标系满足

$$u=\psi_{,z} \tag{1-72}$$

$$w=-\psi_{,x} \tag{1-73}$$

式中，u 为沿 x 方向的扰动速度(m/s)；w 为沿 z 方向的扰动速度(m/s)。称这个标量函数 $\psi(\text{m}^2/\text{s})$为速度流函数，简称流函数。

对于一个纵坐标为 r、横坐标为 z、旋转坐标为 θ 的圆柱坐标系，有

$$u_r=-\frac{1}{r}\psi_{,z} \tag{1-74}$$

$$u_z=\frac{1}{r}\psi_{,r} \tag{1-75}$$

式中，u_r 为沿 r 方向的扰动速度(m/s)；u_z 为沿 z 方向的扰动速度(m/s)；ψ 为流函数(m^3/s)。

同样，为了便于求解偏微分控制方程组，还可以引入另一个标量函数 $\phi(\text{m}^2/\text{s})$，使得一个纵坐标为 z、横坐标为 x 的平面直角坐标系满足

$$u=\phi_{,x} \tag{1-76}$$

$$w=\phi_{,z} \tag{1-77}$$

称这个标量函数 ϕ 为速度势函数，简称势函数。定义：速度矢量等于势函数的梯度，即 $\boldsymbol{u}=\mathrm{grad}\phi$。

平面直角坐标系势函数的二阶偏导数为

$$u_{,x}=\phi_{,xx} \tag{1-78}$$

$$w_{,z}=\phi_{,zz} \tag{1-79}$$

对于一个纵坐标为 r、横坐标为 z、旋转坐标为 θ 的圆柱坐标系，有

$$u_r=\phi_{,r} \tag{1-80}$$

$$u_\theta=\frac{1}{r}\phi_{,\theta} \tag{1-81}$$

$$u_z=\phi_{,z} \tag{1-82}$$

式中，u_θ 为沿 θ 方向的扰动速度(m/s)。圆柱坐标系势函数的二阶偏导数为

$$u_{r,r}=\phi_{,rr} \tag{1-83}$$

$$u_{\theta,\theta}=\frac{1}{r}\phi_{,\theta\theta} \tag{1-84}$$

$$u_{z,z}=\phi_{,zz} \tag{1-85}$$

可以看出，流函数和势函数的一阶偏导数是非线性的，而二阶偏导数则是线性的。扰动速度可以通过流函数 ψ 或势函数 ϕ 联系起来。在解偏微分方程组时，可以减少变量数，便于求解。

采用流函数求解扰动速度和扰动压力已经在《液体喷雾学》[1]的第 2～4 章论述过，本书不再赘述。采用势函数求解扰动速度和扰动压力将在第 5、8、11 章论述到。

1.9　有旋流场和无旋流场

根据定义，流体的涡量等于速度矢量的旋度，而旋度又等于速度矢量与哈密顿算子的叉积，即 $\boldsymbol{\Omega}=\mathrm{rot}\boldsymbol{u}=\nabla\times\boldsymbol{u}$。其中，rot 表示旋度；$\nabla$为哈密顿算子。对于直角坐标系，有

$$\nabla=\boldsymbol{e}_x\frac{\partial}{\partial x}+\boldsymbol{e}_y\frac{\partial}{\partial y}+\boldsymbol{e}_z\frac{\partial}{\partial z} \tag{1-86}$$

式中，$\boldsymbol{e}_x$、$\boldsymbol{e}_y$、$\boldsymbol{e}_z$ 分别为 x、y、z 方向的单位矢量。对于圆柱坐标系，有

$$\nabla=\boldsymbol{e}_\mathrm{r}\frac{\partial}{\partial r}+\boldsymbol{e}_\theta\frac{1}{r}\frac{\partial}{\partial\theta}+\boldsymbol{e}_z\frac{\partial}{\partial z} \tag{1-87}$$

式中，$\boldsymbol{e}_\mathrm{r}$、$\boldsymbol{e}_\theta$、$\boldsymbol{e}_z$ 分别为 r、θ、z 方向上的单位矢量。

下面介绍另一个常用的算子 Δ——拉普拉斯算子，它等于哈密顿算子与哈密顿算子的点积，即 $\Delta=\mathrm{div\,grad}=\nabla\cdot\nabla=\nabla^2$。其中，div 为散度，散度等于哈密顿算子的点积，即 $\mathrm{div}=\nabla\cdot$。对于直角坐标系，拉普拉斯算子为

$$\Delta=\frac{\partial^2}{\partial x^2}+\frac{\partial^2}{\partial y^2}+\frac{\partial^2}{\partial z^2} \tag{1-88}$$

对于圆柱坐标系，拉普拉斯算子为

$$\Delta=\frac{\partial^2}{\partial r^2}+\frac{1}{r}\frac{\partial}{\partial r}+\frac{1}{r^2}\frac{\partial^2}{\partial \theta^2}+\frac{\partial^2}{\partial z^2} \tag{1-89}$$

对于直角坐标系，流场的涡量为

$$\boldsymbol{\Omega}=\nabla\times\boldsymbol{u}=(w_{,y}-v_{,z})\boldsymbol{e}_x+(u_{,z}-w_{,x})\boldsymbol{e}_y+(v_{,x}-u_{,y})\boldsymbol{e}_z \tag{1-90}$$

对于圆柱坐标系，流场的涡量为

$$\boldsymbol{\Omega}=\nabla\times\boldsymbol{u}=\left(\frac{1}{r}u_{z,\theta}-u_{\theta,z}\right)\boldsymbol{e}_r+(u_{r,z}-u_{z,r})\boldsymbol{e}_\theta+\frac{1}{r}[(ru_\theta)_{,r}-u_{r,\theta}]\boldsymbol{e}_z \tag{1-91}$$

当有旋流场时，涡量$\boldsymbol{\Omega}=\mathrm{rot}\boldsymbol{u}=\nabla\times\boldsymbol{u}\neq 0$；当无旋流场时，则涡量$\boldsymbol{\Omega}=\mathrm{rot}\boldsymbol{u}=\nabla\times\boldsymbol{u}=0$。流场有旋必然无势，不能用势函数 ϕ 来描述；而流场无旋必然有势，可以用势函数 ϕ 来描述。对于直角坐标系，无旋有势流场必有$(w_{,y}-v_{,z})=0$、$(u_{,z}-w_{,x})=0$、$(v_{,x}-u_{,y})=0$；对于圆柱坐标系，无旋有势流场必有$\left(\frac{1}{r}u_{z,\theta}-u_{\theta,z}\right)=0$、$(u_{r,z}-u_{z,r})=0$、$[(ru_\theta)_{,r}-u_{r,\theta}]=0$。即$\boldsymbol{\Omega}=\mathrm{rot}\boldsymbol{u}=\nabla\times\boldsymbol{u}=0$ 成立。可以将势函数 ϕ 代入上式进行验证。

根据开尔文定理，无旋即有势；对于正压流体，有势即无黏。正压流体是指流体的内部压力仅与流体的密度有关，而与温度无关。因此，满足下列三个条件中的任何一个的流体均可看作正压流体：①流体的压力仅是密度的单值函数，即 $P=f(\rho)$；②定温流体，$T=\mathrm{const.}$；③定熵流体，$s=\mathrm{const.}$。对于喷雾射流而言，由于喷射过程非常短暂，通常为毫秒级，因此可以近似看作绝热的定熵流体，即正压流体。对于无黏性流体，基流速度和扰动速度均可以用势函数 ϕ 来表示。

必须注意的是，势函数 ϕ 的适用条件与流函数 ψ 的不同。流函数 ψ 适用于不可压缩流体，而无论流体有无黏性；势函数 ϕ 则适用于无黏性流体，而无论流体是否可压缩。对于既无黏性，又不可压缩的理想流体，流函数 ψ 和势函数 ϕ 均可适用。这一点对于射流不稳定性物理模型的建立和色散准则关系式的推导都是至关重要的。流体的可压缩性可以采用马赫数 Ma 来界定。$Ma=\frac{U}{C}$，其中，U 为流体的基流速度(m/s)，C 为声速(m/s)。当 $Ma\leqslant 0.3$ 时为不可压缩流体，而当 $Ma>0.3$ 时为可压缩流体。

1.10 液体喷射的物理模型

1.10.1 线性不稳定性理论的物理模型

平面液膜采用 x 方向、y 方向和 z 方向的直角坐标系，对于色散准则关系式的推导过程中必然会出现双曲函数；圆射流和环状液膜采用 r 方向、θ 方向和 z 方向的圆柱坐标系，对于色散准则关系式的推导过程中必然会出现圆柱系贝塞尔方程和贝塞尔函数。对于目前的线性不稳定性理论的物理模型，平面液膜的液相只有沿喷射方向即 x 方向的液流，基流速度 $U_1\neq 0$，沿 y 方向和 z 方向都没有液流，即基流速度 $V_1=W_1=0$。对于气相，模型可以假设为①静止气体环境，即基流速度 $U_{gj}=V_{gj}=W_{gj}=0$；②仅有沿 x 方向的顺向气流，即基流速度 $U_{gj}\neq 0$、$V_{gj}=W_{gj}=0$；③仅有沿 z 方向的横向气流，即基流速度 $U_{gj}=V_{gj}=0$、$W_{gj}\neq 0$；④既有沿 x 方向的顺向气流，又有沿 z 方向的横向气流，即有 x 方向和 z 方向的复合气流，其基流速度 $U_{gj} \neq 0$、$V_{gj}=0$、$W_{gj} \neq 0$。对于圆射流和环状液膜的液相，模型可以假设为①只有沿喷射方向即 z 方向的液流，基流速度 $U_{z1} \neq 0$，沿 r 方向和 θ 方向都没有液流，即基流速度 $U_{r1}=U_{\theta 1}=0$；②既有沿喷射方向即 z 方向的液流，基流速度 $U_{z1} \neq 0$，又有沿旋转方向即 θ 方向的液流，基流速度 $U_{\theta 1} \neq 0$，但没有沿 r 方向的液流，基流速度 $U_{r1}=0$；③既有沿喷射方向即 z 方向的液流，又有沿旋转方向即 θ 方向的液流，还有沿 r 方向的液流，基流速度 $U_{z1} \neq 0$，$U_{\theta 1} \neq 0$，$U_{r1} \neq 0$。对于气相，模型可以假设为①静止气体环境，即基流速度 $U_{rg}=U_{\theta g}=U_{z1}=0$；②仅有沿 z 方向的顺向气流，即基流速度 $U_{r1}=U_{\theta g}=0$、$U_{zg} \neq 0$；③仅有沿 θ 方向的旋转气流，即基流速度 $U_{rg}=U_{z1}=0$、$U_{\theta g} \neq 0$；④既有沿 z 方向的顺向气流，又有沿 θ 方向的旋转气流，即有 z 方向和 θ 方向的复合气流，其基流速度 $U_{rg}=0$、$U_{\theta g} \neq 0$、$U_{zg} \neq 0$；⑤既有沿 z 方向的顺向气流，又有沿 θ 方向的旋转气流，还有沿 r 方向的横向气流，即有 z 方向、θ 方向和 r 方向的复合气流，其基流速度 $U_{rg} \neq 0$、$U_{\theta g} \neq 0$、$U_{zg} \neq 0$。对于环状液膜的气相，模型可以假设为①静止气体环境，即基流速度 $U_{rgj}=U_{\theta gj}=U_{zgj}=0$；②仅有沿 z 方向的内外环顺向气流，即基流速度 $U_{rgj}=U_{\theta gj}=0$、$U_{zgj} \neq 0$；③仅有沿 θ 方向的内外环旋转气流，即基流速度 $U_{rgj}=U_{zgj}=0$、$U_{\theta gj} \neq 0$；④既有沿 z 方向的内外环顺向气流，又有沿 θ 方向的内外环旋转气流，即有 z 方向和 θ 方向的复合气流，其基流速度 $U_{rgj}=0$、$U_{\theta gj} \neq 0$、$U_{zgj} \neq 0$；⑤既有沿 z 方向的内外环顺向气流，又有沿 θ 方向的内外环旋转气流，还有沿 r 方向的内外环横向气流，即有 z 方向、θ 方向和 r 方向的复合气流，其基流速度 $U_{rgj} \neq 0$、$U_{\theta gj} \neq 0$、$U_{zgj} \neq 0$。

在本书之后，可以继续研究存在锥角的射流线性不稳定性理论的物理模型，将更加符合射流的实际情况。平面液膜将研究的液相既有沿喷射方向即 x 方向的顺向液流，也有沿 y 方向的宽度向和 z 方向的厚度向的液流，即基流速度为 $U_1 \neq 0$、$V_1 \neq 0$、$W_1 \neq 0$ 的复合液流。圆射流和环状液膜将研究的液相既有沿喷射方向即 z 方向的顺向液流，也有沿 r 方向的径向和 θ 方向的旋转向液流，即基流速度为 $U_{z1} \neq 0$、$U_{r1} \neq 0$、$U_{\theta 1} \neq 0$ 的复合液流。目前，我们已经具备了研究锥形射流所需要的所有技术储备，只要有时间，再经过更加繁重的推导过程，就可以出成果。

线性不稳定性理论的控制方程组由质量守恒方程（或称为连续性方程）和纳维-斯托克斯方程组组成，纳维-斯托克斯方程组由 x 方向、y 方向和 z 方向（平面液膜），或者 r 方向、θ 方向和 z 方向（圆射流和环状液膜）的动量守恒方程组成。液相（射流）动量守恒方程组要考虑液体黏性的影响，但由于液体的可压缩性非常小，因而在质量守恒方程中将不考虑液体密度的变化，即 $\rho_1=\text{const.} \neq 0$，$\dfrac{\mathrm{D}\rho_1}{\mathrm{D}t}=0$（D 表示全微分）。液体是黏性不可压缩流体；气相（环境气体，通常为空气）质量守恒方程中可考虑或者不考虑密度的变化。不考虑密度变化，则 $\rho_1=\text{const.} \neq 0$，$\dfrac{\mathrm{D}\rho_1}{\mathrm{D}t}=0$，为不可压缩气体；考虑密度变化，则 $\rho_1 \neq \text{const.}$，$\dfrac{\mathrm{D}\rho_1}{\mathrm{D}t} \neq 0$，为可压缩气体。但在动量守恒方程中将不考虑气体黏性的影响，因为根据 Lin 和 Ibrahim[29] 的研究，在喷雾问题上，环境气体的黏性可以忽略不计，因此气体是无黏性不可压缩或者可压缩流体。由于液相是黏性不可压缩流体，在推导过程中可以使用流函数 ψ，而不能使用势函数 ϕ；气相是无黏性不可压缩或者可压缩流体。当不考虑气体的可压缩性时，气流就是理想流体，在推导过程中流函数 ψ 和势函数 ϕ 均可适用；但当考虑气体的可压缩性时，在推导过程

中可以使用势函数 ϕ，而不能使用流函数 ψ。

然而，即使是能够使用流函数 ψ 或者势函数 ϕ 的情况，也不一定必须使用才能够推导出正确的结果。在解微分方程时，我们曾尝试采用两种方法进行推导。一是消去控制方程组的压力项，保留其他项。该方法可以使用流函数 ψ 或者势函数 ϕ 进行推导；二是保留控制方程组的压力项，消去其他项。该方法使用矢量分析和场论进行推导，而不必使用流函数 ψ 或者势函数 ϕ。第二种方法无论对于有无黏性、是否可压缩流体均可适用，而且推导过程相对简单。我们曾经在满足第一种方法即允许使用流函数 ψ 的条件下，采用这两种方法分别对同一模型下的微分方程的解进行了推导，结果殊途同归，完全相同。证明这两种方法均可适用，是等效的。但是，当流体为既有黏性，又可压缩时（在喷雾研究中并不存在），就不能使用流函数 ψ 或者势函数 ϕ，而只能采用第二种方法进行推导。

线性和非线性不稳定性理论均假设流体为定熵的正压流体，可以使用声速方程进行可压缩气相的推导。

$$C=\sqrt{(p_{,\rho})_s} \tag{1-92}$$

线性不稳定性理论对于控制方程组的定解要引入边界条件，即运动学边界条件、附加边界条件和动力学边界条件，而不设置初始条件。

线性不稳定性理论仅研究第一级波，而不考虑第二级波、第三级波的叠加。如果在连续性方程和纳维-斯托克斯方程组的基础上进行第二级波、第三级波的研究，将使推导过程异常繁复，可能根本推导不出色散准则关系式，因此目前还无法做到。

线性不稳定性理论能够研究瑞利-泰勒波。通常，泰勒波的振幅要比瑞利波的小得多，在多数喷雾射流照片中甚至分辨不出泰勒波；据此，目前大多数学者都忽略了射流气液交界面的泰勒波，而仅研究瑞利波。根据曹建明和他的研究生张叶娟（2019）、戴仁杰（2020）、朱锡玉（2020）、王秉华（2022）、吴宇超（2022）、孙咏（2022）的研究结果表明，只有在涡流强度较大的单向或者近单向旋转气流的情况下，泰勒波才会明显显现出来。还有少数关于瑞利-泰勒波研究的报道[30-34]，在有些流体流动的照片中也能够清晰地看到泰勒波的存在。但通过对瑞利-泰勒波以及多级波的研究才能够解释射流周围卫星液滴的形成过程。在本书中，出于对线性不稳定性基础理论的介绍，我们将首先对相对比较简单的瑞利波进行论述[1]，之后我们将在本书中对瑞利-泰勒波进行研究。

线性不稳定性理论能够对时间模式、空间模式和时空模式的物理模型进行研究。目前，大多数学者对于射流表面波的理论研究采用的是时间模式，采用空间模式和时空模式的研究相对较少。本书采用的时间模式扰动表达式为 $\exp(\omega_r t+\mathrm{i}\omega_i t+\mathrm{i}kx)$，空间模式扰动表达式为 $\exp(-k_i x+\mathrm{i}\omega t+\mathrm{i}k_r x)$，时空模式扰动表达式为 $\exp(-\omega_i t-k_i x+\mathrm{i}\omega_r t+\mathrm{i}kx)$。对于线性不稳定性进行分析，时间模式和空间模式均采用二维时间或者二维空间坐标进行研究，而时空模式则采用三维时空坐标进行研究。曹建明和他的研究生彭畅（2021）、孙咏（2022）、吴宇超（2022）分别对平面液膜、圆射流和环状液膜的时间模式、空间模式和时空模式进行了系统研究，发现在大多数情况下，可以采用时间模式以及时空模式的时间轴对于射流的不稳定性进行研究，只有在小韦伯数和高气液密度比情况下，需采用空间模式以及时空模式的空间轴进行研究。

线性不稳定性理论将对连续性方程和纳维-斯托克斯方程组、运动学边界条件、附加边界条件，以及动力学边界条件进行线性化。此外，还要对气体的黏性项进行简化。

在纳维-斯托克斯控制方程组中，将忽略质量力 F_b 的影响。因为对于喷雾射流来说，弗劳德数(Froude number)Fr 是非常大的。$Fr_1=\sqrt{\frac{U_1^2}{ga}}$。式中，$g$ 为重力加速度(m/s^2)；a 为长度标尺(m)。

20世纪50年代，Squire[35]、Hagerty 和 Shea[36]最先研究了介于不可压缩稳定气体介质中的无黏性平面液膜的不稳定性。认为当平面液膜上下表面的表面波在同一相位时，形成反对称波形，否则为扩展波形。同时，他们和 Fraser 等[37]提出，扩展波形对液体碎裂过程的影响可以忽略不计，因为扩展波形的不稳定度总是小于反对称波形的不稳定度。Lefebvre[13]、Lin 和 Lian[38]、Mansour 和 Chigier[39]、Hashimoto 和 Suzuki[40]、Li 等[17-18]、杜青等[41-43]、曹建明等[44-49]对液膜的不稳定性和碎裂机理进行了大量的理论和实验研究工作。Lin 和 Lian 研究了平面液膜进入不可压缩气流中的时空模式。Li 的主要贡献在于考虑了液体黏性的影响，并分析了平面液膜两侧不同气流流速下的液体碎裂。他首先提出了在液膜两侧气流流速不等时，表面波波形呈现近正对称模式($\alpha\rightarrow\pi$)和近反对称模式($\alpha\rightarrow 0$)的概念，从而将液体表面波的相位差扩展到全方位的 $0\leqslant\theta\leqslant\pi$，使整个线性不稳定性理论变得有序而连贯。杜青等研究了加热条件下液膜的行为和特征。曹建明和 Li 等将环境气体的可压缩性引入了线性不稳定性模型中，为高速空气助力环境下平面液膜的不稳定性分析和碎裂过程研究做出了贡献。曹建明和研究生胡依平(2016)研究了可压缩横向气流对近正/反对称波形平面液膜瑞利表面波不稳定性的影响。结果表明，横向气流对液膜碎裂的影响远远大于顺向气流的影响；气液流速差越小，液膜越稳定；但当气流马赫数达到1时，无论液体喷射速度有多大，液体一出喷嘴就会立即碎裂。

最早的圆射流表面波模式是由 Rayleigh[14]于1878年提出的，他研究了低速非黏性圆射流的碎裂机理，他认为从孔式喷嘴喷射出的圆射流要受到周围气体的扰动，并最先提出了最大表面波增长率(又称为支配表面波增长率)的概念。他得到了低速圆射流碎裂的大颗粒液滴直径与未经扰动的圆射流直径的关系，认为大颗粒液滴的尺寸均匀一致，间隔大致相等。这一结论与后人的理论研究及实验结果基本相符。Weber[4]将低速圆射流的不稳定性理论扩展到黏性流体，研究了低速黏性和非黏性圆射流受气液交界面空气动力作用而形成的不稳定模型，他认为存在一个最小的表面波长 λ_{min} 和最有可能导致圆射流碎裂成为液滴的表面波长 λ_{dom}。当喷嘴出口附近的初始扰动表面波波长小于 λ_{min} 时，受表面张力作用，圆射流的扰动渐缓；当初始扰动表面波波长大于 λ_{min} 时，扰动波振幅增大，并最终达到碎裂波长 λ_b，导致圆射流碎裂。Haenlein[50]将圆射流的表面波模式分为两种，即正/反对称波形。Ohnesorge[51]提出了圆射流碎裂与雷诺数 Re 有关的三种模式，即瑞利模式(Rayleigh)、断续模式(intermittent)和雾化模式(atomization)。对于圆射流表面波模式，Rayleigh、Weber、Haenlein 和 Ohnesorge 的探讨虽在一定程度上反映了雾化的特点，但并没有联系起来考虑。根据线性不稳定性理论，正/反对称波形仅是当气液交界面的阶数 $n=0$、相位角 $\alpha=\pi$ 和 $n=1$、$\alpha=0$ 时的特例，它们基本能够代表大多数柱形圆射流的雾化情况。随后，Keller 等[52]、Sterling 和 Sleicher[53]研究了空气动力对位于运动气流中的圆射流的影响。他们的研究结果表明，圆射流喷射进入气体介质中的不稳定性有其规则可循，并逐步形成了喷雾的不稳定性理论体系。之后，Reitz[54]、Lefebvre[13]、Li[55]、史绍熙等[56-60]、杜青等[61-63]、曹建明等[64-66]众多学者应用线性不稳定性理论对圆射流的雾化机理进行了研究。曹建明和他的研究生刘松(2017)、戴仁杰(2020)、吴宇超(2022)研究了不可压缩/可压缩顺向和旋转向复合气流对圆射流正/反对称波形表面波不稳定性和碎裂过程的影响。

环状液膜射流受环境气体的扰动作用,在喷嘴出口处就产生了波动,其碎裂长度比平面液膜射流的短。Fraser 等[37]认为,当环状液膜射流内外环的表面波在同一相位时,形成反对称波形,否则为扩展波形,扩展波形对液体碎裂过程的影响可以忽略不计,因为其不稳定度总是小于反对称波形。Ooms[67]在假设气体、液体均为理想流体的前提下,提出了环状液膜射流的不稳定性分析模型。Dijkstra 和 Steen[68]应用连续性方程建立了环状液膜的线性不稳定性模型,研究了热毛细作用对射流不稳定度的影响。Carron 和 Best[69]、Takamatsu 等[70]探讨了微重力条件下环状液膜射流的时间模式不稳定性。Hashimoto 等[71]采用高速摄影技术研究了液体射流以流速 $U_l \leqslant 4$ m/s 喷射进入气流流速 $U_g \leqslant 30$ m/s 环境中环状液膜的碎裂过程,他们观察到了明显的不稳定表面波波形,在射流的下游区域环状液膜碎裂,并形成大量的细小液滴。Radwan 等[72]研究了环状液膜射流的磁流体动力学特性。Alleborn 等[73]研究了非牛顿流体环状液膜射流喷射进入无黏性环境介质中的不稳定性。Jeandel 和 Dumouchel[74]将液体黏性的影响引入环状液膜射流的线性不稳定性分析中。刘联胜等[75]研究了环状出口气泡雾化喷嘴出口下游液膜随气液密度比变化而碎裂的过程和喷雾特性。严春吉和解茂昭[76-78]应用线性不稳定性理论研究了正/反对称波形环状液膜射流喷射进入可压缩气流中的不稳定性,指出射流的不稳定度与雷诺数、韦伯数、马赫数、气液密度比、液膜半径与厚度比等因素有关。Li 和 Shen[79-81]、Cao[82,83]应用线性不稳定性理论研究了位于内外环顺向不同气液流速比下环状液膜射流的不稳定性和碎裂过程,并采用闪光摄影技术研究了环状液膜表面波的波形和碎裂长度,将理论结果与实验数据进行了对比分析。杜青等[84,85]研究了不可压缩旋转气流对正/反对称波形环状液膜表面波不稳定性和碎裂过程的影响。曹建明和他的研究生张书义(2017)、朱锡玉(2020)、王秉华(2022)、孙咏(2022)、吴宇超(2022)研究了不可压缩/可压缩顺向和旋转复合气流对环状液膜正/反对称波形表面波不稳定性和碎裂过程的影响。

应用线性不稳定性理论对射流的瑞利-泰勒双向波的研究要少得多。曹建明和他的研究生张叶娟(2019)研究了可压缩顺向和横向复合气流对平面液膜正/反对称波形时间模式瑞利-泰勒表面波不稳定性的影响。曹建明和他的研究生戴仁杰(2020)、王秉华(2022)、孙咏(2022)、吴宇超(2022)研究了可压缩顺向和旋转向复合气流对正/反对称波形 n 阶圆射流时间模式瑞利-泰勒表面波不稳定性的影响。曹建明和他的研究生朱锡玉(2020)、王秉华(2022)、孙咏(2022)研究了可压缩顺向和旋转向复合气流对正/反对称波形环状液膜时间模式瑞利-泰勒表面波不稳定性的影响。除了对液体射流进行研究以外,运用不稳定性理论还可以对平面或者环状气膜进行探讨。在这种情况下,就需要采用实际气体的 L-K 对比态方程及其混合法则[86]对物理参数进行数值计算。

应用线性不稳定性理论对空间模式和时空模式物理模型的研究较少。Gaster[16]、Li 和他的研究生 Shen[19,20]、史绍熙等[15]对其进行了研究。曹建明和他的研究生彭畅(2022)研究了平面液膜瑞利波喷射进入可压缩顺向气流中的空间模式和时空模式。曹建明和他的研究生孙咏(2022)、吴宇超(2022)研究了 n 阶圆射流瑞利波喷射进入不可压缩顺向气流中的空间模式和时空模式。曹建明和他的研究生孙咏(2022)研究了环状液膜瑞利波喷射进入不可压缩顺向气流中的空间模式和时空模式,使得对于射流不稳定性的理论研究变得愈加清晰和完善。

上述成果均是应用线性不稳定性理论研究取得的[87,88]。

1.10.2　非线性不稳定性理论的物理模型

对于非线性不稳定性理论的物理模型,平面液膜的液相只有沿喷射方向即 x 方向的液流,基流速度 $U_1 \neq 0$;沿 y 方向和 z 方向都没有液流,基流速度 $V_1 = W_1 = 0$。圆射流和环状液膜的液相只有沿喷射方向即 z 方向的液流,基流速度 $U_{z1} \neq 0$;沿 r 方向和 θ 方向都没有液流,基流速度 $U_{z1} = U_{\theta 1} = 0$。平面液膜、圆射流和环状液膜的气相均假设为各处密度相等的静止气体环境。模型的数量相对于线性不稳定性理论的要少得多。

非线性不稳定性理论要比线性不稳定性理论的推导过程繁复得多,其控制方程组为连续性方程和机械能守恒方程。为了简化物理模型,假设液相和气相均为非黏性不可压缩的定熵正压理想流体。在推导过程中流函数 ψ 和势函数 ϕ 均可适用。在作者的推导过程中,仅使用了势函数 ϕ。由于假设液相和气相均为理想流体,因此液相和气相压力均可以采用机械能守恒的伯努利方程直接求取,而不必应用连续性方程和纳维-斯托克斯方程组求取扰动压力,使得压力的求取大为简化。伯努利方程的适用条件就是流体必须假设为理想流体。但此方法局限性较大,仅仅适用于液相和气相均为无黏性,且不可压缩的理想流体。若要研究黏性不可压缩或者黏性可压缩流体,则必须应用连续性方程和纳维-斯托克斯方程组求解,推导得到色散准则关系式。这样一来,就无法避免动量守恒方程组中的非线性问题,加之边界条件中的非线性问题,将会使得推导过程异常繁复。因此,目前研究黏性流体只能采用线性不稳定性理论方法。

共轭复数模式非线性不稳定性理论对于控制方程组的定解除了要引入边界条件,即运动学边界条件和动力学边界条件以外,还要设置初始条件。否则,求取控制方程组定解的条件就不充分,无法求解。而时空模式非线性不稳定性理论则不必设置初始条件也能够求得气液相微分方程的定解,尽管时空模式的扰动振幅也同样能够满足共轭复数模式的初始条件,而且时空模式非线性不稳定性理论能够很好地与线性不稳定性理论相衔接。

非线性不稳定性理论首先要推导出第一级波、第二级波和第三级波的控制方程组、运动学边界条件和动力学边界条件,进而将根据初始条件和边界条件推导出控制方程组的解,并做出多级波的波形图,以及波形叠加图。除此之外,它还能够预测表面波的碎裂长度和碎裂时间。推导过程中,控制方程组、运动学边界条件和动力学边界条件均不允许进行任何形式的线性化。因此是完全形式的非线性不稳定性理论,有别于近似非线性不稳定性理论和弱非线性不稳定性理论。表面波增长率 $\bar{\omega}_{\mathrm{i}}$ 和波数 $\bar{k}$ 的表达式以及表面波振幅解的表达式均是显函数形式的。因此,在应用 MATLAB 软件或者 FORTRAN 语言编制程序进行数值计算时,就不必再使用穆勒方法,使得编程过程大为简化。

非线性不稳定性理论仅用于研究正/反对称波形的瑞利波。近正/反对称波形的瑞利-

泰勒联合波的非线性研究相对比较繁复，目前还无法做到。非线性不稳定性理论的物理模型尽管简单（如：液相和气相均假设为理想流体，各处密度相等的静止气体环境，可以采用伯努利方程，仅研究正/反对称波形的瑞利波等），但由于要研究多级波，推导过程仍然是非常繁复的。平面液膜、圆射流、环状液膜每种射流的推导步骤都达到了数百步。此外，还将平面液膜依据非线性不稳定性理论推导得到的第一级波支配表面波增长率 $\bar{\omega}_{\text{i-dom1}}$ 和支配波数 $\bar{k}_{\text{dom}}$ 显式关系式数值计算结果与依据线性不稳定性理论推导得到的第一级波支配表面波增长率 $\bar{\omega}_{\text{r-dom}}$ 和支配波数 $\bar{k}_{\text{dom}}$ 的隐式色散准则关系式数值计算数据进行了对比，发现二者的计算结果几乎完全相同。说明当液体黏度不大、气体的可压缩性可以忽略不计时（$Ma\leqslant 0.3$），线性与非线性不稳定性的研究方法是等效的。

1972 年，Clarck 和 Dombrowski[89]应用非线性不稳定性理论建立了平面液膜反对称波形二级表面波的非线性不稳定性模型。Jazayeri 和 Li[12]将非线性不稳定性模型推导到了反对称波形三级表面波，并绘制出了三级表面波的波形叠加图，预测了平面液膜的碎裂长度，他们发现射流碎裂长度会随着初始扰动振幅和气液密度比的增大而减小。曹建明和他的研究生王德超(2018)应用非线性不稳定性理论，首先推导出了正/反对称波形三级波的控制方程组和边界条件，继而运用 Jazayeri 和 Li 的共轭复数模式表面波扰动振幅初始函数表达式推导出了正/反对称波形第一级波的解和反对称波形第二级波的解，与 Jazayeri 和 Li 的方程及其解基本相符。2020 年，曹建明和他的研究生张凯姝(2020)应用非线性不稳定性理论，根据时空模式表面波扰动振幅初始函数表达式推导出了正/反对称波形三级波的解。进行数值计算，绘制了三级波的波形图和波形叠加图，预测了表面波的碎裂长度和碎裂时间。在此基础上，还将非线性不稳定性理论对于支配表面波增长率显式方程的计算结果与线性不稳定性理论隐式方程的计算结果进行了对比，发现两者几乎完全一致。说明在液体黏度不太大的情况下（如水和低黏度燃料），可以用非线性的显式方程代替线性的隐式方程，使得数值计算过程大为简化。

1970 年，Nayfeh[11]就应用非线性不稳定性理论建立了圆射流二级表面波的非线性不稳定性模型。Chaudhary 等[90,91]建立了三级表面波振幅解的模型。Ibrahim 和 Lin[92]对射流碎裂的线性不稳定性理论和非线性不稳定性理论进行了对比分析，提出非线性表面波的振幅增长率要比线性的大，线性不稳定性理论适用于对射流碎裂发生的预测，而非线性不稳定性理论则适用于对射流碎裂结果的分析。Ibrahim 和 Lin 把这种非线性不稳定性分析称作“弱非线性不稳定性理论”。Mashayek 和 Shgriz[93]建立了射流扰动的非线性热量传输模型，指出射流和周围环境的温度场将影响液体的表面张力系数，从而对射流的不稳定性和“卫星”液滴的形成造成影响。Huynh 等[94]建立了圆射流三级表面波振幅解的模型，预测的碎裂时间在一个较宽的范围内变化。Park 等[95]研究了低速射流正对称波形主液滴和“卫星”液滴的非线性变形，指出主液滴与“卫星”液滴的直径比在一定的波数和波长范围内几乎固定不变。Ibrahim 和 Jog[96]建立了空气助力下涡旋圆射流反对称波形表面波非线性振幅解的模型，探讨了喷射顺向气液流速比和涡旋数对圆射流不稳定性和碎裂长度的影响。Elmonem[97]应用线性不稳定性理论和非线性不稳定性理论研究了位于放电场中的圆射流正/反对称波形时间模式的不稳定性，用线性不稳定性分析推导出了色散准则关系式，以研究气液交界面的波形；非线性不稳定性分析应用 Ginzburg-Landau 控制方程和 Schrodinger

修正控制方程,以研究位于一定放电时间内电场中圆射流表面波振幅的不稳定性。圆射流的非线性不稳定性理论虽然推导到了三级表面波,但由于圆射流的推导过程较平面液膜的复杂,模型相对更为简单。除了假设液流和气流均为理想流体,以及静止气体环境以外,还在初始条件中假设圆射流的初始速度为零,液流的韦伯数等于 1 等。由于工况太过特殊,普适性较差。曹建明和他的研究生舒力(2018)、张凯姝(2020)应用非线性不稳定性理论推导出了圆射流时空模式正对称波形三级波的控制方程组和边界条件,继而推导出了三级波的解。通过进行数值计算,绘制了三级波的波形图和波形叠加图,预测了表面波的碎裂长度和碎裂时间。模型假设初始速度不为零,液流的韦伯数可以是任意值,与圆射流喷雾的实际情况更为接近,普适性更好。

1995 年,Lin[98] 建立了研究正对称模式黏弹性环状液膜的近似非线性模型,以探讨黏弹性的液体表面张力、重力、黏性、惯性、弹性等因素对射流不稳定性的影响。Lin 等[99] 应用长波近似方法(假设射流表面波的振幅与波长相比为小量)研究了环状液膜的非线性碎裂问题,并对线性不稳定性理论和长波近似非线性不稳定性理论进行了比较。结果表明,长波近似非线性不稳定性理论能够模拟三维射流,而线性不稳定性理论只研究到二维模型。Mehring 和 Sirignano[100] 采用减维近似方法研究了环状液膜射流的表面波形和碎裂时间。发现非线性数值解能够修正线性解对表面波波形的描述,不同表面波模式的射流碎裂时间也不相同。Ibrahim 和 Jog 不仅应用非线性不稳定性理论建立了圆射流的非线性振幅解模型[96],还建立了环状液膜射流的时间模式非线性振幅解模型[101-103]。通过对环状燃料液膜喷射进入内外环流速相等气流环境中的非线性不稳定性和射流碎裂长度的理论和实验研究,表明内外环气流均是环状液膜不稳定和碎裂的促进因素,且内环气流起主导作用;与单侧气流相比,高速双侧气流更能改善雾化效果,这与 Li 和 Shen[79-81]、曹建明[82,83] 应用线性不稳定性分析得到的结论一致。他们还研究了正对称模式环状液膜射流喷射进入外环为旋转气流环境的模型,探讨了韦伯数,初始扰动振幅,内、外环气液流速比和外环涡流强度对环状液膜碎裂时间的影响,并经过了实验验证。还对应用线性不稳定性理论和非线性不稳定性理论预测的环状液膜碎裂长度进行了比较。指出外环旋转气流比内环顺向气流更能促进环状液膜的碎裂,这与杜青等[84,85] 应用线性不稳定性分析得到的结论正好相反。究其原因,是因为杜青等的线性不稳定性分析研究的是刚性涡流,而 Ibrahim 和 Jog 的非线性不稳定性分析研究的是势涡流。曹建明和他的研究生张书义(2017)、李雯霖(2019)应用线性不稳定性理论研究了顺向和旋转向复合不可压缩气流对环状液膜瑞利波不稳定性的影响,分别对刚性涡流和势涡流进行了研究,其中,刚性涡流的结果与杜青等的完全一致,势涡流的结果与 Ibrahim 和 Jog 的一致。继而还研究了顺向、旋转向和横向复合可压缩气流对环状液膜不稳定性的影响。曹建明和他的研究生张凯姝(2020)应用非线性不稳定性理论推导出了环状液膜时空模式正/反对称波形三级波的控制方程组和边界条件,并推导出了三级波的解。通过进行数值计算,绘制出了三级波的波形图和波形叠加图,预测了表面波的碎裂长度。模型假设初始速度不为零,液流的韦伯数可以是任意值。

上述成果多是应用非线性不稳定性理论对瑞利单向波研究取得的,对瑞利-泰勒双向波的非线性不稳定性理论研究尚未见报道。

1.11 参数的量纲一化

将有量纲参数化为量纲一参数。

(1) 坐标

平面液膜——有量纲参数：x(m)，y(m)，z(m)；量纲一参数：$\bar{x}=\dfrac{x}{a}$，$\bar{y}=\dfrac{y}{a}$，$\bar{z}=\dfrac{z}{a}$。

圆射流和环状液膜坐标——有量纲参数：r(m)，θ(rad)，z(m)；量纲一参数：$\bar{r}=\dfrac{r}{a}$，θ，$\bar{z}=\dfrac{z}{a}$。

(2) 初始长度

平面液膜初始半厚度——有量纲参数：a(m)；量纲一参数：$\dfrac{a}{a}=1$。

圆射流初始半径——有量纲参数：a(m)；量纲一参数：$\dfrac{a}{a}=1$。

环状液膜内外环半径——有量纲参数：r_{i}(m)，r_{o}(m)；量纲一参数：$\bar{r}_{\mathrm{i}}=\dfrac{r_{\mathrm{i}}}{a}$，$\bar{r}_{\mathrm{o}}=\dfrac{r_{\mathrm{o}}}{a}$。

环状液膜初始半厚度——有量纲参数：$a=\dfrac{r_{\mathrm{o}}-r_{\mathrm{i}}}{2}$(m)；量纲一参数：$\dfrac{a}{a}=1$。

(3) 初始扰动振幅

有量纲参数：ξ_0(m)；量纲一参数：$\bar{\xi}_0=\dfrac{\xi_0}{a}$。

(4) 扰动振幅

平面液膜和环状液膜——有量纲参数：ξ_j(m)；量纲一参数：$\bar{\xi}_j=\dfrac{\xi_j}{a}$。

圆射流扰动振幅——有量纲参数：ξ(m)；量纲一参数：$\bar{\xi}=\dfrac{\xi}{a}$。

(5) 气液交界面处流体质点位移

平面液膜——有量纲参数：$z_1=a+\xi_1$(m)，$z_2=-a+\xi_2$(m)；量纲一参数：$\bar{z}_1=1+\bar{\xi}_1$，$\bar{z}_2=-1+\bar{\xi}_2$。

圆射流——有量纲参数：$r=a+\xi$(m)；量纲一参数：$\bar{r}=1+\bar{\xi}$。

环状液膜——有量纲参数：$r_1=r_{\mathrm{i}}+\xi_{\mathrm{i}}$(m)，$r_2=r_{\mathrm{o}}+\xi_{\mathrm{o}}$(m)；量纲一参数：$\bar{r}_1=\bar{r}_{\mathrm{i}}+\bar{\xi}_{\mathrm{i}}$，$\bar{r}_2=\bar{r}_{\mathrm{o}}+\bar{\xi}_{\mathrm{o}}$。

(6) 密度

平面液膜和环状液膜——有量纲参数：液体密度 ρ_{l}(kg/m^3)，气体密度 $\rho_{\mathrm{g}j}$(kg/m^3)；量纲一参数：气液密度比 $\bar{\rho}_j=\dfrac{\rho_{\mathrm{g}j}}{\rho_{\mathrm{l}}}$。

圆射流密度——有量纲参数：液体密度 ρ_{l}(kg/m^3)，气体密度 ρ_{g}(kg/m^3)；量纲一参

数：气液密度比 $\bar{\rho}=\dfrac{\rho_g}{\rho_l}$。

(7) 基流速度

平面液膜——有量纲参数：液相基流速度 U_l(m/s)，V_l(m/s)，W_l(m/s)；气相基流速度 U_{gj}(m/s)，V_{gj}(m/s)，W_{gj}(m/s)；量纲一参数：液流流速比 $\bar{U}_l=\dfrac{U_l}{U_{kl}}$，$\bar{V}_l=\dfrac{V_l}{U_{kl}}$，$\bar{W}_l=\dfrac{W_l}{U_{kl}}$；气流流速比 $\bar{U}_{gj}=\dfrac{U_{gj}}{U_{kgj}}$，$\bar{V}_{gj}=\dfrac{V_{gj}}{U_{kgj}}$，$\bar{W}_{gj}=\dfrac{W_{gj}}{U_{kgj}}$；气液流速比 $\bar{U}_j=\dfrac{U_{gj}}{U_{kl}}$，$\bar{V}_j=\dfrac{V_{gj}}{U_{kl}}$，$\bar{W}_j=\dfrac{W_{gj}}{U_{kl}}$。

圆射流——有量纲参数：液相基流速度 U_{rl}(m/s)，$U_{\theta l}$(m/s)，U_{zl}(m/s)；气相基流速度 U_{rg}(m/s)，$U_{\theta g}$(m/s)，U_{zg}(m/s)；量纲一参数：液流流速比 $\bar{U}_{rl}=\dfrac{U_{rl}}{U_{kl}}$，$\bar{U}_{\theta l}=\dfrac{U_{\theta l}}{U_{kl}}$，$\bar{U}_{zl}=\dfrac{U_{zl}}{U_{kl}}$；气流流速比 $\bar{U}_{rg}=\dfrac{U_{rg}}{U_{kg}}$，$\bar{U}_{\theta g}=\dfrac{U_{\theta g}}{U_{kg}}$，$\bar{U}_{zg}=\dfrac{U_{zg}}{U_{kg}}$；气液流速比 $\bar{U}_r=\dfrac{U_{rg}}{U_{kl}}$，$\bar{U}_\theta=\dfrac{U_{\theta g}}{U_{kl}}$，$\bar{U}_z=\dfrac{U_{zg}}{U_{kl}}$。

环状液膜——有量纲参数：液相基流速度 U_{rl}(m/s)，$U_{\theta l}$(m/s)，U_{zl}(m/s)；气相基流速度 U_{rgj}(m/s)，$U_{\theta gj}$(m/s)，U_{zgj}(m/s)；量纲一参数：液流流速比 $\bar{U}_{rl}=\dfrac{U_{rl}}{U_{kl}}$，$\bar{U}_{\theta l}=\dfrac{U_{\theta l}}{U_{kl}}$，$\bar{U}_{zl}=\dfrac{U_{zl}}{U_{kl}}$；气流流速比 $\bar{U}_{rgj}=\dfrac{U_{rgj}}{U_{kgj}}$，$\bar{U}_{\theta gj}=\dfrac{U_{\theta gj}}{U_{kgj}}$，$\bar{U}_{zgj}=\dfrac{U_{zgj}}{U_{kgj}}$；气液流速比 $\bar{U}_{rj}=\dfrac{U_{rgj}}{U_{kl}}$，$\bar{U}_{\theta j}=\dfrac{U_{\theta gj}}{U_{kl}}$，$\bar{U}_{zj}=\dfrac{U_{zgj}}{U_{kl}}$。

(8) 基流气液流速差

平面液膜——有量纲参数：$U_{dj}=|U_{kl}-U_{gj}|$(m/s)，$V_{dj}=|U_{kl}-V_{gj}|$(m/s)，$W_{dj}=|U_{kl}-W_{gj}|$(m/s)；量纲一参数：$\bar{U}_{dj}=\left|\dfrac{U_{dj}}{U_{kl}}\right|=|1-\bar{U}_j|$，$\bar{V}_{dj}=\left|\dfrac{V_{dj}}{U_{kl}}\right|=|1-\bar{V}_j|$，$\bar{W}_{dj}=\left|\dfrac{W_{dj}}{U_{kl}}\right|=|1-\bar{W}_j|$。

圆射流——有量纲参数：$U_{rd}=|U_{kl}-U_{rg}|$(m/s)，$U_{\theta d}=|U_{kl}-U_{\theta g}|$(m/s)，$U_{zd}=|U_{kl}-W_{zg}|$(m/s)；量纲一参数：$\bar{U}_{rd}=\left|\dfrac{U_{rd}}{U_{kl}}\right|=|1-\bar{U}_r|$，$\bar{U}_{\theta d}=\left|\dfrac{U_{\theta d}}{U_{kl}}\right|=|1-\bar{U}_\theta|$，$\bar{U}_{zd}=\left|\dfrac{U_{zd}}{U_{kl}}\right|=|1-\bar{U}_z|$。

环状液膜——有量纲参数：$U_{rdj}=|U_{kl}-U_{rgj}|$(m/s)，$U_{\theta dj}=|U_{kl}-U_{\theta gj}|$(m/s)，$U_{zdj}=|U_{kl}-W_{zgj}|$(m/s)；量纲一参数：$\bar{U}_{rdj}=\left|\dfrac{U_{rdj}}{U_{kl}}\right|=|1-\bar{U}_{rj}|$，$\bar{U}_{\theta dj}=\left|\dfrac{U_{\theta dj}}{U_{kl}}\right|=|1-\bar{U}_{\theta j}|$，$\bar{U}_{zdj}=\left|\dfrac{U_{zdj}}{U_{kl}}\right|=|1-\bar{U}_{zj}|$。

(9) 扰动速度分量

平面液膜——液相有量纲参数：u_1(m/s)，v_1(m/s)，w_1(m/s)；气相有量纲参数：u_{gj}(m/s)，v_{gj}(m/s)，w_{gj}(m/s)；液相量纲一参数：$\bar{u}_1=\dfrac{u_1}{U_{k1}}$，$\bar{v}_1=\dfrac{v_1}{U_{k1}}$，$\bar{w}_1=\dfrac{w_1}{U_{k1}}$；气相量纲一参数：$\bar{u}_{gj}=\dfrac{u_{gj}}{U_{kgj}}$，$\bar{v}_{gj}=\dfrac{v_{gj}}{U_{kgj}}$，$\bar{w}_{gj}=\dfrac{\bar{w}_{gj}}{U_{kgj}}$。

圆射流——液相有量纲参数：u_{r1}(m/s)，$u_{\theta 1}$(m/s)，u_{z1}(m/s)；气相有量纲参数：u_{rg}(m/s)；$u_{\theta g}$(m/s)，u_{zg}(m/s)；液相量纲一参数：$\bar{u}_{r1}=\dfrac{u_{r1}}{U_{k1}}$，$\bar{u}_{\theta 1}=\dfrac{u_{\theta 1}}{U_{k1}}$，$\bar{u}_{z1}=\dfrac{u_{z1}}{U_{k1}}$；气相量纲一参数：$\bar{u}_{rg}=\dfrac{u_{rg}}{U_{kg}}$，$\bar{u}_{\theta g}=\dfrac{u_{\theta g}}{U_{kg}}$，$\bar{u}_{zg}=\dfrac{\bar{u}_{zg}}{U_{kg}}$。

环状液膜——液相有量纲参数：u_{r1}(m/s)，$u_{\theta 1}$(m/s)，u_{z1}(m/s)；气相有量纲参数：u_{rgj}(m/s)，$u_{\theta gj}$(m/s)，u_{zgj}(m/s)；液相量纲一参数：$\bar{u}_{r1}=\dfrac{u_{r1}}{U_{k1}}$，$\bar{u}_{\theta 1}=\dfrac{u_{\theta 1}}{U_{k1}}$，$\bar{u}_{z1}=\dfrac{u_{z1}}{U_{k1}}$；气相量纲一参数：$\bar{u}_{rgj}=\dfrac{u_{rgj}}{U_{kgj}}$，$\bar{u}_{\theta gj}=\dfrac{u_{\theta gj}}{U_{kgj}}$，$\bar{u}_{zgj}=\dfrac{\bar{u}_{zgj}}{U_{kgj}}$。

(10) 合流速度分量

平面液膜——液相有量纲参数：$u_{1\text{-tot}}=U_1+u_1$(m/s)，$v_{1\text{-tot}}=V_1+v_1$(m/s)，$w_{1\text{-tot}}=W_1+w_1$(m/s)；气相有量纲参数：$u_{gj\text{-tot}}=U_{gj}+u_{gj}$(m/s)，$v_{gj\text{-tot}}=V_{gj}+v_{gj}$(m/s)，$w_{gj\text{-tot}}=W_{gj}+w_{gj}$(m/s)；液相量纲一参数：$\bar{u}_{1\text{-tot}}=\dfrac{u_{1\text{-tot}}}{U_{k1}}=\bar{U}_1+\bar{u}_1$，$\bar{v}_{1\text{-tot}}=\dfrac{v_{1\text{-tot}}}{U_{k1}}=\bar{V}_1+\bar{v}_1$，$\bar{w}_{1\text{-tot}}=\dfrac{\bar{w}_{1\text{-tot}}}{U_{k1}}=\bar{W}_1+\bar{w}_1$；气相量纲一参数：$\bar{u}_{gj\text{-tot}}=\dfrac{u_{gj\text{-tot}}}{U_{kgj}}=\bar{U}_{gj}+\bar{u}_{gj}$，$\bar{v}_{gj\text{-tot}}=\dfrac{v_{gj\text{-tot}}}{U_{kgj}}=\bar{V}_{gj}+\bar{v}_{gj}$，$\bar{w}_{gj\text{-tot}}=\dfrac{w_{gj\text{-tot}}}{U_{kgj}}=\bar{W}_{gj}+\bar{w}_{gj}$。

圆射流——液相有量纲参数：$u_{r1\text{-tot}}=U_{r1}+u_{r1}$(m/s)，$u_{\theta 1\text{-tot}}=U_{\theta 1}+u_{\theta 1}$(m/s)，$u_{z1\text{-tot}}=U_{z1}+u_{z1}$(m/s)；气相有量纲参数：$u_{rg\text{-tot}}=U_{rg}+u_{rg}$(m/s)，$u_{\theta g\text{-tot}}=U_{\theta g}+u_{\theta g}$(m/s)，$u_{zg\text{-tot}}=U_{zg}+u_{zg}$(m/s)；液相量纲一参数：$\bar{u}_{r1\text{-tot}}=\dfrac{u_{r1\text{-tot}}}{U_{k1}}=\bar{U}_{r1}+\bar{u}_{r1}$，$\bar{u}_{\theta 1\text{-tot}}=\dfrac{u_{\theta 1\text{-tot}}}{U_{k1}}=\bar{U}_{\theta 1}+\bar{u}_{\theta 1}$，$\bar{u}_{z1\text{-tot}}=\dfrac{u_{z1\text{-tot}}}{U_{k1}}=\bar{U}_{z1}+\bar{u}_{z1}$；气相量纲一参数：$\bar{u}_{rg\text{-tot}}=\dfrac{u_{rg\text{-tot}}}{U_{kg}}=\bar{U}_{rg}+\bar{u}_{rg}$，$\bar{u}_{\theta g\text{-tot}}=\dfrac{u_{\theta g\text{-tot}}}{U_{kg}}=\bar{U}_{\theta g}+\bar{u}_{\theta g}$，$\bar{u}_{zg\text{-tot}}=\dfrac{u_{zg\text{-tot}}}{U_{kg}}=\bar{U}_{zg}+\bar{u}_{zg}$。

环状液膜——液相有量纲参数：$u_{r1\text{-tot}}=U_{r1}+u_{r1}$(m/s)，$u_{\theta 1\text{-tot}}=U_{\theta 1}+u_{\theta 1}$(m/s)，$u_{z1\text{-tot}}=U_{z1}+u_{z1}$(m/s)；气相有量纲参数：$u_{rgj\text{-tot}}=U_{rgj}+u_{rgj}$(m/s)，$u_{\theta gj\text{-tot}}=U_{\theta gj}+u_{\theta gj}$(m/s)，$u_{zgj\text{-tot}}=U_{zgj}+u_{zgj}$(m/s)；液相量纲一参数：$\bar{u}_{r1\text{-tot}}=\dfrac{u_{r1\text{-tot}}}{U_{k1}}=\bar{U}_{r1}+\bar{u}_{r1}$，$\bar{u}_{\theta 1\text{-tot}}=\dfrac{u_{\theta 1\text{-tot}}}{U_{k1}}=\bar{U}_{\theta 1}+\bar{u}_{\theta 1}$，$\bar{u}_{z1\text{-tot}}=\dfrac{u_{z1\text{-tot}}}{U_{k1}}=\bar{U}_{z1}+\bar{u}_{z1}$；气相量纲一参数：$\bar{u}_{rgj\text{-tot}}=\dfrac{u_{rgj\text{-tot}}}{U_{kgj}}=\bar{U}_{zr}+\bar{u}_{rgj}$，

$\bar{u}_{\theta gj\text{-tot}}=\dfrac{u_{\theta gj\text{-tot}}}{U_{kgj}}=\bar{U}_{\theta gj}+\bar{u}_{\theta gj}$，$\bar{u}_{zgj\text{-tot}}=\dfrac{u_{zgj\text{-tot}}}{U_{kgj}}=\bar{U}_{zgj}+\bar{u}_{zgj}$。

(11) 扰动压力

平面液膜和环状液膜——有量纲参数：液体扰动压力 p_l(MPa)；气体扰动压力 p_{gj}(MPa)；量纲一参数：液体扰动压力 $\bar{p}_l=\dfrac{p_l}{P_l}$；气体扰动压力 $\bar{p}_{gj}=\dfrac{p_{gj}}{P_g}$。

圆射流——有量纲参数：液体扰动压力 p_l(MPa)；气体扰动压力 p_g(MPa)；量纲一参数：液体扰动压力 $\bar{p}_l=\dfrac{p_l}{P_l}$；气体扰动压力 $\bar{p}_g=\dfrac{p_g}{P_g}$。

(12) 总压力

平面液膜和环状液膜——有量纲参数：液体总压力 $p_{l\text{-tot}}=P_l+p_l$(MPa)；气体总压力 $p_{gj\text{-tot}}=P_g+p_{gj}$(MPa)；量纲一参数：液体总压力 $\bar{p}_{l\text{-tot}}=\dfrac{p_{l\text{-tot}}}{P_l}=1+\bar{p}_l$；气体总压力 $\bar{p}_{gj\text{-tot}}=\dfrac{p_{gj\text{-tot}}}{P_g}=1+\bar{p}_{gj}$。

圆射流——有量纲参数：液体总压力 $p_{l\text{-tot}}=P_l+p_l$(MPa)；气体总压力 $p_{g\text{-tot}}=P_g+p_g$(MPa)；量纲一参数：液体总压力 $\bar{p}_{l\text{-tot}}=\dfrac{p_{l\text{-tot}}}{P_l}=1+\bar{p}_l$；气体总压力 $\bar{p}_{g\text{-tot}}=\dfrac{p_{g\text{-tot}}}{P_g}=1+\bar{p}_g$；气液压力比 $\bar{P}=\dfrac{P_g}{P_l}$。

(13) 时间

有量纲参数：t(s)；量纲一参数：$\bar{t}=\dfrac{t}{a/U_{z1}}$。

(14) 圆频率

有量纲参数：$\omega(\mathrm{s}^{-1})$；量纲一参数：$\bar{\omega}=\dfrac{a}{U_{z1}}\omega$。

(15) 波数

有量纲参数：$k_{x/y/z/r}(\mathrm{m}^{-1})$；量纲一参数：$\bar{k}_{x/y/z/r}=k_{x/y/z/r}a$，$k_\theta$。

(16) 旋转角度

量纲一参数：θ。

(17) 速度流函数

平面液膜——有量纲参数：$\psi(\mathrm{m}^2/\mathrm{s})$；量纲一参数：$\bar{\psi}=\dfrac{1}{aU_{z1}}\psi$。

圆射流和环状液膜——有量纲参数：$\psi(\mathrm{m}^3/\mathrm{s})$，$\psi(r)(\mathrm{m}^2/\mathrm{s})$；量纲一参数：$\bar{\psi}=\dfrac{1}{a^2U_{lz}}\psi$，$\bar{r}\bar{\psi}(\bar{r})$。

(18) 速度势函数

有量纲参数：$\phi(\mathrm{m}^2/\mathrm{s})$，$\phi(r)(\mathrm{m}/\mathrm{s})$；量纲一参数：$\bar{\phi}=\dfrac{1}{aU_{z1}}\phi$，$\bar{r}\bar{\phi}(\bar{r})$。

(19) 气液声速比：$\bar{C}=\dfrac{C_g}{C_l}$。

(20) 雷诺数(Reynolds number)：$Re=\dfrac{aU}{\nu}$。

(21) 韦伯数(Weber number)：$We=\dfrac{a\rho U^2}{\sigma}$。

(22) 欧拉数(Euler number)：$Eu=\dfrac{P}{\rho U^2}$。

(23) 马赫数(Mach number)：$Ma=\dfrac{U}{C}$。

(24) 欧尼索数(Ohnesorge number)：$Oh=\dfrac{\mu}{\sqrt{\rho\sigma a}}=\dfrac{\sqrt{We}}{Re}$。

(25) 弗劳德数(Froude number)：$Fr=\sqrt{\dfrac{U^2}{ga}}$。

其中，除了雷诺数、韦伯数、欧拉数、马赫数、弗劳德数等准则之外，上标"¯"的参数表示量纲一参数；角标"l"表示液相参数，角标"g"表示气相参数，角标"tot"表示合流参数；对于平面液膜，角标"j"表示上、下气液交界面，"$j=1$"表示上气液交界面，"$j=2$"表示下气液交界面；对于环状液膜，角标"j"表示内外环气液交界面，"$j=\mathrm{i}$"表示内环气液交界面，"$j=\mathrm{o}$"表示外环气液交界面；角标"k"表示气液相流体 x,y,z 或者 r,θ,z 中的主要流动方向。

将参数量纲一化，推导得到的方程式要比有量纲形式的方程式包含更多的信息量，应用范围更广。我们采用量纲一化的参数推导量纲一化的方程式。但许多学者习惯于采用有量纲的参数和方程式。因此，本书对于线性不稳定性理论的控制方程组和边界条件将分别给出有量纲和量纲一化的参数和方程式。

1.12 射流的压力和速度

1.12.1 基流、扰动和合流的压力及速度

合流压力等于基流压力加上扰动压力，合流速度等于基流速度加上扰动速度，详见1.11节。

1.12.2 扰动压力和扰动速度表达式

1.12.2.1 平面液膜

(1) 瑞利波

有量纲的时间模式扰动压力和扰动速度的表达式为

$$p=p(z)\exp(\omega t+\mathrm{i}kx) \tag{1-93}$$

$$u=u(z)\exp(\omega t+\mathrm{i}kx) \tag{1-94}$$

$$v=v(z)\exp(\omega t+\mathrm{i}kx) \tag{1-95}$$

$$w=w(z)\exp(\omega t+\mathrm{i}kx) \tag{1-96}$$

$$\psi=\psi(z)\exp(\omega t+\mathrm{i}kx) \tag{1-97}$$

$$\phi = \phi(z)\exp(\omega t + \mathrm{i}kx) \tag{1-98}$$

方程(1-93)～方程(1-98)可以记作合式

$$(p, \boldsymbol{u}, \psi, \phi) = [\tilde{p}(z), \tilde{\boldsymbol{u}}(z), \tilde{\psi}(z), \tilde{\phi}(z)]\exp(\omega t + \mathrm{i}kx) \tag{1-99}$$

将方程(1-99)量纲一化，得

$$(\bar{p}, \bar{\boldsymbol{u}}, \bar{\psi}, \bar{\phi}) = [\bar{\tilde{p}}(\bar{z}), \bar{\tilde{\boldsymbol{u}}}(\bar{z}), \bar{\tilde{\psi}}(\bar{z}), \bar{\tilde{\phi}}(\bar{z})]\exp(\bar{\omega}\bar{t} + \mathrm{i}\bar{k}\bar{x}) \tag{1-100}$$

有量纲和量纲一化的空间模式和时空模式扰动压力和扰动速度表达式为

$$(p, \boldsymbol{u}, \psi, \phi) = [\tilde{p}(z), \tilde{\boldsymbol{u}}(z), \tilde{\psi}(z), \tilde{\phi}(z)]\exp[\mathrm{i}(\omega t + kx)] \tag{1-101}$$

$$(\bar{p}, \bar{\boldsymbol{u}}, \bar{\psi}, \bar{\phi}) = [\bar{\tilde{p}}(\bar{z}), \bar{\tilde{\boldsymbol{u}}}(\bar{z}), \bar{\tilde{\psi}}(\bar{z}), \bar{\tilde{\phi}}(\bar{z})]\exp[\mathrm{i}(\bar{\omega}\bar{t} + \bar{k}\bar{x})] \tag{1-102}$$

(2) 瑞利-泰勒波

有量纲和量纲一化的时间模式扰动压力和扰动速度表达式为

$$(p, \boldsymbol{u}, \psi, \phi) = [\tilde{p}(z), \tilde{\boldsymbol{u}}(z), \tilde{\psi}(z), \tilde{\phi}(z)]\exp(\omega t + \mathrm{i}k_x x + \mathrm{i}k_y y) \tag{1-103}$$

$$(\bar{p}, \bar{\boldsymbol{u}}, \bar{\psi}, \bar{\phi}) = [\bar{\tilde{p}}(\bar{z}), \bar{\tilde{\boldsymbol{u}}}(\bar{z}), \bar{\tilde{\psi}}(\bar{z}), \bar{\tilde{\phi}}(\bar{z})]\exp(\bar{\omega}\bar{t} + \mathrm{i}\bar{k}_x\bar{x} + \mathrm{i}\bar{k}_y\bar{y}) \tag{1-104}$$

有量纲和量纲一化的空间模式和时空模式扰动压力和扰动速度表达式为

$$(p, \boldsymbol{u}, \psi, \phi) = [\tilde{p}(z), \tilde{\boldsymbol{u}}(z), \tilde{\psi}(z), \tilde{\phi}(z)]\exp[\mathrm{i}(\omega t + k_x x + k_y y)] \tag{1-105}$$

$$(\bar{p}, \bar{\boldsymbol{u}}, \bar{\psi}, \bar{\phi}) = [\bar{\tilde{p}}(\bar{z}), \bar{\tilde{\boldsymbol{u}}}(\bar{z}), \bar{\tilde{\psi}}(\bar{z}), \bar{\tilde{\phi}}(\bar{z})]\exp[\mathrm{i}(\bar{\omega}\bar{t} + \bar{k}_x\bar{x} + \bar{k}_y\bar{y})] \tag{1-106}$$

1.12.2.2 圆射流

(1) 瑞利波

有量纲和量纲一化的时间模式扰动压力和扰动速度表达式为

$$(p, \boldsymbol{u}, \psi, \phi) = [\tilde{p}(r), \tilde{\boldsymbol{u}}(r), r\tilde{\psi}(r), r\tilde{\phi}(r)]\exp(\omega t + \mathrm{i}kz + \mathrm{i}n\theta) \tag{1-107}$$

$$(\bar{p}, \bar{\boldsymbol{u}}, \bar{\psi}, \bar{\phi}) = [\bar{\tilde{p}}(\bar{r}), \bar{\tilde{\boldsymbol{u}}}(\bar{r}), \bar{r}\bar{\tilde{\psi}}(\bar{r}), \bar{r}\bar{\tilde{\phi}}(\bar{r})]\exp(\bar{\omega}\bar{t} + \mathrm{i}\bar{k}\bar{z} + \mathrm{i}n\theta) \tag{1-108}$$

有量纲和量纲一化的空间模式和时空模式扰动压力和扰动速度表达式为

$$(p, \boldsymbol{u}, \psi, \phi) = [\tilde{p}(r), \tilde{\boldsymbol{u}}(r), r\tilde{\psi}(r), r\tilde{\phi}(r)]\exp[\mathrm{i}(\omega t + kz + n\theta)] \tag{1-109}$$

$$(\bar{p}, \bar{\boldsymbol{u}}, \bar{\psi}, \bar{\phi}) = [\bar{\tilde{p}}(\bar{r}), \bar{\tilde{\boldsymbol{u}}}(\bar{r}), \bar{r}\bar{\tilde{\psi}}(\bar{r}), \bar{r}\bar{\tilde{\phi}}(\bar{r})]\exp[\mathrm{i}(\bar{\omega}\bar{t} + \bar{k}\bar{z} + n\theta)] \tag{1-110}$$

(2) 瑞利-泰勒波

有量纲和量纲一化的时间模式扰动压力和扰动速度表达式为

$$(p, \boldsymbol{u}, \psi, \phi) = [\tilde{p}(r), \tilde{\boldsymbol{u}}(r), r\tilde{\psi}(r), r\tilde{\phi}(r)]\exp(\omega t + \mathrm{i}k_\theta\theta + \mathrm{i}k_z z + \mathrm{i}n\theta) \tag{1-111}$$

$$(\bar{p}, \bar{\boldsymbol{u}}, \bar{\psi}, \bar{\phi}) = [\bar{\tilde{p}}(\bar{r}), \bar{\tilde{\boldsymbol{u}}}(\bar{r}), \bar{r}\bar{\tilde{\psi}}(\bar{r}), \bar{r}\bar{\tilde{\phi}}(\bar{r})]\exp(\bar{\omega}\bar{t} + \mathrm{i}k_\theta\theta + \mathrm{i}\bar{k}_z\bar{z} + \mathrm{i}n\theta) \tag{1-112}$$

有量纲和量纲一化的空间模式和时空模式扰动压力和扰动速度表达式为

$$(p, \boldsymbol{u}, \psi, \phi) = [\tilde{p}(r), \tilde{\boldsymbol{u}}(r), r\tilde{\psi}(r), r\tilde{\phi}(r)]\exp[\mathrm{i}(\omega t + k_\theta\theta + k_z z + n\theta)] \tag{1-113}$$

$$(\bar{p}, \bar{\boldsymbol{u}}, \bar{\psi}, \bar{\phi}) = [\bar{\tilde{p}}(\bar{r}), \bar{\tilde{\boldsymbol{u}}}(\bar{r}), \bar{r}\bar{\tilde{\psi}}(\bar{r}), \bar{r}\bar{\tilde{\phi}}(\bar{r})]\exp[\mathrm{i}(\bar{\omega}\bar{t} + k_\theta\theta + \bar{k}_z\bar{z} + n\theta)] \tag{1-114}$$

1.12.2.3 环状液膜

(1) 瑞利波

有量纲和量纲一化的时间模式扰动压力和扰动速度表达式为

$$(p, \boldsymbol{u}, \psi, \phi) = [\tilde{p}(r), \tilde{\boldsymbol{u}}(r), r\tilde{\psi}(r), r\tilde{\phi}(r)]\exp(\omega t + \mathrm{i}kz) \tag{1-115}$$

$$(\bar{p},\bar{\boldsymbol{u}},\bar{\psi},\bar{\phi})=[\tilde{\bar{p}}(\bar{r}),\tilde{\bar{\boldsymbol{u}}}(\bar{r}),\bar{r}\tilde{\bar{\psi}}(\bar{r}),\bar{r}\tilde{\bar{\phi}}(\bar{r})]\exp(\bar{\omega}\bar{t}+\mathrm{i}\bar{k}\bar{z}) \tag{1-116}$$

有量纲和量纲一化的空间模式和时空模式扰动压力和扰动速度表达式为

$$(p,\boldsymbol{u},\psi,\phi)=[\tilde{p}(r),\tilde{\boldsymbol{u}}(r),r\tilde{\psi}(r),r\tilde{\phi}(r)]\exp[\mathrm{i}(\omega t+kz)] \tag{1-117}$$

$$(\bar{p},\bar{\boldsymbol{u}},\bar{\psi},\bar{\phi})=[\tilde{\bar{p}}(\bar{r}),\tilde{\bar{\boldsymbol{u}}}(\bar{r}),\bar{r}\tilde{\bar{\psi}}(\bar{r}),\bar{r}\tilde{\bar{\phi}}(\bar{r})]\exp[\mathrm{i}(\bar{\omega}\bar{t}+\bar{k}\bar{z})] \tag{1-118}$$

(2) 瑞利-泰勒波

有量纲和量纲一化的时间模式扰动压力和扰动速度表达式为

$$(p,\boldsymbol{u},\psi,\phi)=[\tilde{p}(r),\tilde{\boldsymbol{u}}(r),r\tilde{\psi}(r),r\tilde{\phi}(r)]\exp(\omega t+\mathrm{i}k_\theta\theta+\mathrm{i}k_z z) \tag{1-119}$$

$$(\bar{p},\bar{\boldsymbol{u}},\bar{\psi},\bar{\phi})=[\tilde{\bar{p}}(\bar{r}),\tilde{\bar{\boldsymbol{u}}}(\bar{r}),\bar{r}\tilde{\bar{\psi}}(\bar{r}),\bar{r}\tilde{\bar{\phi}}(\bar{r})]\exp(\bar{\omega}\bar{t}+\mathrm{i}k_\theta\theta+\mathrm{i}\bar{k}_z\bar{z}) \tag{1-120}$$

有量纲和量纲一化的空间模式和时空模式扰动压力和扰动速度表达式为

$$(p,\boldsymbol{u},\psi,\phi)=[\tilde{p}(r),\tilde{\boldsymbol{u}}(r),r\tilde{\psi}(r),r\tilde{\phi}(r)]\exp[\mathrm{i}(\omega t+k_\theta\theta+k_z z)] \tag{1-121}$$

$$(\bar{p},\bar{\boldsymbol{u}},\bar{\psi},\bar{\phi})=[\tilde{\bar{p}}(\bar{r}),\tilde{\bar{\boldsymbol{u}}}(\bar{r}),\bar{r}\tilde{\bar{\psi}}(\bar{r}),\bar{r}\tilde{\bar{\phi}}(\bar{r})]\exp[\mathrm{i}(\bar{\omega}\bar{t}+k_\theta\theta+\bar{k}_z\bar{z})] \tag{1-122}$$

1.13 表面波扰动振幅

以平面液膜时间模式二维扰动瑞利波为例，射流表面波扰动振幅表达式的一般表达式为

$$\xi(x,y,z,t)=\xi_0(z)\exp(\omega t+\mathrm{i}kx+\mathrm{i}\alpha) \tag{1-123}$$

式中，扰动振幅 $\xi(x,y,z,t)$ 可以简写为 ξ，初始扰动振幅 $\xi_0(z)$ 可以简写为 ξ_0；α 为上下气液交界面的相位差角；将 $\omega=\omega_r+\mathrm{i}\omega_i$ 代入方程(1-123)，得

$$\xi=\xi_0\exp[\omega_r t+\mathrm{i}(\omega_i t+kx+\alpha)] \tag{1-124}$$

式中，$\exp(\omega_r t)$ 为该指数方程的增长项；$\exp[\mathrm{i}(\omega_i t+kx+\alpha)]$ 为波动项。

1.13.1 初始扰动振幅

初始扰动振幅 ξ_0 对于表面波振幅的数值大小非常重要。初始扰动振幅 ξ_0 是纵坐标的函数，由于初始扰动振幅的函数式很难确定，学者们都假设初始扰动振幅 ξ_0 为需要实验确定的常数。大多数学者都将初始扰动振幅 ξ_0 与喷嘴出口尺寸标尺 a 之比 $\bar{\xi}_0=\dfrac{\xi_0}{a}$ 设定为 0.15～0.20。曹建明和他的研究生邵超(2015)对平面液膜、圆射流和环状液膜的初始扰动振幅 ξ_0 均进行了实验研究，得到了 $\bar{\xi}_0$ 确定的数值。表 1-2、表 1-3 和表 1-4 分别为平面液膜、圆射流和环状液膜在各种喷射速度和环境气流速度下的初始扰动振幅与喷嘴出口尺寸标尺之比。

表 1-2 平面液膜的初始扰动振幅与喷嘴出口尺寸标尺之比

U_g/(m/s)	U_l/(m/s)				
	1	2	3	4	5
0	0.137	0.121	0.185	0.194	0.224
5	0.127	0.138	0.283	0.202	0.234
10	0.104	0.221	0.285	0.268	0.277
15	0.181	0.243	0.270	0.281	0.311
20	0.267	0.285	0.275	0.287	0.321

表 1-3　圆射流的初始扰动振幅与喷嘴出口尺寸标尺之比

U_g/(m/s)	U_l/(m/s)				
	1	2	3	4	5
0	0.780	0.900	0.110	0.103	0.110
5	0.103	0.970	0.120	0.123	0.110
10	0.114	0.106	0.131	0.130	0.143
15	0.119	0.117	0.142	0.135	0.160
20		0.142	0.161	0.163	0.167

表 1-4　环状液膜的初始扰动振幅与喷嘴出口尺寸标尺之比

U_g/(m/s)	U_l/(m/s)		
	1	2	3
0	0.260	0.230	0.200
2	0.258	0.269	0.251
4	0.279	0.305	0.281
6	0.300	0.318	0.321
8	0.324	0.333	0.364

对于非线性不稳定性理论，假设第一级波的初始扰动振幅 ξ_0 为常数，第二级波的初始扰动振幅为 $\xi_0^2=(\xi_0)^2$，第三级波的初始扰动振幅为 $\xi_0^3=(\xi_0)^3$。因此第一级波、第二级波、第三级波的初始扰动振幅均为常数，第二级波、第三级波的初始扰动振幅均为第一级波初始扰动振幅的函数，且为定值函数[12]。

1.13.2　平面液膜的扰动振幅表达式

1.13.2.1　瑞利-泰勒波

对于三维扰动，沿 x,y,z 三个方向的时间模式瑞利-泰勒波扰动振幅表达式为

$$\xi_{xj}=\xi_0(x)\exp[\omega t+\mathrm{i}(k_y y+k_z z)+\mathrm{i}(\alpha_y+\alpha_z)] \tag{1-125}$$

$$\xi_{yj}=\xi_0(y)\exp[\omega t+\mathrm{i}(k_x x+k_z z)+\mathrm{i}(\alpha_x+\alpha_z)] \tag{1-126}$$

$$\xi_{zj}=\xi_0(z)\exp[\omega t+\mathrm{i}(k_x x+k_y y)+\mathrm{i}(\alpha_x+\alpha_y)] \tag{1-127}$$

式中，ξ_{xj}，ξ_{yj}，ξ_{zj} 分别为 x,y,z 方向的表面波扰动振幅；$\xi_0(x)$，$\xi_0(y)$，$\xi_0(z)$ 分别为 x，y，z 方向的表面波初始扰动振幅，它们分别是 x,y,z 的函数；k_x，k_y，k_z 分别为 x,y,z 方向表面波的波数；α_x，α_y，α_z 分别为 x,y,z 方向的平面液膜两侧气液交界面的相位差角，将某一侧气液交界面($j=1$)的相位差角设置为零，α_x，α_y，α_z 即为另一侧气液交界面($j=2$)表面波相对于某一侧气液交界面表面波的相位差角。

由于平面液膜很薄，三维扰动振幅表达式可以简化为一维扰动振幅表达式，保留方程(1-127)，舍去方程(1-125)和方程(1-126)。在这种情况下，扰动振幅 ξ_z 可以简写为 ξ，初始扰动振幅 $\xi_0(z)$ 可以简写为 ξ_0。方程(1-127)可以简写成

$$\xi_j=\xi_0\exp[\omega t+\mathrm{i}(k_x x+k_y y)+\mathrm{i}(\alpha_x+\alpha_y)] \tag{1-128}$$

将方程(1-128)量纲一化，得

$$\bar{\xi}_j=\bar{\xi}_0\exp[\bar{\omega}\bar{t}+\mathrm{i}(\bar{k}_x\bar{x}+\bar{k}_y\bar{y})+\mathrm{i}(\alpha_x+\alpha_y)] \tag{1-129}$$

方程(1-128)和方程(1-129)即为有量纲和量纲一化的时间模式瑞利-泰勒波的一维扰动振幅表达式。

有量纲和量纲一化的空间模式和时空模式瑞利-泰勒波的一维扰动振幅表达式为

$$\xi_j=\xi_0\exp[\mathrm{i}(\omega t+k_x x+k_y y+\alpha_x+\alpha_y)] \tag{1-130}$$

$$\bar{\xi}_j=\bar{\xi}_0\exp[\mathrm{i}(\bar{\omega}\bar{t}+\bar{k}_x\bar{x}+\bar{k}_y\bar{y}+\alpha_x+\alpha_y)] \tag{1-131}$$

1.13.2.2 瑞利波

对于没有沿 y 方向的泰勒波，仅有沿 x 方向的瑞利波的情况，波数 k_x 可以简写为 k，上下气液交界面的相位差角 α_x 可以简写为 α。方程(1-128)和方程(1-129)变成

$$\xi_j=\xi_0\exp(\omega t+\mathrm{i}kx+\mathrm{i}\alpha) \tag{1-132}$$

$$\bar{\xi}_j=\bar{\xi}_0\exp(\bar{\omega}\bar{t}+\mathrm{i}\bar{k}\bar{x}+\mathrm{i}\alpha) \tag{1-133}$$

有量纲和量纲一化的空间模式和时空模式瑞利波的一维扰动振幅表达式为

$$\xi_j=\xi_0\exp[\mathrm{i}(\omega t+kx+\alpha)] \tag{1-134}$$

$$\bar{\xi}_j=\bar{\xi}_0\exp[\mathrm{i}(\bar{\omega}\bar{t}+\bar{k}\bar{x}+\alpha)] \tag{1-135}$$

对于上下气液交界面气体基流速度相等的正/反对称波形，将方程(1-125)～方程(1-135)中的上下气液交界面相位差角 α 全部删去即可。可以看出，此时上下气液交界面的扰动振幅表达式完全相同。

1.13.3 圆射流的扰动振幅表达式

1.13.3.1 瑞利-泰勒波

对于既有沿 z 方向的瑞利波，又有沿 θ 方向的泰勒波，沿 r,θ,z 三个方向的时间模式瑞利-泰勒波的三维扰动振幅表达式为

$$\xi_r=\xi_0(r)\exp[\omega t+\mathrm{i}(k_\theta\theta+k_z z)+\mathrm{i}n\theta] \tag{1-136}$$

$$\xi_\theta=\xi_0(\theta)\exp[\omega t+\mathrm{i}(k_r r+k_z z)+\mathrm{i}n\theta] \tag{1-137}$$

$$\xi_z=\xi_0(z)\exp[\omega t+\mathrm{i}(k_r r+k_\theta\theta)+\mathrm{i}n\theta] \tag{1-138}$$

式中，ξ_r,ξ_θ,ξ_z 分别为 r,θ,z 方向的表面波振幅；$\xi_0(r),\xi_0(\theta),\xi_0(z)$ 分别为 r,θ,z 方向的表面波初始扰动振幅，它们分别是 r,θ,z 的函数；k_r,k_θ,k_z 分别为 r,θ,z 方向表面波的波数；n 为圆射流表面波的阶数($n=0,1,2,\cdots$)。

与平面液膜同理，圆射流沿 θ 方向和 z 方向的 ξ_θ 和 ξ_z 均可以忽略，则三维扰动振幅表达式(1-136)～式(1-138)可以简化为仅有 r 方向的一维扰动振幅表达式。在这种情况下，扰动振幅 ξ_z 可以简写为 ξ，初始扰动振幅 $\xi_0(r)$ 可以简写为 ξ_0。有量纲和量纲一化的时间模式瑞利-泰勒波的一维扰动振幅表达式为

$$\xi=\xi_0\exp[\omega t+\mathrm{i}(k_z z+k_\theta\theta+n\theta)] \tag{1-139}$$

$$\bar{\xi}=\bar{\xi}_0\exp[\bar{\omega}\bar{t}+\mathrm{i}(\bar{k}_z\bar{z}+k_\theta\theta+n\theta)] \tag{1-140}$$

有量纲和量纲一化的空间模式和时空模式瑞利-泰勒波的一维扰动振幅表达式为

$$\xi=\xi_0\exp[\mathrm{i}(\omega t+k_z z+k_\theta\theta+n\theta)] \tag{1-141}$$

$$\bar{\xi}=\bar{\xi}_0\exp[\mathrm{i}(\bar{\omega}\bar{t}+\bar{k}_z\bar{z}+k_\theta\theta+n\theta)] \tag{1-142}$$

1.13.3.2　瑞利波

由方程(1-139)～方程(1-142)，可得有量纲和量纲一化的时间模式瑞利波的一维扰动振幅表达式为

$$\xi=\xi_0\exp(\omega t+\mathrm{i}kz+\mathrm{i}n\theta) \tag{1-143}$$

$$\bar{\xi}=\bar{\xi}_0\exp(\bar{\omega}\bar{t}+\mathrm{i}\bar{k}\bar{z}+\mathrm{i}n\theta) \tag{1-144}$$

有量纲和量纲一化的空间模式和时空模式瑞利波的一维扰动振幅表达式为

$$\xi=\xi_0\exp[\mathrm{i}(\omega t+kz+n\theta)] \tag{1-145}$$

$$\bar{\xi}=\bar{\xi}_0\exp[\mathrm{i}(\bar{\omega}\bar{t}+\bar{k}\bar{z}+n\theta)] \tag{1-146}$$

由于圆射流的气液交界面只有一个，因此其表面波只有正/反对称波形，而没有近正/反对称波形。因此，也就不存在气液交界面之间的相位差角 α。

圆射流的结构特征是有阶数，从喷雾液束的形态来看，有截面呈圆形的单股状圆射流，也有像由二股、三股，甚至多股细绳扭转在一起而形成的一股粗绳状圆射流，天津大学史绍熙等[57,58]详细论述了圆射流的这些结构特征，如图 1-22 所示。阶数 $n=0$ 对应于单股状的正对称波形；$n=1$ 对应于单股状的反对称波形；$n=2,3,4$，分别对应于二股状、三股状和四股状圆射流，其中，二股状和四股状为正对称波形，三股状为反对称波形。对于 $n=2,3,4$ 的多股状圆射流，由于它们沿 θ 方向旋转了一定的角度，因此表面波振幅将递减，表面波渐趋稳定。所以，单股状圆射流更不稳定，也更容易碎裂。由此原因，加之单股状圆射流是大多数流动工况所呈现的波形，而多股状圆射流出现的概率非常低(阶数越高，出现的概率越低)，因此大多数学者仅研究 $n=0$ 的正对称波形和 $n=1$ 的反对称波形。在后面的不稳定性分析时，我们也将重点分析这两种阶数的波形，尤其是 $n=0$ 的正对称波形。史绍熙等提出的这种圆射流的结构特征已被清华大学傅维标和他的博士后魏建勤的实验结果所证实[104]。

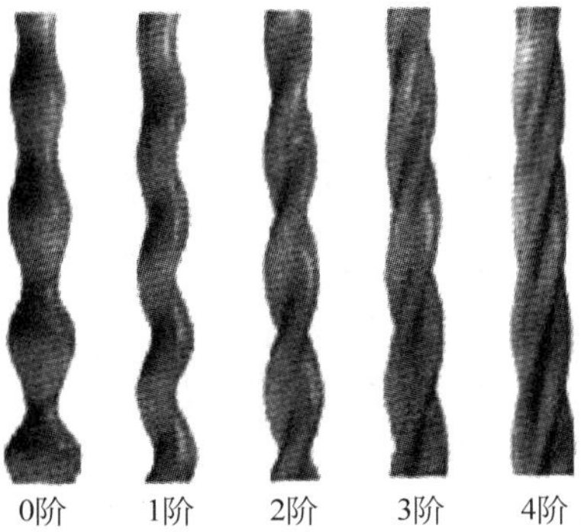

图 1-22　圆射流的结构特征

只有圆射流才具有阶数 n，而平面液膜、环状液膜均不存在阶数 n。环状液膜尽管也具有轴对称结构，但其液膜非常薄，一旦发生沿 θ 方向的扭转，液膜就会立即碎裂，因此，不会出现多股状的情况。

1.13.4　环状液膜的扰动振幅表达式

1.13.4.1　瑞利-泰勒波

对于既有沿 z 方向的瑞利波，又有沿 θ 方向的泰勒波，沿 r,θ,z 三个方向的时间模式瑞利-泰勒波的三维扰动振幅表达式为

$$\xi_{rj}=\xi_0(r)\exp[\omega t+\mathrm{i}(k_\theta\theta+k_z z)+\mathrm{i}(\alpha_\theta+\alpha_z)] \tag{1-147}$$

$$\xi_{\theta j}=\xi_0(\theta)\exp[\omega t+\mathrm{i}(k_r r+k_z z)+\mathrm{i}(\alpha_r+\alpha_z)] \tag{1-148}$$

$$\xi_{zj}=\xi_0(z)\exp[\omega t+\mathrm{i}(k_r r+k_\theta\theta)+\mathrm{i}(\alpha_r+\alpha_\theta)] \tag{1-149}$$

式中，α_r，α_θ，α_z 分别为 r，θ，z 方向上的环状液膜内外环气液交界面的相位差角。$j=\mathrm{i}$ 表示内环气液交界面，$j=\mathrm{o}$ 表示外环气液交界面。当角标 $j=\mathrm{i}$ 时，方程中的所有气液交界面相位差角 $\alpha\equiv 0$。

与平面液膜和圆射流同理，沿 θ 方向和 z 方向的 ξ_θ 和 ξ_z 均可以忽略，则三维扰动振幅表达式(1-147)～式(1-149)可以简化为仅有 r 方向的一维扰动振幅表达式。在这种情况下，扰动振幅 ξ_z 可以简写为 ξ，初始扰动振幅 $\xi_0(r)$ 可以简写为 ξ_0。有量纲和量纲一化的时间模式瑞利-泰勒波的一维扰动振幅表达式为

$$\xi_j=\xi_0\exp[\omega t+\mathrm{i}(k_\theta\theta+k_z z)+\mathrm{i}(\alpha_\theta+\alpha_z)] \tag{1-150}$$

$$\bar{\xi}_j=\bar{\xi}_0\exp[\bar{\omega}\bar{t}+\mathrm{i}(k_\theta\theta+\bar{k}_z\bar{z})+\mathrm{i}(\alpha_\theta+\alpha_z)] \tag{1-151}$$

有量纲和量纲一化的空间模式和时空模式瑞利-泰勒波的一维扰动振幅表达式为

$$\xi_j=\xi_0\exp[\mathrm{i}(\omega t+k_\theta\theta+k_z z+\alpha_\theta+\alpha_z)] \tag{1-152}$$

$$\bar{\xi}_j=\bar{\xi}_0\exp[\mathrm{i}\bar{\omega}\bar{t}+\mathrm{i}(k_\theta\theta+\bar{k}_z\bar{z})+\mathrm{i}(\alpha_\theta+\alpha_z)] \tag{1-153}$$

1.13.4.2 瑞利波

对于没有沿 θ 方向的泰勒波，仅有沿 z 方向的瑞利波，波数 k_z 可以简写为 k，内外环气液交界面的相位差角 α_z 可以简写为 α。有量纲和量纲一化的时间模式瑞利波的一维扰动振幅表达式为

$$\xi_j=\xi_0\exp(\omega t+\mathrm{i}kz+\mathrm{i}\alpha) \tag{1-154}$$

$$\bar{\xi}_j=\bar{\xi}_0\exp(\bar{\omega}\bar{t}+\mathrm{i}\bar{k}\bar{z}+\mathrm{i}\alpha) \tag{1-155}$$

有量纲和量纲一化的空间模式和时空模式瑞利波的一维扰动振幅表达式为

$$\xi_j=\xi_0\exp[\mathrm{i}(\omega t+kz+\alpha)] \tag{1-156}$$

$$\bar{\xi}_j=\bar{\xi}_0\exp[\mathrm{i}(\bar{\omega}\bar{t}+\bar{k}\bar{z}+\alpha)] \tag{1-157}$$

对于内外环气液交界面气体基流速度相等的正/反对称波形，将方程(1-147)～方程(1-157)中的内外环气液交界面相位差角 α 全部删去即可。可以看出，此时内外环气液交界面的扰动振幅表达式完全相同。

习　题

1-1　何为射流？
1-2　试述喷雾的主要应用领域。
1-3　简述影响喷雾的主要物性参数。
1-4　液体与气体的动力学黏度系数随温度的变化关系有何不同？
1-5　画图并论述碎裂长度随喷射流速变化的稳定区。
1-6　平面液膜通常怎样碎裂？
1-7　射流的表面波波形有哪些基本形式？这些模式的主要特点是什么？
1-8　何为表面波的级数？

1-9　何为瑞利波？何为泰勒波？何为瑞利-泰勒波？

1-10　何为表面波的时间、空间和时空模式？

1-11　何为扰动？

1-12　偏导数的简写形式是怎样的？

1-13　怎样区分线性和非线性不稳定性？

1-14　试写出直角坐标系和圆柱坐标系的哈密顿算子和拉普拉斯算子的定义式。

1-15　试写出雷诺数、韦伯数、欧尼索数、欧拉数、马赫数、弗劳德数的定义式。

1-16　应用速度流函数和势函数求解微分方程的前提条件是什么？何为理想流体？

1-17　简述色散准则关系式的推导过程。

1-18　通常如何进行线性不稳定性分析？

1-19　何为稳定极限？

1-20　支配参数（下角标“dom”的参数）与碎裂参数（下角标“b”的参数）有何异同？

第2章 射流的控制方程组和边界条件

2.1 线性不稳定性理论的控制方程组

线性不稳定性理论的控制方程组为连续性方程和纳维-斯托克斯方程。

连续性方程的一般形式为

$$\frac{\mathrm{D}\rho}{\mathrm{D}t}+\rho\,\mathrm{div}\boldsymbol{u}_{\mathrm{tot}}=0 \tag{2-1}$$

对于液相，由于它为不可压缩液流，$\rho_1=\mathrm{const.}\neq 0$，$\frac{\mathrm{D}\rho_1}{\mathrm{D}t}=0$，散度 $\mathrm{div}=\nabla\cdot$，连续性方程变为

$$\nabla\cdot\boldsymbol{u}_{\mathrm{l\text{-}tot}}=0 \tag{2-2}$$

对于气相，在不可压缩条件下，$\rho_{\mathrm{g}j}=\mathrm{const.}\neq 0$，$\frac{\mathrm{D}\rho_{\mathrm{g}j}}{\mathrm{D}t}=0$，连续性方程变为

$$\nabla\cdot\boldsymbol{u}_{\mathrm{g\text{-}tot}}=0 \tag{2-3}$$

在可压缩条件下，$\rho_{\mathrm{g}}\neq\mathrm{const.}$，$\frac{\mathrm{D}\rho_{\mathrm{g}}}{\mathrm{D}t}\neq 0$，方程(2-1)中的全微分可以写为

$$\frac{\mathrm{D}\rho_{\mathrm{g}}}{\mathrm{D}t}=\rho_{\mathrm{g},t}+(\boldsymbol{u}_{\mathrm{g\text{-}tot}}\cdot\nabla)\rho_{\mathrm{g}} \tag{2-4}$$

将方程(2-4)代入方程(2-1)，得可压缩气相的连续性方程：

$$\rho_{\mathrm{g},t}+(\boldsymbol{u}_{\mathrm{g\text{-}tot}}\cdot\nabla)\rho_{\mathrm{g}}=-\rho_{\mathrm{g}}\nabla\cdot\boldsymbol{u}_{\mathrm{tot}} \tag{2-5}$$

纳维-斯托克斯方程的一般形式为

$$\rho\frac{\mathrm{D}\boldsymbol{u}_{\mathrm{tot}}}{\mathrm{D}t}=\rho F_{\mathrm{b}}-\nabla p_{\mathrm{tot}}+\mu\Delta\cdot\boldsymbol{u}_{\mathrm{tot}} \tag{2-6}$$

对于实际的喷雾应用来说，弗劳德数(Froude number)Fr 是非常大的，因此质量力可以忽略不计，即 $F_{\mathrm{b}}=0$。流体的运动学黏度系数等于动力学黏度系数与密度的比值，即 $\nu=\mu/\rho$，所以动量守恒方程变为

$$\frac{\mathrm{D}\boldsymbol{u}_{\mathrm{tot}}}{\mathrm{D}t}=-\frac{1}{\rho}\nabla p_{\mathrm{tot}}+\nu\Delta\cdot\boldsymbol{u}_{\mathrm{tot}} \tag{2-7}$$

方程(2-7)中的全微分为

$$\frac{\mathrm{D}\boldsymbol{u}_{\mathrm{tot}}}{\mathrm{D}t}=u_{\mathrm{tot},t}+(\boldsymbol{u}_{\mathrm{tot}}\cdot\nabla)\boldsymbol{u}_{\mathrm{tot}} \tag{2-8}$$

将方程(2-8)代入方程(2-7)，得动量守恒方程：

$$u_{\text{tot},t}+(\boldsymbol{u}_{\text{tot}}\cdot\nabla)\boldsymbol{u}_{\text{tot}}=-\frac{1}{\rho}\nabla p_{\text{tot}}+\nu\Delta\cdot\boldsymbol{u}_{\text{tot}} \tag{2-9}$$

2.1.1 平面液膜三维扰动的控制方程组

平面液膜三维扰动将采用 x-y-z 三维直角坐标系，通常将沿射流喷射的顺向作为 x 方向，将沿平面液膜宽度的方向作为 y 方向，将沿平面液膜厚度的横向作为 z 方向。三维扰动将采用 x-y-z 三个方向的动量守恒方程组。模型为顺向液流，即 $U_1\neq 0$、$V_1=W_1=0$；顺向气流，即 $U_{gj}\neq 0$、$V_{gj}=W_{gj}=0$；横向气流，即 $W_{gj}\neq 0$、$U_{gj}=V_{gj}=0$；复合气流，即 $U_{gj}\neq 0$、$V_{gj}\neq 0$、$W_{gj}\neq 0$。

2.1.1.1 控制方程组

将不可压缩液相方程(2-2)中的哈密顿算子按照方程(1-86)展开，得

$$u_{\text{l-tot},x}+v_{\text{l-tot},y}+w_{\text{l-tot},z}=0 \tag{2-10}$$

将合流参数代入方程(2-10)，得三维扰动的液相连续性方程：

$$u_{1,x}+v_{1,y}+w_{1,z}=0 \tag{2-11}$$

同理，将不可压缩气相方程(2-3)中的哈密顿算子展开，得

$$u_{gj\text{-tot},x}+v_{gj\text{-tot},y}+w_{gj\text{-tot},z}=0 \tag{2-12}$$

将合流参数代入方程(2-12)，得三维扰动不可压缩气相连续性方程：

$$u_{gj,x}+v_{gj,y}+w_{gj,z}=0 \tag{2-13}$$

将可压缩气相方程(2-5)中的哈密顿算子展开，得

$$\rho_{gj,t}+u_{gj\text{-tot}}\rho_{gj,x}+v_{gj\text{-tot}}\rho_{gj,y}+w_{gj\text{-tot}}\rho_{gj,z}=-\rho_{gj}(u_{gj\text{-tot},x}+v_{gj\text{-tot},y}+w_{gj\text{-tot},z}) \tag{2-14}$$

将合流参数代入方程(2-14)，得

$$\begin{aligned}&\rho_{gj,t}+(U_{gj}+u_{gj})\rho_{gj,x}+(V_{gj}+v_{gj})\rho_{gj,y}+(W_{gj}+w_{gj})\rho_{gj,z}\\&=-\rho_{gj}(u_{gj,x}+v_{gj,y}+w_{gj,z})\end{aligned} \tag{2-15}$$

喷雾射流可以看作是定熵流，则声速

$$C^2=(p_{gj\text{-tot},\rho_{gj}})_s \tag{2-16}$$

积分，得

$$\rho_{gj}=\frac{p_{gj\text{-tot}}}{C^2} \tag{2-17}$$

将方程(2-17)代入方程(2-15)，得三维扰动可压缩气相连续性方程：

$$\begin{aligned}&p_{gj,t}+(U_{gj}+u_{gj})p_{gj,x}+(V_{gj}+v_{gj})p_{gj,y}+(W_{gj}+w_{gj})p_{gj,z}\\&=-C^2\rho_{gj}(u_{gj,x}+v_{gj,y}+w_{gj,z})\end{aligned} \tag{2-18}$$

将方程(2-9)中的哈密顿算子和拉普拉斯算子展开，得三维扰动的动量守恒方程液气相合式。

x 方向动量守恒方程：

$$u_{\text{tot},t}+u_{\text{tot}}u_{\text{tot},x}+v_{\text{tot}}u_{\text{tot},y}+w_{\text{tot}}u_{\text{tot},z}=-\frac{1}{\rho}p_{\text{tot},x}+\nu(u_{\text{tot},xx}+u_{\text{tot},yy}+u_{\text{tot},zz}) \tag{2-19}$$

y 方向动量守恒方程：

$$v_{\text{tot},t}+u_{\text{tot}}v_{\text{tot},x}+v_{\text{tot}}v_{\text{tot},y}+w_{\text{tot}}v_{\text{tot},z}=-\frac{1}{\rho}p_{\text{tot},y}+\nu(v_{\text{tot},xx}+v_{\text{tot},yy}+v_{\text{tot},zz}) \tag{2-20}$$

z 方向动量守恒方程：

$$w_{\text{tot},t}+u_{\text{tot}}w_{\text{tot},x}+v_{\text{tot}}w_{\text{tot},y}+w_{\text{tot}}w_{\text{tot},z}=-\frac{1}{\rho}p_{\text{tot},z}+\nu(w_{\text{tot},xx}+w_{\text{tot},yy}+w_{\text{tot},zz}) \tag{2-21}$$

将合流参数代入方程(2-19)～方程(2-21)，得

x 方向动量守恒方程：

$$u_{,t}+(U+u)u_{,x}+(V+v)u_{,y}+(W+w)u_{,z}=-\frac{1}{\rho}p_{,x}+\nu(u_{,xx}+u_{,yy}+u_{,zz}) \tag{2-22}$$

y 方向动量守恒方程：

$$v_{,t}+(U+u)v_{,x}+(V+v)v_{,y}+(W+w)v_{,z}=-\frac{1}{\rho}p_{,y}+\nu(v_{,xx}+v_{,yy}+v_{,zz}) \tag{2-23}$$

z 方向动量守恒方程：

$$w_{,t}+(U+u)w_{,x}+(V+v)w_{,y}+(W+w)w_{,z}=-\frac{1}{\rho}p_{,z}+\nu(w_{,xx}+w_{,yy}+w_{,zz}) \tag{2-24}$$

对于液相，由于 $U_1\neq 0$，$V_1=0$，$W_1=0$，且有黏性，动量守恒方程(2-22)～方程(2-24)可以写为

x 方向动量守恒方程：

$$u_{1,t}+(U_1+u_1)u_{1,x}+v_1u_{1,y}+w_1u_{1,z}=-\frac{1}{\rho_1}p_{1,x}+\nu_1(u_{1,xx}+u_{1,yy}+u_{1,zz}) \tag{2-25}$$

y 方向动量守恒方程：

$$v_{1,t}+(U_1+u_1)v_{1,x}+v_1v_{1,y}+w_1v_{1,z}=-\frac{1}{\rho_1}p_{1,y}+\nu_1(v_{1,xx}+v_{1,yy}+v_{1,zz}) \tag{2-26}$$

z 方向动量守恒方程：

$$\begin{aligned}&w_{1,t}+(U_1+u_1)w_{1,x}+v_1w_{1,y}+w_1w_{1,z}\\&=-\frac{1}{\rho_1}p_{1,z}+\nu_1(w_{1,xx}+w_{1,yy}+w_{1,zz})\end{aligned} \tag{2-27}$$

对于气相，假设 $U_{gj}\neq 0$，$V_{gj}\neq 0$，$W_{gj}\neq 0$；但无黏性，动量守恒方程中的黏性项可以删去。动量守恒方程可以写为

x 方向动量守恒方程：

$$\begin{aligned}&u_{gj,t}+(U_{gj}+u_{gj})u_{gj,x}+(V_{gj}+v_{gj})u_{gj,y}+(W_{gj}+w_{gj})u_{gj,z}\\&=-\frac{1}{\rho_{gj}}p_{gj,x}\end{aligned} \tag{2-28}$$

y 方向动量守恒方程：

$$v_{gj,t}+(U_{gj}+u_{gj})v_{gj,x}+(V_{gj}+v_{gj})v_{gj,y}+(W_{gj}+w_{gj})v_{gj,z}$$
$$=-\frac{1}{\rho_{gj}}p_{gj,y} \tag{2-29}$$

z 方向动量守恒方程：

$$w_{gj,t}+(U_{gj}+u_{gj})w_{gj,x}+(V_{gj}+v_{gj})w_{gj,y}+(W_{gj}+w_{gj})w_{gj,z}$$
$$=-\frac{1}{\rho_{gj}}p_{gj,z} \tag{2-30}$$

2.1.1.2 控制方程组的线性化

对于连续性方程，不可压缩的液相方程(2-11)和气相方程(2-13)本身就是线性的，因此不需要进行线性化。现在对可压缩的气相方程(2-18)进行线性化。

$$p_{gj,t}+U_{gj}p_{gj,x}+V_{gj}p_{gj,y}+W_{gj}p_{gj,z}=-C^2\rho_{gj}(u_{gj,x}+v_{gj,y}+w_{gj,z}) \tag{2-31}$$

对液相动量守恒方程(2-25)～方程(2-27)进行线性化。

x 方向动量守恒方程：

$$u_{1,t}+U_1u_{1,x}=-\frac{1}{\rho_1}p_{1,x}+\nu_1(u_{1,xx}+u_{1,yy}+u_{1,zz}) \tag{2-32}$$

y 方向动量守恒方程：

$$v_{1,t}+U_1v_{1,x}=-\frac{1}{\rho_1}p_{1,y}+\nu_1(v_{1,xx}+v_{1,yy}+v_{1,zz}) \tag{2-33}$$

z 方向动量守恒方程：

$$w_{1,t}+U_1w_{1,x}=-\frac{1}{\rho_1}p_{1,z}+\nu_1(w_{1,xx}+w_{1,yy}+w_{1,zz}) \tag{2-34}$$

对气相动量守恒方程(2-28)～方程(2-30)进行线性化。

x 方向动量守恒方程：

$$u_{gj,t}+U_{gj}u_{gj,x}+V_{gj}u_{gj,y}+W_{gj}u_{gj,z}=-\frac{1}{\rho_{gj}}p_{gj,x} \tag{2-35}$$

y 方向动量守恒方程：

$$v_{gj,t}+U_{gj}v_{gj,x}+V_{gj}v_{gj,y}+W_{gj}v_{gj,z}=-\frac{1}{\rho_{gj}}p_{gj,y} \tag{2-36}$$

z 方向动量守恒方程：

$$w_{gj,t}+U_{gj}w_{gj,x}+V_{gj}w_{gj,y}+W_{gj}w_{gj,z}=-\frac{1}{\rho_{gj}}p_{gj,z} \tag{2-37}$$

2.1.1.3 控制方程组的量纲一化

对于连续性方程，将不可压缩的液相方程(2-11)和气相方程(2-13)量纲一化为

$$\bar{u}_{1,\bar{x}}+\bar{v}_{1,\bar{y}}+\bar{w}_{1,\bar{z}}=0 \tag{2-38}$$

$$\bar{u}_{gj,\bar{x}}+\bar{v}_{gj,\bar{y}}+\bar{w}_{gj,\bar{z}}=0 \tag{2-39}$$

将可压缩的气相方程(2-31)量纲一化为

$$\bar{p}_{gj,\bar{t}}+\bar{U}_j\bar{p}_{gj,\bar{x}}+\bar{V}_j\bar{p}_{gj,\bar{y}}+\bar{W}_j\bar{p}_{gj,\bar{z}}=-\bar{U}_j(\bar{u}_{gj,\bar{x}}+\bar{v}_{gj,\bar{y}}+\bar{w}_{gj,\bar{z}}) \tag{2-40}$$

当 y 方向和 z 方向的基流速度 $V_{gj}=W_{gj}=0$，即没有横向气流时，方程(2-40)变为

$$\frac{1}{\bar{U}_j}\bar{p}_{gj,\bar{t}}+\bar{p}_{gj,\bar{x}}=-(\bar{u}_{gj,\bar{x}}+\bar{v}_{gj,\bar{y}}+\bar{w}_{gj,\bar{z}}) \tag{2-41}$$

当 x 方向和 y 方向的基流速度 $U_{gj}=V_{gj}=0$，即仅有 z 方向横向气流时，方程(2-40)变为

$$\bar{p}_{gj,\bar{t}}+\bar{W}_j\bar{p}_{gj,\bar{z}}=0 \tag{2-42}$$

对于动量守恒方程，将有黏性的液相方程(2-32)～方程(2-34)量纲一化为

x 方向动量守恒方程：

$$\bar{u}_{1,\bar{t}}+\bar{u}_{1,\bar{x}}=-Eu_1\bar{p}_{1,\bar{x}}+\frac{1}{Re_1}(\bar{u}_{1,\bar{x}\bar{x}}+\bar{u}_{1,\bar{y}\bar{y}}+\bar{u}_{1,\bar{z}\bar{z}}) \tag{2-43}$$

y 方向动量守恒方程：

$$\bar{v}_{1,\bar{t}}+\bar{v}_{1,\bar{x}}=-Eu_1\bar{p}_{1,\bar{y}}+\frac{1}{Re_1}(\bar{v}_{1,\bar{x}\bar{x}}+\bar{v}_{1,\bar{y}\bar{y}}+\bar{v}_{1,\bar{z}\bar{z}}) \tag{2-44}$$

z 方向动量守恒方程：

$$\bar{w}_{1,\bar{t}}+\bar{w}_{1,\bar{x}}=-Eu_1\bar{p}_{1,\bar{z}}+\frac{1}{Re_1}(\bar{w}_{1,\bar{x}\bar{x}}+\bar{w}_{1,\bar{y}\bar{y}}+\bar{w}_{1,\bar{z}\bar{z}}) \tag{2-45}$$

将无黏性的气相方程(2-35)～方程(2-37)量纲一化为

x 方向动量守恒方程：

$$\bar{u}_{gj,\bar{t}}+\bar{U}_j\bar{u}_{gj,\bar{x}}+\bar{V}_j\bar{u}_{gj,\bar{y}}+\bar{W}_j\bar{u}_{gj,\bar{z}}=-\frac{\bar{U}_j}{Ma_{xgj}^2}\bar{p}_{gj,\bar{x}} \tag{2-46}$$

y 方向动量守恒方程：

$$\bar{v}_{gj,\bar{t}}+\bar{U}_j\bar{v}_{gj,\bar{x}}+\bar{V}_j\bar{v}_{gj,\bar{y}}+\bar{W}_j\bar{v}_{gj,\bar{z}}=-\frac{\bar{U}_j}{Ma_{xgj}^2}\bar{p}_{gj,\bar{y}} \tag{2-47}$$

z 方向动量守恒方程：

$$\bar{w}_{gj,\bar{t}}+\bar{U}_j\bar{w}_{gj,\bar{x}}+\bar{V}_j\bar{w}_{gj,\bar{y}}+\bar{W}_j\bar{w}_{gj,\bar{z}}=-\frac{\bar{U}_j}{Ma_{xgj}^2}\bar{p}_{gj,\bar{z}} \tag{2-48}$$

当 y 方向和 z 方向的基流速度 $V_{gj}=W_{gj}=0$，即没有横向气流时，方程组(2-46)～方程(2-48)变为

x 方向动量守恒方程：

$$\frac{1}{\bar{U}_j}\bar{u}_{gj,\bar{t}}+\bar{u}_{gj,\bar{x}}=-\frac{1}{Ma_{gj}^2}\bar{p}_{gj,\bar{x}} \tag{2-49}$$

y 方向动量守恒方程：

$$\frac{1}{\bar{U}_j}\bar{v}_{gj,\bar{t}}+\bar{v}_{gj,\bar{x}}=-\frac{1}{Ma_{gj}^2}\bar{p}_{gj,\bar{y}} \tag{2-50}$$

z 方向动量守恒方程：

$$\frac{1}{\bar{U}_j}\bar{w}_{gj,\bar{t}}+\bar{w}_{gj,\bar{x}}=-\frac{1}{Ma_{gj}^2}\bar{p}_{gj,\bar{z}} \tag{2-51}$$

经过线性化和量纲一化之后，方程(2-38)、方程(2-43)、方程(2-44)、方程(2-45)即为线性化和量纲一化的平面液膜三维扰动液相连续性方程和纳维-斯托克斯方程组；方程(2-39)、

方程(2-46)、方程(2-47)、方程(2-48)即为线性化和量纲一化的平面液膜三维扰动不可压缩气相连续性方程和纳维-斯托克斯方程组；方程(2-40)、方程(2-46)、方程(2-47)、方程(2-48)即为线性化和量纲一化的平面液膜三维扰动可压缩气相连续性方程和纳维-斯托克斯方程组。

2.1.2　平面液膜二维扰动的控制方程组

在仅研究平面液膜二维扰动时，通常将沿射流喷射的横坐标作为 x 方向，将沿平面液膜厚度的纵坐标作为 y 方向，即采用 x-y 轴的平面直角坐标系。由于我们前面讨论了三维直角坐标系的三维扰动，因此，在研究平面液膜二维扰动时，我们仍将沿平面液膜厚度的纵坐标作为 z 方向，即采用 x-z 轴的平面直角坐标系。二维扰动将采用 x 方向和 z 方向的动量守恒方程组。模型为顺向液流，即 $U_1\neq 0$、$V_1=W_1=0$；顺向气流，即 $U_{gj}\neq 0$、$V_{gj}=W_{gj}=0$；或者横向气流，即 $W_{gj}\neq 0$、$U_{gj}=V_{gj}=0$。

将三维扰动的连续性方程(2-38)二维化，可得线性化和量纲一化的二维扰动液相连续性方程。

$$\bar{u}_{1,\bar{x}}+\bar{w}_{1,\bar{z}}=0 \tag{2-52}$$

将三维扰动的连续性方程(2-39)二维化，可得线性化和量纲一化的二维扰动不可压缩气相连续性方程。

$$\bar{u}_{gj,\bar{x}}+\bar{w}_{gj,\bar{z}}=0 \tag{2-53}$$

将三维扰动的连续性方程(2-40)二维化，可得线性化和量纲一化的二维扰动可压缩气相连续性方程。

$$\bar{p}_{gj,\bar{t}}+\bar{U}_j\bar{p}_{gj,\bar{x}}+\bar{W}_j\bar{p}_{gj,\bar{z}}=-\bar{U}_j(\bar{u}_{gj,\bar{x}}+\bar{w}_{gj,\bar{z}}) \tag{2-54}$$

当 z 方向的基流速度 $W_{gj}=0$ 时，方程(2-54)变为

$$\frac{1}{\bar{U}_j}\bar{p}_{gj,\bar{t}}+\bar{p}_{gj,\bar{x}}=-(\bar{u}_{gj,\bar{x}}+\bar{w}_{gj,\bar{z}}) \tag{2-55}$$

将三维扰动的液相动量守恒方程组(2-43)～方程(2-45)二维化，可得线性化和量纲一化的二维扰动液相动量守恒方程组。

x 方向动量守恒方程：

$$\bar{u}_{1,\bar{t}}+\bar{u}_{1,\bar{x}}=-Eu_1\bar{p}_{1,\bar{x}}+\frac{1}{Re_1}(\bar{u}_{1,\bar{x}\bar{x}}+\bar{u}_{1,\bar{z}\bar{z}}) \tag{2-56}$$

z 方向动量守恒方程：

$$\bar{w}_{1,\bar{t}}+\bar{w}_{1,\bar{x}}=-Eu_1\bar{p}_{1,\bar{z}}+\frac{1}{Re_1}(\bar{w}_{1,\bar{x}\bar{x}}+\bar{w}_{1,\bar{z}\bar{z}}) \tag{2-57}$$

将三维扰动的气相动量守恒方程(2-46)～方程(2-48)二维化，可得线性化和量纲一化的二维扰动气相动量守恒方程组。

x 方向动量守恒方程：

$$\bar{u}_{gj,\bar{t}}+\bar{U}_j\bar{u}_{gj,\bar{x}}+\bar{W}_j\bar{u}_{gj,\bar{z}}=-\frac{\bar{U}_j}{Ma_{xgj}^2}\bar{p}_{gj,\bar{x}} \tag{2-58}$$

z 方向动量守恒方程：

$$\bar{w}_{gj,\bar{t}}+\bar{U}_j\bar{w}_{gj,\bar{x}}+\bar{W}_j\bar{w}_{gj,\bar{z}}=-\frac{\bar{U}_j}{Ma_{xgj}^2}\bar{p}_{gj,\bar{z}} \tag{2-59}$$

当 z 方向的基流速度 $W_{gj}=0$，即没有横向气流时，方程(2-58)和方程(2-59)变为

x 方向动量守恒方程：

$$\frac{1}{\overline{U}_j}\overline{u}_{gj,\overline{t}}+\overline{u}_{gj,\overline{x}}=-\frac{1}{Ma_{gj}^2}\overline{p}_{gj,\overline{x}} \tag{2-60}$$

z 方向动量守恒方程：

$$\frac{1}{\overline{U}_j}\overline{w}_{gj,\overline{t}}+\overline{w}_{gj,\overline{z}}=-\frac{1}{Ma_{gj}^2}\overline{p}_{gj,\overline{z}} \tag{2-61}$$

方程(2-52)、方程(2-56)、方程(2-57)即为线性化和量纲一化的平面液膜二维扰动液相连续性方程和纳维-斯托克斯方程组；方程(2-53)、方程(2-58)、方程(2-59)即为线性化和量纲一化的平面液膜二维扰动不可压缩气相连续性方程和纳维-斯托克斯方程组；方程(2-54)、方程(2-58)、方程(2-59)即为线性化和量纲一化的平面液膜二维扰动可压缩气相连续性方程和纳维-斯托克斯方程组。

2.1.3 圆射流三维扰动的控制方程组

圆射流三维扰动将采用 r-θ-z 三维圆柱坐标系，通常将沿射流喷射的顺向作为 z 方向，将沿圆射流半径的方向作为 r 方向，将沿圆射流圆周的旋转方向作为 θ 方向。三维扰动将采用 r-θ-z 三个方向的动量守恒方程组。模型为顺向液流，即 $U_{z1}\neq0$、$U_{r1}=U_{\theta1}=0$；复合液流，即 $U_{r1}\neq0$，$U_{\theta1}\neq0$，$U_{z1}\neq0$；顺向气流，即 $U_{zg}\neq0$、$U_{rg}=U_{\theta g}=0$；复合气流，即 $U_{rg}=0$，$U_{\theta g}\neq0$，$U_{zg}\neq0$，以及 $U_{rg}\neq0$、$U_{\theta g}\neq0$，$U_{zg}\neq0$。

2.1.3.1 控制方程组

圆柱坐标系的哈密顿算子见方程(1-87)，扰动速度矢量为

$$\boldsymbol{u}_{\text{tot}}=\boldsymbol{e}_r u_{r\text{-tot}}+\boldsymbol{e}_\theta u_{\theta\text{-tot}}+\boldsymbol{e}_z u_{z\text{-tot}} \tag{2-62}$$

则哈密顿算子与扰动速度矢量的点积为

$$\begin{aligned}\nabla\cdot\boldsymbol{u}_{\text{tot}}&=\left(\boldsymbol{e}_r\frac{\partial}{\partial r}+\boldsymbol{e}_\theta\frac{1}{r}\frac{\partial}{\partial\theta}+\boldsymbol{e}_z\frac{\partial}{\partial z}\right)\cdot(\boldsymbol{e}_r u_{r\text{-tot}}+\boldsymbol{e}_\theta u_{\theta\text{-tot}}+\boldsymbol{e}_z u_{z\text{-tot}})\\&=\boldsymbol{e}_r\left[(\boldsymbol{e}_r u_{r\text{-tot}})_{,r}+(\boldsymbol{e}_\theta u_{\theta\text{-tot}})_{,r}+(\boldsymbol{e}_z u_{z\text{-tot}})_{,r}\right]+\\&\quad\frac{1}{r}\boldsymbol{e}_\theta\left[(\boldsymbol{e}_r u_{r\text{-tot}})_{,\theta}+(\boldsymbol{e}_\theta u_{\theta\text{-tot}})_{,\theta}+(\boldsymbol{e}_z u_{z\text{-tot}})_{,\theta}\right]+\\&\quad\boldsymbol{e}_z\left[(\boldsymbol{e}_r u_{r\text{-tot}})_{,z}+(\boldsymbol{e}_\theta u_{\theta\text{-tot}})_{,z}+(\boldsymbol{e}_z u_{z\text{-tot}})_{,z}\right]\end{aligned} \tag{2-63}$$

对于圆柱坐标系，有

$$\begin{gathered}\boldsymbol{e}_r\cdot\boldsymbol{e}_r=\boldsymbol{e}_\theta\cdot\boldsymbol{e}_\theta=\boldsymbol{e}_z\cdot\boldsymbol{e}_z=1,\quad \boldsymbol{e}_r\cdot\boldsymbol{e}_\theta=\boldsymbol{e}_r\cdot\boldsymbol{e}_z=\boldsymbol{e}_\theta\cdot\boldsymbol{e}_z=0\\ \boldsymbol{e}_{r,r}=\boldsymbol{e}_{\theta,r}=\boldsymbol{e}_{z,r}=0,\quad \boldsymbol{e}_{r,z}=\boldsymbol{e}_{\theta,z}=\boldsymbol{e}_{z,z}=0,\quad \boldsymbol{e}_{r,\theta}=\boldsymbol{e}_\theta,\boldsymbol{e}_{\theta,\theta}=-\boldsymbol{e}_r,\quad \boldsymbol{e}_{z,\theta}=0\end{gathered} \tag{2-64}$$

则方程(2-63)可以简化为

$$\nabla\cdot\boldsymbol{u}_{\text{tot}}=u_{r\text{-tot},r}+\frac{1}{r}(u_{r\text{-tot}}+u_{\theta\text{-tot},\theta})+u_{z\text{-tot},z} \tag{2-65}$$

将合流参数代入方程(2-65)，得三维扰动的不可压缩连续性方程。

$$\nabla\cdot\boldsymbol{u}=u_{r,r}+\frac{1}{r}\left[(U_r+u_r)+u_{\theta,\theta}\right]+u_{z,z} \tag{2-66}$$

对于液相和不可压缩气相，有$\nabla \cdot \boldsymbol{u}=0$。将方程(2-66)代入方程(2-2)，可得三维扰动的不可压缩液相连续性方程。

$$u_{r1,r}+\frac{1}{r}[(U_{r1}+u_{r1})+u_{\theta 1,\theta}]+u_{z1,z}=0 \tag{2-67}$$

如果$U_{r1}=0$，则

$$u_{r1,r}+\frac{1}{r}(u_{r1}+u_{\theta 1,\theta})+u_{z1,z}=0 \tag{2-68}$$

将方程(2-66)代入方程(2-3)，且$U_r\neq 0$，可得三维扰动的不可压缩气相连续性方程。

$$u_{rg,r}+\frac{1}{r}[(U_{rg}+u_{rg})+u_{\theta g,\theta}]+u_{zg,z}=0 \tag{2-69}$$

对于可压缩气相连续性方程，将圆柱坐标系的哈密顿算子式(1-87)代入方程(2-5)，得

$$\begin{aligned}&\rho_{g,t}+\left(u_{rg\text{-tot}}\rho_{g,r}+\frac{1}{r}u_{\theta g\text{-tot}}\rho_{g,\theta}+u_{zg\text{-tot}}\rho_{g,z}\right)\\&=-\rho_g\left[u_{rg,r}+\frac{1}{r}(u_{rg\text{-tot}}+u_{\theta g\text{-tot},\theta})+u_{zg\text{-tot},z}\right]\end{aligned} \tag{2-70}$$

将合流参数代入方程(2-70)，得

$$\begin{aligned}&\rho_{g,t}+(U_{rg}+u_{rg})\rho_{g,r}+\frac{1}{r}(U_{\theta g}+u_{\theta g})\rho_{g,\theta}+(U_{zg}+u_{zg})\rho_{g,z}\\&=-\rho_g\left\{u_{rg,r}+\frac{1}{r}[(U_{rg}+u_{rg})+u_{\theta g,\theta}]+u_{zg,z}\right\}\end{aligned} \tag{2-71}$$

将方程(2-17)代入方程(2-71)，得三维扰动的可压缩气相连续性方程。

$$\begin{aligned}&p_{g,t}+(U_{rg}+u_{rg})p_{g,r}+\frac{1}{r}(U_{\theta g}+u_{\theta g})p_{g,\theta}+(U_{zg}+u_{zg})p_{g,z}\\&=-C^2\rho_g\left\{u_{rg,r}+\frac{1}{r}[(U_{rg}+u_{rg})+u_{\theta g,\theta}]+u_{zg,z}\right\}\end{aligned} \tag{2-72}$$

对于动量守恒方程，将方程(2-9)中的哈密顿算子展开，方程(2-9)等号左侧为

$$u_{\text{tot},t}=\boldsymbol{e}_r u_{r\text{-tot},t}+\boldsymbol{e}_\theta u_{\theta\text{-tot},t}+\boldsymbol{e}_z u_{z\text{-tot},t} \tag{2-73}$$

$$\boldsymbol{u}_{\text{tot}}\cdot\nabla=u_{r\text{-tot}}\frac{\partial}{\partial r}+\frac{1}{r}u_{\theta\text{-tot}}\frac{\partial}{\partial\theta}+u_{z\text{-tot}}\frac{\partial}{\partial z} \tag{2-74}$$

将方程(2-73)代入方程(2-74)，得

$$\begin{aligned}(\boldsymbol{u}_{\text{tot}}\cdot\nabla)\boldsymbol{u}_{\text{tot}}&=\left(u_{r\text{-tot}}\frac{\partial}{\partial r}+\frac{1}{r}u_{\theta\text{-tot}}\frac{\partial}{\partial\theta}+u_{z\text{-tot}}\frac{\partial}{\partial z}\right)\cdot(\boldsymbol{e}_r u_{r\text{-tot}}+\boldsymbol{e}_\theta u_{\theta\text{-tot}}+\boldsymbol{e}_z u_{z\text{-tot}})\\&=u_{r\text{-tot}}[(\boldsymbol{e}_r u_{r\text{-tot}})_{,r}+(\boldsymbol{e}_\theta u_{\theta\text{-tot}})_{,r}+(\boldsymbol{e}_z u_{z\text{-tot}})_{,r}]+\\&\quad\frac{1}{r}u_{\theta\text{-tot}}[(\boldsymbol{e}_r u_{r\text{-tot}})_{,\theta}+(\boldsymbol{e}_\theta u_{\theta\text{-tot}})_{,\theta}+(\boldsymbol{e}_z u_{z\text{-tot}})_{,\theta}]+\\&\quad u_{z\text{-tot}}[(\boldsymbol{e}_r u_{r\text{-tot}})_{,z}+(\boldsymbol{e}_\theta u_{\theta\text{-tot}})_{,z}+(\boldsymbol{e}_z u_{z\text{-tot}})_{,z}]\\&=u_{r\text{-tot}}(\boldsymbol{e}_r u_{r\text{-tot},r}+\boldsymbol{e}_\theta u_{\theta\text{-tot},r}+\boldsymbol{e}_z u_{z\text{-tot},r})+\\&\quad\frac{1}{r}u_{\theta\text{-tot}}(\boldsymbol{e}_r u_{r\text{-tot},\theta}+\boldsymbol{e}_\theta u_{r\text{-tot}}+\boldsymbol{e}_\theta u_{\theta\text{-tot},\theta}-\boldsymbol{e}_r u_{\theta\text{-tot}}+\boldsymbol{e}_z u_{z\text{-tot},\theta})+\\&\quad u_{z\text{-tot}}(\boldsymbol{e}_r u_{r\text{-tot},z}+\boldsymbol{e}_\theta u_{\theta\text{-tot},z}+\boldsymbol{e}_z u_{z\text{-tot},z})\end{aligned}$$

$$
\begin{aligned}
&= \boldsymbol{e}_r \left(u_{r\text{-tot}} u_{r\text{-tot},r} + \frac{1}{r} u_{\theta\text{-tot}} u_{r\text{-tot},\theta} - \frac{1}{r} u_{\theta\text{-tot}}^2 + u_{z\text{-tot}} u_{r\text{-tot},z} \right) + \\
&\quad \boldsymbol{e}_\theta \left(u_{r\text{-tot}} u_{\theta\text{-tot},r} + \frac{1}{r} u_{\theta\text{-tot}} u_{r\text{-tot}} + \frac{1}{r} u_{\theta\text{-tot}} u_{\theta\text{-tot},\theta} + u_{z\text{-tot}} u_{\theta\text{-tot},z} \right) + \\
&\quad \boldsymbol{e}_z \left(u_{r\text{-tot}} u_{z\text{-tot},r} + \frac{1}{r} u_{\theta\text{-tot}} u_{z\text{-tot},\theta} + u_{z\text{-tot}} u_{z\text{-tot},z} \right)
\end{aligned}
\tag{2-75}
$$

将方程(2-9)中的哈密顿算子和拉普拉斯算子展开，方程(2-9)等号右侧为

$$
\nabla p_{\text{tot}} = \boldsymbol{e}_r p_{\text{tot},r} + \boldsymbol{e}_\theta \frac{1}{r} p_{\text{tot},\theta} + \boldsymbol{e}_z p_{\text{tot},z}
\tag{2-76}
$$

$$
\begin{aligned}
\Delta \cdot \boldsymbol{u}_{\text{tot}} &= \left(\frac{\partial^2}{\partial r^2} + \frac{1}{r}\frac{\partial}{\partial r} + \frac{1}{r^2}\frac{\partial^2}{\partial \theta^2} + \frac{\partial^2}{\partial z^2} \right) \cdot (\boldsymbol{e}_r u_{r\text{-tot}} + \boldsymbol{e}_\theta u_{\theta\text{-tot}} + \boldsymbol{e}_z u_{z\text{-tot}}) \\
&= [(\boldsymbol{e}_r u_{r\text{-tot}})_{,rr} + (\boldsymbol{e}_\theta u_{\theta\text{-tot}})_{,rr} + (\boldsymbol{e}_z u_{z\text{-tot}})_{,rr}] + \\
&\quad \frac{1}{r} [(\boldsymbol{e}_r u_{r\text{-tot}})_{,r} + (\boldsymbol{e}_\theta u_{\theta\text{-tot}})_{,r} + (\boldsymbol{e}_z u_{z\text{-tot}})_{,r}] + \\
&\quad \frac{1}{r^2} [(\boldsymbol{e}_r u_{r\text{-tot}})_{,\theta\theta} + (\boldsymbol{e}_\theta u_{\theta\text{-tot}})_{,\theta\theta} + (\boldsymbol{e}_z u_{z\text{-tot}})_{,\theta\theta}] + \\
&\quad [(\boldsymbol{e}_r u_{r\text{-tot}})_{,zz} + (\boldsymbol{e}_\theta u_{\theta\text{-tot}})_{,zz} + (\boldsymbol{e}_z u_{z\text{-tot}})_{,zz}] \\
&= [\boldsymbol{e}_r u_{r\text{-tot},rr} + \boldsymbol{e}_\theta u_{\theta\text{-tot},rr} + \boldsymbol{e}_z u_{z\text{-tot},rr}] + \\
&\quad \frac{1}{r} [\boldsymbol{e}_r u_{r\text{-tot},r} + \boldsymbol{e}_\theta u_{\theta\text{-tot},r} + \boldsymbol{e}_z u_{z\text{-tot},r}] + \\
&\quad \frac{1}{r^2} \begin{bmatrix} \boldsymbol{e}_r (-u_{r\text{-tot}} + u_{r\text{-tot},\theta\theta} - 2u_{\theta\text{-tot},\theta}) + \\ \boldsymbol{e}_\theta (2u_{r\text{-tot},\theta} - u_{\theta\text{-tot}} + u_{\theta\text{-tot},\theta\theta}) + \\ \boldsymbol{e}_z u_{z\text{-tot},\theta\theta} \end{bmatrix} + \\
&\quad [\boldsymbol{e}_r u_{r\text{-tot},zz} + \boldsymbol{e}_\theta u_{\theta\text{-tot},zz} + \boldsymbol{e}_z u_{z\text{-tot},zz}] \\
&= \boldsymbol{e}_r \left(u_{r\text{-tot},rr} + \frac{1}{r} u_{r\text{-tot},r} - \frac{1}{r^2} u_{r\text{-tot}} + \frac{1}{r^2} u_{r\text{-tot},\theta\theta} - \frac{2}{r^2} u_{\theta\text{-tot},\theta} + u_{r\text{-tot},zz} \right) + \\
&\quad \boldsymbol{e}_\theta \left(u_{\theta\text{-tot},rr} + \frac{1}{r} u_{\theta\text{-tot},r} + \frac{2}{r^2} u_{r\text{-tot},\theta} - \frac{1}{r^2} u_{\theta\text{-tot}} + \frac{1}{r^2} u_{\theta\text{-tot},\theta\theta} + u_{\theta\text{-tot},zz} \right) + \\
&\quad \boldsymbol{e}_z \left(u_{z\text{-tot},rr} + \frac{1}{r} u_{z\text{-tot},r} + \frac{1}{r^2} u_{z\text{-tot},\theta\theta} + u_{z\text{-tot},zz} \right)
\end{aligned}
\tag{2-77}
$$

将方程(2-75)、方程(2-76)和方程(2-77)代入方程(2-9)，整理得三维扰动的液气相动量守恒方程合式。

r 方向动量守恒方程：

$$
\begin{aligned}
&u_{r\text{-tot},t} + u_{r\text{-tot}} u_{r\text{-tot},r} + \frac{1}{r} u_{\theta\text{-tot}} u_{r\text{-tot},\theta} - \frac{1}{r} u_{\theta\text{-tot}}^2 + u_{z\text{-tot}} u_{r\text{-tot},z} \\
&= -\frac{1}{\rho} p_{\text{tot},r} + \nu \left(u_{r\text{-tot},rr} + \frac{1}{r^2} u_{r\text{-tot},\theta\theta} + u_{r\text{-tot},zz} + \frac{1}{r} u_{r\text{-tot},r} - \frac{2}{r^2} u_{\theta\text{-tot},\theta} - \frac{1}{r^2} u_{r\text{-tot}} \right)
\end{aligned}
\tag{2-78}
$$

θ 方向动量守恒方程：

$$u_{\theta\text{-tot},t}+u_{r\text{-tot}}u_{\theta\text{-tot},r}+\frac{1}{r}u_{\theta\text{-tot}}u_{r\text{-tot}}+\frac{1}{r}u_{\theta\text{-tot}}u_{\theta\text{-tot},\theta}+u_{z\text{-tot}}u_{\theta\text{-tot},z}$$
$$=-\frac{1}{r\rho}p_{\text{tot},\theta}+\nu\left(u_{\theta\text{-tot},rr}+\frac{1}{r^2}u_{\theta\text{-tot},\theta\theta}+u_{\theta\text{-tot},zz}+\frac{1}{r}u_{\theta\text{-tot},r}+\frac{2}{r^2}u_{r\text{-tot},\theta}-\frac{1}{r^2}u_{\theta\text{-tot}}\right) \tag{2-79}$$

z 方向动量守恒方程：

$$u_{z\text{-tot},t}+u_{r\text{-tot}}u_{z\text{-tot},r}+\frac{1}{r}u_{\theta\text{-tot}}u_{z\text{-tot},\theta}+u_{z\text{-tot}}u_{z\text{-tot},z}$$
$$=-\frac{1}{\rho}p_{\text{tot},z}+\nu\left(u_{z\text{-tot},rr}+\frac{1}{r^2}u_{z\text{-tot},\theta\theta}+u_{z\text{-tot},zz}+\frac{1}{r}u_{z\text{-tot},r}\right) \tag{2-80}$$

将合流参数代入方程(2-78)～方程(2-80)，得动量守恒方程组的液气相合式。

r 方向动量守恒方程：

$$u_{r,t}+(U_r+u_r)u_{r,r}+\frac{1}{r}(U_\theta+u_\theta)u_{r,\theta}-\frac{1}{r}(U_\theta+u_\theta)^2+(U_z+u_z)u_{r,z}$$
$$=-\frac{1}{\rho}p_{,r}+\nu\left[u_{r,rr}+\frac{1}{r^2}u_{r,\theta\theta}+u_{r,zz}+\frac{1}{r}u_{r,r}-\frac{2}{r^2}u_{\theta,\theta}-\frac{1}{r^2}(U_r+u_r)\right] \tag{2-81}$$

θ 方向动量守恒方程：

$$u_{\theta,t}+(U_r+u_r)u_{\theta,r}+\frac{1}{r}(U_r+u_r)(U_\theta+u_\theta)+\frac{1}{r}(U_\theta+u_\theta)u_{\theta,\theta}+(U_z+u_z)u_{\theta,z}$$
$$=-\frac{1}{r\rho}p_{,\theta}+\nu\left[u_{\theta,rr}+\frac{1}{r^2}u_{\theta,\theta\theta}+u_{\theta,zz}+\frac{1}{r}u_{\theta,r}+\frac{2}{r^2}u_{r,\theta}-\frac{1}{r^2}(U_\theta+u_\theta)\right] \tag{2-82}$$

z 方向动量守恒方程：

$$u_{z,t}+(U_r+u_r)u_{z,r}+\frac{1}{r}(U_\theta+u_\theta)u_{z,\theta}+(U_z+u_z)u_{z,z}$$
$$=-\frac{1}{\rho}p_{,z}+\nu\left(u_{z,rr}+\frac{1}{r^2}u_{z,\theta\theta}+u_{z,zz}+\frac{1}{r}u_{z,r}\right) \tag{2-83}$$

2.1.3.2 控制方程组的线性化

对于三维扰动的连续性方程，液相方程(2-68)和不可压缩气相方程(2-69)本身就是线性的。对可压缩气相方程(2-72)进行线性化

$$p_{g,t}+U_{rg}p_{g,r}+\frac{1}{r}U_{\theta g}p_{g,\theta}+U_{zg}p_{g,z}$$
$$=-C^2\rho_g\left\{u_{rg,r}+\frac{1}{r}\left[(U_{rg}+u_{rg})+u_{\theta g,\theta}\right]+u_{zg,z}\right\} \tag{2-84}$$

对于三维扰动的动量守恒方程组，将方程(2-81)～方程(2-83)线性化，保留黏性项，且 $U_{r1}\neq 0$、$U_{\theta 1}\neq 0$、$U_{z1}\neq 0$。对于非导数项的 $(U+u)$ 项，由于基流速度远大于扰动速度，u 可以忽略不计，线性化后 $U+u=U$。可得线性化的三维扰动的液相动量守恒方程组。

r 方向动量守恒方程：

$$u_{r1,t}+U_{r1}u_{r1,r}+\frac{1}{r}U_{\theta 1}u_{r1,\theta}-\frac{1}{r}U_{\theta 1}^2+U_{z1}u_{r1,z}$$

$$=-\frac{1}{\rho_1}p_{1,r}+\nu_1\left(u_{r1,rr}+\frac{1}{r^2}u_{r1,\theta\theta}+u_{r1,zz}+\frac{1}{r}u_{r1,r}-\frac{2}{r^2}u_{\theta1,\theta}-\frac{1}{r^2}U_{r1}\right) \tag{2-85}$$

θ 方向动量守恒方程：

$$u_{\theta1,t}+U_{r1}u_{\theta1,r}+\frac{1}{r}U_{r1}U_{\theta1}+\frac{1}{r}U_{\theta1}u_{\theta1,\theta}+U_{z1}u_{\theta1,z}$$

$$=-\frac{1}{r\rho_1}p_{1,\theta}+\nu_1\left(u_{\theta1,rr}+\frac{1}{r^2}u_{\theta1,\theta\theta}+u_{\theta1,zz}+\frac{1}{r}u_{\theta1,r}+\frac{2}{r^2}u_{r1,\theta}-\frac{1}{r^2}U_{\theta1}\right) \tag{2-86}$$

z 方向动量守恒方程：

$$u_{z1,t}+U_{r1}u_{z1,r}+\frac{1}{r}U_{\theta1}u_{z1,\theta}+U_{z1}u_{z1,z}$$

$$=-\frac{1}{\rho_1}p_{1,z}+\nu_1\left(u_{z1,rr}+\frac{1}{r^2}u_{z1,\theta\theta}+u_{z1,zz}+\frac{1}{r}u_{z1,r}\right) \tag{2-87}$$

将方程(2-81)～方程(2-83)线性化，删除黏性项，且 $U_{rg}\neq0$、$U_{\theta g}\neq0$、$U_{zg}\neq0$，可得线性化的三维扰动的气相动量守恒方程组。

r 方向动量守恒方程：

$$u_{rg,t}+U_{rg}u_{rg,r}+\frac{1}{r}U_{\theta g}u_{rg,\theta}+U_{zg}u_{rg,z}-\frac{1}{r}U_{\theta g}^2=-\frac{1}{\rho_g}p_{g,r} \tag{2-88}$$

θ 方向动量守恒方程：

$$u_{\theta g,t}+U_{rg}u_{\theta g,r}+\frac{1}{r}U_{\theta g}u_{\theta g,\theta}+U_{zg}u_{\theta g,z}+\frac{1}{r}U_{rg}U_{\theta g}=-\frac{1}{r\rho_g}p_{g,\theta} \tag{2-89}$$

z 方向动量守恒方程：

$$u_{zg,t}+U_{rg}u_{zg,r}+\frac{1}{r}U_{\theta g}u_{zg,\theta}+U_{zg}u_{zg,z}=-\frac{1}{\rho_g}p_{g,z} \tag{2-90}$$

2.1.3.3 控制方程组的量纲一化

对于连续性方程，将液相方程(2-68)量纲一化，可得线性化和量纲一化的三维扰动液相连续性方程。

$$\bar{u}_{r1,\bar{r}}+\frac{1}{\bar{r}}[(\bar{U}_{r1}+\bar{u}_{r1})+\bar{u}_{\theta1,\theta}]+\bar{u}_{z1,\bar{z}}=0 \tag{2-91}$$

如果 $\bar{U}_{r1}=0$，则

$$\bar{u}_{r1,\bar{r}}+\frac{1}{\bar{r}}(\bar{u}_{r1}+\bar{u}_{\theta1,\theta})+\bar{u}_{z1,\bar{z}}=0 \tag{2-92}$$

将不可压缩气相方程(2-69)量纲一化，可得线性化和量纲一化的三维扰动不可压缩气相连续性方程。

$$\bar{u}_{rg,\bar{r}}+\frac{1}{\bar{r}}\left[\left(\frac{\bar{U}_r}{\bar{U}_z}+\bar{u}_{rg}\right)+\bar{u}_{\theta g,\theta}\right]+\bar{u}_{zg,\bar{z}}=0 \tag{2-93}$$

当 r 方向的基流速度 $U_{rg}=0$，即没有径向气流时，方程(2-93)变为

$$\bar{u}_{rg,\bar{r}}+\frac{1}{\bar{r}}(\bar{u}_{rg}+\bar{u}_{\theta g,\theta})+\bar{u}_{zg,\bar{z}}=0 \tag{2-94}$$

将可压缩气相方程(2-72)量纲一化，可得线性化和量纲一化的三维扰动可压缩气相连续性

方程：

$$\bar{p}_{g,\bar{t}} + \bar{U}_r \bar{p}_{g,\bar{r}} + \frac{1}{\bar{r}}\bar{U}_\theta \bar{p}_{g,\theta} + \bar{U}_z \bar{p}_{g,\bar{z}}$$

$$= -\bar{U}_z \left\{ \bar{u}_{rg,\bar{r}} + \frac{1}{\bar{r}}\left[\left(\frac{\bar{U}_r}{\bar{U}_z} + \bar{u}_{rg}\right) + \bar{u}_{\theta g,\theta}\right] + \bar{u}_{zg,\bar{z}} \right\} \tag{2-95}$$

当 r 方向和 θ 方向的基流速度 $U_{rg}=U_{\theta g}=0$，即没有径向气流和旋转气流时，方程(2-95)变为

$$\frac{1}{\bar{U}_z}\bar{p}_{g,\bar{t}} + \bar{p}_{g,\bar{z}} = -\left(\bar{u}_{rg,\bar{r}} + \frac{1}{\bar{r}}\bar{u}_{\theta g,\theta} + \bar{u}_{zg,\bar{z}} + \frac{1}{\bar{r}}\bar{u}_{rg}\right) \tag{2-96}$$

对于动量守恒方程组，将雷诺数 $Re=\dfrac{aU}{\nu}$ 和欧拉数 $Eu=\dfrac{P}{\rho U^2}$ 代入方程(2-85)～方程(2-87)，可得线性化和量纲一化的三维扰动的液相动量守恒方程组。

r 方向动量守恒方程：

$$\bar{u}_{r1,\bar{t}} + \bar{U}_{r1}\bar{u}_{r1,\bar{r}} + \frac{1}{\bar{r}}\bar{U}_{\theta 1}\bar{u}_{r1,\theta} - \frac{1}{\bar{r}}\bar{U}_{\theta 1}^2 + \bar{u}_{r1,\bar{z}}$$

$$= -Eu_{z1}\bar{p}_{1,\bar{r}} + \frac{1}{Re_{z1}}\left(\bar{u}_{r1,\bar{r}\bar{r}} + \frac{1}{\bar{r}^2}\bar{u}_{r1,\theta\theta} + \bar{u}_{r1,\bar{z}\bar{z}} + \frac{1}{\bar{r}}\bar{u}_{r1,\bar{r}} - \frac{2}{\bar{r}^2}\bar{u}_{\theta 1,\theta} - \frac{1}{\bar{r}^2}\bar{U}_{r1}\right) \tag{2-97}$$

θ 方向动量守恒方程：

$$\bar{u}_{\theta 1,\bar{t}} + \bar{U}_{r1}\bar{u}_{\theta 1,\bar{r}} + \frac{1}{\bar{r}}\bar{U}_{r1}\bar{U}_{\theta 1} + \frac{1}{\bar{r}}\bar{U}_{\theta 1}\bar{u}_{\theta 1,\theta} + \bar{u}_{\theta 1,\bar{z}}$$

$$= -\frac{1}{\bar{r}}Eu_{z1}\bar{p}_{1,\theta} + \frac{1}{Re_{z1}}\left(\bar{u}_{\theta 1,\bar{r}\bar{r}} + \frac{1}{\bar{r}^2}\bar{u}_{\theta 1,\theta\theta} + \bar{u}_{\theta 1,\bar{z}\bar{z}} + \frac{1}{\bar{r}}\bar{u}_{\theta 1,\bar{r}} + \frac{2}{\bar{r}^2}\bar{u}_{r1,\theta} - \frac{1}{\bar{r}^2}\bar{U}_{\theta 1}\right) \tag{2-98}$$

z 方向动量守恒方程：

$$\bar{u}_{z1,\bar{t}} + \bar{U}_{r1}\bar{u}_{z1,\bar{r}} + \frac{1}{\bar{r}}\bar{U}_{\theta 1}\bar{u}_{z1,\theta} + \bar{u}_{z1,\bar{z}}$$

$$= -Eu_{z1}\bar{p}_{1,\bar{z}} + \frac{1}{Re_{z1}}\left(\bar{u}_{z1,\bar{r}\bar{r}} + \frac{1}{\bar{r}^2}\bar{u}_{z1,\theta\theta} + \bar{u}_{z1,\bar{z}\bar{z}} + \frac{1}{\bar{r}}\bar{u}_{z1,\bar{r}}\right) \tag{2-99}$$

如果 $\bar{U}_{r1}=\bar{U}_{\theta 1}=0$，则方程(2-97)～方程(2-99)变成

r 方向动量守恒方程：

$$\bar{u}_{r1,\bar{t}} + \bar{u}_{r1,\bar{z}} = -Eu_1\bar{p}_{1,\bar{r}} + \frac{1}{Re_1}\left(\bar{u}_{r1,\bar{r}\bar{r}} + \frac{1}{\bar{r}^2}\bar{u}_{r1,\theta\theta} + \bar{u}_{r1,\bar{z}\bar{z}} + \frac{1}{\bar{r}}\bar{u}_{r1,\bar{r}} - \frac{2}{\bar{r}^2}\bar{u}_{\theta 1,\theta} - \frac{1}{\bar{r}^2}\bar{u}_{r1}\right) \tag{2-100}$$

θ 方向动量守恒方程：

$$\bar{u}_{\theta 1,\bar{t}} + \bar{u}_{\theta 1,\bar{z}} = -\frac{1}{\bar{r}}Eu_1\bar{p}_{1,\theta} + \frac{1}{Re_1}\left(\bar{u}_{\theta 1,\bar{r}\bar{r}} + \frac{1}{\bar{r}^2}\bar{u}_{\theta 1,\theta\theta} + \bar{u}_{\theta 1,\bar{z}\bar{z}} + \frac{1}{\bar{r}}\bar{u}_{\theta 1,\bar{r}} + \frac{2}{\bar{r}^2}\bar{u}_{r1,\theta} - \frac{1}{\bar{r}^2}\bar{u}_{\theta 1}\right) \tag{2-101}$$

z 方向动量守恒方程：

$$\bar{u}_{z1,\bar{t}} + \bar{u}_{z1,\bar{z}} = -Eu_1\bar{p}_{1,\bar{z}} + \frac{1}{Re_1}\left(\bar{u}_{z1,\bar{r}\bar{r}} + \frac{1}{\bar{r}^2}\bar{u}_{z1,\theta\theta} + \bar{u}_{z1,\bar{z}\bar{z}} + \frac{1}{\bar{r}}\bar{u}_{z1,\bar{r}}\right) \tag{2-102}$$

将马赫数 $Ma_g=\dfrac{U_g}{C}$ 代入方程(2-88)～方程(2-90)，可得线性化和量纲一化的三维扰动的气相动量守恒方程组。

r 方向动量守恒方程：

$$\frac{1}{\overline{U}_z}\overline{u}_{rg,\overline{t}}+\frac{\overline{U}_r}{\overline{U}_z}\overline{u}_{rg,\overline{r}}+\frac{1}{\overline{r}}\frac{\overline{U}_\theta}{\overline{U}_z}\overline{u}_{rg,\theta}+\overline{u}_{rg,\overline{z}}-\frac{1}{\overline{r}}\left(\frac{\overline{U}_\theta}{\overline{U}_z}\right)^2=-\frac{1}{Ma_{zg}^2}\overline{p}_{g,\overline{r}} \tag{2-103}$$

θ 方向动量守恒方程：

$$\frac{1}{\overline{U}_z}\overline{u}_{\theta g,\overline{t}}+\frac{\overline{U}_r}{\overline{U}_z}\overline{u}_{\theta g,\overline{r}}+\frac{1}{\overline{r}}\frac{\overline{U}_\theta}{\overline{U}_z}\overline{u}_{\theta g,\theta}+\overline{u}_{\theta g,\overline{z}}+\frac{1}{\overline{r}}\frac{\overline{U}_r\overline{U}_\theta}{\overline{U}_z^2}=-\frac{1}{\overline{r}Ma_{zg}^2}\overline{p}_{g,\theta} \tag{2-104}$$

z 方向动量守恒方程：

$$\frac{1}{\overline{U}_z}\overline{u}_{zg,\overline{t}}+\frac{\overline{U}_r}{\overline{U}_z}\overline{u}_{zg,\overline{r}}+\frac{1}{\overline{r}}\frac{\overline{U}_\theta}{\overline{U}_z}\overline{u}_{zg,\theta}+\overline{u}_{zg,\overline{z}}=-\frac{1}{Ma_{zg}^2}\overline{p}_{g,\overline{z}} \tag{2-105}$$

当 r 方向和 θ 方向的基流速度 $U_{rg}=U_{\theta g}=0$，即没有径向气流和旋转气流时，方程(2-103)～方程(2-105)变为

r 方向动量守恒方程：

$$\frac{1}{\overline{U}_z}\overline{u}_{rg,\overline{t}}+\overline{u}_{rg,\overline{z}}=-\frac{1}{Ma_g^2}\overline{p}_{g,\overline{r}} \tag{2-106}$$

θ 方向动量守恒方程：

$$\frac{1}{\overline{U}_z}\overline{u}_{\theta g,\overline{t}}+\overline{u}_{\theta g,\overline{z}}=-\frac{1}{\overline{r}Ma_g^2}\overline{p}_{g,\theta} \tag{2-107}$$

z 方向动量守恒方程：

$$\frac{1}{\overline{U}_z}\overline{u}_{zg,\overline{t}}+\overline{u}_{zg,\overline{z}}=-\frac{1}{Ma_g^2}\overline{p}_{g,\overline{z}} \tag{2-108}$$

经过线性化和量纲一化之后，方程(2-91)、方程(2-97)～方程(2-99)即为在 $\overline{U}_{r1}\neq0$、$\overline{U}_{\theta1}\neq0$ 和 $\overline{U}_{z1}\neq0$ 下线性化和量纲一化的圆射流三维扰动液相连续性方程和纳维-斯托克斯方程组；方程(2-92)、方程(2-100)～方程(2-102)即为在 $\overline{U}_{z1}\neq0$、$\overline{U}_{r1}=\overline{U}_{\theta1}=0$ 下线性化和量纲一化的圆射流三维扰动液相连续性方程和纳维-斯托克斯方程组；方程(2-93)、方程(2-103)～方程(2-105)即为在 $\overline{U}_{rg}\neq0$、$\overline{U}_{\theta g}\neq0$ 和 $\overline{U}_{zg}\neq0$ 下线性化和量纲一化的圆射流三维扰动不可压缩气相连续性方程和纳维-斯托克斯方程组；方程(2-95)、方程(2-103)～方程(2-105)即为在 $\overline{U}_{rg}\neq0$、$\overline{U}_{\theta g}\neq0$ 和 $\overline{U}_{zg}\neq0$ 下线性化和量纲一化的圆射流三维扰动可压缩气相连续性方程和纳维-斯托克斯方程组；方程(2-94)、方程(2-106)～方程(2-108)即为在 $\overline{U}_{zg}\neq0$、$\overline{U}_{rg}=\overline{U}_{\theta g}=0$ 下线性化和量纲一化的圆射流三维扰动不可压缩气相连续性方程和纳维-斯托克斯方程组；方程(2-96)、方程(2-106)～方程(2-108)即为在 $\overline{U}_{zg}\neq0$、$\overline{U}_{rg}=\overline{U}_{\theta g}=0$ 下线性化和量纲一化的圆射流三维扰动可压缩气相连续性方程和纳维-斯托克斯方程组。

2.1.4 圆射流二维扰动的控制方程组

在仅研究圆射流二维扰动时，通常将沿射流喷射的横坐标作为 z 方向，将沿圆射流径向的纵坐标作为 r 方向，即采用 z-r 轴的平面极坐标系。二维扰动将采用 r-z 两个方向的

动量守恒方程组。模型为顺向液流，即 $U_{z1}\neq 0$、$U_{r1}=U_{\theta 1}=0$；顺向气流，即 $U_{zg}\neq 0$、$U_{rg}=U_{\theta g}=0$；复合气流，即 $U_{rg}\neq 0$、$U_{\theta g}=0$、$U_{zg}\neq 0$。

将三维扰动的连续性方程(2-92)二维化，可得线性化和量纲一化的二维扰动液相连续性方程。

$$\bar{u}_{r1,\bar{r}}+\frac{1}{\bar{r}}\bar{u}_{r1}+\bar{u}_{z1,\bar{z}}=0 \tag{2-109}$$

将三维扰动的连续性方程(2-93)二维化，可得线性化和量纲一化的二维扰动不可压缩气相连续性方程。

$$\bar{u}_{rg,\bar{r}}+\frac{1}{\bar{r}}\left(\frac{\bar{U}_r}{\bar{U}_z}+\bar{u}_{rg}\right)+\bar{u}_{zg,\bar{z}}=0 \tag{2-110}$$

当 r 方向的基流速度 $U_{rg}=0$ 时，方程(2-110)变为

$$\bar{u}_{rg,\bar{r}}+\frac{1}{\bar{r}}\bar{u}_{rg}+\bar{u}_{zg,\bar{z}}=0 \tag{2-111}$$

将三维扰动的连续性方程(2-95)二维化，可得线性化和量纲一化的二维扰动可压缩气相连续性方程。

$$\bar{p}_{g,\bar{t}}+\bar{U}_r\bar{p}_{g,\bar{r}}+\bar{U}_z\bar{p}_{g,\bar{z}}=-\bar{U}_z\left[\bar{u}_{rg,\bar{r}}+\frac{1}{\bar{r}}\left(\frac{\bar{U}_r}{\bar{U}_z}+\bar{u}_{rg}\right)+\bar{u}_{zg,\bar{z}}\right] \tag{2-112}$$

当 r 方向的基流速度 $U_{rg}=0$ 时，方程(2-112)变为

$$\frac{1}{\bar{U}_z}\bar{p}_{g,\bar{t}}+\bar{p}_{g,\bar{z}}=-\left(\bar{u}_{rg,\bar{r}}+\frac{1}{\bar{r}}\bar{u}_{rg}+\bar{u}_{zg,\bar{z}}\right) \tag{2-113}$$

将三维扰动的动量守恒方程(2-100)～方程(2-102)二维化，可得线性化和量纲一化的二维扰动液相动量守恒方程组。

r 方向动量守恒方程：

$$\bar{u}_{r1,\bar{t}}+\bar{u}_{r1,\bar{z}}=-Eu_1\bar{p}_{1,\bar{r}}+\frac{1}{Re_1}\left(\bar{u}_{r1,\bar{r}\bar{r}}+\bar{u}_{r1,\bar{z}\bar{z}}+\frac{1}{\bar{r}}\bar{u}_{r1,\bar{r}}-\frac{1}{\bar{r}^2}\bar{u}_{r1}\right) \tag{2-114}$$

z 方向动量守恒方程：

$$\bar{u}_{z1,\bar{t}}+\bar{u}_{z1,\bar{z}}=-Eu_1\bar{p}_{1,\bar{z}}+\frac{1}{Re_1}\left(\bar{u}_{z1,\bar{r}\bar{r}}+\bar{u}_{z1,\bar{z}\bar{z}}+\frac{1}{\bar{r}}u_{z1,\bar{r}}\right) \tag{2-115}$$

将三维扰动的动量守恒方程(2-103)～方程(2-105)二维化，可得线性化和量纲一化的二维扰动气相动量守恒方程组。

r 方向动量守恒方程：

$$\frac{1}{\bar{U}_z}\bar{u}_{rg,\bar{t}}+\frac{\bar{U}_r}{\bar{U}_z}\bar{u}_{rg,\bar{r}}+\bar{u}_{rg,\bar{z}}=-\frac{1}{Ma_{zg}^2}\bar{p}_{g,\bar{r}} \tag{2-116}$$

z 方向动量守恒方程：

$$\frac{1}{\bar{U}_z}\bar{u}_{zg,\bar{t}}+\frac{\bar{U}_r}{\bar{U}_z}\bar{u}_{zg,\bar{r}}+\bar{u}_{zg,\bar{z}}=-\frac{1}{Ma_{zg}^2}\bar{p}_{g,\bar{z}} \tag{2-117}$$

当 r 方向的基流速度 $U_{rg}=0$ 时，方程(2-116)和方程(2-117)变为

r 方向动量守恒方程：

$$\frac{1}{\overline{U}_z}\bar{u}_{rg,\bar{t}}+\bar{u}_{rg,\bar{z}}=-\frac{1}{Ma_g^2}\bar{p}_{g,\bar{r}} \tag{2-118}$$

z 方向动量守恒方程：

$$\frac{1}{\overline{U}_z}\bar{u}_{zg,\bar{t}}+\bar{u}_{zg,\bar{z}}=-\frac{1}{Ma_g^2}\bar{p}_{g,\bar{z}} \tag{2-119}$$

方程(2-109)、方程(2-114)和方程(2-115)即为线性化和量纲一化的圆射流二维扰动液相连续性方程和纳维-斯托克斯方程组；方程(2-110)、方程(2-116)、方程(2-117)即为在 $U_{rg}\neq 0$、$U_{\theta g}=0$、$U_{zg}\neq 0$ 下线性化和量纲一化的圆射流二维扰动不可压缩气相连续性方程和纳维-斯托克斯方程组；方程(2-111)、方程(2-118)、方程(2-119)即为在 $U_{rg}=0$、$U_{\theta g}=0$、$U_{zg}\neq 0$ 下线性化和量纲一化的圆射流二维扰动不可压缩气相连续性方程和纳维-斯托克斯方程组；方程(2-112)、方程(2-116)、方程(2-117)即为在 $U_{rg}\neq 0$、$U_{\theta g}=0$、$U_{zg}\neq 0$ 下线性化和量纲一化的圆射流二维扰动可压缩气相连续性方程和纳维-斯托克斯方程组；方程(2-113)、方程(2-118)、方程(2-119)即为在 $U_{rg}=0$、$U_{\theta g}=0$、$U_{zg}\neq 0$ 下线性化和量纲一化的圆射流二维扰动可压缩气相连续性方程和纳维-斯托克斯方程组。

2.1.5 环状液膜三维扰动的控制方程组

环状液膜与圆射流一样，也为轴对称射流，因此也采用圆柱坐标系。环状液膜三维扰动控制方程组的推导过程和结果都与圆射流的完全一致。只是气相有内外环之分，因此气相的参数符号与圆射流的不同。

线性化和量纲一化的三维扰动不可压缩气相连续性方程为

$$\bar{u}_{rgj,\bar{r}}+\frac{1}{\bar{r}}\left[\left(\frac{\overline{U}_{rj}}{\overline{U}_{zj}}+\bar{u}_{rgj}\right)+\bar{u}_{\theta gj,\theta}\right]+\bar{u}_{zgj,\bar{z}}=0 \tag{2-120}$$

当 r 方向的基流速度 $U_{rgj}=0$ 时，方程(2-120)变为

$$\bar{u}_{rgj,\bar{r}}+\frac{1}{\bar{r}}\bar{u}_{\theta gj,\theta}+\bar{u}_{zgj,\bar{z}}+\frac{1}{\bar{r}}\bar{u}_{rgj}=0 \tag{2-121}$$

线性化和量纲一化的三维扰动可压缩气相连续性方程为

$$\begin{aligned}&\bar{p}_{gj,\bar{t}}+\overline{U}_{rj}\bar{p}_{gj,\bar{r}}+\frac{1}{\bar{r}}\overline{U}_{\theta j}\bar{p}_{gj,\theta}+\overline{U}_{zj}\bar{p}_{gj,\bar{z}}\\&=-\overline{U}_{zj}\left\{\bar{u}_{rgj,\bar{r}}+\frac{1}{\bar{r}}\left[\left(\frac{\overline{U}_{rj}}{\overline{U}_{zj}}+\bar{u}_{rgj}\right)+\bar{u}_{\theta gj,\theta}\right]+\bar{u}_{zgj,\bar{z}}\right\}\end{aligned} \tag{2-122}$$

当 r 方向和 θ 方向的基流速度 $U_{rg}=U_{\theta g}=0$，即没有径向气流和旋转气流时，方程(2-122)变为

$$\frac{1}{\overline{U}_{zj}}\bar{p}_{gj,\bar{t}}+\bar{p}_{gj,\bar{z}}=-\left(\bar{u}_{rgj,\bar{r}}+\frac{1}{\bar{r}}\bar{u}_{\theta gj,\theta}+\bar{u}_{zgj,\bar{z}}+\frac{1}{\bar{r}}\bar{u}_{rgj}\right) \tag{2-123}$$

线性化和量纲一化的三维扰动液相动量守恒方程组与圆射流线性化和量纲一化的三维扰动液相动量守恒方程组完全相同。

线性化和量纲一化的三维扰动气相动量守恒方程组为

r 方向动量守恒方程：

$$\frac{1}{\bar{U}_{zj}}\bar{u}_{rgj,\bar{t}}+\frac{\bar{U}_{rj}}{\bar{U}_{zj}}\bar{u}_{rgj,\bar{r}}+\frac{1}{\bar{r}}\frac{\bar{U}_{\theta j}}{\bar{U}_{zj}}\bar{u}_{rgj,\theta}+\bar{u}_{rgj,\bar{z}}-\frac{1}{\bar{r}}\left(\frac{\bar{U}_{\theta j}}{\bar{U}_{zj}}\right)^{2}=-\frac{1}{Ma_{zgj}^{2}}\bar{p}_{gj,\bar{r}} \tag{2-124}$$

θ 方向动量守恒方程：

$$\frac{1}{\bar{U}_{zj}}\bar{u}_{\theta gj,\bar{t}}+\frac{\bar{U}_{rj}}{\bar{U}_{zj}}\bar{u}_{\theta gj,\bar{r}}+\frac{1}{\bar{r}}\frac{\bar{U}_{\theta j}}{\bar{U}_{zj}}\bar{u}_{\theta gj,\theta}+\bar{u}_{\theta gj,\bar{z}}+\frac{1}{\bar{r}}\frac{\bar{U}_{rj}\bar{U}_{\theta j}}{\bar{U}_{zj}^{2}}=-\frac{1}{\bar{r}Ma_{zgj}^{2}}\bar{p}_{gj,\theta} \tag{2-125}$$

z 方向动量守恒方程：

$$\frac{1}{\bar{U}_{zj}}\bar{u}_{zgj,\bar{t}}+\frac{\bar{U}_{rj}}{\bar{U}_{zj}}\bar{u}_{zgj,\bar{r}}+\frac{1}{\bar{r}}\frac{\bar{U}_{\theta j}}{\bar{U}_{zj}}\bar{u}_{zgj,\theta}+\bar{u}_{zgj,\bar{z}}=-\frac{1}{Ma_{zgj}^{2}}\bar{p}_{gj,\bar{z}} \tag{2-126}$$

当 r 方向和 θ 方向的基流速度 $U_{rg}=U_{\theta g}=0$、即没有径向气流和旋转气流时，方程(2-124)～方程(2-126)变为

r 方向动量守恒方程：

$$\frac{1}{\bar{U}_{zj}}\bar{u}_{rgj,\bar{t}}+\bar{u}_{rgj,\bar{z}}=-\frac{1}{Ma_{gj}^{2}}\bar{p}_{gj,\bar{r}} \tag{2-127}$$

θ 方向动量守恒方程：

$$\frac{1}{\bar{U}_{zj}}\bar{u}_{\theta gj,\bar{t}}+\bar{u}_{\theta gj,\bar{z}}=-\frac{1}{\bar{r}Ma_{gj}^{2}}\bar{p}_{gj,\theta} \tag{2-128}$$

z 方向动量守恒方程：

$$\frac{1}{\bar{U}_{zj}}\bar{u}_{zgj,\bar{t}}+\bar{u}_{zgj,\bar{z}}=-\frac{1}{Ma_{gj}^{2}}\bar{p}_{gj,\bar{z}} \tag{2-129}$$

方程(2-91)、方程(2-97)～方程(2-99)即为在 $\bar{U}_{r1}\neq0$、$\bar{U}_{\theta1}\neq0$ 和 $\bar{U}_{z1}\neq0$ 下线性化和量纲一化的环状液膜三维扰动液相连续性方程和纳维-斯托克斯方程组；方程(2-92)、方程(2-100)～方程(2-102)即为在 $\bar{U}_{z1}\neq0$、$\bar{U}_{r1}=\bar{U}_{\theta1}=0$ 下线性化和量纲一化的环状液膜三维扰动液相连续性方程和纳维-斯托克斯方程组；方程(2-120)、方程(2-124)～方程(2-126)即为在 $\bar{U}_{rg}\neq0$、$\bar{U}_{\theta g}\neq0$ 和 $\bar{U}_{zg}\neq0$ 下线性化和量纲一化的环状液膜三维扰动不可压缩气相连续性方程和纳维-斯托克斯方程组；方程(2-122)、方程(2-124)～方程(2-126)即为在 $\bar{U}_{rg}\neq0$、$\bar{U}_{\theta g}\neq0$ 和 $\bar{U}_{zg}\neq0$ 下线性化和量纲一化的环状液膜三维扰动可压缩气相连续性方程和纳维-斯托克斯方程组；方程(2-121)、方程(2-127)～方程(2-129)即为在 $\bar{U}_{zg}\neq0$、$\bar{U}_{rg}=\bar{U}_{\theta g}=0$ 下线性化和量纲一化的环状液膜三维扰动不可压缩气相连续性方程和纳维-斯托克斯方程组；方程(2-123)、方程(2-127)～方程(2-129)即为在 $\bar{U}_{zg}\neq0$、$\bar{U}_{rg}=\bar{U}_{\theta g}=0$ 下线性化和量纲一化的环状液膜三维扰动可压缩气相连续性方程和纳维-斯托克斯方程组。

2.1.6　环状液膜二维扰动的控制方程组

在仅研究环状液膜二维扰动时，与圆射流一样，通常将沿射流喷射的横坐标作为 z 方向，将沿环状液膜径向的纵坐标作为 r 方向，即采用 z-r 轴的平面极坐标系。二维扰动将采用 r-z 两个方向的动量守恒方程组。模型为顺向液流，即 $U_{z1}\neq0$、$U_{r1}=U_{\theta1}=0$；顺向气流，即 $U_{zgj}\neq0$、$U_{rgj}=U_{\theta gj}=0$；复合气流，即 $U_{rgj}\neq0$、$U_{\theta gj}=0$、$U_{zgj}\neq0$。方程的推导过程和结果都与圆射流的完全一致，只是气相有内外环之分，因此气相的参数符号与圆射流的不同。

线性化和量纲一化的二维扰动不可压缩气相连续性方程为

$$\bar{u}_{rgj,\bar{r}}+\frac{1}{\bar{r}}\left(\frac{\bar{U}_{rj}}{\bar{U}_{zj}}+\bar{u}_{rgj}\right)+\bar{u}_{zgj,\bar{z}}=0 \tag{2-130}$$

当 r 方向的基流速度 $U_{rgj}=0$ 时，方程(2-130)变为

$$\bar{u}_{rgj,\bar{r}}+\frac{1}{\bar{r}}\bar{u}_{rgj}+\bar{u}_{zgj,\bar{z}}=0 \tag{2-131}$$

线性化和量纲一化的二维扰动可压缩气相连续性方程为

$$\bar{p}_{gj,\bar{t}}+\bar{U}_{rj}\bar{p}_{gj,\bar{r}}+\bar{U}_{zj}\bar{p}_{gj,\bar{z}}=-\bar{U}_{zj}\left[\bar{u}_{rgj,\bar{r}}+\frac{1}{\bar{r}}\left(\frac{\bar{U}_{rj}}{\bar{U}_{zj}}+\bar{u}_{rgj}\right)+\bar{u}_{zgj,\bar{z}}\right] \tag{2-132}$$

当 r 方向的基流速度 $U_{rgj}=0$ 时，方程(2-132)变为

$$\frac{1}{\bar{U}_{zj}}\bar{p}_{gj,\bar{t}}+\bar{p}_{gj,\bar{z}}=-\left(\bar{u}_{rgj,\bar{r}}+\frac{1}{\bar{r}}\bar{u}_{rgj}+\bar{u}_{zgj,\bar{z}}\right) \tag{2-133}$$

线性化和量纲一化的二维扰动液相动量守恒方程组为

r 方向动量守恒方程：

$$\bar{u}_{r1,\bar{t}}+\bar{u}_{r1,\bar{z}}=-Eu_1\bar{p}_{1,\bar{r}}+\frac{1}{Re_1}\left(\bar{u}_{r1,\bar{r}\bar{r}}+\bar{u}_{r1,\bar{z}\bar{z}}+\frac{1}{\bar{r}}\bar{u}_{r1,\bar{r}}-\frac{1}{\bar{r}^2}\bar{u}_{r1}\right) \tag{2-134}$$

z 方向动量守恒方程：

$$\bar{u}_{z1,\bar{t}}+\bar{u}_{z1,\bar{z}}=-Eu_1\bar{p}_{1,\bar{z}}+\frac{1}{Re_1}\left(\bar{u}_{z1,\bar{r}\bar{r}}+\bar{u}_{z1,\bar{z}\bar{z}}+\frac{1}{\bar{r}}\bar{u}_{z1,\bar{r}}\right) \tag{2-135}$$

该方程组与圆射流线性化和量纲一化的二维扰动液相动量守恒方程组完全相同。

线性化和量纲一化的二维扰动气相动量守恒方程组为

r 方向动量守恒方程：

$$\frac{1}{\bar{U}_{zj}}\bar{u}_{rgj,\bar{t}}+\frac{\bar{U}_{rj}}{\bar{U}_{zj}}\bar{u}_{rgj,\bar{r}}+\bar{u}_{rgj,\bar{z}}=-\frac{1}{Ma_{zgj}^2}\bar{p}_{gj,\bar{r}} \tag{2-136}$$

z 方向动量守恒方程：

$$\frac{1}{\bar{U}_{zj}}\bar{u}_{zgj,\bar{t}}+\frac{\bar{U}_{rj}}{\bar{U}_{zj}}\bar{u}_{zgj,\bar{r}}+\bar{u}_{zgj,\bar{z}}=-\frac{1}{Ma_{zgj}^2}\bar{p}_{gj,\bar{z}} \tag{2-137}$$

当 r 方向的基流速度 $U_{rgj}=0$ 时，方程(2-136)和方程(2-137)变为

r 方向动量守恒方程：

$$\frac{1}{\bar{U}_{zj}}\bar{u}_{rgj,\bar{t}}+\bar{u}_{rgj,\bar{z}}=-\frac{1}{Ma_{gj}^2}\bar{p}_{gj,\bar{r}} \tag{2-138}$$

z 方向动量守恒方程：

$$\frac{1}{\bar{U}_{zj}}\bar{u}_{zgj,\bar{t}}+\bar{u}_{zgj,\bar{z}}=-\frac{1}{Ma_{gj}^2}\bar{p}_{gj,\bar{z}} \tag{2-139}$$

方程(2-109)、方程(2-114)和方程(2-115)即为线性化和量纲一化的环状液膜二维扰动液相连续性方程和纳维-斯托克斯方程组；方程(2-130)、方程(2-136)和方程(2-137)即为在 $U_{rgj}\neq 0$、$U_{\theta gj}=0$、$U_{zgj}\neq 0$ 下线性化和量纲一化的环状液膜二维扰动不可压缩气相连续性方程和纳维-斯托克斯方程组；方程(2-131)、方程(2-138)和方程(2-139)即为在 $U_{rgj}=0$、$U_{\theta gj}=0$、$U_{zgj}\neq 0$ 下线性化和量纲一化的环状液膜二维扰动不可压缩气相连续性方程和纳

维-斯托克斯方程组；方程(2-132)、方程(2-136)和方程(2-137)即为在 $U_{rgj}\neq 0$、$U_{\theta gj}=0$、$U_{zgj}\neq 0$ 下线性化和量纲一化的环状液膜二维扰动可压缩气相连续性方程和纳维-斯托克斯方程组；方程(2-133)、方程(2-138)和方程(2-139)即为在 $U_{rgj}=0$、$U_{\theta gj}=0$、$U_{zgj}\neq 0$ 下线性化和量纲一化的环状液膜二维扰动可压缩气相连续性方程和纳维-斯托克斯方程组。

2.2 非线性不稳定性理论的控制方程组

非线性不稳定性理论的控制方程由质量守恒方程，或称为连续性方程和机械能守恒方程组成。由于假设液相和气相均为理想流体，因此能够应用机械能守恒方程即伯努利方程，并且采用势函数进行推导。假设射流喷入的是静止气体环境。非线性不稳定性理论仅研究二维扰动，即平面液膜采用 x-z 平面直角坐标系，圆射流和环状液膜采用 r-z 平面极坐标系。

2.2.1 平面液膜的控制方程组

由平面液膜不可压缩液相和气相的连续性方程(2-52)和方程(2-53)，可得量纲一化的连续性方程液气相合式为

$$\bar{u}_{\mathrm{tot},\bar{x}}+\bar{w}_{\mathrm{tot},\bar{z}}=0 \tag{2-140}$$

将势函数 ϕ 方程(1-76)和方程(1-77)代入方程(2-140)，可得以平面直角坐标系势函数表示的液气相连续性方程。

$$\bar{\phi}_{mj,\bar{x}\bar{x}}+\bar{\phi}_{mj,\bar{z}\bar{z}}=0 \tag{2-141}$$

式中，$m=1,2,3$ 为表面波的级数。$m=1$ 表示第一级波，$m=2$ 表示第二级波，$m=3$ 表示第三级波。线性不稳定性理论仅研究第一级波，因此，$m=1$，可省去。

因此，量纲一化的液相连续性方程为

$$\bar{\phi}_{m\mathrm{l}j,\bar{x}\bar{x}}+\bar{\phi}_{m\mathrm{l}j,\bar{z}\bar{z}}=0 \tag{2-142}$$

量纲一化的气相连续性方程为

$$\bar{\phi}_{mgj,\bar{x}\bar{x}}+\bar{\phi}_{mgj,\bar{z}\bar{z}}=0 \tag{2-143}$$

可以看出，两个扰动速度可以用同一个势函数表示，从而使得方程的变量数减少，便于求解。

有量纲形式的机械能守恒方程，即伯努利方程液气相合式为

$$\phi_{,t}+\frac{1}{2}(u_{\mathrm{tot}}^{2}+w_{\mathrm{tot}}^{2})+\frac{p}{\rho}+gz=f(U) \tag{2-144}$$

式中，$f(U)=\dfrac{1}{2}(U^{2}+V^{2})$ 为拉格朗日积分常数。对于液相，由于 $U_{1}\neq 0$，$V_{1}=0$，有 $f_{1}(U)=\dfrac{U_{1}^{2}}{2}$。假设环境气体为静止的，即 $U_{gj}=V_{gj}=0$，那么，$f_{gj}(U)=0$。gz 为重力势能。由于喷嘴出口附近细小的喷雾液滴受重力影响很小，弗劳德数 Fr 很大，因此重力势能可以忽略不计，即 $gz=0$。方程(2-144)可以写为平面直角坐标系的势函数形式。

$$p=-\rho\left[\phi_{,t}+\frac{1}{2}(\phi_{,x}^{2}+\phi_{,z}^{2})-f(U)\right] \tag{2-145}$$

可以看出，对于无黏性、不可压缩的理想流体，允许直接运用伯努利方程求出压力，而不必运

用连续性方程和纳维-斯托克斯方程组求出压力，简单省力。由于压力表达式要代入动力学边界条件中，因此我们将在推导动力学边界条件时再统一对动力学边界条件的表达式进行量纲一化。多级波的伯努利方程液气相合式为

$$p=-\rho\left[\phi_{m,t}+\frac{1}{2}(\phi_{m,x}^{2}+\phi_{m,z}^{2})-f(U)\right] \tag{2-146}$$

将 $f_1(U)=\dfrac{U_1^2}{2}$代入方程(2-146)，可得多级波的液相伯努利方程。

$$p_1=-\rho_1\left[\phi_{m1j,t}+\frac{1}{2}(\phi_{m1j,x}^{2}+\phi_{m1j,z}^{2})-\frac{U_1^2}{2}\right] \tag{2-147}$$

将 $f_{gj}(U)=0$ 代入方程(2-147)，可得多级波的气相伯努利方程。

$$p_{gj}=-\rho_g\left[\phi_{mgj,t}+\frac{1}{2}(\phi_{mgj,x}^{2}+\phi_{mgj,z}^{2})\right] \tag{2-148}$$

式中，由于非线性不稳定性理论假设气相为各处密度均匀一致的静止气体环境，因此 ρ_{gj} 应写为 ρ_g。

从连续性方程(2-141)和伯努利方程(2-145)中可以看出，虽然推导过程中并未进行线性化，但这些方程本身就是线性的。方程(2-142)和方程(2-143)分别为平面液膜多级波液相和气相的连续性方程，方程(2-147)和方程(2-148)分别为平面液膜多级波液相和气相的伯努利方程。

2.2.2 圆射流的控制方程组

由圆射流不可压缩液相和气相的连续性方程(2-109)和方程(2-111)，可得量纲一化的连续性方程液气相合式为

$$\bar{u}_{r\text{-tot},\bar{r}}+\frac{1}{\bar{r}}\bar{u}_{r\text{-tot}}+\bar{u}_{z\text{-tot},\bar{z}}=0 \tag{2-149}$$

将势函数 ϕ 方程(1-80)～方程(1-82)代入方程(2-149)，可得以平面极坐标系势函数表示的多级波连续性方程液气相合式。

$$\bar{\phi}_{m,\bar{r}\bar{r}}+\frac{1}{\bar{r}}\bar{\phi}_{m,\bar{r}}+\bar{\phi}_{m,\bar{z}\bar{z}}=0 \tag{2-150}$$

因此，量纲一化的多级波液相连续性方程为

$$\bar{\phi}_{m1,\bar{r}\bar{r}}+\frac{1}{\bar{r}}\bar{\phi}_{m1,\bar{r}}+\bar{\phi}_{m1,\bar{z}\bar{z}}=0 \tag{2-151}$$

量纲一化的多级波气相连续性方程为

$$\bar{\phi}_{mg,\bar{r}\bar{r}}+\frac{1}{\bar{r}}\bar{\phi}_{mg,\bar{r}}+\bar{\phi}_{mg,\bar{z}\bar{z}}=0 \tag{2-152}$$

有量纲形式的机械能守恒方程，即伯努利方程液气相合式为

$$\phi_{,t}+\frac{1}{2}(u_{r\text{-tot}}^{2}+u_{z\text{-tot}}^{2})+\frac{p}{\rho}+gz=f(U) \tag{2-153}$$

式中，$f(U)=\dfrac{1}{2}(U_r^2+U_z^2)$为拉格朗日积分常数。对于液相，由于 $U_{r1}=0, U_{z1}\neq 0$，有

$f_1(U)=\frac{U_{z1}^2}{2}$。假设环境气体为静止的，即 $U_{rg}=U_{zg}=0$，那么，$f_g(U)=0$。gz 为重力势能，由于喷嘴出口附近细小的喷雾液滴受重力影响很小，弗劳德数 Fr 很大，因此重力势能可以忽略不计，即 $gz=0$。方程(2-153)可以写为平面极坐标系的势函数形式。

$$p=-\rho\left[\phi_{,t}+\frac{1}{2}(\phi_{,r}^2+\phi_{,z}^2)-f(U)\right] \tag{2-154}$$

与平面液膜相同，由于压力表达式要代入动力学边界条件中，因此我们将在推导动力学边界条件时再统一对动力学边界条件的表达式进行量纲一化。多级波的伯努利方程液气相合式为

$$p=-\rho\left[\phi_{m,t}+\frac{1}{2}(\phi_{m,r}^2+\phi_{m,z}^2)-f(U)\right] \tag{2-155}$$

将 $f_1(U)=\frac{U_{z1}^2}{2}$代入方程(2-155)，可得多级波的液相伯努利方程。

$$p_1=-\rho_1\left[\phi_{m1,t}+\frac{1}{2}(\phi_{m1,r}^2+\phi_{m1,z}^2)-\frac{U_{z1}^2}{2}\right] \tag{2-156}$$

将 $f_g(U)=0$ 代入方程(2-155)，可得多级波的气相伯努利方程。

$$p_g=-\rho_g\left[\phi_{mg,t}+\frac{1}{2}(\phi_{mg,r}^2+\phi_{mg,z}^2)\right] \tag{2-157}$$

方程(2-151)和方程(2-152)分别为圆射流多级波的液相和气相的连续性方程，方程(2-156)和方程(2-157)分别为圆射流多级波的液相和气相的伯努利方程。

2.2.3　环状液膜的控制方程组

环状液膜量纲一化的连续性方程液气相合式为方程(2-149)。

将势函数 ϕ 方程(1-80)～方程(1-82)代入方程(2-149)，可得方程(2-150)。因此，量纲一化的多级波液相连续性方程为方程(2-151)。量纲一化的多级波气相连续性方程为

$$\bar{\phi}_{mgj,\bar{r}\bar{r}}+\frac{1}{\bar{r}}\bar{\phi}_{mgj,\bar{r}}+\bar{\phi}_{mgj,\bar{z}\bar{z}}=0 \tag{2-158}$$

有量纲形式的机械能守恒方程，即伯努利方程液气相合式为方程(2-153)。式中，$f(U)=\frac{1}{2}(U_r^2+U_z^2)$为拉格朗日积分常数。对于液相，由于 $U_{r1}=0$，$U_{z1}\neq 0$，有 $f_1(U)=\frac{U_{z1}^2}{2}$。假设环境气体为静止的，即 $U_{rgj}=U_{zgj}=0$，那么，$f_{gj}(U)=0$。gz 为重力势能，由于喷嘴出口附近细小的喷雾液滴受重力影响很小，弗劳德数 Fr 很大，因此重力势能可以忽略不计，即 $gz=0$。方程(2-153)可以写为平面极坐标系的势函数形式，即方程(2-154)。

与平面液膜和圆射流相同，由于压力表达式要代入动力学边界条件中，因此我们将在推导动力学边界条件时再统一对动力学边界条件的表达式进行量纲一化。多级波的伯努利方程液气相合式为方程(2-155)。

将 $f_1(U)=\frac{U_{z1}^2}{2}$代入方程(2-155)，可得多级波的液相伯努利方程(2-156)。将 $f_{gj}(U)=0$ 代入方程(2-155)，可得多级波的气相伯努利方程。

$$p_{gj} = -\rho_g\left[\phi_{mgj,t} + \frac{1}{2}(\phi^2_{mgj,r} + \phi^2_{mgj,z})\right] \tag{2-159}$$

方程(2-151)和方程(2-158)分别为环状液膜多级波液相和气相的连续性方程，方程(2-156)和方程(2-159)分别为环状液膜多级波液相和气相的伯努利方程。

2.3 非线性不稳定性理论的初始条件

线性不稳定性理论对于控制方程组的定解不设置初始条件。非线性不稳定性理论的共轭复数模式对于控制方程组的定解要设置初始条件，而时空模式不必设置初始条件也能求得控制方程组的定解，尽管时空模式也能满足共轭复数模式的初始条件。线性不稳定性理论的边界条件，即运动学边界条件、附加边界条件和动力学边界条件都仅有第一级波的形式。而非线性不稳定性理论的初始条件、运动学边界条件和动力学边界条件则分为第一级波、第二级波和第三级波的单独形式以及合式。非线性不稳定性理论所设定的初始条件流动参数为射流表面波扰动振幅及扰动振幅对时间的一阶偏导数。

2.3.1 平面液膜的初始条件

第一级波

$$\bar{\xi}_{1j}(\bar{x},0) = \cos(\bar{k}\bar{x}) \tag{2-160}$$

$$\bar{\xi}_{1j,\bar{t}}(\bar{x},0) = -\bar{\omega}_{r1}\sin(\bar{k}\bar{x}) \tag{2-161}$$

第二级波

$$\bar{\xi}_{2j}(\bar{x},0) = 0 \tag{2-162}$$

$$\bar{\xi}_{2j,\bar{t}}(\bar{x},0) = 0 \tag{2-163}$$

第三级波

$$\bar{\xi}_{3j}(\bar{x},0) = 0 \tag{2-164}$$

$$\bar{\xi}_{3j,\bar{t}}(\bar{x},0) = 0 \tag{2-165}$$

2.3.2 圆射流的初始条件

第一级波

$$\bar{\xi}_1(\bar{z},0) = \cos(\bar{k}\bar{z}) \tag{2-166}$$

$$\bar{\xi}_{1,\bar{t}}(\bar{z},0) = -\bar{\omega}_{r1}\sin(\bar{k}\bar{z}) \tag{2-167}$$

第二级波

$$\bar{\xi}_2(\bar{z},0) = 0 \tag{2-168}$$

$$\bar{\xi}_{2,\bar{t}}(\bar{z},0) = 0 \tag{2-169}$$

第三级波

$$\bar{\xi}_3(\bar{z},0) = 0 \tag{2-170}$$

$$\bar{\xi}_{3,\bar{t}}(\bar{z},0)=0 \tag{2-171}$$

2.3.3 环状液膜的初始条件

环状液膜第一级波、第二级波、第三级波的初始条件分别与平面液膜的形式完全相同，只是角标“j”表达的意义不同，平面液膜的 $j=1,2$ 分别表示上下气液交界面，环状液膜的 $j=\mathrm{i,o}$ 分别表示内外环气液交界面。

2.4 运动学边界条件

2.4.1 线性不稳定性理论的运动学边界条件

由于线性不稳定性理论仅研究第一级波，因此运动学边界条件仅为第一级波的。但线性不稳定性理论能够研究三维扰动，因此我们将列出三维扰动、二维扰动和一维扰动的运动学边界条件。

2.4.1.1 平面液膜的运动学边界条件

平面液膜有量纲的三维扰动运动学边界条件液气相合式为

$$u=\xi_{x,t}+v_{\mathrm{tot}}\xi_{x,y}+w_{\mathrm{tot}}\xi_{x,z} \tag{2-172}$$

$$v=\xi_{y,t}+u_{\mathrm{tot}}\xi_{y,x}+w_{\mathrm{tot}}\xi_{y,z} \tag{2-173}$$

$$w=\xi_{z,t}+u_{\mathrm{tot}}\xi_{z,x}+v_{\mathrm{tot}}\xi_{z,y} \tag{2-174}$$

对于平面液膜，由于液膜很薄，即沿 z 方向上的厚度远远小于沿 x 方向上的长度及沿 y 方向上的宽度。因此，液膜碎裂主要受到振幅在 z 方向上的表面波的影响。三维扰动运动学边界条件表达式可以简化为一维扰动表达式，即方程(2-174)。

将一维扰动方程(2-174)线性化，得

$$w=\xi_{,t}+U\xi_{,x}+V\xi_{,y} \tag{2-175}$$

由于液相 $U_1\neq0,V_1=W_1=0$，液相运动学边界条件为

$$w_1=\xi_{1,t}+U_1\xi_{1,x} \tag{2-176}$$

由于气相 $U_{\mathrm{g}j}\neq0,V_{\mathrm{g}j}\neq0,W_{\mathrm{g}j}\neq0$，气相运动学边界条件为

$$w_{\mathrm{g}j}=\xi_{\mathrm{g}j,t}+U_{\mathrm{g}j}\xi_{\mathrm{g}j,x}+V_{\mathrm{g}j}\xi_{\mathrm{g}j,y} \tag{2-177}$$

将方程(2-176)和方程(2-177)量纲一化，得

量纲一化的液相运动学边界条件

$$\bar{w}_1=\bar{\xi}_{1,\bar{t}}+\bar{\xi}_{1,\bar{x}} \tag{2-178}$$

量纲一化的气相运动学边界条件

$$\bar{w}_{\mathrm{g}j}=\frac{1}{\bar{U}_j}\bar{\xi}_{\mathrm{g}j,\bar{t}}+\bar{\xi}_{\mathrm{g}j,\bar{x}}+\frac{\bar{V}_j}{\bar{U}_j}\bar{\xi}_{\mathrm{g}j,\bar{y}} \tag{2-179}$$

当 $U_{\mathrm{g}j}\neq0,V_{\mathrm{g}j}=W_{\mathrm{g}j}=0$ 时，方程(2-179)变成

$$\bar{w}_{\mathrm{g}j}=\frac{1}{\bar{U}_j}\bar{\xi}_{\mathrm{g}j,\bar{t}}+\bar{\xi}_{\mathrm{g}j,\bar{x}} \tag{2-180}$$

对于线性不稳定性理论，平面液膜的气液交界面边界分为：有量纲形式，液相$-a\leqslant z\leqslant a$，气相$a\leqslant z\leqslant\infty(j=1)$和$-\infty\leqslant z\leqslant -a(j=2)$；量纲一形式，液相$-1\leqslant\bar{z}\leqslant 1$，气相$1\leqslant\bar{z}\leqslant\infty(j=1)$和$-\infty\leqslant\bar{z}\leqslant -1(j=2)$。

2.4.1.2 圆射流的运动学边界条件

圆射流有量纲的三维扰动运动学边界条件液气相合式为

$$u_r=\xi_{r,t}+\frac{1}{r}u_{\theta\text{-tot}}\xi_{r,\theta}+u_{z\text{-tot}}\xi_{r,z} \tag{2-181}$$

$$u_\theta=\xi_{\theta,t}+u_{r\text{-tot}}\xi_{\theta,r}+u_{z\text{-tot}}\xi_{\theta,z} \tag{2-182}$$

$$u_z=\xi_{z,t}+\frac{1}{r}u_{\theta\text{-tot}}\xi_{z,\theta}+u_{r\text{-tot}}\xi_{z,r} \tag{2-183}$$

对于圆射流和环状液膜，θ方向和z方向上的扰动振幅可以忽略不计，三维扰动运动学边界条件表达式可以简化为一维扰动表达式，即方程(2-181)。

由于液相$U_{z1}\neq 0$，$U_{r1}=U_{\theta 1}=0$，有量纲的线性化液相运动学边界条件为

$$u_{r1}=\xi_{1,t}+U_{z1}\xi_{1,z} \tag{2-184}$$

将方程(2-184)量纲一化，得线性化和量纲一化的液相运动学边界条件。

$$\bar{u}_{r1}=\bar{\xi}_{1,\bar{t}}+\bar{\xi}_{1,\bar{z}} \tag{2-185}$$

由于气相$U_{rg}\neq 0$，$U_{\theta g}\neq 0$，$U_{zg}\neq 0$，有量纲的线性化气相运动学边界条件为

$$u_{rg}=\xi_{g,t}+\frac{1}{r}U_{\theta g}\xi_{g,\theta}+U_{zg}\xi_{g,z} \tag{2-186}$$

将方程(2-186)量纲一化，得线性化和量纲一化的气相运动学边界条件。

$$\bar{u}_{rg}=\frac{1}{\bar{U}_z}\bar{\xi}_{g,\bar{t}}+\frac{1}{\bar{r}}\frac{\bar{U}_\theta}{\bar{U}_z}\bar{\xi}_{g,\theta}+\bar{\xi}_{g,\bar{z}} \tag{2-187}$$

当$U_{zg}\neq 0$，$U_{rg}=U_{\theta g}=0$时，方程(2-186)和方程(2-187)变成

$$u_{rg}=\xi_{g,t}+U_{zg}\xi_{g,z} \tag{2-188}$$

和

$$\bar{u}_{rg}=\frac{1}{\bar{U}_z}\bar{\xi}_{g,\bar{t}}+\bar{\xi}_{g,\bar{z}} \tag{2-189}$$

对于线性不稳定性理论，圆射流的气液交界面边界分为：有量纲形式，液相$0\leqslant r\leqslant a$，气相$a<r<\infty$；量纲一形式，液相$0\leqslant\bar{r}\leqslant 1$，气相$1<\bar{r}<\infty$。

2.4.1.3 环状液膜的运动学边界条件

环状液膜液相运动学边界条件与圆射流的形式相同，有量纲和量纲一化的液相运动学边界条件分别为方程(2-184)和(2-185)。

对于气相$U_{rg}\neq 0$，$U_{\theta g}\neq 0$，$U_{zg}\neq 0$，有量纲的线性化的气相运动学边界条件为

$$u_{rgj}=\xi_{gj,t}+\frac{1}{r}U_{\theta gj}\xi_{gj,\theta}+U_{zgj}\xi_{gj,z} \tag{2-190}$$

将方程(2-190)量纲一化，得

$$\overline{u}_{rgj}=\frac{1}{\overline{U}_{zj}}\overline{\xi}_{gj,\overline{t}}+\frac{1}{\overline{r}}\frac{\overline{U}_{\theta j}}{\overline{U}_{zj}}\overline{\xi}_{gj,\theta}+\overline{\xi}_{gj,\overline{z}} \tag{2-191}$$

当 $U_{zgj}\neq 0, U_{rgj}=U_{\theta gj}=0$ 时，方程(2-190)和方程(2-191)变成

$$u_{rgj}=\xi_{gj,t}+U_{zgj}\xi_{gj,z} \tag{2-192}$$

和

$$\overline{u}_{rgj}=\frac{1}{\overline{U}_{zj}}\overline{\xi}_{gj,\overline{t}}+\overline{\xi}_{gj,\overline{z}} \tag{2-193}$$

对于线性不稳定性理论，环状液膜的气液交界面边界分为：有量纲形式，液相 $r_i\leqslant r\leqslant r_o$，气相 $0\leqslant r\leqslant r_i(j=\mathrm{i})$ 和 $r_o\leqslant r\leqslant\infty(j=\mathrm{o})$；量纲一形式，液相 $\overline{r}_i\leqslant\overline{r}\leqslant\overline{r}_o$，气相 $0\leqslant\overline{r}\leqslant\overline{r}_i(j=\mathrm{i})$ 和 $\overline{r}_o\leqslant\overline{r}\leqslant\infty(j=\mathrm{o})$。

2.4.2 非线性不稳定性理论的运动学边界条件

非线性不稳定性理论能够研究第一级波、第二级波和第三级波，因此运动学边界条件也为第一级波、第二级波和第三级波的。但非线性不稳定性理论仅研究二维扰动的瑞利波，因此我们将仅给出二维扰动瑞利波的运动学边界条件。由于非线性不稳定性理论的扰动振幅有第一级波、第二级波和第三级波的，扰动振幅与经过量纲一化的液气相运动学边界条件的详细推导过程将在第 5 章、第 8 章和第 11 章论述。

2.4.2.1 平面液膜的运动学边界条件

对于非线性不稳定性理论，我们仅研究正/反对称波形的平面液膜。由于非线性不稳定性理论假设气液相均为理想流体，且为静止气体环境，因此，平面液膜有量纲的一维扰动运动学边界条件液气相合式为

$$w_j=\xi_{j,t}+u_{\mathrm{tot}}\xi_{j,x} \tag{2-194}$$

将势函数 ϕ 方程(1-76)和方程(1-77)代入方程(2-194)，可得以平面直角坐标系势函数表示的液气相运动学边界条件

$$\phi_{j,z}=\xi_{j,t}+\phi_{j,x}\xi_{j,x} \tag{2-195}$$

将方程(2-195)量纲一化，得

$$\overline{\phi}_{j,\overline{z}}-\overline{\xi}_{j,\overline{t}}-\overline{\phi}_{j,\overline{x}}\overline{\xi}_{j,\overline{x}}=0 \tag{2-196}$$

液相运动学边界条件为

$$\overline{\phi}_{\mathrm{l}j,\overline{z}}-\overline{\xi}_{\mathrm{l}j,\overline{t}}-\overline{\phi}_{\mathrm{l}j,\overline{x}}\overline{\xi}_{\mathrm{l}j,\overline{x}}=0 \tag{2-197}$$

式中，$\overline{\phi}_{\mathrm{l}j,\overline{x}}=\overline{u}_{\mathrm{l}j\text{-tot}}=1+\overline{u}_{\mathrm{l}j}$，$\overline{\phi}_{\mathrm{l}j,\overline{z}}=\overline{w}_{\mathrm{l}j\text{-tot}}=\overline{w}_{\mathrm{l}j}$。

气相运动学边界条件为

$$\overline{\phi}_{\mathrm{g}j,z}-\overline{\xi}_{\mathrm{g}j,\overline{t}}-\overline{\phi}_{\mathrm{g}j,\overline{x}}\overline{\xi}_{\mathrm{g}j,\overline{x}}=0 \tag{2-198}$$

气相为静止气体环境。式中，$\overline{\phi}_{\mathrm{g},\overline{x}}=\overline{u}_{\mathrm{g\text{-}tot}}=\overline{u}_{\mathrm{g}}$，$\overline{\phi}_{\mathrm{g},\overline{z}}=\overline{w}_{\mathrm{g\text{-}tot}}=\overline{w}_{\mathrm{g}}$。

在方程(2-197)和方程(2-198)中，量纲一化的三级波扰动振幅合式为

$$\overline{\xi}_j(\overline{x},\overline{t})=\sum_{m=1}^{3}\overline{\xi}_0^m(\overline{z})\overline{\xi}_{mj}(\overline{x},\overline{t}) \tag{2-199}$$

式中，$\bar{\xi}_j(\bar{x},\bar{t})$、$\bar{\xi}_0^m(\bar{z})$和$\bar{\xi}_{mj}(\bar{x},\bar{t})$可以分别简写为$\bar{\xi}_j$、$\bar{\xi}_0^m$和$\bar{\xi}_{mj}$。方程(2-199)变成

$$\bar{\xi}_j=\sum_{m=1}^{3}\bar{\xi}_0^m\bar{\xi}_{mj}=\bar{\xi}_0\bar{\xi}_{1j}+\bar{\xi}_0^2\bar{\xi}_{2j}+\bar{\xi}_0^3\bar{\xi}_{3j} \tag{2-200}$$

式中，m为表面波的级数，也是扰动振幅$\bar{\xi}$的级数；$\bar{\xi}_0^1$是第一级表面波的初始扰动振幅，可以简写为$\bar{\xi}_0$；$\bar{\xi}_0^2$是第二级表面波的初始扰动振幅；$\bar{\xi}_0^3$是第三级表面波的初始扰动振幅。在本书中，假设$\bar{\xi}_0^2=(\bar{\xi}_0)^2$，$\bar{\xi}_0^3=(\bar{\xi}_0)^3$。即第二级表面波的初始扰动振幅可以认为是第一级表面波的初始扰动振幅的平方，第三级表面波的初始扰动振幅可以认为是第一级表面波的初始扰动振幅的立方。这样一来，表面波的初始扰动振幅只有第一级$\bar{\xi}_0$这一个常量，第二级表面波、第三级表面波的初始扰动振幅$\bar{\xi}_0^2$、$\bar{\xi}_0^3$都是$\bar{\xi}_0$的定值函数，使得所有涉及表面波初始扰动振幅的方程都大为简化。由于$\bar{\xi}_0<1$，所以$\bar{\xi}_0^3\ll\bar{\xi}_0^2\ll\bar{\xi}_0$。因此，本书中的$m$既为表面波的级数，即扰动振幅的级数，又为初始扰动振幅的指数。在线性不稳定性分析中，表面波的级数$m=1$；在非线性不稳定性分析中，$m=1,2,3$。如果级数再增加，将使推导过程异常繁复，且对射流碎裂的影响微乎其微。因此，对于扰动振幅

第一级波

$$\bar{\xi}_j=\bar{\xi}_0\bar{\xi}_{1j} \tag{2-201}$$

第二级波

$$\bar{\xi}_j=\bar{\xi}_0^2\bar{\xi}_{2j} \tag{2-202}$$

第三级波

$$\bar{\xi}_j=\bar{\xi}_0^3\bar{\xi}_{3j} \tag{2-203}$$

在方程(2-201)～方程(2-203)中，量纲一化的三级波势函数合式为

$$\bar{\phi}_j=\sum_{m=0}^{3}\bar{\xi}_0^m\bar{\phi}_{mj}=\bar{\phi}_0+\bar{\xi}_0\bar{\phi}_{1j}+\bar{\xi}_0^2\bar{\phi}_{2j}+\bar{\xi}_0^3\bar{\phi}_{3j} \tag{2-204}$$

式中，非线性不稳定性分析中的液相零级波势函数为$\bar{\phi}_{01}=\bar{x}+\int\bar{u}_1\mathrm{d}\bar{x}$，线性不稳定性分析中的液相零级波势函数为$\bar{\phi}_{01}=\bar{x}$；非线性不稳定性分析中的气相零级波势函数为$\bar{\phi}_{0gj}=\text{const.}+\int\bar{u}_1\mathrm{d}\bar{x}$，线性不稳定性分析中的气相零级波势函数为$\bar{\phi}_{0gj}=\text{const.}$。零级波其实就意味着没有波，即气液交界面位于$\bar{z}_0=(-1)^{j+1}$处。因此，无论是非线性不稳定性分析还是线性不稳定性分析，其零级波势函数$\bar{\phi}_{0j}$不可能是非线性的，它只能是线性的。

第一级波

$$\bar{\phi}_j=\bar{\xi}_0\bar{\phi}_{1j} \tag{2-205}$$

第二级波

$$\bar{\phi}_j=\bar{\xi}_0^2\bar{\phi}_{2j} \tag{2-206}$$

第三级波

$$\bar{\phi}_j=\bar{\xi}_0^3\bar{\phi}_{3j} \tag{2-207}$$

对于量纲一化的扰动振幅和势函数，液气相同式。将方程(2-200)和方程(2-204)分别

代入方程(2-197)和方程(2-198)中，即可得到平面液膜第一级波、第二级波、第三级波的非线性液气相运动学边界条件。

对于非线性不稳定性理论，量纲一化气液交界面的边界为：液相 $-1+\bar{\xi}_2 \leqslant \bar{z} \leqslant 1+\bar{\xi}_1$，气相 $1+\bar{\xi}_1 \leqslant \bar{z} \leqslant \infty (j=1)$ 和 $-\infty \leqslant \bar{z} \leqslant -1+\bar{\xi}_2 (j=2)$，写成通式为 $\bar{z}=(-1)^{j+1}+\bar{\xi}_j$。其中，当 $j=1$ 时，正/反对称波形的 $\bar{\xi}_1$ 均为正；当 $j=2$ 时，反对称波形的 $\bar{\xi}_2$ 仍为正，而正对称波形的 $\bar{\xi}_2$ 却为负。由于正/反对称波形的 $|\bar{\xi}_1|=|\bar{\xi}_2|$，因此，对于正对称波形，$\bar{\xi}_1=-\bar{\xi}_2$；对于反对称波形，$\bar{\xi}_1=\bar{\xi}_2$。非线性气液交界面边界 $\bar{z}=(-1)^{j+1}+\bar{\xi}_j$ 可以通过泰勒级数展开为线性气液交界面边界：液相 $-1 \leqslant \bar{z} \leqslant 1$，气相 $1 \leqslant \bar{z} \leqslant \infty (j=1)$ 和 $-\infty \leqslant \bar{z} \leqslant -1 (j=2)$，写成通式为 $\bar{z}_0=(-1)^{j+1}$。

2.4.2.2　圆射流的运动学边界条件

对于非线性不稳定性理论，我们将研究 n 阶圆射流。圆射流有量纲的二维扰动运动学边界条件液气相合式为

$$u_r=\xi_{,t}+u_{z\text{-tot}}\xi_{,z} \tag{2-208}$$

将势函数 ϕ 的方程(1-80)和方程(1-82)代入方程(2-208)，可得以平面极坐标系势函数表示的液气相运动学边界条件。

$$\phi_{,r}=\xi_{,t}+\phi_{,z}\xi_{,z} \tag{2-209}$$

将方程(2-209)量纲一化，得

$$\bar{\phi}_{,r}-\bar{\xi}_{,\bar{t}}-\bar{\phi}_{,\bar{z}}\bar{\xi}_{,\bar{z}}=0 \tag{2-210}$$

液相运动学边界条件为

$$\bar{\phi}_{1,\bar{r}}-\bar{\xi}_{1,\bar{t}}-\bar{\phi}_{1,\bar{z}}\bar{\xi}_{1,\bar{z}}=0 \tag{2-211}$$

式中，$\bar{\phi}_{1,\bar{r}}=\bar{u}_{r1\text{-tot}}=\bar{u}_{r1}$；$\bar{\phi}_{1,\bar{z}}=\bar{u}_{z1\text{-tot}}=1+\bar{u}_{z1}$。

气相运动学边界条件为

$$\bar{\phi}_{g,\bar{r}}-\bar{\xi}_{g,\bar{t}}-\bar{\phi}_{g,\bar{z}}\bar{\xi}_{g,\bar{z}}=0 \tag{2-212}$$

气相为静止气体环境。式中，$\bar{\phi}_{g,\bar{r}}=\bar{u}_{rg\text{-tot}}=\bar{u}_{rg}$；$\bar{\phi}_{g,\bar{z}}=\bar{u}_{zg\text{-tot}}=\bar{u}_{zg}$。

在方程(2-209)～方程(2-212)中，反对称波形(阶数 $n=1,3$)上下气液交界面和正对称波形(阶数 $n=0,2,4$)上气液交界面的 $\bar{\xi}$ 取正号，正对称波形下气液交界面的 $\bar{\xi}$ 取负号。

量纲一化的三级波扰动振幅合式为

$$\bar{\xi}(\bar{z},\bar{t})=\sum_{m=1}^{3}\bar{\xi}_0^m(\bar{r})\bar{\xi}_m(\bar{z},\bar{t}) \tag{2-213}$$

式中，m 为表面波的级数。$\bar{\xi}(\bar{z},\bar{t})$、$\bar{\xi}_0^m(\bar{r})$ 和 $\bar{\xi}_m(\bar{z},\bar{t})$ 可以分别简写为 $\bar{\xi}$、$\bar{\xi}_0^m$ 和 $\bar{\xi}_m$。方程(2-213)可以写为

$$\bar{\xi}=\sum_{m=1}^{3}\bar{\xi}_0^m\bar{\xi}_m=\bar{\xi}_0\bar{\xi}_1+\bar{\xi}_0^2\bar{\xi}_2+\bar{\xi}_0^3\bar{\xi}_3 \tag{2-214}$$

量纲一化的三级波势函数合式为

$$\bar{\phi}=\sum_{m=0}^{3}\bar{\xi}_0^m\bar{\phi}_m=\bar{\phi}_0+\bar{\xi}_0\bar{\phi}_1+\bar{\xi}_0^2\bar{\phi}_2+\bar{\xi}_0^3\bar{\phi}_3 \tag{2-215}$$

式中，非线性的零级波势函数为 $\bar{\phi}_0=\text{const.}+\int\bar{u}_{z1}\mathrm{d}\bar{z}$，线性的零级波势函数为 $\bar{\phi}_0=\text{const.}$。

对于量纲一化的扰动振幅和势函数，液气相同式。将方程(2-214)和方程(2-215)分别代入方程(2-211)和方程(2-212)中，即可得到圆射流第一级波、第二级波、第三级波的非线性液气相运动学边界条件。

量纲一化的气液交界面的边界选取为：$\bar{r}=(-1)^{j+1}+\bar{\xi}$；经泰勒级数展开后的边界为 $\bar{r}_0=(-1)^{j+1}$。

2.4.2.3 环状液膜的运动学边界条件

对于非线性不稳定性理论，我们仅研究正/反对称波形的环状液膜。环状液膜有量纲的二维扰动运动学边界条件液气相合式与圆射流的形式相同，为

$$u_{rj}=\xi_{j,t}+u_{zj\text{-tot}}\xi_{j,z} \tag{2-216}$$

$$\phi_{j,r}=\xi_{j,t}+\phi_{j,z}\xi_{j,z} \tag{2-217}$$

$$\bar{\phi}_{j,r}-\bar{\xi}_{j,\bar{t}}-\bar{\phi}_{j,\bar{z}}\bar{\xi}_{j,\bar{z}}=0 \tag{2-218}$$

液相运动学边界条件为

$$\bar{\phi}_{\mathrm{l}j,\bar{r}}-\bar{\xi}_{\mathrm{l}j,\bar{t}}-\bar{\phi}_{\mathrm{l}j,\bar{z}}\bar{\xi}_{\mathrm{l}j,\bar{z}}=0 \tag{2-219}$$

式中，$\bar{\phi}_{\mathrm{l}j,\bar{r}}=\bar{u}_{r\mathrm{l}j\text{-tot}}=\bar{u}_{r\mathrm{l}j}$；$\bar{\phi}_{\mathrm{l}j,\bar{z}}=\bar{u}_{z\mathrm{l}j\text{-tot}}=1+\bar{u}_{z\mathrm{l}j}$。
气相运动学边界条件为

$$\bar{\phi}_{\mathrm{g}j,\bar{r}}-\bar{\xi}_{\mathrm{g}j,\bar{t}}-\bar{\phi}_{\mathrm{g}j,\bar{z}}\bar{\xi}_{\mathrm{g}j,\bar{z}}=0 \tag{2-220}$$

气相为静止气体环境。式中，$\bar{\phi}_{\mathrm{g}j,\bar{r}}=\bar{u}_{r\mathrm{g}j\text{-tot}}=\bar{u}_{r\mathrm{g}j}$；$\bar{\phi}_{\mathrm{g}j,\bar{z}}=\bar{u}_{z\mathrm{g}j\text{-tot}}=\bar{u}_{z\mathrm{g}j}$。

在方程(2-217)～方程(2-220)中，反对称波形内外环气液交界面和正对称波形外环气液交界面的 $\bar{\xi}$ 取正号，正对称波形内环气液交界面的 $\bar{\xi}$ 取负号。量纲一化的三级波扰动振幅合式为

$$\bar{\xi}_j(\bar{z},\bar{t})=\sum_{m=1}^{3}\bar{\xi}_0^m(\bar{r})\bar{\xi}_{mj}(\bar{z},\bar{t}) \tag{2-221}$$

式中，m 为表面波的级数。$\bar{\xi}_j(\bar{z},\bar{t})$、$\bar{\xi}_0^m(\bar{r})$ 和 $\bar{\xi}_{mj}(\bar{z},\bar{t})$ 可以分别简写为 $\bar{\xi}_j$、$\bar{\xi}_0^m$ 和 $\bar{\xi}_{mj}$。方程(2-221)可以写为

$$\bar{\xi}_j=\sum_{m=1}^{3}\bar{\xi}_0^m\bar{\xi}_{mj}=\bar{\xi}_0\bar{\xi}_{1j}+\bar{\xi}_0^2\bar{\xi}_{2j}+\bar{\xi}_0^3\bar{\xi}_{3j} \tag{2-222}$$

量纲一化的三级波势函数合式为

$$\bar{\phi}_j=\sum_{m=0}^{3}\bar{\xi}_0^m\bar{\phi}_{mj}=\bar{\phi}_0+\bar{\xi}_0\bar{\phi}_{1j}+\bar{\xi}_0^2\bar{\phi}_{2j}+\bar{\xi}_0^3\bar{\phi}_{3j} \tag{2-223}$$

式中，非线性的零级波势函数为 $\bar{\phi}_0=\text{const.}+\int\bar{u}_{z1}\mathrm{d}\bar{z}$，线性的零级波势函数为 $\bar{\phi}_0=\text{const.}$。

对于量纲一化的扰动振幅和势函数，液气相同式。将方程(2-222)和方程(2-223)分别

代入方程(2-219)和方程(2-220)中,即可得到环状液膜第一级波、第二级波、第三级波的非线性液气相运动学边界条件。

对于非线性不稳定性理论,量纲一化的气液交界面的边界选取为:液相 $\bar{r} \leqslant \bar{r}_j + \bar{\xi}_j$;经泰勒级数展开后的边界为 $\bar{r}_0 = \bar{r}_j$。

2.5　线性不稳定性理论的附加边界条件

由于气体的黏度系数比液体的小得多,气液交界自由面上的切应力近似为零。

2.5.1　平面液膜的附加边界条件

对于三维扰动的平面液膜,有

$$\mu_1 (u_{\text{l-tot},\bar{z}} + w_{\text{l-tot},\bar{x}}) = 0 \tag{2-224}$$

$$\mu_1 (v_{\text{l-tot},\bar{z}} + w_{\text{l-tot},\bar{y}}) = 0 \tag{2-225}$$

$$\mu_1 (u_{\text{l-tot},\bar{y}} + v_{\text{l-tot},\bar{x}}) = 0 \tag{2-226}$$

对方程(2-224)~方程(2-226)进行量纲一化,动力学黏度系数 $\mu_1 \neq 0$,得液相流动的附加边界条件为

$$\bar{u}_{1,\bar{z}} + \bar{w}_{1,\bar{x}} = 0 \tag{2-227}$$

$$\bar{v}_{1,\bar{z}} + \bar{w}_{1,\bar{y}} = 0 \tag{2-228}$$

$$\bar{u}_{1,\bar{y}} + \bar{v}_{1,\bar{x}} = 0 \tag{2-229}$$

在 $\bar{z} \to \pm\infty (j=1,2)$处,气相流动附加边界条件为

$$\bar{u}_{gj} = 0 \tag{2-230}$$

$$\bar{v}_{gj} = 0 \tag{2-231}$$

$$\bar{w}_{gj} = 0 \tag{2-232}$$

一维扰动的液相流动的附加边界条件为方程(2-227),一维扰动的气相流动的附加边界条件为方程(2-232)。

对于线性不稳定性理论,量纲一化的气液交界面的边界选取为:液相 $-1 \leqslant \bar{z} \leqslant 1$;气相 $1 \leqslant \bar{z} \leqslant \infty (j=1)$和$-\infty \leqslant \bar{z} \leqslant -1 (j=2)$。

如果射流(角标 1)与周围环境流体(角标 2)为同相流体,即同为液相或者气相,则平面流体薄膜的量纲一附加边界条件为

$$\bar{u}_{1,\bar{z}} + \bar{w}_{1,\bar{x}} = \bar{\mu} (\bar{u}_{2,\bar{z}} + \bar{w}_{2,\bar{x}}) \tag{2-233}$$

$$\bar{v}_{1,\bar{z}} + \bar{w}_{1,\bar{y}} = \bar{\mu} (\bar{v}_{2,\bar{z}} + \bar{w}_{2,\bar{y}}) \tag{2-234}$$

$$\bar{u}_{1,\bar{y}} + \bar{v}_{1,\bar{x}} = \bar{\mu} (\bar{u}_{2,\bar{y}} + \bar{v}_{2,\bar{x}}) \tag{2-235}$$

式中,$\bar{\mu} = \dfrac{\mu_2}{\mu_1}$为射流流体与周围环境流体的动力学黏度系数之比[23]。一维扰动的附加边界条件为方程(2-233)。同相流体模型可用于研究乳化液的制备和气体射流。

2.5.2 圆射流的附加边界条件

对于圆射流，三维扰动的液相流动的附加边界条件为

$$u_{r\mathrm{l\text{-}tot},z} + u_{z\mathrm{l\text{-}tot},r} = 0 \tag{2-236}$$

$$u_{\theta\mathrm{l\text{-}tot},r} + \frac{1}{r}u_{r\mathrm{l\text{-}tot},\theta} - \frac{1}{r}u_{\theta\mathrm{l\text{-}tot}} = 0 \tag{2-237}$$

$$\frac{1}{r}u_{z\mathrm{l\text{-}tot},\theta} + u_{\theta\mathrm{l\text{-}tot},z} = 0 \tag{2-238}$$

对方程(2-236)～方程(2-238)进行量纲一化，得

$$\bar{u}_{z1,\bar{r}} + \bar{u}_{r1,\bar{z}} = 0 \tag{2-239}$$

$$\bar{u}_{\theta 1,\bar{r}} + \frac{1}{\bar{r}}\bar{u}_{r1,\theta} - \frac{1}{\bar{r}}\bar{u}_{\theta 1} = 0 \tag{2-240}$$

$$\frac{1}{\bar{r}}\bar{u}_{z1,\theta} + \bar{u}_{\theta 1,\bar{z}} = 0 \tag{2-241}$$

忽略 z 方向的附加边界条件，则三维扰动的附加边界条件式(2-239)～式(2-241)变为二维扰动方程(2-239)和方程(2-240)。忽略 θ 方向和 z 方向的附加边界条件，则三维扰动的附加边界条件式(2-239)～式(2-241)变为一维扰动方程(2-239)。

在 $\bar{r}\to\infty$ 处，三维扰动的气相流动附加边界条件为

$$\bar{u}_{r\mathrm{g}} = 0 \tag{2-242}$$

$$\bar{u}_{\theta\mathrm{g}} = 0 \tag{2-243}$$

$$\bar{u}_{z\mathrm{g}} = 0 \tag{2-244}$$

忽略 z 方向的附加边界条件，则三维扰动的附加边界条件式(2-242)～式(2-244)变为二维扰动方程(2-242)和方程(2-243)。忽略 θ 方向和 z 方向的附加边界条件，则三维扰动的附加边界条件式(2-242)～式(2-244)变为一维扰动方程(2-242)。

对于线性不稳定性理论，量纲一化的气液交界面的边界选取为：液相 $0\leqslant\bar{r}\leqslant 1$；气相 $1\leqslant\bar{r}\leqslant\infty$。

如果射流与周围环境流体为同相流体，则圆射流和环状流体薄膜的量纲一附加边界条件为

$$\bar{u}_{z1,\bar{r}} + \bar{u}_{r1,\bar{z}} = \bar{\mu}(\bar{u}_{z2,\bar{r}} + \bar{u}_{r2,\bar{z}}) \tag{2-245}$$

$$\bar{u}_{\theta 1,\bar{r}} + \frac{1}{\bar{r}}\bar{u}_{r1,\theta} - \frac{1}{\bar{r}}\bar{u}_{\theta 1} = \bar{\mu}\left(\bar{u}_{\theta 2,\bar{r}} + \frac{1}{\bar{r}}\bar{u}_{r2,\theta} - \frac{1}{\bar{r}}\bar{u}_{\theta 2}\right) \tag{2-246}$$

$$\frac{1}{\bar{r}}\bar{u}_{z1,\theta} + \bar{u}_{\theta 1,\bar{z}} = \bar{\mu}\left(\frac{1}{\bar{r}}\bar{u}_{z2,\theta} + \bar{u}_{\theta 2,\bar{z}}\right) \tag{2-247}$$

一维扰动的附加边界条件为方程(2-245)。

2.5.3 环状液膜的附加边界条件

环状液膜三维扰动的液相流动的附加边界条件与圆射流的形式相同，为方程(2-239)～方程(2-241)；二维扰动的为方程(2-239)和方程(2-240)；一维扰动的为方程(2-239)。

气相三维扰动的流动附加边界条件为

在 $\bar{r}\to 0(j=\mathrm{i})$ 处

$$\bar{u}_{r\mathrm{gi}}=0 \tag{2-248}$$

$$\bar{u}_{\theta\mathrm{gi}}=0 \tag{2-249}$$

$$\bar{u}_{z\mathrm{gi}}=0 \tag{2-250}$$

在 $\bar{r}\to\infty(j=\mathrm{o})$ 处

$$\bar{u}_{r\mathrm{go}}=0 \tag{2-251}$$

$$\bar{u}_{\theta\mathrm{go}}=0 \tag{2-252}$$

$$\bar{u}_{z\mathrm{go}}=0 \tag{2-253}$$

气相二维扰动的流动的附加边界条件为方程(2-248)和方程(2-250)，以及方程(2-251)和方程(2-253)；一维扰动的为方程(2-248)和方程(2-251)。

对于线性不稳定性理论，量纲一化的气液交界面的边界选取为：液相 $\bar{r}_{\mathrm{i}}\leqslant\bar{r}\leqslant\bar{r}_{\mathrm{o}}$，气相 $0\leqslant\bar{r}\leqslant\bar{r}_{\mathrm{i}}(j=\mathrm{i})$ 和 $\bar{r}_{\mathrm{o}}\leqslant\bar{r}\leqslant\infty(j=\mathrm{o})$。

2.6　动力学边界条件

对于线性和非线性动力学边界条件，相关参考文献中给出的各种表达式并不全面。线性和非线性动力学边界条件之间存在相互对应的关联关系，即线性动力学边界条件应该通过对非线性动力学边界条件的线性化得到，而参考文献中并未明确。因此，我们将从动力学边界条件的普适性原始表达式入手，对线性和非线性动力学边界条件进行详细的推导。线性不稳定性理论仅研究第一级波，因此动力学边界条件仅为第一级波的。但线性不稳定性理论能够研究三维扰动的瑞利-泰勒波，因此我们将推导出三维扰动的瑞利波和瑞利-泰勒波的动力学边界条件。非线性不稳定性理论能够研究第一级波、第二级波和第三级波，因此动力学边界条件也为第一级波、第二级波和第三级波的。但非线性不稳定性理论仅研究二维扰动的瑞利波，因此我们将推导出二维扰动三级瑞利波的动力学边界条件。

动力学边界条件的推导是射流不稳定性理论研究的难点，对于线性不稳定性理论，平面液膜、圆射流和环状液膜二维扰动的瑞利波(R 波)的动力学边界条件以及平面液膜三维扰动的瑞利-泰勒波(R-T 波)的动力学边界条件已有定论。对于非线性不稳定性理论，平面液膜三级波的动力学边界条件和圆射流在特殊条件下(如：喷嘴出口液体流速为零，韦伯数等于 1)的三级波的动力学边界条件已有研究。曹建明和他的研究生王德超、舒力、张凯妹在前人的基础上，从动力学边界条件的普适性原始表达式入手，对平面液膜、圆射流和环状液膜三维扰动、R-T 波的线性和三级波非线性动力学边界条件进行了全面的推导，为国内外进行射流碎裂过程研究的学者们提供了各种物理模型下明确的动力学边界条件表达式[105]。

动力学边界条件的通式由杨-拉普拉斯方程确定，为

$$\Delta\hat{p}=\sigma_1\left(\frac{1}{R_1}+\frac{1}{R_2}+\frac{1}{R_3}\right) \tag{2-254}$$

式中，$\Delta\hat{p}$ 为液相与气相的应力张量差；$\sigma_1\left(\frac{1}{R_1}+\frac{1}{R_2}+\frac{1}{R_3}\right)$ 为由表面张力引起的附加压强，

其中，R 为表面波的曲率半径，$K=\dfrac{1}{R}$为表面波的曲率。即液相与气相的应力张量差等于由表面张力引起的附加压强。

2.6.1 液相与气相的应力张量差

2.6.1.1 平面液膜的应力张量差

对于平面液膜三维扰动，有量纲形式的液相与气相的应力张量差为

$$\Delta\hat{p}=\left(p_1-2\mu_1 u_{1,x}+\frac{2}{3}\mu_1\ \nabla\cdot\boldsymbol{u}_1\right)-\left(p_{gj}-2\mu_g u_{gj,x}+\frac{2}{3}\mu_g\ \nabla\cdot\boldsymbol{u}_{gj}\right) \tag{2-255}$$

$$\Delta\hat{p}=\left(p_1-2\mu_1 v_{1,y}+\frac{2}{3}\mu_1\ \nabla\cdot\boldsymbol{u}_1\right)-\left(p_{gj}-2\mu_g v_{gj,y}+\frac{2}{3}\mu_g\ \nabla\cdot\boldsymbol{u}_{gj}\right) \tag{2-256}$$

$$\Delta\hat{p}=\left(p_1-2\mu_1 w_{1,z}+\frac{2}{3}\mu_1\ \nabla\cdot\boldsymbol{u}_1\right)-\left(p_{gj}-2\mu_g w_{gj,z}+\frac{2}{3}\mu_g\ \nabla\cdot\boldsymbol{u}_{gj}\right) \tag{2-257}$$

对于液相，由于假设是不可压缩流体，因此$\nabla\cdot\boldsymbol{u}_1=0$；对于气相，由于假设是无黏性流体，因此 $\mu_g=0$。方程(2-255)～方程(2-257)变为线性不稳定性理论的液相与气相的应力张量差。

$$\Delta\hat{p}=p_1-2\mu_1 u_{1,x}-p_{gj} \tag{2-258}$$

$$\Delta\hat{p}=p_1-2\mu_1 v_{1,y}-p_{gj} \tag{2-259}$$

$$\Delta\hat{p}=p_1-2\mu_1 w_{1,z}-p_{gj} \tag{2-260}$$

由于平面液膜很薄，三维扰动可以简化为一维扰动。一维扰动的线性不稳定性理论应力张量差为方程(2-260)。由于液相有黏性，因此线性不稳定性理论的液相压力 p_1 和气相压力 p_{gj} 要通过连续性方程和纳维-斯托克斯方程组求得。

对于非线性不稳定性理论，由于假设液相和气相均为无黏性、不可压缩的一维扰动理想流体，因此，方程(2-260)可以简化为

$$\Delta\hat{p}=p_1-p_{gj} \tag{2-261}$$

非线性不稳定性理论的液相压力 p_1 和气相压力 p_{gj} 可以通过伯努利方程直接求得。

2.6.1.2 圆射流的应力张量差

对于圆射流三维扰动，有量纲形式的液相与气相的应力张量差为

$$\Delta\hat{p}=\left(p_1-2\mu_1 u_{r1,r}+\frac{2}{3}\mu_1\ \nabla\cdot\boldsymbol{u}_1\right)-\left(p_g-2\mu_g u_{rg,r}+\frac{2}{3}\mu_g\ \nabla\cdot\boldsymbol{u}_g\right) \tag{2-262}$$

$$\begin{aligned}\Delta\hat{p}=&\left[p_1-2\mu_1\left(\frac{1}{r}u_{\theta 1,\theta}+\frac{1}{r}u_{\theta 1}\right)+\frac{2}{3}\mu_1\ \nabla\cdot\boldsymbol{u}_1\right]-\\&\left[p_g-2\mu_g\left(\frac{1}{r}u_{\theta g,\theta}+\frac{1}{r}u_{\theta g}\right)+\frac{2}{3}\mu_g\ \nabla\cdot\boldsymbol{u}_g\right]\end{aligned} \tag{2-263}$$

$$\Delta\hat{p}=\left(p_1-2\mu_1 u_{z1,z}+\frac{2}{3}\mu_1\ \nabla\cdot\boldsymbol{u}_1\right)-\left(p_g-2\mu_g u_{zg,z}+\frac{2}{3}\mu_g\ \nabla\cdot\boldsymbol{u}_g\right) \tag{2-264}$$

对于液相，由于假设是不可压缩流体，因此$\nabla\cdot\boldsymbol{u}_1=0$；对于气相，由于假设是无黏性流体，因此 $\mu_g=0$。方程(2-262)～方程(2-264)变为线性不稳定性理论的液相与气相的应力张量差。

$$\Delta\hat{p}=p_1-2\mu_1 u_{r1,r}-p_g \tag{2-265}$$

$$\Delta\hat{p}=p_1-\frac{2\mu_1}{r}(u_{\theta1,\theta}+u_{\theta1})-p_g \tag{2-266}$$

$$\Delta\hat{p}=p_1-2\mu_1 u_{z1,z}-p_g \tag{2-267}$$

三维扰动也可以简化为一维扰动。一维扰动线性不稳定性理论的应力张量差为方程(2-265)。圆射流一维扰动非线性不稳定性理论的应力张量差与平面液膜的同式，为方程(2-261)。

2.6.1.3 环状液膜的应力张量差

对于环状液膜三维扰动，有量纲形式的液相与气相的应力张量差为

$$\Delta\hat{p}=\left(p_1-2\mu_1 u_{r1,r}+\frac{2}{3}\mu_1\nabla\cdot\boldsymbol{u}_1\right)-\left(p_{gj}-2\mu_g u_{rgj,r}+\frac{2}{3}\mu_g\nabla\cdot\boldsymbol{u}_{gj}\right) \tag{2-268}$$

$$\Delta\hat{p}=\left[p_1-2\mu_1\left(\frac{1}{r}u_{\theta1,\theta}+\frac{1}{r}u_{\theta1}\right)+\frac{2}{3}\mu_1\nabla\cdot\boldsymbol{u}_1\right]-\left[p_{gj}-2\mu_g\left(\frac{1}{r}u_{\theta gj,\theta}+\frac{1}{r}u_{\theta gj}\right)+\frac{2}{3}\mu_g\nabla\cdot\boldsymbol{u}_{gj}\right] \tag{2-269}$$

$$\Delta\hat{p}=\left(p_1-2\mu_1 u_{z1,z}+\frac{2}{3}\mu_1\nabla\cdot\boldsymbol{u}_1\right)-\left(p_{gj}-2\mu_g u_{zgj,z}+\frac{2}{3}\mu_g\nabla\cdot\boldsymbol{u}_{gj}\right) \tag{2-270}$$

对于液相，由于假设是不可压缩流体，因此$\nabla\cdot\boldsymbol{u}_1=0$；对于气相，由于假设是无黏性流体，因此 $\mu_g=0$。方程(2-268)～方程(2-270)变为线性不稳定性理论的液相与气相的应力张量差。

$$\Delta\hat{p}=p_1-2\mu_1 u_{r1,r}-p_{gj} \tag{2-271}$$

$$\Delta\hat{p}=p_1-\frac{2\mu_1}{r}(u_{\theta1,\theta}+u_{\theta1})-p_{gj} \tag{2-272}$$

$$\Delta\hat{p}=p_1-2\mu_1 u_{z1,z}-p_{gj} \tag{2-273}$$

一维扰动的应力张量差为方程(2-271)。环状液膜一维扰动非线性不稳定性理论的应力张量差与平面液膜和圆射流的同式，为方程(2-261)。

2.6.2 由表面张力引起的附加压强

2.6.2.1 附加压强

如图 2-1 所示，曲率半径 R_1 和 R_2 分别表示平面液膜气液交界曲面上沿 x 方向和 y 方向的曲率半径，或者分别表示圆射流和环状液膜气液交界曲面上沿 z 方向和 r 方向的曲率半径。曲面 $DEFG$ 为气液交界面，过 O 点做曲面 $DEFG$ 的法线 N，沿法线 N 做两个相互垂直的平面 $A_1B_1C_1$ 和 $A_2B_2C_2$，它们与曲面 $DEFG$ 相交于两条相互垂直的曲线 A_1B_1 和 A_2B_2，曲线 A_1B_1 和 A_2B_2 的曲率半径分别为 $R_1=OC_1$ 和 $R_2=OC_2$。R_3 表示圆射流和环状液膜气液交界曲面 $DEFG$ 沿 z 轴扭转一个角度 θ 后，到达曲面 $D'E'F'G'$ 位置的曲率半径，$R_3=O'C_2$

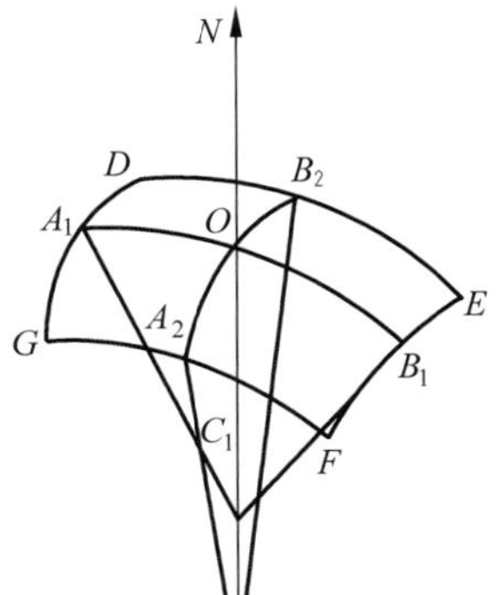

图 2-1 平面液膜气液交界曲面上的曲率半径

(O'与B_2在图中重合),如图2-2所示。

如图2-3所示,当曲率中心在液体内部时,气体扰动压力要大于液体扰动压力,将气液交界面压向气体一侧弯曲,那么方程(2-261)中等号右侧应为负号,即由表面张力引起的附加压强为负;而当曲率中心在液体外部时,液体扰动压力要大于气体扰动压力,将气液交界面压向液体一侧弯曲,则方程(2-261)中等号右侧应为正号,由表面张力引起的附加压强为正。因此,如果沿某一方向的气液交界面有波动,那么附加压强为正负号;如果沿某一方向的气液交界面没有波动,而是一条直线,则附加压强为零;如果沿某一方向的气液交界面没有波动,而是一个圆,那么附加压强恒为负。

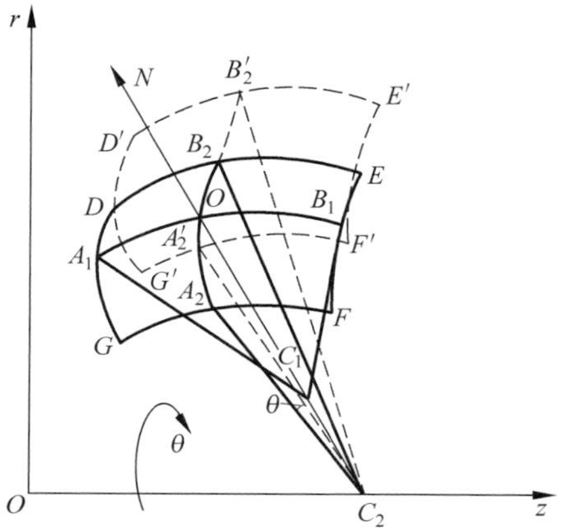

图 2-2 圆射流和环状液膜气液交界曲面上的曲率半径

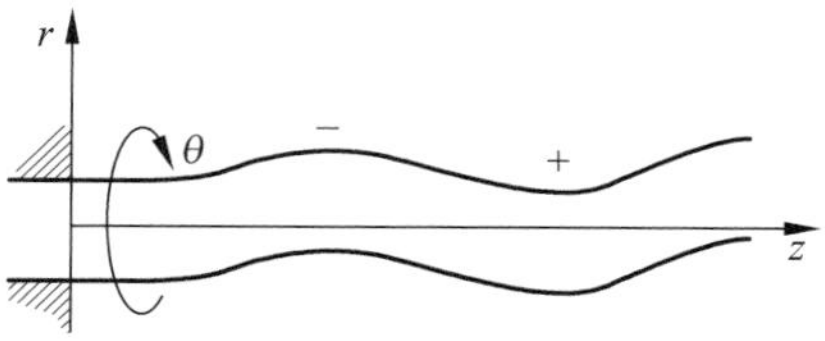

图 2-3 表面波气液交界面上由表面张力引起的附加压强正负号的选取

2.6.2.2 曲率半径 *R* 和曲率 *K*

曲率与曲率半径成反比,即$K=1/R$。如果扰动振幅的一阶偏导数$\xi_{j,x}$可以被忽略不计,即认为扰动是一个小扰动,则其推导过程是线性的。如果扰动振幅的一阶偏导数$\xi_{j,x}$不能忽略不计,即认为扰动是一个大扰动,其推导过程是非线性的。

1) 瑞利波

瑞利波是单向波,曲率半径和曲率指的是气液交界面表面波沿射流喷射方向曲线的曲率半径和曲率。对于直角坐标系的平面液膜,沿x方向曲面上任意一点的y方向气液交界线为一条直线,即沿y方向没有波动。因此,瑞利波的曲率半径和曲率仅与x坐标有关,而与y坐标无关。对于圆柱坐标系的圆射流和环状液膜,沿z方向曲面上任意一点的θ方向气液交界线为一个圆,即沿θ方向没有波动。但是,z方向曲线的曲率半径和曲率要受到r方向和θ方向曲率半径和曲率的影响。

(1) 平面液膜的曲率半径和曲率。

如图2-1所示,平行于x轴的平面$A_1B_1C_1$的曲率半径即为沿x方向的曲率半径$R_1=OC_1$。曲率为

$$K_{R1}=\alpha_{,s} \tag{2-274}$$

其中,角标"R"表示瑞利波,后文角标"T"表示泰勒波,角标"R-T"表示瑞利-泰勒波。$\Delta\alpha$为

弧线 MM_1 上两端点 M 和 M_1 切线的夹角，当 $M\to M_1$ 时，$\Delta\alpha\to \mathrm{d}\alpha$，见图 2-4(a)。$\Delta s$ 为弧线 MM_1 的长度，当 $M\to M_1$ 时，$\Delta s\to \mathrm{d}s$，见图 2-4(b)。

$$\mathrm{d}\alpha=\mathrm{d}(\arctan z_{,x})=\frac{\xi_{,xx}}{1+\xi_{,x}^{2}} \tag{2-275}$$

$$\mathrm{d}s=\sqrt{1+\xi_{,x}^{2}} \tag{2-276}$$

则

$$K_{\mathrm{R1}}=\alpha_{,s}=\frac{\xi_{,xx}}{1+\xi_{,x}^{2}}\frac{1}{\sqrt{1+\xi_{,x}^{2}}}=\frac{\xi_{,xx}}{(1+\xi_{,x}^{2})^{3/2}} \tag{2-277}$$

由于表面波既有波峰又有波谷，是波动的，因此 K_{R1} 有正负号。

$$K_{\mathrm{R1}}=(-1)^{j}\ \frac{\xi_{j,xx}}{(1+\xi_{j,x}^{2})^{3/2}} \tag{2-278}$$

式中，$j=1,2$。其中，$(-1)^j$ 中的“$j=1$”表示波峰位置，“$j=2$”表示波谷位置。$\xi_{j,xx}(-1)^j$ 中的“$j=1$”表示平面液膜的上气液交界面，“$j=2$”表示下气液交界面。

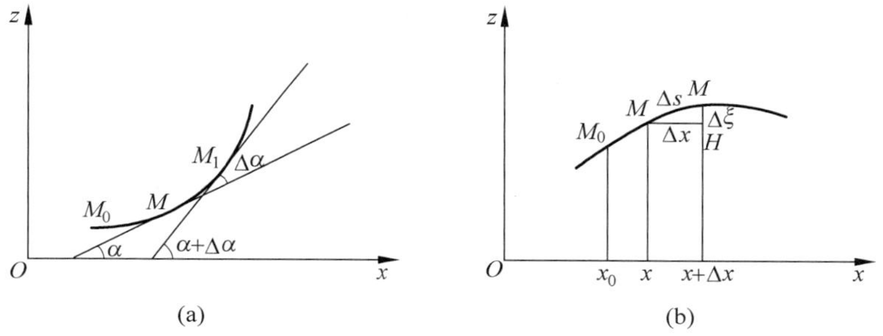

图 2-4　平面液膜沿 x 方向的曲率半径

如图 2-1 所示，平行于 y 轴的平面 $A_2B_2C_2$ 的曲率半径即为沿 y 方向的曲率半径 $R_2=OC_2$。当仅有瑞利波，而无泰勒波时，沿 x 方向曲面上任意一点的 y 方向气液交界线均为一条直线，见图 1-11(a)。由于直线的曲率半径 $R_2=\infty$，曲率 $K_{\mathrm{R2}}=\frac{1}{R_2}=0$。则平面液膜非线性的瑞利波曲率为

$$K_{\mathrm{R}}=K_{\mathrm{R1}}=(-1)^{j}\ \frac{\xi_{j,xx}}{(1+\xi_{j,x}^{2})^{3/2}} \tag{2-279}$$

该式即为一条波动曲线的曲率方程。

忽略非线性的 ξ 的一阶偏导数项，对方程(2-279)线性化，得平面液膜线性化的瑞利波曲率。

$$K_{\mathrm{R}}=(-1)^{j}\xi_{j,xx} \tag{2-280}$$

(2) 圆射流和环状液膜的曲率半径和曲率。

如图 2-2 所示，R_1、R_2 和 R_3 分别表示圆射流和环状液膜沿 z 方向、r 方向和 θ 方向的曲率半径。沿 z 方向平面 $A_1B_1C_1$ 的曲率半径为 $R_1=OC_1$。由于 A_1B_1 为一条波动的曲线，因此有正负号。

$$K_{R1}=(-1)^{j}\frac{\xi_{,zz}}{(1+\xi_{,z}^{2})^{3/2}} \tag{2-281}$$

如图 2-2 和图 2-5 所示。沿平行于 r 方向的平面 $A_2B_2C_2$ 的曲率半径为 $R_2=OC_2$。将弧线 A_2B_2 的曲率中心 C_2 置于 z 轴底平面上，过 O 点做垂直于 z 轴、平行于 r 轴的辅助直线 OB。过 O 点做辅助直角三角形$\triangle OMD$，$OC_2\perp OM$，$ND\perp OB$，则$\angle OMD=\angle BOC_2$，直角三角形$\triangle OMD$ 与$\triangle BOC_2$ 为相似三角形。$\frac{\Delta z}{\Delta s}=\frac{r}{R_2}$，$R_2=r\frac{\Delta s}{\Delta z}=r\frac{\sqrt{\Delta z^2+\Delta\xi^2}}{\Delta z}=r\sqrt{1+\left(\frac{\Delta\xi}{\Delta z}\right)^2}$。当 $\Delta z\to 0$ 时，$R_2=r\sqrt{1+\xi_{,z}^2}$ 用于非线性不稳定性分析；当 $\Delta z\to\Delta z_{\max}$ 时，$\Delta\xi=\xi=r$，$R_2=\frac{r^2}{\xi}\sqrt{1+\xi_{,z}^2}$，此时 $\frac{\xi}{r}\approx 1$，可以近似看作是小扰动，可用于线性不稳定性分析。

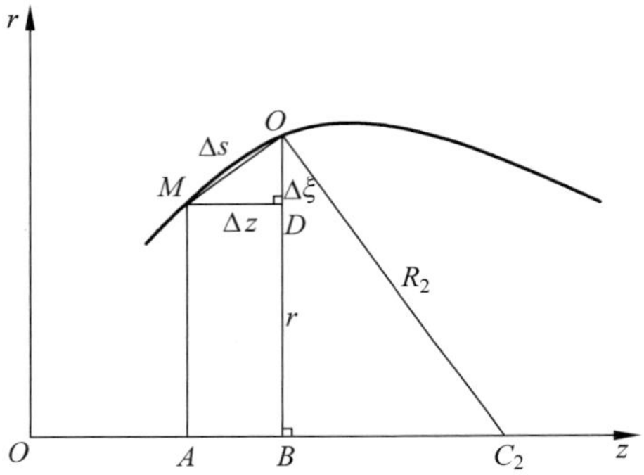

图 2-5 圆射流和环状液膜瑞利波的曲率半径 R_2

当仅有瑞利波，而无泰勒波时，围绕 z 轴是个圆面，见图 1-14(a)，则其附加压强恒为负号。由于瑞利波的波动，圆面的半径 R_2 要随着 z 方向的位移而变化。因此，对于线性不稳定性分析，有

$$K_{R2}=-\frac{\xi}{r^2}\frac{1}{\sqrt{1+\xi_{,z}^2}} \tag{2-282}$$

对于非线性不稳定性分析

$$K_{R2}=-\frac{1}{r\sqrt{1+\xi_{,z}^2}} \tag{2-283}$$

如图 2-2 所示，当曲面 $DEFG$ 绕 z 轴扭转一个角度 θ 后，扭转到曲面 $D'E'F'G'$ 位置。由于表面张力的作用，曲面 $DEFG$ 扭转到曲面 $D'E'F'G'$ 后会有变形，O 点除了会发生沿 z 轴的旋转之外，还会降低高度，即扰动振幅 ξ 变小，并沿 z 轴正向有一个微小位移。因此，曲率半径 R_3 相对于 R_2 会有所变化。因此，与旋转角度有关的曲率为

$$K_{R3}=-\frac{1}{r\sqrt{1+\xi_{,z}^2}}\frac{\xi_{,\theta\theta}}{r\left(1+\frac{1}{r^2}\xi_{,\theta}^2\right)}=-\frac{1}{r^2}\frac{1}{\sqrt{1+\xi_{,z}^2}}\frac{\xi_{,\theta\theta}}{\left(1+\frac{1}{r^2}\xi_{,\theta}^2\right)}$$

$$= -\frac{1}{\sqrt{1+\xi_{,z}^2}} \frac{\xi_{,\theta\theta}}{(r^2+\xi_{,\theta}^2)} \tag{2-284}$$

与旋转角度有关的曲率 K_{R3} 决定了圆射流的扭转，它与圆射流的阶数 n 有关。

瑞利波线性不稳定性分析的曲率为方程(2-281)、方程(2-282)、方程(2-284)之和，即

$$K_R = K_{R1} + K_{R2} + K_{R3} = \frac{1}{\sqrt{1+\xi_{,z}^2}} \left[(-1)^j \frac{\xi_{,zz}}{1+\xi_{,z}^2} - \frac{\xi}{r^2} - \frac{\xi_{,\theta\theta}}{r^2+\xi_{,\theta}^2} \right] \tag{2-285}$$

忽略掉非线性的 ξ 一阶导数项，对方程(2-285)进行线性化，得

$$K_R = (-1)^j \xi_{,zz} - \frac{\xi}{r^2} - \frac{\xi_{,\theta\theta}}{r^2} \tag{2-286}$$

方程(2-286)即为线性不稳定性分析 n 阶圆射流瑞利波的曲率方程。对于线性不稳定性理论，根据目前国际上流行的做法，式中的 $(-1)^j$ 取 $j=1$。

对于环状液膜，射流虽然也具有轴对称特点，在仅存在顺向液流的情况下，由于液膜很薄，一旦发生扭转，液膜会立即碎裂。因此，环状液膜不存在曲率半径 R_3 和曲率 K_{R3}，也就不存在阶数 n，在方程(2-285)中将曲率 K_{R3} 直接删去即可。即

$$K_R = (-1)^j \xi_{,zz} - \frac{\xi}{r^2} \tag{2-287}$$

n 阶圆射流和环状液膜瑞利波非线性不稳定性分析的曲率为方程(2-281)、方程(2-283)、方程(2-284)之和，即

$$K_R = K_{R1} + K_{R2} + K_{R3} = \frac{1}{\sqrt{1+\xi_{,z}^2}} \left[(-1)^j \frac{\xi_{,zz}}{1+\xi_{,z}^2} - \frac{1}{r} - \frac{\xi_{,\theta\theta}}{r^2+\xi_{,\theta}^2} \right] \tag{2-288}$$

对于非线性不稳定性理论，对于圆射流 $n=0$ 和 $n=1$ 的正/反对称波形，这些常见波形为单股状，并未发生扭转。环状液膜一旦发生扭转，液膜会立即碎裂，因此曲率 K_{R3} 应删去，方程(2-288)变成

$$K_R = K_{R1} + K_{R2} = \frac{1}{\sqrt{1+\xi_{,z}^2}} \left[(-1)^j \frac{\xi_{,zz}}{1+\xi_{,z}^2} - \frac{1}{r} \right] \tag{2-289}$$

方程(2-289)即为圆射流瑞利波零阶正对称波形和环状液膜瑞利波正/反对称波形非线性不稳定性分析的曲率方程。

2）瑞利-泰勒波

当既有瑞利波，又有泰勒波时，波动为双向波，曲率半径和曲率指的是气液交界面表面波曲面的曲率半径和曲率。对于直角坐标系的平面液膜，沿 x 方向曲面上任意一点的 y 方向气液交界线不再为一条直线，而是一条波动的曲线，即沿 x 方向和 y 方向均有波动，见图 1-11(b)。因此，瑞利-泰勒波的曲率半径和曲率与 x 坐标和 y 坐标均有关。对于圆柱坐标系的圆射流和环状液膜，沿 z 方向曲面上任意一点的 θ 方向气液交界线不再为一个圆，而是一条波动的曲线，即沿 z 方向和 θ 方向均有波动，见图 1-14(b)。

从数学的微分几何角度来说，过任意曲面上的某一点上具有无数个相互正交的平面，这些平面与曲面相交产生无数个相互正交的曲线，其中总会存在一条使得曲率 K_1 成为极大值的曲线，与之正交的曲线的曲率 K_2 为极小值，则 K_1 和 K_2 称为该曲面的主曲率。曲面

上两个主曲率之和的平均值称为该曲面的平均曲率(又称为中曲率),即 $K=\dfrac{K_1+K_2}{2}$,两个主曲率之积称为高斯曲率(又称为总曲率或全曲率),即 $K=K_1K_2$。该理论是由哥丁根大学法国数学家 Sophie Germain 于 1831 年在她的著作 *Theory of Elasticity* 中最早提出的。

在流体力学中,采用平均曲率作为曲面曲率,并且将平均曲率中的 2 舍去。因此,流体力学中的曲面曲率为两个主曲率之和,即 $K=K_1+K_2$。

通常,顺向气流泰勒波的振幅非常小,见图 1-1,其曲率半径趋近于无穷大,曲率则趋近于零,可以认为其曲率为极小值,与它垂直的瑞利波的曲率则为极大值;而旋转气流瑞利波的振幅非常小,其曲率半径趋近于无穷大,曲率则趋近于零,也可以认为其曲率为极小值,与它垂直的泰勒波的曲率则为极大值。因此,瑞利-泰勒波曲面的主曲率就是 K_R 和 K_T,瑞利波曲线曲率与泰勒波曲线曲率之和就是瑞利-泰勒波的曲面曲率。

(1) 平面液膜。

平面液膜沿 x 方向瑞利波的曲率 K_R 见方程(2-279)。沿 y 方向泰勒波的曲率为

$$K_T=(-1)^j\frac{\xi_{j,yy}}{(1+\xi_{j,y}^2)^{3/2}} \tag{2-290}$$

则瑞利-泰勒波曲面的曲率为

$$K_{R\text{-}T}=K_R+K_T=(-1)^j\left[\frac{\xi_{j,xx}}{(1+\xi_{j,x}^2)^{3/2}}+\frac{\xi_{j,yy}}{(1+\xi_{j,y}^2)^{3/2}}\right] \tag{2-291}$$

对方程(2-291)线性化,得平面液膜线性化的瑞利-泰勒波曲率。

$$K_{R\text{-}T}=(-1)^j(\xi_{j,xx}+\xi_{j,yy}) \tag{2-292}$$

(2) 圆射流和环状液膜。

对于圆射流和环状液膜,围绕 z 轴不再是个圆面,而是一个波动的曲面,曲面不但沿 θ 方向有波动,而且其波动的半径还要随着 z 方向的位移而变化。θ 方向、r 方向和 z 方向的附加压强均有正负号。因此,方程(2-285)～方程(2-289)变成

$$K_R=(-1)^j\frac{1}{\sqrt{1+\xi_{,z}^2}}\left(\frac{\xi_{,zz}}{1+\xi_{,z}^2}+\frac{\xi}{r^2}+\frac{1}{r^2}\frac{\xi_{,\theta\theta}}{1+\dfrac{1}{r^2}\xi_{,\theta}^2}\right) \tag{2-293}$$

$$K_R=(-1)^j\left(\xi_{,zz}+\frac{\xi}{r^2}+\frac{\xi_{,\theta\theta}}{r^2}\right) \tag{2-294}$$

$$K_R=(-1)^j\left(\xi_{,zz}+\frac{\xi}{r^2}\right) \tag{2-295}$$

$$K_R=(-1)^j\frac{1}{\sqrt{1+\xi_{,z}^2}}\left(\frac{\xi_{,zz}}{1+\xi_{,z}^2}+\frac{1}{r}+\frac{1}{r^2}\frac{\xi_{,\theta\theta}}{1+\dfrac{1}{r^2}\xi_{,\theta}^2}\right) \tag{2-296}$$

$$K_R=(-1)^j\frac{1}{\sqrt{1+\xi_{,z}^2}}\left(\frac{\xi_{,zz}}{1+\xi_{,z}^2}+\frac{1}{r}\right) \tag{2-297}$$

此外,根据弧长与弧度的关系,$\xi_{,s}=\xi_{,(r\theta)}$。对于旋转角度,$r$ 可以看作常数,有 $\xi_{,s}=$

$\xi_{,(r\theta)}=\frac{1}{r}\xi_{,\theta}$，$\xi_{,ss}=\frac{1}{r}(\xi_{,\theta})_{,(r\theta)}=\frac{1}{r^2}\xi_{,\theta\theta}$。因此，沿 θ 方向泰勒波的曲率为

$$K_{\mathrm{T1}}=(-1)^j\frac{1}{r^2}\frac{\xi_{,\theta\theta}}{\left(1+\frac{1}{r^2}\xi_{,\theta}^2\right)^{3/2}} \tag{2-298}$$

沿 r 方向泰勒波的曲率，对于线性不稳定性分析

$$K_{\mathrm{T2}}=(-1)^j\frac{\xi}{r^2}\frac{1}{\sqrt{1+\frac{1}{r^2}\xi_{,\theta}^2}} \tag{2-299}$$

对于非线性不稳定性分析

$$K_{\mathrm{T2}}=(-1)^j\frac{1}{r}\frac{1}{\sqrt{1+\frac{1}{r^2}\xi_{,\theta}^2}} \tag{2-300}$$

沿 z 方向泰勒波的曲率，对于线性不稳定性分析

$$K_{\mathrm{T3}}=(-1)^j\frac{\xi}{r^2}\frac{1}{\sqrt{1+\frac{1}{r^2}\xi_{,\theta}^2}}\frac{1}{\sqrt{1+\xi_{,z}^2}} \tag{2-301}$$

对于非线性不稳定性分析

$$K_{\mathrm{T3}}=(-1)^j\frac{1}{r}\frac{1}{\sqrt{1+\frac{1}{r^2}\xi_{,\theta}^2}}\frac{1}{\sqrt{1+\xi_{,z}^2}} \tag{2-302}$$

圆射流泰勒波线性不稳定性分析的曲率为方程(2-298)、方程(2-299)、方程(2-301)之和，即

$$\begin{aligned}K_{\mathrm{T}}&=K_{\mathrm{T1}}+K_{\mathrm{T2}}+K_{\mathrm{T3}}\\&=(-1)^j\frac{1}{r^2\sqrt{1+\frac{1}{r^2}\xi_{,\theta}^2}}\left(\frac{\xi_{,\theta\theta}}{1+\frac{1}{r^2}\xi_{,\theta}^2}+\xi+\frac{\xi}{\sqrt{1+\xi_{,z}^2}}\right)\end{aligned} \tag{2-303}$$

对方程(2-303)线性化，得

$$K_{\mathrm{T}}=(-1)^j\frac{1}{r^2}(\xi_{,\theta\theta}+2\xi) \tag{2-304}$$

环状液膜泰勒波线性不稳定性分析的曲率方程 K_{T} 与圆射流同式，为方程(2-304)。

圆射流和环状液膜泰勒波非线性不稳定性分析的曲率为方程(2-298)、方程(2-300)、方程(2-302)之和，即

$$\begin{aligned}K_{\mathrm{T}}&=K_{\mathrm{T1}}+K_{\mathrm{T2}}+K_{\mathrm{T3}}\\&=(-1)^j\frac{1}{r\sqrt{1+\frac{1}{r^2}\xi_{,\theta}^2}}\left(\frac{1}{r}\frac{\xi_{,\theta\theta}}{1+\frac{1}{r^2}\xi_{,\theta}^2}+1+\frac{1}{\sqrt{1+\xi_{,z}^2}}\right)\end{aligned} \tag{2-305}$$

n 阶圆射流瑞利-泰勒波线性不稳定性分析的曲率为方程(2-294)与方程(2-304)之和，即

$$K_{\text{R-T}}=(-1)^j\left(\xi_{,zz}+\frac{3\xi}{r^2}+\frac{2\xi_{,\theta\theta}}{r^2}\right) \tag{2-306}$$

环状液膜瑞利-泰勒波线性不稳定性分析的曲率为方程(2-295)与方程(2-304)之和，即

$$K_{\text{R-T}}=K_{\text{R}}+K_{\text{T}}=(-1)^j\left(\xi_{,zz}+\frac{3\xi}{r^2}+\frac{\xi_{,\theta\theta}}{r^2}\right) \tag{2-307}$$

n 阶圆射流和环状液膜瑞利-泰勒波非线性不稳定性分析的曲率为方程(2-296)与方程(2-305)之和。即

$$K_{\text{R-T}}=K_{\text{R}}+K_{\text{T}}$$

$$=(-1)^j\left[\begin{aligned}&\frac{\xi_{,zz}}{(1+\xi_{,z}^2)^{3/2}}+\frac{1}{r}\frac{1}{\sqrt{1+\xi_{,z}^2}}+\frac{1}{r^2}\frac{\xi_{,\theta\theta}}{1+\frac{1}{r^2}\xi_{,\theta}^2}\frac{1}{\sqrt{1+\xi_{,z}^2}}+\\&\frac{1}{r^2}\frac{\xi_{,\theta\theta}}{\left(1+\frac{1}{r^2}\xi_{,\theta}^2\right)^{3/2}}+\frac{1}{r\sqrt{1+\frac{1}{r^2}\xi_{,\theta}^2}}+\frac{1}{r\sqrt{1+\frac{1}{r^2}\xi_{,\theta}^2}}\frac{1}{\sqrt{1+\xi_{,z}^2}}\end{aligned}\right] \tag{2-308}$$

目前，由于非线性不稳定性理论只研究到瑞利波，圆射流和环状液膜采用的曲线曲率方程均为正/反对称波形瑞利波的方程(2-289)，而用于研究瑞利-泰勒波的曲面曲率方程(2-308)在国内外均尚未有人尝试使用。

2.6.3 平面液膜的动力学边界条件

射流的动力学边界条件为液相与气相的应力张量差等于由表面张力引起的附加压强。

2.6.3.1 平面液膜的线性动力学边界条件

线性不稳定性理论能够研究黏性流体。黏性液体射流必须由连续性方程和纳维-斯托克斯方程组得到的扰动压力差确定动力学边界条件，为线性的动力学边界条件。由方程(2-280)，平面液膜有量纲形式的线性三维扰动瑞利波动力学边界条件为

$$p_1-2\mu_1u_{1,x}-p_{gj}=(-1)^j\xi_{,xx} \tag{2-309}$$

$$p_1-2\mu_1v_{1,y}-p_{gj}=(-1)^j\xi_{,xx} \tag{2-310}$$

$$p_1-2\mu_1w_{1,z}-p_{gj}=(-1)^j\xi_{,xx} \tag{2-311}$$

方程(2-309)～方程(2-311)两侧同除以 P_1，并将气液压力比 $\bar{P}=\frac{P_g}{P_1}$、液流韦伯数 $We_1=\frac{a\rho_1U_1^2}{\sigma_1}$、液流欧拉数 $Eu_1=\frac{P_1}{\rho_1U_1^2}$、液流雷诺数 $Re_1=\frac{aU_1}{\nu_1}$代入，得瑞利波量纲一化的动力学边界条件。

$$\bar{p}_1-\bar{P}\bar{p}_{gj}-\frac{2}{Re_1Eu_1}\bar{u}_{1,\bar{x}}-(-1)^j\frac{1}{We_1Eu_1}\bar{\xi}_{,\bar{x}\bar{x}}=0 \tag{2-312}$$

$$\bar{p}_1-\bar{P}\bar{p}_{gj}-\frac{2}{Re_1Eu_1}\bar{v}_{1,\bar{y}}-(-1)^j\frac{1}{We_1Eu_1}\bar{\xi}_{,\bar{x}\bar{x}}=0 \tag{2-313}$$

$$\bar{p}_1-\bar{P}\bar{p}_{gj}-\frac{2}{Re_1Eu_1}\bar{w}_{1,\bar{z}}-(-1)^j\frac{1}{We_1Eu_1}\bar{\xi}_{,\bar{x}\bar{x}}=0 \tag{2-314}$$

有量纲和量纲一化的一维扰动瑞利波动力学边界条件为方程(2-311)和方程(2-314)。

对于平面液膜时间模式的瑞利波，将扰动振幅方程(1-132)和方程(1-133)分别代入方程(2-311)和方程(2-314)即可；对于平面液膜空间模式和时空模式的瑞利波，将扰动振幅方程(1-134)和方程(1-135)分别代入方程(2-311)和方程(2-314)即可。

对于瑞利-泰勒波，由方程(2-292)，有量纲形式的线性三维扰动动力学边界条件为

$$p_1 - 2\mu_1 u_{1,x} - p_{gj} = (-1)^j (\xi_{,xx} + \xi_{,yy}) \tag{2-315}$$

$$p_1 - 2\mu_1 v_{1,y} - p_{gj} = (-1)^j (\xi_{,xx} + \xi_{,yy}) \tag{2-316}$$

$$p_1 - 2\mu_1 w_{1,z} - p_{gj} = (-1)^j (\xi_{,xx} + \xi_{,yy}) \tag{2-317}$$

将方程(2-315)～方程(2-317)量纲一化，得平面液膜瑞利-泰勒波量纲一化的线性三维扰动动力学边界条件。

$$\bar{p}_1 - \bar{P}\bar{p}_{gj} - \frac{2}{Re_1 Eu_1}\bar{u}_{1,\bar{x}} - (-1)^j \frac{1}{We_1 Eu_1}(\bar{\xi}_{,\bar{x}\bar{x}} + \bar{\xi}_{,\bar{y}\bar{y}}) = 0 \tag{2-318}$$

$$\bar{p}_1 - \bar{P}\bar{p}_{gj} - \frac{2}{Re_1 Eu_1}\bar{v}_{1,\bar{y}} - (-1)^j \frac{1}{We_1 Eu_1}(\bar{\xi}_{,\bar{x}\bar{x}} + \bar{\xi}_{,\bar{y}\bar{y}}) = 0 \tag{2-319}$$

$$\bar{p}_1 - \bar{P}\bar{p}_{gj} - \frac{2}{Re_1 Eu_1}\bar{w}_{1,\bar{z}} - (-1)^j \frac{1}{We_1 Eu_1}(\bar{\xi}_{,\bar{x}\bar{x}} + \bar{\xi}_{,\bar{y}\bar{y}}) = 0 \tag{2-320}$$

有量纲和量纲一化的一维扰动瑞利-泰勒波线性动力学边界条件分别为方程(2-317)和方程(2-320)。

对于平面液膜时间模式的瑞利-泰勒波，将扰动振幅方程(1-128)和方程(1-129)分别代入方程(2-311)和方程(2-314)即可；对于平面液膜空间模式和时空模式的瑞利-泰勒波，将扰动振幅方程(1-130)和方程(1-131)分别代入方程(2-311)和方程(2-314)即可。

对于无黏性流体，只需将方程(2-309)～方程(2-320)中的黏性项直接删去即可。

平面液膜线性动力学边界条件的边界选取位于：有量纲形式，液相 $-a \leqslant z \leqslant a$，气相 $a \leqslant z \leqslant \infty (j=1)$ 和 $-\infty \leqslant z \leqslant -a\ (j=2)$；量纲一形式，液相 $-1 \leqslant \bar{z} \leqslant 1$，气相 $1 \leqslant \bar{z} \leqslant \infty$ $(j=1)$ 和 $-\infty \leqslant \bar{z} \leqslant -1 (j=2)$。

2.6.3.2 平面液膜的非线性动力学边界条件

目前，对于平面液膜的非线性不稳定性理论，研究的是无黏性、不可压缩的理想流体。理想流体允许采用伯努利方程得到的压力差来确定动力学边界条件。对于理想流体射流的研究采用的是二维扰动的非线性不稳定性理论。与运动学边界条件相同，非线性不稳定性理论的扰动振幅有第一级波、第二级波和第三级波之分。目前的非线性不稳定性理论仅研究平面液膜和环状液膜正/反对称波形以及 n 阶圆射流的瑞利波。

由方程(2-279)，平面液膜的非线性动力学边界条件为

$$\Delta\hat{p} = \Delta p = (-1)^j \sigma_1 \frac{\xi_{j,xx}}{(1+\xi_{j,x}^2)^{3/2}} \tag{2-321}$$

式中，$\Delta p = p_1 - p_{gj}$ (MPa)为液气相压力差。理想流体的非线性动力学边界条件又可称为拉普拉斯方程。

伯努利方程一般形式为

$$\frac{\partial \phi}{\partial t} + \frac{1}{2}(u_{\text{tot}}^2 + w_{\text{tot}}^2) + \frac{p}{\rho} + gz = f(t) \tag{2-322}$$

即

$$p=\rho\left[f(t)-\phi_{,t}-\frac{1}{2}(u_{\mathrm{tot}}^{2}+w_{\mathrm{tot}}^{2})\right] \tag{2-323}$$

用势函数 ϕ 表示合流速度，则方程(2-323)变成

$$p=\rho\left[f(t)-\phi_{,t}-\frac{1}{2}(\phi_{,x}^{2}+\phi_{,z}^{2})\right] \tag{2-324}$$

方程(2-324)即为用势函数 ϕ 表示的伯努利方程气液相合式。

对于多级表面波，有

$$p_{m}=\rho\left[f(t)-\phi_{m,t}-\frac{1}{2}(\phi_{m,x}^{2}+\phi_{m,z}^{2})\right] \tag{2-325}$$

式中，$m=1,2,3$ 为表面波的级数；$f(t)=\frac{1}{2}(U^{2}+V^{2})$ 为拉格朗日积分常数，对于液相，由于基流速度 $V_{1}=0$，有 $f_{1}(t)=\frac{U_{1}^{2}}{2}$，对于气相，由于是静止气体环境，则 $f_{gj}(t)=0$；gz 为体力势，也就是重力势，由于细小的喷雾液滴受重力影响很小，弗劳德数(Froude number) Fr 很大，因此重力势可以忽略不计，即 $gz=0$。方程(2-325)可以写为

液相

$$p_{m\mathrm{l}j}=\rho_{1}\left[\frac{1}{2}U_{1}^{2}-\phi_{m\mathrm{l}j,t}-\frac{1}{2}(\phi_{m\mathrm{l}j,x}^{2}+\phi_{m\mathrm{l}j,z}^{2})\right] \tag{2-326}$$

气相

$$p_{mgj}=-\rho_{g}\left[\phi_{mgj,t}+\frac{1}{2}(\phi_{mgj,x}^{2}+\phi_{mgj,z}^{2})\right] \tag{2-327}$$

将方程(2-326)和方程(2-327)代入方程(2-321)，可得有量纲形式的平面液膜瑞利波非线性动力学边界条件，适用于对理想流体的非线性分析。

$$\rho_{1}\left[\frac{1}{2}U_{1}^{2}-\phi_{m\mathrm{l}j,t}-\frac{1}{2}(\phi_{m\mathrm{l}j,x}^{2}+\phi_{m\mathrm{l}j,z}^{2})\right]+\rho_{g}\left[\phi_{mgj,t}+\frac{1}{2}(\phi_{mgj,x}^{2}+\phi_{mgj,z}^{2})\right]$$
$$=(-1)^{j}\sigma_{1}\frac{\xi_{j,xx}}{(1+\xi_{j,x}^{2})^{3/2}} \tag{2-328}$$

将时间 $\bar{t}=\frac{t}{a/U_{1}}$，速度势函数 $\bar{\phi}=\frac{1}{aU_{1}}\phi$，气液密度比 $\bar{\rho}=\frac{\rho_{g}}{\rho_{1}}$，韦伯数 $We_{1}=\frac{a\rho_{1}U_{1}^{2}}{\sigma_{1}}$ 代入方程(2-328)，并量纲一化，可得量纲一化的平面液膜理想流体瑞利波非线性动力学边界条件。

$$\left[\frac{1}{2}-\bar{\phi}_{m\mathrm{l}j,\bar{t}}-\frac{1}{2}(\bar{\phi}_{m\mathrm{l}j,\bar{x}}^{2}+\bar{\phi}_{m\mathrm{l}j,\bar{z}}^{2})\right]+\bar{\rho}\left[\bar{\phi}_{mgj,\bar{t}}+\frac{1}{2}(\bar{\phi}_{mgj,\bar{x}}^{2}+\bar{\phi}_{mgj,\bar{z}}^{2})\right]$$
$$=\frac{(-1)^{j}}{We_{1}}\frac{\bar{\xi}_{j,\bar{x}\bar{x}}}{(1+\bar{\xi}_{j,\bar{x}}^{2})^{3/2}} \tag{2-329}$$

将方程(2-328)和方程(2-329)中的非线性项 $(1+\xi_{j,x}^{2})^{-3/2}$ 和 $(1+\bar{\xi}_{j,\bar{x}}^{2})^{-3/2}$ 采用泰勒级数展开。泰勒级数展开公式为

$$f(x)=\sum_{n=0}^{\infty}\frac{f^{(n)}(x_{0})}{n!}(x-x_{0})^{n}$$

$$=f(x_0)+f'(x_0)(x-x_0)+\frac{1}{2!}f''(x_0)(x-x_0)^2+\cdots \tag{2-330}$$

令 $\bar{\xi}^2_{j,\bar{x}}=x$，$(1+\bar{\xi}^2_{j,\bar{x}})^{-3/2}$ 变为 $(1+x)^{-3/2}$；令 $f(x)=(1+x)^{-3/2}$，$f''(x)=\frac{15}{4}(1+x)^{-7/2}$。用泰勒级数中的麦克劳林级数在 $x_0=0$ 处展开前二项，得

$$(1+x)^{-3/2}=1-\frac{3}{2}x \tag{2-331}$$

则

$$(1+\xi^2_{j,x})^{-3/2}=1-\frac{3}{2}\xi^2_{j,x} \tag{2-332}$$

和

$$(1+\bar{\xi}^2_{j,\bar{x}})^{-3/2}=1-\frac{3}{2}\bar{\xi}^2_{j,\bar{x}} \tag{2-333}$$

将方程(2-332)和方程(2-333)分别代入方程(2-328)和方程(2-329)，可得平面液膜经麦克劳林级数展开的有量纲和量纲一化的多级波非线性动力学边界条件。

$$\rho_1\left[\frac{1}{2}U_1^2-\phi_{m1j,t}-\frac{1}{2}(\phi^2_{m1j,x}+\phi^2_{m1j,z})\right]+\rho_g\left[\phi_{mgj,t}+\frac{1}{2}(\phi^2_{mgj,x}+\phi^2_{mgj,z})\right]$$
$$=(-1)^j\sigma_1\xi_{j,xx}\left(1-\frac{3}{2}\xi^2_{j,x}\right) \tag{2-334}$$

和

$$\left[\frac{1}{2}-\bar{\phi}_{m1j,\bar{t}}-\frac{1}{2}(\bar{\phi}^2_{m1j,\bar{x}}+\bar{\phi}^2_{m1j,\bar{z}})\right]+\bar{\rho}\left[\bar{\phi}_{mgj,\bar{t}}+\frac{1}{2}(\bar{\phi}^2_{mgj,\bar{x}}+\bar{\phi}^2_{mgj,\bar{z}})\right]$$
$$=\frac{(-1)^j}{We_1}\bar{\xi}_{j,\bar{x}\bar{x}}\left(1-\frac{3}{2}\bar{\xi}^2_{j,\bar{x}}\right) \tag{2-335}$$

对于平面液膜时空模式的瑞利波，将扰动振幅方程(1-134)和方程(1-135)分别代入方程(2-334)和方程(2-335)即可。

平面液膜非线性动力学边界条件的边界选取位于：$\bar{z}=(-1)^{j+1}+\bar{\xi}_j$；经泰勒级数展开的边界选取位于：$\bar{z}_0=(-1)^{j+1}$。

2.6.4 圆射流的动力学边界条件

2.6.4.1 *n* 阶圆射流的线性动力学边界条件

由方程(2-286)，*n* 阶圆射流有量纲形式的线性三维扰动瑞利波动力学边界条件为

$$p_1-2\mu_1 u_{r1,r}-p_g=(-1)^j\xi_{,zz}-\frac{\xi}{r^2}-\frac{\xi_{,\theta\theta}}{r^2} \tag{2-336}$$

$$p_1-2\mu_1 u_{\theta 1,\theta}-p_g=(-1)^j\xi_{,zz}-\frac{\xi}{r^2}-\frac{\xi_{,\theta\theta}}{r^2} \tag{2-337}$$

$$p_1-2\mu_1 u_{z1,z}-p_g=(-1)^j\xi_{,zz}-\frac{\xi}{r^2}-\frac{\xi_{,\theta\theta}}{r^2} \tag{2-338}$$

方程(2-336)～方程(2-338)两侧同除以 P_1，并将气液压力比 $\bar{P}=\dfrac{P_g}{P_1}$、液流韦伯数 $We_1=\dfrac{a\rho_1 U_1^2}{\sigma_1}$、液流欧拉数 $Eu_1=\dfrac{P_1}{\rho_1 U_1^2}$、液流雷诺数 $Re_1=\dfrac{aU_1}{\nu_1}$代入，得 n 阶圆射流瑞利波量纲一化的线性动力学边界条件。

$$\bar{p}_1-\bar{P}\bar{p}_g-\frac{2}{Re_1 Eu_1}\bar{u}_{r1,\bar{r}}-\frac{1}{We_1 Eu_1}\left[(-1)^j\bar{\xi}_{,\bar{z}\bar{z}}-\frac{\bar{\xi}}{\bar{r}^2}-\frac{\bar{\xi}_{,\theta\theta}}{\bar{r}^2}\right]=0 \tag{2-339}$$

$$\bar{p}_1-\bar{P}\bar{p}_g-\frac{2}{Re_1 Eu_1}\bar{u}_{\theta 1,\theta}-\frac{1}{We_1 Eu_1}\left[(-1)^j\bar{\xi}_{,\bar{z}\bar{z}}-\frac{\bar{\xi}}{\bar{r}^2}-\frac{\bar{\xi}_{,\theta\theta}}{\bar{r}^2}\right]=0 \tag{2-340}$$

$$\bar{p}_1-\bar{P}\bar{p}_g-\frac{2}{Re_1 Eu_1}\bar{u}_{z1,\bar{z}}-\frac{1}{We_1 Eu_1}\left[(-1)^j\bar{\xi}_{,\bar{z}\bar{z}}-\frac{\bar{\xi}}{\bar{r}^2}-\frac{\bar{\xi}_{,\theta\theta}}{\bar{r}^2}\right]=0 \tag{2-341}$$

有量纲和量纲一化的一维扰动瑞利波线性动力学边界条件分别为方程(2-336)和方程(2-339)。

对于 n 阶圆射流时间模式的瑞利波，将扰动振幅方程(1-143)和方程(1-144)分别代入方程(2-336)和方程(2-339)即可；对于 n 阶圆射流空间模式和时空模式的瑞利波，将扰动振幅方程(1-145)和方程(1-146)分别代入方程(2-336)和方程(2-339)即可。

对于瑞利-泰勒波，由方程(2-306)，有量纲和量纲一化的线性三维扰动动力学边界条件为

$$p_1-2\mu_1 u_{r1,r}-p_g=(-1)^j\left(\xi_{,zz}+\frac{3\xi}{r^2}+\frac{2\xi_{,\theta\theta}}{r^2}\right) \tag{2-342}$$

$$p_1-2\mu_1 u_{\theta 1,\theta}-p_g=(-1)^j\left(\xi_{,zz}+\frac{3\xi}{r^2}+\frac{2\xi_{,\theta\theta}}{r^2}\right) \tag{2-343}$$

$$p_1-2\mu_1 u_{z1,z}-p_g=(-1)^j\left(\xi_{,zz}+\frac{3\xi}{r^2}+\frac{2\xi_{,\theta\theta}}{r^2}\right) \tag{2-344}$$

和

$$\bar{p}_1-\bar{P}\bar{p}_g-\frac{2}{Re_1 Eu_1}\bar{u}_{r1,\bar{r}}+(-1)^{j+1}\frac{1}{We_1 Eu_1}\left(\bar{\xi}_{,\bar{z}\bar{z}}+\frac{3\bar{\xi}}{\bar{r}^2}+\frac{2\bar{\xi}_{,\theta\theta}}{\bar{r}^2}\right)=0 \tag{2-345}$$

$$\bar{p}_1-\bar{P}\bar{p}_g-\frac{2}{Re_1 Eu_1}\bar{u}_{\theta 1,\theta}+(-1)^{j+1}\frac{1}{We_1 Eu_1}\left(\bar{\xi}_{,\bar{z}\bar{z}}+\frac{3\bar{\xi}}{\bar{r}^2}+\frac{2\bar{\xi}_{,\theta\theta}}{\bar{r}^2}\right)=0 \tag{2-346}$$

$$\bar{p}_1-\bar{P}\bar{p}_g-\frac{2}{Re_1 Eu_1}\bar{u}_{z1,\bar{z}}+(-1)^{j+1}\frac{1}{We_1 Eu_1}\left(\bar{\xi}_{,\bar{z}\bar{z}}+\frac{3\bar{\xi}}{\bar{r}^2}+\frac{2\bar{\xi}_{,\theta\theta}}{\bar{r}^2}\right)=0 \tag{2-347}$$

有量纲和量纲一化的一维扰动瑞利-泰勒波线性动力学边界条件分别为方程(2-342)和方程(2-345)。

对于圆射流时间模式的瑞利-泰勒波，将扰动振幅方程(1-139)和方程(1-140)分别代入方程(2-342)和方程(2-345)即可；对于圆射流空间模式和时空模式的瑞利-泰勒波，将扰动振幅方程(1-141)和方程(1-142)分别代入方程(2-342)和方程(2-345)即可。

对于无黏性流体，只需将方程(2-336)～方程(2-347)中的黏性项直接删去即可。

圆射流线性动力学边界条件的边界选取位于：有量纲形式，液相 $r \leqslant a$，气相 $a \leqslant r \leqslant \infty$；量纲一形式，液相 $\bar{r} \leqslant 1$，气相 $1 \leqslant \bar{r} \leqslant \infty$。

2.6.4.2　n 阶圆射流的非线性动力学边界条件

由方程(2-288)，n 阶圆射流一维扰动瑞利波的非线性动力学边界条件为拉普拉斯方程。

$$\Delta p = \sigma_1 \frac{1}{\sqrt{1+\xi_{,z}^2}} \left[(-1)^j \frac{\xi_{,zz}}{1+\xi_{,z}^2} - \frac{1}{r} - \frac{\xi_{,\theta\theta}}{r^2+\xi_{,\theta}^2} \right] \tag{2-348}$$

对于零阶圆射流，可将扭转项直接删去即可。

用势函数 ϕ 表示的伯努利方程气液相合式为

$$p = \rho \left[f(t) - \phi_{,t} - \frac{1}{2}(\phi_{,r}^2 + \phi_{,z}^2) \right] \tag{2-349}$$

对于多级表面波，有

$$p_m = \rho \left[f(t) - \phi_{m,t} - \frac{1}{2}(\phi_{m,r}^2 + \phi_{m,z}^2) \right] \tag{2-350}$$

式中，$m=1,2,3$ 为表面波的级数；$f(t)=\frac{1}{2}(U_r^2+U_z^2)$ 为拉格朗日积分常数，对于液相，由于基流速度 $U_{r1}=0$，有 $f_1(t)=\frac{U_{z1}^2}{2}$，对于气相，由于是静止气体环境，则 $f_{gj}(t)=0$。gz 可以忽略不计，即 $gz=0$。方程(2-350)可以写为

液相

$$p_{m1} = \rho_1 \left[\frac{1}{2}U_{z1}^2 - \phi_{m1,t} - \frac{1}{2}(\phi_{m1,r}^2 + \phi_{m1,z}^2) \right] \tag{2-351}$$

气相

$$p_{mg} = -\rho_g \left[\phi_{mg,t} + \frac{1}{2}(\phi_{mg,r}^2 + \phi_{mg,z}^2) \right] \tag{2-352}$$

将方程(2-351)和方程(2-352)代入方程(2-348)，且非线性位移 $r=a+\xi$，可得 n 阶圆射流有量纲形式的非线性动力学边界条件。

$$\begin{aligned}
&\rho_1 \left[\frac{1}{2}U_{z1}^2 - \phi_{m1,t} - \frac{1}{2}(\phi_{m1,r}^2 + \phi_{m1,z}^2) \right] + \rho_g \left[\phi_{mg,t} + \frac{1}{2}(\phi_{mg,r}^2 + \phi_{mg,z}^2) \right] \\
&= \sigma_1 \frac{1}{\sqrt{1+\xi_{,z}^2}} \left[(-1)^j \frac{\xi_{,zz}}{1+\xi_{,z}^2} - \frac{1}{r} - \frac{\xi_{,\theta\theta}}{r^2+\xi_{,\theta}^2} \right] \\
&= \sigma_1 \frac{1}{\sqrt{1+\xi_{,2}^2}} \left[(-1)^j \frac{\xi_{,zz}}{1+\xi_{,z}^2} - \frac{1}{a+\xi} - \frac{\xi_{,\theta\theta}}{(a+\xi)^2+\xi_{,\theta}^2} \right]
\end{aligned} \tag{2-353}$$

将时间 $\bar{t}=\frac{t}{a/U_1}$，速度势函数 $\bar{\phi}=\frac{1}{aU_1}\phi$，气液密度比 $\bar{\rho}=\frac{\rho_{gj}}{\rho_1}$，韦伯数 $We_1=\frac{a\rho_1 U_1^2}{\sigma_1}$ 代入方程(2-353)，并量纲一化，可得 n 阶圆射流量纲一化的非线性动力学边界条件。

$$\left[\frac{1}{2}-\bar{\phi}_{ml,\bar{t}}-\frac{1}{2}(\bar{\phi}^2_{ml,\bar{r}}+\bar{\phi}^2_{ml,\bar{z}})\right]+\bar{\rho}\left[\bar{\phi}_{mg,\bar{t}}+\frac{1}{2}(\bar{\phi}^2_{mg,\bar{r}}+\bar{\phi}^2_{mg,\bar{z}})\right]$$

$$=\frac{1}{We_1\sqrt{1+\bar{\xi}^2_{,\bar{z}}}}\left[(-1)^j\frac{\bar{\xi}_{,\bar{z}\bar{z}}}{1+\bar{\xi}^2_{,\bar{z}}}-\frac{1}{1+\bar{\xi}}-\frac{\bar{\xi}_{,\theta\theta}}{(1+\bar{\xi})^2+\bar{\xi}^2_{,\theta}}\right]$$

$$=\frac{1}{We_1}\left[(-1)^j\frac{\bar{\xi}_{,\bar{z}\bar{z}}}{(1+\bar{\xi}^2_{,\bar{z}})^{3/2}}-\frac{1}{(1+\bar{\xi})\sqrt{1+\bar{\xi}^2_{,\bar{z}}}}-\frac{\bar{\xi}_{,\theta\theta}}{[(1+\bar{\xi})^2+\bar{\xi}^2_{,\theta}]\sqrt{1+\bar{\xi}^2_{,\bar{z}}}}\right] \tag{2-354}$$

将方程(2-354)中的非线性项$(1+\bar{\xi}^2_{,\bar{z}})^{-1/2}$、$(1+\bar{\xi}^2_{,\bar{z}})^{-3/2}$采用麦克劳林级数展开前两项，将非线性项$(1+\bar{\xi})^{-1}$和$[(1+\bar{\xi})^2+\bar{\xi}^2_{,\theta}]^{-1}$展开前四项，可得$n$阶圆射流经麦克劳林级数展开的量纲一化的非线性动力学边界条件。

$$\left[\frac{1}{2}-\bar{\phi}_{ml,\bar{t}}-\frac{1}{2}(\bar{\phi}^2_{ml,\bar{r}}+\bar{\phi}^2_{ml,\bar{z}})\right]+\bar{\rho}\left[\bar{\phi}_{mg,\bar{t}}+\frac{1}{2}(\bar{\phi}^2_{mg,\bar{r}}+\bar{\phi}^2_{mg,\bar{z}})\right]$$

$$=\frac{1}{We_1}\left[\begin{array}{l}(-1)^j(\bar{\xi}_{,\bar{z}\bar{z}}-\frac{3}{2}\bar{\xi}^2_{,\bar{z}}\bar{\xi}_{,\bar{z}\bar{z}})-1+\bar{\xi}-\bar{\xi}^2+\bar{\xi}^3+\frac{1}{2}\bar{\xi}^2_{,\bar{z}}-\frac{1}{2}\bar{\xi}^2_{,\bar{z}}\bar{\xi}-\\ \bar{\xi}_{,\theta\theta}+2\bar{\xi}\bar{\xi}_{,\theta\theta}-3\bar{\xi}^2\bar{\xi}_{,\theta\theta}+\bar{\xi}^2_{,\theta}\bar{\xi}_{,\theta\theta}+\frac{1}{2}\bar{\xi}^2_{,z}\bar{\xi}_{,\theta\theta}\end{array}\right] \tag{2-355}$$

对于零阶圆射流，只需将方程(2-355)中含有$\xi_{,\theta\theta}$的最后五项直接删去即可，为

$$\left[\frac{1}{2}-\bar{\phi}_{ml,\bar{t}}-\frac{1}{2}(\bar{\phi}^2_{ml,\bar{r}}+\bar{\phi}^2_{ml,\bar{z}})\right]+\bar{\rho}\left[\bar{\phi}_{mg,\bar{t}}+\frac{1}{2}(\bar{\phi}^2_{mg,\bar{r}}+\bar{\phi}^2_{mg,\bar{z}})\right]$$

$$=\frac{1}{We_1}\left[(-1)^j(\bar{\xi}_{,\bar{z}\bar{z}}-\frac{3}{2}\bar{\xi}^2_{,\bar{z}}\bar{\xi}_{,\bar{z}\bar{z}})-1+\bar{\xi}-\bar{\xi}^2+\bar{\xi}^3+\frac{1}{2}\bar{\xi}^2_{,\bar{z}}-\frac{1}{2}\bar{\xi}^2_{,\bar{z}}\bar{\xi}\right] \tag{2-356}$$

对于n阶和零阶圆射流时空模式的瑞利波，将扰动振幅方程(1-145)和方程(1-146)分别代入方程(2-355)和方程(2-356)即可。

圆射流非线性动力学方程的边界选取位于：$\bar{r}=(-1)^{j+1}+\bar{\xi}$；经泰勒级数展开的边界选取位于：$\bar{r}_0=(-1)^{j+1}$。

2.6.5 环状液膜的动力学边界条件

2.6.5.1 环状液膜的线性动力学边界条件

由方程(2-287)，环状液膜有量纲形式的线性三维扰动瑞利波动力学边界条件为

$$p_1-2\mu_1 u_{r1,r}-p_{gj}=(-1)^j\xi_{,zz}-\frac{\xi}{r^2} \tag{2-357}$$

$$p_1-2\mu_1 u_{\theta 1,\theta}-p_{gj}=(-1)^j\xi_{,zz}-\frac{\xi}{r^2} \tag{2-358}$$

$$p_1-2\mu_1 u_{z1,z}-p_{gj}=(-1)^j\xi_{,zz}-\frac{\xi}{r^2} \tag{2-359}$$

方程(2-357)～方程(2-359)两侧同除以P_1，并将气液压力比$\bar{P}=\frac{P_g}{P_1}$、液流韦伯数

$We_1=\frac{a\rho_1 U_1^2}{\sigma_1}$、液流欧拉数 $Eu_1=\frac{P_1}{\rho_1 U_1^2}$、液流雷诺数 $Re_1=\frac{aU_1}{\nu_1}$代入，得瑞利波量纲一化的线性动力学边界条件。

$$\bar{p}_1-\bar{P}\bar{p}_{gj}-\frac{2}{Re_1 Eu_1}\bar{u}_{r1,\bar{r}}-\frac{1}{We_1 Eu_1}\left[(-1)^j\bar{\xi}_{,\bar{z}\bar{z}}-\frac{\bar{\xi}}{\bar{r}^2}\right]=0 \tag{2-360}$$

$$\bar{p}_1-\bar{P}\bar{p}_{gj}-\frac{2}{Re_1 Eu_1}\bar{u}_{\theta1,\theta}-\frac{1}{We_1 Eu_1}\left[(-1)^j\bar{\xi}_{,\bar{z}\bar{z}}-\frac{\bar{\xi}}{\bar{r}^2}\right]=0 \tag{2-361}$$

$$\bar{p}_1-\bar{P}\bar{p}_{gj}-\frac{2}{Re_1 Eu_1}\bar{u}_{z1,\bar{z}}-\frac{1}{We_1 Eu_1}\left[(-1)^j\bar{\xi}_{,\bar{z}\bar{z}}-\frac{\bar{\xi}}{\bar{r}^2}\right]=0 \tag{2-362}$$

有量纲和量纲一化的一维扰动瑞利波线性动力学边界条件分别为方程(2-357)和方程(2-360)。

对于环状液膜时间模式的瑞利波，将扰动振幅方程(1-154)和方程(1-155)分别代入方程(2-357)和方程(2-360)即可；对于环状液膜空间模式和时空模式的瑞利波，将扰动振幅方程(1-156)和方程(1-157)分别代入方程(2-357)和方程(2-360)即可。

对于瑞利-泰勒波，由方程(2-307)，有量纲和量纲一化的线性三维扰动瑞利波动力学边界条件分别为

$$p_1-2\mu_1 u_{r1,r}-p_{gj}=(-1)^j\left(\xi_{,zz}+\frac{3\xi}{r^2}+\frac{\xi_{,\theta\theta}}{r^2}\right) \tag{2-363}$$

$$p_1-2\mu_1 u_{\theta1,\theta}-p_{gj}=(-1)^j\left(\xi_{,zz}+\frac{3\xi}{r^2}+\frac{\xi_{,\theta\theta}}{r^2}\right) \tag{2-364}$$

$$p_1-2\mu_1 u_{z1,z}-p_{gj}=(-1)^j\left(\xi_{,zz}+\frac{3\xi}{r^2}+\frac{\xi_{,\theta\theta}}{r^2}\right) \tag{2-365}$$

和

$$\bar{p}_1-\bar{P}\bar{p}_{gj}-\frac{2}{Re_1 Eu_1}\bar{u}_{r1,\bar{r}}+(-1)^{j+1}\frac{1}{We_1 Eu_1}\left(\bar{\xi}_{,\bar{z}\bar{z}}+\frac{3\bar{\xi}}{\bar{r}^2}+\frac{\bar{\xi}_{,\theta\theta}}{\bar{r}^2}\right)=0 \tag{2-366}$$

$$\bar{p}_1-\bar{P}\bar{p}_{gj}-\frac{2}{Re_1 Eu_1}\bar{u}_{\theta1,\theta}+(-1)^{j+1}\frac{1}{We_1 Eu_1}\left(\bar{\xi}_{,\bar{z}\bar{z}}+\frac{3\bar{\xi}}{\bar{r}^2}+\frac{\bar{\xi}_{,\theta\theta}}{\bar{r}^2}\right)=0 \tag{2-367}$$

$$\bar{p}_1-\bar{P}\bar{p}_{gj}-\frac{2}{Re_1 Eu_1}\bar{u}_{z1,\bar{z}}+(-1)^{j+1}\frac{1}{We_1 Eu_1}\left(\bar{\xi}_{,\bar{z}\bar{z}}+\frac{3\bar{\xi}}{\bar{r}^2}+\frac{\bar{\xi}_{,\theta\theta}}{\bar{r}^2}\right)=0 \tag{2-368}$$

有量纲和量纲一化的一维扰动瑞利-泰勒波线性动力学边界条件分别为方程(2-363)和方程(2-366)。

对于环状液膜时间模式的瑞利-泰勒波，将扰动振幅方程(1-150)和方程(1-151)分别代入方程(2-363)和方程(2-366)即可；对于环状液膜空间模式和时空模式的瑞利-泰勒波，将扰动振幅方程(1-152)和方程(1-153)分别代入方程(2-363)和方程(2-366)即可。

对于无黏性流体，只需将方程(2-357)～方程(2-368)中的黏性项直接删去即可。

环状液膜线性动力学方程的边界选取位于：有量纲形式，液相 $r_i\leqslant r\leqslant r_o$，气相 $0\leqslant r\leqslant r_i$ 和 $r_o\leqslant r\leqslant\infty$；量纲一形式，液相 $\bar{r}_i\leqslant\bar{r}\leqslant\bar{r}_o$，气相 $0\leqslant\bar{r}\leqslant\bar{r}_i$ 和 $\bar{r}_o\leqslant\bar{r}\leqslant\infty$。

2.6.5.2 环状液膜的非线性动力学边界条件

由方程(2-289)，环状液膜一维扰动瑞利波正/反对称波形的非线性动力学边界条件为拉普拉斯方程，与方程(2-348)同式。

用势函数 ϕ 表示的伯努利方程气液相合式与方程(2-349)同式；多级表面波的与方程(2-350)同式。液相伯努利方程与方程(2-351)同式，气相方程为

$$p_{mgj}=-\rho_g\left[\phi_{mgj,t}+\frac{1}{2}(\phi^2_{mgj,r}+\phi^2_{mgj,z})\right] \tag{2-369}$$

将气液相伯努利方程代入方程(2-348)，且非线性位移 $r=r_j+\xi_j$，可得环状液膜有量纲形式的非线性动力学边界条件。

$$\rho_1\left[\frac{1}{2}U^2_{z1}-\phi_{m1j,t}-\frac{1}{2}(\phi^2_{m1j,r}+\phi^2_{m1j,z})\right]+\rho_g\left[\phi_{mgj,t}+\frac{1}{2}(\phi^2_{mgj,r}+\phi^2_{mgj,z})\right]$$
$$=\sigma_1\left[(-1)^j\frac{\xi_{j,zz}}{(1+\xi^2_{j,z})^{3/2}}-\frac{1}{(r_j+\xi_j)\sqrt{1+\xi^2_{j,z}}}\right] \tag{2-370}$$

将时间 $\bar{t}=\dfrac{t}{a/U_1}$，速度势函数 $\bar{\phi}=\dfrac{1}{aU_1}\phi$，气液密度比 $\bar{\rho}=\dfrac{\rho_{gj}}{\rho_1}$，韦伯数 $We_1=\dfrac{a\rho_1U_1^2}{\sigma_1}$代入方程(2-370)，并量纲一化，可得环状液膜量纲一化的非线性动力学边界条件。

$$\left[\frac{1}{2}-\bar{\phi}_{m1j,\bar{t}}-\frac{1}{2}(\bar{\phi}^2_{m1j,\bar{r}}+\bar{\phi}^2_{m1j,\bar{z}})\right]+\bar{\rho}\left[\bar{\phi}_{mgj,\bar{t}}+\frac{1}{2}(\bar{\phi}^2_{mgj,\bar{r}}+\bar{\phi}^2_{mgj,\bar{z}})\right]$$
$$=\frac{1}{We_1}\left[(-1)^j\frac{\bar{\xi}_{j,\bar{z}\bar{z}}}{(1+\bar{\xi}^2_{j,\bar{z}})^{3/2}}-\frac{1}{(1+\bar{\xi}_j)\sqrt{1+\bar{\xi}^2_{j,\bar{z}}}}\right] \tag{2-371}$$

将方程(2-370)和方程(2-371)中的非线性项 $(1+\bar{\xi}^2_{j,\bar{z}})^{-1/2}$、$(1+\bar{\xi}^2_{j,\bar{z}})^{-3/2}$ 采用麦克劳林级数展开前两项，将非线性项 $(1+\bar{\xi}_j)^{-1}$ 展开前四项，可得环状液膜经麦克劳林级数展开的量纲一化的非线性动力学边界条件。

$$\left[\frac{1}{2}-\bar{\phi}_{m1j,\bar{t}}-\frac{1}{2}(\bar{\phi}^2_{m1j,\bar{r}}+\bar{\phi}^2_{m1j,\bar{z}})\right]+\bar{\rho}\left[\bar{\phi}_{mgj,\bar{t}}+\frac{1}{2}(\bar{\phi}^2_{mgj,\bar{r}}+\bar{\phi}^2_{mgj,\bar{z}})\right]$$
$$=\frac{1}{We_1}\left[(-1)^j(\bar{\xi}_{j,\bar{z}\bar{z}}-\frac{3}{2}\bar{\xi}^2_{j,\bar{z}}\bar{\xi}_{j,\bar{z}\bar{z}})-1+\bar{\xi}_j-\bar{\xi}^2_j+\bar{\xi}^3_j+\frac{1}{2}\bar{\xi}^2_{j,\bar{z}}-\frac{1}{2}\bar{\xi}^2_{j,\bar{z}}\bar{\xi}_j\right] \tag{2-372}$$

对于环状液膜时空模式的瑞利波，将扰动振幅方程(1-156)和方程(1-157)分别代入方程(2-371)和方程(2-372)即可。

环状液膜非线性方程的边界选取位于：有量纲形式 $r=r_j+\xi_j$，量纲一形式 $\bar{r}\leqslant\bar{r}_j+\bar{\xi}_j$；经泰勒级数展开的边界选取位于：有量纲形式 $r_0=r_j$，量纲一形式 $\bar{r}_0=\bar{r}_j$。

有了上述知识作为基础，我们就能够应用线性不稳定性理论和非线性不稳定性理论对平面液膜、圆射流和环状液膜射流的碎裂过程进行研究了。后文我们将采用量纲一化的方程进行推导。

习　题

2-1　线性不稳定性理论与非线性不稳定性理论所采用的控制方程组和边界条件有何异同？

2-2　怎样进行圆柱坐标系单位矢量的运算？

2-3　线性不稳定性理论的量纲一液相与气相控制方程组在形式上有何不同？

2-4　非线性不稳定性理论的气液相伯努利方程拉格朗日常数为何？

2-5　线性不稳定性理论与非线性不稳定性理论的初始条件有何不同？

2-6　线性不稳定性理论与非线性不稳定性理论的控制方程、运动学和动力学边界条件为几级波的？

2-7　何为零级波？气液相零级波势函数为何？

2-8　动力学边界条件的通式为何？

2-9　如何选取表面波气液交界面上由表面张力引起的附加压强的正负号？

2-10　如何确定瑞利-泰勒波的曲面曲率？

2-11　如何推导非线性不稳定性理论的色散关系式？

第3章 平面液膜瑞利-泰勒波的线性不稳定性

平面液膜瑞利-泰勒波的线性不稳定性理论物理模型包括：①黏性不可压缩液流，允许使用流函数进行推导。仅有顺向液流基流速度，即 $U_1 \neq 0, V_1 = W_1 = 0$。②无黏性可压缩气流，既有顺向气流基流速度，又有横向气流基流速度，即 $U_{gj} \neq 0, V_{gj} = 0, W_{gj} \neq 0$。③三维扰动连续性方程和纳维-斯托克斯控制方程组，一维扰动运动学边界条件和动力学边界条件，二维扰动的附加边界条件。④仅研究时间模式正/反对称波形（$\alpha = \pi/0$，平面液膜两侧气流速度相等）的瑞利-泰勒波，而不涉及近正/反对称波形（$\alpha \neq \pi/0$）。⑤仅研究第一级波，而不涉及第二级波和第三级波及它们的叠加。⑥采用的研究方法为线性不稳定性理论。

3.1 平面液膜瑞利-泰勒波微分方程的建立和求解

3.1.1 平面液膜瑞利-泰勒波液相微分方程的建立

将三维扰动液相动量守恒方程(2-9)线性化和量纲一化，得

$$\left(\frac{\partial}{\partial \bar{t}} + \frac{\partial}{\partial \bar{x}}\right)\bar{\boldsymbol{u}}_1 = -Eu_1 \nabla \bar{p}_1 + \frac{1}{Re_1}\Delta \bar{\boldsymbol{u}} \tag{3-1}$$

方程(3-1)等号两侧同时点乘哈密顿算子∇，得

$$\left(\frac{\partial}{\partial \bar{t}} + \frac{\partial}{\partial \bar{x}}\right)\nabla \cdot \bar{\boldsymbol{u}}_1 = -Eu_1 \Delta \bar{p}_1 + \frac{1}{Re_1}\Delta(\nabla \cdot \bar{\boldsymbol{u}}) \tag{3-2}$$

由于液相为不可压缩流体，根据连续性方程(2-2)，有

$$\Delta \bar{p}_1 = 0 \tag{3-3}$$

根据方程(1-104)，液相扰动压力为

$$\bar{p}_1 = \bar{p}_1(\bar{z})\exp(\bar{\omega}\bar{t} + \mathrm{i}\bar{k}_x \bar{x} + \mathrm{i}\bar{k}_y \bar{y}) \tag{3-4}$$

将方程(3-4)代入方程(3-3)，得瑞利-泰勒波液相微分方程

$$\bar{p}_{1,\bar{z}\bar{z}}(\bar{z}) - (\bar{k}_x^2 + \bar{k}_y^2)\bar{p}_1(\bar{z}) = 0 \tag{3-5}$$

3.1.2 平面液膜瑞利-泰勒波液相微分方程的通解

3.1.2.1 液相扰动压力的通解

定义

$$\bar{k}_{xy}^2 = \bar{k}_x^2 + \bar{k}_y^2 \tag{3-6}$$

解二阶齐次微分方程(3-5)，得

$$\bar{p}_1(\bar{z})=c_1\mathrm{e}^{\bar{k}_{xy}\bar{z}}+c_2\mathrm{e}^{-\bar{k}_{xy}\bar{z}} \tag{3-7}$$

则平面液膜瑞利-泰勒波液相微分方程扰动压力的通解为

$$\bar{p}_1=(c_1\mathrm{e}^{\bar{k}_{xy}\bar{z}}+c_2\mathrm{e}^{-\bar{k}_{xy}\bar{z}})\exp(\bar{\omega}\bar{t}+\mathrm{i}\bar{k}_x\bar{x}+\mathrm{i}\bar{k}_y\bar{y}) \tag{3-8}$$

3.1.2.2 液相扰动速度的通解

根据方程(1-104)，有

$$\bar{u}_1=\bar{u}_1(\bar{z})\exp(\bar{\omega}\bar{t}+\mathrm{i}\bar{k}_x\bar{x}+\mathrm{i}\bar{k}_y\bar{y}) \tag{3-9}$$

$$\bar{v}_1=\bar{v}_1(\bar{z})\exp(\bar{\omega}\bar{t}+\mathrm{i}\bar{k}_x\bar{x}+\mathrm{i}\bar{k}_y\bar{y}) \tag{3-10}$$

$$\bar{w}_1=\bar{w}_1(\bar{z})\exp(\bar{\omega}\bar{t}+\mathrm{i}\bar{k}_x\bar{x}+\mathrm{i}\bar{k}_y\bar{y}) \tag{3-11}$$

将方程(3-9)～方程(3-11)代入液相动量守恒方程(2-43)～方程(2-45)，得

$$\bar{u}_{1,\bar{z}\bar{z}}(\bar{z})-[\bar{k}_{xy}^2+Re_1(\bar{\omega}+\mathrm{i}\bar{k}_x)]\bar{u}_1(\bar{z})=\mathrm{i}\bar{k}_xRe_1Eu_1(c_1\mathrm{e}^{\bar{k}_{xy}\bar{z}}+c_2\mathrm{e}^{-\bar{k}_{xy}\bar{z}}) \tag{3-12}$$

$$\bar{v}_{1,\bar{z}\bar{z}}(\bar{z})-[\bar{k}_{xy}^2+Re_1(\bar{\omega}+\mathrm{i}\bar{k}_x)]\bar{v}_1(\bar{z})=\mathrm{i}\bar{k}_yRe_1Eu_1(c_1\mathrm{e}^{\bar{k}_{xy}\bar{z}}+c_2\mathrm{e}^{-\bar{k}_{xy}\bar{z}}) \tag{3-13}$$

$$\bar{w}_{1,\bar{z}\bar{z}}(\bar{z})-[\bar{k}_{xy}^2+Re_1(\bar{\omega}+\mathrm{i}\bar{k}_x)]\bar{w}_1(\bar{z})=\bar{k}_{xy}Re_1Eu_1(c_1\mathrm{e}^{\bar{k}_{xy}\bar{z}}-c_2\mathrm{e}^{-\bar{k}_{xy}\bar{z}}) \tag{3-14}$$

定义

$$\bar{s}_1^2=\bar{k}_{xy}^2+Re_1(\bar{\omega}+\mathrm{i}\bar{k}_x) \tag{3-15}$$

则方程(3-12)～方程(3-14)可以写为

$$\bar{u}_{1,\bar{z}\bar{z}}(\bar{z})-\bar{s}_1^2\bar{u}_1(\bar{z})=\mathrm{i}\bar{k}_xRe_1Eu_1(c_1\mathrm{e}^{\bar{k}_{xy}\bar{z}}+c_2\mathrm{e}^{-\bar{k}_{xy}\bar{z}}) \tag{3-16}$$

$$\bar{v}_{1,\bar{z}\bar{z}}(\bar{z})-\bar{s}_1^2\bar{v}_1(\bar{z})=\mathrm{i}\bar{k}_yRe_1Eu_1(c_1\mathrm{e}^{\bar{k}_{xy}\bar{z}}+c_2\mathrm{e}^{-\bar{k}_{xy}\bar{z}}) \tag{3-17}$$

$$\bar{w}_{1,\bar{z}\bar{z}}(\bar{z})-\bar{s}_1^2\bar{w}_1(\bar{z})=\bar{k}_{xy}Re_1Eu_1(c_1\mathrm{e}^{\bar{k}_{xy}\bar{z}}-c_2\mathrm{e}^{-\bar{k}_{xy}\bar{z}}) \tag{3-18}$$

经试算，方程(3-16)～方程(3-18)的通解为

$$\bar{u}_1(\bar{z})=-\frac{\mathrm{i}\bar{k}_xEu_1}{\bar{\omega}+\mathrm{i}\bar{k}_x}(c_1\mathrm{e}^{\bar{k}_{xy}\bar{z}}+c_2\mathrm{e}^{-\bar{k}_{xy}\bar{z}})+c_3\mathrm{e}^{\bar{s}_1\bar{z}}+c_4\mathrm{e}^{-\bar{s}_1\bar{z}} \tag{3-19}$$

$$\bar{v}_1(\bar{z})=-\frac{\mathrm{i}\bar{k}_yEu_1}{\bar{\omega}+\mathrm{i}\bar{k}_x}(c_1\mathrm{e}^{\bar{k}_{xy}\bar{z}}+c_2\mathrm{e}^{-\bar{k}_{xy}\bar{z}})+c_5\mathrm{e}^{\bar{s}_1\bar{z}}+c_6\mathrm{e}^{-\bar{s}_1\bar{z}} \tag{3-20}$$

$$\bar{w}_1(\bar{z})=-\frac{\bar{k}_{xy}Eu_1}{\bar{\omega}+\mathrm{i}\bar{k}_x}(c_1\mathrm{e}^{\bar{k}_{xy}\bar{z}}-c_2\mathrm{e}^{-\bar{k}_{xy}\bar{z}})+c_7\mathrm{e}^{\bar{s}_1\bar{z}}+c_8\mathrm{e}^{-\bar{s}_1\bar{z}} \tag{3-21}$$

则

$$\bar{u}_1=\left[-\frac{\mathrm{i}\bar{k}_xEu_1}{\bar{\omega}+\mathrm{i}\bar{k}_x}(c_1\mathrm{e}^{\bar{k}_{xy}\bar{z}}+c_2\mathrm{e}^{-\bar{k}_{xy}\bar{z}})+c_3\mathrm{e}^{\bar{s}_1\bar{z}}+c_4\mathrm{e}^{-\bar{s}_1\bar{z}}\right]\exp(\bar{\omega}\bar{t}+\mathrm{i}\bar{k}_x\bar{x}+\mathrm{i}\bar{k}_y\bar{y}) \tag{3-22}$$

$$\bar{v}_1=\left[-\frac{\mathrm{i}\bar{k}_y Eu_1}{\bar{\omega}+\mathrm{i}\bar{k}_x}(c_1\mathrm{e}^{\bar{k}_{xy}\bar{z}}+c_2\mathrm{e}^{-\bar{k}_{xy}\bar{z}})+c_5\mathrm{e}^{\bar{s}_1\bar{z}}+c_6\mathrm{e}^{-\bar{s}_1\bar{z}}\right]\exp(\bar{\omega}\bar{t}+\mathrm{i}\bar{k}_x\bar{x}+\mathrm{i}\bar{k}_y\bar{y}) \tag{3-23}$$

$$\bar{w}_1=\left[-\frac{\bar{k}_{xy}Eu_1}{\bar{\omega}+\mathrm{i}\bar{k}_x}(c_1\mathrm{e}^{\bar{k}_{xy}\bar{z}}-c_2\mathrm{e}^{-\bar{k}_{xy}\bar{z}})+c_7\mathrm{e}^{\bar{s}_1\bar{z}}+c_8\mathrm{e}^{-\bar{s}_1\bar{z}}\right]\exp(\bar{\omega}\bar{t}+\mathrm{i}\bar{k}_x\bar{x}+\mathrm{i}\bar{k}_y\bar{y}) \tag{3-24}$$

将方程(3-22)～方程(3-24)代入连续性方程(2-52)，得

$$c_3\mathrm{e}^{\bar{s}_1\bar{z}}+c_4\mathrm{e}^{-\bar{s}_1\bar{z}}=-\frac{1}{\mathrm{i}\bar{k}_x}[\mathrm{i}\bar{k}_y(c_5\mathrm{e}^{\bar{s}_1\bar{z}}+c_6\mathrm{e}^{-\bar{s}_1\bar{z}})+\bar{s}_1(c_7\mathrm{e}^{\bar{s}_1\bar{z}}-c_8\mathrm{e}^{-\bar{s}_1\bar{z}})] \tag{3-25}$$

将方程(3-25)代入方程(3-22)～方程(3-24)，得

$$\bar{u}_1=-\left\{\begin{aligned}&\frac{1}{\mathrm{i}\bar{k}_x}[\mathrm{i}\bar{k}_y(c_5\mathrm{e}^{\bar{s}_1\bar{z}}+c_6\mathrm{e}^{-\bar{s}_1\bar{z}})+\bar{s}_1(c_7\mathrm{e}^{\bar{s}_1\bar{z}}-c_8\mathrm{e}^{-\bar{s}_1\bar{z}})]+\\&\frac{\mathrm{i}\bar{k}_x Eu_1}{\bar{\omega}+\mathrm{i}\bar{k}_x}(c_1\mathrm{e}^{\bar{k}_{xy}\bar{z}}+c_2\mathrm{e}^{-\bar{k}_{xy}\bar{z}})\end{aligned}\right\}\exp(\bar{\omega}\bar{t}+\mathrm{i}\bar{k}_x\bar{x}+\mathrm{i}\bar{k}_y\bar{y}) \tag{3-26}$$

经过代换，扰动速度 $\bar{u}_1$、$\bar{v}_1$ 和 $\bar{w}_1$ 的通解为方程(3-26)、方程(3-23)和方程(3-24)。未知常数由 8 个简化成 6 个。

3.1.2.3 对液相微分方程通解的验证

应用反推验证的方法证明二阶非齐次线性微分方程通解的正确性。将 $\bar{u}_1$ 的通解式(3-26)代入 $\bar{x}$ 方向动量守恒方程(3-16)，得

$$\begin{aligned}\text{左侧}&=\bar{u}_{1,\bar{z}\bar{z}}(\bar{z})-\bar{s}_1^2\bar{u}_1(\bar{z})\\&=-\left\{\frac{\bar{s}_1^2}{\mathrm{i}\bar{k}_x}[\mathrm{i}\bar{k}_y(c_5\mathrm{e}^{\bar{s}_1\bar{z}}+c_6\mathrm{e}^{-\bar{s}_1\bar{z}})+\bar{s}_1(c_7\mathrm{e}^{\bar{s}_1\bar{z}}-c_8\mathrm{e}^{-\bar{s}_1\bar{z}})]+\right.\\&\qquad\left.\frac{\mathrm{i}\bar{k}_x\bar{k}_{xy}^2 Eu_1}{\bar{\omega}+\mathrm{i}\bar{k}_x}(c_1\mathrm{e}^{\bar{k}_{xy}\bar{z}}+c_2\mathrm{e}^{-\bar{k}_{xy}\bar{z}})\right\}+\\&\qquad\left\{\frac{\bar{s}_1^2}{\mathrm{i}\bar{k}_x}[\mathrm{i}\bar{k}_y(c_5\mathrm{e}^{\bar{s}_1\bar{z}}+c_6\mathrm{e}^{-\bar{s}_1\bar{z}})+\bar{s}_1(c_7\mathrm{e}^{\bar{s}_1\bar{z}}-c_8\mathrm{e}^{-\bar{s}_1\bar{z}})]+\right.\\&\qquad\left.\frac{\mathrm{i}\bar{k}_x\bar{s}_1^2 Eu_1}{\bar{\omega}+\mathrm{i}\bar{k}_x}(c_1\mathrm{e}^{\bar{k}_{xy}\bar{z}}+c_2\mathrm{e}^{-\bar{k}_{xy}\bar{z}})\right\}\\&=\mathrm{i}\bar{k}_x Re_1 Eu_1(c_1\mathrm{e}^{\bar{k}_{xy}\bar{z}}+c_2\mathrm{e}^{-\bar{k}_{xy}\bar{z}})\\&=\text{右侧}\end{aligned} \tag{3-27}$$

将 $\bar{v}_1$ 的通解式(3-23)代入 $\bar{y}$ 方向动量守恒方程(3-17)，得

$$
\begin{aligned}
\text{左侧} &= \bar{v}_{1,\bar{z}\bar{z}}(\bar{z}) - \bar{s}_1^2 \bar{v}_1(\bar{z}) \\
&= \bar{s}_1^2 (c_5 e^{\bar{s}_1 \bar{z}} + c_6 e^{-\bar{s}_1 \bar{z}}) - \frac{i\bar{k}_y \bar{k}_{xy}^2 Eu_1}{\bar{\omega} + i\bar{k}_x}(c_1 e^{\bar{k}_{xy}\bar{z}} + c_2 e^{-\bar{k}_{xy}\bar{z}}) - \\
&\quad \bar{s}_1^2 \left[c_5 e^{\bar{s}_1 \bar{z}} + c_6 e^{-\bar{s}_1 \bar{z}} - \frac{i\bar{k}_y Eu_1}{\bar{\omega} + i\bar{k}_x}(c_1 e^{\bar{k}_{xy}\bar{z}} + c_2 e^{-\bar{k}_{xy}\bar{z}}) \right] \\
&= i\bar{k}_y Re_1 Eu_1 (c_1 e^{\bar{k}_{xy}\bar{z}} + c_2 e^{-\bar{k}_{xy}\bar{z}}) = \text{右侧}
\end{aligned}
\tag{3-28}
$$

将 $\bar{w}_1$ 的通解式(3-24)代入 $\bar{z}$ 方向动量守恒方程(3-18)，得

$$
\begin{aligned}
\text{左侧} &= \bar{w}_{1,\bar{z}\bar{z}}(\bar{z}) - \bar{s}_1^2 \bar{w}_1(\bar{z}) \\
&= \bar{s}_1^2 (c_7 e^{\bar{s}_1 \bar{z}} + c_8 e^{-\bar{s}_1 \bar{z}}) + \frac{\bar{k}_{xy} \bar{k}_{xy}^2 Eu_1}{\bar{\omega} + i\bar{k}_x}(c_2 e^{-\bar{k}_{xy}\bar{z}} - c_1 e^{\bar{k}_{xy}\bar{z}}) - \\
&\quad \bar{s}_1^2 \left[c_7 e^{\bar{s}_1 \bar{z}} + c_8 e^{-\bar{s}_1 \bar{z}} + \frac{\bar{k}_{xy} Eu_1}{\bar{\omega} + i\bar{k}_x}(c_2 e^{-\bar{k}_{xy}\bar{z}} - c_1 e^{\bar{k}_{xy}\bar{z}}) \right] \\
&= \bar{k}_{xy} Re_1 Eu_1 (c_1 e^{\bar{k}_{xy}\bar{z}} - c_2 e^{-\bar{k}_{xy}\bar{z}}) = \text{右侧}
\end{aligned}
\tag{3-29}
$$

证明经试算得到的量纲一扰动速度通解是正确的。

3.1.3 平面液膜瑞利-泰勒波液相微分方程的特解

3.1.3.1 反对称波形液相流动微分方程的特解

将方程(3-24)代入液相运动学边界条件式(2-178)，上下气液交界面的扰动振幅 $\bar{\xi}_2 = \bar{\xi}_1$。有

$$
-\frac{\bar{k}_{xy} Eu_1}{\bar{\omega} + i\bar{k}_x}(c_1 e^{\bar{k}_{xy}\bar{z}} - c_2 e^{-\bar{k}_{xy}\bar{z}}) + c_7 e^{\bar{s}_1 \bar{z}} + c_8 e^{-\bar{s}_1 \bar{z}} = \bar{\xi}_0 (\bar{\omega} + i\bar{k}_x) \tag{3-30}
$$

将方程(3-26)和方程(3-24)代入液相附加边界条件式(2-227)，得

$$
\frac{2i\bar{k}_x \bar{k}_{xy} Eu_1}{\bar{\omega} + i\bar{k}_x}(c_1 e^{\bar{k}_{xy}\bar{z}} - c_2 e^{-\bar{k}_{xy}\bar{z}}) + \frac{\bar{k}_y \bar{s}_1}{\bar{k}_x}(c_5 e^{\bar{s}_1 \bar{z}} - c_6 e^{-\bar{s}_1 \bar{z}}) + \frac{\bar{k}_x^2 + \bar{s}_1^2}{i\bar{k}_x}(c_7 e^{\bar{s}_1 \bar{z}} + c_8 e^{-\bar{s}_1 \bar{z}}) = 0 \tag{3-31}
$$

将方程(3-23)和方程(3-24)代入液相附加边界条件式(2-228)，得

$$
-\frac{2i\bar{k}_y \bar{k}_{xy} Eu_1}{\bar{\omega} + i\bar{k}_x}(c_1 e^{\bar{k}_{xy}\bar{z}} - c_2 e^{-\bar{k}_{xy}\bar{z}}) + \bar{s}_1 (c_5 e^{\bar{s}_1 \bar{z}} - c_6 e^{-\bar{s}_1 \bar{z}}) + i\bar{k}_y (c_7 e^{\bar{s}_1 \bar{z}} + c_8 e^{-\bar{s}_1 \bar{z}}) = 0 \tag{3-32}
$$

方程(3-30)分别乘以 $2i\bar{k}_x$、$2i\bar{k}_y$，得

$$-\frac{2\mathrm{i}\bar{k}_x\bar{k}_{xy}Eu_1}{\bar{\omega}+\mathrm{i}\bar{k}_x}(c_1\mathrm{e}^{\bar{k}_{xy}\bar{z}}-c_2\mathrm{e}^{-\bar{k}_{xy}\bar{z}})+$$

$$2\mathrm{i}\bar{k}_x(c_7\mathrm{e}^{\bar{s}_1\bar{z}}+c_8\mathrm{e}^{-\bar{s}_1\bar{z}})=2\mathrm{i}\bar{k}_x\bar{\xi}_0(\bar{\omega}+\mathrm{i}\bar{k}_x) \tag{3-33}$$

$$-\frac{2\mathrm{i}\bar{k}_y\bar{k}_{xy}Eu_1}{\bar{\omega}+\mathrm{i}\bar{k}_x}(c_1\mathrm{e}^{\bar{k}_{xy}\bar{z}}-c_2\mathrm{e}^{-\bar{k}_{xy}\bar{z}})+$$

$$2\mathrm{i}\bar{k}_y(c_7\mathrm{e}^{\bar{s}_1\bar{z}}+c_8\mathrm{e}^{-\bar{s}_1\bar{z}})=2\mathrm{i}\bar{k}_y\bar{\xi}_0(\bar{\omega}+\mathrm{i}\bar{k}_x) \tag{3-34}$$

方程(3-31)加上方程(3-33),得

$$\mathrm{i}\bar{k}_y\bar{s}_1(c_5\mathrm{e}^{\bar{s}_1\bar{z}}-c_6\mathrm{e}^{-\bar{s}_1\bar{z}})+(\bar{s}_1^2-\bar{k}_x^2)(c_7\mathrm{e}^{\bar{s}_1\bar{z}}+c_8\mathrm{e}^{-\bar{s}_1\bar{z}})$$

$$=-2\bar{k}_x^2\bar{\xi}_0(\bar{\omega}+\mathrm{i}\bar{k}_x) \tag{3-35}$$

方程(3-32)减去方程(3-34),得

$$\bar{s}_1(c_5\mathrm{e}^{\bar{s}_1\bar{z}}-c_6\mathrm{e}^{-\bar{s}_1\bar{z}})-\mathrm{i}\bar{k}_y(c_7\mathrm{e}^{\bar{s}_1\bar{z}}+c_8\mathrm{e}^{-\bar{s}_1\bar{z}})=-2\mathrm{i}\bar{k}_y\bar{\xi}_0(\bar{\omega}+\mathrm{i}\bar{k}_x) \tag{3-36}$$

方程(3-35)在 $\bar{z}=1$ 处,有

$$\mathrm{i}\bar{k}_y\bar{s}_1(c_5\mathrm{e}^{\bar{s}_1}-c_6\mathrm{e}^{-\bar{s}_1})+(\bar{s}_1^2-\bar{k}_x^2)(c_7\mathrm{e}^{\bar{s}_1}+c_8\mathrm{e}^{-\bar{s}_1})=-2\bar{k}_x^2\bar{\xi}_0(\bar{\omega}+\mathrm{i}\bar{k}_x) \tag{3-37}$$

在 $\bar{z}=-1$ 处,有

$$\mathrm{i}\bar{k}_y\bar{s}_1(c_5\mathrm{e}^{-\bar{s}_1}-c_6\mathrm{e}^{\bar{s}_1})+(\bar{s}_1^2-\bar{k}_x^2)(c_7\mathrm{e}^{-\bar{s}_1}+c_8\mathrm{e}^{\bar{s}_1})=-2\bar{k}_x^2\bar{\xi}_0(\bar{\omega}+\mathrm{i}\bar{k}_x) \tag{3-38}$$

方程(3-37)减去方程(3-38),得

$$\mathrm{i}\bar{k}_y\bar{s}_1(c_5+c_6)(\mathrm{e}^{\bar{s}_1}-\mathrm{e}^{-\bar{s}_1})+(\bar{s}_1^2-\bar{k}_x^2)(c_7-c_8)(\mathrm{e}^{\bar{s}_1}-\mathrm{e}^{-\bar{s}_1})=0 \tag{3-39}$$

方程(3-36)在 $\bar{z}=1$ 处,有

$$\bar{s}_1(c_5\mathrm{e}^{\bar{s}_1}-c_6\mathrm{e}^{-\bar{s}_1})-\mathrm{i}\bar{k}_y(c_7\mathrm{e}^{\bar{s}_1}+c_8\mathrm{e}^{-\bar{s}_1})=-2\mathrm{i}\bar{k}_y\bar{\xi}_0(\bar{\omega}+\mathrm{i}\bar{k}_x) \tag{3-40}$$

在 $\bar{z}=-1$ 处,有

$$\bar{s}_1(c_5\mathrm{e}^{-\bar{s}_1}-c_6\mathrm{e}^{\bar{s}_1})-\mathrm{i}\bar{k}_y(c_7\mathrm{e}^{-\bar{s}_1}+c_8\mathrm{e}^{\bar{s}_1})=-2\mathrm{i}\bar{k}_y\bar{\xi}_0(\bar{\omega}+\mathrm{i}\bar{k}_x) \tag{3-41}$$

方程(3-40)减去方程(3-41),再乘以 $\mathrm{i}\bar{k}_y$,得

$$\mathrm{i}\bar{k}_y\bar{s}_1(c_5+c_6)(\mathrm{e}^{\bar{s}_1}-\mathrm{e}^{-\bar{s}_1})+\bar{k}_y^2(c_7-c_8)(\mathrm{e}^{\bar{s}_1}-\mathrm{e}^{-\bar{s}_1})=0 \tag{3-42}$$

方程(3-39)减去方程(3-42),并将方程(3-15)代入,得

$$Re_1(\omega+\mathrm{i}\bar{k}_x)(c_7-c_8)(\mathrm{e}^{\bar{s}_1}-\mathrm{e}^{-\bar{s}_1})=0 \tag{3-43}$$

由方程(3-43)可得

$$c_7=c_8 \tag{3-44}$$

将方程(3-44)代入方程(3-42),得

$$c_5=-c_6 \tag{3-45}$$

将方程(3-44)和方程(3-45)代入方程(3-40),得

$$c_5=c_7\frac{\mathrm{i}\bar{k}_y}{\bar{s}_1}-\bar{\xi}_0\frac{\mathrm{i}\bar{k}_y(\bar{\omega}+\mathrm{i}\bar{k}_x)}{\bar{s}_1\cosh(\bar{s}_1)} \tag{3-46}$$

将方程(3-44)～方程(3-46)代入方程(3-37)，得

$$c_7 = c_8 = -\bar{\xi}_0 \frac{\bar{k}_{xy}^2}{Re_1 \cosh(\bar{s}_1)} \tag{3-47}$$

将方程(3-47)代入方程(3-46)，得

$$c_5 = -\bar{\xi}_0 \frac{\mathrm{i}\bar{k}_y \bar{s}_1^2}{\bar{s}_1 Re_1 \cosh(\bar{s}_1)} \tag{3-48}$$

将方程(3-48)代入方程(3-45)，得

$$c_6 = \bar{\xi}_0 \frac{\mathrm{i}\bar{k}_y \bar{s}_1^2}{\bar{s}_1 Re_1 \cosh(\bar{s}_1)} \tag{3-49}$$

方程(3-30)在 $\bar{z}=1$ 处，有

$$c_7 \mathrm{e}^{\bar{s}_1} + c_8 \mathrm{e}^{-\bar{s}_1} - \frac{\bar{k}_{xy} Eu_1}{\bar{\omega} + \mathrm{i}\bar{k}_x}(c_1 \mathrm{e}^{\bar{k}_{xy}} - c_2 \mathrm{e}^{-\bar{k}_{xy}}) = \bar{\xi}_0(\bar{\omega} + \mathrm{i}\bar{k}_x) \tag{3-50}$$

在 $\bar{z}=-1$ 处，有

$$c_7 \mathrm{e}^{-\bar{s}_1} + c_8 \mathrm{e}^{\bar{s}_1} - \frac{\bar{k}_{xy} Eu_1}{\bar{\omega} + \mathrm{i}\bar{k}_x}(c_1 \mathrm{e}^{-\bar{k}_{xy}} - c_2 \mathrm{e}^{\bar{k}_{xy}}) = \bar{\xi}_0(\bar{\omega} + \mathrm{i}\bar{k}_x) \tag{3-51}$$

方程(3-50)减去方程(3-51)，得

$$-\frac{\bar{k}_{xy} Eu_1}{\bar{\omega} + \mathrm{i}\bar{k}_x}(c_2 + c_1)(\mathrm{e}^{\bar{k}_{xy}} - \mathrm{e}^{-\bar{k}_{xy}}) + (c_7 - c_8)(\mathrm{e}^{\bar{s}_1} - \mathrm{e}^{-\bar{s}_1}) = 0 \tag{3-52}$$

方程(3-50)加上方程(3-51)，得

$$\frac{\bar{k}_{xy} Eu_1}{\bar{\omega} + \mathrm{i}\bar{k}_x}(c_2 - c_1)(\mathrm{e}^{\bar{k}_{xy}} + \mathrm{e}^{-\bar{k}_{xy}}) + (c_7 + c_8)(\mathrm{e}^{\bar{s}_1} + \mathrm{e}^{-\bar{s}_1}) = 2\bar{\xi}_0(\bar{\omega} + \mathrm{i}\bar{k}_x) \tag{3-53}$$

将方程(3-47)代入方程(3-52)，得

$$c_1 = -c_2 \tag{3-54}$$

将方程(3-47)代入方程(3-53)，得

$$c_2 - c_1 = \bar{\xi}_0 \frac{\bar{s}_1^4 - \bar{k}_{xy}^4}{\bar{k}_{xy} Re_1^2 Eu_1 \cosh(\bar{k}_{xy})} \tag{3-55}$$

将方程(3-54)代入方程(3-55)，得

$$c_1 = -\bar{\xi}_0 \frac{\bar{s}_1^4 - \bar{k}_{xy}^4}{2\bar{k}_{xy} Re_1^2 Eu_1 \cosh(\bar{k}_{xy})} \tag{3-56}$$

$$c_2 = \bar{\xi}_0 \frac{\bar{s}_1^4 - \bar{k}_{xy}^4}{2\bar{k}_{xy} Re_1^2 Eu_1 \cosh(\bar{k}_{xy})} \tag{3-57}$$

至此，反对称波形液相流动微分方程的积分常数就解出来了，将积分常数 c_1、c_2、c_5、c_6、c_7、c_8 代入扰动速度的通解式(3-26)、式(3-23)和式(3-24)，即可得到反对称波形扰动速度 $\bar{u}_1$、$\bar{v}_1$、$\bar{w}_1$ 的特解。

$$\bar{u}_1=\bar{\xi}_0\frac{\mathrm{i}\bar{k}_x}{Re_1}\left[\frac{(\bar{s}_1^2+\bar{k}_{xy}^2)\sinh(\bar{k}_{xy}\bar{z})}{\bar{k}_{xy}\cosh(\bar{k}_{xy})}-\frac{2\bar{s}_1\sinh(\bar{s}_1\bar{z})}{\cosh(\bar{s}_1)}\right]\exp(\bar{\omega}\bar{t}+\mathrm{i}\bar{k}_x\bar{x}+\mathrm{i}\bar{k}_y\bar{y}) \tag{3-58}$$

$$\bar{v}_1=\bar{\xi}_0\frac{\mathrm{i}\bar{k}_y}{Re_1}\left[\frac{(\bar{s}_1^2+\bar{k}_{xy}^2)\sinh(\bar{k}_{xy}\bar{z})}{\bar{k}_{xy}\cosh(\bar{k}_{xy})}-\frac{2\bar{s}_1\sinh(\bar{s}_1\bar{z})}{\cosh(\bar{s}_1)}\right]\exp(\bar{\omega}\bar{t}+\mathrm{i}\bar{k}_x\bar{x}+\mathrm{i}\bar{k}_y\bar{y}) \tag{3-59}$$

$$\bar{w}_1=\bar{\xi}_0\frac{1}{Re_1}\left[\frac{(\bar{s}_1^2+\bar{k}_{xy}^2)\cosh(\bar{k}_{xy}\bar{z})}{\cosh(\bar{k}_{xy})}-\frac{2\bar{k}_{xy}^2\cosh(\bar{s}_1\bar{z})}{\cosh(\bar{s}_1)}\right]\exp(\bar{\omega}\bar{t}+\mathrm{i}\bar{k}_x\bar{x}+\mathrm{i}\bar{k}_y\bar{y}) \tag{3-60}$$

将积分常数 c_1、c_2 分别代入液相扰动压力的通解式(3-8)就可得到反对称波形扰动压力的特解。

$$\bar{p}_1=-\bar{\xi}_0\frac{(\bar{s}_1^4-\bar{k}_{xy}^4)\sinh(\bar{k}_{xy}\bar{z})}{\bar{k}_{xy}Re_1^2Eu_1\cosh(\bar{k}_{xy})}\exp(\bar{\omega}\bar{t}+\mathrm{i}\bar{k}_x\bar{x}+\mathrm{i}\bar{k}_y\bar{y}) \tag{3-61}$$

3.1.3.2 正对称波形液相流动微分方程的特解

将方程(3-24)代入液相运动学边界条件式(2-178)，上下气液交界面的扰动振幅 $\bar{\xi}_2=-\bar{\xi}_1$。有

$$-\frac{\bar{k}_{xy}Eu_1}{\bar{\omega}+\mathrm{i}\bar{k}_x}(c_1e^{\bar{k}_{xy}\bar{z}}-c_2e^{-\bar{k}_{xy}\bar{z}})+c_7e^{\bar{s}_1\bar{z}}+c_8e^{-\bar{s}_1\bar{z}}=(-1)^{j+1}\bar{\xi}_0(\bar{\omega}+\mathrm{i}\bar{k}_x) \tag{3-62}$$

将方程(3-26)和方程(3-24)代入液相附加边界条件式(2-227)，可得方程(3-31)。将方程(3-23)和方程(3-24)代入液相附加边界条件式(2-228)，可得方程(3-32)。方程(3-62)分别乘以 $2\mathrm{i}\bar{k}_x$、$2\mathrm{i}\bar{k}_y$，得

$$-\frac{2\mathrm{i}\bar{k}_x\bar{k}_{xy}Eu_1}{\bar{\omega}+\mathrm{i}\bar{k}_x}(c_1e^{\bar{k}_{xy}\bar{z}}-c_2e^{-\bar{k}_{xy}\bar{z}})+2\mathrm{i}\bar{k}_x(c_7e^{\bar{s}_1\bar{z}}+c_8e^{-\bar{s}_1\bar{z}})$$
$$=(-1)^{j+1}2\mathrm{i}\bar{k}_x\bar{\xi}_0(\bar{\omega}+\mathrm{i}\bar{k}_x) \tag{3-63}$$

$$-\frac{2\mathrm{i}\bar{k}_y\bar{k}_{xy}Eu_1}{\bar{\omega}+\mathrm{i}\bar{k}_x}(c_1e^{\bar{k}_{xy}\bar{z}}-c_2e^{-\bar{k}_{xy}\bar{z}})+2\mathrm{i}\bar{k}_y(c_7e^{\bar{s}_1\bar{z}}+c_8e^{-\bar{s}_1\bar{z}})$$
$$=(-1)^{j+1}2\mathrm{i}\bar{k}_y\bar{\xi}_0(\bar{\omega}+\mathrm{i}\bar{k}_x) \tag{3-64}$$

方程(3-31)加上方程(3-63)，得

$$\mathrm{i}\bar{k}_y\bar{s}_1(c_5e^{\bar{s}_1\bar{z}}-c_6e^{-\bar{s}_1\bar{z}})+(\bar{s}_1^2-\bar{k}_x^2)(c_7e^{\bar{s}_1\bar{z}}+c_8e^{-\bar{s}_1\bar{z}})$$
$$=(-1)^j2\bar{k}_x^2\bar{\xi}_0(\bar{\omega}+\mathrm{i}\bar{k}_x) \tag{3-65}$$

方程(3-32)减去方程(3-64)，得

$$\bar{s}_1(c_5e^{\bar{s}_1\bar{z}}-c_6e^{-\bar{s}_1\bar{z}})-\mathrm{i}\bar{k}_y(c_7e^{\bar{s}_1\bar{z}}+c_8e^{-\bar{s}_1\bar{z}})=(-1)^j2\mathrm{i}\bar{k}_y\bar{\xi}_0(\bar{\omega}+\mathrm{i}\bar{k}_x) \tag{3-66}$$

方程(3-65)在 $\bar{z}=1$ 处，可得方程(3-37)。在 $\bar{z}=-1$ 处，有

$$\mathrm{i}\bar{k}_y\bar{s}_1(c_5\mathrm{e}^{-\bar{s}_1}-c_6\mathrm{e}^{\bar{s}_1})+(\bar{s}_1^2-\bar{k}_x^2)(c_7\mathrm{e}^{-\bar{s}_1}+c_8\mathrm{e}^{\bar{s}_1})=2\bar{k}_x^2\bar{\xi}_0(\bar{\omega}+\mathrm{i}\bar{k}_x) \tag{3-67}$$

方程(3-37)加上方程(3-67)，得

$$\mathrm{i}\bar{k}_y\bar{s}_1(c_5-c_6)(\mathrm{e}^{\bar{s}_1}+\mathrm{e}^{-\bar{s}_1})+(\bar{s}_1^2-\bar{k}_x^2)(c_7+c_8)(\mathrm{e}^{\bar{s}_1}+\mathrm{e}^{-\bar{s}_1})=0 \tag{3-68}$$

方程(3-66)在 $\bar{z}=1$ 处，可得方程(3-40)。在 $\bar{z}=-1$ 处，有

$$\bar{s}_1(c_5\mathrm{e}^{-\bar{s}_1}-c_6\mathrm{e}^{\bar{s}_1})-\mathrm{i}\bar{k}_y(c_7\mathrm{e}^{-\bar{s}_1}+c_8\mathrm{e}^{\bar{s}_1})=2\mathrm{i}\bar{k}_y\bar{\xi}_0(\bar{\omega}+\mathrm{i}\bar{k}_x) \tag{3-69}$$

方程(3-40)加上方程(3-69)，再乘以 $\mathrm{i}\bar{k}_y$，得

$$\mathrm{i}\bar{k}_y\bar{s}_1(c_5-c_6)(\mathrm{e}^{\bar{s}_1}+\mathrm{e}^{-\bar{s}_1})+\bar{k}_y^2(c_7+c_8)(\mathrm{e}^{\bar{s}_1}+\mathrm{e}^{-\bar{s}_1})=0 \tag{3-70}$$

方程(3-39)减去方程(3-70)，并将方程(3-15)代入，得

$$Re_1(\omega+\mathrm{i}\bar{k}_x)(c_7+c_8)(\mathrm{e}^{\bar{s}_1}+\mathrm{e}^{-\bar{s}_1})=0 \tag{3-71}$$

由方程(3-71)，得

$$c_7=-c_8 \tag{3-72}$$

将方程(3-72)代入方程(3-70)，得

$$c_5=c_6 \tag{3-73}$$

将方程(3-72)和方程(3-73)代入方程(3-40)，得

$$c_5=c_7\frac{\mathrm{i}\bar{k}_y}{\bar{s}_1}-\bar{\xi}_0\frac{\mathrm{i}\bar{k}_y(\bar{\omega}+\mathrm{i}\bar{k}_x)}{\bar{s}_1\sinh(\bar{s}_1)} \tag{3-74}$$

将方程(3-72)～方程(3-74)代入方程(3-37)，得

$$c_7=-c_8=-\bar{\xi}_0\frac{\bar{k}_{xy}^2}{Re_1\sinh(\bar{s}_1)} \tag{3-75}$$

将方程(3-75)代入方程(3-74)，得

$$c_5=c_6=-\bar{\xi}_0\frac{\mathrm{i}\bar{k}_y\bar{s}_1}{Re_1\sinh(\bar{s}_1)} \tag{3-76}$$

方程(3-62)在 $\bar{z}=1$ 处，可得方程(3-50)。在 $\bar{z}=-1$ 处，有

$$-\frac{\bar{k}_{xy}Eu_1}{\bar{\omega}+\mathrm{i}\bar{k}_x}(c_1\mathrm{e}^{-\bar{k}_{xy}}-c_2\mathrm{e}^{\bar{k}_{xy}})+c_7\mathrm{e}^{-\bar{s}_1}+c_8\mathrm{e}^{\bar{s}_1}=-\bar{\xi}_0(\bar{\omega}+\mathrm{i}\bar{k}_x) \tag{3-77}$$

方程(3-50)加上方程(3-77)，得

$$-\frac{\bar{k}_{xy}Eu_1}{\bar{\omega}+\mathrm{i}\bar{k}_x}(c_1-c_2)(\mathrm{e}^{\bar{k}_{xy}}+\mathrm{e}^{-\bar{k}_{xy}})+(c_7+c_8)(\mathrm{e}^{\bar{s}_1}+\mathrm{e}^{-\bar{s}_1})=0 \tag{3-78}$$

方程(3-50)减去方程(3-77)，得

$$-\frac{\bar{k}_{xy}Eu_1}{\bar{\omega}+\mathrm{i}\bar{k}_x}(c_1+c_2)(\mathrm{e}^{\bar{k}_{xy}}-\mathrm{e}^{-\bar{k}_{xy}})+(c_7+c_8)(\mathrm{e}^{\bar{s}_1}-\mathrm{e}^{-\bar{s}_1})=2\bar{\xi}_0(\bar{\omega}+\mathrm{i}\bar{k}_x) \tag{3-79}$$

将方程(3-75)代入方程(3-78)，得

$$c_1=c_2 \tag{3-80}$$

将方程(3-75)和方程(3-80)代入方程(3-79)，得

$$c_1=c_2=-\bar{\xi}_0\ \frac{\bar{s}_1^4-\bar{k}_{xy}^4}{2\bar{k}_{xy}Re_1^2Eu_1\sinh(\bar{k}_{xy})} \tag{3-81}$$

至此，正对称波形液相流动微分方程的积分常数就解出来了，将积分常数 c_1、c_2、c_5、c_6、c_7、c_8 分别代入扰动速度的通解式(3-26)、式(3-23)和式(3-24)，即可得到正对称波形扰动速度 $\bar{u}_1$、$\bar{v}_1$、$\bar{w}_1$ 的特解。

$$\bar{u}_1=\bar{\xi}_0\ \frac{\mathrm{i}\bar{k}_x}{Re_1}\left[\frac{(\bar{s}_1^2+\bar{k}_{xy}^2)\cosh(\bar{k}_{xy}\bar{z})}{\bar{k}_{xy}\sinh(\bar{k}_{xy})}-\frac{2\bar{s}_1\cosh(\bar{s}_1\bar{z})}{\sinh(\bar{s}_1)}\right]\exp(\bar{\omega}\bar{t}+\mathrm{i}\bar{k}_x\bar{x}+\mathrm{i}\bar{k}_y\bar{y}) \tag{3-82}$$

$$\bar{v}_1=\bar{\xi}_0\ \frac{\mathrm{i}\bar{k}_y}{Re_1}\left[\frac{(\bar{s}_1^2+\bar{k}_{xy}^2)\cosh(\bar{k}_{xy}\bar{z})}{\bar{k}_{xy}\sinh(\bar{k}_{xy})}-\frac{2\bar{s}_1\cosh(\bar{s}_1\bar{z})}{\sinh(\bar{s}_1)}\right]\exp(\bar{\omega}\bar{t}+\mathrm{i}\bar{k}_x\bar{x}+\mathrm{i}\bar{k}_y\bar{y}) \tag{3-83}$$

$$\bar{w}_1=\bar{\xi}_0\ \frac{1}{Re_1}\left[\frac{(\bar{s}_1^2+\bar{k}_{xy}^2)\sinh(\bar{k}_{xy}\bar{z})}{2\sinh(\bar{k}_{xy})}-\frac{2\bar{k}_{xy}^2\sinh(\bar{s}_1\bar{z})}{\sinh(\bar{s}_1)}\right]\exp(\bar{\omega}\bar{t}+\mathrm{i}\bar{k}_x\bar{x}+\mathrm{i}\bar{k}_y\bar{y}) \tag{3-84}$$

将积分常数 c_1、c_2 分别代入液相扰动压力的通解式(3-8)就可得到正对称波形扰动压力的特解。

$$\bar{p}_1=-\bar{\xi}_0\ \frac{(\bar{s}_1^4-\bar{k}_{xy}^4)\cosh(\bar{k}_{xy}\bar{z})}{\bar{k}_{xy}Re_1^2Eu_1\sinh(\bar{k}_{xy})}\exp(\bar{\omega}\bar{t}+\mathrm{i}\bar{k}_x\bar{x}+\mathrm{i}\bar{k}_y\bar{y}) \tag{3-85}$$

将液相瑞利-泰勒波正/反对称波形扰动速度和扰动压力的特解去掉泰勒波之后与瑞利波的特解进行对比验证，两者完全相同，证明瑞利-泰勒波扰动速度和扰动压力特解的推导过程是正确的。

3.1.4 平面液膜瑞利-泰勒波气相微分方程的建立

将三维扰动气相动量守恒方程(2-9)线性化、量纲一化并进行黏性项简化，得

$$\left(\frac{\partial}{\partial\bar{t}}+\bar{U}_j\ \frac{\partial}{\partial\bar{x}}+\bar{W}_j\ \frac{\partial}{\partial\bar{z}}\right)\boldsymbol{u}_{gj}=-\frac{\bar{U}_j}{Ma_{xgj}^2}\nabla\bar{p}_{gj} \tag{3-86}$$

方程(3-86)两边同时点乘哈密顿算子，得

$$\left(\frac{\partial}{\partial\bar{t}}+\bar{U}_j\ \frac{\partial}{\partial\bar{x}}+\bar{W}_j\ \frac{\partial}{\partial\bar{z}}\right)\nabla\cdot\boldsymbol{u}_{gj}=-\frac{\bar{U}_j}{Ma_{xgj}^2}\Delta\bar{p}_{gj} \tag{3-87}$$

将连续性方程(2-54)代入方程(3-87)，得

$$\frac{1}{\bar{U}_j}\left(\frac{\partial}{\partial\bar{t}}+\bar{U}_j\ \frac{\partial}{\partial\bar{x}}+\bar{W}_j\ \frac{\partial}{\partial\bar{z}}\right)\left(\frac{\partial\bar{p}_{gj}}{\partial\bar{t}}+\bar{U}_j\ \frac{\partial\bar{p}_{gj}}{\partial\bar{x}}+\bar{W}_j\ \frac{\partial\bar{p}_{gj}}{\partial\bar{z}}\right)=\frac{\bar{U}_j}{Ma_{xgj}^2}\Delta\bar{p}_{gj} \tag{3-88}$$

整理方程(3-88)，得

$$\begin{aligned}&\bar{p}_{gj,\bar{t}\bar{t}}+2\bar{U}_j\bar{p}_{gj,\bar{t}\bar{x}}+2\bar{W}_j\bar{p}_{gj,\bar{t}\bar{z}}+\bar{U}_j^2\bar{p}_{gj,\bar{x}\bar{x}}+\\&2\bar{U}_j\bar{W}_j\bar{p}_{gj,\bar{x}\bar{z}}+\bar{W}_j^2\bar{p}_{gj,\bar{z}\bar{z}}=\frac{\bar{U}_j^2}{Ma_{xgj}^2}\Delta\bar{p}_{gj}\end{aligned} \tag{3-89}$$

将方程(3-89)中的拉普拉斯算子展开，得

$$\bar{p}_{gj,\bar{t}\bar{t}} + 2\bar{U}_j\bar{p}_{gj,\bar{x}\bar{t}} + 2\bar{W}_j\bar{p}_{gj,\bar{t}\bar{z}} + \left(\bar{U}_j^2 - \frac{\bar{U}_j^2}{Ma_{xgj}^2}\right)\bar{p}_{gj,\bar{x}\bar{x}} + \\ 2\bar{U}_j\bar{W}_j\bar{p}_{gj,\bar{x}\bar{z}} - \frac{\bar{U}_j^2}{Ma_{xgj}^2}\bar{p}_{gj,\bar{y}\bar{y}} + \left(\bar{W}_j^2 - \frac{\bar{U}_j^2}{Ma_{xgj}^2}\right)\bar{p}_{gj,\bar{z}\bar{z}} = 0 \tag{3-90}$$

根据方程(1-104)，气相扰动压力为

$$\bar{p}_{gj} = \bar{p}_{gj}(\bar{z})\exp(\bar{\omega}\bar{t} + \mathrm{i}\bar{k}_x\bar{x} + \mathrm{i}\bar{k}_y\bar{y}) \tag{3-91}$$

将方程(3-91)代入方程(3-90)，得

$$\frac{(\bar{W}_j^2 Ma_{xgj}^2 - \bar{U}_j^2)}{Ma_{xgj}^2}\bar{p}_{gj}(\bar{z})_{,\bar{z}\bar{z}} + (2\bar{\omega}\bar{W}_j + 2\mathrm{i}\bar{k}_x\bar{U}_j\bar{W}_j)\bar{p}_{gj}(\bar{z})_{,\bar{z}} + \\ \left[\bar{\omega}^2 + 2\mathrm{i}\bar{k}_x\bar{\omega}\bar{U}_j + \frac{\bar{k}_y^2\bar{U}_j^2}{Ma_{xgj}^2} - \frac{\bar{k}_x^2\bar{U}_j^2(Ma_{xgj}^2 - 1)}{Ma_{xgj}^2}\right]\bar{p}_{gj}(\bar{z}) = 0 \tag{3-92}$$

整理方程(3-92)，得

$$\bar{p}_{gj}(\bar{z})_{,\bar{z}\bar{z}} + \frac{Ma_{xgj}^2}{\bar{U}_j^2(Ma_{zgj}^2 - 1)}(2\bar{\omega}\bar{W}_j + 2\mathrm{i}\bar{k}_x\bar{U}_j\bar{W}_j)\bar{p}_{gj}(\bar{z})_{,\bar{z}} + \\ \frac{Ma_{xgj}^2}{\bar{U}_j^2(Ma_{zgj}^2 - 1)}\left[\bar{\omega}^2 + 2\mathrm{i}\bar{k}_x\bar{\omega}\bar{U}_j + \frac{\bar{k}_y^2\bar{U}_j^2}{Ma_{xgj}^2} - \frac{\bar{k}_x^2\bar{U}_j^2(Ma_{xgj}^2 - 1)}{Ma_{xgj}^2}\right]\bar{p}_{gj}(\bar{z}) = 0 \tag{3-93}$$

化简方程(3-93)，得

$$\bar{p}_{gj}(\bar{z})_{,\bar{z}\bar{z}} + \frac{2Ma_{xgj}Ma_{zgj}}{(Ma_{zgj}^2 - 1)\bar{U}_j}(\bar{\omega} + \mathrm{i}\bar{k}_x\bar{U}_j)\bar{p}_{gj}(\bar{z})_{,\bar{z}} + \\ \frac{1}{Ma_{zgj}^2 - 1}\left[\frac{Ma_{xgj}^2}{\bar{U}_j^2}(\bar{\omega} + \mathrm{i}\bar{k}_x\bar{U}_j)^2 + \bar{k}_{xy}^2\right]\bar{p}_{gj}(\bar{z}) = 0 \tag{3-94}$$

3.1.5　平面液膜瑞利-泰勒波上气液交界面气相微分方程的求解

3.1.5.1　上气液交界面气相微分方程的通解

如果上气液交界面的横向气流基流速度 $W_{g1} \neq 0$，则意味着平面液膜已经碎裂。因此，在 $j=1$ 的上气液交界面处，$U_{g1} \neq 0$，$W_{g1}=0$，在上气液交界面上，方程(3-94)可以写为

$$\bar{p}_{g1}(\bar{z})_{,\bar{z}\bar{z}} - \left[\frac{Ma_{xg1}^2}{\bar{U}_1^2}(\bar{\omega} + \mathrm{i}\bar{k}_x\bar{U}_1)^2 + \bar{k}_{xy}^2\right]\bar{p}_{g1}(\bar{z}) = 0 \tag{3-95}$$

定义

$$\bar{s}_{g1}^2 = \frac{Ma_{xg1}^2}{\bar{U}_1^2}(\bar{\omega} + \mathrm{i}\bar{k}_x\bar{U}_1)^2 + \bar{k}_{xy}^2 \tag{3-96}$$

解二阶齐次微分方程(3-95)，得

$$\bar{p}_{g1}(\bar{z}) = c_9\exp(\bar{s}_{g1}\bar{z}) + c_{10}\exp(-\bar{s}_{g1}\bar{z}) \tag{3-97}$$

式中，c_9、c_{10} 为微分方程(3-95)的积分常数。则平面液膜瑞利-泰勒波气相微分方程上气液

交界面扰动压力的通解为

$$\bar{p}_{g1}=[c_9\exp(\bar{s}_{g1}\bar{z})+c_{10}\exp(-\bar{s}_{g1}\bar{z})]\exp(\bar{\omega}\bar{t}+\mathrm{i}\bar{k}_x\bar{x}+\mathrm{i}\bar{k}_y\bar{y}) \tag{3-98}$$

根据方程(1-104)，有

$$\bar{w}_{gj}=\bar{w}_{gj}(\bar{z})\exp(\bar{\omega}\bar{t}+\mathrm{i}\bar{k}_x\bar{x}+\mathrm{i}\bar{k}_y\bar{y}) \tag{3-99}$$

将方程(3-98)和方程(3-99)代入动量方程(2-51)，得

$$(\bar{\omega}+\mathrm{i}\bar{k}_x\bar{U}_1)\bar{w}_{g1}(\bar{z})=-\frac{\bar{s}_{g1}\bar{U}_1}{Ma_{xg1}^2}[c_9\exp(\bar{s}_{g1}\bar{z})-c_{10}\exp(-\bar{s}_{g1}\bar{z})] \tag{3-100}$$

解方程(3-100)，得

$$\bar{w}_{g1}(\bar{z})=-\frac{\bar{s}_{g1}\bar{U}_1(c_9\mathrm{e}^{\bar{s}_{g1}\bar{z}}-c_{10}\mathrm{e}^{-\bar{s}_{g1}\bar{z}})}{Ma_{xg1}^2(\bar{\omega}+\mathrm{i}\bar{k}_x\bar{U}_1)} \tag{3-101}$$

上气液交界面扰动速度的通解为

$$\bar{w}_{g1}=-\frac{\bar{s}_{g1}\bar{U}_1(c_9\mathrm{e}^{\bar{s}_{g1}\bar{z}}-c_{10}\mathrm{e}^{-\bar{s}_{g1}\bar{z}})}{Ma_{xg1}^2(\bar{\omega}+\mathrm{i}\bar{k}_x\bar{U}_1)}\exp(\bar{\omega}\bar{t}+\mathrm{i}\bar{k}_x\bar{x}+\mathrm{i}\bar{k}_y\bar{y}) \tag{3-102}$$

3.1.5.2 上气液交界面气相微分方程的特解

将气相附加边界条件式(2-232)代入方程(3-102)，得

$$-\frac{\bar{s}_{g1}\bar{U}_1(c_9\mathrm{e}^{\bar{s}_{g1}\bar{z}}-0)}{Ma_{xg1}^2(\bar{\omega}+\mathrm{i}\bar{k}_x\bar{U}_1)}\exp(\bar{\omega}\bar{t}+\mathrm{i}\bar{k}_x\bar{x}+\mathrm{i}\bar{k}_y\bar{y})=0 \tag{3-103}$$

根据方程(3-103)，有

$$c_9=0 \tag{3-104}$$

将气相运动学边界条件式(2-180)和方程(3-104)代入方程(3-102)，得

$$c_{10}=\bar{\xi}_0\frac{Ma_{xg1}^2(\bar{\omega}+\mathrm{i}\bar{k}_x\bar{U}_1)^2}{\bar{s}_{g1}\bar{U}_1^2\mathrm{e}^{-\bar{s}_{g1}}} \tag{3-105}$$

将解得的积分常数 c_9、c_{10} 代入扰动速度的通解式(3-102)，即可得到正对称波形上气液交界面扰动速度 $\bar{w}_{g1}$ 的特解。

$$\bar{w}_{g1}=\bar{\xi}_0\frac{(\bar{\omega}+\mathrm{i}\bar{k}_x\bar{U}_1)}{\bar{U}_1}\exp(\bar{\omega}\bar{t}+\mathrm{i}\bar{k}_x\bar{x}+\mathrm{i}\bar{k}_y\bar{y}) \tag{3-106}$$

将积分常数 c_9、c_{10} 代入上气液交界面扰动压力的通解式(3-98)就可得到正对称波形上气液交界面扰动压力的特解。

$$\bar{p}_{g1}=\bar{\xi}_0\frac{Ma_{xg1}^2(\bar{\omega}+\mathrm{i}\bar{k}_x\bar{U}_1)^2}{\bar{s}_{g1}\bar{U}_1^2}\exp(\bar{\omega}\bar{t}+\mathrm{i}\bar{k}_x\bar{x}+\mathrm{i}\bar{k}_y\bar{y}) \tag{3-107}$$

3.1.6 平面液膜瑞利-泰勒波下气液交界面气相微分方程的求解

3.1.6.1 下气液交界面气相微分方程的通解

在 $j=2$ 的下气液交界面处 $U_{g2}\neq0$，$W_{g2}\neq0$，故在下气液交界面上，方程(3-94)可以

写为

$$\bar{p}_{g2}(\bar{z})_{,\bar{z}\bar{z}}+\frac{2Ma_{xg2}Ma_{zg2}(\bar{\omega}+i\bar{k}_x\bar{U}_2)}{(Ma_{zg2}^2-1)\bar{U}_2}\bar{p}_{g2}(\bar{z})_{,\bar{z}}+\frac{1}{Ma_{zg2}^2-1}\left[\frac{Ma_{xg2}^2(\bar{\omega}+i\bar{k}_x\bar{U}_2)^2}{\bar{U}_2^2}+\bar{k}_{xy}^2\right]\bar{p}_{g2}(\bar{z})=0 \tag{3-108}$$

定义

$$\bar{s}_{g2}=\bar{\omega}+i\bar{k}_x\bar{U}_2 \tag{3-109}$$

则方程(3-108)的特征方程可以写为

$$\bar{b}^2+\frac{2Ma_{xg2}Ma_{zg2}\bar{s}_{g2}}{(Ma_{zg2}^2-1)\bar{U}_2}\bar{b}+\frac{1}{Ma_{zg2}^2-1}\left(\bar{k}_{xy}^2+\frac{Ma_{xg2}^2\bar{s}_{g2}^2}{\bar{U}_2^2}\right)=0 \tag{3-110}$$

解方程(3-110)，可得

$$\bar{b}_{1,2}=\frac{-Ma_{xg2}Ma_{zg2}\bar{s}_{g2}\pm\sqrt{Ma_{xg2}^2\bar{s}_{g2}^2+\bar{k}_{xy}^2\bar{U}_2^2(1-Ma_{zg2}^2)}}{(Ma_{zg2}^2-1)\bar{U}_2} \tag{3-111}$$

通常，$Ma_{zg2}\leqslant 1$，所以 $Ma_{xg2}^2\bar{s}_{g2}^2+\bar{k}_{xy}^2\bar{U}_2^2(1-Ma_{zg2}^2)>0$，故

$$\bar{b}_1=\frac{Ma_{xg2}Ma_{zg2}\bar{s}_{g2}-\sqrt{Ma_{xg2}^2\bar{s}_{g2}^2+\bar{k}_{xy}^2\bar{U}_2^2(1-Ma_{zg2}^2)}}{(1-Ma_{zg2}^2)\bar{U}_2} \tag{3-112}$$

$$\bar{b}_2=\frac{Ma_{xg2}Ma_{zg2}\bar{s}_{g2}+\sqrt{Ma_{xg2}^2\bar{s}_{g2}^2+\bar{k}_{xy}^2\bar{U}_2^2(1-Ma_{zg2}^2)}}{(1-Ma_{zg2}^2)\bar{U}_2} \tag{3-113}$$

当 $Ma_{zg2}\leqslant 1$ 时，$\sqrt{Ma_{xg2}^2\bar{s}_{g2}^2+\bar{k}_{xy}^2\bar{U}_2^2(1-Ma_{zg2}^2)}>Ma_{xg2}\bar{s}_{g2}>Ma_{xg2}Ma_{zg2}\bar{s}_{g2}$，则 $\bar{b}_1<0$，$\bar{b}_2>0$。

解二阶齐次微分方程(3-108)，得

$$\bar{p}_{g2}(\bar{z})=c_{11}\exp(\bar{b}_1\bar{z})+c_{12}\exp(\bar{b}_2\bar{z}) \tag{3-114}$$

式中，c_{11}、c_{12} 为微分方程(3-108)的积分常数。则平面液膜瑞利-泰勒波气相微分方程下气液交界面扰动压力的通解为

$$\bar{p}_{g2}=[c_{11}\exp(\bar{b}_1\bar{z})+c_{12}\exp(\bar{b}_2\bar{z})]\exp(\bar{\omega}\bar{t}+i\bar{k}_x\bar{x}+i\bar{k}_y\bar{y}) \tag{3-115}$$

将方程(3-99)和方程(3-115)代入动量守恒方程(2-51)，得

$$\bar{w}_{g2}(\bar{z})_{,\bar{z}}+\frac{(\bar{\omega}+i\bar{k}_x\bar{U}_2)}{\bar{W}_2}\bar{w}_{g2}(\bar{z})=-\frac{\bar{U}_2}{\bar{W}_2Ma_{xg2}^2}(c_{11}\bar{b}_1e^{\bar{b}_1\bar{z}}+c_{12}\bar{b}_2e^{\bar{b}_2\bar{z}}) \tag{3-116}$$

将方程(3-109)代入方程(3-116)，得

$$\bar{w}_{g2}(\bar{z})_{,\bar{z}}+\frac{\bar{s}_{g2}}{\bar{W}_2}\bar{w}_{g2}(\bar{z})=-\frac{\bar{U}_2}{\bar{W}_2Ma_{xg2}^2}(c_{11}\bar{b}_1e^{\bar{b}_1\bar{z}}+c_{12}\bar{b}_2e^{\bar{b}_2\bar{z}}) \tag{3-117}$$

根据非齐次线性微分方程 $y_{,x}+p(x)y=q(x)$ 的通解方程 $y=e^{-\int p(x)dx}\left[\int q(x)e^{\int p(x)dx}dx+c\right]$[106]，解非齐次一阶微分方程(3-117)，得

$$\bar{w}_{g2}(\bar{z})=\exp\left(-\int\frac{\bar{s}_{g2}}{\bar{W}_2}\mathrm{d}\bar{z}\right)\left[-\int\frac{\bar{U}_2}{\bar{W}_2 Ma_{xg2}^2}(c_{11}\bar{b}_1\mathrm{e}^{\bar{b}_1\bar{z}}+c_{12}\bar{b}_2\mathrm{e}^{\bar{b}_2\bar{z}})\exp\left(\int\frac{\bar{s}_{g2}}{\bar{W}_2}\mathrm{d}\bar{z}\right)\mathrm{d}\bar{z}\right]$$

$$=\exp\left(-\frac{\bar{s}_{g2}\bar{z}}{\bar{W}_2}\right)\left[-\frac{\bar{U}_2}{\bar{W}_2 Ma_{xg2}^2}\int(c_{11}\bar{b}_1\mathrm{e}^{\bar{b}_1\bar{z}}+c_{12}\bar{b}_2\mathrm{e}^{\bar{b}_2\bar{z}})\exp\left(\frac{\bar{s}_{g2}\bar{z}}{\bar{W}_2}\right)\mathrm{d}\bar{z}+c_{13}\right]$$

$$=\exp\left(-\frac{\bar{s}_{g2}\bar{z}}{\bar{W}_2}\right)\left\{-\frac{\bar{U}_2}{\bar{W}_2 Ma_{xg2}^2}\left[\frac{c_{11}\bar{b}_1}{\left(\bar{b}_1+\frac{\bar{s}_{g2}}{\bar{W}_2}\right)}\exp\left(\bar{b}_1\bar{z}+\frac{\bar{s}_{g2}\bar{z}}{\bar{W}_2}\right)+\right.\right.$$

$$\left.\left.\frac{c_{12}\bar{b}_2}{\left(\bar{b}_2+\frac{\bar{s}_{g2}}{\bar{W}_2}\right)}\exp\left(\bar{b}_2\bar{z}+\frac{\bar{s}_{g2}\bar{z}}{\bar{W}_2}\right)\right]+c_{13}\right\}$$

$$=-\frac{\bar{U}_2}{\bar{W}_2 Ma_{xg2}^2}\left[\frac{c_{11}\bar{b}_1\mathrm{e}^{\bar{b}_1\bar{z}}}{\left(\bar{b}_1+\frac{\bar{s}_{g2}}{\bar{W}_2}\right)}+\frac{c_{12}\bar{b}_2\mathrm{e}^{\bar{b}_2\bar{z}}}{\left(\bar{b}_2+\frac{\bar{s}_{g2}}{\bar{W}_2}\right)}\right]+c_{13}\exp\left(-\frac{\bar{s}_{g2}\bar{z}}{\bar{W}_2}\right)\tag{3-118}$$

则下气液交界面扰动速度的通解为

$$\bar{w}_{g2}=\left\{-\frac{\bar{U}_2}{\bar{W}_2 Ma_{xg2}^2}\left[\frac{c_{11}\bar{b}_1\mathrm{e}^{\bar{b}_1\bar{z}}}{\left(\bar{b}_1+\frac{\bar{s}_{g2}}{\bar{W}_2}\right)}+\frac{c_{12}\bar{b}_2\mathrm{e}^{\bar{b}_2\bar{z}}}{\left(\bar{b}_2+\frac{\bar{s}_{g2}}{\bar{W}_2}\right)}\right]+c_{13}\exp\left(-\frac{\bar{s}_{g2}\bar{z}}{\bar{W}_2}\right)\right\}\cdot$$

$$\exp(\bar{\omega}\bar{t}+\mathrm{i}\bar{k}_x\bar{x}+\mathrm{i}\bar{k}_y\bar{y})\tag{3-119}$$

3.1.6.2 下气液交界面反对称波形气相微分方程的特解

将附加边界条件式(2-232)代入方程(3-119)，在 $\bar{z}\to-\infty$ 处 $\bar{w}_{g2}=0$，有

$$-\frac{\bar{U}_2}{\bar{W}_2 Ma_{xg2}^2}\left[\frac{c_{11}\bar{b}_1\mathrm{e}^{\bar{b}_1\bar{z}}}{\left(\bar{b}_1+\frac{\bar{s}_{g2}}{\bar{W}_2}\right)}+\frac{c_{12}\bar{b}_2\mathrm{e}^{\bar{b}_2\bar{z}}}{\left(\bar{b}_2+\frac{\bar{s}_{g2}}{\bar{W}_2}\right)}\right]+c_{13}\exp\left(-\frac{\bar{s}_{g2}\bar{z}}{\bar{W}_2}\right)=0\tag{3-120}$$

因为 $\bar{b}_1<0,\bar{b}_2>0$，所以方程(3-120)可以写为

$$-\frac{\bar{U}_2}{\bar{W}_2 Ma_{xg2}^2}\frac{c_{11}\bar{b}_1\mathrm{e}^{\bar{b}_1\bar{z}}}{\left(\bar{b}_1+\frac{\bar{s}_{g2}}{\bar{W}_2}\right)}+c_{13}\exp\left(-\frac{\bar{s}_{g2}\bar{z}}{\bar{W}_2}\right)=0\tag{3-121}$$

则

$$\frac{c_{11}}{c_{13}}=\frac{\bar{W}_2 Ma_{xg2}^2\left(\bar{b}_1+\frac{\bar{s}_{g2}}{\bar{W}_2}\right)}{\bar{b}_1\bar{U}_2}\exp\left(-\bar{b}_1\bar{z}-\frac{\bar{s}_{g2}\bar{z}}{\bar{W}_2}\right)\tag{3-122}$$

又因为

$$\bar{b}_2+\frac{\bar{s}_{g2}}{\bar{W}_2}=\frac{Ma_{xg2}Ma_{zg2}\bar{s}_{g2}-\sqrt{Ma_{xg2}^2\bar{s}_{g2}^2+\bar{k}_{xy}^2\bar{U}_2^2(1-Ma_{zg2}^2)}}{(1-Ma_{zg2}^2)\bar{U}_2}+\frac{\bar{s}_{g2}}{\bar{W}_2}$$

$$=\frac{Ma_{xg2}Ma_{zg2}\bar{s}_{g2}-\sqrt{Ma_{xg2}^2\bar{s}_{g2}^2+\bar{k}_{xy}^2\bar{U}_2^2(1-Ma_{zg2}^2)}}{(1-Ma_{zg2}^2)\bar{U}_2}+\frac{Ma_{xg2}\bar{s}_{g2}}{Ma_{zg2}\bar{U}_2}$$

$$=\frac{Ma_{xg2}Ma_{zg2}^2\bar{s}_{g2}+(1-Ma_{zg2}^2)Ma_{xg2}\bar{s}_{g2}-\sqrt{Ma_{xg2}^2Ma_{zg2}^2\bar{s}_{g2}^2+\bar{k}_{xy}^2\bar{U}_2^2Ma_{zg2}^2(1-Ma_{zg2}^2)}}{(1-Ma_{zg2}^2)Ma_{zg2}\bar{U}_2}$$

$$=\frac{Ma_{xg2}\bar{s}_{g2}-\sqrt{Ma_{xg2}^2Ma_{zg2}^2\bar{s}_{g2}^2+\bar{k}_{xy}^2\bar{U}_2^2Ma_{xg2}^2(1-Ma_{zg2}^2)}}{(1-Ma_{zg2}^2)Ma_{zg2}\bar{U}_2}$$

$$<\frac{Ma_{xg2}\bar{s}_{g2}-Ma_{xg2}Ma_{zg2}\bar{s}_{g2}}{(1-Ma_{xg2}^2)Ma_{zg2}\bar{U}_2}=\frac{Ma_{xg2}\bar{s}_{g2}(1-Ma_{zg2})}{(1-Ma_{zg2}^2)Ma_{zg2}\bar{U}_2}=-\frac{Ma_{xg2}\bar{s}_{g2}}{(1+Ma_{zg2})Ma_{zg2}\bar{U}_2}<0 \tag{3-123}$$

将方程(3-123)代入方程(3-122)，得

$$c_{11}=0 \tag{3-124}$$

将方程(3-124)代入方程(3-121)，得

$$c_{13}=0 \tag{3-125}$$

将气相运动学边界条件式(2-180)、方程(3-124)和方程(3-125)代入方程(3-119)，对于反对称波形，上下气液交界面的扰动振幅 $\bar{\xi}_2=\bar{\xi}_1$。得

$$c_{12}=-\bar{\xi}_0\frac{(\bar{\omega}+\mathrm{i}\bar{k}_x\bar{U}_2)\bar{W}_2Ma_{xg2}^2}{\bar{b}_2\bar{U}_2^2}\left(\bar{b}_2+\frac{\bar{s}_{g2}}{\bar{W}_2}\right)\mathrm{e}^{\bar{b}_2} \tag{3-126}$$

至此，反对称波形气相流动微分方程的积分常数就解出来了。将积分常数 c_{11}、c_{12}、c_{13} 代入下气液交界面气相扰动速度的通解式(3-119)和气相扰动压力的通解式(3-115)，即可得到下气液交界面反对称波形气相扰动速度 $\bar{w}_{g2}$ 和气相扰动压力 $\bar{p}_{g2}$ 的特解。

$$\bar{w}_{g2}=\bar{\xi}_0\frac{(\bar{\omega}+\mathrm{i}\bar{k}_x\bar{U}_2)}{\bar{U}_2}\exp(\bar{\omega}\bar{t}+\mathrm{i}\bar{k}_x\bar{x}+\mathrm{i}\bar{k}_y\bar{y}) \tag{3-127}$$

$$\bar{p}_{g2}=-\bar{\xi}_0\frac{(\bar{\omega}+\mathrm{i}\bar{k}_x\bar{U}_2)\bar{W}_2Ma_{xg2}^2}{\bar{b}_2\bar{U}_2^2}\left(\bar{b}_2+\frac{\bar{s}_{g2}}{\bar{W}_2}\right)\exp(\bar{\omega}\bar{t}+\mathrm{i}\bar{k}_x\bar{x}+\mathrm{i}\bar{k}_y\bar{y}) \tag{3-128}$$

3.1.6.3　下气液交界面正对称波形气相微分方程的特解

正/反对称波形的附加边界条件是一样的，对于正对称波形，上下气液交界面的扰动振幅 $\bar{\xi}_2=-\bar{\xi}_1$。由方程(3-124)和方程(3-125)可知，$c_{11}=0$，$c_{13}=0$。将气相运动学边界条件式(2-180)和方程(3-124)、方程(3-125)代入方程(3-119)，得

$$c_{12}=\bar{\xi}_0\frac{(\bar{\omega}+\mathrm{i}\bar{k}_x\bar{U}_2)\bar{W}_2Ma_{xg2}^2}{\bar{b}_2\bar{U}_2^2}\left(\bar{b}_2+\frac{\bar{s}_{g2}}{\bar{W}_2}\right)\mathrm{e}^{\bar{b}_2} \tag{3-129}$$

至此，正对称波形气相流动微分方程的积分常数就解出来了。将积分常数 c_{11}、c_{12}、c_{13} 代入

下气液交界面气相扰动速度的通解式(3-119)和气相扰动压力的通解式(3-115)，即可得到下气液交界面正对称波形气相扰动速度 $\bar{w}_{g2}$ 和气相扰动压力 $\bar{p}_{g2}$ 的特解。

$$\bar{w}_{g2}=-\bar{\xi}_0\frac{(\bar{\omega}+i\bar{k}_x\bar{U}_2)}{\bar{U}_2}\exp(\bar{\omega}\bar{t}+i\bar{k}_x\bar{x}+i\bar{k}_y\bar{y}) \tag{3-130}$$

$$\bar{p}_{g2}=\bar{\xi}_0\frac{(\bar{\omega}+i\bar{k}_x\bar{U}_2)\bar{W}_2Ma_{xg2}^2}{\bar{b}_2\bar{U}_2^2}\left(\bar{b}_2+\frac{\bar{s}_{g2}}{\bar{W}_2}\right)\exp(\bar{\omega}\bar{t}+i\bar{k}_x\bar{x}+i\bar{k}_y\bar{y}) \tag{3-131}$$

将气相瑞利-泰勒波正/反对称波形扰动速度和扰动压力的特解去掉泰勒波和横向气流之后，与瑞利波的特解进行对比验证，两者完全相同，证明瑞利-泰勒波气相扰动速度和扰动压力特解的推导过程是正确的。

3.2　平面液膜瑞利-泰勒波的色散准则关系式和稳定极限

3.2.1　平面液膜瑞利-泰勒波反对称波形的色散准则关系式

对于反对称波形，上下气液交界面的扰动振幅 $\bar{\xi}_2=\bar{\xi}_1$。将方程(1-129)代入瑞利-泰勒波量纲一动力学边界条件式(2-320)，得上气液交界面($j=1$)的动力学边界条件为

$$\bar{p}_1-\bar{P}\bar{p}_{g1}-\frac{2}{Re_1Eu_1}\bar{w}_{1,\bar{z}}-\frac{\bar{\xi}_0\bar{k}_{xy}^2}{Eu_1We_1}\exp(\bar{\omega}\bar{t}+i\bar{k}_x\bar{x}+i\bar{k}_y\bar{y})=0 \tag{3-132}$$

下气液交界面($j=2$)的动力学边界条件为

$$\bar{p}_1-\bar{P}\bar{p}_{g2}-\frac{2}{Re_1Eu_1}\bar{w}_{1,\bar{z}}+\frac{\bar{\xi}_0\bar{k}_{xy}^2}{Eu_1We_1}\exp(\bar{\omega}\bar{t}+i\bar{k}_x\bar{x}+i\bar{k}_y\bar{y})=0 \tag{3-133}$$

将方程(3-60)、方程(3-61)和方程(3-107)代入方程(3-132)，在 $\bar{z}=1$ 处有

$$\begin{aligned}&-\frac{(\bar{s}_1^4-\bar{k}_{xy}^4)\tanh(\bar{k}_{xy})}{\bar{k}_{xy}Re_1^2Eu_1}-\frac{\bar{P}Ma_{xg1}^2(\bar{\omega}+i\bar{k}_x\bar{U}_1)^2}{\bar{s}_{g1}\bar{U}_1^2}-\\&\frac{2\bar{k}_{xy}}{Re_1^2Eu_1}[(\bar{s}_1^2+\bar{k}_{xy}^2)\tanh(\bar{k}_{xy})-2\bar{k}_{xy}\bar{s}_1\tanh(\bar{s}_1)]-\frac{\bar{k}_{xy}^2}{Eu_1We_1}=0\end{aligned} \tag{3-134}$$

韦伯数和雷诺数与欧尼索数相关，$Oh^2=\dfrac{We}{Re^2}$。将方程(3-15)代入方程(3-134)，化简得

$$-(\bar{s}_1^2+\bar{k}_{xy}^2)^2\tanh(\bar{k}_{xy})-\frac{\bar{k}_{xy}\bar{P}Re_1^2Eu_1Ma_{xg1}^2(\bar{\omega}+i\bar{k}_x\bar{U}_1)^2}{\bar{s}_{g1}\bar{U}_1^2}+4\bar{k}_{xy}^3\bar{s}_1\tanh(\bar{s}_1)-\frac{\bar{k}_{xy}^3}{Oh_1^2}=0 \tag{3-135}$$

将方程(3-60)、方程(3-61)和方程(3-128)代入方程(3-133)，在 $\bar{z}=-1$ 处有

$$\frac{(\bar{s}_1^4-\bar{k}_{xy}^4)\tanh(\bar{k}_{xy})}{\bar{k}_{xy}Re_1^2Eu_1}+\frac{\bar{P}\bar{W}_2Ma_{xg2}^2(\bar{\omega}+\mathrm{i}\bar{k}_x\bar{U}_2)}{\bar{b}_2\bar{U}_2^2}\left(\bar{b}_2+\frac{\bar{s}_{g2}}{\bar{W}_2}\right)-$$
$$\frac{2\bar{k}_{xy}}{Re_1^2Eu_1}[2\bar{k}_{xy}\bar{s}_1\tanh(\bar{s}_1)-(\bar{s}_1^2+\bar{k}_{xy}^2)\tanh(\bar{k}_{xy})]+\frac{\bar{k}_{xy}^2}{Eu_1We_1}=0 \tag{3-136}$$

将方程(3-15)代入方程(3-136)，化简得

$$(\bar{s}_1^2+\bar{k}_{xy}^2)^2\tanh(\bar{k}_{xy})+\frac{\bar{k}_{xy}\bar{P}Re_1^2Eu_1Ma_{xg2}^2\bar{W}_2(\bar{\omega}+\mathrm{i}\bar{k}_x\bar{U}_2)}{\bar{b}_2\bar{U}_2^2}\left(\bar{b}_2+\frac{\bar{s}_{g2}}{\bar{W}_2}\right)-$$
$$4\bar{k}_{xy}^3\bar{s}_1\tanh(\bar{s}_1)+\frac{\bar{k}_{xy}^3}{Oh_1^2}=0 \tag{3-137}$$

方程(3-135)减去方程(3-137)，得

$$-2(\bar{s}_1^2+\bar{k}_{xy}^2)^2\tanh(\bar{k}_{xy})-$$
$$\bar{k}_{xy}\bar{P}Re_1^2Eu_1\left[\frac{Ma_{xg1}^2(\bar{\omega}+\mathrm{i}\bar{k}_x\bar{U}_1)^2}{\bar{s}_{g1}\bar{U}_1^2}-\frac{Ma_{xg2}^2\bar{W}_2(\bar{\omega}+\mathrm{i}\bar{k}_x\bar{U}_2)}{\bar{b}_2\bar{U}_2^2}\left(\bar{b}_2+\frac{\bar{s}_{g2}}{\bar{W}_2}\right)\right]+ \tag{3-138}$$
$$8\bar{k}_{xy}^3\bar{s}_1\tanh(\bar{s}_1)-\frac{2\bar{k}_{xy}^3}{Oh_1^2}=0$$

对于正/反对称波形，$\bar{U}_1=\bar{U}_2$，将 $\bar{U}_1=\bar{U}_2=\bar{U}$ 和 $Ma_{xg1}=Ma_{xg2}=Ma_{xg}$ 代入方程(3-138)，得瑞利-泰勒波反对称波形色散准则关系式。

$$-2(\bar{s}_1^2+\bar{k}_{xy}^2)^2\tanh(\bar{k}_{xy})-\frac{\bar{k}_{xy}\bar{P}Re_1^2Eu_1Ma_{xg}^2(\bar{\omega}+\mathrm{i}\bar{k}_x\bar{U})}{\bar{U}^2}\left(\frac{\bar{\omega}+\mathrm{i}\bar{k}_x\bar{U}}{\bar{s}_{g1}}+\bar{W}_2+\frac{\bar{s}_{g2}}{\bar{b}_2}\right)+$$
$$8\bar{k}_{xy}^3\bar{s}_1\tanh(\bar{s}_1)-\frac{2\bar{k}_{xy}^3}{Oh_1^2}=0 \tag{3-139}$$

式中，$Oh_1^2=\dfrac{We_1}{Re_1^2}$。

3.2.2 平面液膜瑞利-泰勒波正对称波形的色散准则关系式

对于正对称波形，上下气液交界面的扰动振幅 $\bar{\xi}_2=-\bar{\xi}_1$。将方程(1-129)代入瑞利-泰勒波量纲一动力学边界条件式(2-320)，上气液交界面($j=1$)的动力学边界条件为方程(3-132)，下气液交界面($j=2$)的动力学边界条件为

$$\bar{p}_1-\bar{P}\bar{p}_{g2}-\frac{2}{Re_1Eu_1}\bar{w}_{1,\bar{z}}-\frac{\bar{k}_{xy}^2\bar{\xi}_0}{Eu_1We_1}\exp(\bar{\omega}\bar{t}+\mathrm{i}\bar{k}_x\bar{x}+\mathrm{i}\bar{k}_y\bar{y})=0 \tag{3-140}$$

将方程(3-84)、方程(3-85)和方程(3-107)代入方程(3-132)，在 $\bar{z}=1$ 处有

$$
-\frac{(\bar{s}_1^4-\bar{k}_{xy}^4)\coth(\bar{k}_{xy})}{\bar{k}_{xy}Re_1^2Eu_1}-\frac{\bar{P}Ma_{xg1}^2(\bar{\omega}+\mathrm{i}\bar{k}_x\bar{U}_1)^2}{\bar{s}_{g1}\bar{U}_1^2}-
$$

$$
\frac{2\bar{k}_{xy}}{Re_1^2Eu_1}[(\bar{s}_1^2+\bar{k}_{xy}^2)\coth(\bar{k}_{xy})-2\bar{k}_{xy}\bar{s}_1\coth(\bar{s}_1)]-\frac{\bar{k}_{xy}^2}{Eu_1We_1}=0 \tag{3-141}
$$

将方程(3-15)代入方程(3-141),化简得

$$
-(\bar{s}_1^2+\bar{k}_{xy}^2)^2\coth(\bar{k}_{xy})-\frac{\bar{k}_{xy}\bar{P}Re_1^2Eu_1Ma_{xg1}^2(\bar{\omega}+\mathrm{i}\bar{k}_x\bar{U}_1)^2}{\bar{s}_{g1}\bar{U}_1^2}+4\bar{k}_{xy}^3\bar{s}_1\coth(\bar{s}_1)-\frac{\bar{k}_{xy}^3}{Oh_1^2}=0 \tag{3-142}
$$

将方程(3-84)、方程(3-85)和方程(3-133)代入下气液交界面的动力学边界条件式(3-140),在 $\bar{z}=-1$ 处有

$$
-\frac{(\bar{s}_1^4-\bar{k}_{xy}^4)\coth(\bar{k}_{xy})}{\bar{k}_{xy}Re_1^2Eu_1}-\frac{\bar{P}\bar{W}_2Ma_{xg2}^2(\bar{\omega}+\mathrm{i}\bar{k}_x\bar{U}_2)}{\bar{b}_2\bar{U}_2^2}\left(\bar{b}_2+\frac{\bar{s}_{g2}}{\bar{W}_2}\right)-
$$

$$
\frac{2\bar{k}_{xy}}{Re_1^2Eu_1}[(\bar{s}_1^2+\bar{k}_{xy}^2)\coth(\bar{k}_{xy})-2\bar{k}_{xy}\bar{s}_1\coth(\bar{s}_1)]-\frac{\bar{k}_{xy}^2}{Eu_1We_1}=0 \tag{3-143}
$$

将方程(3-15)代入方程(3-143),化简得

$$
-(\bar{s}_1^2+\bar{k}_{xy}^2)^2\coth(\bar{k}_{xy})-\frac{\bar{k}_{xy}\bar{P}Re_1^2Eu_1Ma_{xg2}^2\bar{W}_2(\bar{\omega}+\mathrm{i}\bar{k}_x\bar{U}_2)}{\bar{b}_2\bar{U}_2^2}\left(\bar{b}_2+\frac{\bar{s}_{g2}}{\bar{W}_2}\right)+
$$

$$
4\bar{k}_{xy}^3\bar{s}_1\coth(\bar{s}_1)-\frac{\bar{k}_{xy}^3}{Oh_1^2}=0 \tag{3-144}
$$

方程(3-142)加上方程(3-144),得

$$
-2(\bar{s}_1^2+\bar{k}_{xy}^2)^2\coth(\bar{k}_{xy})-
$$

$$
\bar{k}_{xy}\bar{P}Re_1^2Eu_1\left[\frac{Ma_{xg1}^2(\bar{\omega}+\mathrm{i}\bar{k}_x\bar{U}_1)^2}{\bar{s}_{g1}\bar{U}_1^2}-\frac{Ma_{xg2}^2\bar{W}_2(\bar{\omega}+\mathrm{i}\bar{k}_x\bar{U}_2)}{\bar{b}_2\bar{U}_2^2}\left(\bar{b}_2+\frac{\bar{s}_{g2}}{\bar{W}_2}\right)\right]+ \tag{3-145}
$$

$$
8\bar{k}_{xy}^3\bar{s}_1\coth(\bar{s}_1)-\frac{2\bar{k}_{xy}^3}{Oh_1^2}=0
$$

将 $\bar{U}_1=\bar{U}_2=\bar{U}$ 和 $Ma_{xg1}=Ma_{xg2}=Ma_{xg}$ 代入方程(3-145),得瑞利-泰勒波正对称波形色散准则关系式。

$$
-2(\bar{s}_1^2+\bar{k}_{xy}^2)^2\coth(\bar{k}_{xy})-\frac{\bar{k}_{xy}\bar{P}Re_1^2Eu_1Ma_{xg}^2(\bar{\omega}+\mathrm{i}\bar{k}_x\bar{U})}{\bar{U}^2}\left(\frac{\bar{\omega}+\mathrm{i}\bar{k}_x\bar{U}}{\bar{s}_{g1}}+\bar{W}_2+\frac{\bar{s}_{g2}}{\bar{b}_2}\right)+
$$

$$
8\bar{k}_{xy}^3\bar{s}_1\coth(\bar{s}_1)-\frac{2\bar{k}_{xy}^3}{Oh_1^2}=0 \tag{3-146}
$$

式中，$Oh_1^2=\dfrac{We_1}{Re_1^2}$。

将瑞利-泰勒波正/反对称波形色散准则关系式去掉泰勒波和横向气流之后，与瑞利波的色散准则关系式[1]进行对比验证，两者完全相同，证明瑞利-泰勒波色散准则关系式的推导过程是正确的。

3.2.3 平面液膜瑞利-泰勒波的稳定极限

在最稳定状态下，表面波增长率 $\bar{\omega}_r=0$。根据方程(3-15)，由于 $\bar{s}_1$、$\bar{k}_{xy}$、Re_1 均是实数，所以$(\bar{\omega}+\mathrm{i}\bar{k}_x)$的虚部必须等于零，有

$$\bar{\omega}+\mathrm{i}\bar{k}_x=\mathrm{i}\bar{\omega}_i+\mathrm{i}\bar{k}_x=0 \tag{3-147}$$

$$\bar{\omega}_i=-\bar{k}_x \tag{3-148}$$

将方程(3-147)和方程(3-148)分别代入方程(3-139)或方程(3-146)，整理得

$$\mathrm{i}\bar{k}_{x0}\bar{P}\bar{U}_d\left(-\mathrm{i}\bar{k}_{x0}\frac{\bar{U}_d}{\bar{s}_{g1}}+\bar{W}_2+\frac{\bar{s}_{g2}}{\bar{b}_2}\right)-\frac{2\bar{k}_{xy0}^2}{We_1}=0 \tag{3-149}$$

将方程(3-96)、方程(3-109)、方程(3-113)代入方程(3-149)，得

$$\mathrm{i}\bar{k}_{x0}\bar{P}\bar{U}_d\left[-\frac{\mathrm{i}\bar{k}_{x0}\bar{U}_d}{\sqrt{\bar{k}_{xy0}^2-\bar{k}_{x0}^2\dfrac{\bar{U}_d^2}{\bar{U}^2}Ma_{xg}^2}}+\bar{W}_2-\frac{\mathrm{i}\bar{k}_{x0}\bar{U}_d(1-Ma_{zg2}^2)}{\sqrt{\bar{k}_{xy0}^2(1-Ma_{zg2}^2)-\bar{k}_{x0}^2\dfrac{\bar{U}_d^2}{\bar{U}^2}Ma_{xg}^2}-\mathrm{i}\bar{k}_{x0}\dfrac{\bar{U}_d}{\bar{U}}Ma_{xg}Ma_{zg2}}\right]-\frac{2\bar{k}_{xy0}^2}{We_1}=0 \tag{3-150}$$

整理方程(3-150)，得 $\bar{k}_{x0}$ 和 $\bar{k}_{y0}$ 的关系式。

$$\frac{\bar{k}_{x0}^2\bar{P}\bar{U}_d^2}{\sqrt{(\bar{k}_{x0}^2+\bar{k}_{y0}^2)-\bar{k}_{x0}^2\dfrac{\bar{U}_d^2}{\bar{U}^2}Ma_{xg}^2}}+\frac{\bar{k}_{x0}^2\bar{P}\bar{U}_d^2(1-Ma_{zg2}^2)}{\sqrt{(\bar{k}_{x0}^2+\bar{k}_{y0}^2)(1-Ma_{zg2}^2)-\bar{k}_{x0}^2\dfrac{\bar{U}_d^2}{\bar{U}^2}Ma_{xg}^2}-\mathrm{i}\bar{k}_{x0}\dfrac{\bar{U}_d}{\bar{U}}Ma_{xg}Ma_{zg2}}+\mathrm{i}\bar{k}_{x0}\bar{P}\bar{W}_2\bar{U}_d-\frac{2(\bar{k}_{x0}^2+\bar{k}_{y0}^2)}{We_1}=0 \tag{3-151}$$

当 $\bar{k}_{y0}=0$ 时，方程(3-151)可以写为

$$\bar{k}_{x0}=\frac{\bar{P}We_1\bar{U}_{\rm d}}{2}\left[\frac{\bar{U}_{\rm d}}{\sqrt{1-\frac{\bar{U}_{\rm d}^2}{\bar{U}^2}Ma_{xg}^2}}+\frac{\bar{U}_{\rm d}(1-Ma_{zg2}^2)}{\sqrt{(1-Ma_{zg2}^2)-\frac{\bar{U}_{\rm d}^2}{\bar{U}^2}Ma_{xg}^2-{\rm i}\frac{\bar{U}_{\rm d}}{\bar{U}}Ma_{xg}Ma_{zg2}}}+{\rm i}\bar{W}_2\right] \tag{3-152}$$

对于时间模式，$\bar{k}=\bar{k}_{\rm r}$，$\bar{k}_{x0}=\bar{k}_{{\rm r}x0}$，方程(3-152)可写为

$$\bar{k}_{x0}=\frac{\bar{P}We_1\bar{U}_{\rm d}^2\left[\sqrt{1-\frac{\bar{U}_{\rm d}^2}{\bar{U}^2}Ma_{xg}^2}+\sqrt{1-Ma_{zg2}^2-\frac{\bar{U}_{\rm d}^2}{\bar{U}^2}Ma_{xg}^2}\right]}{2\left(1-\frac{\bar{U}_{\rm d}^2}{\bar{U}^2}Ma_{xg}^2\right)} \tag{3-153}$$

对于空间模式，$\bar{k}=\bar{k}_{\rm r}+{\rm i}\bar{k}_{\rm i}$，则

$$\bar{k}_{{\rm r}x0}=\frac{\bar{P}We_1\bar{U}_{\rm d}^2\left[\sqrt{1-\frac{\bar{U}_{\rm d}^2}{\bar{U}^2}Ma_{xg}^2}+\sqrt{1-Ma_{zg2}^2-\frac{\bar{U}_{\rm d}^2}{\bar{U}^2}Ma_{xg}^2}\right]}{2\left(1-\frac{\bar{U}_{\rm d}^2}{\bar{U}^2}Ma_{xg}^2\right)} \tag{3-154}$$

$$\bar{k}_{{\rm i}x0}=\frac{\bar{P}We_1\bar{U}_{\rm d}}{2}\left(\frac{\bar{U}\bar{U}_{\rm d}^2Ma_{xg}Ma_{zg2}}{\bar{U}^2-\bar{U}_{\rm d}^2Ma_{xg}^2}+\bar{W}_2\right) \tag{3-155}$$

方程(3-153)中去掉横向气流之后，与瑞利波稳定极限[1]进行对比验证，两者完全相同，证明瑞利-泰勒波稳定极限的推导过程是正确的。

当 $\bar{k}_{x0}=0$ 时，由方程(3-151)可得

$$\bar{k}_{y0}=0 \tag{3-156}$$

由此可知，当泰勒波不存在时，瑞利波依然存在；但当瑞利波不存在时，泰勒波也就不复存在。

3.3 平面液膜瑞利-泰勒波的线性不稳定性分析

3.3.1 液流韦伯数和雷诺数的影响

图 3-1～图 3-3 是液流韦伯数 We_1 和雷诺数 Re_1 对表面波增长率的影响。其中，图 3-1 中实线表示反对称波形，虚线表示正对称波形。图 3-1(a)～(b)分别是在仅有顺向气流的情况下，We_1 和 Re_1 对 R 波和 T 波的影响；图 3-1(c)～(d)分别是在仅有横向气流的情况下，We_1 和 Re_1 对 R 波和 T 波的影响。图 3-2 是在 We_1 和 Re_1 一定的情况下，仅有顺向气流和仅有横向气流时反对称波形 R-T 波的表面波增长率的三维图。图 3-3 是复合气流中 We_1 和 Re_1 对 R 波和 T 波表面波增长率的影响。

对于仅存在顺向气流或者仅存在横向气流的情况，从图 3-1 中可以看出，当 We_1 和 Re_1

一定时，无论只有顺向气流还是只有横向气流，也无论是反对称波形还是正对称波形，表面波增长率 $\bar{\omega}_r$ 都随 R 波波数 $\bar{k}_x$ 的增大而先增大后减小，随 T 波波数 $\bar{k}_y$ 的增大而持续减小。R 波和 T 波正/反对称波形的截断波数 $\bar{k}_{x0}$ 和 $\bar{k}_{y0}$ 都相等；当 We_1 和 Re_1 增大时，R 波和 T 波的表面波增长率 $\bar{\omega}_r$、支配表面波增长率 $\bar{\omega}_{r\text{-dom}}$、支配波数 $\bar{k}_{x\text{-dom}}$、截断波数 $\bar{k}_{x0}$ 和 $\bar{k}_{y0}$ 都增大，这表明 We_1 和 Re_1 是平面液膜的失稳因素。比较正/反对称波形可以发现，在同一 We_1 和 Re_1 下，顺向气流下反对称波形的表面波增长率 $\bar{\omega}_r$ 比正对称波形的大；这表明反对称波形的表面波比正对称波形的表面波更不稳定；然而，在仅有横向气流的情况下，正/反对称波形的表面波增长率相差无几，表面波波形对液膜不稳定性的影响几乎可以忽略不计。比较 R 波和 T 波：从图 3-1(a)，(c)可以看出，对于顺向 R 波，随着位移的延伸，射流

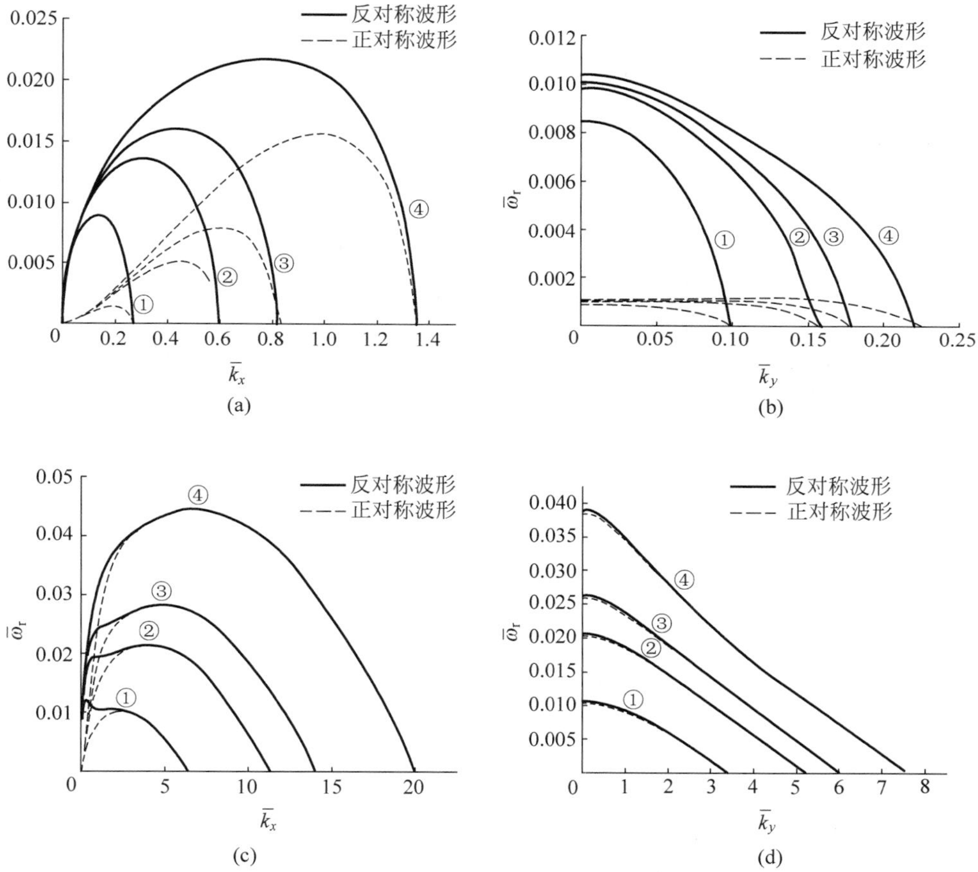

图 3-1　韦伯数和雷诺数对单向气流中 R 波和 T 波的影响

$\bar{\rho}=1.206\times10^{-3}$

① $U_1=4$ m/s，$We_1=220$，$Re_1=3976$；② $U_1=6$ m/s，$We_1=495$，$Re_1=5964$；

③ $U_1=7$ m/s，$We_1=674$，$Re_1=6958$；④ $U_1=9$ m/s，$We_1=1114$，$Re_1=8946$

(a) R 波，顺向气流，$\bar{U}=2$，$\bar{W}_2=0$，$\bar{k}_y=0$；(b) T 波，顺向气流，$\bar{U}=2$，$\bar{W}_2=0$，$\bar{k}_x=0.1$；

(c) R 波，横向气流，$\bar{U}=0$，$\bar{W}_2=2$，$\bar{k}_y=0$；(d) T 波，横向气流，$\bar{U}=0$，$\bar{W}_2=2$，$\bar{k}_x=2.5$

的振幅不断增大，直至支配波数和支配表面波增长率点，R 波最不稳定。从图 3-1(b)，(d)可以看出，当 T 波的表面波数 $\bar{k}_y$ 为零时，表面波增长率 $\bar{\omega}_r$ 最大，之后随着 $\bar{k}_y$ 的增大 $\bar{\omega}_r$ 不断减小，直至为零。T 波的支配表面波增长率 $\bar{\omega}_{r\text{-dom}}$ 位于波数 $\bar{k}_y=0$ 处，表面波最不稳定。波长与波数互为倒数，则波长 $\bar{\lambda}_y=\infty$，平面液膜射流横截面为两条没有波动的直线，即没有 T 波，只有 R 波。也就是说，当仅有 R 波，没有 T 波时，液体团块最易碎裂。证明 R 波是主波，在射流团块碎裂过程中起主导作用。当 $\bar{k}_y>0$ 时，由于 $\bar{\lambda}_y\neq\infty$、射流横截面为两条波动的曲线，既有 R 波，又有 T 波。虽然 T 波不能增大射流团块的不稳定程度，对于平面液膜的不稳定度没有贡献，但它与 R 波一起对射流气液交界面处卫星液滴的形成起重要作用。从图 3-1(a)与(c)和图 3-1(b)与(d)的比较中可以看出，在仅存在顺向气流和仅存在横向气流的情况下，横向气流的表面波增长率较大，说明横向气流将使得液膜更加不稳定。从图 3-2 中可以看出表面波增长率在整个 $\bar{k}_x$-$\bar{k}_y$ 面上的变化规律。

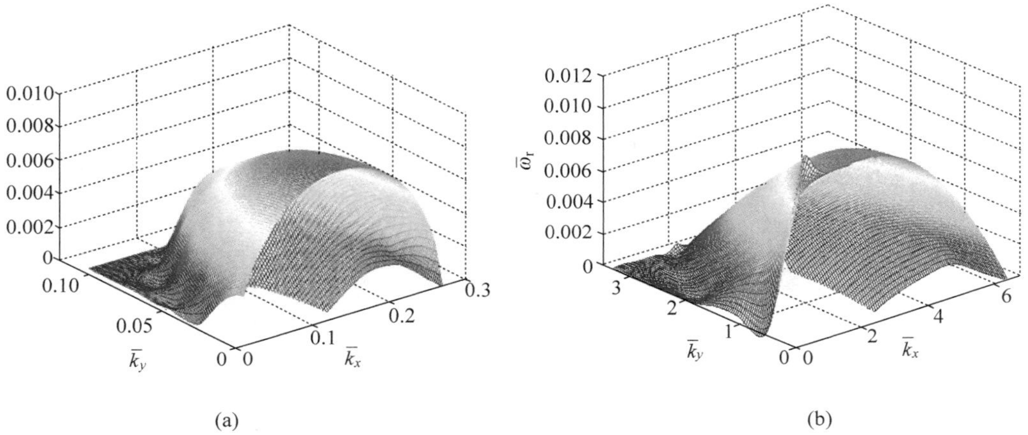

图 3-2 韦伯数和雷诺数一定下单向气流对反对称波形 R-T 波的影响

$U_1=4$ m/s，$We_1=220$，$Re_1=3976$

(a) 顺向气流，$\bar{U}=2$，$\bar{W}_2=0$；(b) 横向气流，$\bar{U}=0$，$\bar{W}_2=2$

对于既有顺向气流又有横向气流的复合气流，从图 3-3 中可以看出，R 波的表面波增长率 $\bar{\omega}_r$ 随波数 $\bar{k}_x$ 的变化规律同图 3-1 一样，是先增大后减小的。当 $\bar{U}=3$，$\bar{W}_2=2$ 时，R 波的表面波增长率 $\bar{\omega}_r$、支配表面波增长率 $\bar{\omega}_{r\text{-dom}}$、支配波数 $\bar{k}_{x\text{-dom}}$、截断波数 $\bar{k}_{x0}$ 均比 $\bar{U}=2$，$\bar{W}_2=3$ 时的大，而这两种工况下的值都比 $\bar{U}=2$，$\bar{W}_2=2$ 时的大。这说明在同一 We_1 和 Re_1 下，复合气流中的顺向气流对表面波增长率的影响比横向气流的影响更大。从图 3-3 中还可以看出，T 波的表面波增长率 $\bar{\omega}_r$ 随波数 $\bar{k}_y$ 的变化规律同图 3-1 一样，是持续减小的。比较图 3-3 中的实线与虚线曲线可以看出，反对称波形的表面波增长率总是大于正对称波形的表面波增长率，说明反对称波形液膜更加不稳定。

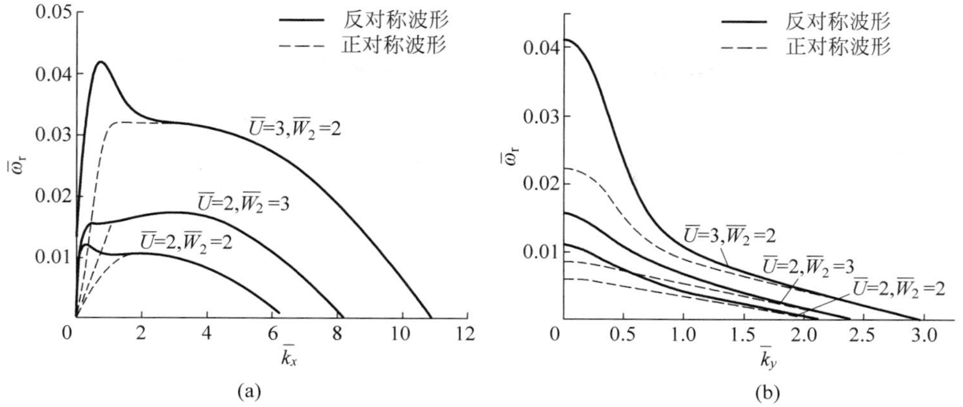

图 3-3　韦伯数和雷诺数对复合气流中 R 波和 T 波的影响

$U_1=4\ \text{m/s}, We_1=220, Re_1=3976, \bar{\rho}=1.206\times10^{-3}$

(a) R 波，$\bar{k}_y=0$；(b) T 波，$\bar{k}_x=0.6$

3.3.2　气液流速比的影响

图 3-4 和图 3-5 分别是顺向气液流速比 $\bar{U}$ 和横向气液流速比 $\bar{W}_2$ 对表面波增长率的影响。其中，实线表示反对称波形，虚线表示正对称波形。图 3-4(a)～(b)分别是在仅有顺向气流的情况下，$\bar{U}$ 对 R 波和 T 波的影响；图 3-4(c)～(d)分别是在仅有横向气流的情况下，$\bar{W}_2$ 对 R 波和 T 波的影响。图 3-5 是在 $\bar{U}$ 和 $\bar{W}_2$ 一定的情况下，仅有顺向气流和仅有横向气流时反对称波形 R-T 波的表面波增长率的三维图。

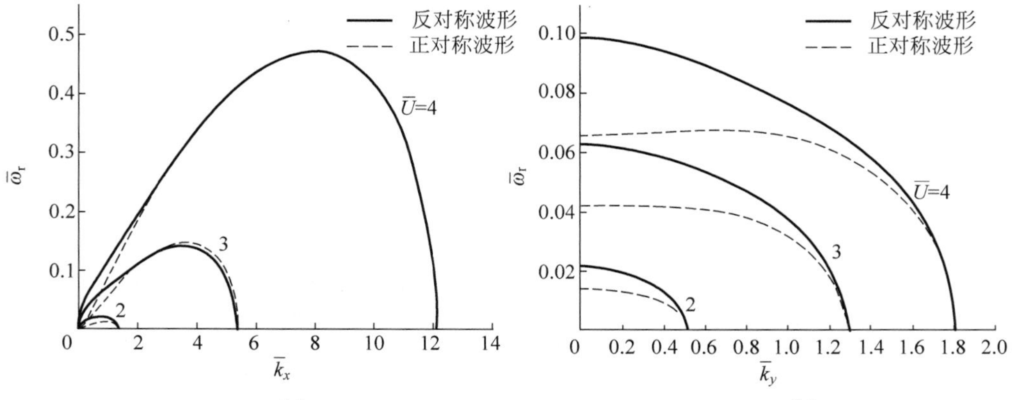

图 3-4　气液流速比对单向气流中 R 波和 T 波的影响

$U_1=9\ \text{m/s}, We_1=1114, Re_1=8946, \bar{\rho}=1.206\times10^{-3}$

(a) R 波，顺向气流，$\bar{W}_2=0$，$\bar{k}_y=0$；(b) T 波，顺向气流，$\bar{W}_2=0$，$\bar{k}_x=0.8$；

(c) R 波，横向气流，$\bar{U}=0$，$\bar{k}_y=0$；(d) T 波，横向气流，$\bar{U}=0$，$\bar{k}_x=8.0$

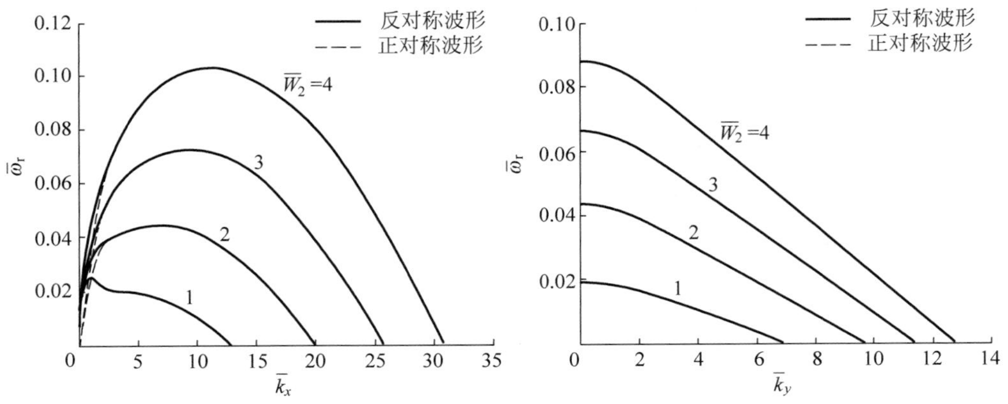

(c) (d)

图 3-4 （续）

对于仅存在顺向气流或者仅存在横向气流的情况，从图 3-4 中可以看出，当气液流速比 $\overline{U}$ 和 $\overline{W}_2$ 增大时，R 波和 T 波的表面波增长率 $\bar{\omega}_r$、支配表面波增长率 $\bar{\omega}_{r\text{-dom}}$、支配波数 $\bar{k}_{x\text{-dom}}$、截断波数 $\bar{k}_{x0}$ 和 $\bar{k}_{y0}$ 都增大，这表明 $\overline{U}$ 和 $\overline{W}_2$ 都是平面液膜的失稳因素。从图 3-4 还可以看出，R 波的表面波增长率要大于 T 波的表面波增长率。从对图 3-1 与图 3-4 的比较中可以看出，气液流速比的增大比液流流速的增大对表面波不稳定性的影响更大，因此增大气流与液流的流速差对液膜的碎裂更有利。图 3-4(c)～(d)中的反对称波形与正对称波形的曲线几乎完全重合，说明横向气流的表面波波形对不稳定性几乎没有影响。从图 3-5 中可以看出表面波增长率在整个 $\bar{k}_x$-$\bar{k}_y$ 面上的变化规律。

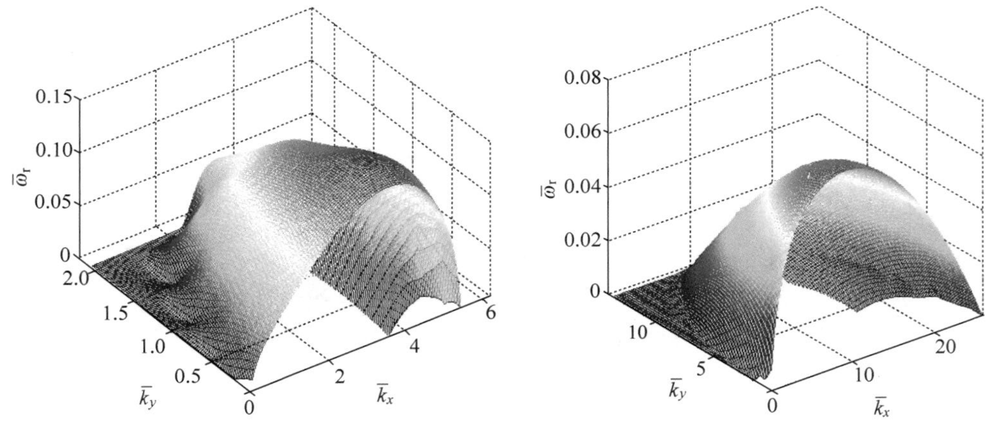

(a) (b)

图 3-5 气液流速比一定下单向气流对反对称波形 R-T 波的影响

$U_1=9$ m/s, $We_1=1114$, $Re_1=8946$, $\bar{\rho}=1.206\times10^{-3}$

(a) 顺向气流, $\overline{U}=3$, $\overline{W}_2=0$；(b) 横向气流, $\overline{U}=0$, $\overline{W}_2=3$

3.3.3 气流马赫数的影响

图 3-6 和图 3-7 分别为顺向气流马赫数 Ma_{xg} 和横向气流马赫数 Ma_{zg2} 对表面波增长率 $\bar{\omega}_r$ 的影响。其中，当气流马赫数 $Ma_g \leqslant 0.3$ 时，气体为不可压缩流体；当气流马赫数 $Ma_g > 0.3$ 时，气体为可压缩流体，就必须考虑气体的可压缩性对液膜碎裂的影响。图 3-6(a)～(b)是顺向 Ma_{xg} 对 R 波和 T 波的影响；图 3-6(c)～(d)是横向 Ma_{zg2} 对 R 波和 T 波的影响。图 3-7 是顺向气流和横向气流中反对称波形 R-T 波的表面波增长率的三维图。

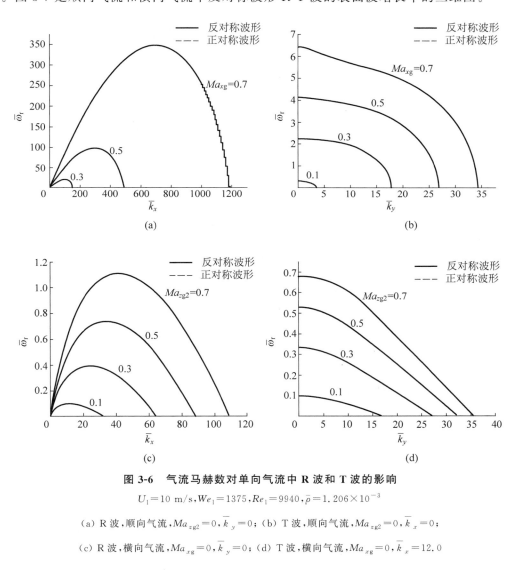

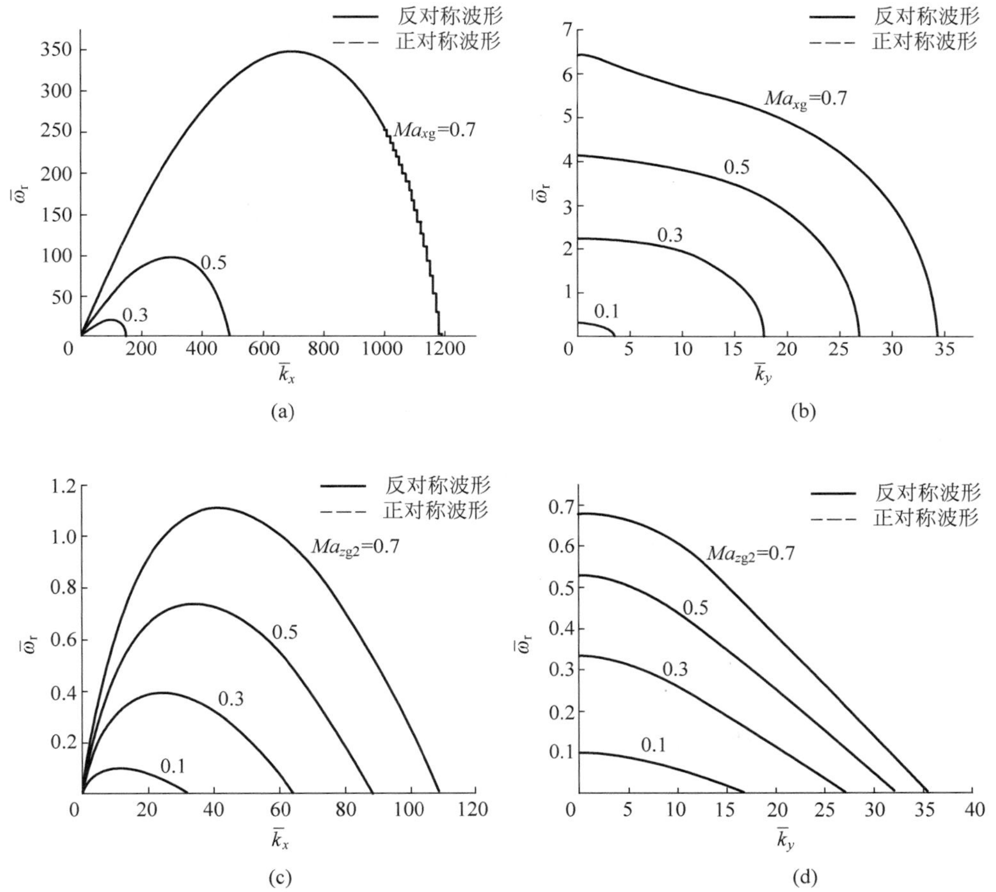

图 3-6 气流马赫数对单向气流中 R 波和 T 波的影响

$U_1=10$ m/s，$We_1=1375$，$Re_1=9940$，$\bar{\rho}=1.206\times10^{-3}$

(a) R 波，顺向气流，$Ma_{zg2}=0$，$\bar{k}_y=0$；(b) T 波，顺向气流，$Ma_{zg2}=0$，$\bar{k}_x=0$；

(c) R 波，横向气流，$Ma_{xg}=0$，$\bar{k}_y=0$；(d) T 波，横向气流，$Ma_{xg}=0$，$\bar{k}_x=12.0$

对于仅存在顺向气流或者仅存在横向气流的情况，从图 3-6 中可以看出，当马赫数 Ma_g 增大时，R 波和 T 波的表面波增长率 $\bar{\omega}_r$、支配表面波增长率 $\bar{\omega}_{r\text{-dom}}$、支配波数 $\bar{k}_{x\text{-dom}}$、截断波数 $\bar{k}_{x0}$ 和 $\bar{k}_{y0}$ 都增大，这表明 Ma_g 也是平面液膜的失稳因素。图 3-6(a)和(b)中，在 Ma_{xg}

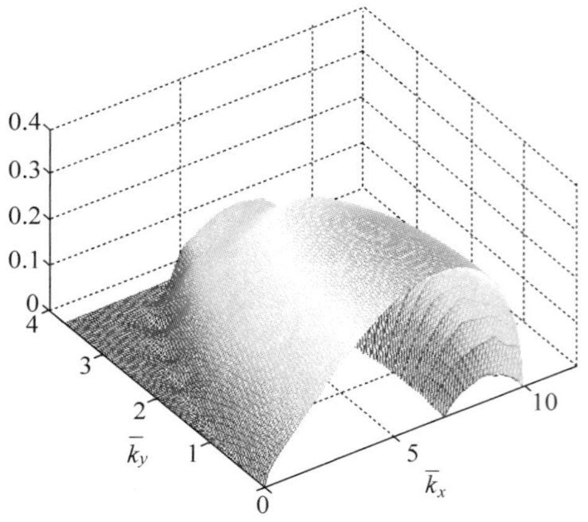

(a)

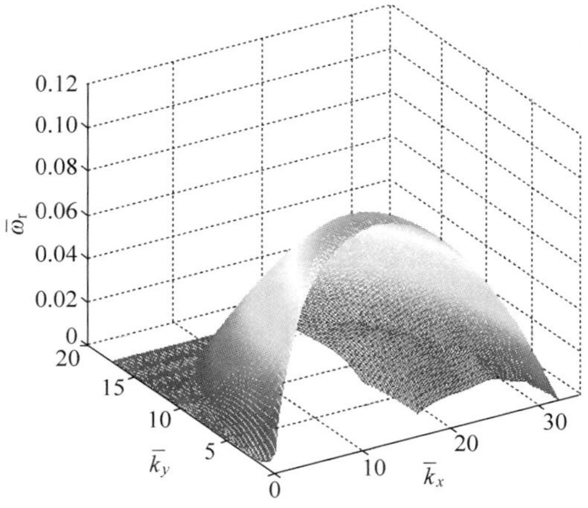

(b)

图 3-7　气流马赫数一定下单向气流对反对称波形 R-T 波的影响

$U_1=10$ m/s，$We_1=1375$，$Re_1=9940$，$\bar{\rho}=1.206\times10^{-3}$

（a）顺向气流，$Ma_{xg}=0.1$，$Ma_{zg2}=0$；（b）横向气流，$Ma_{xg}=0$，$Ma_{zg2}=0.1$

等于 0.1 时，表面波增长率 $\bar{\omega}_r$ 特别小，在图上几乎看不到，这表明顺向气流的可压缩性对表面波不稳定性的影响非常大，当 Ma_{xg} 从 0.1 增大到 0.7 时，表面波的不稳定性急剧增大。图 3-6(c)和(d)同图 3-6(a)和(b)一样，表面波增长率也随着 Ma_{zg2} 的增大不断增大，但是增大幅度远不如图 3-6(a)和(b)的大。这说明在可压缩气流的大马赫数范围，顺向气流的马赫数比横向气流的对表面波不稳定性的影响大得多。在 $Ma_{xg}=0.7$ 的情况下，图 3-6(a)的表面波增长率甚至大到 350，液膜的碎裂时间缩短到微秒级，液膜一出喷嘴就会立即碎裂。从图 3-6 中还可以看出，正/反对称波形的表面波增长率曲线几乎完全重合，说明表面波波形对不稳定性几乎没有影响。从图 3-7 中可以看出表面波增长率在整个 $\bar{k}_x$-$\bar{k}_y$ 面上的变化规律。

3.3.4　液流欧拉数的影响

图 3-8～图 3-10 是液流欧拉数 Eu_1 对表面波增长率的影响。其中，图 3-8 中实线表示反对称波形，虚线表示正对称波形。图 3-8(a)和(b)分别是在仅有顺向气流时 Eu_1 对 R 波和 T 波的影响；图 3-8(c)和(d)分别是在仅有横向气流时，Eu_1 对 R 波和 T 波的影响。图 3-9 是在 Eu_1 一定的情况下，仅有顺向气流和仅有横向气流时反对称波形 R-T 波的表面波增长率的三维图。图 3-10 是复合气流中 Eu_1 对 R 波和 T 波表面波增长率的影响。

对于仅存在顺向气流或者仅存在横向气流的情况，从图 3-8 中可以看出，当 Eu_1 增大时，R 波和 T 波的表面波增长率 $\bar{\omega}_r$、支配表面波增长率 $\bar{\omega}_{r\text{-dom}}$、支配波数 $\bar{k}_{x\text{-dom}}$、截断波数 $\bar{k}_{x0}$ 和 $\bar{k}_{y0}$ 都增大，这表明 Eu_1 也是平面液膜的失稳因素。比较正/反对称波形可以发现，R 波的正/反对称波形曲线几乎完全重合；T 波波数 $\bar{k}_y$ 较小时，反对称波形的表面波增长率明显大于正对称波形的表面波增长率。在只有横向气流的情况下，正/反对称波形的表面波增长率相差无几，表面波波形对液膜不稳定性的影响几乎可以忽略不计。从图 3-8(a)与

(c)和图 3-8(b)与(d)的比较中可以看出，在仅存在顺向气流和仅存在横向气流的情况下，横向气流的表面波增长率要比顺向气流的大，说明横向气流将使得液膜更加不稳定。从图 3-9 中可以看出表面波增长率在整个 $\bar{k}_x$-$\bar{k}_y$ 面上的变化规律。

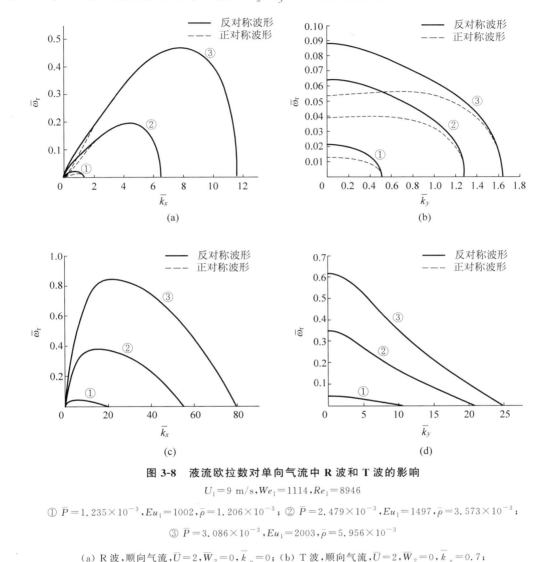

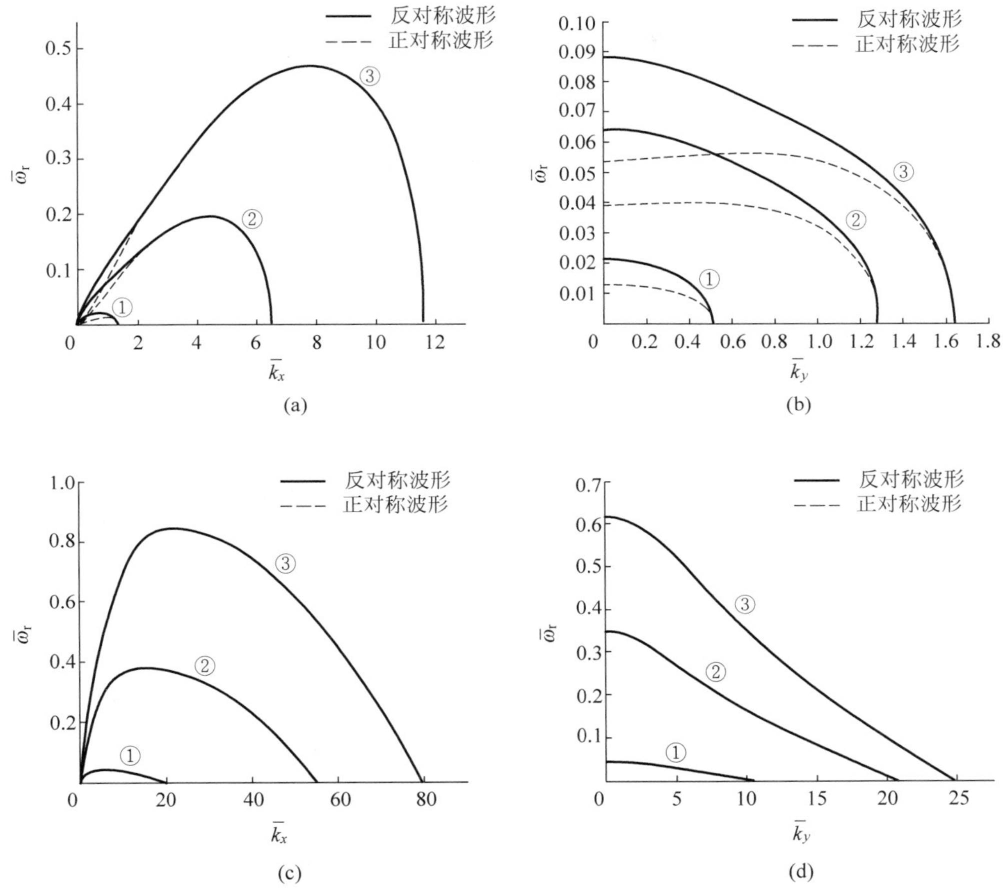

图 3-8　液流欧拉数对单向气流中 R 波和 T 波的影响

$U_1=9$ m/s，$We_1=1114$，$Re_1=8946$

① $\bar{P}=1.235\times10^{-3}$，$Eu_1=1002$，$\bar{\rho}=1.206\times10^{-3}$；② $\bar{P}=2.479\times10^{-3}$，$Eu_1=1497$，$\bar{\rho}=3.573\times10^{-3}$；

③ $\bar{P}=3.086\times10^{-3}$，$Eu_1=2003$，$\bar{\rho}=5.956\times10^{-3}$

(a) R 波，顺向气流，$\bar{U}=2$，$\bar{W}_2=0$，$\bar{k}_y=0$；(b) T 波，顺向气流，$\bar{U}=2$，$\bar{W}_2=0$，$\bar{k}_x=0.7$；

(c) R 波，横向气流，$\bar{U}=0$，$\bar{W}_2=2$，$\bar{k}_y=0$；(d) T 波，横向气流，$\bar{U}=0$，$\bar{W}_2=2$，$\bar{k}_x=8$

对于既有顺向气流又有横向气流的复合气流情况，从图 3-10 中可以看出，R 波的表面波增长率 $\bar{\omega}_r$ 的变化规律同图 3-8 一样，是先增大后减小的。当 $\bar{U}=3$，$\bar{W}_2=2$ 时，R 波的表面波增长率 $\bar{\omega}_r$、支配表面波增长率 $\bar{\omega}_{r\text{-dom}}$、支配表面波数 $\bar{k}_{x\text{-dom}}$、截断波数 $\bar{k}_{x0}$ 都比 $\bar{U}=2$，$\bar{W}_2=3$ 时的大，且两种工况下的值都比 $\bar{U}=2$，$\bar{W}_2=2$ 时的大，这说明在同一 Eu_1 下，复合气流中的顺向气流对表面波增长率的影响比横向气流的影响更大。从图 3-10 中还可以看出，正/反对称波形的表面波增长率曲线相差无几，说明表面波波形对不稳定性的影响甚微。

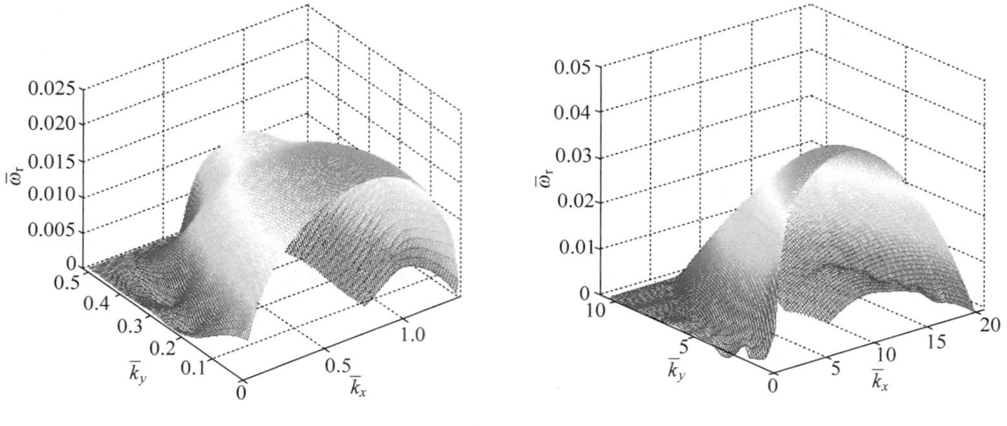

(a) (b)

图 3-9 欧拉数一定下单向气流对反对称波形 R-T 波的影响

$\bar{P}=1.235\times10^{-3}$，$Eu_1=1002$，$\bar{\rho}=1.206\times10^{-3}$

(a) 顺向气流，$\bar{U}=2$，$\bar{W}_2=0$；(b) 横向气流，$\bar{U}=0$，$\bar{W}_2=2$

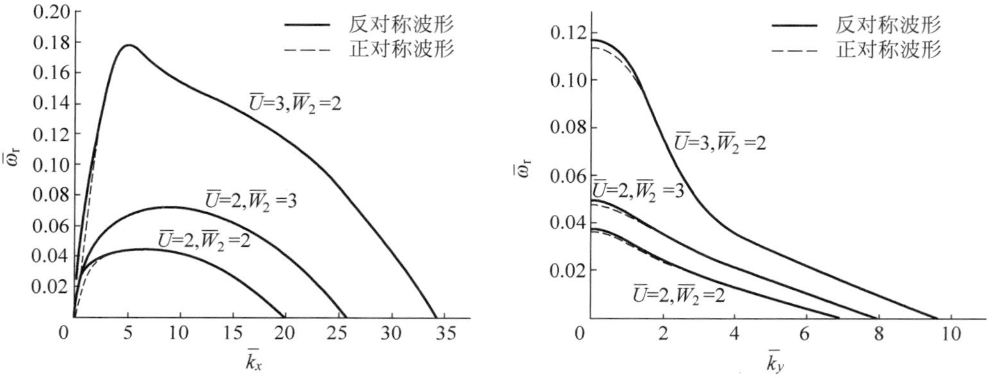

(a) (b)

图 3-10 欧拉数对复合气流中 R 波和 T 波的影响

$U_1=9$ m/s，$We_1=1114$，$Re_1=8946$，$\bar{P}=1.235\times10^{-3}$，$Eu_1=1002$，$\bar{\rho}=1.206\times10^{-3}$

(a) R 波，$\bar{k}_y=0$；(b) T 波，$\bar{k}_x=2.0$

3.4 结　　语

对平面液膜瑞利-泰勒波在复合气流中的线性不稳定性分析表明：①从对稳定极限的推导中可以看出，当 T 波不存在时，R 波依然存在；但当 R 波不存在时，T 波也就不复存在。②在流动条件一定的情况下，R 波的不稳定度总是比 T 波的大，即使在仅有横向气流而没有顺向气流的情况下仍然如此。也就是说，T 波的扰动振幅要比 R 波的小得多，数值计算数据显示与图 1-1(a)照片中对于 R 波和 T 波的观察结果完全一致。对于 R 波，表面波

增长率 $\bar{\omega}_r$ 随波数 $\bar{k}_x$ 的增大先增大后减小，存在支配表面波增长率 $\bar{\omega}_{r\text{-dom}}$ 以及对应的支配波数 $\bar{k}_{x\text{-dom}}$。对于 T 波，表面波增长率 $\bar{\omega}_r$ 随波数 $\bar{k}_y$ 的增大而持续减小，直至为零。对于顺向 R 波，随着位移的延伸，射流的振幅不断增大，波长逐渐减小，直至支配波数和支配表面波增长率点，R 波最不稳定。对于宽度方向的 T 波，支配表面波增长率 $\bar{\omega}_{r\text{-dom}}$ 位于 $\bar{k}_y=0$ 处，说明当仅有 R 波，没有 T 波时，表面波最不稳定，证明 R 波是主波，在射流团块碎裂过程中起主导作用。当 $\bar{k}_y>0$ 时，既有 R 波，又有 T 波，虽然 T 波不能增大射流团块的不稳定程度，对于平面液膜的不稳定性没有贡献，但它与 R 波一起对射流表面析出离散状的微小卫星液滴起重要作用。③表面波增长率 $\bar{\omega}_r$ 随液流韦伯数 We_1 和雷诺数 Re_1、气液流速比 $\bar{U}$ 和 W_2、气流马赫数 Ma_{gj} 和液流欧拉数 Eu_1 的增大而增大。说明这些量纲一准则参数均是平面液膜碎裂的不稳定因素。④在仅有顺向气流的情况下，反对称波形的表面波增长率明显大于正对称波形的，在液膜的碎裂过程中起支配作用；但在仅有横向气流的情况下，由于气流流动方向与瑞利波和泰勒波的波动方向相互垂直，因此正/反对称波形的表面波增长率相差无几，表面波波形对液膜不稳定性的影响几乎可以忽略不计。⑤在仅有顺向气流或者仅有横向气流的情况下，横向气流比顺向气流更易造成液膜的碎裂；但在既有顺向气流又有横向气流的复合气流情况下，则是顺向气流比横向气流对于液膜不稳定性的影响更大。⑥在可压缩气流的大马赫数范围，顺向气流的马赫数比横向气流的对表面波不稳定性的影响大得多，而表面波波形对不稳定性几乎没有影响。

习　题

3-1　试写出平面液膜 R-T 波量纲一化的扰动表达式。

3-2　对于喷雾研究来说，为什么液滴的重力能够忽略不计？

3-3　试写出非齐次线性一阶微分方程 $y_{,x}+p(x)y=q(x)$ 的通解。

3-4　试写出平面液膜 R-T 波量纲一化的时间模式色散准则关系式。

3-5　R 波和 T 波如何影响平面液膜的不稳定性？

3-6　物理物性参数如何影响平面液膜的不稳定性？

3-7　顺向和横向气流如何影响平面液膜的不稳定性？

第4章

平面液膜时间空间和时空模式的线性不稳定性

平面液膜时间模式、空间模式和时空模式的线性不稳定性理论物理模型包括：①黏性不可压缩液流，仅有顺向液流基流速度，即 $U_l \neq 0, V_l = W_l = 0$。②无黏性可压缩气流，仅有顺向气流基流速度，即 $U_{gj} \neq 0, V_{gi} = W_{gj} = 0$。③二维扰动连续性方程和纳维-斯托克斯控制方程组，一维扰动运动学边界条件、附加边界条件和动力学边界条件。④仅研究时间模式、空间模式和时空模式的瑞利波。⑤仅研究第一级波，而不涉及第二级波和第三级波及它们的叠加。⑥采用的研究方法为线性不稳定性理论。

4.1 平面液膜时间空间和时空模式的色散准则关系式及稳定极限

时间模式的扰动表达式为 $\exp(\bar{\omega}\bar{t} + \mathrm{i}\bar{k}\bar{x} + \mathrm{i}\alpha)$，空间模式和时空模式的扰动表达式为 $\exp(\mathrm{i}\bar{\omega}\bar{t} + \mathrm{i}\bar{k}\bar{x} + \mathrm{i}\alpha)$。平面液膜时间模式瑞利波的线性不稳定性理论已经在《液体喷雾学》[1]中论述过，根据该理论的推导，只需将色散准则关系式和稳定极限表达式中的 $\bar{\omega}$ 替换为 $\mathrm{i}\bar{\omega}$，就可以得到空间模式和时空模式瑞利波的色散准则关系式和稳定极限。对于不稳定性分析，本章将重点进行时间、空间和时空模式之间的比较研究，与《液体喷雾学》和第 3 章中重复的内容将不再赘述。

4.1.1 平面液膜时间空间和时空模式的色散准则关系式

平面液膜时间模式瑞利波的色散准则关系式[1]中，近反对称波形分开式色散准则关系式为

$$Ls(1 + \mathrm{e}^{\mathrm{i}\alpha}) - \bar{k}\bar{P}\left[\frac{Ma_{g1}^2}{\bar{s}_{g1}\bar{U}_1^2}(\bar{\omega} + \mathrm{i}\bar{k}\bar{U}_1)^2 - \frac{Ma_{g2}^2}{\bar{s}_{g2}\bar{U}_2^2}(\bar{\omega} + \mathrm{i}\bar{k}\bar{U}_2)^2\right] = 0 \tag{4-1}$$

近正对称波形分开式色散准则关系式为

$$Lv(1 - \mathrm{e}^{\mathrm{i}\alpha}) - \bar{k}\bar{P}\left[\frac{Ma_{g1}^2}{\bar{s}_{g1}\bar{U}_1^2}(\bar{\omega} + \mathrm{i}\bar{k}\bar{U}_1)^2 - \frac{Ma_{g2}^2}{\bar{s}_{g2}\bar{U}_2^2}(\bar{\omega} + \mathrm{i}\bar{k}\bar{U}_2)^2\right] = 0 \tag{4-2}$$

合并式色散准则关系式为

$$LvLs - \frac{\bar{k}\bar{P}}{2}\left[\frac{Ma_{g1}^2}{\bar{s}_{g1}\bar{U}_1^2}(\bar{\omega} + \mathrm{i}\bar{k}\bar{U}_1)^2 - \frac{Ma_{g2}^2}{\bar{s}_{g2}\bar{U}_2^2}(\bar{\omega} + \mathrm{i}\bar{k}\bar{U}_2)^2\right](Lv + Ls) = 0 \tag{4-3}$$

式中，

$$Ls = -(\bar{s}_1^2 + \bar{k}^2)^2 \tanh(\bar{k}) + 4\bar{k}^3 \bar{s}_1 \tanh(\bar{s}_1) - \frac{\bar{k}\bar{P}Re_1^2 Eu_1 Ma_{g2}^2}{\bar{s}_{g2}\bar{U}_2^2}(\bar{\omega} + i\bar{k}\bar{U}_2)^2 - \frac{\bar{k}^3}{Oh_1^2} \tag{4-4}$$

$$Lv = -(\bar{s}_1^2 + \bar{k}^2)^2 \coth(\bar{k}) + 4\bar{k}^3 \bar{s}_1 \coth(\bar{s}_1) - \frac{\bar{k}\bar{P}Re_1^2 Eu_1 Ma_{g2}^2}{\bar{s}_{g2}\bar{U}_2^2}(\bar{\omega} + i\bar{k}\bar{U}_2)^2 - \frac{\bar{k}^3}{Oh_1^2} \tag{4-5}$$

$$\bar{s}_1^2 = \bar{k}^2 + Re_1(\bar{\omega} + i\bar{k}) \tag{4-6}$$

$$\bar{s}_{gj}^2 = \bar{k}^2 + Ma_1^2(\bar{\omega} + i\bar{k}\bar{U}_j)^2 \tag{4-7}$$

$\bar{k}$ 为实数波数；$\bar{\omega} = \bar{\omega}_r + i\bar{\omega}_i$，$\bar{\omega}_r$ 为时间模式表面波增长率，$\bar{\omega}_i$ 为特征频率；$Oh_1^2 = \dfrac{We_1}{Re_1^2}$。

将方程(4-1)～方程(4-7)中的 $\bar{\omega}$ 替换为 $i\bar{\omega}$，得空间模式和时空模式的色散准则关系式。近反对称波形分开式色散准则关系式为

$$Ls(1 + e^{i\alpha}) + \bar{k}\bar{P}\left[\frac{Ma_{g1}^2}{\bar{s}_{g1}\bar{U}_1^2}(\bar{\omega} + \bar{k}\bar{U}_1)^2 - \frac{Ma_{g2}^2}{\bar{s}_{g2}\bar{U}_2^2}(\bar{\omega} + \bar{k}\bar{U}_2)^2\right] = 0 \tag{4-8}$$

近正对称波形分开式色散准则关系式为

$$Lv(1 - e^{i\alpha}) + \bar{k}\bar{P}\left[\frac{Ma_{g1}^2}{\bar{s}_{g1}\bar{U}_1^2}(\bar{\omega} + \bar{k}\bar{U}_1)^2 - \frac{Ma_{g2}^2}{\bar{s}_{g2}\bar{U}_2^2}(\bar{\omega} + \bar{k}\bar{U}_2)^2\right] = 0 \tag{4-9}$$

合并式色散准则关系式为

$$LvLs + \frac{\bar{k}\bar{P}}{2}\left[\frac{Ma_{g1}^2}{\bar{s}_{g1}\bar{U}_1^2}(\bar{\omega} + \bar{k}\bar{U}_1)^2 - \frac{Ma_{g2}^2}{\bar{s}_{g2}\bar{U}_2^2}(\bar{\omega} + \bar{k}\bar{U}_2)^2\right](Lv + Ls) = 0 \tag{4-10}$$

式中，

$$Ls = -(\bar{s}_1^2 + \bar{k}^2)^2 \tanh(\bar{k}) + 4\bar{k}^3 \bar{s}_1 \tanh(\bar{s}_1) + \frac{\bar{k}\bar{P}Re_1^2 Eu_1 Ma_{g2}^2}{\bar{s}_{g2}\bar{U}_2^2}(\bar{\omega} + \bar{k}\bar{U}_2)^2 - \frac{\bar{k}^3}{Oh_1^2} \tag{4-11}$$

$$Lv = -(\bar{s}_1^2 + \bar{k}^2)^2 \coth(\bar{k}) + 4\bar{k}^3 \bar{s}_1 \coth(\bar{s}_1) + \frac{\bar{k}\bar{P}Re_1^2 Eu_1 Ma_{g2}^2}{\bar{s}_{g2}\bar{U}_2^2}(\bar{\omega} + \bar{k}\bar{U}_2)^2 - \frac{\bar{k}^3}{Oh_1^2} \tag{4-12}$$

$$\bar{s}_1^2 = \bar{k}^2 + iRe_1(\bar{\omega} + \bar{k}) \tag{4-13}$$

$$\bar{s}_{gj}^2 = \bar{k}^2 - \frac{Ma_{gj}^2}{\bar{U}_j^2}(\bar{\omega} + \bar{k}\bar{U}_j)^2 \tag{4-14}$$

对于空间模式：$\bar{\omega}$ 为实数特征频率；$\bar{k} = \bar{k}_r + i\bar{k}_i$，$-\bar{k}_i$ 为空间模式表面波增长率，$\bar{k}_r$ 为波数。对于时空模式：$\bar{\omega} = \bar{\omega}_r + i\bar{\omega}_i$，$\bar{k} = \bar{k}_r + i\bar{k}_i$；$-\bar{\omega}_i$ 为时间轴表面波增长率，$-\bar{k}_i$ 为空间轴表面波增长率，$\bar{\omega}_r$ 为特征频率，$\bar{k}_r$ 为波数。

4.1.2 平面液膜时间空间和时空模式的稳定极限

对于时间模式，在最稳定状况下，由于时间轴表面波增长率 $\bar{\omega}_r \equiv 0$，有

$$\bar{\omega} = \bar{\omega}_{\mathrm{r}} + \mathrm{i}\bar{\omega}_{\mathrm{i}} = \mathrm{i}\bar{\omega}_{\mathrm{i}} \tag{4-15}$$

根据方程(4-6)，由于 $\bar{s}_1^2$、$\bar{k}_1^2$、Re_1 均为实数，所以$(\bar{\omega}+\mathrm{i}\bar{k})$的虚部必须为零，有

$$\bar{\omega} + \mathrm{i}\bar{k} = \mathrm{i}\bar{\omega}_{\mathrm{i}} + \mathrm{i}\bar{k} = 0 \tag{4-16}$$

$$\bar{\omega}_{\mathrm{i}} = -\bar{k} \tag{4-17}$$

对于空间模式，在最稳定状况下，由于空间轴表面波增长率 $\bar{k}_{\mathrm{i}} \equiv 0$，有

$$\bar{k} = \bar{k}_{\mathrm{r}} + \mathrm{i}\bar{k}_{\mathrm{i}} = \bar{k}_{\mathrm{r}} \tag{4-18}$$

根据方程(4-13)，由于 $\bar{s}_1^2$ 和 $\bar{k}_1^2$ 均为实数，所以虚部 $Re_1(\bar{\omega}+\bar{k})$必须为零，即

$$\bar{\omega} = -\bar{k} = -\bar{k}_{\mathrm{r}} \tag{4-19}$$

将方程(4-18)和方程(4-19)分别代入方程(4-8)和方程(4-9)，可得

$$Ls = Lv = -\bar{k}_0^2\left(\frac{\bar{k}_0}{We_1} - \frac{\bar{k}\bar{P}\bar{U}_{\mathrm{d2}}^2}{\bar{s}_{\mathrm{g2}}}\right) \tag{4-20}$$

因此，空间模式的空间轴稳定极限，或者称为截断波数为

$$\bar{k}_{\mathrm{r01}} = \frac{\bar{P}\bar{U}_{\mathrm{d1}}^2 We_1}{\sqrt{1 - \dfrac{\bar{U}_{\mathrm{d1}}^2}{\bar{U}_1^2} Ma_{\mathrm{g1}}^2}} \tag{4-21}$$

$$\bar{k}_{\mathrm{r02}} = \frac{\bar{P}\bar{U}_{\mathrm{d2}}^2 We_1}{\sqrt{1 - \dfrac{\bar{U}_{\mathrm{d2}}^2}{\bar{U}_2^2} Ma_{\mathrm{g2}}^2}} \tag{4-22}$$

近正对称波形的空间轴截断波数为

$$\bar{k}_{\mathrm{r0}} = \min(\bar{k}_{\mathrm{r01}}, \bar{k}_{\mathrm{r02}}) \tag{4-23}$$

近反对称波形的空间轴截断波数为

$$\bar{k}_{\mathrm{r0}} = \max(\bar{k}_{\mathrm{r01}}, \bar{k}_{\mathrm{r02}}) \tag{4-24}$$

对于时空模式，在最稳定状况下，由于时间轴表面波增长率 $\bar{\omega}_{\mathrm{i}} \equiv 0$ 和空间轴表面波增长率 $\bar{k}_{\mathrm{i}} \equiv 0$，有方程(4-18)和

$$\bar{\omega} = \bar{\omega}_{\mathrm{r}} + \mathrm{i}\bar{\omega}_{\mathrm{i}} = \bar{\omega}_{\mathrm{r}} \tag{4-25}$$

根据方程(4-13)，由于 $\bar{s}_1^2$ 和 $\bar{k}_1^2$ 均为实数，所以虚部 $Re_1(\bar{\omega}+\bar{k})$必须为零，即

$$\bar{\omega} = \bar{\omega}_{\mathrm{r}} = -\bar{k} = -\bar{k}_{\mathrm{r}} \tag{4-26}$$

将方程(4-18)、方程(4-25)和方程(4-26)分别代入方程(4-8)和方程(4-9)，也可得方程(4-20)。因此，时空模式的空间轴稳定极限与空间模式的稳定极限相同，为方程(4-21)和方程(4-22)，近正/反对称波形的截断波数为方程(4-23)和方程(4-24)。由 4.2.1 节的数值计算可知，空间模式的截断波数与时间模式的几乎相同，因此时间轴稳定极限为

$$\bar{\omega}_{\mathrm{r01}} = \frac{\bar{P}\bar{U}_{\mathrm{d1}}^2 We_1}{\sqrt{1 - \dfrac{\bar{U}_{\mathrm{d1}}^2}{\bar{U}_1^2} Ma_{\mathrm{g1}}^2}} \tag{4-27}$$

$$\bar{\omega}_{r02} = \frac{\bar{P}\bar{U}_{d2}^2 We_1}{\sqrt{1 - \frac{\bar{U}_{d2}^2}{\bar{U}_2^2} Ma_{g2}^2}} \tag{4-28}$$

近正对称波形的时间轴截断波数为

$$\bar{\omega}_{r0} = \min(\bar{\omega}_{r01}, \bar{\omega}_{r02}) \tag{4-29}$$

近反对称波形的时间轴截断波数为

$$\bar{\omega}_{r0} = \max(\bar{\omega}_{r01}, \bar{\omega}_{r02}) \tag{4-30}$$

4.2　平面液膜时间空间和时空模式的线性不稳定性分析

4.2.1　平面液膜时间和空间模式的线性不稳定性分析

时间模式色散准则关系式隐含了时间轴表面波增长率 $\bar{\omega}_r$ 与波数 $\bar{k}$ 之间的关系，空间模式色散准则关系式则隐含了空间轴表面波增长率 $-\bar{k}_i$ 与波数 $\bar{k}_r$ 之间的关系，采用穆勒方法，可以对色散准则关系式求取数值解，绘制出时间模式和空间模式表面波增长率随波数变化的 $\bar{\omega}_r-\bar{k}$ 和 $(-\bar{k}_i)-\bar{k}_r$ 曲线图，并进行比较。

4.2.1.1　液膜两侧气液流速比之差的影响

图 4-1 所示为空间模式和时间模式液膜两侧气液流速比之差 $\bar{U}_d$ 的影响。实线表示空间模式 $(-\bar{k}_i)-\bar{k}_r$ 曲线，虚线表示时间模式 $\bar{\omega}_r-\bar{k}$ 曲线。图 4-1(a) 所示为近反对称波形，图 4-1(b)所示为近正对称波形。由图 4-1 可知，空间模式与时间模式的表面波增长率变化规律相同，曲线几乎重合，数值大小也几乎完全相等，空间模式与时间模式的不稳定性均衡，说明采用时间/空间模式进行液膜的不稳定性分析均可。

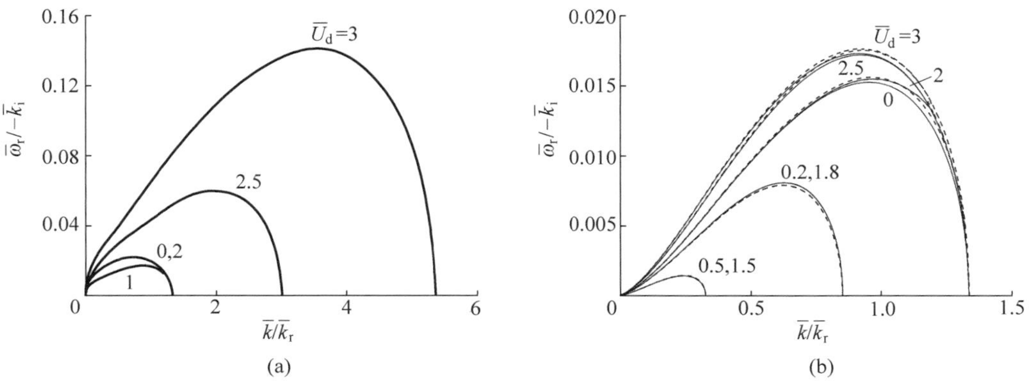

图 4-1　气液流速比之差对时间与空间模式的影响

实线表示空间模式，虚线表示时间模式

$U_1=9$ m/s, $We_1=1114$, $Re_1=8946$, $\bar{\rho}=1.206\times10^{-3}$, $\bar{U}_2=0$

(a) 近反对称波形；(b) 近正对称波形

图 4-2 所示为小韦伯数和高气液密度比下，时间/空间模式的表面波增长率随液膜两侧气液流速比之差 $\overline{U}_d$ 的变化曲线。图 4-2(a) 所示为空间模式，图 4-2(b)所示为时间模式。从图 4-2 可看出，当 $\overline{U}_d$ 一定时，空间模式表面波增长率 $-\overline{k}_i$ 要大于时间模式表面波增长率 $\overline{\omega}_r$。这说明对于两种模式而言，空间模式表面波更不稳定，更容易使液膜碎裂。时间模式与空间模式的不稳定性不再均衡。在这种情况下，应采用空间模式对平面液膜的不稳定性进行研究。

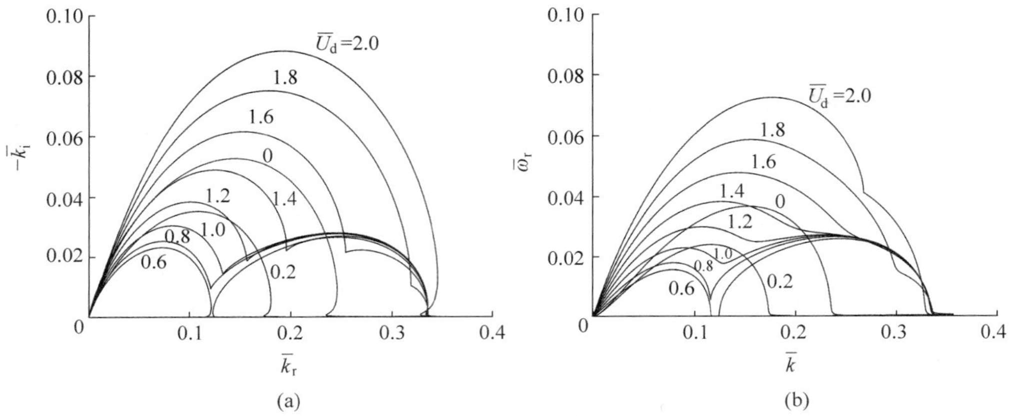

图 4-2 小韦伯数和高气液密度比下的时间与空间模式

近反对称波形，$U_l=0.5$ m/s，$We_l=3$，$Re_l=497$，$\overline{\rho}=1.187\times10^{-1}$，$\overline{U}_2=0$

(a) 空间模式；(b) 时间模式

为了探讨时间/空间模式的适用条件，后面将主要对于时间/空间模式的均衡性进行分析。

4.2.1.2 液流韦伯数和雷诺数的影响

液流韦伯数和雷诺数对时间模式与空间模式的影响见图 4-3。

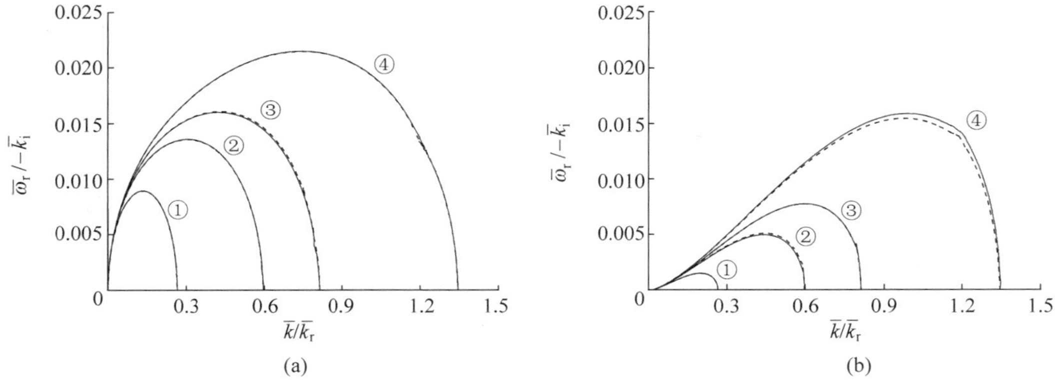

图 4-3 液流韦伯数和雷诺数对时间与空间模式的影响

实线表示空间模式，虚线表示时间模式

$\overline{U}_2=0$，$\overline{U}_d=2$，$\overline{\rho}=1.206\times10^{-3}$

① $U_l=4$ m/s，$We_l=220$，$Re_l=3976$；② $U_l=6$ m/s，$We_l=495$，$Re_l=5964$；

③ $U_l=7$ m/s，$We_l=674$，$Re_l=6958$；④ $U_l=9$ m/s，$We_l=1114$，$Re_l=8946$

(a) 近反对称波形；(b) 近正对称波形

4.2.1.3　气流马赫数的影响

气流马赫数的影响见图 4-4～图 4-6。

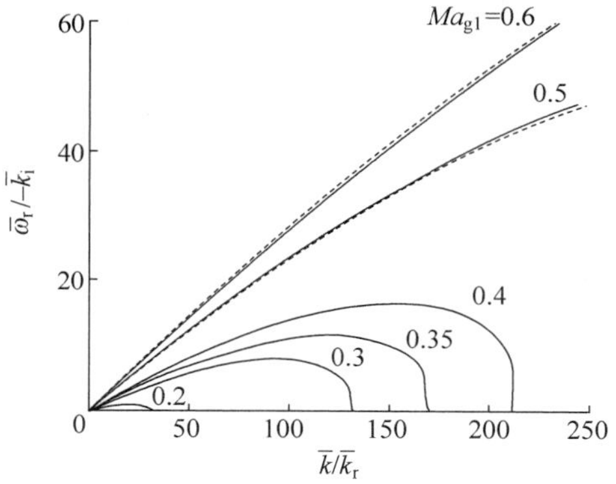

图 4-4　单侧气流马赫数对时间与空间模式的影响

实线表示空间模式，虚线表示时间模式

近反对称波形，$U_1=22$ m/s，$We_1=6655$，$Re_1=21869$，$\bar{\rho}=1.206\times10^{-3}$，$\bar{U}_2=0$

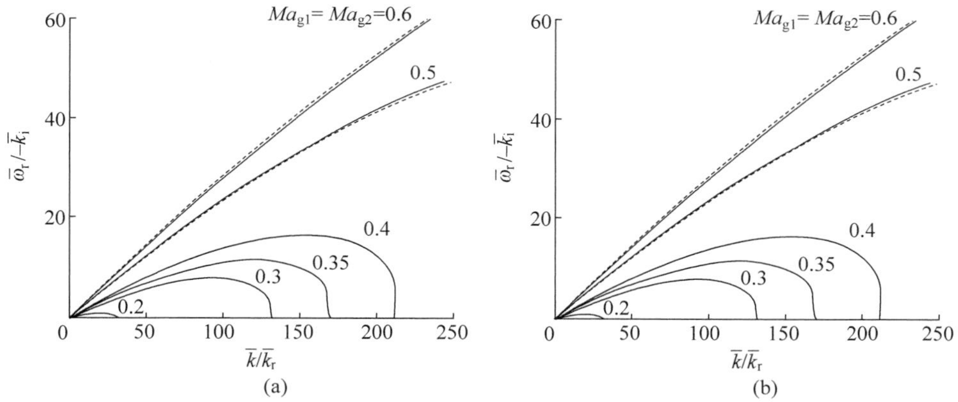

图 4-5　双侧等速气流马赫数对时间与空间模式的影响

实线表示空间模式，虚线表示时间模式

$U_1=22$ m/s，$We_1=6655$，$Re_1=21869$，$\bar{\rho}=1.206\times10^{-3}$

（a）反对称波形；（b）正对称波形

4.2.1.4　液流欧拉数的影响

液流欧拉数的影响见图 4-7。

4.2.1.5　气液密度比的影响

气液密度比的影响见图 4-8。

从图 4-1～图 4-8 可以看出，大多数情况下时间模式与空间模式的不稳定性是均衡的，采用时间模式或者空间模式来分析平面液膜的不稳定性均可，大多数学者采用的是时间模

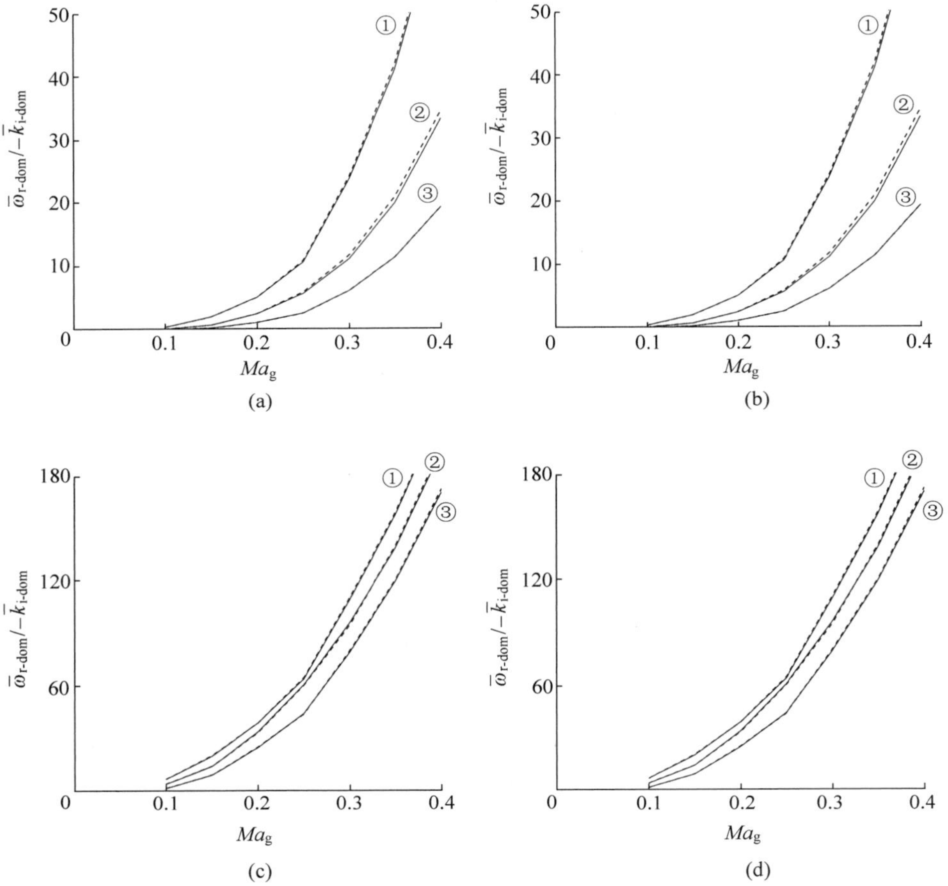

图 4-6 气流马赫数对时间和空间模式支配表面波增长率和支配波数的影响

实线表示空间模式,虚线表示时间模式

$\bar{\rho}=1.206\times10^{-3}$,$\bar{U}_d=0$

① $U_1=9$ m/s,$We_1=1114$,$Re_1=8946$;② $U_1=15$ m/s,$We_1=3094$,$Re_1=14911$;③ $U_1=22$ m/s,$We_1=6655$,$Re_1=21869$。

(a) 反对称波形支配表面波增长率;(b) 正对称波形支配表面波增长率;(c) 反对称波形支配波数;(d)正对称波形支配波数

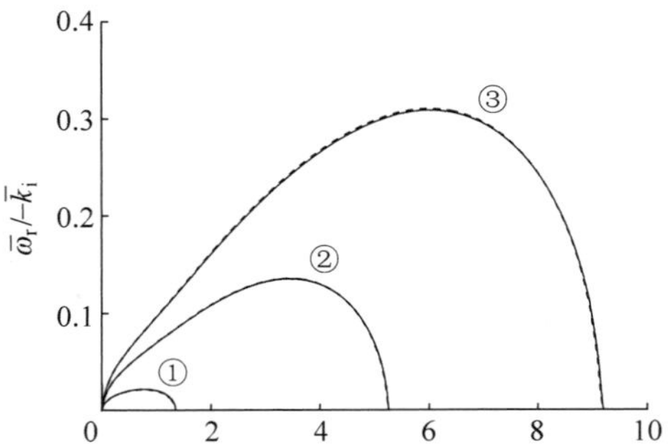

图 4-7 液流欧拉数对时间与空间模式的影响

实线表示空间模式,虚线表示时间模式

近反对称波形,$U_1=9$ m/s,$We_1=1114$,$Re_1=8946$,$\bar{U}_d=0$;

① $\bar{P}=5.00\times10^{-3}$,$Eu_1=247$,$\bar{\rho}=1.206\times10^{-3}$;② $\bar{P}=8.00\times10^{-3}$,$Eu_1=618$,$\bar{\rho}=4.720\times10^{-3}$;

③ $\bar{P}=8.75\times10^{-3}$,$Eu_1=989$,$\bar{\rho}=8.268\times10^{-3}$

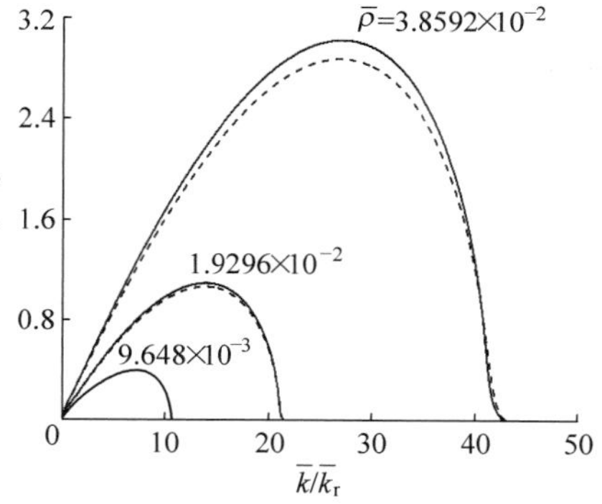

图 4-8　气液密度比对时间与空间模式的影响

实线表示空间模式，虚线表示时间模式

近反对称波形，$U_1=9$ m/s，$We_1=1114$，$Re_1=8946$，$\bar{U}_1=\bar{U}_2=0$

式进行研究。只有在小韦伯数和高气液密度比情况下，时间模式与空间模式的不稳定性不再均衡，分别见图 4-2 和图 4-8，空间模式的表面波增长率要比时间模式的略大，表面波更加不稳定，故应采用空间模式进行研究。

4.2.2　平面液膜时空模式的线性不稳定性分析

时空模式色散准则关系式隐含了时间/空间轴表面波增长率$-\bar{\omega}_i/-\bar{k}_i$随时间/空间轴波数$\bar{\omega}_r/\bar{k}_r$的变化关系，使用穆勒方法，可以对色散准则关系式求取数值解，绘制出时间/空间轴表面波增长率随时间/空间轴波数变化关系的$(-\bar{\omega}_i)-\bar{\omega}_r-k_r$和$(-\bar{k}_i)-\bar{\omega}_r-k_r$三维时空曲线图。

4.2.2.1　液膜两侧气液流速比之差的影响

图 4-9 为液膜两侧气液流速比之差对时间/空间轴表面波增长率及支配表面波增长率的影响，实线表示空间轴，虚线表示时间轴。从图 4-9(a)和(b)中可以看出，近反对称波形的表面波增长率要比近正对称波形的大得多，因此对于平面液膜不稳定性的分析应以近反对称波形为主。时间/空间轴表面波增长率变化规律相同，实线与虚线几乎重合，数值大小几乎完全相等。时空模式的三维曲线位于$\bar{\omega}_r$-$\bar{k}_r$波数平面 45°方向的垂直平面上，时空平直，时空曲率为零。从图 4-9 中还可以看出，随着支配表面波增长率$-\bar{\omega}_{i\text{-dom}}/-\bar{k}_{i\text{-dom}}$的增大，$-k_{i\text{-dom}}/-\bar{\omega}_{i\text{-dom}}$持续减小，反之亦然，此消彼长。当时间轴支配表面波增长率$-\bar{\omega}_{i\text{-dom}}$增大到最大值时，空间轴支配表面波增长率下降为$-\bar{k}_{i\text{-dom}}=0$；当空间轴支配表面波增长率$-\bar{k}_{i\text{-dom}}$增大到最大值时，时间轴支配表面波增长率下降为$-\bar{\omega}_{i\text{-dim}}=0$。说明时间模式与空间模式不但是时空模式的特例，而且是最高点和最不均衡点，这一结论与 Li 和 Shen 对于圆柱坐标系的研究结果完全一致[20]。当时间/空间轴的支配表面波增长率都不为零时，只有$-\bar{\omega}_{i\text{-dom}}=-\bar{k}_{i\text{-dom}}$一个点的时空是均衡的，其余点都是不均衡的。在$\bar{U}_d$的全部变化范围内，$-\bar{k}_i/-\bar{\omega}_i=0$曲线的两头都刚好到达零平面。也就是说，时空模式的时间/空间轴表

面波增长率曲线的两头正好是临界波数点和截断波数点。当$-\bar{\omega}_{\text{i-dom}}/-\bar{k}_{\text{i-dom}}>0$时，$-\bar{k}_{\text{i}}/-\bar{\omega}_{\text{i}}$曲线的两头会穿过零平面，进入稳定区。

从图 4-9(c)和(d)中可以看出，随着支配表面波增长率$-\bar{\omega}_{\text{i-dom}}/-\bar{k}_{\text{i-dom}}$的增大，$-\bar{k}_{\text{i-dom}}/-\bar{\omega}_{\text{i-dom}}$持续减小，而时空表面波增长率$\bar{G}_{\text{ab}}=(-\bar{\omega}_{\text{i-dom}})+(-\bar{k}_{\text{i-dom}})$曲线平直，数值大小几乎相等。因此，可以仅以$-\bar{k}_{\text{i-dom}}=0$的时间轴三维时空曲线作为时空模式的研究对象进行不稳定性分析。

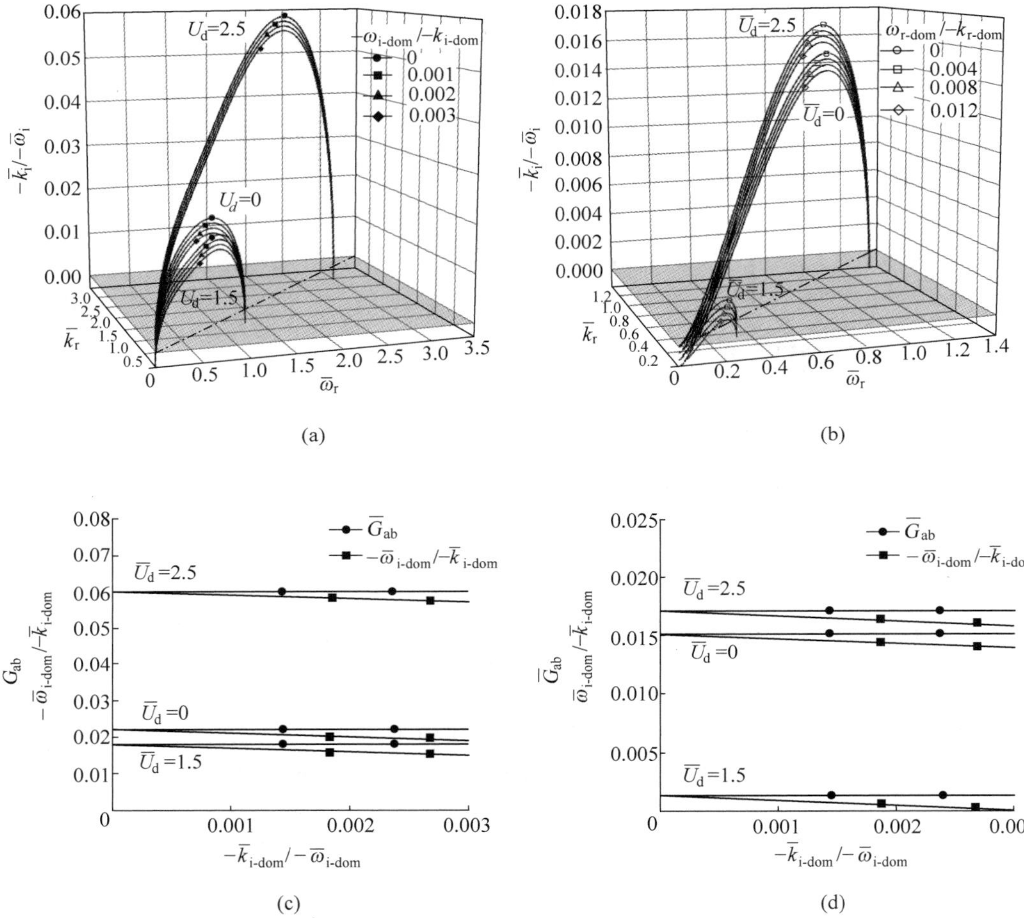

图 4-9 气液流速比之差对时空模式的影响

实线表示空间轴，虚线表示时间轴

$U_1=9$ m/s，$We_1=1114$，$Re_1=8946$，$\bar{\rho}=1.206\times10^{-3}$，$\bar{U}_2=0$

(a) 近反对称波形的三维时空曲线；(b) 近正对称波形的三维时空曲线；

(c) 近反对称波形的支配表面波增长率；(d) 近正对称波形的支配表面波增长率

当液流韦伯数很小，气液密度比$\bar{\rho}$较大时，时空模式近反对称波形的表面波增长率曲线将会出现双波峰，如图 4-10 所示。图 4-10(a)所示为时间轴的三维时空曲线；图 4-10(b)为空间轴的三维时空曲线；图 4-10(c)为$\bar{U}_{\text{d}}=0$下时间轴三维时空曲线的 45°角正视图；

图 4-10(d)为 $\overline{U}_d=0$ 下空间轴三维时空曲线的 45°角正视图；图 4-10(e)为 $\overline{U}_d=0$ 下时间轴三维时空曲线的 45°角俯视图；图 4-10(f)为 $\overline{U}_d=0$ 下空间轴三维时空曲线的 45°角俯视图；图 4-10(g)为时间/空间轴的支配表面波增长率。

三维时空曲线不再保持在波数平面的 45°方向的垂直平面上，而是要发生弯曲，均值群速度 $\bar{\boldsymbol{v}}_{g1}$ 和 $\bar{\boldsymbol{v}}_{g2}$ 矢量不一定指向波数平面 45°方向，但与临界波数和截断波数的函数关系 $\bar{v}_{g1}=\sqrt{\omega_{rc}^2+k_{rc}^2}$ 和 $\bar{v}_{g2}=\sqrt{\omega_{r0}^2+k_{r0}^2}$ 仍然存在。这在 $\overline{U}_d=0$ 的时间/空间轴三维时空曲线的 45°角正视图 4-10(c)和(d)，以及俯视图 4-10(e)和(f)中可以明显看出。在这种情况下，不但会形成两个不稳定点，而且不稳定点时间轴的波数变小、特征频率变大；空间轴的波数变大，特征频率变小，时空曲线发生弯曲，时空曲率不为零。对于俯视图 4-10(e)，除了时间轴 $-\bar{\omega}_i=0$ 曲线的截断波数点又回到了 45°方向以外，其余三维时空曲线的截断波数点都

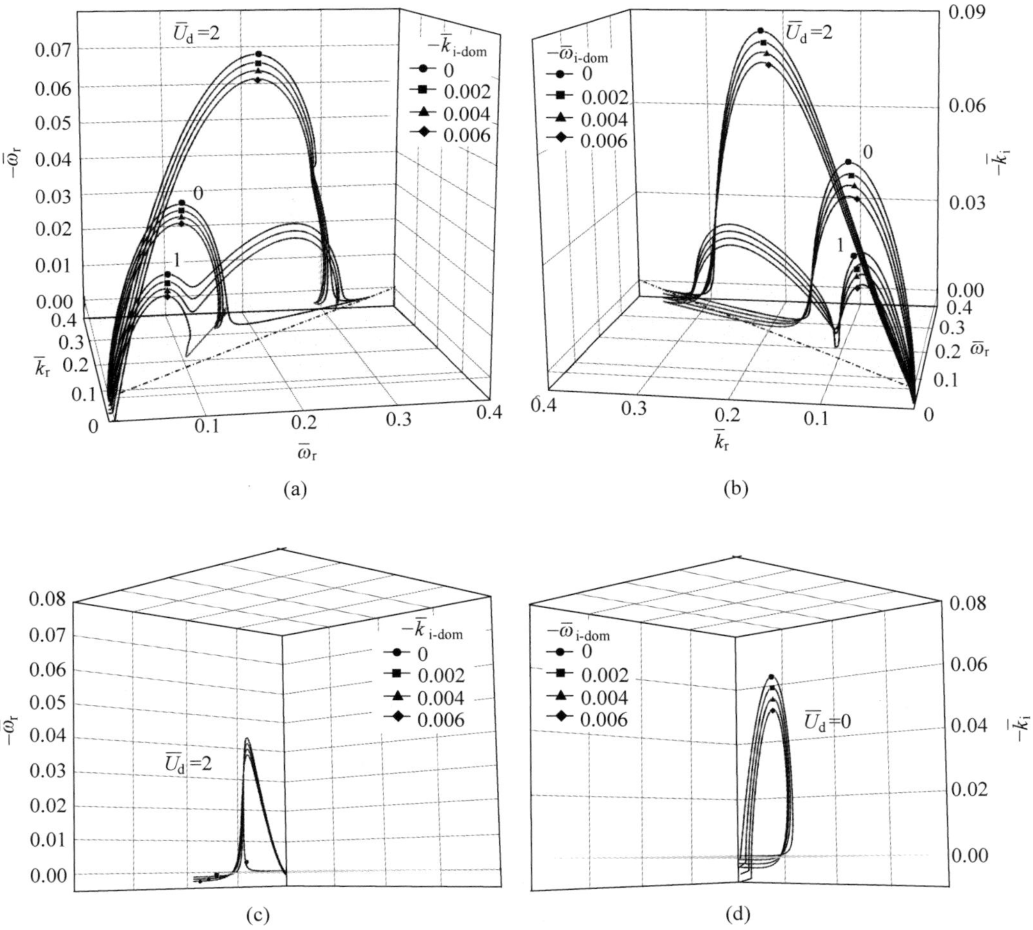

图 4-10　低速高气液密度比下气液流速比之差对时空模式的影响

近反对称波形，$U_1=0.5$ m/s，$We_1=3$，$Re_1=497$，$\bar{\rho}=1.187\times10^{-1}$，$\overline{U}_2=0$

(a) 时间轴的三维时空曲线；(b) 空间轴的三维时空曲线图；(c) 时间轴的 45°角正视图；(d) 空间轴的 45°角正视图；(e) 时间轴的 45°角俯视图；(f) 空间轴的 45°角俯视图；(g) 时间/空间轴的支配表面波增长率(实线表示空间轴，虚线表示时间轴)

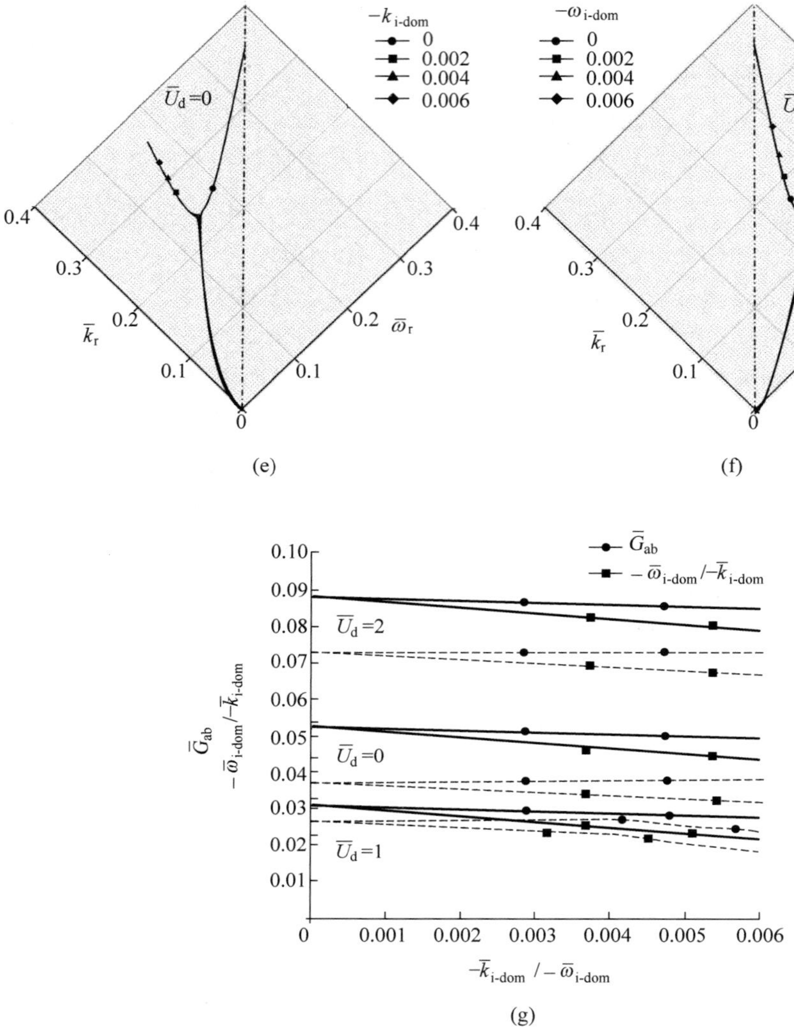

图 4-10 （续）

偏离 45°方向，曲线被压弯，时空曲率不再为零，使得液膜更加稳定。从图 4-10(g)中可以看出，随着$-\bar{\omega}_{\text{i-dom}}/-\bar{k}_{\text{i-dom}}$的增大，$-\bar{k}_{\text{i-dom}}/-\bar{\omega}_{\text{i-dom}}$持续减小，但时空表面波增长率$\bar{G}_{ab}$曲线平直，各条曲线的时空表面波增长率数值大小几乎相等。尽管如此，由于时间/空间轴的三维时空曲线不再重合，变化趋势也不再相同(见图 4-10(a)和(b))。空间轴的表面波增长率要比时间轴的大。因此，在小韦伯数和高气液密度比下，可以仅以$-\bar{\omega}_{\text{i-dom}}=0$的空间轴三维时空曲线作为时空模式的研究对象进行不稳定性分析。

支配参数是影响连续液膜碎裂的关键因素。由三维时空曲线中获取支配表面波增长率，可以绘制时间/空间轴的支配表面波增长率曲线，该曲线表达了射流最不稳定的状况，后面将仅针对时间/空间轴的支配表面波增长率曲线进行分析。

4.2.2.2　液流韦伯数和雷诺数的影响

液流韦伯数和雷诺数对时空模式支配表面波增长率的影响见图 4-11。

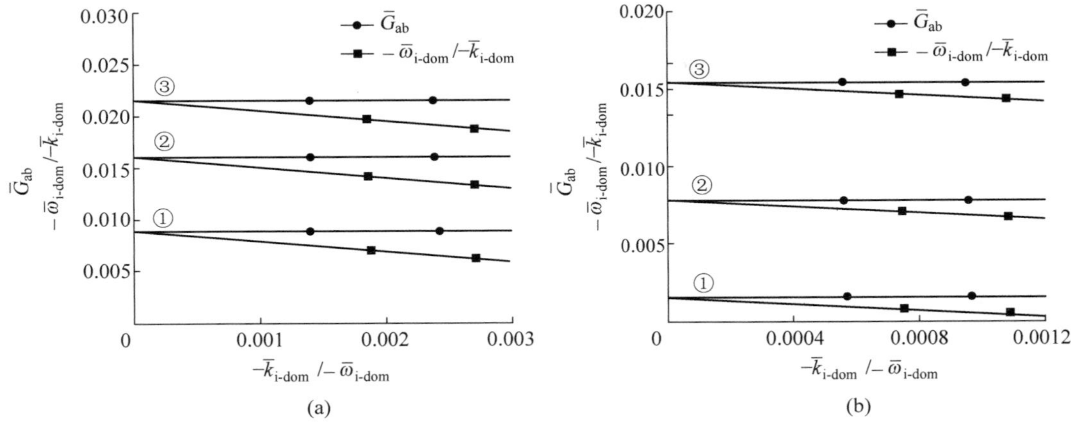

图 4-11　液流韦伯数和雷诺数对时空模式支配表面波增长率的影响

实线表示空间轴，虚线表示时间轴

$\bar{U}_2=0, \bar{U}_d=2, \bar{\rho}=1.206\times10^{-3}$

① $U_1=4$ m/s，$We_1=220$，$Re_1=3976$；② $U_1=6$ m/s，$We_1=495$，$Re_1=5964$；

③ $U_1=9$ m/s，$We_1=1114$，$Re_1=8946$

(a) 近反对称波形；(b) 近正对称波形

4.2.2.3　气流马赫数的影响

气流马赫数对时空模式支配表面波增长率的影响见图 4-12 和图 4～13。

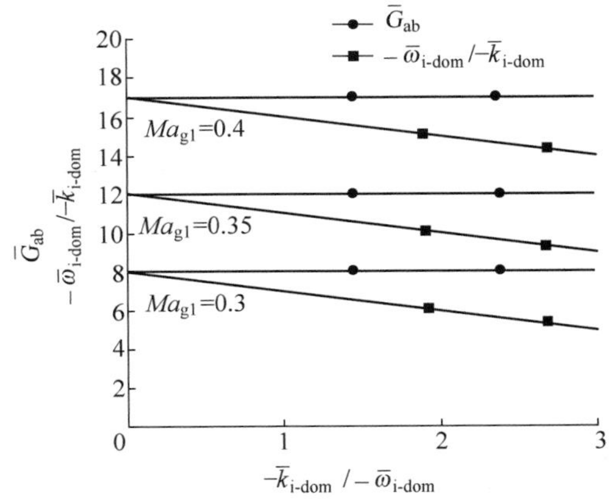

图 4-12　单侧气流马赫数对时空模式支配表面波增长率的影响

实线表示空间轴，虚线表示时间轴

近反对称波形，$U_1=22$ m/s，$We_1=6655$，$Re_1=21869$，$\bar{\rho}=1.206\times10^{-3}$，$\bar{U}_2=0$

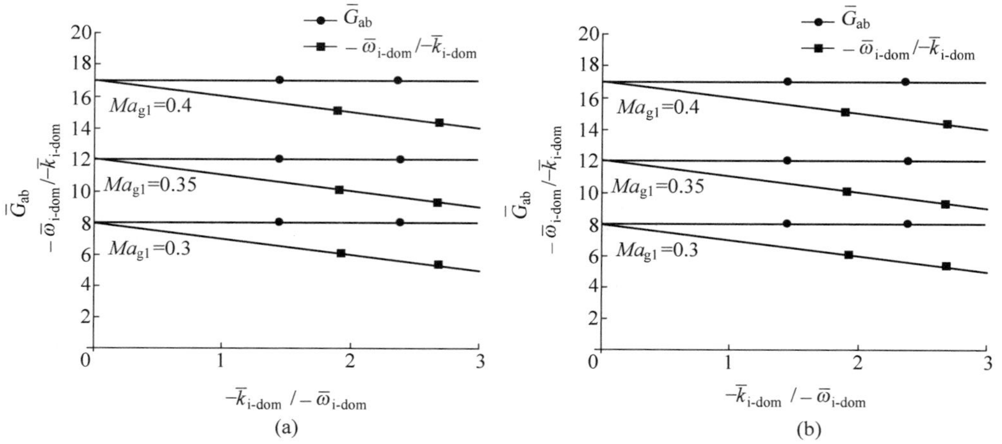

图 4-13　双侧等速气流马赫数对时空模式支配表面波增长率的影响

实线表示空间轴，虚线表示时间轴

$U_1=22$ m/s，$We_1=6655$，$Re_1=21869$，$\bar{\rho}=1.206\times10^{-3}$

(a) 反对称波形；(b) 正对称波形

4.2.2.4　液流欧拉数的影响

液流欧拉数对时空模式支配表面波增长率的影响见图 4-14。

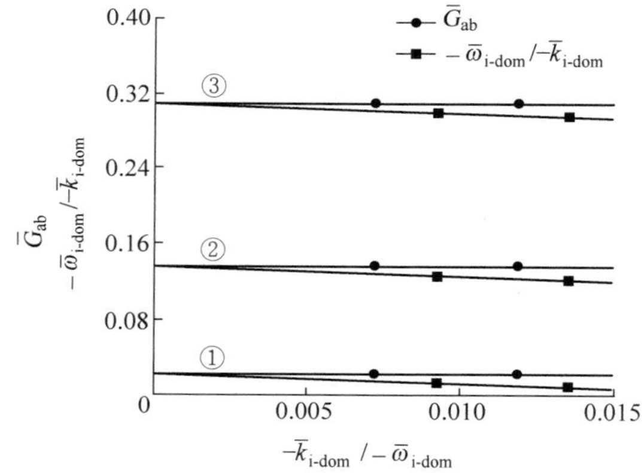

图 4-14　液流欧拉数对时空模式支配表面波增长率的影响

实线表示空间轴，虚线表示时间轴

近反对称波形，$U_1=9$ m/s，$We_1=1114$，$Re_1=8946$，$\bar{U}_d=0$

① $\bar{P}=5.00\times10^{-3}$，$Eu_1=247$，$\bar{\rho}=1.206\times10^{-3}$；② $\bar{P}=8.00\times10^{-3}$，$Eu_1=618$，$\bar{\rho}=4.720\times10^{-3}$；

③ $\bar{P}=8.75\times10^{-3}$，$Eu_1=989$，$\bar{\rho}=8.268\times10^{-3}$

4.2.2.5　气液密度比的影响

气液密度比对时空模式支配表面波增长率的影响见图 4-15。

从图 4-11～图 4-15 可以看出，除了高气液密度比时空轴支配表面波增长率要比时间轴

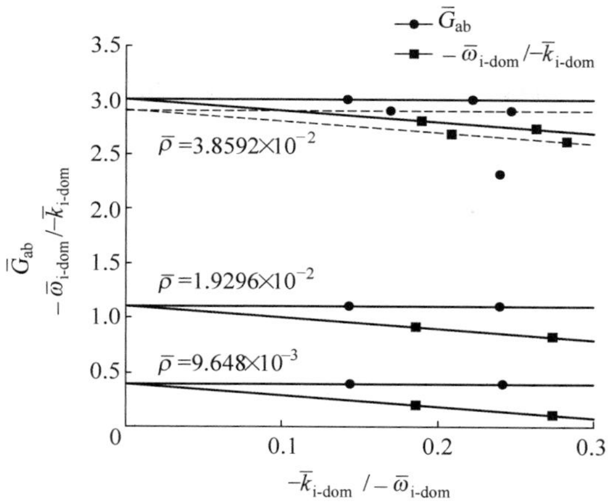

图 4-15　气液密度比对时空模式支配表面波增长率的影响

实线表示空间轴，虚线表示时间轴

$U_1=9$ m/s，$We_1=1114$，$Re_1=8946$，$\bar{U}_1=\bar{U}_2=0$

的大，需要采用 $-\bar{\omega}_i=0$ 的空间轴三维时空曲线分析不稳定性以外，其余所有时间/空间轴曲线均相互重合，并且随着支配表面波增长率 $-\bar{\omega}_{i\text{-dom}}/-\bar{k}_{i\text{-dom}}$ 的增大，$-\bar{k}_{i\text{-dom}}/-\bar{\omega}_{i\text{-dom}}$ 持续减小，而时空表面波增长率 $\bar{G}_{ab}$ 曲线平直，数值大小几乎相等。因此，可以仅以 $-\bar{k}_{i\text{-dom}}=0$ 的时间轴三维时空曲线作为时空模式的研究对象进行不稳定性分析。

4.3　结　　语

对时间模式、空间模式和时空模式的不稳定性分析可以看出，时间模式和空间模式是时空模式的特例，它们的支配表面波增长率既是最高点，也是最不均衡点。在大韦伯数和低气液密度比的情况下，无论气液体物理物性参数变化与否，时间模式与空间模式以及时空模式的时间轴与空间轴之间的表面波增长率曲线几乎完全重合，数值大小相等。说明时间模式与空间模式是均衡的，采用哪种模式进行平面液膜的不稳定分析均可，大多数学者采用的是时间模式。对于时空模式，由于时间/空间轴表面波增长率相等时才是均衡的，因此即使时间/空间轴三维时空曲线重合，也不一定均衡。虽然如此，时间/空间轴曲线仍相互重合，而且随着支配表面波增长率 $-\bar{\omega}_{i\text{-dom}}/-\bar{k}_{i\text{-dom}}$ 的增大，$-\bar{k}_{i\text{-dom}}/-\bar{\omega}_{i\text{-dom}}$ 持续减小，但时空表面波增长率 $\bar{G}_{ab}$ 曲线平直，数值大小几乎相等。因此，可以仅以 $-\bar{k}_{i\text{-dom}}=0$ 的时间轴三维时空曲线作为时空模式的研究对象进行不稳定性分析。三维时空曲线位于 $\bar{\omega}_r$-$\bar{k}_r$ 波数平面 45°方向的垂直平面上，时空平直，时空曲率为零。然而，在小韦伯数和高气液密度比下，时间/空间轴三维时空曲线分离，空间轴的支配表面波增长率要比时间轴的大，此时应采用 $-\bar{\omega}_{i\text{-dom}}=0$ 的空间轴进行平面液膜的不稳定性分析。三维时空曲线偏离 $\bar{\omega}_r$-$\bar{k}_r$ 波数平面 45°方向的垂直平面，时空弯曲，时空曲率不为零，平面液膜更加稳定。

习 题

4-1 基于平面液膜时间模式线性不稳定性，如何推导空间和时空模式的色散准则关系式？

4-2 试写出平面液膜空间模式和时空模式的色散准则关系式。

4-3 试述平面液膜时间模式与空间模式的均衡性。

4-4 试述时间、空间和时空模式之间的相互关系。

4-5 试述平面液膜时空模式的不稳定性分析。

第5章 平面液膜的非线性不稳定性

平面液膜的非线性不稳定性理论物理模型包括：①无黏性不可压缩液流，即液流假设为理想流体，允许使用流函数或者势函数进行推导，本章使用势函数推导。仅有顺向液流基流速度，即 $U_1 \neq 0, V_1 = W_1 = 0$。②无黏性不可压缩气流，即气流也假设为理想流体，使用势函数进行推导。静止气体环境，即 $U_{gj} = V_{gj} = W_{gj} = 0$。③二维扰动连续性方程和伯努利控制方程，一维扰动三级波运动学边界条件和动力学边界条件。④仅研究时空模式的瑞利波。⑤研究第一级波、第二级波和第三级波及它们的叠加。⑥采用的研究方法为非线性不稳定性理论。

首先，推导出第一级表面波、第二级表面波和第三级表面波的控制方程，再在非线性边界 $\bar{z} = (-1)^{j+1} + \bar{\xi}_j$ 处建立第一级表面波、第二级表面波和第三级表面波的运动学边界条件和动力学边界条件，继而将边界条件在 $\bar{z}_0 = (-1)^{j+1}$ 处进行泰勒级数展开，得到在边界 $\bar{z}_0 = (-1)^{j+1}$ 处的第一级表面波、第二级表面波和第三级表面波的运动学边界条件和动力学边界条件。本书采用时空模式表面波扰动振幅初始函数表达式推导出正/反对称第一级表面波、第二级表面波和第三级表面波的解。非线性的时空模式表面波扰动振幅初始函数表达式能够很好地与线性不稳定性理论相衔接。最后，运用 MATLAB 软件或者 FORTRAN 语言编制程序，对时空模式的解进行数值计算，将第一级表面波非线性不稳定性理论的表面波增长率与线性不稳定理论的进行对比；然后绘制第一级表面波、第二级表面波和第三级正/反对称表面波的波形图，以及波形叠加图，用于预测表面波的碎裂长度，并与实验结果进行对比。

5.1 平面液膜扰动振幅和速度势函数的各阶偏导数

5.1.1 平面液膜扰动振幅的各阶偏导数

5.1.1.1 三级表面波扰动振幅的气液相合式

三级表面波扰动振幅 $\bar{\xi}_j$ 的气液相合式为方程(2-200)。

5.1.1.2 扰动振幅 $\bar{\xi}_j$ 对 $\bar{z}$ 的一阶偏导数(存在于运动学边界条件和动力学边界条件中)

按照定义：$\bar{\xi}_j = \sum_{m=1}^{3} \bar{\xi}_0^m(\bar{z}) \bar{\xi}_{mj}(\bar{x}, \bar{t})$。由于 $\bar{\xi}_0^m(\bar{z}) = \text{const.}$，$\bar{\xi}_{mj}(\bar{x}, \bar{t})$ 与 $\bar{z}$ 无关。由此

$$\bar{\xi}_{j,\bar{z}}=0 \tag{5-1}$$

可见，$\bar{\xi}_j$ 对 $\bar{z}$ 的各阶偏导数均为零。

5.1.1.3 扰动振幅 $\bar{\xi}_j$ 对 $\bar{x}$ 的一阶偏导数(存在于运动学边界条件和动力学边界条件中)

$$\bar{\xi}_{j,\bar{x}}=\sum_{m=1}^{3}\bar{\xi}_0^m\bar{\xi}_{mj,\bar{x}}=\bar{\xi}_0\bar{\xi}_{1j,\bar{x}}+\bar{\xi}_0^2\bar{\xi}_{2j,\bar{x}}+\bar{\xi}_0^3\bar{\xi}_{3j,\bar{x}} \tag{5-2}$$

5.1.1.4 扰动振幅 $\bar{\xi}_j$ 对 $\bar{x}$ 的二阶偏导数(存在于动力学边界条件中)

$$\bar{\xi}_{j,\bar{x}\bar{x}}=\sum_{m=1}^{3}\bar{\xi}_0^m\bar{\xi}_{mj,\bar{x}\bar{x}}=\bar{\xi}_0\bar{\xi}_{1j,\bar{x}\bar{x}}+\bar{\xi}_0^2\bar{\xi}_{2j,\bar{x}\bar{x}}+\bar{\xi}_0^3\bar{\xi}_{3j,\bar{x}\bar{x}} \tag{5-3}$$

5.1.1.5 扰动振幅 $\bar{\xi}_j$ 对 $\bar{t}$ 的一阶偏导数(存在于运动学边界条件中)

$$\bar{\xi}_{j,\bar{t}}=\sum_{m=1}^{3}\bar{\xi}_0^m\bar{\xi}_{mj,\bar{t}}=\bar{\xi}_0\bar{\xi}_{1j,\bar{t}}+\bar{\xi}_0^2\bar{\xi}_{2j,\bar{t}}+\bar{\xi}_0^3\bar{\xi}_{3j,\bar{t}} \tag{5-4}$$

5.1.2 平面液膜速度势函数的各阶偏导数

5.1.2.1 三级表面波速度势函数的气液相合式

三级表面波速度势函数 $\bar{\phi}_j$ 的气液相合式为方程(2-204)。

由于零级波就意味着没有扰动波，因此零级波势函数本身必然为线性的。线性不稳定性分析的液相零级波势函数为 $\bar{\phi}_{0lj}=\bar{x}$；非线性不稳定性分析的液相零级波势函数为 $\bar{\phi}_{0lj}=\bar{x}+\int\bar{u}_{lj}\,\mathrm{d}\bar{x}=\bar{x}$，$\bar{\phi}_{0lj,\bar{x}}=1$，$\bar{\phi}_{0lj,\bar{x}\bar{x}}=0$，$\bar{\phi}_{0lj,\bar{z}}=0$，$\bar{\phi}_{0lj,\bar{z}\bar{z}}=0$，$\bar{\phi}_{0lj,\bar{t}}=0$。线性不稳定性分析的气相零级波势函数为 $\bar{\phi}_{0g}=\text{const.}$；非线性不稳定性分析的气相零级波势函数为 $\bar{\phi}_{0gj}=\text{const.}+\int\bar{u}_{gj}\,\mathrm{d}\bar{x}=\text{const.}$，$\bar{\phi}_{0gj,\bar{x}}=0$，$\bar{\phi}_{0gj,\bar{x}\bar{x}}=0$，$\bar{\phi}_{0gj,\bar{z}}=0$，$\bar{\phi}_{0gj,\bar{z}\bar{z}}=0$，$\bar{\phi}_{0gj,\bar{t}}=0$。

5.1.2.2 速度势函数 $\bar{\phi}_j$ 对 $\bar{x}$ 的一阶偏导数(存在于运动学边界条件和动力学边界条件中)

液相

$$\bar{\phi}_{lj,\bar{x}}=\sum_{m=0}^{3}\bar{\xi}_0^m\bar{\phi}_{mlj,\bar{x}}=\bar{\phi}_{0lj,\bar{x}}+\bar{\xi}_0\bar{\phi}_{1lj,\bar{x}}+\bar{\xi}_0^2\bar{\phi}_{2lj,\bar{x}}+\bar{\xi}_0^3\bar{\phi}_{3lj,\bar{x}} \tag{5-5}$$

式中，$\bar{\phi}_{0lj,\bar{x}}=1$。方程(5-5)变成

$$\bar{\phi}_{lj,\bar{x}}=1+\bar{\xi}_0\bar{\phi}_{1lj,\bar{x}}+\bar{\xi}_0^2\bar{\phi}_{2lj,\bar{x}}+\bar{\xi}_0^3\bar{\phi}_{3lj,\bar{x}} \tag{5-6}$$

气相

$$\bar{\phi}_{gj,\bar{x}}=\sum_{m=0}^{3}\bar{\xi}_0^m\bar{\phi}_{mgj,\bar{x}}=\bar{\phi}_{0gj,\bar{x}}+\bar{\xi}_0\bar{\phi}_{1gj,\bar{x}}+\bar{\xi}_0^2\bar{\phi}_{2gj,\bar{x}}+\bar{\xi}_0^3\bar{\phi}_{3gj,\bar{x}} \tag{5-7}$$

式中，$\bar{\phi}_{0gj,\bar{x}}=0$。方程(5-7)变成

$$\bar{\phi}_{gj,\bar{x}}=\bar{\xi}_0\bar{\phi}_{1gj,\bar{x}}+\bar{\xi}_0^2\bar{\phi}_{2gj,\bar{x}}+\bar{\xi}_0^3\bar{\phi}_{3gj,\bar{x}} \tag{5-8}$$

5.1.2.3 速度势函数 $\bar{\phi}_j$ 对 $\bar{x}$ 的二阶偏导数(存在于连续性方程中)

液相

$$\bar{\phi}_{lj,\bar{x}\bar{x}}=\sum_{m=0}^{3}\bar{\xi}_0^m\bar{\phi}_{mlj,\bar{x}\bar{x}}=\bar{\phi}_{0lj,\bar{x}\bar{x}}+\bar{\xi}_0\bar{\phi}_{1lj,\bar{x}\bar{x}}+\bar{\xi}_0^2\bar{\phi}_{2lj,\bar{x}\bar{x}}+\bar{\xi}_0^3\bar{\phi}_{3lj,\bar{x}\bar{x}} \tag{5-9}$$

式中，$\bar{\phi}_{0lj,\bar{x}\bar{x}}=0$。方程(5-9)变成

$$\bar{\phi}_{lj,\bar{x}\bar{x}}=\bar{\xi}_0\bar{\phi}_{1lj,\bar{x}\bar{x}}+\bar{\xi}_0^2\bar{\phi}_{2lj,\bar{x}\bar{x}}+\bar{\xi}_0^3\bar{\phi}_{3lj,\bar{x}\bar{x}} \tag{5-10}$$

气相

$$\bar{\phi}_{gj,\bar{x}\bar{x}}=\sum_{m=0}^{3}\bar{\xi}_0^m\bar{\phi}_{mgj,\bar{x}\bar{x}}=\bar{\phi}_{0gj,\bar{x}\bar{x}}+\bar{\xi}_0\bar{\phi}_{1gj,\bar{x}\bar{x}}+\bar{\xi}_0^2\bar{\phi}_{2gj,\bar{x}\bar{x}}+\bar{\xi}_0^3\bar{\phi}_{3gj,\bar{x}\bar{x}} \tag{5-11}$$

式中，$\bar{\phi}_{0gj,\bar{x}\bar{x}}=0$。方程(5-11)变成

$$\bar{\phi}_{gj,\bar{x}\bar{x}}=\bar{\xi}_0\bar{\phi}_{1gj,\bar{x}\bar{x}}+\bar{\xi}_0^2\bar{\phi}_{2gj,\bar{x}\bar{x}}+\bar{\xi}_0^3\bar{\phi}_{3gj,\bar{x}\bar{x}} \tag{5-12}$$

5.1.2.4 速度势函数 $\bar{\phi}_j$ 对 $\bar{z}$ 的一阶偏导数(存在于运动学边界条件和动力学边界条件中)

液相

$$\bar{\phi}_{lj,\bar{z}}=\sum_{m=0}^{3}\bar{\xi}_0^m\bar{\phi}_{mlj,\bar{z}}=\bar{\phi}_{0lj,\bar{z}}+\bar{\xi}_0\bar{\phi}_{1lj,\bar{z}}+\bar{\xi}_0^2\bar{\phi}_{2lj,\bar{z}}+\bar{\xi}_0^3\bar{\phi}_{3lj,\bar{z}} \tag{5-13}$$

式中，$\bar{\phi}_{0lj,\bar{z}}=0$。方程(5-13)变成

$$\bar{\phi}_{lj,\bar{z}}=\bar{\xi}_0\bar{\phi}_{1lj,\bar{z}}+\bar{\xi}_0^2\bar{\phi}_{2lj,\bar{z}}+\bar{\xi}_0^3\bar{\phi}_{3lj,\bar{z}} \tag{5-14}$$

气相

$$\bar{\phi}_{gj,\bar{z}}=\sum_{m=0}^{3}\bar{\xi}_0^m\bar{\phi}_{mgj,\bar{z}}=\bar{\phi}_{0gj,\bar{z}}+\bar{\xi}_0\bar{\phi}_{1gj,\bar{z}}+\bar{\xi}_0^2\bar{\phi}_{2gj,\bar{z}}+\bar{\xi}_0^3\bar{\phi}_{3gj,\bar{z}} \tag{5-15}$$

式中，$\bar{\phi}_{0gj,\bar{z}}=0$。方程(5-15)变成

$$\bar{\phi}_{gj,\bar{z}}=\bar{\xi}_0\bar{\phi}_{1gj,\bar{z}}+\bar{\xi}_0^2\bar{\phi}_{2gj,\bar{z}}+\bar{\xi}_0^3\bar{\phi}_{3gj,\bar{z}} \tag{5-16}$$

5.1.2.5 速度势函数 $\bar{\phi}_j$ 对 $\bar{z}$ 的二阶偏导数(存在于连续性方程中)

液相

$$\bar{\phi}_{lj,\bar{z}\bar{z}}=\sum_{m=0}^{3}\bar{\xi}_0^m\bar{\phi}_{mlj,\bar{z}\bar{z}}=\bar{\phi}_{0lj,\bar{z}\bar{z}}+\bar{\xi}_0\bar{\phi}_{1lj,\bar{z}\bar{z}}+\bar{\xi}_0^2\bar{\phi}_{2lj,\bar{z}\bar{z}}+\bar{\xi}_0^3\bar{\phi}_{3lj,\bar{z}\bar{z}} \tag{5-17}$$

式中，$\bar{\phi}_{0lj,\bar{z}\bar{z}}=0$。方程(5-17)变成

$$\bar{\phi}_{lj,\bar{z}\bar{z}}=\bar{\xi}_0\bar{\phi}_{1lj,\bar{z}\bar{z}}+\bar{\xi}_0^2\bar{\phi}_{2lj,\bar{z}\bar{z}}+\bar{\xi}_0^3\bar{\phi}_{3lj,\bar{z}\bar{z}} \tag{5-18}$$

气相

$$\bar{\phi}_{gj,\bar{z}\bar{z}}=\sum_{m=0}^{3}\bar{\xi}_0^m\bar{\phi}_{mgj,\bar{z}\bar{z}}=\bar{\phi}_{0gj,\bar{z}\bar{z}}+\bar{\xi}_0\bar{\phi}_{1gj,\bar{z}\bar{z}}+\bar{\xi}_0^2\bar{\phi}_{2gj,\bar{z}\bar{z}}+\bar{\xi}_0^3\bar{\phi}_{3gj,\bar{z}\bar{z}} \tag{5-19}$$

式中，$\bar{\phi}_{0gj,\bar{z}\bar{z}}=0$。方程(5-19)变成

$$\bar{\phi}_{gj,\bar{z}\bar{z}}=\bar{\xi}_0\bar{\phi}_{1gj,\bar{z}\bar{z}}+\bar{\xi}_0^2\bar{\phi}_{2gj,\bar{z}\bar{z}}+\bar{\xi}_0^3\bar{\phi}_{3gj,\bar{z}\bar{z}} \tag{5-20}$$

5.1.2.6 速度势函数 $\bar{\phi}_j$ 对 $\bar{t}$ 的一阶偏导数(存在于运动学边界条件中)

液相

$$\bar{\phi}_{lj,\bar{t}}=\sum_{m=0}^{3}\bar{\xi}_0^m\bar{\phi}_{mlj,\bar{t}}=\bar{\phi}_{0lj,\bar{t}}+\bar{\xi}_0\bar{\phi}_{1lj,\bar{t}}+\bar{\xi}_0^2\bar{\phi}_{2lj,\bar{t}}+\bar{\xi}_0^3\bar{\phi}_{3lj,\bar{t}} \tag{5-21}$$

式中，$\bar{\phi}_{0lj,\bar{t}}=0$。方程(5-21)变成

$$\bar{\phi}_{lj,\bar{t}}=\bar{\xi}_0\bar{\phi}_{1lj,\bar{t}}+\bar{\xi}_0^2\bar{\phi}_{2lj,\bar{t}}+\bar{\xi}_0^3\bar{\phi}_{3lj,\bar{t}} \tag{5-22}$$

气相

$$\bar{\phi}_{gj,\bar{t}}=\sum_{m=0}^{3}\bar{\xi}_0^m\bar{\phi}_{mgj,\bar{t}}=\bar{\phi}_{0gj,\bar{t}}+\bar{\xi}_0\bar{\phi}_{1gj,\bar{t}}+\bar{\xi}_0^2\bar{\phi}_{2gj,\bar{t}}+\bar{\xi}_0^3\bar{\phi}_{3gj,\bar{t}} \tag{5-23}$$

式中，$\bar{\phi}_{0gj,\bar{t}}=0$。方程(5-23)变成

$$\bar{\phi}_{gj,\bar{t}}=\bar{\xi}_0\bar{\phi}_{1gj,\bar{t}}+\bar{\xi}_0^2\bar{\phi}_{2gj,\bar{t}}+\bar{\xi}_0^3\bar{\phi}_{3gj,\bar{t}} \tag{5-24}$$

5.2 在平面液膜气液交界面上对速度势函数按泰勒级数的展开式

在求取速度势函数的特解时，需要将速度势函数 $\bar{\phi}_j$ 在边界处进行泰勒级数展开。气液交界面边界为：非线性边界 $\bar{z}=(-1)^{j+1}+\bar{\xi}_j$；线性边界 $\bar{z}_0=(-1)^{j+1}$，其中，当 $j=1$ 时，正/反对称波形的 $\bar{\xi}_1$ 均为正；当 $j=2$ 时，反对称波形的 $\bar{\xi}_2$ 仍为正，而正对称波形的 $\bar{\xi}_2$ 却为负。由于正/反对称波形的 $|\bar{\xi}_1|=|\bar{\xi}_2|$，因此，对于正对称波形，$\bar{\xi}_1=-\bar{\xi}_2$；对于反对称波形，$\bar{\xi}_1=\bar{\xi}_2$。在气液交界面上对速度势函数按泰勒级数展开前三项(三级波)的气液项合式如下。

5.2.1 平面液膜速度势函数的泰勒级数展开式

$$\bar{\phi}_j\Big|_{\bar{z}}=\bar{\phi}_j\Big|_{\bar{z}_0}+\bar{\xi}_j\bar{\phi}_{j,\bar{z}}\Big|_{\bar{z}_0}+\frac{1}{2!}\bar{\xi}_j^2\bar{\phi}_{j,\bar{z}\bar{z}}\Big|_{\bar{z}_0} \tag{5-25}$$

可见，经过泰勒级数展开后，可将非线性边界转化成线性边界，使得推导过程大为简化。

5.2.2 平面液膜速度势函数一阶偏导数的泰勒级数展开式

5.2.2.1 速度势函数 $\bar{\phi}_j$ 对 $\bar{z}$ 的一阶偏导数(存在于运动学边界条件和动力学边界条件中)

扰动振幅 $\bar{\xi}_j=\sum_{m=1}^{3}\bar{\xi}_0^m(\bar{z})\bar{\xi}_{mj}(\bar{x},\bar{t})$ 中的 $\bar{\xi}_0^m$ 项是$\bar{z}$ 的函数。但本研究中 $\bar{\xi}_0$ 假设为需实

验确定的常数，m 为指数，也是表面波的级数。因此，$\bar{\xi}_0^m=\text{const.}$，$\bar{\xi}_j$ 就与 $\bar{z}$ 无关了，速度势函数 $\bar{\phi}_j$ 对 $\bar{z}$ 求偏导数时可以将 $\bar{\xi}_{mj}$ 看作常数。

将第零级表面波、第一级表面波、第二级表面波和第三级表面波的速度势函数按泰勒级数展开前三项（三级波）的气液项合式如下。

(1) $\bar{\phi}_{0j,\bar{z}}\Big|_{\bar{z}}$

$$\bar{\phi}_{0j,\bar{z}}\Big|_{\bar{z}_0}=0 \tag{5-26}$$

(2) $\bar{\phi}_{1j,\bar{z}}\Big|_{\bar{z}}$

$$\bar{\phi}_{1j,\bar{z}}\Big|_{\bar{z}}=\bar{\phi}_{1j,\bar{z}}\Big|_{\bar{z}_0}+\bar{\xi}_j\bar{\phi}_{1j,\bar{z}\bar{z}}\Big|_{\bar{z}_0}+\frac{1}{2!}\bar{\xi}_j^2\bar{\phi}_{1j,\bar{z}\bar{z}\bar{z}}\Big|_{\bar{z}_0} \tag{5-27}$$

将扰动振幅 $\bar{\xi}_j$ 的展开式(2-200)代入方程(5-27)，得

$$\bar{\phi}_{1j,\bar{z}}\Big|_{\bar{z}}=\bar{\phi}_{1j,\bar{z}}\Big|_{\bar{z}}+(\bar{\xi}_0\bar{\xi}_{1j}+\bar{\xi}_0^2\bar{\xi}_{2j}+\bar{\xi}_0^3\bar{\xi}_{3j})\bar{\phi}_{1j,\bar{z}\bar{z}}\Big|_{\bar{z}}+\frac{1}{2}(\bar{\xi}_0\bar{\xi}_{1j}+\bar{\xi}_0^2\bar{\xi}_{2j}+\bar{\xi}_0^3\bar{\xi}_{3j})^2\bar{\phi}_{1j,\bar{z}\bar{z}\bar{z}}\Big|_{\bar{z}} \tag{5-28}$$

式中，

$$(\bar{\xi}_0\bar{\xi}_{1j}+\bar{\xi}_0^2\bar{\xi}_{2j}+\bar{\xi}_0^3\bar{\xi}_{3j})^2=\bar{\xi}_0^2\bar{\xi}_{1j}^2+2\bar{\xi}_0^3\bar{\xi}_{1j}\bar{\xi}_{2j}+2\bar{\xi}_0^4\bar{\xi}_{1j}\bar{\xi}_{3j}+\bar{\xi}_0^4\bar{\xi}_{2j}^2+2\bar{\xi}_0^5\bar{\xi}_{2j}\bar{\xi}_{3j}+\bar{\xi}_0^6\bar{\xi}_{3j}^2 \tag{5-29}$$

由于 $\bar{\xi}_0<1$，且只研究到第三级表面波，所以只保留到 $\bar{\xi}_0$ 的三级项，即将 $\bar{\xi}_0$ 的指数大于 3 的高阶小量项忽略掉。方程(5-29)简化成

$$(\bar{\xi}_0\bar{\xi}_{1j}+\bar{\xi}_0^2\bar{\xi}_{2j}+\bar{\xi}_0^3\bar{\xi}_{3j})^2=\bar{\xi}_0^2\bar{\xi}_{1j}^2+2\bar{\xi}_0^3\bar{\xi}_{1j}\bar{\xi}_{2j} \tag{5-30}$$

将方程(5-30)代入方程(5-28)，得

$$\bar{\phi}_{1j,\bar{z}}\Big|_{\bar{z}}=\bar{\phi}_{1j,\bar{z}}\Big|_{\bar{z}_0}+(\bar{\xi}_0\bar{\xi}_{1j}+\bar{\xi}_0^2\bar{\xi}_{2j}+\bar{\xi}_0^3\bar{\xi}_{3j})\bar{\phi}_{1j,\bar{z}\bar{z}}\Big|_{\bar{z}_0}+\frac{1}{2}(\bar{\xi}_0^2\bar{\xi}_{1j}^2+2\bar{\xi}_0^3\bar{\xi}_{1j}\bar{\xi}_{2j})\bar{\phi}_{1j,\bar{z}\bar{z}\bar{z}}\Big|_{\bar{z}_0} \tag{5-31}$$

(3) $\bar{\xi}_0\bar{\phi}_{1j,\bar{z}}\Big|_{\bar{z}}$

$$\bar{\xi}_0\bar{\phi}_{1j,\bar{z}}\Big|_{\bar{z}}=\bar{\xi}_0\bar{\phi}_{1j,\bar{z}}\Big|_{\bar{z}_0}+\bar{\xi}_0(\bar{\xi}_0\bar{\xi}_{1j}+\bar{\xi}_0^2\bar{\xi}_{2j}+\bar{\xi}_0^3\bar{\xi}_{3j})\bar{\phi}_{1j,\bar{z}\bar{z}}\Big|_{\bar{z}_0}+\frac{1}{2}\bar{\xi}_0(\bar{\xi}_0\bar{\xi}_{1j}+\bar{\xi}_0^2\bar{\xi}_{2j}+\bar{\xi}_0^3\bar{\xi}_{3j})^2\bar{\phi}_{1j,\bar{z}\bar{z}\bar{z}}\Big|_{\bar{z}_0} \tag{5-32}$$

将方程(5-30)代入方程(5-32)，得

$$\bar{\xi}_0\bar{\phi}_{1j,\bar{z}}\Big|_{\bar{z}}=\bar{\xi}_0\bar{\phi}_{1j,\bar{z}}\Big|_{\bar{z}_0}+\bar{\xi}_0(\bar{\xi}_0\bar{\xi}_{1j}+\bar{\xi}_0^2\bar{\xi}_{2j}+\bar{\xi}_0^3\bar{\xi}_{3j})\bar{\phi}_{1j,\bar{z}\bar{z}}\Big|_{\bar{z}_0}+\frac{1}{2}\bar{\xi}_0(\bar{\xi}_0^2\bar{\xi}_{1j}^2+2\bar{\xi}_0^3\bar{\xi}_{1j}\bar{\xi}_{2j})\bar{\phi}_{1j,\bar{z}\bar{z}\bar{z}}\Big|_{\bar{z}} \tag{5-33}$$

方程(5-33)也只保留到 $\bar{\xi}_0$ 的三级项，则方程(5-33)简化成

$$\bar{\xi}_0\bar{\phi}_{1j,\bar{z}}\Big|_{\bar{z}}=\bar{\xi}_0\bar{\phi}_{1j,\bar{z}}\Big|_{\bar{z}_0}+(\bar{\xi}_0^2\bar{\xi}_{1j}+\bar{\xi}_0^3\bar{\xi}_{2j})\bar{\phi}_{1j,\bar{z}\bar{z}}\Big|_{\bar{z}_0}+\frac{1}{2}\bar{\xi}_0^3\bar{\xi}_{1j}^2\bar{\phi}_{1j,\bar{z}\bar{z}\bar{z}}\Big|_{\bar{z}_0} \tag{5-34}$$

即方程(5-33)的高阶小量项也被忽略掉了。

(4) $\bar{\xi}_0^2\bar{\phi}_{2j,\bar{z}}\Big|_{\bar{z}}$

$$\bar{\xi}_0^2\bar{\phi}_{2j,\bar{z}}\Big|_{\bar{z}}=\bar{\xi}_0^2\bar{\phi}_{2j,\bar{z}}\Big|_{\bar{z}_0}+(\bar{\xi}_0^3\bar{\xi}_{1j}+\bar{\xi}_0^4\bar{\xi}_{2j})\bar{\phi}_{2j,\bar{z}\bar{z}}\Big|_{\bar{z}_0}+\frac{1}{2}\bar{\xi}_0^4\bar{\xi}_{1j}^2\bar{\phi}_{2j,\bar{z}\bar{z}\bar{z}}\Big|_{\bar{z}_0} \tag{5-35}$$

将方程(5-35)中大于 $\bar{\xi}_0$ 三次方的高阶小量项全部忽略掉，简化成

$$\bar{\xi}_0^2\bar{\phi}_{2j,\bar{z}}\Big|_{\bar{z}}=\bar{\xi}_0^2\bar{\phi}_{2j,\bar{z}}\Big|_{\bar{z}_0}+\bar{\xi}_0^3\bar{\xi}_{1j}\bar{\phi}_{2j,\bar{z}\bar{z}}\Big|_{\bar{z}_0} \tag{5-36}$$

(5) $\bar{\xi}_0^3\bar{\phi}_{3j,\bar{z}}\Big|_{\bar{z}}$

$$\bar{\xi}_0^3\bar{\phi}_{3j,\bar{z}}\Big|_{\bar{z}}=\bar{\xi}_0^3\bar{\phi}_{3j,\bar{z}}\Big|_{\bar{z}_0} \tag{5-37}$$

5.2.2.2 速度势函数 $\bar{\phi}_j$ 对 $\bar{x}$ 的一阶偏导数(存在于运动学边界条件和动力学边界条件中)

扰动振幅 $\bar{\xi}_j=\sum_{m=1}^{3}\bar{\xi}_0^m(\bar{z})\bar{\xi}_{mj}(\bar{x},\bar{t})$ 中的 $\bar{\xi}_{mj}(\bar{x},\bar{t})$ 项是 $\bar{x}$ 的函数，$\bar{\xi}_j$ 与 $\bar{x}$ 有关。因此，速度势函数 $\bar{\phi}_j$ 对 $\bar{x}$ 求偏导数就不能将 $\bar{\xi}_{mj}$ 看作常数，而是一个变量。

将第零级表面波、第一级表面波、第二级表面波和第三级表面波的速度势函数 $\bar{\phi}_j$ 对 $\bar{x}$ 的一阶偏导数按泰勒级数展开前三项(三级波)的气液项合式如下。

(1) $\bar{\phi}_{01j,\bar{x}}\Big|_{\bar{z}}$

液相

$$\bar{\phi}_{0lj,\bar{x}}\Big|_{\bar{z}}=1 \tag{5-38}$$

气相

$$\bar{\phi}_{0gj,\bar{x}}\Big|_{\bar{z}}=0 \tag{5-39}$$

(2) $\bar{\phi}_{1j,\bar{x}}\Big|_{\bar{z}}$

$$\bar{\phi}_{1j,\bar{x}}\Big|_{\bar{z}}=\bar{\phi}_{1j,\bar{x}}\Big|_{\bar{z}_0}+\bar{\xi}_{j,\bar{x}}\bar{\phi}_{1j,\bar{z}}\Big|_{\bar{z}_0}+\bar{\xi}_j\bar{\phi}_{1j,\bar{x}\bar{z}}\Big|_{\bar{z}_0}+\bar{\xi}_j\bar{\xi}_{j,\bar{x}}\bar{\phi}_{1j,\bar{z}\bar{z}}\Big|_{\bar{z}_0}+\frac{1}{2}\bar{\xi}_j^2\bar{\phi}_{1j,\bar{x}\bar{z}\bar{z}}\Big|_{\bar{z}_0} \tag{5-40}$$

将方程(2-200)和方程(5-32)代入方程(5-40)，得

$$\begin{aligned}\bar{\phi}_{1j,\bar{x}}\Big|_{\bar{z}}=&\bar{\phi}_{1j,\bar{x}}\Big|_{\bar{z}_0}+(\bar{\xi}_0\bar{\xi}_{1j,\bar{x}}+\bar{\xi}_0^2\bar{\xi}_{2j,\bar{x}}+\bar{\xi}_0^3\bar{\xi}_{3j,\bar{x}})\bar{\phi}_{1j,\bar{z}}\Big|_{\bar{z}_0}+\\&(\bar{\xi}_0\bar{\xi}_{1j}+\bar{\xi}_0^2\bar{\xi}_{2j}+\bar{\xi}_0^3\bar{\xi}_{3j})\bar{\phi}_{1j,\bar{x}\bar{z}}\Big|_{\bar{z}_0}+\\&(\bar{\xi}_0\bar{\xi}_{1j}+\bar{\xi}_0^2\bar{\xi}_{2j}+\bar{\xi}_0^3\bar{\xi}_{3j})(\bar{\xi}_0\bar{\xi}_{1j,\bar{x}}+\bar{\xi}_0^2\bar{\xi}_{2j,\bar{x}}+\bar{\xi}_0^3\bar{\xi}_{3j,\bar{x}})\bar{\phi}_{1j,\bar{z}\bar{z}}\Big|_{\bar{z}_0}+\\&\frac{1}{2}(\bar{\xi}_0^2\bar{\xi}_{1j}^2+2\bar{\xi}_0^3\bar{\xi}_{1j}\bar{\xi}_{2j})\bar{\phi}_{1j,\bar{x}\bar{z}\bar{z}}\Big|_{\bar{z}_0}\end{aligned} \tag{5-41}$$

将 $\bar{\xi}_0$ 的指数大于 3 的高阶小量项忽略掉，方程(5-41)简化成

$$\begin{aligned}\bar{\phi}_{1j,\bar{x}}\Big|_{\bar{z}} =& \bar{\phi}_{1j,\bar{x}}\Big|_{\bar{z}_0} + (\bar{\xi}_0\bar{\xi}_{1j,\bar{x}} + \bar{\xi}_0^2\bar{\xi}_{2j,\bar{x}} + \bar{\xi}_0^3\bar{\xi}_{3j,\bar{x}})\bar{\phi}_{1j,\bar{z}}\Big|_{\bar{z}_0} + \\ & (\bar{\xi}_0\bar{\xi}_{1j} + \bar{\xi}_0^2\bar{\xi}_{2j} + \bar{\xi}_0^3\bar{\xi}_{3j})\bar{\phi}_{1j,\bar{x}\bar{z}}\Big|_{\bar{z}_0} + \\ & (\bar{\xi}_0^2\bar{\xi}_{1j}\bar{\xi}_{1j,\bar{x}} + \bar{\xi}_0^3\bar{\xi}_{1j}\bar{\xi}_{2j,\bar{x}} + \bar{\xi}_0^3\bar{\xi}_{2j}\bar{\xi}_{1j,\bar{x}})\bar{\phi}_{1j,\bar{z}\bar{z}}\Big|_{\bar{z}_0} + \\ & \frac{1}{2}(\bar{\xi}_0^2\bar{\xi}_{1j}^2 + 2\bar{\xi}_0^3\bar{\xi}_{1j}\bar{\xi}_{2j})\bar{\phi}_{1j,\bar{x}\bar{z}\bar{z}}\Big|_{\bar{z}_0}\end{aligned} \tag{5-42}$$

(3) $\bar{\xi}_0\bar{\phi}_{1j,\bar{x}}\Big|_{\bar{z}}$

$$\begin{aligned}\bar{\xi}_0\bar{\phi}_{1j,\bar{x}}\Big|_{\bar{z}} =& \bar{\xi}_0\bar{\phi}_{1j,\bar{x}}\Big|_{\bar{z}_0} + (\bar{\xi}_0^2\bar{\xi}_{1j,\bar{x}} + \bar{\xi}_0^3\bar{\xi}_{2j,\bar{x}})\bar{\phi}_{1j,\bar{z}}\Big|_{\bar{z}_0} + \\ & (\bar{\xi}_0^2\bar{\xi}_{1j} + \bar{\xi}_0^3\bar{\xi}_{2j})\bar{\phi}_{1j,\bar{x}\bar{z}}\Big|_{\bar{z}_0} + \bar{\xi}_0^3\bar{\xi}_{1j}\bar{\xi}_{1j,\bar{x}}\bar{\phi}_{1j,\bar{z}\bar{z}}\Big|_{\bar{z}_0} + \frac{1}{2}\bar{\xi}_0^3\bar{\xi}_{1j}^2\bar{\phi}_{1j,\bar{x}\bar{z}\bar{z}}\Big|_{\bar{z}_0}\end{aligned} \tag{5-43}$$

(4) $\bar{\xi}_0^2\bar{\phi}_{2j,\bar{x}}\Big|_{\bar{z}}$

$$\bar{\xi}_0^2\bar{\phi}_{2j,\bar{x}}\Big|_{\bar{z}} = \bar{\xi}_0^2\bar{\phi}_{2j,\bar{x}}\Big|_{\bar{z}_0} + \bar{\xi}_0^3\bar{\xi}_{1j,\bar{x}}\bar{\phi}_{2j,\bar{z}}\Big|_{\bar{z}_0} + \bar{\xi}_0^3\bar{\xi}_{1j}\bar{\phi}_{2j,\bar{x}\bar{z}}\Big|_{\bar{z}_0} \tag{5-44}$$

(5) $\bar{\xi}_0^3\bar{\phi}_{3j,\bar{x}}\Big|_{\bar{z}}$

$$\bar{\xi}_0^3\bar{\phi}_{3j,\bar{x}}\Big|_{\bar{z}} = \bar{\xi}_0^3\bar{\phi}_{3j,\bar{x}}\Big|_{\bar{z}_0} \tag{5-45}$$

5.2.2.3　速度势函数 $\bar{\phi}_j$ 对 $\bar{t}$ 的一阶偏导数(存在于动力学边界条件中)

扰动振幅 $\bar{\xi}_j = \sum_{m=1}^{3}\bar{\xi}_0^m(\bar{z})\bar{\xi}_{mj}(\bar{x},\bar{t})$ 中的 $\bar{\xi}_{mj}(\bar{x},\bar{t})$ 项是 $\bar{t}$ 的函数，$\bar{\xi}_j$ 与 $\bar{t}$ 有关。因此，速度势函数 $\bar{\phi}_j$ 对 $\bar{t}$ 求偏导数就不能再将 $\bar{\xi}_{mj}$ 看作常数，而是一个变量。

将第零级、第一级表面波、第二级表面波和第三级表面波的速度势函数 $\bar{\phi}_j$ 对 $\bar{t}$ 的一阶偏导数按泰勒级数展开前三项(三级波)的气液项合式如下。

(1) $\bar{\phi}_{0j,\bar{t}}\Big|_{\bar{z}}$

$$\bar{\phi}_{0j,\bar{t}}\Big|_{\bar{z}} = 0 \tag{5-46}$$

(2) $\bar{\phi}_{1j,\bar{t}}\Big|_{\bar{z}}$

$$\bar{\phi}_{1j,\bar{t}}\Big|_{\bar{z}} = \bar{\phi}_{1j,\bar{t}}\Big|_{\bar{z}_0} + \bar{\xi}_{j,\bar{t}}\bar{\phi}_{1j,\bar{z}}\Big|_{\bar{z}_0} + \bar{\xi}_j\bar{\phi}_{1j,\bar{z}\bar{t}}\Big|_{\bar{z}_0} + \bar{\xi}_j\bar{\xi}_{j,\bar{t}}\bar{\phi}_{1j,\bar{z}\bar{z}}\Big|_{\bar{z}_0} + \frac{1}{2}\bar{\xi}_j^2\bar{\phi}_{1j,\bar{z}\bar{z}\bar{t}}\Big|_{\bar{z}_0} \tag{5-47}$$

将方程(2-200)和方程(5-32)代入方程(5-47)，得

$$\bar{\phi}_{1j,\bar{t}}\Big|_{\bar{z}} = \bar{\phi}_{1j,\bar{t}}\Big|_{\bar{z}_0} + (\bar{\xi}_0\bar{\xi}_{1j,\bar{t}} + \bar{\xi}_0^2\bar{\xi}_{2j,\bar{t}} + \bar{\xi}_0^3\bar{\xi}_{3j,\bar{t}})\bar{\phi}_{1j,\bar{z}}\Big|_{\bar{z}_0} +$$

$$(\bar{\xi}_0\bar{\xi}_{1j}+\bar{\xi}_0^2\bar{\xi}_{2j}+\bar{\xi}_0^3\bar{\xi}_{3j})\bar{\phi}_{1j,\bar{z}\bar{t}}\Big|_{\bar{z}_0}+$$

$$(\bar{\xi}_0\bar{\xi}_{1j}+\bar{\xi}_0^2\bar{\xi}_{2j}+\bar{\xi}_0^3\bar{\xi}_{3j})(\bar{\xi}_0\bar{\xi}_{1j,\bar{t}}+\bar{\xi}_0^2\bar{\xi}_{2j,\bar{t}}+\bar{\xi}_0^3\bar{\xi}_{3j,\bar{t}})\bar{\phi}_{1j,\bar{z}\bar{z}}\Big|_{\bar{z}_0}+$$

$$\frac{1}{2}(\bar{\xi}_0^2\bar{\xi}_{1j}^2+2\bar{\xi}_0^3\bar{\xi}_{1j}\bar{\xi}_{2j})\bar{\phi}_{1j,\bar{z}\bar{z}\bar{t}}\Big|_{\bar{z}_0} \tag{5-48}$$

将 $\bar{\xi}_0$ 的指数大于 3 的高阶小量项忽略掉，方程(5-48)简化成

$$\bar{\phi}_{1j,\bar{t}}\Big|_{\bar{z}}=\bar{\phi}_{1j,\bar{t}}\Big|_{\bar{z}_0}+(\bar{\xi}_0\bar{\xi}_{1j,\bar{t}}+\bar{\xi}_0^2\bar{\xi}_{2j,\bar{t}}+\bar{\xi}_0^3\bar{\xi}_{3j,\bar{t}})\bar{\phi}_{1j,\bar{z}}\Big|_{\bar{z}_0}+$$

$$(\bar{\xi}_0\bar{\xi}_{1j}+\bar{\xi}_0^2\bar{\xi}_{2j}+\bar{\xi}_0^3\bar{\xi}_{3j})\bar{\phi}_{1j,\bar{z}\bar{t}}\Big|_{\bar{z}_0}+$$

$$(\bar{\xi}_0^2\bar{\xi}_{1j}\bar{\xi}_{1j,\bar{t}}+\bar{\xi}_0^3\bar{\xi}_{1j}\bar{\xi}_{2j,\bar{t}}+\bar{\xi}_0^3\bar{\xi}_{2j}\bar{\xi}_{1j,\bar{t}})\bar{\phi}_{1j,\bar{z}\bar{z}}\Big|_{\bar{z}_0}+$$

$$\frac{1}{2}(\bar{\xi}_0^2\bar{\xi}_{1j}^2+2\bar{\xi}_0^3\bar{\xi}_{1j}\bar{\xi}_{2j})\bar{\phi}_{1j,\bar{z}\bar{z}\bar{t}}\Big|_{\bar{z}_0} \tag{5-49}$$

(3) $\bar{\xi}_0\bar{\phi}_{1j,\bar{t}}\Big|_{\bar{z}}$

$$\bar{\xi}_0\bar{\phi}_{1j,\bar{t}}\Big|_{\bar{z}}=\bar{\xi}_0\bar{\phi}_{1j,\bar{t}}\Big|_{\bar{z}_0}+(\bar{\xi}_0^2\bar{\xi}_{1j,\bar{t}}+\bar{\xi}_0^3\bar{\xi}_{2j,\bar{t}})\bar{\phi}_{1j,\bar{z}}\Big|_{\bar{z}_0}+$$

$$(\bar{\xi}_0^2\bar{\xi}_{1j}+\bar{\xi}_0^3\bar{\xi}_{2j})\bar{\phi}_{1j,\bar{z}\bar{t}}\Big|_{\bar{z}_0}+\bar{\xi}_0^3\bar{\xi}_{1j}\bar{\xi}_{1j,\bar{t}}\bar{\phi}_{1j,\bar{z}\bar{z}}\Big|_{\bar{z}_0}+\frac{1}{2}\bar{\xi}_0^3\bar{\xi}_{1j}^2\bar{\phi}_{1j,\bar{z}\bar{z}\bar{t}}\Big|_{\bar{z}_0} \tag{5-50}$$

(4) $\bar{\xi}_0^2\bar{\phi}_{2j,\bar{t}}\Big|_{\bar{z}}$

$$\bar{\xi}_0^2\bar{\phi}_{2j,\bar{t}}\Big|_{\bar{z}}=\bar{\xi}_0^2\bar{\phi}_{2j,\bar{t}}\Big|_{\bar{z}_0}+\bar{\xi}_0^3\bar{\xi}_{1j,\bar{t}}\bar{\phi}_{2j,\bar{z}}\Big|_{\bar{z}_0}+\bar{\xi}_0^3\bar{\xi}_{1j}\bar{\phi}_{2j,\bar{z}\bar{t}}\Big|_{\bar{z}_0} \tag{5-51}$$

(5) $\bar{\xi}_0^3\bar{\phi}_{3j,\bar{t}}\Big|_{\bar{z}}$

$$\bar{\xi}_0^3\bar{\phi}_{3j,\bar{t}}\Big|_{\bar{z}}=\bar{\xi}_0^3\bar{\phi}_{3j,\bar{t}}\Big|_{\bar{z}_0} \tag{5-52}$$

5.3 平面液膜控制方程组和边界条件的三级波展开式

对液相和气相的控制方程组要进行三级波的展开，由于控制方程不涉及气液交界面的边界问题，因此无须采用泰勒级数在边界处展开。对于液相和气相的运动学边界条件和动力学边界条件，除了要进行三级波的展开之外，还要采用泰勒级数在边界处展开，将非线性边界 $\bar{z}=(-1)^{j+1}+\bar{\xi}_j$ 展开至与线性边界具有相同形式的 $\bar{z}_0=(-1)^j$，便于推导求解。

5.3.1 平面液膜控制方程组的三级波展开式

5.3.1.1 连续性方程的三级波展开式

液相

将方程(5-10)和方程(5-18)代入液相连续性方程(2-142),得

$$\bar{\xi}_0\bar{\phi}_{1lj,\overline{xx}}+\bar{\xi}_0^2\bar{\phi}_{2lj,\overline{xx}}+\bar{\xi}_0^3\bar{\phi}_{3lj,\overline{xx}}+\bar{\xi}_0\bar{\phi}_{1lj,\overline{zz}}+\bar{\xi}_0^2\bar{\phi}_{2lj,\overline{zz}}+\bar{\xi}_0^3\bar{\phi}_{3lj,\overline{zz}}=0 \quad (5\text{-}53)$$

将系数相同的项合并在一起,整理方程(5-53),得

$$\bar{\xi}_0(\bar{\phi}_{1lj,\overline{xx}}+\bar{\phi}_{1lj,\overline{zz}})+\bar{\xi}_0^2(\bar{\phi}_{2lj,\overline{xx}}+\bar{\phi}_{2lj,\overline{zz}})+\bar{\xi}_0^3(\bar{\phi}_{3lj,\overline{xx}}+\bar{\phi}_{3lj,\overline{zz}})=0 \quad (5\text{-}54)$$

气相

将方程(5-12)和方程(5-20)代入气相连续性方程(2-143),得

$$\bar{\xi}_0\bar{\phi}_{1gj,\overline{xx}}+\bar{\xi}_0^2\bar{\phi}_{2gj,\overline{xx}}+\bar{\xi}_0^3\bar{\phi}_{3gj,\overline{xx}}+\bar{\xi}_0\bar{\phi}_{1gj,\overline{zz}}+\bar{\xi}_0^2\bar{\phi}_{2gj,\overline{zz}}+\bar{\xi}_0^3\bar{\phi}_{3gj,\overline{zz}}=0 \quad (5\text{-}55)$$

将系数相同的项合并在一起,整理方程(5-55),得

$$\bar{\xi}_0(\bar{\phi}_{1gj,\overline{xx}}+\bar{\phi}_{1gj,\overline{zz}})+\bar{\xi}_0^2(\bar{\phi}_{2gj,\overline{xx}}+\bar{\phi}_{2gj,\overline{zz}})+\bar{\xi}_0^3(\bar{\phi}_{3gj,\overline{xx}}+\bar{\phi}_{3gj,\overline{zz}})=0 \quad (5\text{-}56)$$

方程(5-54)和方程(5-56)即为液气相连续性方程的三级波的展开式。

5.3.1.2　伯努利方程的三级波展开式

将方程(5-22)、方程(5-6)和方程(5-14)有量纲化后代入方程(2-145),可得液相伯努利方程的展开式。

$$\begin{aligned}p_{lj}=&\frac{\rho_l U_l^2}{2}-\rho_l(\xi_0\phi_{1lj,t}+\xi_0^2\phi_{2lj,t}+\xi_0^3\phi_{3lj,t})-\\&\frac{1}{2}\rho_l\left[(1+\xi_0\phi_{1lj,x}+\xi_0^2\phi_{2lj,x}+\xi_0^3\phi_{3lj,x})^2+(\xi_0\phi_{1lj,z}+\xi_0^2\phi_{2lj,z}+\xi_0^3\phi_{3lj,z})^2\right]\end{aligned} \quad (5\text{-}57)$$

将方程(5-24)、方程(5-8)和方程(5-16)有量纲化后代入方程(2-146),可得气相伯努利方程的展开式。

$$\begin{aligned}p_{gj}=&-\rho_g(\xi_0\phi_{1gj,t}+\xi_0^2\phi_{2gj,t}+\xi_0^3\phi_{3gj,t})-\\&\frac{1}{2}\rho_g\left[(1+\xi_0\phi_{1gj,x}+\xi_0^2\phi_{2gj,x}+\xi_0^3\phi_{3gj,x})^2+(\xi_0\phi_{1gj,z}+\xi_0^2\phi_{2gj,z}+\xi_0^3\phi_{3gj,z})^2\right]\end{aligned} \quad (5\text{-}58)$$

式中,由于非线性不稳定性理论假设气相为各处密度均匀一致的静止气体环境,因此 ρ_{gj} 应写为 ρ_g。

伯努利方程是有量纲的,待将伯努利方程代入动力学边界条件后再与由表面张力引起的附加压强一起进行量纲一化。

5.3.2　平面液膜三级波边界条件的泰勒级数展开式

5.3.2.1　三级波运动学边界条件的泰勒级数展开式

将方程(5-14)、方程(5-22)、方程(5-6)和方程(5-2)代入方程(2-197),得液相运动学边界条件的三级波展开式。

$$\begin{aligned}&\bar{\xi}_0\bar{\phi}_{1lj,\bar{z}}+\bar{\xi}_0^2\bar{\phi}_{2lj,\bar{z}}+\bar{\xi}_0^3\bar{\phi}_{3lj,\bar{z}}-(\bar{\xi}_0\bar{\xi}_{1j,\bar{t}}+\bar{\xi}_0^2\bar{\xi}_{2j,\bar{t}}+\bar{\xi}_0^3\bar{\xi}_{3j,\bar{t}})-\\&(1+\bar{\xi}_0\bar{\phi}_{1lj,\bar{x}}+\bar{\xi}_0^2\bar{\phi}_{2lj,\bar{x}}+\bar{\xi}_0^3\bar{\phi}_{3lj,\bar{x}})(\bar{\xi}_0\bar{\xi}_{1j,\bar{x}}+\bar{\xi}_0^2\bar{\xi}_{2j,\bar{x}}+\bar{\xi}_0^3\bar{\xi}_{3j,\bar{x}})=0\end{aligned} \quad (5\text{-}59)$$

由于表面波的液相与气相边界重合,液相与气相的扰动振幅相同,均可记作 $\bar{\xi}_{mj}$。整理方

程(5-59)，得未经泰勒级数展开的液相运动学边界条件。

$$
\begin{aligned}
&\bar{\xi}_0(\bar{\phi}_{1lj,\bar{z}}-\bar{\xi}_{1j,\bar{t}}-\bar{\xi}_{1j,\bar{x}})+\\
&\bar{\xi}_0^2(\bar{\phi}_{2lj,\bar{z}}-\bar{\xi}_{2j,\bar{t}}-\bar{\xi}_{2j,\bar{x}}-\bar{\xi}_{1j,\bar{x}}\bar{\phi}_{1lj,\bar{x}})+\\
&\bar{\xi}_0^3(\bar{\phi}_{3lj,\bar{z}}-\bar{\xi}_{3j,\bar{t}}-\bar{\xi}_{3j,\bar{x}}-\bar{\xi}_{2j,\bar{x}}\bar{\phi}_{1lj,\bar{x}}-\bar{\xi}_{1j,\bar{x}}\bar{\phi}_{2lj,\bar{x}})=0
\end{aligned}
\tag{5-60}
$$

式中，所有速度势函数 $\bar{\phi}_j$ 对于 $\bar{x}$、$\bar{z}$ 的一阶偏导数均为变量。边界位于：$\bar{z}=(-1)^{j+1}+\bar{\xi}_j$。

将速度势函数 $\bar{\phi}_j$ 在气液交界面上的展开式(5-34)、式(5-36)、式(5-43)、式(5-37)、式(5-44)代入方程(5-60)，得经泰勒级数在 $\bar{z}_0=(-1)^j$ 处展开的液相运动学边界条件。

$$
\begin{aligned}
&\bar{\xi}_0\left(\bar{\phi}_{1lj,\bar{z}}\Big|_{\bar{z}_0}-\bar{\xi}_{1j,\bar{t}}-\bar{\xi}_{1j,\bar{x}}\right)+\\
&\bar{\xi}_0^2\left(\bar{\phi}_{2lj,\bar{z}}\Big|_{\bar{z}_0}-\bar{\xi}_{2j,\bar{t}}-\bar{\xi}_{2j,\bar{x}}+\bar{\xi}_{1j}\bar{\phi}_{1lj,\bar{z}\bar{z}}\Big|_{\bar{z}_0}-\bar{\xi}_{1j,\bar{x}}\bar{\phi}_{1lj,\bar{x}}\Big|_{\bar{z}_0}\right)+\\
&\bar{\xi}_0^3\begin{bmatrix}\bar{\phi}_{3lj,\bar{z}}\Big|_{\bar{z}_0}-\bar{\xi}_{3j,\bar{t}}-\bar{\xi}_{3j,\bar{x}}+\bar{\xi}_{2j}\bar{\phi}_{1lj,\bar{z}\bar{z}}\Big|_{\bar{z}_0}+\bar{\xi}_{1j}\bar{\phi}_{2lj,\bar{z}\bar{z}}\Big|_{\bar{z}_0}+\dfrac{1}{2}\bar{\xi}_{1j}^2\bar{\phi}_{1lj,\bar{z}\bar{z}\bar{z}}\Big|_{\bar{z}_0}-\\
\bar{\xi}_{1j,\bar{x}}\bar{\phi}_{2lj,\bar{x}}\Big|_{\bar{z}_0}-\bar{\xi}_{2j,\bar{x}}\bar{\phi}_{1lj,\bar{x}}\Big|_{\bar{z}_0}-\bar{\xi}_{1j,\bar{x}}^2\bar{\phi}_{1lj,\bar{z}}\Big|_{\bar{z}_0}-\bar{\xi}_{1j}\bar{\xi}_{1j,\bar{x}}\bar{\phi}_{1lj,\bar{x}\bar{z}}\Big|_{\bar{z}_0}\end{bmatrix}=0
\end{aligned}
\tag{5-61}
$$

式中，所有速度势函数 $\bar{\phi}_j$ 对于 $\bar{x}$、$\bar{z}$ 的一阶、二阶、三阶偏导数均指位于气液交界面上的值，为常数，不是变量。边界位于：$\bar{z}_0=(-1)^{j+1}$。

将方程(5-16)、方程(5-24)、方程(5-8)和方程(5-3)代入方程(2-198)，得气相运动学边界条件的三级波展开式。

$$
\begin{aligned}
&\bar{\xi}_0\bar{\phi}_{1gj,\bar{z}}+\bar{\xi}_0^2\bar{\phi}_{2gj,\bar{z}}+\bar{\xi}_0^3\bar{\phi}_{3gj,\bar{z}}-(\bar{\xi}_0\bar{\xi}_{1j,\bar{t}}+\bar{\xi}_0^2\bar{\xi}_{2j,\bar{t}}+\bar{\xi}_0^3\bar{\xi}_{3j,\bar{t}})-\\
&(\bar{\xi}_0\bar{\phi}_{1gj,\bar{x}}+\bar{\xi}_0^2\bar{\phi}_{2gj,\bar{x}}+\bar{\xi}_0^3\bar{\phi}_{3gj,\bar{x}})(\bar{\xi}_0\bar{\xi}_{1j,\bar{x}}+\bar{\xi}_0^2\bar{\xi}_{2j,\bar{x}}+\bar{\xi}_0^3\bar{\xi}_{3j,\bar{x}})=0
\end{aligned}
\tag{5-62}
$$

整理方程(5-62)，得未经泰勒级数展开的气相运动学边界条件。

$$
\begin{aligned}
&\bar{\xi}_0(\bar{\phi}_{1gj,\bar{z}}-\bar{\xi}_{1j,\bar{t}})+\\
&\bar{\xi}_0^2(\bar{\phi}_{2gj,\bar{z}}-\bar{\xi}_{2j,\bar{t}}-\bar{\xi}_{1j,\bar{x}}\bar{\phi}_{1gj,\bar{x}})+\\
&\bar{\xi}_0^3(\bar{\phi}_{3gj,\bar{z}}-\bar{\xi}_{3j,\bar{t}}-\bar{\xi}_{2j,\bar{x}}\bar{\phi}_{1gj,\bar{x}}-\bar{\xi}_{1j,\bar{x}}\bar{\phi}_{2gj,\bar{x}})=0
\end{aligned}
\tag{5-63}
$$

式中，所有速度势函数 $\bar{\phi}_j$ 对于 $\bar{x}$、$\bar{z}$ 的一阶偏导数均为变量。边界位于：$1+\bar{\xi}_1\leqslant\bar{z}\leqslant\infty(j=1)$和$-\infty\leqslant\bar{z}\leqslant-1+\bar{\xi}_2(j=2)$。

将速度势函数 $\bar{\phi}_j$ 在气液交界面上的泰勒级数展开式(5-34)、式(5-36)、式(5-43)、式(5-37)、式(5-44)代入方程(5-63)，得经泰勒级数在 $\bar{z}_0=(-1)^j$ 处展开的气相运动学边界条件。

$$
\begin{aligned}
&\bar{\xi}_0\left(\bar{\phi}_{1gj,\bar{z}}\Big|_{\bar{z}_0}-\bar{\xi}_{1j,\bar{t}}\right)+\\
&\bar{\xi}_0^2\left(\bar{\phi}_{2gj,\bar{z}}\Big|_{\bar{z}_0}-\bar{\xi}_{2j,\bar{t}}+\bar{\xi}_{1j}\bar{\phi}_{1gj,\bar{z}\bar{z}}\Big|_{\bar{z}_0}-\bar{\xi}_{1j,\bar{x}}\bar{\phi}_{1gj,\bar{x}}\Big|_{\bar{z}_0}\right)+\\
&\bar{\xi}_0^3\left[\begin{array}{l}\bar{\phi}_{3gj,\bar{z}}\Big|_{\bar{z}_0}-\bar{\xi}_{3j,\bar{t}}+\bar{\xi}_{2j}\bar{\phi}_{1gj,\bar{z}\bar{z}}\Big|_{\bar{z}_0}+\bar{\xi}_{1j}\bar{\phi}_{2gj,\bar{z}\bar{z}}\Big|_{\bar{z}_0}+\dfrac{1}{2}\bar{\xi}_{1j}^2\bar{\phi}_{1gj,\bar{z}\bar{z}\bar{z}}\Big|_{\bar{z}_0}-\\ \bar{\xi}_{2j,\bar{x}}\bar{\phi}_{1gj,\bar{x}}\Big|_{\bar{z}_0}-\bar{\xi}_{1j,\bar{x}}\bar{\phi}_{2gj,\bar{x}}\Big|_{\bar{z}_0}-\bar{\xi}_{1j,\bar{x}}^2\bar{\phi}_{1gj,\bar{z}}\Big|_{\bar{z}_0}-\bar{\xi}_{1j}\bar{\xi}_{1j,\bar{x}}\bar{\phi}_{1gj,\bar{x}\bar{z}}\Big|_{\bar{z}_0}\end{array}\right]=0
\end{aligned}
\tag{5-64}
$$

式中，所有速度势函数 $\bar{\phi}_j$ 对于 $\bar{x}$、$\bar{z}$ 的一阶、二阶、三阶偏导数均指位于气液交界面上的值，为常数，不是变量。边界位于：$1\leqslant\bar{z}_0\leqslant\infty(j=1)$ 和 $-\infty\leqslant\bar{z}_0\leqslant-1(j=2)$。

方程(5-60)和方程(5-63)为液气相三级波运动学边界条件的展开式。方程(5-61)和方程(5-64)为液气相三级波运动学边界条件在气液交界面上的泰勒级数展开式。

5.3.2.2　三级波动力学边界条件的泰勒级数展开式

将方程(5-22)、方程(5-6)、方程(5-14)、方程(5-24)、方程(5-8)、方程(5-16)、方程(5-3)和方程(5-2)代入动力学边界条件式(2-335)中，得动力学边界条件的三级波展开式。

$$
\begin{aligned}
&\frac{1}{2}-\left(\bar{\xi}_0\bar{\phi}_{1lj,\bar{t}}+\bar{\xi}_0^2\bar{\phi}_{2lj,\bar{t}}+\bar{\xi}_0^3\bar{\phi}_{3lj,\bar{t}}\right)-\\
&\frac{1}{2}\left[\left(1+\bar{\xi}_0\bar{\phi}_{1lj,\bar{x}}+\bar{\xi}_0^2\bar{\phi}_{2lj,\bar{x}}+\bar{\xi}_0^3\bar{\phi}_{3lj,\bar{x}}\right)^2+\left(\bar{\xi}_0\bar{\phi}_{1lj,\bar{z}}+\bar{\xi}_0^2\bar{\phi}_{2lj,\bar{z}}+\bar{\xi}_0^3\bar{\phi}_{3lj,\bar{z}}\right)^2\right]+\\
&\bar{\rho}\left(\bar{\xi}_0\bar{\phi}_{1gj,\bar{t}}+\bar{\xi}_0^2\bar{\phi}_{2gj,\bar{t}}+\bar{\xi}_0^3\bar{\phi}_{3gj,\bar{t}}\right)+\\
&\frac{1}{2}\bar{\rho}\left[\left(\bar{\xi}_0\bar{\phi}_{1gj,\bar{x}}+\bar{\xi}_0^2\bar{\phi}_{2gj,\bar{x}}+\bar{\xi}_0^3\bar{\phi}_{3gj,\bar{x}}\right)^2+\left(\bar{\xi}_0\bar{\phi}_{1gj,\bar{z}}+\bar{\xi}_0^2\bar{\phi}_{2gj,\bar{z}}+\bar{\xi}_0^3\bar{\phi}_{3gj,\bar{z}}\right)^2\right]\\
&=\frac{(-1)^j}{We_1}\left(\bar{\xi}_0\bar{\xi}_{1j,\bar{x}\bar{x}}+\bar{\xi}_0^2\bar{\xi}_{2j,\bar{x}\bar{x}}+\bar{\xi}_0^3\bar{\xi}_{3j,\bar{x}\bar{x}}\right)\left[1-\frac{3}{2}\left(\bar{\xi}_0\bar{\xi}_{1j,\bar{x}}+\bar{\xi}_0^2\bar{\xi}_{2j,\bar{x}}+\bar{\xi}_0^3\bar{\xi}_{3j,\bar{x}}\right)^2\right]
\end{aligned}
\tag{5-65}
$$

整理方程(5-65)，得未经泰勒级数展开的动力学边界条件。

$$
\begin{aligned}
&\bar{\xi}_0\left[\bar{\rho}\bar{\phi}_{1gj,\bar{t}}-\bar{\phi}_{1lj,\bar{t}}-\bar{\phi}_{1lj,\bar{x}}-\frac{(-1)^j}{We_1}\bar{\xi}_{1j,\bar{x}\bar{x}}\right]+\\
&\bar{\xi}_0^2\left[\bar{\rho}\bar{\phi}_{2gj,\bar{t}}-\bar{\phi}_{2lj,\bar{t}}-\bar{\phi}_{2lj,\bar{x}}-\frac{1}{2}\left(\bar{\phi}_{1lj,\bar{x}}^2+\bar{\phi}_{1lj,\bar{z}}^2\right)+\frac{1}{2}\bar{\rho}\left(\bar{\phi}_{1gj,\bar{x}}^2+\bar{\phi}_{1gj,\bar{z}}^2\right)-\frac{(-1)^j}{We_1}\bar{\xi}_{2j,\bar{x}\bar{x}}\right]+\\
&\bar{\xi}_0^3\left[\begin{array}{l}\bar{\rho}\bar{\phi}_{3gj,\bar{t}}-\bar{\phi}_{3lj,\bar{t}}-\bar{\phi}_{3lj,\bar{x}}-\dfrac{(-1)^j}{We_1}\bar{\xi}_{3j,\bar{x}\bar{x}}-\bar{\phi}_{1lj,\bar{x}}\bar{\phi}_{2lj,\bar{x}}-\bar{\phi}_{1lj,\bar{z}}\bar{\phi}_{2lj,\bar{z}}+\\ \bar{\phi}_{1gj,\bar{x}}\bar{\phi}_{2gj,\bar{x}}+\bar{\phi}_{1gj,\bar{z}}\bar{\phi}_{2gj,\bar{z}}+\dfrac{3}{2}\dfrac{(-1)^j}{We_1}\bar{\xi}_{1j,\bar{x}}^2\bar{\xi}_{1j,\bar{x}\bar{x}}\end{array}\right]=0
\end{aligned}
\tag{5-66}
$$

将速度势函数 $\bar{\phi}_j$ 在气液交界面上的泰勒级数展开式(5-50)、式(5-43)、式(5-51)、式(5-44)、式(5-42)、式(5-28)、式(5-52)、式(5-45)、式(5-34)、式(5-36)、式(5-1)代入方程(5-66)，得经泰勒级数在 $\bar{z}_0=(-1)^j$ 处展开的动力学边界条件。

$$
\begin{aligned}
&\bar{\xi}_0\left[\bar{\rho}\bar{\phi}_{1gj,\bar{t}}\Big|_{\bar{z}_0}-\bar{\phi}_{1lj,\bar{t}}\Big|_{\bar{z}_0}-\bar{\phi}_{1lj,\bar{x}}\Big|_{\bar{z}_0}-\frac{(-1)^j}{We_1}\bar{\xi}_{1j,\bar{x}\bar{x}}\right]+\\
&\bar{\xi}_0^2\left[\begin{array}{l}
\bar{\rho}\bar{\phi}_{2gj,\bar{t}}\Big|_{\bar{z}_0}-\bar{\phi}_{2lj,\bar{t}}\Big|_{\bar{z}_0}-\bar{\phi}_{2lj,\bar{x}}\Big|_{\bar{z}_0}-\dfrac{(-1)^j}{We_1}\bar{\xi}_{2j,\bar{x}\bar{x}}+\bar{\rho}\left(\bar{\xi}_{1j,\bar{t}}\bar{\phi}_{1gj,\bar{z}}\Big|_{\bar{z}_0}+\right.\\
\left.\bar{\xi}_{1j}\bar{\phi}_{1gj,\bar{z}\bar{t}}\Big|_{\bar{z}_0}\right)-\bar{\xi}_{1j,\bar{t}}\bar{\phi}_{1lj,\bar{z}}\Big|_{\bar{z}_0}-\bar{\xi}_{1j}\bar{\phi}_{1lj,\bar{z}\bar{t}}\Big|_{\bar{z}_0}+\dfrac{1}{2}\bar{\rho}\left(\bar{\phi}^2_{1gj,\bar{x}}\Big|_{\bar{z}_0}+\bar{\phi}^2_{1gj,\bar{z}}\Big|_{\bar{z}_0}\right)-\\
\dfrac{1}{2}\left(\bar{\phi}^2_{1lj,\bar{x}}\Big|_{\bar{z}_0}+\bar{\phi}^2_{1lj,\bar{z}}\Big|_{\bar{z}_0}\right)-\bar{\xi}_{1j,\bar{x}}\bar{\phi}_{1lj,\bar{z}}\Big|_{\bar{z}_0}-\bar{\xi}_{1j}\bar{\phi}_{1lj,\bar{x}\bar{z}}\Big|_{\bar{z}_0}
\end{array}\right]+\\
&\bar{\xi}_0^3\left\{\begin{array}{l}
\bar{\rho}\bar{\phi}_{3gj,\bar{t}}\Big|_{\bar{z}_0}-\bar{\phi}_{3lj,\bar{t}}\Big|_{\bar{z}_0}-\bar{\phi}_{3lj,\bar{x}}\Big|_{\bar{z}_0}-\dfrac{(-1)^j}{We_1}\bar{\xi}_{3j,\bar{x}\bar{x}}+\bar{\rho}\left[\bar{\xi}_{1j,\bar{t}}\bar{\phi}_{2gj,\bar{z}}\Big|_{\bar{z}_0}+\right.\\
\bar{\xi}_{1j}\bar{\phi}_{2gj,\bar{z}\bar{t}}\Big|_{\bar{z}_0}+\bar{\xi}_{2j,\bar{t}}\bar{\phi}_{1gj,\bar{z}}\Big|_{\bar{z}_0}+\bar{\xi}_{2j}\bar{\phi}_{1gj,\bar{z}\bar{t}}\Big|_{\bar{z}_0}+\\
\left.\bar{\xi}_{1j}\bar{\xi}_{1j,\bar{t}}\bar{\phi}_{1gj,\bar{z}\bar{z}}\Big|_{\bar{z}_0}+\dfrac{1}{2}\bar{\xi}^2_{1j}\bar{\phi}_{1gj,\bar{z}\bar{z}\bar{t}}\Big|_{\bar{z}_0}\right]-\\
\bar{\xi}_{1j,\bar{t}}\bar{\phi}_{2lj,\bar{z}}\Big|_{\bar{z}_0}-\bar{\xi}_{1j}\bar{\phi}_{2lj,\bar{z}\bar{t}}\Big|_{\bar{z}_0}-\bar{\xi}_{2j,\bar{t}}\bar{\phi}_{1lj,\bar{z}}\Big|_{\bar{z}_0}-\bar{\xi}_{2j}\bar{\phi}_{1lj,\bar{z}\bar{t}}\Big|_{\bar{z}_0}-\\
\bar{\xi}_{1j}\bar{\xi}_{1j,\bar{t}}\bar{\phi}_{1lj,\bar{z}\bar{z}}\Big|_{\bar{z}_0}-\dfrac{1}{2}\bar{\xi}^2_{1j}\bar{\phi}_{1lj,\bar{z}\bar{z}\bar{t}}\Big|_{\bar{z}_0}+\\
\bar{\rho}\left[\bar{\phi}_{1gj,\bar{x}}\Big|_{\bar{z}_0}\left(\bar{\phi}_{2gj,\bar{x}}\Big|_{\bar{z}_0}+\bar{\xi}_{1j,\bar{x}}\bar{\phi}_{1gj,\bar{z}}\Big|_{\bar{z}_0}+\bar{\xi}_{1j}\bar{\phi}_{1gj,\bar{x}\bar{z}}\Big|_{\bar{z}_0}\right)+\right.\\
\left.\bar{\phi}_{1gj,\bar{z}}\Big|_{\bar{z}_0}\left(\bar{\phi}_{2gj,\bar{z}}\Big|_{\bar{z}_0}+\bar{\xi}_{1j}\bar{\phi}_{1gj,\bar{z}\bar{z}}\Big|_{\bar{z}_0}\right)\right]-\\
\bar{\phi}_{1lj,\bar{x}}\Big|_{\bar{z}_0}\left(\bar{\phi}_{2lj,\bar{x}}\Big|_{\bar{z}_0}+\bar{\xi}_{1j,\bar{x}}\bar{\phi}_{1lj,\bar{z}}\Big|_{\bar{z}_0}+\bar{\xi}_{1j}\bar{\phi}_{1lj,\bar{x}\bar{z}}\Big|_{\bar{z}_0}\right)-\\
\bar{\phi}_{1lj,\bar{z}}\Big|_{\bar{z}_0}\left(\bar{\phi}_{2lj,\bar{z}}\Big|_{\bar{z}_0}+\bar{\xi}_{1j}\bar{\phi}_{1lj,\bar{z}\bar{z}}\Big|_{\bar{z}_0}\right)-\\
\bar{\xi}_{1j,\bar{x}}\bar{\phi}_{2lj,\bar{z}}\Big|_{\bar{z}_0}-\bar{\xi}_{1j}\bar{\phi}_{2lj,\bar{x}\bar{z}}\Big|_{\bar{z}_0}-\bar{\xi}_{2j,\bar{x}}\bar{\phi}_{1lj,\bar{z}}\Big|_{\bar{z}_0}-\bar{\xi}_{2j}\bar{\phi}_{1lj,\bar{x}\bar{z}}\Big|_{\bar{z}_0}-\\
\bar{\xi}_{1j}\bar{\xi}_{1j,\bar{x}}\bar{\phi}_{1lj,\bar{z}\bar{z}}\Big|_{\bar{z}_0}-\dfrac{1}{2}\bar{\xi}^2_{1j}\bar{\phi}_{1lj,\bar{x}\bar{z}\bar{z}}\Big|_{\bar{z}_0}+\dfrac{3}{2}\dfrac{(-1)^j}{We_1}\bar{\xi}_{1j,\bar{x}\bar{x}}\bar{\xi}^2_{1j,\bar{x}}
\end{array}\right\}\\
&=0
\end{aligned}
\tag{5-67}
$$

方程(5-66)即为三级波动力学边界条件的展开式,边界位于：$\bar{z}=(-1)^{j+1}+\bar{\xi}_j$。方程(5-67)为三级波动力学边界条件在气液交界面上的泰勒级数展开式,边界位于：$\bar{z}_0=(-1)^{j+1}$。

三级波运动学边界条件和动力学边界条件在气液交界面上的泰勒级数展开式将被用于对微分方程特解的推导过程中。

5.4　平面液膜三级波的连续性方程和边界条件

将连续性方程、运动学边界条件和动力学边界条件中系数 $\bar{\xi}_0$、$\bar{\xi}_0^2$ 和 $\bar{\xi}_0^3$ 相同的项加起来等于零，分别建立三个方程，这三个方程即为第一级表面波、第二级表面波和第三级表面波方程。

5.4.1　平面液膜第一级波的连续性方程和边界条件

5.4.1.1　连续性方程

由液相方程(5-54)、气相方程(5-56)，有

液相

$$\bar{\phi}_{1lj,\bar{x}\bar{x}}+\bar{\phi}_{1lj,\bar{z}\bar{z}}=0 \tag{5-68}$$

气相

$$\bar{\phi}_{1gj,\bar{x}\bar{x}}+\bar{\phi}_{1gj,\bar{z}\bar{z}}=0 \tag{5-69}$$

5.4.1.2　运动学边界条件

由液相方程(5-60)，有

$$\bar{\phi}_{1lj,\bar{z}}-\bar{\xi}_{1j,\bar{t}}-\bar{\xi}_{1j,\bar{x}}=0 \tag{5-70}$$

边界位于：$\bar{z}=(-1)^{j+1}+\bar{\xi}_j$。

由液相方程(5-61)，在气液交界面上的泰勒级数展开式为

$$\bar{\phi}_{1lj,\bar{z}}\Big|_{\bar{z}_0}-\bar{\xi}_{1j,\bar{t}}-\bar{\xi}_{1j,\bar{x}}=0 \tag{5-71}$$

边界位于：$\bar{z}_0=(-1)^{j+1}$。

由气相方程(5-63)，有

$$\bar{\phi}_{1gj,\bar{z}}-\bar{\xi}_{1j,\bar{t}}=0 \tag{5-72}$$

边界位于：$1+\bar{\xi}_1\leqslant\bar{z}\leqslant\infty(j=1)$和$-\infty\leqslant\bar{z}\leqslant-1+\bar{\xi}_2(j=2)$。

由气相方程(5-64)，在气液交界面上的泰勒级数展开式为

$$\bar{\phi}_{1gj,\bar{z}}\Big|_{\bar{z}_0}-\bar{\xi}_{1j,\bar{t}}=0 \tag{5-73}$$

边界位于：$1\leqslant\bar{z}_0\leqslant\infty(j=1)$和$-\infty\leqslant\bar{z}_0\leqslant-1(j=2)$。

5.4.1.3　动力学边界条件

由方程(5-66)，有

$$\bar{\rho}\bar{\phi}_{1gj,\bar{t}}-\bar{\phi}_{1lj,\bar{t}}-\bar{\phi}_{1lj,\bar{x}}=\frac{(-1)^j}{We_1}\bar{\xi}_{1j,\bar{x}\bar{x}} \tag{5-74}$$

边界位于：$\bar{z}=(-1)^{j+1}+\bar{\xi}_j$。

由方程(5-67)，在气液交界面上的泰勒级数展开式为

$$\bar{\rho}\bar{\phi}_{1gj,\bar{t}}\Big|_{\bar{z}_0}-\bar{\phi}_{1lj,\bar{t}}\Big|_{\bar{z}_0}-\bar{\phi}_{1lj,\bar{x}}\Big|_{\bar{z}_0}=\frac{(-1)^j}{We_1}\bar{\xi}_{1j,\bar{x}\bar{x}} \tag{5-75}$$

边界位于：$\bar{z}_0=(-1)^{j+1}$。

5.4.2 平面液膜第二级波的连续性方程和边界条件

5.4.2.1 连续性方程

由液相方程(5-54)、气相方程(5-56)，有

液相

$$\bar{\phi}_{2lj,\bar{x}\bar{x}}+\bar{\phi}_{2lj,\bar{z}\bar{z}}=0 \tag{5-76}$$

气相

$$\bar{\phi}_{2gj,\bar{x}\bar{x}}+\bar{\phi}_{2gj,\bar{z}\bar{z}}=0 \tag{5-77}$$

5.4.2.2 运动学边界条件

由液相方程(5-60)，有

$$\bar{\phi}_{2lj,\bar{z}}-\bar{\xi}_{2j,\bar{t}}-\bar{\xi}_{2j,\bar{x}}-\bar{\xi}_{1j,\bar{x}}\bar{\phi}_{1lj,\bar{x}}=0 \tag{5-78}$$

边界位于：$\bar{z}=(-1)^{j+1}+\bar{\xi}_j$。

由液相方程(5-61)，在气液交界面上的泰勒级数展开式为

$$\bar{\phi}_{2lj,\bar{z}}\Big|_{\bar{z}_0}-\bar{\xi}_{2j,\bar{t}}-\bar{\xi}_{2j,\bar{x}}+\bar{\xi}_{1j}\bar{\phi}_{1lj,\bar{z}\bar{z}}\Big|_{\bar{z}_0}-\bar{\xi}_{1j,\bar{x}}\bar{\phi}_{1lj,\bar{x}}\Big|_{\bar{z}_0}=0 \tag{5-79}$$

边界位于：$\bar{z}_0=(-1)^{j+1}$。

由气相方程(5-63)，有

$$\bar{\phi}_{2gj,\bar{z}}-\bar{\xi}_{2j,\bar{t}}-\bar{\xi}_{1j,\bar{x}}\bar{\phi}_{1gj,\bar{x}}=0 \tag{5-80}$$

边界位于：$1+\bar{\xi}_1\leqslant\bar{z}\leqslant\infty(j=1)$和$-\infty\leqslant\bar{z}\leqslant-1+\bar{\xi}_2(j=2)$。

由气相方程(5-64)，在气液交界面上的泰勒级数展开式为

$$\bar{\phi}_{2gj,\bar{z}}\Big|_{\bar{z}_0}-\bar{\xi}_{2j,\bar{t}}+\bar{\xi}_{1j}\bar{\phi}_{1gj,\bar{z}\bar{z}}\Big|_{\bar{z}_0}-\bar{\xi}_{1j,\bar{x}}\bar{\phi}_{1gj,\bar{x}}\Big|_{\bar{z}_0}=0 \tag{5-81}$$

边界位于：$1\leqslant\bar{z}_0\leqslant\infty(j=1)$和$-\infty\leqslant\bar{z}_0\leqslant-1(j=2)$。

5.4.2.3 动力学边界条件

由方程(5-66)，有

$$\bar{\rho}\bar{\phi}_{2gj,\bar{t}}-\bar{\phi}_{2lj,\bar{t}}-\bar{\phi}_{2lj,\bar{x}}-\frac{1}{2}(\bar{\phi}_{1lj,\bar{x}}^2+\bar{\phi}_{1lj,\bar{z}}^2)+\frac{1}{2}\bar{\rho}(\bar{\phi}_{1gj,\bar{x}}^2+\bar{\phi}_{1gj,\bar{z}}^2)=\frac{(-1)^j}{We_1}\bar{\xi}_{2j,\bar{x}\bar{x}} \tag{5-82}$$

边界位于：$\bar{z}=(-1)^{j+1}+\bar{\xi}_j$。

由方程(5-67)，在气液交界面上的泰勒级数展开式为

$$\bar{\rho}\bar{\phi}_{2gj,\bar{t}}\Big|_{\bar{z}_0}-\bar{\phi}_{2lj,\bar{t}}\Big|_{\bar{z}_0}-\bar{\phi}_{2lj,\bar{x}}\Big|_{\bar{z}_0}+\bar{\rho}\left(\bar{\xi}_{1j,\bar{t}}\bar{\phi}_{1gj,\bar{z}}\Big|_{\bar{z}_0}+\bar{\xi}_{1j}\bar{\phi}_{1gj,\bar{z}\bar{t}}\Big|_{\bar{z}_0}\right)-$$
$$\bar{\xi}_{1j,\bar{t}}\bar{\phi}_{1lj,\bar{z}}\Big|_{\bar{z}_0}-\bar{\xi}_{1j}\bar{\phi}_{1lj,\bar{z}\bar{t}}\Big|_{\bar{z}_0}+\frac{1}{2}\bar{\rho}\left(\bar{\phi}^2_{1gj,\bar{x}}\Big|_{\bar{z}_0}+\bar{\phi}^2_{1gj,\bar{z}}\Big|_{\bar{z}_0}\right)-\frac{1}{2}\left(\bar{\phi}^2_{1lj,\bar{x}}\Big|_{\bar{z}_0}+\bar{\phi}^2_{1lj,\bar{z}}\Big|_{\bar{z}_0}\right)-$$
$$\bar{\xi}_{1j,\bar{x}}\bar{\phi}_{1lj,\bar{z}}\Big|_{\bar{z}_0}-\bar{\xi}_{1j}\bar{\phi}_{1lj,\bar{x}\bar{z}}\Big|_{\bar{z}_0}=\frac{(-1)^j}{We_1}\bar{\xi}_{2j,\bar{x}\bar{x}} \tag{5-83}$$

边界位于：$\bar{z}_0=(-1)^{j+1}$。

5.4.3　平面液膜第三级波的连续性方程和边界条件

5.4.3.1　连续性方程

由液相方程(5-54)、气相方程(5-56)，有

液相

$$\bar{\phi}_{3lj,\bar{x}\bar{x}}+\bar{\phi}_{3lj,\bar{z}\bar{z}}=0 \tag{5-84}$$

气相

$$\bar{\phi}_{3gj,\bar{x}\bar{x}}+\bar{\phi}_{3gj,\bar{z}\bar{z}}=0 \tag{5-85}$$

5.4.3.2　运动学边界条件

由液相方程(5-60)，有

$$\bar{\phi}_{3lj,\bar{z}}-\bar{\xi}_{3j,\bar{t}}-\bar{\xi}_{3j,\bar{x}}-\bar{\xi}_{2j,\bar{x}}\bar{\phi}_{1lj,\bar{x}}-\bar{\xi}_{1j,\bar{x}}\bar{\phi}_{2lj,\bar{x}}=0 \tag{5-86}$$

边界位于：$\bar{z}=(-1)^{j+1}+\bar{\xi}_j$。

由液相方程(5-61)，在气液交界面上的泰勒级数展开式为

$$\bar{\phi}_{3lj,\bar{z}}\Big|_{\bar{z}_0}-\bar{\xi}_{3j,\bar{t}}-\bar{\xi}_{3j,\bar{x}}+\bar{\xi}_{2j}\bar{\phi}_{1lj,\bar{z}\bar{z}}\Big|_{\bar{z}_0}+\bar{\xi}_{1j}\bar{\phi}_{2lj,\bar{z}\bar{z}}\Big|_{\bar{z}_0}+\frac{1}{2}\bar{\xi}^2_{1j}\bar{\phi}_{1lj,\bar{z}\bar{z}\bar{z}}\Big|_{\bar{z}_0}-$$
$$\bar{\xi}_{1j,\bar{x}}\bar{\phi}_{2lj,\bar{x}}\Big|_{\bar{z}_0}-\bar{\xi}_{2j,\bar{x}}\bar{\phi}_{1lj,\bar{x}}\Big|_{\bar{z}_0}-\bar{\xi}^2_{1j,\bar{x}}\bar{\phi}_{1lj,\bar{z}}\Big|_{\bar{z}_0}-\bar{\xi}_{1j}\bar{\xi}_{1j,\bar{x}}\bar{\phi}_{1lj,\bar{x}\bar{z}}\Big|_{\bar{z}_0}=0 \tag{5-87}$$

边界位于：$\bar{z}_0=(-1)^{j+1}$。

由气相方程(5-63)，有

$$\bar{\phi}_{3gj,\bar{z}}-\bar{\xi}_{3j,\bar{t}}-\bar{\xi}_{2j,\bar{x}}\bar{\phi}_{1gj,\bar{x}}-\bar{\xi}_{1j,\bar{x}}\bar{\phi}_{2gj,\bar{x}}=0 \tag{5-88}$$

边界位于：$1+\bar{\xi}_1\leqslant\bar{z}\leqslant+\infty(j=1)$和$-\infty\leqslant\bar{z}\leqslant-1+\bar{\xi}_2(j=2)$。

由气相方程(5-64)，在气液交界面上的泰勒级数展开式为

$$\bar{\phi}_{3gj,\bar{z}}\Big|_{\bar{z}_0}-\bar{\xi}_{3j,\bar{t}}+\bar{\xi}_{2j}\bar{\phi}_{1gj,\bar{z}\bar{z}}\Big|_{\bar{z}_0}+\bar{\xi}_{1j}\bar{\phi}_{2gj,\bar{z}\bar{z}}\Big|_{\bar{z}_0}+\frac{1}{2}\bar{\xi}^2_{1j}\bar{\phi}_{1gj,\bar{z}\bar{z}\bar{z}}\Big|_{\bar{z}_0}-$$
$$\bar{\xi}_{2j,\bar{x}}\bar{\phi}_{1gj,\bar{x}}\Big|_{\bar{z}_0}-\bar{\xi}_{1j,\bar{x}}\bar{\phi}_{2gj,\bar{x}}\Big|_{\bar{z}_0}-\bar{\xi}^2_{1j,\bar{x}}\bar{\phi}_{1gj,\bar{z}}\Big|_{\bar{z}_0}-\bar{\xi}_{1j}\bar{\xi}_{1j,\bar{x}}\bar{\phi}_{1gj,\bar{x}\bar{z}}\Big|_{\bar{z}_0}=0 \tag{5-89}$$

边界位于：$1\leqslant\bar{z}_0\leqslant\infty(j=1)$和$-\infty\leqslant\bar{z}_0\leqslant-1(j=2)$。

5.4.3.3　动力学边界条件

由方程(5-66),有

$$\bar{\rho}\bar{\phi}_{3gj,\overline{t}} - \bar{\phi}_{3lj,\overline{t}} - \bar{\phi}_{3lj,\overline{x}} - \bar{\phi}_{1lj,\overline{x}}\bar{\phi}_{2lj,\overline{x}} - \bar{\phi}_{1lj,\overline{z}}\bar{\phi}_{2lj,\overline{z}} +$$

$$\bar{\phi}_{1gj,\overline{x}}\bar{\phi}_{2gj,\overline{x}} + \bar{\phi}_{1gj,\overline{z}}\bar{\phi}_{2gj,\overline{z}} = \frac{(-1)^{j}}{We_{1}}\left(\bar{\xi}_{3j,\overline{x}\overline{x}} - \frac{3}{2}\bar{\xi}_{1j,\overline{x}\overline{x}}\bar{\xi}_{1j,\overline{x}}^{2}\right) \quad (5\text{-}90)$$

边界位于：$\bar{z} = (-1)^{j+1} + \bar{\xi}_{j}$。

由方程(5-67),在气液交界面上的泰勒级数展开式为

$$\bar{\rho}\bar{\phi}_{3gj,\overline{t}}\Big|_{\overline{z}_{0}} - \bar{\phi}_{3lj,\overline{t}}\Big|_{\overline{z}_{0}} - \bar{\phi}_{3lj,\overline{x}}\Big|_{\overline{z}_{0}} + \bar{\rho}\Big[\bar{\xi}_{1j,\overline{t}}\bar{\phi}_{2gj,\overline{z}}\Big|_{\overline{z}_{0}} + \bar{\xi}_{1j}\bar{\phi}_{2gj,\overline{z}\overline{t}}\Big|_{\overline{z}_{0}} +$$

$$\bar{\xi}_{2j,\overline{t}}\bar{\phi}_{1gj,\overline{z}}\Big|_{\overline{z}_{0}} + \bar{\xi}_{2j}\bar{\phi}_{1gj,\overline{z}\overline{t}}\Big|_{\overline{z}_{0}} + \bar{\xi}_{1j}\bar{\xi}_{1j,\overline{t}}\bar{\phi}_{1gj,\overline{z}\overline{z}}\Big|_{\overline{z}_{0}} + \frac{1}{2}\bar{\xi}_{1j}^{2}\bar{\phi}_{1gj,\overline{z}\overline{z}\overline{t}}\Big|_{\overline{z}_{0}}\Big] -$$

$$\bar{\xi}_{1j,\overline{t}}\bar{\phi}_{2lj,\overline{z}}\Big|_{\overline{z}_{0}} - \bar{\xi}_{1j}\bar{\phi}_{2lj,\overline{z}\overline{t}}\Big|_{\overline{z}_{0}} - \bar{\xi}_{2j,\overline{t}}\bar{\phi}_{1lj,\overline{z}}\Big|_{\overline{z}_{0}} - \bar{\xi}_{2j}\bar{\phi}_{1lj,\overline{z}\overline{t}}\Big|_{\overline{z}_{0}} -$$

$$\bar{\xi}_{1j}\bar{\xi}_{1j,\overline{t}}\bar{\phi}_{1lj,\overline{z}\overline{z}}\Big|_{\overline{z}_{0}} - \frac{1}{2}\bar{\xi}_{1j}^{2}\bar{\phi}_{1lj,\overline{z}\overline{z}\overline{t}}\Big|_{\overline{z}_{0}} + \bar{\rho}\Big[\bar{\phi}_{1gj,\overline{x}}\Big|_{\overline{z}_{0}}(\bar{\phi}_{2gj,\overline{x}}\Big|_{\overline{z}_{0}} +$$

$$\bar{\xi}_{1j,\overline{x}}\bar{\phi}_{1gj,\overline{z}}\Big|_{\overline{z}_{0}} + \bar{\xi}_{1j}\bar{\phi}_{1gj,\overline{x}\overline{z}}\Big|_{\overline{z}_{0}}) + \bar{\phi}_{1gj,\overline{z}}\Big|_{\overline{z}_{0}}(\bar{\phi}_{2gj,\overline{z}}\Big|_{\overline{z}_{0}} + \bar{\xi}_{1j}\bar{\phi}_{1gj,\overline{z}\overline{z}}\Big|_{\overline{z}_{0}})\Big] -$$

$$\bar{\phi}_{1lj,\overline{x}}\Big|_{\overline{z}_{0}}(\bar{\phi}_{2lj,\overline{x}}\Big|_{\overline{z}_{0}} + \bar{\xi}_{1j,\overline{x}}\bar{\phi}_{1lj,\overline{z}}\Big|_{\overline{z}_{0}} + \bar{\xi}_{1j}\bar{\phi}_{1lj,\overline{x}\overline{z}}\Big|_{\overline{z}_{0}}) - \bar{\phi}_{1lj,\overline{z}}\Big|_{\overline{z}_{0}}(\bar{\phi}_{2lj,\overline{z}}\Big|_{\overline{z}_{0}} + \bar{\xi}_{1j}\bar{\phi}_{1lj,\overline{z}\overline{z}}\Big|_{\overline{z}_{0}}) -$$

$$\bar{\xi}_{1j,\overline{x}}\bar{\phi}_{2lj,\overline{z}}\Big|_{\overline{z}_{0}} - \bar{\xi}_{1j}\bar{\phi}_{2lj,\overline{x}\overline{z}}\Big|_{\overline{z}_{0}} - \bar{\xi}_{2j,\overline{x}}\bar{\phi}_{1lj,\overline{z}}\Big|_{\overline{z}_{0}} - \bar{\xi}_{2j}\bar{\phi}_{1lj,\overline{x}\overline{z}}\Big|_{\overline{z}_{0}} -$$

$$\bar{\xi}_{1j}\bar{\xi}_{1j,\overline{x}}\bar{\phi}_{1lj,\overline{z}\overline{z}}\Big|_{\overline{z}_{0}} - \frac{1}{2}\bar{\xi}_{1j}^{2}\bar{\phi}_{1lj,\overline{x}\overline{z}\overline{z}}\Big|_{\overline{z}_{0}} = \frac{(-1)^{j}}{We_{1}}\left(\bar{\xi}_{3j,\overline{x}\overline{x}} - \frac{3}{2}\bar{\xi}_{1j,\overline{x}\overline{x}}\bar{\xi}_{1j,\overline{x}}^{2}\right)$$

$$(5\text{-}91)$$

边界位于：$\bar{z}_{0} = (-1)^{j+1}$。

5.5　平面液膜第一级波微分方程的建立和求解

平面液膜共轭复数模式反对称波形三级表面波扰动振幅初始函数表达式的提出以及微分方程的建立和求解是由 Li 和他的研究生 Jazayeri 于 2000 年完成的,见参考文献[12]。曹建明和他的研究生王德超、张凯妹进行了部分修正。时空模式正/反对称波形表面波扰动振幅初始函数表达式是由曹建明于 2017 年提出的。第一级表面波、第二级表面波和第三级表面波微分方程的建立和求解是由曹建明和他的研究生王德超、张凯妹于 2017—2019 年完成的。时空模式表面波扰动振幅初始函数表达式能够很好地与线性不稳定性理论相衔接。本章将对时空模式与共轭复数模式的色散准则关系式进行讨论。

5.5.1　平面液膜第一级波的扰动振幅

三级波扰动振幅表达式为方程(2-200)。由于初始扰动振幅 $\bar{\xi}_{0}^{m}$ 为常数项,因此我们将

仅对反对称波形和正对称波形扰动振幅的增长项和波动项 $\bar{\xi}_{mj}$ 进行讨论。

平面液膜第一级表面波的初始条件[12]为方程(2-160)和方程(2-161)。

根据方程(2-160)和方程(2-161),首先假设 $\bar{\xi}_{1j}$ 为时间或空间模式的,但结果显示与初始条件不符。然后,我们假设 $\bar{\xi}_{1j}$ 为时空模式的。根据方程(1-135),时空模式扰动振幅表达式为

$$\bar{\xi}_{1j}(\bar{x},\bar{t})=\exp(\mathrm{i}\bar{\omega}_1\bar{t}+\mathrm{i}\bar{k}\bar{x})=\mathrm{e}^{\mathrm{i}\bar{\omega}_1\bar{t}}\mathrm{e}^{\mathrm{i}\bar{k}\bar{x}} \tag{5-92}$$

将初始条件式(2-160)和式(2-161)代入方程(5-92)进行验证。根据附录 A 整理方程(5-92),得

$$\bar{\xi}_{1j}(\bar{x},\bar{t})=\mathrm{e}^{\mathrm{i}\bar{\omega}_1\bar{t}}[\cos(\bar{k}\bar{x})+\mathrm{i}\sin(\bar{k}\bar{x})] \tag{5-93}$$

方程(5-93)对时间 $\bar{t}$ 求导,得

$$\bar{\xi}_{1j,\bar{t}}(\bar{x},\bar{t})=\mathrm{i}\bar{\omega}_1\exp[\mathrm{i}(\bar{\omega}_1\bar{t}+\bar{k}\bar{x})]=\bar{\omega}_1[-\sin(\bar{\omega}_1\bar{t}+\bar{k}\bar{x})+\mathrm{i}\cos(\bar{\omega}_1\bar{t}+\bar{k}\bar{x})] \tag{5-94}$$

令 $\bar{t}=0$,则方程(5-93)和方程(5-94)变成

$$\bar{\xi}_{1j}(\bar{x},0)=\cos(\bar{k}\bar{x})+\mathrm{i}\sin(\bar{k}\bar{x}) \tag{5-95}$$

$$\bar{\xi}_{1j,\bar{t}}(\bar{x},0)=\bar{\omega}_1[-\sin(\bar{k}\bar{x})+\mathrm{i}\cos(\bar{k}\bar{x})] \tag{5-96}$$

第一级表面波振幅 $\bar{\xi}_j$ 和初始振幅 $\bar{\xi}_0^m$ 均为实数,因此 $\bar{\xi}_{mj}$ 也必须为实数。对方程(5-95)和方程(5-96)取实部,可得方程(2-160)和方程(2-161),与初始条件完全相符。对比共轭复数模式的扰动振幅表达式与时空模式的扰动振幅表达式(5-92)可以看出,两者虽然都能满足初始条件,但两种表达式的形式不同,这就是满足初始条件的不恒定流动问题。尽管时空模式第一级表面波的扰动振幅表达式能够满足初始条件,但对微分方程定解的推导过程中并未使用初始条件,因此时空模式非线性不稳定性理论可以不必设置初始条件也能够求得微分方程的定解。

5.5.2 平面液膜第一级波液相微分方程的建立和求解

5.5.2.1 液相微分方程的建立

方程(5-93)对 $\bar{t}$ 求一阶偏导数,得方程(5-94)。方程(5-93)对 $\bar{x}$ 求一阶偏导数,得

$$\bar{\xi}_{1j,\bar{x}}=\mathrm{i}\bar{k}\exp(\mathrm{i}\bar{\omega}_1\bar{t}+\mathrm{i}\bar{k}\bar{x}) \tag{5-97}$$

将方程(5-94)和方程(5-97)代入第一级表面波按泰勒级数在气液交界面 $\bar{z}_0$ 处展开的液相运动学边界条件式(5-71),得

$$\bar{\phi}_{1lj,\bar{z}}\Big|_{\bar{z}_0}-\mathrm{i}\bar{\omega}_1\exp(\mathrm{i}\bar{\omega}_1\bar{t}+\mathrm{i}\bar{k}\bar{x})-\mathrm{i}k\exp(\mathrm{i}\bar{\omega}_1\bar{t}+\mathrm{i}\bar{k}\bar{x})=0 \tag{5-98}$$

移项整理方程(5-98),得

$$\bar{\phi}_{1lj,\bar{z}}\Big|_{\bar{z}_0}=(\mathrm{i}\bar{\omega}_1+\mathrm{i}\bar{k})\exp(\mathrm{i}\bar{\omega}_1\bar{t}+\mathrm{i}\bar{k}\bar{x}) \tag{5-99}$$

方程(5-99)对 $\bar{z}$ 进行积分,得

$$\bar{\phi}_{11j}\Big|_{\bar{z}_0}=f_1(\bar{z})(\mathrm{i}\bar{\omega}_1+\mathrm{i}\bar{k})\exp(\mathrm{i}\bar{\omega}_1\bar{t}+\mathrm{i}\bar{k}\bar{x})+c_1 \tag{5-100}$$

式中，c_1 为 $\bar{\phi}_{11j}\Big|_{\bar{z}_0}$ 对 $\bar{z}$ 的积分常数。在 $\bar{z}=0$ 处，量纲一液相基流速度 $\overline{U}_1=1$，$\overline{W}_1=0$，扰动速度 $\bar{u}_{11j}=0$，$\bar{w}_{11j}=0$；势函数 $\bar{\phi}_{11j}=c_2$，为常数。积分常数 c_1 和 c_2 的量纲均与势函数 $\bar{\phi}_{11j}$ 的量纲相同，为 m^2/s，因此 $c_2=\overline{U}_1|_{\bar{z}=0}=\overline{W}_1|_{\bar{z}=0}=0$，有 $c_1=0$。

将方程(5-100)代入第一级表面波液相连续性方程(5-68)，得第一级表面波的液相微分方程。

$$f_{1,\bar{z}\bar{z}}(\bar{z})-\bar{k}^2f_1(\bar{z})=0 \tag{5-101}$$

5.5.2.2 液相微分方程的通解

解二阶齐次方程(5-101)，得

$$f_1(\bar{z})=c_3\mathrm{e}^{\bar{k}\bar{z}}+c_4\mathrm{e}^{-\bar{k}\bar{z}} \tag{5-102}$$

式中，c_3 和 c_4 为积分常数。

5.5.2.3 反对称波形液相微分方程的特解

将通解方程(5-102)代入方程(5-100)，得

$$\bar{\phi}_{11j}\Big|_{\bar{z}_0}=(c_3\mathrm{e}^{\bar{k}\bar{z}}+c_4\mathrm{e}^{-\bar{k}\bar{z}})(\mathrm{i}\bar{\omega}_1+\mathrm{i}\bar{k})\exp(\mathrm{i}\bar{\omega}_1\bar{t}+\mathrm{i}\bar{k}\bar{x}) \tag{5-103}$$

方程(5-103)对 $\bar{z}$ 求一阶偏导数，得

$$\bar{\phi}_{11j,\bar{z}}\Big|_{\bar{z}_0}=\bar{k}(c_3\mathrm{e}^{\bar{k}\bar{z}}-c_4\mathrm{e}^{-\bar{k}\bar{z}})(\mathrm{i}\bar{\omega}_1+\mathrm{i}\bar{k})\exp(\mathrm{i}\bar{\omega}_1\bar{t}+\mathrm{i}\bar{k}\bar{x}) \tag{5-104}$$

边界位于：$\bar{z}_0=(-1)^{j+1}$。

在 $\bar{z}_0=(-1)^{j+1}$ 处，将方程(5-104)代入方程(5-99)，得

$$\bar{k}(c_3\mathrm{e}^{\bar{k}}-c_4\mathrm{e}^{-\bar{k}})=1 \tag{5-105}$$

$$\bar{k}(c_3\mathrm{e}^{-\bar{k}}-c_4\mathrm{e}^{\bar{k}})=1 \tag{5-106}$$

联立方程(5-105)和方程(5-106)，解得

$$c_3=\frac{1}{\bar{k}(\mathrm{e}^{\bar{k}}+\mathrm{e}^{-\bar{k}})}=\frac{1}{2\bar{k}\cosh(\bar{k})} \tag{5-107}$$

$$c_4=-\frac{1}{\bar{k}(\mathrm{e}^{\bar{k}}+\mathrm{e}^{-\bar{k}})}=-\frac{1}{2\bar{k}\cosh(\bar{k})} \tag{5-108}$$

将方程(5-107)和方程(5-108)代入方程(5-102)，得

$$f_1(\bar{z})=\frac{\mathrm{e}^{\bar{k}\bar{z}}-\mathrm{e}^{-\bar{k}\bar{z}}}{\bar{k}(\mathrm{e}^{\bar{k}}+\mathrm{e}^{-\bar{k}})}=\frac{\sinh(\bar{k}\bar{z})}{\bar{k}\cosh(\bar{k})} \tag{5-109}$$

将方程(5-109)代入方程(5-100)，得反对称波形上气液交界面液相微分方程的特解。

$$\bar{\phi}_{11j}\Big|_{\bar{z}_0}=\mathrm{i}\frac{\sinh(\bar{k}\bar{z})}{\bar{k}\cosh(\bar{k})}(\bar{\omega}_1+\bar{k})\exp(\mathrm{i}\bar{\omega}_1\bar{t}+\mathrm{i}\bar{k}\bar{x}) \tag{5-110}$$

5.5.2.4 正对称波形液相微分方程的特解

正对称波形上气液交界面($j=1$)的特解与反对称波形上气液交界面的完全相同,但下气液交界面($j=2$)的却不同。由于正对称波形下气液交界面的表面波扰动振幅为负,因此方程(5-98)变成

$$\bar{\phi}_{112,\bar{z}}\Big|_{\bar{z}_0}+\mathrm{i}\bar{\omega}_1\exp(\mathrm{i}\bar{\omega}_1\bar{t}+\mathrm{i}\bar{k}\bar{x})+\mathrm{i}k\exp(\mathrm{i}\bar{\omega}_1\bar{t}+\mathrm{i}\bar{k}\bar{x})=0 \tag{5-111}$$

移项整理方程(5-111),得

$$\bar{\phi}_{112,\bar{z}}\Big|_{\bar{z}_0}=-(\mathrm{i}\bar{\omega}_1+\mathrm{i}\bar{k})\exp(\mathrm{i}\bar{\omega}_1\bar{t}+\mathrm{i}\bar{k}\bar{x}) \tag{5-112}$$

在 $\bar{z}_0=(-1)^{j+1}$ 处,将方程(5-112)代入方程(5-104),可得方程(5-105)和

$$\bar{k}(c_3\mathrm{e}^{-\bar{k}}-c_4\mathrm{e}^{\bar{k}})=-1 \tag{5-113}$$

联立方程(5-105)和方程(5-113),解得常数

$$c_3=c_4=\frac{1}{\bar{k}(\mathrm{e}^{\bar{k}}-\mathrm{e}^{-\bar{k}})}=\frac{1}{2\bar{k}\sinh(\bar{k})} \tag{5-114}$$

将方程(5-114)代入方程(5-102),即可得到液相微分方程(5-101)的特解。

将方程(5-114)代入方程(5-103),得正对称波形的势函数表达式。

$$\bar{\phi}_{11j}\Big|_{\bar{z}_0}=\mathrm{i}\frac{\cosh(\bar{k}\bar{z})}{\bar{k}\sinh(\bar{k})}(\bar{\omega}_1+\bar{k})\exp(\mathrm{i}\bar{\omega}_1\bar{t}+\mathrm{i}\bar{k}\bar{x}) \tag{5-115}$$

5.5.3 平面液膜第一级波气相微分方程的建立和求解

5.5.3.1 气相微分方程的建立

将方程(5-94)代入第一级表面波按泰勒级数在气液交界面 $\bar{z}_0$ 处展开的气相运动学边界条件式(5-73),得

$$\bar{\phi}_{1gj,\bar{z}}\Big|_{\bar{z}_0}-\mathrm{i}\bar{\omega}_1\exp(\mathrm{i}\bar{\omega}_1\bar{t}+\mathrm{i}\bar{k}\bar{x})=0 \tag{5-116}$$

移项整理方程(5-116),得

$$\bar{\phi}_{1gj,\bar{z}}\Big|_{\bar{z}_0}=\mathrm{i}\bar{\omega}_1\exp(\mathrm{i}\bar{\omega}_1\bar{t}+\mathrm{i}\bar{k}\bar{x}) \tag{5-117}$$

将方程(5-117)对 $\bar{z}$ 积分,得

$$\bar{\phi}_{1gj}\Big|_{\bar{z}_0}=f_2(\bar{z})\mathrm{i}\bar{\omega}_1\exp(\mathrm{i}\bar{\omega}_1\bar{t}+\mathrm{i}\bar{k}\bar{x})+c_5 \tag{5-118}$$

式中,c_5 为 $\bar{\phi}_{1gj,\bar{z}}$ 对于 $\bar{z}$ 的积分常数。与液相同理,在 $\bar{z}=\pm\infty$ 处,可以解得 $c_5=0$。

将方程(5-118)代入第一级表面波气相连续性方程(5-69),得第一级表面波的气相微分方程。

$$f_{2,\bar{z}\bar{z}}(\bar{z})-\bar{k}^2f_2(\bar{z})=0 \tag{5-119}$$

5.5.3.2 气相微分方程的通解

解二阶齐次方程(5-119),得气相微分方程的通解。

$$f_2(\bar{z})=c_6\mathrm{e}^{\bar{k}\bar{z}}+c_7\mathrm{e}^{-\bar{k}\bar{z}} \tag{5-120}$$

式中，c_6 和 c_7 为积分常数。

5.5.3.3 正/反对称波形上气液交界面气相微分方程的特解

将通解方程(5-120)代入方程(5-118)，得

$$\bar{\phi}_{1gj}\Big|_{\bar{z}_0}=(c_6\mathrm{e}^{\bar{k}\bar{z}}+c_7\mathrm{e}^{-\bar{k}\bar{z}})\mathrm{i}\bar{\omega}_1\exp(\mathrm{i}\bar{\omega}_1\bar{t}+\mathrm{i}\bar{k}\bar{x}) \tag{5-121}$$

方程(5-121)对 $\bar{z}$ 求一阶偏导数，得

$$\bar{\phi}_{1gj,\bar{z}}\Big|_{\bar{z}_0}=\bar{k}(c_6\mathrm{e}^{\bar{k}\bar{z}}-c_7\mathrm{e}^{-\bar{k}\bar{z}})\mathrm{i}\bar{\omega}_1\exp(\mathrm{i}\bar{\omega}_1\bar{t}+\mathrm{i}\bar{k}\bar{x}) \tag{5-122}$$

边界位于：$1\leqslant\bar{z}_0\leqslant\infty(j=1)$ 和 $-\infty\leqslant\bar{z}_0\leqslant-1(j=2)$。

在 $\bar{z}=\infty$ 处，$\bar{z}$ 方向上的气相扰动速度 $\bar{w}_{1g1}=\bar{\phi}_{1g1,\bar{z}}=0$，将 $\bar{z}=\infty$ 和 $\bar{w}_{1g1}=\bar{\phi}_{1g1,\bar{z}}=0$ 代入方程(5-122)，得

$$c_6\mathrm{e}^{\bar{k}\bar{z}}\Big|_{\bar{z}=\infty}-c_7\mathrm{e}^{-\bar{k}\bar{z}}\Big|_{\bar{z}=\infty}=0 \tag{5-123}$$

解方程(5-123)，$\mathrm{e}^{\bar{k}\bar{z}}\Big|_{\bar{z}=\infty}=\infty$，$\mathrm{e}^{-\bar{k}\bar{z}}\Big|_{\bar{z}=\infty}=0$，则

$$c_6=0 \tag{5-124}$$

将方程(5-124)代入方程(5-121)，得

$$\bar{\phi}_{1g1}\Big|_{\bar{z}_0}=c_7\mathrm{e}^{-\bar{k}\bar{z}}\Big|_{\bar{z}_0}\mathrm{i}\bar{\omega}_1\exp(\mathrm{i}\bar{\omega}_1\bar{t}+\mathrm{i}\bar{k}\bar{x}) \tag{5-125}$$

方程(5-125)对 $\bar{z}$ 求一阶偏导数，得

$$\bar{\phi}_{1g1,\bar{z}}\Big|_{\bar{z}_0}=-c_7\bar{k}\mathrm{e}^{-\bar{k}\bar{z}}\Big|_{\bar{z}_0}\mathrm{i}\bar{\omega}_1\exp(\mathrm{i}\bar{\omega}_1\bar{t}+\mathrm{i}\bar{k}\bar{x}) \tag{5-126}$$

在 $\bar{z}_0=1$ 处，将方程(5-126)代入方程(5-123)，得

$$-\bar{k}\mathrm{e}^{-\bar{k}}c_7=1 \tag{5-127}$$

则

$$c_7=-\frac{1}{\bar{r}}\mathrm{e}^{\bar{k}} \tag{5-128}$$

将方程(5-128)代入方程(5-125)，得

$$\bar{\phi}_{1g1}\Big|_{\bar{z}_0}=-\frac{1}{\bar{r}}\exp(\bar{k}-\bar{k}\bar{z})\mathrm{i}\bar{\omega}_1\exp(\mathrm{i}\bar{\omega}_1\bar{t}+\mathrm{i}\bar{k}\bar{x}) \tag{5-129}$$

5.5.3.4 反对称波形下气液交界面气相微分方程的特解

在 $\bar{z}=-\infty$ 处，$\bar{z}$ 方向上的气相扰动速度 $\bar{w}_{1g2}=\bar{\phi}_{1g2,\bar{z}}=0$，将 $\bar{z}=-\infty$ 和 $\bar{w}_{1g2}=\bar{\phi}_{1g2,\bar{z}}=0$ 代入方程(5-122)，得

$$c_6\mathrm{e}^{\bar{k}\bar{z}}\Big|_{\bar{z}=-\infty}-c_7\mathrm{e}^{-\bar{k}\bar{z}}\Big|_{\bar{z}=-\infty}=0 \tag{5-130}$$

解方程(5-130)，$\mathrm{e}^{-\bar{k}\bar{z}}\Big|_{\bar{z}=-\infty}=\infty$，$\mathrm{e}^{\bar{k}\bar{z}}\Big|_{\bar{z}=-\infty}=0$，则

$$c_7 = 0 \tag{5-131}$$

将方程(5-131)代入方程(5-121)，得

$$\left.\bar{\phi}_{1g2}\right|_{\bar{z}_0} = c_6 e^{\bar{k}\bar{z}} i\bar{\omega}_1 \exp(i\bar{\omega}_1 \bar{t} + i\bar{k}\bar{x}) \tag{5-132}$$

方程(5-132)对 $\bar{z}$ 求一阶偏导数，得

$$\left.\bar{\phi}_{1g2,\bar{z}}\right|_{\bar{z}_0} = c_6 \bar{k} e^{\bar{k}\bar{z}} i\bar{\omega}_1 \exp(i\bar{\omega}_1 \bar{t} + i\bar{k}\bar{x}) \tag{5-133}$$

在 $\bar{z}_0 = -1$ 处，将方程(5-133)代入方程(5-117)，得

$$c_6 \bar{k} e^{-\bar{k}} = 1 \tag{5-134}$$

解方程(5-134)，得

$$c_6 = \frac{1}{\bar{k}} e^{\bar{k}} \tag{5-135}$$

将方程(5-135)代入方程(5-132)，得

$$\left.\bar{\phi}_{1g2}\right|_{\bar{z}_0} = \frac{1}{\bar{k}} \exp(\bar{k} + \bar{k}\bar{z}) i\bar{\omega}_1 \exp(i\bar{\omega}_1 \bar{t} + i\bar{k}\bar{x}) \tag{5-136}$$

对比方程(5-129)和方程(5-136)，可以将反对称波形上下气液交界面第一级表面波的气相势函数写为合式。

$$\left.\bar{\phi}_{1gj}\right|_{\bar{z}_0} = (-1)^j \frac{1}{\bar{k}} \exp\left[\bar{k} + (-1)^j \bar{k}\bar{z}\right] i\bar{\omega}_1 \exp(i\bar{\omega}_1 \bar{t} + i\bar{k}\bar{x}) \tag{5-137}$$

5.5.3.5 正对称波形下气液交界面气相微分方程的特解

正对称波形上气液交界面($j=1$)的特解与反对称波形上气液交界面的完全相同，但下气液交界面($j=2$)的却不同。由于正对称波形下气液交界面的表面波扰动振幅为负，因此方程(5-117)变成

$$\left.\bar{\phi}_{1g2,\bar{z}}\right|_{\bar{z}_0} = -i\bar{\omega}_1 \exp(i\bar{\omega}_1 \bar{t} + i\bar{k}\bar{x}) \tag{5-138}$$

与反对称波形的同样步骤，可以得到方程(5-130)～方程(5-133)。

在 $\bar{z}_0 = -1$ 处，将方程(5-133)代入方程(5-138)，得

$$c_6 \bar{k} e^{-\bar{k}} = -1 \tag{5-139}$$

解方程(5-139)，得

$$c_6 = -\frac{1}{\bar{k}} e^{\bar{k}} \tag{5-140}$$

将方程(5-140)代入方程(5-132)，得

$$\left.\bar{\phi}_{1g2}\right|_{\bar{z}_0} = -\frac{1}{\bar{k}} \exp(\bar{k} + \bar{k}\bar{z}) i\bar{\omega}_1 \exp(i\bar{\omega}_1 \bar{t} + i\bar{k}\bar{x}) \tag{5-141}$$

对比方程(5-129)和方程(5-141)，可以将正对称波形上下气液交界面第一级表面波的气相势函数写为合式。

$$\left.\bar{\phi}_{1gj}\right|_{\bar{z}_0} = -\frac{1}{\bar{k}} \exp(\bar{k} + (-1)^j \bar{k}\bar{z}) i\bar{\omega}_1 \exp(i\bar{\omega}_1 \bar{t} + i\bar{k}\bar{x}) \tag{5-142}$$

5.5.4 平面液膜第一级波反对称波形的色散准则关系式

(1) 反对称波形液相方程(5-110)对 $\bar{t}$ 求一阶偏导数：

$$\bar{\phi}_{1lj,\bar{t}}\bigg|_{\bar{z}_0}=-\frac{\sinh(\bar{k}\bar{z})}{\bar{k}\cosh(\bar{k})}(\bar{\omega}_1^2+\bar{k}\bar{\omega}_1)\exp(\mathrm{i}\bar{\omega}_1\bar{t}+\mathrm{i}\bar{k}\bar{x}) \tag{5-143}$$

(2) 方程(5-110)对 $\bar{x}$ 求一阶偏导数：

$$\bar{\phi}_{1lj,\bar{x}}\bigg|_{\bar{z}_0}=-\frac{\sinh(\bar{k}\bar{z})}{\cosh(\bar{k})}(\bar{\omega}_1+\bar{k})\exp(\mathrm{i}\bar{\omega}_1\bar{t}+\mathrm{i}\bar{k}\bar{x}) \tag{5-144}$$

(3) 反对称波形气相方程(5-137)对 $\bar{t}$ 求一阶偏导数：

$$\bar{\phi}_{1gj,\bar{t}}\bigg|_{\bar{z}_0}=(-1)^{j+1}\frac{1}{\bar{k}}\exp[\bar{k}+(-1)^j\bar{k}\bar{z}]\bar{\omega}_1^2\exp[\mathrm{i}(\bar{\omega}_1\bar{t}+\bar{k}\bar{x})] \tag{5-145}$$

(4) 扰动振幅方程(5-92)对 $\bar{x}$ 求二阶偏导数：

$$\bar{\xi}_{1j,\bar{x}\bar{x}}=-\bar{k}^2\exp[\mathrm{i}(\bar{\omega}_1\bar{t}+\bar{k}\bar{x})] \tag{5-146}$$

将方程(5-143)～方程(5-146)代入第一级表面波按泰勒级数在气液交界面 $\bar{z}_0$ 处展开的动力学边界条件式(5-75)，得

$$\begin{aligned}&\bar{\rho}(-1)^{j+1}\frac{1}{\bar{k}}\exp[\bar{k}+(-1)^j\bar{k}\bar{z}][\bar{\omega}_1^2\exp(\mathrm{i}\bar{\omega}_1\bar{t}+\mathrm{i}\bar{k}\bar{x})]+\\&\frac{\sinh(\bar{k}\bar{z})}{\bar{k}\cosh(\bar{k})}(\bar{\omega}_1^2+\bar{k}\bar{\omega}_1)\exp(\mathrm{i}\bar{\omega}_1\bar{t}+\mathrm{i}\bar{k}\bar{x})+\\&\frac{\sinh(\bar{k}\bar{z})}{\cosh(\bar{k})}(\bar{\omega}_1+\bar{k})\exp(\mathrm{i}\bar{\omega}_1\bar{t}+\mathrm{i}\bar{k}\bar{x})-\frac{1}{We_1}\bar{k}^2\exp(\mathrm{i}\bar{\omega}_1\bar{t}+\mathrm{i}\bar{k}\bar{x})=0\end{aligned} \tag{5-147}$$

在 $\bar{z}_0=1$ 处整理方程(5-147)，然后两边同除以 $\exp(\mathrm{i}\bar{\omega}_1\bar{t}+\mathrm{i}\bar{k}\bar{x})$，得

$$\frac{1}{\bar{k}}[\bar{\rho}+\tanh(\bar{k})]\bar{\omega}_1^2+2\tanh(\bar{k})\bar{\omega}_1+\bar{k}\tanh(\bar{k})-\frac{1}{We_1}\bar{k}^2=0 \tag{5-148}$$

解一元二次方程(5-148)，得

$$\bar{\omega}_1=\frac{-\bar{k}\tanh(\bar{k})\pm\mathrm{i}\bar{k}\sqrt{\bar{\rho}\tanh(\bar{k})-\dfrac{\bar{k}}{We_1}[\bar{\rho}+\tanh(\bar{k})]}}{\bar{\rho}+\tanh(\bar{k})} \tag{5-149}$$

则

$$\bar{\omega}_{r1}=-\frac{\bar{k}\tanh(\bar{k})}{\bar{\rho}+\tanh(\bar{k})} \tag{5-150}$$

$$\bar{\omega}_{i1}=\pm\frac{\bar{k}\sqrt{\bar{\rho}\tanh(\bar{k})-\dfrac{\bar{k}}{We_1}[\bar{\rho}+\tanh(\bar{k})]}}{\bar{\rho}+\tanh(\bar{k})} \tag{5-151}$$

其中，$\bar{\omega}_{i1}$ 为非线性不稳定性分析第一级表面波反对称波形上气液交界面的表面波增长率，其两个根是圆频率 $\bar{\omega}_1$ 的一对共轭复数。

可以看出，在 $\bar{z}_0=1$ 处，推导得到的反对称波形时空模式圆频率与共轭复数模式的是完全相同的。

在 $\bar{z}_0=-1$ 处根据附录 A 整理方程(5-147)，然后两边同除以 $\exp(\mathrm{i}\bar{\omega}_1\bar{t}+\mathrm{i}\bar{k}\bar{x})$，得

$$\frac{\bar{\rho}}{\bar{k}}\bar{\omega}_1^2-\frac{1}{\bar{k}}(\bar{\omega}_1^2+\bar{\omega}_1\bar{k})\tanh(\bar{k})-(\bar{\omega}_1+\bar{k})\tanh(\bar{k})-\frac{\bar{k}^2}{We_1}=0 \tag{5-152}$$

整理方程(5-152)，得

$$\frac{1}{\bar{k}}[\bar{\rho}-\tanh(\bar{k})]\bar{\omega}_1^2-2\tanh(\bar{k})\bar{\omega}_1-\bar{k}\tanh(\bar{k})-\frac{\bar{k}^2}{We_1}=0 \tag{5-153}$$

解一元二次方程(5-153)，得

$$\bar{\omega}_1=\frac{\bar{k}\tanh(\bar{k})\pm\bar{k}\sqrt{\bar{\rho}\tanh(\bar{k})+\dfrac{\bar{k}}{We_1}[\bar{\rho}-\tanh(\bar{k})]}}{\bar{\rho}-\tanh(\bar{k})} \tag{5-154}$$

则

$$\bar{\omega}_{r1}=\frac{\bar{k}\tanh(\bar{k})\pm\bar{k}\sqrt{\bar{\rho}\tanh(\bar{k})+\dfrac{\bar{k}}{We_1}[\bar{\rho}-\tanh(\bar{k})]}}{\bar{\rho}-\tanh(\bar{k})} \tag{5-155}$$

$$\bar{\omega}_{i1}=0 \tag{5-156}$$

其中，$\bar{\omega}_{i1}$ 为非线性不稳定性分析第一级表面波反对称波形下气液交界面的表面波增长率。

可以看出，在 $\bar{z}_0=-1$ 处($j=2$)，推导得到的反对称波形圆频率与在 $\bar{z}_0=1$ 处($j=1$)的不同，与共轭复数模式的圆频率也不同。对时空模式反对称波形上下气液交界面扰动振幅和表面波波形的数值计算结果显示，上下气液交界面扰动振幅的数值大小是不同的，并且波形存在相位差，说明根据反对称波形推导得到的是一个近反对称波形。

5.5.5　平面液膜第一级波正对称波形的色散准则关系式

(1) 正对称波形液相方程(5-115)对 $\bar{t}$ 求一阶偏导数

$$\bar{\phi}_{11j,\bar{t}}\Big|_{\bar{z}_0}=-\frac{\cosh(\bar{k}\bar{z})}{\bar{k}\sinh(\bar{k})}(\bar{\omega}_1^2+\bar{k}\bar{\omega}_1)\exp(\mathrm{i}\bar{\omega}_1\bar{t}+\mathrm{i}\bar{k}\bar{x}) \tag{5-157}$$

(2) 方程(5-115)对 $\bar{x}$ 求一阶偏导数

$$\bar{\phi}_{11j,\bar{x}}\Big|_{\bar{z}_0}=-\frac{\cosh(\bar{k}\bar{z})}{\sinh(\bar{k})}(\bar{\omega}_1+\bar{k})\exp(\mathrm{i}\bar{\omega}_1\bar{t}+\mathrm{i}\bar{k}\bar{x}) \tag{5-158}$$

(3) 正对称波形气相方程(5-142)对 $\bar{t}$ 求一阶偏导数

$$\bar{\phi}_{1gj,\bar{t}}\Big|_{\bar{z}_0}=\frac{1}{\bar{k}}\exp(\bar{k}+(-1)^j\bar{k}\bar{z})\bar{\omega}_1^2\exp(\mathrm{i}\bar{\omega}_1\bar{t}+\mathrm{i}\bar{k}\bar{x}) \tag{5-159}$$

将方程(5-146)、方程(5-157)～方程(5-159)代入第一级表面波按泰勒级数在气液交界面 $\bar{z}_0$ 处展开的动力学边界条件式(5-75)，得

$$\bar{\rho}\,\frac{1}{\bar{k}}\exp[\bar{k}+(-1)^{j}\bar{k}\bar{z}]\,[\bar{\omega}_1^2\exp(\mathrm{i}\bar{\omega}_1\bar{t}+\mathrm{i}\bar{k}\bar{x})]+\frac{\cosh(\bar{k}\bar{z})}{\bar{k}\sinh(\bar{k})}(\bar{\omega}_1^2+\bar{k}\bar{\omega}_1)\exp(\mathrm{i}\bar{\omega}_1\bar{t}+\mathrm{i}\bar{k}\bar{x})+$$

$$\frac{\cosh(\bar{k}\bar{z})}{\sinh(\bar{k})}(\bar{\omega}_1+\bar{k})\exp(\mathrm{i}\bar{\omega}_1\bar{t}+\mathrm{i}\bar{k}\bar{x})-\frac{1}{We_1}\bar{k}^2\exp(\mathrm{i}\bar{\omega}_1\bar{t}+\mathrm{i}\bar{k}\bar{x})=0 \tag{5-160}$$

在 $\bar{z}_0=(-1)^{j+1}$ 处根据附录 A 整理方程(5-160)，然后两边同除以 $\exp(\mathrm{i}\bar{\omega}_1\bar{t}+\mathrm{i}k\bar{x})$，得

$$\frac{1}{\bar{k}}[\bar{\rho}+\coth(\bar{k})]\,\bar{\omega}_1^2+2\coth(\bar{k})\bar{\omega}_1+\bar{k}\coth(\bar{k})-\frac{\bar{k}^2}{We_1}=0 \tag{5-161}$$

解一元二次方程(5-161)，得

$$\bar{\omega}_1=\frac{-\bar{k}\coth(\bar{k})\pm\mathrm{i}\bar{k}\sqrt{\bar{\rho}\coth(\bar{k})-\dfrac{\bar{k}}{We_1}[\bar{\rho}+\coth(\bar{k})]}}{\bar{\rho}+\coth(\bar{k})} \tag{5-162}$$

则

$$\bar{\omega}_{r1}=-\frac{\bar{k}\coth(\bar{k})}{\bar{\rho}+\coth(\bar{k})} \tag{5-163}$$

$$\bar{\omega}_{i1}=\pm\frac{\bar{k}\sqrt{\bar{\rho}\coth(\bar{k})-\dfrac{\bar{k}}{We_1}[\bar{\rho}+\coth(\bar{k})]}}{\bar{\rho}+\coth(\bar{k})} \tag{5-164}$$

其中，$\bar{\omega}_{i1}$ 为非线性不稳定性分析第一级表面波正对称波形的表面波增长率。

可以看出，推导得到的正对称波形上下气液交界面第一级表面波的色散准则关系式与共轭复数模式的完全相同。

5.5.6 对平面液膜第一级波色散准则关系式的分析

线性和非线性不稳定性分析的时空模式第一级表面波振幅表达式为

$$\bar{\xi}_{1j}(\bar{x},\bar{t})=\exp(\mathrm{i}\bar{\omega}_1\bar{t}+\mathrm{i}\bar{k}\bar{x}) \tag{5-165}$$

式中，复数圆频率为 $\bar{\omega}=\bar{\omega}_r+\mathrm{i}\bar{\omega}_i$。代入方程(5-165)，得

$$\bar{\xi}_{1j}(\bar{x},\bar{t})=\exp[\bar{\omega}_{i1}\bar{t}+\mathrm{i}(\bar{\omega}_{r1}\bar{t}+\bar{k}\bar{x})] \tag{5-166}$$

式中，$\exp(\bar{\omega}_{i1}\bar{t})$ 为表面波振幅的增长项，$\bar{\omega}_{i1}$ 为表面波增长率，可正可负。当 $\bar{\omega}_{i1}$ 为正时，表面波的振幅将快速增长，表面波会变得极不稳定，平面液膜很容易碎裂；当 $\bar{\omega}_{i1}$ 为负时，表面波的振幅将持续减小，表面波将十分稳定。$\exp[\mathrm{i}(\bar{\omega}_{r1}\bar{t}+\bar{k}\bar{x})]$ 为波动项，其值介于 -1 和 1 之间。因此，无论 $\bar{\omega}_{i1}$ 为正还是为负均有意义。对于时空模式非线性不稳定性反/正对称第一级表面波波形，在进行数值计算时，应取第一级表面波反对称波形圆频率方程(5-149)和方程(5-154)和第一级表面波正对称波形圆频率方程(5-162)。在绘制波形图时，应分别做出 $\bar{\omega}_{r1}$ 为负、$\bar{\omega}_{i1}$ 为正和 $\bar{\omega}_{r1}$ 为负、$\bar{\omega}_{i1}$ 为负的二组波形图。

尽管共轭复数模式与时空模式的扰动振幅初始函数的表达式不同，但均能满足液体喷射的初始条件、运动学边界条件和动力学边界条件。比较共轭复数模式与时空模式反对称波形的色散准则关系式和共轭复数模式与时空模式正对称波形的色散准则关系式，可以看

出，两者完全相同，可以间接证明共轭复数模式与时空模式的推导过程都是正确的。时空模式的第一级表面波扰动振幅的形式与线性不稳定性的相同，使得线性不稳定性理论与非线性不稳定性理论能够很好地衔接。

根据反对称波形方程(5-149)和正对称波形方程(5-162)，$\bar{\omega}_{i1}$ 的值为正负。双曲余弦函数曲线如图 5-1 所示。可以看出，该函数是对于纵坐标对称的。也就是说，只要自变量的绝对数值相同，无论取正号还是取负号，函数值都是完全相同的。因此，对于第一级波的 $\bar{\omega}_{i1}$ 而言，无论取正号还是取负号，$\cosh(\bar{\omega}_{i1}\bar{t})$ 的值都是完全相同的，没有区别。因此，$\bar{\omega}_{i1}$ 的正负号可以去掉。

然而，$\bar{\omega}_{r1}$ 的值始终为负。余弦函数曲线如图 5-2 所示，可以看出，余弦函数也是对于纵坐标对称的，其定义域为 $-\infty \leqslant x \leqslant \infty$，值域为 $-1 \leqslant y \leqslant 1$。因此，无论 $(\bar{\omega}_{r1}\bar{t}+\bar{k}\bar{x})$ 为正或是为负，$\cos(\bar{\omega}_{r1}\bar{t}+\bar{k}\bar{x})$ 的值都是完全相同的，没有区别。

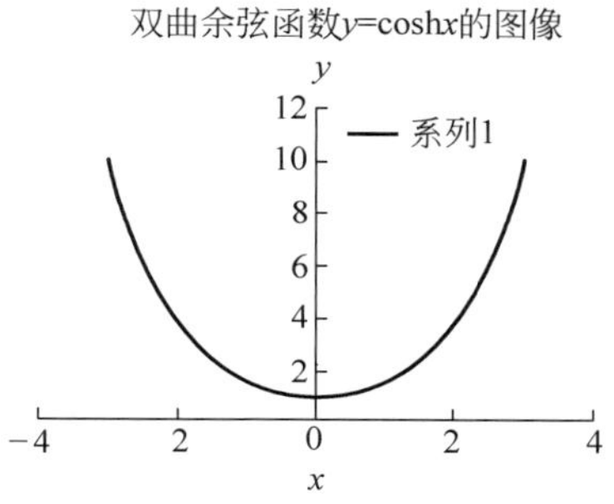

图 5-1　双曲余弦函数曲线

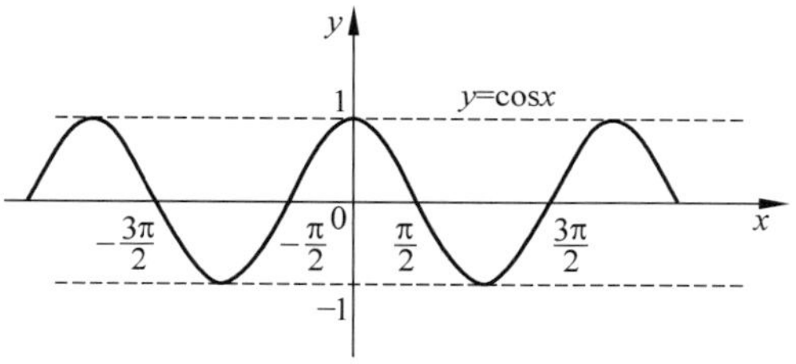

图 5-2　余弦函数曲线

5.6　平面液膜第二级波微分方程的建立和求解

5.6.1　平面液膜第二级波的扰动振幅

根据方程(2-200)，第二级波扰动振幅表达式为方程(2-202)。

由于初始扰动振幅 $\bar{\xi}_0^m$ 为常数项，因此我们将仅对扰动振幅的增长项和波动项 $\bar{\xi}_{mj}$ 进行讨论。设

$$\bar{\xi}_{2j} = \exp(\mathrm{i}\bar{\omega}_2\bar{t} + 2\mathrm{i}\bar{k}\bar{x}) \tag{5-167}$$

第二级表面波的初始条件见方程(2-162)和方程(2-163)。对于喷雾的第二级波，在喷嘴出口处，当 $\bar{t}=0$ 时，必然也有 $\bar{x}=0$。因此，方程(5-167)能够满足初始条件式(2-162)和式(2-163)。尽管时空模式第二级表面波的扰动振幅表达式能够满足初始条件，但对微分方程定解的推导过程中并未使用初始条件，因此时空模式非线性不稳定性理论可以不必设置初始条件也能求得微分方程的定解。

5.6.2 平面液膜第二级波反对称波形液相微分方程的建立和求解

5.6.2.1 反对称波形液相微分方程的建立

方程(5-110)对 $\bar{z}$ 求二阶偏导数，得

$$\bar{\phi}_{11j,\bar{z}\bar{z}}\Big|_{\bar{z}_0}=\frac{\sinh(\bar{k}\bar{z})}{\cosh(\bar{k})}\mathrm{i}\bar{k}(\bar{\omega}_1+\bar{k})\exp(\mathrm{i}\bar{\omega}_1\bar{t}+\mathrm{i}\bar{k}\bar{x}) \tag{5-168}$$

由第二级表面波按泰勒级数在气液交界面 $\bar{z}_0$ 处展开的液相运动学边界条件式(5-79)，得

$$\bar{\phi}_{21j,\bar{z}}\Big|_{\bar{z}_0}=\mathrm{i}(\bar{\omega}_2+2\bar{k})\exp(\mathrm{i}\bar{\omega}_2\bar{t}+2\mathrm{i}\bar{k}\bar{x})-\frac{\sinh(\bar{k}\bar{z})}{\cosh(\bar{k})}2\mathrm{i}\bar{k}(\bar{\omega}_1+\bar{k})\exp(2\mathrm{i}\bar{\omega}_1\bar{t}+2\mathrm{i}\bar{k}\bar{x}) \tag{5-169}$$

边界位于：$\bar{z}_0=(-1)^{j+1}$。

在 $\bar{z}_0=(-1)^{j+1}$ 处，整理方程(5-169)，得

$$\bar{\phi}_{21j,\bar{z}}\Big|_{\bar{z}_0}=\mathrm{i}(\bar{\omega}_2+2\bar{k})\exp(\mathrm{i}\bar{\omega}_2\bar{t}+2\mathrm{i}\bar{k}\bar{x})+(-1)^j 2\mathrm{i}\bar{k}(\bar{\omega}_1+\bar{k})\tanh(\bar{k})\exp(2\mathrm{i}\bar{\omega}_1\bar{t}+2\mathrm{i}\bar{k}\bar{x}) \tag{5-170}$$

方程(5-170)对 $\bar{z}$ 进行积分，得

$$\bar{\phi}_{21j}\Big|_{\bar{z}_0}=f_3(\bar{z})\begin{bmatrix}\mathrm{i}(\bar{\omega}_2+2\bar{k})\exp(\mathrm{i}\bar{\omega}_2\bar{t})+\\(-1)^j 2\mathrm{i}\bar{k}(\bar{\omega}_1+\bar{k})\tanh(\bar{k})\exp(2\mathrm{i}\bar{\omega}_1\bar{t})\end{bmatrix}\exp(2\mathrm{i}\bar{k}\bar{x})+c_8 \tag{5-171}$$

式中，c_8 为 $\bar{\phi}_{21j,\bar{z}}\Big|_{\bar{z}_0}$ 对于 $\bar{z}$ 的积分常数。

将方程(5-171)代入第二级表面波液相连续性方程(5-76)，可得

$$f_{3,\bar{z}\bar{z}}(\bar{z})-4\bar{k}^2 f_3(\bar{z})=0 \tag{5-172}$$

5.6.2.2 反对称波形液相微分方程的通解

解二阶齐次方程(5-172)，得

$$f_3(\bar{z})=c_9\mathrm{e}^{2\bar{k}\bar{z}}+c_{10}\mathrm{e}^{-2\bar{k}\bar{z}} \tag{5-173}$$

式中，c_9 和 c_{10} 分别为积分常数。

5.6.2.3 反对称波形液相微分方程的特解

将通解方程(5-173)代入方程(5-171)，得

$$\bar{\phi}_{21j}\Big|_{\bar{z}_0}=(c_9\mathrm{e}^{2\bar{k}\bar{z}}+c_{10}\mathrm{e}^{-2\bar{k}\bar{z}})\begin{bmatrix}\mathrm{i}(\bar{\omega}_2+2\bar{k})\exp(\mathrm{i}\bar{\omega}_2\bar{t})+\\(-1)^j 2\mathrm{i}\bar{k}(\bar{\omega}_1+\bar{k})\tanh(\bar{k})\exp(2\mathrm{i}\bar{\omega}_1\bar{t})\end{bmatrix}\exp(2\mathrm{i}\bar{k}\bar{x})+c_8 \tag{5-174}$$

方程(5-174)对 $\bar{z}$ 求一阶偏导数，得

$$\bar{\phi}_{21j,\bar{z}}\Big|_{\bar{z}_0}=2\bar{k}(c_9\mathrm{e}^{2\bar{k}\bar{z}}-c_{10}\mathrm{e}^{-2\bar{k}\bar{z}})\begin{bmatrix}\mathrm{i}(\bar{\omega}_2+2\bar{k})\exp(\mathrm{i}\bar{\omega}_2\bar{t})+\\(-1)^j 2\mathrm{i}\bar{k}(\bar{\omega}_1+\bar{k})\tanh(\bar{k})\exp(2\mathrm{i}\bar{\omega}_1\bar{t})\end{bmatrix}\exp(2\mathrm{i}\bar{k}\bar{x}) \tag{5-175}$$

在 $\bar{z}_0=1$ 处，将方程(5-175)代入方程(5-170)，得

$$2\bar{k}(c_9\mathrm{e}^{2\bar{k}}-c_{10}\mathrm{e}^{-2\bar{k}})=1 \tag{5-176}$$

在 $\bar{z}_0=-1$ 处，将方程(5-175)代入方程(5-170)，得

$$2\bar{k}(c_9\mathrm{e}^{-2\bar{k}}-c_{10}\mathrm{e}^{2\bar{k}})=1 \tag{5-177}$$

联立方程(5-176)和方程(5-177)求解，得

$$c_9=\frac{1}{2\bar{k}(\mathrm{e}^{2\bar{k}}+\mathrm{e}^{-2\bar{k}})}=\frac{1}{4\bar{k}\cosh(2\bar{k})} \tag{5-178}$$

$$c_{10}=-\frac{1}{2\bar{k}(\mathrm{e}^{2\bar{k}}+\mathrm{e}^{-2\bar{k}})}=-\frac{1}{4\bar{k}\cosh(2\bar{k})} \tag{5-179}$$

将方程(5-178)和方程(5-179)代入方程(5-174)，得第二级表面波反对称波形上下气液交界面的液相势函数合式。

$$\bar{\phi}_{21j}\Big|_{\bar{z}_0}=\mathrm{i}\frac{\sinh(2\bar{k}\bar{z})}{2\bar{k}\cosh(2\bar{k})}\begin{bmatrix}(\bar{\omega}_2+2\bar{k})\exp(\mathrm{i}\bar{\omega}_2\bar{t})+\\(-1)^j 2\bar{k}(\bar{\omega}_1+\bar{k})\tanh(\bar{k})\exp(2\mathrm{i}\bar{\omega}_1\bar{t})\end{bmatrix}\exp(2\mathrm{i}\bar{k}\bar{x})+c_8 \tag{5-180}$$

5.6.3　平面液膜第二级波正对称波形液相微分方程的建立和求解

5.6.3.1　正对称波形液相微分方程的建立

方程(5-115)对 $\bar{z}$ 求二阶偏导数，得

$$\bar{\phi}_{11j,\bar{z}\bar{z}}\Big|_{\bar{z}_0}=\mathrm{i}\bar{k}\frac{\cosh(\bar{k}\bar{z})}{\sinh(\bar{k})}(\bar{\omega}_1+\bar{k})\exp(\mathrm{i}\bar{\omega}_1\bar{t}+\mathrm{i}\bar{k}\bar{x}) \tag{5-181}$$

由第二级表面波按泰勒级数在气液交界面 $\bar{z}_0$ 处展开的液相运动学边界条件式(5-79)，正对称波形下气液交界面的表面波扰动振幅为负，得

$$\bar{\phi}_{21j,\bar{z}}\Big|_{\bar{z}_0}=(-1)^{j+1}\begin{bmatrix}\mathrm{i}(\bar{\omega}_2+2\bar{k})\exp(\mathrm{i}\bar{\omega}_2\bar{t}+2\mathrm{i}\bar{k}\bar{x})-\\\dfrac{\cosh(\bar{k}\bar{z})}{\sinh(\bar{k})}2\mathrm{i}\bar{k}(\bar{\omega}_1+\bar{k})\exp(2\mathrm{i}\bar{\omega}_1\bar{t}+2\mathrm{i}\bar{k}\bar{x})\end{bmatrix} \tag{5-182}$$

边界位于：$\bar{z}_0=(-1)^{j+1}$。

在 $\bar{z}_0=(-1)^{j+1}$ 处，整理方程(5-182)，得

$$\bar{\phi}_{21j,\bar{z}}\Big|_{\bar{z}_0}=(-1)^{j+1}\begin{bmatrix}\mathrm{i}(\bar{\omega}_2+2\bar{k})\exp(\mathrm{i}\bar{\omega}_2\bar{t}+2\mathrm{i}\bar{k}\bar{x})-\\\coth(\bar{k})2\mathrm{i}\bar{k}(\bar{\omega}_1+\bar{k})\exp(2\mathrm{i}\bar{\omega}_1\bar{t}+2\mathrm{i}\bar{k}\bar{x})\end{bmatrix} \tag{5-183}$$

方程(5-183)对 $\bar{z}$ 进行积分，得

$$\bar{\phi}_{21j}\Big|_{\bar{z}_0}=(-1)^{j+1}f_5(\bar{z})\begin{bmatrix}\mathrm{i}(\bar{\omega}_2+2\bar{k})\exp(\mathrm{i}\bar{\omega}_2\bar{t}+2\mathrm{i}\bar{k}\bar{x})-\\ \coth(\bar{k})2\mathrm{i}\bar{k}(\bar{\omega}_1+\bar{k})\exp(2\mathrm{i}\bar{\omega}_1\bar{t}+2\mathrm{i}\bar{k}\bar{x})\end{bmatrix}+c_8 \tag{5-184}$$

将方程(5-184)代入第二级表面波液相连续性方程(5-76)，可得方程(5-172)。

5.6.3.2 正对称波形液相微分方程的通解

解二阶齐次方程(5-172)，得方程(5-173)。

5.6.3.3 正对称波形液相微分方程的特解

将通解方程(5-173)代入方程(5-184)，得

$$\bar{\phi}_{21j}\Big|_{\bar{z}_0=1}=(-1)^{j+1}(c_9e^{2\bar{k}\bar{z}}+c_{10}e^{-2\bar{k}\bar{z}})\cdot \\ \left[\mathrm{i}(\bar{\omega}_2+2\bar{k})\exp(\mathrm{i}\bar{\omega}_2\bar{t})-2\mathrm{i}\bar{k}\coth(\bar{k})(\bar{\omega}_1+\bar{k})\exp(2\mathrm{i}\bar{\omega}_1\bar{t})\right]\exp(2\mathrm{i}\bar{k}\bar{x})+c_8 \tag{5-185}$$

方程(5-185)对 $\bar{z}$ 求一阶偏导数，得

$$\bar{\phi}_{21j,\bar{z}}\Big|_{\bar{z}_0=1}=(-1)^{j+1}2\bar{k}(c_9e^{2\bar{k}\bar{z}}-c_{10}e^{-2\bar{k}\bar{z}})\cdot \\ \left[\mathrm{i}(\bar{\omega}_2+2\bar{k})\exp(\mathrm{i}\bar{\omega}_2\bar{t})-2\mathrm{i}\bar{k}\coth(\bar{k})(\bar{\omega}_1+\bar{k})\exp(2\mathrm{i}\bar{\omega}_1\bar{t})\right]\exp(2\mathrm{i}\bar{k}\bar{x}) \tag{5-186}$$

在 $\bar{z}_0=(-1)^{j+1}$ 处，将方程(5-186)代入方程(5-183)，可得方程(5-176)和方程(5-177)。联立方程(5-176)和方程(5-177)求解，可得方程(5-178)和方程(5-179)。将方程(5-178)和方程(5-179)代入方程(5-184)，得第二级表面波正对称波形上下气液交界面的液相势函数合式。

$$\bar{\phi}_{21j}\Big|_{\bar{z}_0}=(-1)^{j+1}\mathrm{i}\frac{\sinh(2\bar{k}\bar{z})}{2\bar{k}\cosh(2\bar{k})}\cdot \\ \left[(\bar{\omega}_2+2\bar{k})\exp(\mathrm{i}\bar{\omega}_2\bar{t})-2\bar{k}\coth(\bar{k})(\bar{\omega}_1+\bar{k})\exp(2\mathrm{i}\bar{\omega}_1\bar{t})\right]\exp(2\mathrm{i}\bar{k}\bar{x})+c_8 \tag{5-187}$$

5.6.4 平面液膜第二级波反对称波形气相微分方程的建立和求解

5.6.4.1 气相微分方程的建立

方程(5-137)对 $\bar{z}$ 求二阶偏导数，得

$$\bar{\phi}_{1gj,\bar{z}\bar{z}}\Big|_{\bar{z}_0}=(-1)^j\bar{k}\exp\left[\bar{k}+(-1)^j\bar{k}\bar{z}\right]\mathrm{i}\bar{\omega}_1\exp(\mathrm{i}\bar{\omega}_1\bar{t}+\mathrm{i}\bar{k}\bar{x}) \tag{5-188}$$

方程(5-137)对 $\bar{x}$ 求一阶偏导数，得

$$\bar{\phi}_{1gj,\bar{x}}\Big|_{\bar{z}_0}=(-1)^{j+1}\exp\left[\bar{k}+(-1)^j\bar{k}\bar{z}\right]\bar{\omega}_1\exp(\mathrm{i}\bar{\omega}_1\bar{t}+\mathrm{i}\bar{k}\bar{x}) \tag{5-189}$$

由第二级表面波按泰勒级数在气液交界面 $\bar{z}_0$ 处展开的气相运动学边界条件式(5-81)，得

$$\bar{\phi}_{2gj,\bar{z}}\Big|_{\bar{z}_0}=\mathrm{i}\bar{\omega}_2\exp(\mathrm{i}\bar{\omega}_2\bar{t}+2\mathrm{i}\bar{k}\bar{x})+(-1)^{j+1}\exp\left[\bar{k}+(-1)^j\bar{k}\bar{z}\right]2\mathrm{i}\bar{k}\bar{\omega}_1\exp(2\mathrm{i}\bar{\omega}_1\bar{t}+2\mathrm{i}\bar{k}\bar{x}) \tag{5-190}$$

边界位于：$1\leqslant\bar{z}_0\leqslant\infty(j=1)$和$-\infty\leqslant\bar{z}_0\leqslant-1(j=2)$。

在 $\bar{z}_0=(-1)^{j+1}$ 处，整理方程(5-190)，得

$$\bar{\phi}_{2gj,\bar{z}}\Big|_{\bar{z}_0}=\mathrm{i}\bar{\omega}_2\exp(\mathrm{i}\bar{\omega}_2\bar{t}+2\mathrm{i}\bar{k}\bar{x})+(-1)^{j+1}2\mathrm{i}\bar{k}\bar{\omega}_1\exp(2\mathrm{i}\bar{\omega}_1\bar{t}+2\mathrm{i}\bar{k}\bar{x}) \tag{5-191}$$

方程(5-191)对 $\bar{z}$ 进行积分，得

$$\begin{aligned}\bar{\phi}_{2gj}\Big|_{\bar{z}_0}=&f_4(\bar{z})\left[\mathrm{i}\bar{\omega}_2\exp(\mathrm{i}\bar{\omega}_2\bar{t}+2\mathrm{i}\bar{k}\bar{x})+\right.\\&\left.(-1)^{j+1}2\mathrm{i}\bar{k}\bar{\omega}_1\exp(2\mathrm{i}\bar{\omega}_1\bar{t}+2\mathrm{i}\bar{k}\bar{x})\right]+c_{11}\end{aligned} \tag{5-192}$$

式中，c_{11} 为 $\bar{\phi}_{2gj,\bar{z}}\Big|_{\bar{z}_0}$ 对 $\bar{z}$ 的积分常数。

方程(5-192)对 $\bar{z}$ 求一阶偏导数，得

$$\begin{aligned}\bar{\phi}_{2gj,\bar{z}}\Big|_{\bar{z}_0}=&f_{4,\bar{z}}(\bar{z})\left[\mathrm{i}\bar{\omega}_2\exp(\mathrm{i}\bar{\omega}_2\bar{t}+2\mathrm{i}\bar{k}\bar{x})+\right.\\&\left.(-1)^{j+1}2\mathrm{i}\bar{k}\bar{\omega}_1\exp(2\mathrm{i}\bar{\omega}_1\bar{t}+2\mathrm{i}\bar{k}\bar{x})\right]\end{aligned} \tag{5-193}$$

在 $\bar{z}=\pm\infty$处，$\bar{z}$ 方向上的气相扰动速度 $\bar{w}_{2gj}=\bar{\phi}_{2gj,\bar{z}}=0$，将 $\bar{z}=\infty$和 $\bar{w}_{2gj}=\bar{\phi}_{2gj,\bar{z}}=0$ 代入方程(5-193)，得

$$f_{4,\bar{z}}(\bar{z})\Big|_{\bar{z}_0}=0 \tag{5-194}$$

将方程(5-194)代入第二级表面波气相连续性方程(5-77)，得气相微分方程

$$f_{4,\bar{z}\bar{z}}(\bar{z})-4\bar{k}^2f_4(\bar{z})=0 \tag{5-195}$$

5.6.4.2　气相微分方程的通解

解二阶齐次方程(5-195)，得

$$f_4(\bar{z})=c_{12}\mathrm{e}^{2\bar{k}\bar{z}}+c_{13}\mathrm{e}^{-2\bar{k}\bar{z}} \tag{5-196}$$

式中，c_{12} 和 c_{13} 为积分常数。

5.6.4.3　上气液交界面气相微分方程的特解

将方程(5-196)对 $\bar{z}$ 求一阶偏导数，得

$$f_{4,\bar{z}}(\bar{z})=2\bar{k}(c_{12}\mathrm{e}^{2\bar{k}\bar{z}}-c_{13}\mathrm{e}^{-2\bar{k}\bar{z}}) \tag{5-197}$$

在 $\bar{z}_0=\infty$处，将方程(5-197)代入到方程(5-194)中，得

$$2\bar{k}(c_{12}\mathrm{e}^{2\bar{k}\bar{z}}-c_{13}\mathrm{e}^{-2\bar{k}\bar{z}})\Big|_{\bar{z}=\infty}=0 \tag{5-198}$$

解方程(5-198)，由于 $\mathrm{e}^{2\bar{k}\bar{z}}\Big|_{\bar{z}=\infty}=\infty$，$\mathrm{e}^{-2\bar{k}\bar{z}}\Big|_{\bar{z}=\infty}=0$，则

$$c_{12}=0 \tag{5-199}$$

将方程(5-199)分别代入方程(5-196)和方程(5-197)，得

$$f_4(\bar{z})=c_{13}\mathrm{e}^{-2\bar{k}\bar{z}} \tag{5-200}$$

和

$$f_{4,\bar{z}}(\bar{z}) = -2c_{13}\bar{k}e^{-2\bar{k}\bar{z}} \tag{5-201}$$

在 $\bar{z}_0=1$ 处，将方程(5-201)代入方程(5-193)，得

$$\bar{\phi}_{2g1,\bar{z}}\Big|_{\bar{z}_0} = -2\bar{k}c_{13}e^{-2\bar{k}\bar{z}}[i\bar{\omega}_2\exp(i\bar{\omega}_2\bar{t}+2i\bar{k}\bar{x})+2i\bar{k}\bar{\omega}_1\exp(2i\bar{\omega}_1\bar{t}+2i\bar{k}\bar{x})] \tag{5-202}$$

将方程(5-202)代入方程(5-191)，得

$$2c_{13}\bar{k}e^{-2\bar{k}} = -1 \tag{5-203}$$

解方程(5-203)，得

$$c_{13} = -\frac{e^{2\bar{k}}}{2\bar{k}} \tag{5-204}$$

将方程(5-204)代入方程(5-200)，得

$$f_4(\bar{z}) = -\frac{1}{2\bar{k}}\exp(2\bar{k}-2\bar{k}\bar{z}) \tag{5-205}$$

将方程(5-205)代入方程(5-192)，得反对称波形上气液交界面气相微分方程的特解。

$$\bar{\phi}_{2g1}\Big|_{\bar{z}_0} = -\frac{i}{2\bar{k}}\exp(2\bar{k}-2\bar{k}\bar{z})[\bar{\omega}_2\exp(i\bar{\omega}_2\bar{t})+2\bar{k}\bar{\omega}_1\exp(2i\bar{\omega}_1\bar{t})]\exp(2i\bar{k}\bar{x})+c_{11} \tag{5-206}$$

5.6.4.4 下气液交界面气相微分方程的特解

在 $\bar{z}_0=-\infty$ 处，将方程(5-197)代入到方程(5-194)中，得

$$2\bar{k}(c_{12}e^{2\bar{k}\bar{z}}-c_{13}e^{-2\bar{k}\bar{z}})\Big|_{\bar{z}=-\infty} = 0 \tag{5-207}$$

解方程(5-207)，由 $e^{-2\bar{k}\bar{z}}\Big|_{\bar{z}=-\infty}=\infty$，$e^{2\bar{k}\bar{z}}\Big|_{\bar{z}=-\infty}=0$，则

$$c_{13} = 0 \tag{5-208}$$

将方程(5-208)分别代入方程(5-196)和方程(5-197)，得

$$f_4(\bar{z}) = c_{12}e^{2\bar{k}\bar{z}} \tag{5-209}$$

和

$$f_{4,\bar{z}}(\bar{z}) = 2c_{12}\bar{k}e^{2\bar{k}\bar{z}} \tag{5-210}$$

在 $\bar{z}_0=-1$ 处，将方程(5-210)代入方程(5-193)，得

$$\bar{\phi}_{2g2,\bar{z}}\Big|_{\bar{z}_0} = 2c_{12}\bar{k}e^{2\bar{k}\bar{z}}[i\bar{\omega}_2\exp(i\bar{\omega}_2\bar{t}+2i\bar{k}\bar{x})-2i\bar{k}\bar{\omega}_1\exp(2i\bar{\omega}_1\bar{t}+2i\bar{k}\bar{x})] \tag{5-211}$$

将方程(5-211)代入方程(5-191)，得

$$2c_{12}\bar{k}e^{-2\bar{k}} = 1 \tag{5-212}$$

解方程(5-212)，得

$$c_{12} = \frac{e^{2\bar{k}}}{2\bar{k}} \tag{5-213}$$

将方程(5-213)代入方程(5-209),得

$$f_4(\bar{z})=\frac{1}{2\bar{k}}\exp(2\bar{k}+2\bar{k}\bar{z}) \tag{5-214}$$

将方程(5-214)代入方程(5-192),得反对称波形下气液交界面气相微分方程的特解。

$$\bar{\phi}_{2g2}\bigg|_{\bar{z}_0}=\frac{\mathrm{i}}{2\bar{k}}\exp(2\bar{k}+2\bar{k}\bar{z})\left[\bar{\omega}_2\exp(\mathrm{i}\bar{\omega}_2\bar{t})-2\bar{k}\bar{\omega}_1\exp(2\mathrm{i}\bar{\omega}_1\bar{t})\right]\exp(2\mathrm{i}\bar{k}\bar{x})+c_{11} \tag{5-215}$$

对比方程(5-206)和方程(5-215),可以将第二级表面波反对称波形上下气液交界面的气相势函数写为合式。

$$\bar{\phi}_{2gj}\bigg|_{\bar{z}_0}=(-1)^j\,\frac{i}{2\bar{k}}\exp\left[2\bar{k}+(-1)^j2\bar{k}\bar{z}\right]\cdot$$
$$\left[\bar{\omega}_2\exp(\mathrm{i}\bar{\omega}_2\bar{t})+(-1)^{j+1}2\bar{k}\bar{\omega}_1\exp(2\mathrm{i}\bar{\omega}_1\bar{t})\right]\exp(2\mathrm{i}\bar{k}\bar{x})+c_{11} \tag{5-216}$$

5.6.5 平面液膜第二级波正对称波形气相微分方程的建立和求解

5.6.5.1 气相微分方程的建立

方程(5-142)对 $\bar{z}$ 求二阶偏导数,得

$$\bar{\phi}_{1gj,\bar{z}\bar{z}}\bigg|_{\bar{z}_0}=-\bar{k}\exp\left[\bar{k}+(-1)^j\bar{k}\bar{z}\right]\mathrm{i}\bar{\omega}_1\exp(\mathrm{i}\bar{\omega}_1\bar{t}+\mathrm{i}\bar{k}\bar{x}) \tag{5-217}$$

方程(5-142)对 $\bar{x}$ 求一阶偏导数,得

$$\bar{\phi}_{1gj,\bar{x}}\bigg|_{\bar{z}_0}=\exp\left[\bar{k}+(-1)^j\bar{k}\bar{z}\right]\bar{\omega}_1\exp(\mathrm{i}\bar{\omega}_1\bar{t}+\mathrm{i}\bar{k}\bar{x}) \tag{5-218}$$

由第二级表面波按泰勒级数在气液交界面 $\bar{z}_0$ 处展开的气相运动学边界条件式(5-81),正对称波形下气液交界面的表面波扰动振幅为负。

$$\bar{\phi}_{2gj,\bar{z}}\bigg|_{\bar{z}_0}=(-1)^{j+1}\left\{\mathrm{i}\bar{\omega}_2\exp(\mathrm{i}\bar{\omega}_2\bar{t}+2\mathrm{i}\bar{k}\bar{x})+\exp\left[\bar{k}+(-1)^j\bar{k}\bar{z}\right]\cdot\right.$$
$$\left.2\mathrm{i}\bar{k}\bar{\omega}_1\exp(2\mathrm{i}\bar{\omega}_1\bar{t}+2\mathrm{i}\bar{k}\bar{x})\right\} \tag{5-219}$$

边界位于:$1\leqslant\bar{z}_0\leqslant\infty\,(j=1)$ 和 $-\infty\leqslant\bar{z}_0\leqslant-1\,(j=2)$。

方程(5-219)对 $\bar{z}$ 进行积分,得

$$\bar{\phi}_{2gj}\bigg|_{\bar{z}_0}=(-1)^{j+1}f_4(\bar{z})\left\{\begin{array}{l}\mathrm{i}\bar{\omega}_2\exp(\mathrm{i}\bar{\omega}_2\bar{t}+2\mathrm{i}\bar{k}\bar{x})+\\ \exp\left[\bar{k}+(-1)^j\bar{k}\bar{z}\right]2\mathrm{i}\bar{k}\bar{\omega}_1\exp(2\mathrm{i}\bar{\omega}_1\bar{t}+2\mathrm{i}\bar{k}\bar{x})\end{array}\right\}+c_{11} \tag{5-220}$$

方程(5-220)对 $\bar{z}$ 求一阶偏导数,得

$$\bar{\phi}_{2gj,\bar{z}}\bigg|_{\bar{z}_0}=(-1)^{j+1}f_{4,\bar{z}}(\bar{z})\left\{\begin{array}{l}\mathrm{i}\bar{\omega}_2\exp(\mathrm{i}\bar{\omega}_2\bar{t}+2\mathrm{i}\bar{k}\bar{x})+\\ \exp\left[\bar{k}+(-1)^j\bar{k}\bar{z}\right]2\mathrm{i}\bar{k}\bar{\omega}_1\exp(2\mathrm{i}\bar{\omega}_1\bar{t}+2\mathrm{i}\bar{k}\bar{x})\end{array}\right\} \tag{5-221}$$

在 $\bar{z}_0=\pm\infty$ 处,$\bar{z}$ 方向上的气相扰动速度 $\bar{w}_{2gj}=\bar{\phi}_{2gj,\bar{z}}=0$,将 $\bar{z}=\infty$ 和 $\bar{w}_{2gj}=\bar{\phi}_{2gj,\bar{z}}=0$ 代入方程(5-221),可得方程(5-194)。将方程(5-220)代入第二级表面波气相连续性方程(5-77),得气相微分方程(5-195)。

5.6.5.2 气相微分方程的通解

解二阶齐次方程(5-195),可得方程(5-196)。

5.6.5.3 上气液交界面气相微分方程的特解

与反对称波形上气液交界面气相微分方程特解的推导步骤类似,在 $\bar{z}_0=1$ 处,将方程(5-213)代入方程(5-221),得

$$\bar{\phi}_{2\text{g}1,\bar{z}}\bigg|_{\bar{z}_0}=-2c_{12}\bar{k}\text{e}^{-2\bar{k}\bar{z}}\cdot$$
$$[\text{i}\bar{\omega}_2\exp(\text{i}\bar{\omega}_2\bar{t}+2\text{i}\bar{k}\bar{x})+2\text{i}\bar{k}\bar{\omega}_1\exp(2\text{i}\bar{\omega}_1\bar{t}+2\text{i}\bar{k}\bar{x})] \tag{5-222}$$

则正对称波形上气液交界面气相微分方程的特解为

$$\bar{\phi}_{2\text{g}1}\bigg|_{\bar{z}_0}=-\frac{\text{i}}{2\bar{k}}\exp(2\bar{k}-2\bar{k}\bar{z})\cdot$$
$$[\bar{\omega}_2\exp(2\text{i}\bar{\omega}_2\bar{t})+2\bar{k}\bar{\omega}_1\exp(2\text{i}\bar{\omega}_1\bar{t})]\exp(2\text{i}\bar{k}\bar{x})+c_{11} \tag{5-223}$$

可以看出,正对称波形上气液交界面气相微分方程的特解与反对称波形的特解完全相同。

5.6.5.4 下气液交界面气相微分方程的特解

与反对称波形下气液交界面气相微分方程特解的推导步骤类似,在 $\bar{z}_0=-1$ 处,将方程(5-213)代入方程(5-221),得

$$\bar{\phi}_{2\text{g}2,\bar{z}}\bigg|_{\bar{z}_0}=-2\bar{k}_{12}\text{e}^{2\bar{k}\bar{z}}[\text{i}\bar{\omega}_2\exp(\text{i}\bar{\omega}_2\bar{t}+2\text{i}\bar{k}\bar{x})+2\text{i}\bar{k}\bar{\omega}_1\exp(2\text{i}\bar{\omega}_1\bar{t}+2\text{i}\bar{k}\bar{x})] \tag{5-224}$$

则正对称波形下气液交界面气相微分方程的特解为:

$$\bar{\phi}_{2\text{g}2}\bigg|_{\bar{z}_0}=-\frac{\text{i}}{2\bar{k}}\exp(2\bar{k}+2\bar{k}\bar{z})\cdot$$
$$[\bar{\omega}_2\exp(\text{i}\bar{\omega}_2\bar{t})+2\bar{k}\bar{\omega}_1\exp(2\text{i}\bar{\omega}_1\bar{t})]\exp(2\text{i}\bar{k}\bar{x})+c_{11} \tag{5-225}$$

对比方程(5-223)和方程(5-225),可以将第二级表面波正对称波形上下气液交界面的气相势函数写为合式。

$$\bar{\phi}_{2\text{g}j}\bigg|_{\bar{z}_0}=-\frac{\text{i}}{2\bar{k}}\exp[2\bar{k}+(-1)^j2\bar{k}\bar{z}]\cdot$$
$$[\bar{\omega}_2\exp(\text{i}\bar{\omega}_2\bar{t})+2\bar{k}\bar{\omega}_1\exp(2\text{i}\bar{\omega}_1\bar{t})]\exp(2\text{i}\bar{k}\bar{x})+c_{11} \tag{5-226}$$

5.6.6 平面液膜第二级波反对称波形的色散准则关系式

根据第二级表面波按泰勒级数在气液交界面 $\bar{z}_0$ 处展开的动力学边界条件式(5-83),逐项进行推导。

(1) $\bar{\phi}_{2\text{g}j}\Big|_{\bar{z}_0}$ 对 $\bar{t}$ 求一阶偏导数

由方程(5-226),得

$$\bar{\phi}_{2\text{g}j,\bar{t}}\bigg|_{\bar{z}_0}=(-1)^{j+1}\frac{1}{2\bar{k}}\exp[2\bar{k}+(-1)^j2\bar{k}\bar{z}]\cdot$$

$$[\bar{\omega}_2^2 \exp(\mathrm{i}\bar{\omega}_2 \bar{t}) + (-1)^{j+1} 4\bar{k}\bar{\omega}_1^2 \exp(2\mathrm{i}\bar{\omega}_1 \bar{t})] \exp(2\mathrm{i}\bar{k}\bar{x}) \tag{5-227}$$

(2) $\bar{\phi}_{21j}\Big|_{\bar{z}_0}$ 对 $\bar{t}$ 求一阶偏导数

由方程(5-187),得

$$\bar{\phi}_{21j,\bar{t}}\Big|_{\bar{z}_0} = -\frac{\sinh(2\bar{k}\bar{z})}{2\bar{k}\cosh(2\bar{k})}\begin{bmatrix}\bar{\omega}_2(\bar{\omega}_2 + 2\bar{k})\exp(\mathrm{i}\bar{\omega}_2\bar{t}) + \\ (-1)^j 4\bar{k}\bar{\omega}_1(\bar{\omega}_1 + \bar{k})\tanh(\bar{k})\exp(2\mathrm{i}\bar{\omega}_1\bar{t})\end{bmatrix}\exp(2\mathrm{i}\bar{k}\bar{x}) \tag{5-228}$$

(3) $\bar{\phi}_{21j}\Big|_{\bar{z}_0}$ 对 $\bar{x}$ 求一阶偏导数

由方程(5-187),得

$$\bar{\phi}_{21j,\bar{x}}\Big|_{\bar{z}_0} = -\frac{\sinh(2\bar{k}\bar{z})}{\cosh(2\bar{k})}\begin{bmatrix}(\bar{\omega}_2 + 2\bar{k})\exp(\mathrm{i}\bar{\omega}_2\bar{t}) + \\ (-1)^j 2\bar{k}(\bar{\omega}_1 + \bar{k})\tanh(\bar{k})\exp(2\mathrm{i}\bar{\omega}_1\bar{t})\end{bmatrix}\exp(2\mathrm{i}\bar{k}\bar{x}) \tag{5-229}$$

(4) $\bar{\phi}_{1gj}\Big|_{\bar{z}_0}$ 对 $\bar{x}$ 求一阶偏导数

由方程(5-142),得

$$\bar{\phi}_{1gj,\bar{x}}\Big|_{\bar{z}_0} = (-1)^{j+1}\exp[\bar{k} + (-1)^j\bar{k}\bar{z}]\bar{\omega}_1\exp(\mathrm{i}\bar{\omega}_1\bar{t} + \mathrm{i}\bar{k}\bar{x}) \tag{5-230}$$

(5) $\bar{\phi}_{1gj}\Big|_{\bar{z}_0}$ 对 $\bar{z}$ 求一阶偏导数

由方程(5-142),得

$$\bar{\phi}_{1gj,\bar{z}}\Big|_{\bar{z}_0} = \exp[\bar{k} + (-1)^j\bar{k}\bar{z}]\mathrm{i}\bar{\omega}_1\exp(\mathrm{i}\bar{\omega}_1\bar{t} + \mathrm{i}\bar{k}\bar{x}) \tag{5-231}$$

(6) $\bar{\phi}_{1gj}\Big|_{\bar{z}_0}$ 对 $\bar{z}$ 和 $\bar{t}$ 求二阶偏导数,即 $\bar{\phi}_{1gj,\bar{z}}\Big|_{\bar{z}_0}$ 对 $\bar{t}$ 再求一阶偏导数

由方程(5-231),得

$$\bar{\phi}_{1gj,\bar{z}\bar{t}}\Big|_{\bar{z}_0} = -\exp[\bar{k} + (-1)^j\bar{k}\bar{z}]\bar{\omega}_1^2\exp(\mathrm{i}\bar{\omega}_1\bar{t} + \mathrm{i}\bar{k}\bar{x}) \tag{5-232}$$

(7) $\bar{\phi}_{11j}\Big|_{\bar{z}_0}$ 对 $\bar{z}$ 求一阶偏导数

由方程(5-100),得

$$\bar{\phi}_{11j,\bar{z}}\Big|_{\bar{z}_0} = \mathrm{i}\frac{\cosh(\bar{k}\bar{z})}{\cosh(\bar{k})}(\bar{\omega}_1 + \bar{k})\exp(\mathrm{i}\bar{\omega}_1\bar{t} + \mathrm{i}\bar{k}\bar{x}) \tag{5-233}$$

(8) $\bar{\phi}_{11j}\Big|_{\bar{z}_0}$ 对 $\bar{z}$ 和 $\bar{t}$ 求二阶偏导数,即 $\bar{\phi}_{11j,\bar{z}}\Big|_{\bar{z}_0}$ 对 $\bar{t}$ 再求一阶偏导数

由方程(5-233),得

$$\bar{\phi}_{11j,\bar{z}\bar{t}}\Big|_{\bar{z}_0} = -\frac{\cosh(\bar{k}\bar{z})}{\cosh(\bar{k})}\bar{\omega}_1(\bar{\omega}_1 + \bar{k})\exp(\mathrm{i}\bar{\omega}_1\bar{t} + \mathrm{i}\bar{k}\bar{x}) \tag{5-234}$$

(9) $\bar{\phi}_{11j}\Big|_{\bar{z}_0}$ 对 $\bar{x}$ 求一阶偏导数

由方程(5-100),得

$$\bar{\phi}_{11j,\bar{x}}\Big|_{\bar{z}_0} = -\frac{\sinh(\bar{k}\bar{z})}{\cosh(\bar{k})}(\bar{\omega}_1 + \bar{k})\exp(\mathrm{i}\bar{\omega}_1\bar{t} + \mathrm{i}\bar{k}\bar{x}) \tag{5-235}$$

(10) $\bar{\phi}_{11j}\Big|_{\bar{z}_0}$ 对 $\bar{x}$ 和 $\bar{z}$ 求二阶偏导数，即 $\bar{\phi}_{11j,\bar{x}}\Big|_{\bar{z}_0}$ 对 $\bar{z}$ 再求一阶偏导数

由方程(5-235)，得

$$\bar{\phi}_{11j,\bar{x}\bar{z}}\Big|_{\bar{z}_0} = -\frac{\cosh(\bar{k}\bar{z})}{\cosh(\bar{k})}\bar{k}(\bar{\omega}_1+\bar{k})\exp(\mathrm{i}\bar{\omega}_1\bar{t}+\mathrm{i}\bar{k}\bar{x}) \tag{5-236}$$

由第二级表面波按泰勒级数在气液交界面 $\bar{z}_0$ 处展开的动力学边界条件式(5-83)，得

$$\begin{aligned}&(-1)^{j+1}\frac{\bar{\rho}}{\bar{k}}\exp[2\bar{k}+(-1)^j 2\bar{k}\bar{z}]\bar{\omega}_2^2\exp(\mathrm{i}\bar{\omega}_2\bar{t})+\\&\frac{\sinh(2\bar{k}\bar{z})}{\bar{k}\cosh(2\bar{k})}(\bar{\omega}_2+2\bar{k})^2\exp(\mathrm{i}\bar{\omega}_2\bar{t})+(-1)^j\frac{8\bar{k}^2}{We_1}\exp(\mathrm{i}\bar{\omega}_2\bar{t})\\&=4\bar{\rho}\exp[\bar{k}+(-1)^j\bar{k}\bar{z}]\bar{\omega}_1^2\exp(2\mathrm{i}\bar{\omega}_1\bar{t})\{1-\exp[\bar{k}+(-1)^j\bar{k}\bar{z}]\}-\\&4\frac{\cosh(\bar{k}\bar{z})}{\cosh(\bar{k})}(\bar{\omega}_1+\bar{k})^2\exp(2\mathrm{i}\bar{\omega}_1\bar{t})-\frac{1}{\cosh^2(\bar{k})}(\bar{\omega}_1+\bar{k})^2\exp(2\mathrm{i}\bar{\omega}_1\bar{t})-\\&(-1)^j 4\frac{\sinh(2\bar{k}\bar{z})}{\cosh(2\bar{k})}(\bar{\omega}_1+\bar{k})^2\tanh(\bar{k})\exp(2\mathrm{i}\bar{\omega}_1\bar{t})\end{aligned} \tag{5-237}$$

在 $\bar{z}_0=1$ 处($j=1$)整理方程(5-237)，得

$$\begin{aligned}&\frac{\bar{\rho}}{\bar{k}}\bar{\omega}_2^2\exp(\mathrm{i}\bar{\omega}_2\bar{t})+\frac{1}{\bar{k}}\tanh(2\bar{k})(\bar{\omega}_2+2\bar{k})^2\exp(\mathrm{i}\bar{\omega}_2\bar{t})-\frac{8\bar{k}^2}{We_1}\exp(\mathrm{i}\bar{\omega}_2\bar{t})\\&=-4(\bar{\omega}_1+\bar{k})^2\exp(2\mathrm{i}\bar{\omega}_1\bar{t})-\frac{1}{\cosh^2(\bar{k})}(\bar{\omega}_1+\bar{k})^2\exp(2\mathrm{i}\bar{\omega}_1\bar{t})+\\&4\tanh(2\bar{k})\tanh(\bar{k})(\bar{\omega}_1+\bar{k})^2\exp(2\mathrm{i}\bar{\omega}_1\bar{t})\end{aligned} \tag{5-238}$$

在 $\bar{z}_0=-1$ 处($j=2$)整理方程(5-238)，得

$$\begin{aligned}&-\frac{\bar{\rho}}{\bar{k}}\bar{\omega}_2^2\exp(\mathrm{i}\bar{\omega}_2\bar{t})-\frac{1}{\bar{k}}\tanh(2\bar{k})(\bar{\omega}_2+2\bar{k})^2\exp(\mathrm{i}\bar{\omega}_2\bar{t})+\frac{8\bar{k}^2}{We_1}\exp(\mathrm{i}\bar{\omega}_2\bar{t})\\&=-4(\bar{\omega}_1+\bar{k})^2\exp(2\mathrm{i}\bar{\omega}_1\bar{t})-\frac{1}{\cosh^2(\bar{k})}(\bar{\omega}_1+\bar{k})^2\exp(2\mathrm{i}\bar{\omega}_1\bar{t})+\\&4\tanh(2\bar{k})\tanh(\bar{k})(\bar{\omega}_1+\bar{k})^2\exp(2\mathrm{i}\bar{\omega}_1\bar{t})\end{aligned} \tag{5-239}$$

方程(5-238)减去方程(5-239)，得

$$\frac{\bar{\rho}}{\bar{k}}\bar{\omega}_2^2\exp(\mathrm{i}\bar{\omega}_2\bar{t})+\frac{1}{\bar{k}}\tanh(2\bar{k})(\bar{\omega}_2+2\bar{k})^2\exp(\mathrm{i}\bar{\omega}_2\bar{t})-\frac{8\bar{k}^2}{We_1}\exp(\mathrm{i}\bar{\omega}_2\bar{t})=0 \tag{5-240}$$

由于 $\exp(\mathrm{i}\bar{\omega}_2\bar{t})\neq 0$，有

$$\bar{\rho}\bar{\omega}_2^2+\tanh(2\bar{k})(\bar{\omega}_2+2\bar{k})^2-\frac{8\bar{k}^3}{We_1}=0 \tag{5-241}$$

整理方程(5-241)，得

$$[\bar{\rho}+\tanh(2\bar{k})]\bar{\omega}_2^2+4\bar{k}\tanh(2\bar{k})\bar{\omega}_2+4\bar{k}^2\tanh(2\bar{k})-\frac{8\bar{k}^3}{We_1}=0 \tag{5-242}$$

解方程(5-242),得时空模式第二级表面波反对称波形的色散准则关系式。

$$\bar{\omega}_2=\frac{-2\bar{k}\tanh(2\bar{k})\pm \mathrm{i}2k\sqrt{\bar{\rho}\tanh(2\bar{k})-\dfrac{2\bar{k}}{We_1}[\bar{\rho}+\tanh(2\bar{k})]}}{\bar{\rho}+\tanh(2\bar{k})} \tag{5-243}$$

则

$$\bar{\omega}_{r2}=-\frac{2\bar{k}\tanh(2\bar{k})}{\bar{\rho}+\tanh(2\bar{k})} \tag{5-244}$$

和

$$\bar{\omega}_{i2}=\pm\frac{2\bar{k}\sqrt{\bar{\rho}\tanh(2\bar{k})-\dfrac{2\bar{k}}{We_1}[\bar{\rho}+\tanh(2\bar{k})]}}{\bar{\rho}+\tanh(2\bar{k})} \tag{5-245}$$

$\bar{\omega}_2$ 的两个根是一对共轭复数。可以看出,时空模式第二级表面波反对称波形的 $\bar{\omega}_2$、$\bar{\omega}_{r2}$、$\bar{\omega}_{i2}$ 的表达式与共轭复数模式第二级表面波反对称波形的完全相同。

5.6.7　平面液膜第二级波正对称波形的色散准则关系式

根据第二级表面波按泰勒级数在气液交界面 $\bar{z}_0$ 处展开的动力学边界条件式(5-83),逐项进行推导。

(1) $\bar{\phi}_{2gj}\big|_{\bar{z}_0}$ 对 $\bar{t}$ 求一阶偏导数

由方程(5-226),得

$$\bar{\phi}_{2gj,\bar{t}}\Big|_{\bar{z}_0}=\frac{1}{2\bar{k}}\exp[2\bar{k}+(-1)^j2\bar{k}\bar{z}]\cdot$$
$$[\bar{\omega}_2^2\exp(\mathrm{i}\bar{\omega}_2\bar{t})+4\bar{k}\bar{\omega}_1^2\exp(2\mathrm{i}\bar{\omega}_1\bar{t})]\exp(2\mathrm{i}\bar{k}\bar{x}) \tag{5-246}$$

(2) $\bar{\phi}_{21j}\big|_{\bar{z}_0}$ 对 $\bar{t}$ 求一阶偏导数

由方程(5-187),得

$$\bar{\phi}_{21j,\bar{t}}\Big|_{\bar{z}_0}=(-1)^j\frac{\sinh(2\bar{k}\bar{z})}{2\bar{k}\cosh(2\bar{k})}\begin{bmatrix}\bar{\omega}_2(\bar{\omega}_2+2\bar{k})\exp(\mathrm{i}\bar{\omega}_2\bar{t})-\\4\bar{k}\bar{\omega}_1\coth(\bar{k})(\bar{\omega}_1+\bar{k})\exp(2\mathrm{i}\bar{\omega}_1\bar{t})\end{bmatrix}\exp(2\mathrm{i}\bar{k}\bar{x}) \tag{5-247}$$

(3) $\bar{\phi}_{21j}\big|_{\bar{z}_0}$ 对 $\bar{x}$ 求一阶偏导数

由方程(5-187),得

$$\bar{\phi}_{21j,\bar{x}}\Big|_{\bar{z}_0}=(-1)^j\frac{\sinh(2\bar{k}\bar{z})}{\cosh(2\bar{k})}\begin{bmatrix}(\bar{\omega}_2+2\bar{k})\exp(\mathrm{i}\bar{\omega}_2\bar{t})-\\2\bar{k}\coth(\bar{k})(\bar{\omega}_1+\bar{k})\exp(2\mathrm{i}\bar{\omega}_1\bar{t})\end{bmatrix}\exp(2\mathrm{i}\bar{k}\bar{x}) \tag{5-248}$$

(4) $\bar{\phi}_{1gj}\big|_{\bar{z}_0}$ 对 $\bar{x}$ 求一阶偏导数

由方程(5-142),得

$$\bar{\phi}_{1gj,\bar{x}}\Big|_{\bar{z}_0}=\exp[\bar{k}+(-1)^j\bar{k}\bar{z}]\bar{\omega}_1\exp(\mathrm{i}\bar{\omega}_1\bar{t}+\mathrm{i}\bar{k}\bar{x}) \tag{5-249}$$

(5) $\bar{\phi}_{1gj}\Big|_{\bar{z}_0}$ 对 $\bar{z}$ 求一阶偏导数

由方程(5-142),得

$$\bar{\phi}_{1gj,\bar{z}}\Big|_{\bar{z}_0}=(-1)^{j+1}\exp[\bar{k}+(-1)^j\bar{k}\bar{z}]\mathrm{i}\bar{\omega}_1\exp(\mathrm{i}\bar{\omega}_1\bar{t}+\mathrm{i}\bar{k}\bar{x}) \tag{5-250}$$

(6) $\bar{\phi}_{1gj}\Big|_{\bar{z}_0}$ 对 $\bar{z}$ 和 $\bar{t}$ 求二阶偏导数,即 $\bar{\phi}_{1gj,\bar{z}}\Big|_{\bar{z}_0}$ 对 $\bar{t}$ 再求一阶偏导数

由方程(5-250),得

$$\bar{\phi}_{1gj,\bar{z}\bar{t}}\Big|_{\bar{z}_0}=(-1)^j\exp[\bar{k}+(-1)^j\bar{k}\bar{z}]\bar{\omega}_1^2\exp(\mathrm{i}\bar{\omega}_1\bar{t}+\mathrm{i}\bar{k}\bar{x}) \tag{5-251}$$

(7) $\bar{\phi}_{1lj}\Big|_{\bar{z}_0}$ 对 $\bar{z}$ 求一阶偏导数

由方程(5-100),得

$$\bar{\phi}_{1lj,\bar{z}}\Big|_{\bar{z}_0}=\mathrm{i}\frac{\sinh(\bar{k}\bar{z})}{\sinh(\bar{k})}(\bar{\omega}_1+\bar{k})\exp(\mathrm{i}\bar{\omega}_1\bar{t}+\mathrm{i}\bar{k}\bar{x}) \tag{5-252}$$

(8) $\bar{\phi}_{1lj}\Big|_{\bar{z}_0}$ 对 $\bar{z}$ 和 $\bar{t}$ 求二阶偏导数,即 $\bar{\phi}_{1lj,\bar{z}}\Big|_{\bar{z}_0}$ 对 $\bar{t}$ 再求一阶偏导数

由方程(5-252),得

$$\bar{\phi}_{1lj,\bar{z}\bar{t}}\Big|_{\bar{z}_0}=-\frac{\sinh(\bar{k}\bar{z})}{\sinh(\bar{k})}\bar{\omega}_1(\bar{\omega}_1+\bar{k})\exp(\mathrm{i}\bar{\omega}_1\bar{t}+\mathrm{i}\bar{k}\bar{x}) \tag{5-253}$$

(9) $\bar{\phi}_{1lj}\Big|_{\bar{z}_0}$ 对 $\bar{x}$ 求一阶偏导数

由方程(5-100),得

$$\bar{\phi}_{1lj,\bar{x}}\Big|_{\bar{z}_0}=-\frac{\cosh(\bar{k}\bar{z})}{\sinh(\bar{k})}(\bar{\omega}_1+\bar{k})\exp(\mathrm{i}\bar{\omega}_1\bar{t}+\mathrm{i}\bar{k}\bar{x}) \tag{5-254}$$

(10) $\bar{\phi}_{1lj}\Big|_{\bar{z}_0}$ 对 $\bar{x}$ 和 $\bar{z}$ 求二阶偏导数,即 $\bar{\phi}_{1lj,\bar{x}}\Big|_{\bar{z}_0}$ 对 $\bar{z}$ 再求一阶偏导数

由方程(5-254),得

$$\bar{\phi}_{1lj,\bar{x}\bar{z}}\Big|_{\bar{z}_0}=-\frac{\sinh(\bar{k}\bar{z})}{\sinh(\bar{k})}\bar{k}(\bar{\omega}_1+\bar{k})\exp(\mathrm{i}\bar{\omega}_1\bar{t}+\mathrm{i}\bar{k}\bar{x}) \tag{5-255}$$

由第二级表面波按泰勒级数在气液交界面 $\bar{z}_0$ 处展开的动力学边界条件式(5-83),正对称波形下气液交界面的表面波扰动振幅为负。

$$\frac{\bar{\rho}}{\bar{k}}\exp[2\bar{k}+(-1)^j2\bar{k}\bar{z}]\bar{\omega}_2^2\exp(\mathrm{i}\bar{\omega}_2\bar{t})+$$

$$(-1)^{j+1}\frac{\sinh(2\bar{k}\bar{z})}{\bar{k}\cosh(2\bar{k})}(\bar{\omega}_2+2\bar{k})^2\exp(\mathrm{i}\bar{\omega}_2\bar{t})-\frac{8\bar{k}^2}{We_1}\exp(\mathrm{i}\bar{\omega}_2\bar{t})$$

$$=4\bar{\rho}\exp[\bar{k}+(-1)^j\bar{k}\bar{z}]\bar{\omega}_1^2\exp(2\mathrm{i}\bar{\omega}_1\bar{t})\{1-\exp[\bar{k}+(-1)^j\bar{k}\bar{z}]\}+$$

$$(-1)^j4\frac{\sinh(\bar{k}\bar{z})}{\sinh(\bar{k})}(\bar{\omega}_1+\bar{k})^2\exp(2\mathrm{i}\bar{\omega}_1\bar{t})+\frac{1}{\sinh^2(\bar{k})}(\bar{\omega}_1+\bar{k})^2\exp(2\mathrm{i}\bar{\omega}_1\bar{t})-$$

$$(-1)^j 4\frac{\sinh(2\bar{k}\bar{z})}{\cosh(2\bar{k})}\coth(\bar{k})(\bar{\omega}_1+\bar{k})^2\exp(2\mathrm{i}\bar{\omega}_1\bar{t}) \tag{5-256}$$

在 $\bar{z}_0=(-1)^{j+1}$ 处整理方程(5-256)，得

$$\left[\frac{\bar{\rho}}{\bar{k}}\bar{\omega}_2^2+\frac{1}{\bar{k}}\tanh(2\bar{k})(\bar{\omega}_2+2\bar{k})^2-\frac{8\bar{k}^2}{We_1}\right]\exp(\mathrm{i}\bar{\omega}_2\bar{t})$$
$$=\left[-4+\frac{1}{\sinh^2(\bar{k})}+4\tanh(2\bar{k})\coth(\bar{k})\right](\bar{\omega}_1+\bar{k})^2\exp(2\mathrm{i}\bar{\omega}_1\bar{t}) \tag{5-257}$$

当 $\exp(\mathrm{i}\bar{\omega}_{1/2}\bar{t})=\pm1$ 时，表面波波动项达到最大值。取 $\exp(\mathrm{i}\bar{\omega}_{1/2}\bar{t})=\pm1$，方程(5-257)变成

$$\frac{\bar{\rho}}{\bar{k}}\bar{\omega}_2^2+\frac{1}{\bar{k}}\tanh(2\bar{k})(\bar{\omega}_2+2\bar{k})^2-\frac{8\bar{k}^2}{We_1}$$
$$=\left[-4+\frac{1}{\sinh^2(\bar{k})}+4\tanh(2\bar{k})\coth(\bar{k})\right](\bar{\omega}_1+\bar{k})^2 \tag{5-258}$$

令等号右侧平面液膜第二级表面波正对称波形色散准则关系式中与第一级表面波圆频率相关的源项为

$$S_{\mathrm{pv2}}=\frac{We_1}{8\bar{k}^2}\left[-4+\frac{1}{\sinh^2(\bar{k})}+4\tanh(2\bar{k})\coth(\bar{k})\right](\bar{\omega}_1+\bar{k})^2 \tag{5-259}$$

则

$$\frac{\bar{\rho}}{\bar{k}}\bar{\omega}_2^2+\frac{1}{\bar{k}}\tanh(2\bar{k})(\bar{\omega}_2+2\bar{k})^2-\frac{8\bar{k}^2}{We_1}-\frac{8\bar{k}^2}{We_1}S_{\mathrm{pv2}}=0 \tag{5-260}$$

整理方程(5-260)，得

$$[\bar{\rho}+\tanh(2\bar{k})]\bar{\omega}_2^2+4\bar{k}\tanh(2\bar{k})\bar{\omega}_2+4\bar{k}^2\tanh(2\bar{k})-8\bar{k}^3\left(\frac{1+S_{\mathrm{pv2}}}{We_1}\right)=0 \tag{5-261}$$

解方程(5-261)，得第二级表面波正对称波形的色散准则关系式。

$$\bar{\omega}_2=\frac{-2\bar{k}\tanh(2\bar{k})\pm\mathrm{i}2k\sqrt{\bar{\rho}\tanh(2\bar{k})-\frac{2\bar{k}(1+S_{\mathrm{pv2}})}{We_1}[\bar{\rho}+\tanh(2\bar{k})]}}{\bar{\rho}+\tanh(2\bar{k})} \tag{5-262}$$

则

$$\bar{\omega}_{\mathrm{r2}}=-\frac{2\bar{k}\tanh(2\bar{k})}{\bar{\rho}+\tanh(2\bar{k})} \tag{5-263}$$

和

$$\bar{\omega}_{\mathrm{i2}}=\pm\frac{2\bar{k}\sqrt{\bar{\rho}\tanh(2\bar{k})-\frac{2\bar{k}(1+S_{\mathrm{pv2}})}{We_1}[\bar{\rho}+\tanh(2\bar{k})]}}{\bar{\rho}+\tanh(2\bar{k})} \tag{5-264}$$

$\bar{\omega}_2$ 的两个根是一对共轭复数。可以看出，时空模式第二级表面波正对称波形的 $\bar{\omega}_2$、$\bar{\omega}_{\mathrm{r2}}$、$\bar{\omega}_{\mathrm{i2}}$ 的表达式与时空模式第二级表面波反对称波形的有所不同，与共轭复数模式第二级表面波

正对称波形的也不同。增加了与时空模式第一级表面波相关的源项 S_{pv2}。在对 S_{pv2} 的数值计算中发现，S_{pv2} 值很小，大约为 $10^{-4}\sim10^{-5}$。因此，$1+S_{pv2}\approx1$。忽略 S_{pv2}，则第二级表面波的共轭复数模式和时空模式正/反对称波形的四个色散准则关系式就完全相同了。

5.6.8 对平面液膜第二级波色散准则关系式的分析

当时空模式第二级表面波正对称波形色散准则关系式根号内 $\bar{\rho}\tanh(2\bar{k})>\dfrac{2\bar{k}(1+S_{pv2})}{We_1}\cdot[\bar{\rho}+\tanh(2\bar{k})]$ 时，$\bar{\omega}_{i2}$ 为一个实数；当 $\bar{\rho}\tanh(2\bar{k})=\dfrac{2\bar{k}(1+S_{pv2})}{We_1}[\bar{\rho}+\tanh(2\bar{k})]$ 时，$\bar{\omega}_{i2}=0$，$\bar{\omega}_{r2}$ 由方程(5-263)决定，$\bar{\xi}_{2j}=\exp(\mathrm{i}\bar{\omega}_{r2}\bar{t}+2\mathrm{i}\bar{k}\bar{x})$，$-1\leqslant\bar{\xi}_{2j}\leqslant1$；当 $\bar{\rho}\tanh(2\bar{k})<\dfrac{2\bar{k}(1+S_{pv2})}{We_1}\cdot[\bar{\rho}+\tanh(2\bar{k})]$ 时，$\sqrt{\bar{\rho}\tanh(2\bar{k})-\dfrac{2\bar{k}(1+S_{pv2})}{We_1}[\bar{\rho}+\tanh(2\bar{k})]}$ 为一个虚数，则圆频率 $\bar{\omega}_2$ 只有实部而没有虚部，即是一个实数。虚部为零意味着 $\bar{\omega}_{i2}=0$，$\bar{\xi}_{2j}=\exp(\mathrm{i}\bar{\omega}_{r2}\bar{t}+2\mathrm{i}\bar{k}\bar{x})$，则 $-1\leqslant\bar{\xi}_{2j}\leqslant1$。而

$$\bar{\omega}_{r2}=\frac{-2\bar{k}\tanh(2\bar{k})\mp2k\sqrt{\left|\bar{\rho}\tanh(2\bar{k})-\dfrac{2\bar{k}(1+S_{pv2})}{We_1}[\bar{\rho}+\tanh(2\bar{k})]\right|}}{\bar{\rho}+\tanh(2\bar{k})}\tag{5-265}$$

5.7 平面液膜第三级波微分方程的建立和求解

5.7.1 平面液膜第三级波的扰动振幅

根据方程(2-200)，第三级波扰动振幅表达式为方程(2-203)。

由于初始扰动振幅 $\bar{\xi}_0^m$ 为常数项，因此我们将仅对扰动振幅的增长项和波动项 $\bar{\xi}_{mj}$ 进行讨论。设

$$\bar{\xi}_{3j}=\exp(\mathrm{i}\bar{\omega}_3\bar{t}+3\mathrm{i}\bar{k}\bar{x})\tag{5-266}$$

第三级表面波的初始条件见方程(2-164)和方程(2-165)。对于喷雾的第三级波，在喷嘴出口处，当 $\bar{t}=0$ 时，必然也有 $\bar{x}=0$。因此，方程(5-266)能够满足初始条件式(2-164)和式(2-165)。尽管时空模式第三级表面波的扰动振幅表达式能够满足初始条件，但对微分方程定解的推导过程中并未使用初始条件，因此时空模式非线性不稳定性理论可以不必设置初始条件也能求得微分方程定解。

方程(5-266)对 $\bar{t}$ 求一阶偏导数，得

$$\bar{\xi}_{3j,\bar{t}}=\mathrm{i}\bar{\omega}_3\exp(\mathrm{i}\bar{\omega}_3\bar{t}+3\mathrm{i}\bar{k}\bar{x})\tag{5-267}$$

方程(5-266)对 $\bar{x}$ 求一阶偏导数，得

$$\bar{\xi}_{3j,\bar{x}}=3\mathrm{i}\bar{k}\exp(\mathrm{i}\bar{\omega}_3\bar{t}+3\mathrm{i}\bar{k}\bar{x})\tag{5-268}$$

5.7.2　平面液膜第三级波反对称波形液相微分方程的建立和求解

5.7.2.1　反对称波形液相微分方程的建立

方程(5-233)对 $\bar{z}$ 求二阶偏导数，得

$$\bar{\phi}_{11j,\bar{z}\bar{z}\bar{z}}\Big|_{\bar{z}_0}=\frac{\cosh(\bar{k}\bar{z})}{\cosh(\bar{k})}\mathrm{i}\bar{k}^2(\bar{\omega}_1+\bar{k})\exp(\mathrm{i}\bar{\omega}_1\bar{t}+\mathrm{i}\bar{k}\bar{x}) \tag{5-269}$$

方程(5-187)对 $\bar{z}$ 求二阶偏导数，得

$$\bar{\phi}_{21j,\bar{z}\bar{z}}\Big|_{\bar{z}_0}=2\mathrm{i}\bar{k}\frac{\sinh(2\bar{k}\bar{z})}{\cosh(2\bar{k})}\begin{bmatrix}(\bar{\omega}_2+2\bar{k})\exp(\mathrm{i}\bar{\omega}_2\bar{t})+\\(-1)^j2\bar{k}(\bar{\omega}_1+\bar{k})\tanh(\bar{k})\exp(2\mathrm{i}\bar{\omega}_1\bar{t})\end{bmatrix}\exp(2\mathrm{i}\bar{k}\bar{x}) \tag{5-270}$$

与第二级波的推导过程类似，将第三级表面波反对称波形按泰勒级数在气液交界面 $\bar{z}_0$ 处的展开式代入液相运动学边界条件式(5-87)，得

$$\begin{aligned}\bar{\phi}_{31j,\bar{z}}\Big|_{\bar{z}_0}=&(\mathrm{i}\bar{\omega}_3+3\mathrm{i}\bar{k})\exp(\mathrm{i}\bar{\omega}_3\bar{t}+3\mathrm{i}\bar{k}\bar{x})-\\&\exp(\mathrm{i}\bar{\omega}_2\bar{t}+2\mathrm{i}\bar{k}\bar{x})\frac{\sinh(\bar{k}\bar{z})}{\cosh(\bar{k})}\mathrm{i}\bar{k}(\bar{\omega}_1+\bar{k})\exp(\mathrm{i}\bar{\omega}_1\bar{t}+\mathrm{i}\bar{k}\bar{x})-\\&\exp(\mathrm{i}\bar{\omega}_1\bar{t}+\mathrm{i}\bar{k}\bar{x})\mathrm{i}2\bar{k}\frac{\sinh(2\bar{k}\bar{z})}{\cosh(2\bar{k})}\begin{bmatrix}(\bar{\omega}_2+2\bar{k})\exp(\mathrm{i}\bar{\omega}_2\bar{t})+\\(-1)^j2\bar{k}(\bar{\omega}_1+\bar{k})\tanh(\bar{k})\exp(2\mathrm{i}\bar{\omega}_1\bar{t})\end{bmatrix}\exp(2\mathrm{i}\bar{k}\bar{x})-\\&\frac{1}{2}\exp(2\mathrm{i}\bar{\omega}_1\bar{t}+2\mathrm{i}\bar{k}\bar{x})\frac{\cosh(\bar{k}\bar{z})}{\cosh(\bar{k})}\mathrm{i}\bar{k}^2(\bar{\omega}_1+\bar{k})\exp(\mathrm{i}\bar{\omega}_1\bar{t}+\mathrm{i}\bar{k}\bar{x})-\\&\mathrm{i}\bar{k}\exp(\mathrm{i}\bar{\omega}_1\bar{t}+\mathrm{i}\bar{k}\bar{x})\frac{\sinh(2\bar{k}\bar{z})}{\cosh(2\bar{k})}\begin{bmatrix}(\bar{\omega}_2+2\bar{k})\exp(\mathrm{i}\bar{\omega}_2\bar{t})+\\(-1)^j2\bar{k}(\bar{\omega}_1+\bar{k})\tanh(\bar{k})\exp(2\mathrm{i}\bar{\omega}_1\bar{t})\end{bmatrix}\exp(2\mathrm{i}\bar{k}\bar{x})-\\&2\mathrm{i}\bar{k}\exp(\mathrm{i}\bar{\omega}_2\bar{t}+2\mathrm{i}\bar{k}\bar{x})\frac{\sinh(\bar{k}\bar{z})}{\cosh(\bar{k})}(\bar{\omega}_1+\bar{k})\exp(\mathrm{i}\bar{\omega}_1\bar{t}+\mathrm{i}\bar{k}\bar{x})-\\&\bar{k}^2\exp(2\mathrm{i}\bar{\omega}_1\bar{t}+2\mathrm{i}\bar{k}\bar{x})\mathrm{i}\frac{\cosh(\bar{k}\bar{z})}{\cosh(\bar{k})}(\bar{\omega}_1+\bar{k})\exp(\mathrm{i}\bar{\omega}_1\bar{t}+\mathrm{i}\bar{k}\bar{x})-\\&\mathrm{i}\bar{k}\exp(2\mathrm{i}\bar{\omega}_1\bar{t}+2\mathrm{i}\bar{k}\bar{x})\frac{\cosh(\bar{k}\bar{z})}{\cosh(\bar{k})}\bar{k}(\bar{\omega}_1+\bar{k})\exp(\mathrm{i}\bar{\omega}_1\bar{t}+\mathrm{i}\bar{k}\bar{x})\end{aligned} \tag{5-271}$$

边界位于：$\bar{z}_0=(-1)^{j+1}$。

在 $\bar{z}_0=(-1)^{j+1}$ 处，整理方程(5-271)，得

$$\begin{aligned}\bar{\phi}_{31j,\bar{z}}\Big|_{\bar{z}_0}=&(\mathrm{i}\bar{\omega}_3+3\mathrm{i}\bar{k})\exp(\mathrm{i}\bar{\omega}_3\bar{t}+3\mathrm{i}\bar{k}\bar{x})-\\&(-1)^{j+1}3\exp(\mathrm{i}\bar{\omega}_2\bar{t}+2\mathrm{i}\bar{k}\bar{x})\tanh(\bar{k})\mathrm{i}\bar{k}(\bar{\omega}_1+\bar{k})\exp(\mathrm{i}\bar{\omega}_1\bar{t}+\mathrm{i}\bar{k}\bar{x})-\\&(-1)^{j+1}3\exp(\mathrm{i}\bar{\omega}_1\bar{t}+\mathrm{i}\bar{k}\bar{x})\mathrm{i}\bar{k}\tanh(2\bar{k})[(\bar{\omega}_2+2\bar{k})\exp(\mathrm{i}\bar{\omega}_2\bar{t})+\end{aligned}$$

$$(-1)^j 2\bar{k}(\bar{\omega}_1+\bar{k})\tanh(\bar{k})\exp(2\mathrm{i}\bar{\omega}_1\bar{t})]\exp(2\mathrm{i}\bar{k}\bar{x})-\frac{5}{2}\exp(2\mathrm{i}\bar{\omega}_1\bar{t}+2\mathrm{i}\bar{k}\bar{x})\mathrm{i}\bar{k}^2(\bar{\omega}_1+\bar{k})\exp(\mathrm{i}\bar{\omega}_1\bar{t}+\mathrm{i}\bar{k}\bar{x}) \tag{5-272}$$

方程(5-272)对 $\bar{z}$ 进行积分，得

$$\bar{\phi}_{31j}\Big|_{\bar{z}_0}=f_5(\bar{z})\left\{\begin{aligned}&(\mathrm{i}\bar{\omega}_3+3\mathrm{i}\bar{k})\exp(\mathrm{i}\bar{\omega}_3\bar{t}+3\mathrm{i}\bar{k}\bar{x})-(-1)^{j+1}\cdot\\&\exp(\mathrm{i}\bar{\omega}_2\bar{t})\tanh(\bar{k})3\mathrm{i}\bar{k}(\bar{\omega}_1+\bar{k})\exp(\mathrm{i}\bar{\omega}_1\bar{t}+3\mathrm{i}\bar{k}\bar{x})-\\&(-1)^{j+1}\exp(\mathrm{i}\bar{\omega}_1\bar{t})\mathrm{i}3\bar{k}\tanh(2\bar{k})\cdot\\&\begin{bmatrix}(\bar{\omega}_2+2\bar{k})\exp(\mathrm{i}\bar{\omega}_2\bar{t})+(-1)^j\cdot\\2\bar{k}(\bar{\omega}_1+\bar{k})\tanh(\bar{k})\exp(2\mathrm{i}\bar{\omega}_1\bar{t})\end{bmatrix}\exp(3\mathrm{i}\bar{k}\bar{x})-\\&\frac{5}{2}\exp(2\mathrm{i}\bar{\omega}_1\bar{t})\mathrm{i}\bar{k}^2(\bar{\omega}_1+\bar{k})\exp(\mathrm{i}\bar{\omega}_1\bar{t}+3\mathrm{i}\bar{k}\bar{x})\end{aligned}\right\}+c_{14} \tag{5-273}$$

式中，c_{14} 为 $\bar{\phi}_{31j,\bar{z}}\Big|_{\bar{z}_0}$ 对于 $\bar{z}$ 的积分常数。

将方程(5-273)代入第三级表面波液相连续性方程(5-84)，可得

$$f_{5,\bar{z}\bar{z}}(\bar{z})-9\bar{k}^2 f_5(\bar{z})=0 \tag{5-274}$$

5.7.2.2 反对称波形液相微分方程的通解

解二阶齐次方程(5-274)，得

$$f_5(\bar{z})=c_{15}\mathrm{e}^{3\bar{k}\bar{z}}+c_{16}\mathrm{e}^{-3\bar{k}\bar{z}} \tag{5-275}$$

式中，c_{15} 和 c_{16} 为积分常数。

5.7.2.3 反对称波形液相微分方程的特解

将通解方程(5-275)代入方程(5-273)，得

$$\bar{\phi}_{31j}\Big|_{\bar{z}_0}=(c_{15}\mathrm{e}^{3\bar{k}\bar{z}}+c_{16}\mathrm{e}^{-3\bar{k}\bar{z}})\cdot\left\{\begin{aligned}&(\mathrm{i}\bar{\omega}_3+3\mathrm{i}\bar{k})\exp(\mathrm{i}\bar{\omega}_3\bar{t}+3\mathrm{i}\bar{k}\bar{x})-(-1)^{j+1}\cdot\\&\exp(\mathrm{i}\bar{\omega}_2\bar{t})\tanh(\bar{k})3\mathrm{i}\bar{k}(\bar{\omega}_1+\bar{k})\exp(\mathrm{i}\bar{\omega}_1\bar{t}+3\mathrm{i}\bar{k}\bar{x})-\\&(-1)^{j+1}\exp(\mathrm{i}\bar{\omega}_1\bar{t})\mathrm{i}3\bar{k}\tanh(2\bar{k})\cdot\\&\begin{bmatrix}(\bar{\omega}_2+2\bar{k})\exp(\mathrm{i}\bar{\omega}_2\bar{t})+\\(-1)^j 2\bar{k}(\bar{\omega}_1+\bar{k})\tanh(\bar{k})\exp(2\mathrm{i}\bar{\omega}_1\bar{t})\end{bmatrix}\cdot\\&\exp(3\mathrm{i}\bar{k}\bar{x})-\frac{5}{2}\exp(2\mathrm{i}\bar{\omega}_1\bar{t})\mathrm{i}\bar{k}^2(\bar{\omega}_1+\bar{k})\exp(\mathrm{i}\bar{\omega}_1\bar{t}+3\mathrm{i}\bar{k}\bar{x})\end{aligned}\right\}+c_{14} \tag{5-276}$$

方程(5-276)对 $\bar{z}$ 求一阶偏导数，得

$$\bar{\phi}_{31j,\bar{z}}\Big|_{\bar{z}_0}=3\bar{k}(c_{15}\mathrm{e}^{3\bar{k}\bar{z}}-c_{16}\mathrm{e}^{-3\bar{k}\bar{z}})\cdot$$

$$\left\{\begin{array}{l}(\mathrm{i}\bar{\omega}_3+3\mathrm{i}\bar{k})\exp(\mathrm{i}\bar{\omega}_3\bar{t}+3\mathrm{i}\bar{k}\bar{x})-\\(-1)^{j+1}\exp(\mathrm{i}\bar{\omega}_2\bar{t})\tanh(\bar{k})3\mathrm{i}\bar{k}(\bar{\omega}_1+\bar{k})\exp(\mathrm{i}\bar{\omega}_1\bar{t}+3\mathrm{i}\bar{k}\bar{x})-\\(-1)^{j+1}\exp(\mathrm{i}\bar{\omega}_1\bar{t})\mathrm{i}3\bar{k}\tanh(2\bar{k})\cdot\\\left[\begin{array}{l}(\bar{\omega}_2+2\bar{k})\exp(\mathrm{i}\bar{\omega}_2\bar{t})+\\(-1)^j2\bar{k}(\bar{\omega}_1+\bar{k})\tanh(\bar{k})\exp(2\mathrm{i}\bar{\omega}_1\bar{t})\end{array}\right]\exp(3\mathrm{i}\bar{k}\bar{x})-\\\dfrac{5}{2}\exp(2\mathrm{i}\bar{\omega}_1\bar{t})\mathrm{i}\bar{k}^2(\bar{\omega}_1+\bar{k})\exp(\mathrm{i}\bar{\omega}_1\bar{t}+3\mathrm{i}\bar{k}\bar{x})\end{array}\right\}\tag{5-277}$$

在 $\bar{z}=1$ 处，将方程(5-277)代入方程(5-272)，得

$$3\bar{k}(c_{15}\mathrm{e}^{3\bar{k}}-c_{16}\mathrm{e}^{-3\bar{k}})=1\tag{5-278}$$

在 $\bar{z}=-1$ 处，将方程(5-277)代入方程(5-272)，得

$$3\bar{k}(c_{15}\mathrm{e}^{-3\bar{k}}-c_{16}\mathrm{e}^{3\bar{k}})=1\tag{5-279}$$

联立方程(5-278)和方程(5-279)求解，得

$$c_{15}=\frac{1}{3\bar{k}(\mathrm{e}^{3\bar{k}}+\mathrm{e}^{-3\bar{k}})}=\frac{1}{6\bar{k}\cosh(3\bar{k})}\tag{5-280}$$

$$c_{16}=-\frac{1}{3\bar{k}(\mathrm{e}^{3\bar{k}}+\mathrm{e}^{-3\bar{k}})}=-\frac{1}{6\bar{k}\cosh(3\bar{k})}\tag{5-281}$$

将方程(5-280)和方程(5-281)代入方程(5-276)，得第三级表面波反对称波形上下气液交界面的液相势函数合式。

$$\bar{\phi}_{31j}\Big|_{\bar{z}_0}=\mathrm{i}\frac{\sinh(3\bar{k}\bar{z})}{3\bar{k}\cosh(3\bar{k})}\left\{\begin{array}{l}(\bar{\omega}_3+3\bar{k})\exp(\mathrm{i}\bar{\omega}_3\bar{t}+3\mathrm{i}\bar{k}\bar{x})+\\(-1)^j3\bar{k}(\bar{\omega}_1+\bar{k})\tanh(\bar{k})\exp(\mathrm{i}\bar{\omega}_1\bar{t}+\mathrm{i}\bar{\omega}_2\bar{t}+3\mathrm{i}\bar{k}\bar{x})+\\(-1)^j3\bar{k}\tanh(2\bar{k})(\bar{\omega}_2+2\bar{k})(\mathrm{i}\bar{\omega}_1\bar{t}+\mathrm{i}\bar{\omega}_2\bar{t}+3\mathrm{i}\bar{k}\bar{x})+\\6\bar{k}^2(\bar{\omega}_1+\bar{k})\tanh(2\bar{k})\tanh(\bar{k})\exp(3\mathrm{i}\bar{\omega}_1\bar{t}+3\mathrm{i}\bar{k}\bar{x})-\\\dfrac{5}{2}\bar{k}^2(\bar{\omega}_1+\bar{k})\exp(3\mathrm{i}\bar{\omega}_1\bar{t}+3\mathrm{i}\bar{k}\bar{x})\end{array}\right\}+c_{14}\tag{5-282}$$

5.7.3 平面液膜第三级波正对称波形液相微分方程的建立和求解

5.7.3.1 正对称波形液相微分方程的建立

方程(5-252)对 $\bar{z}$ 求二阶偏导数，得

$$\bar{\phi}_{11j,\bar{z}\bar{z}\bar{z}}\Big|_{\bar{z}_0}=\frac{\sinh(\bar{k}\bar{z})}{\sinh(\bar{k})}\mathrm{i}\bar{k}^2(\bar{\omega}_1+\bar{k})\exp(\mathrm{i}\bar{\omega}_1\bar{t}+\mathrm{i}\bar{k}\bar{x})\tag{5-283}$$

方程(5-187)对 $\bar{z}$ 求二阶偏导数，得

$$\bar{\phi}_{21j,\bar{z}\bar{z}}\Big|_{\bar{z}_0}=(-1)^{j+1}\mathrm{i}2\bar{k}\,\frac{\sinh(2\bar{k}\bar{z})}{\cosh(2\bar{k})}\cdot\begin{bmatrix}(\bar{\omega}_2+2\bar{k})\exp(\mathrm{i}\bar{\omega}_2\bar{t})-\\2\bar{k}\coth(\bar{k})(\bar{\omega}_1\bar{k})\exp(2\mathrm{i}\bar{\omega}_1\bar{x})\end{bmatrix}\exp(2\mathrm{i}\bar{k}\bar{x})\tag{5-284}$$

与第二级波的推导过程类似，将第三级表面波正对称波形按泰勒级数在气液交界面 $\bar{z}_0$ 处的展开式代入液相运动学边界条件式(5-87)，正对称波形下气液交界面的表面波扰动振幅为负，得

$$\begin{aligned}\bar{\phi}_{31j,\bar{z}}\Big|_{\bar{z}_0}=&-(\mathrm{i}\bar{\omega}_3+3\mathrm{i}\bar{k})\exp(\mathrm{i}\bar{\omega}_3\bar{t}+3\mathrm{i}\bar{k}\bar{x})+\\&\exp(\mathrm{i}\bar{\omega}_2\bar{t}+2\mathrm{i}\bar{k}\bar{x})\mathrm{i}\bar{k}\,\frac{\cosh(\bar{k}\bar{z})}{\sinh(\bar{k})}(\bar{\omega}_1+\bar{k})\exp(\mathrm{i}\bar{\omega}_1\bar{t}+\mathrm{i}\bar{k}\bar{x})+\\&\exp(\mathrm{i}\bar{\omega}_1\bar{t}+\mathrm{i}\bar{k}\bar{x})(-1)^{j+1}\mathrm{i}2\bar{k}\,\frac{-\sinh(2\bar{k}\bar{z})}{\cosh(2\bar{k})}\begin{bmatrix}(\bar{\omega}_2+2\bar{k})\exp(\mathrm{i}\bar{\omega}_2\bar{t})-\\2\bar{k}\coth(\bar{k})(\bar{\omega}_1+\bar{k})\exp(2\mathrm{i}\bar{\omega}_1\bar{t})\end{bmatrix}\exp(2\mathrm{i}\bar{k}\bar{x})-\\&\frac{1}{2}\exp(2\mathrm{i}\bar{\omega}_1\bar{t}+2\mathrm{i}\bar{k}\bar{x})\,\frac{\sinh(\bar{k}\bar{z})}{\sinh(\bar{k})}\mathrm{i}\bar{k}^2(\bar{\omega}_1+\bar{k})\exp(\mathrm{i}\bar{\omega}_1\bar{t}+\mathrm{i}\bar{k}\bar{x})-\\&\mathrm{i}\bar{k}\exp(\mathrm{i}\bar{\omega}_1\bar{t}+\mathrm{i}\bar{k}\bar{x})(-1)^{j}\,\frac{\sinh(2\bar{k}\bar{z})}{\cosh(2\bar{k})}\begin{bmatrix}(\bar{\omega}_2+2\bar{k})\exp(\mathrm{i}\bar{\omega}_2\bar{t})-\\2\bar{k}\coth(\bar{k})(\bar{\omega}_1+\bar{k})\exp(2\mathrm{i}\bar{\omega}_1\bar{t})\end{bmatrix}\exp(2\mathrm{i}\bar{k}\bar{x})+\\&2\mathrm{i}\bar{k}\exp(\mathrm{i}\bar{\omega}_2\bar{t}+2\mathrm{i}\bar{k}\bar{x})\,\frac{\cosh(\bar{k}\bar{z})}{\sinh(\bar{k})}(\bar{\omega}_1+\bar{k})\exp(\mathrm{i}\bar{\omega}_2\bar{t}+\mathrm{i}\bar{k}\bar{x})-\\&\bar{k}^2\exp(2\mathrm{i}\bar{\omega}_1\bar{t}+2\mathrm{i}\bar{k}\bar{x})\mathrm{i}\,\frac{\sinh(\bar{k}\bar{z})}{\sinh(\bar{k})}(\bar{\omega}_1+\bar{k})\exp(\mathrm{i}\bar{\omega}_1\bar{t}+\mathrm{i}\bar{k}\bar{x})-\\&\mathrm{i}\bar{k}^2\exp(2\mathrm{i}\bar{\omega}_1\bar{t}+2\mathrm{i}\bar{k}\bar{x})\,\frac{\sinh(\bar{k}\bar{z})}{\sinh(\bar{k})}\bar{k}(\bar{\omega}_1+\bar{k})\exp(\mathrm{i}\bar{\omega}_1\bar{t}+\mathrm{i}\bar{k}\bar{x})\end{aligned}\tag{5-285}$$

边界位于：$\bar{z}_0=(-1)^{j+1}$。

在 $\bar{z}_0=(-1)^{j+1}$ 处，整理方程(5-285)，得

$$\begin{aligned}\bar{\phi}_{31j,\bar{z}}\Big|_{\bar{z}_0}=&-(\mathrm{i}\bar{\omega}_3+3\mathrm{i}\bar{k})\exp(\mathrm{i}\bar{\omega}_3\bar{t}+3\mathrm{i}\bar{k}\bar{x})+\\&3\exp(\mathrm{i}\bar{\omega}_2\bar{t}+2\mathrm{i}\bar{k}\bar{x})\mathrm{i}\bar{k}\coth(\bar{k})(\bar{\omega}_1+\bar{k})\exp(\mathrm{i}\bar{\omega}_1\bar{t}+\mathrm{i}\bar{k}\bar{x})+\\&3\exp(\mathrm{i}\bar{\omega}_1\bar{t}+\mathrm{i}\bar{k}\bar{x})\mathrm{i}\bar{k}\tanh(2\bar{k})\begin{bmatrix}(\bar{\omega}_2+2\bar{k})\exp(\mathrm{i}\bar{\omega}_2\bar{t})-\\2\bar{k}\coth(\bar{k})(\bar{\omega}_1+\bar{k})\exp(2\mathrm{i}\bar{\omega}_1\bar{t})\end{bmatrix}\exp(2\mathrm{i}\bar{k}\bar{x})-\\&(-1)^{j+1}\,\frac{5}{2}\exp(2\mathrm{i}\bar{\omega}_1\bar{t}+2\mathrm{i}\bar{k}\bar{x})\mathrm{i}\bar{k}^2(\bar{\omega}_1+\bar{k})\exp(\mathrm{i}\bar{\omega}_1\bar{t}+\mathrm{i}\bar{k}\bar{x})\end{aligned}\tag{5-286}$$

方程(5-286)对 $\bar{z}$ 进行积分，得

$$\bar{\phi}_{31j}\Big|_{\bar{z}_0}=f_6(\bar{z})\left\{\begin{aligned}&-(\mathrm{i}\bar{\omega}_3+3\mathrm{i}\bar{k})\exp(\mathrm{i}\bar{\omega}_3\bar{t}+3\mathrm{i}\bar{k}\bar{x})+\\&3\exp(\mathrm{i}\bar{\omega}_2\bar{t}+2\mathrm{i}\bar{k}\bar{x})\mathrm{i}\bar{k}\coth(\bar{k})(\bar{\omega}_1+\bar{k})\exp(\mathrm{i}\bar{\omega}_1\bar{t}+\mathrm{i}\bar{k}\bar{x})+\\&3\exp(\mathrm{i}\bar{\omega}_1\bar{t}+\mathrm{i}\bar{k}\bar{x})\mathrm{i}\bar{k}\tanh(2\bar{k})\cdot\\&\begin{bmatrix}(\bar{\omega}_2+2\bar{k})\exp(\mathrm{i}\bar{\omega}_2\bar{t})-\\2\bar{k}\coth(\bar{k})(\bar{\omega}_1+\bar{k})\exp(2\mathrm{i}\bar{\omega}_1\bar{t})\end{bmatrix}\exp(2\mathrm{i}\bar{k}\bar{x})-\\&(-1)^{j+1}\frac{5}{2}\exp(2\mathrm{i}\bar{\omega}_1\bar{t}+2\mathrm{i}\bar{k}\bar{x})\mathrm{i}\bar{k}^2(\bar{\omega}_1+\bar{k})\exp(\mathrm{i}\bar{\omega}_1\bar{t}+\mathrm{i}\bar{k}\bar{x})\end{aligned}\right\}+c_{17}\tag{5-287}$$

式中，c_{17} 为 $\bar{\phi}_{31j,\bar{z}}\Big|_{\bar{z}_0}$ 对于 $\bar{z}$ 的积分常数。

将方程(5-287)代入第三级表面波液相连续性方程(5-84)，可得

$$f_{6,\bar{z}\bar{z}}(\bar{z})-9\bar{k}^2f_6(\bar{z})=0\tag{5-288}$$

5.7.3.2　正对称波形液相微分方程的通解

解二阶齐次方程(5-288)，得

$$f_6(\bar{z})=c_{18}\mathrm{e}^{3\bar{k}\bar{z}}+c_{19}\mathrm{e}^{-3\bar{k}\bar{z}}\tag{5-289}$$

式中，c_{18} 和 c_{19} 为积分常数。

5.7.3.3　正对称波形液相微分方程的特解

将通解方程(5-289)代入方程(5-287)，得

$$\bar{\phi}_{31j}\Big|_{\bar{z}_0}=(c_{18}\mathrm{e}^{3\bar{k}\bar{z}}+c_{19}\mathrm{e}^{-3\bar{k}\bar{z}})\cdot$$

$$\left\{\begin{aligned}&-(\mathrm{i}\bar{\omega}_3+3\mathrm{i}\bar{k})\exp(\mathrm{i}\bar{\omega}_3\bar{t}+3\mathrm{i}\bar{k}\bar{x})+\\&3\exp(\mathrm{i}\bar{\omega}_2\bar{t}+2\mathrm{i}\bar{k}\bar{x})\mathrm{i}\bar{k}\coth(\bar{k})(\bar{\omega}_1+\bar{k})\exp(\mathrm{i}\bar{\omega}_1\bar{t}+\mathrm{i}\bar{k}\bar{x})+\\&3\exp(\mathrm{i}\bar{\omega}_1\bar{t}+\mathrm{i}\bar{k}\bar{x})\mathrm{i}\bar{k}\tanh(2\bar{k})\cdot\\&\begin{bmatrix}(\bar{\omega}_2+2\bar{k})\exp(\mathrm{i}\bar{\omega}_2\bar{t})-\\2\bar{k}\coth(\bar{k})(\bar{\omega}_1+\bar{k})\exp(2\mathrm{i}\bar{\omega}_1\bar{t})\end{bmatrix}\exp(2\mathrm{i}\bar{k}\bar{x})-\\&(-1)^{j+1}\frac{5}{2}\exp(2\mathrm{i}\bar{\omega}_1\bar{t}+2\mathrm{i}\bar{k}\bar{x})\mathrm{i}\bar{k}^2(\bar{\omega}_1+\bar{k})\exp(\mathrm{i}\bar{\omega}_1\bar{t}+\mathrm{i}\bar{k}\bar{x})\end{aligned}\right\}+c_{17}\tag{5-290}$$

方程(5-290)对 $\bar{z}$ 求一阶偏导数，得

$$\bar{\phi}_{31j,\bar{z}}\Big|_{\bar{z}_0}=3\bar{k}(c_{18}\mathrm{e}^{3\bar{k}\bar{z}}-c_{19}\mathrm{e}^{-3\bar{k}\bar{z}})\cdot$$

$$\left\{\begin{array}{l}-(\mathrm{i}\bar{\omega}_3+3\mathrm{i}\bar{k})\exp(\mathrm{i}\bar{\omega}_3\bar{t}+3\mathrm{i}\bar{k}\bar{x})+\\3\exp(\mathrm{i}\bar{\omega}_2\bar{t}+2\mathrm{i}\bar{k}\bar{x})\mathrm{i}\bar{k}\coth(\bar{k})(\bar{\omega}_1+\bar{k})\exp(\mathrm{i}\bar{\omega}_1\bar{t}+\mathrm{i}\bar{k}\bar{x})+\\3\exp(\mathrm{i}\bar{\omega}_1\bar{t}+\mathrm{i}\bar{k}\bar{x})\mathrm{i}\bar{k}\tanh(2\bar{k})\cdot\\\left[\begin{array}{l}(\bar{\omega}_2+2\bar{k})\exp(\mathrm{i}\bar{\omega}_2\bar{t})-\\2\bar{k}\coth(\bar{k})(\bar{\omega}_1+\bar{k})\exp(2\mathrm{i}\bar{\omega}_1\bar{t})\end{array}\right]\exp(2\mathrm{i}\bar{k}\bar{x})-\\(-1)^{j+1}\dfrac{5}{2}\exp(2\mathrm{i}\bar{\omega}_1\bar{t}+2\mathrm{i}\bar{k}\bar{x})\mathrm{i}\bar{k}^2(\bar{\omega}_1+\bar{k})\exp(\mathrm{i}\bar{\omega}_1\bar{t}+\mathrm{i}\bar{k}\bar{x})\end{array}\right\} \tag{5-291}$$

在 $\bar{z}_0=1$ 处，将方程(5-291)代入方程(5-286)，得

$$3\bar{k}(c_{18}\mathrm{e}^{3\bar{k}}-c_{19}\mathrm{e}^{-3\bar{k}})=1 \tag{5-292}$$

在 $\bar{z}_0=-1$ 处，将方程(5-291)代入方程(5-286)，得

$$3\bar{k}(c_{18}\mathrm{e}^{-3\bar{k}}-c_{19}\mathrm{e}^{3\bar{k}})=1 \tag{5-293}$$

联立方程(5-292)和方程(5-293)求解，得

$$c_{18}=\frac{1}{3\bar{k}(\mathrm{e}^{3\bar{k}}+\mathrm{e}^{-3\bar{k}})}=\frac{1}{6\bar{k}\cosh(3\bar{k})} \tag{5-294}$$

$$c_{19}=-\frac{1}{3\bar{k}(\mathrm{e}^{3\bar{k}}+\mathrm{e}^{-3\bar{k}})}=-\frac{1}{6\bar{k}\cosh(3\bar{k})} \tag{5-295}$$

将方程(5-294)和方程(5-295)代入方程(5-290)，得第三级表面波正对称波形下气液交界面的液相势函数表达式。

$$\bar{\phi}_{31j}\Big|_{\bar{z}_0}=\mathrm{i}\frac{\sinh(3\bar{k}\bar{z})}{3\bar{k}\cosh(3\bar{k})}\left\{\begin{array}{l}-(\bar{\omega}_3+3\bar{k})\exp(\mathrm{i}\bar{\omega}_3\bar{t}+3\mathrm{i}\bar{k}\bar{x})+\\3\exp(\mathrm{i}\bar{\omega}_2\bar{t}+2\mathrm{i}\bar{k}\bar{x})\bar{k}\coth(\bar{k})(\bar{\omega}_1+\bar{k})\exp(\mathrm{i}\bar{\omega}_1\bar{t}+\mathrm{i}\bar{k}\bar{x})+\\3\exp(\mathrm{i}\bar{\omega}_1\bar{t}+\mathrm{i}\bar{k}\bar{x})\bar{k}\tanh(2\bar{k})\cdot\\\left[\begin{array}{l}(\bar{\omega}_2+2\bar{k})\exp(\mathrm{i}\bar{\omega}_2\bar{t})-\\2\bar{k}\coth(\bar{k})(\bar{\omega}_1+\bar{k})\exp(2\mathrm{i}\bar{\omega}_1\bar{t})\end{array}\right]\exp(2\mathrm{i}\bar{k}\bar{x})-\\(-1)^{j+1}\dfrac{5}{2}\exp(2\mathrm{i}\bar{\omega}_1\bar{t}+2\mathrm{i}\bar{k}\bar{x})\bar{k}^2(\bar{\omega}_1+\bar{k})\exp(\mathrm{i}\bar{\omega}_1\bar{t}+\mathrm{i}\bar{k}\bar{x})\end{array}\right\}+c_{17} \tag{5-296}$$

5.7.4 平面液膜第三级波反对称波形气相微分方程的建立和求解

5.7.4.1 气相微分方程的建立

方程(5-226)对 $\bar{z}$ 求二阶偏导数，得

$$\bar{\phi}_{2gj,\bar{z}\bar{z}}\Big|_{\bar{z}_0}=(-1)^j 2\bar{k}\mathrm{i}\bar{\omega}_2\exp(\mathrm{i}\bar{\omega}_2\bar{t}+2\mathrm{i}\bar{k}\bar{x})-4\bar{k}^2\mathrm{i}\bar{\omega}_1\exp(2\mathrm{i}\bar{\omega}_1\bar{t}+2\mathrm{i}\bar{k}\bar{x}) \tag{5-297}$$

方程(5-226)对 $\bar{x}$ 求一阶偏导数,得

$$\bar{\phi}_{2gj,\bar{x}}\Big|_{\bar{z}_0}=(-1)^{j+1}\bar{\omega}_2\exp(\mathrm{i}\bar{\omega}_2\bar{t}+2\mathrm{i}\bar{k}\bar{x})+2\bar{k}\bar{\omega}_1\exp(2\mathrm{i}\bar{\omega}_1\bar{t}+2\mathrm{i}\bar{k}\bar{x}) \tag{5-298}$$

方程(5-231)对 $\bar{z}$ 求二阶偏导数,得

$$\bar{\phi}_{1gj,\bar{z}\bar{z}\bar{z}}\Big|_{\bar{z}_0}=\bar{k}^2\exp[\bar{k}+(-1)^j\bar{k}\bar{z}]\,\mathrm{i}\bar{\omega}_1\exp(\mathrm{i}\bar{\omega}_1\bar{t}+\mathrm{i}\bar{k}\bar{x}) \tag{5-299}$$

方程(5-230)对 $\bar{z}$ 求一阶偏导数,得

$$\bar{\phi}_{1gj,\bar{x}\bar{z}}\Big|_{\bar{z}_0}=-\bar{k}\exp[\bar{k}+(-1)^j\bar{k}\bar{z}]\,\bar{\omega}_1\exp(\mathrm{i}\bar{\omega}_1\bar{t}+\mathrm{i}\bar{k}\bar{x}) \tag{5-300}$$

与第二级波的推导过程类似,将第三级表面波反对称波形按泰勒级数在气液交界面 $\bar{z}_0$ 处的展开式代入气相运动学边界条件式(5-89),得

$$\begin{aligned}
&\bar{\phi}_{3gj,\bar{z}}\Big|_{\bar{z}_0}=\mathrm{i}\bar{\omega}_3\exp(\mathrm{i}\bar{\omega}_3\bar{t}+3\mathrm{i}\bar{k}\bar{x})-\\
&\exp(\mathrm{i}\bar{\omega}_2\bar{t}+2\mathrm{i}\bar{k}\bar{x})(-1)^j\bar{k}\exp[\bar{k}+(-1)^j\bar{k}\bar{z}]\,\mathrm{i}\bar{\omega}_1\exp(\mathrm{i}\bar{\omega}_1\bar{t}+\mathrm{i}\bar{k}\bar{x})-\\
&\exp(\mathrm{i}\bar{\omega}_1\bar{t}+\mathrm{i}\bar{k}\bar{x})[(-1)^j2\bar{k}\mathrm{i}\bar{\omega}_2\exp(\mathrm{i}\bar{\omega}_2\bar{t}+2\mathrm{i}\bar{k}\bar{x})-4\bar{k}^2\mathrm{i}\bar{\omega}_1\exp(2\mathrm{i}\bar{\omega}_1\bar{t}+2\mathrm{i}\bar{k}\bar{x})]-\\
&\frac{1}{2}\exp(2\mathrm{i}\bar{\omega}_1\bar{t}+2\mathrm{i}\bar{k}\bar{x})\bar{k}^2\exp[\bar{k}+(-1)^j\bar{k}\bar{z}]\,\mathrm{i}\bar{\omega}_1\exp(\mathrm{i}\bar{\omega}_1\bar{t}+\mathrm{i}\bar{k}\bar{x})+\\
&2\mathrm{i}\bar{k}\exp(\mathrm{i}\bar{\omega}_2\bar{t}+2\mathrm{i}\bar{k}\bar{x})(-1)^{j+1}\exp[\bar{k}+(-1)^j\bar{k}\bar{z}]\,\bar{\omega}_1\exp(\mathrm{i}\bar{\omega}_1\bar{t}+\mathrm{i}\bar{k}\bar{x})+\\
&\mathrm{i}\bar{k}\exp(\mathrm{i}\bar{\omega}_1\bar{t}+\mathrm{i}\bar{k}\bar{x})[(-1)^{j+1}\bar{\omega}_2\exp(\mathrm{i}\bar{\omega}_2\bar{t}+2\mathrm{i}\bar{k}\bar{x})+2\bar{k}\bar{\omega}_1\exp(2\mathrm{i}\bar{\omega}_1\bar{t}+2\mathrm{i}\bar{k}\bar{x})]-\\
&\bar{k}^2\exp(2\mathrm{i}\bar{\omega}_1\bar{t}+2\mathrm{i}\bar{k}\bar{x})\exp[\bar{k}+(-1)^j\bar{k}\bar{z}]\,\mathrm{i}\bar{\omega}_1\exp(\mathrm{i}\bar{\omega}_1\bar{t}+\mathrm{i}\bar{k}\bar{x})-\\
&\mathrm{i}\bar{k}\exp(2\mathrm{i}\bar{\omega}_1\bar{t}+2\mathrm{i}\bar{k}\bar{x})\bar{k}\exp[\bar{k}+(-1)^j\bar{k}\bar{z}]\,\bar{\omega}_1\exp(\mathrm{i}\bar{\omega}_1\bar{t}+\mathrm{i}\bar{k}\bar{x})
\end{aligned} \tag{5-301}$$

边界位于:$1\leqslant\bar{z}_0\leqslant\infty(j=1)$ 和 $-\infty\leqslant\bar{z}_0\leqslant-1(j=2)$。

在 $\bar{z}_0=(-1)^{j+1}$ 处,整理方程(5-301),得

$$\begin{aligned}
\bar{\phi}_{3gj,\bar{z}}\Big|_{\bar{z}_0}=&\mathrm{i}\bar{\omega}_3\exp(\mathrm{i}\bar{\omega}_3\bar{t}+3\mathrm{i}\bar{k}\bar{x})+\\
&(-1)^{j+1}3\bar{k}\mathrm{i}(\bar{\omega}_1+\bar{\omega}_2)\exp(\mathrm{i}\bar{\omega}_2\bar{t}+2\mathrm{i}\bar{k}\bar{x})\exp(\mathrm{i}\bar{\omega}_1\bar{t}+\mathrm{i}\bar{k}\bar{x})+\\
&\frac{7}{2}\bar{k}^2\mathrm{i}\bar{\omega}_1\exp(2\mathrm{i}\bar{\omega}_1\bar{t}+2\mathrm{i}\bar{k}\bar{x})\exp(\mathrm{i}\bar{\omega}_1\bar{t}+\mathrm{i}\bar{k}\bar{x})
\end{aligned} \tag{5-302}$$

方程(5-302)对 $\bar{z}$ 进行积分,得

$$\bar{\phi}_{3gj}\Big|_{\bar{z}_0}=f_7(\bar{z})\begin{bmatrix}\mathrm{i}\bar{\omega}_3\exp(\mathrm{i}\bar{\omega}_3\bar{t}+3\mathrm{i}\bar{k}\bar{x})+\\(-1)^{j+1}3\bar{k}\mathrm{i}(\bar{\omega}_1+\bar{\omega}_2)\exp(\mathrm{i}\bar{\omega}_2\bar{t}+2\mathrm{i}\bar{k}\bar{x})\exp(\mathrm{i}\bar{\omega}_1\bar{t}+\mathrm{i}\bar{k}\bar{x})+\\\frac{7}{2}\bar{k}^2\mathrm{i}\bar{\omega}_1\exp(2\mathrm{i}\bar{\omega}_1\bar{t}+2\mathrm{i}\bar{k}\bar{x})\exp(\mathrm{i}\bar{\omega}_1\bar{t}+\mathrm{i}\bar{k}\bar{x})\end{bmatrix}+c_{20} \tag{5-303}$$

式中,c_{20} 为 $\bar{\phi}_{3gj,\bar{z}}\Big|_{\bar{z}_0}$ 对 $\bar{z}$ 的积分常数。

方程(5-303)对 $\bar{z}$ 求一阶偏导数,得

$$\bar{\phi}_{3gj,\bar{z}}\Big|_{\bar{z}_0}=f_{7,\bar{z}}(\bar{z})\cdot$$

$$\begin{bmatrix} \mathrm{i}\bar{\omega}_3 \exp(\mathrm{i}\bar{\omega}_3 \bar{t} + 3\mathrm{i}\bar{k}\bar{x}) + \\ (-1)^{j+1} 3\bar{k}\mathrm{i}(\bar{\omega}_1 + \bar{\omega}_2)\exp(\mathrm{i}\bar{\omega}_2 \bar{t} + 2\mathrm{i}\bar{k}\bar{x})\exp(\mathrm{i}\bar{\omega}_1 \bar{t} + \mathrm{i}\bar{k}\bar{x}) + \\ \frac{7}{2}\bar{k}^2 \mathrm{i}\bar{\omega}_1 \exp(2\mathrm{i}\bar{\omega}_1 \bar{t} + 2\mathrm{i}\bar{k}\bar{x})\exp(\mathrm{i}\bar{\omega}_1 \bar{t} + \mathrm{i}\bar{k}\bar{x}) \end{bmatrix} \tag{5-304}$$

在 $\bar{z}=\pm\infty$处，$\bar{z}$ 方向上的气相扰动速度 $\bar{w}_{3gj}=\bar{\phi}_{3gj,\bar{z}}=0$，将 $\bar{z}=\infty$和 $\bar{w}_{3gj}=\bar{\phi}_{3gj,\bar{z}}=0$ 代入方程(5-304)，得

$$f_{7,\bar{z}}(\bar{z})\Big|_{\bar{z}_0}=0 \tag{5-305}$$

将方程(5-304)代入第三级表面波气相连续性方程(5-85)，得气相微分方程

$$f_{7,\bar{z}\bar{z}}(\bar{z})-9\bar{k}^2 f_7(\bar{z})=0 \tag{5-306}$$

5.7.4.2 气相微分方程的通解

解二阶齐次方程(5-306)，得

$$f_7(\bar{z})=c_{21}\mathrm{e}^{3\bar{k}\bar{z}}+c_{22}\mathrm{e}^{-3\bar{k}\bar{z}} \tag{5-307}$$

式中，c_{21} 和 c_{22} 为积分常数。

5.7.4.3 上气液交界面气相微分方程的特解

将方程(5-307)对 $\bar{z}$ 求一阶偏导数，得

$$f_{7,\bar{z}}(\bar{z})=3\bar{k}(c_{21}\mathrm{e}^{3\bar{k}\bar{z}}-c_{22}\mathrm{e}^{-3\bar{k}\bar{z}}) \tag{5-308}$$

在 $\bar{z}_0=\infty$处，将方程(5-308)代入方程(5-305)，得

$$3\bar{k}(c_{21}\mathrm{e}^{3\bar{k}\bar{z}}-c_{22}\mathrm{e}^{-3\bar{k}\bar{z}})\Big|_{\bar{z}=\infty}=0 \tag{5-309}$$

解方程(5-309)，由于 $\mathrm{e}^{3\bar{k}\bar{z}}\Big|_{\bar{z}=\infty}=\infty$，$\mathrm{e}^{-3\bar{k}\bar{z}}\Big|_{\bar{z}=\infty}=0$，则

$$c_{21}=0 \tag{5-310}$$

将方程(5-310)分别代入方程(5-307)和方程(5-308)，得

$$f_7(\bar{z})=c_{22}\mathrm{e}^{-3\bar{k}\bar{z}} \tag{5-311}$$

和

$$f_{7,\bar{z}}(\bar{z})=-3c_{22}\bar{k}\mathrm{e}^{-3\bar{k}\bar{z}} \tag{5-312}$$

在 $\bar{z}_0=1$ 处，将方程(5-312)代入方程(5-304)，得

$$\bar{\phi}_{3g1,\bar{z}}\Big|_{\bar{z}_0}=-3c_{22}\bar{k}\mathrm{e}^{-3\bar{k}\bar{z}}\cdot$$

$$\begin{bmatrix} \mathrm{i}\bar{\omega}_3 \exp(\mathrm{i}\bar{\omega}_3 \bar{t} + 3\mathrm{i}\bar{k}\bar{x}) + \\ (-1)^{j+1} 3\bar{k}\mathrm{i}(\bar{\omega}_1 + \bar{\omega}_2)\exp(\mathrm{i}\bar{\omega}_2 \bar{t} + 2\mathrm{i}\bar{k}\bar{x})\exp(\mathrm{i}\bar{\omega}_1 \bar{t} + \mathrm{i}\bar{k}\bar{x}) + \\ \frac{7}{2}\bar{k}^2 \mathrm{i}\bar{\omega}_1 \exp(2\mathrm{i}\bar{\omega}_1 \bar{t} + 2\mathrm{i}\bar{k}\bar{x})\exp(\mathrm{i}\bar{\omega}_1 \bar{t} + \mathrm{i}\bar{k}\bar{x}) \end{bmatrix} \tag{5-313}$$

将方程(5-312)代入方程(5-313)，得

$$3c_{22}\bar{k}\mathrm{e}^{-3\bar{k}}=-1 \tag{5-314}$$

解方程(5-314)，得

$$c_{22}=-\frac{\mathrm{e}^{3\bar{k}}}{3\bar{k}} \tag{5-315}$$

将方程(5-315)代入方程(5-311)，得

$$f_7(\bar{z})=-\frac{1}{3\bar{k}}\exp(3\bar{k}-3\bar{k}\bar{z}) \tag{5-316}$$

将方程(5-316)代入方程(5-303)，得反对称波形上气液交界面气相微分方程的特解。

$$\bar{\phi}_{3\mathrm{g}1}\Big|_{\bar{z}_0}=-\frac{1}{3\bar{k}}\exp(3\bar{k}-3\bar{k}\bar{z})\cdot\begin{bmatrix}\mathrm{i}\bar{\omega}_3\exp(\mathrm{i}\bar{\omega}_3\bar{t}+3\mathrm{i}\bar{k}\bar{x})+\\(-1)^{j+1}3\bar{k}\mathrm{i}(\bar{\omega}_1+\bar{\omega}_2)\exp(\mathrm{i}\bar{\omega}_2\bar{t}+2\mathrm{i}\bar{k}\bar{x})\exp(\mathrm{i}\bar{\omega}_1\bar{t}+\mathrm{i}\bar{k}\bar{x})+\\\frac{7}{2}\bar{k}^2\mathrm{i}\bar{\omega}_1\exp(2\mathrm{i}\bar{\omega}_1\bar{t}+2\mathrm{i}\bar{k}\bar{x})\exp(\mathrm{i}\bar{\omega}_1\bar{t}+\mathrm{i}\bar{k}\bar{x})\end{bmatrix}+c_{20} \tag{5-317}$$

5.7.4.4　下气液交界面气相微分方程的特解

在 $\bar{z}_0=-\infty$处，将方程(5-308)代入到方程(5-305)，得

$$3\bar{k}(c_{21}\mathrm{e}^{3\bar{k}\bar{z}}-c_{22}\mathrm{e}^{-3\bar{k}\bar{z}})\Big|_{\bar{z}=-\infty}=0 \tag{5-318}$$

解方程(5-318)，由于 $\mathrm{e}^{3\bar{k}\bar{z}}\Big|_{\bar{z}=-\infty}=0,\mathrm{e}^{-3\bar{k}\bar{z}}\Big|_{\bar{z}=-\infty}=\infty$，则

$$c_{22}=0 \tag{5-319}$$

将方程(5-319)分别代入方程(5-307)和方程(5-308)，得

$$f_7(\bar{z})=c_{21}\mathrm{e}^{3\bar{k}\bar{z}} \tag{5-320}$$

和

$$f_{7,\bar{z}}(\bar{z})=3c_{21}\bar{k}\mathrm{e}^{3\bar{k}\bar{z}} \tag{5-321}$$

在 $\bar{z}_0=-1$ 处，将方程(5-321)代入方程(5-304)，得

$$\bar{\phi}_{3\mathrm{g}2,\bar{z}}\Big|_{\bar{z}_0}=3c_{21}\bar{k}\mathrm{e}^{3\bar{k}\bar{z}}\begin{bmatrix}\mathrm{i}\bar{\omega}_3\exp(\mathrm{i}\bar{\omega}_3\bar{t}+3\mathrm{i}\bar{k}\bar{x})+\\(-1)^{j+1}3\bar{k}\mathrm{i}(\bar{\omega}_1+\bar{\omega}_2)\exp(\mathrm{i}\bar{\omega}_2\bar{t}+2\mathrm{i}\bar{k}\bar{x})\exp(\mathrm{i}\bar{\omega}_1\bar{t}+\mathrm{i}\bar{k}\bar{x})+\\\frac{7}{2}\bar{k}^2\mathrm{i}\bar{\omega}_1\exp(2\mathrm{i}\bar{\omega}_1\bar{t}+2\mathrm{i}\bar{k}\bar{x})\exp(\mathrm{i}\bar{\omega}_1\bar{t}+\mathrm{i}\bar{k}\bar{x})\end{bmatrix} \tag{5-322}$$

将方程(5-322)代入方程(5-302)，得

$$3c_{21}\bar{k}\mathrm{e}^{-3\bar{k}}=1 \tag{5-323}$$

解方程(5-323)，得

$$c_{21}=\frac{\mathrm{e}^{3\bar{k}}}{3\bar{k}} \tag{5-324}$$

将方程(5-324)代入方程(5-320),得

$$f_7(\bar{z})=\frac{1}{3\bar{k}}\exp(3\bar{k}+3\bar{k}\bar{z}) \tag{5-325}$$

将方程(5-325)代入方程(5-303),得反对称波形上气液交界面气相微分方程的特解。

$$\bar{\phi}_{3g2}\Big|_{\bar{z}_0}=\frac{1}{3\bar{k}}\exp(3\bar{k}+3\bar{k}\bar{z})\cdot\begin{bmatrix}\mathrm{i}\bar{\omega}_3\exp(\mathrm{i}\bar{\omega}_3\bar{t}+3\mathrm{i}\bar{k}\bar{x})+\\(-1)^{j+1}3\bar{k}\mathrm{i}(\bar{\omega}_1+\bar{\omega}_2)\exp(\mathrm{i}\bar{\omega}_2\bar{t}+2\mathrm{i}\bar{k}\bar{x})\exp(\mathrm{i}\bar{\omega}_1\bar{t}+\mathrm{i}\bar{k}\bar{x})+\\\frac{7}{2}\bar{k}^2\mathrm{i}\bar{\omega}_1\exp(2\mathrm{i}\bar{\omega}_1\bar{t}+2\mathrm{i}\bar{k}\bar{x})\exp(\mathrm{i}\bar{\omega}_1\bar{t}+\mathrm{i}\bar{k}\bar{x})\end{bmatrix}+c_{20} \tag{5-326}$$

对比方程(5-317)和方程(5-326),可以将第三级表面波反对称波形上下气液交界面的气相势函数写为合式。

$$\bar{\phi}_{3gj}\Big|_{\bar{z}_0}=(-1)^j\ \frac{1}{3\bar{k}}\exp\left[3\bar{k}+(-1)^j3\bar{k}\bar{z}\right]\cdot\begin{bmatrix}\mathrm{i}\bar{\omega}_3\exp(\mathrm{i}\bar{\omega}_3\bar{t}+3\mathrm{i}\bar{k}\bar{x})+\\(-1)^{j+1}3\bar{k}\mathrm{i}(\bar{\omega}_1+\bar{\omega}_2)\exp(\mathrm{i}\bar{\omega}_2\bar{t}+2\mathrm{i}\bar{k}\bar{x})\exp(\mathrm{i}\bar{\omega}_1\bar{t}+\mathrm{i}\bar{k}\bar{x})+\\\frac{7}{2}\bar{k}^2\mathrm{i}\bar{\omega}_1\exp(2\mathrm{i}\bar{\omega}_1\bar{t}+2\mathrm{i}\bar{k}\bar{x})\exp(\mathrm{i}\bar{\omega}_1\bar{t}+\mathrm{i}\bar{k}\bar{x})\end{bmatrix}+c_{20} \tag{5-327}$$

5.7.5 平面液膜第三级波正对称波形气相微分方程的建立和求解

5.7.5.1 气相微分方程的建立

方程(5-226)对 $\bar{z}$ 求二阶偏导数,得

$$\bar{\phi}_{2gj,\bar{z}\bar{z}}\Big|_{\bar{z}_0}=-2\bar{k}\mathrm{i}\bar{\omega}_2\exp(\mathrm{i}\bar{\omega}_2\bar{t}+2\mathrm{i}\bar{k}\bar{x})-4\bar{k}^2\mathrm{i}\bar{\omega}_1\exp(2\mathrm{i}\bar{\omega}_1\bar{t}+2\mathrm{i}\bar{k}\bar{x}) \tag{5-328}$$

方程(5-226)对 $\bar{x}$ 求一阶偏导数,得

$$\bar{\phi}_{2gj,\bar{x}}\Big|_{\bar{z}_0}=\bar{\omega}_2\exp(\mathrm{i}\bar{\omega}_2\bar{t}+2\mathrm{i}\bar{k}\bar{x})+2\bar{k}\bar{\omega}_1\exp(2\mathrm{i}\bar{\omega}_1\bar{t}+2\mathrm{i}\bar{k}\bar{x}) \tag{5-329}$$

方程(5-250)对 $\bar{z}$ 求二阶偏导数,得

$$\bar{\phi}_{1gj,\bar{z}\bar{z}\bar{z}}\Big|_{\bar{z}_0}=(-1)^{j+1}\exp\left[\bar{k}+(-1)^j\bar{k}\bar{z}\right]\bar{k}^2\mathrm{i}\bar{\omega}_1\exp(\mathrm{i}\bar{\omega}_1\bar{t}+\mathrm{i}\bar{k}\bar{x}) \tag{5-330}$$

方程(5-249)对 $\bar{z}$ 求一阶偏导数,得

$$\bar{\phi}_{1gj,\bar{x}\bar{z}}\Big|_{\bar{z}_0}=(-1)^j\bar{k}\exp\left[\bar{k}+(-1)^j\bar{k}\bar{z}\right]\bar{\omega}_1\exp(\mathrm{i}\bar{\omega}_1\bar{t}+\mathrm{i}\bar{k}\bar{x}) \tag{5-331}$$

与第二级波的推导过程类似,将第三级表面波正对称波形按泰勒级数在气液交界面 $\bar{z}_0$ 处的展开式代入气相运动学边界条件式(5-89),正对称波形下气液交界面的表面波扰动振

幅为负，得

$$\begin{aligned}\bar{\phi}_{3gj,\bar{z}}\Big|_{\bar{z}_0} &= -\mathrm{i}\bar{\omega}_3\exp(\mathrm{i}\bar{\omega}_3\bar{t}+3\mathrm{i}\bar{k}\bar{x})-\\ &\exp(\mathrm{i}\bar{\omega}_2\bar{t}+2\mathrm{i}\bar{k}\bar{x})\bar{k}\exp[\bar{k}+(-1)^j\bar{k}\bar{z}]\mathrm{i}\bar{\omega}_1\exp(\mathrm{i}\bar{\omega}_1\bar{t}+\mathrm{i}\bar{k}\bar{x})-\\ &\exp(\mathrm{i}\bar{\omega}_1\bar{t}+\mathrm{i}\bar{k}\bar{x})[2\bar{k}\mathrm{i}\bar{\omega}_2\exp(\mathrm{i}\bar{\omega}_2\bar{t}+2\mathrm{i}\bar{k}\bar{x})+4\bar{k}^2\mathrm{i}\bar{\omega}_1\exp(2\mathrm{i}\bar{\omega}_1\bar{t}+2\mathrm{i}\bar{k}\bar{x})]-\\ &\frac{1}{2}\exp(2\mathrm{i}\bar{\omega}_1\bar{t}+2\mathrm{i}\bar{k}\bar{x})(-1)^{j+1}\exp[\bar{k}+(-1)^j\bar{k}\bar{z}]\bar{k}^2\mathrm{i}\bar{\omega}_1\exp(\mathrm{i}\bar{\omega}_1\bar{t}+\mathrm{i}\bar{k}\bar{x})-\\ &2\mathrm{i}\bar{k}\exp(\mathrm{i}\bar{\omega}_2\bar{t}+2\mathrm{i}\bar{k}\bar{x})\exp[\bar{k}+(-1)^j\bar{k}\bar{z}]\bar{\omega}_1\exp(\mathrm{i}\bar{\omega}_1\bar{t}+\mathrm{i}\bar{k}\bar{x})-\\ &\mathrm{i}\bar{k}\exp(\mathrm{i}\bar{\omega}_1\bar{t}+\mathrm{i}\bar{k}\bar{x})[\bar{\omega}_2\exp(\mathrm{i}\bar{\omega}_2\bar{t}+2\mathrm{i}\bar{k}\bar{x})+2\bar{k}\bar{\omega}_1\exp(2\mathrm{i}\bar{\omega}_1\bar{t}+2\mathrm{i}\bar{k}\bar{x})]-\\ &\bar{k}^2\exp(2\mathrm{i}\bar{\omega}_1\bar{t}+2\mathrm{i}\bar{k}\bar{x})(-1)^{j+1}\exp[\bar{k}+(-1)^j\bar{k}\bar{z}]\mathrm{i}\bar{\omega}_1\exp(\mathrm{i}\bar{\omega}_1\bar{t}+\mathrm{i}\bar{k}\bar{x})+\\ &\mathrm{i}\bar{k}\exp(2\mathrm{i}\bar{\omega}_1\bar{t}+2\mathrm{i}\bar{k}\bar{x})(-1)^j\bar{k}\exp[\bar{k}+(-1)^j\bar{k}\bar{z}]\bar{\omega}_1\exp(\mathrm{i}\bar{\omega}_1\bar{t}+\mathrm{i}\bar{k}\bar{x})\end{aligned} \quad (5\text{-}332)$$

边界位于：$1\leqslant\bar{z}_0\leqslant\infty(j=1)$和$-\infty\leqslant\bar{z}_0\leqslant-1(j=2)$。

在 $\bar{z}_0=(-1)^{j+1}$ 处，整理方程(5-332)，得

$$\begin{aligned}\bar{\phi}_{3gj,\bar{z}}\Big|_{\bar{z}_0} &= -\mathrm{i}\bar{\omega}_3\exp(\mathrm{i}\bar{\omega}_3\bar{t}+3\mathrm{i}\bar{k}\bar{x})-\\ &3\bar{k}\mathrm{i}(\bar{\omega}_1+\bar{\omega}_2)\exp(\mathrm{i}\bar{\omega}_2\bar{t}+2\mathrm{i}\bar{k}\bar{x})\exp(\mathrm{i}\bar{\omega}_1\bar{t}+\mathrm{i}\bar{k}\bar{x})+\\ &\left[-6\bar{k}^2\mathrm{i}\bar{\omega}_1+(-1)^j\frac{5}{2}\bar{k}^2\mathrm{i}\bar{\omega}_1\right]\exp(2\mathrm{i}\bar{\omega}_1\bar{t}+2\mathrm{i}\bar{k}\bar{x})\exp(\mathrm{i}\bar{\omega}_1\bar{t}+\mathrm{i}\bar{k}\bar{x})\end{aligned} \quad (5\text{-}333)$$

方程(5-333)对 $\bar{z}$ 进行积分，得

$$\bar{\phi}_{3gj}\Big|_{\bar{z}_0}=f_8(\bar{z})\left\{\begin{aligned}&-\mathrm{i}\bar{\omega}_3\exp(\mathrm{i}\bar{\omega}_3\bar{t}+3\mathrm{i}\bar{k}\bar{x})-\\ &3\bar{k}\mathrm{i}(\bar{\omega}_1+\bar{\omega}_2)\exp(\mathrm{i}\bar{\omega}_2\bar{t}+2\mathrm{i}\bar{k}\bar{x})\exp(\mathrm{i}\bar{\omega}_1\bar{t}+\mathrm{i}\bar{k}\bar{x})+\\ &\left[-6\bar{k}^2\mathrm{i}\bar{\omega}_1+(-1)^j\frac{5}{2}\bar{k}^2\mathrm{i}\bar{\omega}_1\right]\exp(2\mathrm{i}\bar{\omega}_1\bar{t}+2\mathrm{i}\bar{k}\bar{x})\exp(\mathrm{i}\bar{\omega}_1\bar{t}+\mathrm{i}\bar{k}\bar{x})\end{aligned}\right\}+c_{23} \quad (5\text{-}334)$$

式中，c_{23} 为 $\bar{\phi}_{3gj,\bar{z}}\Big|_{\bar{z}_0}$ 对 $\bar{z}$ 的积分常数。

方程(5-334)对 $\bar{z}$ 求一阶偏导数，得

$$\bar{\phi}_{3gj,\bar{z}}\Big|_{\bar{z}_0}=f_{8,\bar{z}}(\bar{z})\left\{\begin{aligned}&-\mathrm{i}\bar{\omega}_3\exp(\mathrm{i}\bar{\omega}_3\bar{t}+3\mathrm{i}\bar{k}\bar{x})-\\ &3\bar{k}\mathrm{i}(\bar{\omega}_1+\bar{\omega}_2)\exp(\mathrm{i}\bar{\omega}_2\bar{t}+2\mathrm{i}\bar{k}\bar{x})\exp(\mathrm{i}\bar{\omega}_1\bar{t}+\mathrm{i}\bar{k}\bar{x})+\\ &\left[-6\bar{k}^2\mathrm{i}\bar{\omega}_1+(-1)^j\frac{5}{2}\bar{k}^2\mathrm{i}\bar{\omega}_1\right]\exp(2\mathrm{i}\bar{\omega}_1\bar{t}+2\mathrm{i}\bar{k}\bar{x})\exp(\mathrm{i}\bar{\omega}_1\bar{t}+\mathrm{i}\bar{k}\bar{x})\end{aligned}\right\} \quad (5\text{-}335)$$

在 $\bar{z}=\pm\infty$ 处，$\bar{z}$ 方向上的气相扰动速度 $\bar{w}_{3gj}=\bar{\phi}_{3gj,\bar{z}}=0$，将 $\bar{z}=\infty$ 和 $\bar{w}_{3gj}=\bar{\phi}_{3gj,\bar{z}}=0$ 代入方程(5-335)，得

$$f_{8,\bar{z}}(\bar{z})\Big|_{\bar{z}_0}=0 \quad (5\text{-}336)$$

将方程(5-336)代入第三级表面波气相连续性方程(5-85)，得气相微分方程

$$f_{8,\overline{z}\overline{z}}(\overline{z})-9\overline{k}^2 f_8(\overline{z})=0 \tag{5-337}$$

5.7.5.2 气相微分方程的通解

解二阶齐次方程(5-337)，得

$$f_8(\overline{z})=c_{24}\mathrm{e}^{3\overline{k}\overline{z}}+c_{25}\mathrm{e}^{-3\overline{k}\overline{z}} \tag{5-338}$$

式中，c_{24} 和 c_{25} 为积分常数。

5.7.5.3 上气液交界面气相微分方程的特解

将方程(5-338)对 $\overline{z}$ 求一阶偏导数，得

$$f_{8,\overline{z}}(\overline{z})=3\overline{k}(c_{24}\mathrm{e}^{3\overline{k}\overline{z}}-c_{25}\mathrm{e}^{-3\overline{k}\overline{z}}) \tag{5-339}$$

在 $\overline{z}_0=\infty$ 处，将方程(5-339)代入到方程(5-336)，得

$$3\overline{k}(c_{24}\mathrm{e}^{3\overline{k}\overline{z}}-c_{25}\mathrm{e}^{-3\overline{k}\overline{z}})\Big|_{\overline{z}=\infty}=0 \tag{5-340}$$

解方程(5-340)，由于 $\mathrm{e}^{3\overline{k}\overline{z}}\Big|_{\overline{z}=\infty}=\infty$，$\mathrm{e}^{-3\overline{k}\overline{z}}\Big|_{\overline{z}=\infty}=0$，则

$$c_{24}=0 \tag{5-341}$$

将方程(5-341)分别代入方程(5-338)和方程(5-339)，得

$$f_8(\overline{z})=c_{25}\mathrm{e}^{-3\overline{k}\overline{z}} \tag{5-342}$$

和

$$f_{8,\overline{z}}(\overline{z})=-3c_{25}\overline{k}\mathrm{e}^{-3\overline{k}\overline{z}} \tag{5-343}$$

在 $\overline{z}_0=1$ 处，将方程(5-343)代入方程(5-335)，得

$$\overline{\phi}_{3\mathrm{g}1,\overline{z}}\Big|_{\overline{z}_0}=-3c_{25}\overline{k}\mathrm{e}^{-3\overline{k}\overline{z}}\left\{\begin{aligned}&-\mathrm{i}\overline{\omega}_3\exp(\mathrm{i}\overline{\omega}_3\overline{t}+3\mathrm{i}\overline{k}\overline{x})-\\&3\overline{k}\mathrm{i}(\overline{\omega}_1+\overline{\omega}_2)\exp(\mathrm{i}\overline{\omega}_2\overline{t}+2\mathrm{i}\overline{k}\overline{x})\exp(\mathrm{i}\overline{\omega}_1\overline{t}+\mathrm{i}\overline{k}\overline{x})+\\&\left[-6\overline{k}^2\mathrm{i}\overline{\omega}_1+(-1)^j\ \frac{5}{2}\overline{k}^2\mathrm{i}\overline{\omega}_1\right]\exp(2\mathrm{i}\overline{\omega}_1\overline{t}+2\mathrm{i}\overline{k}\overline{x})\exp(\mathrm{i}\overline{\omega}_1\overline{t}+\mathrm{i}\overline{k}\overline{x})\end{aligned}\right\} \tag{5-344}$$

将方程(5-344)代入方程(5-333)，得

$$3c_{25}\overline{k}\mathrm{e}^{-3\overline{k}}=-1 \tag{5-345}$$

解方程(5-345)，得

$$c_{25}=-\frac{\mathrm{e}^{3\overline{k}}}{3\overline{k}} \tag{5-346}$$

将方程(5-346)代入方程(5-342)，得

$$f_8(\overline{z})=-\frac{1}{3\overline{k}}\exp(3\overline{k}-3\overline{k}\overline{z}) \tag{5-347}$$

将方程(5-347)代入方程(5-334),得正对称波形上气液交界面气相微分方程的特解。

$$\bar{\phi}_{3g1}\bigg|_{\bar{z}_0}=-\frac{1}{3\bar{k}}\exp(3\bar{k}-3\bar{k}\bar{z})\cdot\left\{\begin{aligned}&-\mathrm{i}\bar{\omega}_3\exp(\mathrm{i}\bar{\omega}_3\bar{t}+3\mathrm{i}\bar{k}\bar{x})-\\&3\bar{k}\mathrm{i}(\bar{\omega}_1+\bar{\omega}_2)\exp(\mathrm{i}\bar{\omega}_2\bar{t}+2\mathrm{i}\bar{k}\bar{x})\exp(\mathrm{i}\bar{\omega}_1\bar{t}+\mathrm{i}\bar{k}\bar{x})+\\&\left[-6\bar{k}^2\mathrm{i}\bar{\omega}_1+(-1)^j\frac{5}{2}\bar{k}^2\mathrm{i}\bar{\omega}_1\right]\exp(2\mathrm{i}\bar{\omega}_1\bar{t}+2\mathrm{i}\bar{k}\bar{x})\exp(\mathrm{i}\bar{\omega}_1\bar{t}+\mathrm{i}\bar{k}\bar{x})\end{aligned}\right\}+c_{23} \tag{5-348}$$

5.7.5.4 下气液交界面气相微分方程的特解

在 $\bar{z}_0=-\infty$处,将方程(5-339)代入方程(5-336),得

$$3\bar{k}(c_{24}\mathrm{e}^{3\bar{k}\bar{z}}-c_{25}\mathrm{e}^{-3\bar{k}\bar{z}})\Big|_{\bar{z}=-\infty}=0 \tag{5-349}$$

解方程(5-349),由于 $\mathrm{e}^{3\bar{k}\bar{z}}\Big|_{\bar{z}=-\infty}=0$,$\mathrm{e}^{-3\bar{k}\bar{z}}\Big|_{\bar{z}=-\infty}=\infty$,则

$$c_{25}=0 \tag{5-350}$$

将方程(5-350)分别代入方程(5-338)和方程(5-339),得

$$f_8(\bar{z})=c_{24}\mathrm{e}^{3\bar{k}\bar{z}} \tag{5-351}$$

和

$$f_{8,\bar{z}}(\bar{z})=3c_{24}\bar{k}\mathrm{e}^{3\bar{k}\bar{z}} \tag{5-352}$$

在 $\bar{z}_0=-1$ 处,将方程(5-352)代入方程(5-335),得

$$\bar{\phi}_{3g2,\bar{z}}\bigg|_{\bar{z}_0}=3c_{24}\bar{k}\mathrm{e}^{3\bar{k}\bar{z}}\left\{\begin{aligned}&-\mathrm{i}\bar{\omega}_3\exp(\mathrm{i}\bar{\omega}_3\bar{t}+3\mathrm{i}\bar{k}\bar{x})-\\&3\bar{k}\mathrm{i}(\bar{\omega}_1+\bar{\omega}_2)\exp(\mathrm{i}\bar{\omega}_2\bar{t}+2\mathrm{i}\bar{k}\bar{x})\exp(\mathrm{i}\bar{\omega}_1\bar{t}+\mathrm{i}\bar{k}\bar{x})+\\&\left[-6\bar{k}^2\mathrm{i}\bar{\omega}_1+(-1)^j\frac{5}{2}\bar{k}^2\mathrm{i}\bar{\omega}_1\right]\exp(2\mathrm{i}\bar{\omega}_1\bar{t}+2\mathrm{i}\bar{k}\bar{x})\exp(\mathrm{i}\bar{\omega}_1\bar{t}+\mathrm{i}\bar{k}\bar{x})\end{aligned}\right\} \tag{5-353}$$

将方程(5-353)代入方程(5-333),得

$$3c_{24}\bar{k}\mathrm{e}^{-3\bar{k}}=1 \tag{5-354}$$

解方程(5-354),得

$$c_{24}=\frac{\mathrm{e}^{3\bar{k}}}{3\bar{k}} \tag{5-355}$$

将方程(5-355)代入方程(5-351),得

$$f_8(\bar{z})=\frac{1}{3\bar{k}}\exp(3\bar{k}+3\bar{k}\bar{z}) \tag{5-356}$$

将方程(5-356)代入方程(5-334),得正对称波形下气液交界面气相微分方程的特解。

$$\bar{\phi}_{3g2}\Big|_{\bar{z}_0}=\frac{1}{3\bar{k}}\exp(3\bar{k}+3\bar{k}\bar{z})\left\{\begin{array}{l}-\mathrm{i}\bar{\omega}_3\exp(\mathrm{i}\bar{\omega}_3\bar{t}+3\mathrm{i}\bar{k}\bar{x})-\\3\bar{k}\mathrm{i}(\bar{\omega}_1+\bar{\omega}_2)\exp(\mathrm{i}\bar{\omega}_2\bar{t}+2\mathrm{i}\bar{k}\bar{x})\exp(\mathrm{i}\bar{\omega}_1\bar{t}+\mathrm{i}\bar{k}\bar{x})+\\\begin{bmatrix}-6\bar{k}^2\mathrm{i}\bar{\omega}_1+\\(-1)^j\frac{5}{2}\bar{k}^2\mathrm{i}\bar{\omega}_1\end{bmatrix}\exp(2\mathrm{i}\bar{\omega}_1\bar{t}+2\mathrm{i}\bar{k}\bar{x})\exp(\mathrm{i}\bar{\omega}_1\bar{t}+\mathrm{i}\bar{k}\bar{x})\end{array}\right\}+c_{23}$$

(5-357)

对比方程(5-348)和方程(5-357),可以将第三级表面波正对称波形上下气液交界面的气相势函数写为合式。

$$\bar{\phi}_{3gj}\Big|_{\bar{z}_0}=(-1)^j\frac{1}{3\bar{k}}\exp\left[3\bar{k}+(-1)^j3\bar{k}\bar{z}\right]\cdot$$

$$\left\{\begin{array}{l}-\mathrm{i}\bar{\omega}_3\exp(\mathrm{i}\bar{\omega}_3\bar{t}+3\mathrm{i}\bar{k}\bar{x})-\\3\bar{k}\mathrm{i}(\bar{\omega}_1+\bar{\omega}_2)\exp(\mathrm{i}\bar{\omega}_2\bar{t}+2\mathrm{i}\bar{k}\bar{x})\exp(\mathrm{i}\bar{\omega}_1\bar{t}+\mathrm{i}\bar{k}\bar{x})+\\\begin{bmatrix}-6\bar{k}^2\mathrm{i}\bar{\omega}_1+\\(-1)^j\frac{5}{2}\bar{k}^2\mathrm{i}\bar{\omega}_1\end{bmatrix}\exp(2\mathrm{i}\bar{\omega}_1\bar{t}+2\mathrm{i}\bar{k}\bar{x})\exp(\mathrm{i}\bar{\omega}_1\bar{t}+\mathrm{i}\bar{k}\bar{x})\end{array}\right\}+c_{23} \quad (5\text{-}358)$$

5.7.6 平面液膜第三级波反对称波形的色散准则关系式

根据第三级表面波按泰勒级数在气液交界面 $\bar{z}_0$ 处展开的动力学边界条件式(5-91),逐项进行推导。

(1) $\bar{\phi}_{2gj}\Big|_{\bar{z}_0}$ 对 $\bar{z}$ 和 $\bar{t}$ 求二阶偏导数

由方程(5-216),得

$$\bar{\phi}_{2gj,\bar{z}\bar{t}}\Big|_{\bar{z}_0}=-\bar{\omega}_2^2\exp(\mathrm{i}\bar{\omega}_2\bar{t}+2\mathrm{i}\bar{k}\bar{x})+(-1)^j4\bar{k}\bar{\omega}_1^2\exp(2\mathrm{i}\bar{\omega}_1\bar{t}+2\mathrm{i}\bar{k}\bar{x}) \quad (5\text{-}359)$$

(2) $\bar{\phi}_{1gj}\Big|_{\bar{z}_0}$ 对 $\bar{z}$ 求二阶偏导数,再对 $\bar{t}$ 求导数

由方程(5-231),得

$$\bar{\phi}_{1gj,\bar{z}\bar{z}\bar{t}}\Big|_{\bar{z}_0}=(-1)^{j+1}\bar{k}\bar{\omega}_1^2\exp\left[\bar{k}+(-1)^j\bar{k}\bar{z}\right]\exp(\mathrm{i}\bar{\omega}_1\bar{t}+\mathrm{i}\bar{k}\bar{x}) \quad (5\text{-}360)$$

(3) $\bar{\phi}_{21j}\Big|_{\bar{z}_0}$ 对 $\bar{z}$ 和 $\bar{t}$ 求二阶偏导数

由方程(5-180),得

$$\bar{\phi}_{21j,\bar{z}\bar{t}}\Big|_{\bar{z}_0}=-\bar{\omega}_2(\bar{\omega}_2+2\bar{k})\exp(\mathrm{i}\bar{\omega}_2\bar{t}+2\mathrm{i}\bar{k}\bar{x})+\frac{\sinh(\bar{k}\bar{z})}{\cosh(\bar{k})}4\bar{k}\bar{\omega}_1(\bar{\omega}_1+\bar{k})\exp(2\mathrm{i}\bar{\omega}_1\bar{t}+2\mathrm{i}\bar{k}\bar{x})$$

(5-361)

(4) $\bar{\phi}_{21j}\Big|_{\bar{z}_0}$ 对 $\bar{z}$ 和 $\bar{x}$ 求二阶偏导数

由方程(5-180),得

$$\bar{\phi}_{2lj,\bar{x}\bar{z}}\Big|_{\bar{z}_0}=-2\bar{k}\left[(\bar{\omega}_2+2\bar{k})\exp(\mathrm{i}\bar{\omega}_2\bar{t})+(-1)^j 2\bar{k}(\bar{\omega}_1+\bar{k})\tanh(\bar{k})\exp(2\mathrm{i}\bar{\omega}_1\bar{t})\right]\exp(2\mathrm{i}\bar{k}\bar{x})\tag{5-362}$$

(5) $\bar{\phi}_{1lj}\Big|_{\bar{z}_0}$ 对 $\bar{z}$ 求二阶偏导数，再对 $\bar{t}$ 求偏导数

由方程(5-233)，得

$$\bar{\phi}_{1lj,\bar{z}\bar{z}\bar{t}}\Big|_{\bar{z}_0}=-\frac{\sinh(\bar{k}\bar{z})}{\cosh(\bar{k})}\bar{k}\bar{\omega}_1(\bar{\omega}_1+\bar{k})\exp(\mathrm{i}\bar{\omega}_1\bar{t}+\mathrm{i}\bar{k}\bar{x})\tag{5-363}$$

(6) $\bar{\phi}_{1lj}\Big|_{\bar{z}_0}$ 对 $\bar{x}$ 求一阶偏导数再对 $\bar{z}$ 求二阶偏导数

由方程(5-235)，得

$$\bar{\phi}_{1lj,\bar{x}\bar{z}\bar{z}}\Big|_{\bar{z}_0}=-\frac{\sinh(\bar{k}\bar{z})}{\cosh(\bar{k})}\bar{k}^2(\bar{\omega}_1+\bar{k})\exp(\mathrm{i}\bar{\omega}_1\bar{t}+\mathrm{i}\bar{k}\bar{x})\tag{5-364}$$

(7) $\bar{\phi}_{3gj}\Big|_{\bar{z}_0}$ 对 $\bar{t}$ 求一阶偏导数

由方程(5-327)，得

$$\bar{\phi}_{3gj,\bar{t}}\Big|_{\bar{z}_0}=(-1)^j\frac{1}{3\bar{k}}\exp\left[3\bar{k}+(-1)^j 3\bar{k}\bar{z}\right]\cdot\begin{bmatrix}-\bar{\omega}_3^2\exp(\mathrm{i}\bar{\omega}_3\bar{t}+3\mathrm{i}\bar{k}\bar{x})+\\(-1)^j 3\bar{k}(\bar{\omega}_1+\bar{\omega}_2)^2\exp(\mathrm{i}\bar{\omega}_1\bar{t}+\mathrm{i}\bar{\omega}_2\bar{t}+3\mathrm{i}\bar{k}\bar{x})-\\\frac{21}{2}\bar{k}^2\bar{\omega}_1^2\exp(3\mathrm{i}\bar{\omega}_1\bar{t}+3\mathrm{i}\bar{k}\bar{x})\end{bmatrix}\tag{5-365}$$

(8) $\bar{\phi}_{3lj}\Big|_{\bar{z}_0}$ 对 $\bar{t}$ 求一阶偏导数

由方程(5-282)，得

$$\bar{\phi}_{3lj,\bar{t}}\Big|_{\bar{z}_0}=-\frac{\sinh(3\bar{k}\bar{z})}{3\bar{k}\cosh(3\bar{k})}\begin{bmatrix}\bar{\omega}_3(\bar{\omega}_3+3\bar{k})\exp(\mathrm{i}\bar{\omega}_3\bar{t}+3\mathrm{i}\bar{k}\bar{x})+\\(-1)^j 3\bar{k}(\bar{\omega}_1+\bar{k})(\bar{\omega}_1+\bar{\omega}_2)\tanh(\bar{k})\exp(\mathrm{i}\bar{\omega}_1\bar{t}+\mathrm{i}\bar{\omega}_2\bar{t}+3\mathrm{i}\bar{k}\bar{x})+\\(-1)^j 3\bar{k}(\bar{\omega}_2+2\bar{k})(\bar{\omega}_1+\bar{\omega}_2)\tanh(2\bar{k})\exp(\mathrm{i}\bar{\omega}_1\bar{t}+\mathrm{i}\bar{\omega}_2\bar{t}+3\mathrm{i}\bar{k}\bar{x})+\\18\bar{k}^2\bar{\omega}_1(\bar{\omega}_1+\bar{k})\tanh(2\bar{k})\tanh(\bar{k})\exp(3\mathrm{i}\bar{\omega}_1\bar{t}+3\mathrm{i}\bar{k}\bar{x})-\\\frac{15}{2}\bar{k}^2\bar{\omega}_1(\bar{\omega}_1+\bar{k})\exp(3\mathrm{i}\bar{\omega}_1\bar{t}+3\mathrm{i}\bar{k}\bar{x})\end{bmatrix}\tag{5-366}$$

(9) $\bar{\phi}_{3lj}\Big|_{\bar{z}_0}$ 对 $\bar{x}$ 求一阶偏导数

由方程(5-282)，得

$$\bar{\phi}_{31j,\bar{x}}\Big|_{\bar{z}_0}=-\frac{\sinh(3\bar{k}\bar{z})}{\cosh(3\bar{k})}\left[\begin{array}{l}(\bar{\omega}_3+3\bar{k})\exp(\mathrm{i}\bar{\omega}_3\bar{t}+3\mathrm{i}\bar{k}\bar{x})+\\(-1)^j3\bar{k}(\bar{\omega}_1+\bar{k})\tanh(\bar{k})\exp(\mathrm{i}\bar{\omega}_1\bar{t}+\mathrm{i}\bar{\omega}_2\bar{t}+3\mathrm{i}\bar{k}\bar{x})+\\(-1)^j3\bar{k}\tanh(2\bar{k})(\bar{\omega}_2+2\bar{k})(\mathrm{i}\bar{\omega}_1\bar{t}+\mathrm{i}\bar{\omega}_2\bar{t}+3\mathrm{i}\bar{k}\bar{x})+\\6\bar{k}^2(\bar{\omega}_1+\bar{k})\tanh(2\bar{k})\tanh(\bar{k})\exp(3\mathrm{i}\bar{\omega}_1\bar{t}+3\mathrm{i}\bar{k}\bar{x})-\\\frac{5}{2}\bar{k}^2(\bar{\omega}_1+\bar{k})\exp(3\mathrm{i}\bar{\omega}_1\bar{t}+3\mathrm{i}\bar{k}\bar{x})\end{array}\right]\tag{5-367}$$

与第二级波的推导过程类似，将第三级表面波反对称波形按泰勒级数在气液交界面 $\bar{z}_0$ 处的展开式代入动力学边界条件式(5-91)，得

$$\begin{aligned}&-\bar{\rho}(-1)^j\frac{1}{3\bar{k}}\exp[3\bar{k}+(-1)^j3\bar{k}\bar{z}]\bar{\omega}_3^2\exp(\mathrm{i}\bar{\omega}_3\bar{t}+3\mathrm{i}\bar{k}\bar{x})+\\&\frac{\sinh(3\bar{k}\bar{z})}{\cosh(3\bar{k})}\left[(\bar{\omega}_3+3\bar{k})\left(\frac{\bar{\omega}_3}{3\bar{k}}+1\right)\right]\exp(\mathrm{i}\bar{\omega}_3\bar{t}+3\mathrm{i}\bar{k}\bar{x})+\\&\frac{(-1)^j}{We_1}9\bar{k}^2\exp(\mathrm{i}\bar{\omega}_3\bar{t}+3\mathrm{i}\bar{k}\bar{x})\\&=-\bar{\rho}\exp[3\bar{k}+(-1)^j3\bar{k}\bar{z}](\bar{\omega}_1+\bar{\omega}_2)^2\exp(\mathrm{i}\bar{\omega}_1\bar{t}+\mathrm{i}\bar{\omega}_2\bar{t}+3\mathrm{i}\bar{k}\bar{x})+\\&\bar{\rho}(-1)^j\exp[3\bar{k}+(-1)^j3\bar{k}\bar{z}]\frac{7}{2}\bar{k}\bar{\omega}_1^2\exp(3\mathrm{i}\bar{\omega}_1\bar{t}+3\mathrm{i}\bar{k}\bar{x})-\\&\frac{\sinh(3\bar{k}\bar{z})}{\cosh(3\bar{k})}\left\{\begin{array}{l}[(-1)^j(\bar{\omega}_1+\bar{k})\tanh(\bar{k})(\bar{\omega}_1+\bar{\omega}_2+3\bar{k})]\exp(\mathrm{i}\bar{\omega}_1\bar{t}+\mathrm{i}\bar{\omega}_2\bar{t}+3\mathrm{i}\bar{k}\bar{x})+\\{}[(-1)^j(\bar{\omega}_2+2\bar{k})\tanh(2\bar{k})(\bar{\omega}_1+\bar{\omega}_2+3\bar{k})]\exp(\mathrm{i}\bar{\omega}_1\bar{t}+\mathrm{i}\bar{\omega}_2\bar{t}+3\mathrm{i}\bar{k}\bar{x})+\\\left[6\bar{k}(\bar{\omega}_1+\bar{k})^2\tanh(2\bar{k})\tanh(\bar{k})-\frac{5}{2}\bar{k}(\bar{\omega}_1+\bar{k})^2\right]\exp(3\mathrm{i}\bar{\omega}_1\bar{t}+3\mathrm{i}\bar{k}\bar{x})\end{array}\right\}-\\&\bar{\rho}\left[-(\bar{\omega}_1+\bar{\omega}_2)^2\exp(\mathrm{i}\bar{\omega}_1\bar{t}+\mathrm{i}\bar{\omega}_2\bar{t}+3\mathrm{i}\bar{k}\bar{x})+(-1)^j\frac{9}{2}\bar{k}\bar{\omega}_1^2\exp(3\mathrm{i}\bar{\omega}_1\bar{t}+3\mathrm{i}\bar{k}\bar{x})\right]-\\&(\bar{\omega}_1+\bar{\omega}_2)(\bar{\omega}_1+\bar{\omega}_2+3\bar{k})\exp(\mathrm{i}\bar{\omega}_1\bar{t}+\mathrm{i}\bar{\omega}_2\bar{t}+3\mathrm{i}\bar{k}\bar{x})-\\&\left[(-1)^j\bar{\rho}\bar{k}\bar{\omega}_1^2-\frac{9}{2}\bar{k}\bar{\omega}_1(\bar{\omega}_1+\bar{k})\frac{\sinh(\bar{k}\bar{z})}{\cosh(\bar{k})}\right]\exp(3\mathrm{i}\bar{\omega}_1\bar{t}+3\mathrm{i}\bar{k}\bar{x})-\\&\left[\begin{array}{l}-\frac{\sinh(2\bar{k}\bar{z})}{\cosh(2\bar{k})}\frac{\sinh(\bar{k}\bar{z})}{\cosh(\bar{k})}(\bar{\omega}_2+2\bar{k})(\bar{\omega}_1+\bar{k})+\\\frac{\cosh(\bar{k}\bar{z})}{\cosh(\bar{k})}(\bar{\omega}_1+\bar{k})(\bar{\omega}_2+5\bar{k})+3\bar{k}(\bar{\omega}_2+2\bar{k})\end{array}\right]\exp(\mathrm{i}\bar{\omega}_1\bar{t}+\mathrm{i}\bar{\omega}_2\bar{t}+3\mathrm{i}\bar{k}\bar{x})-\end{aligned}$$

$$\left[\begin{aligned}&-\frac{\sinh(2\bar{k}\bar{z})}{\cosh(2\bar{k})}\frac{\sinh(\bar{k}\bar{z})}{\cosh(\bar{k})}(-1)^j 2\bar{k}(\bar{\omega}_1+\bar{k})^2\tanh(\bar{k})-\\&\frac{\cosh(\bar{k}\bar{z})}{\cosh(\bar{k})}\frac{\sinh(\bar{k}\bar{z})}{\cosh(\bar{k})}3\bar{k}(\bar{\omega}_1+\bar{k})^2-\\&\frac{\sinh(\bar{k}\bar{z})}{\cosh(\bar{k})}\frac{1}{2}\bar{k}^2(\bar{\omega}_1+\bar{k})+(-1)^j 4\bar{k}^2(\bar{\omega}_1+\bar{k})\tanh(\bar{k})+\frac{3}{2}\frac{(-1)^j}{We_1}\bar{k}^4\end{aligned}\right]\exp(3\mathrm{i}\bar{\omega}_1\bar{t}+3\mathrm{i}\bar{k}\bar{x})$$

(5-368)

在 $\bar{z}_0=1$ 处($j=1$)整理方程(5-368),得

$$\begin{aligned}&\bar{\rho}\frac{1}{3\bar{k}}\bar{\omega}_3^2\exp(\mathrm{i}\bar{\omega}_3\bar{t}+3\mathrm{i}\bar{k}\bar{x})+\tanh(3\bar{k})(\bar{\omega}_3+3\bar{k})\cdot\\&\left(\frac{\bar{\omega}_3}{3\bar{k}}+1\right)\exp(\mathrm{i}\bar{\omega}_3\bar{t}+3\mathrm{i}\bar{k}\bar{x})-\frac{1}{We_1}9\bar{k}^2\exp(\mathrm{i}\bar{\omega}_3\bar{t}+3\mathrm{i}\bar{k}\bar{x})\\&=-\bar{\rho}(\bar{\omega}_1+\bar{\omega}_2)^2\exp(\mathrm{i}\bar{\omega}_1\bar{t}+\mathrm{i}\bar{\omega}_2\bar{t}+3\mathrm{i}\bar{k}\bar{x})-\bar{\rho}\frac{7}{2}\bar{k}\bar{\omega}_1^2\exp(3\mathrm{i}\bar{\omega}_1\bar{t}+3\mathrm{i}\bar{k}\bar{x})-\\&\tanh(3\bar{k})\left\{\begin{aligned}&-(\bar{\omega}_1+\bar{k})\tanh(\bar{k})(\bar{\omega}_1+\bar{\omega}_2+3\bar{k})\exp(\mathrm{i}\bar{\omega}_1\bar{t}+\mathrm{i}\bar{\omega}_2\bar{t}+3\mathrm{i}\bar{k}\bar{x})-\\&(\bar{\omega}_2+2\bar{k})\tanh(2\bar{k})(\bar{\omega}_1+\bar{\omega}_2+3\bar{k})\exp(\mathrm{i}\bar{\omega}_1\bar{t}+\mathrm{i}\bar{\omega}_2\bar{t}+3\mathrm{i}\bar{k}\bar{x})+\\&\left[6\bar{k}(\bar{\omega}_1+\bar{k})^2\tanh(2\bar{k})\tanh(\bar{k})-\frac{5}{2}\bar{k}(\bar{\omega}_1+\bar{k})^2\right]\cdot\\&\exp(3\mathrm{i}\bar{\omega}_1\bar{t}+3\mathrm{i}\bar{k}\bar{x})\end{aligned}\right\}-\\&\bar{\rho}\left[-(\bar{\omega}_1+\bar{\omega}_2)^2\exp(\mathrm{i}\bar{\omega}_1\bar{t}+\mathrm{i}\bar{\omega}_2\bar{t}+3\mathrm{i}\bar{k}\bar{x})-\frac{9}{2}\bar{k}\bar{\omega}_1^2\exp(3\mathrm{i}\bar{\omega}_1\bar{t}+3\mathrm{i}\bar{k}\bar{x})\right]-\\&(\bar{\omega}_1+\bar{\omega}_2)(\bar{\omega}_1+\bar{\omega}_2+3\bar{k})\exp(\mathrm{i}\bar{\omega}_1\bar{t}+\mathrm{i}\bar{\omega}_2\bar{t}+3\mathrm{i}\bar{k}\bar{x})-\\&\left[-\bar{\rho}\bar{k}\bar{\omega}_1^2-\frac{9}{2}\bar{k}\bar{\omega}_1(\bar{\omega}_1+\bar{k})\tanh(\bar{k})\right]\exp(3\mathrm{i}\bar{\omega}_1\bar{t}+3\mathrm{i}\bar{k}\bar{x})-\\&\left[\begin{aligned}&-\tanh(2\bar{k})\tanh(\bar{k})(\bar{\omega}_2+2\bar{k})(\bar{\omega}_1+\bar{k})+(\bar{\omega}_1+\bar{k})(\bar{\omega}_2+5\bar{k})+\\&3\bar{k}(\bar{\omega}_2+2\bar{k})\end{aligned}\right]\cdot\\&\exp(\mathrm{i}\bar{\omega}_1\bar{t}+\mathrm{i}\bar{\omega}_2\bar{t}+3\mathrm{i}\bar{k}\bar{x})-\\&\left[\begin{aligned}&\tanh(2\bar{k})\tanh(\bar{k})2\bar{k}(\bar{\omega}_1+\bar{k})^2\tanh(\bar{k})-\tanh(\bar{k})3\bar{k}(\bar{\omega}_1+\bar{k})^2-\\&\tanh(\bar{k})\frac{1}{2}\bar{k}^2(\bar{\omega}_1+\bar{k})-4\bar{k}^2(\bar{\omega}_1+\bar{k})\tanh(\bar{k})-\frac{3}{2}\frac{1}{We_1}\bar{k}^4\end{aligned}\right]\exp(3\mathrm{i}\bar{\omega}_1\bar{t}+3\mathrm{i}\bar{k}\bar{x})\end{aligned}$$

(5-369)

在 $\bar{z}_0=-1$ 处($j=2$)整理方程(5-368),得

$$-\bar{\rho}\frac{1}{3\bar{k}}\bar{\omega}_3^2\exp(\mathrm{i}\bar{\omega}_3\bar{t}+3\mathrm{i}\bar{k}\bar{x})-\tanh(3\bar{k})(\bar{\omega}_3+3\bar{k})\left(\frac{\bar{\omega}_3}{3\bar{k}}+1\right)\cdot$$

$$\exp(\mathrm{i}\bar{\omega}_3\bar{t}+3\mathrm{i}\bar{k}\bar{x})+\frac{1}{We_1}9\bar{k}^2\exp(\mathrm{i}\bar{\omega}_3\bar{t}+3\mathrm{i}\bar{k}\bar{x})$$

$$=-\bar{\rho}(\bar{\omega}_1+\bar{\omega}_2)^2\exp(\mathrm{i}\bar{\omega}_1\bar{t}+\mathrm{i}\bar{\omega}_2\bar{t}+3\mathrm{i}\bar{k}\bar{x})+\bar{\rho}\frac{7}{2}\bar{k}\bar{\omega}_1^2\exp(3\mathrm{i}\bar{\omega}_1\bar{t}+3\mathrm{i}\bar{k}\bar{x})+$$

$$\tanh(3\bar{k})\left\{\begin{aligned}&(\bar{\omega}_1+\bar{k})\tanh(\bar{k})(\bar{\omega}_1+\bar{\omega}_2+3\bar{k})\exp(\mathrm{i}\bar{\omega}_1\bar{t}+\mathrm{i}\bar{\omega}_2\bar{t}+3\mathrm{i}\bar{k}\bar{x})+\\&(\bar{\omega}_2+2\bar{k})\tanh(2\bar{k})(\bar{\omega}_1+\bar{\omega}_2+3\bar{k})\exp(\mathrm{i}\bar{\omega}_1\bar{t}+\mathrm{i}\bar{\omega}_2\bar{t}+3\mathrm{i}\bar{k}\bar{x})+\\&\left[6\bar{k}(\bar{\omega}_1+\bar{k})^2\tanh(2\bar{k})\tanh(\bar{k})-\frac{5}{2}\bar{k}(\bar{\omega}_1+\bar{k})^2\right]\exp(3\mathrm{i}\bar{\omega}_1\bar{t}+3\mathrm{i}\bar{k}\bar{x})\end{aligned}\right\}-$$

$$\bar{\rho}\left[-(\bar{\omega}_1+\bar{\omega}_2)^2\exp(\mathrm{i}\bar{\omega}_1\bar{t}+\mathrm{i}\bar{\omega}_2\bar{t}+3\mathrm{i}\bar{k}\bar{x})+\frac{9}{2}\bar{k}\bar{\omega}_1^2\exp(3\mathrm{i}\bar{\omega}_1\bar{t}+3\mathrm{i}\bar{k}\bar{x})\right]-$$

$$(\bar{\omega}_1+\bar{\omega}_2)(\bar{\omega}_1+\bar{\omega}_2+3\bar{k})\exp(\mathrm{i}\bar{\omega}_1\bar{t}+\mathrm{i}\bar{\omega}_2\bar{t}+3\mathrm{i}\bar{k}\bar{x})-$$

$$\left[\bar{\rho}\bar{k}\bar{\omega}_1^2+\frac{9}{2}\bar{k}\bar{\omega}_1(\bar{\omega}_1+\bar{k})\tanh(\bar{k})\right]\exp(3\mathrm{i}\bar{\omega}_1\bar{t}+3\mathrm{i}\bar{k}\bar{x})-$$

$$\left[\begin{aligned}&-\tanh(2\bar{k})\tanh(\bar{k})(\bar{\omega}_2+2\bar{k})(\bar{\omega}_1+\bar{k})+(\bar{\omega}_1+\bar{k})(\bar{\omega}_2+5\bar{k})+\\&3\bar{k}(\bar{\omega}_2+2\bar{k})\end{aligned}\right]\cdot$$

$$\exp(\mathrm{i}\bar{\omega}_1\bar{t}+\mathrm{i}\bar{\omega}_2\bar{t}+3\mathrm{i}\bar{k}\bar{x})-$$

$$\left[\begin{aligned}&-\tanh(2\bar{k})\tanh(\bar{k})2\bar{k}(\bar{\omega}_1+\bar{k})^2\tanh(\bar{k})+\tanh(\bar{k})3\bar{k}(\bar{\omega}_1+\bar{k})^2+\\&\tanh(\bar{k})\frac{1}{2}\bar{k}^2(\bar{\omega}_1+\bar{k})+4\bar{k}^2(\bar{\omega}_1+\bar{k})\tanh(\bar{k})+\frac{3}{2}\frac{1}{We_1}\bar{k}^4\end{aligned}\right]\cdot$$

$$\exp(3\mathrm{i}\bar{\omega}_1\bar{t}+3\mathrm{i}\bar{k}\bar{x})\tag{5-370}$$

化简,得

$$\bar{\rho}\frac{1}{3\bar{k}}\bar{\omega}_3^2\exp(\mathrm{i}\bar{\omega}_3\bar{t}+3\mathrm{i}\bar{k}\bar{x})+\tanh(3\bar{k})(\bar{\omega}_3+3\bar{k})\left(\frac{\bar{\omega}_3}{3\bar{k}}+1\right)\exp(\mathrm{i}\bar{\omega}_3\bar{t}+3\mathrm{i}\bar{k}\bar{x})-$$

$$\frac{1}{We_1}9\bar{k}^2\exp(\mathrm{i}\bar{\omega}_3\bar{t}+3\mathrm{i}\bar{k}\bar{x})=\bar{\rho}(\bar{\omega}_1+\bar{\omega}_2)^2\exp(\mathrm{i}\bar{\omega}_1\bar{t}+\mathrm{i}\bar{\omega}_2\bar{t}+3\mathrm{i}\bar{k}\bar{x})-$$

$$\bar{\rho}\frac{7}{2}\bar{k}\bar{\omega}_1^2\exp(3\mathrm{i}\bar{\omega}_1\bar{t}+3\mathrm{i}\bar{k}\bar{x})-$$

$$\tanh(3\bar{k})\left\{\begin{aligned}&(\bar{\omega}_1+\bar{k})\tanh(\bar{k})(\bar{\omega}_1+\bar{\omega}_2+3\bar{k})\exp(\mathrm{i}\bar{\omega}_1\bar{t}+\mathrm{i}\bar{\omega}_2\bar{t}+3\mathrm{i}\bar{k}\bar{x})+\\&(\bar{\omega}_2+2\bar{k})\tanh(2\bar{k})(\bar{\omega}_1+\bar{\omega}_2+3\bar{k})\exp(\mathrm{i}\bar{\omega}_1\bar{t}+\mathrm{i}\bar{\omega}_2\bar{t}+3\mathrm{i}\bar{k}\bar{x})+\\&\left[6\bar{k}(\bar{\omega}_1+\bar{k})^2\tanh(2\bar{k})\tanh(\bar{k})-\frac{5}{2}\bar{k}(\bar{\omega}_1+\bar{k})^2\right]\exp(3\mathrm{i}\bar{\omega}_1\bar{t}+3\mathrm{i}\bar{k}\bar{x})\end{aligned}\right\}+$$

$$\bar{\rho}\left[-(\bar{\omega}_1+\bar{\omega}_2)^2\exp(\mathrm{i}\bar{\omega}_1\bar{t}+\mathrm{i}\bar{\omega}_2\bar{t}+3\mathrm{i}\bar{k}\bar{x})+\frac{9}{2}\bar{k}\bar{\omega}_1^2\exp(3\mathrm{i}\bar{\omega}_1\bar{t}+3\mathrm{i}\bar{k}\bar{x})\right]+$$

$$(\bar{\omega}_1+\bar{\omega}_2)(\bar{\omega}_1+\bar{\omega}_2+3\bar{k})\exp(\mathrm{i}\bar{\omega}_1\bar{t}+\mathrm{i}\bar{\omega}_2\bar{t}+3\mathrm{i}\bar{k}\bar{x})+$$

$$\left[\bar{\rho}\bar{k}\bar{\omega}_1^2+\frac{9}{2}\bar{k}\bar{\omega}_1(\bar{\omega}_1+\bar{k})\tanh(\bar{k})\right]\exp(3\mathrm{i}\bar{\omega}_1\bar{t}+3\mathrm{i}\bar{k}\bar{x})+$$

$$\left[\begin{array}{l}-\tanh(2\bar{k})\tanh(\bar{k})(\bar{\omega}_2+2\bar{k})(\bar{\omega}_1+\bar{k})+(\bar{\omega}_1+\bar{k})(\bar{\omega}_2+5\bar{k})+\\3\bar{k}(\bar{\omega}_2+2\bar{k})\end{array}\right]\exp(\mathrm{i}\bar{\omega}_1\bar{t}+\mathrm{i}\bar{\omega}_2\bar{t}+3\mathrm{i}\bar{k}\bar{x})+$$

$$\left[\begin{array}{l}-\tanh(2\bar{k})\tanh(\bar{k})2\bar{k}(\bar{\omega}_1+\bar{k})^2\tanh(\bar{k})+\tanh(\bar{k})3\bar{k}(\bar{\omega}_1+\bar{k})^2+\\\tanh(\bar{k})\dfrac{1}{2}\bar{k}^2(\bar{\omega}_1+\bar{k})+4\bar{k}^2(\bar{\omega}_1+\bar{k})\tanh(\bar{k})+\dfrac{3}{2}\dfrac{1}{We_1}\bar{k}^4\end{array}\right]\exp(3\mathrm{i}\bar{\omega}_1\bar{t}+3\mathrm{i}\bar{k}\bar{x})$$

(5-371)

方程(5-369)与方程(5-371)相加，得

$$\bar{\rho}\frac{1}{3\bar{k}}\bar{\omega}_3^2\exp(\mathrm{i}\bar{\omega}_3\bar{t}+3\mathrm{i}\bar{k}\bar{x})+\tanh(3\bar{k})(\bar{\omega}_3+3\bar{k})\cdot$$

$$\left(\frac{\bar{\omega}_3}{3\bar{k}}+1\right)\exp(\mathrm{i}\bar{\omega}_3\bar{t}+3\mathrm{i}\bar{k}\bar{x})-\frac{1}{We_1}9\bar{k}^2\exp(\mathrm{i}\bar{\omega}_3\bar{t}+3\mathrm{i}\bar{k}\bar{x})$$

$$=\left[\begin{array}{l}-6\bar{k}(\bar{\omega}_1+\bar{k})^2\tanh(3\bar{k})\tanh(2\bar{k})\tanh(\bar{k})+\\\dfrac{5}{2}\bar{k}(\bar{\omega}_1+\bar{k})^2\tanh(3\bar{k})+2\bar{\rho}\bar{k}\bar{\omega}_1^2+\\\dfrac{9}{2}\bar{k}\bar{\omega}_1(\bar{\omega}_1+\bar{k})\tanh(\bar{k})-2\bar{k}(\bar{\omega}_1+\bar{k})^2\tanh(2\bar{k})\tanh^2(\bar{k})+\\3\bar{k}(\bar{\omega}_1+\bar{k})^2\tanh(\bar{k})+\\\dfrac{9}{2}\bar{k}^2(\bar{\omega}_1+\bar{k})\tanh(\bar{k})+\dfrac{3}{2}\dfrac{1}{We_1}\bar{k}^4\end{array}\right]\exp(\mathrm{i}\bar{\omega}_3\bar{t}+3\mathrm{i}\bar{k}\bar{x})$$

(5-372)

当 $\exp(\mathrm{i}\bar{\omega}_{1/3}\bar{t})=\pm1$ 时，表面波波动项达到最大值。取 $\exp(\mathrm{i}\bar{\omega}_{1/3}\bar{t})=\pm1$，方程(5-372)变成

$$\frac{1}{3\bar{k}}[\bar{\rho}+\tanh(3\bar{k})]\bar{\omega}_3^2+2\tanh(3\bar{k})\bar{\omega}_3+3\bar{k}\tanh(3\bar{k})-\frac{1}{We_1}9\bar{k}^2$$

$$=-6\bar{k}(\bar{\omega}_1+\bar{k})^2\tanh(3\bar{k})\tanh(2\bar{k})\tanh(\bar{k})+\frac{5}{2}\bar{k}(\bar{\omega}_1+\bar{k})^2\tanh(3\bar{k})+2\bar{\rho}\bar{k}\bar{\omega}_1^2+$$

$$\frac{9}{2}\bar{k}\bar{\omega}_1(\bar{\omega}_1+\bar{k})\tanh(\bar{k})-2\bar{k}(\bar{\omega}_1+\bar{k})^2\tanh(2\bar{k})\tanh^2(\bar{k})+3\bar{k}(\bar{\omega}_1+\bar{k})^2\tanh(\bar{k})+$$

$$\frac{9}{2}\bar{k}^2(\bar{\omega}_1+\bar{k})\tanh(\bar{k})+\frac{3}{2}\frac{1}{We_1}\bar{k}^4$$

(5-373)

令平面液膜第三级表面波反对称波形色散准则关系式中与第一级表面波圆频率相关的源项为

$$S_{ps3}=\frac{We_1}{3\bar{k}}\left[\begin{aligned}&-6\bar{k}(\bar{\omega}_1+\bar{k})^2\tanh(3\bar{k})\tanh(2\bar{k})\tanh(\bar{k})+\frac{5}{2}\bar{k}(\bar{\omega}_1+\bar{k})^2\tanh(3\bar{k})+2\bar{\rho}\bar{k}\bar{\omega}_1^2+\\&\frac{9}{2}\bar{k}(\bar{\omega}_1+\bar{k})^2\tanh(\bar{k})-2\bar{k}(\bar{\omega}_1+\bar{k})^2\tanh(2\bar{k})\tanh^2(\bar{k})+\\&3\bar{k}(\bar{\omega}_1+\bar{k})^2\tanh(\bar{k})+\frac{3}{2}\frac{1}{We_1}\bar{k}^4\end{aligned}\right]\tag{5-374}$$

则方程(5-373)化简为

$$\frac{1}{3\bar{k}}[\bar{\rho}+\tanh(3\bar{k})]\bar{\omega}_3^2+2\tanh(3\bar{k})\bar{\omega}_3+3\bar{k}\tanh(3\bar{k})-\left(\frac{1}{We_1}9\bar{k}^2+\frac{3\bar{k}S_{ps3}}{We_1}\right)=0\tag{5-375}$$

解方程(5-375)，得时空模式第三级表面波反对称波形的色散准则关系式。

$$\bar{\omega}_3=\frac{-3\bar{k}\tanh(3\bar{k})\pm i3\bar{k}\sqrt{\bar{\rho}\tanh(3\bar{k})-[\bar{\rho}+\tanh(3\bar{k})]\dfrac{3\bar{k}+S_{ps3}}{We_1}}}{\bar{\rho}+\tanh(3\bar{k})}\tag{5-376}$$

则

$$\bar{\omega}_{r3}=\frac{-3\bar{k}\tanh(3\bar{k})}{\bar{\rho}+\tanh(3\bar{k})}\tag{5-377}$$

和

$$\bar{\omega}_{i3}=\pm\frac{3\bar{k}\sqrt{\bar{\rho}\tanh(3\bar{k})-[\bar{\rho}+\tanh(3\bar{k})]\dfrac{3\bar{k}+S_{ps3}}{We_1}}}{\bar{\rho}+\tanh(3\bar{k})}\tag{5-378}$$

5.7.7 平面液膜第三级波正对称波形的色散准则关系式

根据第三级表面波按泰勒级数在气液交界面 $\bar{z}_0$ 处展开的动力学边界条件式(5-91)，逐项进行推导。

(1) $\bar{\phi}_{2gj}\Big|_{\bar{z}_0}$ 对 $\bar{z}$ 和 $\bar{t}$ 求二阶偏导数

由方程(5-226)，得

$$\bar{\phi}_{2gj,\bar{z}\bar{t}}\Big|_{\bar{z}_0}=(-1)^j\bar{\omega}_2^2\exp(i\bar{\omega}_2\bar{t}+2i\bar{k}\bar{x})+(-1)^j4\bar{k}\bar{\omega}_1^2\exp(2i\bar{\omega}_1\bar{t}+2i\bar{k}\bar{x})\tag{5-379}$$

(2) $\bar{\phi}_{1gj}\Big|_{\bar{z}_0}$ 对 $\bar{z}$ 求二阶偏导数，再对 $\bar{t}$ 求一阶偏导数

由方程(5-250)，得

$$\bar{\phi}_{1gj,\bar{z}\bar{z}\bar{t}}\Big|_{\bar{z}_0}=\bar{k}\bar{\omega}_1^2\exp[\bar{k}+(-1)^j\bar{k}\bar{z}]\exp(i\bar{\omega}_1\bar{t}+i\bar{k}\bar{x})\tag{5-380}$$

(3) $\bar{\phi}_{21j}\Big|_{\bar{z}_0}$ 对 $\bar{z}$ 和 $\bar{t}$ 求二阶偏导数

由方程(5-187)，得

$$\bar{\phi}_{21j,\bar{z}\bar{t}}\bigg|_{\bar{z}_0}=(-1)^{j+1}\left[\begin{array}{l}-\bar{\omega}_2(\bar{\omega}_2+2\bar{k})\exp(\mathrm{i}\bar{\omega}_2\bar{t}+2\mathrm{i}\bar{k}\bar{x})+\\ \dfrac{\cosh(\bar{k}\bar{z})}{\sinh(\bar{k})}4\bar{k}\bar{\omega}_1(\bar{\omega}_1+\bar{k})\exp(2\mathrm{i}\bar{\omega}_1\bar{t}+2\mathrm{i}\bar{k}\bar{x})\end{array}\right] \tag{5-381}$$

(4) $\bar{\phi}_{21j}\Big|_{\bar{z}_0}$ 对 $\bar{z}$ 和 $\bar{x}$ 求二阶偏导数

由方程(5-248)，得

$$\bar{\phi}_{21j,\bar{x}\bar{z}}\bigg|_{\bar{z}_0}=(-1)^j 2\bar{k}\left[\begin{array}{l}(\bar{\omega}_2+2\bar{k})\exp(\mathrm{i}\bar{\omega}_2\bar{t})-\\ 2\bar{k}\coth(\bar{k})(\bar{\omega}_1+\bar{k})\exp(2\mathrm{i}\bar{\omega}_1\bar{t})\end{array}\right]\exp(2\mathrm{i}\bar{k}\bar{x}) \tag{5-382}$$

(5) $\bar{\phi}_{11j}\Big|_{\bar{z}_0}$ 对 $\bar{z}$ 求二阶偏导数，再对 $\bar{t}$ 求一阶偏导数

由方程(5-252)，得

$$\bar{\phi}_{11j,\bar{z}\bar{z}\bar{t}}\bigg|_{\bar{z}_0}=-\frac{\cosh(\bar{k}\bar{z})}{\sinh(\bar{k})}\bar{k}\bar{\omega}_1(\bar{\omega}_1+\bar{k})\exp(\mathrm{i}\bar{\omega}_1\bar{t}+\mathrm{i}\bar{k}\bar{x}) \tag{5-383}$$

(6) $\bar{\phi}_{11j}\Big|_{\bar{z}_0}$ 对 $\bar{x}$ 求一阶偏导数，再对 $\bar{z}$ 求二阶偏导数

由方程(5-254)，得

$$\bar{\phi}_{11j,\bar{x}\bar{z}\bar{z}}\bigg|_{\bar{z}_0}=-\frac{\cosh(\bar{k}\bar{z})}{\sinh(\bar{k})}\bar{k}^2(\bar{\omega}_1+\bar{k})\exp(\mathrm{i}\bar{\omega}_1\bar{t}+\mathrm{i}\bar{k}\bar{x}) \tag{5-384}$$

(7) $\bar{\phi}_{3gj}\Big|_{\bar{z}_0}$ 对 $\bar{t}$ 求一阶偏导数

由方程(5-358)，得

$$\begin{gathered}\bar{\phi}_{3gj,\bar{t}}\bigg|_{\bar{z}_0}=(-1)^j\frac{1}{3\bar{k}}\exp\left[3\bar{k}+(-1)^j 3\bar{k}\bar{z}\right]\cdot\\ \left\{\begin{array}{l}\bar{\omega}_3^2\exp(\mathrm{i}\bar{\omega}_3\bar{t}+3\mathrm{i}\bar{k}\bar{x})+\\ 3\bar{k}(\bar{\omega}_1+\bar{\omega}_2)^2\exp(\mathrm{i}\bar{\omega}_1\bar{t}+\mathrm{i}\bar{\omega}_2\bar{t}+3\mathrm{i}\bar{k}\bar{x})+\\ \left[18\bar{k}^2\bar{\omega}_1^2+(-1)^{j+1}\dfrac{15}{2}\bar{k}^2\bar{\omega}_1^2\right]\exp(3\mathrm{i}\bar{\omega}_1\bar{t}+3\mathrm{i}\bar{k}\bar{x})\end{array}\right\}\end{gathered} \tag{5-385}$$

(8) $\bar{\phi}_{31j}\Big|_{\bar{z}_0}$ 对 $\bar{t}$ 求一阶偏导数

由方程(5-296)，得

$$\bar{\phi}_{31j,\bar{t}}\bigg|_{\bar{z}_0}=-\frac{\sinh(3\bar{k}\bar{z})}{3\bar{k}\cosh(3\bar{k})}\left[\begin{array}{l}-\bar{\omega}_3(\bar{\omega}_3+3\bar{k})\exp(\mathrm{i}\bar{\omega}_3\bar{t}+3\mathrm{i}\bar{k}\bar{x})+\\ 3\bar{k}(\bar{\omega}_1+\bar{k})(\bar{\omega}_1+\bar{\omega}_2)\coth(\bar{k})\exp(\mathrm{i}\bar{\omega}_1\bar{t}+\mathrm{i}\bar{\omega}_2\bar{t}+3\mathrm{i}\bar{k}\bar{x})+\\ 3\bar{k}(\bar{\omega}_2+2\bar{k})(\bar{\omega}_1+\bar{\omega}_2)\tanh(2\bar{k})\exp(\mathrm{i}\bar{\omega}_1\bar{t}+\mathrm{i}\bar{\omega}_2\bar{t}+3\mathrm{i}\bar{k}\bar{x})-\\ 18\bar{k}^2\bar{\omega}_1(\bar{\omega}_1+\bar{k})\tanh(2\bar{k})\coth(\bar{k})\exp(3\mathrm{i}\bar{\omega}_1\bar{t}+3\mathrm{i}\bar{k}\bar{x})-\\ (-1)^{j+1}\dfrac{15}{2}\bar{k}^2\bar{\omega}_1(\bar{\omega}_1+\bar{k})\exp(3\mathrm{i}\bar{\omega}_1\bar{t}+3\mathrm{i}\bar{k}\bar{x})\end{array}\right] \tag{5-386}$$

(9) $\bar{\phi}_{31j}\Big|_{\bar{z}_0}$ 对 $\bar{x}$ 求一阶偏导数

由方程(5-296),得

$$\bar{\phi}_{31j,\bar{x}}\Big|_{\bar{z}_0}=-\frac{\sinh(3\bar{k}\bar{z})}{\cosh(3\bar{k})}\left[\begin{array}{l}-(\bar{\omega}_3+3\bar{k})\exp(\mathrm{i}\bar{\omega}_3\bar{t}+3\mathrm{i}\bar{k}\bar{x})+\\3\bar{k}(\bar{\omega}_1+\bar{k})\coth(\bar{k})\exp(\mathrm{i}\bar{\omega}_1\bar{t}+\mathrm{i}\bar{\omega}_2\bar{t}+3\mathrm{i}\bar{k}\bar{x})+\\3\bar{k}(\bar{\omega}_2+2\bar{k})\tanh(2\bar{k})\exp(\mathrm{i}\bar{\omega}_1\bar{t}+\mathrm{i}\bar{\omega}_2\bar{t}+3\mathrm{i}\bar{k}\bar{x})-\\6\bar{k}^2(\bar{\omega}_1+\bar{k})\tanh(2\bar{k})\coth(\bar{k})\exp(3\mathrm{i}\bar{\omega}_1\bar{t}+3\mathrm{i}\bar{k}\bar{x})-\\(-1)^{j+1}\dfrac{5}{2}\bar{k}^2(\bar{\omega}_1+\bar{k})\exp(3\mathrm{i}\bar{\omega}_1\bar{t}+3\mathrm{i}\bar{k}\bar{x})\end{array}\right]\tag{5-387}$$

与第二级波的推导过程类似,将第三级表面波正对称波形按泰勒级数在气液交界面 $\bar{z}_0$ 处的展开式代入动力学边界条件式(5-91),得

$$\begin{aligned}&\bar{\rho}(-1)^j\frac{1}{3\bar{k}}\exp\left[3\bar{k}+(-1)^j3\bar{k}\bar{z}\right]\bar{\omega}_3^2\exp(\mathrm{i}\bar{\omega}_3\bar{t}+3\mathrm{i}\bar{k}\bar{x})-\\&\frac{\sinh(3\bar{k}\bar{z})}{\cosh(3\bar{k})}\left(\frac{\bar{\omega}_3}{3\bar{k}}+1\right)(\bar{\omega}_3+3\bar{k})\exp(\mathrm{i}\bar{\omega}_3\bar{t}+3\mathrm{i}\bar{k}\bar{x})+\frac{(-1)^j}{We_1}9\bar{k}^2\exp(\mathrm{i}\bar{\omega}_3\bar{t}+3\mathrm{i}\bar{k}\bar{x})\\&=-\bar{\rho}(-1)^j\exp\left[3\bar{k}+(-1)^j3\bar{k}\bar{z}\right](\bar{\omega}_1+\bar{\omega}_2)^2\exp(\mathrm{i}\bar{\omega}_1\bar{t}+\mathrm{i}\bar{\omega}_2\bar{t}+3\mathrm{i}\bar{k}\bar{x})-\\&\bar{\rho}(-1)^j\exp\left[3\bar{k}+(-1)^j3\bar{k}\bar{z}\right]6\bar{k}\bar{\omega}_1^2\exp(3\mathrm{i}\bar{\omega}_1\bar{t}+3\mathrm{i}\bar{k}\bar{x})+\\&\bar{\rho}\exp\left[3\bar{k}+(-1)^j3\bar{k}\bar{z}\right]\frac{5}{2}\bar{k}\bar{\omega}_1^2\exp(3\mathrm{i}\bar{\omega}_1\bar{t}+3\mathrm{i}\bar{k}\bar{x})-\\&\frac{\sinh(3\bar{k}\bar{z})}{\cosh(3\bar{k})}\left[\begin{array}{l}(\bar{\omega}_1+\bar{k})(\bar{\omega}_1+\bar{\omega}_2+3\bar{k})\coth(\bar{k})\exp(\mathrm{i}\bar{\omega}_1\bar{t}+\mathrm{i}\bar{\omega}_2\bar{t}+3\mathrm{i}\bar{k}\bar{x})+\\(\bar{\omega}_2+2\bar{k})(\bar{\omega}_1+\bar{\omega}_2+3\bar{k})\tanh(2\bar{k})\exp(\mathrm{i}\bar{\omega}_1\bar{t}+\mathrm{i}\bar{\omega}_2\bar{t}+3\mathrm{i}\bar{k}\bar{x})-\\6\bar{k}(\bar{\omega}_1+\bar{k})^2\tanh(2\bar{k})\coth(\bar{k})\exp(3\mathrm{i}\bar{\omega}_1\bar{t}+3\mathrm{i}\bar{k}\bar{x})-\\(-1)^{j+1}\dfrac{5}{2}\bar{k}(\bar{\omega}_1+\bar{k})^2\exp(3\mathrm{i}\bar{\omega}_1\bar{t}+3\mathrm{i}\bar{k}\bar{x})\end{array}\right]-\\&\bar{\rho}\left\{\begin{array}{l}(-1)^j\left[(\bar{\omega}_1+\bar{\omega}_2)^2+2\bar{k}\bar{\omega}_1^2\right]\exp(\mathrm{i}\bar{\omega}_1\bar{t}+\mathrm{i}\bar{\omega}_2\bar{t}+3\mathrm{i}\bar{k}\bar{x})+\\\left[(-1)^j6\bar{k}\bar{\omega}_1^2+\dfrac{3}{2}\bar{k}\bar{\omega}_1^2\right]\exp(3\mathrm{i}\bar{\omega}_1\bar{t}+3\mathrm{i}\bar{k}\bar{x})\end{array}\right\}-\\&(-1)^{j+1}(\bar{\omega}_1+\bar{\omega}_2)(\bar{\omega}_2+2\bar{k})\exp(\mathrm{i}\bar{\omega}_1\bar{t}+\mathrm{i}\bar{\omega}_2\bar{t}+3\mathrm{i}\bar{k}\bar{x})+\\&(-1)^{j+1}\bar{\omega}_16\bar{k}(\bar{\omega}_1+\bar{k})\frac{\cosh(\bar{k}\bar{z})}{\sinh(\bar{k})}\exp(3\mathrm{i}\bar{\omega}_1\bar{t}+3\mathrm{i}\bar{k}\bar{x})-\\&\frac{\sinh(\bar{k}\bar{z})}{\sinh(\bar{k})}(\bar{\omega}_1+\bar{k})(\bar{\omega}_1+\bar{\omega}_2)\exp(\mathrm{i}\bar{\omega}_1\bar{t}+\mathrm{i}\bar{\omega}_2\bar{t}+3\mathrm{i}\bar{k}\bar{x})-\\&\frac{3}{2}\bar{\omega}_1\bar{k}(\bar{\omega}_1+\bar{k})\frac{\cosh(\bar{k}\bar{z})}{\sinh(\bar{k})}\exp(3\mathrm{i}\bar{\omega}_1\bar{t}+3\mathrm{i}\bar{k}\bar{x})-\bar{\rho}(-1)^j\bar{k}\bar{\omega}_1^2\exp(3\mathrm{i}\bar{\omega}_1\bar{t}+3\mathrm{i}\bar{k}\bar{x})-\end{aligned}$$

$$\begin{bmatrix}(-1)^j(\bar{\omega}_1+\bar{k})(\bar{\omega}_2+2\bar{k})\dfrac{\sinh(2\bar{k}\bar{z})}{\cosh(2\bar{k})}\coth(\bar{k})-\\(-1)^j(\bar{\omega}_1+\bar{k})(\bar{\omega}_2+2\bar{k})\dfrac{\sinh(\bar{k}\bar{z})}{\sinh(\bar{k})}-\\(-1)^j3\bar{k}(\bar{\omega}_2+2\bar{k})+3\bar{k}(\bar{\omega}_1+\bar{k})\dfrac{\sinh(\bar{k}\bar{z})}{\sinh(\bar{k})}\end{bmatrix}\exp(\mathrm{i}\bar{\omega}_1\bar{t}+\mathrm{i}\bar{\omega}_2\bar{t}+3\mathrm{i}\bar{k}\bar{x})-$$

$$\begin{bmatrix}-(-1)^j2\bar{k}(\bar{\omega}_1+\bar{k})^2\dfrac{\sinh(2\bar{k}\bar{z})}{\cosh(2\bar{k})}\coth(\bar{k})\coth(\bar{k})-\\\bar{k}(\bar{\omega}_1+\bar{k})^2\dfrac{\sinh(\bar{k}\bar{z})}{\sinh(\bar{k})}\coth(\bar{k})+\\(-1)^j2\bar{k}(\bar{\omega}_1+\bar{k})^2\coth(\bar{k})\dfrac{\sinh(\bar{k}\bar{z})}{\sinh(\bar{k})}+\\(-1)^j6\bar{k}^2(\bar{\omega}_1+\bar{k})\coth(\bar{k})+\dfrac{3}{2}\bar{k}^2(\bar{\omega}_1+\bar{k})\coth(\bar{k})+\\\dfrac{3}{2}\dfrac{(-1)^j}{We_1}\bar{k}^4\end{bmatrix}\exp(3\mathrm{i}\bar{\omega}_1\bar{t}+3\mathrm{i}\bar{k}\bar{x})\quad(5\text{-}388)$$

在 $\bar{z}_0=1$ 处($j=1$)整理方程(5-388),得

$$\bar{\rho}\frac{1}{3\bar{k}}\bar{\omega}_3^2\exp(\mathrm{i}\bar{\omega}_3\bar{t}+3\mathrm{i}\bar{k}\bar{x})+\tanh(3\bar{k})\left(\frac{\bar{\omega}_3}{3\bar{k}}+1\right)\cdot$$

$$(\bar{\omega}_3+3\bar{k})\exp(\mathrm{i}\bar{\omega}_3\bar{t}+3\mathrm{i}\bar{k}\bar{x})+\frac{1}{We_1}9\bar{k}^2\exp(\mathrm{i}\bar{\omega}_3\bar{t}+3\mathrm{i}\bar{k}\bar{x})$$

$$=-\bar{\rho}(\bar{\omega}_1+\bar{\omega}_2)^2\exp(\mathrm{i}\bar{\omega}_1\bar{t}+\mathrm{i}\bar{\omega}_2\bar{t}+3\mathrm{i}\bar{k}\bar{x})-$$

$$\bar{\rho}6\bar{k}\bar{\omega}_1^2\exp(3\mathrm{i}\bar{\omega}_1\bar{t}+3\mathrm{i}\bar{k}\bar{x})-\bar{\rho}\frac{5}{2}\bar{k}\bar{\omega}_1^2\exp(3\mathrm{i}\bar{\omega}_1\bar{t}+3\mathrm{i}\bar{k}\bar{x})+$$

$$\tanh(3\bar{k})\begin{bmatrix}(\bar{\omega}_1+\bar{k})(\bar{\omega}_1+\bar{\omega}_2+3\bar{k})\coth(\bar{k})\exp(\mathrm{i}\bar{\omega}_1\bar{t}+\mathrm{i}\bar{\omega}_2\bar{t}+3\mathrm{i}\bar{k}\bar{x})+\\(\bar{\omega}_2+2\bar{k})(\bar{\omega}_1+\bar{\omega}_2+3\bar{k})\tanh(2\bar{k})\exp(\mathrm{i}\bar{\omega}_1\bar{t}+\mathrm{i}\bar{\omega}_2\bar{t}+3\mathrm{i}\bar{k}\bar{x})-\\6\bar{k}(\bar{\omega}_1+\bar{k})^2\tanh(2\bar{k})\coth(\bar{k})\exp(3\mathrm{i}\bar{\omega}_1\bar{t}+3\mathrm{i}\bar{k}\bar{x})-\\\dfrac{5}{2}\bar{k}(\bar{\omega}_1+\bar{k})^2\exp(3\mathrm{i}\bar{\omega}_1\bar{t}+3\mathrm{i}\bar{k}\bar{x})\end{bmatrix}+$$

$$\bar{\rho}\left\{\begin{array}{l}-\left[(\bar{\omega}_1+\bar{\omega}_2)^2+2\bar{k}\bar{\omega}_1^2\right]\exp(\mathrm{i}\bar{\omega}_1\bar{t}+\mathrm{i}\bar{\omega}_2\bar{t}+3\mathrm{i}\bar{k}\bar{x})+\\\left[-6\bar{k}\bar{\omega}_1^2+\dfrac{3}{2}\bar{k}\bar{\omega}_1^2\right]\exp(3\mathrm{i}\bar{\omega}_1\bar{t}+3\mathrm{i}\bar{k}\bar{x})\end{array}\right\}+$$

$$(\bar{\omega}_1+\bar{\omega}_2)(\bar{\omega}_2+2\bar{k})\exp(\mathrm{i}\bar{\omega}_1\bar{t}+\mathrm{i}\bar{\omega}_2\bar{t}+3\mathrm{i}\bar{k}\bar{x})-\bar{\omega}_16\bar{k}(\bar{\omega}_1+\bar{k})\coth(\bar{k})\exp(3\mathrm{i}\bar{\omega}_1\bar{t}+3\mathrm{i}\bar{k}\bar{x})+$$

$$(\bar{\omega}_1+\bar{k})(\bar{\omega}_1+\bar{\omega}_2)\exp(\mathrm{i}\bar{\omega}_1\bar{t}+\mathrm{i}\bar{\omega}_2\bar{t}+3\mathrm{i}\bar{k}\bar{x})+$$

$$\frac{3}{2}\bar{\omega}_1\bar{k}(\bar{\omega}_1+\bar{k})\coth(\bar{k})\exp(3\mathrm{i}\bar{\omega}_1\bar{t}+3\mathrm{i}\bar{k}\bar{x})-\bar{\rho}\bar{k}\bar{\omega}_1^2\exp(3\mathrm{i}\bar{\omega}_1\bar{t}+3\mathrm{i}\bar{k}\bar{x})+$$

$$\begin{bmatrix}-(\bar{\omega}_1+\bar{k})(\bar{\omega}_2+2\bar{k})\tanh(2\bar{k})\coth(\bar{k})+\\(\bar{\omega}_1+\bar{k})(\bar{\omega}_2+2\bar{k})+\\3\bar{k}(\bar{\omega}_2+2\bar{k})+3\bar{k}(\bar{\omega}_1+\bar{k})\end{bmatrix}\exp(\mathrm{i}\bar{\omega}_1\bar{t}+\mathrm{i}\bar{\omega}_2\bar{t}+3\mathrm{i}\bar{k}\bar{x})+$$

$$\begin{bmatrix}2\bar{k}(\bar{\omega}_1+\bar{k})^2\tanh(2\bar{k})\coth(\bar{k})\coth(\bar{k})-\\\bar{k}(\bar{\omega}_1+\bar{k})^2\coth(\bar{k})-\\2\bar{k}(\bar{\omega}_1+\bar{k})^2\coth(\bar{k})-\\6\bar{k}^2(\bar{\omega}_1+\bar{k})\coth(\bar{k})+\frac{3}{2}\bar{k}^2(\bar{\omega}_1+\bar{k})\coth(\bar{k})-\\\frac{3}{2}\frac{1}{We_1}\bar{k}^4\end{bmatrix}\exp(3\mathrm{i}\bar{\omega}_1\bar{t}+3\mathrm{i}\bar{k}\bar{x}) \tag{5-389}$$

在 $\bar{z}_0=-1$ 处($j=2$)整理方程(5-388),得

$$\bar{\rho}\frac{1}{3\bar{k}}\bar{\omega}_3^2\exp(\mathrm{i}\bar{\omega}_3\bar{t}+3\mathrm{i}\bar{k}\bar{x})+\tanh(3\bar{k})\left(\frac{\bar{\omega}_3}{3\bar{k}}+1\right)\cdot$$

$$(\bar{\omega}_3+3\bar{k})\exp(\mathrm{i}\bar{\omega}_3\bar{t}+3\mathrm{i}\bar{k}\bar{x})+\frac{1}{We_1}9\bar{k}^2\exp(\mathrm{i}\bar{\omega}_3\bar{t}+3\mathrm{i}\bar{k}\bar{x})$$

$$=-\bar{\rho}(\bar{\omega}_1+\bar{\omega}_2)^2\exp(\mathrm{i}\bar{\omega}_1\bar{t}+\mathrm{i}\bar{\omega}_2\bar{t}+3\mathrm{i}\bar{k}\bar{x})-$$

$$\bar{\rho}6\bar{k}\bar{\omega}_1^2\exp(3\mathrm{i}\bar{\omega}_1\bar{t}+3\mathrm{i}\bar{k}\bar{x})+\bar{\rho}\frac{5}{2}\bar{k}\bar{\omega}_1^2\exp(3\mathrm{i}\bar{\omega}_1\bar{t}+3\mathrm{i}\bar{k}\bar{x})+$$

$$\tanh(3\bar{k})\begin{bmatrix}(\bar{\omega}_1+\bar{k})(\bar{\omega}_1+\bar{\omega}_2+3\bar{k})\coth(\bar{k})\exp(\mathrm{i}\bar{\omega}_1\bar{t}+\mathrm{i}\bar{\omega}_2\bar{t}+3\mathrm{i}\bar{k}\bar{x})+\\(\bar{\omega}_2+2\bar{k})(\bar{\omega}_1+\bar{\omega}_2+3\bar{k})\tanh(2\bar{k})\exp(\mathrm{i}\bar{\omega}_1\bar{t}+\mathrm{i}\bar{\omega}_2\bar{t}+3\mathrm{i}\bar{k}\bar{x})-\\6\bar{k}(\bar{\omega}_1+\bar{k})^2\tanh(2\bar{k})\coth(\bar{k})\exp(3\mathrm{i}\bar{\omega}_1\bar{t}+3\mathrm{i}\bar{k}\bar{x})+\\\frac{5}{2}\bar{k}(\bar{\omega}_1+\bar{k})^2\exp(3\mathrm{i}\bar{\omega}_1\bar{t}+3\mathrm{i}\bar{k}\bar{x})\end{bmatrix}-$$

$$\bar{\rho}\begin{Bmatrix}[(\bar{\omega}_1+\bar{\omega}_2)^2+2\bar{k}\bar{\omega}_1^2]\exp(\mathrm{i}\bar{\omega}_1\bar{t}+\mathrm{i}\bar{\omega}_2\bar{t}+3\mathrm{i}\bar{k}\bar{x})+\\\left[6\bar{k}\bar{\omega}_1^2+\frac{3}{2}\bar{k}\bar{\omega}_1^2\right]\exp(3\mathrm{i}\bar{\omega}_1\bar{t}+3\mathrm{i}\bar{k}\bar{x})\end{Bmatrix}+$$

$$(\bar{\omega}_1+\bar{\omega}_2)(\bar{\omega}_2+2\bar{k})\exp(\mathrm{i}\bar{\omega}_1\bar{t}+\mathrm{i}\bar{\omega}_2\bar{t}+3\mathrm{i}\bar{k}\bar{x})-$$

$$\bar{\omega}_1 6\bar{k}(\bar{\omega}_1+\bar{k})\frac{\cosh(\bar{k}\bar{z})}{\sinh(\bar{k})}\exp(3\mathrm{i}\bar{\omega}_1\bar{t}+3\mathrm{i}\bar{k}\bar{x})+$$

$$(\bar{\omega}_1+\bar{k})(\bar{\omega}_1+\bar{\omega}_2)\exp(\mathrm{i}\bar{\omega}_1\bar{t}+\mathrm{i}\bar{\omega}_2\bar{t}+3\mathrm{i}\bar{k}\bar{x})-$$

$$\frac{3}{2}\bar{\omega}_1\bar{k}(\bar{\omega}_1+\bar{k})\coth(\bar{k})\exp(3\mathrm{i}\bar{\omega}_1\bar{t}+3\mathrm{i}\bar{k}\bar{x})-\bar{\rho}\bar{k}\bar{\omega}_1^2\exp(3\mathrm{i}\bar{\omega}_1\bar{t}+3\mathrm{i}\bar{k}\bar{x})-$$

$$\begin{bmatrix} -(\bar{\omega}_1+\bar{k})(\bar{\omega}_2+2\bar{k})\tanh(2\bar{k})\coth(\bar{k})+ \\ (\bar{\omega}_1+\bar{k})(\bar{\omega}_2+2\bar{k})- \\ 3\bar{k}(\bar{\omega}_2+2\bar{k})-3\bar{k}(\bar{\omega}_1+\bar{k}) \end{bmatrix}\exp(\mathrm{i}\bar{\omega}_1\bar{t}+\mathrm{i}\bar{\omega}_2\bar{t}+3\mathrm{i}\bar{k}\bar{x})-$$

$$\begin{bmatrix} 2\bar{k}(\bar{\omega}_1+\bar{k})^2\tanh(2\bar{k})\coth(\bar{k})\coth(\bar{k})+ \\ \bar{k}(\bar{\omega}_1+\bar{k})^2\coth(\bar{k})- \\ 2\bar{k}(\bar{\omega}_1+\bar{k})^2\coth(\bar{k})+ \\ 6\bar{k}^2(\bar{\omega}_1+\bar{k})\coth(\bar{k})+\frac{3}{2}\bar{k}^2(\bar{\omega}_1+\bar{k})\coth(\bar{k})+ \\ \frac{3}{2}\frac{1}{We_1}\bar{k}^4 \end{bmatrix}\exp(3\mathrm{i}\bar{\omega}_1\bar{t}+3\mathrm{i}\bar{k}\bar{x}) \tag{5-390}$$

方程(5-389)与方程(5-390)相加，得

$$\bar{\rho}\frac{1}{3\bar{k}}\bar{\omega}_3^2\exp(\mathrm{i}\bar{\omega}_3\bar{t}+3\mathrm{i}\bar{k}\bar{x})+\tanh(3\bar{k})\left(\frac{\bar{\omega}_3}{3\bar{k}}+1\right)(\bar{\omega}_3+3\bar{k})\exp(\mathrm{i}\bar{\omega}_3\bar{t}+3\mathrm{i}\bar{k}\bar{x})+$$
$$\frac{1}{We_1}9\bar{k}^2\exp(\mathrm{i}\bar{\omega}_3\bar{t}+3\mathrm{i}\bar{k}\bar{x})$$
$$=\begin{Bmatrix} -2\bar{\rho}\left[(\bar{\omega}_1+\bar{\omega}_2)^2+\bar{k}\bar{\omega}_1^2\right]+ \\ (\bar{\omega}_1+\bar{\omega}_2+3\bar{k})\tanh(3\bar{k})\begin{bmatrix}(\bar{\omega}_1+\bar{k})\coth(\bar{k})+ \\ (\bar{\omega}_2+2\bar{k})\tanh(2\bar{k})\end{bmatrix}+ \\ (\bar{\omega}_1+\bar{\omega}_2+3\bar{k})^2 \end{Bmatrix}\exp(\mathrm{i}\bar{\omega}_1\bar{t}+\mathrm{i}\bar{\omega}_2\bar{t}+3\mathrm{i}\bar{k}\bar{x})+$$
$$\begin{bmatrix} -7\bar{\rho}\bar{k}\bar{\omega}_1^2- \\ 6\bar{k}(\bar{\omega}_1+\bar{k})^2\tanh(3\bar{k})\tanh(2\bar{k})\coth(\bar{k})- \\ 7\bar{k}(\bar{\omega}_1+\bar{k})^2\coth(\bar{k}) \end{bmatrix}\exp(3\mathrm{i}\bar{\omega}_1\bar{t}+3\mathrm{i}\bar{k}\bar{x}) \tag{5-391}$$

当 $\exp(\mathrm{i}\bar{\omega}_{1/3}\bar{t})=\pm1$ 时，表面波波动项达到最大值。取 $\exp(\mathrm{i}\bar{\omega}_{1/3}\bar{t})=\pm1$，方程(5-391)变成

$$\bar{\rho}\frac{1}{3\bar{k}}\bar{\omega}_3^2+\tanh(3\bar{k})\left(\frac{\bar{\omega}_3}{3\bar{k}}+1\right)(\bar{\omega}_3+3\bar{k})+\frac{1}{We_1}9\bar{k}^2$$
$$=-2\bar{\rho}\left[(\bar{\omega}_1+\bar{\omega}_2)^2+\bar{k}\bar{\omega}_1^2\right]+$$
$$(\bar{\omega}_1+\bar{\omega}_2+3\bar{k})\tanh(3\bar{k})\left[(\bar{\omega}_1+\bar{k})\coth(\bar{k})+(\bar{\omega}_2+2\bar{k})\tanh(2\bar{k})\right]+$$
$$(\bar{\omega}_1+\bar{\omega}_2+3\bar{k})^2-7\bar{\rho}\bar{k}\bar{\omega}_1^2-6\bar{k}(\bar{\omega}_1+\bar{k})^2\tanh(3\bar{k})\tanh(2\bar{k})\coth(\bar{k})-$$
$$7\bar{k}(\bar{\omega}_1+\bar{k})^2\coth(\bar{k}) \tag{5-392}$$

令平面液膜第三级表面波正对称波形色散准则关系式中与第一级表面波和第二级表面波圆频率相关的源项为

$$S_{pv3}=\frac{We_1}{3\bar{k}}\begin{bmatrix}-2\bar{\rho}\left[(\bar{\omega}_1+\bar{\omega}_2)^2+\bar{k}\bar{\omega}_1^2\right]+\\(\bar{\omega}_1+\bar{\omega}_2+3\bar{k})\tanh(3\bar{k})\left[(\bar{\omega}_1+\bar{k})\coth(\bar{k})+(\bar{\omega}_2+2\bar{k})\tanh(2\bar{k})\right]+\\(\bar{\omega}_1+\bar{\omega}_2+3\bar{k})^2-7\bar{\rho}\bar{k}\bar{\omega}_1^2-6\bar{k}(\bar{\omega}_1+\bar{k})^2\tanh(3\bar{k})\tanh(2\bar{k})\coth(\bar{k})-\\7\bar{k}(\bar{\omega}_1+\bar{k})^2\coth(\bar{k})\end{bmatrix}\tag{5-393}$$

则方程(5-392)化简为

$$\frac{1}{3\bar{k}}\left[\bar{\rho}+\tanh(3\bar{k})\right]\bar{\omega}_3^2+2\tanh(3\bar{k})\bar{\omega}_3+3\bar{k}\tanh(3\bar{k})+\frac{1}{We_1}9\bar{k}^2-\frac{3\bar{k}S_{pv3}}{We_1}=0\tag{5-394}$$

解方程(5-394),得时空模式第三级表面波正对称波形的色散准则关系式。

$$\bar{\omega}_3=\frac{-3\bar{k}\tanh(3\bar{k})\pm i3\bar{k}\sqrt{\bar{\rho}\tanh(3\bar{k})+\left[\bar{\rho}+\tanh(3\bar{k})\right]\dfrac{3\bar{k}-S_{pv3}}{We_1}}}{\bar{\rho}+\tanh(3\bar{k})}\tag{5-395}$$

则

$$\bar{\omega}_{r3}=\frac{-3\bar{k}\tanh(3\bar{k})}{\bar{\rho}+\tanh(3\bar{k})}\tag{5-396}$$

和

$$\bar{\omega}_{i3}=\pm\frac{3\bar{k}\sqrt{\bar{\rho}\tanh(3\bar{k})+\left[\bar{\rho}+\tanh(3\bar{k})\right]\dfrac{3\bar{k}-S_{pv3}}{We_1}}}{\bar{\rho}+\tanh(3\bar{k})}\tag{5-397}$$

5.7.8 对平面液膜第三级波色散准则关系式的分析

当时空模式第三级表面波反对称波形色散准则关系式根号内 $\bar{\rho}\tanh(3\bar{k})>\left[\bar{\rho}+\tanh(3\bar{k})\right]\dfrac{3\bar{k}+S_{ps3}}{We_1}$ 时,$\bar{\omega}_{i3}$ 为一个实数;当 $\bar{\rho}\tanh(3\bar{k})=\left[\bar{\rho}+\tanh(3\bar{k})\right]\dfrac{3\bar{k}+S_{ps3}}{We_1}$ 时,$\bar{\omega}_{i3}=0$,$\bar{\omega}_{r3}$ 由方程(5-396)决定,$\bar{\xi}_{3j}=\exp(i\bar{\omega}_{r3}\bar{t}+3i\bar{k}\bar{x})$,$-1\leqslant\bar{\xi}_{3j}\leqslant1$;当 $\bar{\rho}\tanh(3\bar{k})<\left[\bar{\rho}+\tanh(3\bar{k})\right]\dfrac{3\bar{k}+S_{ps3}}{We_1}$ 时,$\sqrt{\bar{\rho}\tanh(3\bar{k})+\left[\bar{\rho}+\tanh(3\bar{k})\right]\dfrac{3\bar{k}-S_{ps3}}{We_1}}$ 为一个虚数,则圆频率 $\bar{\omega}_3$ 只有实部而没有虚部,即是一个实数。虚部为零意味着 $\bar{\omega}_{i3}=0$,$\bar{\xi}_{3j}=\exp(i\bar{\omega}_{r3}\bar{t}+3i\bar{k}\bar{x})$,则 $-1\leqslant\bar{\xi}_{3j}\leqslant1$。而

$$\bar{\omega}_{r3}=\frac{-3\bar{k}\tanh(3\bar{k})\pm3\bar{k}\sqrt{\bar{\rho}\tanh(3\bar{k})-\left[\bar{\rho}+\tanh(3\bar{k})\right]\dfrac{3\bar{k}+S_{ps3}}{We_1}}}{\bar{\rho}+\tanh(3\bar{k})}\tag{5-398}$$

当时空模式第三级表面波正对称波形色散准则关系式根号内 $\bar{\rho}\tanh(3\bar{k})>[\bar{\rho}+\tanh(3\bar{k})]\dfrac{3\bar{k}-S_{\mathrm{pv3}}}{We_1}$时，$\bar{\omega}_{\mathrm{i3}}$ 为一个实数；当 $\bar{\rho}\tanh(3\bar{k})=[\bar{\rho}+\tanh(3\bar{k})]\dfrac{3\bar{k}-S_{\mathrm{pv3}}}{We_1}$时，$\bar{\omega}_{\mathrm{i3}}=0$，$\bar{\omega}_{\mathrm{r3}}$ 由方程(5-396)决定，$\bar{\xi}_{3j}=\exp(\mathrm{i}\bar{\omega}_{\mathrm{r3}}\bar{t}+3\mathrm{i}\bar{k}\bar{x})$，$-1\leqslant\bar{\xi}_{3j}\leqslant1$；当 $\bar{\rho}\tanh(3\bar{k})<[\bar{\rho}+\tanh(3\bar{k})]\dfrac{3\bar{k}-S_{\mathrm{pv3}}}{We_1}$时，$\sqrt{\bar{\rho}\tanh(3\bar{k})-[\bar{\rho}+\tanh(3\bar{k})]\dfrac{3\bar{k}+S_{\mathrm{pv3}}}{We_1}}$ 为一个虚数，则圆频率 $\bar{\omega}_3$ 只有实部而没有虚部，即是一个实数。虚部为零意味着 $\bar{\omega}_{\mathrm{i3}}=0$，$\bar{\xi}_{3j}=\exp(\mathrm{i}\bar{\omega}_{\mathrm{r3}}\bar{t}+3\mathrm{i}\bar{k}\bar{x})$，则 $-1\leqslant\bar{\xi}_{3j}\leqslant1$。而

$$\bar{\omega}_{\mathrm{r3}}=\frac{-3\bar{k}\tanh(3\bar{k})\pm3\bar{k}\sqrt{\bar{\rho}\tanh(3\bar{k})+[\bar{\rho}+\tanh(3\bar{k})]\dfrac{3\bar{k}-S_{\mathrm{pv3}}}{We_1}}}{\bar{\rho}+\tanh(3\bar{k})}\tag{5-399}$$

5.8　平面液膜初始扰动振幅和碎裂点的实验研究

曹建明和他的研究生王磊、陈志伟、张秋霞、邵超对射流的初始扰动振幅和碎裂点进行了实验研究。射流的初始扰动振幅和碎裂长度实验在射流实验台上进行。如图 5-3 所示。水经过进水阀向储水罐供水，空压机将 0.6～0.8 MPa 的高压空气加入储水罐，对罐内水加

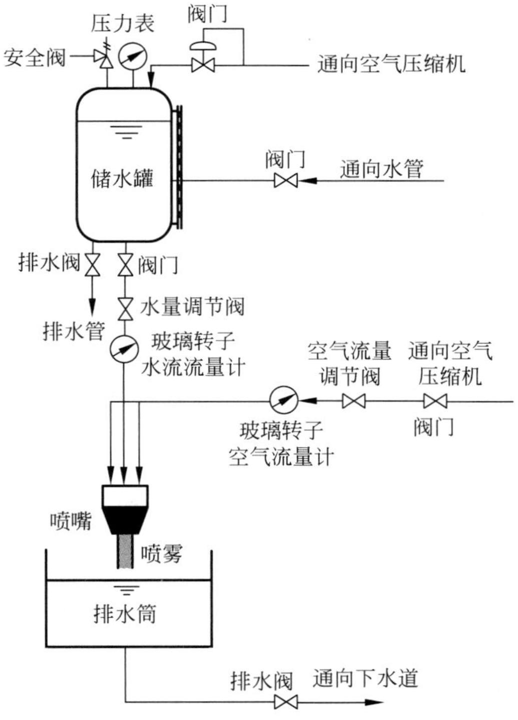

图 5-3　射流实验台示意图

压。高压水经玻璃转子水流流量计计量后供喷嘴使用，并营造射流周围的气体环境。根据实验对象可以选用平面液膜、圆射流、环状液膜喷嘴之一，喷嘴内部设置层流元件。对射流碎裂点的观测与测量需在设置于射流旁边的木条上粘贴钢卷尺，直接读取碎裂点数据。图像观察采用美国 York 调频频闪灯，室内全暗，调节频闪频率直到射流图像稳定不动，以便清晰观测碎裂长度；图像采集使用佳能 EOS30D 高分辨率数码照相机及持续光源。在拍摄射流的初始扰动振幅时，照相机还需选配腾龙 SPAF90MMF/2.8Di 微距近拍镜头。读片需在近拍照片上进行仔细测量。

平面液膜初始扰动振幅和碎裂长度实验预设的工况点为：水射流流速为 1、2、3、4、5 m/s，环境顺向空气流速为 0、5、10、15、20 m/s。在这 25 个工况点中，初始扰动振幅和碎裂长度的每个工况均需拍摄 5 幅照片，测量后取算数平均值。

选取其中一个实验工况点与理论数值计算结果进行对比。实验采用的样本介质取 20℃的水，喷嘴出口半厚度 $a=1$ mm，液体流速 $\overline{U}_1=3$ m/s，韦伯数 $We_1=123$，雷诺数 $Re_1=2982$，气液密度比 $\bar{\rho}=1.206\times10^{-3}$，静止空气环境。

表 5-1 为量纲一初始扰动振幅的实验数据。通常，量纲一初始扰动振幅随流速的增大而增大。只是在低速、小扰动情况下，表面张力和喷嘴内部流体波动影响的差异不明显，量纲一初始扰动振幅变化趋势会出现微小的偏差。选取水流速度 3 m/s、静止空气环境的实验结果 0.185 作为理论数值计算碎裂长度和碎裂时间的输入数据。

表 5-1 水膜表面波的量纲一初始扰动振幅

水膜流速/(m/s)	1	2	3	4	5
量纲一初始扰动振幅	0.137	0.121	0.185	0.194	0.224

在喷嘴出口处，平面液膜的初始厚度并非是从喷嘴出口起始的，而是有所偏离。这是由于液体表面张力和喷嘴内部流体波动在起作用的缘故。图 5-4 是初始扰动振幅示意图。图 5-4(a)是不考虑表面张力和喷嘴内部流体波动影响的理想初始扰动振幅示意图，液膜是从喷嘴出口起始的；图 5-4(b)是考虑了表面张力和喷嘴内部流体波动影响的实际初始扰动振幅示意图，液膜相对于喷嘴出口有所偏离。

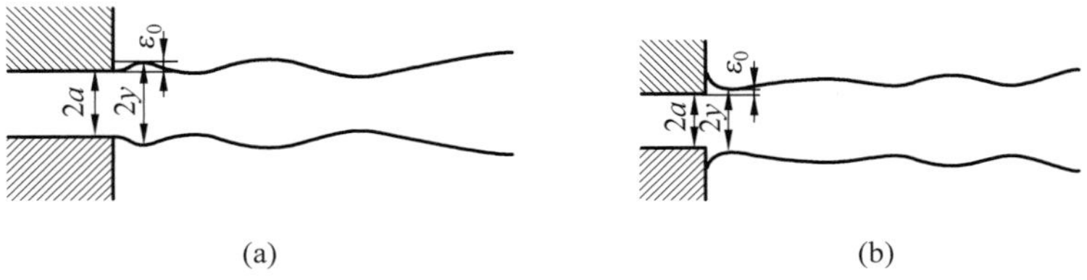

图 5-4 初始扰动振幅示意图

(a) 理想情况；(b) 实际情况

采用频闪灯观测射流发现，层流区的液膜表面波为正对称波形，由于实验的流速达不到过渡区，因此没有进行反对称波形实验。实验中还观察到，碎裂长度不会稳定不变，将在一个波长范围内变化，这与曹建明在加拿大维多利亚大学流体力学实验室中的观测结果一致[83]。

表 5-2 为碎裂长度和碎裂时间的实验数据。可以看出，随着喷射流速的增大，碎裂长度几乎呈直线增大。说明在喷射的层流区，增大喷射速度将使水膜的不稳定度减小，不易碎裂。选取水流速度 3 m/s、静止空气环境的实验结果——碎裂长度 962 mm、碎裂时间 321 ms 与理论数值计算数据进行对比。

表 5-2　水膜表面波的碎裂长度和碎裂时间

水膜流速/(m/s)	1	2	3	4	5
碎裂长度/mm	454	753	962	1233	1457
碎裂时间/ms	454	377	321	308	291

5.9　平面液膜支配表面波增长率和支配波数的数值计算结果

由于表面波增长率和支配波数决定了射流气液交界面扰动振幅的大小，因此决定了射流的不稳定度。而支配表面波增长率和支配波数是射流碎裂的必要条件，因此对于支配表面波增长率和支配波数的数值计算就是射流不稳定性理论中最重要的环节之一。

对平面液膜气液交界面表面波的非线性推导显示，由于时空模式第二级表面波正对称波形中与第一级表面波相关的源项 S_{pv2} 很小，忽略色散准则关系式中的源项 S_{pv2}，则第一级表面波、第二级表面波的共轭复数模式和时空模式正/反对称波形的八个彼此对应的色散准则关系式是完全相同的。当然，色散准则关系式相同，并不意味着它们的不稳定度就相同。由于共轭复数模式与时空模式的扰动振幅初始函数表达式不同，相同的圆频率数值计算出的扰动振幅则肯定是不同的。

5.9.1　平面液膜第一级波的支配表面波增长率和支配波数

5.9.1.1　第一级表面波反对称波形的支配表面波增长率和支配波数

在输入参数相同的条件下，依据平面液膜线性不稳定性理论理想气体（绝热指数为 1.4）隐式色散准则关系式[1]数值计算得到的第一级表面波反对称波形 $\bar{\omega}_r$-$\bar{k}$ 图与依据非线性不稳定性理论显式关系式数值计算得到的图的比较如图 5-5 所示。线性不稳定性理论时间模式的表面波增长率为 $\bar{\omega}_r$，波数为 $\bar{k}$；非线性不稳定性理论共轭复数模式和时空模式的表面波增长率为 $\bar{\omega}_i$，波数为 $\bar{k}_r$。由于线性不稳定性理论仅研究第一级表面波，因此线性与非线性不稳定性理论数值计算结果的比较只能在第一级表面波中进行。

从图 5-5 中可以看出，线性与非线性不稳定性理论的数值计算曲线几乎完全一致，支配表面波增长率和支配波数也几乎完全相同。线性理论的支配表面波增长率为 $\bar{\omega}_{r\text{-dom}}=0.0065$，非线性理论的支配表面波增长率也为 $\bar{\omega}_{i1\text{-dom}}=0.0065$，两者完全相同；线性理论的支配波数为 $\bar{k}_{dom}=0.0752$，非线性理论的支配波数为 $\bar{k}_{r1\text{-dom}}=0.0749$，两者也几乎完全相同。

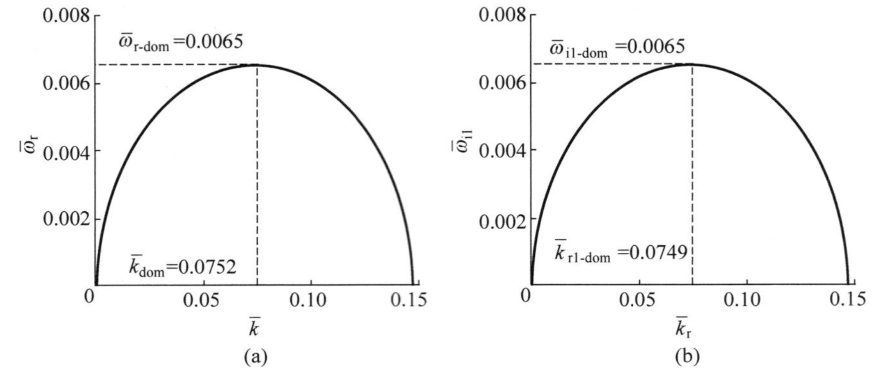

图 5-5　第一级表面波反对称波形支配表面波增长率和支配波数

(a) 线性不稳定性；(b) 非线性不稳定性

5.9.1.2　第一级表面波正对称波形的支配表面波增长率和支配波数

图 5-6 为线性与非线性不稳定性理论第一级表面波正对称波形的比较。从图中可以看出，线性与非线性不稳定性理论的数值计算曲线几乎完全一致，支配表面波增长率和支配波数也几乎完全相同。线性理论的支配表面波增长率为 $\bar{\omega}_{r\text{-dom}}=0.0006$，非线性理论的支配表面波增长率也为 $\bar{\omega}_{i1\text{-dom}}=0.0006$。线性理论的支配波数为 $\bar{k}_{dom}=0.1108$，非线性理论的支配波数为 $\bar{k}_{r1\text{-dom}}=0.1113$，两者只是在小数点后第三位上略有差异。说明在液体表面张力和黏度不太大的情况下，无论是反对称波形还是正对称波形，对于表面波增长率随波数变化的射流不稳定性分析，非线性理论的显式关系式完全可以替代线性理论的隐式色散准则关系式。在进行数值计算时，不再需要采用穆勒方法进行数值迭代计算，使得编程计算过程大为简化。

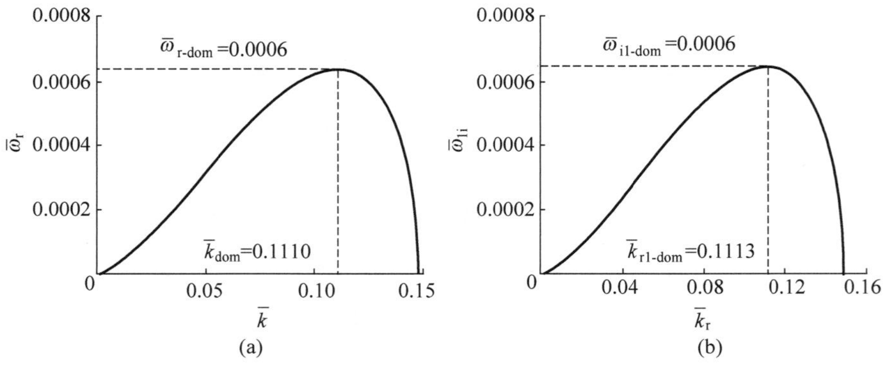

图 5-6　第一级表面波正对称波形支配表面波增长率和支配波数

(a) 线性不稳定性；(b) 非线性不稳定性

5.9.2　平面液膜第二级波的支配表面波增长率和支配波数

对于第二级表面波，忽略时空模式正对称波形色散准则关系式中的源项 S_{pv2}，共轭复数模式和时空模式正/反对称波形表面波增长率表达式是完全相同的，图 5-7 为数值计算结果。支配表面波增长率为 $\bar{\omega}_{i2\text{-dom}}=0.0065$，支配波数为 $\bar{k}_{r2\text{-dom}}=0.0375$。由于线性不稳定性理论仅研究第一级表面波，因此也就没有对线性与非线性理论第二级波和第三级波的支配表面波增长率和支配波数进行比较。

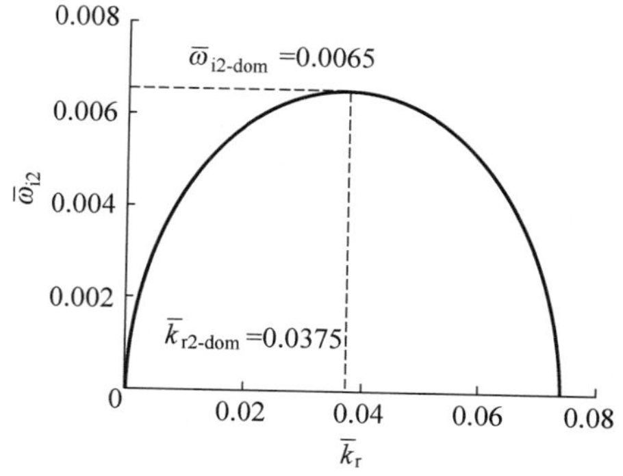

图 5-7　第二级表面波正/反对称波形的支配表面波增长率和支配波数

5.9.3　平面液膜第三级波的支配表面波增长率和支配波数

第三级波时空模式正/反对称波形表面波增长率数值计算结果见图 5-8(a)和(b)。反对称波形的支配表面波增长率为 $\bar{\omega}_{i3\text{-dom}}=0.0065$，支配波数为 $\bar{k}_{r3\text{-dom}}=0.0249$。正对称波形的支配表面波增长率为 $\bar{\omega}_{i3\text{-dom}}=0.4259$，支配波数为 $\bar{k}_{r3\text{-dom}}=1.2507$。

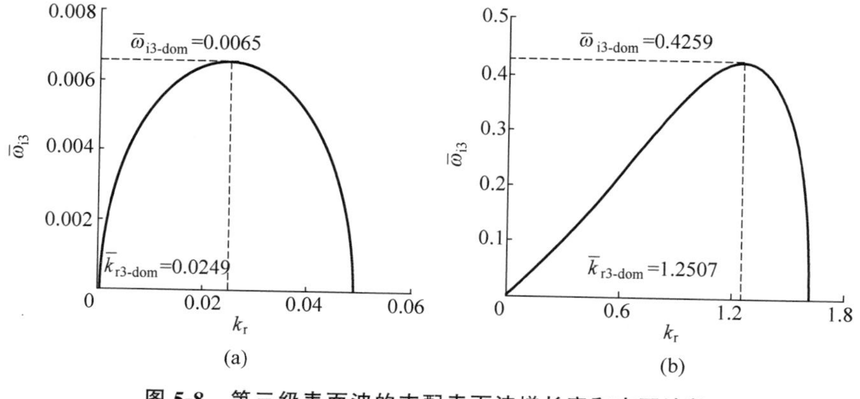

图 5-8　第三级表面波的支配表面波增长率和支配波数

(a) 反对称波形；(b) 正对称波形

5.10　平面液膜波形图及其不稳定性分析

对平面液膜表面波形数值计算的是表面波最不稳定的状况，因此将取支配参数 $\bar{\omega}_{i\text{-dom}}$、$\bar{\omega}_{r\text{-dom}}$、$\bar{k}_{r\text{-dom}}$ 进行计算。将 5.9 节计算所得的第一级表面波正/反对称波形的 $\bar{\omega}_{i1\text{-dom}}$、

$\bar{\omega}_{r1\text{-dom}}$、$\bar{k}_{r1\text{-dom}}$ 代入第一级表面波的扰动振幅初始函数表达式(5-92)，再分别乘以 $\bar{\xi}_0$，即可得到第一级表面波的扰动振幅值。将 5.9 节计算所得的第二级表面波正/反对称波形的 $\bar{\omega}_{i2\text{-dom}}$、$\bar{\omega}_{r2\text{-dom}}$、$\bar{k}_{r2\text{-dom}}$ 代入第二级表面波的扰动振幅初始函数表达式(5-167)，再分别乘以 $\bar{\xi}_0^2$，即可得到第二级表面波的扰动振幅值。将 5.9 节计算所得的第三级表面波正/反对称波形的 $\bar{\omega}_{i3\text{-dom}}$、$\bar{\omega}_{r3\text{-dom}}$、$\bar{k}_{r3\text{-dom}}$ 代入第三级表面波的扰动振幅初始函数表达式(5-266)，再分别乘以 $\bar{\xi}_0^3$，即可得到第三级表面波的扰动振幅值。平面液膜非线性三级表面波正/反对称波形分别有 8 组解，由于仅做了正对称波形实验，因此将在正对称波形的 8 组解中选择碎裂时间最短的一组解与实验数据进行比较。

根据 5.8 节量纲一初始扰动振幅的实验数据，选取第一级表面波 $\bar{\xi}_0=0.185$，第二级表面波 $\bar{\xi}_0^2=0.034$，第三级表面波 $\bar{\xi}_0^3=0.006$ 进行数值计算。理论数值计算时以三级波的波形叠加图上下气液交界面接触在一起作为碎裂点的判据。

5.10.1 平面液膜反对称波形图及其不稳定性分析

图 5-9 是第一级表面波、第二级表面波和第三级表面波反对称波形的波形图以及叠加图。由于第一级表面波反对称波形上下气液交界面的色散准则关系式不同，上下气液交界面的表面波扰动振幅幅值大小就不同，而且存在相位差。可以看出：随着时间的推移，表面波的振幅不断增大。从量纲一时间 $\bar{t}=0$ 到 $\bar{t}=373$，上下气液交界面的量纲一表面波振幅从 $\bar{\xi}_0=0.224$ 分别增大至 2 和 0.5 左右。当 $\bar{t}\geqslant100$ 时，上下气液交界面的波形不再对称，

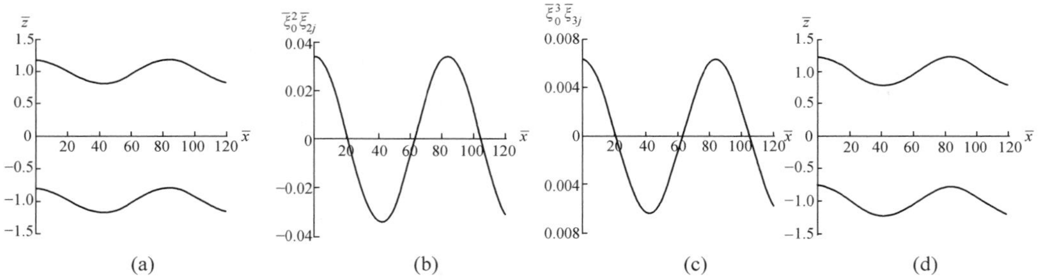

图 5-9 反对称表面波的波形图

$\bar{\omega}_{i11\text{-dom}}=-0.0065$，$\bar{\omega}_{r11\text{-dom}}=-0.0737$，$\bar{k}_{r11\text{-dom}}=0.0749$，$\bar{\xi}_0=0.185$；

$\bar{\omega}_{i12\text{-dom}}=0$，$\bar{\omega}_{r12\text{-dom}}=-0.0762$，$\bar{k}_{r12\text{-dom}}=0.0749$，$\bar{\xi}_0=0.185$；

$\bar{\omega}_{i2\text{-dom}}=-0.0065$，$\bar{\omega}_{r2\text{-dom}}=-0.0738$，$\bar{k}_{r2\text{-dom}}=0.0375$，$\bar{\xi}_0^2=0.034$；

$\bar{\omega}_{i3\text{-dom}}=-0.0065$，$\bar{\omega}_{r3\text{-dom}}=-0.0736$，$\bar{k}_{r3\text{-dom}}=0.0249$，$\bar{\xi}_0^3=0.006$

(a) 第一级波 $\bar{t}=0$；(b) 第二级波 $\bar{t}=0$；(c) 第三级波 $\bar{t}=0$；(d) 三级波叠加 $\bar{t}=0$；

(e) 第一级波 $\bar{t}=100$；(f) 第二级波 $\bar{t}=100$；(g) 第三级波 $\bar{t}=100$；(h) 三级波叠加 $\bar{t}=100$；

(i) 第一级波 $\bar{t}=350$；(j) 第二级波 $\bar{t}=350$；(k) 第三级波 $\bar{t}=350$；(l) 三级波叠加 $\bar{t}=350$；

(m) 第一级波 $\bar{t}=373$；(n) 第二级波 $\bar{t}=373$；(o) 第三级波 $\bar{t}=373$；(p) 三级波叠加 $\bar{t}=373$

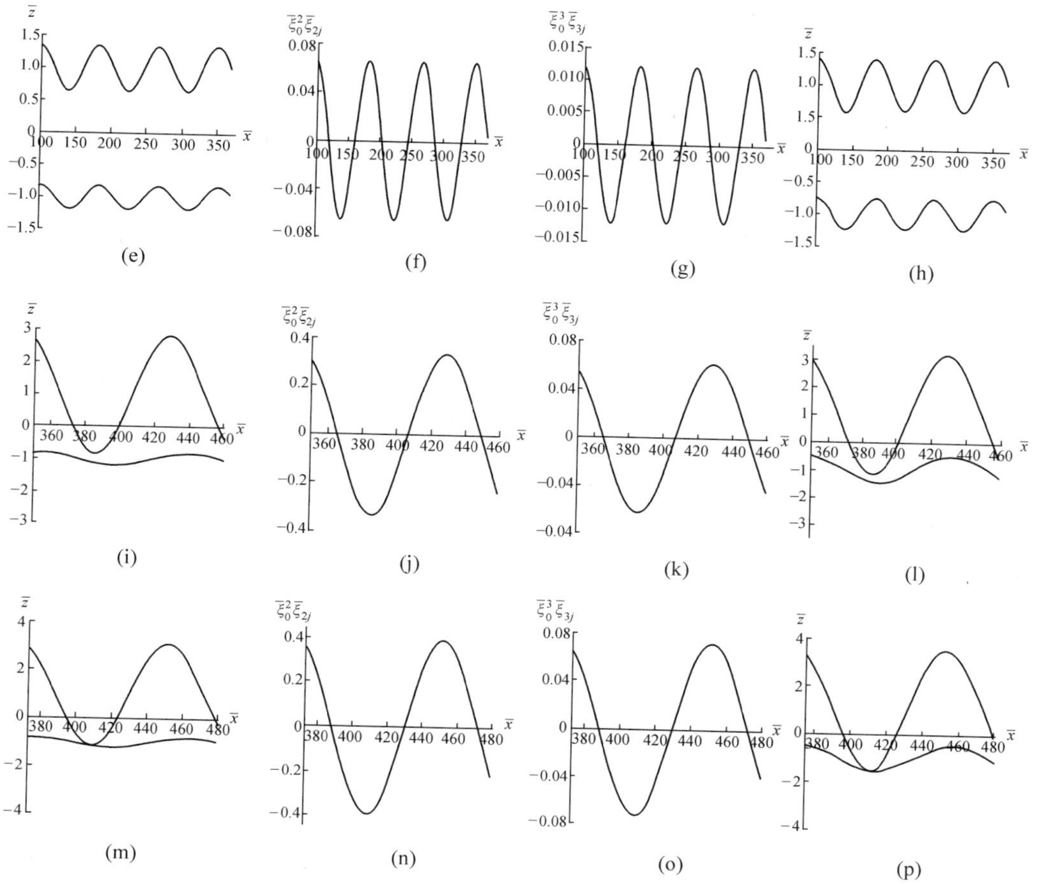

图 5-9　（续）

叠加图上下气液交界面逐渐接近，至 $\bar{t}=350$，上下气液交界面的距离已非常接近，但尚未碰到一起。至 $\bar{t}=373$，上下气液交界面在 $\bar{x}=407$ 处接触。液膜的碎裂时间为 $\bar{t}_{\mathrm{b}}=373$，碎裂长度为 $\bar{L}_{\mathrm{b}}=407$。由于反对称波形没有实验数据，因此无法进行理论与实验结果的比较。从叠加图中还可以看出，第二级波对波形叠加图的影响较小，第三级波的影响更小。叠加的波形图与第一级波的波形图差别不大。说明第一级波是导致液膜碎裂的主要因素。

5.10.2　平面液膜正对称波形图及其不稳定性分析

图 5-10 是第一级表面波、第二级表面波和第三级表面波正对称波形的波形图以及叠加图。第一级表面波正对称波形上下气液交界面的色散准则关系式是相同的，上下气液交界面的表面波扰动振幅幅值大小也是相同的，并且不存在相位差。可以看出：随着时间的推移，表面波的振幅不断增大。从量纲一时间 $\bar{t}=0$ 到 $\bar{t}=373$，量纲一表面波振幅从 $\bar{\xi}_0=0.224$ 分别增大至 1 左右。叠加图上下气液交界面逐渐接近，至 $\bar{t}=450$，上下气液交界面的距离已非常近，但尚未碰到一起。至 $\bar{t}=473$，上下气液交界面在 $\bar{x}=1010$ 处接触。当 $\bar{t}<473$ 时，液膜没有碎裂点；但当 $\bar{t}\geqslant 473$ 时，具有多个碎裂点。数值计算就是要寻求 $\bar{t}_{\mathrm{b}}$ 为最小时的碎裂点。因此，理论计算的量纲一液膜碎裂长度为 $\bar{L}_{\mathrm{b}}=1010$，碎裂时间为 $\bar{t}_{\mathrm{b}}=473$。

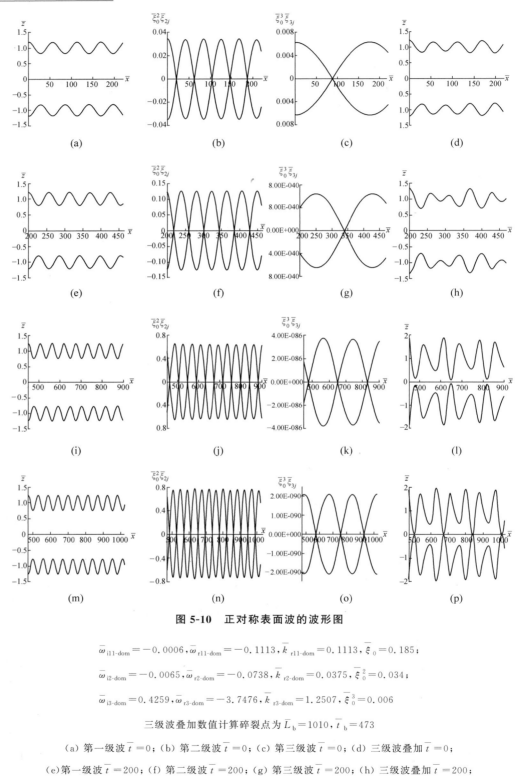

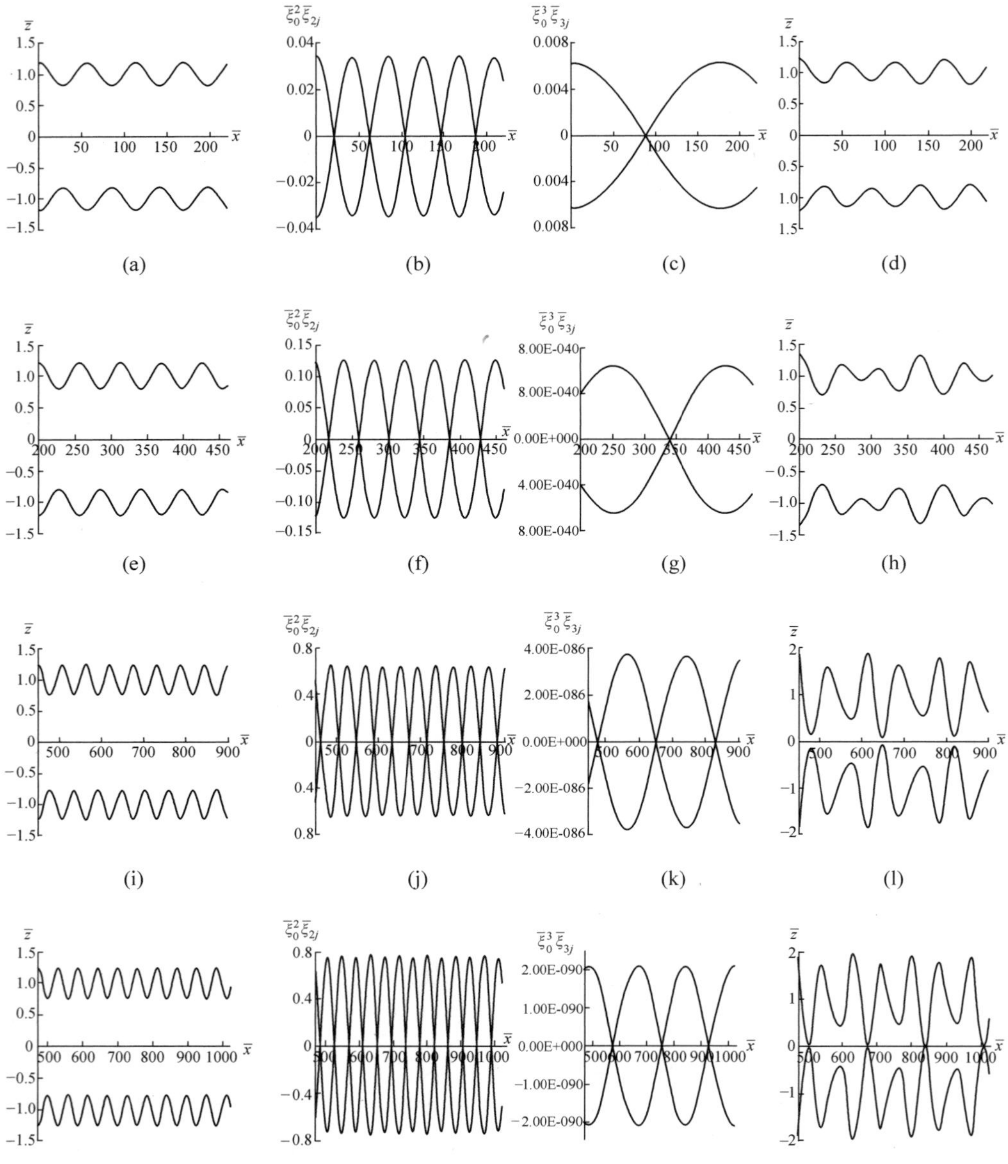

图 5-10　正对称表面波的波形图

$\bar{\omega}_{\text{i11-dom}}=-0.0006$，$\bar{\omega}_{\text{r11-dom}}=-0.1113$，$\bar{k}_{\text{r11-dom}}=0.1113$，$\bar{\xi}_0=0.185$；

$\bar{\omega}_{\text{i2-dom}}=-0.0065$，$\bar{\omega}_{\text{r2-dom}}=-0.0738$，$\bar{k}_{\text{r2-dom}}=0.0375$，$\bar{\xi}_0^2=0.034$；

$\bar{\omega}_{\text{i3-dom}}=0.4259$，$\bar{\omega}_{\text{r3-dom}}=-3.7476$，$\bar{k}_{\text{r3-dom}}=1.2507$，$\bar{\xi}_0^3=0.006$

三级波叠加数值计算碎裂点为 $\bar{L}_{\text{b}}=1010$，$\bar{t}_{\text{b}}=473$

(a) 第一级波 $\bar{t}=0$；(b) 第二级波 $\bar{t}=0$；(c) 第三级波 $\bar{t}=0$；(d) 三级波叠加 $\bar{t}=0$；
(e) 第一级波 $\bar{t}=200$；(f) 第二级波 $\bar{t}=200$；(g) 第三级波 $\bar{t}=200$；(h) 三级波叠加 $\bar{t}=200$；
(i) 第一级波 $\bar{t}=450$；(j) 第二级波 $\bar{t}=450$；(k) 第三级波 $\bar{t}=450$；(l) 三级波叠加 $\bar{t}=450$；
(m) 第一级波 $\bar{t}=473$；(n) 第二级波 $\bar{t}=473$；(o) 第三级波 $\bar{t}=473$；(p) 三级波叠加 $\bar{t}=473$

根据实验观测，射流的碎裂长度要在一个波长内变化，即实际碎裂长度应在某一实验测量数据点左右半个波长内变化。从图 5-10(p)中可以看出，碎裂点处半个波长为 $\frac{\bar{\lambda}}{2} \approx 50$。实验的液膜量纲一碎裂长度为 $\bar{L}_b = 962 \pm 50 = 912 \sim 1012$，量纲一碎裂时间为 $\bar{t}_b = 962 \pm 17 = 945 \sim 979$。理论数值计算预测值与实验测量值相比，碎裂长度和碎裂时间的相对误差分别为 $E_{\bar{L}_b} = 0$ 和 $E_{\bar{t}_b} = 49.1\%$；绝对误差分别仅为 $\Delta_{L_b} = 0$ mm 和 $\Delta_{t_b} = 145$ms。我们也对其他液体流速下的平面液膜碎裂时间和碎裂长度进行了数值计算，发现在液体流速小于 3m/s 的低速射流工况下，对于碎裂时间和碎裂长度的理论预测结果与实验测量数据之间的相对误差较大；在大于 3m/s 的中高速射流工况下，相对误差较小，与实验数据的拟合很好，数值计算很准确。说明与实验数据相比，液体流速越大，理论计算预测结果越准确。从叠加图中还可以看出，第一级波和第二级波对波形叠加图的影响较大，而第三级波的影响较小。叠加的波形图与第一级波的波形图差别很大。说明第一级波和第二级波的叠加是导致液膜碎裂的主要因素。

5.11　结　　语

对平面液膜非线性不稳定性的理论研究表明：①对于第一级表面波，时空模式正对称波形的色散准则关系式与共轭复数模式的[12]完全相同，时空模式反对称波形上气液交界面的色散准则关系式与共轭复数模式上下气液交界面的完全相同，但反对称波形与正对称波形的色散准则关系式却不同。时空模式反对称波形上下气液交界面的色散准则关系式不同，根据色散准则关系式数值计算得到的波形图显示，反对称波形的上下气液交界面扰动振幅不同，上气液交界面的较大，下气液交界面的较小，并且存在相位差。也就是说，按照反对称波形推导得到的结果是一个振幅不等的近反对称波形。对于第二级表面波，反对称波形的色散准则关系式与共轭复数模式正/反对称波形的完全相同，但与时空模式正对称波形的却不同。时空模式正对称波形色散准则关系式中与第一级表面波相关的源项 S_{pv2} 的值非常小，数值计算结果与时空模式反对称波形和共轭复数模式正/反对称波形的几乎完全相同。对于第三级表面波，时空模式反对称波形与正对称波形的色散准则关系式不同。尽管时空模式与共轭复数模式的有些色散准则关系式完全相同，但由于它们的扰动振幅的初始函数表达式不同，因此数值计算得到的波形图也会有所不同。②对于第一级表面波，无论是时空模式还是共轭复数模式，也无论是反对称波形还是正对称波形，依据非线性不稳定性理论圆频率显式色散准则关系式数值计算得到的支配表面波增长率和支配波数与依据线性不稳定性理论隐式色散准则关系式数值计算得到的相应结果几乎完全相同。说明在液体表面张力和黏度不太大的情况下，非线性的圆频率显式色散准则关系式完全可以替代线性的隐式色散准则关系式。在进行数值计算时，不再需要采用穆勒方法进行数值迭代计算，使得编程计算过程大为简化。③射流的初始厚度并非是从喷嘴出口起始的，而是有所偏离。这是由于液体表面张力和喷嘴内部流体扰动影响的结果，这将导致初始扰动振幅的变化。④无论是时空模式还是共轭复数模式，也无论是反对称波形还是正对称波形，随着时间的推移，表面波的波长变化不大，振幅不断增大。⑤从叠加图中可以看出，反对称波形的第二级波对波形叠加图的影响较小，第三级波的影响更小。叠加的波形图与第一级波的波形图差别不大。说明第一级波是导致液膜碎裂的主要因素；正对称波形的第一级波和第二级波对波形叠加图的影响较大，而第三级波的影响较小。叠加的波形图与第一级波的波形图差别很大。说明第一级波和第二级波的叠加是导致液膜碎裂的主要因素。第三级波对波形叠加图以及液膜的碎裂影响很小。⑥比较正/反对称波形的碎裂时间和碎裂长度可以看出，在流动条件相同的情况下，反对称波形的碎裂点比正对称波形的距离喷嘴出口更近，碎裂时间更短。反对称波形的量纲一碎裂长度为 $\bar{L}_{\mathrm{b}}=407$，量纲一碎裂时间为 $\bar{t}_{\mathrm{b}}=373$；正对称波形的量纲一碎裂长度为 $\bar{L}_{\mathrm{b}}=1010$，量纲一碎裂时间为 $\bar{t}_{\mathrm{b}}=473$。该碎裂长度和碎裂时间是在上下气液交界面相碰点之后的多个碎裂点中，选取碎裂时间最短的一个。在液体流速 3m/s 下，反对称波形通常出现在射流的过渡区，而正对称波形则通常出现在射流的层流区。因此，反对称波形的碎裂时间和碎裂长度通常要比正对称波形的短。这一点从线性和非线性不稳定性分析中也可以得到印证，平面液膜第一级波反对称波形的表面波增长率通常要比正对称波形的大。见线性不稳定性分析的第 3 章，以及非线性不稳定性分析的图 5-9 和图 5-10。⑦通过正对称波形非线性理论预测值与实验测量值的比较可以看出，碎裂长度和碎裂时间的相对误差分别为 $E_{\bar{L}_{\mathrm{b}}}=0$ 和 $E_{\bar{t}_{\mathrm{b}}}=49.1\%$，绝对误差仅为 $\Delta_{L_{\mathrm{b}}}=0$ mm 和 $\Delta_{t_{\mathrm{b}}}=145$ ms，其中，碎裂长度更为重要。与实验数据相比，液体流速越大，理论计算结果越准确。⑧平面液膜非线性三级表面波正/反对称波形上下气液交界面共有 16 组解，其中三级波的 $\bar{\omega}_{\mathrm{r1}}$、$\bar{\omega}_{\mathrm{r2}}$ 和 $\bar{\omega}_{\mathrm{r3}}$ 均为负，但 $\bar{\omega}_{\mathrm{i1}}$、$\bar{\omega}_{\mathrm{i2}}$ 和 $\bar{\omega}_{\mathrm{i3}}$ 可为正，可为负，也可为零，因此最多可以得到 16 组解。我们选取了碎裂时间最短的解与实验数据进行了对比。该组解为正对称波形，在 $\bar{\omega}_{\mathrm{i11\text{-}dom}}$、$\bar{\omega}_{\mathrm{r11\text{-}dom}}$、$\bar{\omega}_{\mathrm{i2\text{-}dom}}$、$\bar{\omega}_{\mathrm{r2\text{-}dom}}$、$\bar{\omega}_{\mathrm{i3\text{-}dom}}$ 和 $\bar{\omega}_{\mathrm{r3\text{-}dom}}$ 中，只有 $\bar{\omega}_{\mathrm{i3\text{-}dom}}$ 为正，其余均为负。

习　题

5-1　为何要将边界条件采用泰勒级数在边界处展开？

5-2　试写出平面液膜三级波的连续性方程。

5-3　试写出平面液膜位于线性形式边界处的三级波运动学边界条件泰勒级数展开式。

5-4　试写出平面液膜位于线性形式边界处的三级波动力学边界条件泰勒级数展开式。

5-5　试写出平面液膜三级波的色散准则关系式。

第6章 圆射流瑞利-泰勒波的线性不稳定性

n 阶圆射流瑞利-泰勒波的线性不稳定性理论物理模型包括：①黏性不可压缩液流，允许使用流函数进行推导，本章采用矢量分析与场论方法推导。仅有顺向液流基流速度，即 $U_{z1}\neq 0, U_{r1}=U_{\theta 1}=0$。②无黏性可压缩气流，既有顺向气流基流速度，又有旋转向气流基流速度，即 $U_{rg}=0, U_{\theta g}\neq 0, U_{zg}\neq 0$。③三维扰动连续性方程和纳维-斯托克斯控制方程组，一维扰动的运动学边界条件和动力学边界条件。④仅研究时间模式 n 阶正/反对称波形的瑞利-泰勒波，本章讨论的均为 n 阶圆射流。⑤仅研究第一级波，而不涉及第二级波和第三级波及它们的叠加。⑥采用的研究方法为线性不稳定性理论。

6.1 圆射流瑞利-泰勒波微分方程的建立和求解

6.1.1 圆射流瑞利-泰勒波液相微分方程的建立

将三维扰动液相动量守恒方程(2-9)线性化和量纲一化，得

$$\left(\frac{\partial}{\partial \bar{t}}+\frac{\partial}{\partial \bar{z}}\right)\bar{\boldsymbol{u}}_1=-Eu_1\nabla\bar{p}_1+\frac{1}{Re_1}\Delta\bar{\boldsymbol{u}} \tag{6-1}$$

参照方程(2-100)～方程(2-102)，将方程(6-1)展开，得

r 方向动量守恒方程：

$$\bar{u}_{r1,\bar{t}}+\bar{u}_{r1,\bar{z}}=-Eu_1\bar{p}_{1,\bar{r}}+\frac{1}{Re_1}\Delta\bar{u}_{r1} \tag{6-2}$$

θ 方向动量守恒方程：

$$\bar{u}_{\theta 1,\bar{t}}+\bar{u}_{\theta 1,\bar{z}}=-\frac{1}{\bar{r}}Eu_1\bar{p}_{1,\theta}+\frac{1}{Re_1}\Delta\bar{u}_{\theta 1} \tag{6-3}$$

z 方向动量守恒方程：

$$\bar{u}_{z1,\bar{t}}+\bar{u}_{z1,\bar{z}}=-Eu_1\bar{p}_{1,z}+\frac{1}{Re_1}\Delta\bar{u}_{z1} \tag{6-4}$$

方程(6-1)等号两侧同时点乘哈密顿算子∇，得

$$\left(\frac{\partial}{\partial \bar{t}}+\frac{\partial}{\partial \bar{z}}\right)\nabla\cdot\bar{\boldsymbol{u}}_1=-Eu_1\Delta\bar{p}_1+\frac{1}{Re_1}\Delta(\nabla\cdot\bar{\boldsymbol{u}}) \tag{6-5}$$

由于液相为不可压缩流体，根据连续性方程(2-2)，有

$$\Delta\bar{p}_1=0 \tag{6-6}$$

根据方程(1-112)，液相扰动压力为

$$\bar{p}_1=\bar{p}_1(\bar{z})\exp\left[\bar{\omega}\bar{t}+\mathrm{i}(n+k_\theta)\theta+\mathrm{i}\bar{k}_z\bar{z}\right] \tag{6-7}$$

将方程(6-7)代入方程(6-6)，得瑞利-泰勒波液相微分方程。

$$p_1(\bar{r})_{,\bar{r}\bar{r}} + \frac{1}{\bar{r}}p_1(\bar{r})_{,\bar{r}} - \left[\frac{(n+k_\theta)^2}{\bar{r}^2} + \bar{k}_z^2\right]p_1(\bar{r}) = 0 \tag{6-8}$$

该式为 $n+k_\theta$ 阶修正贝塞尔方程。

6.1.2 圆射流瑞利-泰勒波液相微分方程的求解

6.1.2.1 液相扰动压力的通解

$n+k_\theta$ 阶修正贝塞尔方程(6-8)的通解为

$$\bar{p}_1(\bar{r}) = c_1 \mathrm{I}_{n+k_\theta}(\bar{k}_z\bar{r}) + c_2 \mathrm{K}_{n+k_\theta}(\bar{k}_z\bar{r}) \tag{6-9}$$

式中，I 为第一类修正贝塞尔函数，K 为第二类修正贝塞尔函数，角标为修正贝塞尔函数的阶数，括号内为自变量。对于贝塞尔函数的论述详见附录 B。

根据附录 B 中的图 B-2 可知，对于液相，当 $r\to 0$ 时，$\mathrm{K}_n\to\infty$，因此，有 $c_2=0$。方程(6-9)变成

$$\bar{p}_1(\bar{r}) = c_1 \mathrm{I}_{n+k_\theta}(\bar{k}_z\bar{r}) \tag{6-10}$$

该式即为 $n+k_\theta$ 阶修正贝塞尔方程(6-8)的通解。

6.1.2.2 液相三维扰动速度的通解

根据方程(1-112)，圆射流瑞利-泰勒波三维扰动速度为

$$\bar{u}_{r1} = \bar{u}_{r1}(\bar{r})\exp\left[\bar{\omega}\bar{t} + \mathrm{i}(n+k_\theta)\theta + \mathrm{i}\bar{k}_z\bar{z}\right] \tag{6-11}$$

$$\bar{u}_{\theta 1} = \bar{u}_{\theta 1}(\bar{r})\exp\left[\bar{\omega}\bar{t} + \mathrm{i}(n+k_\theta)\theta + \mathrm{i}\bar{k}_z\bar{z}\right] \tag{6-12}$$

$$\bar{u}_{z1} = \bar{u}_{z1}(\bar{r})\exp\left[\bar{\omega}\bar{t} + \mathrm{i}(n+k_\theta)\theta + \mathrm{i}\bar{k}_z\bar{z}\right] \tag{6-13}$$

动量守恒方程(6-2)～方程(6-4)中扰动速度的拉普拉斯算子为

$$\Delta\bar{u}_{r1} = \bar{u}_{r1,\bar{r}\bar{r}} + \frac{1}{\bar{r}}\bar{u}_{r1,\bar{r}} + \frac{1}{\bar{r}^2}\bar{u}_{r1,\theta\theta} + \bar{u}_{r1,\bar{z}\bar{z}} \tag{6-14}$$

$$\Delta\bar{u}_{\theta 1} = \bar{u}_{\theta 1,\bar{r}\bar{r}} + \frac{1}{\bar{r}}\bar{u}_{\theta 1,\bar{r}} + \frac{1}{\bar{r}^2}\bar{u}_{\theta 1,\theta\theta} + \bar{u}_{\theta 1,\bar{z}\bar{z}} \tag{6-15}$$

$$\Delta\bar{u}_{z1} = \bar{u}_{z1,\bar{r}\bar{r}} + \frac{1}{\bar{r}}\bar{u}_{z1,\bar{r}} + \frac{1}{\bar{r}^2}\bar{u}_{z1,\theta\theta} + \bar{u}_{z1,\bar{z}\bar{z}} \tag{6-16}$$

将方程(6-11)～方程(6-13)和方程(6-14)～方程(6-16)代入动量方程(6-2)～方程(6-4)，得

$$\bar{u}_{r1}(\bar{r})_{,\bar{r}\bar{r}} + \frac{1}{\bar{r}}\bar{u}_{r1}(\bar{r})_{,\bar{r}} - \left[\bar{s}^2 + \frac{(n+k_\theta)^2}{\bar{r}^2}\right]\bar{u}_{r1}(\bar{r}) = c_1 k_z Eu_1 Re_1 \mathrm{I}'_{n+k_\theta}(k_z\bar{r}) \tag{6-17}$$

$$\bar{u}_{\theta 1}(\bar{r})_{,\bar{r}\bar{r}} + \frac{1}{\bar{r}}\bar{u}_{\theta 1}(\bar{r})_{,\bar{r}} - \left[\bar{s}^2 + \frac{(n+k_\theta)^2}{\bar{r}^2}\right]\bar{u}_{\theta 1}(\bar{r}) = c_1 \frac{\mathrm{i}(n+k_\theta)}{\bar{r}} Eu_1 Re_1 \mathrm{I}_{n+k_\theta}(k_z\bar{r}) \tag{6-18}$$

$$\bar{u}_{z1}(\bar{r})_{,\bar{r}\bar{r}} + \frac{1}{\bar{r}}\bar{u}_{z1}(\bar{r})_{,\bar{r}} - \left[\bar{s}^2 + \frac{(n+k_\theta)^2}{\bar{r}^2}\right]\bar{u}_{z1}(\bar{r}) = c_1 \mathrm{i}\bar{k}_z Eu_1 Re_1 \mathrm{I}_{n+k_\theta}(k_z\bar{r}) \tag{6-19}$$

式中

$$\bar{s}^2=\bar{k}_z^2+Re_1(\bar{\omega}+\mathrm{i}\bar{k}_z) \tag{6-20}$$

由方程(6-14)～方程(6-16)，通过与参考文献[1]的同理步骤，可以得到圆射流瑞利-泰勒波三维扰动速度的通解。

r 方向的扰动速度通解：

$$\bar{u}_{r1}(\bar{r})=c_2\mathrm{I}'_{n+k_\theta}(\bar{s}\bar{r})-c_1\frac{\bar{k}_zEu_1}{\bar{\omega}+\mathrm{i}\bar{k}_z}\mathrm{I}'_{n+k_\theta}(\bar{k}_z\bar{r}) \tag{6-21}$$

$$\bar{u}_{r1}=\left[c_2\mathrm{I}'_{n+k_\theta}(\bar{s}\bar{r})-c_1\frac{\bar{k}_zEu_1}{\bar{\omega}+\mathrm{i}\bar{k}_z}\mathrm{I}'_{n+k_\theta}(\bar{k}_z\bar{r})\right]\exp[\bar{\omega}\bar{t}+\mathrm{i}(n+k_\theta)\theta+\mathrm{i}\bar{k}_z\bar{z}] \tag{6-22}$$

θ 方向的扰动速度通解：

$$u_{\theta1}(\bar{r})=-c_1\frac{\mathrm{i}k_zEu_1}{\bar{\omega}+\mathrm{i}\bar{k}_z}[\mathrm{I}_{n+k_\theta-1}(\bar{k}_z\bar{r})-\mathrm{I}'_{n+k_\theta}(\bar{k}_z\bar{r})]-c_2i[\mathrm{I}_{n+k_\theta-1}(\bar{s}\bar{r})-\mathrm{I}'_{n+k_\theta}(\bar{s}\bar{r})] \tag{6-23}$$

$$u_{\theta1}=\left\{\begin{array}{l}-c_1\dfrac{\mathrm{i}k_zEu_1}{\bar{\omega}+\mathrm{i}\bar{k}_z}[\mathrm{I}_{n+k_\theta-1}(\bar{k}_z\bar{r})-\mathrm{I}'_{n+\bar{k}_\theta}(\bar{k}_z\bar{r})]-\\c_2i[\mathrm{I}_{n+k_\theta-1}(\bar{s}\bar{r})-\mathrm{I}'_{n+k_\theta}(\bar{s}\bar{r})]\end{array}\right\}\exp[\bar{\omega}\bar{t}+\mathrm{i}(n+k_\theta)\theta+\mathrm{i}\bar{k}_z\bar{z}] \tag{6-24}$$

z 方向的扰动速度通解：

$$\bar{u}_{z1}(\bar{r})=c_2\left(\frac{\mathrm{i}\bar{s}}{\bar{k}_z}\right)\mathrm{I}_{n+k_\theta}(\bar{s}\bar{r})-c_1\frac{\mathrm{i}\bar{k}_zEu_1}{\omega+\mathrm{i}\bar{k}_z}\mathrm{I}_{n+k_\theta}(\bar{k}_z\bar{r}) \tag{6-25}$$

$$\bar{u}_{z1}=\left[c_2\frac{\mathrm{i}\bar{s}}{\bar{k}_z}\mathrm{I}_{n+k_\theta}(\bar{s}\bar{r})-c_1\frac{\mathrm{i}\bar{k}_zEu_1}{\omega+\mathrm{i}\bar{k}_z}\mathrm{I}_{n+k_\theta}(\bar{k}_z\bar{r})\right]\exp[\bar{\omega}\bar{t}+\mathrm{i}(n+k_\theta)\theta+\mathrm{i}\bar{k}_z\bar{z}] \tag{6-26}$$

6.1.2.3　对液相三维扰动速度通解的验证

由于通解是试算出来的，因此需要验证。通过与参考文献[1]的同理验证，可以证明求得的非齐次修正贝塞尔方程(6-14)～方程(6-16)的通解式(6-21)～式(6-26)是正确的。

6.1.2.4　液相微分方程的特解

通过与参考文献[1]同样的步骤，可以得到 n 阶圆射流瑞利-泰勒波液相微分方程的积分常数。

$$c_1=-\bar{\xi}_0\frac{(\bar{\omega}+\mathrm{i}\bar{k}_z)(\bar{s}^2+\bar{k}_z^2)}{\bar{k}_zEu_1Re_1\mathrm{I}'_{n+k_\theta}(\bar{k}_z)} \tag{6-27}$$

$$c_2=-\bar{\xi}_0\frac{2\bar{k}_z^2}{Re_1\mathrm{I}'_{n+k_\theta}(\bar{s})} \tag{6-28}$$

6.1.2.5 液相扰动压力的特解

将方程(6-27)代入方程(6-10)，得液相扰动压力的特解：

$$\bar{p}_1(\bar{r}) = -\bar{\xi}_0 \frac{(\bar{\omega} + \mathrm{i}\bar{k}_z)(\bar{s}^2 + \bar{k}_z^2)}{\bar{k}_z Eu_1 Re_1} \frac{\mathrm{I}_{n+k_\theta}(\bar{k}_z \bar{r})}{\mathrm{I}'_{n+k_\theta}(\bar{k}_z)} \tag{6-29}$$

和

$$\bar{p}_1 = -\bar{\xi}_0 \frac{(\bar{\omega} + \mathrm{i}\bar{k}_z)(\bar{s}^2 + \bar{k}_z^2)}{\bar{k}_z Eu_1 Re_1} \frac{\mathrm{I}_{n+k_\theta}(\bar{k}_z \bar{r})}{\mathrm{I}'_{n+k_\theta}(\bar{k}_z)} \exp[\bar{\omega}\bar{t} + \mathrm{i}(n + k_\theta)\theta + \mathrm{i}\bar{k}_z \bar{z}] \tag{6-30}$$

6.1.2.6 液相扰动速度的特解

将方程(6-27)和方程(6-28)代入方程(6-21)～方程(6-26)，即可得到三维扰动液相扰动速度的特解。

r 方向的扰动速度特解

$$\bar{u}_{r1}(\bar{r}) = \frac{\bar{\xi}}{Re_1}\left[(\bar{s}^2 + \bar{k}_z^2)\frac{\mathrm{I}'_{n+k_\theta}(\bar{k}_z \bar{r})}{\mathrm{I}'_{n+k_\theta}(\bar{k}_z)} - 2\bar{k}_z^2 \frac{\mathrm{I}'_{n+k_\theta}(\bar{s}\bar{r})}{\mathrm{I}'_{n+k_\theta}(\bar{s})}\right] \tag{6-31}$$

$$\bar{u}_{r1} = \frac{\bar{\xi}_0}{Re_1}\left[(\bar{s}^2 + \bar{k}_z^2)\frac{\mathrm{I}'_{n+k_\theta}(\bar{k}_z \bar{r})}{\mathrm{I}'_{n+k_\theta}(\bar{k}_z)} - 2\bar{k}_z^2 \frac{\mathrm{I}'_{n+k_\theta}(\bar{s}\bar{r})}{\mathrm{I}'_{n+k_\theta}(\bar{s})}\right] \exp[\bar{\omega}\bar{t} + \mathrm{i}(n + k_\theta)\theta + \mathrm{i}\bar{k}_z \bar{z}] \tag{6-32}$$

θ 方向的扰动速度特解

$$u_{\theta 1}(\bar{r}) = \frac{\bar{\xi}}{Re_1}\left[(\bar{s}^2 + \bar{k}_z^2)\frac{\mathrm{I}_{n+k_\theta-1}(\bar{k}_z \bar{r}) - \mathrm{I}'_{n+k_\theta}(\bar{k}_z \bar{r})}{\mathrm{I}'_{n+k_\theta}(\bar{k}_z)} + 2\mathrm{i}\bar{k}_z^2 \frac{\mathrm{I}_{n+k_\theta-1}(\bar{s}\bar{r}) - \mathrm{I}'_{n+k_\theta}(\bar{s}\bar{r})}{\mathrm{I}'_{n+k_\theta}(\bar{s})}\right] \tag{6-33}$$

$$u_{\theta 1} = \frac{\bar{\xi}_0}{Re_1}\left[\begin{array}{l}(\bar{s}^2 + \bar{k}_z^2)\dfrac{\mathrm{I}_{n+k_\theta-1}(\bar{k}_z \bar{r}) - \mathrm{I}'_{n+k_\theta}(\bar{k}_z \bar{r})}{\mathrm{I}'_{n+k_\theta}(\bar{k}_z)} + \\ 2\mathrm{i}\bar{k}_z^2 \dfrac{\mathrm{I}_{n+k_\theta-1}(\bar{s}\bar{r}) - \mathrm{I}'_{n+k_\theta}(\bar{s}\bar{r})}{\mathrm{I}'_{n+k_\theta}(\bar{s})}\end{array}\right] \exp[\bar{\omega}\bar{t} + \mathrm{i}(n + k_\theta)\theta + \mathrm{i}\bar{k}_z \bar{z}] \tag{6-34}$$

z 方向的扰动速度特解

$$\bar{u}_{z1}(\bar{r}) = \frac{\bar{\xi}}{Re_1}\left[(\bar{s}^2 + \bar{k}_z^2)\frac{\mathrm{I}_{n+k_\theta}(\bar{k}_z \bar{r})}{\mathrm{I}'_{n+k_\theta}(\bar{k}_z)} - 2\mathrm{i}\bar{k}_z \bar{s} \frac{\mathrm{I}_{n+k_\theta}(\bar{s}\bar{r})}{\mathrm{I}'_{n+k_\theta}(\bar{s})}\right] \tag{6-35}$$

$$\bar{u}_{z1} = \frac{\bar{\xi}_0}{Re_1}\left[(\bar{s}^2 + \bar{k}_z^2)\frac{\mathrm{I}_{n+k_\theta}(\bar{k}_z \bar{r})}{\mathrm{I}'_{n+k_\theta}(\bar{k}_z)} - 2\mathrm{i}\bar{k}_z \bar{s} \frac{\mathrm{I}_{n+k_\theta}(\bar{s}\bar{r})}{\mathrm{I}'_{n+k_\theta}(\bar{s})}\right] \exp[\bar{\omega}\bar{t} + \mathrm{i}(n + k_\theta)\theta + \mathrm{i}\bar{k}_z \bar{z}] \tag{6-36}$$

6.1.2.7 对三维扰动液相扰动速度和扰动压力特解的验证

将液相瑞利-泰勒波扰动速度和扰动压力的特解去掉泰勒波之后与瑞利波的特解进行对比验证，发现两者完全相同，证明瑞利-泰勒波扰动速度和扰动压力特解的推导过程是正确的。

6.1.3 圆射流瑞利-泰勒波气相微分方程的建立

当 r 方向基流速度 $U_{rg}=0$ 时，三维扰动气相连续性方程(2-39)变为

$$\bar{p}_{g,\bar{t}}+\frac{1}{\bar{r}}\bar{U}_\theta\bar{p}_{g,\theta}+\bar{U}_z\bar{p}_{g,\bar{z}}=-\bar{U}_z\ \nabla\cdot\bar{\boldsymbol{u}}_g \tag{6-37}$$

将三维扰动气相动量守恒方程(2-9)线性化、量纲一化并进行黏性项简化，得

$$\left(\frac{1}{\bar{U}_z}\frac{\partial}{\partial\bar{t}}+\frac{1}{\bar{r}}\frac{\bar{U}_\theta}{\bar{U}_z}\frac{\partial}{\partial\theta}+\frac{\partial}{\partial\bar{z}}\right)\bar{\boldsymbol{u}}_g=-\frac{1}{Ma_{zg}^2}\nabla\bar{p}_g \tag{6-38}$$

方程(6-38)两边同时点乘哈密顿算子，得

$$\left(\frac{1}{\bar{U}_z}\frac{\partial}{\partial\bar{t}}+\frac{1}{\bar{r}}\frac{\bar{U}_\theta}{\bar{U}_z}\frac{\partial}{\partial\bar{\theta}}+\frac{\partial}{\partial\bar{z}}\right)\nabla\cdot\bar{\boldsymbol{u}}_g=-\frac{1}{Ma_{zg}^2}\Delta\bar{p}_g \tag{6-39}$$

将连续性方程(6-37)代入方程(6-39)，得

$$\left(\frac{1}{\bar{U}_z}\frac{\partial}{\partial\bar{t}}+\frac{1}{\bar{r}}\frac{\bar{U}_\theta}{\bar{U}_z}\frac{\partial}{\partial\theta}+\frac{\partial}{\partial\bar{z}}\right)\left(\frac{1}{\bar{U}_z}\frac{\partial}{\partial\bar{t}}+\frac{1}{\bar{r}}\frac{\bar{U}_\theta}{\bar{U}_z}\frac{\partial}{\partial\theta}+\frac{\partial}{\partial\bar{z}}\right)\bar{p}_g=\frac{1}{Ma_{zg}^2}\Delta\bar{p}_g \tag{6-40}$$

整理得

$$\frac{1}{\bar{U}_z^2}\frac{\partial^2\bar{p}_g}{\partial\bar{t}^2}+\frac{\bar{U}_\theta}{\bar{r}\bar{U}_z^2}\frac{\partial^2\bar{p}_g}{\partial\bar{t}\partial\theta}+\frac{1}{\bar{U}_z}\frac{\partial^2\bar{p}_g}{\partial\bar{t}\partial\bar{z}}+\frac{1}{\bar{r}}\frac{\bar{U}_\theta}{\bar{U}_z^2}\frac{\partial^2\bar{p}_g}{\partial\bar{t}\partial\theta}+\frac{1}{\bar{r}^2}\frac{\bar{U}_\theta^2}{\bar{U}_z^2}\frac{\partial^2\bar{p}_g}{\partial\theta^2}+$$
$$\frac{1}{\bar{r}}\frac{\bar{U}_\theta}{\bar{U}_z}\frac{\partial^2\bar{p}_g}{\partial\theta\partial\bar{z}}+\frac{1}{\bar{U}_z}\frac{\partial^2\bar{p}_g}{\partial\bar{t}\partial\bar{z}}+\frac{1}{\bar{r}}\frac{\bar{U}_\theta}{\bar{U}_z}\frac{\partial^2\bar{p}_g}{\partial\theta\partial\bar{z}}+\frac{\partial^2\bar{p}_g}{\partial\bar{z}^2}=\frac{1}{Ma_{zg}^2}\Delta\bar{p}_g \tag{6-41}$$

根据方程(1-112)，气相扰动压力为

$$\bar{p}_g=\bar{p}_g(\bar{r})\exp[\bar{\omega}\bar{t}+\mathrm{i}(n+k_\theta)\theta+\mathrm{i}\bar{k}_z\bar{z}] \tag{6-42}$$

将方程(6-42)代入方程(6-41)，得

$$\frac{\bar{\omega}^2}{\bar{U}_z^2}p(\bar{r})_g+\frac{2\mathrm{i}(n+k_\theta)\bar{\omega}\bar{U}_\theta}{\bar{r}\bar{U}_z^2}p(\bar{r})_g+\frac{2\mathrm{i}\bar{k}_z\bar{\omega}}{\bar{U}_z}p(\bar{r})_g-\frac{(n+k_\theta)^2}{\bar{r}^2}\frac{\bar{U}_\theta^2}{\bar{U}_z^2}p(\bar{r})_g-$$
$$\bar{k}_z^2p(\bar{r})_g-2\frac{\bar{k}_z(n+k_\theta)}{\bar{r}}\frac{\bar{U}_\theta}{\bar{U}_z}p(\bar{r})_g=\frac{1}{Ma_{zg}^2}p(\bar{r})_{g,\bar{r}\bar{r}}+\frac{1}{Ma_{zg}^2}\frac{1}{\bar{r}}p(\bar{r})_{g,\bar{r}}-$$
$$\frac{1}{Ma_{zg}^2}\left[\frac{(n+k_\theta)^2}{\bar{r}^2}+\bar{k}_z^2\right]p(\bar{r})_g \tag{6-43}$$

整理方程(6-43)，得

$$\frac{1}{Ma_{zg}^2}p(\bar{r})_{g,rr}+\frac{1}{\bar{r}}\frac{1}{Ma_{zg}^2}p(\bar{r})_{g,r}-$$
$$\left[\begin{matrix}\dfrac{\bar{\omega}^2}{\bar{U}_z^2}+\dfrac{2\mathrm{i}(n+k_\theta)\bar{\omega}\bar{U}_\theta}{\bar{r}\bar{U}_z^2}+\dfrac{2\mathrm{i}\bar{k}_z\bar{\omega}}{\bar{U}_z}-\dfrac{(n+k_\theta)^2}{\bar{r}^2}\dfrac{\bar{U}_\theta^2}{\bar{U}_z^2}-\\ 2\dfrac{\bar{k}_z(n+k_\theta)}{\bar{r}}\dfrac{\bar{U}_\theta}{\bar{U}_z}-\bar{k}_z^2+\dfrac{1}{Ma_{zg}^2}\dfrac{(n+k_\theta)^2}{\bar{r}^2}+\dfrac{1}{Ma_{zg}^2}\bar{k}_z^2\end{matrix}\right]p(\bar{r})_g=0 \tag{6-44}$$

方程(6-44)两边同时乘以 Ma_{zg}^2，得

$$\bar{p}_g(\bar{r})_{,\bar{r}\bar{r}}+\frac{1}{\bar{r}}\bar{p}_g(\bar{r})_{,\bar{r}}-\left[\left(\bar{\omega}^2\frac{Ma_{z1}^2}{\bar{C}^2}+2\mathrm{i}\bar{k}_z\bar{\omega}\bar{U}_z\frac{Ma_{z1}^2}{\bar{C}^2}-\bar{k}_z^2\frac{Ma_{z1}^2}{\bar{C}^2}+\bar{k}_z^2\right)+\frac{(n+k_\theta)^2-(n+k_\theta)^2\bar{U}_\theta^2\frac{Ma_{z1}^2}{\bar{C}^2}}{\bar{r}^2}+\frac{Ma_{z1}^2}{\bar{C}^2}\frac{2\mathrm{i}\bar{\omega}(n+k_\theta)\bar{U}_\theta-2\bar{k}_z(n+k_\theta)\bar{U}_\theta\bar{U}_z}{\bar{r}}\right]\bar{p}_g(\bar{r})=0 \tag{6-45}$$

6.1.4 圆射流瑞利-泰勒波气相微分方程的求解

6.1.4.1 气相微分方程的通解

将方程(6-45)中的参数分别表示为 $\bar{s}_{g1}^2$、$\bar{s}_{g2}^2$、$\bar{s}_{g3}$，有

$$\bar{s}_{g1}^2=(\bar{\omega}^2+2\mathrm{i}\bar{k}_z\bar{\omega}\bar{U}_z)\frac{Ma_{z1}^2}{\bar{C}^2}+\bar{k}_z^2(1-Ma_{zg}^2) \tag{6-46}$$

$$\bar{s}_{g2}^2=(n+k_\theta)^2(1-Ma_{\theta g}^2) \tag{6-47}$$

$$\bar{s}_{g3}=2\mathrm{i}\bar{\omega}(n+k_\theta)\bar{U}_\theta\frac{Ma_{z1}^2}{\bar{C}^2}-2(n+k_\theta)\bar{k}_z Ma_{\theta g}Ma_{zg} \tag{6-48}$$

则

$$\bar{p}_g(\bar{r})_{,\bar{r}\bar{r}}+\frac{1}{\bar{r}}\bar{p}_g(\bar{r})_{,\bar{r}}-\left(\bar{s}_{g1}^2+\frac{\bar{s}_{g2}^2}{\bar{r}^2}\right)\bar{p}_g(\bar{r})=\frac{\bar{s}_{g3}}{\bar{r}}\bar{p}_g(\bar{r}) \tag{6-49}$$

对于非齐次修正贝塞尔方程(B-18)，采用常数变易法，参考文献[107]、文献[108]及经过对文献[109]修正后，推导得到的通解为方程(B-19)。则非齐次修正贝塞尔方程(6-49)的通解为

$$\begin{aligned}\bar{p}_g(\bar{r})=&c_3\mathrm{I}_{\bar{s}_{g2}}(\bar{s}_{g1}\bar{r})+c_4\mathrm{K}_{\bar{s}_{g2}}(\bar{s}_{g1}\bar{r})+\\&\mathrm{I}_{\bar{s}_{g2}}(\bar{s}_{g1}\bar{r})\bar{s}_{g3}\int\bar{p}_g(\bar{r})\mathrm{K}_{\bar{s}_{gj}}(\bar{s}_{g1}\bar{r})\mathrm{d}\bar{r}-\mathrm{K}_{\bar{s}_{g2}}(\bar{s}_{g1}\bar{r})\bar{s}_{g3}\int\bar{p}_g(\bar{r})\mathrm{I}_{\bar{s}_{g2}}(\bar{s}_{g1}\bar{r})\mathrm{d}\bar{r}\\=&\mathrm{I}_{\bar{s}_{g2}}(\bar{s}_{g1}\bar{r})\left[c_3+\bar{s}_{g3}\int\bar{p}_g(\bar{r})\mathrm{K}_{\bar{s}_{g2}}(\bar{s}_g\bar{r})\mathrm{d}\bar{r}\right]+\\&\mathrm{K}_{\bar{s}_{g2}}(\bar{s}_{g1}\bar{r})\left[c_4-\bar{s}_{g3}\int\bar{p}_g(\bar{r})\mathrm{I}_{\bar{s}_{g2}}(\bar{s}_{g1}\bar{r})\mathrm{d}\bar{r}\right]\end{aligned} \tag{6-50}$$

式中，c_3、c_4 为积分常数。根据图 B-2，对于气相，在 $\bar{r}\to\infty$ 处，$\mathrm{I}_n\to\infty$。因此，$c_3+\bar{s}_{g3}\int\bar{p}_g(\bar{r})\mathrm{K}_{\bar{s}_{g2}}(\bar{s}_{g1}\bar{r})\mathrm{d}\bar{r}=0$，方程(6-50)变成

$$\bar{p}_g(\bar{r})=\mathrm{K}_{\bar{s}_{g2}}(\bar{s}_{g1}\bar{r})\left[c_4-\bar{s}_{g3}\int\bar{p}_g(\bar{r})\mathrm{I}_{\bar{s}_{g2}}(\bar{s}_{g1}\bar{r})\mathrm{d}\bar{r}\right] \tag{6-51}$$

移项，得

$$\bar{s}_{g3}\int \bar{p}_g(\bar{r})\mathrm{I}_{\bar{s}_{g2}}(\bar{s}_{g1}\bar{r})\mathrm{d}\bar{r}=c_4-\frac{\bar{p}_g(\bar{r})}{\mathrm{K}_{\bar{s}_{g2}}(\bar{s}_{g1}\bar{r})} \tag{6-52}$$

方程(6-52)对 $\bar{r}$ 求一阶偏导数，得

$$\bar{p}_g(\bar{r})_{,\bar{r}}+\left[\bar{s}_{g3}\mathrm{I}_{\bar{s}_{g2}}(\bar{s}_{g1}\bar{r})\mathrm{K}_{\bar{s}_{g2}}(\bar{s}_{g1}\bar{r})-\bar{s}_{g1}\frac{\mathrm{K}'_{\bar{s}_{g2}}(\bar{s}_{g1}\bar{r})}{\mathrm{K}_{\bar{s}_{g2}}(\bar{s}_{g1}\bar{r})}\right]\bar{p}_g(\bar{r})=0 \tag{6-53}$$

对于一阶线性齐次微分方程 $y'+P(x)y=0$，其通解为 $y=c\mathrm{e}^{-\int P(x)\mathrm{d}x}$。则方程(6-53)的通解为

$$\bar{p}_g(\bar{r})=c_5\exp\int\left[\bar{s}_{g1}\frac{\mathrm{K}'_{\bar{s}_{g2}}(\bar{s}_{g1}\bar{r})}{\mathrm{K}_{\bar{s}_{g2}}(\bar{s}_{g1}\bar{r})}-\bar{s}_{g3}\mathrm{I}_{\bar{s}_{g2}}(\bar{s}_{g1}\bar{r})\mathrm{K}_{\bar{s}_{g2}}(\bar{s}_{g1}\bar{r})\right]\mathrm{d}\bar{r} \tag{6-54}$$

令积分

$$J(\bar{r})=\int\left[\bar{s}_{g1}\frac{\mathrm{K}'_{\bar{s}_{g2}}(\bar{s}_{g1}\bar{r})}{\mathrm{K}_{\bar{s}_{g2}}(\bar{s}_{g1}\bar{r})}-\bar{s}_{g3}\mathrm{I}_{\bar{s}_{g2}}(\bar{s}_{g1}\bar{r})\mathrm{K}_{\bar{s}_{g2}}(\bar{s}_{g1}\bar{r})\right]\mathrm{d}\bar{r} \tag{6-55}$$

则通解为

$$\bar{p}_g(\bar{r})=c_5\mathrm{e}^{J(\bar{r})} \tag{6-56}$$

和

$$\bar{p}_g=c_5\exp[\bar{\omega}\bar{t}+\mathrm{i}(n+k_\theta)\theta+\mathrm{i}\bar{k}_z\bar{z}+J(\bar{r})] \tag{6-57}$$

6.1.4.2　对气相扰动压力通解的验证

为了证明非齐次修正贝塞尔方程通解的正确性，我们要进行反推验证。将方程(6-50)代入 $\bar{r}$ 方向非齐次修正贝塞尔方程(6-49)。对 $\bar{r}$ 求一阶偏导数，得

$$\begin{aligned}\bar{p}_g(\bar{r})_{,\bar{r}}=&c_3\mathrm{I}_{\bar{s}_{g2}}(\bar{s}_{g1}\bar{r})_{,\bar{r}}+c_4\mathrm{K}_{\bar{s}_{g2}}(\bar{s}_{g1}\bar{r})_{,\bar{r}}+\\&\mathrm{I}_{\bar{s}_{g2}}(\bar{s}_{g1}\bar{r})_{,\bar{r}}\bar{s}_{g3}\int\bar{p}_g(\bar{r})\mathrm{K}_{\bar{s}_{g2}}(\bar{s}_{g1}\bar{r})\mathrm{d}\bar{r}-\\&\mathrm{K}_{\bar{s}_{g2}}(\bar{s}_{g1}\bar{r})_{,\bar{r}}\bar{s}_{g3}\int\bar{p}_g(\bar{r})\mathrm{I}_{\bar{s}_{g2}}(\bar{s}_{g1}\bar{r})\mathrm{d}\bar{r}\end{aligned} \tag{6-58}$$

对 $\bar{r}$ 求二阶偏导数，得

$$\begin{aligned}\bar{p}_g(\bar{r})_{,\bar{r}\bar{r}}=&c_3\mathrm{I}_{\bar{s}_{g2}}(\bar{s}_{g1}\bar{r})_{,\bar{r}\bar{r}}+c_4\mathrm{K}_{\bar{s}_{g2}}(\bar{s}_{g1}\bar{r})_{,\bar{r}\bar{r}}+\\&\mathrm{I}_{\bar{s}_{gj}}(\bar{s}_{g1}\bar{r})_{,\bar{r}\bar{r}}\bar{s}_{g3}\int\bar{p}_g(\bar{r})\mathrm{K}_{\bar{s}_{g2}}(\bar{s}_{g1}\bar{r})\mathrm{d}\bar{r}+\\&\bar{s}_{g3}\bar{p}_g(\bar{r})\mathrm{I}_{\bar{s}_{g2}}(\bar{s}_{g1}\bar{r})_{,\bar{r}}\mathrm{K}_{\bar{s}_{g2}}(\bar{s}_{g1}\bar{r})-\\&\mathrm{K}_{\bar{s}_{g2}}(\bar{s}_{g1}\bar{r})_{,\bar{r}\bar{r}}\bar{s}_{g3}\int\bar{p}_g(\bar{r})\mathrm{I}_{\bar{s}_{g2}}(\bar{s}_{g1}\bar{r})\mathrm{d}\bar{r}-\\&\bar{s}_{g3}\bar{p}_g(\bar{r})\mathrm{I}_{\bar{s}_{g2}}(\bar{s}_{g1}\bar{r})\mathrm{K}_{\bar{s}_{g2}}(\bar{s}_{g1}\bar{r})_{,\bar{r}}\end{aligned} \tag{6-59}$$

将方程(6-58)和方程(6-59)代入方程(6-49)，得

$$
\begin{aligned}
\text{左侧} =\, & c_3 \mathrm{I}_{\bar{s}_{g2}}(\bar{s}_{g1}\bar{r})_{,\bar{r}\bar{r}} + c_4 \mathrm{K}_{\bar{s}_{g2}}(\bar{s}_{g1}\bar{r})_{,\bar{r}\bar{r}} + \\
& \mathrm{I}_{\bar{s}_{g2}}(\bar{s}_{g1}\bar{r})_{,\bar{r}\bar{r}}\bar{s}_{g3}\int \bar{p}_g(\bar{r})\mathrm{K}_{\bar{s}_{g2}}(\bar{s}_{g1}\bar{r})\mathrm{d}\bar{r} + \\
& \bar{s}_{g3}\bar{p}_g(\bar{r})\mathrm{I}_{\bar{s}_{g2}}(\bar{s}_{g1}\bar{r})_{,\bar{r}}\mathrm{K}_{\bar{s}_{g2}}(\bar{s}_{g1}\bar{r}) - \\
& \mathrm{K}_{\bar{s}_{g2}}(\bar{s}_{g1}\bar{r})_{,\bar{r}\bar{r}}\bar{s}_{g3}\int \bar{p}_g(\bar{r})\mathrm{I}_{\bar{s}_{g2}}(\bar{s}_{g1}\bar{r})\mathrm{d}\bar{r} - \\
& \bar{s}_{g3}\bar{p}_g(\bar{r})\mathrm{I}_{\bar{s}_{g2}}(\bar{s}_{g1}\bar{r})\mathrm{K}_{\bar{s}_{g2}}(\bar{s}_{g1}\bar{r})_{,\bar{r}} + \\
& \frac{1}{\bar{r}}\begin{bmatrix} c_3 \mathrm{I}_{\bar{s}_{g2}}(\bar{s}_{g1}\bar{r})_{,\bar{r}} + c_4 \mathrm{K}_{\bar{s}_{g2}}(\bar{s}_{g1}\bar{r})_{,\bar{r}} + \\ \\ \mathrm{K}_{\bar{s}_{g2}}(\bar{s}_{g1}\bar{r})_{,\bar{r}}\bar{s}_{g3}\int \bar{p}_g(\bar{r})\mathrm{I}_{\bar{s}_{g2}}(\bar{s}_{g1}\bar{r})\mathrm{d}\bar{r} \end{bmatrix} - \\
& \left(\bar{s}_{g1}^2 + \frac{\bar{s}_{g2}^2}{\bar{r}^2}\right)\begin{bmatrix} c_3 \mathrm{I}_{\bar{s}_{g2}}(\bar{s}_{g1}\bar{r}) + c_4 \mathrm{K}_{\bar{s}_{g2}}(\bar{s}_{g1}\bar{r}) + \\ \\ \mathrm{K}_{\bar{s}_{g2}}(\bar{s}_{g1}\bar{r})\bar{s}_{g3}\int \bar{p}_g(\bar{r})\mathrm{I}_{\bar{s}_{g2}}(\bar{s}_{g1}\bar{r})\mathrm{d}\bar{r} \end{bmatrix}
\end{aligned} \tag{6-60}
$$

整理方程(6-60)，得

$$
\begin{aligned}
\text{左侧} =\, & c_3\left[\mathrm{I}_{\bar{s}_{g2}}(\bar{s}_{g1}\bar{r})_{,\bar{r}\bar{r}} + \frac{1}{\bar{r}}\mathrm{I}_{\bar{s}_{g2}}(\bar{s}_{g1}\bar{r})_{,\bar{r}} - \left(\bar{s}_{g1}^2 + \frac{\bar{s}_{g2}^2}{\bar{r}^2}\right)\mathrm{I}_{\bar{s}_{g2}}(\bar{s}_{g1}\bar{r})\right] + \\
& c_4\left[\mathrm{K}_{\bar{s}_{g2}}(\bar{s}_{g1}\bar{r})_{,\bar{r}\bar{r}} + \frac{1}{\bar{r}}\mathrm{K}_{\bar{s}_{g2}}(\bar{s}_{g1}\bar{r})_{,\bar{r}} - \left(\bar{s}_{g1}^2 + \frac{\bar{s}_{g2}^2}{\bar{r}^2}\right)\mathrm{K}_{\bar{s}_{g2}}(\bar{s}_{g1}\bar{r})\right] + \\
& \bar{s}_{g3}\int \bar{p}_g(\bar{r})\mathrm{K}_{\bar{s}_{g2}}(\bar{s}_{g1}\bar{r})\mathrm{d}\bar{r}\left[\mathrm{I}_{\bar{s}_{g2}}(\bar{s}_{g1}\bar{r})_{,\bar{r}\bar{r}} + \frac{1}{\bar{r}}\mathrm{I}_{\bar{s}_{g2}}(\bar{s}_{g1}\bar{r})_{,\bar{r}} - \left(\bar{s}_{g1}^2 + \frac{\bar{s}_{g2}^2}{\bar{r}^2}\right)\mathrm{I}_{\bar{s}_{g2}}(\bar{s}_{g1}\bar{r})\right] - \\
& \bar{s}_{g3}\int \bar{p}_g(\bar{r})\mathrm{I}_{\bar{s}_{g2}}(\bar{s}_{g1}\bar{r})\mathrm{d}\bar{r}\left[\mathrm{K}_{\bar{s}_{g2}}(\bar{s}_{g1}\bar{r})_{,\bar{r}\bar{r}} + \frac{1}{\bar{r}}\mathrm{K}_{\bar{s}_{g2}}(\bar{s}_{g1}\bar{r})_{,\bar{r}} - \left(\bar{s}_{g1}^2 + \frac{\bar{s}_{g2}^2}{\bar{r}^2}\right)\mathrm{K}_{\bar{s}_{g2}}(\bar{s}_{g1}\bar{r})\right] + \\
& \bar{s}_{g3}\bar{p}_g(\bar{r})\left[\mathrm{I}_{\bar{s}_{g2}}(\bar{s}_{g1}\bar{r})_{,\bar{r}}\mathrm{K}_{\bar{s}_{g2}}(\bar{s}_{g1}\bar{r}) - \mathrm{I}_{\bar{s}_{g2}}(\bar{s}_{g1}\bar{r})\mathrm{K}_{\bar{s}_{g2}}(\bar{s}_{g1}\bar{r})_{,\bar{r}}\right]
\end{aligned} \tag{6-61}
$$

由于齐次修正贝塞尔方程等于零，方程(6-61)变成

$$
\begin{aligned}
\text{左侧} &= \bar{s}_{g3}\bar{p}_g(\bar{r})\left[\mathrm{I}_{\bar{s}_{g2}}(\bar{s}_{g1}\bar{r})_{,\bar{r}}\mathrm{K}_{\bar{s}_{g2}}(\bar{s}_{g1}\bar{r}) - \mathrm{I}_{\bar{s}_{g2}}(\bar{s}_{g1}\bar{r})\mathrm{K}_{\bar{s}_{g2}}(\bar{s}_{g1}\bar{r})_{,\bar{r}}\right] \\
&= \bar{s}_{g1}\bar{s}_{g3}\bar{p}_g(\bar{r})\left[\mathrm{I}'_{\bar{s}_{g2}}(\bar{s}_{g1}\bar{r})\mathrm{K}_{\bar{s}_{g2}}(\bar{s}_{g1}\bar{r}) - \mathrm{I}_{\bar{s}_{g2}}(\bar{s}_{g1}\bar{r})\mathrm{K}'_{\bar{s}_{g2}}(\bar{s}_{g1}\bar{r})\right]
\end{aligned} \tag{6-62}
$$

将方程(B-13)、方程(B-14)和朗斯基关系式(B-15)代入方程(6-62)，得

$$
左侧=\bar{s}_{g1}\bar{s}_{g3}\bar{p}_g(\bar{r})\left\{\begin{array}{l}\left[\mathrm{I}_{\bar{s}_{g2}-1}(\bar{s}_{g1}\bar{r})-\dfrac{\bar{s}_{g2}}{\bar{s}_{g1}\bar{r}}\mathrm{I}_{\bar{s}_{g2}}(\bar{s}_{g1}\bar{r})\right]\mathrm{K}_{\bar{s}_{g2}}(\bar{s}_{g1}\bar{r})-\\ \mathrm{I}_{\bar{s}_{g2}}(\bar{s}_{g1}\bar{r})\left[-\mathrm{K}_{\bar{s}_{g2}-1}(\bar{s}_{g1}\bar{r})-\dfrac{\bar{s}_{g2}}{\bar{s}_{g1}\bar{r}}\mathrm{K}_{\bar{s}_{g2}}(\bar{s}_{g1}\bar{r})\right]\end{array}\right\}
$$

$$
=\bar{s}_{g1}\bar{s}_{g3}\bar{p}_g(\bar{r})\left[\mathrm{I}_{\bar{s}_{g2}-1}(\bar{s}_{g1}\bar{r})\mathrm{K}_{\bar{s}_{g2}}(\bar{s}_{g1}\bar{r})+\mathrm{I}_{\bar{s}_{g2}}(\bar{s}_{g1}\bar{r})\mathrm{K}_{\bar{s}_{g2}-1}(\bar{s}_{g1}\bar{r})\right]
$$

$$
=\bar{s}_{g1}\bar{s}_{g3}\bar{p}_g(\bar{r})\frac{1}{\bar{s}_{g1}\bar{r}}=\frac{\bar{s}_{g3}}{\bar{r}}\bar{p}_g(\bar{r})=右侧 \tag{6-63}
$$

证明求得的非齐次修正贝塞尔方程(6-49)的通解式(6-50)是正确的。

6.1.4.3　气相扰动速度的通解

将动量守恒方程(6-38)展开，得

$$
\left(\frac{1}{\bar{U}_z}\frac{\partial}{\partial\bar{t}}+\frac{1}{\bar{r}}\frac{\bar{U}_\theta}{\bar{U}_z}\frac{\partial}{\partial\theta}+\frac{\partial}{\partial\bar{z}}\right)\bar{u}_{rg}=-\frac{1}{Ma_{zg}^2}\bar{p}_{g,r} \tag{6-64}
$$

$$
\left(\frac{1}{\bar{U}_z}\frac{\partial}{\partial\bar{t}}+\frac{1}{\bar{r}}\frac{\bar{U}_\theta}{\bar{U}_z}\frac{\partial}{\partial\theta}+\frac{\partial}{\partial\bar{z}}\right)\bar{u}_{\theta g}=-\frac{1}{\bar{r}}\frac{1}{Ma_{zg}^2}\bar{p}_{g,\theta} \tag{6-65}
$$

$$
\left(\frac{1}{\bar{U}_z}\frac{\partial}{\partial\bar{t}}+\frac{1}{\bar{r}}\frac{\bar{U}_\theta}{\bar{U}_z}\frac{\partial}{\partial\theta}+\frac{\partial}{\partial\bar{z}}\right)\bar{u}_{zg}=-\frac{1}{Ma_{zg}^2}\bar{p}_{g,z} \tag{6-66}
$$

将扰动压力通解方程(6-57)、扰动速度方程(1-112)和方程(6-54)分别代入方程(6-64)～方程(6-66)，得

$$
\left[\frac{\bar{\omega}}{\bar{U}_z}+\frac{\mathrm{i}(n+k_\theta)}{\bar{r}}\frac{\bar{U}_\theta}{\bar{U}_z}+\mathrm{i}\bar{k}_z\right]\bar{u}_{rg}(\bar{r})
$$

$$
=-c_5\frac{1}{Ma_{zg}^2}\left[\bar{s}_{g1}\frac{\mathrm{K}'_{\bar{s}_{g2}}(\bar{s}_{g1}\bar{r})}{\mathrm{K}_{\bar{s}_{g2}}(\bar{s}_{g1}\bar{r})}-\bar{s}_{g3}\mathrm{I}_{\bar{s}_{g2}}(\bar{s}_{g1}\bar{r})\mathrm{K}_{\bar{s}_{g2}}(\bar{s}_{g1}\bar{r})\right]\exp[J(\bar{r})] \tag{6-67}
$$

$$
\left[\frac{\bar{\omega}}{\bar{U}_z}+\frac{\mathrm{i}(n+k_\theta)}{\bar{r}}\frac{\bar{U}_\theta}{\bar{U}_z}+\mathrm{i}\bar{k}_z\right]\bar{u}_{\theta g}(\bar{r})=-c_5\frac{\mathrm{i}(n+k_\theta)}{\bar{r}Ma_{zg}^2}\exp[J(\bar{r})] \tag{6-68}
$$

$$
\left[\frac{\bar{\omega}}{\bar{U}_z}+\frac{\mathrm{i}(n+k_\theta)}{\bar{r}}\frac{\bar{U}_\theta}{\bar{U}_z}+\mathrm{i}\bar{k}_z\right]\bar{u}_{zg}(\bar{r})=-c_5\frac{\mathrm{i}\bar{k}_z}{Ma_{zg}^2}\exp[J(\bar{r})] \tag{6-69}
$$

解得

$$
\bar{u}_{rg}(\bar{r})=-c_5\frac{1}{Ma_{zg}^2\left[\dfrac{\bar{\omega}}{\bar{U}_z}+\dfrac{\mathrm{i}(n+k_\theta)}{\bar{r}}\dfrac{\bar{U}_\theta}{\bar{U}_z}+\mathrm{i}\bar{k}_z\right]}\cdot
$$

$$
\left[\bar{s}_{g1}\frac{\mathrm{K}'_{\bar{s}_{g2}}(\bar{s}_{g1}\bar{r})}{\mathrm{K}_{\bar{s}_{g2}}(\bar{s}_{g1}\bar{r})}-\bar{s}_{g3}\mathrm{I}_{\bar{s}_{g2}}(\bar{s}_{g1}\bar{r})\mathrm{K}_{\bar{s}_{g2}}(\bar{s}_{g1}\bar{r})\right]\exp[J(\bar{r})] \tag{6-70}
$$

$$\bar{u}_{\theta g}(\bar{r}) = -c_5 \frac{\mathrm{i}(n+k_\theta)}{\bar{r}Ma_{zg}^2\left[\dfrac{\bar{\omega}}{\bar{U}_z}+\dfrac{\mathrm{i}(n+k_\theta)}{\bar{r}}\dfrac{\bar{U}_\theta}{\bar{U}_z}+\mathrm{i}\bar{k}_z\right]}\exp[J(\bar{r})] \tag{6-71}$$

$$\bar{u}_{zg}(\bar{r}) = -c_5 \frac{\mathrm{i}\bar{k}_z}{Ma_{zg}^2\left[\dfrac{\bar{\omega}}{\bar{U}_z}+\dfrac{\mathrm{i}(n+k_\theta)}{\bar{r}}\dfrac{\bar{U}_\theta}{\bar{U}_z}+\mathrm{i}\bar{k}_z\right]}\exp[J(\bar{r})] \tag{6-72}$$

6.1.4.4 气相运动学边界条件

将方程(6-70)代入圆射流的线性气相运动学边界条件方程(2-187)。在 $\bar{r}=1$ 处

$$J(\bar{r})_{\bar{r}=1} = \int\left[\bar{s}_{g1}\frac{\mathrm{K}'_{\bar{s}_{g2}}(\bar{s}_{g1}\bar{r})}{\mathrm{K}_{\bar{s}_{g2}}(\bar{s}_{g1}\bar{r})} - \bar{s}_{g3}\mathrm{I}_{\bar{s}_{g2}}(\bar{s}_{g1}\bar{r})\mathrm{K}_{\bar{s}_{g2}}(\bar{s}_{g1}\bar{r})\right]\mathrm{d}\bar{r}\bigg|_{\bar{r}=1} \tag{6-73}$$

则

$$\frac{1}{\bar{U}_z}\bar{\xi}_0[\bar{\omega}+\mathrm{i}\bar{U}_\theta(n+\bar{k}_\theta)+\mathrm{i}\bar{k}_z\bar{U}_z] = -c_5\frac{1}{Ma_{zg}^2\left[\dfrac{\bar{\omega}}{\bar{U}_z}+\mathrm{i}(n+k_\theta)\dfrac{\bar{U}_\theta}{\bar{U}_z}+\mathrm{i}\bar{k}_z\right]}\cdot$$

$$\left[\bar{s}_{g1}\frac{\mathrm{K}'_{\bar{s}_{g2}}(\bar{s}_{g1})}{\mathrm{K}_{\bar{s}_{g2}}(\bar{s}_{g1})} - \bar{s}_{g3}\mathrm{I}_{\bar{s}_{g2}}(\bar{s}_{g1})\mathrm{K}_{\bar{s}_{g2}}(\bar{s}_{g1})\right]\exp[J(\bar{r})_{\bar{r}=1}] \tag{6-74}$$

令

$$Z = -\frac{\bar{U}_z^2}{\bar{\omega}+\mathrm{i}(n+k_\theta)\bar{U}_\theta+\mathrm{i}\bar{k}_z\bar{U}_z}\left[\bar{s}_{g1}\frac{\mathrm{K}'_{\bar{s}_{g2}}(\bar{s}_{g1})}{\mathrm{K}_{\bar{s}_{g2}}(\bar{s}_{g1})} - \bar{s}_{g3}\mathrm{I}_{\bar{s}_{g2}}(\bar{s}_{g1})\mathrm{K}_{\bar{s}_{g2}}(\bar{s}_{g1})\right] \tag{6-75}$$

则方程(6-74)变成

$$\bar{\xi}_0[\bar{\omega}+\mathrm{i}\bar{U}_\theta(n+\bar{k}_\theta)+\mathrm{i}\bar{k}_z\bar{U}_z] = c_5\frac{\bar{C}^2 Z\exp[J(\bar{r})_{\bar{r}=1}]}{Ma_{z1}^2} \tag{6-76}$$

6.1.4.5 气相微分方程的特解

解方程(6-76),得积分常数为

$$c_5 = \frac{\bar{\xi}_0 Ma_{z1}^2}{\bar{C}^2 Z}[\bar{\omega}+\mathrm{i}\bar{U}_\theta(n+\bar{k}_\theta)+\mathrm{i}\bar{k}_z\bar{U}_z] \tag{6-77}$$

将方程(6-77)代入通解表达式(6-56)和式(6-57),就可以得到 n 阶气相微分方程的特解。

气相扰动压力的特解为

$$\bar{p}_g(\bar{r}) = \frac{\bar{\xi}_0 Ma_{z1}^2}{\bar{C}^2 Z}[\bar{\omega}+\mathrm{i}\bar{U}_\theta(n+\bar{k}_\theta)+\mathrm{i}\bar{k}_z\bar{U}_z]\exp[J(\bar{r})-J(\bar{r})_{\bar{r}=1}] \tag{6-78}$$

和

$$\bar{p}_g = \frac{\bar{\xi}_0 Ma_{z1}^2}{\bar{C}^2 Z}[\bar{\omega}+\mathrm{i}\bar{U}_\theta(n+\bar{k}_\theta)+\mathrm{i}\bar{k}_z\bar{U}_z]\cdot$$

$$\exp\left[\bar{\omega}\bar{t}+\mathrm{i}(n+k_{\theta})\theta+\mathrm{i}\bar{k}_{z}\bar{z}+J(\bar{r})-J(\bar{r})_{\bar{r}=1}\right] \tag{6-79}$$

将方程(6-77)代入通解表达式(6-70)～式(6-72)，就可以得到 n 阶气相微分方程扰动速度的特解。

6.2　圆射流瑞利-泰勒波的色散准则关系式和稳定极限

6.2.1　圆射流瑞利-泰勒波的色散准则关系式

量纲一化的一维扰动瑞利-泰勒波动力学边界条件为方程(2-345)，将 $j=1$ 代入，得

$$\bar{p}_{1}-\bar{P}\bar{p}_{\mathrm{g}}-\frac{2}{Re_{1}Eu_{1}}\bar{u}_{r1,\bar{r}}+\frac{1}{We_{1}Eu_{1}}\left(\bar{\xi}_{,\bar{z}\bar{z}}+\frac{3\bar{\xi}}{\bar{r}^{2}}+\frac{2\bar{\xi}_{,\theta\theta}}{\bar{r}^{2}}\right)=0 \tag{6-80}$$

将方程式(6-30)、式(6-32)、式(6-79)代入动力学边界条件式(6-80)中，在 $\bar{r}=1$ 处

$$\frac{(\bar{\omega}+\mathrm{i}\bar{k}_{z})(\bar{s}^{2}+\bar{k}_{z}^{2})}{\bar{k}_{z}Eu_{1}Re_{1}}\frac{\mathrm{I}_{n+k_{\theta}}(\bar{k}_{z})}{\mathrm{I}'_{n+k_{\theta}}(\bar{k}_{z})}+\frac{\bar{P}Ma_{z1}^{2}}{\bar{C}^{2}Z}\cdot$$

$$[\bar{\omega}+i\bar{U}_{\theta}(n+\bar{k}_{\theta})+\mathrm{i}\bar{k}_{z}\bar{U}_{z}]\exp\left[J(\bar{r})_{\bar{r}=1}-J(\bar{r})_{\bar{r}=1}\right]+$$

$$\frac{2\bar{k}_{z}}{Re_{1}^{2}Eu_{1}}\left[(\bar{s}^{2}+\bar{k}_{z}^{2})\frac{\mathrm{I}''_{n+k_{\theta}}(\bar{k}_{z})}{\mathrm{I}'_{n+k_{\theta}}(\bar{k}_{z})}-2\bar{k}_{z}\bar{s}\frac{\mathrm{I}''_{n+k_{\theta}}(\bar{s})}{\mathrm{I}'_{n+k_{\theta}}(\bar{s})}\right]-$$

$$\frac{1}{We_{1}Eu_{1}}\left[-\bar{k}_{z}^{2}+3-2(n+k_{\theta})^{2}\right]=0 \tag{6-81}$$

将 $\bar{s}^{2}=\bar{k}_{z}^{2}+(\bar{\omega}+\mathrm{i}\bar{k}_{z})Re_{1}$ 和 $Ma_{zg}^{2}Eu_{1}=1$ 代入，整理得圆射流瑞利-泰勒波色散准则关系式。

$$\left[\frac{2\bar{k}_{z}^{2}}{Re_{1}}(\bar{\omega}+\mathrm{i}\bar{k}_{z})+(\bar{\omega}+\mathrm{i}\bar{k}_{z})^{2}\right]\frac{\mathrm{I}_{n+k_{\theta}}(\bar{k}_{z})}{\mathrm{I}'_{n+k_{\theta}}(\bar{k}_{z})}+\frac{\bar{k}_{z}\bar{P}}{\bar{C}^{2}Z}[\bar{\omega}+i\bar{U}_{\theta}(n+\bar{k}_{\theta})+\mathrm{i}\bar{k}_{z}\bar{U}_{z}]+$$

$$\frac{4\bar{k}_{z}^{3}}{Re_{1}^{2}}\left[\bar{k}_{z}\frac{\mathrm{I}''_{n+k_{\theta}}(\bar{k}_{z})}{\mathrm{I}'_{n+k_{\theta}}(\bar{k}_{z})}-\bar{s}\frac{\mathrm{I}''_{n+k_{\theta}}(\bar{s})}{\mathrm{I}'_{n+k_{\theta}}(\bar{s})}\right]+$$

$$\frac{2\bar{k}_{z}^{2}}{Re_{1}}(\bar{\omega}+\mathrm{i}\bar{k}_{z})\frac{\mathrm{I}''_{n+k_{\theta}}(\bar{k}_{z})}{\mathrm{I}'_{n+k_{\theta}}(\bar{k}_{z})}-\frac{\bar{k}_{z}}{We_{1}}\left[-\bar{k}_{z}^{2}+3-2(n+k_{\theta})^{2}\right]=0 \tag{6-82}$$

6.2.2　圆射流瑞利-泰勒波的稳定极限

液体表面波增长率 $\bar{\omega}_{\mathrm{r}}$ 与表面波长 $\bar{k}_{z}$ 和 k_{θ} 的关系由色散准则关系式隐含给出，通过分析数值解可以得到 $\bar{k}_{z}$ 和 k_{θ} 与表面波增长率 $\bar{\omega}_{\mathrm{r}}$ 之间的关系。由于 $\bar{\omega}_{\mathrm{r}}\equiv 0$，而 $\bar{s}^{2}=\bar{k}_{z}^{2}+(\bar{\omega}+\mathrm{i}\bar{k}_{z})Re_{1}$，$\bar{s}$、$\bar{k}_{z}$、$Re_{1}$ 均是实数，所以 $(\bar{\omega}+\mathrm{i}\bar{k}_{z})$ 的虚部必须等于 0，有

$$\bar{\omega}+\mathrm{i}\bar{k}_{z}=\mathrm{i}\bar{\omega}_{\mathrm{i}}+\mathrm{i}\bar{k}_{z}=0 \tag{6-83}$$

$$\bar{s}=\pm\bar{k}_z \tag{6-84}$$

显然 $\bar{s}=-\bar{k}_z$ 无意义，舍去，因此

$$\bar{s}=\bar{k}_z \tag{6-85}$$

$$\bar{\omega}_{\mathrm{i}}=-\bar{k}_z \tag{6-86}$$

将式(6-83)～式(6-86)代入色散准则关系式(6-82)得

$$\frac{\bar{P}}{\bar{C}^2 Z}[-\mathrm{i}\bar{k}_{z0}+\mathrm{i}\bar{U}_\theta(n+\bar{k}_{\theta 0})+\mathrm{i}\bar{k}_{z0}\bar{U}_z]=\frac{1}{We_1}[-\bar{k}_{z0}^2+3-2(n+k_{\theta 0})^2] \tag{6-87}$$

方程(6-87)给出了 $\bar{k}_{z0}$ 和 $k_{\theta 0}$ 之间的关系，通过单独分析可以得到两者的截断波数。

当 $k_{\theta 0}=0$ 时

$$\bar{k}_{z0}^2+\mathrm{i}\frac{\bar{P}We_1}{\bar{C}^2 Z}\bar{U}_z\bar{k}_{z0}+\frac{\bar{P}We_1}{\bar{C}^2 Z}(-\mathrm{i}\bar{k}_{z0}+\mathrm{i}n\bar{U}_\theta)-3+2n^2=0 \tag{6-88}$$

整理得

$$\bar{k}_{z0}^2+\mathrm{i}\frac{\bar{P}We_1}{\bar{C}^2 Z}(\bar{U}_z-1)\bar{k}_{z0}+\mathrm{i}n\bar{U}_\theta\frac{\bar{P}We_1}{\bar{C}^2 Z}-3+2n^2=0 \tag{6-89}$$

解方程(6-89)得

$$\bar{k}_{z0}=-\mathrm{i}\frac{\bar{P}We_1}{2\bar{C}^2 Z}(\bar{U}_z-1)\pm\frac{1}{2}\sqrt{-\frac{\bar{P}^2 \mathrm{We}_1^2}{\bar{C}^4 Z^2}(\bar{U}_z-1)^2-4\mathrm{i}n\bar{U}_\theta\frac{\bar{P}We_1}{\bar{C}^2 Z}+12-8n^2} \tag{6-90}$$

对于单股状正对称波形圆柱液体，由于 $n=0$，则方程(6-90)变成

$$\bar{k}_{z0}=-\mathrm{i}\frac{\bar{P}We_1}{2\bar{C}^2 Z}(\bar{U}_z-1)\pm\frac{1}{2}\sqrt{-\frac{\bar{P}^2 \mathrm{We}_1^2}{\bar{C}^4 Z^2}(\bar{U}_z-1)^2+12} \tag{6-91}$$

对于单股状反对称波形圆柱液体，由于 $n=1$，则方程(6-90)变成

$$\bar{k}_{z0}=-\mathrm{i}\frac{\bar{P}We_1}{2\bar{C}^2 Z}(\bar{U}_z-1)\pm\frac{1}{2}\sqrt{-\frac{\bar{P}^2 \mathrm{We}_1^2}{\bar{C}^4 Z^2}(\bar{U}_z-1)^2-4\mathrm{i}\bar{U}_\theta\frac{\bar{P}We_1}{\bar{C}^2 Z}+4} \tag{6-92}$$

当 $\bar{k}_{z0}=0$ 时

$$\frac{\bar{P}We_1}{\bar{C}^2 Z}\mathrm{i}\bar{U}_\theta(n+\bar{k}_{\theta 0})-3+2(n+k_{\theta 0})^2=0 \tag{6-93}$$

整理得

$$2k_{\theta 0}^2+\left(\frac{\bar{P}We_1}{\bar{C}^2 Z}\mathrm{i}\bar{U}_\theta+4n\right)\bar{k}_{\theta 0}+\frac{\bar{P}We_1}{\bar{C}^2 Z}\mathrm{i}\bar{U}_\theta n-3+2n^2=0 \tag{6-94}$$

解方程(6-94)得

$$\bar{k}_{\theta 0}=-\frac{\bar{P}We_1}{4\bar{C}^2 Z}\mathrm{i}\bar{U}_\theta-n\pm\frac{1}{4}\sqrt{-\frac{\bar{P}^2 We_1^2}{\bar{C}^4 Z^2}\bar{U}_\theta^2+24} \tag{6-95}$$

对于单股状正对称波形圆柱液体，由于 $n=0$，则式(6-95)变为

$$\bar{k}_{\theta 0}=-\frac{\bar{P}We_1}{4\bar{C}^2Z}\mathrm{i}\bar{U}_\theta \pm \frac{1}{4}\sqrt{-\frac{\bar{P}^2We_1^2}{\bar{C}^4Z^2}\bar{U}_\theta^2+24} \tag{6-96}$$

对于单股状反对称波形圆柱液体，由于 $n=1$，则式(6-95)变为

$$\bar{k}_{\theta 0}=-\frac{\bar{P}We_1}{4\bar{C}^2Z}\mathrm{i}\bar{U}_\theta-1\pm \frac{1}{4}\sqrt{-\frac{\bar{P}^2We_1^2}{\bar{C}^4Z^2}\bar{U}_\theta^2+24} \tag{6-97}$$

6.3 圆射流瑞利-泰勒波的线性不稳定性分析

6.3.1 液流韦伯数和雷诺数的影响

图 6-1 和图 6-2 是液流韦伯数 We_1 和雷诺数 Re_1 对表面波增长率的影响。图中实线表

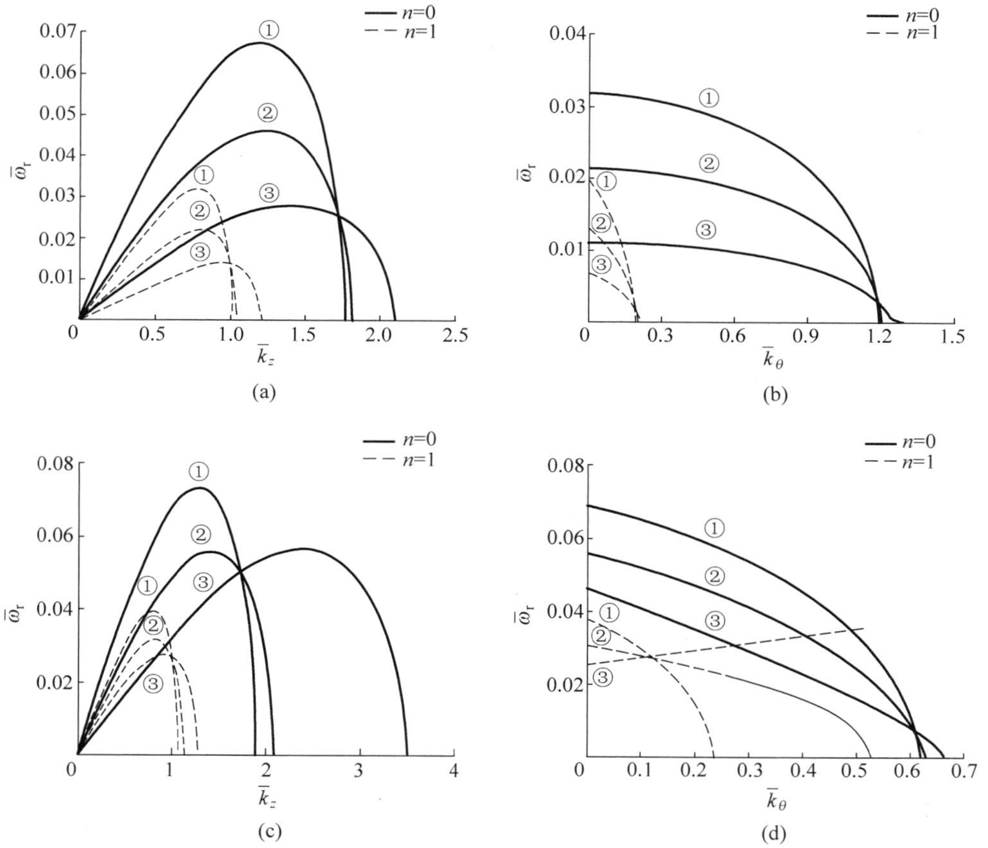

图 6-1　韦伯数和雷诺数对单向气流中 R 波和 T 波的影响

$\bar{\rho}=1.206\times10^{-3}$

① $U_1=4$ m/s, $We_1=220$, $Re_1=3976$；② $U_1=6$ m/s, $We_1=2324$, $Re_1=12922$；③ $U_1=12$ m/s, $We_1=1980$, $Re_1=11928$

(a) R 波，顺向气流，$k_\theta=0$，$\bar{U}_z=2$，$\bar{U}_\theta=0$；(b) T 波，顺向气流，$\bar{k}_z=0.4$，$\bar{U}_z=2$，$\bar{U}_\theta=0$；

(c) R 波，旋转气流，$k_\theta=0$，$\bar{U}_z=0$，$\bar{U}_\theta=2$；(d) T 波，旋转气流，$\bar{k}_z=0.4$，$\bar{U}_z=0$，$\bar{U}_\theta=2$

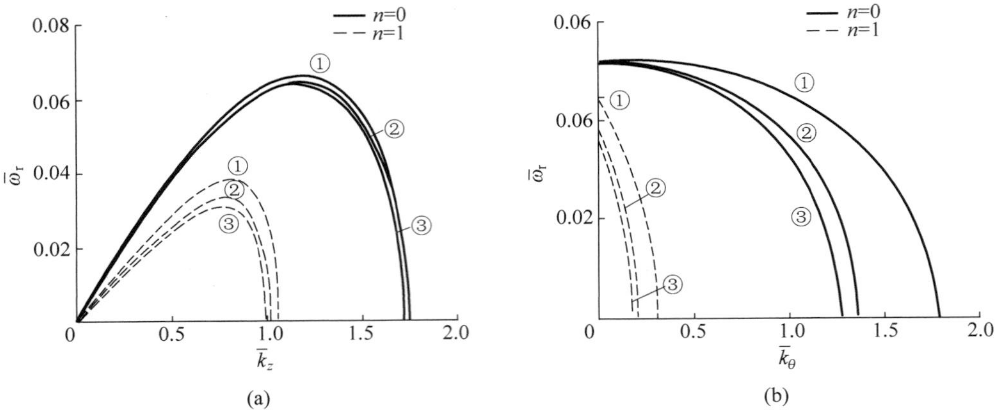

图 6-2 韦伯数和雷诺数对复合气流中 R 波和 T 波的影响

$U_1=4\ \text{m/s}, We_1=220, Re_1=3976, \bar{\rho}=1.206\times10^{-3}$

① $\bar{U}_z=3, \bar{U}_\theta=2$；② $\bar{U}_z=2, \bar{U}_\theta=3$；③ $\bar{U}_z=2, \bar{U}_\theta=2$

(a) R 波，复合气流，$k_\theta=0.4$；(b) T 波，复合气流，$\bar{k}_z=0.4$

示单股状正对称波形，虚线表示单股状反对称波形。其中，图 6-1(a)和(b)分别是在仅有顺向气流的情况下，韦伯数和雷诺数对 R 波和 T 波的影响；图 6-1(c)和(d)分别是在仅有旋转气流的情况下，韦伯数和雷诺数对 R 波和 T 波的影响。图 6-2(a)和(b)分别是在复合气流的情况下，韦伯数和雷诺数对 R 波和 T 波的影响。图 6-3(a)和(b)分别是当 $We_1=2$ 和 $We_1=20$ 时，$\bar{\omega}_r$ 随 $\bar{k}_z$ 和 k_θ 变化的三维曲面图，即 R-T 波的表面波不稳定性。

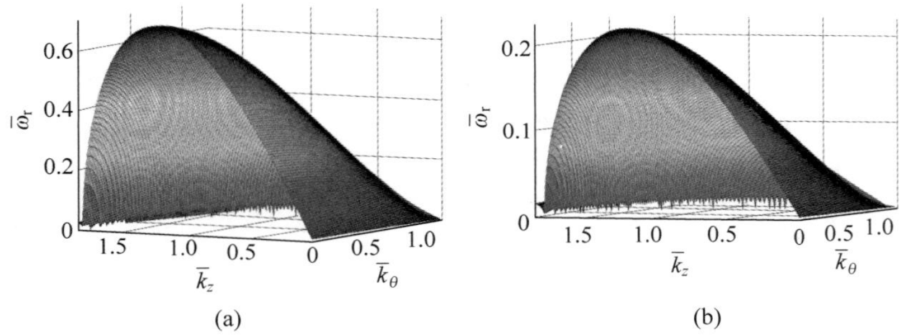

图 6-3 韦伯数对复合气流 R-T 波的影响

$n=0, \bar{U}_\theta=2, \bar{U}_z=3, Re_1=4030, \bar{\rho}=1.206\times10^{-3}$

(a) $We_1=2$；(b) $We_1=20$

从图 6-1(a)、(c)可以看出，当韦伯数和雷诺数一定时，无论是单股状正对称波形还是反对称波形，随着 R 波波数 $\bar{k}_z$ 的增大，表面波增长率 $\bar{\omega}_r$ 都呈现先增大后减小的趋势，曲线有一个最大值，即支配表面波增长率 $\bar{\omega}_{r\text{-dom}}$ 及其对应的波数 $\bar{k}_{z\text{-dom}}$。从图 6-1(b)、(d)可以看出，对于 T 波，支配表面波增长率位于 $k_\theta=0$ 处，说明当波长 $\lambda_\theta=\infty$，即射流横截面为圆形(没有 T 波，仅有 R 波)时，表面波最不稳定，证明 R 波是主波，在射流团块碎裂过程中起主导作用。当 $k_\theta>0$ 时，由于 $\lambda_\theta\neq\infty$，即射流横截面为波动的圆形曲面(既有 R 波，又有 T

波），虽然 T 波不能增大射流团块的不稳定程度，对圆射流的不稳定度没有贡献，但它与 R 波一起对射流表面析出离散状的微小卫星液滴起重要作用。比较 R 波和 T 波，R 波的表面波增长率均比 T 波的大；$\bar{k}_z$ 的范围也大于 k_θ 的范围，再次说明 R 波在圆射流的碎裂过程中占主导地位。无论是在仅有顺向气流还是在仅有旋转气流的条件下，随韦伯数和雷诺数增大，由于截断波数增大，单股状正/反对称波形单向波的表面波增长率 $\bar{\omega}_r$ 均先减小，到达三条曲线相交的临界点之后开始反转成增大趋势，T 波的临界点则有可能接近于截断波数点。随流速的增大，截断波数和支配波数则持续增大，说明韦伯数和雷诺数是影响液流不稳定性的重要因素。究其原因，在低速液流情况下，液流处于层流区，液流速度成为液流的稳定因素。随着流速的增大，射流碎裂时间延长，碎裂长度增大；当流速增大到过渡区时，高速液流转而变为射流碎裂的不稳定因素。随着流速的增大，射流碎裂时间和碎裂长度变短。从图 6-1 可以看出，在层流区和过渡区，同一韦伯数和雷诺数下，无论 R 波还是 T 波，正对称波形的表面波增长率总是比反对称波形的大，因此正对称波形相比于反对称波形更不稳定，这是实芯圆射流有别于液膜射流的特点。与仅有顺向单向气流相比，仅有旋转单向气流的表面波增长率较大，说明旋转单向气流要比顺向单向气流对于射流碎裂的影响大。

从图 6-2 可以看出，正对称波形比反对称波形更加不稳定；表面波增长率、支配表面波增长率、支配波数、截断波数在 $\bar{U}_z=3$，$\bar{U}_\theta=2$ 情况下均为最大，在 $\bar{U}_z=2$，$\bar{U}_\theta=3$ 情况下的居中，在 $\bar{U}_z=2$，$\bar{U}_\theta=2$ 情况下的最小。说明在复合气流下，顺向气流对表面波不稳定性的影响要大于旋转气流，顺向与旋转不等速气流的影响要大于顺向与旋转等速气流。与图 6-1 对比可知，仅有顺向气流和仅有旋转气流的表面波增长率均小于复合气流的表面波增长率，说明复合气流比单向气流对圆射流碎裂的影响更大，因此应尽量组织复合气流的影响。举例来说，对于内燃机的孔式喷嘴燃烧系统，油束周围要组织一定倾角的旋转涡流，即复合气流，才能最大程度地促使油束碎裂。由于内燃机采用多孔喷嘴，同一涡流对于各孔油束的倾角是不同的，组织什么倾角的复合气流才能使各孔油束碎裂的总体效果最佳？需要对喷嘴的各孔如何进行总体布局？这些问题都可以通过数值计算精细设计技术方案，指导实验研究。

从图 6-3(a)和(b)的比较中可以看出，在很小的韦伯数下，随韦伯数的增大，表面波增长率减小，圆射流不易碎裂，韦伯数是射流的稳定因素。

6.3.2　气液流速比的影响

6.3.2.1　顺向气流气液流速比的影响

图 6-4 是顺向气流气液流速比 $\bar{U}_z$ 对表面波增长率的影响。图中实线表示单股状正对称波形，虚线表示单股状反对称波形。图 6-4(a)和(b)分别是顺向气流气液流速比对 R 波和 T 波表面波增长率的影响。图 6-5(a)和(b)分别是当 $\bar{U}_z=0.5$ 和 $\bar{U}_z=3$ 时，$\bar{\omega}_r$ 随 $\bar{k}_z$ 和 k_θ 变化的三维曲面图，即 R-T 波对表面波不稳定性的影响。

从图 6-4 可以看出，随着顺向气流气液流速比的增大，R 波和 T 波的表面波增长率、支配表面波增长率、支配波数和截断波数均增大，圆射流不稳定。说明要想使液流失稳，气流流速必须大于液流流速；气液流速差越大，圆射流越容易碎裂。在同一顺向气流气液流速

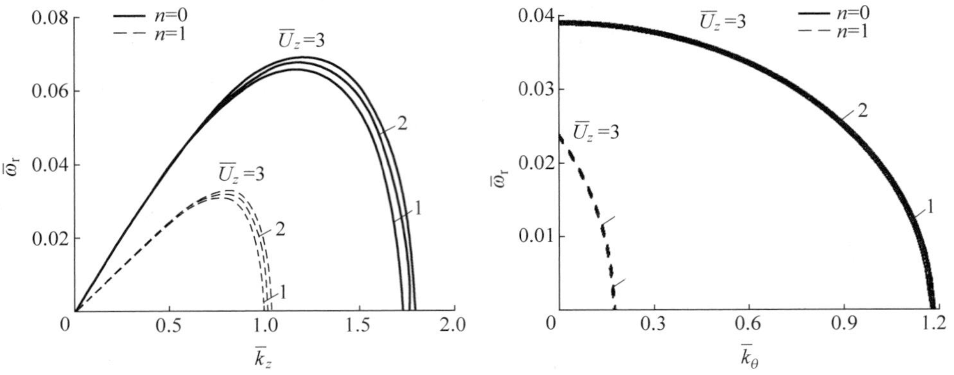

(a) (b)

图 6-4 顺向气流气液流速比对 R 波和 T 波的影响

$U_1=4$ m/s, $We_1=220$, $Re_1=3976$, $\bar{\rho}=1.206\times10^{-3}$, $\bar{U}_\theta=0$

(a) R 波，$k_\theta=0$；(b) T 波，$\bar{k}_z=0.5$

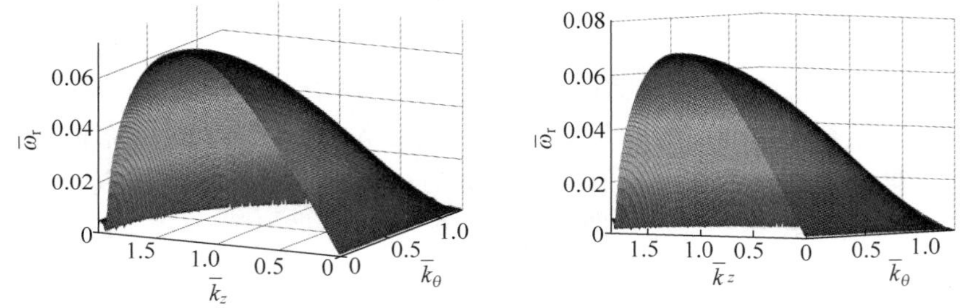

(a) (b)

图 6-5 顺向气流气液流速比对 R-T 波的影响

$n=0$, $U_1=4$ m/s, $We_1=220$, $Re_1=3976$, $\bar{\rho}=1.206\times10^{-3}$, $\bar{U}_\theta=0$

(a) $\bar{U}_z=0.5$；(b) $\bar{U}_z=3$

比下，对比 R 波和 T 波，R 波的表面波增长率要比 T 波的大。说明在液流碎裂过程中，R 波占据主导地位；单股状正对称波形的表面波增长率要比反对称波形的大，说明反对称波形相较于正对称波形更加稳定。从图 6-5(a)和(b)的比较中可以看出，顺向气流气液流速比越大，表面波增长率越大，圆射流越不稳定。

6.3.2.2 旋转气流气液流速比的影响

图 6-6 是旋转气流气液流速比 $\bar{U}_\theta$ 对表面波增长率的影响。图中实线表示单股状正对称波形，虚线表示单股状反对称波形。图 6-6(a)和(b)分别是旋转气流气液流速比对 R 波和 T 波表面波增长率的影响。图 6-7(a)和(b)分别是当 $\bar{U}_\theta=0$ 和 $\bar{U}_\theta=0.5$ 时，$\bar{\omega}_r$ 随 $\bar{k}_z$ 和 k_θ 变化的三维曲面图，即 R-T 波的表面波不稳定性。

从图 6-6 可以看出，不论是单股状正对称波形还是反对称波形，随旋转气流气液流速比的增大，R 波和 T 波的表面波增长率、支配表面波增长率、支配波数和截断波数都增大。在

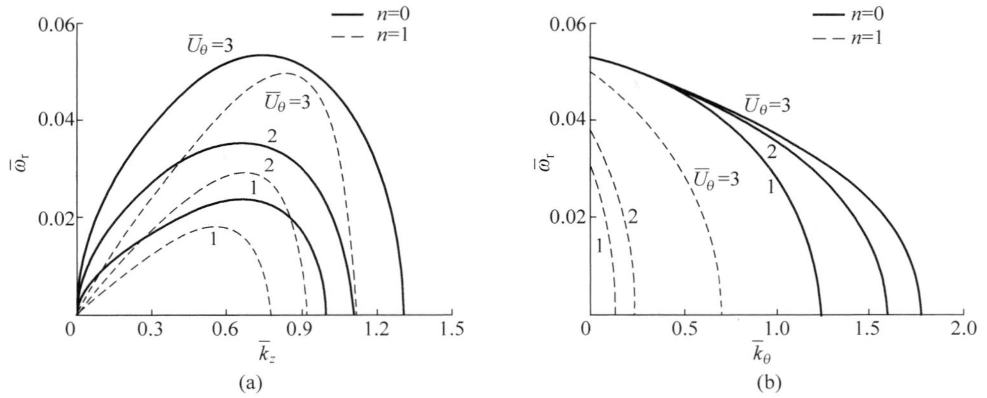

图 6-6　旋转气流气液流速比对 R 波和 T 波的影响

$U_1=4$ m/s, $We_1=220$, $Re_1=3976$, $\bar{\rho}=1.206\times10^{-3}$, $\bar{U}_z=0$

(a) R 波, $k_\theta=0$; (b) T 波, $\bar{k}_z=0.7$

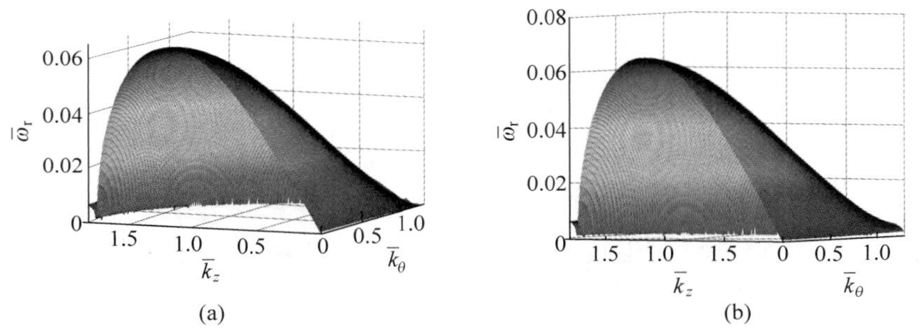

图 6-7　旋转气流气液流速比对 R-T 波的影响

$n=0$, $U_1=4$ m/s, $We_1=220$, $Re_1=3976$, $\bar{\rho}=1.206\times10^{-3}$, $\bar{U}_z=1$

(a) $\bar{U}_\theta=0$; (b) $\bar{U}_\theta=0.5$

同一旋转气流气液流速比下，对比 R 波和 T 波，对于旋转单向气流，在 $\bar{U}_d\geqslant3$ 的情况下，R 波的支配表面波增长率要比 T 波的大，说明在液流碎裂过程中，R 波占据主导地位；但在 $\bar{U}_d<3$ 的情况下，T 波的支配表面波增长率要比 R 波的大，T 波占据主导地位。从图 6-7(a)和(b)的比较中可以看出，旋转气流气液流速比越大，表面波增长率越大，圆射流越不稳定。比较图 6-4 和图 6-6 可知，旋转气流气液流速比对表面波增长率的影响要略大于顺向气流气液流速比的影响。

6.3.3　气液压力比的影响

图 6-8 是气液压力比对表面波增长率的影响。图中实线表示单股状正对称波形，虚线表示单股状反对称波形。图 6-8(a)和(b)分别是气液压力比对 R 波和 T 波表面波增长率的影响。图 6-9(a)和(b)分别是当 $\bar{P}=0.0005$, $U_1=6$m/s 和 $\bar{P}=0.001$, $U_1=6$m/s 时，$\bar{\omega}_r$ 随 $\bar{k}_z$ 和 k_θ 变化的三维曲面图，即 R-T 波的表面波不稳定性。

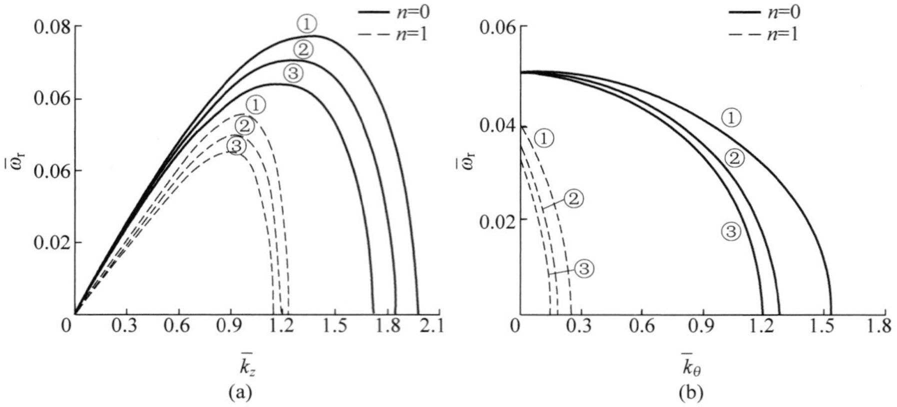

图 6-8 气液压力比对 R 波和 T 波的影响

① $U_1=6$ m/s, $We_1=495$, $Re_1=5964$, $\bar{P}=0.0005$；② $U_1=5$ m/s, $We_1=345$, $Re_1=4970$, $\bar{P}=0.001$；

③ $U_1=4$ m/s, $We_1=220$, $Re_1=3976$, $\bar{P}=0.005$

(a) R 波，$k_\theta=0$；(b) T 波，$\bar{k}_z=0.7$

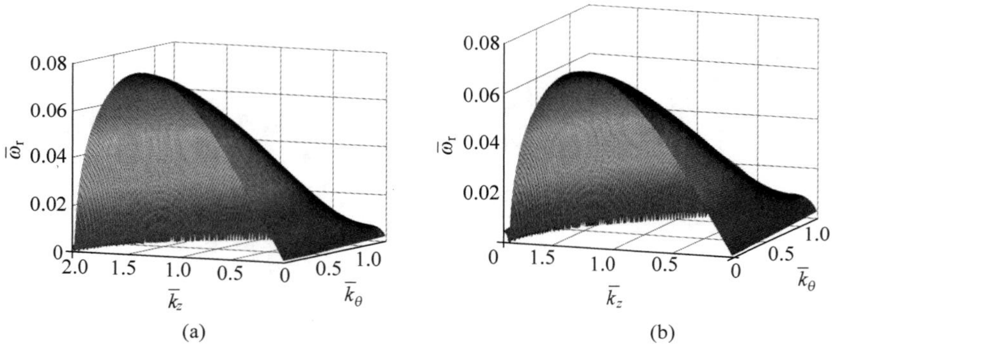

图 6-9 0 阶圆射流气液压力比对 R-T 波的影响

(a) $\bar{P}=0.0005$, $U_1=6$ m/s；(b) $\bar{P}=0.001$, $U_1=5$ m/s

从图 6-8 中可以看出，无论是单股状正对称波形还是反对称波形，随着气液压力比的增大，R 波和 T 波的表面波增长率、支配表面波增长率、支配波数、截断波数均减小，说明在液流流速较小的情况下，液体喷射压力的减小或者气体背压的增大均会使得圆射流更加稳定。在同一气液压力比下，单股状正对称波形的表面波增长率比反对称波形的大，说明正对称波形相较于反对称波形更加不稳定。对比 R 波和 T 波可知，R 波比 T 波的表面波增长率大，在圆射流的碎裂过程中占据主导地位。对比图 6-9(a)和(b)可知，随着气液压力比的增加，在 R 波和 T 波共同作用下，R-T 波的表面波增长率略微减小。

6.3.4 气液密度比的影响

图 6-10 是气液密度比对表面波增长率的影响。图中实线表示单股状正对称波形，虚线表示单股状反对称波形。图 6-10(a)和(b)分别是气液密度比对 R 波和 T 波的影响。图 6-11(a)

和(b)分别是当 $\bar{\rho}=0.003$ 和 $\bar{\rho}=0.001$ 时，$\bar{\omega}_r$ 随 $\bar{k}_z$ 和 k_θ 变化的三维曲面图，即 R-T 波对表面波不稳定性的影响。

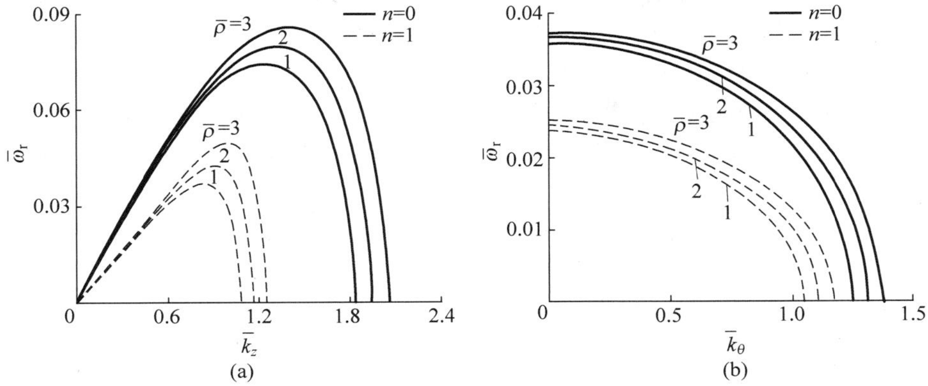

图 6-10　气液密度比对 R 波和 T 波的影响

$\bar{U}_1=4$ m/s，$We_1=220$，$Re_1=3976$，$\bar{U}_z=2$，$\bar{U}_\theta=0.2$

(a) R 波，$k_\theta=0$；(b) T 波，$\bar{k}_z=0.5$

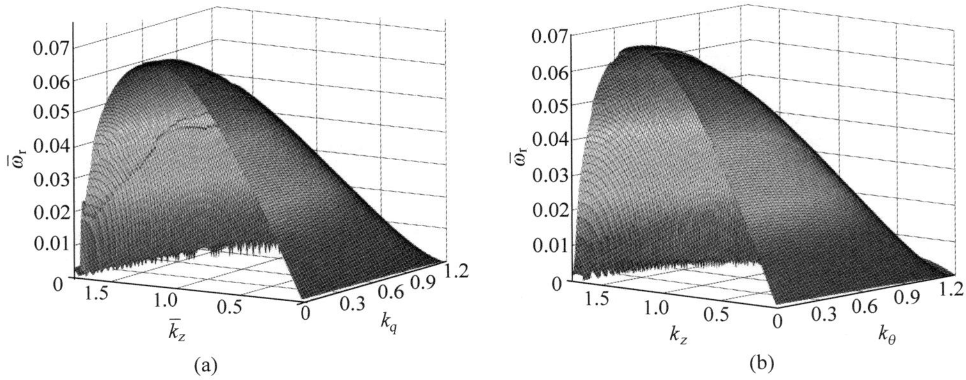

图 6-11　气液密度比对 R-T 波的影响

$n=0$，$\bar{U}_1=4$ m/s，$We_1=220$，$Re_1=3976$，$\bar{U}_z=1$，$\bar{U}_\theta=0.2$

(a) R-T 波，$\bar{\rho}=0.001$；(b) R-T 波，$\bar{\rho}=0.003$

从图 6-10 可以看出，无论是单股状正对称波形还是反对称波形，随着气液密度比的增大，R 波和 T 波的表面波增长率、支配表面波增长率、支配波数、截断波数都增大，说明气液密度比的增大会加剧液流的碎裂。这是由于在韦伯数一定时，液体密度减小，表面张力系数减小，从而加剧了液束的不稳定性；另外，增大气体密度会使气流扰动作用加剧，也会导致液流碎裂程度增大。对比 R 波和 T 波可知，R 波的表面波增长率大于 T 波，说明在射流碎裂过程中 R 波占主导地位。在同一气液密度比下，单股状正对称波形的表面波增长率要比反对称波形的大，说明反对称波形相较于正对称波形更加稳定。对比图 6-11(a)和(b)可知，随着气液密度比的小幅增加，在 R 波和 T 波共同作用下，R-T 波的表面波增长率略微增大。

6.3.5 刚性涡流和势涡流的影响

涡流模型有两种，一种是刚性涡流，另一种是势涡流，如图 6-12 所示。刚性涡流认为涡流中心处旋转流体的线速度为零，距中心越远流速越大，而且流速与距中心的径向距离成直线关系；势涡流则认为中心处旋转流体的线速度最大，离中心越远流速越小，在距中心足够远或者固体壁面处流速为零，流速与距中心的径向距离成反比的曲线关系。为了全面地反应气流的旋转程度，定义一个气流的旋转强度，来整体反应气流的旋转对液体射流不稳定性产生的影响。

对于刚性涡流，旋转强度与气流旋转的线速度与径向长度的乘积成正比，即

$$\bar{\Gamma} \propto \bar{U}_\theta \bar{r} \tag{6-98}$$

对于势涡流，旋转强度与气流旋转的线速度与径向长度的商成正比，即

$$\bar{\chi} \propto \frac{\bar{U}_\theta}{\bar{r}} \tag{6-99}$$

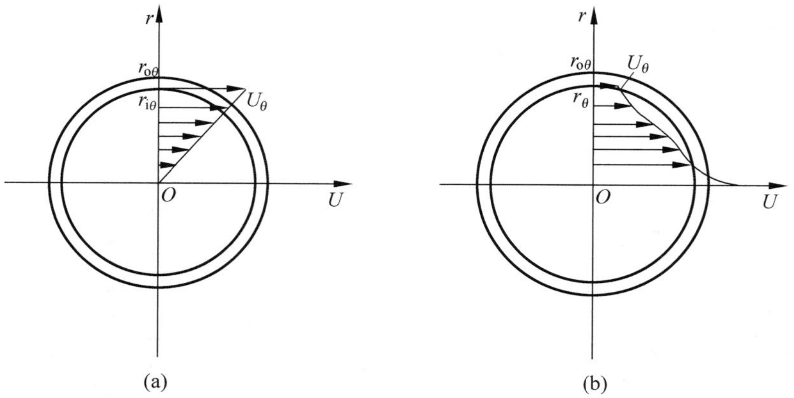

图 6-12 刚性涡流和势涡流

(a) 刚性涡流；(b) 势涡流

6.3.5.1 刚性涡流的影响

将方程(6-82)变形，得刚性涡流的色散准则关系式。

$$\left[\frac{2\bar{k}_z^2}{Re_1}(\bar{\omega}+\mathrm{i}\bar{k}_z)+(\bar{\omega}+\mathrm{i}\bar{k}_z)^2\right]\frac{\mathrm{I}_{n+k_\theta}(\bar{k}_z)}{\mathrm{I}'_{n+k_\theta}(\bar{k}_z)}+\frac{\bar{k}_z\bar{P}}{\bar{C}^2 Z}\left[\bar{\omega}+\mathrm{i}(n+\bar{k}_\theta)\frac{\bar{\Gamma}}{\bar{r}}+\mathrm{i}\bar{k}_z\bar{U}_z\right]+$$

$$\frac{4\bar{k}_z^3}{Re_1^2}\left[\bar{k}_z\frac{\mathrm{I}''_{n+k_\theta}(\bar{k}_z)}{\mathrm{I}'_{n+k_\theta}(\bar{k}_z)}-\bar{s}\frac{\mathrm{I}''_{n+k_\theta}(\bar{s})}{\mathrm{I}'_{n+k_\theta}(\bar{s})}\right]+\frac{2\bar{k}_z^2}{Re_1}(\bar{\omega}+\mathrm{i}\bar{k}_z)\frac{\mathrm{I}''_{n+k_\theta}(\bar{k}_z)}{\mathrm{I}'_{n+k_\theta}(\bar{k}_z)}-$$

$$\frac{\bar{k}_z}{We_1}\left[-\bar{k}_z^2+3-2(n+k_\theta)^2\right]=0 \tag{6-100}$$

取半径 $\bar{r}=2$ 处，通过 MATLAB 软件或者 FORTRAN 语言编写程序进行数值计算，可以得到图 6-13 所示的单股状圆射流气体刚性涡流强度变化对表面波增长率的影响。其

中，实线表示正对称波形，虚线表示反对称波形。从图中可以看出，随着刚性涡流强度的增加，单股状正/反对称波形的 R 波和 T 波的表面波增长率都增大，说明刚性涡流强度对液束的碎裂有较大的影响，刚性涡流强度越大，气体涡流流速越快，液束越不稳定。比较正/反对称波形可知，随着刚性涡流强度的增大，反对称波形的表面波增长率的增幅比正对称波形的大；尽管如此，正对称波形的表面波增长率依然要比反对称波形的大，说明正对称波形的不稳定度要大于反对称波形的不稳定度，液束更易碎裂。对比图 6-13(a)和(b)可知，对于复合气流，R 波比 T 波更加不稳定。

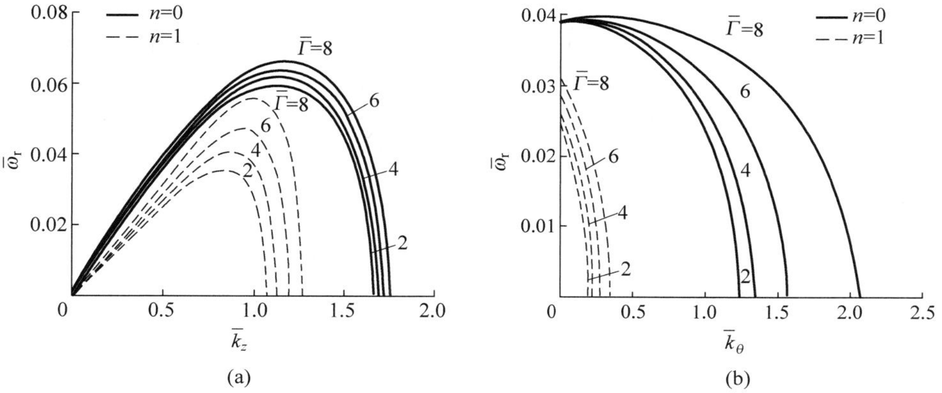

图 6-13　气体刚性涡流强度对 R 波和 T 波的影响

$U_1=4\ \mathrm{m/s}, We_1=220, Re_1=3976, \bar{\rho}=1.206\times10^{-3}$

(a) R 波，$k_\theta=0, \bar{U}_z=3$；(b) T 波，$\bar{k}_z=0.5, \bar{U}_z=3$

6.3.5.2　势涡流的影响

将方程(6-82)变形，得势涡流的色散准则关系式。

$$\left[\frac{2\bar{k}_z^2}{Re_1}(\bar{\omega}+\mathrm{i}\bar{k}_z)+(\bar{\omega}+\mathrm{i}\bar{k}_z)^2\right]\frac{\mathrm{I}_{n+k_\theta}(\bar{k}_z)}{\mathrm{I}'_{n+k_\theta}(\bar{k}_z)}+\frac{\bar{k}_z\bar{P}}{\bar{C}^2Z}[\bar{\omega}+\mathrm{i}(n+\bar{k}_\theta)\bar{r}\bar{\chi}+\mathrm{i}\bar{k}_z\bar{U}_z]+$$
$$\frac{4\bar{k}_z^3}{Re_1^2}\left[\bar{k}_z\frac{\mathrm{I}''_{n+k_\theta}(\bar{k}_z)}{\mathrm{I}'_{n+k_\theta}(\bar{k}_z)}-\bar{s}\frac{\mathrm{I}''_{n+k_\theta}(\bar{s})}{\mathrm{I}'_{n+k_\theta}(\bar{s})}\right]+\frac{2\bar{k}_z^2}{Re_1}(\bar{\omega}+\mathrm{i}\bar{k}_z)\frac{\mathrm{I}''_{n+k_\theta}(\bar{k}_z)}{\mathrm{I}'_{n+k_\theta}(\bar{k}_z)}-$$
$$\frac{\bar{k}_z}{We_1}[-\bar{k}_z^2+3-2(n+k_\theta)^2]=0 \tag{6-101}$$

式中，$\bar{s}_{g2}^2=(1-\bar{\chi}^2\bar{r}^2Ma_{zg}^2)(n+k_\theta)^2$

取半径 $\bar{r}=2$ 处，通过数值计算，可以得到图 6-14 所示的单股状圆射流气体势涡流强度变化对表面波增长率的影响，其中，实线表示正对称波形，虚线表示反对称波形。从图中可以看出，随着气体势涡流强度的增加，单股状正/反对称波形的 R 波和 T 波的表面波增长率都增大。这是因为势涡流强度越大，涡流流速越大，液束越不稳定。比较正/反对称波形可知，随着势涡流强度的增大，反对称波形的表面波增长率增幅要比正对称波形的大，尽管如此，正对称波形的表面波增长率的绝对值依然要比反对称波形的大，说明正对称波形的不稳定度更大，液束更易碎裂。对比图 6-14(a)和(b)可知，对于复合气流，R 波比 T 波更加不稳定。对比图 6-13 与图 6-14 可知，气体刚性涡流与势涡流对于圆射流碎裂的影响相当。

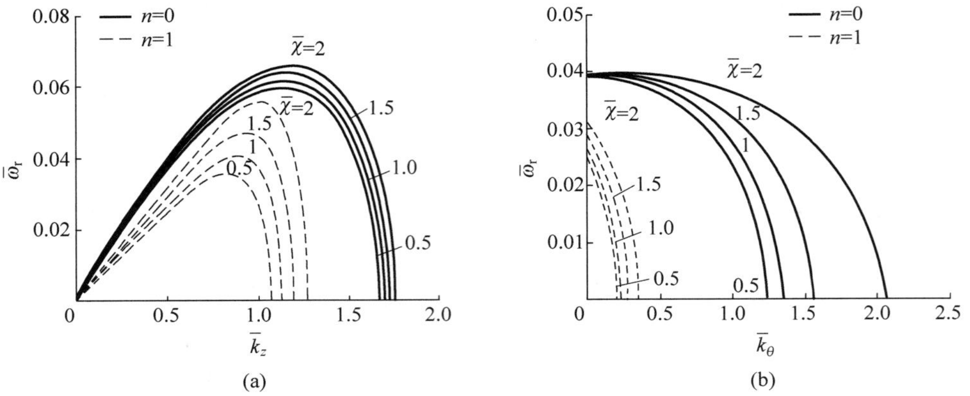

图 6-14　气体势涡流强度对 R 波和 T 波的影响

$U_1=4\ \mathrm{m/s}, We_1=220, Re_1=3976, \bar{\rho}=1.206\times10^{-3}$

(a) R 波，$k_\theta=0, \bar{U}_z=3$；(b) T 波，$\bar{k}_z=0.5, \bar{U}_z=3$

6.4　结　　语

对圆射流瑞利-泰勒波在复合气流中的线性不稳定性分析表明：①在流动条件一定的情况下，R 波的不稳定度总是比 T 波的大。也就是说，T 波的扰动振幅要比 R 波的小得多，数值计算数据显示与图 1-1(b)照片中对于 R 波和 T 波的观察结果完全一致。对于 R 波，表面波增长率随波数的增大先增大后减小，存在支配表面波增长率及其对应的支配波数。对于 T 波，支配表面波增长率位于 $k_\theta=0$ 处，说明在仅有 R 波，没有 T 波的情况下，表面波最不稳定，证明 R 波是主波，在射流团块碎裂过程中起主导作用。对于单向气流，在顺向单向气流和大气液流速比下的旋转单向气流情况下，当 $k_\theta>0$ 时，既有 R 波，又有 T 波，虽然 T 波不能增大射流团块的不稳定程度，对圆射流的不稳定度没有贡献，但它与 R 波一起对射流表面析出离散微小卫星液滴起重要作用；而在小气液流速比下的旋转单向气流情况下，T 波对于圆射流不稳定度的影响逐渐显现，并在射流的碎裂过程中占据主导地位。②随着液流韦伯数和雷诺数的增大，无论 R 波还是 T 波，由于截断波数增大，表面波增长率先减小后增大，在临界点处分界，该临界点就是液体层流区向过渡区过渡的第一上临界点，见图 1-6。在低速液流情况下，液流处于层流区，液流流速是液体碎裂的稳定因素，随着流速的增大，射流碎裂时间延长，碎裂长度增大；当流速增大到过渡区时，高速液流转变为射流碎裂的不稳定因素，随着流速的增大，射流碎裂时间和碎裂长度变短。当气流流速超过液流流速之后，圆射流的不稳定度随单向气液流速比的增加而增大。说明在较高的液体流速下，气液流速比成为圆射流碎裂的不稳定因素。③不论在仅有单向气流还是在复合气流条件下，正对称波形的表面波增长率总是比反对称波形的大，液流更不稳定。④复合气流对于圆射流碎裂的影响要比单向气流的影响大，因此要想促使圆射流碎裂，改善雾化效果，应尽量组织复合气流。⑤在液流流速较小的情况下，增大液体喷射压力或者减小气体背压均会使得液束更易碎裂。⑥气液密度比的增大将使圆射流的不稳定度增大。⑦随着气体刚性涡流强度和势涡流强度的增加，正/反对称波形 R 波和 T 波的表面波增长率都增大。刚性涡流强度与势涡流强度对于液体碎裂的影响相当，涡流流速越大，圆射流越不稳定。

习　　题

6-1　试写出圆射流 R-T 波量纲一化的扰动表达式。

6-2　试写出修正贝塞尔方程及其通解的形式。

6-3　试写出非齐次线性修正贝塞尔方程及其通解的表达式。

6-4　在什么情况下会出现非常数非齐次线性修正贝塞尔方程？

6-5　为什么圆射流和环状液膜的色散准则关系式中没有包含通解的高阶小项不定积分？

6-6　Reitz 与 Li 的零阶圆射流色散准则关系式有何不同？

6-7　试写出圆射流 R-T 波的色散准则关系式。

6-8　何为刚性涡流？何为势涡流？

6-9　在色散准则关系式中，如何定义刚性涡流和势涡流的旋转强度？

6-10　试述 R-T 波对圆射流不稳定性的影响。

第7章 圆射流时间空间和时空模式的线性不稳定性

n 阶圆射流时间模式、空间模式和时空模式的线性不稳定性理论物理模型包括：①黏性不可压缩液流，仅有顺向液流基流速度，即 $U_{z1}\neq 0, U_{\theta 1}=U_{r1}=0$。②无黏性不可压缩气流，仅有顺向气流基流速度，即 $U_{zg}\neq 0, U_{\theta g}=U_{rg}=0$。③二维扰动连续性方程和纳维-斯托克斯控制方程组，一维扰动运动学边界条件、附加边界条件和动力学边界条件。④仅研究时间模式、空间模式和时空模式的瑞利波。⑤仅研究第一级波，而不涉及第二级波和第三级波及其叠加。⑥采用的研究方法为线性不稳定性理论。

7.1 圆射流时间空间和时空模式的色散准则关系式及稳定极限

n 阶圆射流时间模式瑞利波的扰动表达式为 $\exp(\bar{\omega}\bar{t}+\mathrm{i}\bar{k}\bar{z}+\mathrm{i}n\theta)$，空间模式和时空模式瑞利波的扰动表达式为 $\exp(\mathrm{i}\bar{\omega}\bar{t}+\mathrm{i}\bar{k}\bar{z}+\mathrm{i}n\theta)$。根据第6章中圆射流时间模式瑞利波的线性不稳定性理论推导，只需将色散准则关系式和稳定极限表达式中的 $\bar{\omega}$ 替换为 $\mathrm{i}\bar{\omega}$，就可以得到空间模式和时空模式的色散准则关系式和稳定极限。

7.1.1 圆射流时间空间和时空模式的色散准则关系式

n 阶圆射流时间模式瑞利波的色散准则关系式[1]为

$$\frac{\mathrm{I}_n(\bar{k})}{\mathrm{I}_n'(\bar{k})}\left\{(\bar{\omega}+\mathrm{i}\bar{k})^2+\frac{2\bar{k}^2}{Re_1}(\bar{\omega}+\mathrm{i}\bar{k})\left[1+\frac{\mathrm{I}_n''(\bar{k})}{\mathrm{I}_n(\bar{k})}\right]+\frac{4\bar{k}^3}{Re_1^2}\left[\bar{k}\frac{\mathrm{I}_n''(\bar{k})}{\mathrm{I}_n(\bar{k})}-\bar{s}\frac{\mathrm{I}_n''(\bar{s})}{\mathrm{I}_n'(\bar{s})}\frac{\mathrm{I}_n'(\bar{k})}{\mathrm{I}_n(\bar{k})}\right]\right\}-$$

$$\bar{P}Eu_1Ma_g^2\left(\frac{\bar{\omega}}{\bar{U}_z}+\mathrm{i}\bar{k}\right)^2\frac{\mathrm{K}_n(\bar{k})}{\mathrm{K}_n'(\bar{k})}=\frac{\bar{k}}{We_1}(1-\bar{k}^2-n^2) \tag{7-1}$$

式中

$$\bar{s}^2=\bar{k}^2+Re(\bar{\omega}+\mathrm{i}\bar{k}) \tag{7-2}$$

$\bar{k}$ 为实数波数；$\bar{\omega}=\bar{\omega}_r+\mathrm{i}\bar{\omega}_i$，$\bar{\omega}_r$ 为时间模式表面波增长率，$\bar{\omega}_i$ 为特征频率。

将方程(7-1)中的 $\bar{\omega}$ 替换为 $\mathrm{i}\bar{\omega}$，得空间模式和时空模式的色散准则关系式。

$$\frac{\mathrm{I}_n(\bar{k})}{\mathrm{I}_n'(\bar{k})}\left\{-(\bar{\omega}+\bar{k})^2+\frac{2\mathrm{i}\bar{k}^2}{Re_1}(\bar{\omega}+\bar{k})\left[1+\frac{\mathrm{I}_n''(\bar{k})}{\mathrm{I}_n(\bar{k})}\right]+\frac{4\bar{k}^3}{Re_1^2}\left[\bar{k}\frac{\mathrm{I}_n''(\bar{k})}{\mathrm{I}_n(\bar{k})}-\bar{s}\frac{\mathrm{I}_n''(\bar{s})}{\mathrm{I}_n'(\bar{s})}\frac{\mathrm{I}_n'(\bar{k})}{\mathrm{I}_n(\bar{k})}\right]\right\}+$$

$$\bar{P}Eu_1Ma_g^2\left(\frac{\bar{\omega}}{\bar{U}_z}+\bar{k}\right)^2\frac{\mathrm{K}_n(\bar{k})}{\mathrm{K}_n'(\bar{k})}=\frac{\bar{k}}{We_1}(1-\bar{k}^2-n^2) \tag{7-3}$$

$$\bar{s}^2=\bar{k}^2+\mathrm{i}Re(\bar{\omega}+\bar{k}) \tag{7-4}$$

对于空间模式：$\bar{\omega}$ 为实数特征频率；$\bar{k}=\bar{k}_r+\mathrm{i}\bar{k}_i$，$-\bar{k}_i$ 为空间模式表面波增长率，$\bar{k}_r$ 为波数。对于时空模式：$\bar{\omega}=\bar{\omega}_r+\mathrm{i}\bar{\omega}_i$，$\bar{k}=\bar{k}_r+\mathrm{i}\bar{k}_i$，$-\bar{\omega}_i$ 为时间轴表面波增长率，$-\bar{k}_i$ 为空间轴表面波增长率，$\bar{\omega}_r$ 为特征频率，$\bar{k}_r$ 为波数。

7.1.2　圆射流时间空间和时空模式的稳定极限

对于时间模式，在最稳定状况下，由于时间轴表面波增长率 $\bar{\omega}_r\equiv0$，有方程(4-15)。根据方程(4-6)，由于 $\bar{s}_1^2$、$\bar{k}_1^2$、Re_1 均为实数，所以$(\bar{\omega}+\mathrm{i}\bar{k})$的虚部必须为零，有方程(4-16)和方程(4-17)。

对于空间模式，在最稳定状况下，由于空间轴表面波增长率 $\bar{k}_i\equiv0$，有方程(4-18)。根据方程(4-13)，由于 $\bar{s}_1^2$ 和 $\bar{k}_1^2$ 均为实数，所以虚部 $Re_1(\bar{\omega}+\bar{k})$必须为零，即方程(4-19)。将方程(4-18)和方程(4-19)分别代入方程(4-1)和方程(4-2)，可得方程(4-20)。因此，隐含形式的空间模式和空间轴的稳定极限，或者称为截断波数为

$$\bar{\rho}We_1\bar{U}_d^2\frac{\mathrm{K}_n(\bar{k}_{r0})}{\mathrm{K}_n'(\bar{k}_{r0})}=\frac{1-\bar{k}_{r0}^2-n^2}{\bar{k}_{r0}} \tag{7-5}$$

式中，$\bar{k}_{r0}$ 为空间轴截断波数。

对于阶数 $n=0$ 的正对称波形单股状圆射流，隐含形式的稳定极限为

$$\bar{\rho}We_1\bar{U}_d^2\frac{\mathrm{K}_0(\bar{k}_{r0})}{\mathrm{K}_1(\bar{k}_{r0})}=\bar{k}_{r0}-\frac{1}{\bar{k}_{r0}} \tag{7-6}$$

对于阶数的 $n=1$ 的反对称波形单股状圆射流，隐含形式的稳定极限为

$$\bar{\rho}We_1\bar{U}_d^2\frac{\mathrm{K}_0'(\bar{k}_{r0})}{\mathrm{K}_1'(\bar{k}_{r0})}=\bar{k}_{r0} \tag{7-7}$$

对于时空模式，在最稳定状况下，由于时间轴表面波增长率 $\bar{\omega}_i\equiv0$ 和空间轴表面波增长率 $\bar{k}_i\equiv0$，有方程(4-17)和方程(4-18)。根据方程(4-13)，由于 $\bar{s}_1^2$ 和 $\bar{k}_1^2$ 均为实数，所以虚部 $Re_1(\bar{\omega}+\bar{k})$必须为零，即有方程(4-19)。时空模式的空间轴稳定极限与空间模式的稳定极限相同，为方程(7-5)～方程(7-7)。空间模式的截断波数与时间模式的几乎完全相同，则时间轴稳定极限为

$$\bar{\rho}We_1\bar{U}_d^2\frac{\mathrm{K}_n(\bar{\omega}_{r0})}{\mathrm{K}_n'(\bar{\omega}_{r0})}=\frac{1-\bar{\omega}_{r0}^2-n^2}{\bar{\omega}_{r0}} \tag{7-8}$$

式中，$\bar{\omega}_{r0}$ 为时间轴截断波数。

对于阶数 $n=0$ 的正对称波形单股状圆射流，隐含形式的稳定极限为

$$\bar{\rho}We_1\bar{U}_d^2\frac{\mathrm{K}_0(\bar{\omega}_{r0})}{\mathrm{K}_1(\bar{\omega}_{r0})}=\bar{\omega}_{r0}-\frac{1}{\bar{\omega}_{r0}} \tag{7-9}$$

对于阶数 $n=1$ 的反对称波形单股状圆射流，隐含形式的稳定极限为

$$\bar{\rho} We_1 \bar{U}_d^2 \frac{K_0'(\bar{\omega}_{r0})}{K_1'(\bar{\omega}_{r0})} = \bar{\omega}_{r0} \tag{7-10}$$

应用 MATLAB 软件或者 FORTRAN 语言编制程序，经过试算迭代，就可以确定各种情况下的 $\bar{k}_{r0}$ 和 $\bar{\omega}_{r0}$ 值。

7.2 圆射流时间空间和时空模式的线性不稳定性分析

7.2.1 圆射流时间和空间模式的线性不稳定性分析

时间模式扰动表达式为 $\exp(\bar{\omega}\bar{t}+\mathrm{i}\bar{k}\bar{z})$，空间模式和时空模式扰动表达式为 $\exp(\mathrm{i}\bar{\omega}\bar{t}+\mathrm{i}\bar{k}\bar{z})$。圆射流时间模式瑞利波的线性不稳定性理论已经在《液体喷雾学》[1]中论述过，根据该理论推导，只需将色散准则关系式和稳定极限表达式中的 $\bar{\omega}$ 替换为 $\mathrm{i}\bar{\omega}$，就可以得到空间模式和时空模式瑞利波的色散准则关系式和稳定极限。对于不稳定性分析，本章将重点进行时间、空间和时空模式之间的比较研究，与《液体喷雾学》和第 4 章、第 6 章中重复的内容将不再赘述。

7.2.1.1 液流速度的影响

液流速度的影响如图 7-1～图 7-3 所示。

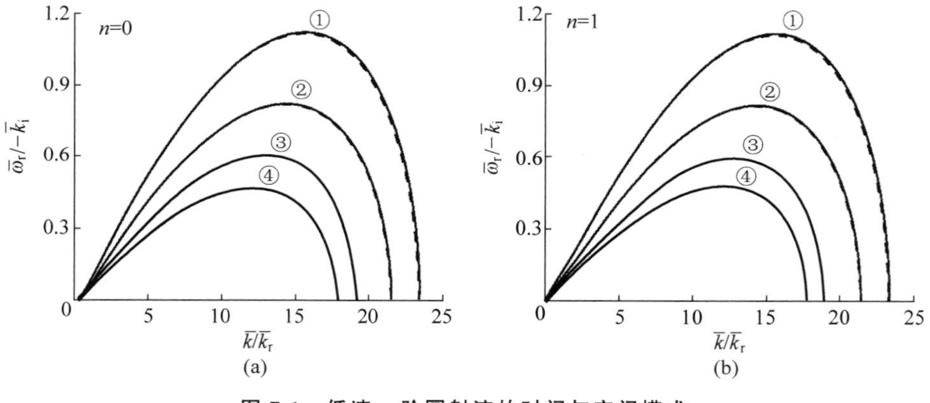

图 7-1 低速 n 阶圆射流的时间与空间模式

实线表示空间模式，虚线表示时间模式

$\bar{\rho}=1.206\times10^{-3}$，$Oh_1=1.87\times10^{-3}$，$\bar{P}=0.101325$，$Ma_g=0.08$

① $U_{z1}=5$ m/s，$We_1=1375$，$Re_1=19881$，$Eu_1=40$；② $U_{z1}=6$ m/s，$We_1=1980$，$Re_1=23857$，$Eu_1=28$；
③ $U_{z1}=7$ m/s，$We_1=2695$，$Re_1=27833$，$Eu_1=20$；④ $U_{z1}=8$ m/s，$We_1=3520$，$Re_1=31809$，$Eu_1=16$

(a) 0 阶；(b) 1 阶；(c) 2 阶；(d) 3 阶

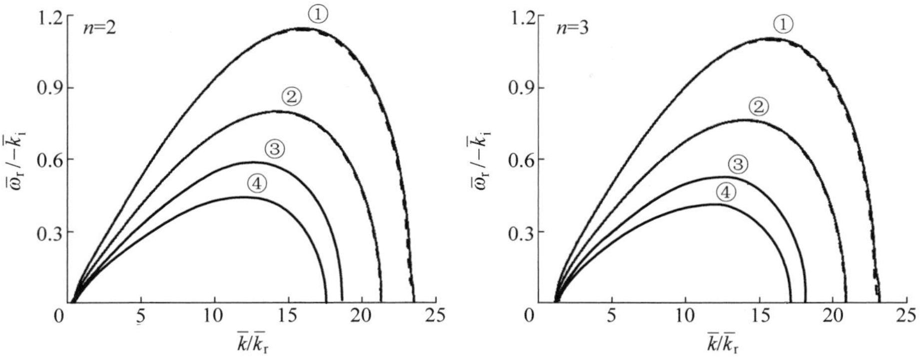

(c)　(d)

图 7-1　（续）

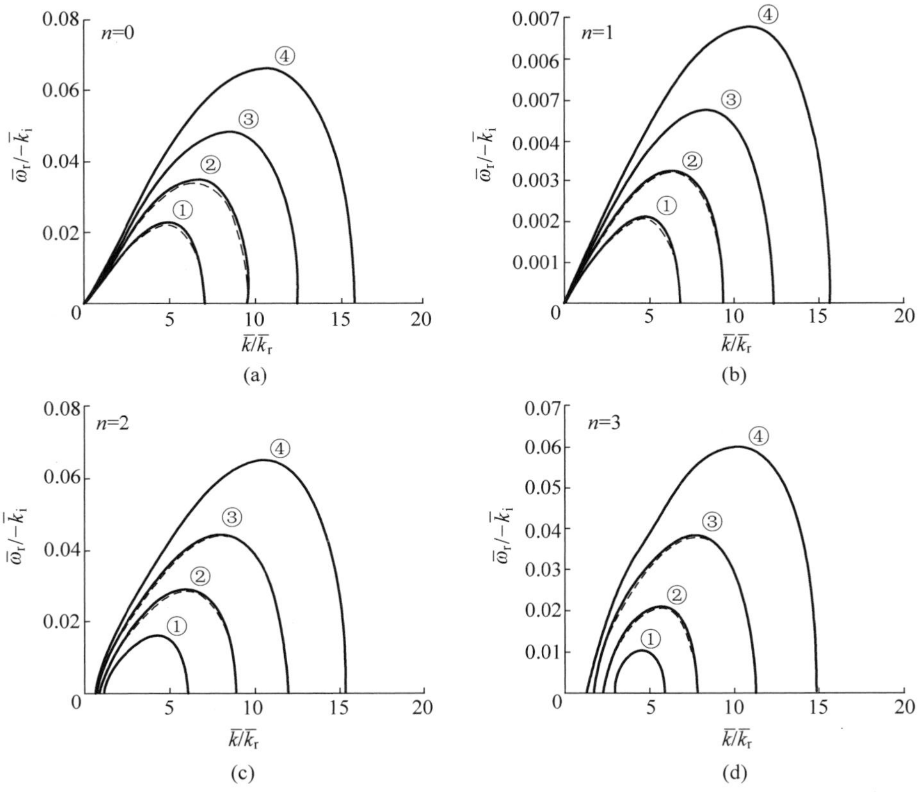

(a)　(b)　(c)　(d)

图 7-2　高速 *n* 阶圆射流的时间与空间模式

实线表示空间模式，虚线表示时间模式

$\bar{\rho}=1.206\times10^{-3}$，$Oh_1=1.87\times10^{-3}$，$\bar{P}=0.0063$，$Ma_g=0.08$

① $U_{z1}=40$ m/s，$We_1=87998$，$Re_1=159046$，$Eu_1=10.02$；② $U_{z1}=42$ m/s，$We_1=97018$，$Re_1=166998$，$Eu_1=9.09$；

③ $U_{z1}=44$ m/s，$We_1=106478$，$Re_1=174950$，$Eu_1=8.28$；④ $U_{z1}=46$ m/s，$We_1=116378$，$Re_1=182903$，$Eu_1=7.57$

(a) 0 阶；(b) 1 阶；(c) 2 阶；(d) 3 阶

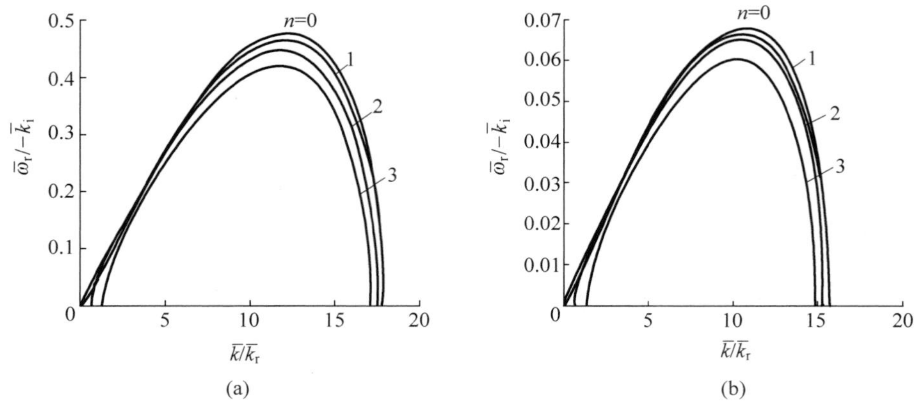

图 7-3 不同阶数圆射流的时间与空间模式

实线表示空间模式,虚线表示时间模式

$\bar{\rho}=1.206\times10^{-3}$,$Oh_1=1.87\times10^{-3}$,$\bar{P}=0.101325$,$Ma_g=0.08$

(a) $U_{z1}=8$ m/s,$We_1=3520$,$Re_1=31809$,$Eu_1=16$;(b) $U_{z1}=46$ m/s,$We_1=116378$,$Re_1=182903$,$Eu_1=7.57$

(a) 低速液流;(b) 高速液流

7.2.1.2 液流欧尼索数的影响

液流欧尼索数的影响见图 7-4。

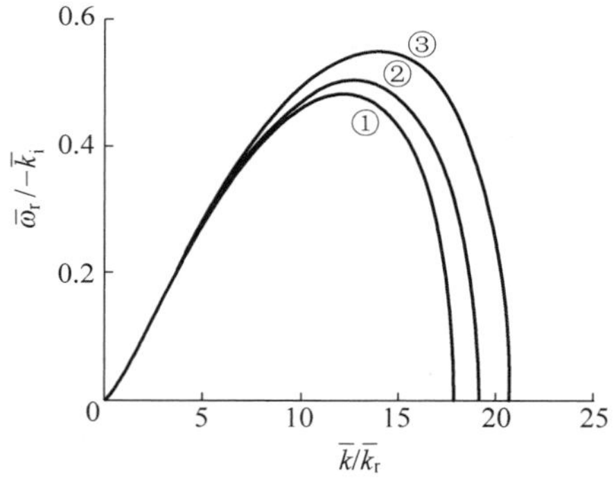

图 7-4 液流欧尼索数对时间与空间模式的影响

实线表示空间模式,虚线表示时间模式

$U_{z1}=8$ m/s,$\bar{P}=0.101325$,$Eu_1=16$,$Ma_g=0.08$

① $t=20$℃,$We_1=3520$,$Re_1=31809$,$Oh_1=1.87\times10^{-3}$,$\bar{\rho}=1.206\times10^{-3}$;

② $t=50$℃,$We_1=3764$,$Re_1=57554$,$Oh_1=1.07\times10^{-3}$,$\bar{\rho}=1.106\times10^{-3}$;

③ $t=90$℃,$We_1=4071$,$Re_1=97561$,$Oh_1=6.54\times10^{-4}$,$\bar{\rho}=1.008\times10^{-3}$

7.2.1.3 液流欧拉数的影响

液流欧拉数的影响见图 7-5。

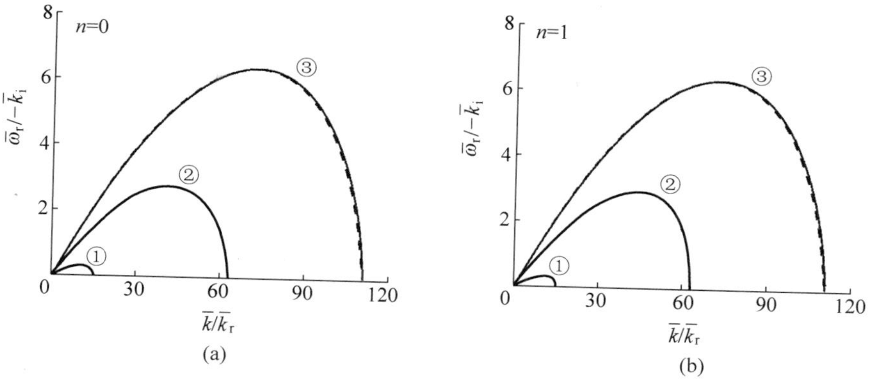

图 7-5　液流欧拉数对时间与空间模式的影响

实线表示空间模式，虚线表示时间模式

$U_{z1}=9$ m/s，$We_1=4455$，$Re_1=35785$

① $\bar{P}=5.00\times10^{-3}$，$Eu_1=247$，$\bar{\rho}=1.206\times10^{-3}$；② $\bar{P}=8.00\times10^{-3}$，$Eu_1=618$，$\bar{\rho}=4.720\times10^{-3}$；

③ $\bar{P}=8.75\times10^{-3}$，$Eu_1=989$，$\bar{\rho}=8.268\times10^{-3}$

(a) 0 阶；(b) 1 阶

7.2.1.4　气流马赫数的影响

气流马赫数的影响见图 7-6。

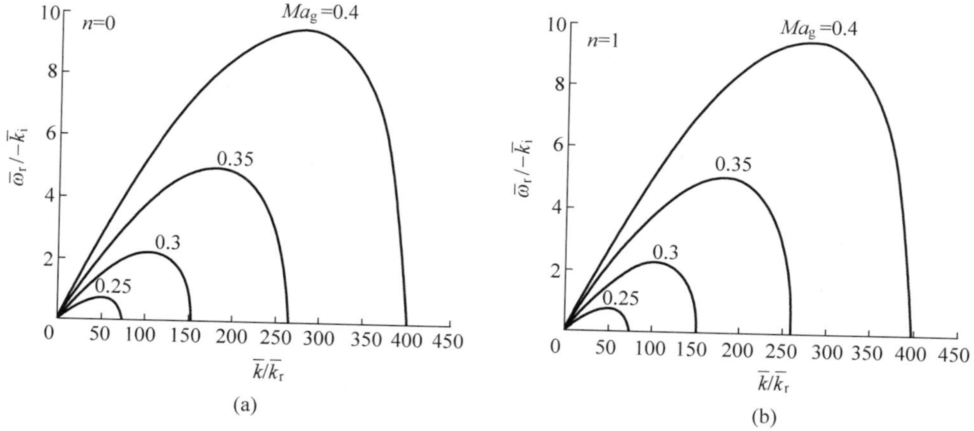

图 7-6　气流马赫数对时间与空间模式的影响

实线表示空间模式，虚线表示时间模式

$U_{z1}=46$ m/s，$We_1=116378$，$Re_1=182903$，$Oh_1=1.87\times10^{-3}$，$Eu_1=7.5748$

(a) 0 阶；(b) 1 阶

7.2.1.5　低速高气液密度比的影响

低速高气液密度比的影响见图 7-7。

图 7-1～图 7-6 中，实线表示空间模式$(-\bar{k}_i)$-$\bar{k}_r$ 曲线，虚线表示时间模式 $\bar{\omega}_r$-$\bar{k}$ 曲线。

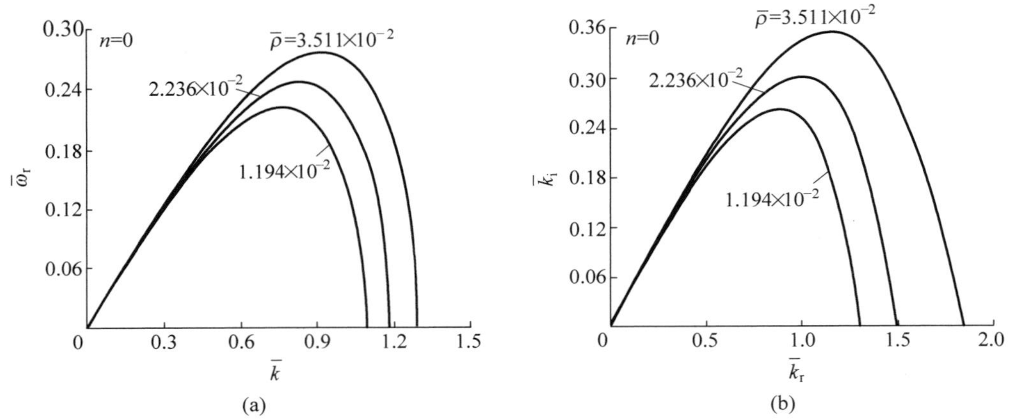

图 7-7 低速高气液密度比下的时间与空间模式

正对称波形，$U_{z1}=0.5$ m/s，$We_1=3$，$Re_1=497$，$Eu_1=247$

① $\bar{P}=0.05$，$\bar{\rho}=1.194\times10^{-2}$；② $\bar{P}=0.1$，$\bar{\rho}=2.336\times10^{-2}$；③ $\bar{P}=0.15$，$\bar{\rho}=3.511\times10^{-2}$

(a) 时间模式；(b) 空间模式

可以看出，无论气液体物理物性参数变化与否，空间模式的表面波增长率曲线与时间模式的几乎完全重合，说明物理物性参数对于圆射流碎裂过程的影响在空间模式与时间模式上几乎是完全一致的，时空均衡，因此采用时间模式或者空间模式进行圆射流的不稳定性分析均可，大多数学者采用的是时间模式进行研究。

图 7-7 所示为小韦伯数高气液密度比情况下的时间/空间模式。从图中可以看出，在该条件下，空间模式的表面波增长率要比时间模式的略大，此时时空不均衡，应采用空间模式进行研究。

7.2.2 圆射流时空模式的线性不稳定性分析

时空模式色散准则关系式隐含了时间/空间轴表面波增长率$-\bar{\omega}_i/-\bar{k}_i$随时间/空间轴波数平面$\bar{\omega}_r$-$\bar{k}_r$的变化关系。使用穆勒方法，可以对色散准则关系式求取数值解，绘制出时间/空间轴表面波增长率随时间/空间轴波数变化关系的$(-\bar{\omega}_i)$-$\bar{\omega}_r$-k_r和$(-\bar{k}_i)$-$\bar{\omega}_r$-$\bar{k}_r$三维时空曲线图，据此还可以在一幅二维图上绘制出支配表面波增长率的$(-\bar{\omega}_{i\text{-dom}}/-\bar{k}_{i\text{-dom}})$-$(-\bar{k}_{i\text{-dom}}/-\bar{\omega}_{i\text{-dom}})$和$\bar{G}_{ab}$-$(-\bar{k}_{i\text{-dom}}/-\bar{\omega}_{i\text{-dom}})$曲线，用以评价时空模式时间轴与空间轴的支配地位。

7.2.2.1 液流速度的影响

图 7-8 为液流速度对时空模式的影响，实线表示时间轴，虚线表示空间轴。图 7-8(a)为 0 阶正对称波形的三维时空曲线；图 7-8(b)为 1 阶反对称波形的三维时空曲线；图 7-8(c)为 0 阶正对称波形的支配表面波增长率曲线；图 7-8(d)为 1 阶正对称波形的支配表面波增长率曲线。从图 7-8(a)和(b)中可知，时间/空间轴曲线几乎重合，三维时空曲线位于$\bar{\omega}_r$-$\bar{k}_r$波数平面 45°方向的垂直平面上，时空平直，时空曲率为零。从图 7-8(c)和(d)中可以看出，

随着支配表面波增长率$-\bar{\omega}_{\text{i-dom}}/-\bar{k}_{\text{i-dom}}$的增大，$-\bar{k}_{\text{i-dom}}/-\bar{\omega}_{\text{i-dom}}$持续减小，反之亦然。而时空表面波增长率$\bar{G}_{ab}=(-\bar{\omega}_{\text{i-dom}})+(-\bar{k}_{\text{i-dom}})$曲线变化不大，数值大小相近。因此，可以取时间轴或者空间轴中的任何一个作为时空模式的研究对象进行不稳定性分析。

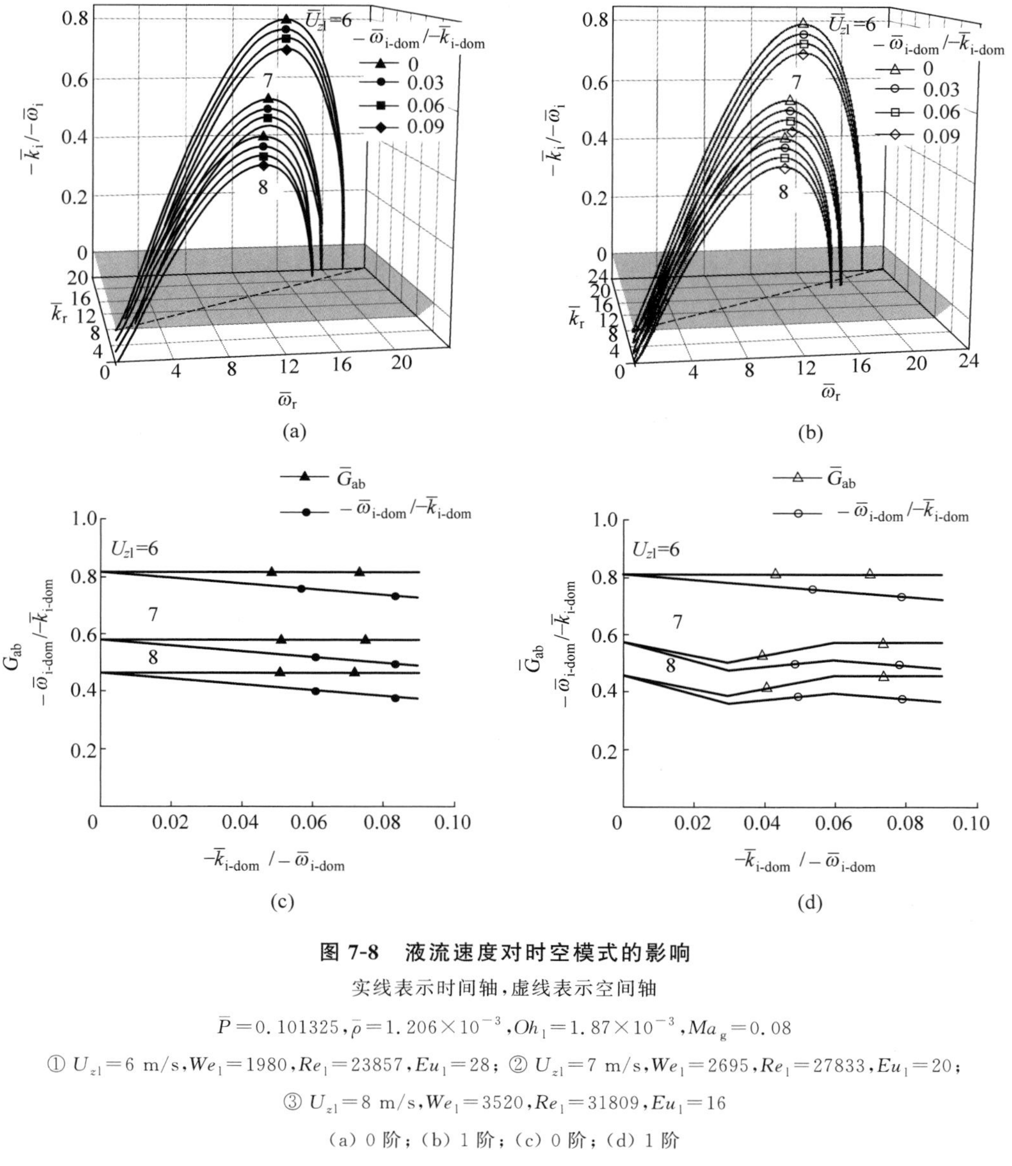

图 7-8　液流速度对时空模式的影响

实线表示时间轴，虚线表示空间轴

$\bar{P}=0.101325$，$\bar{\rho}=1.206\times10^{-3}$，$Oh_1=1.87\times10^{-3}$，$Ma_g=0.08$

① $U_{z1}=6$ m/s，$We_1=1980$，$Re_1=23857$，$Eu_1=28$；② $U_{z1}=7$ m/s，$We_1=2695$，$Re_1=27833$，$Eu_1=20$；

③ $U_{z1}=8$ m/s，$We_1=3520$，$Re_1=31809$，$Eu_1=16$

(a) 0 阶；(b) 1 阶；(c) 0 阶；(d) 1 阶

支配参数是影响连续射流碎裂的关键因素。由三维时空曲线中获取支配表面波增长率，可以绘制时间/空间轴的支配表面波增长率曲线，该曲线表达了射流最不稳定的状况，后文将主要针对时间/空间轴的支配表面波增长率曲线进行分析。

7.2.2.2　液流欧尼索数的影响

液流欧尼索数的影响见图 7-9。

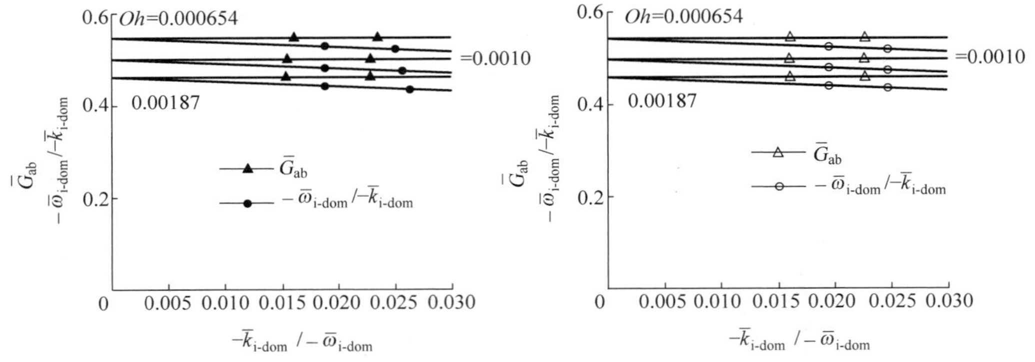

(a) (b)

图 7-9 液流欧尼索数对时空模式支配表面波增长率的影响

实线表示时间轴，虚线表示空间轴

$\bar{P}=0.101325$，$\bar{\rho}=1.206\times10^{-3}$，$Eu_1=16$，$Ma_g=0.08$

① $We_1=3520$，$Re_1=31809$，$Oh_1=1.87\times10^{-3}$；② $We_1=3764$，$Re_1=57554$，$Oh_1=1.07\times10^{-3}$；

③ $We_1=4071$，$Re_1=97561$，$Oh_1=6.54\times10^{-4}$

(a) 0 阶；(b) 1 阶

7.2.2.3 液流欧拉数的影响

液流欧拉数的影响见图 7-10。

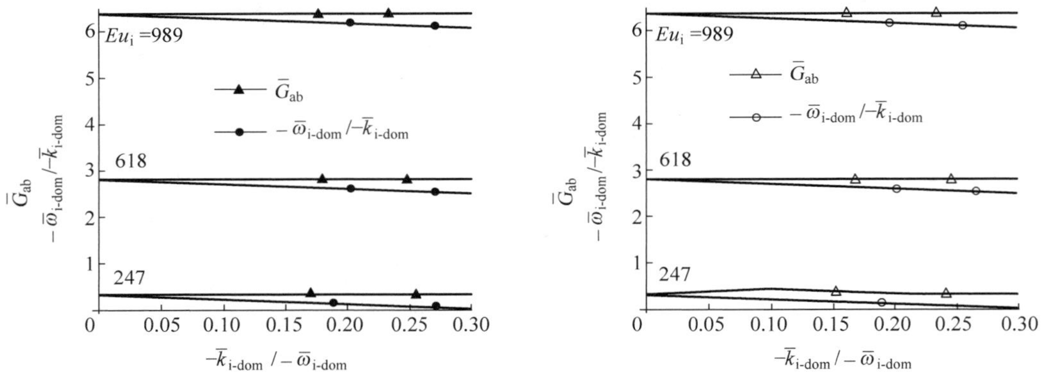

(a) (b)

图 7-10 液流欧拉数对时空模式支配表面波增长率的影响

实线表示时间轴，虚线表示空间轴

$U_{z1}=9$ m/s，$We_1=4455$，$Re_1=35785$

① $\bar{P}=5.00\times10^{-3}$，$\bar{\rho}=1.206\times10^{-3}$，$Eu_1=247$；② $\bar{P}=8.00\times10^{-3}$，$\bar{\rho}=4.720\times10^{-3}$，$Eu_1=618$；

③ $\bar{P}=8.75\times10^{-3}$，$\bar{\rho}=8.268\times10^{-3}$，$Eu_1=989$

(a) 0 阶；(b) 1 阶

7.2.2.4 气流马赫数的影响

气流马赫数的影响见图 7-11。

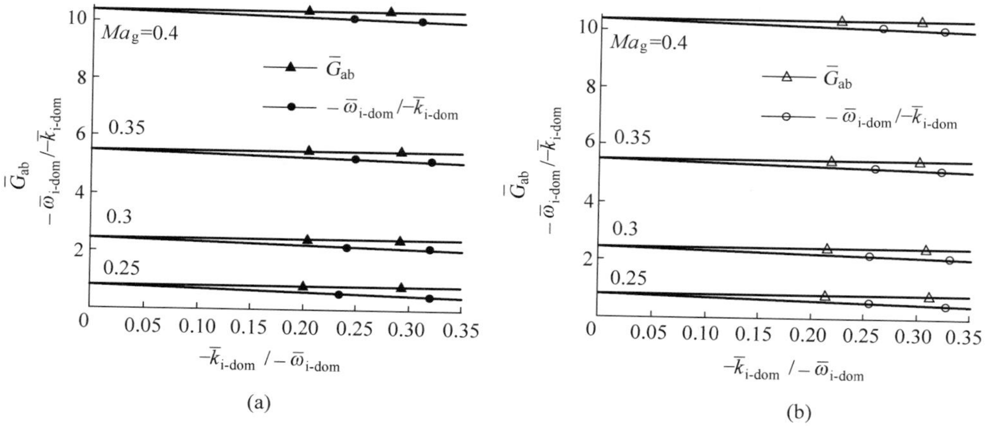

图 7-11 气流马赫数对时空模式支配表面波增长率的影响

实线表示时间轴，虚线表示空间轴

$U_{z1}=45$ m/s, $We_1=111373$, $Re_1=178926$, $\bar{P}=0.0041$, $Eu_1=12.3676$

(a) 0 阶；(b) 1 阶

7.2.2.5 低速高气液密度比的影响

图 7-12 为低速高气液密度比下的时空模式曲线。从图 7-12(a)和(b)中可知，空间轴曲线要比时间轴曲线高。图 7-12(c)和(d)显示，时间轴曲线位于波数平面的 45°方向的垂直平

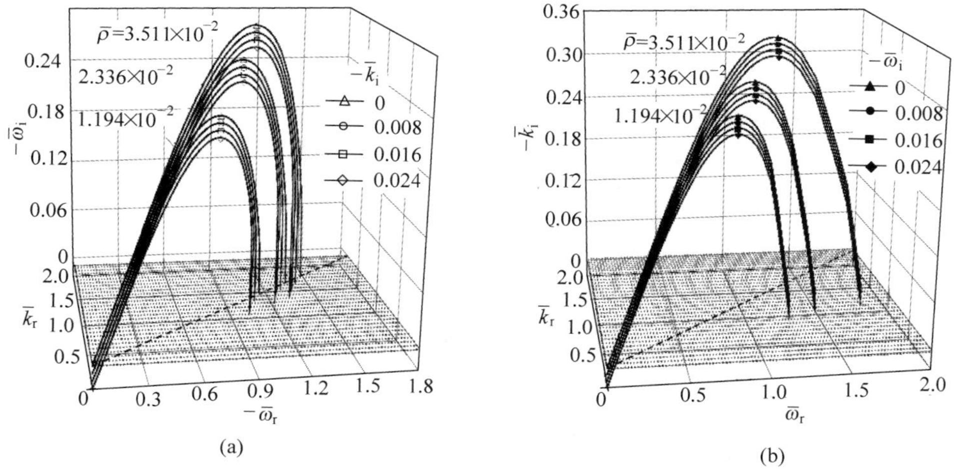

图 7-12 低速高气液密度比下的时空模式

正对称波形，$U_{z1}=0.5$ m/s, $We_1=3$, $Re_1=497$, $Eu_1=247$

(a) 时间轴的三维时空曲线；(b) 空间轴的三维时空曲线；(c) 时间轴的 45°角俯视图；(d) 空间轴的 45°角俯视图；(e) 时间轴的支配表面波增长率；(f) 空间轴的支配表面波增长率

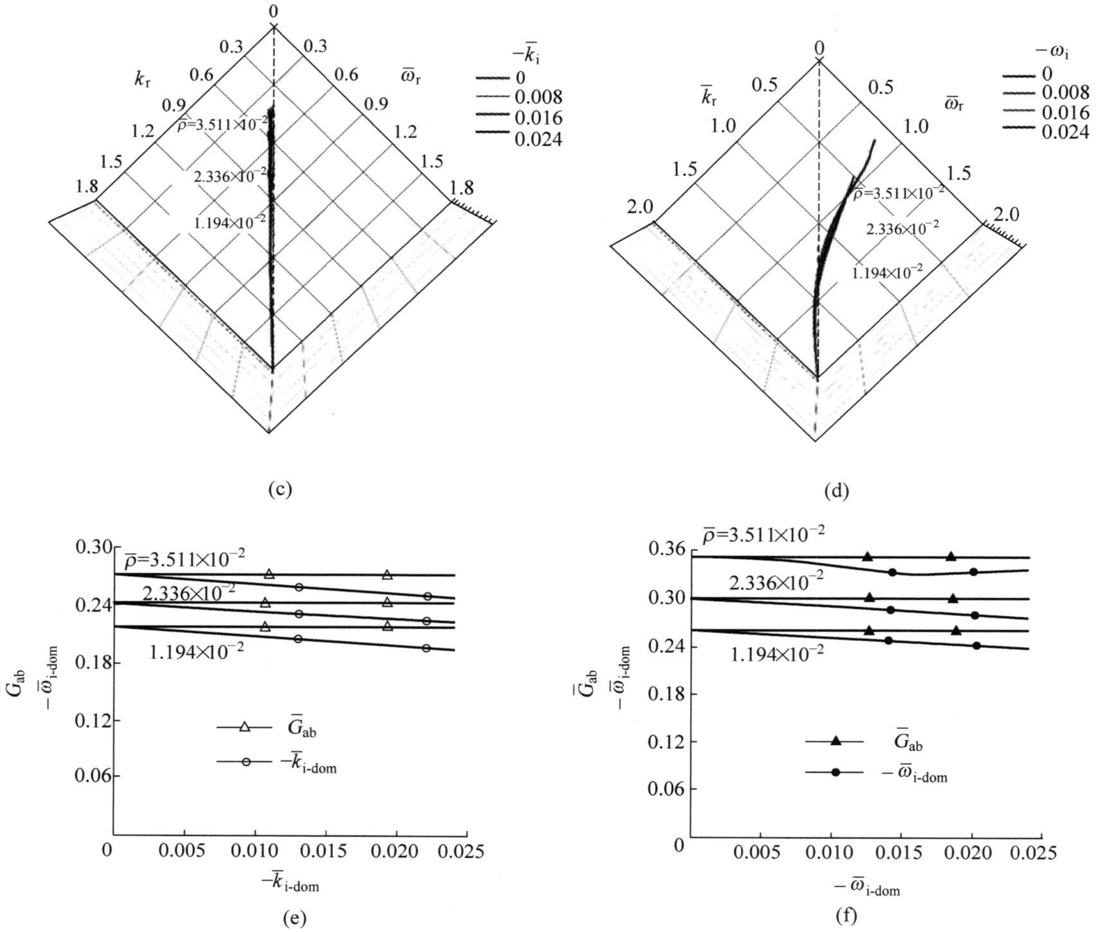

图 7-12 (续)

面上，但空间轴曲线不再保持在波数平面的 45°方向的垂直平面上。临界波数仍然位于 45°方向，而截断波数有较大的偏离，空间轴曲线弯曲。波数变小，特征频率变大。从图 7-12(e)和(f)中可以看出，随着$-\bar{\omega}_{\text{i-dom}}/-\bar{k}_{\text{i-dom}}$的增大，$-k_{\text{i-dom}}/-\bar{\omega}_{\text{i-dom}}$持续减小，但时空表面波增长率$\bar{G}_{ab}$曲线平直。空间轴的$\bar{G}_{ab}$要比时间轴的大。应以$-\bar{\omega}_{\text{i-dom}}=0$的空间轴三维时空曲线作为时空模式的研究对象进行不稳定性分析。

从图 7-8～图 7-11 可以看出，无论圆射流的物理物性参数如何变化，所有工况下的时间轴与空间轴的支配表面波增长率曲线都几乎重合，且时空表面波增长率曲线为平直的。因此，可以取时间轴或者空间轴中的任何一种作为时空模式的研究对象进行圆射流的不稳定性分析，大多数学者采用的是时间轴进行时空模式研究。只有图 7-12 所示的小韦伯数高气液密度比的情况是个例外，该情况下应采用空间轴进行研究。

7.3 结　　语

对圆射流时间、空间和时空模式的不稳定分析可以得到如下结论：大多数工况均可采用时间模式与空间模式，或者时空模式的时间轴与空间轴的任意一种进行不稳定性分析，多数学者采用时间模式或者时间轴。只有在小韦伯数高气液密度比情况下，应采用空间模式或者空间轴。

习　　题

7-1　试写出圆射流空间模式与时空模式瑞利波的色散准则关系式。

7-2　试述圆射流时间模式与空间模式的均衡性。

7-3　通常如何分析圆射流的三维时空曲线？

7-4　三维时空曲线弯曲意味着什么？

7-5　简述圆射流时空模式的不稳定性分析。

第8章

圆射流的非线性不稳定性

n 阶圆射流的非线性不稳定性理论物理模型包括：①无黏性不可压缩液流，即液流假设为理想流体，允许使用流函数或者势函数进行推导，本章使用势函数推导。仅有顺向液流基流速度，即 $U_{z1}\neq 0, U_{\theta 1}=U_{r1}=0$。②无黏性不可压缩气流，即气流也假设为理想流体，使用势函数进行推导。静止气体环境，即 $U_{rg}=U_{\theta g}=U_{zg}=0$。③二维扰动连续性方程和伯努利控制方程，一维扰动运动学边界条件和动力学边界条件。④仅研究瑞利波。⑤研究第一级波、第二级波和第三级波及它们的叠加。⑥采用的研究方法为非线性不稳定性理论。

首先，推导出第一级表面波、第二级表面波和第三级表面波的控制方程，再在非线性边界 $\bar{r}=1+\bar{\xi}$ 处建立第一级表面波、第二级表面波和第三级表面波的运动学边界条件和动力学边界条件，继而将边界条件在 $\bar{r}_0=1$ 处进行泰勒级数展开，得到在边界 $\bar{r}_0=1$ 处的第一级表面波、第二级表面波和第三级表面波的运动学边界条件和动力学边界条件。进一步，采用曹建明提出的时空模式表面波扰动振幅初始函数表达式推导出正/反对称波形第一级表面波、第二级表面波和第三级表面波的解。非线性的表面波扰动振幅初始函数表达式能够很好地与线性不稳定性理论相衔接。最后，运用 MATLAB 软件或者 FORTRAN 语言编制程序，对时空模式的解进行数值计算，将第一级表面波非线性不稳定性理论的表面波增长率与线性不稳定理论进行对比；然后绘制第一级、第二级和第三级正/反对称波形表面波的波形图，以及波形叠加图，预测表面波的碎裂长度，并与实验结果进行对比。本章讨论的均为 n 阶圆射流。

8.1 圆射流扰动振幅和速度势函数的各阶偏导数

8.1.1 圆射流扰动振幅的各阶偏导数

8.1.1.1 三级表面波扰动振幅 $\bar{\xi}$ 的气液相合式

三级表面波扰动振幅 $\bar{\xi}$ 的气液相合式为方程(2-200)。

8.1.1.2 扰动振幅 $\bar{\xi}$ 对 $\bar{r}$ 的一阶偏导数(存在于运动学边界条件和动力学边界条件中)

按照定义：$\bar{\xi}=\sum_{m=1}^{3}\bar{\xi}_0^m(\bar{r})\bar{\xi}_m(\bar{z},\bar{t})$。由于 $\bar{\xi}_0^m(\bar{r})=\text{const.}$，$\bar{\xi}_m(\bar{z},\bar{t})$ 与 $\bar{r}$ 无关。因此

$$\bar{\xi}_{,\bar{r}}=0 \tag{8-1}$$

可见，$\bar{\xi}$ 对 $\bar{r}$ 的各阶偏导数均为零。

8.1.1.3　扰动振幅 $\bar{\xi}$ 对 $\bar{z}$ 的一阶偏导数(存在于运动学边界条件和动力学边界条件中)

$$\bar{\xi}_{,\bar{z}}=\sum_{m=1}^{3}\bar{\xi}_0^m\bar{\xi}_{m,\bar{z}}=\bar{\xi}_0\bar{\xi}_{1,\bar{z}}+\bar{\xi}_0^2\bar{\xi}_{2,\bar{z}}+\bar{\xi}_0^3\bar{\xi}_{3,\bar{z}} \tag{8-2}$$

8.1.1.4　扰动振幅 $\bar{\xi}$ 对 $\bar{z}$ 的二阶偏导数(存在于动力学边界条件中)

$$\bar{\xi}_{,\bar{z}\bar{z}}=\sum_{m=1}^{3}\bar{\xi}_0^m\bar{\xi}_{m,\bar{z}\bar{z}}=\bar{\xi}_0\bar{\xi}_{1,\bar{z}\bar{z}}+\bar{\xi}_0^2\bar{\xi}_{2,\bar{z}\bar{z}}+\bar{\xi}_0^3\bar{\xi}_{3,\bar{z}\bar{z}} \tag{8-3}$$

8.1.1.5　扰动振幅 $\bar{\xi}$ 对 $\bar{t}$ 的一阶偏导数(存在于运动学边界条件中)

$$\bar{\xi}_{,\bar{t}}=\sum_{m=1}^{3}\bar{\xi}_0^m\bar{\xi}_{m,\bar{t}}=\bar{\xi}_0\bar{\xi}_{1,\bar{t}}+\bar{\xi}_0^2\bar{\xi}_{2,\bar{t}}+\bar{\xi}_0^3\bar{\xi}_{3,\bar{t}} \tag{8-4}$$

8.1.2　圆射流速度势函数的各阶偏导数

8.1.2.1　三级表面波速度势函数 $\bar{\phi}$ 的气液相合式

三级表面波速度势函数 $\bar{\phi}$ 的气液相合式为方程(2-204)。

由于零级波就意味着没有扰动波，因此零级波势函数本身必然为线性的。线性不稳定性分析的液相零级波势函数为 $\bar{\phi}_{01}=\bar{z}$；非线性不稳定性分析的液相零级波势函数为 $\bar{\phi}_{01}=\bar{z}+\int\bar{u}_{z1}\mathrm{d}\bar{z}=\bar{z}$，$\bar{\phi}_{01,\bar{z}}=1$，$\bar{\phi}_{01,\bar{z}\bar{z}}=0$，$\bar{\phi}_{01,\bar{r}}=0$，$\bar{\phi}_{01,\bar{r}\bar{r}}=0$，$\bar{\phi}_{01,\bar{t}}=0$。线性不稳定性分析的气相零级波势函数为 $\bar{\phi}_{0g}=\mathrm{const.}$；非线性不稳定性分析的气相零级波势函数为 $\bar{\phi}_{0g}=\mathrm{const.}+\int\bar{u}_{zg}\mathrm{d}\bar{z}=\mathrm{const.}$，$\bar{\phi}_{0g,\bar{z}}=0$，$\bar{\phi}_{0g,\bar{z}\bar{z}}=0$，$\bar{\phi}_{0g,\bar{r}}=0$，$\bar{\phi}_{0g,\bar{r}\bar{r}}=0$，$\bar{\phi}_{0g,\bar{t}}=0$。

8.1.2.2　速度势函数 $\bar{\phi}$ 对 $\bar{z}$ 的一阶偏导数(存在于运动学边界条件和动力学边界条件中)

液相

$$\bar{\phi}_{1,\bar{z}}=\sum_{m=0}^{3}\bar{\xi}_0^m\bar{\phi}_{m1,\bar{z}}=\bar{\phi}_{01,\bar{z}}+\bar{\xi}_0\bar{\phi}_{11,\bar{z}}+\bar{\xi}_0^2\bar{\phi}_{21,\bar{z}}+\bar{\xi}_0^3\bar{\phi}_{31,\bar{z}} \tag{8-5}$$

式中，$\bar{\phi}_{01,\bar{z}}=1$。方程(8-5)变成

$$\bar{\phi}_{1,\bar{z}}=1+\bar{\xi}_0\bar{\phi}_{11,\bar{z}}+\bar{\xi}_0^2\bar{\phi}_{21,\bar{z}}+\bar{\xi}_0^3\bar{\phi}_{31,\bar{z}} \tag{8-6}$$

气相

$$\bar{\phi}_{g,\bar{z}}=\sum_{m=0}^{3}\bar{\xi}_0^m\bar{\phi}_{mg,\bar{z}}=\bar{\phi}_{0g,\bar{z}}+\bar{\xi}_0\bar{\phi}_{1g,\bar{z}}+\bar{\xi}_0^2\bar{\phi}_{2g,\bar{z}}+\bar{\xi}_0^3\bar{\phi}_{3g,\bar{z}} \tag{8-7}$$

式中，$\bar{\phi}_{0g,\bar{z}}=0$。方程(8-7)变成

$$\bar{\phi}_{g,\bar{z}}=\bar{\xi}_0\bar{\phi}_{1g,\bar{z}}+\bar{\xi}_0^2\bar{\phi}_{2g,\bar{z}}+\bar{\xi}_0^3\bar{\phi}_{3g,\bar{z}} \tag{8-8}$$

8.1.2.3 速度势函数 $\bar{\phi}$ 对 $\bar{z}$ 的二阶偏导数(存在于连续性方程中)

液相

$$\bar{\phi}_{1,\bar{z}\bar{z}}=\sum_{m=0}^{3}\bar{\xi}_0^m\bar{\phi}_{m1,\bar{z}\bar{z}}=\bar{\phi}_{01,\bar{z}\bar{z}}+\bar{\xi}_0\bar{\phi}_{11,\bar{z}\bar{z}}+\bar{\xi}_0^2\bar{\phi}_{21,\bar{z}\bar{z}}+\bar{\xi}_0^3\bar{\phi}_{31,\bar{z}\bar{z}} \tag{8-9}$$

式中,$\bar{\phi}_{01,\bar{z}\bar{z}}=0$。方程(8-9)变成

$$\bar{\phi}_{1,\bar{z}\bar{z}}=\bar{\xi}_0\bar{\phi}_{11,\bar{z}\bar{z}}+\bar{\xi}_0^2\bar{\phi}_{21,\bar{z}\bar{z}}+\bar{\xi}_0^3\bar{\phi}_{31,\bar{z}\bar{z}} \tag{8-10}$$

气相

$$\bar{\phi}_{g,\bar{z}\bar{z}}=\sum_{m=0}^{3}\bar{\xi}_0^m\bar{\phi}_{mg,\bar{z}\bar{z}}=\bar{\phi}_{0g,\bar{z}\bar{z}}+\bar{\xi}_0\bar{\phi}_{1g,\bar{z}\bar{z}}+\bar{\xi}_0^2\bar{\phi}_{2g,\bar{z}\bar{z}}+\bar{\xi}_0^3\bar{\phi}_{3g,\bar{z}\bar{z}} \tag{8-11}$$

式中,$\bar{\phi}_{0g,\bar{z}\bar{z}}=0$。方程(8-11)变成

$$\bar{\phi}_{g,\bar{z}\bar{z}}=\bar{\xi}_0\bar{\phi}_{1g,\bar{z}\bar{z}}+\bar{\xi}_0^2\bar{\phi}_{2g,\bar{z}\bar{z}}+\bar{\xi}_0^3\bar{\phi}_{3g,\bar{z}\bar{z}} \tag{8-12}$$

8.1.2.4 速度势函数 $\bar{\phi}$ 对 $\bar{r}$ 的一阶偏导数(存在于运动学边界条件和动力学边界条件中)

液相

$$\bar{\phi}_{1,\bar{r}}=\sum_{m=0}^{3}\bar{\xi}_0^m\bar{\phi}_{m1,\bar{r}}=\bar{\phi}_{01,\bar{r}}+\bar{\xi}_0\bar{\phi}_{11,\bar{r}}+\bar{\xi}_0^2\bar{\phi}_{21,\bar{r}}+\bar{\xi}_0^3\bar{\phi}_{31,\bar{r}} \tag{8-13}$$

式中,$\bar{\phi}_{01,\bar{r}}=0$。方程(8-13)变成

$$\bar{\phi}_{1,\bar{r}}=\bar{\xi}_0\bar{\phi}_{11,\bar{r}}+\bar{\xi}_0^2\bar{\phi}_{21,\bar{r}}+\bar{\xi}_0^3\bar{\phi}_{31,\bar{r}} \tag{8-14}$$

气相

$$\bar{\phi}_{g,\bar{r}}=\sum_{m=0}^{3}\bar{\xi}_0^m\bar{\phi}_{mg,\bar{r}}=\bar{\phi}_{0g,\bar{r}}+\bar{\xi}_0\bar{\phi}_{1g,\bar{r}}+\bar{\xi}_0^2\bar{\phi}_{2g,\bar{r}}+\bar{\xi}_0^3\bar{\phi}_{3g,\bar{r}} \tag{8-15}$$

式中,$\bar{\phi}_{0g,\bar{r}}=0$。方程(8-15)变成

$$\bar{\phi}_{g,\bar{r}}=\bar{\xi}_0\bar{\phi}_{1g,\bar{r}}+\bar{\xi}_0^2\bar{\phi}_{2g,\bar{r}}+\bar{\xi}_0^3\bar{\phi}_{3g,\bar{r}} \tag{8-16}$$

8.1.2.5 速度势函数 $\bar{\phi}$ 对 $\bar{r}$ 的二阶偏导数(存在于连续性方程中)

液相

$$\bar{\phi}_{1,\bar{r}\bar{r}}=\sum_{m=0}^{3}\bar{\xi}_0^m\bar{\phi}_{m1,\bar{r}\bar{r}}=\bar{\phi}_{01,\bar{r}\bar{r}}+\bar{\xi}_0\bar{\phi}_{11,\bar{r}\bar{r}}+\bar{\xi}_0^2\bar{\phi}_{21,\bar{r}\bar{r}}+\bar{\xi}_0^3\bar{\phi}_{31,\bar{r}\bar{r}} \tag{8-17}$$

式中,$\bar{\phi}_{01,\bar{r}\bar{r}}=0$。方程(8-17)变成

$$\bar{\phi}_{1,\bar{r}\bar{r}}=\bar{\xi}_0\bar{\phi}_{11,\bar{r}\bar{r}}+\bar{\xi}_0^2\bar{\phi}_{21,\bar{r}\bar{r}}+\bar{\xi}_0^3\bar{\phi}_{31,\bar{r}\bar{r}} \tag{8-18}$$

气相

$$\bar{\phi}_{g,\bar{r}\bar{r}}=\sum_{m=0}^{3}\bar{\xi}_0^m\bar{\phi}_{mg,\bar{r}\bar{r}}=\bar{\phi}_{0g,\bar{r}\bar{r}}+\bar{\xi}_0\bar{\phi}_{1g,\bar{r}\bar{r}}+\bar{\xi}_0^2\bar{\phi}_{2g,\bar{r}\bar{r}}+\bar{\xi}_0^3\bar{\phi}_{3g,\bar{r}\bar{r}} \tag{8-19}$$

式中，$\bar{\phi}_{0g,\bar{r}\bar{r}}=0$。方程(8-19)变成

$$\bar{\phi}_{g,\bar{r}\bar{r}}=\bar{\xi}_0\bar{\phi}_{1g,\bar{r}\bar{r}}+\bar{\xi}_0^2\bar{\phi}_{2g,\bar{r}\bar{r}}+\bar{\xi}_0^3\bar{\phi}_{3g,\bar{r}\bar{r}} \tag{8-20}$$

8.1.2.6　速度势函数 $\bar{\phi}$ 对 $\bar{t}$ 的一阶偏导数(存在于运动学边界条件中)

液相

$$\bar{\phi}_{l,\bar{t}}=\sum_{m=0}^{3}\bar{\xi}_0^m\bar{\phi}_{ml,\bar{t}}=\bar{\phi}_{0l,\bar{t}}+\bar{\xi}_0\bar{\phi}_{1l,\bar{t}}+\bar{\xi}_0^2\bar{\phi}_{2l,\bar{t}}+\bar{\xi}_0^3\bar{\phi}_{3l,\bar{t}} \tag{8-21}$$

式中，$\bar{\phi}_{0l,\bar{t}}=0$。方程(8-21)变成

$$\bar{\phi}_{l,\bar{t}}=\bar{\xi}_0\bar{\phi}_{1l,\bar{t}}+\bar{\xi}_0^2\bar{\phi}_{2l,\bar{t}}+\bar{\xi}_0^3\bar{\phi}_{3l,\bar{t}} \tag{8-22}$$

气相

$$\bar{\phi}_{g,\bar{t}}=\sum_{m=0}^{3}\bar{\xi}_0^m\bar{\phi}_{mg,\bar{t}}=\bar{\phi}_{0g,\bar{t}}+\bar{\xi}_0\bar{\phi}_{1g,\bar{t}}+\bar{\xi}_0^2\bar{\phi}_{2g,\bar{t}}+\bar{\xi}_0^3\bar{\phi}_{3g,\bar{t}} \tag{8-23}$$

式中，$\bar{\phi}_{0g,\bar{t}}=0$。方程(8-23)变成

$$\bar{\phi}_{g,\bar{t}}=\bar{\xi}_0\bar{\phi}_{1g,\bar{t}}+\bar{\xi}_0^2\bar{\phi}_{2g,\bar{t}}+\bar{\xi}_0^3\bar{\phi}_{3g,\bar{t}} \tag{8-24}$$

8.2　在圆射流气液交界面上对速度势函数按泰勒级数的展开式

在求取速度势函数的特解时，需要将速度势函数 $\bar{\phi}$ 在气液交界面处进行泰勒级数展开。气液交界面边界：非线性边界，$\bar{r}=1+\bar{\xi}$；线性边界，$\bar{r}_0=1$。其中，当 $j=1$ 时，正/反对称波形的 $\bar{\xi}$ 均为正；当 $j=2$ 时，反对称波形的 $\bar{\xi}$ 仍为正，而正对称波形的 $\bar{\xi}$ 却为负。在气液交界面上对速度势函数按泰勒级数展开前三项(三级波)的气液项合式如下。

8.2.1　圆射流速度势函数的泰勒级数展开式

$$\bar{\phi}\Big|_{\bar{r}}=\bar{\phi}\Big|_{\bar{r}_0}+\bar{\xi}\bar{\phi}_{,\bar{r}}\Big|_{\bar{r}_0}+\frac{1}{2!}\bar{\xi}^2\bar{\phi}_{,\bar{r}\bar{r}}\Big|_{\bar{r}_0} \tag{8-25}$$

可见，经过泰勒级数展开后，可将非线性边界转化成线性边界，使得推导过程大为简化。

8.2.2　圆射流速度势函数一阶偏导数的泰勒级数展开式

8.2.2.1　速度势函数 $\bar{\phi}$ 对 $\bar{r}$ 的一阶偏导数(存在于运动学边界条件和动力学边界条件中)

扰动振幅 $\bar{\xi}=\sum_{m=1}^{3}\bar{\xi}_0^m(\bar{r})\bar{\xi}_m(\bar{z},\bar{t})$ 中的 $\bar{\xi}_0^m$ 项是$\bar{r}$ 的函数。但本研究中 $\bar{\xi}_0$ 假设为需实验确定的常数，m 为指数，也是表面波的级数。因此，$\bar{\xi}_0^m=\text{const.}$，$\bar{\xi}$ 就与$\bar{r}$ 无关了。速度势函数 $\bar{\phi}$ 对$\bar{r}$ 求偏导数时可以将 $\bar{\xi}_m$ 看作常数。

将第零级表面波、第一级表面波、第二级表面波和第三级表面波的速度势函数按泰勒级数展开前三项(三级波)的气液项合式如下。

(1) $\bar{\phi}_{0,\bar{r}}\Big|_{\bar{r}}$

$$\bar{\phi}_{0,\bar{r}}\Big|_{\bar{r}_0}=0 \tag{8-26}$$

(2) $\bar{\phi}_{1,\bar{r}}\Big|_{\bar{r}}$

$$\bar{\phi}_{1,\bar{r}}\Big|_{\bar{r}}=\bar{\phi}_{1,\bar{r}}\Big|_{\bar{r}_0}+\bar{\xi}\bar{\phi}_{1,\bar{r}\bar{r}}\Big|_{\bar{r}_0}+\frac{1}{2!}\bar{\xi}^2\bar{\phi}_{1,\bar{r}\bar{r}\bar{r}}\Big|_{\bar{r}_0} \tag{8-27}$$

将扰动振幅 $\bar{\xi}$ 的展开式(2-200)代入方程(8-27),得

$$\begin{aligned}\bar{\phi}_{1,\bar{r}}\Big|_{\bar{r}}=&\bar{\phi}_{1,\bar{r}}\Big|_{\bar{r}_0}+(\bar{\xi}_0\bar{\xi}_1+\bar{\xi}_0^2\bar{\xi}_2+\bar{\xi}_0^3\bar{\xi}_3)\bar{\phi}_{1,\bar{r}\bar{r}}\Big|_{\bar{r}_0}+\\&\frac{1}{2}(\bar{\xi}_0\bar{\xi}_1+\bar{\xi}_0^2\bar{\xi}_2+\bar{\xi}_0^3\bar{\xi}_3)^2\bar{\phi}_{1,\bar{r}\bar{r}\bar{r}}\Big|_{\bar{r}_0}\end{aligned} \tag{8-28}$$

式中,

$$\begin{aligned}(\bar{\xi}_0\bar{\xi}_1+\bar{\xi}_0^2\bar{\xi}_2+\bar{\xi}_0^3\bar{\xi}_3)^2=&\bar{\xi}_0^2\bar{\xi}_1^2+2\bar{\xi}_0^3\bar{\xi}_1\bar{\xi}_2+\\&2\bar{\xi}_0^4\bar{\xi}_1\bar{\xi}_3+\bar{\xi}_0^4\bar{\xi}_2^2+2\bar{\xi}_0^5\bar{\xi}_2\bar{\xi}_3+\bar{\xi}_0^6\bar{\xi}_3^2\end{aligned} \tag{8-29}$$

由于 $\bar{\xi}_0<1$,且只研究到第三级表面波,所以只保留到 $\bar{\xi}_0$ 的三级项,即将 $\bar{\xi}_0$ 的指数大于 3 的高阶小量项忽略掉。方程(8-29)简化成

$$(\bar{\xi}_0\bar{\xi}_1+\bar{\xi}_0^2\bar{\xi}_2+\bar{\xi}_0^3\bar{\xi}_3)^2=\bar{\xi}_0^2\bar{\xi}_1^2+2\bar{\xi}_0^3\bar{\xi}_1\bar{\xi}_2 \tag{8-30}$$

将方程(8-30)代入方程(8-28),得

$$\bar{\phi}_{1,\bar{r}}\Big|_{\bar{r}}=\bar{\phi}_{1,\bar{r}}\Big|_{\bar{r}_0}+(\bar{\xi}_0\bar{\xi}_1+\bar{\xi}_0^2\bar{\xi}_2+\bar{\xi}_0^3\bar{\xi}_3)\bar{\phi}_{1,\bar{r}\bar{r}}\Big|_{\bar{r}_0}+\frac{1}{2}(\bar{\xi}_0^2\bar{\xi}_1^2+2\bar{\xi}_0^3\bar{\xi}_1\bar{\xi}_2)\bar{\phi}_{1,\bar{r}\bar{r}\bar{r}}\Big|_{\bar{r}_0} \tag{8-31}$$

(3) $\bar{\xi}_0\bar{\phi}_{1,\bar{r}}\Big|_{\bar{r}}$

$$\begin{aligned}\bar{\xi}_0\bar{\phi}_{1,\bar{r}}\Big|_{\bar{r}}=&\bar{\xi}_0\bar{\phi}_{1,\bar{r}}\Big|_{\bar{r}_0}+\bar{\xi}_0(\bar{\xi}_0\bar{\xi}_1+\bar{\xi}_0^2\bar{\xi}_2+\bar{\xi}_0^3\bar{\xi}_3)\bar{\phi}_{1,\bar{r}\bar{r}}\Big|_{\bar{r}_0}+\\&\frac{1}{2}\bar{\xi}_0(\bar{\xi}_0\bar{\xi}_1+\bar{\xi}_0^2\bar{\xi}_2+\bar{\xi}_0^3\bar{\xi}_3)^2\bar{\phi}_{1,\bar{r}\bar{r}\bar{r}}\Big|_{\bar{r}_0}\end{aligned} \tag{8-32}$$

将方程(8-30)代入方程(8-32),得

$$\begin{aligned}\bar{\xi}_0\bar{\phi}_{1,\bar{r}}\Big|_{\bar{r}}=&\bar{\xi}_0\bar{\phi}_{1,\bar{r}}\Big|_{\bar{r}_0}+\bar{\xi}_0(\bar{\xi}_0\bar{\xi}_1+\bar{\xi}_0^2\bar{\xi}_2+\bar{\xi}_0^3\bar{\xi}_3)\bar{\phi}_{1,\bar{r}\bar{r}}\Big|_{\bar{r}_0}+\\&\frac{1}{2}\bar{\xi}_0(\bar{\xi}_0^2\bar{\xi}_1^2+2\bar{\xi}_0^3\bar{\xi}_1\bar{\xi}_2)\bar{\phi}_{1,\bar{r}\bar{r}\bar{r}}\Big|_{\bar{r}_0}\end{aligned} \tag{8-33}$$

方程(8-33)也只保留到 $\bar{\xi}_0$ 的三级项,则方程(8-33)简化成

$$\bar{\xi}_0\bar{\phi}_{1,\bar{r}}\Big|_{\bar{r}}=\bar{\xi}_0\bar{\phi}_{1,\bar{r}}\Big|_{\bar{r}_0}+(\bar{\xi}_0^2\bar{\xi}_1+\bar{\xi}_0^3\bar{\xi}_2)\bar{\phi}_{1,\bar{r}\bar{r}}\Big|_{\bar{r}_0}+\frac{1}{2}\bar{\xi}_0^3\bar{\xi}_1^2\bar{\phi}_{1,\bar{r}\bar{r}\bar{r}}\Big|_{\bar{r}_0} \tag{8-34}$$

即方程(8-33)的高阶小量项也被忽略掉了。

(4) $\bar{\xi}_0^2 \bar{\phi}_{2,\bar{r}}\Big|_{\bar{r}}$

$$\bar{\xi}_0^2 \bar{\phi}_{2,\bar{r}}\Big|_{\bar{r}} = \bar{\xi}_0^2 \bar{\phi}_{2,\bar{r}}\Big|_{\bar{r}_0} + (\bar{\xi}_0^3 \bar{\xi}_1 + \bar{\xi}_0^4 \bar{\xi}_2)\bar{\phi}_{2,\bar{r}\bar{r}}\Big|_{\bar{r}_0} + \frac{1}{2}\bar{\xi}_0^4 \bar{\xi}_1^2 \bar{\phi}_{2,\bar{r}\bar{r}\bar{r}}\Big|_{\bar{r}_0} \tag{8-35}$$

将方程(8-35)中大于 $\bar{\xi}_0$ 三次方的高阶小量项全部忽略掉，简化成

$$\bar{\xi}_0^2 \bar{\phi}_{2,\bar{r}}\Big|_{\bar{r}} = \bar{\xi}_0^2 \bar{\phi}_{2,\bar{r}}\Big|_{\bar{r}_0} + \bar{\xi}_0^3 \bar{\xi}_1 \bar{\phi}_{2,\bar{r}\bar{r}}\Big|_{\bar{r}_0} \tag{8-36}$$

(5) $\bar{\xi}_0^3 \bar{\phi}_{3,\bar{r}}\Big|_{\bar{r}}$

$$\bar{\xi}_0^3 \bar{\phi}_{3,\bar{r}}\Big|_{\bar{r}} = \bar{\xi}_0^3 \bar{\phi}_{3,\bar{r}}\Big|_{\bar{r}_0} \tag{8-37}$$

8.2.2.2　速度势函数 $\bar{\phi}$ 对 $\bar{z}$ 的一阶偏导数(存在于运动学边界条件和动力学边界条件中)

扰动振幅 $\bar{\xi} = \sum_{m=1}^{3} \bar{\xi}_0^m(\bar{r})\bar{\xi}_m(\bar{z},\bar{t})$ 中的 $\bar{\xi}_m(\bar{z},\bar{t})$ 项是 $\bar{z}$ 的函数，$\bar{\xi}$ 与 $\bar{z}$ 有关。因此，速度势函数 $\bar{\phi}$ 对 $\bar{z}$ 求偏导数就不能将 $\bar{\xi}_m$ 看作常数，而是一个变量。

将第零级表面波、第一级表面波、第二级表面波和第三级表面波的速度势函数 $\bar{\phi}$ 对 $\bar{z}$ 的一阶偏导数按泰勒级数展开前三项(三级波)的气液项合式如下。

(1) $\bar{\phi}_{01,\bar{z}}\Big|_{\bar{r}}$

液相

$$\bar{\phi}_{01,\bar{z}}\Big|_{\bar{r}} = 1 \tag{8-38}$$

气相

$$\bar{\phi}_{0g,\bar{z}}\Big|_{\bar{r}} = 0 \tag{8-39}$$

(2) $\bar{\phi}_{1,\bar{z}}\Big|_{\bar{r}}$

$$\bar{\phi}_{1,\bar{z}}\Big|_{\bar{r}} = \bar{\phi}_{1,\bar{z}}\Big|_{\bar{r}_0} + \bar{\xi}_{,\bar{z}}\bar{\phi}_{1,\bar{r}}\Big|_{\bar{r}_0} + \bar{\xi}\bar{\phi}_{1,\bar{z}\bar{r}}\Big|_{\bar{r}_0} + \bar{\xi}\bar{\xi}_{,\bar{z}}\bar{\phi}_{1,\bar{r}\bar{r}}\Big|_{\bar{r}_0} + \frac{1}{2}\bar{\xi}^2\bar{\phi}_{1,\bar{z}\bar{r}\bar{r}}\Big|_{\bar{r}_0} \tag{8-40}$$

将方程(2-200)和方程(8-2)代入方程(8-40)，得

$$\begin{aligned}
\bar{\phi}_{1j,\bar{z}}\Big|_{\bar{r}} \doteq\ & \bar{\phi}_{1,\bar{z}}\Big|_{\bar{r}_0} + (\bar{\xi}_0\bar{\xi}_{1,\bar{z}} + \bar{\xi}_0^2\bar{\xi}_{2,\bar{z}} + \bar{\xi}_0^3\bar{\xi}_{3,\bar{z}})\bar{\phi}_{1,\bar{r}}\Big|_{\bar{r}_0} + \\
& (\bar{\xi}_0\bar{\xi}_1 + \bar{\xi}_0^2\bar{\xi}_2 + \bar{\xi}_0^3\bar{\xi}_3)\bar{\phi}_{1,\bar{z}\bar{r}}\Big|_{\bar{r}_0} + \\
& (\bar{\xi}_0\bar{\xi}_1 + \bar{\xi}_0^2\bar{\xi}_2 + \bar{\xi}_0^3\bar{\xi}_3)(\bar{\xi}_0\bar{\xi}_{1,\bar{z}} + \bar{\xi}_0^2\bar{\xi}_{2,\bar{z}} + \bar{\xi}_0^3\bar{\xi}_{3,\bar{z}})\bar{\phi}_{1,\bar{r}\bar{r}}\Big|_{\bar{r}_0} + \\
& \frac{1}{2}(\bar{\xi}_0^2\bar{\xi}_1^2 + 2\bar{\xi}_0^3\bar{\xi}_1\bar{\xi}_2)\bar{\phi}_{1,\bar{z}\bar{r}\bar{r}}\Big|_{\bar{r}_0}
\end{aligned} \tag{8-41}$$

将 $\bar{\xi}_0$ 的指数大于 3 的高阶小量项忽略掉，简化成

$$\bar{\phi}_{1,\bar{z}}\Big|_{\bar{r}}=\bar{\phi}_{1,\bar{z}}\Big|_{\bar{r}_0}+(\bar{\xi}_0\bar{\xi}_{1,\bar{z}}+\bar{\xi}_0^2\bar{\xi}_{2,\bar{z}}+\bar{\xi}_0^3\bar{\xi}_{3,\bar{z}})\bar{\phi}_{1,\bar{r}}\Big|_{\bar{r}_0}+$$
$$(\bar{\xi}_0\bar{\xi}_1+\bar{\xi}_0^2\bar{\xi}_2+\bar{\xi}_0^3\bar{\xi}_3)\bar{\phi}_{1,\bar{z}\bar{r}}\Big|_{\bar{r}_0}+$$
$$(\bar{\xi}_0^2\bar{\xi}_1\bar{\xi}_{1,\bar{z}}+\bar{\xi}_0^3\bar{\xi}_1\bar{\xi}_{2,\bar{z}}+\bar{\xi}_0^3\bar{\xi}_2\bar{\xi}_{1,\bar{z}})\bar{\phi}_{1,\bar{r}\bar{r}}\Big|_{\bar{r}_0}+$$
$$\frac{1}{2}(\bar{\xi}_0^2\bar{\xi}_1^2+2\bar{\xi}_0^3\bar{\xi}_1\bar{\xi}_2)\bar{\phi}_{1,\bar{z}\bar{r}\bar{r}}\Big|_{\bar{r}_0} \tag{8-42}$$

(3) $\bar{\xi}_0\bar{\phi}_{1,\bar{z}}\Big|_{\bar{r}}$

$$\bar{\xi}_0\bar{\phi}_{1,\bar{z}}\Big|_{\bar{r}}=\bar{\xi}_0\bar{\phi}_{1,\bar{z}}\Big|_{\bar{r}_0}+(\bar{\xi}_0^2\bar{\xi}_{1,\bar{z}}+\bar{\xi}_0^3\bar{\xi}_{2,\bar{z}})\bar{\phi}_{1,\bar{r}}\Big|_{\bar{r}_0}+$$
$$(\bar{\xi}_0^2\bar{\xi}_1+\bar{\xi}_0^3\bar{\xi}_2)\bar{\phi}_{1,\bar{z}\bar{r}}\Big|_{\bar{r}_0}+\bar{\xi}_0^3\bar{\xi}_1\bar{\xi}_{1,\bar{z}}\bar{\phi}_{1,\bar{r}\bar{r}}\Big|_{\bar{r}_0}+\frac{1}{2}\bar{\xi}_0^3\bar{\xi}_1^2\bar{\phi}_{1,\bar{z}\bar{r}\bar{r}}\Big|_{\bar{r}_0} \tag{8-43}$$

(4) $\bar{\xi}_0^2\bar{\phi}_{2,\bar{z}}\Big|_{\bar{r}}$

$$\bar{\xi}_0^2\bar{\phi}_{2,\bar{z}}\Big|_{\bar{r}}=\bar{\xi}_0^2\bar{\phi}_{2,\bar{z}}\Big|_{\bar{r}_0}+\bar{\xi}_0^3\bar{\xi}_{1,\bar{z}}\bar{\phi}_{2,\bar{r}}\Big|_{\bar{r}_0}+\bar{\xi}_0^3\bar{\xi}_1\bar{\phi}_{2,\bar{z}\bar{r}}\Big|_{\bar{r}_0} \tag{8-44}$$

(5) $\bar{\xi}_0^3\bar{\phi}_{3,\bar{z}}\Big|_{\bar{r}}$

$$\bar{\xi}_0^3\bar{\phi}_{3,\bar{z}}\Big|_{\bar{r}}=\bar{\xi}_0^3\bar{\phi}_{3,\bar{z}}\Big|_{\bar{r}_0} \tag{8-45}$$

8.2.2.3 速度势函数 $\bar{\phi}$ 对 $\bar{t}$ 的一阶偏导数(存在于动力学边界条件中)

扰动振幅 $\bar{\xi}=\sum_{m=1}^{3}\bar{\xi}_0^m(\bar{r})\bar{\xi}_m(\bar{z},\bar{t})$ 中的 $\bar{\xi}_m(\bar{z},\bar{t})$ 项是 $\bar{t}$ 的函数，$\bar{\xi}$ 与 $\bar{t}$ 有关。因此，速度势函数 $\bar{\phi}$ 对 $\bar{t}$ 求偏导数就不能再将 $\bar{\xi}_m$ 看作常数，而是一个变量。

将第零级表面波、第一级表面波、第二级表面波和第三级表面波的速度势函数 $\bar{\phi}$ 对 $\bar{t}$ 的一阶偏导数按泰勒级数展开前三项(三级波)的气液项合式如下。

(1) $\bar{\phi}_{0,\bar{t}}\Big|_{\bar{r}}$

$$\bar{\phi}_{0,\bar{t}}\Big|_{\bar{r}}=0 \tag{8-46}$$

(2) $\bar{\phi}_{1,\bar{t}}\Big|_{\bar{r}}$

$$\bar{\phi}_{1,\bar{t}}\Big|_{\bar{r}}=\bar{\phi}_{1,\bar{t}}\Big|_{\bar{r}_0}+\bar{\xi}_{,\bar{t}}\bar{\phi}_{1,\bar{r}}\Big|_{\bar{r}_0}+\bar{\xi}\bar{\phi}_{1,\bar{r}\bar{t}}\Big|_{\bar{r}_0}+\bar{\xi}\bar{\xi}_{,\bar{t}}\bar{\phi}_{1j,\bar{r}\bar{r}}\Big|_{\bar{r}_0}+\frac{1}{2}\bar{\xi}^2\bar{\phi}_{1,\bar{r}\bar{r}\bar{t}}\Big|_{\bar{r}_0} \tag{8-47}$$

将方程(2-200)和方程(8-4)代入方程(8-47)，得

$$\bar{\phi}_{1,\bar{t}}\Big|_{\bar{r}}=\bar{\phi}_{1,\bar{t}}\Big|_{\bar{r}_0}+(\bar{\xi}_0\bar{\xi}_{1,\bar{t}}+\bar{\xi}_0^2\bar{\xi}_{2,\bar{t}}+\bar{\xi}_0^3\bar{\xi}_{3,\bar{t}})\bar{\phi}_{1,\bar{r}}\Big|_{\bar{r}_0}+$$
$$(\bar{\xi}_0\bar{\xi}_1+\bar{\xi}_0^2\bar{\xi}_2+\bar{\xi}_0^3\bar{\xi}_3)\bar{\phi}_{1,\bar{r}\bar{t}}\Big|_{\bar{r}_0}+$$
$$(\bar{\xi}_0\bar{\xi}_1+\bar{\xi}_0^2\bar{\xi}_2+\bar{\xi}_0^3\bar{\xi}_3)(\bar{\xi}_0\bar{\xi}_{1,\bar{t}}+\bar{\xi}_0^2\bar{\xi}_{2,\bar{t}}+\bar{\xi}_0^3\bar{\xi}_{3,\bar{t}})\bar{\phi}_{1,\bar{r}\bar{r}}\Big|_{\bar{r}_0}+$$

$$\frac{1}{2}(\bar{\xi}_0^2\bar{\xi}_1^2+2\bar{\xi}_0^3\bar{\xi}_1\bar{\xi}_2)\bar{\phi}_{1,\bar{r}\bar{r}\bar{t}}\Big|_{\bar{r}_0} \tag{8-48}$$

将 $\bar{\xi}_0$ 的指数大于 3 的高阶小量项忽略掉，简化成

$$\begin{aligned}\bar{\phi}_{1,\bar{t}}\Big|_{\bar{r}} ={}& \bar{\phi}_{1,\bar{t}}\Big|_{\bar{r}_0}+(\bar{\xi}_0\bar{\xi}_{1,\bar{t}}+\bar{\xi}_0^2\bar{\xi}_{2,\bar{t}}+\bar{\xi}_0^3\bar{\xi}_{3,\bar{t}})\bar{\phi}_{1,\bar{r}}\Big|_{\bar{r}_0}+\\&(\bar{\xi}_0\bar{\xi}_1+\bar{\xi}_0^2\bar{\xi}_2+\bar{\xi}_0^3\bar{\xi}_3)\bar{\phi}_{1,\bar{r}\bar{t}}\Big|_{\bar{r}_0}+\\&(\bar{\xi}_0^2\bar{\xi}_1\bar{\xi}_{1,\bar{t}}+\bar{\xi}_0^3\bar{\xi}_1\bar{\xi}_{2,\bar{t}}+\bar{\xi}_0^3\bar{\xi}_2\bar{\xi}_{1,\bar{t}})\bar{\phi}_{1,\bar{r}\bar{r}}\Big|_{\bar{r}_0}+\\&\frac{1}{2}(\bar{\xi}_0^2\bar{\xi}_1^2+2\bar{\xi}_0^3\bar{\xi}_1\bar{\xi}_2)\bar{\phi}_{1,\bar{r}\bar{r}\bar{t}}\Big|_{\bar{r}_0}\end{aligned} \tag{8-49}$$

(3) $\bar{\xi}_0\bar{\phi}_{1,\bar{t}}\Big|_{\bar{r}}$

$$\begin{aligned}\bar{\xi}_0\bar{\phi}_{1,\bar{t}}\Big|_{\bar{r}} ={}& \bar{\xi}_0\bar{\phi}_{1,\bar{t}}\Big|_{\bar{r}_0}+(\bar{\xi}_0^2\bar{\xi}_{1,\bar{t}}+\bar{\xi}_0^3\bar{\xi}_{2,\bar{t}})\bar{\phi}_{1,\bar{r}}\Big|_{\bar{r}_0}+\\&(\bar{\xi}_0^2\bar{\xi}_1+\bar{\xi}_0^3\bar{\xi}_2)\bar{\phi}_{1,\bar{r}\bar{t}}\Big|_{\bar{r}_0}+\bar{\xi}_0^3\bar{\xi}_1\bar{\xi}_{1,\bar{t}}\bar{\phi}_{1,\bar{r}\bar{r}}\Big|_{\bar{r}_0}+\frac{1}{2}\bar{\xi}_0^3\bar{\xi}_1^2\bar{\phi}_{1,\bar{r}\bar{r}\bar{t}}\Big|_{\bar{r}_0}\end{aligned} \tag{8-50}$$

(4) $\bar{\xi}_0^2\bar{\phi}_{2,\bar{t}}\Big|_{\bar{r}}$

$$\bar{\xi}_0^2\bar{\phi}_{2,\bar{t}}\Big|_{\bar{r}}=\bar{\xi}_0^2\bar{\phi}_{2,\bar{t}}\Big|_{\bar{r}_0}+\bar{\xi}_0^3\bar{\xi}_{1,\bar{t}}\bar{\phi}_{2,\bar{r}}\Big|_{\bar{r}_0}+\bar{\xi}_0^3\bar{\xi}_1\bar{\phi}_{2,\bar{r}\bar{t}}\Big|_{\bar{r}_0} \tag{8-51}$$

(5) $\bar{\xi}_0^3\bar{\phi}_{3,\bar{t}}\Big|_{\bar{r}}$

$$\bar{\xi}_0^3\bar{\phi}_{3,\bar{t}}\Big|_{\bar{r}}=\bar{\xi}_0^3\bar{\phi}_{3,\bar{t}}\Big|_{\bar{r}_0} \tag{8-52}$$

8.3 圆射流控制方程组和边界条件的三级波展开式

对液相和气相的控制方程组要进行三级波的展开，但无须采用泰勒级数在边界处展开。对于液相和气相的运动学边界条件和动力学边界条件，除了要进行三级波的展开之外，还要采用泰勒级数在边界处展开。

8.3.1 圆射流控制方程组的三级波展开式

8.3.1.1 连续性方程的三级波展开式

对于液相，将方程(8-10)、方程(8-14)和方程(8-18)代入液相连续性方程(2-151)，得

$$\begin{aligned}&\bar{\xi}_0\bar{\phi}_{11,\bar{r}\bar{r}}+\bar{\xi}_0^2\bar{\phi}_{21,\bar{r}\bar{r}}+\bar{\xi}_0^3\bar{\phi}_{31,\bar{r}\bar{r}}+\frac{1}{\bar{r}}\bar{\xi}_0\bar{\phi}_{11,\bar{r}}+\frac{1}{\bar{r}}\bar{\xi}_0^2\bar{\phi}_{21,\bar{r}}+\\&\frac{1}{\bar{r}}\bar{\xi}_0^3\bar{\phi}_{31,\bar{r}}+\bar{\xi}_0\bar{\phi}_{11,\bar{z}\bar{z}}+\bar{\xi}_0^2\bar{\phi}_{21,\bar{z}\bar{z}}+\bar{\xi}_0^3\bar{\phi}_{31,\bar{z}\bar{z}}=0\end{aligned} \tag{8-53}$$

将系数相同的项合并在一起，整理方程(8-53)，得

$$\bar{\xi}_0(\bar{\phi}_{11,\bar{r}\bar{r}}+\frac{1}{\bar{r}}\bar{\phi}_{11,\bar{r}}+\bar{\phi}_{11,\bar{z}\bar{z}})+\bar{\xi}_0^2(\bar{\phi}_{21,\bar{r}\bar{r}}+\frac{1}{\bar{r}}\bar{\phi}_{21,\bar{r}}+$$

$$\bar{\phi}_{21,\overline{z}\overline{z}})+\bar{\xi}_0^3(\bar{\phi}_{31,\overline{r}\overline{r}}+\frac{1}{\bar{r}}\bar{\phi}_{31,\overline{r}}+\bar{\phi}_{31,\overline{z}\overline{z}})=0 \tag{8-54}$$

对于气相，将方程(8-12)、方程(8-16)和方程(8-20)代入气相连续性方程(2-152)，得

$$\bar{\xi}_0\bar{\phi}_{1g,\overline{r}\overline{r}}+\bar{\xi}_0^2\bar{\phi}_{2g,\overline{r}\overline{r}}+\bar{\xi}_0^3\bar{\phi}_{3g,\overline{r}\overline{r}}+\frac{1}{\bar{r}}\bar{\xi}_0\bar{\phi}_{1g,\overline{r}}+\frac{1}{\bar{r}}\bar{\xi}_0^2\bar{\phi}_{2g,\overline{r}}+$$

$$\frac{1}{\bar{r}}\bar{\xi}_0^3\bar{\phi}_{3g,\overline{r}}+\bar{\xi}_0\bar{\phi}_{1g,\overline{z}\overline{z}}+\bar{\xi}_0^2\bar{\phi}_{2g,\overline{z}\overline{z}}+\bar{\xi}_0^3\bar{\phi}_{3g,\overline{z}\overline{z}}=0 \tag{8-55}$$

将系数相同的项合并在一起，整理方程(8-55)，得

$$\bar{\xi}_0(\bar{\phi}_{1g,\overline{r}\overline{r}}+\frac{1}{\bar{r}}\bar{\phi}_{1g,\overline{r}}+\bar{\phi}_{1g,\overline{z}\overline{z}})+\bar{\xi}_0^2(\bar{\phi}_{2g,\overline{r}\overline{r}}+\frac{1}{\bar{r}}\bar{\phi}_{2g,\overline{r}}+\bar{\phi}_{2g,\overline{z}\overline{z}})+$$

$$\bar{\xi}_0^3(\bar{\phi}_{3g,\overline{r}\overline{r}}+\frac{1}{\bar{r}}\bar{\phi}_{3g,\overline{r}}+\bar{\phi}_{3g,\overline{z}\overline{z}})=0 \tag{8-56}$$

方程(8-54)和方程(8-56)即为液气相连续性方程的三级波的展开式。

8.3.1.2 伯努利方程的三级波展开式

将方程(8-22)、方程(8-6)和方程(8-14)有量纲化后代入方程(2-156)，可得液相伯努利方程的展开式。

$$p_1=\frac{\rho_1U_{z1}^2}{2}-\rho_1(\xi_0\phi_{11,t}+\xi_0^2\phi_{21,t}+\xi_0^3\phi_{31,t})-$$

$$\frac{1}{2}\rho_1[(1+\xi_0\phi_{11,r}+\xi_0^2\phi_{21,r}+\xi_0^3\phi_{31,r})^2+(\xi_0\phi_{11,z}+\xi_0^2\phi_{21,z}+\xi_0^3\phi_{31,z})^2] \tag{8-57}$$

将方程(8-24)、方程(8-8)和方程(8-16)有量纲化后代入方程(2-157)，可得气相伯努利方程的展开式。

$$p_g=-\rho_g(\xi_0\phi_{1g,t}+\xi_0^2\phi_{2g,t}+\xi_0^3\phi_{3g,t})-$$

$$\frac{1}{2}\rho_g[(1+\xi_0\phi_{1g,r}+\xi_0^2\phi_{2g,r}+\xi_0^3\phi_{3g,r})^2+(\xi_0\phi_{1g,z}+\xi_0^2\phi_{2g,z}+\xi_0^3\phi_{3g,z})^2] \tag{8-58}$$

伯努利方程是有量纲的，待将它们代入动力学边界条件后再与由表面张力引起的附加压强一起进行量纲一化。

8.3.2 圆射流三级波边界条件的泰勒级数展开式

8.3.2.1 三级波运动学边界条件的泰勒级数展开式

将方程(8-14)、方程(8-4)、方程(8-6)和方程(8-2)代入方程(2-211)，得液相运动学边界条件的三级波展开式。

$$\bar{\xi}_0\bar{\phi}_{11,\overline{r}}+\bar{\xi}_0^2\bar{\phi}_{21,\overline{r}}+\bar{\xi}_0^3\bar{\phi}_{31,\overline{r}}-(\bar{\xi}_0\bar{\xi}_{1,\overline{t}}+\bar{\xi}_0^2\bar{\xi}_{2,\overline{t}}+\bar{\xi}_0^3\bar{\xi}_{3,\overline{t}})-$$

$$(1+\bar{\xi}_0\bar{\phi}_{1lj,\overline{z}}+\bar{\xi}_0^2\bar{\phi}_{2lj,\overline{z}}+\bar{\xi}_0^3\bar{\phi}_{3lj,\overline{z}})(\bar{\xi}_0\bar{\xi}_{1,\overline{z}}+\bar{\xi}_0^2\bar{\xi}_{2,\overline{z}}+\bar{\xi}_0^3\bar{\xi}_{3,\overline{z}})=0 \tag{8-59}$$

由于表面波的液相与气相边界重合，液相与气相的扰动振幅相同，均可记作 $\bar{\xi}_m$。整理方程(8-59)，得未经泰勒级数展开的液相运动学边界条件。

$$
\begin{aligned}
&\bar{\xi}_0(\bar{\phi}_{11,\bar{r}}-\bar{\xi}_{1,\bar{t}}-\bar{\xi}_{1,\bar{z}})+\\
&\bar{\xi}_0^2(\bar{\phi}_{21,\bar{r}}-\bar{\xi}_{2,\bar{t}}-\bar{\xi}_{2,\bar{z}}-\bar{\xi}_{1,\bar{z}}\bar{\phi}_{11,\bar{z}})+\\
&\bar{\xi}_0^3(\bar{\phi}_{31,\bar{r}}-\bar{\xi}_{3,\bar{t}}-\bar{\xi}_{3,\bar{z}}-\bar{\xi}_{2,\bar{z}}\bar{\phi}_{11,\bar{z}}-\bar{\xi}_{1,\bar{z}}\bar{\phi}_{21,\bar{z}})=0
\end{aligned}
\tag{8-60}
$$

式中，所有速度势函数 $\bar{\phi}$ 对于 $\bar{r}$、$\bar{z}$ 的一阶偏导数均为变量。边界位于：$\bar{r}=1+\bar{\xi}$。

将速度势函数 $\bar{\phi}$ 在气液交界面上的展开式(8-34)、式(8-36)、式(8-43)、式(8-37)、式(8-44)代入方程(8-60)，得经泰勒级数在 $\bar{r}_0=1$ 处展开的液相运动学边界条件。

$$
\begin{aligned}
&\bar{\xi}_0\left(\bar{\phi}_{11,\bar{r}}\Big|_{\bar{r}_0}-\bar{\xi}_{1,\bar{t}}-\bar{\xi}_{1,\bar{z}}\right)+\\
&\bar{\xi}_0^2\left(\bar{\phi}_{21,\bar{r}}\Big|_{\bar{r}_0}-\bar{\xi}_{2,\bar{t}}-\bar{\xi}_{2,\bar{z}}+\bar{\xi}_1\bar{\phi}_{11,\bar{r}\bar{r}}\Big|_{\bar{r}_0}-\bar{\xi}_{1,\bar{z}}\bar{\phi}_{11,\bar{z}}\Big|_{\bar{r}_0}\right)+\\
&\bar{\xi}_0^3\begin{bmatrix}\bar{\phi}_{31,\bar{r}}\Big|_{\bar{r}_0}-\bar{\xi}_{3,\bar{t}}-\bar{\xi}_{3,\bar{z}}+\bar{\xi}_2\bar{\phi}_{11,\bar{r}\bar{r}}\Big|_{\bar{r}_0}+\bar{\xi}_1\bar{\phi}_{21,\bar{r}\bar{r}}\Big|_{\bar{r}_0}+\dfrac{1}{2}\bar{\xi}_1^2\bar{\phi}_{11,\bar{r}\bar{r}\bar{r}}\Big|_{\bar{r}_0}-\\
\bar{\xi}_{1,\bar{z}}\bar{\phi}_{21,\bar{z}}\Big|_{\bar{r}_0}-\bar{\xi}_{2,\bar{z}}\bar{\phi}_{11,\bar{z}}\Big|_{\bar{r}_0}-\bar{\xi}_{1,\bar{z}}^2\bar{\phi}_{11,\bar{r}}\Big|_{\bar{r}_0}-\bar{\xi}_1\bar{\xi}_{1,\bar{z}}\bar{\phi}_{11,\bar{z}\bar{r}}\Big|_{\bar{r}_0}\end{bmatrix}=0
\end{aligned}
\tag{8-61}
$$

式中，所有速度势函数 $\bar{\phi}$ 对于 $\bar{r}$、$\bar{z}$ 的一阶、二阶、三阶偏导数均指位于气液交界面上的值，为常数，不是变量。边界位于 $\bar{r}_0=1$。

将方程(8-16)、方程(8-4)、方程(8-8)和方程(8-2)代入方程(2-212)，得气相运动学边界条件的三级波展开式。

$$
\begin{aligned}
&\bar{\xi}_0\bar{\phi}_{1g,\bar{r}}+\bar{\xi}_0^2\bar{\phi}_{2g,\bar{r}}+\bar{\xi}_0^3\bar{\phi}_{3g,\bar{r}}-(\bar{\xi}_0\bar{\xi}_{1,\bar{t}}+\bar{\xi}_0^2\bar{\xi}_{2,\bar{t}}+\bar{\xi}_0^3\bar{\xi}_{3,\bar{t}})-\\
&(\bar{\xi}_0\bar{\phi}_{1g,\bar{z}}+\bar{\xi}_0^2\bar{\phi}_{2g,\bar{z}}+\bar{\xi}_0^3\bar{\phi}_{3g,\bar{z}})(\bar{\xi}_0\bar{\xi}_{1,\bar{z}}+\bar{\xi}_0^2\bar{\xi}_{2,\bar{z}}+\bar{\xi}_0^3\bar{\xi}_{3,\bar{z}})=0
\end{aligned}
\tag{8-62}
$$

整理方程(8-62)，得未经泰勒级数展开的气相运动学边界条件。

$$
\begin{aligned}
&\bar{\xi}_0(\bar{\phi}_{1g,\bar{r}}-\bar{\xi}_{1,\bar{t}})+\\
&\bar{\xi}_0^2(\bar{\phi}_{2g,\bar{r}}-\bar{\xi}_{2,\bar{t}}-\bar{\xi}_{1,\bar{z}}\bar{\phi}_{1g,\bar{z}})+\\
&\bar{\xi}_0^3(\bar{\phi}_{3g,\bar{r}}-\bar{\xi}_{3,\bar{t}}-\bar{\xi}_{2,\bar{z}}\bar{\phi}_{1g,\bar{z}}-\bar{\xi}_{1,\bar{z}}\bar{\phi}_{2g,\bar{z}})=0
\end{aligned}
\tag{8-63}
$$

式中，所有速度势函数 $\bar{\phi}$ 对于 $\bar{r}$、$\bar{z}$ 的一阶偏导数均为变量。边界位于 $\bar{r}=1+\bar{\xi}$。

将速度势函数 $\bar{\phi}$ 在气液交界面上的泰勒级数展开式(8-34)、式(8-36)、式(8-43)、式(8-37)、式(8-44)代入方程(8-63)，得经泰勒级数在 $\bar{r}_0=1$ 处展开的气相运动学边界条件。

$$
\begin{aligned}
&\bar{\xi}_0\left(\bar{\phi}_{1g,\bar{r}}\Big|_{\bar{r}_0}-\bar{\xi}_{1,\bar{t}}\right)+\\
&\bar{\xi}_0^2\left(\bar{\phi}_{2g,\bar{r}}\Big|_{\bar{r}_0}-\bar{\xi}_{2,\bar{t}}+\bar{\xi}_1\bar{\phi}_{1g,\bar{r}\bar{r}}\Big|_{\bar{r}_0}-\bar{\xi}_{1,\bar{z}}\bar{\phi}_{1g,\bar{z}}\Big|_{\bar{r}_0}\right)+
\end{aligned}
$$

$$\bar{\xi}_0^3\left[\begin{array}{l}\bar{\phi}_{3g,\bar{r}}\Big|_{\bar{r}_0}-\bar{\xi}_{3,\bar{t}}+\bar{\xi}_2\bar{\phi}_{1g,\bar{r}\bar{r}}\Big|_{\bar{r}_0}+\bar{\xi}_1\bar{\phi}_{2g,\bar{r}\bar{r}}\Big|_{\bar{r}_0}+\frac{1}{2}\bar{\xi}_1^2\bar{\phi}_{1g,\bar{r}\bar{r}\bar{r}}\Big|_{\bar{r}_0}-\\ \bar{\xi}_{2,\bar{z}}\bar{\phi}_{1g,\bar{z}}\Big|_{\bar{r}_0}-\bar{\xi}_{1,\bar{z}}\bar{\phi}_{2g,\bar{z}}\Big|_{\bar{r}_0}-\bar{\xi}_{1,\bar{z}}^2\bar{\phi}_{1g,\bar{r}}\Big|_{\bar{r}_0}-\bar{\xi}_1\bar{\xi}_{1,\bar{z}}\bar{\phi}_{1,\bar{z}}\bar{\phi}_{1g,\bar{z}\bar{r}}\Big|_{\bar{r}_0}\end{array}\right]=0 \qquad (8\text{-}64)$$

式中，所有速度势函数 $\bar{\phi}$ 对于 $\bar{r}$、$\bar{z}$ 的一阶、二阶、三阶偏导数均指位于气液交界面上的值，为常数，不是变量。边界位于 $\bar{r}_0=1$。

方程(8-60)和方程(8-63)为液气相三级波运动学边界条件的展开式。方程(8-61)和方程(8-64)为液气相三级波运动学边界条件在气液交界面上的泰勒级数展开式。

8.3.2.2 三级波动力学边界条件的泰勒级数展开式

将方程(2-200)、方程(8-22)、方程(8-6)、方程(8-14)、方程(8-24)、方程(8-8)、方程(8-16)、方程(8-3)和方程(8-2)代入动力学边界条件式(2-355)中，得 n 阶圆射流动力学边界条件的四级波展开式。

$$\begin{aligned}&\frac{1}{2}-(\bar{\xi}_0\bar{\phi}_{11,\bar{t}}+\bar{\xi}_0^2\bar{\phi}_{21,\bar{t}}+\bar{\xi}_0^3\bar{\phi}_{31,\bar{t}})-\\&\frac{1}{2}[(\bar{\xi}_0\bar{\phi}_{11,\bar{r}}+\bar{\xi}_0^2\bar{\phi}_{21,\bar{r}}+\bar{\xi}_0^3\bar{\phi}_{31,\bar{r}})^2+(1+\bar{\xi}_0\bar{\phi}_{11,\bar{z}}+\bar{\xi}_0^2\bar{\phi}_{21,\bar{z}}+\bar{\xi}_0^3\bar{\phi}_{31,\bar{z}})^2]+\\&\bar{\rho}(\bar{\xi}_0\bar{\phi}_{1g,\bar{t}}+\bar{\xi}_0^2\bar{\phi}_{2g,\bar{t}}+\bar{\xi}_0^3\bar{\phi}_{3g,\bar{t}})+\\&\frac{1}{2}\bar{\rho}[(\bar{\xi}_0\bar{\phi}_{1g,\bar{r}}+\bar{\xi}_0^2\bar{\phi}_{2g,\bar{r}}+\bar{\xi}_0^3\bar{\phi}_{3g,\bar{r}})^2+(\bar{\xi}_0\bar{\phi}_{1g,\bar{z}}+\bar{\xi}_0^2\bar{\phi}_{2g,\bar{z}}+\bar{\xi}_0^3\bar{\phi}_{3g,\bar{z}})^2]\\&=\frac{1}{We_1}\left\{\begin{array}{l}(-1)^j\left[\begin{array}{l}(\bar{\xi}_0\bar{\xi}_{1,\bar{z}\bar{z}}+\bar{\xi}_0^2\bar{\xi}_{2,\bar{z}\bar{z}}+\bar{\xi}_0^3\bar{\xi}_{3,\bar{z}\bar{z}})-\\ \frac{3}{2}(\bar{\xi}_0\bar{\xi}_{1,\bar{z}}+\bar{\xi}_0^2\bar{\xi}_{2,\bar{z}}+\bar{\xi}_0^3\bar{\xi}_{3,\bar{z}})^2(\bar{\xi}_0\bar{\xi}_{1,\bar{z}\bar{z}}+\bar{\xi}_0^2\bar{\xi}_{2,\bar{z}\bar{z}}+\bar{\xi}_0^3\bar{\xi}_{3,\bar{z}\bar{z}})\end{array}\right]-\\ 1+(\bar{\xi}_0\bar{\xi}_1+\bar{\xi}_0^2\bar{\xi}_2+\bar{\xi}_0^3\bar{\xi}_3)-(\bar{\xi}_0\bar{\xi}_1+\bar{\xi}_0^2\bar{\xi}_2+\bar{\xi}_0^3\bar{\xi}_3)^2+(\bar{\xi}_0\bar{\xi}_1+\bar{\xi}_0^2\bar{\xi}_2+\bar{\xi}_0^3\bar{\xi}_3)^3+\\ \frac{1}{2}(\bar{\xi}_0\bar{\xi}_{1,\bar{z}}+\bar{\xi}_0^2\bar{\xi}_{2,\bar{z}}+\bar{\xi}_0^3\bar{\xi}_{3,\bar{z}})^2-\\ \frac{1}{2}(\bar{\xi}_0\bar{\xi}_{1,\bar{z}}+\bar{\xi}_0^2\bar{\xi}_{2,\bar{z}}+\bar{\xi}_0^3\bar{\xi}_{3,\bar{z}})^2(\bar{\xi}_0\bar{\xi}_1+\bar{\xi}_0^2\bar{\xi}_2+\bar{\xi}_0^3\bar{\xi}_3)-\\ (\bar{\xi}_0\bar{\xi}_{1,\theta\theta}+\bar{\xi}_0^2\bar{\xi}_{2,\theta\theta}+\bar{\xi}_0^3\bar{\xi}_{3,\theta\theta})+\\ 2(\bar{\xi}_0\bar{\xi}_1+\bar{\xi}_0^2\bar{\xi}_2+\bar{\xi}_0^3\bar{\xi}_3)(\bar{\xi}_0\bar{\xi}_{1,\theta\theta}+\bar{\xi}_0^2\bar{\xi}_{2,\theta\theta}+\bar{\xi}_0^3\bar{\xi}_{3,\theta\theta})-\\ 3(\bar{\xi}_0\bar{\xi}_1+\bar{\xi}_0^2\bar{\xi}_2+\bar{\xi}_0^3\bar{\xi}_3)^2(\bar{\xi}_0\bar{\xi}_{1,\theta\theta}+\bar{\xi}_0^2\bar{\xi}_{2,\theta\theta}+\bar{\xi}_0^3\bar{\xi}_{3,\theta\theta})+\\ (\bar{\xi}_0\bar{\xi}_{1,\theta}+\bar{\xi}_0^2\bar{\xi}_{2,\theta}+\bar{\xi}_0^3\bar{\xi}_{3,\theta})^2(\bar{\xi}_0\bar{\xi}_{1,\theta\theta}+\bar{\xi}_0^2\bar{\xi}_{2,\theta\theta}+\bar{\xi}_0^3\bar{\xi}_{3,\theta\theta})+\\ \frac{1}{2}(\bar{\xi}_0\bar{\xi}_{1,\bar{z}}+\bar{\xi}_0^2\bar{\xi}_{2,\bar{z}}+\bar{\xi}_0^3\bar{\xi}_{3,\bar{z}})^2(\bar{\xi}_0\bar{\xi}_{1,\theta\theta}+\bar{\xi}_0^2\bar{\xi}_{2,\theta\theta}+\bar{\xi}_0^3\bar{\xi}_{3,\theta\theta})\end{array}\right\}\end{aligned} \qquad (8\text{-}65)$$

式中，忽略掉指数大于 3 的高阶小量项之后，有方程(8-30)和

$$(1+\bar{\xi}_0\bar{\phi}_{11,\bar{z}}+\bar{\xi}_0^2\bar{\phi}_{21,\bar{z}}+\bar{\xi}_0^3\bar{\phi}_{31,\bar{z}})^2=1+2\bar{\xi}_0\bar{\phi}_{11,\bar{z}}+2\bar{\xi}_0^2\bar{\phi}_{21,\bar{z}}+$$
$$2\bar{\xi}_0^3\bar{\phi}_{31,\bar{z}}+\bar{\xi}_0^2\bar{\phi}_{11,\bar{z}}^2+2\bar{\xi}_0^3\bar{\phi}_{11,\bar{z}}\bar{\phi}_{21,\bar{z}} \tag{8-66}$$

$$(\bar{\xi}_0\bar{\xi}_1+\bar{\xi}_0^2\bar{\xi}_2+\bar{\xi}_0^3\bar{\xi}_3)^3=\bar{\xi}_0^3\bar{\xi}_1^3 \tag{8-67}$$

则方程(8-65)变成

$$\frac{1}{We_1}+\bar{\xi}_0\left\{\bar{\phi}_{11,\bar{t}}+\bar{\phi}_{11,\bar{z}}-\bar{\rho}\bar{\phi}_{1g,\bar{t}}-\frac{1}{We_1}\left[(-1)^j\bar{\xi}_{1,\bar{z}\bar{z}}+\bar{\xi}_1-\bar{\xi}_{1,\theta\theta}\right]\right\}+$$
$$\bar{\xi}_0^2\left\{\begin{array}{l}\bar{\phi}_{21,\bar{t}}+\frac{1}{2}\bar{\phi}_{11,\bar{r}}^2+\bar{\phi}_{21,\bar{z}}+\frac{1}{2}\bar{\phi}_{11,\bar{z}}^2-\bar{\rho}\bar{\phi}_{2g,\bar{t}}-\frac{\bar{\rho}}{2}\bar{\phi}_{1g,\bar{r}}^2-\frac{\bar{\rho}}{2}\bar{\phi}_{1g,\bar{z}}^2-\\ \frac{1}{We_1}\left[(-1)^j\bar{\xi}_{2,\bar{z}\bar{z}}+\bar{\xi}_2-\bar{\xi}_1^2+\frac{1}{2}\bar{\xi}_{1,\bar{z}}^2-\bar{\xi}_{2,\theta\theta}+2\bar{\xi}_1\bar{\xi}_{1,\theta\theta}\right]\end{array}\right\}+$$
$$\bar{\xi}_0^3\left\{\begin{array}{l}\bar{\phi}_{31,\bar{t}}+\bar{\phi}_{11,\bar{r}}\bar{\phi}_{21,\bar{r}}+\bar{\phi}_{31,\bar{z}}+\bar{\phi}_{11,\bar{z}}\bar{\phi}_{21,\bar{z}}-\\ \bar{\rho}\bar{\phi}_{3g,\bar{t}}-\bar{\rho}\bar{\phi}_{1g,\bar{r}}\bar{\phi}_{2g,\bar{r}}-\bar{\rho}\bar{\phi}_{1g,\bar{z}}\bar{\phi}_{2g,\bar{z}}-\\ \frac{1}{We_1}\left[\begin{array}{l}(-1)^j\bar{\xi}_{3,\bar{z}\bar{z}}-\frac{3}{2}(-1)^j\bar{\xi}_{1,\bar{z}}^2\bar{\xi}_{1,\bar{z}\bar{z}}+\\ \bar{\xi}_3-2\bar{\xi}_1\bar{\xi}_2+\bar{\xi}_1^3+\bar{\xi}_{1,\bar{z}}\bar{\xi}_{2,\bar{z}}-\frac{1}{2}\bar{\xi}_{1,\bar{z}}^2\bar{\xi}_1-\\ \bar{\xi}_{3,\theta\theta}+2\bar{\xi}_1\bar{\xi}_{2,\theta\theta}+2\bar{\xi}_2\bar{\xi}_{1,\theta\theta}-3\bar{\xi}_1^2\bar{\xi}_{1,\theta\theta}+\bar{\xi}_{1,\theta}^2\bar{\xi}_{1,\theta\theta}+\frac{1}{2}\bar{\xi}_{1,\bar{z}}^2\bar{\xi}_{1,\theta\theta}\end{array}\right]\end{array}\right\}=0 \tag{8-68}$$

式中，第一项的$\frac{1}{We_1}$不含系数 $\bar{\xi}_0$，也没有 $\bar{\xi}_m$，即没有增长项和波动项，可以认为属于未经扰动的第零级波。

将方程(8-68)中含有 $\bar{\xi}_{,\theta\theta}$ 的项去掉可得 0 阶正对称波形圆射流动力学边界条件的四级波展开式。

$$\frac{1}{We_1}+\bar{\xi}_0\left\{\bar{\phi}_{11,\bar{t}}+\bar{\phi}_{11,\bar{z}}-\bar{\rho}\bar{\phi}_{1g,\bar{t}}-\frac{1}{We_1}\left[(-1)^j\bar{\xi}_{1,\bar{z}\bar{z}}+\bar{\xi}_1\right]\right\}+$$
$$\bar{\xi}_0^2\left\{\begin{array}{l}\bar{\phi}_{21,\bar{t}}+\frac{1}{2}\bar{\phi}_{11,\bar{r}}^2+\bar{\phi}_{21,\bar{z}}+\frac{1}{2}\bar{\phi}_{11,\bar{z}}^2-\bar{\rho}\bar{\phi}_{2g,\bar{t}}-\frac{\bar{\rho}}{2}\bar{\phi}_{1g,\bar{r}}^2-\frac{\bar{\rho}}{2}\bar{\phi}_{1g,\bar{z}}^2-\\ \frac{1}{We_1}\left[(-1)^j\bar{\xi}_{2,\bar{z}\bar{z}}+\bar{\xi}_2-\bar{\xi}_1^2+\frac{1}{2}\bar{\xi}_{1,\bar{z}}^2\right]\end{array}\right\}+$$
$$\bar{\xi}_0^3\left\{\begin{array}{l}\bar{\phi}_{31,\bar{t}}+\bar{\phi}_{11,\bar{r}}\bar{\phi}_{21,\bar{r}}+\bar{\phi}_{31,\bar{z}}+\bar{\phi}_{11,\bar{z}}\bar{\phi}_{21,\bar{z}}-\\ \bar{\rho}\bar{\phi}_{3g,\bar{t}}-\bar{\rho}\bar{\phi}_{1g,\bar{r}}\bar{\phi}_{2g,\bar{r}}-\bar{\rho}\bar{\phi}_{1g,\bar{z}}\bar{\phi}_{2g,\bar{z}}-\\ \frac{1}{We_1}\left[\begin{array}{l}(-1)^j\bar{\xi}_{3,\bar{z}\bar{z}}-\frac{3}{2}(-1)^j\bar{\xi}_{1,\bar{z}}^2\bar{\xi}_{1,\bar{z}\bar{z}}+\\ \bar{\xi}_3-2\bar{\xi}_1\bar{\xi}_2+\bar{\xi}_1^3+\bar{\xi}_{1,\bar{z}}\bar{\xi}_{2,\bar{z}}-\frac{1}{2}\bar{\xi}_{1,\bar{z}}^2\bar{\xi}_1\end{array}\right]\end{array}\right\}=0 \tag{8-69}$$

将速度势函数 $\bar\phi$ 在气液交界面上的泰勒级数展开式(8-50)、式(8-43)、式(8-51)、式(8-44)、式(8-42)、式(8-28)、式(8-52)、式(8-45)、式(8-34)、式(8-36)、式(8-1)代入方程(8-68)和方程(8-69)，得经泰勒级数在 $\bar r_0=1$ 处展开的 n 阶和 0 阶圆射流动力学边界条件的四级波展开式。

$$
\begin{aligned}
&\frac{1}{We_1}+\bar\xi_0\left\{\bar\phi_{1l,\bar t}\Big|_{\bar r_0}+\bar\phi_{1l,\bar z}\Big|_{\bar r_0}-\bar\rho\bar\phi_{1g,\bar t}\Big|_{\bar r_0}-\frac{1}{We_1}\left[(-1)^j\bar\xi_{1,\overline{zz}}+\bar\xi_1-\bar\xi_{1,\theta\theta}\right]\right\}+\\
&\bar\xi_0^2\left\{\begin{array}{l}
\bar\phi_{2l,\bar t}\Big|_{\bar r_0}+\bar\phi_{2l,\bar z}\Big|_{\bar r_0}-\bar\rho\bar\phi_{2g,\bar t}\Big|_{\bar r_0}-\bar\rho\bar\xi_{1,\bar t}\bar\phi_{1g,\bar r}\Big|_{\bar r_0}-\bar\rho\bar\xi_1\bar\phi_{1g,\overline{rt}}\Big|_{\bar r_0}+\\
\bar\xi_{1,\bar t}\bar\phi_{1l,\bar r}\Big|_{\bar r_0}+\bar\xi_1\bar\phi_{1l,\overline{rt}}\Big|_{\bar r_0}+\bar\xi_{1,\bar z}\bar\phi_{1l,\bar r}\Big|_{\bar r_0}+\bar\xi_1\bar\phi_{1l,\overline{zr}}\Big|_{\bar r_0}+\\
\dfrac{1}{2}\left(\bar\phi_{1l,\bar r}^2\Big|_{\bar r_0}+\bar\phi_{1l,\bar z}^2\Big|_{\bar r_0}\right)-\dfrac{\bar\rho}{2}\left(\bar\phi_{1g,\bar r}^2\Big|_{\bar r_0}-\bar\phi_{1g,\bar z}^2\Big|_{\bar r_0}\right)-\\
\dfrac{1}{We_1}\left[(-1)^j\bar\xi_{2,\overline{zz}}+\bar\xi_2-\bar\xi_1^2+\dfrac{1}{2}\bar\xi_{1,\bar z}^2-\bar\xi_{2,\theta\theta}+2\bar\xi_1\bar\xi_{1,\theta\theta}\right]
\end{array}\right\}+\\
&\bar\xi_0^3\left\{\begin{array}{l}
\bar\phi_{3l,\bar t}\Big|_{\bar r_0}+\bar\phi_{3l,\bar z}\Big|_{\bar r_0}-\bar\rho\bar\phi_{3g,\bar t}\Big|_{\bar r_0}-\bar\rho\Big(\bar\xi_{2,\bar t}\bar\phi_{1g,\bar r}\Big|_{\bar r_0}+\\
\bar\xi_2\bar\phi_{1g,\overline{rt}}\Big|_{\bar r_0}+\bar\xi_1\bar\xi_{1,\bar t}\bar\phi_{1g,\overline{rr}}\Big|_{\bar r_0}+\dfrac{1}{2}\bar\xi_1^2\bar\phi_{1g,\overline{rrt}}\Big|_{\bar r_0}\Big)-\\
\bar\rho\Big(\bar\xi_{1,\bar t}\bar\phi_{2g,\bar r}\Big|_{\bar r_0}+\bar\xi_1\bar\phi_{2g,\overline{rt}}\Big|_{\bar r_0}\Big)-\bar\rho\Big(\bar\xi_1\bar\phi_{1g,\bar r}\Big|_{\bar r_0}\bar\phi_{1g,\overline{rr}}\Big|_{\bar r_0}+\bar\xi_1\bar\phi_{1g,\bar z}\Big|_{\bar r_0}\bar\phi_{1,\bar z}\bar\phi_{1g,\overline{zr}}\Big|_{\bar r_0}\Big)-\\
\bar\rho\Big(\bar\phi_{1g,\bar r}\Big|_{\bar r_0}\bar\phi_{2g,\bar r}\Big|_{\bar r_0}+\bar\phi_{1g,\bar z}\Big|_{\bar r_0}\bar\phi_{2g,\bar z}\Big|_{\bar r_0}\Big)-\bar\rho\bar\xi_{1,\bar z}\bar\phi_{1g,\bar z}\Big|_{\bar r_0}\bar\phi_{1g,\bar r}\Big|_{\bar r_0}+\\
\bar\xi_{2,\bar t}\bar\phi_{1l,\bar r}\Big|_{\bar r_0}+\bar\xi_2\bar\phi_{1l,\overline{rt}}\Big|_{\bar r_0}+\bar\xi_1\bar\xi_{1,\bar t}\bar\phi_{1l,\overline{rr}}\Big|_{\bar r_0}+\dfrac{1}{2}\bar\xi_1^2\bar\phi_{1l,\overline{rrt}}\Big|_{\bar r_0}+\\
\bar\xi_{2,\bar z}\bar\phi_{1l,\bar r}\Big|_{\bar r_0}+\bar\xi_2\bar\phi_{1l,\overline{zr}}\Big|_{\bar r_0}+\bar\xi_1\bar\xi_{1,\bar z}\bar\phi_{1l,\overline{rr}}\Big|_{\bar r_0}+\dfrac{1}{2}\bar\xi_1^2\bar\phi_{1l,\overline{zrr}}\Big|_{\bar r_0}+\\
\bar\xi_{1,\bar t}\bar\phi_{2l,\bar r}\Big|_{\bar r_0}+\bar\xi_1\bar\phi_{2l,\overline{rt}}\Big|_{\bar r_0}+\bar\xi_{1,\bar z}\bar\phi_{2l,\bar r}\Big|_{\bar r_0}+\bar\xi_1\bar\phi_{2l,\overline{zr}}\Big|_{\bar r_0}+\\
\bar\xi_1\bar\phi_{1l,\bar r}\Big|_{\bar r_0}\bar\phi_{1l,\overline{rr}}\Big|_{\bar r_0}+\bar\xi_1\bar\phi_{1l,\bar z}\Big|_{\bar r_0}\bar\phi_{1l,\overline{zr}}\Big|_{\bar r_0}+\\
\bar\phi_{1l,\bar r}\Big|_{\bar r_0}\bar\phi_{2l,\bar r}\Big|_{\bar r_0}+\bar\phi_{1l,\bar z}\Big|_{\bar r_0}\bar\phi_{2l,\bar z}\Big|_{\bar r_0}+\bar\xi_{1,\bar z}\bar\phi_{1l,\bar z}\Big|_{\bar r_0}\bar\phi_{1l,\bar r}\Big|_{\bar r_0}-\\
\dfrac{1}{We_1}\left[\begin{array}{l}(-1)^j\bar\xi_{3,\overline{zz}}-\dfrac{3}{2}(-1)^j\bar\xi_{1,\bar z}^2\bar\xi_{1,\overline{zz}}+\bar\xi_3-2\bar\xi_1\bar\xi_2+\bar\xi_1^3+\bar\xi_{1,\bar z}\bar\xi_{2,\bar z}-\dfrac{1}{2}\bar\xi_{1,\bar z}^2\bar\xi_1-\\
\bar\xi_{3,\theta\theta}+2\bar\xi_1\bar\xi_{2,\theta\theta}+2\bar\xi_2\bar\xi_{1,\theta\theta}-3\bar\xi_1^2\bar\xi_{1,\theta\theta}+\bar\xi_{1,\theta}^2\bar\xi_{1,\theta\theta}+\dfrac{1}{2}\bar\xi_{1,\bar z}^2\bar\xi_{1,\theta\theta}\end{array}\right]
\end{array}\right\}=0
\end{aligned}
\tag{8-70}
$$

将方程(8-70)中含有 $\bar\xi_{,\theta\theta}$ 的项去掉可得 0 阶正对称波形圆射流动力学边界条件的四级波展开式。

$$
\begin{aligned}
&\frac{1}{We_1}+\bar{\xi}_0\left\{\bar{\phi}_{1l,\bar{t}}\Big|_{\bar{r}_0}+\bar{\phi}_{1l,\bar{z}}\Big|_{\bar{r}_0}-\bar{\rho}\bar{\phi}_{1g,\bar{t}}\Big|_{\bar{r}_0}-\frac{1}{We_1}\left[(-1)^j\bar{\xi}_{1,\bar{z}\bar{z}}+\bar{\xi}_1\right]\right\}+\\
&\bar{\xi}_0^2\left\{\begin{array}{l}
\bar{\phi}_{2l,\bar{t}}\Big|_{\bar{r}_0}+\bar{\phi}_{2l,\bar{z}}\Big|_{\bar{r}_0}-\bar{\rho}\bar{\phi}_{2g,\bar{t}}\Big|_{\bar{r}_0}-\bar{\rho}\bar{\xi}_{1,\bar{t}}\bar{\phi}_{1g,\bar{r}}\Big|_{\bar{r}_0}-\bar{\rho}\bar{\xi}_1\bar{\phi}_{1g,\bar{r}\bar{t}}\Big|_{\bar{r}_0}+\\
\bar{\xi}_{1,\bar{t}}\bar{\phi}_{1l,\bar{r}}\Big|_{\bar{r}_0}+\bar{\xi}_1\bar{\phi}_{1l,\bar{r}\bar{t}}\Big|_{\bar{r}_0}+\bar{\xi}_{1,\bar{z}}\bar{\phi}_{1l,\bar{r}}\Big|_{\bar{r}_0}+\bar{\xi}_1\bar{\phi}_{1l,\bar{z}\bar{r}}\Big|_{\bar{r}_0}+\\
\dfrac{1}{2}\left(\bar{\phi}_{1l,\bar{r}}^2\Big|_{\bar{r}_0}+\bar{\phi}_{1l,\bar{z}}^2\Big|_{\bar{r}_0}\right)-\dfrac{\bar{\rho}}{2}\left(\bar{\phi}_{1g,\bar{r}}^2\Big|_{\bar{r}_0}-\bar{\phi}_{1g,\bar{z}}^2\Big|_{\bar{r}_0}\right)-\\
\dfrac{1}{We_1}\left[(-1)^j\bar{\xi}_{2,\bar{z}\bar{z}}+\bar{\xi}_2-\bar{\xi}_1^2+\dfrac{1}{2}\bar{\xi}_{1,\bar{z}}^2\right]
\end{array}\right\}+\\
&\bar{\xi}_0^3\left\{\begin{array}{l}
\bar{\phi}_{3l,\bar{t}}\Big|_{\bar{r}_0}+\bar{\phi}_{3l,\bar{z}}\Big|_{\bar{r}_0}-\bar{\rho}\bar{\phi}_{3g,\bar{t}}\Big|_{\bar{r}_0}-\bar{\rho}\Big(\bar{\xi}_{2,\bar{t}}\bar{\phi}_{1g,\bar{r}}\Big|_{\bar{r}_0}+\\
\bar{\xi}_2\bar{\phi}_{1g,\bar{r}\bar{t}}\Big|_{\bar{r}_0}+\bar{\xi}_1\bar{\xi}_{1,\bar{t}}\bar{\phi}_{1g,\bar{r}\bar{r}}\Big|_{\bar{r}_0}+\dfrac{1}{2}\bar{\xi}_1^2\bar{\phi}_{1g,\bar{r}\bar{r}\bar{t}}\Big|_{\bar{r}_0}\Big)-\\
\bar{\rho}\Big(\bar{\xi}_{1,\bar{t}}\bar{\phi}_{2g,\bar{r}}\Big|_{\bar{r}_0}+\bar{\xi}_1\bar{\phi}_{2g,\bar{r}\bar{t}}\Big|_{\bar{r}_0}\Big)-\bar{\rho}\Big(\bar{\xi}_1\bar{\phi}_{1g,\bar{r}}\Big|_{\bar{r}_0}\bar{\phi}_{1g,\bar{r}\bar{r}}\Big|_{\bar{r}_0}+\bar{\xi}_1\bar{\phi}_{1g,\bar{z}}\Big|_{\bar{r}_0}\bar{\phi}_{1,\bar{z}}\bar{\phi}_{1g,\bar{z}\bar{r}}\Big|_{\bar{r}_0}\Big)-\\
\bar{\rho}\Big(\bar{\phi}_{1g,\bar{r}}\Big|_{\bar{r}_0}\bar{\phi}_{2g,\bar{r}}\Big|_{\bar{r}_0}+\bar{\phi}_{1g,\bar{z}}\Big|_{\bar{r}_0}\bar{\phi}_{2g,\bar{z}}\Big|_{\bar{r}_0}\Big)-\bar{\rho}\bar{\xi}_{1,\bar{z}}\bar{\phi}_{1g,\bar{z}}\Big|_{\bar{r}_0}\bar{\phi}_{1g,\bar{r}}\Big|_{\bar{r}_0}+\\
\bar{\xi}_{2,\bar{t}}\bar{\phi}_{1l,\bar{r}}\Big|_{\bar{r}_0}+\bar{\xi}_2\bar{\phi}_{1l,\bar{r}\bar{t}}\Big|_{\bar{r}_0}+\bar{\xi}_1\bar{\xi}_{1,\bar{t}}\bar{\phi}_{1l,\bar{r}\bar{r}}\Big|_{\bar{r}_0}+\dfrac{1}{2}\bar{\xi}_1^2\bar{\phi}_{1l,\bar{r}\bar{r}\bar{t}}\Big|_{\bar{r}_0}+\\
\bar{\xi}_{2,\bar{z}}\bar{\phi}_{1l,\bar{r}}\Big|_{\bar{r}_0}+\bar{\xi}_2\bar{\phi}_{1l,\bar{z}\bar{r}}\Big|_{\bar{r}_0}+\bar{\xi}_1\bar{\xi}_{1,\bar{z}}\bar{\phi}_{1l,\bar{r}\bar{r}}\Big|_{\bar{r}_0}+\dfrac{1}{2}\bar{\xi}_1^2\bar{\phi}_{1l,\bar{z}\bar{r}\bar{r}}\Big|_{\bar{r}_0}+\\
\bar{\xi}_{1,\bar{t}}\bar{\phi}_{2l,\bar{r}}\Big|_{\bar{r}_0}+\bar{\xi}_1\bar{\phi}_{2l,\bar{r}\bar{t}}\Big|_{\bar{r}_0}+\bar{\xi}_{1,\bar{z}}\bar{\phi}_{2l,\bar{r}}\Big|_{\bar{r}_0}+\bar{\xi}_1\bar{\phi}_{2l,\bar{z}\bar{r}}\Big|_{\bar{r}_0}+\\
\bar{\xi}_1\bar{\phi}_{1l,\bar{r}}\Big|_{\bar{r}_0}\bar{\phi}_{1l,\bar{r}\bar{r}}\Big|_{\bar{r}_0}+\bar{\xi}_1\bar{\phi}_{1l,\bar{z}}\Big|_{\bar{r}_0}\bar{\phi}_{1l,\bar{z}\bar{r}}\Big|_{\bar{r}_0}+\\
\bar{\phi}_{1l,\bar{r}}\Big|_{\bar{r}_0}\bar{\phi}_{2l,\bar{r}}\Big|_{\bar{r}_0}+\bar{\phi}_{1l,\bar{z}}\Big|_{\bar{r}_0}\bar{\phi}_{2l,\bar{z}}\Big|_{\bar{r}_0}+\bar{\xi}_{1,\bar{z}}\bar{\phi}_{1l,\bar{z}}\Big|_{\bar{r}_0}\bar{\phi}_{1l,\bar{r}}\Big|_{\bar{r}_0}-\\
\dfrac{1}{We_1}\left[(-1)^j\bar{\xi}_{3,\bar{z}\bar{z}}-\dfrac{3}{2}(-1)^j\bar{\xi}_{1,\bar{z}}^2\bar{\xi}_{1,\bar{z}\bar{z}}+\bar{\xi}_3-2\bar{\xi}_1\bar{\xi}_2+\bar{\xi}_1^3+\bar{\xi}_{1,\bar{z}}\bar{\xi}_{2,\bar{z}}-\dfrac{1}{2}\bar{\xi}_{1,\bar{z}}^2\bar{\xi}_1\right]
\end{array}\right\}=0
\end{aligned}
\tag{8-71}
$$

方程(8-68)和方程(8-69)即为 n 阶和 0 阶圆射流四级波动力学边界条件的展开式，边界位于 $\bar{r}=1+\bar{\xi}$。方程(8-70)和方程(8-71)即为 n 阶和 0 阶圆射流四级波动力学边界条件在气液交界面上的泰勒级数展开式，边界位于 $\bar{r}_0=1$。

值得注意的是，$\bar{\xi}_{,\bar{z}\bar{z}}$ 前面的 $(-1)^j$ 并不是表示圆射流的上下气液交界面，而是表示表面波的波峰和波谷。在线性不稳定性理论中，取 $j=1$。由于非线性不稳定性理论的 $\bar{\xi}_{,\bar{z}\bar{z}}$ 在进行泰勒级数展开时正负号会改变，见方程(2-356)，因此，非线性不稳定性理论中取 $j=2$ 就相当于线性不稳定性理论中取 $j=1$。为了与线性不稳定性理论相一致，我们在非线性不稳定性理论中取 $j=2$。

运动学边界条件和动力学边界条件在气液交界面上的泰勒级数展开式将被用于对微分

方程特解和圆频率的推导过程中。

8.4 圆射流三级波的连续性方程和边界条件

将连续性方程、运动学边界条件和动力学边界条件中的系数 $\bar{\xi}_0$、$\bar{\xi}_0^2$ 和 $\bar{\xi}_0^3$ 相同的项加起来等于零，分别建立三个方程；这三个方程即为第一级表面波、第二级表面波和第三级表面波方程。

8.4.1 圆射流第一级波的连续性方程和边界条件

8.4.1.1 连续性方程

由液相方程(8-54)，气相方程(8-56)，有

液相

$$\bar{\phi}_{1l,\bar{r}\bar{r}}+\frac{1}{\bar{r}}\bar{\phi}_{1l,\bar{r}}+\bar{\phi}_{1l,\bar{z}\bar{z}}=0 \tag{8-72}$$

气相

$$\bar{\phi}_{1g,\bar{r}\bar{r}}+\frac{1}{\bar{r}}\bar{\phi}_{1g,\bar{r}}+\bar{\phi}_{1g,\bar{z}\bar{z}}=0 \tag{8-73}$$

8.4.1.2 运动学边界条件

由液相方程(8-60)，有

$$\bar{\phi}_{1l,\bar{r}}-\bar{\xi}_{1,\bar{t}}-\bar{\xi}_{1,\bar{z}}=0 \tag{8-74}$$

边界位于 $\bar{r}=1+\bar{\xi}$。

由液相方程(8-61)，在气液交界面上的泰勒级数展开式为

$$\bar{\phi}_{1l,\bar{r}}\Big|_{\bar{r}_0}-\bar{\xi}_{1,\bar{t}}-\bar{\xi}_{1,\bar{z}}=0 \tag{8-75}$$

边界位于 $\bar{r}_0=1$。

由气相方程(8-63)，有

$$\bar{\phi}_{1g,\bar{r}}-\bar{\xi}_{1,\bar{t}}=0 \tag{8-76}$$

边界位于 $1+\bar{\xi}\leqslant\bar{r}\leqslant\infty(j=1)$ 和 $-\infty\leqslant\bar{r}\leqslant-1+\bar{\xi}(j=2)$。

由气相方程(8-64)，在气液交界面上的泰勒级数展开式为

$$\bar{\phi}_{1g,\bar{r}}\Big|_{\bar{r}_0}-\bar{\xi}_{1,\bar{t}}=0 \tag{8-77}$$

边界位于 $1\leqslant\bar{r}_0\leqslant\infty(j=1)$ 和 $-\infty\leqslant\bar{r}_0\leqslant-1(j=2)$。

8.4.1.3 动力学边界条件

由方程(8-68)，有

$$\bar{\phi}_{1l,\bar{t}}+\bar{\phi}_{1l,\bar{z}}-\bar{\rho}\bar{\phi}_{1g,\bar{t}}-\frac{1}{We_1}\left[(-1)^j\bar{\xi}_{1,\bar{z}\bar{z}}+\bar{\xi}_1-\bar{\xi}_{1,\theta\theta}\right]=0 \tag{8-78}$$

边界位于 $\bar{r}=1+\bar{\xi}$。

由方程(8-70)，在气液交界面上的泰勒级数展开式为

$$\bar{\phi}_{11,\bar{t}}\Big|_{\bar{r}_0}+\bar{\phi}_{11,\bar{z}}\Big|_{\bar{r}_0}-\bar{\rho}\bar{\phi}_{1g,\bar{t}}\Big|_{\bar{r}_0}-\frac{1}{We_1}[(-1)^j\bar{\xi}_{1,\bar{z}\bar{z}}+\bar{\xi}_1-\bar{\xi}_{1,\theta\theta}]=0 \tag{8-79}$$

边界位于 $\bar{r}_0=1$。

8.4.2 圆射流第二级波的连续性方程和边界条件

8.4.2.1 连续性方程

由液相方程(8-54)，由气相方程(8-56)，有

液相

$$\bar{\phi}_{21,\bar{r}\bar{r}}+\frac{1}{\bar{r}}\bar{\phi}_{21,\bar{r}}+\bar{\phi}_{21,\bar{z}\bar{z}}=0 \tag{8-80}$$

气相

$$\bar{\phi}_{2g,\bar{r}\bar{r}}+\frac{1}{\bar{r}}\bar{\phi}_{2g,\bar{r}}+\bar{\phi}_{2g,\bar{z}\bar{z}}=0 \tag{8-81}$$

8.4.2.2 运动学边界条件

由液相方程(8-60)，有

$$\bar{\phi}_{21,\bar{r}}-\bar{\xi}_{2,\bar{t}}-\bar{\xi}_{2,\bar{z}}-\bar{\xi}_{1,\bar{z}}\bar{\phi}_{11,\bar{z}}=0 \tag{8-82}$$

边界位于 $\bar{r}=1+\bar{\xi}$。

由液相方程(8-61)，在气液交界面上的泰勒级数展开式为

$$\bar{\phi}_{21,\bar{r}}\Big|_{\bar{r}_0}-\bar{\xi}_{2,\bar{t}}-\bar{\xi}_{2,\bar{z}}+\bar{\xi}_1\bar{\phi}_{11,\bar{r}\bar{r}}\Big|_{\bar{r}_0}-\bar{\xi}_{1,\bar{z}}\bar{\phi}_{11,\bar{z}}\Big|_{\bar{r}_0}=0 \tag{8-83}$$

边界位于 $\bar{r}_0=1$。

由气相方程(8-63)，有

$$\bar{\phi}_{2g,\bar{r}}-\bar{\xi}_{2,\bar{t}}-\bar{\xi}_{1,\bar{z}}\bar{\phi}_{1g,\bar{z}}=0 \tag{8-84}$$

边界位于 $1+\bar{\xi}\leqslant\bar{r}\leqslant\infty(j=1)$ 和 $-\infty\leqslant\bar{r}\leqslant-1+\bar{\xi}(j=2)$。

由气相方程(8-64)，在气液交界面 $\bar{r}_0$ 处的泰勒级数展开式为

$$\bar{\phi}_{2g,\bar{r}}\Big|_{\bar{r}_0}-\bar{\xi}_{2,\bar{t}}+\bar{\xi}_1\bar{\phi}_{1g,\bar{r}\bar{r}}\Big|_{\bar{r}_0}-\bar{\xi}_{1,\bar{z}}\bar{\phi}_{1g,\bar{z}}\Big|_{\bar{r}_0}=0 \tag{8-85}$$

边界位于 $1\leqslant\bar{r}_0\leqslant\infty(j=1)$ 和 $-\infty\leqslant\bar{r}_0\leqslant-1(j=2)$。

8.4.2.3 动力学边界条件

由方程(8-68)，有

$$\begin{aligned}&\bar{\phi}_{21,\bar{t}}+\frac{1}{2}\bar{\phi}_{11,\bar{r}}^2+\bar{\phi}_{21,\bar{z}}+\frac{1}{2}\bar{\phi}_{11,\bar{z}}^2-\bar{\rho}\bar{\phi}_{2g,\bar{t}}-\frac{\bar{\rho}}{2}\bar{\phi}_{1g,\bar{r}}^2-\frac{\bar{\rho}}{2}\bar{\phi}_{1g,\bar{z}}^2-\\&\frac{1}{We_1}\left[(-1)^j\bar{\xi}_{2,\bar{z}\bar{z}}+\bar{\xi}_2-\bar{\xi}_1^2+\frac{1}{2}\bar{\xi}_{1,\bar{z}}^2-\bar{\xi}_{2,\theta\theta}+2\bar{\xi}_1\bar{\xi}_{1,\theta\theta}\right]=0\end{aligned} \tag{8-86}$$

边界位于 $\bar{r}=1+\bar{\xi}$。

由方程(8-70)，在气液交界面上的泰勒级数展开式为

$$\bar{\phi}_{21,\bar{t}}\Big|_{\bar{r}_0}+\bar{\phi}_{21,\bar{z}}\Big|_{\bar{r}_0}-\bar{\rho}\bar{\phi}_{2g,\bar{t}}\Big|_{\bar{r}_0}-\bar{\rho}\bar{\xi}_{1,\bar{t}}\bar{\phi}_{1g,\bar{r}}\Big|_{\bar{r}_0}-\bar{\rho}\bar{\xi}_1\bar{\phi}_{1g,\bar{r}\bar{t}}\Big|_{\bar{r}_0}+$$

$$\bar{\xi}_{1,\bar{t}}\bar{\phi}_{11,\bar{r}}\Big|_{\bar{r}_0}+\bar{\xi}_1\bar{\phi}_{11,\bar{r}\bar{t}}\Big|_{\bar{r}_0}+\bar{\xi}_{1,\bar{z}}\bar{\phi}_{11,\bar{r}}\Big|_{\bar{r}_0}+\bar{\xi}_1\bar{\phi}_{11,\bar{z}\bar{r}}\Big|_{\bar{r}_0}+$$

$$\frac{1}{2}\left(\bar{\phi}^2_{11,\bar{r}}\Big|_{\bar{r}_0}+\bar{\phi}^2_{11,\bar{z}}\Big|_{\bar{r}_0}\right)-\frac{\bar{\rho}}{2}\left(\bar{\phi}^2_{1g,\bar{r}}\Big|_{\bar{r}_0}-\bar{\phi}^2_{1g,\bar{z}}\Big|_{\bar{r}_0}\right)-$$

$$\frac{1}{We_1}\left[(-1)^j\bar{\xi}_{2,\bar{z}\bar{z}}+\bar{\xi}_2-\bar{\xi}_1^2+\frac{1}{2}\bar{\xi}^2_{1,\bar{z}}-\bar{\xi}_{2,\theta\theta}+2\bar{\xi}_1\bar{\xi}_{1,\theta\theta}\right]=0 \tag{8-87}$$

边界位于 $\bar{r}_0=1$。

8.4.3 圆射流第三级波的连续性方程和边界条件

8.4.3.1 连续性方程

由液相方程(8-54)，由气相方程(8-56)，有

液相

$$\bar{\phi}_{31,\bar{r}\bar{r}}+\frac{1}{\bar{r}}\bar{\phi}_{31,\bar{r}}+\bar{\phi}_{31,\bar{z}\bar{z}}=0 \tag{8-88}$$

气相

$$\bar{\phi}_{3g,\bar{r}\bar{r}}+\frac{1}{\bar{r}}\bar{\phi}_{3g,\bar{r}}+\bar{\phi}_{3g,\bar{z}\bar{z}}=0 \tag{8-89}$$

8.4.3.2 运动学边界条件

由液相方程(8-60)，有

$$\bar{\phi}_{31,\bar{r}}-\bar{\xi}_{3,\bar{t}}-\bar{\xi}_{3,\bar{z}}-\bar{\xi}_{2,\bar{z}}\bar{\phi}_{11,\bar{z}}-\bar{\xi}_{1,\bar{z}}\bar{\phi}_{21,\bar{z}}=0 \tag{8-90}$$

边界位于 $\bar{r}=1+\bar{\xi}$。

由液相方程(8-61)，在气液交界面上的泰勒级数展开式为

$$\bar{\phi}_{31,\bar{r}}\Big|_{\bar{r}_0}-\bar{\xi}_{3,\bar{t}}-\bar{\xi}_{3,\bar{z}}+\bar{\xi}_2\bar{\phi}_{11,\bar{r}\bar{r}}\Big|_{\bar{r}_0}+\bar{\xi}_{1j}\bar{\phi}_{21,\bar{r}\bar{r}}\Big|_{\bar{r}_0}+\frac{1}{2}\bar{\xi}_1^2\bar{\phi}_{11,\bar{r}\bar{r}\bar{r}}\Big|_{\bar{r}_0}-$$

$$\bar{\xi}_{1,\bar{z}}\bar{\phi}_{21,\bar{z}}\Big|_{\bar{r}_0}-\bar{\xi}_{2,\bar{z}}\bar{\phi}_{11,\bar{z}}\Big|_{\bar{r}_0}-\bar{\xi}^2_{1,\bar{z}}\bar{\phi}_{11,\bar{r}}\Big|_{\bar{r}_0}-\bar{\xi}_1\bar{\xi}_{1,\bar{z}}\bar{\phi}_{11,\bar{z}\bar{r}}\Big|_{\bar{r}_0}=0 \tag{8-91}$$

边界位于 $\bar{r}_0=1$。

由气相方程(8-63)，有

$$\bar{\phi}_{3g,\bar{r}}-\bar{\xi}_{3,\bar{t}}-\bar{\xi}_{2,\bar{z}}\bar{\phi}_{1g,\bar{z}}-\bar{\xi}_{1,\bar{z}}\bar{\phi}_{2g,\bar{z}}=0 \tag{8-92}$$

边界位于 $1+\bar{\xi}\leqslant\bar{r}\leqslant\infty(j=1)$ 和 $-\infty\leqslant\bar{r}\leqslant-1+\bar{\xi}(j=2)$。

由气相方程(8-64)，在气液交界面上的泰勒级数展开式为

$$\bar{\phi}_{3g,\bar{r}}\Big|_{\bar{r}_0}-\bar{\xi}_{3,\bar{t}}+\bar{\xi}_2\bar{\phi}_{1g,\bar{r}\bar{r}}\Big|_{\bar{r}_0}+\bar{\xi}_1\bar{\phi}_{2g,\bar{r}\bar{r}}\Big|_{\bar{r}_0}+\frac{1}{2}\bar{\xi}_1^2\bar{\phi}_{1g,\bar{r}\bar{r}\bar{r}}\Big|_{\bar{r}_0}-$$
$$\bar{\xi}_{2,\bar{z}}\bar{\phi}_{1g,\bar{z}}\Big|_{\bar{r}_0}-\bar{\xi}_{1,\bar{z}}\bar{\phi}_{2g,\bar{z}}\Big|_{\bar{r}_0}-\bar{\xi}_{1,\bar{z}}^2\bar{\phi}_{1g,\bar{r}}\Big|_{\bar{r}_0}-\bar{\xi}_1\bar{\xi}_{1,\bar{z}}\bar{\phi}_{1g,\bar{z}\bar{r}}\Big|_{\bar{r}_0}=0 \tag{8-93}$$

边界位于 $1\leqslant\bar{r}_0\leqslant\infty(j=1)$ 和 $-\infty\leqslant\bar{r}_0\leqslant-1(j=2)$。

8.4.3.3　动力学边界条件

由方程(8-68)，有

$$\bar{\phi}_{3l,\bar{t}}+\bar{\phi}_{1l,\bar{r}}\bar{\phi}_{2l,\bar{r}}+\bar{\phi}_{3l,\bar{z}}+\bar{\phi}_{1l,\bar{z}}\bar{\phi}_{2l,\bar{z}}-\bar{\rho}\bar{\phi}_{3g,\bar{t}}-\bar{\rho}\bar{\phi}_{1g,\bar{r}}\bar{\phi}_{2g,\bar{r}}-\bar{\rho}\bar{\phi}_{1g,\bar{z}}\bar{\phi}_{2g,\bar{z}}-$$
$$\frac{1}{We_1}\begin{bmatrix}(-1)^j\bar{\xi}_{3,\bar{z}\bar{z}}-\frac{3}{2}(-1)^j\bar{\xi}_{1,\bar{z}}^2\bar{\xi}_{1,\bar{z}\bar{z}}+\bar{\xi}_3-2\bar{\xi}_1\bar{\xi}_2+\bar{\xi}_1^3+\bar{\xi}_{1,\bar{z}}\bar{\xi}_{2,\bar{z}}-\frac{1}{2}\bar{\xi}_{1,\bar{z}}^2\bar{\xi}_1-\\ \bar{\xi}_{3,\theta\theta}+2\bar{\xi}_1\bar{\xi}_{2,\theta\theta}+2\bar{\xi}_2\bar{\xi}_{1,\theta\theta}-3\bar{\xi}_1^2\bar{\xi}_{1,\theta\theta}+\bar{\xi}_{1,\theta}^2\bar{\xi}_{1,\theta\theta}+\frac{1}{2}\bar{\xi}_{1,\bar{z}}^2\bar{\xi}_{1,\theta\theta}\end{bmatrix}=0 \tag{8-94}$$

边界位于 $\bar{r}=1+\bar{\xi}$。

由方程(8-70)，在气液交界面上的泰勒级数展开式为

$$\bar{\phi}_{3l,\bar{t}}\Big|_{\bar{r}_0}+\bar{\phi}_{3l,\bar{z}}\Big|_{\bar{r}_0}-\bar{\rho}\bar{\phi}_{3g,\bar{t}}\Big|_{\bar{r}_0}-\bar{\rho}\Big(\bar{\xi}_{2,\bar{t}}\bar{\phi}_{1g,\bar{r}}\Big|_{\bar{r}_0}+$$
$$\bar{\xi}_2\bar{\phi}_{1g,\bar{r}\bar{t}}\Big|_{\bar{r}_0}+\bar{\xi}_1\bar{\xi}_{1,\bar{t}}\bar{\phi}_{1g,\bar{r}\bar{r}}\Big|_{\bar{r}_0}+\frac{1}{2}\bar{\xi}_1^2\bar{\phi}_{1g,\bar{r}\bar{r}\bar{t}}\Big|_{\bar{r}_0}\Big)-$$
$$\bar{\rho}\Big(\bar{\xi}_{1,\bar{t}}\bar{\phi}_{2g,\bar{r}}\Big|_{\bar{r}_0}+\bar{\xi}_1\bar{\phi}_{2g,\bar{r}\bar{t}}\Big|_{\bar{r}_0}\Big)-\bar{\rho}\Big(\bar{\xi}_1\bar{\phi}_{1g,\bar{r}}\Big|_{\bar{r}_0}\bar{\phi}_{1g,\bar{r}\bar{r}}\Big|_{\bar{r}_0}+$$
$$\bar{\xi}_1\bar{\phi}_{1g,\bar{z}}\Big|_{\bar{r}_0}\bar{\phi}_{1,\bar{z}}\bar{\phi}_{1g,\bar{z}\bar{r}}\Big|_{\bar{r}_0}\Big)-$$
$$\bar{\rho}\Big(\bar{\phi}_{1g,\bar{r}}\Big|_{\bar{r}_0}\bar{\phi}_{2g,\bar{r}}\Big|_{\bar{r}_0}+\bar{\phi}_{1g,\bar{z}}\Big|_{\bar{r}_0}\bar{\phi}_{2g,\bar{z}}\Big|_{\bar{r}_0}\Big)-\bar{\rho}\bar{\xi}_{1,\bar{z}}\bar{\phi}_{1g,\bar{z}}\Big|_{\bar{r}_0}\bar{\phi}_{1g,\bar{r}}\Big|_{\bar{r}_0}+$$
$$\bar{\xi}_{2,\bar{t}}\bar{\phi}_{1l,\bar{r}}\Big|_{\bar{r}_0}+\bar{\xi}_2\bar{\phi}_{1l,\bar{r}\bar{t}}\Big|_{\bar{r}_0}+\bar{\xi}_1\bar{\xi}_{1,\bar{t}}\bar{\phi}_{1l,\bar{r}\bar{r}}\Big|_{\bar{r}_0}+\frac{1}{2}\bar{\xi}_1^2\bar{\phi}_{1l,\bar{r}\bar{r}\bar{t}}\Big|_{\bar{r}_0}+$$
$$\bar{\xi}_{2,\bar{z}}\bar{\phi}_{1l,\bar{r}}\Big|_{\bar{r}_0}+\bar{\xi}_2\bar{\phi}_{1l,\bar{z}\bar{r}}\Big|_{\bar{r}_0}+\bar{\xi}_1\bar{\xi}_{1,\bar{z}}\bar{\phi}_{1l,\bar{r}\bar{r}}\Big|_{\bar{r}_0}+\frac{1}{2}\bar{\xi}_1^2\bar{\phi}_{1l,\bar{z}\bar{r}\bar{r}}\Big|_{\bar{r}_0}+$$
$$\bar{\xi}_{1,\bar{t}}\bar{\phi}_{2l,\bar{r}}\Big|_{\bar{r}_0}+\bar{\xi}_1\bar{\phi}_{2l,\bar{r}\bar{t}}\Big|_{\bar{r}_0}+\bar{\xi}_{1,\bar{z}}\bar{\phi}_{2l,\bar{r}}\Big|_{\bar{r}_0}+\bar{\xi}_1\bar{\phi}_{2l,\bar{z}\bar{r}}\Big|_{\bar{r}_0}+$$
$$\bar{\xi}_1\bar{\phi}_{1l,\bar{r}}\Big|_{\bar{r}_0}\bar{\phi}_{1l,\bar{r}\bar{r}}\Big|_{\bar{r}_0}+\bar{\xi}_1\bar{\phi}_{1l,\bar{z}}\Big|_{\bar{r}_0}\bar{\phi}_{1l,\bar{z}\bar{r}}\Big|_{\bar{r}_0}+$$
$$\bar{\phi}_{1l,\bar{r}}\Big|_{\bar{r}_0}\bar{\phi}_{2l,\bar{r}}\Big|_{\bar{r}_0}+\bar{\phi}_{1l,\bar{z}}\Big|_{\bar{r}_0}\bar{\phi}_{2l,\bar{z}}\Big|_{\bar{r}_0}+\bar{\xi}_{1,\bar{z}}\bar{\phi}_{1l,\bar{z}}\Big|_{\bar{r}_0}\bar{\phi}_{1l,\bar{r}}\Big|_{\bar{r}_0}-$$
$$\frac{1}{We_1}\begin{bmatrix}(-1)^j\bar{\xi}_{3,\bar{z}\bar{z}}-\frac{3}{2}(-1)^j\bar{\xi}_{1,\bar{z}}^2\bar{\xi}_{1,\bar{z}\bar{z}}+\bar{\xi}_3-\\ 2\bar{\xi}_1\bar{\xi}_2+\bar{\xi}_1^3+\bar{\xi}_{1,\bar{z}}\bar{\xi}_{2,\bar{z}}-\frac{1}{2}\bar{\xi}_{1,\bar{z}}^2\bar{\xi}_1-\\ \bar{\xi}_{3,\theta\theta}+2\bar{\xi}_1\bar{\xi}_{2,\theta\theta}+2\bar{\xi}_2\bar{\xi}_{1,\theta\theta}-3\bar{\xi}_1^2\bar{\xi}_{1,\theta\theta}+\\ \bar{\xi}_{1,\theta}^2\bar{\xi}_{1,\theta\theta}+\frac{1}{2}\bar{\xi}_{1,\bar{z}}^2\bar{\xi}_{1,\theta\theta}\end{bmatrix}=0 \tag{8-95}$$

边界位于 $\bar{r}_0=1$。

8.5 圆射流第一级波微分方程的建立和求解

圆射流正/反对称波形表面波扰动振幅初始函数表达式是由曹建明于2018年提出的。第一级波、第二级波和第三级波微分方程的建立和求解是由曹建明和他的研究生张凯姝于2018—2019年做出的。

8.5.1 圆射流第一级波的扰动振幅

非线性不稳定理论的扰动表达式是时空模式的。三级波扰动振幅表达式为方程(2-200)。圆射流第一级波的扰动振幅表达式为

$$\bar{\xi}_1(\bar{z},\bar{t})=\exp(\mathrm{i}\bar{\omega}_1\bar{t}+\mathrm{i}\bar{k}\bar{z}+\mathrm{i}n\theta) \tag{8-96}$$

则

$$\bar{\xi}_{1,\bar{t}}(\bar{z},\bar{t})=\mathrm{i}\bar{\omega}_1\exp(\mathrm{i}\bar{\omega}_1\bar{t}+\mathrm{i}\bar{k}\bar{z}+\mathrm{i}n\theta) \tag{8-97}$$

$$\bar{\xi}_{1,\bar{z}}(\bar{z},\bar{t})=\mathrm{i}\bar{k}\exp(\mathrm{i}\bar{\omega}_1\bar{t}+\mathrm{i}\bar{k}\bar{z}+\mathrm{i}n\theta) \tag{8-98}$$

$$\bar{\xi}_{1,\bar{z}\bar{z}}(\bar{z},\bar{t})=-\bar{k}^2\exp(\mathrm{i}\bar{\omega}_1\bar{t}+\mathrm{i}\bar{k}\bar{z}+\mathrm{i}n\theta) \tag{8-99}$$

8.5.2 圆射流第一级波液相微分方程的建立和求解

8.5.2.1 液相微分方程的建立

将方程(8-97)和方程(8-98)代入圆射流第一级表面波按泰勒级数在气液交界面 $\bar{r}_0$ 处展开的液相运动边界条件式(8-75),得

$$\bar{\phi}_{11,\bar{r}}\Big|_{\bar{r}_0}=(\mathrm{i}\bar{\omega}_1+\mathrm{i}\bar{k})\exp(\mathrm{i}\bar{\omega}_1\bar{t}+\mathrm{i}\bar{k}\bar{z}+\mathrm{i}n\theta) \tag{8-100}$$

方程(8-100)对 $\bar{r}$ 进行积分,得

$$\bar{\phi}_{11}\Big|_{\bar{r}_0}=f_1(\bar{r})(\mathrm{i}\bar{\omega}_1+\mathrm{i}\bar{k})\exp(\mathrm{i}\bar{\omega}_1\bar{t}+\mathrm{i}\bar{k}\bar{z}+\mathrm{i}n\theta)+c_1 \tag{8-101}$$

式中,c_1 为 $\bar{\phi}_{11,\bar{r}}\Big|_{\bar{r}_0}$ 对 $\bar{r}$ 的积分常数。

将方程(8-101)代入第一级表面波液相连续性方程(8-72),得第一级表面波反对称波形的液相微分方程。

$$f_{1,\bar{r}\bar{r}}(\bar{r})+\frac{1}{\bar{r}}f_{1,\bar{r}}(\bar{r})-\bar{k}^2f_1(\bar{r})=0 \tag{8-102}$$

式(8-102)为零阶修正贝塞尔方程。

8.5.2.2 液相微分方程的通解

解零阶修正贝塞尔方程(8-102),其通解为

$$f_1(\bar{r})=c_2\mathrm{I}_0(\bar{k}\bar{r})+c_3\mathrm{K}_0(\bar{k}\bar{r}) \tag{8-103}$$

式中,c_2 和 c_3 为零阶修正贝塞尔方程(8-103)的积分常数。根据图 B-2,对于液相,当 $\bar{r}\to 0$

时，$K_n \to \infty$，所以 $c_3=0$，则

$$f_1(\bar{r})=c_2 I_0(\bar{k}\bar{r}) \tag{8-104}$$

8.5.2.3　反对称波形液相微分方程的特解

将通解方程(8-104)代入方程(8-101)，得

$$\bar{\phi}_{11}\Big|_{\bar{r}_0}=c_2 I_0(\bar{k}\bar{r})(\mathrm{i}\bar{\omega}_1+\mathrm{i}\bar{k})\exp(\mathrm{i}\bar{\omega}_1\bar{t}+\mathrm{i}\bar{k}\bar{z}+\mathrm{i}n\theta)+c_1 \tag{8-105}$$

方程(8-105)对 $\bar{r}$ 求一阶偏导数，得

$$\bar{\phi}_{11,\bar{r}}\Big|_{\bar{r}_0}=c_2\bar{k}I_0'(\bar{k}\bar{r})(\mathrm{i}\bar{\omega}_1+\mathrm{i}\bar{k})\exp(\mathrm{i}\bar{\omega}_1\bar{t}+\mathrm{i}\bar{k}\bar{z}+\mathrm{i}n\theta) \tag{8-106}$$

根据附录 B 中的方程(B-13)，方程(8-106)变为

$$\bar{\phi}_{11,\bar{r}}\Big|_{\bar{r}_0}=c_2\bar{k}I_1(\bar{k}\bar{r})(\mathrm{i}\bar{\omega}_1+\mathrm{i}\bar{k})\exp(\mathrm{i}\bar{\omega}_1\bar{t}+\mathrm{i}\bar{k}\bar{z}+\mathrm{i}n\theta) \tag{8-107}$$

在 $\bar{r}=1$ 处，将方程(8-107)代入方程(8-100)，得

$$c_2\bar{k}I_1(\bar{k})=1 \tag{8-108}$$

解方程(8-108)，得

$$c_2=\frac{1}{\bar{k}I_1(\bar{k})} \tag{8-109}$$

将方程(8-109)代入方程(8-105)，得圆射流第一级表面波反对称波形上下气液交界面液相微分方程的特解。

$$\bar{\phi}_{11}\Big|_{\bar{r}_0}=\frac{I_0(\bar{k}\bar{r})}{I_1(\bar{k})}\frac{(\mathrm{i}\bar{\omega}_1+\mathrm{i}\bar{k})}{\bar{k}}\exp(\mathrm{i}\bar{\omega}_1\bar{t}+\mathrm{i}\bar{k}\bar{z}+\mathrm{i}n\theta)+c_1 \tag{8-110}$$

8.5.2.4　正对称波形下气液交界面液相微分方程的特解

圆射流第一级表面波正对称波形上气液交界面液相微分方程的特解与反对称波形的完全相同，为方程(8-110)。正对称波形下气液交界面液相微分方程的特解与反对称波形的不同。由于正对称波形下气液交界面的表面波扰动振幅为负，因此方程(8-100)变成

$$\bar{\phi}_{11,\bar{r}}\Big|_{\bar{r}_0}=-(\mathrm{i}\bar{\omega}_1+\mathrm{i}\bar{k})\exp(\mathrm{i}\bar{\omega}_1\bar{t}+\mathrm{i}\bar{k}\bar{z}+\mathrm{i}n\theta) \tag{8-111}$$

方程(8-111)对 $\bar{r}$ 进行积分，得

$$\bar{\phi}_{11}\Big|_{\bar{r}_0}=-f_1(\bar{r})(\mathrm{i}\bar{\omega}_1+\mathrm{i}\bar{k})\exp(\mathrm{i}\bar{\omega}_1\bar{t}+\mathrm{i}\bar{k}\bar{z}+\mathrm{i}n\theta)+c_1 \tag{8-112}$$

将方程(8-112)代入第一级表面波液相连续性方程(8-72)，得第一级表面波正对称波形下气液交界面的液相微分方程(8-101)。解零阶修正贝塞尔方程(8-101)的通解和特解，得圆射流第一级表面波正对称波形下气液交界面液相微分方程的特解。

$$\bar{\phi}_{11}\Big|_{\bar{r}_0}=-\frac{I_0(\bar{k}\bar{r})}{I_1(\bar{k})}\frac{(\mathrm{i}\bar{\omega}_1+\mathrm{i}\bar{k})}{\bar{k}}\exp(\mathrm{i}\bar{\omega}_1\bar{t}+\mathrm{i}\bar{k}\bar{z}+\mathrm{i}n\theta)+c_1 \tag{8-113}$$

比较方程(8-110)和方程(8-112)，可得圆射流第一级表面波正对称波形上下气液交界面液相微分方程特解的合式。

$$\bar{\phi}_{11}\Big|_{\bar{r}_0}=(-1)^{j+1}\frac{\mathrm{I}_0(\bar{k}\bar{r})}{\mathrm{I}_1(\bar{k})}\frac{(\mathrm{i}\bar{\omega}_1+\mathrm{i}\bar{k})}{\bar{k}}\exp(\mathrm{i}\bar{\omega}_1\bar{t}+\mathrm{i}\bar{k}\bar{z}+\mathrm{i}n\theta)+c_1 \tag{8-114}$$

8.5.3 圆射流第一级波气相微分方程的建立和求解

8.5.3.1 气相微分方程的建立

将方程(8-97)代入圆射流第一级表面波按泰勒级数在气液交界面 $\bar{r}_0$ 处展开的气相运动边界条件式(8-76)，得

$$\bar{\phi}_{1g,\bar{r}}\Big|_{\bar{r}_0}=\mathrm{i}\bar{\omega}_1\exp(\mathrm{i}\bar{\omega}_1\bar{t}+\mathrm{i}\bar{k}\bar{z}+\mathrm{i}n\theta) \tag{8-115}$$

方程(8-115)对 $\bar{r}$ 进行积分，得

$$\bar{\phi}_{1g}\Big|_{\bar{r}_0}=f_2(\bar{r})\mathrm{i}\bar{\omega}_1\exp(\mathrm{i}\bar{\omega}_1\bar{t}+\mathrm{i}\bar{k}\bar{z}+\mathrm{i}n\theta)+c_4 \tag{8-116}$$

式中，c_4 为 $\bar{\phi}_{1g,\bar{r}}\Big|_{\bar{r}_0}$ 对 $\bar{r}$ 的积分常数。

将方程(8-116)代入第一级表面波气相连续性方程(8-73)，得第一级表面波的气相微分方程。

$$f_{2,\bar{r}\bar{r}}(\bar{r})+\frac{1}{\bar{r}}f_{2,\bar{r}}(\bar{r})-\bar{k}^2f_2(\bar{r})=0 \tag{8-117}$$

8.5.3.2 气相微分方程的通解

解零阶修正贝塞尔方程(8-117)，其通解为

$$f_2(\bar{r})=c_5\mathrm{I}_0(\bar{k}\bar{r})+c_6\mathrm{K}_0(\bar{k}\bar{r}) \tag{8-118}$$

式中，c_5 和 c_6 为零阶修正贝塞尔方程(8-117)的积分常数。

根据图 B-2 可知，对于气相，当 $\bar{r}\to\infty$ 时，$\mathrm{I}_n\to\infty$，因此，有 $c_5=0$，即

$$f_2(\bar{r})=c_6\mathrm{K}_0(\bar{k}\bar{r}) \tag{8-119}$$

8.5.3.3 反对称波形气相微分方程的特解

将通解方程(8-119)代入方程(8-116)，得

$$\bar{\phi}_{1g}\Big|_{\bar{r}_0}=c_6\mathrm{K}_0(\bar{k}\bar{r})\mathrm{i}\bar{\omega}_1\exp(\mathrm{i}\bar{\omega}_1\bar{t}+\mathrm{i}\bar{k}\bar{z}+\mathrm{i}n\theta)+c_4 \tag{8-120}$$

方程(8-120)对 $\bar{r}$ 求一阶偏导数，并采用方程(B-14)整理，得

$$\bar{\phi}_{1g,\bar{r}}\Big|_{\bar{r}_0}=-c_6\bar{k}\mathrm{K}_1(\bar{k}\bar{r})\mathrm{i}\bar{\omega}_1\exp(\mathrm{i}\bar{\omega}_1\bar{t}+\mathrm{i}\bar{k}\bar{z}+\mathrm{i}n\theta) \tag{8-121}$$

将方程(8-121)代入方程(8-115)。

在 $\bar{r}=1$ 处

$$c_6=-\frac{1}{\bar{k}\mathrm{K}_1(\bar{k})} \tag{8-122}$$

将方程(8-122)代入方程(8-120)，得圆射流第一级表面波反对称波形上下气液交界面气相

微分方程的特解。

$$\bar{\phi}_{1g}\Big|_{\bar{r}_0}=-\frac{\mathrm{K}_0(\bar{k}\bar{r})}{\mathrm{K}_1(\bar{k})}\frac{\mathrm{i}\bar{\omega}_1}{\bar{k}}\exp(\mathrm{i}\bar{\omega}_1\bar{t}+\mathrm{i}\bar{k}\bar{z}+\mathrm{i}n\theta)+c_4 \tag{8-123}$$

8.5.3.4　正对称波形下气液交界面气相微分方程的特解

圆射流第一级表面波正对称波形上气液交界面气相微分方程的特解与反对称波形的完全相同，为方程(8-123)。正对称波形下气液交界面气相微分方程的特解与反对称波形的不同。由于正对称波形下气液交界面的表面波扰动振幅为负，因此方程(8-115)变成

$$\bar{\phi}_{1g,\bar{r}}\Big|_{\bar{r}_0}=-\mathrm{i}\bar{\omega}_1\exp(\mathrm{i}\bar{\omega}_1\bar{t}+\mathrm{i}\bar{k}\bar{z}+\mathrm{i}n\theta) \tag{8-124}$$

方程(8-124)对 $\bar{r}$ 进行积分，得

$$\bar{\phi}_{1g}\Big|_{\bar{r}_0}=-f_2(\bar{r})\mathrm{i}\bar{\omega}_1\exp(\mathrm{i}\bar{\omega}_1\bar{t}+\mathrm{i}\bar{k}\bar{z}+\mathrm{i}n\theta)+c_4 \tag{8-125}$$

将方程(8-125)代入第一级表面波气相连续性方程(8-73)，得第一级表面波正对称波形下气液交界面的气相微分方程(8-117)。解零阶修正贝塞尔方程(8-117)，得圆射流第一级表面波正对称波形下气液交界面气相微分方程的特解。

$$\bar{\phi}_{1g}\Big|_{\bar{r}_0}=\frac{\mathrm{K}_0(\bar{k}\bar{r})}{\mathrm{K}_1(\bar{k})}\frac{\mathrm{i}\bar{\omega}_1}{\bar{k}}\exp(\mathrm{i}\bar{\omega}_1\bar{t}+\mathrm{i}\bar{k}\bar{z}+\mathrm{i}n\theta)+c_4 \tag{8-126}$$

比较方程(8-123)和方程(8-126)，可得圆射流第一级表面波正对称波形上下气液交界面气相微分方程特解的合式。

$$\bar{\phi}_{1g}\Big|_{\bar{r}_0}=(-1)^j\,\frac{\mathrm{K}_0(\bar{k}\bar{r})}{\mathrm{K}_1(\bar{k})}\frac{\mathrm{i}\bar{\omega}_1}{\bar{k}}\exp(\mathrm{i}\bar{\omega}_1\bar{t}+\mathrm{i}\bar{k}\bar{z}+\mathrm{i}n\theta)+c_4 \tag{8-127}$$

8.5.4　圆射流第一级波反对称波形的色散准则关系式

第一级表面波反对称波形液相势函数方程(8-110)对 $\bar{t}$ 求一阶偏导数，得

$$\bar{\phi}_{1l,\bar{t}}\Big|_{\bar{r}_0}=-\frac{\mathrm{I}_0(\bar{k}\bar{r})}{\mathrm{I}_1(\bar{k})}\frac{\bar{\omega}_1(\bar{\omega}_1+\bar{k})}{\bar{k}}\exp(\mathrm{i}\bar{\omega}_1\bar{t}+\mathrm{i}\bar{k}\bar{z}+\mathrm{i}n\theta) \tag{8-128}$$

方程(8-110)对 $\bar{z}$ 求一阶偏导数，得

$$\bar{\phi}_{1l,\bar{z}}\Big|_{\bar{r}_0}=-\frac{\mathrm{I}_0(\bar{k}\bar{r})}{\mathrm{I}_1(\bar{k})}(\bar{\omega}_1+\bar{k})\exp(\mathrm{i}\bar{\omega}_1\bar{t}+\mathrm{i}\bar{k}\bar{z}+\mathrm{i}n\theta) \tag{8-129}$$

第一级表面波反对称波形气相方程(8-123)对 $\bar{t}$ 求一阶偏导数，得

$$\bar{\phi}_{1g,\bar{t}}\Big|_{\bar{r}_0}=\frac{\mathrm{K}_0(\bar{k}\bar{r})}{\mathrm{K}_1(\bar{k})}\frac{\bar{\omega}_1^2}{\bar{k}}\exp(\mathrm{i}\bar{\omega}_1\bar{t}+\mathrm{i}\bar{k}\bar{z}+\mathrm{i}n\theta) \tag{8-130}$$

将方程(8-128)～方程(8-130)、方程(8-96)和方程(8-99)代入第一级表面波按泰勒级数在气液交界面 r_0 处展开的动力学边界条件式(8-79)，得

$$\frac{I_0(\bar{k}\bar{r})}{I_1(\bar{k})}\frac{\bar{\omega}_1(\bar{\omega}_1+\bar{k})}{\bar{k}}+\frac{I_0(\bar{k}\bar{r})}{I_1(\bar{k})}(\bar{\omega}_1+\bar{k})+\bar{\rho}\frac{K_0(\bar{k}\bar{r})}{K_1(\bar{k})}\frac{\bar{\omega}_1^2}{\bar{k}}+\frac{1}{We_1}[1+(-1)^{j+1}\bar{k}^2+n^2]=0 \tag{8-131}$$

化简，得

$$\frac{I_0(\bar{k}\bar{r})}{I_1(\bar{k})}\frac{\bar{\omega}_1^2+2\bar{k}\bar{\omega}_1+\bar{k}^2}{\bar{k}}+\bar{\rho}\frac{K_0(\bar{k}\bar{r})}{K_1(\bar{k})}\frac{\bar{\omega}_1^2}{\bar{k}}+\frac{1}{We_1}[1+(-1)^{j+1}\bar{k}^2+n^2]=0 \tag{8-132}$$

在 $\bar{r}_0=1$ 处整理方程(8-132)，得

$$\left[\frac{1}{\bar{k}}\frac{I_0(\bar{k})}{I_1(\bar{k})}+\frac{\bar{\rho}}{\bar{k}}\frac{K_0(\bar{k})}{K_1(\bar{k})}\right]\bar{\omega}_1^2+2\frac{I_0(\bar{k})}{I_1(\bar{k})}\bar{\omega}_1+\bar{k}\frac{I_0(\bar{k})}{I_1(\bar{k})}+\frac{1}{We_1}[1+(-1)^{j+1}\bar{k}^2+n^2]=0 \tag{8-133}$$

解方程(8-133)，得圆射流第一级表面波反对称波形上下气液交界面色散准则关系式。

$$\bar{\omega}_1=\frac{-\bar{k}\dfrac{I_0(\bar{k})}{I_1(\bar{k})}\pm i\bar{k}\sqrt{\bar{\rho}\dfrac{I_0(\bar{k})}{I_1(\bar{k})}\dfrac{K_0(\bar{k})}{K_1(\bar{k})}+\left[\dfrac{I_0(\bar{k})}{I_1(\bar{k})}+\bar{\rho}\dfrac{K_0(\bar{k})}{K_1(\bar{k})}\right]\dfrac{1}{\bar{k}We_1}[1+(-1)^{j+1}\bar{k}^2+n^2]}}{\dfrac{I_0(\bar{k})}{I_1(\bar{k})}+\bar{\rho}\dfrac{K_0(\bar{k})}{K_1(\bar{k})}} \tag{8-134}$$

式中，

$$\bar{\omega}_{r1}=-\frac{\bar{k}\dfrac{I_0(\bar{k})}{I_1(\bar{k})}}{\dfrac{I_0(\bar{k})}{I_1(\bar{k})}+\bar{\rho}\dfrac{K_0(\bar{k})}{K_1(\bar{k})}} \tag{8-135}$$

表面波增长率为

$$\bar{\omega}_{i1}=\pm\frac{\bar{k}\sqrt{\bar{\rho}\dfrac{I_0(\bar{k})}{I_1(\bar{k})}\dfrac{K_0(\bar{k})}{K_1(\bar{k})}+\left[\dfrac{I_0(\bar{k})}{I_1(\bar{k})}+\bar{\rho}\dfrac{K_0(\bar{k})}{K_1(\bar{k})}\right]\dfrac{1}{\bar{k}We_1}[1+(-1)^{j+1}\bar{k}^2+n^2]}}{\dfrac{I_0(\bar{k})}{I_1(\bar{k})}+\bar{\rho}\dfrac{K_0(\bar{k})}{K_1(\bar{k})}} \tag{8-136}$$

方程(8-136)即为非线性不稳定性理论的 n 阶圆射流第一级表面波反对称波形($n=1$，3)上下气液交界面的表面波增长率表达式。

8.5.5 圆射流第一级波正对称波形的色散准则关系式

第一级表面波正对称波形液相势函数方程(8-114)对 $\bar{t}$ 求一阶偏导数，得

$$\bar{\phi}_{11,\bar{t}}\Big|_{\bar{r}_0}=(-1)^j\frac{I_0(\bar{k}\bar{r})}{I_1(\bar{k})}\frac{\bar{\omega}_1(\bar{\omega}_1+\bar{k})}{\bar{k}}\exp(i\bar{\omega}_1\bar{t}+i\bar{k}\bar{z}+in\theta) \tag{8-137}$$

方程(8-114)对 $\bar{z}$ 求一阶偏导数，得

$$\bar{\phi}_{1l,\bar{z}}\bigg|_{\bar{r}_0}=(-1)^j\frac{\mathrm{I}_0(\bar{k}\bar{r})}{\mathrm{I}_1(\bar{k})}(\bar{\omega}_1+\bar{k})\exp(\mathrm{i}\bar{\omega}_1\bar{t}+\mathrm{i}\bar{k}\bar{z}+\mathrm{i}n\theta) \tag{8-138}$$

第一级表面波正对称波形气相势函数方程(8-127)对 $\bar{t}$ 求一阶偏导数，得

$$\bar{\phi}_{1g,\bar{t}}\bigg|_{\bar{r}_0}=(-1)^{j+1}\frac{\mathrm{K}_0(\bar{k}\bar{r})}{\mathrm{K}_1(\bar{k})}\frac{\bar{\omega}_1^2}{\bar{k}}\exp(\mathrm{i}\bar{\omega}_1\bar{t}+\mathrm{i}\bar{k}\bar{z}+\mathrm{i}n\theta) \tag{8-139}$$

将方程(8-137)～方程(8-139)、方程(8-96)和方程(8-99)代入第一级表面波按泰勒级数在边界 r_0 处展开的动力学边界条件式(8-79)，可得方程(8-131)，上下气液交界面方程相同。在 $\bar{r}=1$ 处整理方程(8-131)，可得方程(8-133)。解方程(8-133)，可得圆射流第一级表面波正对称波形上下气液交界面色散准则关系式(8-134)。由方程(8-134)，可得方程(8-135)和方程(8-136)。即方程(8-136)也为非线性不稳定性理论的 n 阶圆射流第一级表面波正对称波形($n=0,2,4$)上下气液交界面的表面波增长率表达式。

可见 n 阶圆射流第一级表面波正/反对称波形上下气液交界面的色散准则关系式完全相同，为方程(8-134)。

8.5.6　对圆射流第一级波色散准则关系式的分析

当 n 阶圆射流第一级表面波正/反对称波形的色散准则关系式(8-134)和式(8-136)中根号内的值大于 0 时，$\bar{\omega}_{i1}$ 为一个实数；当根号内的值等于 0 时，$\bar{\omega}_{i1}=0$，$\bar{\omega}_{r1}$ 由方程(8-135)决定，当根号内的值小于 0 时，$\bar{\omega}_{i1}$ 为一个虚数，则圆频率 $\bar{\omega}_1$ 只有实部而没有虚部，即是一个实数。虚部为零意味着 $\bar{\omega}_{i1}=0$，而 $\bar{\omega}_{r1}$ 为

$$\bar{\omega}_{r1}=\frac{-\bar{k}\dfrac{\mathrm{I}_0(\bar{k})}{\mathrm{I}_1(\bar{k})}\mp\bar{k}\sqrt{\bar{\rho}\dfrac{\mathrm{I}_0(\bar{k})}{\mathrm{I}_1(\bar{k})}\dfrac{\mathrm{K}_0(\bar{k})}{\mathrm{K}_1(\bar{k})}+\left[\dfrac{\mathrm{I}_0(\bar{k})}{\mathrm{I}_1(\bar{k})}+\bar{\rho}\dfrac{\mathrm{K}_0(\bar{k})}{\mathrm{K}_1(\bar{k})}\right]\dfrac{1}{\bar{k}We_1}[1+(-1)^{j+1}\bar{k}^2+n^2]}}{\dfrac{\mathrm{I}_0(\bar{k})}{\mathrm{I}_1(\bar{k})}+\bar{\rho}\dfrac{\mathrm{K}_0(\bar{k})}{\mathrm{K}_1(\bar{k})}} \tag{8-140}$$

8.6　圆射流第二级波微分方程的建立和求解

8.6.1　圆射流第二级波的扰动振幅

三级波的扰动振幅表达式为方程(2-200)。圆射流第二级波的扰动振幅表达式为

$$\bar{\xi}_2(\bar{z},\bar{t})=\exp(\mathrm{i}\bar{\omega}_2\bar{t}+2\mathrm{i}\bar{k}\bar{z}+2\mathrm{i}n\theta) \tag{8-141}$$

则

$$\bar{\xi}_{2,\bar{t}}(\bar{z},\bar{t})=\mathrm{i}\bar{\omega}_2\exp(\mathrm{i}\bar{\omega}_2\bar{t}+2\mathrm{i}\bar{k}\bar{z}+2\mathrm{i}n\theta) \tag{8-142}$$

$$\bar{\xi}_{2,\bar{z}}(\bar{z},\bar{t})=2\mathrm{i}\bar{k}\exp(\mathrm{i}\bar{\omega}_2\bar{t}+2\mathrm{i}\bar{k}\bar{z}+2\mathrm{i}n\theta) \tag{8-143}$$

$$\bar{\xi}_{2,\bar{z}\bar{z}}(\bar{z},\bar{t})=-4\bar{k}^2\exp(\mathrm{i}\bar{\omega}_2\bar{t}+2\mathrm{i}\bar{k}\bar{z}+2\mathrm{i}n\theta) \tag{8-144}$$

8.6.2 圆射流第二级波反对称波形液相微分方程的建立和求解

8.6.2.1 反对称波形液相微分方程的建立

将第一级表面波反对称波形液相势函数方程(8-110)对 $\bar{r}$ 求二阶偏导数，根据方程(B-13)，有

$$\bar{\phi}_{11,\bar{r}\bar{r}}\Big|_{\bar{r}_0}=\frac{\mathrm{I}_0(\bar{k}\bar{r})-\dfrac{1}{\bar{k}\bar{r}}\mathrm{I}_1(\bar{k}\bar{r})}{\mathrm{I}_1(\bar{k})}\mathrm{i}\bar{k}(\bar{\omega}_1+\bar{k})\exp(\mathrm{i}\bar{\omega}_1\bar{t}+\mathrm{i}\bar{k}\bar{z}+\mathrm{i}n\theta) \tag{8-145}$$

方程(8-110)对 $\bar{z}$ 求一阶偏导数，得

$$\bar{\phi}_{11,\bar{z}}\Big|_{\bar{r}_0}=-\frac{\mathrm{I}_0(\bar{k}\bar{r})}{\mathrm{I}_1(\bar{k})}(\bar{\omega}_1+\bar{k})\exp(\mathrm{i}\bar{\omega}_1\bar{t}+\mathrm{i}\bar{k}\bar{z}+\mathrm{i}n\theta) \tag{8-146}$$

由第二级表面波按泰勒级数在气液交界面 $\bar{r}_0$ 处展开的液相运动学边界条件式(8-83)，得

$$\bar{\phi}_{21,\bar{r}}\Big|_{\bar{r}_0}=\mathrm{i}(\bar{\omega}_2+2\bar{k})\exp(\mathrm{i}\bar{\omega}_2\bar{t}+2\mathrm{i}\bar{k}\bar{z}+2\mathrm{i}n\theta)-$$
$$\mathrm{i}\bar{k}(\bar{\omega}_1+\bar{k})\frac{2\mathrm{I}_0(\bar{k}\bar{r})-\dfrac{1}{\bar{k}\bar{r}}\mathrm{I}_1(\bar{k}\bar{r})}{\mathrm{I}_1(\bar{k})}\exp(2\mathrm{i}\bar{\omega}_1\bar{t}+2\mathrm{i}\bar{k}\bar{z}+2\mathrm{i}n\theta) \tag{8-147}$$

在 $\bar{r}_0=1$ 处，对式(8-147)进行积分，得

$$\bar{\phi}_{21}\Big|_{\bar{r}_0}=f_3(\bar{r})\left[\begin{aligned}&\mathrm{i}(\bar{\omega}_2+2\bar{k})\exp(\mathrm{i}\bar{\omega}_2\bar{t}+2\mathrm{i}\bar{k}\bar{z}+2\mathrm{i}n\theta)-\\&\frac{2\mathrm{I}_0(\bar{k}\bar{r})-\dfrac{1}{\bar{k}\bar{r}}\mathrm{I}_1(\bar{k}\bar{r})}{\mathrm{I}_1(\bar{k})}\mathrm{i}\bar{k}(\bar{\omega}_1+\bar{k})\exp(2\mathrm{i}\bar{\omega}_1\bar{t}+2\mathrm{i}\bar{k}\bar{z}+2\mathrm{i}n\theta)\end{aligned}\right]+c_7 \tag{8-148}$$

式中，c_7 为 $\bar{\phi}_{21,\bar{r}}\Big|_{\bar{r}_0}$ 对于 $\bar{r}$ 的积分常数。

将方程(8-148)代入第二级表面波液相连续性方程(8-80)，得

$$f_{3,\bar{r}\bar{r}}(\bar{r})+\frac{1}{\bar{r}}f_{3,\bar{r}}(\bar{r})-4\bar{k}^2f_3(\bar{r})=0 \tag{8-149}$$

8.6.2.2 反对称波形液相微分方程的通解

解零阶修正贝塞尔方程(8-149)，其通解为

$$f_3(\bar{r})=c_8\mathrm{I}_0(2\bar{k}\bar{r})+c_9\mathrm{K}_0(2\bar{k}\bar{r}) \tag{8-150}$$

式中，c_8 和 c_9 为零阶修正贝塞尔方程(8-150)的积分常数。根据图 B-2，对于液相，当 $\bar{r}\to0$ 时，$\mathrm{K}_n\to\infty$，所以 $c_9=0$，则

$$f_3(\bar{r})=c_8\mathrm{I}_0(2\bar{k}\bar{r}) \tag{8-151}$$

8.6.2.3 反对称波形液相微分方程的特解

将通解方程(8-151)代入方程(8-148),得

$$\bar{\phi}_{21}\Big|_{\bar{r}_0}=c_8\mathrm{I}_0(2\bar{k}\bar{r})\left[\begin{array}{l}\mathrm{i}(\bar{\omega}_2+2\bar{k})\exp(\mathrm{i}\bar{\omega}_2\bar{t}+2\mathrm{i}\bar{k}\bar{z}+2\mathrm{i}n\theta)-\\ \dfrac{2\mathrm{I}_0(\bar{k}\bar{r})-\dfrac{1}{\bar{k}\bar{r}}\mathrm{I}_1(\bar{k}\bar{r})}{\mathrm{I}_1(\bar{k})}\mathrm{i}\bar{k}(\bar{\omega}_1+\bar{k})\exp(2\mathrm{i}\bar{\omega}_1\bar{t}+2\mathrm{i}\bar{k}\bar{z}+2\mathrm{i}n\theta)\end{array}\right]+c_7 \tag{8-152}$$

方程(8-152)对 $\bar{r}$ 求一阶偏导数,并根据的方程(B-13)整理,得

$$\bar{\phi}_{21,\bar{r}}\Big|_{\bar{r}_0}=c_8 2\bar{k}\mathrm{I}_1(2\bar{k}\bar{r})\left[\begin{array}{l}\mathrm{i}(\bar{\omega}_2+2\bar{k})\exp(\mathrm{i}\bar{\omega}_2\bar{t}+2\mathrm{i}\bar{k}\bar{z}+2\mathrm{i}n\theta)-\\ \dfrac{2\mathrm{I}_0(\bar{k}\bar{r})-\dfrac{1}{\bar{k}\bar{r}}\mathrm{I}_1(\bar{k}\bar{r})}{\mathrm{I}_1(\bar{k})}\mathrm{i}\bar{k}(\bar{\omega}_1+\bar{k})\exp(2\mathrm{i}\bar{\omega}_1\bar{t}+2\mathrm{i}\bar{k}\bar{z}+2\mathrm{i}n\theta)\end{array}\right] \tag{8-153}$$

在 $\bar{r}_0=1$ 处,将方程(8-153)代入方程(8-147),得

$$c_8 2\bar{k}\mathrm{I}_1(2\bar{k})=1 \tag{8-154}$$

解方程(8-154),得

$$c_8=\frac{1}{2\bar{k}\mathrm{I}_1(2\bar{k})} \tag{8-155}$$

将方程(8-155)代入方程(8-152),得圆射流第二级表面波反对称波形上下气液交界面液相微分方程的特解。

$$\bar{\phi}_{21}\Big|_{\bar{r}_0}=\frac{1}{2\bar{k}}\frac{\mathrm{I}_0(2\bar{k}\bar{r})}{\mathrm{I}_1(2\bar{k})}\left[\begin{array}{l}\mathrm{i}(\bar{\omega}_2+2\bar{k})\exp(\mathrm{i}\bar{\omega}_2\bar{t}+2\mathrm{i}\bar{k}\bar{z}+2\mathrm{i}n\theta)-\\ \dfrac{2\mathrm{I}_0(\bar{k}\bar{r})-\dfrac{1}{\bar{k}\bar{r}}\mathrm{I}_1(\bar{k}\bar{r})}{\mathrm{I}_1(\bar{k})}\mathrm{i}\bar{k}(\bar{\omega}_1+\bar{k})\exp(2\mathrm{i}\bar{\omega}_1\bar{t}+2\mathrm{i}\bar{k}\bar{z}+2\mathrm{i}n\theta)\end{array}\right]+c_7 \tag{8-156}$$

8.6.3 圆射流第二级波正对称波形液相微分方程的建立和求解

8.6.3.1 正对称波形液相微分方程的建立

第一级表面波正对称波形液相势函数方程(8-114)对 $\bar{r}$ 求二阶偏导数,根据方程(B-13),有

$$\bar{\phi}_{11,\bar{r}\bar{r}}\Big|_{\bar{r}_0}=(-1)^{j+1}\frac{\mathrm{I}_0(\bar{k}\bar{r})-\dfrac{1}{\bar{k}\bar{r}}\mathrm{I}_1(\bar{k}\bar{r})}{\mathrm{I}_1(\bar{k})}\mathrm{i}\bar{k}(\bar{\omega}_1+\bar{k})\exp(\mathrm{i}\bar{\omega}_1\bar{t}+\mathrm{i}\bar{k}\bar{z}+\mathrm{i}n\theta) \tag{8-157}$$

方程(8-114)对 $\bar{z}$ 求一阶偏导数,得

$$\bar{\phi}_{11,\bar{z}}\Big|_{\bar{r}_0}=(-1)^j\frac{\mathrm{I}_0(\bar{k}\bar{r})}{\mathrm{I}_1(\bar{k})}(\bar{\omega}_1+\bar{k})\exp(\mathrm{i}\bar{\omega}_1\bar{t}+\mathrm{i}\bar{k}\bar{z}+\mathrm{i}n\theta) \tag{8-158}$$

将方程(8-157)、方程(8-158)代入第二级表面波按泰勒级数在正对称波形上下气液交界面 $\bar{r}_0$ 处展开的液相运动学边界条件式(8-83),得

$$\bar{\phi}_{21,\bar{r}}\Big|_{\bar{r}_0}=(-1)^{j+1}(\mathrm{i}\bar{\omega}_2+2\mathrm{i}\bar{k})\exp(\mathrm{i}\bar{\omega}_2\bar{t}+2\mathrm{i}\bar{k}\bar{z}+2\mathrm{i}n\theta)-\frac{2\mathrm{I}_0(\bar{k}\bar{r})-\dfrac{1}{\bar{k}\bar{r}}\mathrm{I}_1(\bar{k}\bar{r})}{\mathrm{I}_1(\bar{k})}\mathrm{i}\bar{k}(\bar{\omega}_1+\bar{k})\exp(2\mathrm{i}\bar{\omega}_1\bar{t}+2\mathrm{i}\bar{k}\bar{z}+2\mathrm{i}n\theta) \tag{8-159}$$

在 $\bar{r}_0=1$ 处,对式(8-159)进行积分,得

$$\bar{\phi}_{21}\Big|_{\bar{r}_0}=f_3(\bar{r})\left[(-1)^{j+1}(\mathrm{i}\bar{\omega}_2+2\mathrm{i}\bar{k})\exp(\mathrm{i}\bar{\omega}_2\bar{t}+2\mathrm{i}\bar{k}\bar{z}+2\mathrm{i}n\theta)-\frac{2\mathrm{I}_0(\bar{k}\bar{r})-\dfrac{1}{\bar{k}\bar{r}}\mathrm{I}_1(\bar{k}\bar{r})}{\mathrm{I}_1(\bar{k})}\mathrm{i}\bar{k}(\bar{\omega}_1+\bar{k})\exp(2\mathrm{i}\bar{\omega}_1\bar{t}+2\mathrm{i}\bar{k}\bar{z}+2\mathrm{i}n\theta)\right]+c_7 \tag{8-160}$$

将方程(8-160)代入第二级表面波液相连续性方程(8-80),可得正对称波形液相微分方程(8-149)。

8.6.3.2 正对称波形液相微分方程的通解

解零阶修正贝塞尔方程(8-149),其通解为方程(8-151)。

8.6.3.3 正对称波形液相微分方程的特解

将通解方程(8-151)代入方程(8-160),得

$$\bar{\phi}_{21}\Big|_{\bar{r}_0}=c_8\mathrm{I}_0(2\bar{k}\bar{r})\left[(-1)^{j+1}(\mathrm{i}\bar{\omega}_2+2\mathrm{i}\bar{k})\exp(\mathrm{i}\bar{\omega}_2\bar{t}+2\mathrm{i}\bar{k}\bar{z}+2\mathrm{i}n\theta)-\frac{2\mathrm{I}_0(\bar{k}\bar{r})-\dfrac{1}{\bar{k}\bar{r}}\mathrm{I}_1(\bar{k}\bar{r})}{\mathrm{I}_1(\bar{k})}\mathrm{i}\bar{k}(\bar{\omega}_1+\bar{k})\exp(2\mathrm{i}\bar{\omega}_1\bar{t}+2\mathrm{i}\bar{k}\bar{z}+2\mathrm{i}n\theta)\right]+c_7 \tag{8-161}$$

方程(8-161)对 $\bar{r}$ 求一阶偏导数,根据附录 B 中的方程(B-13),有

$$\bar{\phi}_{21,\bar{r}}\Big|_{\bar{r}_0}=c_8 2\bar{k}\mathrm{I}_1(2\bar{k}\bar{r})\left[(-1)^{j+1}(\mathrm{i}\bar{\omega}_2+2\mathrm{i}\bar{k})\exp(\mathrm{i}\bar{\omega}_2\bar{t}+2\mathrm{i}\bar{k}\bar{z}+2\mathrm{i}n\theta)-\frac{2\mathrm{I}_0(\bar{k}\bar{r})-\dfrac{1}{\bar{k}\bar{r}}\mathrm{I}_1(\bar{k}\bar{r})}{\mathrm{I}_1(\bar{k})}\mathrm{i}\bar{k}(\bar{\omega}_1+\bar{k})\exp(2\mathrm{i}\bar{\omega}_1\bar{t}+2\mathrm{i}\bar{k}\bar{z}+2\mathrm{i}n\theta)\right] \tag{8-162}$$

在 $\bar{r}_0=1$ 处,将方程(8-162)代入方程(8-159),可得方程(8-154)。解方程(8-154),可得积分常数方程(8-155)。将方程(8-155)代入方程(8-162),得圆射流第二级表面波正对称波

形上下气液交界面液相微分方程的特解。

$$\bar{\phi}_{21}\Big|_{\bar{r}_0}=\frac{1}{2\bar{k}}\frac{\mathrm{I}_0(2\bar{k}\bar{r})}{\mathrm{I}_1(2\bar{k})}\left[\begin{array}{l}(-1)^{j+1}\mathrm{i}(\bar{\omega}_2+2\bar{k})\exp(\mathrm{i}\bar{\omega}_2\bar{t}+2\mathrm{i}\bar{k}\bar{z}+2\mathrm{i}n\theta)-\\ \dfrac{2\mathrm{I}_0(\bar{k})-\dfrac{1}{\bar{r}}\mathrm{I}_1(\bar{k})}{\mathrm{I}_1(\bar{k})}\mathrm{i}\bar{k}(\bar{\omega}_1+\bar{k})\exp(2\mathrm{i}\bar{\omega}_1\bar{t}+2\mathrm{i}\bar{k}\bar{z}+2\mathrm{i}n\theta)\end{array}\right]+c_7 \tag{8-163}$$

比较方程(8-156)与方程(8-163)可以看出，第二级表面波的正对称波形上气液交界面($j=1$)的液相速度势函数表达式与反对称波形的完全相同；但正对称波形下气液交界面($j=2$)的液相速度势函数却与反对称波形的不同。

8.6.4　圆射流第二级波反对称波形气相微分方程的建立和求解

8.6.4.1　反对称波形气相微分方程的建立

第一级表面波反对称波形气相势函数方程(8-123)对 $\bar{r}$ 求二阶偏导数，得

$$\bar{\phi}_{1\mathrm{g},\bar{r}\bar{r}}\Big|_{\bar{r}_0}=-\frac{\mathrm{K}_0(\bar{k}\bar{r})+\dfrac{1}{\bar{k}\bar{r}}\mathrm{K}_1(\bar{k}\bar{r})}{\mathrm{K}_1(\bar{k})}\mathrm{i}\bar{k}\bar{\omega}_1\exp(\mathrm{i}\bar{\omega}_1\bar{t}+\mathrm{i}\bar{k}\bar{z}+\mathrm{i}n\theta) \tag{8-164}$$

方程(8-123)对 $\bar{z}$ 求一阶偏导数，得

$$\bar{\phi}_{1\mathrm{g},\bar{z}}=\frac{\mathrm{K}_0(\bar{k}\bar{r})}{\mathrm{K}_1(\bar{k})}\bar{\omega}_1\exp(\mathrm{i}\bar{\omega}_1\bar{t}+\mathrm{i}\bar{k}\bar{z}+\mathrm{i}n\theta) \tag{8-165}$$

由第二级表面波按泰勒级数在气液交界面 $\bar{r}_0$ 处展开的气相运动学边界条件式(8-85)，得

$$\begin{aligned}\bar{\phi}_{2\mathrm{g},\bar{r}}\Big|_{\bar{r}_0}&=\mathrm{i}\bar{\omega}_2\exp(\mathrm{i}\bar{\omega}_2\bar{t}+2\mathrm{i}\bar{k}\bar{z}+2\mathrm{i}n\theta)+\\ &\frac{2\mathrm{K}_0(\bar{k}\bar{r})+\dfrac{1}{\bar{k}\bar{r}}\mathrm{K}_1(\bar{k}\bar{r})}{\mathrm{K}_1(\bar{k})}\mathrm{i}\bar{k}\bar{\omega}_1\exp(2\mathrm{i}\bar{\omega}_1\bar{t}+2\mathrm{i}\bar{k}\bar{z}+2\mathrm{i}n\theta)\end{aligned} \tag{8-166}$$

在 $\bar{r}_0=1$ 处，方程(8-166)对 $\bar{r}$ 进行积分，得

$$\bar{\phi}_{2\mathrm{g}}\Big|_{\bar{r}_0}=f_4(\bar{r})\left[\begin{array}{l}\mathrm{i}\bar{\omega}_2\exp(\mathrm{i}\bar{\omega}_2\bar{t}+2\mathrm{i}\bar{k}\bar{z}+2\mathrm{i}n\theta)+\\ \dfrac{2\mathrm{K}_0(\bar{k})+\dfrac{1}{\bar{k}}\mathrm{K}_1(\bar{k})}{\mathrm{K}_1(\bar{k})}\mathrm{i}\bar{k}\bar{\omega}_1\exp(2\mathrm{i}\bar{\omega}_1\bar{t}+2\mathrm{i}\bar{k}\bar{z}+2\mathrm{i}n\theta)\end{array}\right]+c_{10} \tag{8-167}$$

式中，c_{10} 为 $\bar{\phi}_{2\mathrm{g},\bar{r}}\Big|_{\bar{r}_0}$ 对 $\bar{r}$ 的积分常数。

将方程(8-167)代入第二级表面波气相连续性方程(8-81)，得第二级表面波的气相微分方程。

$$f_{4,\bar{r}\bar{r}}(\bar{r})+\frac{1}{\bar{r}}f_{4,\bar{r}}(\bar{r})-4\bar{k}^2f_4(\bar{r})=0 \tag{8-168}$$

8.6.4.2　反对称波形气相微分方程的通解

解零阶修正贝塞尔方程(8-168)，其通解为

$$f_4(\bar{r}) = c_{11}\mathrm{I}_0(2\bar{k}\bar{r}) + c_{12}\mathrm{K}_0(2\bar{k}\bar{r}) \tag{8-169}$$

式中，c_{11} 和 c_{12} 为零阶修正贝塞尔方程(8-168)的积分常数。根据附录 B 中的图 B-2，对于气相，当 $\bar{r}\to\infty$ 时，$\mathrm{I}_n\to\infty$，因此，有 $c_{11}=0$，则通解式(8-169)变成

$$f_4(\bar{r}) = c_{12}\mathrm{K}_0(2\bar{k}\bar{r}) \tag{8-170}$$

8.6.4.3 反对称波形气相微分方程的特解

将通解式(8-170)代入方程(8-167)，得

$$\bar{\phi}_{2g}\Big|_{\bar{r}_0} = c_{12}\mathrm{K}_0(2\bar{k}\bar{r})\left[\begin{array}{l}\mathrm{i}\bar{\omega}_2\exp(\mathrm{i}\bar{\omega}_2\bar{t} + 2\mathrm{i}\bar{k}\bar{z} + 2\mathrm{i}n\theta) + \\ \dfrac{2\mathrm{K}_0(\bar{k}) + \dfrac{1}{\bar{k}}\mathrm{K}_1(\bar{k})}{\mathrm{K}_1(\bar{k})}\mathrm{i}\bar{k}\bar{\omega}_1\exp(2\mathrm{i}\bar{\omega}_1\bar{t} + 2\mathrm{i}\bar{k}\bar{z} + 2\mathrm{i}n\theta)\end{array}\right] + c_{10} \tag{8-171}$$

方程(8-171)对 $\bar{r}$ 求一阶偏导数，得

$$\bar{\phi}_{2g,\bar{r}}\Big|_{\bar{r}_0} = -c_{12}2\bar{k}\mathrm{K}_1(2\bar{k}\bar{r})\left[\begin{array}{l}\mathrm{i}\bar{\omega}_2\exp(\mathrm{i}\bar{\omega}_2\bar{t} + 2\mathrm{i}\bar{k}\bar{z} + 2\mathrm{i}n\theta) + \\ \dfrac{2\mathrm{K}_0(\bar{k}) + \dfrac{1}{\bar{k}}\mathrm{K}_1(\bar{k})}{\mathrm{K}_1(\bar{k})}\mathrm{i}\bar{k}\bar{\omega}_1\exp(2\mathrm{i}\bar{\omega}_1\bar{t} + 2\mathrm{i}\bar{k}\bar{z} + 2\mathrm{i}n\theta)\end{array}\right] \tag{8-172}$$

在 $\bar{r}_0=1$ 处，将方程(8-172)代入方程(8-166)，得

$$c_{12} = -\frac{1}{2\bar{k}\mathrm{K}_1(2\bar{k})} \tag{8-173}$$

将方程(8-173)代入方程(8-171)，得圆射流第二级表面波反对称波形上下气液交界面气相微分方程的特解。

$$\bar{\phi}_{2g}\Big|_{\bar{r}_0} = -\frac{1}{2\bar{k}}\frac{\mathrm{K}_0(2\bar{k}\bar{r})}{\mathrm{K}_1(2\bar{k})}\left[\begin{array}{l}\mathrm{i}\bar{\omega}_2\exp(\mathrm{i}\bar{\omega}_2\bar{t} + 2\mathrm{i}\bar{k}\bar{z} + 2\mathrm{i}n\theta) + \\ \dfrac{2\mathrm{K}_0(\bar{k}) + \dfrac{1}{\bar{k}}\mathrm{K}_1(\bar{k})}{\mathrm{K}_1(\bar{k})}\mathrm{i}\bar{k}\bar{\omega}_1\exp(2\mathrm{i}\bar{\omega}_1\bar{t} + 2\mathrm{i}\bar{k}\bar{z} + 2\mathrm{i}n\theta)\end{array}\right] + c_{10} \tag{8-174}$$

8.6.5 圆射流第二级波正对称波形气相微分方程的建立和求解

8.6.5.1 正对称波形气相微分方程的建立

第一级表面波正对称波形气相势函数方程(8-127)对 $\bar{r}$ 求二阶偏导数，根据方程(B-13)，有

$$\bar{\phi}_{1g,\bar{r}\bar{r}}\Big|_{\bar{r}_0} = (-1)^j\frac{\mathrm{K}_0(\bar{k}\bar{r}) + \dfrac{1}{\bar{k}\bar{r}}\mathrm{K}_1(\bar{k}\bar{r})}{\mathrm{K}_1(\bar{k})}\mathrm{i}\bar{k}\bar{\omega}_1\exp(\mathrm{i}\bar{\omega}_1\bar{t} + \mathrm{i}\bar{k}\bar{z} + \mathrm{i}n\theta) \tag{8-175}$$

方程(8-127)对 $\bar{z}$ 求一阶偏导数，得

$$\bar{\phi}_{1g,\bar{z}}\Big|_{\bar{r}_0}=(-1)^{j+1}\frac{K_0(\bar{k}\bar{r})}{K_1(\bar{k})}\bar{\omega}_1\exp(i\bar{\omega}_1\bar{t}+i\bar{k}\bar{z}+in\theta) \tag{8-176}$$

将方程(8-175)，方程(8-176)代入第二级表面波按泰勒级数在正对称波形上下气液交界面 $\bar{r}_0$ 处展开的气相运动学边界条件式(8-85)，得

$$\bar{\phi}_{2g,\bar{r}}\Big|_{\bar{r}_0}=(-1)^{j+1}i\bar{\omega}_2\exp(i\bar{\omega}_2\bar{t}+2i\bar{k}\bar{z}+2in\theta)+\frac{2K_0(\bar{k}\bar{r})+\frac{1}{\bar{k}\bar{r}}K_1(\bar{k}\bar{r})}{K_1(\bar{k})}i\bar{k}\bar{\omega}_1\exp(2i\bar{\omega}_1\bar{t}+2i\bar{k}\bar{z}+2in\theta) \tag{8-177}$$

在 $\bar{r}_0=1$ 处，对方程(8-177)进行积分，得

$$\bar{\phi}_{2g}\Big|_{\bar{r}_0}=f_4(\bar{r})\left[\begin{array}{l}(-1)^{j+1}i\bar{\omega}_2\exp(i\bar{\omega}_2\bar{t}+2i\bar{k}\bar{z}+2in\theta)+\\ \dfrac{2K_0(\bar{k}\bar{r})+\frac{1}{\bar{k}\bar{r}}K_1(\bar{k}\bar{r})}{K_1(\bar{k})}i\bar{k}\bar{\omega}_1\exp(2i\bar{\omega}_1\bar{t}+2i\bar{k}\bar{z}+2in\theta)\end{array}\right]+c_{10} \tag{8-178}$$

将方程(8-178)代入第二级表面波气相连续性方程(8-81)，可得正对称波形气相微分方程(8-168)。

8.6.5.2　正对称波形气相微分方程的通解

解零阶修正贝塞尔方程(8-168)，其通解为方程(8-170)。

8.6.5.3　正对称波形气相微分方程的特解

将通解方程(8-170)代入方程(8-178)，得

$$\bar{\phi}_{2g}\Big|_{\bar{r}_0}=c_{12}K_0(2\bar{k}\bar{r})\left[\begin{array}{l}(-1)^{j+1}i\bar{\omega}_2\exp(i\bar{\omega}_2\bar{t}+2i\bar{k}\bar{z}+2in\theta)+\\ \dfrac{2K_0(\bar{k}\bar{r})+\frac{1}{\bar{k}\bar{r}}K_1(\bar{k}\bar{r})}{K_1(\bar{k})}i\bar{k}\bar{\omega}_1\exp(2i\bar{\omega}_1\bar{t}+2i\bar{k}\bar{z}+2in\theta)\end{array}\right]+c_{10} \tag{8-179}$$

方程(8-179)对 $\bar{r}$ 求一阶偏导数，根据方程(B-13)，有

$$\bar{\phi}_{2g,\bar{r}}\Big|_{\bar{r}_0}=-c_{12}2\bar{k}K_1(2\bar{k}\bar{r})\left[\begin{array}{l}(-1)^{j+1}i\bar{\omega}_2\exp(i\bar{\omega}_2\bar{t}+2i\bar{k}\bar{z}+2in\theta)+\\ \dfrac{2K_0(\bar{k}\bar{r})+\frac{1}{\bar{k}\bar{r}}K_1(\bar{k}\bar{r})}{K_1(\bar{k})}i\bar{k}\bar{\omega}_1\exp(2i\bar{\omega}_1\bar{t}+2i\bar{k}\bar{z}+2in\theta)\end{array}\right] \tag{8-180}$$

在 $\bar{r}_0=1$ 处，将方程(8-180)代入方程(8-177)，可得积分常数方程(8-173)。将方程(8-173)代入方程(8-180)，得圆射流第二级表面波正对称波形上下气液交界面气相微分方程的特解。

$$\bar{\phi}_{2g}\bigg|_{\bar{r}_0} = -\frac{1}{2\bar{k}}\frac{\mathrm{K}_0(2\bar{k}\bar{r})}{\mathrm{K}_1(2\bar{k})}\left[\begin{aligned}&(-1)^{j+1}\mathrm{i}\bar{\omega}_2\exp(\mathrm{i}\bar{\omega}_2\bar{t}+2\mathrm{i}\bar{k}\bar{z}+2\mathrm{i}n\theta)+\\&\frac{2\mathrm{K}_0(\bar{k})+\dfrac{1}{\bar{k}}\mathrm{K}_1(\bar{k})}{\mathrm{K}_1(\bar{k})}\mathrm{i}\bar{k}\bar{\omega}_1\exp(2\mathrm{i}\bar{\omega}_1\bar{t}+2\mathrm{i}\bar{k}\bar{z}+2\mathrm{i}n\theta)\end{aligned}\right]+c_{10} \tag{8-181}$$

比较方程(8-174)与方程(8-181)可以看出，第二级表面波的正对称波形上气液交界面($j=1$)的气相速度势函数表达式与反对称波形的完全相同；但正对称波形下气液交界面($j=2$)的气相速度势函数表达式却与反对称波形的不同。

8.6.6 圆射流第二级波反对称波形的色散准则关系式

(1) 第一级表面波反对称波形液相势函数方程(8-110)对 $\bar{r}$ 求一阶偏导数。

$$\bar{\phi}_{11,\bar{r}}\bigg|_{\bar{r}_0} = \frac{\mathrm{I}_1(\bar{k}\bar{r})}{\mathrm{I}_1(\bar{k})}\mathrm{i}(\bar{\omega}_1+\bar{k})\exp(\mathrm{i}\bar{\omega}_1\bar{t}+\mathrm{i}\bar{k}\bar{z}+\mathrm{i}n\theta) \tag{8-182}$$

(2) 方程(8-110)对 $\bar{z}$ 求一阶偏导数

$$\bar{\phi}_{11,\bar{z}}\bigg|_{\bar{r}_0} = -\frac{\mathrm{I}_0(\bar{k}\bar{r})}{\mathrm{I}_1(\bar{k})}(\bar{\omega}_1+\bar{k})\exp(\mathrm{i}\bar{\omega}_1\bar{t}+\mathrm{i}\bar{k}\bar{z}+\mathrm{i}n\theta) \tag{8-183}$$

(3) 方程(8-182)对 $\bar{t}$ 求一阶偏导数。

$$\bar{\phi}_{11,\bar{r}\bar{t}}\bigg|_{\bar{r}_0} = -\frac{\mathrm{I}_1(\bar{k}\bar{r})}{\mathrm{I}_1(\bar{k})}\bar{\omega}_1(\bar{\omega}_1+\bar{k})\exp(\mathrm{i}\bar{\omega}_1\bar{t}+\mathrm{i}\bar{k}\bar{z}+\mathrm{i}n\theta) \tag{8-184}$$

(4) 方程(8-182)对 $\bar{z}$ 求一阶偏导数。

$$\bar{\phi}_{11,\bar{r}\bar{z}}\bigg|_{\bar{r}_0} = -\frac{\mathrm{I}_1(\bar{k}\bar{r})}{\mathrm{I}_1(\bar{k})}\bar{k}(\bar{\omega}_1+\bar{k})\exp(\mathrm{i}\bar{\omega}_1\bar{t}+\mathrm{i}\bar{k}\bar{z}+\mathrm{i}n\theta) \tag{8-185}$$

(5) 第一级表面波反对称波形气相势函数方程(8-123)对 $\bar{r}$ 求一阶偏导数。

$$\bar{\phi}_{1g,\bar{r}}\bigg|_{\bar{r}_0} = \frac{\mathrm{K}_1(\bar{k}\bar{r})}{\mathrm{K}_1(\bar{k})}\mathrm{i}\bar{\omega}_1\exp(\mathrm{i}\bar{\omega}_1\bar{t}+\mathrm{i}\bar{k}\bar{z}+\mathrm{i}n\theta) \tag{8-186}$$

(6) 方程(8-123)对 $\bar{z}$ 求一阶偏导数。

$$\bar{\phi}_{1g,\bar{z}}\bigg|_{\bar{r}_0} = \frac{\mathrm{K}_0(\bar{k}\bar{r})}{\mathrm{K}_1(\bar{k})}\bar{\omega}_1\exp(\mathrm{i}\bar{\omega}_1\bar{t}+\mathrm{i}\bar{k}\bar{z}+\mathrm{i}n\theta) \tag{8-187}$$

(7) 方程(8-186)对 $\bar{t}$ 求一阶偏导数。

$$\bar{\phi}_{1g,\bar{r}\bar{t}}\bigg|_{\bar{r}_0} = -\frac{\mathrm{K}_1(\bar{k}\bar{r})}{\mathrm{K}_1(\bar{k})}\bar{\omega}_1^2\exp(\mathrm{i}\bar{\omega}_1\bar{t}+\mathrm{i}\bar{k}\bar{z}+\mathrm{i}n\theta) \tag{8-188}$$

(8) 第二级表面波反对称波形液相势函数方程(8-156)对 $\bar{t}$ 求一阶偏导数。

$$\bar{\phi}_{21,\bar{t}}\bigg|_{\bar{r}_0} = \frac{1}{2\bar{k}}\frac{\mathrm{I}_0(2\bar{k}\bar{r})}{\mathrm{I}_1(2\bar{k})}\left[\begin{aligned}&-\bar{\omega}_2(\bar{\omega}_2+2\bar{k})\exp(\mathrm{i}\bar{\omega}_2\bar{t}+2\mathrm{i}\bar{k}\bar{z}+2\mathrm{i}n\theta)+\\&2\bar{\omega}_1(\bar{\omega}_1+\bar{k})\frac{2\bar{k}\mathrm{I}_0(\bar{k})-\mathrm{I}_1(\bar{k})}{\mathrm{I}_1(\bar{k})}\exp(2\mathrm{i}\bar{\omega}_1\bar{t}+2\mathrm{i}\bar{k}\bar{z}+2\mathrm{i}n\theta)\end{aligned}\right] \tag{8-189}$$

(9) 方程(8-156)对 $\bar{z}$ 求一阶偏导数。

$$\bar{\phi}_{21,\bar{z}}\Big|_{\bar{r}_0}=\frac{I_0(2\bar{k}\bar{r})}{I_1(2\bar{k})}\left[\begin{aligned}&-(\bar{\omega}_2+2\bar{k})\exp(i\bar{\omega}_2\bar{t}+2i\bar{k}\bar{z}+2in\theta)+\\&(\bar{\omega}_1+\bar{k})\frac{2\bar{k}I_0(\bar{k})-I_1(\bar{k})}{I_1(\bar{k})}\exp(2i\bar{\omega}_1\bar{t}+2i\bar{k}\bar{z}+2in\theta)\end{aligned}\right] \tag{8-190}$$

(10) 第二级表面波反对称波形气相势函数方程(8-174)对 $\bar{t}$ 求一阶偏导数。

$$\bar{\phi}_{2g,\bar{t}}\Big|_{\bar{r}_0}=\frac{1}{2\bar{k}}\frac{K_0(2\bar{k}\bar{r})}{K_1(2\bar{k})}\left[\begin{aligned}&\bar{\omega}_2^2\exp(i\bar{\omega}_2\bar{t}+2i\bar{k}\bar{z}+2in\theta)+\\&\frac{2\bar{k}K_0(\bar{k})+K_1(\bar{k})}{K_1(\bar{k})}2\bar{\omega}_1^2\exp(2i\bar{\omega}_1\bar{t}+2i\bar{k}\bar{z}+2in\theta)\end{aligned}\right] \tag{8-191}$$

由第二级表面波按泰勒级数在气液交界面 $\bar{r}_0$ 处展开的动力学边界条件式(8-87),得

$$\left\{\begin{aligned}&-\frac{1}{2\bar{k}}\frac{I_0(2\bar{k}\bar{r})}{I_1(2\bar{k})}(\bar{\omega}_2^2+4\bar{k}\bar{\omega}_2+4\bar{k}^2)-\bar{\rho}\frac{1}{2\bar{k}}\frac{K_0(2\bar{k}\bar{r})}{K_1(2\bar{k})}\bar{\omega}_2^2-\\&\frac{1}{We_1}(1-4\bar{k}^2+4n^2)\end{aligned}\right\}\exp(i\bar{\omega}_2\bar{t}+2i\bar{k}\bar{z}+2in\theta)+$$

$$\left\{\begin{aligned}&\frac{I_0(2\bar{k}\bar{r})}{\bar{k}I_1(2\bar{k})}\frac{2\bar{k}I_0(\bar{k})-I_1(\bar{k})}{I_1(\bar{k})}(\bar{\omega}_1^2+2\bar{k}\bar{\omega}_1+\bar{k}^2)-\\&\bar{\rho}\frac{K_0(2\bar{k}\bar{r})}{\bar{k}K_1(2\bar{k})}\frac{2\bar{k}K_0(\bar{k})+K_1(\bar{k})}{K_1(\bar{k})}\bar{\omega}_1^2+2\bar{\rho}\frac{K_1(\bar{k}\bar{r})}{K_1(\bar{k})}\bar{\omega}_1^2-\\&2\frac{I_1(\bar{k}\bar{r})}{I_1(\bar{k})}(\bar{\omega}_1+\bar{k})^2+\frac{1}{2}\frac{I_0^2(\bar{k}\bar{r})-I_1^2(\bar{k}\bar{r})}{I_1^2(\bar{k})}(\bar{\omega}_1+\bar{k})^2+\\&\frac{\bar{\rho}}{2}\frac{K_1^2(\bar{k}\bar{r})+K_0^2(\bar{k}\bar{r})}{K_1^2(\bar{k})}\bar{\omega}_1^2+\frac{1}{We_1}\left(1+\frac{1}{2}\bar{k}^2+2n^2\right)\end{aligned}\right\}\exp(2i\bar{\omega}_1\bar{t}+2i\bar{k}\bar{z}+2in\theta)=0$$

(8-192)

在 $\bar{r}_0=1$ 处,当 $\exp(i\bar{\omega}_{1/2}\bar{t})=\pm1$ 时,表面波波动项达到最大值。取 $\exp(i\bar{\omega}_{1/2}\bar{t})=\pm1$,方程(8-192)变成

$$-\frac{1}{2\bar{k}}\frac{I_0(2\bar{k}\bar{r})}{I_1(2\bar{k})}(\bar{\omega}_2^2+4\bar{k}\bar{\omega}_2+4\bar{k}^2)-\bar{\rho}\frac{1}{2\bar{k}}\frac{K_0(2\bar{k}\bar{r})}{K_1(2\bar{k})}\bar{\omega}_2^2-\frac{1}{We_1}(1-4\bar{k}^2+4n^2)+$$

$$\frac{I_0(2\bar{k}\bar{r})}{\bar{k}I_1(2\bar{k})}\frac{2\bar{k}I_0(\bar{k})-I_1(\bar{k})}{I_1(\bar{k})}(\bar{\omega}_1^2+2\bar{k}\bar{\omega}_1+\bar{k}^2)-$$

$$\bar{\rho}\frac{K_0(2\bar{k}\bar{r})}{\bar{k}K_1(2\bar{k})}\frac{2\bar{k}K_0(\bar{k})+K_1(\bar{k})}{K_1(\bar{k})}\bar{\omega}_1^2+2\bar{\rho}\frac{K_1(\bar{k}\bar{r})}{K_1(\bar{k})}\bar{\omega}_1^2-$$

$$2\frac{\mathrm{I}_1(\bar{k}\bar{r})}{\mathrm{I}_1(\bar{k})}(\bar{\omega}_1+\bar{k})^2+\frac{1}{2}\frac{\mathrm{I}_0^2(\bar{k}\bar{r})-\mathrm{I}_1^2(\bar{k}\bar{r})}{\mathrm{I}_1^2(\bar{k})}(\bar{\omega}_1+\bar{k})^2+$$

$$\frac{\bar{\rho}}{2}\frac{\mathrm{K}_1^2(\bar{k}\bar{r})+\mathrm{K}_0^2(\bar{k}\bar{r})}{\mathrm{K}_1^2(\bar{k})}\bar{\omega}_1^2+\frac{1}{We_1}\left(1+\frac{1}{2}\bar{k}^2+2n^2\right)=0 \tag{8-193}$$

化简，得

$$-\left[\frac{1}{2\bar{k}}\frac{\mathrm{I}_0(2\bar{k})}{\mathrm{I}_1(2\bar{k})}+\bar{\rho}\frac{1}{2\bar{k}}\frac{\mathrm{K}_0(2\bar{k})}{\mathrm{K}_1(2\bar{k})}\right]\bar{\omega}_2^2-$$

$$\frac{\mathrm{I}_0(2\bar{k})}{\mathrm{I}_1(2\bar{k})}2\bar{\omega}_2-\frac{\mathrm{I}_0(2\bar{k})}{\mathrm{I}_1(2\bar{k})}2\bar{k}-\frac{1}{We_1}(1-4\bar{k}^2+4n^2)+$$

$$\frac{\mathrm{I}_0(2\bar{k})}{\bar{k}\mathrm{I}_1(2\bar{k})}\frac{2\bar{k}\mathrm{I}_0(\bar{k})-\mathrm{I}_1(\bar{k})}{\mathrm{I}_1(\bar{k})}(\bar{\omega}_1+\bar{k})^2-$$

$$\bar{\rho}\frac{1}{\bar{k}}\frac{\mathrm{K}_0(2\bar{k})}{\mathrm{K}_1(2\bar{k})}\frac{2\bar{k}\mathrm{K}_0(\bar{k})+\mathrm{K}_1(\bar{k})}{\mathrm{K}_1(\bar{k})}\bar{\omega}_1^2+2\bar{\rho}\bar{\omega}_1^2-2(\bar{\omega}_1+\bar{k})^2+ \tag{8-194}$$

$$\frac{1}{2}\frac{\mathrm{I}_0^2(\bar{k})-\mathrm{I}_1^2(\bar{k})}{\mathrm{I}_1^2(\bar{k})}(\bar{\omega}_1+\bar{k})^2+\frac{\bar{\rho}}{2}\frac{\mathrm{K}_1^2(\bar{k})+\mathrm{K}_0^2(\bar{k})}{\mathrm{K}_1^2(\bar{k})}\bar{\omega}_1^2+$$

$$\frac{1}{We_1}\left(1+\frac{1}{2}\bar{k}^2+2n^2\right)=0$$

在 $\bar{r}_0=1$ 处，令 n 阶圆射流第二级表面波反对称波形的色散准则关系式中与第一级表面波圆频率相关的源项为

$$S_{cs2}=\frac{\mathrm{I}_0(2\bar{k})}{\bar{k}\mathrm{I}_1(2\bar{k})}\frac{2\bar{k}\mathrm{I}_0(\bar{k})-\mathrm{I}_1(\bar{k})}{\mathrm{I}_1(\bar{k})}(\bar{\omega}_1+\bar{k})^2-$$

$$\bar{\rho}\frac{1}{\bar{k}}\frac{\mathrm{K}_0(2\bar{k})}{\mathrm{K}_1(2\bar{k})}\frac{2\bar{k}\mathrm{K}_0(\bar{k})+\mathrm{K}_1(\bar{k})}{\mathrm{K}_1(\bar{k})}\bar{\omega}_1^2+2\bar{\rho}\bar{\omega}_1^2-2(\bar{\omega}_1+\bar{k})^2+ \tag{8-195}$$

$$\frac{1}{2}\frac{\mathrm{I}_0^2(\bar{k})-\mathrm{I}_1^2(\bar{k})}{\mathrm{I}_1^2(\bar{k})}(\bar{\omega}_1+\bar{k})^2+\frac{\bar{\rho}}{2}\frac{\mathrm{K}_1^2(\bar{k})+\mathrm{K}_0^2(\bar{k})}{\mathrm{K}_1^2(\bar{k})}\bar{\omega}_1^2+\frac{1}{We_1}\left(1+\frac{1}{2}\bar{k}^2+2n^2\right)$$

方程(8-194)化简为

$$\frac{1}{2\bar{k}}\left[\frac{\mathrm{I}_0(2\bar{k})}{\mathrm{I}_1(2\bar{k})}+\bar{\rho}\frac{\mathrm{K}_0(2\bar{k})}{\mathrm{K}_1(2\bar{k})}\right]\bar{\omega}_2^2+\frac{\mathrm{I}_0(2\bar{k})}{\mathrm{I}_1(2\bar{k})}2\bar{\omega}_2+\frac{\mathrm{I}_0(2\bar{k})}{\mathrm{I}_1(2\bar{k})}2\bar{k}+\frac{1}{We_1}(1-4\bar{k}^2+4n^2)-S_{cs2}=0 \tag{8-196}$$

解方程(8-196)，得 n 阶圆射流第二级表面波反对称波形($n=1,3$)上下气液交界面色散准则关系式。

$$\bar{\omega}_2 = \frac{-2\bar{k}\dfrac{\mathrm{I}_0(2\bar{k})}{\mathrm{I}_1(2\bar{k})} \pm \mathrm{i}2\bar{k}\sqrt{\bar{\rho}\dfrac{\mathrm{K}_0(2\bar{k})}{\mathrm{K}_1(2\bar{k})}\dfrac{\mathrm{I}_0(2\bar{k})}{\mathrm{I}_1(2\bar{k})} + \dfrac{1}{2\bar{k}}\left[\dfrac{\mathrm{I}_0(2\bar{k})}{\mathrm{I}_1(2\bar{k})} + \bar{\rho}\dfrac{\mathrm{K}_0(2\bar{k})}{\mathrm{K}_1(2\bar{k})}\right]\left[\dfrac{1}{We_1}(1-4\bar{k}^2+4n^2) - S_{\mathrm{cs2}}\right]}}{\dfrac{\mathrm{I}_0(2\bar{k})}{\mathrm{I}_1(2\bar{k})} + \bar{\rho}\dfrac{\mathrm{K}_0(2\bar{k})}{\mathrm{K}_1(2\bar{k})}} \tag{8-197}$$

则

$$\bar{\omega}_{\mathrm{r}2} = -\frac{2\bar{k}\dfrac{\mathrm{I}_0(2\bar{k})}{\mathrm{I}_1(2\bar{k})}}{\dfrac{\mathrm{I}_0(2\bar{k})}{\mathrm{I}_1(2\bar{k})} + \bar{\rho}\dfrac{\mathrm{K}_0(2\bar{k})}{\mathrm{K}_1(2\bar{k})}} \tag{8-198}$$

第二级表面波反对称波形表面波增长率为

$$\bar{\omega}_{\mathrm{i}2} = \pm\frac{2\bar{k}\sqrt{\bar{\rho}\dfrac{\mathrm{K}_0(2\bar{k})}{\mathrm{K}_1(2\bar{k})}\dfrac{\mathrm{I}_0(2\bar{k})}{\mathrm{I}_1(2\bar{k})} + \dfrac{1}{2\bar{k}}\left[\dfrac{\mathrm{I}_0(2\bar{k})}{\mathrm{I}_1(2\bar{k})} + \bar{\rho}\dfrac{\mathrm{K}_0(2\bar{k})}{\mathrm{K}_1(2\bar{k})}\right]\left[\dfrac{1}{We_1}(1-4\bar{k}^2+4n^2) - S_{\mathrm{cs2}}\right]}}{\dfrac{\mathrm{I}_0(2\bar{k})}{\mathrm{I}_1(2\bar{k})} + \bar{\rho}\dfrac{\mathrm{K}_0(2\bar{k})}{\mathrm{K}_1(2\bar{k})}} \tag{8-199}$$

方程(8-199)即为非线性不稳定性理论的 n 阶圆射流第二级表面波反对称波形($n=1$, 3)上下气液交界面的表面波增长率表达式。

8.6.7　圆射流第二级波正对称波形的色散准则关系式

(1) 第一级表面波正对称波形液相势函数方程(8-114)对 $\bar{r}$ 求一阶偏导数,得

$$\bar{\phi}_{11,\bar{r}}\Big|_{\bar{r}_0} = (-1)^{j+1}\frac{\mathrm{I}_1(\bar{k}\bar{r})}{\mathrm{I}_1(\bar{k})}\mathrm{i}(\bar{\omega}_1+\bar{k})\exp(\mathrm{i}\bar{\omega}_1\bar{t}+\mathrm{i}\bar{k}\bar{z}+\mathrm{i}n\theta) \tag{8-200}$$

(2) 方程(8-200)对 $\bar{t}$ 求一阶偏导数,得

$$\bar{\phi}_{11,\bar{r}\bar{t}}\Big|_{\bar{r}_0} = (-1)^{j}\frac{\mathrm{I}_1(\bar{k}\bar{r})}{\mathrm{I}_1(\bar{k})}(\bar{\omega}_1^2+\bar{k}\bar{\omega}_1)\exp(\mathrm{i}\bar{\omega}_1\bar{t}+\mathrm{i}\bar{k}\bar{z}+\mathrm{i}n\theta) \tag{8-201}$$

(3) 方程(8-200)对 $\bar{z}$ 求一阶偏导数,得

$$\bar{\phi}_{11,\bar{r}\bar{z}}\Big|_{\bar{r}_0} = (-1)^{j}\frac{\mathrm{I}_1(\bar{k}\bar{r})}{\mathrm{I}_1(\bar{k})}(\bar{\omega}_1\bar{k}+\bar{k}^2)\exp(\mathrm{i}\bar{\omega}_1\bar{t}+\mathrm{i}\bar{k}\bar{z}+\mathrm{i}n\theta) \tag{8-202}$$

(4) 第一级表面波正对称波形气相势函数方程(8-127)对 $\bar{r}$ 求一阶偏导数,得

$$\bar{\phi}_{1\mathrm{g},\bar{r}}\Big|_{\bar{r}_0} = (-1)^{j+1}\frac{\mathrm{K}_1(\bar{k}\bar{r})}{\mathrm{K}_1(\bar{k})}\mathrm{i}\bar{\omega}_1\exp(\mathrm{i}\bar{\omega}_1\bar{t}+\mathrm{i}\bar{k}\bar{z}+\mathrm{i}n\theta) \tag{8-203}$$

(5) 方程(8-203)对 $\bar{t}$ 求一阶偏导数，得

$$\bar{\phi}_{1g,\bar{r}\bar{t}}\Big|_{\bar{r}_0}=(-1)^j\frac{K_1(\bar{k}\bar{r})}{K_1(\bar{k})}\bar{\omega}_1^2\exp(i\bar{\omega}_1\bar{t}+i\bar{k}\bar{z}+in\theta) \tag{8-204}$$

(6) 第二级表面波正对称波形液相方程(8-163)对 $\bar{t}$ 求一阶偏导数，得

$$\bar{\phi}_{2l,\bar{t}}\Big|_{\bar{r}_0}=\frac{1}{2\bar{k}}\frac{I_0(2\bar{k}\bar{r})}{I_1(2\bar{k})}\left[\begin{aligned}&(-1)^j(\bar{\omega}_2^2+2\bar{k}\bar{\omega}_2)\exp(i\bar{\omega}_2\bar{t}+2i\bar{k}\bar{z}+2in\theta)+\\&2(\bar{\omega}_1^2+\bar{k}\bar{\omega}_1)\frac{2\bar{k}I_0(\bar{k})-I_1(\bar{k})}{I_1(\bar{k})}\exp(2i\bar{\omega}_1\bar{t}+2i\bar{k}\bar{z}+2in\theta)\end{aligned}\right] \tag{8-205}$$

(7) 方程(8-163)对 $\bar{z}$ 求一阶偏导数，得

$$\bar{\phi}_{2l,\bar{z}}\Big|_{\bar{r}_0}=\frac{I_0(2\bar{k}\bar{r})}{I_1(2\bar{k})}\left[\begin{aligned}&(-1)^j(\bar{\omega}_2+2\bar{k})\exp(i\bar{\omega}_2\bar{t}+2i\bar{k}\bar{z}+2in\theta)+\\&(\bar{\omega}_1+\bar{k})\frac{2\bar{k}I_0(\bar{k})-I_1(\bar{k})}{I_1(\bar{k})}\exp(2i\bar{\omega}_1\bar{t}+2i\bar{k}\bar{z}+2in\theta)\end{aligned}\right] \tag{8-206}$$

(8) 第二级表面波正对称波形气相方程(8-181)对 $\bar{t}$ 求一阶偏导数，得

$$\bar{\phi}_{2g,\bar{t}}\Big|_{\bar{r}_0}=\frac{1}{2\bar{k}}\frac{K_0(2\bar{k}\bar{r})}{K_1(2\bar{k})}\left[\begin{aligned}&(-1)^{j+1}\bar{\omega}_2^2\exp(i\bar{\omega}_2\bar{t}+2i\bar{k}\bar{z}+2in\theta)+\\&\frac{2\bar{k}K_0(\bar{k})+K_1(\bar{k})}{K_1(\bar{k})}2\bar{\omega}_1^2\exp(2i\bar{\omega}_1\bar{t}+2i\bar{k}\bar{z}+2in\theta)\end{aligned}\right] \tag{8-207}$$

由第二级表面波按泰勒级数在正对称下气液交界面 $\bar{r}_0$ 处展开的动力学边界条件式(8-87)，得

$$(-1)^j\left\{\begin{aligned}&\frac{1}{2\bar{k}}\frac{I_0(2\bar{k}\bar{r})}{I_1(2\bar{k})}(\bar{\omega}_2^2+4\bar{k}\bar{\omega}_2+4\bar{k}^2)+\bar{\rho}\frac{1}{2\bar{k}}\frac{K_0(2\bar{k}\bar{r})}{K_1(2\bar{k})}\bar{\omega}_2^2+\\&\frac{1}{We_1}(1-4\bar{k}^2+4n^2)\end{aligned}\right\}\exp(i\bar{\omega}_2\bar{t}+2i\bar{k}\bar{z}+2in\theta)+$$

$$\left\{\begin{aligned}&\frac{I_0(2\bar{k}\bar{r})}{\bar{k}I_1(2\bar{k})}\frac{2\bar{k}I_0(\bar{k})-I_1(\bar{k})}{I_1(\bar{k})}(\bar{\omega}_1^2+2\bar{k}\bar{\omega}_1+\bar{k}^2)-\\&\bar{\rho}\frac{K_0(2\bar{k}\bar{r})}{\bar{k}K_1(2\bar{k})}\frac{2\bar{k}K_0(\bar{k})+K_1(\bar{k})}{K_1(\bar{k})}\bar{\omega}_1^2+2\bar{\rho}\frac{K_1(\bar{k}\bar{r})}{K_1(\bar{k})}\bar{\omega}_1^2-\\&2\frac{I_1(\bar{k}\bar{r})}{I_1(\bar{k})}(\bar{\omega}_1+\bar{k})^2+\frac{1}{2}\frac{I_0^2(\bar{k}\bar{r})-I_1^2(\bar{k}\bar{r})}{I_1^2(\bar{k})}(\bar{\omega}_1+\bar{k})^2+\\&\frac{\bar{\rho}}{2}\frac{K_1^2(\bar{k}\bar{r})+K_0^2(\bar{k}\bar{r})}{K_1^2(\bar{k})}\bar{\omega}_1^2+\frac{1}{We_1}\left(1+\frac{1}{2}\bar{k}^2+2n^2\right)\end{aligned}\right\}\exp(2i\bar{\omega}_1\bar{t}+2i\bar{k}\bar{z}+2in\theta)=0 \tag{8-208}$$

在 $\bar{r}_0=1$ 处，当 $\exp(i\bar{\omega}_{1/2}\bar{t})=\pm1$ 时，表面波波动项达到最大值。取 $\exp(i\bar{\omega}_{1/2}\bar{t})=\pm1$，方程(8-208)变成

$$(-1)^j\left\{\frac{1}{2\bar{k}}\frac{\mathrm{I}_0(2\bar{k})}{\mathrm{I}_1(2\bar{k})}(\bar{\omega}_2^2+4\bar{k}\bar{\omega}_2+4\bar{k}^2)+\bar{\rho}\frac{1}{2\bar{k}}\frac{\mathrm{K}_0(2\bar{k})}{\mathrm{K}_1(2\bar{k})}\bar{\omega}_2^2-\frac{1}{We_1}(1-4\bar{k}^2+4n^2)\right\}+$$
$$\frac{\mathrm{I}_0(2\bar{k})}{\bar{k}\mathrm{I}_1(2\bar{k})}\frac{2\bar{k}\mathrm{I}_0(\bar{k})-\mathrm{I}_1(\bar{k})}{\mathrm{I}_1(\bar{k})}(\bar{\omega}_1^2+2\bar{k}\bar{\omega}_1+\bar{k}^2)-\bar{\rho}\frac{\mathrm{K}_0(2\bar{k})}{\bar{k}\mathrm{K}_1(2\bar{k})}\frac{2\bar{k}\mathrm{K}_0(\bar{k})+\mathrm{K}_1(\bar{k})}{\mathrm{K}_1(\bar{k})}\bar{\omega}_1^2+$$
$$2\bar{\rho}\frac{\mathrm{K}_1(\bar{k})}{\mathrm{K}_1(\bar{k})}\bar{\omega}_1^2-2(\bar{\omega}_1+\bar{k})^2+\frac{1}{2}\frac{\mathrm{I}_0^2(\bar{k})-\mathrm{I}_1^2(\bar{k})}{\mathrm{I}_1^2(\bar{k})}(\bar{\omega}_1+\bar{k})^2+$$
$$\frac{\bar{\rho}}{2}\frac{\mathrm{K}_1^2(\bar{k})+\mathrm{K}_0^2(\bar{k})}{\mathrm{K}_1^2(\bar{k})}\bar{\omega}_1^2-\frac{1}{We_1}\left(1+\frac{1}{2}\bar{k}^2+2n^2\right)=0 \tag{8-209}$$

化简，得

$$(-1)^j\left\{\begin{aligned}&\left[\frac{1}{2\bar{k}}\frac{\mathrm{I}_0(2\bar{k})}{\mathrm{I}_1(2\bar{k})}+\bar{\rho}\frac{1}{2\bar{k}}\frac{\mathrm{K}_0(2\bar{k})}{\mathrm{K}_1(2\bar{k})}\right]\bar{\omega}_2^2+2\frac{\mathrm{I}_0(2\bar{k})}{\mathrm{I}_1(2\bar{k})}\bar{\omega}_2+2\bar{k}\frac{\mathrm{I}_0(2\bar{k})}{\mathrm{I}_1(2\bar{k})}+\\&\frac{1}{We_1}(1-4\bar{k}^2+4n^2)\end{aligned}\right\}+$$
$$\frac{\mathrm{I}_0(2\bar{k})}{\bar{k}\mathrm{I}_1(2\bar{k})}\frac{2\bar{k}\mathrm{I}_0(\bar{k})-\mathrm{I}_1(\bar{k})}{\mathrm{I}_1(\bar{k})}(\bar{\omega}_1^2+2\bar{k}\bar{\omega}_1+\bar{k}^2)-$$
$$\bar{\rho}\frac{\mathrm{K}_0(2\bar{k})}{\bar{k}\mathrm{K}_1(2\bar{k})}\frac{2\bar{k}\mathrm{K}_0(\bar{k})+\mathrm{K}_1(\bar{k})}{\mathrm{K}_1(\bar{k})}\bar{\omega}_1^2+2\bar{\rho}\bar{\omega}_1^2-$$
$$2(\bar{\omega}_1+\bar{k})^2+\frac{1}{2}\frac{\mathrm{I}_0^2(\bar{k})-\mathrm{I}_1^2(\bar{k})}{\mathrm{I}_1^2(\bar{k})}(\bar{\omega}_1+\bar{k})^2+$$
$$\frac{\bar{\rho}}{2}\frac{\mathrm{K}_1^2(\bar{k})+\mathrm{K}_0^2(\bar{k})}{\mathrm{K}_1^2(\bar{k})}\bar{\omega}_1^2+\frac{1}{We_1}\left(1+\frac{1}{2}\bar{k}^2+2n^2\right)=0 \tag{8-210}$$

在 $\bar{r}_0=1$ 处，令 n 阶圆射流第二级表面波正对称波形的色散准则关系式中与第一级表面波圆频率相关的源项为

$$S_{cv2}=\frac{\mathrm{I}_0(2\bar{k})}{\bar{k}\mathrm{I}_1(2\bar{k})}\frac{2\bar{k}\mathrm{I}_0(\bar{k})-\mathrm{I}_1(\bar{k})}{\mathrm{I}_1(\bar{k})}(\bar{\omega}_1^2+2\bar{k}\bar{\omega}_1+\bar{k}^2)-$$
$$\bar{\rho}\frac{\mathrm{K}_0(2\bar{k})}{\bar{k}\mathrm{K}_1(2\bar{k})}\frac{2\bar{k}\mathrm{K}_0(\bar{k})+\mathrm{K}_1(\bar{k})}{\mathrm{K}_1(\bar{k})}\bar{\omega}_1^2+2\bar{\rho}\bar{\omega}_1^2-$$
$$2(\bar{\omega}_1+\bar{k})^2+\frac{1}{2}\frac{\mathrm{I}_0^2(\bar{k})-\mathrm{I}_1^2(\bar{k})}{\mathrm{I}_1^2(\bar{k})}(\bar{\omega}_1+\bar{k})^2+$$
$$\frac{\bar{\rho}}{2}\frac{\mathrm{K}_1^2(\bar{k})+\mathrm{K}_0^2(\bar{k})}{\mathrm{K}_1^2(\bar{k})}\bar{\omega}_1^2+\frac{1}{We_1}\left(1+\frac{1}{2}\bar{k}^2+2n^2\right) \tag{8-211}$$

解方程(8-210)，得 n 阶圆射流第二级表面波正对称波形($n=0,2,4$)上下气液交界面色散准则关系式。

$$\bar{\omega}_2=\frac{-2\bar{k}\dfrac{\mathrm{I}_0(2\bar{k})}{\mathrm{I}_1(2\bar{k})}\pm\mathrm{i}2\bar{k}\sqrt{\bar{\rho}\dfrac{\mathrm{K}_0(2\bar{k})}{\mathrm{K}_1(2\bar{k})}\dfrac{\mathrm{I}_0(2\bar{k})}{\mathrm{I}_1(2\bar{k})}+\dfrac{1}{2\bar{k}}\left[\dfrac{\mathrm{I}_0(2\bar{k})}{\mathrm{I}_1(2\bar{k})}+\bar{\rho}\dfrac{\mathrm{K}_0(2\bar{k})}{\mathrm{K}_1(2\bar{k})}\right]\left[\dfrac{1}{We_1}(1-4\bar{k}^2+4n^2)-(-1)^{j+1}S_{\mathrm{cv2}}\right]}}{\dfrac{\mathrm{I}_0(2\bar{k})}{\mathrm{I}_1(2\bar{k})}+\bar{\rho}\dfrac{\mathrm{K}_0(2\bar{k})}{\mathrm{K}_1(2\bar{k})}}$$

(8-212)

则 $\bar{\omega}_{r2}$ 为方程(8-198)。表面波增长率为

$$\bar{\omega}_{i2}=\pm\frac{2\bar{k}\sqrt{\bar{\rho}\dfrac{\mathrm{K}_0(2\bar{k})}{\mathrm{K}_1(2\bar{k})}\dfrac{\mathrm{I}_0(2\bar{k})}{\mathrm{I}_1(2\bar{k})}+\dfrac{1}{2\bar{k}}\left[\dfrac{\mathrm{I}_0(2\bar{k})}{\mathrm{I}_1(2\bar{k})}+\bar{\rho}\dfrac{\mathrm{K}_0(2\bar{k})}{\mathrm{K}_1(2\bar{k})}\right]\left[\dfrac{1}{We_1}(1-4\bar{k}^2+4n^2)-(-1)^{j+1}S_{\mathrm{cv2}}\right]}}{\dfrac{\mathrm{I}_0(2\bar{k})}{\mathrm{I}_1(2\bar{k})}+\bar{\rho}\dfrac{\mathrm{K}_0(2\bar{k})}{\mathrm{K}_1(2\bar{k})}}$$

(8-213)

当 $j=1$ 时，将方程(8-211)代入方程(8-212)与将方程(8-195)代入方程(8-197)进行比较，可以证实，正对称波形上气液交界面色散准则关系式(8-212)与反对称波形上下气液交界面色散准则关系式(8-197)完全相同。当 $j=2$ 时，正对称波形下气液交界面色散准则关系式为

$$\bar{\omega}_2=\frac{-2\bar{k}\dfrac{\mathrm{I}_0(2\bar{k})}{\mathrm{I}_1(2\bar{k})}\pm\mathrm{i}2\bar{k}\sqrt{\bar{\rho}\dfrac{\mathrm{K}_0(2\bar{k})}{\mathrm{K}_1(2\bar{k})}\dfrac{\mathrm{I}_0(2\bar{k})}{\mathrm{I}_1(2\bar{k})}+\dfrac{1}{2\bar{k}}\left[\dfrac{\mathrm{I}_0(2\bar{k})}{\mathrm{I}_1(2\bar{k})}+\bar{\rho}\dfrac{\mathrm{K}_0(2\bar{k})}{\mathrm{K}_1(2\bar{k})}\right]\left[\dfrac{1}{We_1}(1-4\bar{k}^2+4n^2)+S_{\mathrm{cv2}}\right]}}{\dfrac{\mathrm{I}_0(2\bar{k})}{\mathrm{I}_1(2\bar{k})}+\bar{\rho}\dfrac{\mathrm{K}_0(2\bar{k})}{\mathrm{K}_1(2\bar{k})}}$$

(8-214)

则 $\bar{\omega}_{r2}$ 仍为方程(8-198)。表面波增长率为

$$\bar{\omega}_{i2}=\pm\frac{2\bar{k}\sqrt{\bar{\rho}\dfrac{\mathrm{K}_0(2\bar{k})}{\mathrm{K}_1(2\bar{k})}\dfrac{\mathrm{I}_0(2\bar{k})}{\mathrm{I}_1(2\bar{k})}+\dfrac{1}{2\bar{k}}\left[\dfrac{\mathrm{I}_0(2\bar{k})}{\mathrm{I}_1(2\bar{k})}+\bar{\rho}\dfrac{\mathrm{K}_0(2\bar{k})}{\mathrm{K}_1(2\bar{k})}\right]\left[\dfrac{1}{We_1}(1-4\bar{k}^2+4n^2)+S_{\mathrm{cv2}}\right]}}{\dfrac{\mathrm{I}_0(2\bar{k})}{\mathrm{I}_1(2\bar{k})}+\bar{\rho}\dfrac{\mathrm{K}_0(2\bar{k})}{\mathrm{K}_1(2\bar{k})}}$$

(8-215)

正对称波形下气液交界面色散准则关系式(8-214)与反对称波形上下气液交界面色散准则关系式(8-197)不同。

8.6.8 对圆射流第二级波色散准则关系式的分析

当 n 阶圆射流第二级表面波正/反对称波形的色散准则关系式(8-197)、式(8-212)和式(8-214)中根号内的值大于 0 时，$\bar{\omega}_{i2}$ 为一个实数；当根号内的值等于 0 时，$\bar{\omega}_{i2}=0$，$\bar{\omega}_{r2}$ 由方程(8-198)决定；当根号内的值小于 0 时，$\bar{\omega}_{i2}$ 为一个虚数，则圆频率 $\bar{\omega}_2$ 只有实部而没有

虚部,即是一个实数。虚部为零意味着 $\bar{\omega}_{i2}=0$。对于反对称波形,有

$$\bar{\omega}_{r2}=\frac{-2\bar{k}\dfrac{I_0(2\bar{k})}{I_1(2\bar{k})}\mp 2\bar{k}\sqrt{\bar{\rho}\dfrac{K_0(2\bar{k})}{K_1(2\bar{k})}\dfrac{I_0(2\bar{k})}{I_1(2\bar{k})}+\dfrac{1}{2\bar{k}}\left[\dfrac{I_0(2\bar{k})}{I_1(2\bar{k})}+\bar{\rho}\dfrac{K_0(2\bar{k})}{K_1(2\bar{k})}\right]\left[\dfrac{1}{We_1}(1-4\bar{k}^2+4n^2)-S_{cs2}\right]}}{\dfrac{I_0(2\bar{k})}{I_1(2\bar{k})}+\bar{\rho}\dfrac{K_0(2\bar{k})}{K_1(2\bar{k})}} \tag{8-216}$$

对于正对称波形,有

$$\bar{\omega}_{r2}=\frac{-2\bar{k}\dfrac{I_0(2\bar{k})}{I_1(2\bar{k})}\mp 2\bar{k}\sqrt{\bar{\rho}\dfrac{K_0(2\bar{k})}{K_1(2\bar{k})}\dfrac{I_0(2\bar{k})}{I_1(2\bar{k})}+\dfrac{1}{2\bar{k}}\left[\dfrac{I_0(2\bar{k})}{I_1(2\bar{k})}+\bar{\rho}\dfrac{K_0(2\bar{k})}{K_1(2\bar{k})}\right]\left[\dfrac{1}{We_1}(1-4\bar{k}^2+4n^2)-(-1)^{j+1}S_{cv2}\right]}}{\dfrac{I_0(2\bar{k})}{I_1(2\bar{k})}+\bar{\rho}\dfrac{K_0(2\bar{k})}{K_1(2\bar{k})}} \tag{8-217}$$

8.7 圆射流第三级波微分方程的建立和求解

8.7.1 圆射流第三级波的扰动振幅

圆射流第三级表面波的扰动振幅表达式为

$$\bar{\xi}_3(\bar{z},\bar{t})=\exp(i\bar{\omega}_3\bar{t}+3i\bar{k}\bar{z}+3in\theta) \tag{8-218}$$

则

$$\bar{\xi}_{3,\bar{t}}(\bar{z},\bar{t})=i\bar{\omega}_3\exp(i\bar{\omega}_3\bar{t}+3i\bar{k}\bar{z}+3in\theta) \tag{8-219}$$

$$\bar{\xi}_{3,\bar{z}}(\bar{z},\bar{t})=3i\bar{k}\exp(i\bar{\omega}_3\bar{t}+3i\bar{k}\bar{z}+3in\theta) \tag{8-220}$$

$$\bar{\xi}_{3,\bar{z}\bar{z}}(\bar{z},\bar{t})=-9\bar{k}^2\exp(i\bar{\omega}_3\bar{t}+3i\bar{k}\bar{z}+3in\theta) \tag{8-221}$$

8.7.2 圆射流第三级波反对称波形液相微分方程的建立和求解

8.7.2.1 反对称波形液相微分方程的建立

第二级表面波反对称波形液相势函数方程(8-156)对 $\bar{r}$ 求二阶偏导数,得

$$\bar{\phi}_{21,\bar{r}\bar{r}}\Big|_{\bar{r}_0}=\frac{2\bar{k}I_0(2\bar{k}\bar{r})-\dfrac{1}{\bar{r}}I_1(2\bar{k}\bar{r})}{I_1(2\bar{k})}\cdot\begin{bmatrix}i(\bar{\omega}_2+2\bar{k})\exp(i\bar{\omega}_2\bar{t}+2i\bar{k}\bar{z}+2in\theta)-\\ i(\bar{\omega}_1+\bar{k})\dfrac{2\bar{k}I_0(\bar{k})-I_1(\bar{k})}{I_1(\bar{k})}\exp(i\bar{\omega}_2\bar{t}+2i\bar{k}\bar{z}+2in\theta)\end{bmatrix} \tag{8-222}$$

第一级表面波反对称波形液相势函数方程(8-145)对 $\bar{r}$ 求一阶偏导数，得

$$\bar{\phi}_{11,\bar{r}\bar{r}\bar{r}}\Big|_{\bar{r}_0}=\left[\frac{\bar{k}^2 \mathrm{I}_1(\bar{k}\bar{r})}{\mathrm{I}_1(\bar{k})}+\frac{2}{\bar{r}^2}\frac{\mathrm{I}_1(\bar{k}\bar{r})}{\mathrm{I}_1(\bar{k})}-\frac{1}{\bar{r}}\frac{\bar{k}\mathrm{I}_0(\bar{k}\bar{r})}{\mathrm{I}_1(\bar{k})}\right](\mathrm{i}\bar{\omega}_1+\mathrm{i}\bar{k})\exp(\mathrm{i}\bar{\omega}_1\bar{t}+\mathrm{i}\bar{k}\bar{z}+\mathrm{i}n\theta) \tag{8-223}$$

由第三级表面波按泰勒级数在气液交界面 $\bar{r}_0$ 处展开的液相运动学边界条件式(8-91)，得

$$\begin{aligned}\bar{\phi}_{31,\bar{r}}\Big|_{\bar{r}_0}=&(\mathrm{i}\bar{\omega}_3+3\mathrm{i}\bar{k})\exp(\mathrm{i}\bar{\omega}_3\bar{t}+3\mathrm{i}\bar{k}\bar{z}+3\mathrm{i}n\theta)-\left[\begin{array}{l}\dfrac{3\bar{k}\mathrm{I}_0(\bar{k}\bar{r})-\dfrac{1}{\bar{r}}\mathrm{I}_1(\bar{k}\bar{r})}{\mathrm{I}_1(\bar{k})}(\mathrm{i}\bar{\omega}_1+\mathrm{i}\bar{k})+\\ \dfrac{3\bar{k}\mathrm{I}_0(2\bar{k}\bar{r})-\dfrac{1}{\bar{r}}\mathrm{I}_1(2\bar{k}\bar{r})}{\mathrm{I}_1(2\bar{k})}(\mathrm{i}\bar{\omega}_2+\mathrm{i}2\bar{k})\end{array}\right]\cdot\\ &\exp(\mathrm{i}\bar{\omega}_1\bar{t}+\mathrm{i}\bar{\omega}_2\bar{t}+3\mathrm{i}\bar{k}\bar{z}+3\mathrm{i}n\theta)+\left\{\begin{array}{l}\dfrac{3\bar{k}\mathrm{I}_0(2\bar{k}\bar{r})-\dfrac{1}{\bar{r}}\mathrm{I}_1(2\bar{k}\bar{r})}{\mathrm{I}_1(2\bar{k})}\,\dfrac{2\bar{k}\mathrm{I}_0(\bar{k})-\mathrm{I}_1(\bar{k})}{\mathrm{I}_1(\bar{k})}-\\ \dfrac{1}{2}\left[\dfrac{\bar{k}^2\mathrm{I}_1(\bar{k}\bar{r})}{\mathrm{I}_1(\bar{k})}+2\dfrac{1}{\bar{r}^2}\dfrac{\mathrm{I}_1(\bar{k}\bar{r})}{\mathrm{I}_1(\bar{k})}-\dfrac{1}{\bar{r}}\dfrac{\bar{k}\mathrm{I}_0(\bar{k}\bar{r})}{\mathrm{I}_1(\bar{k})}\right]-\\ 2\bar{k}^2\dfrac{\mathrm{I}_1(\bar{k}\bar{r})}{\mathrm{I}_1(\bar{k})}\end{array}\right\}\cdot\\ &(\mathrm{i}\bar{\omega}_1+\mathrm{i}\bar{k})\exp(3\mathrm{i}\bar{\omega}_1\bar{t}+3\mathrm{i}\bar{k}\bar{z}+3\mathrm{i}n\theta)\end{aligned} \tag{8-224}$$

在 $\bar{r}_0=1$ 处对方程(8-224)进行积分，得

$$\bar{\phi}_{31}\Big|_{\bar{r}_0}=f_5(\bar{r})\left\langle\begin{array}{l}(\mathrm{i}\bar{\omega}_3+3\mathrm{i}\bar{k})\exp(\mathrm{i}\bar{\omega}_3\bar{t}+3\mathrm{i}\bar{k}\bar{z}+3\mathrm{i}n\theta)-\\ \left[\begin{array}{l}\dfrac{3\bar{k}\mathrm{I}_0(\bar{k})-\mathrm{I}_1(\bar{k})}{\mathrm{I}_1(\bar{k})}(\mathrm{i}\bar{\omega}_1+\mathrm{i}\bar{k})+\\ \dfrac{3\bar{k}\mathrm{I}_0(2\bar{k})-\mathrm{I}_1(2\bar{k})}{\mathrm{I}_1(2\bar{k})}(\mathrm{i}\bar{\omega}_2+\mathrm{i}2\bar{k})\end{array}\right]\cdot\\ \exp(\mathrm{i}\bar{\omega}_1\bar{t}+\mathrm{i}\bar{\omega}_2\bar{t}+3\mathrm{i}\bar{k}\bar{z}+3\mathrm{i}n\theta)+\\ \left\{\begin{array}{l}\dfrac{3\bar{k}\mathrm{I}_0(2\bar{k})-\mathrm{I}_1(2\bar{k})}{\mathrm{I}_1(2\bar{k})}\,\dfrac{2\bar{k}\mathrm{I}_0(\bar{k})-\mathrm{I}_1(\bar{k})}{\mathrm{I}_1(\bar{k})}-\\ \dfrac{1}{2}\left[2+\bar{k}^2-\dfrac{\bar{k}\mathrm{I}_0(\bar{k})}{\mathrm{I}_1(\bar{k})}\right]-2\bar{k}^2\end{array}\right\}\cdot\\ (\mathrm{i}\bar{\omega}_1+\mathrm{i}\bar{k})\exp(3\mathrm{i}\bar{\omega}_1\bar{t}+3\mathrm{i}\bar{k}\bar{z}+3\mathrm{i}n\theta)\end{array}\right\rangle+c_{13} \tag{8-225}$$

式中，c_{13} 为 $\bar{\phi}_{31}\Big|_{\bar{r}_0}$ 对于 $\bar{r}$ 的积分常数。将方程(8-225)代入第三级表面波液相连续性方程(8-88)，可得

$$f_{5,\bar{r}\bar{r}}(\bar{r})+\frac{1}{\bar{r}}f_{5,\bar{r}}(\bar{r})-9\bar{k}^2 f_5(\bar{r})=0 \tag{8-226}$$

8.7.2.2　反对称波形液相微分方程的通解

解零阶修正贝塞尔方程(8-226)，其通解为

$$f_5(\bar{r})=c_{14}\mathrm{I}_0(3\bar{k}\bar{r})+c_{15}\mathrm{K}_0(3\bar{k}\bar{r}) \tag{8-227}$$

对于液相，当 $\bar{r}\to 0$ 时，$\mathrm{K}_n\to\infty$，所以 $c_{15}=0$，即

$$f_5(\bar{r})=c_{14}\mathrm{I}_0(3\bar{k}\bar{r}) \tag{8-228}$$

式中，c_{12} 和 c_{15} 为积分常数。

8.7.2.3　反对称波形液相微分方程的特解

将通解方程(8-228)代入方程(8-225)，得

$$\bar{\phi}_{31}\Big|_{\bar{r}_0}=c_{14}\mathrm{I}_0(3\bar{k}\bar{r})\left\langle\begin{aligned}&(\mathrm{i}\bar{\omega}_3+3\mathrm{i}\bar{k})\exp(\mathrm{i}\bar{\omega}_3\bar{t}+3\mathrm{i}\bar{k}\bar{z}+3\mathrm{i}n\theta)-\\&\left[\begin{aligned}&\frac{3\bar{k}\mathrm{I}_0(\bar{k})-\mathrm{I}_1(\bar{k})}{\mathrm{I}_1(\bar{k})}(\mathrm{i}\bar{\omega}_1+\mathrm{i}\bar{k})+\\&\frac{3\bar{k}\mathrm{I}_0(2\bar{k})-\mathrm{I}_1(2\bar{k})}{\mathrm{I}_1(2\bar{k})}(\mathrm{i}\bar{\omega}_2+\mathrm{i}2\bar{k})\end{aligned}\right]\cdot\\&\exp(\mathrm{i}\bar{\omega}_1\bar{t}+\mathrm{i}\bar{\omega}_2\bar{t}+3\mathrm{i}\bar{k}\bar{z}+3\mathrm{i}n\theta)+\\&\left\{\begin{aligned}&\frac{3\bar{k}\mathrm{I}_0(2\bar{k})-\mathrm{I}_1(2\bar{k})}{\mathrm{I}_1(2\bar{k})}\,\frac{2\bar{k}\mathrm{I}_0(\bar{k})-\mathrm{I}_1(\bar{k})}{\mathrm{I}_1(\bar{k})}-\\&\frac{1}{2}\left[2+\bar{k}^2-\frac{\bar{k}\mathrm{I}_0(\bar{k})}{\mathrm{I}_1(\bar{k})}\right]-2\bar{k}^2\end{aligned}\right\}\cdot\\&(\mathrm{i}\bar{\omega}_1+\mathrm{i}\bar{k})\exp(3\mathrm{i}\bar{\omega}_1\bar{t}+3\mathrm{i}\bar{k}\bar{z}+3\mathrm{i}n\theta)\end{aligned}\right\rangle+c_{13} \tag{8-229}$$

方程(8-229)对 $\bar{r}$ 求一阶偏导数，得

$$\bar{\phi}_{31,\bar{r}}\Big|_{\bar{r}_0}=3\bar{k}c_{14}\mathrm{I}_1(3\bar{k}\bar{r})\left\langle\begin{array}{l}(\mathrm{i}\bar{\omega}_3+3\mathrm{i}\bar{k})\exp(\mathrm{i}\bar{\omega}_3\bar{t}+3\mathrm{i}\bar{k}\bar{z}+3\mathrm{i}n\theta)-\\ \left[\begin{array}{l}\dfrac{3\bar{k}\mathrm{I}_0(\bar{k})-\mathrm{I}_1(\bar{k})}{\mathrm{I}_1(\bar{k})}(\mathrm{i}\bar{\omega}_1+\mathrm{i}\bar{k})+\\ \dfrac{3\bar{k}\mathrm{I}_0(2\bar{k})-\mathrm{I}_1(2\bar{k})}{\mathrm{I}_1(2\bar{k})}(\mathrm{i}\bar{\omega}_2+\mathrm{i}2\bar{k})\end{array}\right]\cdot\\ \exp(\mathrm{i}\bar{\omega}_1\bar{t}+\mathrm{i}\bar{\omega}_2\bar{t}+3\mathrm{i}\bar{k}\bar{z}+3\mathrm{i}n\theta)+\\ \left\{\begin{array}{l}\dfrac{3\bar{k}\mathrm{I}_0(2\bar{k})-\mathrm{I}_1(2\bar{k})}{\mathrm{I}_1(2\bar{k})}\dfrac{2\bar{k}\mathrm{I}_0(\bar{k})-\mathrm{I}_1(\bar{k})}{\mathrm{I}_1(\bar{k})}-\\ \dfrac{1}{2}\left[2+\bar{k}^2-\dfrac{\bar{k}\mathrm{I}_0(\bar{k})}{\mathrm{I}_1(\bar{k})}\right]-2\bar{k}^2\end{array}\right\}\cdot\\ (\mathrm{i}\bar{\omega}_1+\mathrm{i}\bar{k})\exp(3\mathrm{i}\bar{\omega}_1\bar{t}+3\mathrm{i}\bar{k}\bar{z}+3\mathrm{i}n\theta)\end{array}\right\rangle \tag{8-230}$$

在 $\bar{r}_0=1$ 处，将方程(8-230)代入到方程(8-224)，得

$$3\bar{k}c_{14}\mathrm{I}_1(3\bar{k})=1 \tag{8-231}$$

解得

$$c_{14}=\frac{1}{3\bar{k}\mathrm{I}_1(3\bar{k})} \tag{8-232}$$

将方程(8-232)代入方程(8-229)，得圆射流第三级表面波反对称波形上下气液交界面液相微分方程的特解。

$$\bar{\phi}_{31}\Big|_{\bar{r}_0}=\frac{\mathrm{I}_0(3\bar{k}\bar{r})}{3\bar{k}\mathrm{I}_1(3\bar{k})}\left\langle\begin{array}{l}(\mathrm{i}\bar{\omega}_3+3\mathrm{i}\bar{k})\exp(\mathrm{i}\bar{\omega}_3\bar{t}+3\mathrm{i}\bar{k}\bar{z}+3\mathrm{i}n\theta)-\\ \left[\begin{array}{l}\dfrac{3\bar{k}\mathrm{I}_0(\bar{k})-\mathrm{I}_1(\bar{k})}{\mathrm{I}_1(\bar{k})}(\mathrm{i}\bar{\omega}_1+\mathrm{i}\bar{k})+\\ \dfrac{3\bar{k}\mathrm{I}_0(2\bar{k})-\mathrm{I}_1(2\bar{k})}{\mathrm{I}_1(2\bar{k})}(\mathrm{i}\bar{\omega}_2+\mathrm{i}2\bar{k})\end{array}\right]\cdot\\ \exp(\mathrm{i}\bar{\omega}_1\bar{t}+\mathrm{i}\bar{\omega}_2\bar{t}+3\mathrm{i}\bar{k}\bar{z}+3\mathrm{i}n\theta)+\\ \left\{\begin{array}{l}\dfrac{3\bar{k}\mathrm{I}_0(2\bar{k})-\mathrm{I}_1(2\bar{k})}{\mathrm{I}_1(2\bar{k})}\dfrac{2\bar{k}\mathrm{I}_0(\bar{k})-\mathrm{I}_1(\bar{k})}{\mathrm{I}_1(\bar{k})}-\\ \dfrac{1}{2}\left[2+\bar{k}^2-\dfrac{\bar{k}\mathrm{I}_0(\bar{k})}{\mathrm{I}_1(\bar{k})}\right]-2\bar{k}^2\end{array}\right\}\cdot\\ (\mathrm{i}\bar{\omega}_1+\mathrm{i}\bar{k})\exp(3\mathrm{i}\bar{\omega}_1\bar{t}+3\mathrm{i}\bar{k}\bar{z}+3\mathrm{i}n\theta)\end{array}\right\rangle+c_{13} \tag{8-233}$$

8.7.3 圆射流第三级波正对称波形液相微分方程的建立和求解

8.7.3.1 正对称波形液相微分方程的建立

方程(8-163)对 $\bar{r}$ 求二阶偏导数，得

$$\bar{\phi}_{21,\bar{r}\bar{r}}\Big|_{\bar{r}_0}=\frac{2\bar{k}\mathrm{I}_0(2\bar{k}\bar{r})-\dfrac{1}{\bar{r}}\mathrm{I}_1(2\bar{k}\bar{r})}{\mathrm{I}_1(2\bar{k})}\cdot\left[\begin{aligned}&(-1)^{j+1}\mathrm{i}(\bar{\omega}_2+2\bar{k})\exp(\mathrm{i}\bar{\omega}_2\bar{t}+2\mathrm{i}\bar{k}\bar{z}+2\mathrm{i}n\theta)-\\&\mathrm{i}(\bar{\omega}_1+\bar{k})\frac{2\bar{k}\mathrm{I}_0(\bar{k})-\mathrm{I}_1(\bar{k})}{\mathrm{I}_1(\bar{k})}\exp(2\mathrm{i}\bar{\omega}_1\bar{t}+2\mathrm{i}\bar{k}\bar{z}+2\mathrm{i}n\theta)\end{aligned}\right]\tag{8-234}$$

方程(8-157)对 $\bar{r}$ 求一阶偏导数，得

$$\bar{\phi}_{11,\bar{r}\bar{r}\bar{r}}\Big|_{\bar{r}_0}=(-1)^{j+1}\left[\frac{\bar{k}^2\mathrm{I}_1(\bar{k}\bar{r})}{\mathrm{I}_1(\bar{k})}+2\frac{1}{\bar{r}^2}\frac{\mathrm{I}_1(\bar{k}\bar{r})}{\mathrm{I}_1(\bar{k})}-\frac{1}{\bar{r}}\frac{\bar{k}\mathrm{I}_0(\bar{k}\bar{r})}{\mathrm{I}_1(\bar{k})}\right]\cdot(\mathrm{i}\bar{\omega}_1+\mathrm{i}\bar{k})\exp(\mathrm{i}\bar{\omega}_1\bar{t}+\mathrm{i}\bar{k}\bar{z}+\mathrm{i}n\theta)\tag{8-235}$$

正对称波形的表面波上气液交界面的扰动振幅为正，下气液交界面的扰动振幅为负。由第三级表面波按泰勒级数在气液交界面 $\bar{r}_0$ 处展开的液相运动学边界条件式(8-91)，得

$$\begin{aligned}\bar{\phi}_{31,\bar{r}}\Big|_{\bar{r}_0}=&(-1)^{j+1}(\mathrm{i}\bar{\omega}_3+3\mathrm{i}\bar{k})\exp(\mathrm{i}\bar{\omega}_3\bar{t}+3\mathrm{i}\bar{k}\bar{z}+3\mathrm{i}n\theta)-\\&\left[\begin{aligned}&\frac{3\bar{k}\mathrm{I}_0(2\bar{k}\bar{r})-\dfrac{1}{\bar{r}}\mathrm{I}_1(2\bar{k}\bar{r})}{\mathrm{I}_1(2\bar{k})}(\mathrm{i}\bar{\omega}_2+\mathrm{i}2\bar{k})+\\&\frac{3\bar{k}\mathrm{I}_0(\bar{k}\bar{r})-\dfrac{1}{\bar{r}}\mathrm{I}_1(\bar{k}\bar{r})}{\mathrm{I}_1(\bar{k})}(\mathrm{i}\bar{\omega}_1+\mathrm{i}\bar{k})\end{aligned}\right]\cdot\\&\exp(\mathrm{i}\bar{\omega}_1\bar{t}+\mathrm{i}\bar{\omega}_2\bar{t}+3\mathrm{i}\bar{k}\bar{z}+3\mathrm{i}n\theta)+\\&\left\{\begin{aligned}&(-1)^{j+1}\frac{3\bar{k}\mathrm{I}_0(2\bar{k}\bar{r})-\dfrac{1}{\bar{r}}\mathrm{I}_1(2\bar{k}\bar{r})}{\mathrm{I}_1(2\bar{k})}\frac{2\bar{k}\mathrm{I}_0(\bar{k})-\mathrm{I}_1(\bar{k})}{\mathrm{I}_1(\bar{k})}-\\&(-1)^{j+1}\frac{1}{2}\left[\frac{\bar{k}^2\mathrm{I}_1(\bar{k}\bar{r})}{\mathrm{I}_1(\bar{k})}+2\frac{1}{\bar{r}^2}\frac{\mathrm{I}_1(\bar{k}\bar{r})}{\mathrm{I}_1(\bar{k})}-\frac{1}{\bar{r}}\frac{\bar{k}\mathrm{I}_0(\bar{k}\bar{r})}{\mathrm{I}_1(\bar{k})}\right]-\\&(-1)^{j+1}2\bar{k}^2\frac{\mathrm{I}_1(\bar{k}\bar{r})}{\mathrm{I}_1(\bar{k})}\end{aligned}\right\}\cdot\\&(\mathrm{i}\bar{\omega}_1+\mathrm{i}\bar{k})\exp(3\mathrm{i}\bar{\omega}_1\bar{t}+3\mathrm{i}\bar{k}\bar{z}+3\mathrm{i}n\theta)\end{aligned}\tag{8-236}$$

在 $\bar{r}_0=1$ 处，对式(8-236)进行积分，得

$$\bar{\phi}_{31}\Big|_{\bar{r}_0} = f_5(\bar{r})\left(\begin{aligned}&(-1)^{j+1}(\mathrm{i}\bar{\omega}_3+3\mathrm{i}\bar{k})\exp(\mathrm{i}\bar{\omega}_3\bar{t}+3\mathrm{i}\bar{k}\bar{z}+3\mathrm{i}n\theta)-\\&\left[\begin{aligned}&\frac{3\bar{k}\mathrm{I}_0(2\bar{k})-\mathrm{I}_1(2\bar{k})}{\mathrm{I}_1(2\bar{k})}(\mathrm{i}\bar{\omega}_2+\mathrm{i}2\bar{k})+\\&\frac{3\bar{k}\mathrm{I}_0(\bar{k})-\mathrm{I}_1(\bar{k})}{\mathrm{I}_1(\bar{k})}(\mathrm{i}\bar{\omega}_1+\mathrm{i}\bar{k})\end{aligned}\right]\cdot\\&\exp(\mathrm{i}\bar{\omega}_1\bar{t}+\mathrm{i}\bar{\omega}_2\bar{t}+3\mathrm{i}\bar{k}\bar{z}+3\mathrm{i}n\theta)+\\&\left\{\begin{aligned}&(-1)^{j+1}\frac{3\bar{k}\mathrm{I}_0(2\bar{k})-\mathrm{I}_1(2\bar{k})}{\mathrm{I}_1(2\bar{k})}\frac{2\bar{k}\mathrm{I}_0(\bar{k})-\mathrm{I}_1(\bar{k})}{\mathrm{I}_1(\bar{k})}-\\&\frac{1}{2}(-1)^{j+1}\left[2+\bar{k}^2-\frac{\bar{k}\mathrm{I}_0(\bar{k})}{\mathrm{I}_1(\bar{k})}\right]-\\&(-1)^{j+1}2\bar{k}^2\end{aligned}\right\}\cdot\\&(\mathrm{i}\bar{\omega}_1+\mathrm{i}\bar{k})\exp(3\mathrm{i}\bar{\omega}_1\bar{t}+3\mathrm{i}\bar{k}\bar{z}+3\mathrm{i}n\theta)\end{aligned}\right)+c_{13} \tag{8-237}$$

式中，c_{13} 为 $\bar{\phi}_{31}\Big|_{\bar{r}_0}$ 对于 $\bar{r}$ 的积分常数。将方程(8-237)代入第三级表面波液相连续性方程(8-88)，可得方程(8-226)。

8.7.3.2 正对称波形液相微分方程的通解

解零阶修正贝塞尔方程(8-226)，通解为方程(8-227)和方程(8-228)。

8.7.3.3 正对称波形液相微分方程的特解

将通解方程(8-228)代入方程(8-237)，得

$$\bar{\phi}_{31}\Big|_{\bar{r}_0} = c_{14}\mathrm{I}_0(3\bar{k}\bar{r})\left(\begin{aligned}&(-1)^{j+1}(\mathrm{i}\bar{\omega}_3+3\mathrm{i}\bar{k})\exp(\mathrm{i}\bar{\omega}_3\bar{t}+3\mathrm{i}\bar{k}\bar{z}+3\mathrm{i}n\theta)-\\&\left[\begin{aligned}&\frac{3\bar{k}\mathrm{I}_0(2\bar{k})-\mathrm{I}_1(2\bar{k})}{\mathrm{I}_1(2\bar{k})}(\mathrm{i}\bar{\omega}_2+\mathrm{i}2\bar{k})+\\&\frac{3\bar{k}\mathrm{I}_0(\bar{k})-\mathrm{I}_1(\bar{k})}{\mathrm{I}_1(\bar{k})}(\mathrm{i}\bar{\omega}_1+\mathrm{i}\bar{k})\end{aligned}\right]\cdot\\&\exp(\mathrm{i}\bar{\omega}_1\bar{t}+\mathrm{i}\bar{\omega}_2\bar{t}+3\mathrm{i}\bar{k}\bar{z}+3\mathrm{i}n\theta)+\\&\left\{\begin{aligned}&(-1)^{j+1}\frac{3\bar{k}\mathrm{I}_0(2\bar{k})-\mathrm{I}_1(2\bar{k})}{\mathrm{I}_1(2\bar{k})}\frac{2\bar{k}\mathrm{I}_0(\bar{k})-\mathrm{I}_1(\bar{k})}{\mathrm{I}_1(\bar{k})}-\\&\frac{1}{2}(-1)^{j+1}\left[2+\bar{k}^2-\frac{\bar{k}\mathrm{I}_0(\bar{k})}{\mathrm{I}_1(\bar{k})}\right]-\\&(-1)^{j+1}2\bar{k}^2\end{aligned}\right\}\cdot\\&(\mathrm{i}\bar{\omega}_1+\mathrm{i}\bar{k})\exp(3\mathrm{i}\bar{\omega}_1\bar{t}+3\mathrm{i}\bar{k}\bar{z}+3\mathrm{i}n\theta)\end{aligned}\right)+c_{13} \tag{8-238}$$

方程(8-238)对 $\bar{r}$ 求一阶偏导数，根据附录 B 中的方程(B-13)，有

$$\bar{\phi}_{31,\bar{r}}\Big|_{\bar{r}_0} = 3\bar{k}c_{14}\mathrm{I}_1(3\bar{k}\bar{r})\left\langle\begin{array}{l} (-1)^{j+1}(\mathrm{i}\bar{\omega}_3+3\mathrm{i}\bar{k})\exp(\mathrm{i}\bar{\omega}_3\bar{t}+3\mathrm{i}\bar{k}\bar{z}+3\mathrm{i}n\theta)- \\ \left[\begin{array}{l}\dfrac{3\bar{k}\mathrm{I}_0(2\bar{k})-\mathrm{I}_1(2\bar{k})}{\mathrm{I}_1(2\bar{k})}(\mathrm{i}\bar{\omega}_2+\mathrm{i}2\bar{k})+ \\ \dfrac{3\bar{k}\mathrm{I}_0(\bar{k})-\mathrm{I}_1(\bar{k})}{\mathrm{I}_1(\bar{k})}(\mathrm{i}\bar{\omega}_1+\mathrm{i}\bar{k})\end{array}\right]\cdot \\ \exp(\mathrm{i}\bar{\omega}_1\bar{t}+\mathrm{i}\bar{\omega}_2\bar{t}+3\mathrm{i}\bar{k}\bar{z}+3\mathrm{i}n\theta)+ \\ \left\{\begin{array}{l}(-1)^{j+1}\dfrac{3\bar{k}\mathrm{I}_0(2\bar{k})-\mathrm{I}_1(2\bar{k})}{\mathrm{I}_1(2\bar{k})}\,\dfrac{2\bar{k}\mathrm{I}_0(\bar{k})-\mathrm{I}_1(\bar{k})}{\mathrm{I}_1(\bar{k})}- \\ \dfrac{1}{2}(-1)^{j+1}\left[2+\bar{k}^2-\dfrac{\bar{k}\mathrm{I}_0(\bar{k})}{\mathrm{I}_1(\bar{k})}\right]- \\ (-1)^{j+1}2\bar{k}^2\end{array}\right\}\cdot \\ (\mathrm{i}\bar{\omega}_1+\mathrm{i}\bar{k})\exp(3\mathrm{i}\bar{\omega}_1\bar{t}+3\mathrm{i}\bar{k}\bar{z}+3\mathrm{i}n\theta)\end{array}\right\rangle \tag{8-239}$$

在 $\bar{r}_0=1$ 处，将方程(8-239)代入方程(8-236)，可得方程(8-231)。解方程(8-231)，可得积分常数方程(8-232)。将方程(8-232)代入方程(8-238)，得圆射流第三级表面波正对称波形上下气液交界面液相微分方程的特解。

$$\bar{\phi}_{31}\Big|_{\bar{r}_0} = \frac{\mathrm{I}_0(3\bar{k}\bar{r})}{3\bar{k}\mathrm{I}_1(3\bar{k})}\left\langle\begin{array}{l} (-1)^{j+1}(\mathrm{i}\bar{\omega}_3+3\mathrm{i}\bar{k})\exp(\mathrm{i}\bar{\omega}_3\bar{t}+3\mathrm{i}\bar{k}\bar{z}+3\mathrm{i}n\theta)- \\ \left[\begin{array}{l}\dfrac{3\bar{k}\mathrm{I}_0(2\bar{k})-\mathrm{I}_1(2\bar{k})}{\mathrm{I}_1(2\bar{k})}(\mathrm{i}\bar{\omega}_2+\mathrm{i}2\bar{k})+ \\ \dfrac{3\bar{k}\mathrm{I}_0(\bar{k})-\mathrm{I}_1(\bar{k})}{\mathrm{I}_1(\bar{k})}(\mathrm{i}\bar{\omega}_1+\mathrm{i}\bar{k})\end{array}\right]\cdot \\ \exp(\mathrm{i}\bar{\omega}_1\bar{t}+\mathrm{i}\bar{\omega}_2\bar{t}+3\mathrm{i}\bar{k}\bar{z}+3\mathrm{i}n\theta)+ \\ \left\{\begin{array}{l}(-1)^{j+1}\dfrac{3\bar{k}\mathrm{I}_0(2\bar{k})-\mathrm{I}_1(2\bar{k})}{\mathrm{I}_1(2\bar{k})}\,\dfrac{2\bar{k}\mathrm{I}_0(\bar{k})-\mathrm{I}_1(\bar{k})}{\mathrm{I}_1(\bar{k})}- \\ \dfrac{1}{2}(-1)^{j+1}\left[2+\bar{k}^2-\dfrac{\bar{k}\mathrm{I}_0(\bar{k})}{\mathrm{I}_1(\bar{k})}\right]- \\ (-1)^{j+1}2\bar{k}^2\end{array}\right\}\cdot \\ (\mathrm{i}\bar{\omega}_1+\mathrm{i}\bar{k})\exp(3\mathrm{i}\bar{\omega}_1\bar{t}+3\mathrm{i}\bar{k}\bar{z}+3\mathrm{i}n\theta)\end{array}\right\rangle+c_{13} \tag{8-240}$$

比较方程(8-233)和方程(8-240)可以看出，圆射流第三级表面波正对称波形上气液交界面液相微分方程的特解与反对称波形上下气液交界面液相微分方程的特解完全相同。下气液交界面液相微分方程的特解与反对称波形上下气液交界面液相微分方程的不同。

8.7.4 圆射流第三级波反对称波形气相微分方程的建立和求解

8.7.4.1 反对称波形气相微分方程的建立

第一级表面波气相势函数方程(8-164)对 $\bar{r}$ 求一阶偏导数,得

$$\bar{\phi}_{1\mathrm{g},\bar{r}\bar{r}\bar{r}}\Big|_{\bar{r}_0}=\frac{\left(\bar{k}^2+\dfrac{1}{\bar{k}\bar{r}^2}+\dfrac{1}{\bar{r}^2}\right)\mathrm{K}_1(\bar{k}\bar{r})+\dfrac{1}{\bar{r}}\mathrm{K}_0(\bar{k}\bar{r})}{\mathrm{K}_1(\bar{k})}\mathrm{i}\bar{\omega}_1\exp(\mathrm{i}\bar{\omega}_1\bar{t}+\mathrm{i}\bar{k}\bar{z}+\mathrm{i}n\theta) \tag{8-241}$$

方程(8-165)对 $\bar{r}$ 求一阶偏导数,得

$$\bar{\phi}_{1\mathrm{g},\bar{z}\bar{r}}\Big|_{\bar{r}_0}=-\frac{\bar{k}\mathrm{K}_1(\bar{k}\bar{r})}{\mathrm{K}_1(\bar{k})}\bar{\omega}_1\exp(\mathrm{i}\bar{\omega}_1\bar{t}+\mathrm{i}\bar{k}\bar{z}+\mathrm{i}n\theta) \tag{8-242}$$

第二级表面波气相势函数方程(8-174)对 $\bar{r}$ 求二阶偏导数,得

$$\bar{\phi}_{2\mathrm{g},\bar{r}\bar{r}}\Big|_{\bar{r}_0}=-\frac{2\bar{k}\mathrm{K}_0(2\bar{k}\bar{r})+\dfrac{1}{\bar{r}}\mathrm{K}_1(2\bar{k}\bar{r})}{\mathrm{K}_1(2\bar{k})}\cdot\left[\begin{array}{l}\mathrm{i}\bar{\omega}_2\exp(\mathrm{i}\bar{\omega}_2\bar{t}+2\mathrm{i}\bar{k}\bar{z}+2\mathrm{i}n\theta)+\\ \mathrm{i}\bar{\omega}_1\dfrac{2\bar{k}\mathrm{K}_0(\bar{k})+\mathrm{K}_1(\bar{k})}{\mathrm{K}_1(\bar{k})}\exp(2\mathrm{i}\bar{\omega}_1\bar{t}+2\mathrm{i}\bar{k}\bar{z}+2\mathrm{i}n\theta)\end{array}\right] \tag{8-243}$$

方程(8-174)对 $\bar{z}$ 求一阶偏导数,得

$$\bar{\phi}_{2\mathrm{g},\bar{z}}\Big|_{\bar{r}_0}=\frac{\mathrm{K}_0(2\bar{k}\bar{r})}{\mathrm{K}_1(2\bar{k})}\left[\begin{array}{l}\bar{\omega}_2\exp(\mathrm{i}\bar{\omega}_2\bar{t}+2\mathrm{i}\bar{k}\bar{z}+2\mathrm{i}n\theta)+\\ \bar{\omega}_1\dfrac{2\bar{k}\mathrm{K}_0(\bar{k})+\mathrm{K}_1(\bar{k})}{\mathrm{K}_1(\bar{k})}\exp(2\mathrm{i}\bar{\omega}_1\bar{t}+2\mathrm{i}\bar{k}\bar{z}+2\mathrm{i}n\theta)\end{array}\right] \tag{8-244}$$

由第三级表面波按泰勒级数在气液交界面 $\bar{r}_0$ 处展开的气相运动学边界条件式(8-93),得

$$\begin{aligned}\bar{\phi}_{3\mathrm{g},\bar{r}}\Big|_{\bar{r}_0}=&\mathrm{i}\bar{\omega}_3\exp(\mathrm{i}\bar{\omega}_3\bar{t}+3\mathrm{i}\bar{k}\bar{z}+3\mathrm{i}n\theta)+\\&\left[\frac{3\bar{k}\mathrm{K}_0(\bar{k}\bar{r})+\dfrac{1}{\bar{r}}\mathrm{K}_1(\bar{k}\bar{r})}{\mathrm{K}_1(\bar{k})}\mathrm{i}\bar{\omega}_1+\frac{3\bar{k}\mathrm{K}_0(2\bar{k}\bar{r})+\dfrac{1}{\bar{r}}\mathrm{K}_1(2\bar{k}\bar{r})}{\mathrm{K}_1(2\bar{k})}\mathrm{i}\bar{\omega}_2\right]\cdot\\&\exp(\mathrm{i}\bar{\omega}_1\bar{t}+\mathrm{i}\bar{\omega}_2\bar{t}+3\mathrm{i}\bar{k}\bar{z}+3\mathrm{i}n\theta)+\\&\left[\begin{array}{l}\dfrac{3\bar{k}\mathrm{K}_0(2\bar{k}\bar{r})+\dfrac{1}{\bar{r}}\mathrm{K}_1(2\bar{k}\bar{r})}{\mathrm{K}_1(2\bar{k})}\dfrac{2\bar{k}\mathrm{K}_0(\bar{k})+\mathrm{K}_1(\bar{k})}{\mathrm{K}_1(\bar{k})}\mathrm{i}\bar{\omega}_1-\\ \dfrac{1}{2}\dfrac{\left(\bar{k}^2+\dfrac{1}{\bar{k}\bar{r}^2}+\dfrac{1}{\bar{r}^2}\right)\mathrm{K}_1(\bar{k}\bar{r})+\dfrac{1}{\bar{r}}\mathrm{K}_0(\bar{k}\bar{r})}{\mathrm{K}_1(\bar{k})}\mathrm{i}\bar{\omega}_1-2\bar{k}^2\dfrac{\mathrm{K}_1(\bar{k}\bar{r})}{\mathrm{K}_1(\bar{k})}\mathrm{i}\bar{\omega}_1\end{array}\right]\cdot\\&\exp(3\mathrm{i}\bar{\omega}_1\bar{t}+3\mathrm{i}\bar{k}\bar{z}+3\mathrm{i}n\theta)\end{aligned} \tag{8-245}$$

在 $\bar{r}_0=1$ 处,方程(8-245)对 $\bar{r}$ 进行积分,得

$$\bar{\phi}_{3g}\Big|_{\bar{r}_0}=f_6(\bar{r})\left\{\begin{aligned}&\mathrm{i}\bar{\omega}_3\exp(\mathrm{i}\bar{\omega}_3\bar{t}+3\mathrm{i}\bar{k}\bar{z}+3\mathrm{i}n\theta)+\\&\left[\frac{3\bar{k}\mathrm{K}_0(\bar{k})+\mathrm{K}_1(\bar{k})}{\mathrm{K}_1(\bar{k})}\mathrm{i}\bar{\omega}_1+\frac{3\bar{k}\mathrm{K}_0(2\bar{k})+\mathrm{K}_1(2\bar{k})}{\mathrm{K}_1(2\bar{k})}\mathrm{i}\bar{\omega}_2\right]\cdot\\&\exp(\mathrm{i}\bar{\omega}_1\bar{t}+\mathrm{i}\bar{\omega}_2\bar{t}+3\mathrm{i}\bar{k}\bar{z}+3\mathrm{i}n\theta)+\\&\left[\begin{aligned}&\frac{3\bar{k}\mathrm{K}_0(2\bar{k})+\mathrm{K}_1(2\bar{k})}{\mathrm{K}_1(2\bar{k})}\frac{2\bar{k}\mathrm{K}_0(\bar{k})+\mathrm{K}_1(\bar{k})}{\mathrm{K}_1(\bar{k})}\mathrm{i}\bar{\omega}_1-\\&\frac{1}{2}\frac{\left(\bar{k}^2+\frac{1}{\bar{k}}+1\right)\mathrm{K}_1(\bar{k})+\mathrm{K}_0(\bar{k})}{\mathrm{K}_1(\bar{k})}\mathrm{i}\bar{\omega}_1-2\bar{k}^2\mathrm{i}\bar{\omega}_1\end{aligned}\right]\cdot\\&\exp(3\mathrm{i}\bar{\omega}_1\bar{t}+3\mathrm{i}\bar{k}\bar{z}+3\mathrm{i}n\theta)\end{aligned}\right\}+c_{16}\quad(8\text{-}246)$$

式中，c_{16} 为 $\bar{\phi}_{3g,\bar{r}}$ 对于 $\bar{r}$ 的积分常数。将方程(8-246)代入第三级表面波气相连续性方程(8-89)，得

$$f_{6,\bar{r}\bar{r}}(\bar{r})+\frac{1}{\bar{r}}f_{6,\bar{r}}(\bar{r})-9\bar{k}^2f_6(\bar{r})=0\quad(8\text{-}247)$$

8.7.4.2　气相微分方程的通解

解零阶修正贝塞尔方程(8-247)，其通解为

$$f_6(\bar{r})=c_{17}\mathrm{I}_0(3\bar{k}\bar{r})+c_{18}\mathrm{K}_0(3\bar{k}\bar{r})\quad(8\text{-}248)$$

根据附录 B 中的图 B-2 可知，对于气相，当 $\bar{r}\to\infty$ 时，$\mathrm{I}_n\to\infty$，因此，有 $c_{17}=0$，即

$$f_6(\bar{r})=c_{18}\mathrm{K}_0(3\bar{k}\bar{r})\quad(8\text{-}249)$$

式中，c_{17} 和 c_{18} 为零阶修正贝塞尔方程(8-247)的积分常数。

8.7.4.3　气相微分方程的特解

将通解方程(8-249)代入方程(8-246)，得

$$\bar{\phi}_{3g}\Big|_{\bar{r}_0}=c_{18}\mathrm{K}_0(3\bar{k}\bar{r})\left\{\begin{aligned}&\mathrm{i}\bar{\omega}_3\exp(\mathrm{i}\bar{\omega}_3\bar{t}+3\mathrm{i}\bar{k}\bar{z}+3\mathrm{i}n\theta)+\\&\left[\frac{3\bar{k}\mathrm{K}_0(\bar{k})+\mathrm{K}_1(\bar{k})}{\mathrm{K}_1(\bar{k})}\mathrm{i}\bar{\omega}_1+\frac{3\bar{k}\mathrm{K}_0(2\bar{k})+\mathrm{K}_1(2\bar{k})}{\mathrm{K}_1(2\bar{k})}\mathrm{i}\bar{\omega}_2\right]\cdot\\&\exp(\mathrm{i}\bar{\omega}_1\bar{t}+\mathrm{i}\bar{\omega}_2\bar{t}+3\mathrm{i}\bar{k}\bar{z}+3\mathrm{i}n\theta)+\\&\left[\begin{aligned}&\frac{3\bar{k}\mathrm{K}_0(2\bar{k})+\mathrm{K}_1(2\bar{k})}{\mathrm{K}_1(2\bar{k})}\frac{2\bar{k}\mathrm{K}_0(\bar{k})+\mathrm{K}_1(\bar{k})}{\mathrm{K}_1(\bar{k})}\mathrm{i}\bar{\omega}_1-\\&\frac{1}{2}\frac{\left(\bar{k}^2+\frac{1}{\bar{k}}+1\right)\mathrm{K}_1(\bar{k})+\mathrm{K}_0(\bar{k})}{\mathrm{K}_1(\bar{k})}\mathrm{i}\bar{\omega}_1-2\bar{k}^2\mathrm{i}\bar{\omega}_1\end{aligned}\right]\cdot\\&\exp(3\mathrm{i}\bar{\omega}_1\bar{t}+3\mathrm{i}\bar{k}\bar{z}+3\mathrm{i}n\theta)\end{aligned}\right\}+c_{16}$$

(8-250)

对方程(8-250)求一阶偏导数，得

$$\bar{\phi}_{3g,\bar{r}}\Big|_{\bar{r}_0} = -3\bar{k}c_{18}\mathrm{K}_1(3\bar{k}\bar{r})\left\{\begin{array}{l} \mathrm{i}\bar{\omega}_3\exp(\mathrm{i}\bar{\omega}_3\bar{t}+3\mathrm{i}\bar{k}\bar{z}+3\mathrm{i}n\theta)+ \\ \left[\begin{array}{l}\dfrac{3\bar{k}\mathrm{K}_0(\bar{k})+\mathrm{K}_1(\bar{k})}{\mathrm{K}_1(\bar{k})}\mathrm{i}\bar{\omega}_1+ \\ \dfrac{3\bar{k}\mathrm{K}_0(2\bar{k})+\mathrm{K}_1(2\bar{k})}{\mathrm{K}_1(2\bar{k})}\mathrm{i}\bar{\omega}_2\end{array}\right]\cdot \\ \exp(\mathrm{i}\bar{\omega}_1\bar{t}+\mathrm{i}\bar{\omega}_2\bar{t}+3\mathrm{i}\bar{k}\bar{z}+3\mathrm{i}n\theta)+ \\ \left[\begin{array}{l}\dfrac{3\bar{k}\mathrm{K}_0(2\bar{k})+\mathrm{K}_1(2\bar{k})}{\mathrm{K}_1(2\bar{k})}\,\dfrac{2\bar{k}\mathrm{K}_0(\bar{k})+\mathrm{K}_1(\bar{k})}{\mathrm{K}_1(\bar{k})}\mathrm{i}\bar{\omega}_1- \\ \dfrac{1}{2}\,\dfrac{\left(\bar{k}^2+\dfrac{1}{\bar{k}}+1\right)\mathrm{K}_1(\bar{k})+\mathrm{K}_0(\bar{k})}{\mathrm{K}_1(\bar{k})}\mathrm{i}\bar{\omega}_1-2\bar{k}^2\mathrm{i}\bar{\omega}_1\end{array}\right]\cdot \\ \exp(3\mathrm{i}\bar{\omega}_1\bar{t}+3\mathrm{i}\bar{k}\bar{z}+3\mathrm{i}n\theta)\end{array}\right\} \tag{8-251}$$

在 $\bar{r}_0=1$ 处，将方程(8-251)代入方程(8-245)，得

$$c_{18} = -\frac{1}{3\bar{k}\mathrm{K}_1(3\bar{k})} \tag{8-252}$$

将方程(8-252)代入方程(8-250)，得圆射流第三级表面波反对称波形上下气液交界面气相微分方程的特解。

$$\bar{\phi}_{3g}\Big|_{\bar{r}_0} = -\frac{\mathrm{K}_0(3\bar{k}\bar{r})}{3\bar{k}\mathrm{K}_1(3\bar{k})}\left\{\begin{array}{l} \mathrm{i}\bar{\omega}_3\exp(\mathrm{i}\bar{\omega}_3\bar{t}+3\mathrm{i}\bar{k}\bar{z}+3\mathrm{i}n\theta)+ \\ \left[\begin{array}{l}\dfrac{3\bar{k}\mathrm{K}_0(\bar{k})+\mathrm{K}_1(\bar{k})}{\mathrm{K}_1(\bar{k})}\mathrm{i}\bar{\omega}_1+ \\ \dfrac{3\bar{k}\mathrm{K}_0(2\bar{k})+\mathrm{K}_1(2\bar{k})}{\mathrm{K}_1(2\bar{k})}\mathrm{i}\bar{\omega}_2\end{array}\right]\cdot \\ \exp(\mathrm{i}\bar{\omega}_1\bar{t}+\mathrm{i}\bar{\omega}_2\bar{t}+3\mathrm{i}\bar{k}\bar{z}+3\mathrm{i}n\theta)+ \\ \left[\begin{array}{l}\dfrac{3\bar{k}\mathrm{K}_0(2\bar{k})+\mathrm{K}_1(2\bar{k})}{\mathrm{K}_1(2\bar{k})}\,\dfrac{2\bar{k}\mathrm{K}_0(\bar{k})+\mathrm{K}_1(\bar{k})}{\mathrm{K}_1(\bar{k})}\mathrm{i}\bar{\omega}_1- \\ \dfrac{1}{2}\,\dfrac{\left(\bar{k}^2+\dfrac{1}{\bar{k}}+1\right)\mathrm{K}_1(\bar{k})+\mathrm{K}_0(\bar{k})}{\mathrm{K}_1(\bar{k})}\mathrm{i}\bar{\omega}_1-2\bar{k}^2\mathrm{i}\bar{\omega}_1\end{array}\right]\cdot \\ \exp(3\mathrm{i}\bar{\omega}_1\bar{t}+3\mathrm{i}\bar{k}\bar{z}+3\mathrm{i}n\theta)\end{array}\right\}+c_{16} \tag{8-253}$$

8.7.5　圆射流第三级波正对称波形气相微分方程的建立和求解

8.7.5.1　气相微分方程的建立

第一级表面波气相势函数方程(8-175)对 $\bar{r}$ 求一阶偏导数，得

$$\bar{\phi}_{1g,\bar{r}\bar{r}\bar{r}}\Big|_{\bar{r}_0}=(-1)^{j+1}\frac{\left[\bar{k}^2+\frac{1}{\bar{r}^2}+\frac{1}{\bar{k}\bar{r}^2}\right]\mathrm{K}_1(\bar{k}\bar{r})+\frac{1}{\bar{r}}\mathrm{K}_0(\bar{k}\bar{r})}{\mathrm{K}_1(\bar{k})}\mathrm{i}\bar{\omega}_1\exp(\mathrm{i}\bar{\omega}_1\bar{t}+\mathrm{i}\bar{k}\bar{z}+\mathrm{i}n\theta)\tag{8-254}$$

方程(8-176)对 $\bar{r}$ 求一阶偏导数，得

$$\bar{\phi}_{1g,\bar{z}\bar{r}}\Big|_{\bar{r}_0}=(-1)^{j}\frac{\bar{k}\mathrm{K}_1(\bar{k}\bar{r})}{\mathrm{K}_1(\bar{k})}\bar{\omega}_1\exp(\mathrm{i}\bar{\omega}_1\bar{t}+\mathrm{i}\bar{k}\bar{z}+\mathrm{i}n\theta)\tag{8-255}$$

第二级表面波气相势函数方程(8-181)对 $\bar{r}$ 求二阶偏导数，得

$$\bar{\phi}_{2g,\bar{r}\bar{r}}\Big|_{\bar{r}_0}=-\frac{2\bar{k}\mathrm{K}_0(2\bar{k}\bar{r})+\frac{1}{\bar{r}}\mathrm{K}_1(2\bar{k}\bar{r})}{\mathrm{K}_1(2\bar{k})}\cdot\left[\begin{array}{l}(-1)^{j+1}\mathrm{i}\bar{\omega}_2\exp(\mathrm{i}\bar{\omega}_2\bar{t}+2\mathrm{i}\bar{k}\bar{z}+2\mathrm{i}n\theta)+\\ \mathrm{i}\bar{\omega}_1\dfrac{2\bar{k}\mathrm{K}_0(\bar{k})+\mathrm{K}_1(\bar{k})}{\mathrm{K}_1(\bar{k})}\exp(2\mathrm{i}\bar{\omega}_1\bar{t}+2\mathrm{i}\bar{k}\bar{z}+2\mathrm{i}n\theta)\end{array}\right]\tag{8-256}$$

方程(8-181)对 $\bar{z}$ 求一阶偏导数，得

$$\bar{\phi}_{2g,\bar{z}}\Big|_{\bar{r}_0}=-\frac{\mathrm{K}_0(2\bar{k}\bar{r})}{\mathrm{K}_1(2\bar{k})}\left[\begin{array}{l}(-1)^{j}\bar{\omega}_2\exp(\mathrm{i}\bar{\omega}_2\bar{t}+2\mathrm{i}\bar{k}\bar{z}+2\mathrm{i}n\theta)-\\ \bar{\omega}_1\dfrac{2\bar{k}\mathrm{K}_0(\bar{k})+\mathrm{K}_1(\bar{k})}{\mathrm{K}_1(\bar{k})}\exp(2\mathrm{i}\bar{\omega}_1\bar{t}+2\mathrm{i}\bar{k}\bar{z}+2\mathrm{i}n\theta)\end{array}\right]\tag{8-257}$$

正对称波形表面波的上气液交界面的扰动振幅为正，下气液交界面的扰动振幅为负。由第三级表面波按泰勒级数在气液交界面 $\bar{r}_0$ 处展开的气相运动学边界条件式(8-93)，得

$$\bar{\phi}_{3g,\bar{r}}\Big|_{\bar{r}_0}=(-1)^{j+1}\mathrm{i}\bar{\omega}_3\exp(\mathrm{i}\bar{\omega}_3\bar{t}+3\mathrm{i}\bar{k}\bar{z}+3\mathrm{i}n\theta)+$$

$$\left[\frac{3\bar{k}\mathrm{K}_0(\bar{k}\bar{r})+\frac{1}{\bar{r}}\mathrm{K}_1(\bar{k}\bar{r})}{\mathrm{K}_1(\bar{k})}\mathrm{i}\bar{\omega}_1+\frac{3\bar{k}\mathrm{K}_0(2\bar{k}\bar{r})+\frac{1}{\bar{r}}\mathrm{K}_1(2\bar{k}\bar{r})}{\mathrm{K}_1(2\bar{k})}\mathrm{i}\bar{\omega}_2\right]\cdot$$

$$\exp(\mathrm{i}\bar{\omega}_1\bar{t}+\mathrm{i}\bar{\omega}_2\bar{t}+3\mathrm{i}\bar{k}\bar{z}+3\mathrm{i}n\theta)+$$

$$
\left[\begin{array}{l}
(-1)^{j+1}\dfrac{3\bar{k}\mathrm{K}_0(2\bar{k}\bar{r})+\dfrac{1}{\bar{r}}\mathrm{K}_1(2\bar{k}\bar{r})}{\mathrm{K}_1(2\bar{k})}\dfrac{2\bar{k}\mathrm{K}_0(\bar{k})+\mathrm{K}_1(\bar{k})}{\mathrm{K}_1(\bar{k})}- \\
\dfrac{1}{2}(-1)^{j+1}\dfrac{\left(\bar{k}^2+\dfrac{1}{\bar{r}^2}+\dfrac{1}{\bar{k}\bar{r}^2}\right)\mathrm{K}_1(\bar{k}\bar{r})+\dfrac{1}{\bar{r}}\mathrm{K}_0(\bar{k}\bar{r})}{\mathrm{K}_1(\bar{k})}+ \\
\mathrm{i}2\bar{k}^2(-1)^j\dfrac{\mathrm{K}_1(\bar{k}\bar{r})}{\mathrm{K}_1(\bar{k})}
\end{array}\right]\cdot
$$

$$
\mathrm{i}\bar{\omega}_1\exp(3\mathrm{i}\bar{\omega}_1\bar{t}+3\mathrm{i}\bar{k}\bar{z}+3\mathrm{i}n\theta) \tag{8-258}
$$

在 $\bar{r}_0=1$ 处，方程(8-258)对 $\bar{r}$ 进行积分，得

$$
\bar{\phi}_{3g}\bigg|_{\bar{r}_0}=f_6(\bar{r})\left\{\begin{array}{l}
(-1)^{j+1}\mathrm{i}\bar{\omega}_3\exp(\mathrm{i}\bar{\omega}_3\bar{t}+3\mathrm{i}\bar{k}\bar{z}+3\mathrm{i}n\theta)+ \\
\left[\dfrac{3\bar{k}\mathrm{K}_0(\bar{k})+\mathrm{K}_1(\bar{k})}{\mathrm{K}_1(\bar{k})}\mathrm{i}\bar{\omega}_1+\dfrac{3\bar{k}\mathrm{K}_0(2\bar{k})+\mathrm{K}_1(2\bar{k})}{\mathrm{K}_1(2\bar{k})}\mathrm{i}\bar{\omega}_2\right]\cdot \\
\exp(\mathrm{i}\bar{\omega}_1\bar{t}+\mathrm{i}\bar{\omega}_2\bar{t}+3\mathrm{i}\bar{k}\bar{z}+3\mathrm{i}n\theta)+ \\
\left[\begin{array}{l}
(-1)^{j+1}\dfrac{3\bar{k}\mathrm{K}_0(2\bar{k})+\mathrm{K}_1(2\bar{k})}{\mathrm{K}_1(2\bar{k})}\dfrac{2\bar{k}\mathrm{K}_0(\bar{k})+\mathrm{K}_1(\bar{k})}{\mathrm{K}_1(\bar{k})}- \\
\dfrac{1}{2}(-1)^{j+1}\dfrac{\left(1+\dfrac{1}{\bar{k}}+\bar{k}^2\right)\mathrm{K}_1(\bar{k})+\mathrm{K}_0(\bar{k})}{\mathrm{K}_1(\bar{k})}+2\mathrm{i}\bar{k}^2(-1)^j
\end{array}\right]\cdot \\
\mathrm{i}\bar{\omega}_1\exp(3\mathrm{i}\bar{\omega}_1\bar{t}+3\mathrm{i}\bar{k}\bar{z}+3\mathrm{i}n\theta)
\end{array}\right\}+c_{16} \tag{8-259}
$$

将方程(8-259)代入第三级表面波气相连续性方程(8-89)，可得正对称波形气相微分方程(8-247)。

8.7.5.2 正对称波形气相微分方程的通解

解零阶修正贝塞尔方程(8-247)，其通解为方程(8-248)和方程(8-249)。

8.7.5.3 正对称波形气相微分方程的特解

将通解方程(8-249)代入方程(8-259)，得

$$\bar{\phi}_{3g,\bar{r}}\bigg|_{\bar{r}_0} = -3\bar{k}c_{18}\mathrm{K}_1(3\bar{k}\bar{r})\left\{\begin{aligned}&(-1)^{j+1}\mathrm{i}\bar{\omega}_3\exp(\mathrm{i}\bar{\omega}_3\bar{t}+3\mathrm{i}\bar{k}\bar{z}+3\mathrm{i}n\theta)+\\&\left[\frac{3\bar{k}\mathrm{K}_0(\bar{k})+\mathrm{K}_1(\bar{k})}{\mathrm{K}_1(\bar{k})}\mathrm{i}\bar{\omega}_1+\frac{3\bar{k}\mathrm{K}_0(2\bar{k})+\mathrm{K}_1(2\bar{k})}{\mathrm{K}_1(2\bar{k})}\mathrm{i}\bar{\omega}_2\right]\cdot\\&\exp(\mathrm{i}\bar{\omega}_1\bar{t}+\mathrm{i}\bar{\omega}_2\bar{t}+3\mathrm{i}\bar{k}\bar{z}+3\mathrm{i}n\theta)+\\&\left[\begin{aligned}&(-1)^{j+1}\frac{3\bar{k}\mathrm{K}_0(2\bar{k})+\mathrm{K}_1(2\bar{k})}{\mathrm{K}_1(2\bar{k})}\frac{2\bar{k}\mathrm{K}_0(\bar{k})+\mathrm{K}_1(\bar{k})}{\mathrm{K}_1(\bar{k})}-\\&\frac{1}{2}(-1)^{j+1}\frac{\left(1+\frac{1}{\bar{k}}+\bar{k}^2\right)\mathrm{K}_1(\bar{k})+\mathrm{K}_0(\bar{k})}{\mathrm{K}_1(\bar{k})}+\\&2\mathrm{i}\bar{k}^2(-1)^j\end{aligned}\right]\cdot\\&\mathrm{i}\bar{\omega}_1\exp(3\mathrm{i}\bar{\omega}_1\bar{t}+3\mathrm{i}\bar{k}\bar{z}+3\mathrm{i}n\theta)\end{aligned}\right\} \tag{8-260}$$

在 $\bar{r}_0=1$ 处，将方程(8-260)代入方程(8-258)，可得积分常数方程(8-252)。将方程(8-252)代入方程(8-259)，得圆射流第三级表面波正对称波形上下气液交界面气相微分方程特解的合式。

$$\bar{\phi}_{3g}\bigg|_{\bar{r}_0} = -\frac{\mathrm{K}_0(3\bar{k}\bar{r})}{3\bar{k}\mathrm{K}_1(3\bar{k})}\left\{\begin{aligned}&(-1)^{j+1}\mathrm{i}\bar{\omega}_3\exp(\mathrm{i}\bar{\omega}_3\bar{t}+3\mathrm{i}\bar{k}\bar{z}+3\mathrm{i}n\theta)+\\&\left[\frac{3\bar{k}\mathrm{K}_0(\bar{k})+\mathrm{K}_1(\bar{k})}{\mathrm{K}_1(\bar{k})}\mathrm{i}\bar{\omega}_1+\frac{3\bar{k}\mathrm{K}_0(2\bar{k})+\mathrm{K}_1(2\bar{k})}{\mathrm{K}_1(2\bar{k})}\mathrm{i}\bar{\omega}_2\right]\cdot\\&\exp(\mathrm{i}\bar{\omega}_1\bar{t}+\mathrm{i}\bar{\omega}_2\bar{t}+3\mathrm{i}\bar{k}\bar{z}+3\mathrm{i}n\theta)+\\&\left[\begin{aligned}&(-1)^{j+1}\frac{3\bar{k}\mathrm{K}_0(2\bar{k})+\mathrm{K}_1(2\bar{k})}{\mathrm{K}_1(2\bar{k})}\frac{2\bar{k}\mathrm{K}_0(\bar{k})+\mathrm{K}_1(\bar{k})}{\mathrm{K}_1(\bar{k})}-\\&\frac{1}{2}(-1)^{j+1}\frac{\left(1+\frac{1}{\bar{k}}+\bar{k}^2\right)\mathrm{K}_1(\bar{k})+\mathrm{K}_0(\bar{k})}{\mathrm{K}_1(\bar{k})}+2\mathrm{i}\bar{k}^2(-1)^j\end{aligned}\right]\cdot\\&\mathrm{i}\bar{\omega}_1\exp(3\mathrm{i}\bar{\omega}_1\bar{t}+3\mathrm{i}\bar{k}\bar{z}+3\mathrm{i}n\theta)\end{aligned}\right\}+c_{16} \tag{8-261}$$

比较方程(8-253)和方程(8-261)可以看出，圆射流第三级表面波正对称波形上气液交界面气相微分方程的特解与反对称波形上下气液交界面气相微分方程的特解完全相同，下气液交界面气相微分方程的特解与反对称波形上下气液交界面气相微分方程的不同。

8.7.6 圆射流第三级波反对称波形的色散准则关系式

(1) 第二级表面波反对称波形液相势函数方程(8-156)对 $\bar{r}$ 求一阶偏导数,得

$$\bar{\phi}_{21,\bar{r}}\Big|_{\bar{r}_0}=\frac{\mathrm{I}_1(2\bar{k}\bar{r})}{\mathrm{I}_1(2\bar{k})}\left[\begin{array}{l}(\mathrm{i}\bar{\omega}_2+2\mathrm{i}\bar{k})\exp(\mathrm{i}\bar{\omega}_2\bar{t}+2\mathrm{i}\bar{k}\bar{z}+2\mathrm{i}n\theta)-\\ \dfrac{2\bar{k}\mathrm{I}_0(\bar{k})-\mathrm{I}_1(\bar{k})}{\mathrm{I}_1(\bar{k})}(\mathrm{i}\bar{\omega}_1+\mathrm{i}\bar{k})\exp(2\mathrm{i}\bar{\omega}_1\bar{t}+2\mathrm{i}\bar{k}\bar{z}+2\mathrm{i}n\theta)\end{array}\right] \tag{8-262}$$

(2) 方程(8-262)对 $\bar{t}$ 求一阶偏导数,得

$$\bar{\phi}_{21,\bar{r}\bar{t}}\Big|_{\bar{r}_0}=-\frac{\mathrm{I}_1(2\bar{k}\bar{r})}{\mathrm{I}_1(2\bar{k})}\left[\begin{array}{l}(\bar{\omega}_2^2+2\bar{k}\bar{\omega}_2)\exp(\mathrm{i}\bar{\omega}_2\bar{t}+2\mathrm{i}\bar{k}\bar{z}+2\mathrm{i}n\theta)-\\ \dfrac{2\bar{k}\mathrm{I}_0(\bar{k})-\mathrm{I}_1(\bar{k})}{\mathrm{I}_1(\bar{k})}(2\bar{\omega}_1^2+2\bar{k}\bar{\omega}_1)\cdot\\ \exp(2\mathrm{i}\bar{\omega}_1\bar{t}+2\mathrm{i}\bar{k}\bar{z}+2\mathrm{i}n\theta)\end{array}\right] \tag{8-263}$$

(3) 方程(8-262)对 $\bar{z}$ 求一阶偏导数,得

$$\bar{\phi}_{21,\bar{r}\bar{z}}\Big|_{\bar{r}_0}=-\frac{\mathrm{I}_1(2\bar{k}\bar{r})}{\mathrm{I}_1(2\bar{k})}\left[\begin{array}{l}2\bar{k}(\bar{\omega}_2+2\bar{k})\exp(\mathrm{i}\bar{\omega}_2\bar{t}+2\mathrm{i}\bar{k}\bar{z}+2\mathrm{i}n\theta)-\\ \dfrac{2\bar{k}\mathrm{I}_0(\bar{k})-\mathrm{I}_1(\bar{k})}{\mathrm{I}_1(\bar{k})}2\bar{k}(\bar{\omega}_1+\bar{k})\cdot\\ \exp(2\mathrm{i}\bar{\omega}_1\bar{t}+2\mathrm{i}\bar{k}\bar{z}+2\mathrm{i}n\theta)\end{array}\right] \tag{8-264}$$

(4) 第二级表面波反对称波形气相势函数方程(8-174)对 $\bar{r}$ 求一阶偏导数,得

$$\bar{\phi}_{2g,\bar{r}}\Big|_{\bar{r}_0}=\frac{\mathrm{K}_1(2\bar{k}\bar{r})}{\mathrm{K}_1(2\bar{k})}\left[\begin{array}{l}\dfrac{2\bar{k}\mathrm{K}_0(\bar{k})+\mathrm{K}_1(\bar{k})}{\mathrm{K}_1(\bar{k})}\mathrm{i}\bar{\omega}_1\exp(2\mathrm{i}\bar{\omega}_1\bar{t}+2\mathrm{i}\bar{k}\bar{z}+2\mathrm{i}n\theta)+\\ \mathrm{i}\bar{\omega}_2\exp(\mathrm{i}\bar{\omega}_2\bar{t}+2\mathrm{i}\bar{k}\bar{z}+2\mathrm{i}n\theta)\end{array}\right] \tag{8-265}$$

(5) 方程(8-265)对 $\bar{t}$ 求一阶偏导数,得

$$\bar{\phi}_{2g,\bar{r}\bar{t}}\Big|_{\bar{r}_0}=-\frac{\mathrm{K}_1(2\bar{k}\bar{r})}{\mathrm{K}_1(2\bar{k})}\left[\begin{array}{l}\dfrac{2\bar{k}\mathrm{K}_0(\bar{k})+\mathrm{K}_1(\bar{k})}{\mathrm{K}_1(\bar{k})}2\bar{\omega}_1^2\exp(2\mathrm{i}\bar{\omega}_1\bar{t}+2\mathrm{i}\bar{k}\bar{z}+2\mathrm{i}n\theta)+\\ \bar{\omega}_2^2\exp(\mathrm{i}\bar{\omega}_2\bar{t}+2\mathrm{i}\bar{k}\bar{z}+2\mathrm{i}n\theta)\end{array}\right] \tag{8-266}$$

(6) 第一级表面波反对称波形气相势函数方程(8-164)对 $\bar{t}$ 求一阶偏导数,得

$$\bar{\phi}_{1g,\bar{r}\bar{r}\bar{t}}\Big|_{\bar{r}_0}=\frac{\bar{k}\mathrm{K}_0(\bar{k}\bar{r})+\dfrac{1}{\bar{r}}\mathrm{K}_1(\bar{k}\bar{r})}{\mathrm{K}_1(\bar{k})}\bar{\omega}_1^2\exp(\mathrm{i}\bar{\omega}_1\bar{t}+\mathrm{i}\bar{k}\bar{z}+\mathrm{i}n\theta) \tag{8-267}$$

(7) 第一级表面波反对称波形液相势函数方程(8-145)对 $\bar{t}$ 求一阶偏导数,得

$$\bar{\phi}_{11,\bar{r}\bar{r}\bar{t}}\Big|_{\bar{r}_0}=-\frac{\bar{k}\mathrm{I}_0(\bar{k}\bar{r})-\dfrac{1}{\bar{r}}\mathrm{I}_1(\bar{k}\bar{r})}{\mathrm{I}_1(\bar{k})}(\bar{\omega}_1^2+\bar{k}\bar{\omega}_1)\exp(\mathrm{i}\bar{\omega}_1\bar{t}+\mathrm{i}\bar{k}\bar{z}+\mathrm{i}n\theta) \tag{8-268}$$

(8) 方程(8-145)对 $\bar z$ 求一阶偏导数，得

$$\bar\phi_{11,\bar r\bar r\bar z}\Big|_{\bar r_0} = -\frac{\bar k \mathrm{I}_0(\bar k\bar r) - \dfrac{1}{\bar r}\mathrm{I}_1(\bar k\bar r)}{\mathrm{I}_1(\bar k)}(\bar k\bar\omega_1+\bar k^2)\exp(\mathrm{i}\bar\omega_1\bar t + \mathrm{i}\bar k\bar z + \mathrm{i}n\theta) \tag{8-269}$$

(9) 第三级表面波反对称波形液相势函数方程(8-233)对 $\bar t$ 求一阶偏导数，得

$$\bar\phi_{31,\bar t}\Big|_{\bar r_0} = \frac{\mathrm{I}_0(3\bar k\bar r)}{3\bar k\mathrm{I}_1(3\bar k)}\left\{\begin{array}{l} -(\bar\omega_3^2+3\bar k\bar\omega_3)\exp(\mathrm{i}\bar\omega_3\bar t+3\mathrm{i}\bar k\bar z+3\mathrm{i}n\theta)+ \\ \left[\begin{array}{l}\dfrac{3\bar k\mathrm{I}_0(\bar k)-\mathrm{I}_1(\bar k)}{\mathrm{I}_1(\bar k)}(\bar\omega_1+\bar k)+ \\ \dfrac{3\bar k\mathrm{I}_0(2\bar k)-\mathrm{I}_1(2\bar k)}{\mathrm{I}_1(2\bar k)}(\bar\omega_2+2\bar k)\end{array}\right]\cdot \\ (\bar\omega_1+\bar\omega_2)\exp(\mathrm{i}\bar\omega_1\bar t+\mathrm{i}\bar\omega_2\bar t+3\mathrm{i}\bar k\bar z+3\mathrm{i}n\theta)- \\ \left\{\begin{array}{l}\dfrac{3\bar k\mathrm{I}_0(2\bar k)-\mathrm{I}_1(2\bar k)}{\mathrm{I}_1(2\bar k)}\dfrac{2\bar k\mathrm{I}_0(\bar k)-\mathrm{I}_1(\bar k)}{\mathrm{I}_1(\bar k)}- \\ \dfrac{1}{2}\left[2+\bar k^2-\dfrac{\bar k\mathrm{I}_0(\bar k)}{\mathrm{I}_1(\bar k)}\right]-2\bar k^2\end{array}\right\}\cdot \\ 3(\bar\omega_1^2+\bar k\bar\omega_1)\exp(3\mathrm{i}\bar\omega_1\bar t+3\mathrm{i}\bar k\bar z+3\mathrm{i}n\theta)\end{array}\right\} \tag{8-270}$$

(10) 方程(8-233)对 $\bar z$ 求一阶偏导数，得

$$\bar\phi_{31,\bar z}\Big|_{\bar r_0} = \frac{\mathrm{I}_0(3\bar k\bar r)}{\mathrm{I}_1(3\bar k)}\left\{\begin{array}{l} -(\bar\omega_3+3\bar k)\exp(\mathrm{i}\bar\omega_3\bar t+3\mathrm{i}\bar k\bar z+3\mathrm{i}n\theta)+ \\ \left[\begin{array}{l}\dfrac{3\bar k\mathrm{I}_0(\bar k)-\mathrm{I}_1(\bar k)}{\mathrm{I}_1(\bar k)}(\bar\omega_1+\bar k)+ \\ \dfrac{3\bar k\mathrm{I}_0(2\bar k)-\mathrm{I}_1(2\bar k)}{\mathrm{I}_1(2\bar k)}(\bar\omega_2+2\bar k)\end{array}\right]\cdot \\ \exp(\mathrm{i}\bar\omega_1\bar t+\mathrm{i}\bar\omega_2\bar t+3\mathrm{i}\bar k\bar z+3\mathrm{i}n\theta)- \\ \left\{\begin{array}{l}\dfrac{3\bar k\mathrm{I}_0(2\bar k)-\mathrm{I}_1(2\bar k)}{\mathrm{I}_1(2\bar k)}\dfrac{2\bar k\mathrm{I}_0(\bar k)-\mathrm{I}_1(\bar k)}{\mathrm{I}_1(\bar k)}- \\ \dfrac{1}{2}\left[2+\bar k^2-\dfrac{\bar k\mathrm{I}_0(\bar k)}{\mathrm{I}_1(\bar k)}\right]-2\bar k^2\end{array}\right\}\cdot \\ (\bar\omega_1+\bar k)\exp(3\mathrm{i}\bar\omega_1\bar t+3\mathrm{i}\bar k\bar z+3\mathrm{i}n\theta)\end{array}\right\} \tag{8-271}$$

(11) 第三级表面波反对称波形气相势函数方程(8-253)对 $\bar t$ 求一阶偏导数，得

$$
\bar{\phi}_{3g,\bar{t}}\Big|_{\bar{r}_0}=\frac{K_0(3\bar{k}\bar{r})}{3\bar{k}K_1(3\bar{k})}\left\langle\begin{array}{l}
\bar{\omega}_3^2\exp(i\bar{\omega}_3\bar{t}+3i\bar{k}\bar{z}+3in\theta)+\\
\left[\begin{array}{l}\dfrac{3\bar{k}K_0(\bar{k})+K_1(\bar{k})}{K_1(\bar{k})}\bar{\omega}_1+\\ \dfrac{3\bar{k}K_0(2\bar{k})+K_1(2\bar{k})}{K_1(2\bar{k})}\bar{\omega}_2\end{array}\right]\cdot\\
(\bar{\omega}_1+\bar{\omega}_2)\exp(i\bar{\omega}_1\bar{t}+i\bar{\omega}_2\bar{t}+3i\bar{k}\bar{z}+3in\theta)+\\
\left[\begin{array}{l}\dfrac{3\bar{k}K_0(2\bar{k})+K_1(2\bar{k})}{K_1(2\bar{k})}\dfrac{2\bar{k}K_0(\bar{k})+K_1(\bar{k})}{K_1(\bar{k})}\bar{\omega}_1-\\ \dfrac{1}{2}\dfrac{\left(1+\dfrac{1}{\bar{k}}+\bar{k}^2\right)K_1(\bar{k})+K_0(\bar{k})}{K_1(\bar{k})}\bar{\omega}_1-2\bar{k}^2\bar{\omega}_1\end{array}\right]\cdot\\
3\bar{\omega}_1\exp(3i\bar{\omega}_1\bar{t}+3i\bar{k}\bar{z}+3in\theta)
\end{array}\right\rangle \tag{8-272}
$$

根据第三级表面波按泰勒级数在气液交界面 $\bar{r}_0$ 处展开的动力学边界条件式(8-95),令 n 阶圆射流第三级表面波反对称波形的色散准则关系式中与第一级表面波和第二表波面级圆频率相关的源项为

$$
S_{cs3}=\left\{\begin{array}{l}
-\dfrac{I_0(3\bar{k}\bar{r})}{3\bar{k}I_1(3\bar{k})}\left[\begin{array}{l}\dfrac{3\bar{k}I_0(2\bar{k})-I_1(2\bar{k})}{I_1(2\bar{k})}\dfrac{2\bar{k}I_0(\bar{k})-I_1(\bar{k})}{I_1(\bar{k})}-\\ \dfrac{1}{2}\left[\bar{k}^2+2-\dfrac{\bar{k}I_0(\bar{k})}{I_1(\bar{k})}\right]-2\bar{k}^2\end{array}\right](3\bar{\omega}_1^2+6\bar{k}\bar{\omega}_1+3\bar{k}^2)-\\
\bar{\rho}\dfrac{K_0(3\bar{k}\bar{r})}{3\bar{k}K_1(3\bar{k})}\left[\begin{array}{l}\dfrac{3\bar{k}K_0(2\bar{k})+K_1(2\bar{k})}{K_1(2\bar{k})}\dfrac{2\bar{k}K_0(\bar{k})+K_1(\bar{k})}{K_1(\bar{k})}\bar{\omega}_1-\\ \dfrac{1}{2}\dfrac{\left(1+\dfrac{1}{\bar{k}}+\bar{k}^2\right)K_1(\bar{k})+K_0(\bar{k})}{K_1(\bar{k})}\bar{\omega}_1-2\bar{k}^2\bar{\omega}_1\end{array}\right]3\bar{\omega}_1\cdot
\end{array}\right\}
$$

$$
\exp(3i\bar{\omega}_1\bar{t}+3i\bar{k}\bar{z}+3in\theta)-
$$

$$
\bar{\rho}\left[\begin{array}{l}
\dfrac{3}{2}\dfrac{\bar{k}K_0(\bar{k}\bar{r})+\dfrac{1}{\bar{r}}K_1(\bar{k}\bar{r})}{K_1(\bar{k})}\bar{\omega}_1^2-\dfrac{K_1(2\bar{k}\bar{r})}{K_1(2\bar{k})}\dfrac{2\bar{k}K_0(\bar{k})+K_1(\bar{k})}{K_1(\bar{k})}3\bar{\omega}_1^2+\\
\dfrac{K_1(\bar{k}\bar{r})}{K_1(\bar{k})}\dfrac{K_1(\bar{k}\bar{r})}{\bar{r}K_1(\bar{k})}\bar{\omega}_1^2-\dfrac{K_1(\bar{k}\bar{r})}{K_1(\bar{k})}\dfrac{K_1(2\bar{k}\bar{r})}{K_1(2\bar{k})}\dfrac{2\bar{k}K_0(\bar{k})+K_1(\bar{k})}{K_1(\bar{k})}\bar{\omega}_1^2+\\
\dfrac{K_0(\bar{k}\bar{r})}{K_1(\bar{k})}\dfrac{K_0(2\bar{k}\bar{r})}{K_1(2\bar{k})}\dfrac{2\bar{k}K_0(\bar{k})+K_1(\bar{k})}{K_1(\bar{k})}\bar{\omega}_1^2-\bar{k}\dfrac{K_0(\bar{k}\bar{r})}{K_1(\bar{k})}\dfrac{K_1(\bar{k}\bar{r})}{K_1(\bar{k})}\bar{\omega}_1^2
\end{array}\right]\cdot
$$

$$\exp(3\mathrm{i}\bar{\omega}_1\bar{t}+3\mathrm{i}\bar{k}\bar{z}+3\mathrm{i}n\theta)+$$

$$\left\{\begin{aligned}&-\frac{3}{2}\frac{\bar{k}\mathrm{I}_0(\bar{k}\bar{r})-\dfrac{1}{\bar{r}}\mathrm{I}_1(\bar{k}\bar{r})}{\mathrm{I}_1(\bar{k})}(\bar{\omega}_1^2+2\bar{k}\bar{\omega}_1+\bar{k}^2)+\\&\frac{\mathrm{I}_1(2\bar{k}\bar{r})}{\mathrm{I}_1(2\bar{k})}\frac{2\bar{k}\mathrm{I}_0(\bar{k})-\mathrm{I}_1(\bar{k})}{\mathrm{I}_1(\bar{k})}(3\bar{\omega}_1^2+6\bar{k}\bar{\omega}_1+3\bar{k}^2)+\\&\frac{\mathrm{I}_1(\bar{k}\bar{r})}{\mathrm{I}_1(\bar{k})}\frac{\mathrm{I}_1(\bar{k}\bar{r})}{\bar{r}\mathrm{I}_1(\bar{k})}(\bar{\omega}_1+\bar{k})^2+\frac{\mathrm{I}_1(\bar{k}\bar{r})}{\mathrm{I}_1(\bar{k})}\frac{\mathrm{I}_1(2\bar{k}\bar{r})}{\mathrm{I}_1(2\bar{k})}\frac{2\bar{k}\mathrm{I}_0(\bar{k})-\mathrm{I}_1(\bar{k})}{\mathrm{I}_1(\bar{k})}(\bar{\omega}_1+\bar{k})^2-\\&\frac{\mathrm{I}_0(\bar{k}\bar{r})}{\mathrm{I}_1(\bar{k})}\frac{\mathrm{I}_0(2\bar{k}\bar{r})}{\mathrm{I}_1(2\bar{k})}\frac{2\bar{k}\mathrm{I}_0(\bar{k})-\mathrm{I}_1(\bar{k})}{\mathrm{I}_1(\bar{k})}(\bar{\omega}_1+\bar{k})^2+\frac{\mathrm{I}_0(\bar{k}\bar{r})}{\mathrm{I}_1(\bar{k})}\frac{\mathrm{I}_1(\bar{k}\bar{r})}{\mathrm{I}_1(\bar{k})}\bar{k}(\bar{\omega}_1+\bar{k})^2\end{aligned}\right\}\cdot$$

$$\exp(3\mathrm{i}\bar{\omega}_1\bar{t}+3\mathrm{i}\bar{k}\bar{z}+3\mathrm{i}n\theta)-$$

$$\frac{1}{We_1}\left[1-\frac{3}{2}\bar{k}^4+\frac{1}{2}\bar{k}^2+\frac{1}{2}\bar{k}^2n^2+3n^2+n^4\right]\exp(3\mathrm{i}\bar{\omega}_1\bar{t}+3\mathrm{i}\bar{k}\bar{z}+3\mathrm{i}n\theta)+$$

$$\left\{\begin{aligned}&\frac{\mathrm{I}_0(3\bar{k}\bar{r})}{3\bar{k}\mathrm{I}_1(3\bar{k})}\left[\begin{aligned}&\frac{3\bar{k}\mathrm{I}_0(\bar{k})-\mathrm{I}_1(\bar{k})}{\mathrm{I}_1(\bar{k})}(\bar{\omega}_1+\bar{k})+\\&\frac{3\bar{k}\mathrm{I}_0(2\bar{k})-\mathrm{I}_1(2\bar{k})}{\mathrm{I}_1(2\bar{k})}(\bar{\omega}_2+2\bar{k})\end{aligned}\right](\bar{\omega}_1+\bar{\omega}_2+3\bar{k})-\\&\bar{\rho}\frac{\mathrm{K}_0(3\bar{k}\bar{r})}{3\bar{k}\mathrm{K}_1(3\bar{k})}\left[\frac{3\bar{k}\mathrm{K}_0(\bar{k})+\mathrm{K}_1(\bar{k})}{\mathrm{K}_1(\bar{k})}\bar{\omega}_1+\frac{3\bar{k}\mathrm{K}_0(2\bar{k})+\mathrm{K}_1(2\bar{k})}{\mathrm{K}_1(2\bar{k})}\bar{\omega}_2\right](\bar{\omega}_1+\bar{\omega}_2)\end{aligned}\right\}\cdot$$

$$\exp(\mathrm{i}\bar{\omega}_1\bar{t}+\mathrm{i}\bar{\omega}_2\bar{t}+3\mathrm{i}\bar{k}\bar{z}+3\mathrm{i}n\theta)-$$

$$\bar{\rho}\left[\begin{aligned}&-\frac{\mathrm{K}_1(\bar{k}\bar{r})}{\mathrm{K}_1(\bar{k})}\bar{\omega}_1\bar{\omega}_2-\frac{\mathrm{K}_1(\bar{k}\bar{r})}{\mathrm{K}_1(\bar{k})}\bar{\omega}_1^2-\frac{\mathrm{K}_1(2\bar{k}\bar{r})}{\mathrm{K}_1(2\bar{k})}\bar{\omega}_1\bar{\omega}_2-\frac{\mathrm{K}_1(2\bar{k}\bar{r})}{\mathrm{K}_1(2\bar{k})}\bar{\omega}_2^2-\\&\frac{\mathrm{K}_1(\bar{k}\bar{r})}{\mathrm{K}_1(\bar{k})}\frac{\mathrm{K}_1(2\bar{k}\bar{r})}{\mathrm{K}_1(2\bar{k})}\bar{\omega}_1\bar{\omega}_2+\frac{\mathrm{K}_0(\bar{k}\bar{r})}{\mathrm{K}_1(\bar{k})}\frac{\mathrm{K}_0(2\bar{k}\bar{r})}{\mathrm{K}_1(2\bar{k})}\bar{\omega}_1\bar{\omega}_2\end{aligned}\right]\cdot$$

$$\exp(\mathrm{i}\bar{\omega}_1\bar{t}+\mathrm{i}\bar{\omega}_2\bar{t}+3\mathrm{i}\bar{k}\bar{z}+3\mathrm{i}n\theta)+$$

$$\left\{\begin{aligned}&-\frac{\mathrm{I}_1(\bar{k}\bar{r})}{\mathrm{I}_1(\bar{k})}(\bar{\omega}_1+\bar{k})(\bar{\omega}_1+\bar{\omega}_2+3\bar{k})-\frac{\mathrm{I}_1(2\bar{k}\bar{r})}{\mathrm{I}_1(2\bar{k})}[\bar{\omega}_1\bar{\omega}_2+2\bar{k}\bar{\omega}_1+\bar{\omega}_2^2+5\bar{k}\bar{\omega}_2+6\bar{k}^2]-\\&\frac{\mathrm{I}_1(\bar{k}\bar{r})}{\mathrm{I}_1(\bar{k})}\frac{\mathrm{I}_1(2\bar{k}\bar{r})}{\mathrm{I}_1(2\bar{k})}(\bar{\omega}_1+\bar{k})(\bar{\omega}_2+2\bar{k})+\frac{\mathrm{I}_0(\bar{k}\bar{r})}{\mathrm{I}_1(\bar{k})}\frac{\mathrm{I}_0(2\bar{k}\bar{r})}{\mathrm{I}_1(2\bar{k})}(\bar{\omega}_1+\bar{k})(\bar{\omega}_2+2\bar{k})\end{aligned}\right\}\cdot$$

$$\exp(\mathrm{i}\bar{\omega}_1\bar{t}+\mathrm{i}\bar{\omega}_2\bar{t}+3\mathrm{i}\bar{k}\bar{z}+3\mathrm{i}n\theta)+$$

$$\frac{1}{We_1}(2+2\bar{k}^2+8n^2+2n^2)\exp(\mathrm{i}\bar{\omega}_1\bar{t}+\mathrm{i}\bar{\omega}_2\bar{t}+3\mathrm{i}\bar{k}\bar{z}+3\mathrm{i}n\theta) \qquad (8\text{-}273)$$

在 $\bar{r}_0=1$ 处，当 $\exp(\mathrm{i}\bar{\omega}_{1/2}\bar{t})=\pm 1$ 时，表面波波动项达到最大值。取 $\exp(\mathrm{i}\bar{\omega}_{1/2}\bar{t})=\pm 1$，方程(8-273)变成

$$
S_{cs3}=\left\{\begin{array}{l}
-\dfrac{\mathrm{I}_0(3\bar{k})}{\bar{k}\mathrm{I}_1(3\bar{k})}\left[\begin{array}{l}\dfrac{6\bar{k}^2\mathrm{I}_0(\bar{k})\mathrm{I}_0(2\bar{k})-3\bar{k}\mathrm{I}_0(2\bar{k})\mathrm{I}_1(\bar{k})-2\bar{k}\mathrm{I}_0(\bar{k})\mathrm{I}_1(2\bar{k})+\mathrm{I}_1(\bar{k})\mathrm{I}_1(2\bar{k})}{\mathrm{I}_1(2\bar{k})\mathrm{I}_1(\bar{k})}-\\ \dfrac{5\bar{k}^2\mathrm{I}_1(\bar{k})+2\mathrm{I}_1(\bar{k})-\bar{k}\mathrm{I}_0(\bar{k})}{2\mathrm{I}_1(\bar{k})}\end{array}\right]\cdot\\
(\bar{\omega}_1+\bar{k})^2+\\
\left[\dfrac{15\bar{k}\mathrm{I}_0(\bar{k})-3\mathrm{I}_1(\bar{k})}{2\mathrm{I}_1(\bar{k})}-\dfrac{2\bar{k}\mathrm{I}_0^2(\bar{k})\mathrm{I}_0(2\bar{k})-\mathrm{I}_0(\bar{k})\mathrm{I}_0(2\bar{k})\mathrm{I}_1(\bar{k})}{\mathrm{I}_1^2(\bar{k})\mathrm{I}_1(2\bar{k})}\right](\bar{\omega}_1+\bar{k})^2-\\
\dfrac{1}{We_1}\left(1-\dfrac{3}{2}\bar{k}^4+\dfrac{1}{2}\bar{k}^2+\dfrac{1}{2}\bar{k}^2n^2+3n^2+n^4\right)
\end{array}\right\}-
$$

$$
\bar{\rho}\left\{\begin{array}{l}
\dfrac{\mathrm{K}_0(3\bar{k})}{\bar{k}\mathrm{K}_1(3\bar{k})}\left[\begin{array}{l}\dfrac{6\bar{k}^2\mathrm{K}_0(\bar{k})\mathrm{K}_0(2\bar{k})+3\bar{k}\mathrm{K}_0(2\bar{k})\mathrm{K}_1(\bar{k})+2\bar{k}\mathrm{K}_0(\bar{k})\mathrm{K}_1(2\bar{k})+\mathrm{K}_1(\bar{k})\mathrm{K}_1(2\bar{k})}{\mathrm{K}_1(2\bar{k})\mathrm{K}_1(\bar{k})}-\\ \dfrac{\bar{k}\mathrm{K}_1(\bar{k})+\mathrm{K}_1(\bar{k})+5\bar{k}^3\mathrm{K}_1(\bar{k})+\bar{k}\mathrm{K}_0(\bar{k})}{2\bar{k}\mathrm{K}_1(\bar{k})}\end{array}\right]\bar{\omega}_1^2+\\
\left[\dfrac{-15\bar{k}\mathrm{K}_0(\bar{k})-3\mathrm{K}_1(\bar{k})}{2\mathrm{K}_1(\bar{k})}+\dfrac{2\bar{k}\mathrm{K}_0^2(\bar{k})\mathrm{K}_0(2\bar{k})+\mathrm{K}_0(\bar{k})\mathrm{K}_0(2\bar{k})\mathrm{K}_1(\bar{k})}{\mathrm{K}_1^2(\bar{k})\mathrm{K}_1(2\bar{k})}\right]\bar{\omega}_1^2
\end{array}\right\}+
$$

$$
\left\{\begin{array}{l}
\dfrac{\mathrm{I}_0(3\bar{k})}{3\bar{k}\mathrm{I}_1(3\bar{k})}\left[\dfrac{3\bar{k}\mathrm{I}_0(\bar{k})-\mathrm{I}_1(\bar{k})}{\mathrm{I}_1(\bar{k})}(\bar{\omega}_1+\bar{k})+\dfrac{3\bar{k}\mathrm{I}_0(2\bar{k})-\mathrm{I}_1(2\bar{k})}{\mathrm{I}_1(2\bar{k})}(\bar{\omega}_2+2\bar{k})\right](\bar{\omega}_1+\bar{\omega}_2+3\bar{k})+\\
\left[\begin{array}{l}-(\bar{\omega}_1+\bar{k})(\bar{\omega}_1+2\bar{\omega}_2+5\bar{k})-(\bar{\omega}_1\bar{\omega}_2+2\bar{k}\bar{\omega}_1+\bar{\omega}_2^2+5\bar{k}\bar{\omega}_2+6\bar{k}^2)+\\ \dfrac{\mathrm{I}_0(\bar{k})\mathrm{I}_0(2\bar{k})}{\mathrm{I}_1(\bar{k})\mathrm{I}_1(2\bar{k})}(\bar{\omega}_1+\bar{k})(\bar{\omega}_2+2\bar{k})\end{array}\right]+\\
\dfrac{1}{We_1}(2+2\bar{k}^2+10n^2)
\end{array}\right\}-
$$

$$
\bar{\rho}\left\{\begin{array}{l}
\dfrac{\mathrm{K}_0(3\bar{k})}{3\bar{k}\mathrm{K}_1(3\bar{k})}\left[\dfrac{3\bar{k}\mathrm{K}_0(\bar{k})+\mathrm{K}_1(\bar{k})}{\mathrm{K}_1(\bar{k})}\bar{\omega}_1+\dfrac{3\bar{k}\mathrm{K}_0(2\bar{k})+\mathrm{K}_1(2\bar{k})}{\mathrm{K}_1(2\bar{k})}\bar{\omega}_2\right](\bar{\omega}_1+\bar{\omega}_2)+\\
\left[-3\bar{\omega}_1\bar{\omega}_2-\bar{\omega}_1^2-\bar{\omega}_2^2+\dfrac{\mathrm{K}_0(\bar{k})\mathrm{K}_0(2\bar{k})}{\mathrm{K}_1(\bar{k})\mathrm{K}_1(2\bar{k})}\bar{\omega}_1\bar{\omega}_2\right]
\end{array}\right\}\tag{8-274}
$$

将方程(8-274)代入方程(8-95)，得

$$\left[-\frac{\mathrm{I}_0(3\bar{k}\bar{r})}{3\bar{k}\mathrm{I}_1(3\bar{k})}(\bar{\omega}_3^2+6\bar{k}\bar{\omega}_3+9\bar{k}^2)-\bar{\rho}\frac{\mathrm{K}_0(3\bar{k}\bar{r})}{3\bar{k}\mathrm{K}_1(3\bar{k})}\bar{\omega}_3^2\right]\exp(\mathrm{i}\bar{\omega}_3\bar{t}+3\mathrm{i}\bar{k}\bar{z}+3\mathrm{i}n\theta)-$$

$$\frac{1}{We_1}(1-9\bar{k}^2+9n^2)\exp(\mathrm{i}\bar{\omega}_3\bar{t}+3\mathrm{i}\bar{k}\bar{z}+3\mathrm{i}n\theta)+S_{\mathrm{cs3}}=0 \tag{8-275}$$

在 $\bar{r}_0=1$ 处，当 $\exp(\mathrm{i}\bar{\omega}_{1/2/3}\bar{t})=\pm1$ 时，表面波波动项达到最大值。取 $\exp(\mathrm{i}\bar{\omega}_{1/2/3}\bar{t})=\pm1$，方程(8-275)变成

$$-\frac{\mathrm{I}_0(3\bar{k})}{3\bar{k}\mathrm{I}_1(3\bar{k})}(\bar{\omega}_3^2+6\bar{k}\bar{\omega}_3+9\bar{k}^2)-\bar{\rho}\frac{\mathrm{K}_0(3\bar{k})}{3\bar{k}\mathrm{K}_1(3\bar{k})}\bar{\omega}_3^2-\frac{1}{We_1}(1-9\bar{k}^2+9n^2)+S_{\mathrm{cs3}}=0 \tag{8-276}$$

化简为

$$\left[\frac{\mathrm{I}_0(3\bar{k})}{3\bar{k}\mathrm{I}_1(3\bar{k})}+\bar{\rho}\frac{\mathrm{K}_0(3\bar{k})}{3\bar{k}\mathrm{K}_1(3\bar{k})}\right]\bar{\omega}_3^2+2\frac{\mathrm{I}_0(3\bar{k})}{\mathrm{I}_1(3\bar{k})}\bar{\omega}_3+\frac{\mathrm{I}_0(3\bar{k})}{\mathrm{I}_1(3\bar{k})}3\bar{k}+\frac{1}{We_1}(1-9\bar{k}^2+9n^2)-S_{\mathrm{cs3}}=0 \tag{8-277}$$

解得

$$\bar{\omega}_3=\frac{-3\bar{k}\dfrac{\mathrm{I}_0(3\bar{k})}{\mathrm{I}_1(3\bar{k})}\pm\mathrm{i}3\bar{k}\sqrt{\bar{\rho}\dfrac{\mathrm{K}_0(3\bar{k})}{\mathrm{K}_1(3\bar{k})}\dfrac{\mathrm{I}_0(3\bar{k})}{\mathrm{I}_1(3\bar{k})}+\dfrac{1}{3\bar{k}}\left[\dfrac{\mathrm{I}_0(3\bar{k})}{\mathrm{I}_1(3\bar{k})}+\bar{\rho}\dfrac{\mathrm{K}_0(3\bar{k})}{\mathrm{K}_1(3\bar{k})}\right]\left[\dfrac{1}{We_1}(1-9\bar{k}^2+9n^2)-S_{\mathrm{cs3}}\right]}}{\dfrac{\mathrm{I}_0(3\bar{k})}{\mathrm{I}_1(3\bar{k})}+\bar{\rho}\dfrac{\mathrm{K}_0(3\bar{k})}{\mathrm{K}_1(3\bar{k})}} \tag{8-278}$$

则

$$\bar{\omega}_{\mathrm{r3}}=\frac{-3\bar{k}\dfrac{\mathrm{I}_0(3\bar{k})}{\mathrm{I}_1(3\bar{k})}}{\dfrac{\mathrm{I}_0(3\bar{k})}{\mathrm{I}_1(3\bar{k})}+\dfrac{\bar{\rho}\mathrm{K}_0(3\bar{k})}{\mathrm{K}_1(3\bar{k})}} \tag{8-279}$$

第三级表面波反对称波形上下气液交界面色散准则关系式为

$$\bar{\omega}_{\mathrm{i3}}=\pm\frac{3\bar{k}\sqrt{\bar{\rho}\dfrac{\mathrm{K}_0(3\bar{k})}{\mathrm{K}_1(3\bar{k})}\dfrac{\mathrm{I}_0(3\bar{k})}{\mathrm{I}_1(3\bar{k})}+\dfrac{1}{3\bar{k}}\left[\dfrac{\mathrm{I}_0(3\bar{k})}{\mathrm{I}_1(3\bar{k})}+\bar{\rho}\dfrac{\mathrm{K}_0(3\bar{k})}{\mathrm{K}_1(3\bar{k})}\right]\left[\dfrac{1}{We_1}(1-9\bar{k}^2+9n^2)-S_{\mathrm{cs3}}\right]}}{\dfrac{\mathrm{I}_0(3\bar{k})}{\mathrm{I}_1(3\bar{k})}+\bar{\rho}\dfrac{\mathrm{K}_0(3\bar{k})}{\mathrm{K}_1(3\bar{k})}} \tag{8-280}$$

8.7.7　圆射流第三级波正对称波形的色散准则关系式

(1) 第一级表面波正对称波形液相势函数方程(8-157)对 $\bar{t}$ 求一阶偏导数，得

$$\bar{\phi}_{1l,\bar{r}\bar{r}\bar{t}}\Big|_{\bar{r}_0}=(-1)^j\frac{\bar{k}\mathrm{I}_0(\bar{k}\bar{r})-\dfrac{1}{\bar{r}}\mathrm{I}_1(\bar{k}\bar{r})}{\mathrm{I}_1(\bar{k})}(\bar{\omega}_1^2+\bar{k}\bar{\omega}_1)\exp(\mathrm{i}\bar{\omega}_1\bar{t}+\mathrm{i}\bar{k}\bar{z}+\mathrm{i}n\theta)\quad(8\text{-}281)$$

（2）方程(8-157)对 $\bar{z}$ 求一阶偏导数，得

$$\bar{\phi}_{1l,\bar{r}\bar{r}\bar{z}}\Big|_{\bar{r}_0}=(-1)^j\frac{\bar{k}\mathrm{I}_0(\bar{k}\bar{r})-\dfrac{1}{\bar{r}}\mathrm{I}_1(\bar{k}\bar{r})}{\mathrm{I}_1(\bar{k})}(\bar{k}\bar{\omega}_1+\bar{k}^2)\exp(\mathrm{i}\bar{\omega}_1\bar{t}+\mathrm{i}\bar{k}\bar{z}+\mathrm{i}n\theta)\quad(8\text{-}282)$$

（3）第一级表面波正对称波形气相势函数方程(8-175)对 $\bar{t}$ 求一阶偏导数，得

$$\bar{\phi}_{1g,\bar{r}\bar{r}\bar{t}}\Big|_{\bar{r}_0}=(-1)^{j+1}\frac{\bar{k}\mathrm{K}_0(\bar{k}\bar{r})+\dfrac{1}{\bar{r}}\mathrm{K}_1(\bar{k}\bar{r})}{\mathrm{K}_1(\bar{k})}\bar{\omega}_1^2\exp(\mathrm{i}\bar{\omega}_1\bar{t}+\mathrm{i}\bar{k}\bar{z}+\mathrm{i}n\theta)\quad(8\text{-}283)$$

（4）第二级表面波正对称波形液相势函数方程(8-163)对 $\bar{r}$ 求一阶偏导数，得

$$\bar{\phi}_{2l,\bar{r}}\Big|_{\bar{r}_0}=\frac{\mathrm{I}_1(2\bar{k}\bar{r})}{\mathrm{I}_1(2\bar{k})}\left[\begin{aligned}&(-1)^{j+1}(\mathrm{i}\bar{\omega}_2+2\mathrm{i}\bar{k})\exp(\mathrm{i}\bar{\omega}_2\bar{t}+2\mathrm{i}\bar{k}\bar{z}+2\mathrm{i}n\theta)-\\&\frac{2\bar{k}\mathrm{I}_0(\bar{k})-\mathrm{I}_1(\bar{k})}{\mathrm{I}_1(\bar{k})}(\mathrm{i}\bar{\omega}_1+\mathrm{i}\bar{k})\exp(2\mathrm{i}\bar{\omega}_1\bar{t}+2\mathrm{i}\bar{k}\bar{z}+2\mathrm{i}n\theta)\end{aligned}\right]\quad(8\text{-}284)$$

（5）方程(8-284)对 $\bar{t}$ 求一阶偏导数，得

$$\bar{\phi}_{2l,\bar{r}\bar{t}}\Big|_{\bar{r}_0}=-\frac{\mathrm{I}_1(2\bar{k}\bar{r})}{\mathrm{I}_1(2\bar{k})}\left[\begin{aligned}&(-1)^{j+1}(\bar{\omega}_2^2+2\bar{k}\bar{\omega}_2)\exp(\mathrm{i}\bar{\omega}_2\bar{t}+2\mathrm{i}\bar{k}\bar{z}+2\mathrm{i}n\theta)-\\&\frac{2\bar{k}\mathrm{I}_0(\bar{k})-\mathrm{I}_1(\bar{k})}{\mathrm{I}_1(\bar{k})}(2\bar{\omega}_1^2+2\bar{k}\bar{\omega}_1)\exp(2\mathrm{i}\bar{\omega}_1\bar{t}+2\mathrm{i}\bar{k}\bar{z}+2\mathrm{i}n\theta)\end{aligned}\right]\quad(8\text{-}285)$$

（6）方程(8-285)对 $\bar{z}$ 求一阶偏导数，得

$$\bar{\phi}_{2l,\bar{r}\bar{z}}\Big|_{\bar{r}_0}=-\frac{\mathrm{I}_1(2\bar{k}\bar{r})}{\mathrm{I}_1(2\bar{k})}\left[\begin{aligned}&(-1)^{j+1}2\bar{k}(\bar{\omega}_2+2\bar{k})\exp(\mathrm{i}\bar{\omega}_2\bar{t}+2\mathrm{i}\bar{k}\bar{z}+2\mathrm{i}n\theta)-\\&\frac{2\bar{k}\mathrm{I}_0(\bar{k})-\mathrm{I}_1(\bar{k})}{\mathrm{I}_1(\bar{k})}2\bar{k}(\bar{\omega}_1+\bar{k})\exp(2\mathrm{i}\bar{\omega}_1\bar{t}+2\mathrm{i}\bar{k}\bar{z}+2\mathrm{i}n\theta)\end{aligned}\right]\quad(8\text{-}286)$$

（7）第二级表面波正对称波形气相势函数方程(8-181)对 $\bar{r}$ 求一阶偏导数，得

$$\bar{\phi}_{2g,\bar{r}}\Big|_{\bar{r}_0}=\frac{\mathrm{K}_1(2\bar{k}\bar{r})}{\mathrm{K}_1(2\bar{k})}\left[\begin{aligned}&\frac{2\bar{k}\mathrm{K}_0(\bar{k})+\mathrm{K}_1(\bar{k})}{\mathrm{K}_1(\bar{k})}\mathrm{i}\bar{\omega}_1\exp(2\mathrm{i}\bar{\omega}_1\bar{t}+2\mathrm{i}\bar{k}\bar{z}+2\mathrm{i}n\theta)+\\&(-1)^{j+1}\mathrm{i}\bar{\omega}_2\exp(\mathrm{i}\bar{\omega}_2\bar{t}+2\mathrm{i}\bar{k}\bar{z}+2\mathrm{i}n\theta)\end{aligned}\right]\quad(8\text{-}287)$$

（8）方程(8-287)对 $\bar{t}$ 求一阶偏导数，得

$$\bar{\phi}_{2g,\bar{r}\bar{t}}\Big|_{\bar{r}_0}=-\frac{\mathrm{K}_1(2\bar{k}\bar{r})}{\mathrm{K}_1(2\bar{k})}\left[\begin{aligned}&\frac{2\bar{k}\mathrm{K}_0(\bar{k})+\mathrm{K}_1(\bar{k})}{\mathrm{K}_1(\bar{k})}2\bar{\omega}_1^2\exp(2\mathrm{i}\bar{\omega}_1\bar{t}+2\mathrm{i}\bar{k}\bar{z}+2\mathrm{i}n\theta)+\\&(-1)^{j+1}\bar{\omega}_2^2\exp(\mathrm{i}\bar{\omega}_2\bar{t}+2\mathrm{i}\bar{k}\bar{z}+2\mathrm{i}n\theta)\end{aligned}\right]\quad(8\text{-}288)$$

(9) 第三级表面波正对称波形液相势函数方程(8-238)对 $\bar{t}$ 求一阶偏导数,得

$$\bar{\phi}_{31,\bar{t}}\Big|_{\bar{r}_0}=\frac{\mathrm{I}_0(3\bar{k}\bar{r})}{3\bar{k}\mathrm{I}_1(3\bar{k})}\left\langle\begin{array}{l}(-1)^j(\bar{\omega}_3^2+3\bar{k}\bar{\omega}_3)\exp(\mathrm{i}\bar{\omega}_3\bar{t}+3\mathrm{i}\bar{k}\bar{z}+3\mathrm{i}n\theta)+\\ \left[\begin{array}{l}\dfrac{3\bar{k}\mathrm{I}_0(\bar{k})-\mathrm{I}_1(\bar{k})}{\mathrm{I}_1(\bar{k})}(\bar{\omega}_1+\bar{k})+\\ \dfrac{3\bar{k}\mathrm{I}_0(2\bar{k})-\mathrm{I}_1(2\bar{k})}{\mathrm{I}_1(2\bar{k})}(\bar{\omega}_2+2\bar{k})\end{array}\right]\cdot\\ (\bar{\omega}_1+\bar{\omega}_2)\exp(\mathrm{i}\bar{\omega}_1\bar{t}+\mathrm{i}\bar{\omega}_2\bar{t}+3\mathrm{i}\bar{k}\bar{z}+3\mathrm{i}n\theta)+\\ (-1)^j\left[\begin{array}{l}\dfrac{3\bar{k}\mathrm{I}_0(2\bar{k})-\mathrm{I}_1(2\bar{k})}{\mathrm{I}_1(2\bar{k})}\dfrac{2\bar{k}\mathrm{I}_0(\bar{k})-\mathrm{I}_1(\bar{k})}{\mathrm{I}_1(\bar{k})}-\\ \dfrac{1}{2}\left[2+\bar{k}^2-\dfrac{\bar{k}\mathrm{I}_0(\bar{k})}{\mathrm{I}_1(\bar{k})}\right]-2\bar{k}^2\end{array}\right]\cdot\\ 3(\bar{\omega}_1^2+\bar{k}\bar{\omega}_1)\exp(3\mathrm{i}\bar{\omega}_1\bar{t}+3\mathrm{i}\bar{k}\bar{z}+3\mathrm{i}n\theta)\end{array}\right\rangle \tag{8-289}$$

(10) 第三级表面波正对称波形液相势函数方程(8-238)对 $\bar{z}$ 求一阶偏导数,得

$$\bar{\phi}_{31,\bar{z}}\Big|_{\bar{r}_0}=\frac{\mathrm{I}_0(3\bar{k}\bar{r})}{\mathrm{I}_1(3\bar{k})}\left\langle\begin{array}{l}(-1)^j(\bar{\omega}_3+3\bar{k})\exp(\mathrm{i}\bar{\omega}_3\bar{t}+3\mathrm{i}\bar{k}\bar{z}+3\mathrm{i}n\theta)+\\ \left[\begin{array}{l}\dfrac{3\bar{k}\mathrm{I}_0(\bar{k})-\mathrm{I}_1(\bar{k})}{\mathrm{I}_1(\bar{k})}(\bar{\omega}_1+\bar{k})+\\ \dfrac{3\bar{k}\mathrm{I}_0(2\bar{k})-\mathrm{I}_1(2\bar{k})}{\mathrm{I}_1(2\bar{k})}(\bar{\omega}_2+2\bar{k})\end{array}\right]\cdot\\ \exp(\mathrm{i}\bar{\omega}_1\bar{t}+\mathrm{i}\bar{\omega}_2\bar{t}+3\mathrm{i}\bar{k}\bar{z}+3\mathrm{i}n\theta)+\\ (-1)^j\left[\begin{array}{l}\dfrac{3\bar{k}\mathrm{I}_0(2\bar{k})-\mathrm{I}_1(2\bar{k})}{\mathrm{I}_1(2\bar{k})}\dfrac{2\bar{k}\mathrm{I}_0(\bar{k})-\mathrm{I}_1(\bar{k})}{\mathrm{I}_1(\bar{k})}-\\ \dfrac{1}{2}\left[2+\bar{k}^2-\dfrac{\bar{k}\mathrm{I}_0(\bar{k})}{\mathrm{I}_1(\bar{k})}\right]-2\bar{k}^2\end{array}\right]\cdot\\ (\bar{\omega}_1+\bar{k})\exp(3\mathrm{i}\bar{\omega}_1\bar{t}+3\mathrm{i}\bar{k}\bar{z}+3\mathrm{i}n\theta)\end{array}\right\rangle \tag{8-290}$$

(11) 第三级表面波正对称波形气相势函数方程(8-261)对 $\bar{t}$ 求一阶偏导数，得

$$\bar{\phi}_{3g,\bar{t}}\Big|_{\bar{r}_0}=-\frac{K_0(3\bar{k}\bar{r})}{3\bar{k}K_1(3\bar{k})}\left\{\begin{aligned}&(-1)^j\bar{\omega}_3^2\exp(\mathrm{i}\bar{\omega}_3\bar{t}+3\mathrm{i}\bar{k}\bar{z}+3\mathrm{i}n\theta)-\\&\left[\frac{3\bar{k}K_0(\bar{k})+K_1(\bar{k})}{K_1(\bar{k})}\bar{\omega}_1+\frac{3\bar{k}K_0(2\bar{k})+K_1(2\bar{k})}{K_1(2\bar{k})}\bar{\omega}_2\right]\cdot\\&(\bar{\omega}_1+\bar{\omega}_2)\exp(\mathrm{i}\bar{\omega}_1\bar{t}+\mathrm{i}\bar{\omega}_2\bar{t}+3\mathrm{i}\bar{k}\bar{z}+3\mathrm{i}n\theta)+\\&\left[\begin{aligned}&(-1)^j\frac{3\bar{k}K_0(2\bar{k})+K_1(2\bar{k})}{K_1(2\bar{k})}\frac{2\bar{k}K_0(\bar{k})+K_1(\bar{k})}{K_1(\bar{k})}-\\&\frac{1}{2}(-1)^j\frac{\left(1+\frac{1}{\bar{k}}+\bar{k}^2\right)K_1(\bar{k})+K_0(\bar{k})}{K_1(\bar{k})}+(-1)^{j+1}2\bar{k}^2\end{aligned}\right]\cdot\\&3\bar{\omega}_1^2\exp(3\mathrm{i}\bar{\omega}_1\bar{t}+3\mathrm{i}\bar{k}\bar{z}+3\mathrm{i}n\theta)\end{aligned}\right\}$$

(8-291)

根据第三级表面波按泰勒级数在气液交界面 $\bar{r}_0$ 处展开的动力学边界条件式(8-95)，令 n 阶圆射流第三级表面波正对称波形的色散准则关系式中与第一级表面波和第二级表面波圆频率相关的源项为

$$S_{cv3}=\left\{\begin{aligned}&\frac{I_0(3\bar{k}\bar{r})}{3\bar{k}I_1(3\bar{k})}(-1)^j\left[\begin{aligned}&\frac{3\bar{k}I_0(2\bar{k})-I_1(2\bar{k})}{I_1(2\bar{k})}\frac{2\bar{k}I_0(\bar{k})-I_1(\bar{k})}{I_1(\bar{k})}-\\&\frac{1}{2}\left[\bar{k}^2+2-\frac{\bar{k}I_0(\bar{k})}{I_1(\bar{k})}\right]-2\bar{k}^2\end{aligned}\right]3(\bar{\omega}_1+\bar{k})^2+\\&\bar{\rho}\frac{K_0(3\bar{k}\bar{r})}{3\bar{k}K_1(3\bar{k})}\left[\begin{aligned}&(-1)^j\frac{3\bar{k}K_0(2\bar{k})+K_1(2\bar{k})}{K_1(2\bar{k})}\frac{2\bar{k}K_0(\bar{k})+K_1(\bar{k})}{K_1(\bar{k})}-\\&\frac{1}{2}(-1)^j\frac{\left(\bar{k}^2+\frac{1}{\bar{k}}+1\right)K_1(\bar{k})+K_0(\bar{k})}{K_1(\bar{k})}+(-1)^{j+1}2\bar{k}^2\end{aligned}\right]3\bar{\omega}_1^2\end{aligned}\right\}\cdot$$

$$\exp(3\mathrm{i}\bar{\omega}_1\bar{t}+3\mathrm{i}\bar{k}\bar{z}+3\mathrm{i}n\theta)-$$

$$\bar{\rho}\left[\begin{array}{l}(-1)^{j+1}\dfrac{3}{2}\dfrac{\bar{k}\mathrm{K}_0(\bar{k}\bar{r})+\dfrac{1}{\bar{r}}\mathrm{K}_1(\bar{k}\bar{r})}{\mathrm{K}_1(\bar{k})}\bar{\omega}_1^2-(-1)^{j+1}3\dfrac{\mathrm{K}_1(2\bar{k}\bar{r})}{\mathrm{K}_1(2\bar{k})}\dfrac{2\bar{k}\mathrm{K}_0(\bar{k})+\mathrm{K}_1(\bar{k})}{\mathrm{K}_1(\bar{k})}\bar{\omega}_1^2+\\(-1)^{j+1}\dfrac{\mathrm{K}_1(\bar{k}\bar{r})}{\mathrm{K}_1(\bar{k})}\dfrac{\mathrm{K}_1(\bar{k}\bar{r})}{\bar{r}\mathrm{K}_1(\bar{k})}\bar{\omega}_1^2+(-1)^{j}\dfrac{\mathrm{K}_1(\bar{k}\bar{r})}{\mathrm{K}_1(\bar{k})}\dfrac{\mathrm{K}_1(2\bar{k}\bar{r})}{\mathrm{K}_1(2\bar{k})}\dfrac{2\bar{k}\mathrm{K}_0(\bar{k})+\mathrm{K}_1(\bar{k})}{\mathrm{K}_1(\bar{k})}\bar{\omega}_1^2-\\(-1)^{j}\dfrac{\mathrm{K}_0(\bar{k}\bar{r})}{\mathrm{K}_1(\bar{k})}\dfrac{\mathrm{K}_0(2\bar{k}\bar{r})}{\mathrm{K}_1(2\bar{k})}\dfrac{2\bar{k}\mathrm{K}_0(\bar{k})+\mathrm{K}_1(\bar{k})}{\mathrm{K}_1(\bar{k})}\bar{\omega}_1^2+(-1)^{j}\dfrac{\mathrm{K}_0(\bar{k}\bar{r})}{\mathrm{K}_1(\bar{k})}\dfrac{\mathrm{K}_1(\bar{k}\bar{r})}{\mathrm{K}_1(\bar{k})}\bar{k}\bar{\omega}_1^2\end{array}\right]\cdot$$

$$\exp(3\mathrm{i}\bar{\omega}_1\bar{t}+3\mathrm{i}\bar{k}\bar{z}+3\mathrm{i}n\theta)+$$

$$\left\{\begin{array}{l}\dfrac{3}{2}(-1)^{j}\dfrac{\bar{k}\mathrm{I}_0(\bar{k}\bar{r})-\dfrac{1}{\bar{r}}\mathrm{I}_1(\bar{k}\bar{r})}{\mathrm{I}_1(\bar{k})}(\bar{\omega}_1+\bar{k})^2-(-1)^{j}\dfrac{\mathrm{I}_1(2\bar{k}\bar{r})}{\mathrm{I}_1(2\bar{k})}\dfrac{2\bar{k}\mathrm{I}_0(\bar{k})-\mathrm{I}_1(\bar{k})}{\mathrm{I}_1(\bar{k})}3(\bar{\omega}_1+\bar{k})^2+\\(-1)^{j+1}\dfrac{\mathrm{I}_1(\bar{k}\bar{r})}{\mathrm{I}_1(\bar{k})}\dfrac{\mathrm{I}_1(\bar{k}\bar{r})}{\bar{r}\mathrm{I}_1(\bar{k})}(\bar{\omega}_1+\bar{k})^2-(-1)^{j}\dfrac{\mathrm{I}_1(\bar{k}\bar{r})}{\mathrm{I}_1(\bar{k})}\dfrac{\mathrm{I}_1(2\bar{k}\bar{r})}{\mathrm{I}_1(2\bar{k})}\dfrac{2\bar{k}\mathrm{I}_0(\bar{k})-\mathrm{I}_1(\bar{k})}{\mathrm{I}_1(\bar{k})}(\bar{\omega}_1+\bar{k})^2+\\(-1)^{j}\dfrac{\mathrm{I}_0(\bar{k}\bar{r})}{\mathrm{I}_1(\bar{k})}\dfrac{\mathrm{I}_0(2\bar{k}\bar{r})}{\mathrm{I}_1(2\bar{k})}\dfrac{2\bar{k}\mathrm{I}_0(\bar{k})-\mathrm{I}_1(\bar{k})}{\mathrm{I}_1(\bar{k})}(\bar{\omega}_1+\bar{k})^2-(-1)^{j}\dfrac{\bar{k}\mathrm{I}_0(\bar{k}\bar{r})}{\mathrm{I}_1(\bar{k})}\dfrac{\mathrm{I}_1(\bar{k}\bar{r})}{\mathrm{I}_1(\bar{k})}(\bar{\omega}_1+\bar{k})^2\end{array}\right\}\cdot$$

$$\exp(3\mathrm{i}\bar{\omega}_1\bar{t}+3\mathrm{i}\bar{k}\bar{z}+3\mathrm{i}n\theta)-$$

$$(-1)^{j+1}\frac{1}{We_1}\left(1-\frac{3}{2}\bar{k}^4+\frac{1}{2}\bar{k}^2+\frac{1}{2}\bar{k}^2n^2+3n^2+n^4\right)\exp(3\mathrm{i}\bar{\omega}_1\bar{t}+3\mathrm{i}\bar{k}\bar{z}+3\mathrm{i}n\theta)+$$

$$\left\{\begin{array}{l}\dfrac{\mathrm{I}_0(3\bar{k}\bar{r})}{3\bar{k}\mathrm{I}_1(3\bar{k})}\left[\dfrac{3\bar{k}\mathrm{I}_0(\bar{k})-\mathrm{I}_1(\bar{k})}{\mathrm{I}_1(\bar{k})}(\bar{\omega}_1+\bar{k})+\dfrac{3\bar{k}\mathrm{I}_0(2\bar{k})-\mathrm{I}_1(2\bar{k})}{\mathrm{I}_1(2\bar{k})}(\bar{\omega}_2+2\bar{k})\right](\bar{\omega}_1+\bar{\omega}_2+3\bar{k})-\\\bar{\rho}\dfrac{\mathrm{K}_0(3\bar{k}\bar{r})}{3\bar{k}\mathrm{K}_1(3\bar{k})}\left[\dfrac{3\bar{k}\mathrm{K}_0(\bar{k})+\mathrm{K}_1(\bar{k})}{\mathrm{K}_1(\bar{k})}\bar{\omega}_1+\dfrac{3\bar{k}\mathrm{K}_0(2\bar{k})+\mathrm{K}_1(2\bar{k})}{\mathrm{K}_1(2\bar{k})}\bar{\omega}_2\right](\bar{\omega}_1+\bar{\omega}_2)\end{array}\right\}\cdot$$

$$\exp(\mathrm{i}\bar{\omega}_1\bar{t}+\mathrm{i}\bar{\omega}_2\bar{t}+3\mathrm{i}\bar{k}\bar{z}+3\mathrm{i}n\theta)-$$

$$\bar{\rho}\left[\begin{array}{l}-\dfrac{\mathrm{K}_1(\bar{k}\bar{r})}{\mathrm{K}_1(\bar{k})}(\bar{\omega}_1\bar{\omega}_2+\bar{\omega}_1^2)-\dfrac{\mathrm{K}_1(2\bar{k}\bar{r})}{\mathrm{K}_1(2\bar{k})}(\bar{\omega}_1\bar{\omega}_2+\bar{\omega}_2^2)-\dfrac{\mathrm{K}_1(\bar{k}\bar{r})}{\mathrm{K}_1(\bar{k})}\dfrac{\mathrm{K}_1(2\bar{k}\bar{r})}{\mathrm{K}_1(2\bar{k})}\bar{\omega}_1\bar{\omega}_2+\\\dfrac{\mathrm{K}_0(\bar{k}\bar{r})}{\mathrm{K}_1(\bar{k})}\dfrac{\mathrm{K}_0(2\bar{k}\bar{r})}{\mathrm{K}_1(2\bar{k})}\bar{\omega}_1\bar{\omega}_2\end{array}\right]\cdot$$

$$\exp(\mathrm{i}\bar{\omega}_1\bar{t}+\mathrm{i}\bar{\omega}_2\bar{t}+3\mathrm{i}\bar{k}\bar{z}+3\mathrm{i}n\theta)+$$

$$\left\{\begin{array}{l} -\dfrac{\mathrm{I}_1(\bar k\bar r)}{\mathrm{I}_1(\bar k)}(\bar\omega_1+\bar k)(\bar\omega_1+\bar\omega_2+3\bar k)-\dfrac{\mathrm{I}_1(2\bar k\bar r)}{\mathrm{I}_1(2\bar k)}(\bar\omega_1\bar\omega_2+2\bar k\bar\omega_1+\bar\omega_2^2+5\bar k\bar\omega_2+6\bar k^2)- \\ \dfrac{\mathrm{I}_1(\bar k\bar r)}{\mathrm{I}_1(\bar k)}\dfrac{\mathrm{I}_1(2\bar k\bar r)}{\mathrm{I}_1(2\bar k)}(\bar\omega_1+\bar k)(\bar\omega_2+2\bar k)+\dfrac{\mathrm{I}_0(\bar k\bar r)}{\mathrm{I}_1(\bar k)}\dfrac{\mathrm{I}_0(2\bar k\bar r)}{\mathrm{I}_1(2\bar k)}(\bar\omega_1+\bar k)(\bar\omega_2+2\bar k) \end{array}\right\}\cdot$$

$$\exp(\mathrm{i}\bar\omega_1\bar t+\mathrm{i}\bar\omega_2\bar t+3\mathrm{i}\bar k\bar z+3\mathrm{i}n\theta)+$$

$$\frac{1}{We_1}(2+2\bar k^2+10n^2)\exp(\mathrm{i}\bar\omega_1\bar t+\mathrm{i}\bar\omega_2\bar t+3\mathrm{i}\bar k\bar z+3\mathrm{i}n\theta) \tag{8-292}$$

在 $\bar r_0=1$ 处，当 $\exp(\mathrm{i}\bar\omega_{1/2}\bar t)=\pm1$ 时，表面波波动项达到最大值。取 $\exp(\mathrm{i}\bar\omega_{1/2}\bar t)=\pm1$，方程(8-292)变成

$$S_{cv3}=\left\{\begin{array}{l} (-1)^j\dfrac{\mathrm{I}_0(3\bar k)}{\bar k\mathrm{I}_1(3\bar k)}\cdot \\ \left[\begin{array}{l}\dfrac{6\bar k^2\mathrm{I}_0(2\bar k)\mathrm{I}_0(\bar k)-3\bar k\mathrm{I}_0(2\bar k)\mathrm{I}_1(\bar k)-2\bar k\mathrm{I}_0(\bar k)\mathrm{I}_1(2\bar k)+\mathrm{I}_1(\bar k)\mathrm{I}_1(2\bar k)}{\mathrm{I}_1(2\bar k)\mathrm{I}_1(\bar k)}- \\ \dfrac{5\bar k^2\mathrm{I}_1(\bar k)+2\mathrm{I}_1(\bar k)-\bar k\mathrm{I}_0(\bar k)}{2\mathrm{I}_1(\bar k)}\cdot\end{array}\right]\cdot \\ (\bar\omega_1+\bar k)^2+ \\ (-1)^j\left[\dfrac{-15\bar k\mathrm{I}_0(\bar k)+3\mathrm{I}_1(\bar k)}{2\mathrm{I}_1(\bar k)}+\dfrac{2\bar k\mathrm{I}_0^2(\bar k)\mathrm{I}_0(2\bar k)-\mathrm{I}_0(\bar k)\mathrm{I}_0(2\bar k)\mathrm{I}_1(\bar k)}{\mathrm{I}_1^2(\bar k)\mathrm{I}_1(2\bar k)}\right](\bar\omega_1+\bar k)^2- \\ (-1)^{j+1}\dfrac{1}{We_1}\left(1-\dfrac{3}{2}\bar k^4+\dfrac{1}{2}\bar k^2+\dfrac{1}{2}\bar k^2n^2+3n^2+n^4\right) \end{array}\right\}+$$

$$\bar\rho\left\{\begin{array}{l} (-1)^j\dfrac{\mathrm{K}_0(3\bar k)}{\bar k\mathrm{K}_1(3\bar k)}\cdot \\ \left[\begin{array}{l}\dfrac{6\bar k^2\mathrm{K}_0(2\bar k)\mathrm{K}_0(\bar k)+3\bar k\mathrm{K}_0(2\bar k)\mathrm{K}_1(\bar k)+2\bar k\mathrm{K}_0(\bar k)\mathrm{K}_1(2\bar k)+\mathrm{K}_1(\bar k)\mathrm{K}_1(2\bar k)}{\mathrm{K}_1(2\bar k)\mathrm{K}_1(\bar k)}- \\ \dfrac{5\bar k^3\mathrm{K}_1(\bar k)+\mathrm{K}_1(\bar k)+\bar k\mathrm{K}_1(\bar k)+\bar k\mathrm{K}_0(\bar k)}{2\bar k\mathrm{K}_1(\bar k)}\cdot\end{array}\right]\bar\omega_1^2- \\ (-1)^j\left[\dfrac{15\bar k\mathrm{K}_0(\bar k)+3\mathrm{K}_1(\bar k)}{2\mathrm{K}_1(\bar k)}-\dfrac{2\bar k\mathrm{K}_0^2(\bar k)\mathrm{K}_0(2\bar k)+\mathrm{K}_0(\bar k)\mathrm{K}_0(2\bar k)\mathrm{K}_1(\bar k)}{\mathrm{K}_1^2(\bar k)\mathrm{K}_1(2\bar k)}\right]\bar\omega_1^2 \end{array}\right\}+$$

$$
\left\{\begin{array}{l}
\dfrac{I_0(3\bar{k})}{3\bar{k}I_1(3\bar{k})}\left[\dfrac{3\bar{k}I_0(\bar{k})-I_1(\bar{k})}{I_1(\bar{k})}(\bar{\omega}_1+\bar{k})+\dfrac{3\bar{k}I_0(2\bar{k})-I_1(2\bar{k})}{I_1(2\bar{k})}(\bar{\omega}_2+2\bar{k})\right](\bar{\omega}_1+\bar{\omega}_2+3\bar{k})+ \\
\left[\begin{array}{l}-(\bar{\omega}_1+\bar{k})(\bar{\omega}_1+2\bar{\omega}_2+5\bar{k})-(\bar{\omega}_1\bar{\omega}_2+2\bar{k}\bar{\omega}_1+\bar{\omega}_2^2+5\bar{k}\bar{\omega}_2+6\bar{k}^2)+ \\ \dfrac{I_0(\bar{k})}{I_1(\bar{k})}\dfrac{I_0(2\bar{k})}{I_1(2\bar{k})}(\bar{\omega}_1+\bar{k})(\bar{\omega}_2+2\bar{k})\end{array}\right]+ \\
\dfrac{1}{We_1}(2+2\bar{k}^2+10n^2)
\end{array}\right\}-
$$

$$
\bar{\rho}\left\{\begin{array}{l}
\dfrac{K_0(3\bar{k})}{3\bar{k}K_1(3\bar{k})}\left[\dfrac{3\bar{k}K_0(\bar{k})+K_1(\bar{k})}{K_1(\bar{k})}\bar{\omega}_1+\dfrac{3\bar{k}K_0(2\bar{k})+K_1(2\bar{k})}{K_1(2\bar{k})}\bar{\omega}_2\right](\bar{\omega}_1+\bar{\omega}_2)+ \\
\left[-3\bar{\omega}_1\bar{\omega}_2-\bar{\omega}_1^2-\bar{\omega}_2^2+\dfrac{K_0(\bar{k})}{K_1(\bar{k})}\dfrac{K_0(2\bar{k})}{K_1(2\bar{k})}\bar{\omega}_1\bar{\omega}_2\right]
\end{array}\right\} \tag{8-293}
$$

将方程(8-293)代入动力学边界条件式(8-95)，得

$$
\begin{aligned}
&\left\{\frac{I_0(3\bar{k}\bar{r})}{3\bar{k}I_1(3\bar{k})}(\bar{\omega}_3+3\bar{k})^2+\bar{\rho}\frac{K_0(3\bar{k}\bar{r})}{3\bar{k}K_1(3\bar{k})}\bar{\omega}_3^2\right\}\exp(\mathrm{i}\bar{\omega}_3\bar{t}+3\mathrm{i}\bar{k}\bar{z}+3\mathrm{i}n\theta)+ \\
&\frac{1}{We_1}(1-9\bar{k}^2+9n^2)\exp(\mathrm{i}\bar{\omega}_3\bar{t}+3\mathrm{i}\bar{k}\bar{z}+3\mathrm{i}n\theta)+(-1)^j S_{cv3}=0
\end{aligned} \tag{8-294}
$$

在 $\bar{r}_0=1$ 处，当 $\exp(\mathrm{i}\bar{\omega}_{1/2/3}\bar{t})=\pm1$ 时，表面波波动项达到最大值。取 $\exp(\mathrm{i}\bar{\omega}_{1/2/3}\bar{t})=\pm1$，方程(8-294)变成

$$
\begin{aligned}
&\frac{I_0(3\bar{k})}{3\bar{k}I_1(3\bar{k})}(\bar{\omega}_3+3\bar{k})^2+\bar{\rho}\frac{K_0(3\bar{k})}{3\bar{k}K_1(3\bar{k})}\bar{\omega}_3^2+ \\
&\frac{1}{We_1}(1-9\bar{k}^2+9n^2)+(-1)^j S_{cv3}=0
\end{aligned} \tag{8-295}
$$

化简为

$$
\begin{aligned}
&\left[\frac{I_0(3\bar{k})}{3\bar{k}I_1(3\bar{k})}+\bar{\rho}\frac{K_0(3\bar{k})}{3\bar{k}K_1(3\bar{k})}\right]\bar{\omega}_3^2+\frac{I_0(3\bar{k})}{I_1(3\bar{k})}2\bar{\omega}_3+ \\
&\frac{I_0(3\bar{k})}{I_1(3\bar{k})}3\bar{k}+\frac{1}{We_1}(1-9\bar{k}^2+9n^2)+(-1)^j S_{cv3}=0
\end{aligned} \tag{8-296}
$$

解得

$$
\bar{\omega}_3=\frac{-3\bar{k}\dfrac{I_0(3\bar{k})}{I_1(3\bar{k})}\pm \mathrm{i}3\bar{k}\sqrt{\bar{\rho}\dfrac{K_0(3\bar{k})}{K_1(3\bar{k})}\dfrac{I_0(3\bar{k})}{I_1(3\bar{k})}+\dfrac{1}{3\bar{k}}\left[\dfrac{I_0(3\bar{k})}{I_1(3\bar{k})}+\bar{\rho}\dfrac{K_0(3\bar{k})}{K_1(3\bar{k})}\right]\left[\dfrac{1}{We_1}(1-9\bar{k}^2+9n^2)+(-1)^j S_{cv3}\right]}}{\dfrac{I_0(3\bar{k})}{I_1(3\bar{k})}+\bar{\rho}\dfrac{K_0(3\bar{k})}{K_1(3\bar{k})}} \tag{8-297}
$$

则 $\bar{\omega}_{r3}$ 为方程(8-279)。第三级表面波正对称波形上下气液交界面色散准则关系式为

$$\bar{\omega}_{i3}=\pm\frac{3\bar{k}\sqrt{\bar{\rho}\frac{K_0(3\bar{k})}{K_1(3\bar{k})}\frac{I_0(3\bar{k})}{I_1(3\bar{k})}+\frac{1}{3\bar{k}}\left[\frac{I_0(3\bar{k})}{I_1(3\bar{k})}+\bar{\rho}\frac{K_0(3\bar{k})}{K_1(3\bar{k})}\right]\left[\frac{1}{We_1}(1-9\bar{k}^2+9n^2)+(-1)^j S_{cv3}\right]}}{\frac{I_0(3\bar{k})}{I_1(3\bar{k})}+\bar{\rho}\frac{K_0(3\bar{k})}{K_1(3\bar{k})}} \tag{8-298}$$

当 $j=1$ 时,将方程(8-274)代入方程(8-278)与将方程(8-292)代入方程(8-297)进行比较,可以证实,正对称波形上气液交界面色散准则关系式(8-297)与反对称波形上下气液交界面色散准则关系式(8-278)完全相同。当 $j=2$ 时,正对称波形下气液交界面色散准则关系式为

$$\bar{\omega}_3=\frac{-3\bar{k}\frac{I_0(3\bar{k})}{I_1(3\bar{k})}\pm i3\bar{k}\sqrt{\bar{\rho}\frac{K_0(3\bar{k})}{K_1(3\bar{k})}\frac{I_0(3\bar{k})}{I_1(3\bar{k})}+\frac{1}{3\bar{k}}\left[\frac{I_0(3\bar{k})}{I_1(3\bar{k})}+\bar{\rho}\frac{K_0(3\bar{k})}{K_1(3\bar{k})}\right]\left[\frac{1}{We_1}(1-9\bar{k}^2+9n^2)+S_{cv3}\right]}}{\frac{I_0(3\bar{k})}{I_1(3\bar{k})}+\bar{\rho}\frac{K_0(3\bar{k})}{K_1(3\bar{k})}} \tag{8-299}$$

则 $\bar{\omega}_{r3}$ 仍为方程(8-279)。第三级表面波正对称波形下气液交界面色散准则关系式为

$$\bar{\omega}_{i3}=\pm\frac{3\bar{k}\sqrt{\bar{\rho}\frac{K_0(3\bar{k})}{K_1(3\bar{k})}\frac{I_0(3\bar{k})}{I_1(3\bar{k})}+\frac{1}{3\bar{k}}\left[\frac{I_0(3\bar{k})}{I_1(3\bar{k})}+\bar{\rho}\frac{K_0(3\bar{k})}{K_1(3\bar{k})}\right]\left[\frac{1}{We_1}(1-9\bar{k}^2+9n^2)+S_{cv3}\right]}}{\frac{I_0(3\bar{k})}{I_1(3\bar{k})}+\bar{\rho}\frac{K_0(3\bar{k})}{K_1(3\bar{k})}} \tag{8-300}$$

8.7.8 对圆射流第三级波色散准则关系式的分析

当 n 阶圆射流第三级表面波正/反对称波形的色散准则关系式(8-278)和式(8-297)中根号内的值大于 0 时,$\bar{\omega}_{i3}$ 为一个实数；当根号内的值等于 0 时,$\bar{\omega}_{i3}=0$,$\bar{\omega}_{r3}$ 由方程(8-278)决定；当根号内的值小于 0 时,$\bar{\omega}_{i3}$ 为一个虚数,则圆频率 $\bar{\omega}_3$ 只有实部而没有虚部,即是一个实数。虚部为零意味着 $\bar{\omega}_{i3}=0$。

反对称波形的 $\bar{\omega}_{r3}$ 为

$$\bar{\omega}_{r3}=\frac{-3\bar{k}\frac{I_0(3\bar{k})}{I_1(3\bar{k})}\mp 3\bar{k}\sqrt{\bar{\rho}\frac{K_0(3\bar{k})}{K_1(3\bar{k})}\frac{I_0(3\bar{k})}{I_1(3\bar{k})}+\frac{1}{3\bar{k}}\left[\frac{I_0(3\bar{k})}{I_1(3\bar{k})}+\bar{\rho}\frac{K_0(3\bar{k})}{K_1(3\bar{k})}\right]\left[\frac{1}{We_1}(1-9\bar{k}^2+9n^2)+S_{cs3}\right]}}{\frac{I_0(3\bar{k})}{I_1(3\bar{k})}+\bar{\rho}\frac{K_0(3\bar{k})}{K_1(3\bar{k})}} \tag{8-301}$$

正对称波形的 $\bar{\omega}_{r3}$ 为

$$\bar{\omega}_{r3}=\frac{-3\bar{k}\dfrac{I_0(3\bar{k})}{I_1(3\bar{k})}\mp 3\bar{k}\sqrt{\bar{\rho}\dfrac{K_0(3\bar{k})}{K_1(3\bar{k})}\dfrac{I_0(3\bar{k})}{I_1(3\bar{k})}+\dfrac{1}{3\bar{k}}\left[\dfrac{I_0(3\bar{k})}{I_1(3\bar{k})}+\bar{\rho}\dfrac{K_0(3\bar{k})}{K_1(3\bar{k})}\right]\left[\dfrac{1}{We_1}(1-9\bar{k}^2+9n^2)+(-1)^j S_{cv3}\right]}}{\dfrac{I_0(3\bar{k})}{I_1(3\bar{k})}+\bar{\rho}\dfrac{K_0(3\bar{k})}{K_1(3\bar{k})}} \tag{8-302}$$

8.8　圆射流初始扰动振幅和碎裂点的实验研究

曹建明和他的研究生邵超、武奎、彭畅对圆射流的初始扰动振幅和碎裂点进行了实验研究。如 5.8 节所述，初始扰动振幅实验是在射流实验台上进行的；而碎裂点实验是在燃油喷射实验台上进行的。柴油由自制的高压喷油泵提供动力，ZCK22S147 型单孔喷油器，喷孔半径 $a=0.3$ mm，喷射压力 $P_1=5$ MPa，背压 $P_g=1.206\times10^{-3}$ MPa。图像观察采用美国 York 调频频闪灯，图像采集使用美国 PHANTOM V9.1 高速摄像机及持续光源。共进行了 2 组实验，取其中之一与理论数值计算结果进行比较。

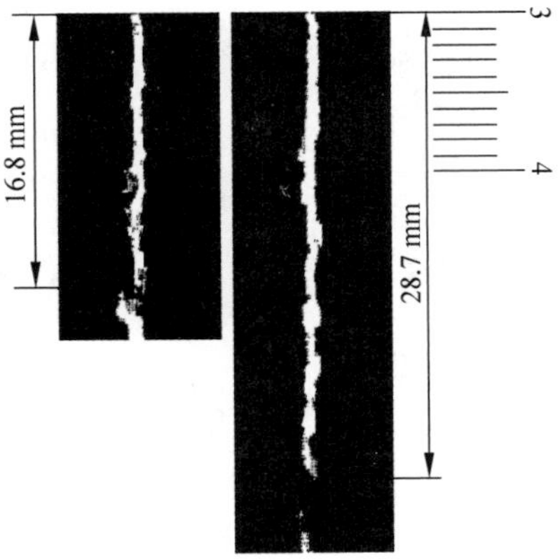

图 8-1　孔式喷嘴油束碎裂长度的测量值

在上述工况下，测得喷嘴出口处的量纲一初始扰动振幅为 $\bar{\xi}_0=0.131$。视频显示油束碎裂之后，由于喷嘴持续喷油，碎裂点会前移延长，即存在一个碎裂长度和碎裂时间的变化范围，如图 8-1 所示。实测碎裂点的平均流速为 $U_1=10.5\sim8.0$ m/s；碎裂长度为 $L_b=16.8\sim28.7$ mm，量纲一碎裂长度为 $\bar{L}_b=56\sim96$；碎裂时间为 $t_b=1.6\sim3.6$ ms，量纲一碎裂时间为 $\bar{t}_b=56\sim96$。

8.9　圆射流支配表面波增长率和支配波数的数值计算结果

理论计算是由曹建明和他的研究生张凯姝完成的。样本介质取 20℃的国产 0 号柴油，表面张力系数 $\sigma_1=0.02741$ N/m，运动学黏度系数 $\nu_1=4.41\times10^{-6}$ m^2/s，液体密度 $\rho_1=826$ kg/m，气液密度比 $\bar{\rho}=1.458\times10^{-3}$；液体流速 $U_1=8$ m/s，$We_1=579$，$Re_1=545$；静止空气环境。根据实验观测，量纲一初始扰动振幅的数值计算选取：第一级表面波 $\bar{\xi}_0=0.131$，第二级表面波 $\bar{\xi}_0^2=0.017$，第三级表面波 $\bar{\xi}_0^3=0.0002$。对 0、1、2、3 阶波形进行理论数值计算，实验数据将按照实验观测与 0 阶单股状正对称波形圆射流的数值计算结果进行比较。

对 n 阶圆射流气液交界面表面波的非线性理论推导显示，第一级表面波的色散准则关系式没有源项；第二级表面波的正/反对称波形存在与第一级表面波圆频率相关的源项 S_{cv2} 和 S_{cs2}；第三级表面波的正/反对称波形存在与第一级表面波和第二级表面波圆频率相关的源项 S_{cv3} 和 S_{cs3}。这些源项均有明确的解析表达式。支配表面波增长率和支配波数的数值计算结果见表 8-1。

表 8-1 n 阶圆射流支配表面波增长率和支配波数的数值计算结果

n 阶	0 阶	1 阶	2 阶	3 阶
第一级正/反对称波形上下气液交界面	$\bar{\omega}_{i1\text{-}dom}=-0.0214$ $\bar{k}_{r\text{-}dom}=0.9650$ $\bar{\omega}_{r1\text{-}dom}=-0.9646$	$\bar{\omega}_{i1\text{-}dom}=-0.0373$ $\bar{k}_{r\text{-}dom}=1.2390$ $\bar{\omega}_{r1\text{-}dom}=-1.2383$	$\bar{\omega}_{i1\text{-}dom}=-0.0783$ $\bar{k}_{r\text{-}dom}=1.7560$ $\bar{\omega}_{r1\text{-}dom}=-1.7547$	$\bar{\omega}_{i1\text{-}dom}=-0.1364$ $\bar{k}_{r\text{-}dom}=2.3080$ $\bar{\omega}_{r1\text{-}dom}=-2.3059$
第二级正对称波形上气液交界面、反对称波形上下气液交界面	$\bar{\omega}_{i21\text{-}dom}=0.0370$ $\bar{k}_{r\text{-}dom}=0.5330$ $\bar{\omega}_{r21\text{-}dom}=-1.0655$	$\bar{\omega}_{i2\text{-}dom}=0.0827$ $\bar{k}_{r\text{-}dom}=0.7640$ $\bar{\omega}_{r2\text{-}dom}=-1.5270$	$\bar{\omega}_{i21\text{-}dom}=-0.1896$ $\bar{k}_{r\text{-}dom}=1.1270$ $\bar{\omega}_{r21\text{-}dom}=-2.2520$	$\bar{\omega}_{i2\text{-}dom}=-0.3286$ $\bar{k}_{r\text{-}dom}=1.4800$ $\bar{\omega}_{r2\text{-}dom}=-2.9570$
第二级正对称波形下气液交界面	$\bar{\omega}_{i22\text{-}dom}=0$ $\bar{k}_{r\text{-}dom}=0$ $\bar{\omega}_{r22\text{-}dom}=-145.3426$		$\bar{\omega}_{i22\text{-}dom}=-0.3061$ $\bar{k}_{r\text{-}dom}=2.5710$ $\bar{\omega}_{r22\text{-}dom}=-5.1359$	
第三级正对称波形上气液交界面、反对称波形上下气液交界面	$\bar{\omega}_{i31\text{-}dom}=0$ $\bar{k}_{r\text{-}dom}=0$ $\bar{\omega}_{r31\text{-}dom}=-7.7834$	$\bar{\omega}_{i3\text{-}dom}=0$ $\bar{k}_{r\text{-}dom}=0$ $\bar{\omega}_{r3\text{-}dom}=-7.8697$	$\bar{\omega}_{i31\text{-}dom}=0.0998$ $\bar{k}_{r\text{-}dom}=0.3870$ $\bar{\omega}_{r31\text{-}dom}=-1.1604$	$\bar{\omega}_{i3\text{-}dom}=0.3282$ $\bar{k}_{r\text{-}dom}=0.6470$ $\bar{\omega}_{r3\text{-}dom}=-1.9394$
第三级正对称波形下气液交界面	$\bar{\omega}_{i32\text{-}dom}=0$ $\bar{k}_{r\text{-}dom}=0$ $\bar{\omega}_{r32\text{-}dom}=-7.8315$		$\bar{\omega}_{i32\text{-}dom}=1.1464$ $\bar{k}_{r\text{-}dom}=2.0980$ $\bar{\omega}_{r32\text{-}dom}=-6.2862$	

8.10 圆射流波形图及其不稳定性分析

将 8.9 节计算所得的正/反对称波形第一级、第二级、第三级表面波的 $\bar{\omega}_{i1/2/3\text{-}dom}$、$\bar{k}_{r/23}$、$\bar{\omega}_{r1/2/3\text{-}dom}$ 分别代入第一级、第二级、第三级表面波的扰动振幅初始函数表达式(8-96)、式(8-141)、式(8-218)，再分别乘以 $\bar{\xi}_0$、$\bar{\xi}_0^2$、$\bar{\xi}_0^3$，即可得到第一级、第二级、第三级表面波的扰动振幅值。每阶圆射流非线性三级表面波都有 32 组解，我们将选择与实验观测相符的阶数和波形数值计算结果中碎裂时间最短的那一组解与实验数据进行比较。

8.10.1 0 阶圆射流波形图及其不稳定性分析

图 8-2 是 0 阶圆射流第一级、第二级、第三级表面波正对称波形的波形图以及叠加图。第一级表面波正对称波形上下气液交界面的表面波增长率表达式是相同的，上下气液交界面的表面波扰动振幅幅值大小也是相同的，并且不存在相位差。第二级、第三级表面波正对

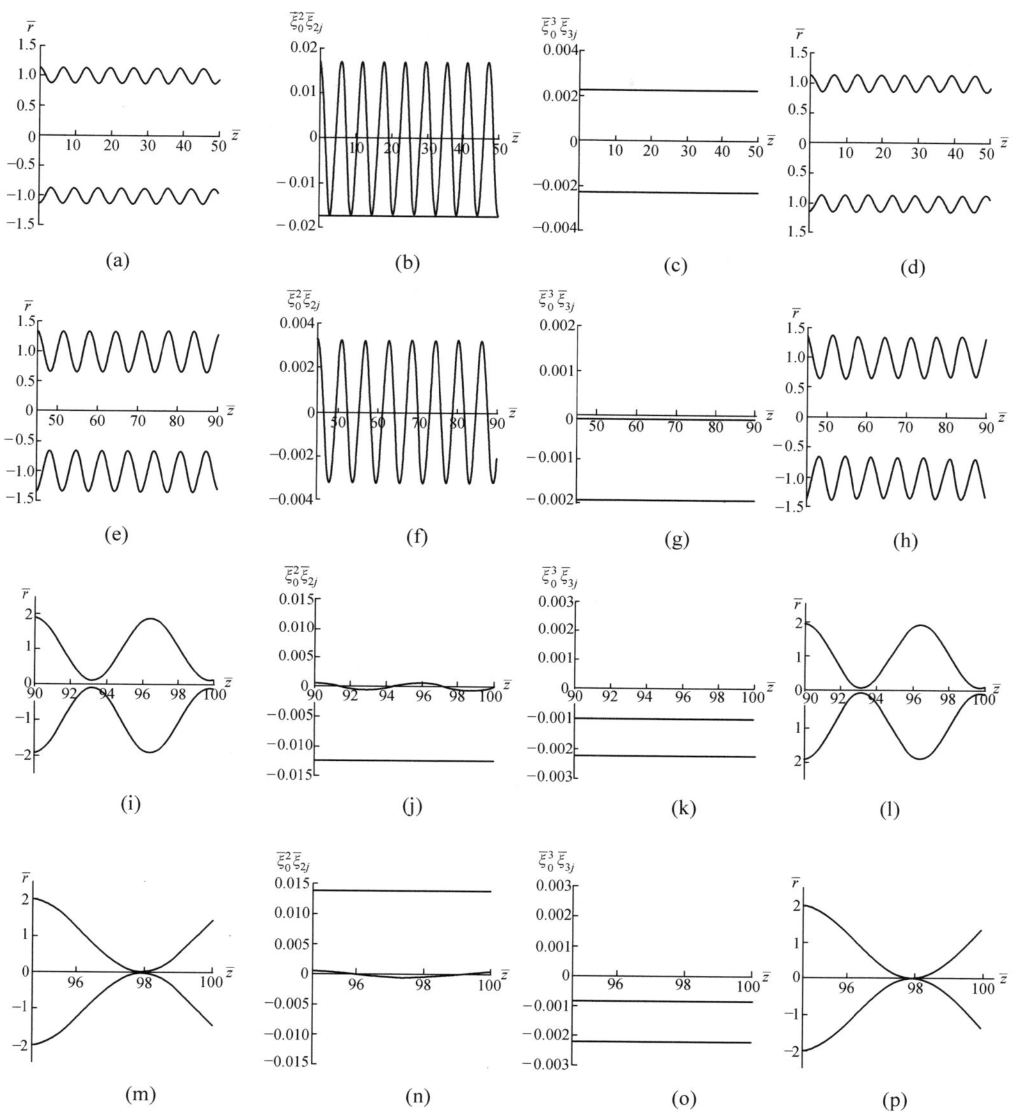

图 8-2　0 阶圆射流表面波正对称波形的波形图

$\bar{\omega}_{i1\text{-dom}}=-0.0214$，$\bar{\omega}_{r1\text{-dom}}=-0.9646$，$\bar{k}_{r1\text{-dom}}=0.9650$，$\bar{\xi}_0=0.131$，$\bar{\omega}_{i21\text{-dom}}=0.0370$，$\bar{\omega}_{r21\text{-dom}}=-1.0655$，

$\bar{k}_{r21\text{-dom}}=0.5330$，$\bar{\xi}_0^2=0.017161$，$\bar{\omega}_{i22\text{-dom}}=0$，$\bar{\omega}_{r22\text{-dom}}=-145.3426$，$\bar{k}_{r22\text{-dom}}=0$，

$\bar{\omega}_{i31\text{-dom}}=0$，$\bar{\omega}_{r31\text{-dom}}=-7.7834$，$\bar{k}_{r31\text{-dom}}=0$，$\bar{\xi}_0^3=0.002248$，$\bar{\omega}_{i32\text{-dom}}=0$，$\bar{\omega}_{r32\text{-dom}}=-7.8315$，$\bar{k}_{r32\text{-dom}}=0$

三级波叠加数值计算碎裂点为 $\bar{L}_b=97.9$，$\bar{t}_b=94.7$

(a) 第一级波 $\bar{t}=0$；(b) 第二级波 $\bar{t}=0$；(c) 第三级波 $\bar{t}=0$；(d) 三级波叠加 $\bar{t}=0$；(e) 第一级波 $\bar{t}=45$；(f) 第二级波 $\bar{t}=45$；(g) 第三级波 $\bar{t}=45$；(h) 三级波叠加 $\bar{t}=45$；(i) 第一级波 $\bar{t}=90$；(j) 第二级波 $\bar{t}=90$；(k) 第三级波 $\bar{t}=90$；(l) 三级波叠加 $\bar{t}=90$；(m) 第一级波 $\bar{t}=94.7$；(n) 第二级波 $\bar{t}=94.7$；(o) 第三级波 $\bar{t}=94.7$；(p) 三级波叠加 $\bar{t}=94.7$

称波形上下气液交界面的表面波增长率表达式则不同，上下气液交界面的表面波扰动振幅幅值大小也不同，并且存在相位差。可以看出：从量纲一时间 $\bar{t}=0$ 到 $\bar{t}=94.7$，随着时间的推移，第一级表面波的振幅不断增大。量纲一表面波振幅从 $\bar{\xi}_0=0.131$ 增大至 1 左右；第二级表面波量纲一表面波振幅从 $\bar{\xi}_0^2=0.017$ 分别减小至 0.014 和 0.0005 左右；第三级表面波量纲一表面波振幅从 $\bar{\xi}_0^3=0.0002$ 分别减小至 -0.0009 和 -0.0022 左右；叠加图上下气液交界面逐渐接近，至 $\bar{t}=90$，上下气液交界面的距离已非常近，但尚未碰到一起。至 $\bar{t}=94.7$，上下气液交界面在量纲一位移 $\bar{z}=97.9$ 处接触。当 $\bar{t}<94.7$ 时，射流没有碎裂点；但当 $\bar{t}\geqslant 94.7$ 时，有多个碎裂点。数值计算就是要寻求 $\bar{t}_{\mathrm{b}}$ 为最小时的碎裂点。因此，理论计算的射流量纲一碎裂长度为 $\bar{L}_{\mathrm{b}}=97.9$，量纲一碎裂时间为 $\bar{t}_{\mathrm{b}}=94.7$。实验得到的射流量纲一碎裂长度为 $\bar{L}_{\mathrm{b}}=56\sim96$，量纲一碎裂时间为 $\bar{t}_{\mathrm{b}}=56\sim96$。理论预测值与实验测量值相比，碎裂长度和碎裂时间的相对误差分别为 $E_{\bar{L}_{\mathrm{b}}}=1.98\%$ 和 $E_{\bar{t}_{\mathrm{b}}}=0$，绝对误差分别仅为 $\Delta_{L_{\mathrm{b}}}=0.07\ \mathrm{mm}$ 和 $\Delta_{t_{\mathrm{b}}}=0\ \mathrm{ms}$。从叠加图中还可以看出，第一级表面波的波形对叠加图的影响较大，而第二级、第三级表面波的波形影响较小。叠加的波形图与第一级表面波的波形图差别不大。说明第一级表面波是导致射流碎裂的主要因素。

8.10.2 1 阶圆射流波形图及其不稳定性分析

图 8-3 是 1 阶圆射流第一级、第二级、第三级表面波反对称波形的波形图以及叠加图。第一级、第二级、第三级表面波反对称波形上下气液交界面的表面波增长率表达式相同，上下气液交界面的表面波扰动振幅幅值大小也相同，而且不存在相位差。可以看出：从量纲一

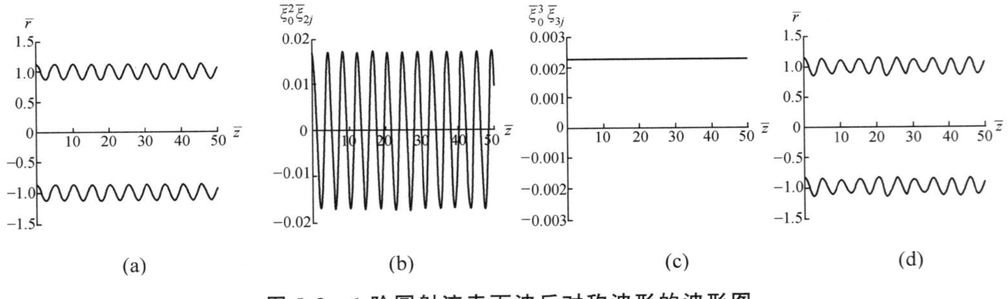

图 8-3 1 阶圆射流表面波反对称波形的波形图

$\bar{\omega}_{\mathrm{i1\text{-}dom}}=-0.0373$，$\bar{\omega}_{\mathrm{r1\text{-}dom}}=-1.2383$，$\bar{k}_{\mathrm{r1\text{-}dom}}=1.2390$，$\bar{\xi}_0=0.131$，

$\bar{\omega}_{\mathrm{i2\text{-}dom}}=0.0827$，$\bar{\omega}_{\mathrm{r2\text{-}dom}}=-1.5270$，$\bar{k}_{\mathrm{r2\text{-}dom}}=0.7640$，$\bar{\xi}_0^2=0.017161$，

$\bar{\omega}_{\mathrm{i3\text{-}dom}}=0$，$\bar{\omega}_{\mathrm{r3\text{-}dom}}=-7.8697$，$\bar{k}_{\mathrm{r3\text{-}dom}}=0$，$\bar{\xi}_0^3=0.002248$

(a) 第一级波 $\bar{t}=0$；(b) 第二级波 $\bar{t}=0$；(c) 第三级波 $\bar{t}=0$；(d) 三级波叠加 $\bar{t}=0$；

(e) 第一级波 $\bar{t}=45$；(f) 第二级波 $\bar{t}=45$；(g) 第三级波 $\bar{t}=45$；(h) 三级波叠加 $\bar{t}=45$；

(i) 第一级波 $\bar{t}=90$；(j) 第二级波 $\bar{t}=90$；(k) 第三级波 $\bar{t}=90$；(l) 三级波叠加 $\bar{t}=90$；

(m) 第一级波 $\bar{t}=94.7$；(n) 第二级波 $\bar{t}=94.7$；(o) 第三级波 $\bar{t}=94.7$；(p) 三级波叠加 $\bar{t}=94.7$

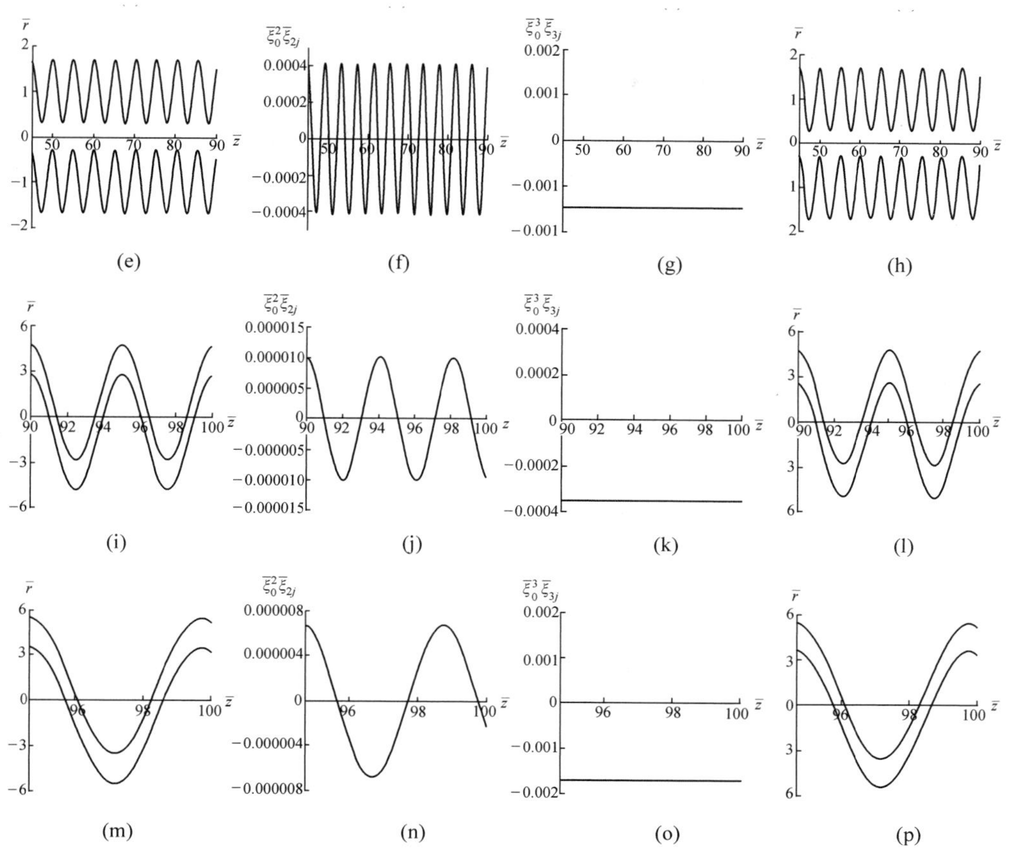

图 8-3　（续）

时间 $\bar{t}=0$ 到 $\bar{t}=94.7$，随着时间的推移，第一级表面波的振幅不断增大，上下气液交界面的量纲一表面波振幅从 $\bar{\xi}_0=0.131$ 增大至 5 左右；第二级表面波量纲一表面波振幅从 $\bar{\xi}_0^2=0.017$ 减小至 0.000007 左右；第三级表面波量纲一表面波振幅从 $\bar{\xi}_0^3=0.0002$ 减小至 0 左右；上下气液交界面表面波的距离始终保持喷嘴出口的圆射流直径为 2，圆射流没有碎裂。从叠加图中可以看出，第二级表面波和第三级表面波对波形叠加图的影响很小，叠加的波形图与第一级表面波的波形图几乎完全一样。

8.10.3　2 阶圆射流波形图及其不稳定性分析

图 8-4 是 2 阶圆射流第一级、第二级、第三级表面波正对称波形的波形图以及叠加图。第一级表面波正对称波形上下气液交界面的表面波增长率表达式相同，上下气液交界面的表面波扰动振幅幅值大小也相同，而且不存在相位差。第二级、第三级表面波正对称波形上下气液交界面的表面波增长率表达式不同，上下气液交界面的表面波扰动振幅幅值大小也就不同，而且存在相位差。可以看出：从量纲一时间 $\bar{t}=0$ 到 $\bar{t}=13.5$，随着时间的推移，第一级表面波的振幅不断增大，上下气液交界面的量纲一表面波振幅从 $\bar{\xi}_0=0.131$ 增大至

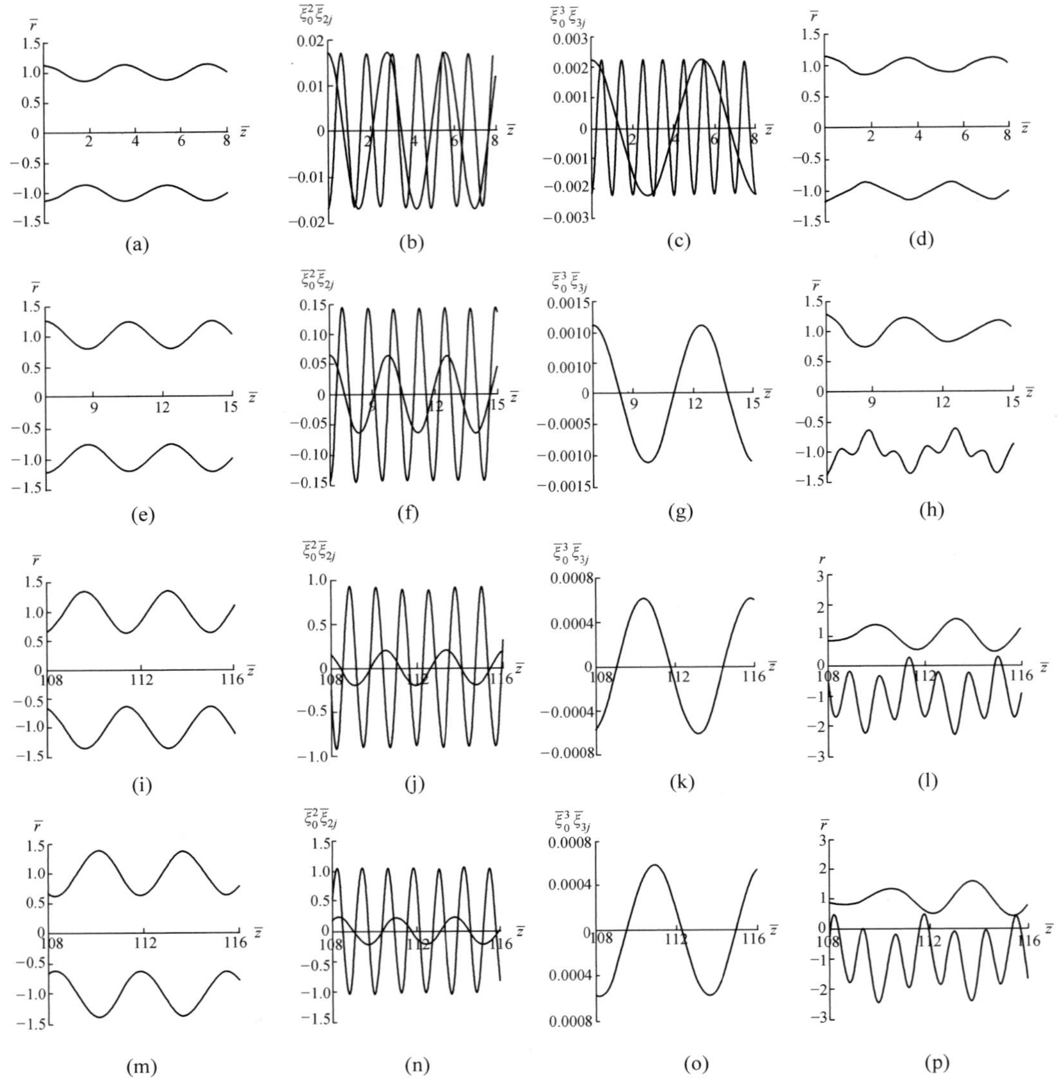

图 8-4 2 阶圆射流表面波正对称波形的波形图

$\bar{\omega}_{\text{i1-dom}}=-0.0783$，$\bar{\omega}_{\text{r1-dom}}=-1.7547$，$\bar{k}_{\text{r1-dom}}=1.7560$，$\bar{\xi}_0=0.131$，

$\bar{\omega}_{\text{i21-dom}}=-0.1896$，$\bar{\omega}_{\text{r21-dom}}=-2.2520$，$\bar{k}_{\text{r21-dom}}=1.1270$，$\bar{\xi}_0^2=0.017161$，

$\bar{\omega}_{\text{i22-dom}}=-0.3061$，$\bar{\omega}_{\text{r22-dom}}=-5.1359$，$\bar{k}_{\text{r22-dom}}=2.5710$，

$\bar{\omega}_{\text{i31-dom}}=0.0998$，$\bar{\omega}_{\text{r31-dom}}=-1.1604$，$\bar{k}_{\text{r31-dom}}=0.3870$，$\bar{\xi}_0^3=0.002248$，

$\bar{\omega}_{\text{i32-dom}}=1.1464$，$\bar{\omega}_{\text{r32-dom}}=-6.2862$，$\bar{k}_{\text{r32-dom}}=2.0980$

(a) 第一级波 $\bar{t}=0$；(b) 第二级波 $\bar{t}=0$；(c) 第三级波 $\bar{t}=0$；(d) 三级波叠加 $\bar{t}=0$；

(e) 第一级波 $\bar{t}=7$；(f) 第二级波 $\bar{t}=7$；(g) 第三级波 $\bar{t}=7$；(h) 三级波叠加 $\bar{t}=7$；

(i) 第一级波 $\bar{t}=13$；(j) 第二级波 $\bar{t}=13$；(k) 第三级波 $\bar{t}=13$；(l) 三级波叠加 $\bar{t}=13$；

(m) 第一级波 $\bar{t}=13.5$；(n) 第二级波 $\bar{t}=13.5$；(o) 第三级波 $\bar{t}=13.5$；(p) 三级波叠加 $\bar{t}=13.5$

0.4 左右。并且当 $\bar{t} \geqslant 7$ 时，由于圆射流的扭转作用，上下气液交界面不再对称；第二级表面波上下气液交界面的量纲一表面波振幅从 $\bar{\xi}_0^2 = 0.017$ 分别增大至 1 和 0.2 左右；第三级表面波量纲一表面波振幅从 $\bar{\xi}_0^3 = 0.0002$ 分别增大至 0.0006 和减小至 0 左右；从叠加图中可以看出，第三级表面波对波形叠加图的影响很小。叠加的波形图与第一级表面波的波形图差别较大。说明第一级表面波和第二级表面波的叠加是导致射流碎裂的主要因素。

8.10.4　3 阶圆射流波形图及其不稳定性分析

图 8-5 是 3 阶圆射流第一级表面波、第二级表面波、第三级表面波反对称波形的波形图以及叠加图。第一级表面波、第二级表面波、第三级表面波反对称波形上下气液交界面的表面波增长率表达式相同，上下气液交界面的表面波扰动振幅幅值大小也就相同，而且不存在相位差。可以看出：从量纲一时间 $\bar{t} = 0$ 到 $\bar{t} = 13.5$，随着时间的推移，第一级表面波的振幅不断增大，上下气液交界面的量纲一表面波振幅从 $\bar{\xi}_0 = 0.131$ 增大至 1 左右；第二级表面波量纲一表面波振幅从 $\bar{\xi}_0^2 = 0.017$ 增大至 1.5 左右；第三级表面波量纲一表面波振幅从 $\bar{\xi}_0^3 = 0.0002$ 减小至 0.00003 左右；上下气液交界面表面波的距离始终保持喷嘴出口的圆射流直径为 2，圆射流

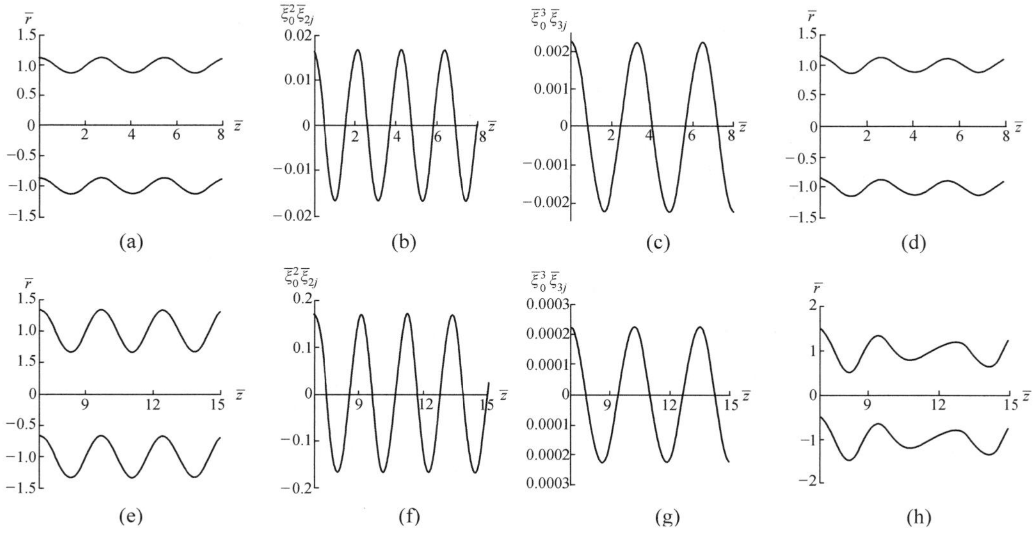

图 8-5　3 阶圆射流表面波反对称波形的波形图

$\bar{\omega}_{i1\text{-dom}} = -0.1364$，$\bar{\omega}_{r1\text{-dom}} = -2.3059$，$\bar{k}_{r1\text{-dom}} = 2.3080$，$\bar{\xi}_0 = 0.131$，

$\bar{\omega}_{i2\text{-dom}} = -0.3286$，$\bar{\omega}_{r2\text{-dom}} = -2.9570$，$\bar{k}_{r2\text{-dom}} = 1.4800$，$\bar{\xi}_0^2 = 0.017161$，

$\bar{\omega}_{i3\text{-dom}} = 0.3282$，$\bar{\omega}_{r3\text{-dom}} = -1.9394$，$\bar{k}_{r3\text{-dom}} = 0.6470$，$\bar{\xi}_0^3 = 0.002248$

(a) 第一级波 $\bar{t} = 0$；(b) 第二级波 $\bar{t} = 0$；(c) 第三级波 $\bar{t} = 0$；(d) 三级波叠加 $\bar{t} = 0$；

(e) 第一级波 $\bar{t} = 7$；(f) 第二级波 $\bar{t} = 7$；(g) 第三级波 $\bar{t} = 7$；(h) 三级波叠加 $\bar{t} = 7$；

(i)第一级波 $\bar{t} = 13$；(j) 第二级波 $\bar{t} = 13$；(k) 第三级波 $\bar{t} = 13$；(l) 三级波叠加 $\bar{t} = 13$；

(m) 第一级波 $\bar{t} = 13.5$；(n) 第二级波 $\bar{t} = 13.5$；(o) 第三级波 $\bar{t} = 13.5$；(p) 三级波叠加 $\bar{t} = 13.5$

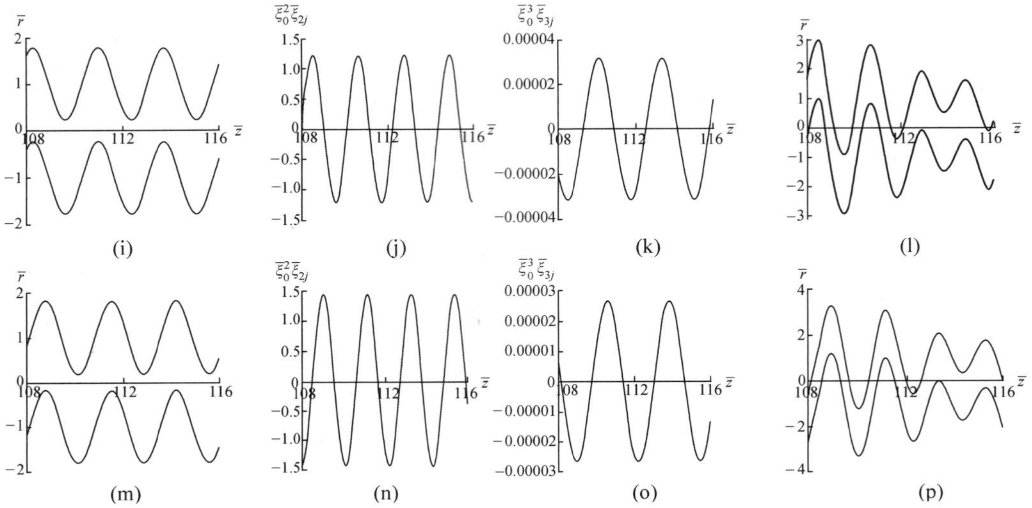

图 8-5 （续）

没有碎裂。从叠加图中可以看出，第三级表面波对波形叠加图的影响很小，叠加的波形图与第一级表面波的波形图差别较大，说明第一级表面波和第二级表面波的叠加可能是导致射流变形的主要因素。

8.11 结　语

对 n 阶圆射流非线性不稳定性的理论研究表明：①对于 0 阶表面波正对称波形，上下气液交界面的色散准则关系式完全相同，上下气液交界面的表面波扰动振幅幅值大小也是相同的，并且不存在相位差。第二级、第三级表面波上下气液交界面的表面波增长率表达式则不同，上下气液交界面的表面波扰动振幅幅值大小也不同，并且存在相位差。对于 1 阶反对称波形，第一级、第二级、第三级表面波上下气液交界面的表面波增长率表达式分别相同，上下气液交界面的表面波扰动振幅幅值大小也就相同，而且不存在相位差。对于 2 阶正对称波形，第一级表面波上下气液交界面的表面波增长率表达式相同，上下气液交界面的表面波扰动振幅幅值大小也相同，而且不存在相位差。第二级、第三级表面波上下气液交界面的表面波增长率表达式不同，上下气液交界面的表面波扰动振幅幅值大小也就不同，而且存在相位差。对于 3 阶反对称波形，第一级、第二级、第三级表面波上下气液交界面的表面波增长率表达式相同，上下气液交界面的表面波扰动振幅幅值大小也就相同，而且不存在相位差。②n 阶圆射流第一级表面波的色散准则关系式没有源项，第二级表面波正/反对称波形存在与第一级表面波圆频率相关的源项 S_{cv2} 和 S_{cs2}；第三级表面波正/反对称波形存在与第一级表面波和第二级表面波圆频率相关的源项 S_{cv3} 和 S_{cs3}。这些源项均有明确的解析表达式。③与平面液膜同样，n 阶圆射流的初始厚度并非是从喷嘴出口起始的，而是有所偏离。这是由于液体表面张力和喷嘴内部流体波动在起作用的结果。④无论是正对称波形还是反对称波形，随着时间的推移，表面波的波长变化不大，振幅不断增大且是阶段性变化的。⑤从叠加图中可以看出，对于 0 阶正对称波形，第一级表面波对波形叠加图的影响较大，而第二级表面波、第三级表面波的影响较小。叠加的波形图与第一级表面波的波形图差别不大。说明第一级表面波是导致射流碎裂的主要因素。对于 1 阶反对称波形,第二级表面波和第三级表面波对波形叠加图的影响很小,叠加的波形图与第一级表面波的波形图几乎完全一样。对于 2 阶正对称波形和 3 阶反对称波形,第三级表面波对波形叠加图的影响很小,叠加的波形图与第一级表面波的波形图差别较大,说明第一级表面波和第二级表面波的叠加是导致射流碎裂的主要因素。⑥比较 n 阶圆射流正/反对称波形的碎裂时间和碎裂长度可以看出,在流动条件相同的情况下,正对称波形的碎裂点要比反对称波形的短。这是因为在液体流速 $\bar{U}_1=8$ m/s 下,反对称波形通常出现在射流的过渡区,而正对称波形则通常出现在射流的湍流区。因此,正对称波形的碎裂时间和碎裂长度通常要比反对称波形的短。正对称波形的阶数越高,表面波越稳定,这与线性不稳定性的数值计算结果一致。⑦比较 0 阶正对称波形碎裂点的非线性理论预测值与实验测量值可以看出,碎裂长度和碎裂时间的相对误差分别为 $E_{\bar{L}_b}=1.98\%$ 和 $E_{\bar{t}_b}=0$,绝对误差分别仅为 $\Delta_{L_b}=0.07$ mm 和 $\Delta_{t_b}=0$ ms。圆射流正/反对称波形非线性三级表面波各有 32 组解,其中三级波的 $\bar{\omega}_{r1}$、$\bar{\omega}_{r2}$ 和 $\bar{\omega}_{r3}$ 均为负,但 $\bar{\omega}_{i1}$、$\bar{\omega}_{i2}$ 和 $\bar{\omega}_{i3}$ 可为正、可为负、也可为零,因此最多可以得到 32 组解,碎裂时间最短的那一组解与实验数据最为接近。

习　题

8-1　试写出圆射流三级波的扰动振幅表达式。

8-2　试写出圆射流三级波的连续性方程。

8-3　试写出圆射流位于线性形式边界处的三级波运动学边界条件泰勒级数展开式。

8-4　试写出圆射流位于线性形式边界处的三级波动力学边界条件泰勒级数展开式。

8-5　试写出圆射流三级波的色散准则关系式。

第9章 环状液膜瑞利-泰勒波的线性不稳定性

环状液膜瑞利-泰勒波的线性不稳定性理论物理模型包括：①黏性不可压缩液流，允许使用流函数进行推导。本章采用矢量分析与场论方法进行推导。仅有顺向液流基流速度，即 $U_{z1}\neq 0, U_{r1}=U_{\theta 1}=0$。②无黏性可压缩气流，既有顺向气流基流速度，又有旋转向气流基流速度，即 $U_{zgj}\neq 0, U_{\theta gj}\neq 0, U_{rgj}=0$。③三维扰动连续性方程和纳维-斯托克斯控制方程组，一维扰动运动学边界条件、附加边界条件和动力学边界条件。④研究时间模式正/反对称波形($\alpha=\pi/0$，内外环气流速度相等)的瑞利-泰勒波。⑤仅研究第一级波，而不涉及第二级波和第三级波及它们的叠加。⑥采用的研究方法为线性不稳定性理论。

9.1 环状液膜瑞利-泰勒波微分方程的建立和求解

9.1.1 环状液膜瑞利-泰勒波液相微分方程的建立

将三维扰动液相动量守恒方程(2-9)线性化和量纲一化，得

$$\left(\frac{\partial}{\partial \bar{t}}+\frac{\partial}{\partial \bar{z}}\right)\bar{\boldsymbol{u}}_1=-Eu_1\nabla\bar{p}_1+\frac{1}{Re_1}\Delta\bar{\boldsymbol{u}}_1 \tag{9-1}$$

参照方程(2-100)～方程(2-102)，将方程(9-1)展开，得

r 方向动量守恒方程

$$\bar{u}_{r1,\bar{t}}+\bar{u}_{r1,\bar{z}}=-Eu_1\bar{p}_{1,\bar{r}}+\frac{1}{Re_1}\Delta\bar{u}_{r1} \tag{9-2}$$

θ 方向动量守恒方程

$$\bar{u}_{\theta 1,\bar{t}}+\bar{u}_{\theta 1,\bar{z}}=-\frac{1}{\bar{r}}Eu_1\bar{p}_{1,\theta}+\frac{1}{Re_1}\Delta\bar{u}_{\theta 1} \tag{9-3}$$

z 方向动量守恒方程

$$\bar{u}_{z1,\bar{t}}+\bar{u}_{z1,\bar{z}}=-Eu_1\bar{p}_{1,\bar{z}}+\frac{1}{Re_1}\Delta\bar{u}_{z1} \tag{9-4}$$

方程(9-1)等号两侧同时点乘哈密顿算子∇，得

$$\left(\frac{\partial}{\partial \bar{t}}+\frac{\partial}{\partial \bar{z}}\right)\nabla\cdot\bar{\boldsymbol{u}}_1=-Eu_1\Delta\bar{p}_1+\frac{1}{Re_1}\Delta(\nabla\cdot\bar{\boldsymbol{u}}_1) \tag{9-5}$$

由于液相为不可压缩流体，根据连续性方程(2-2)，有

$$\Delta\bar{p}_1=0 \tag{9-6}$$

根据方程(1-120)，液相扰动压力为

$$\bar{p}_1=\bar{p}_1(\bar{z})\exp(\bar{\omega}\bar{t}+\mathrm{i}k_\theta\theta+\mathrm{i}\bar{k}_z\bar{z}) \tag{9-7}$$

将方程(9-7)代入方程(9-6)，得瑞利-泰勒波液相微分方程。

$$p_1(\bar{r})_{,\bar{r}\bar{r}} + \frac{1}{\bar{r}} p_1(\bar{r})_{,\bar{r}} - \left(\bar{k}_z^2 + \frac{k_\theta^2}{\bar{r}^2}\right) p_1(\bar{r}) = 0 \tag{9-8}$$

该式为 k_θ 阶修正贝塞尔方程。

9.1.2　环状液膜瑞利-泰勒波液相微分方程的求解

9.1.2.1　液相扰动压力的通解

k_θ 阶修正贝塞尔方程(9-8)的通解为

$$\bar{p}_1(\bar{r}) = c_{1k_\theta}(\bar{k}_z \bar{r}) + c_2 \mathrm{K}_{k_\theta}(\bar{k}_z \bar{r}) \tag{9-9}$$

9.1.2.2　液相三维扰动速度的通解

根据方程(1-120)，环状液膜瑞利-泰勒波的三维扰动速度为

$$\bar{u}_{r1} = \bar{u}_{r1}(\bar{r}) \exp(\bar{\omega}\bar{t} + \mathrm{i}k_\theta \theta + \mathrm{i}\bar{k}_z \bar{z}) \tag{9-10}$$

$$\bar{u}_{\theta 1} = \bar{u}_{\theta 1}(\bar{r}) \exp(\bar{\omega}\bar{t} + \mathrm{i}k_\theta \theta + \mathrm{i}\bar{k}_z \bar{z}) \tag{9-11}$$

$$\bar{u}_{z1} = \bar{u}_{z1}(\bar{r}) \exp(\bar{\omega}\bar{t} + \mathrm{i}k_\theta \theta + \mathrm{i}\bar{k}_z \bar{z}) \tag{9-12}$$

动量守恒方程(9-2)～方程(9-4)中的拉普拉斯算子为方程(6-14)～方程(6-16)。将方程(9-9)～方程(9-12)和方程(6-14)～方程(6-16)分别代入动量方程(9-2)～方程(9-4)，得

$$\bar{u}_{r1}(\bar{r})_{,\bar{r}\bar{r}} + \frac{1}{\bar{r}} \bar{u}_{r1}(\bar{r})_{,\bar{r}} - \left(\bar{s}^2 + \frac{k_\theta^2}{\bar{r}^2}\right) \bar{u}_{r1}(\bar{r}) = [c_1 \mathrm{I}'_{k_\theta}(\bar{k}_z \bar{r}) + c_2 \mathrm{K}'_{k_\theta}(\bar{k}_z \bar{r})]\, \bar{k}_z Eu_1 Re_1 \tag{9-13}$$

$$\bar{u}_{\theta 1}(\bar{r})_{,\bar{r}\bar{r}} + \frac{1}{\bar{r}} \bar{u}_{\theta 1}(\bar{r})_{,\bar{r}} - \left(\bar{s}^2 + \frac{k_\theta^2}{\bar{r}^2}\right) \bar{u}_{\theta 1}(\bar{r}) = [c_1 \mathrm{I}_{k_\theta}(\bar{k}_z \bar{r}) + c_2 \mathrm{K}_{k_\theta}(\bar{k}_z \bar{r})]\, \frac{\mathrm{i}k_\theta}{\bar{r}} Eu_1 Re_1 \tag{9-14}$$

$$\bar{u}_{z1}(\bar{r})_{,\bar{r}\bar{r}} + \frac{1}{\bar{r}} \bar{u}_{z1}(\bar{r})_{,\bar{r}} - \left(\bar{s}^2 + \frac{k_\theta^2}{\bar{r}^2}\right) \bar{u}_{z1}(\bar{r}) = [c_1 \mathrm{I}_{k_\theta}(\bar{k}_z \bar{r}) + c_2 \mathrm{K}_{k_\theta}(\bar{k}_z \bar{r})]\, \mathrm{i}\bar{k}_z Eu_1 Re_1 \tag{9-15}$$

式中，$\bar{s}^2 = \bar{k}_z^2 + Re_1(\bar{\omega} + \mathrm{i}\bar{k}_z)$。

由方程(9-13)～方程(9-15)，通过试算，可以得到环状液膜瑞利-泰勒波三维扰动速度的通解。

r 方向的扰动速度通解

$$\bar{u}_{r1}(\bar{r}) = c_3 \mathrm{I}'_{k_\theta}(\bar{s}\bar{r}) + c_4 \mathrm{K}'_{k_\theta}(\bar{s}\bar{r}) - \frac{\bar{k}_z Eu_1}{\bar{\omega} + \mathrm{i}\bar{k}_z} [c_1 \mathrm{I}'_{k_\theta}(\bar{k}_z \bar{r}) + c_2 \mathrm{K}'_{k_\theta}(\bar{k}_z \bar{r})] \tag{9-16}$$

$$\bar{u}_{r1} = \begin{bmatrix} c_3 \mathrm{I}'_{k_\theta}(\bar{s}\bar{r}) + c_4 \mathrm{K}'_{k_\theta}(\bar{s}\bar{r}) - \\ \dfrac{\bar{k}_z Eu_1}{\bar{\omega} + \mathrm{i}\bar{k}_z} [c_1 \mathrm{I}'_{k_\theta}(\bar{k}_z \bar{r}) + c_2 \mathrm{K}'_{k_\theta}(\bar{k}_z \bar{r})] \end{bmatrix} \exp(\bar{\omega}\bar{t} + \mathrm{i}k_\theta \theta + \mathrm{i}\bar{k}_z \bar{z}) \tag{9-17}$$

θ 方向的扰动速度通解

$$\bar{u}_{\theta 1}(\bar{r}) = -c_3 \mathrm{i}\left[\mathrm{I}_{k_\theta - 1}(\bar{s}\bar{r}) - \mathrm{I}'_{k_\theta}(\bar{s}\bar{r})\right] + c_4 \mathrm{i}\left[\mathrm{K}_{k_\theta - 1}(\bar{s}\bar{r}) + \mathrm{K}'_{k_\theta}(\bar{s}\bar{r})\right] - \frac{\mathrm{i}\bar{k}_z E u_1}{\bar{\omega} + \mathrm{i}\bar{k}_z}\left\{c_1\left[\mathrm{I}_{k_\theta - 1}(\bar{k}_z\bar{r}) - \mathrm{I}'_{k_\theta}(\bar{k}_z\bar{r})\right] - c_2\left[\mathrm{K}_{k_\theta - 1}(\bar{k}_z\bar{r}) + \mathrm{K}'_{k_\theta}(\bar{k}_z\bar{r})\right]\right\} \tag{9-18}$$

$$u_{\theta 1} = \left\langle \begin{array}{l} -c_3 \mathrm{i}\left[\mathrm{I}_{k_\theta - 1}(\bar{s}\bar{r}) - \mathrm{I}'_{k_\theta}(\bar{s}\bar{r})\right] + c_4 \mathrm{i}\left[\mathrm{K}_{k_\theta - 1}(\bar{s}\bar{r}) + \mathrm{K}'_{k_\theta}(\bar{s}\bar{r})\right] - \\ \dfrac{\mathrm{i}\bar{k}_z E u_1}{\bar{\omega} + \mathrm{i}\bar{k}_z}\left\{\begin{array}{l} c_1\left[\mathrm{I}_{k_\theta - 1}(\bar{k}_z\bar{r}) - \mathrm{I}'_{k_\theta}(\bar{k}_z\bar{r})\right] - \\ c_2\left[\mathrm{K}_{k_\theta - 1}(\bar{k}_z\bar{r}) + \mathrm{K}'_{k_\theta}(\bar{k}_z\bar{r})\right] \end{array}\right\} \end{array} \right\rangle \cdot \exp(\bar{\omega}\bar{t} + \mathrm{i}k_\theta\theta + \mathrm{i}\bar{k}_z\bar{z}) \tag{9-19}$$

z 方向的扰动速度通解

$$\bar{u}_{z1}(\bar{r}) = \frac{\mathrm{i}\bar{s}}{\bar{k}_z}\left[c_3 \mathrm{I}_{k_\theta}(\bar{s}\bar{r}) + c_4 \mathrm{K}_{k_\theta}(\bar{s}\bar{r})\right] - \frac{\mathrm{i}\bar{k}_z E u_1}{\bar{\omega} + \mathrm{i}\bar{k}_z}\left[c_1 \mathrm{I}_{k_\theta}(\bar{k}_z\bar{r}) + c_2 \mathrm{K}_{k_\theta}(\bar{k}_z\bar{r})\right] \tag{9-20}$$

$$\bar{u}_{z1} = \left\{\frac{\mathrm{i}\bar{s}}{\bar{k}_z}\left[c_3 \mathrm{I}_{k_\theta}(\bar{s}\bar{r}) + c_4 \mathrm{K}_{k_\theta}(\bar{s}\bar{r})\right] - \frac{\mathrm{i}\bar{k}_z E u_1}{\bar{\omega} + \mathrm{i}\bar{k}_z}\left[c_1 \mathrm{I}_{k_\theta}(\bar{k}_z\bar{r}) + c_2 \mathrm{K}_{k_\theta}(\bar{k}_z\bar{r})\right]\right\} \cdot \exp(\bar{\omega}\bar{t} + \mathrm{i}k_\theta\theta + \mathrm{i}\bar{k}_z\bar{z}) \tag{9-21}$$

9.1.2.3 液相三维扰动速度通解的验证

(1) 对 $\bar{u}_{r1}$ 通解的验证

将方程(9-16)代入非齐次修正贝塞尔方程(9-13)，得

$$\text{左侧} = c_3\left[\begin{array}{l} \bar{s}^2 \mathrm{I}'''_{k_\theta}(\bar{s}\bar{r}) + \dfrac{\bar{\rho}}{\bar{k}}\mathrm{I}''_{k_\theta}(\bar{s}\bar{r}) - \\ \\ \end{array}\right] + c_4\left[\begin{array}{l} \bar{s}^2 \mathrm{K}'''_{k_\theta}(\bar{s}\bar{r}) + \dfrac{\bar{\rho}}{\bar{k}}\mathrm{K}''_{k_\theta}(\bar{s}\bar{r}) - \\ \left(\bar{s}^2 + \dfrac{k_\theta^2}{\bar{r}^2}\right) c_4 \mathrm{K}'_{k_\theta}(\bar{s}\bar{r}) \end{array}\right] - \frac{c_1 \bar{k}_z E u_1}{\bar{\omega} + \mathrm{i}\bar{k}_z}\left\{\begin{array}{l} \bar{k}_z^2 \mathrm{I}'''_{k_\theta}(\bar{k}_z\bar{r}) + \dfrac{\bar{k}_z}{\bar{r}}\mathrm{I}''_{k_\theta}(\bar{k}_z\bar{r}) - \\ \left[\bar{k}_z^2 + \dfrac{k_\theta^2}{\bar{r}^2} + Re_1(\bar{\omega} + \mathrm{i}\bar{k}_z)\right]\mathrm{I}'_{k_\theta}(\bar{k}_z\bar{r}) \end{array}\right\} - \frac{c_2 \bar{k}_z E u_1}{\bar{\omega} + \mathrm{i}\bar{k}_z}\left\{\begin{array}{l} \bar{k}_z^2 \mathrm{K}'''_{k_\theta}(\bar{k}_z\bar{r}) + \dfrac{\bar{k}_z}{\bar{r}}\mathrm{K}''_{k_\theta}(\bar{k}_z\bar{r}) - \\ \left[\bar{k}_z^2 + \dfrac{k_\theta^2}{\bar{r}^2} + Re_1(\bar{\omega} + \mathrm{i}\bar{k}_z)\right]\mathrm{K}'_{k_\theta}(\bar{k}_z\bar{r}) \end{array}\right\} \tag{9-22}$$

$c_3 \mathrm{I}_{k_\theta}(\bar{s}\bar{r})$、$c_4 \mathrm{K}_{k_\theta}(\bar{s}\bar{r})$、$c_1 \mathrm{I}_{k_\theta}(\bar{k}_z\bar{r})$、$c_2 \mathrm{K}_{k_\theta}(\bar{k}_z\bar{r})$分别是齐次修正贝塞尔方程

$$\mathrm{I}''_{k_\theta}(\bar{s}\bar{r})+\frac{1}{\bar{s}\bar{r}}\mathrm{I}'_{k_\theta}(\bar{s}\bar{r})-\left[1+\frac{k_\theta^2}{(\bar{s}\bar{r})^2}\right]\mathrm{I}_{k_\theta}(\bar{s}\bar{r})=0 \tag{9-23}$$

$$\mathrm{K}''_{k_\theta}(\bar{s}\bar{r})+\frac{1}{\bar{s}\bar{r}}\mathrm{K}'_{k_\theta}(\bar{s}\bar{r})-\left[1+\frac{k_\theta^2}{(\bar{s}\bar{r})^2}\right]\mathrm{K}_{k_\theta}(\bar{s}\bar{r})=0 \tag{9-24}$$

$$\mathrm{I}''_{k_\theta}(\bar{k}_z\bar{r})+\frac{1}{\bar{k}_z\bar{r}}\mathrm{I}'_{k_\theta}(\bar{k}_z\bar{r})-\left[1+\frac{k_\theta^2}{(\bar{k}_z\bar{r})^2}\right]\mathrm{I}_{k_\theta}(\bar{k}_z\bar{r})=0 \tag{9-25}$$

$$\mathrm{K}''_{k_\theta}(\bar{k}_z\bar{r})+\frac{1}{\bar{k}_z\bar{r}}\mathrm{K}'_{k_\theta}(\bar{k}_z\bar{r})-\left[1+\frac{k_\theta^2}{(\bar{k}_z\bar{r})^2}\right]\mathrm{K}_{k_\theta}(\bar{k}_z\bar{r})=0 \tag{9-26}$$

的通解。方程(9-23)和方程(9-24)分别对($\bar{s}\bar{r}$)求一阶偏导数，方程(9-25)和方程(9-26)分别对($\bar{k}_z\bar{r}$)求一阶偏导数，得

$$\mathrm{I}'''_{k_\theta}(\bar{s}\bar{r})+\frac{1}{\bar{s}\bar{r}}\mathrm{I}''_{k_\theta}(\bar{s}\bar{r})-\left[1+\frac{k_\theta^2}{(\bar{s}\bar{r})^2}\right]\mathrm{I}'_{k_\theta}(\bar{s}\bar{r})=0 \tag{9-27}$$

$$\mathrm{K}'''_{k_\theta}(\bar{s}\bar{r})+\frac{1}{\bar{s}\bar{r}}\mathrm{K}''_{k_\theta}(\bar{s}\bar{r})-\left[1+\frac{k_\theta^2}{(\bar{s}\bar{r})^2}\right]\mathrm{K}'_{k_\theta}(\bar{s}\bar{r})=0 \tag{9-28}$$

$$\mathrm{I}'''_{k_\theta}(\bar{k}_z\bar{r})+\frac{1}{\bar{k}_z\bar{r}}\mathrm{I}''_{k_\theta}(\bar{k}_z\bar{r})-\left[1+\frac{k_\theta^2}{(\bar{k}_z\bar{r})^2}\right]\mathrm{I}'_{k_\theta}(\bar{k}_z\bar{r})=0 \tag{9-29}$$

$$\mathrm{K}'''_{k_\theta}(\bar{k}_z\bar{r})+\frac{1}{\bar{k}_z\bar{r}}\mathrm{K}''_{k_\theta}(\bar{k}_z\bar{r})-\left[1+\frac{k_\theta^2}{(\bar{k}_z\bar{r})^2}\right]\mathrm{K}'_{k_\theta}(\bar{k}_z\bar{r})=0 \tag{9-30}$$

将方程(9-27)～方程(9-30)代入方程(9-22)，得

$$\begin{aligned}\text{左侧}&=\left[c_1\mathrm{I}'_{k_\theta}(\bar{k}_z\bar{r})+c_2\mathrm{K}'_{k_\theta}(\bar{k}_z\bar{r})\right]\frac{\bar{k}_zEu_1}{\bar{\omega}+\mathrm{i}\bar{k}_z}Re_1(\bar{\omega}+\mathrm{i}\bar{k}_z)\\&=\left[c_1\mathrm{I}'_{k_\theta}(\bar{k}_z\bar{r})+c_2\mathrm{K}'_{k_\theta}(\bar{k}_z\bar{r})\right]\bar{k}_zEu_1Re_1=\text{右侧}\end{aligned} \tag{9-31}$$

证明求得的非齐次修正贝塞尔方程(9-13)的通解式(9-16)是正确的。

(2) 对 $\bar{u}_{\theta 1}$ 通解的验证

将方程(9-18)代入非齐次修正贝塞尔方程(9-14)，得

$$\text{左侧}=c_3\mathrm{i}\left\{\begin{aligned}&\bar{s}^2\left[\mathrm{I}'''_{k_\theta}(\bar{s}\bar{r})-\mathrm{I}''_{k_\theta-1}(\bar{s}\bar{r})\right]+\frac{\bar{s}}{\bar{r}}\left[\mathrm{I}''_{k_\theta}(\bar{s}\bar{r})-\mathrm{I}'_{k_\theta-1}(\bar{s}\bar{r})\right]-\\&\left(\bar{s}^2+\frac{k_\theta^2}{\bar{r}^2}\right)\left[\mathrm{I}'_{k_\theta}(\bar{s}\bar{r})-\mathrm{I}_{k_\theta-1}(\bar{s}\bar{r})\right]\end{aligned}\right\}+$$

$$c_4\mathrm{i}\left\{\begin{aligned}&\bar{s}^2\begin{bmatrix}\mathrm{K}'''_{k_\theta}(\bar{s}\bar{r})+\\\mathrm{K}''_{k_\theta-1}(\bar{s}\bar{r})\end{bmatrix}+\frac{\bar{s}}{\bar{r}}\left[\mathrm{K}''_{k_\theta}(\bar{s}\bar{r})+\mathrm{K}'_{k_\theta-1}(\bar{s}\bar{r})\right]-\\&\left(\bar{s}^2+\frac{k_\theta^2}{\bar{r}^2}\right)\left[\mathrm{K}'_{k_\theta}(\bar{s}\bar{r})+\mathrm{K}_{k_\theta-1}(\bar{s}\bar{r})\right]\end{aligned}\right\}+$$

$$c_1\frac{\mathrm{i}\bar{k}_z Eu_1}{\bar{\omega}+\mathrm{i}\bar{k}_z}\left\{\begin{aligned}&\bar{k}_z^2\left[\mathrm{I}'''_{k_\theta}(\bar{k}_z\bar{r})-\mathrm{I}''_{k_\theta-1}(\bar{k}_z\bar{r})\right]+\frac{\bar{k}_z}{\bar{r}}\left[\mathrm{I}''_{k_\theta}(\bar{k}_z\bar{r})-\mathrm{I}'_{k_\theta-1}(\bar{k}_z\bar{r})\right]-\\&\left(\bar{s}^2+\frac{k_\theta^2}{\bar{r}^2}\right)\left[\mathrm{I}'_{k_\theta}(\bar{k}_z\bar{r})-\mathrm{I}_{k_\theta-1}(\bar{k}_z\bar{r})\right]\end{aligned}\right\}+$$

$$c_2\frac{\mathrm{i}\bar{k}_z Eu_1}{\bar{\omega}+\mathrm{i}\bar{k}_z}\left\{\begin{aligned}&\bar{k}_z^2\left[\mathrm{K}'''_{k_\theta}(\bar{k}_z\bar{r})+\mathrm{K}''_{k_\theta-1}(\bar{k}_z\bar{r})\right]+\frac{\bar{k}_z}{\bar{r}}\left[\mathrm{K}''_{k_\theta}(\bar{k}_z\bar{r})+\mathrm{K}'_{k_\theta-1}(\bar{k}_z\bar{r})\right]-\\&\left(\bar{s}^2+\frac{k_\theta^2}{\bar{r}^2}\right)\left[\mathrm{K}'_{k_\theta}(\bar{k}_z\bar{r})+\mathrm{K}_{k_\theta-1}(\bar{k}_z\bar{r})\right]\end{aligned}\right\}\tag{9-32}$$

根据附录 B 中的方程(B-13)和方程(B-14),整理方程(9-32),得

$$\begin{aligned}\text{左侧}=&-c_3\frac{\mathrm{i}k_\theta}{\bar{s}\bar{r}}\left[\bar{s}^2\mathrm{I}''_{k_\theta}(\bar{s}\bar{r})+\frac{\bar{s}}{\bar{r}}\mathrm{I}'_{k_\theta}(\bar{s}\bar{r})-\left(\bar{s}^2+\frac{k_\theta^2}{\bar{r}^2}\right)\mathrm{I}_{k_\theta}(\bar{s}\bar{r})\right]-\\&c_4\frac{\mathrm{i}k_\theta}{\bar{s}\bar{r}}\left[\bar{s}^2\mathrm{K}''_{k_\theta}(\bar{s}\bar{r})+\frac{\bar{\rho}}{\bar{k}}\mathrm{K}'_{k_\theta}(\bar{s}\bar{r})-\left(\bar{s}^2+\frac{k_\theta^2}{\bar{r}^2}\right)\mathrm{K}_{k_\theta}(\bar{s}\bar{r})\right]-\\&c_1\frac{\mathrm{i}\bar{k}_z Eu_1}{\bar{\omega}+\mathrm{i}\bar{k}_z}\frac{k_\theta}{\bar{k}_z\bar{r}}\left\{\bar{k}_z^2\mathrm{I}''_{k_\theta}(\bar{k}_z\bar{r})+\frac{\bar{k}_z}{\bar{r}}\mathrm{I}'_{k_\theta}(\bar{k}_z\bar{r})-\left[\bar{k}_z^2+Re_1(\bar{\omega}+\mathrm{i}\bar{k}_z)+\frac{k_\theta^2}{\bar{r}^2}\right]\mathrm{I}_{k_\theta}(\bar{k}_z\bar{r})\right\}-\\&c_2\frac{\mathrm{i}\bar{k}_z Eu_1}{\bar{\omega}+\mathrm{i}\bar{k}_z}\frac{k_\theta}{\bar{k}_z\bar{r}}\left\{\bar{k}_z^2\mathrm{K}''_{k_\theta}(\bar{k}_z\bar{r})+\frac{\bar{k}_z}{\bar{r}}\mathrm{K}'_{k_\theta}(\bar{k}_z\bar{r})-\left[\bar{k}_z^2+Re_1(\bar{\omega}+\mathrm{i}\bar{k}_z)+\frac{k_\theta^2}{\bar{r}^2}\right]\mathrm{K}_{k_\theta}(\bar{k}_z\bar{r})\right\}\end{aligned}\tag{9-33}$$

将方程(9-23)～方程(9-26)代入方程(9-33),得

$$\begin{aligned}\text{左侧}&=\left[c_1\mathrm{I}_{k_\theta}(\bar{k}_z\bar{r})+c_2\mathrm{K}_{k_\theta}(\bar{k}_z\bar{r})\right]\frac{\mathrm{i}\bar{k}_z Eu_1}{\bar{\omega}+\mathrm{i}\bar{k}_z}\frac{k_\theta}{\bar{k}_z\bar{r}}Re_1(\bar{\omega}+\mathrm{i}\bar{k}_z)\\&=\left[c_1\mathrm{I}_{k_\theta}(\bar{k}_z\bar{r})+c_2\mathrm{K}_{k_\theta}(\bar{k}_z\bar{r})\right]\frac{\mathrm{i}k_\theta}{\bar{r}}Eu_1Re_1\\&=\text{右侧}\end{aligned}\tag{9-34}$$

证明求得的非齐次修正贝塞尔方程(9-14)的通解式(9-18)是正确的。

(3) 对 $\bar{u}_{z1}$ 通解的验证

将方程(9-20)代入非齐次修正贝塞尔方程(9-15),得

$$\begin{aligned}\text{左侧}=&c_3\frac{\mathrm{i}\bar{s}}{\bar{k}_z}\left[\begin{aligned}&\bar{s}^2\mathrm{I}''_{k_\theta}(\bar{s}\bar{r})+\frac{\bar{s}}{\bar{r}}c_3\mathrm{I}'_{k_\theta}(\bar{s}\bar{r})-\\&\left(\bar{s}^2+\frac{k_\theta^2}{\bar{r}^2}\right)c_3\mathrm{I}_{k_\theta}(\bar{s}\bar{r})\end{aligned}\right]+\\&c_4\frac{\mathrm{i}\bar{s}}{\bar{k}_z}\left[\begin{aligned}&\bar{s}^2\mathrm{K}''_{k_\theta}(\bar{s}\bar{r})+\frac{\bar{s}}{\bar{r}}K'_{k_\theta}(\bar{s}\bar{r})-\\&\left(\bar{s}^2+\frac{k_\theta^2}{\bar{r}^2}\right)c_4\mathrm{K}_{k_\theta}(\bar{s}\bar{r})\end{aligned}\right]-\end{aligned}$$

$$c_1 \frac{\mathrm{i}\bar{k}_z Eu_1}{\bar{\omega}+\mathrm{i}\bar{k}_z}\left\{\begin{array}{l}\bar{k}_z^2 \mathrm{I}''_{k_\theta}(\bar{k}_z\bar{r})+\dfrac{\bar{k}_z}{\bar{r}}\mathrm{I}'_{k_\theta}(\bar{k}_z\bar{r})- \\ \left[\bar{k}_z^2+Re_1(\bar{\omega}+\mathrm{i}\bar{k}_z)+\dfrac{k_\theta^2}{\bar{r}^2}\right]\mathrm{I}_{k_\theta}(\bar{k}_z\bar{r})\end{array}\right\}-$$

$$c_2 \frac{\mathrm{i}\bar{k}_z Eu_1}{\bar{\omega}+\mathrm{i}\bar{k}_z}\left\{\begin{array}{l}\bar{k}_z^2 \mathrm{K}''_{k_\theta}(\bar{k}_z\bar{r})+\dfrac{\bar{k}_z}{\bar{r}}\mathrm{K}'_{k_\theta}(\bar{k}_z\bar{r})- \\ \left[\bar{k}_z^2+Re_1(\bar{\omega}+\mathrm{i}\bar{k}_z)+\dfrac{k_\theta^2}{\bar{r}^2}\right]\mathrm{K}_{k_\theta}(\bar{k}_z\bar{r})\end{array}\right\} \tag{9-35}$$

将方程(9-23)～方程(9-26)代入方程(9-35)，得

$$\begin{aligned}左侧 &= c_1 \frac{\mathrm{i}\bar{k}_z Eu_1}{\bar{\omega}+\mathrm{i}\bar{k}_z}Re_1(\bar{\omega}+\mathrm{i}\bar{k}_z)\mathrm{I}_{k_\theta}(\bar{k}_z\bar{r})+c_2 \frac{\mathrm{i}\bar{k}_z Eu_1}{\bar{\omega}+\mathrm{i}\bar{k}_z}Re_1(\bar{\omega}+\mathrm{i}\bar{k}_z)\mathrm{K}_{k_\theta}(\bar{k}_z\bar{r}) \\ &= [c_1\mathrm{I}_{k_\theta}(\bar{k}_z\bar{r})+c_2\mathrm{K}_{k_\theta}(\bar{k}_z\bar{r})]\mathrm{i}\bar{k}_z Eu_1 Re_1 = 右侧\end{aligned} \tag{9-36}$$

证明求得的非齐次修正贝塞尔方程(9-15)的通解式(9-20)是正确的。

9.1.2.4 液相流动运动学边界条件

有量纲的三维扰动运动学边界条件为式(2-181)～式(2-183)。对于环状液膜，θ 方向和 z 方向上的扰动振幅可以忽略不计，三维扰动运动学边界条件表达式可以简化为一维扰动表达式，即方程(2-181)。液相 $U_{z1}\neq 0, U_{r1}=U_{\theta 1}=0$，得线性化和量纲一化的液相运动学边界条件式(2-185)。

瑞利-泰勒波三维扰动振幅表达式为方程(1-147)～方程(1-149)。因为环状液膜沿 r 方向很薄，受 r 方向扰动最显著，所以沿 θ 方向和 z 方向的 ξ_θ 和 ξ_z 均可以忽略，则三维扰动振幅表达式可以简化为仅有 r 方向的一维扰动振幅表达式(1-151)。在这种情况下，扰动振幅 ξ_r 可以简写为 ξ，初始扰动振幅 $\xi_0(r)$ 可以简写为 ξ_0。量纲一化的时间模式瑞利-泰勒波一维反对称波形和正对称波形内外环气液交界面扰动振幅表达式分别为

$$\bar{\xi}=\bar{\xi}_0\exp(\bar{\omega}\bar{t}+\mathrm{i}k_\theta\theta+\mathrm{i}\bar{k}_z\bar{z}) \tag{9-37}$$

$$\bar{\xi}=(-1)^j\bar{\xi}_0\exp(\bar{\omega}\bar{t}+\mathrm{i}k_\theta\theta+\mathrm{i}\bar{k}_z\bar{z}) \tag{9-38}$$

将方程(9-37)和方程(9-38)分别代入运动学边界条件式(2-185)，得

$$\bar{u}_{r1}=\bar{\xi}_0(\bar{\omega}+\mathrm{i}\bar{k}_z)\exp(\bar{\omega}\bar{t}+\mathrm{i}k_\theta\theta+\mathrm{i}\bar{k}_z\bar{z}) \tag{9-39}$$

$$\bar{u}_{r1}=(-1)^j\bar{\xi}_0(\bar{\omega}+\mathrm{i}\bar{k}_z)\exp(\bar{\omega}\bar{t}+\mathrm{i}k_\theta\theta+\mathrm{i}\bar{k}_z\bar{z}) \tag{9-40}$$

式中，ξ 表示环状液膜内外环表面波沿 r 方向的扰动振幅，气相和液相扰动振幅相等；$j=1$ 表示外环气液交界面，$j=2$ 表示内环气液交界面。

9.1.2.5 液相流动附加边界条件

三维扰动液相流动的附加边界条件为式(2-239)～式(2-241)。忽略 θ 方向和 z 方向的附加边界条件，则三维扰动的附加边界条件可简化为一维扰动附加边界条件式(2-239)。

9.1.2.6 反对称波形液相微分方程的特解

将方程(9-17)代入运动学边界条件式(9-39)，得

在 $\bar{r}=\bar{r}_{\mathrm{i}}$ 处

$$c_3\mathrm{I}'_{k_\theta}(\bar{s}\bar{r}_{\mathrm{i}})+c_4\mathrm{K}'_{k_\theta}(\bar{s}\bar{r}_{\mathrm{i}})-\frac{\bar{k}_z Eu_1}{\bar{\omega}+\mathrm{i}\bar{k}_z}[c_1\mathrm{I}'_{k_\theta}(\bar{k}_z\bar{r}_{\mathrm{i}})+c_2\mathrm{K}'_{k_\theta}(\bar{k}_z\bar{r}_{\mathrm{i}})]$$
$$=\bar{\xi}_0(\bar{\omega}+\mathrm{i}\bar{k}_z) \tag{9-41}$$

在 $\bar{r}=\bar{r}_{\mathrm{o}}$ 处

$$c_3\mathrm{I}'_{k_\theta}(\bar{s}\bar{r}_{\mathrm{o}})+c_4\mathrm{K}'_{k_\theta}(\bar{s}\bar{r}_{\mathrm{o}})-\frac{\bar{k}_z Eu_1}{\bar{\omega}+\mathrm{i}\bar{k}_z}[c_1\mathrm{I}'_{k_\theta}(\bar{k}_z\bar{r}_{\mathrm{o}})+c_2\mathrm{K}'_{k_\theta}(\bar{k}_z\bar{r}_{\mathrm{o}})]$$
$$=\bar{\xi}_0(\bar{\omega}+\mathrm{i}\bar{k}_z) \tag{9-42}$$

将方程(9-17)和方程(9-21)代入附加边界条件式(2-239)，得

在 $\bar{r}=\bar{r}_{\mathrm{i}}$ 处

$$\mathrm{i}\bar{k}_z\left\{c_3\mathrm{I}'_{k_\theta}(\bar{s}\bar{r}_{\mathrm{i}})+c_4\mathrm{K}'_{k_\theta}(\bar{s}\bar{r}_{\mathrm{i}})-\frac{\bar{k}_z Eu_1}{\bar{\omega}+\mathrm{i}\bar{k}_z}[c_1\mathrm{I}'_{k_\theta}(\bar{k}_z\bar{r}_{\mathrm{i}})+c_2\mathrm{K}'_{k_\theta}(\bar{k}_z\bar{r}_{\mathrm{i}})]\right\}+$$
$$\frac{\mathrm{i}\bar{s}^2}{\bar{k}_z}[c_3\mathrm{I}'_{k_\theta}(\bar{s}\bar{r}_{\mathrm{i}})+c_4\mathrm{K}'_{k_\theta}(\bar{s}\bar{r}_{\mathrm{i}})]-\frac{\mathrm{i}\bar{k}_z^2 Eu_1}{\bar{\omega}+\mathrm{i}\bar{k}_z}[c_1\mathrm{I}'_{k_\theta}(\bar{k}_z\bar{r}_{\mathrm{i}})+c_2\mathrm{K}'_{k_\theta}(\bar{k}_z\bar{r}_{\mathrm{i}})]=0 \tag{9-43}$$

在 $\bar{r}=\bar{r}_{\mathrm{o}}$ 处

$$\mathrm{i}\bar{k}_z\left\{c_3\mathrm{I}'_{k_\theta}(\bar{s}\bar{r}_{\mathrm{o}})+c_4\mathrm{K}'_{k_\theta}(\bar{s}\bar{r}_{\mathrm{o}})-\frac{\bar{k}_z Eu_1}{\bar{\omega}+\mathrm{i}\bar{k}_z}[c_1\mathrm{I}'_{k_\theta}(\bar{k}_z\bar{r}_{\mathrm{o}})+c_2\mathrm{K}'_{k_\theta}(\bar{k}_z\bar{r}_{\mathrm{o}})]\right\}+$$
$$\frac{\mathrm{i}\bar{s}^2}{\bar{k}_z}[c_3\mathrm{I}'_{k_\theta}(\bar{s}\bar{r}_{\mathrm{o}})+c_4\mathrm{K}'_{k_\theta}(\bar{s}\bar{r}_{\mathrm{o}})]-\frac{\mathrm{i}\bar{k}_z^2 Eu_1}{\bar{\omega}+\mathrm{i}\bar{k}_z}[c_1\mathrm{I}'_{k_\theta}(\bar{k}_z\bar{r}_{\mathrm{o}})+c_2\mathrm{K}'_{k_\theta}(\bar{k}_z\bar{r}_{\mathrm{o}})]=0 \tag{9-44}$$

整理方程(9-43)和方程(9-44)，得

在 $\bar{r}=\bar{r}_{\mathrm{i}}$ 处

$$\mathrm{i}\frac{\bar{s}^2+\bar{k}_z^2}{\bar{k}_z}[c_3\mathrm{I}'_{k_\theta}(\bar{s}\bar{r}_{\mathrm{i}})+c_4\mathrm{K}'_{k_\theta}(\bar{s}\bar{r}_{\mathrm{i}})]-$$
$$\frac{2\mathrm{i}\bar{k}_z^2 Eu_1}{\bar{\omega}+\mathrm{i}\bar{k}_z}[c_1\mathrm{I}'_{k_\theta}(\bar{k}_z\bar{r}_{\mathrm{i}})+c_2\mathrm{K}'_{k_\theta}(\bar{k}_z\bar{r}_{\mathrm{i}})]=0 \tag{9-45}$$

在 $\bar{r}=\bar{r}_{\mathrm{o}}$ 处

$$\mathrm{i}\frac{\bar{s}^2+\bar{k}_z^2}{\bar{k}_z}[c_3\mathrm{I}'_{k_\theta}(\bar{s}\bar{r}_{\mathrm{o}})+c_4\mathrm{K}'_{k_\theta}(\bar{s}\bar{r}_{\mathrm{o}})]-$$
$$\frac{2\mathrm{i}\bar{k}_z^2 Eu_1}{\bar{\omega}+\mathrm{i}\bar{k}_z}[c_1\mathrm{I}'_{k_\theta}(\bar{k}_z\bar{r}_{\mathrm{o}})+c_2\mathrm{K}'_{k_\theta}(\bar{k}_z\bar{r}_{\mathrm{o}})]=0 \tag{9-46}$$

将 $\bar{s}^2=\bar{k}_z^2+Re_1(\bar{\omega}+\mathrm{i}\bar{k}_z)$分别代入方程(9-45)和方程(9-46)，得

在 $\bar{r}=\bar{r}_i$ 处

$$\mathrm{i}\frac{2\bar{k}_z^2+Re_1(\bar{\omega}+\mathrm{i}\bar{k}_z)}{\bar{k}_z}[c_3\mathrm{I}'_{k_\theta}(\bar{s}\bar{r}_\mathrm{i})+c_4\mathrm{K}'_{k_\theta}(\bar{s}\bar{r}_\mathrm{i})]-\frac{2\mathrm{i}\bar{k}_z^2Eu_1}{\bar{\omega}+\mathrm{i}\bar{k}_z}[c_1\mathrm{I}'_{k_\theta}(\bar{k}_z\bar{r}_\mathrm{i})+c_2\mathrm{K}'_{k_\theta}(\bar{k}_z\bar{r}_\mathrm{i})]=0 \tag{9-47}$$

在 $\bar{r}=\bar{r}_\mathrm{o}$ 处

$$\mathrm{i}\frac{2\bar{k}_z^2+Re_1(\bar{\omega}+\mathrm{i}\bar{k}_z)}{\bar{k}_z}[c_3\mathrm{I}'_{k_\theta}(\bar{s}\bar{r}_\mathrm{o})+c_4\mathrm{K}'_{k_\theta}(\bar{s}\bar{r}_\mathrm{o})]-\frac{2\mathrm{i}\bar{k}_z^2Eu_1}{\bar{\omega}+\mathrm{i}\bar{k}_z}[c_1\mathrm{I}'_{k_\theta}(\bar{k}_z\bar{r}_\mathrm{o})+c_2\mathrm{K}'_{k_\theta}(\bar{k}_z\bar{r}_\mathrm{o})]=0 \tag{9-48}$$

将方程(9-41)和方程(9-42)分别代入方程(9-47)和方程(9-48)，得

在 $\bar{r}=\bar{r}_\mathrm{i}$ 处

$$c_3\mathrm{I}'_{k_\theta}(\bar{s}\bar{r}_\mathrm{i})+c_4\mathrm{K}'_{k_\theta}(\bar{s}\bar{r}_\mathrm{i})=-\frac{2\bar{k}_z^2\bar{\xi}_0}{Re_1} \tag{9-49}$$

在 $\bar{r}=\bar{r}_\mathrm{o}$ 处

$$c_3\mathrm{I}'_{k_\theta}(\bar{s}\bar{r}_\mathrm{o})+c_4\mathrm{K}'_{k_\theta}(\bar{s}\bar{r}_\mathrm{o})=-\frac{2\bar{k}_z^2\bar{\xi}_0}{Re_1} \tag{9-50}$$

方程(9-49)除以方程(9-50)，得

$$c_3=-c_4\frac{\mathrm{K}'_{k_\theta}(\bar{s}\bar{r}_\mathrm{o})-\mathrm{K}'_{k_\theta}(\bar{s}\bar{r}_\mathrm{i})}{\mathrm{I}'_{k_\theta}(\bar{s}\bar{r}_\mathrm{o})-\mathrm{I}'_{k_\theta}(\bar{s}\bar{r}_\mathrm{i})} \tag{9-51}$$

将方程(9-51)代入方程(9-49)，得

$$c_4=\frac{2\bar{k}_z^2\bar{\xi}_0}{Re_1}\frac{\mathrm{I}'_{k_\theta}(\bar{s}\bar{r}_\mathrm{o})-\mathrm{I}'_{k_\theta}(\bar{s}\bar{r}_\mathrm{i})}{\mathrm{I}'_{k_\theta}(\bar{s}\bar{r}_\mathrm{i})\mathrm{K}'_{k_\theta}(\bar{s}\bar{r}_\mathrm{o})-\mathrm{I}'_{k_\theta}(\bar{s}\bar{r}_\mathrm{o})\mathrm{K}'_{k_\theta}(\bar{s}\bar{r}_\mathrm{i})} \tag{9-52}$$

将方程(9-52)代入方程(9-51)，得

$$c_3=-\frac{2\bar{k}_z^2\bar{\xi}_0}{Re_1}\frac{\mathrm{K}'_{k_\theta}(\bar{s}\bar{r}_\mathrm{o})-\mathrm{K}'_{k_\theta}(\bar{s}\bar{r}_\mathrm{i})}{\mathrm{I}'_{k_\theta}(\bar{s}\bar{r}_\mathrm{i})\mathrm{K}'_{k_\theta}(\bar{s}\bar{r}_\mathrm{o})-\mathrm{I}'_{k_\theta}(\bar{s}\bar{r}_\mathrm{o})\mathrm{K}'_{k_\theta}(\bar{s}\bar{r}_\mathrm{i})} \tag{9-53}$$

将方程(9-52)和方程(9-53)分别代入方程(9-41)和方程(9-42)，得

$$c_1\mathrm{I}'_{k_\theta}(\bar{k}_z\bar{r}_\mathrm{i})+c_2\mathrm{K}'_{k_\theta}(\bar{k}_z\bar{r}_\mathrm{i})=-\frac{(\bar{s}^2+\bar{k}_z^2)(\bar{\omega}+\mathrm{i}\bar{k}_z)\bar{\xi}_0}{\bar{k}_zEu_1Re_1} \tag{9-54}$$

$$c_1\mathrm{I}'_{k_\theta}(\bar{k}_z\bar{r}_\mathrm{o})+c_2\mathrm{K}'_{k_\theta}(\bar{k}_z\bar{r}_\mathrm{o})=-\frac{(\bar{s}^2+\bar{k}_z^2)(\bar{\omega}+\mathrm{i}\bar{k}_z)\bar{\xi}_0}{\bar{k}_zEu_1Re_1} \tag{9-55}$$

由方程(9-54)和方程(9-55)，得

$$c_1=-\frac{(\bar{s}^2+\bar{k}_z^2)(\bar{\omega}+\mathrm{i}\bar{k}_z)\bar{\xi}_0}{\bar{k}_zEu_1Re_1}\frac{1}{\mathrm{I}'_{k_\theta}(\bar{k}_z\bar{r}_\mathrm{i})}-c_2\frac{\mathrm{K}'_{k_\theta}(\bar{k}_z\bar{r}_\mathrm{i})}{\mathrm{I}'_{k_\theta}(\bar{k}_z\bar{r}_\mathrm{i})}\tag{9-56}$$

和

$$c_2=-\frac{(\bar{s}^2+\bar{k}_z^2)(\bar{\omega}+\mathrm{i}\bar{k}_z)\bar{\xi}_0}{\bar{k}_zEu_1Re_1}\frac{1}{\mathrm{K}'_{k_\theta}(\bar{k}_z\bar{r}_\mathrm{i})}-c_1\frac{\mathrm{I}'_{k_\theta}(\bar{k}_z\bar{r}_\mathrm{i})}{\mathrm{K}'_{k_\theta}(\bar{k}_z\bar{r}_\mathrm{i})}\tag{9-57}$$

将方程(9-57)代入方程(9-54)，得

$$c_1=-\frac{(\bar{s}^2+\bar{k}_z^2)(\bar{\omega}+\mathrm{i}\bar{k}_z)\bar{\xi}_0}{\bar{k}_zEu_1Re_1}\frac{\mathrm{K}'_{k_\theta}(\bar{k}_z\bar{r}_\mathrm{i})-\mathrm{K}'_{k_\theta}(\bar{k}_z\bar{r}_\mathrm{o})}{\mathrm{I}'_{k_\theta}(\bar{k}_z\bar{r}_\mathrm{i})\mathrm{K}'_{k_\theta}(\bar{k}_z\bar{r}_\mathrm{o})-\mathrm{I}'_{k_\theta}(\bar{k}_z\bar{r}_\mathrm{o})\mathrm{K}'_{k_\theta}(\bar{k}_z\bar{r}_\mathrm{i})}\tag{9-58}$$

将方程(9-56)代入方程(9-55)，得

$$c_2=-\frac{(\bar{s}^2+\bar{k}_z^2)(\bar{\omega}+\mathrm{i}\bar{k}_z)\bar{\xi}_0}{\bar{k}_zEu_1Re_1}\frac{\mathrm{I}'_{k_\theta}(\bar{k}_z\bar{r}_\mathrm{i})-\mathrm{I}'_{k_\theta}(\bar{k}_z\bar{r}_\mathrm{o})}{\mathrm{I}'_{k_\theta}(\bar{k}_z\bar{r}_\mathrm{i})\mathrm{K}'_{k_\theta}(\bar{k}_z\bar{r}_\mathrm{o})-\mathrm{I}'_{k_\theta}(\bar{k}_z\bar{r}_\mathrm{o})\mathrm{K}'_{k_\theta}(\bar{k}_z\bar{r}_\mathrm{i})}\tag{9-59}$$

在《液体喷雾学》[1]中，已经定义的修正贝塞尔函数的组合参数为

$$\Delta_1=[\mathrm{I}_1(\bar{s}\bar{r}_\mathrm{i})\mathrm{K}_1(\bar{s}\bar{r}_\mathrm{o})-\mathrm{I}_1(\bar{s}\bar{r}_\mathrm{o})\mathrm{K}_1(\bar{s}\bar{r}_\mathrm{i})]^{-1}\tag{9-60}$$

$$\Delta_2=[\mathrm{I}_1(\bar{k}\bar{r}_\mathrm{i})\mathrm{K}_1(\bar{k}\bar{r}_\mathrm{o})-\mathrm{I}_1(\bar{k}\bar{r}_\mathrm{o})\mathrm{K}_1(\bar{k}\bar{r}_\mathrm{i})]^{-1}\tag{9-61}$$

$$\Delta_3=\mathrm{I}_0(\bar{k}\bar{r}_\mathrm{i})\mathrm{K}_1(\bar{k}\bar{r}_\mathrm{o})+\mathrm{I}_1(\bar{k}\bar{r}_\mathrm{o})\mathrm{K}_0(\bar{k}\bar{r}_\mathrm{i})\tag{9-62}$$

$$\Delta_4=\mathrm{I}_0(\bar{k}\bar{r}_\mathrm{o})\mathrm{K}_1(\bar{k}\bar{r}_\mathrm{i})+\mathrm{I}_1(\bar{k}\bar{r}_\mathrm{i})\mathrm{K}_0(\bar{k}\bar{r}_\mathrm{o})\tag{9-63}$$

$$\Delta_5=-[\mathrm{I}_0(\bar{s}\bar{r}_\mathrm{i})\mathrm{K}_1(\bar{s}\bar{r}_\mathrm{o})+\mathrm{I}_1(\bar{s}\bar{r}_\mathrm{o})\mathrm{K}_0(\bar{s}\bar{r}_\mathrm{i})]+1/\bar{s}\bar{r}_\mathrm{i}\Delta_1\tag{9-64}$$

$$\Delta_6=\mathrm{I}_0(\bar{s}\bar{r}_\mathrm{o})\mathrm{K}_1(\bar{s}\bar{r}_\mathrm{i})+\mathrm{I}_1(\bar{s}\bar{r}_\mathrm{i})\mathrm{K}_0(\bar{s}\bar{r}_\mathrm{o})+1/\bar{s}\bar{r}_\mathrm{o}\Delta_1\tag{9-65}$$

$$G_1=\mathrm{I}_0(\bar{k}\bar{r}_\mathrm{i})/\mathrm{I}_1(\bar{k}\bar{r}_\mathrm{i})\tag{9-66}$$

$$G_2=\mathrm{K}_0(\bar{k}\bar{r}_\mathrm{o})/\mathrm{K}_1(\bar{k}\bar{r}_\mathrm{o})\tag{9-67}$$

此处令

$$\Delta_7=[\mathrm{I}'_{k_\theta}(\bar{k}_z\bar{r}_\mathrm{i})\mathrm{K}'_{k_\theta}(\bar{k}_z\bar{r}_\mathrm{o})-\mathrm{I}'_{k_\theta}(\bar{k}_z\bar{r}_\mathrm{o})\mathrm{K}'_{k_\theta}(\bar{k}_z\bar{r}_\mathrm{i})]^{-1}\tag{9-68}$$

$$\Delta_8=[\mathrm{I}'_{k_\theta}(\bar{s}\bar{r}_\mathrm{i})\mathrm{K}'_{k_\theta}(\bar{s}\bar{r}_\mathrm{o})-\mathrm{I}'_{k_\theta}(\bar{s}\bar{r}_\mathrm{o})\mathrm{K}'_{k_\theta}(\bar{s}\bar{r}_\mathrm{i})]^{-1}\tag{9-69}$$

则方程(9-52)、方程(9-53)、方程(9-58)和方程(9-59)变成

$$c_1=\frac{(\bar{s}^2+\bar{k}_z^2)(\bar{\omega}+\mathrm{i}\bar{k}_z)\bar{\xi}_0}{\bar{k}_zEu_1Re_1}\Delta_7[\mathrm{K}'_{k_\theta}(\bar{k}_z\bar{r}_\mathrm{i})-\mathrm{K}'_{k_\theta}(\bar{k}_z\bar{r}_\mathrm{o})]\tag{9-70}$$

$$c_2=\frac{(\bar{s}^2+\bar{k}_z^2)(\bar{\omega}+\mathrm{i}\bar{k}_z)\bar{\xi}_0}{\bar{k}_zEu_1Re_1}\Delta_7[\mathrm{I}'_{k_\theta}(\bar{k}_z\bar{r}_\mathrm{i})-\mathrm{I}'_{k_\theta}(\bar{k}_z\bar{r}_\mathrm{o})]\tag{9-71}$$

$$c_3=-\frac{2\bar{k}_z^2\bar{\xi}_0}{Re_1}\Delta_8[\mathrm{K}'_{k_\theta}(\bar{s}\bar{r}_\mathrm{o})-\mathrm{K}'_{k_\theta}(\bar{s}\bar{r}_\mathrm{i})]\tag{9-72}$$

$$c_4=\frac{2\bar{k}_z^2\bar{\xi}_0}{Re_1}\Delta_8[\mathrm{I}'_{k_\theta}(\bar{s}\bar{r}_\mathrm{o})-\mathrm{I}'_{k_\theta}(\bar{s}\bar{r}_\mathrm{i})]\tag{9-73}$$

液相微分方程通解的四个常数 c_1、c_2、c_3、c_4 都求解出来了，把它们代入反对称波形扰动速度通解表达式，即可得到反对称波形扰动速度的特解。

将积分常数 c_1、c_2 代入液相扰动压力的通解式(9-9)，就得到反对称波形扰动压力的特解。

$$\bar{p}_1=\bar{\xi}_0\frac{(\bar{s}^2+\bar{k}_z^2)(\bar{\omega}+\mathrm{i}\bar{k}_z)}{\bar{k}_z Eu_1 Re_1}\Delta_7\begin{Bmatrix}\mathrm{I}_{k_\theta}(\bar{k}_z\bar{r})\left[\mathrm{K}'_{k_\theta}(\bar{k}_z\bar{r}_\mathrm{i})-\mathrm{K}'_{k_\theta}(\bar{k}_z\bar{r}_\mathrm{o})\right]-\\ \mathrm{K}_{k_\theta}(\bar{k}_z\bar{r})\left[\mathrm{I}'_{k_\theta}(\bar{k}_z\bar{r}_\mathrm{i})-\mathrm{I}'_{k_\theta}(\bar{k}_z\bar{r}_\mathrm{o})\right]\end{Bmatrix}\cdot$$
$$\exp(\bar{\omega}\bar{t}+\mathrm{i}k_\theta\theta+\mathrm{i}\bar{k}_z\bar{z})\tag{9-74}$$

9.1.2.7　正对称波形液相微分方程的特解

将方程(9-17)代入运动学边界条件式(9-40)，在 $\bar{r}=\bar{r}_\mathrm{i}$ 处，即 $j=2$ 时，得方程(9-41)。在 $\bar{r}=\bar{r}_\mathrm{o}$ 处，即 $j=1$ 时，得

$$c_3\mathrm{I}'_{k_\theta}(\bar{s}\bar{r}_\mathrm{o})+c_4\mathrm{K}'_{k_\theta}(\bar{s}\bar{r}_\mathrm{o})-\frac{\bar{k}_z Eu_1}{\bar{\omega}+\mathrm{i}\bar{k}_z}\left[c_1\mathrm{I}'_{k_\theta}(\bar{k}_z\bar{r}_\mathrm{o})+c_2\mathrm{K}'_{k_\theta}(\bar{k}_z\bar{r}_\mathrm{o})\right]=-\bar{\xi}_0(\bar{\omega}+\mathrm{i}\bar{k}_z)\tag{9-75}$$

将方程(9-41)和方程(9-75)分别代入方程(9-47)和方程(9-48)，得

在 $\bar{r}=\bar{r}_\mathrm{i}$ 处

$$c_3\mathrm{I}'_{k_\theta}(\bar{s}\bar{r}_\mathrm{i})+c_4\mathrm{K}'_{k_\theta}(\bar{s}\bar{r}_\mathrm{i})=-\frac{2\bar{k}_z^2\bar{\xi}_0}{Re_1}\tag{9-76}$$

在 $\bar{r}=\bar{r}_\mathrm{o}$ 处

$$c_3\mathrm{I}'_{k_\theta}(\bar{s}\bar{r}_\mathrm{o})+c_4\mathrm{K}'_{k_\theta}(\bar{s}\bar{r}_\mathrm{o})=\frac{2\bar{k}_z^2\bar{\xi}_0}{Re_1}\tag{9-77}$$

方程(9-76)除以方程(9-77)，得

$$c_3=-c_4\frac{\mathrm{K}'_{k_\theta}(\bar{s}\bar{r}_\mathrm{o})+\mathrm{K}'_{k_\theta}(\bar{s}\bar{r}_\mathrm{i})}{\mathrm{I}'_{k_\theta}(\bar{s}\bar{r}_\mathrm{i})+\mathrm{I}'_{k_\theta}(\bar{s}\bar{r}_\mathrm{o})}\tag{9-78}$$

将方程(9-78)代入方程(9-76)，得

$$c_4=-\frac{2\bar{k}_z^2\bar{\xi}_0}{Re_1}\frac{\mathrm{I}'_{k_\theta}(\bar{s}\bar{r}_\mathrm{i})+\mathrm{I}'_{k_\theta}(\bar{s}\bar{r}_\mathrm{o})}{\mathrm{I}'_{k_\theta}(\bar{s}\bar{r}_\mathrm{o})\mathrm{K}'_{k_\theta}(\bar{s}\bar{r}_\mathrm{i})-\mathrm{I}'_{k_\theta}(\bar{s}\bar{r}_\mathrm{i})\mathrm{K}'_{k_\theta}(\bar{s}\bar{r}_\mathrm{o})}\tag{9-79}$$

将方程(9-79)代入方程(9-78)，得

$$c_3=\frac{2\bar{k}_z^2\bar{\xi}_0}{Re_1}\frac{\mathrm{K}'_{k_\theta}(\bar{s}\bar{r}_\mathrm{o})+\mathrm{K}'_{k_\theta}(\bar{s}\bar{r}_\mathrm{i})}{\mathrm{I}'_{k_\theta}(\bar{s}\bar{r}_\mathrm{o})\mathrm{K}'_{k_\theta}(\bar{s}\bar{r}_\mathrm{i})-\mathrm{I}'_{k_\theta}(\bar{s}\bar{r}_\mathrm{i})\mathrm{K}'_{k_\theta}(\bar{s}\bar{r}_\mathrm{o})}\tag{9-80}$$

将方程(9-79)和方程(9-80)同时代入方程(9-41)和方程(9-75)，得

$$c_1\mathrm{I}'_{k_\theta}(\bar{k}_z\bar{r}_\mathrm{i})+c_2\mathrm{K}'_{k_\theta}(\bar{k}_z\bar{r}_\mathrm{i})=-\frac{(\bar{s}^2+\bar{k}_z^2)(\bar{\omega}+\mathrm{i}\bar{k}_z)\bar{\xi}_0}{\bar{k}_z Eu_1 Re_1}\tag{9-81}$$

$$c_1\mathrm{I}'_{k_\theta}(\bar{k}_z\bar{r}_\mathrm{o})+c_2\mathrm{K}'_{k_\theta}(\bar{k}_z\bar{r}_\mathrm{o})=\frac{(\bar{s}^2+\bar{k}_z^2)(\bar{\omega}+\mathrm{i}\bar{k}_z)\bar{\xi}_0}{\bar{k}_z Eu_1 Re_1}\tag{9-82}$$

由方程(9-81)，得

$$c_1=-\frac{(\bar{s}^2+\bar{k}_z^2)(\bar{\omega}+i\bar{k}_z)\bar{\xi}_0}{\bar{k}_z Eu_1 Re_1}\frac{1}{I'_{k_\theta}(\bar{k}_z\bar{r}_i)}-c_2\frac{K'_{k_\theta}(\bar{k}_z\bar{r}_i)}{I'_{k_\theta}(\bar{k}_z\bar{r}_i)} \tag{9-83}$$

$$c_2=-\frac{(\bar{s}^2+\bar{k}_z^2)(\bar{\omega}+i\bar{k}_z)\bar{\xi}_0}{\bar{k}_z Eu_1 Re_1}\frac{1}{K'_{k_\theta}(\bar{k}_z\bar{r}_i)}-c_1\frac{I'_{k_\theta}(\bar{k}_z\bar{r}_i)}{K'_{k_\theta}(\bar{k}_z\bar{r}_i)} \tag{9-84}$$

将方程(9-84)代入方程(9-82)，得

$$c_1=-\frac{(\bar{s}^2+\bar{k}_z^2)(\bar{\omega}+i\bar{k}_z)\bar{\xi}_0}{\bar{k}_z Eu_1 Re_1}\frac{K'_{k_\theta}(\bar{k}_z\bar{r}_i)+K'_{k_\theta}(\bar{k}_z\bar{r}_o)}{I'_{k_\theta}(\bar{k}_z\bar{r}_i)K'_{k_\theta}(\bar{k}_z\bar{r}_o)-I'_{k_\theta}(\bar{k}_z\bar{r}_o)K'_{k_\theta}(\bar{k}_z\bar{r}_i)} \tag{9-85}$$

将方程(9-83)代入方程(9-82)，得

$$c_2=\frac{(\bar{s}^2+\bar{k}_z^2)(\bar{\omega}+i\bar{k}_z)\bar{\xi}_0}{\bar{k}_z Eu_1 Re_1}\frac{I'_{k_\theta}(\bar{k}_z\bar{r}_i)+I'_{k_\theta}(\bar{k}_z\bar{r}_o)}{I'_{k_\theta}(\bar{k}_z\bar{r}_i)K'_{k_\theta}(\bar{k}_z\bar{r}_o)-I'_{k_\theta}(\bar{k}_z\bar{r}_o)K'_{k_\theta}(\bar{k}_z\bar{r}_i)} \tag{9-86}$$

将方程(9-68)和方程(9-69)分别代入 c_1、c_2、c_3、c_4，得

$$c_1=-\frac{(\bar{s}^2+\bar{k}_z^2)(\bar{\omega}+i\bar{k}_z)\bar{\xi}_0}{\bar{k}_z Eu_1 Re_1}\Delta_7\left[K'_{k_\theta}(\bar{k}_z\bar{r}_i)+K'_{k_\theta}(\bar{k}_z\bar{r}_o)\right] \tag{9-87}$$

$$c_2=\frac{(\bar{s}^2+\bar{k}_z^2)(\bar{\omega}+i\bar{k}_z)\bar{\xi}_0}{\bar{k}_z Eu_1 Re_1}\Delta_7\left[I'_{k_\theta}(\bar{k}_z\bar{r}_i)+I'_{k_\theta}(\bar{k}_z\bar{r}_o)\right] \tag{9-88}$$

$$c_3=-\frac{2\bar{k}_z^2\bar{\xi}_0}{Re_1}\Delta_8\left[K'_{k_\theta}(\bar{s}\bar{r}_o)+K'_{k_\theta}(\bar{s}\bar{r}_i)\right] \tag{9-89}$$

$$c_4=\frac{2\bar{k}_z^2\bar{\xi}_0}{Re_1}\Delta_8\left[I'_{k_\theta}(\bar{s}\bar{r}_i)+I'_{k_\theta}(\bar{s}\bar{r}_o)\right] \tag{9-90}$$

液相微分方程通解的四个常数 c_1、c_2、c_3、c_4 都求解出来了，把它们分别代入正对称波形扰动速度通解表达式，即可得到正对称波形扰动速度的特解。

将积分常数 c_1、c_2 代入液相扰动压力的通解式(9-9)，就得到正对称波形扰动压力的特解。

$$\bar{p}_1=\bar{\xi}_0\frac{(\bar{s}^2+\bar{k}_z^2)(\bar{\omega}+i\bar{k}_z)}{\bar{k}_z Eu_1 Re_1}\Delta_7\left\{\begin{array}{l}-I_{k_\theta}(\bar{k}_z\bar{r})\left[K'_{k_\theta}(\bar{k}_z\bar{r}_i)+K'_{k_\theta}(\bar{k}_z\bar{r}_o)\right]+\\ K_{k_\theta}(\bar{k}_z\bar{r})\left[I'_{k_\theta}(\bar{k}_z\bar{r}_i)+I'_{k_\theta}(\bar{k}_z\bar{r}_o)\right]\end{array}\right\}\cdot$$

$$\exp(\bar{\omega}\bar{t}+ik_\theta\theta+i\bar{k}_z\bar{z}) \tag{9-91}$$

9.1.3 环状液膜瑞利-泰勒波气相微分方程的建立

对于环状液膜正/反对称波形，内外环的顺向和旋转气流流速分别相等，基流速度的角标“j”须去掉。将三维扰动可压缩气相连续性方程(2-4)和动量守恒方程(2-9)线性化和量纲一化，得

$$\left(\frac{1}{\overline{U}_z}\frac{\partial}{\partial \bar{t}}+\frac{1}{\bar{r}}\frac{\overline{U}_\theta}{\overline{U}_z}\frac{\partial}{\partial \theta}+\frac{\partial}{\partial \bar{z}}\right)\bar{p}_{gj}=-\nabla\cdot\bar{\boldsymbol{u}}_{gj} \tag{9-92}$$

$$\left(\frac{1}{\overline{U}_z}\frac{\partial}{\partial \bar{t}}+\frac{1}{\bar{r}}\frac{\overline{U}_\theta}{\overline{U}_z}\frac{\partial}{\partial \theta}+\frac{\partial}{\partial \bar{z}}\right)\bar{\boldsymbol{u}}_{gj}=-\frac{1}{Ma_{zg}^2}\nabla\bar{p}_{gj} \tag{9-93}$$

方程(9-93)两边同时点乘哈密顿算子∇，由于 $\bar{u}_{g\text{-tot}}=1+\bar{u}_g$，$\bar{p}_{gj\text{-tot}}=1+\bar{p}_{gj}$，因此$\nabla\cdot\bar{u}_{g\text{-tot}}=\nabla\cdot\bar{u}_g$，$\Delta\bar{p}_{gj\text{-tot}}=\Delta\bar{p}_{gj}$，得

$$\left(\frac{1}{\overline{U}_z}\frac{\partial}{\partial \bar{t}}+\frac{1}{\bar{r}}\frac{\overline{U}_\theta}{\overline{U}_z}\frac{\partial}{\partial \theta}+\frac{\partial}{\partial \bar{z}}\right)\nabla\bar{\boldsymbol{u}}_g=-\frac{1}{Ma_{zg}^2}\Delta\bar{p}_{gj} \tag{9-94}$$

将三维扰动可压缩连续性方程(9-92)代入方程(9-94)，得

$$\left(\frac{1}{\overline{U}_z}\frac{\partial}{\partial \bar{t}}+\frac{1}{\bar{r}}\frac{\overline{U}_\theta}{\overline{U}_z}\frac{\partial}{\partial \theta}+\frac{\partial}{\partial \bar{z}}\right)\left(\frac{1}{\overline{U}_z}\frac{\partial}{\partial \bar{t}}+\frac{1}{\bar{r}}\frac{\overline{U}_\theta}{\overline{U}_z}\frac{\partial}{\partial \theta}+\frac{\partial}{\partial \bar{z}}\right)\bar{p}_{gj}=\frac{1}{Ma_{zg}^2}\Delta\bar{p}_{gj} \tag{9-95}$$

展开并整理方程(9-95)，得

$$\frac{1}{\overline{U}_z^2}\bar{p}_{gj,\bar{t}\bar{t}}+\frac{z}{\bar{r}}\frac{\overline{U}_\theta}{\overline{U}_z^2}\bar{p}_{gj,\bar{t}\theta}+\frac{2}{\overline{U}_z}\bar{p}_{gj,\bar{t}\bar{z}}+\frac{1}{\bar{r}^2}\frac{\overline{U}_\theta^2}{\overline{U}_z^2}\bar{p}_{gj,\theta\theta}+\frac{z}{\bar{r}}\frac{\overline{U}_\theta}{\overline{U}_z}\bar{p}_{gj,\theta\bar{z}}+\bar{p}_{gj,\bar{z}\bar{z}}$$
$$=\frac{1}{Ma_{zg}^2}\left(\bar{p}_{gj,\bar{r}\bar{r}}+\frac{1}{\bar{r}}\bar{p}_{gj,\bar{r}}+\frac{1}{\bar{r}^2}\bar{p}_{gj,\theta\theta}+\bar{p}_{gj,\bar{z}\bar{z}}\right) \tag{9-96}$$

根据方程(1-120)，气相扰动压力为

$$\bar{p}_{gj}=\bar{p}_{gj}(\bar{r})\exp(\bar{\omega}\bar{t}+\mathrm{i}k_\theta\theta+\mathrm{i}\bar{k}_z\bar{z}) \tag{9-97}$$

将方程(9-97)代入方程(9-96)，两边同乘 Ma_{zg}^2 并整理，得

$$\bar{p}_{gj}(\bar{r})_{,\bar{r}\bar{r}}+\frac{1}{\bar{r}}\bar{p}_{gj}(\bar{r})_{,\bar{r}}-$$
$$\left[(\bar{\omega}+\mathrm{i}\bar{k}_z\overline{U}_z)^2\frac{Ma_{zg}^2}{\overline{U}_z^2}+\bar{k}_z^2+\frac{2(\mathrm{i}\bar{\omega}-\bar{k}_z\overline{U}_z)k_\theta Ma_{zg}^2}{\bar{r}}\frac{\overline{U}_\theta}{\overline{U}_z^2}+\frac{\left(1-\frac{\overline{U}_\theta^2}{\overline{U}_z^2}Ma_{zg}^2\right)k_\theta^2}{\bar{r}^2}\right]\bar{p}_{gj}(\bar{r})=0$$
$$\tag{9-98}$$

9.1.4 环状液膜瑞利-泰勒波气相微分方程的求解

9.1.4.1 气相扰动压力的通解

令

$$\bar{s}_{g1}^2=(\bar{\omega}+\mathrm{i}\bar{k}_z\overline{U}_z)^2\frac{Ma_{zg}^2}{\overline{U}_z^2}+\bar{k}_z^2 \tag{9-99}$$

$$\bar{s}_{g2}^2=\left(1-\frac{\overline{U}_\theta^2}{\overline{U}_z^2}Ma_{zg}^2\right)k_\theta^2=(1-Ma_{\theta g}^2)k_\theta^2 \tag{9-100}$$

$$\bar{s}_{g3}=2(\mathrm{i}\bar{\omega}-\bar{k}_z\overline{U}_z)k_\theta\frac{\overline{U}_\theta}{\overline{U}_z^2}Ma_{zg}^2 \tag{9-101}$$

$$\bar{p}_{gj}(\bar{r})_{,\bar{r}\bar{r}} + \frac{1}{\bar{r}}\bar{p}_{gj}(\bar{r})_{,\bar{r}} - \left(\bar{s}_{g1}^{2} + \frac{\bar{s}_{g2}^{2}}{\bar{r}^{2}}\right)\bar{p}_{gj}(\bar{r}) = \frac{\bar{s}_{gj3}}{\bar{r}}\bar{p}_{gj}(\bar{r}) \qquad (9\text{-}102)$$

方程(9-102)是一个 $\bar{s}_{g2}$ 阶变量非齐次修正贝塞尔方程。对于非齐次修正贝塞尔方程(B-18)，采用常数变易法[107]，参考文献[108]及经过对文献[109]修正后，推导得到的通解为方程(B-19)。则非齐次修正贝塞尔方程(9-102)的通解为

$$\begin{aligned}\bar{p}_{gj}(\bar{r}) &= c_5 \mathrm{I}_{\bar{s}_{g2}}(\bar{s}_{g1}\bar{r}) + c_6 \mathrm{K}_{\bar{s}_{g2}}(\bar{s}_{g1}\bar{r}) + \\ &\quad \mathrm{I}_{\bar{s}_{g2}}(\bar{s}_{g1}\bar{r})\bar{s}_{g3}\int \bar{p}_{gj}(\bar{r})\mathrm{K}_{\bar{s}_{g2}}(\bar{s}_{g1}\bar{r})\mathrm{d}\bar{r} - \mathrm{K}_{\bar{s}_{g2}}(\bar{s}_{g1}\bar{r})\bar{s}_{g3}\int \bar{p}_{gj}(\bar{r})\mathrm{I}_{\bar{s}_{g2}}(\bar{s}_{g1}\bar{r})\mathrm{d}\bar{r} \\ &= \mathrm{I}_{\bar{s}_{g2}}(\bar{s}_{g1}\bar{r})\left[c_5 + \bar{s}_{g3}\int \bar{p}_{gj}(\bar{r})\mathrm{K}_{\bar{s}_{g2}}(\bar{s}_{g1}\bar{r})\mathrm{d}\bar{r}\right] + \\ &\quad \mathrm{K}_{\bar{s}_{g2}}(\bar{s}_{g1}\bar{r})\left[c_6 - \bar{s}_{g3}\int \bar{p}_{gj}(\bar{r})\mathrm{I}_{\bar{s}_{g2}}(\bar{s}_{g1}\bar{r})\mathrm{d}\bar{r}\right]\end{aligned} \qquad (9\text{-}103)$$

式中，c_5、c_6 为积分常数。

(1) 内环气相扰动压力的通解

根据图 B-2，对于内环气相，在$\bar{r}\to 0$处，$\mathrm{K}_n \to \infty$。因此，有 $c_6 - \bar{s}_{g3}\int \bar{p}_{gi}(\bar{r})\mathrm{I}_{\bar{s}_{g2}}(\bar{s}_{g1}\bar{r})\mathrm{d}\bar{r} = 0$，方程(9-103) 变成

$$\bar{p}_{gi}(\bar{r}) = \mathrm{I}_{\bar{s}_{g2}}(\bar{s}_{g1}\bar{r})\left[c_5 + \bar{s}_{g3}\int \bar{p}_{gi}(\bar{r})\mathrm{K}_{\bar{s}_{g2}}(\bar{s}_{g1}\bar{r})\mathrm{d}\bar{r}\right] \qquad (9\text{-}104)$$

移项，得

$$\bar{s}_{g3}\int \bar{p}_{gi}(\bar{r})\mathrm{K}_{\bar{s}_{g2}}(\bar{s}_{g1}\bar{r})\mathrm{d}\bar{r} = \frac{\bar{p}_{gi}(\bar{r})}{\mathrm{I}_{\bar{s}_{g2}}(\bar{s}_{g1}\bar{r})} - c_5 \qquad (9\text{-}105)$$

方程(9-105)对 $\bar{r}$ 求一阶偏导数，得

$$\bar{p}_{gi}(\bar{r})_{,\bar{r}} - \left[\bar{s}_{g3}\mathrm{I}_{\bar{s}_{g2}}(\bar{s}_{g1}\bar{r})\mathrm{K}_{\bar{s}_{g2}}(\bar{s}_{g1}\bar{r}) + \bar{s}_{g1}\frac{\mathrm{I}'_{\bar{s}_{g2}}(\bar{s}_{g1}\bar{r})}{\mathrm{I}_{\bar{s}_{g2}}(\bar{s}_{g1}\bar{r})}\right]\bar{p}_{gi}(\bar{r}) = 0 \qquad (9\text{-}106)$$

对于一阶线性齐次微分方程 $y' + P(x)y = 0$，其通解为 $y = c\mathrm{e}^{-\int P(x)\mathrm{d}x}$。则方程(9-106)的通解为

$$\bar{p}_{gi}(\bar{r}) = c_7 \exp\int\left[\bar{s}_{g1}\frac{\mathrm{I}'_{\bar{s}_{g2}}(\bar{s}_{g1}\bar{r})}{\mathrm{I}_{\bar{s}_{g2}}(\bar{s}_{g1}\bar{r})} + \bar{s}_{g3}\mathrm{I}_{\bar{s}_{g2}}(\bar{s}_{g1}\bar{r})\mathrm{K}_{\bar{s}_{gi}}(\bar{s}_{g1}\bar{r})\right]\mathrm{d}\bar{r} \qquad (9\text{-}107)$$

令积分

$$J_{\mathrm{i}}(\bar{r}) = \int\left[\bar{s}_{g1}\frac{\mathrm{I}'_{\bar{s}_{g2}}(\bar{s}_{g1}\bar{r})}{\mathrm{I}_{\bar{s}_{g2}}(\bar{s}_{g1}\bar{r})} + \bar{s}_{g3}\mathrm{I}_{\bar{s}_{g2}}(\bar{s}_{g1}\bar{r})\mathrm{K}_{\bar{s}_{g2}}(\bar{s}_{g1}\bar{r})\right]\mathrm{d}\bar{r} \qquad (9\text{-}108)$$

则

$$\bar{p}_{gi}(\bar{r}) = c_7 \mathrm{e}^{J_{\mathrm{i}}(\bar{r})} \qquad (9\text{-}109)$$

和

$$\bar{p}_{gi} = c_7 \exp\left[\bar{\omega}\bar{t} + \mathrm{i}k_{\theta}\theta + \mathrm{i}\bar{k}_z\bar{z} + J_{\mathrm{i}}(\bar{r})\right] \qquad (9\text{-}110)$$

(2) 外环气相扰动压力的通解

对于外环气相，在$\bar{r}\to\infty$处，$\mathrm{I}_n\to\infty$。因此，有$c_5+\bar{s}_{g3}\int\bar{p}_{go}(\bar{r})\mathrm{K}_{\bar{s}_{g2}}(\bar{s}_{g1}\bar{r})\mathrm{d}\bar{r}=0$，方程(9-103)变成

$$\bar{p}_{go}(\bar{r})=\mathrm{K}_{\bar{s}_{g2}}(\bar{s}_{g1}\bar{r})\left[c_6-\bar{s}_{g3}\int\bar{p}_{go}(\bar{r})\mathrm{I}_{\bar{s}_{g2}}(\bar{s}_{g1}\bar{r})\mathrm{d}\bar{r}\right] \tag{9-111}$$

移项，得

$$\bar{s}_{g3}\int\bar{p}_{go}(\bar{r})\mathrm{I}_{\bar{s}_{g2}}(\bar{s}_{g1}\bar{r})\mathrm{d}\bar{r}=c_6-\frac{\bar{p}_{go}(\bar{r})}{\mathrm{K}_{\bar{s}_{g2}}(\bar{s}_{g1}\bar{r})} \tag{9-112}$$

方程(9-112)对$\bar{r}$求一阶偏导数，得

$$\bar{p}_{go}(\bar{r})_{,\bar{r}}+\left[\bar{s}_{g3}\mathrm{I}_{\bar{s}_{g2}}(\bar{s}_{g1}\bar{r})\mathrm{K}_{\bar{s}_{g2}}(\bar{s}_{g1}\bar{r})-\bar{s}_{g1}\frac{\mathrm{K}'_{\bar{s}_{g2}}(\bar{s}_{g1}\bar{r})}{\mathrm{K}_{\bar{s}_{g2}}(\bar{s}_{g1}\bar{r})}\right]\bar{p}_{go}(\bar{r})=0 \tag{9-113}$$

则方程(9-113)的通解为

$$\bar{p}_{go}(\bar{r})=c_8\exp\int\left[\bar{s}_{g1}\frac{\mathrm{K}'_{\bar{s}_{g2}}(\bar{s}_{g1}\bar{r})}{\mathrm{K}_{\bar{s}_{g2}}(\bar{s}_{g1}\bar{r})}-\bar{s}_{g3}\mathrm{I}_{\bar{s}_{g2}}(\bar{s}_{g1}\bar{r})\mathrm{K}_{\bar{s}_{g2}}(\bar{s}_{g1}\bar{r})\right]\mathrm{d}\bar{r} \tag{9-114}$$

令积分

$$J_o(\bar{r})=\int\left[\bar{s}_{g1}\frac{\mathrm{K}'_{\bar{s}_{g2}}(\bar{s}_{g1}\bar{r})}{\mathrm{K}_{\bar{s}_{g2}}(\bar{s}_{g1}\bar{r})}-\bar{s}_{g3}\mathrm{I}_{\bar{s}_{g2}}(\bar{s}_{g1}\bar{r})\mathrm{K}_{\bar{s}_{g2}}(\bar{s}_{g1}\bar{r})\right]\mathrm{d}\bar{r} \tag{9-115}$$

则通解方程(9-114)变成

$$\bar{p}_{go}(\bar{r})=c_8\mathrm{e}^{J_o(\bar{r})} \tag{9-116}$$

和

$$\bar{p}_{go}=c_8\exp[\bar{\omega}\bar{t}+\mathrm{i}k_\theta\theta+\mathrm{i}\bar{k}_z\bar{z}+J_o(\bar{r})] \tag{9-117}$$

对气相扰动压力通解的验证在 6.1.4.2 节已经论述过了，不再赘述。

9.1.4.2　气相扰动速度的通解

(1) 内环气相扰动速度的通解

将动量守恒方程(6-38)展开，得式(6-64)～式(6-66)。将内外环气相扰动压力通解方程(9-110)和方程(9-117)、扰动速度方程(1-120)，以及方程(9-107)和方程(9-114)分别代入方程(6-64)～方程(6-66)，得 r 方向内环气相扰动速度方程为

$$\left(\frac{\bar{\omega}}{\bar{U}_z}+\frac{\mathrm{i}k_\theta}{\bar{r}}\frac{\bar{U}_\theta}{\bar{U}_z}+\mathrm{i}\bar{k}_z\right)\bar{u}_{rgi}(\bar{r})$$
$$=-c_7\frac{1}{Ma_{zg}^2}\left[\bar{s}_{g1}\frac{\mathrm{I}'_{\bar{s}_{g2}}(\bar{s}_{g1}\bar{r})}{\mathrm{I}_{\bar{s}_{g2}}(\bar{s}_{g1}\bar{r})}+\bar{s}_{g3}\mathrm{K}_{\bar{s}_{g2}}(\bar{s}_{g1}\bar{r})\mathrm{I}_{\bar{s}_{g2}}(\bar{s}_{g1}\bar{r})\right]\mathrm{e}^{J_i(\bar{r})} \tag{9-118}$$

θ 方向内环气相扰动速度方程为

$$\left(\frac{\bar{\omega}}{\bar{U}_z}+\frac{\mathrm{i}k_\theta}{\bar{r}}\frac{\bar{U}_\theta}{\bar{U}_z}+\mathrm{i}\bar{k}_z\right)\bar{u}_{\theta gi}(\bar{r})=-c_7\frac{\mathrm{i}k_\theta}{Ma_{zg}^2\bar{r}}\mathrm{e}^{J_i(\bar{r})} \tag{9-119}$$

z 方向内环气相扰动速度方程为

$$\left(\frac{\bar{\omega}}{\bar{U}_z}+\frac{\mathrm{i}k_\theta}{\bar{r}}\frac{\bar{U}_\theta}{\bar{U}_z}+\mathrm{i}\bar{k}_z\right)\bar{u}_{z\mathrm{gi}}(\bar{r})=-c_7\frac{\mathrm{i}\bar{k}_z}{Ma_{z\mathrm{g}}^2}\mathrm{e}^{J_\mathrm{i}(\bar{r})} \tag{9-120}$$

解得

$$\bar{u}_{r\mathrm{gi}}(\bar{r})=-c_7\frac{\bar{U}_z\bar{r}}{Ma_{z\mathrm{g}}^2(\bar{\omega}\bar{r}+\mathrm{i}k_\theta\bar{U}_\theta+\mathrm{i}\bar{k}_z\bar{U}_z\bar{r})}\cdot$$

$$\left[\bar{s}_{\mathrm{g}1}\frac{\mathrm{I}'_{\bar{s}_{\mathrm{g}2}}(\bar{s}_{\mathrm{g}1}\bar{r})}{\mathrm{I}_{\bar{s}_{\mathrm{g}2}}(\bar{s}_{\mathrm{g}1}\bar{r})}+\bar{s}_{\mathrm{g}3}\mathrm{K}_{\bar{s}_{\mathrm{g}2}}(\bar{s}_{\mathrm{g}1}\bar{r})\mathrm{I}_{\bar{s}_{\mathrm{g}2}}(\bar{s}_{\mathrm{g}1}\bar{r})\right]\mathrm{e}^{J_\mathrm{i}(\bar{r})} \tag{9-121}$$

$$\bar{u}_{\theta\mathrm{gi}}(\bar{r})=-c_7\frac{\mathrm{i}k_\theta\bar{U}_z}{Ma_{z\mathrm{g}}^2(\bar{\omega}\bar{r}+\mathrm{i}k_\theta\bar{U}_\theta+\mathrm{i}\bar{k}_z\bar{U}_z\bar{r})}\mathrm{e}^{J_\mathrm{i}(\bar{r})} \tag{9-122}$$

$$\bar{u}_{z\mathrm{gi}}(\bar{r})=-c_7\frac{\mathrm{i}\bar{k}_z\bar{U}_z\bar{r}}{Ma_{z\mathrm{g}}^2(\bar{\omega}\bar{r}+\mathrm{i}k_\theta\bar{U}_\theta+\mathrm{i}\bar{k}_z\bar{U}_z\bar{r})}\mathrm{e}^{J_\mathrm{i}(\bar{r})} \tag{9-123}$$

则

$$\bar{u}_{r\mathrm{gi}}=-c_7\frac{\bar{U}_z\bar{r}}{Ma_{z\mathrm{g}}^2(\bar{\omega}\bar{r}+\mathrm{i}k_\theta\bar{U}_\theta+\mathrm{i}\bar{k}_z\bar{U}_z\bar{r})}\left[\bar{s}_{\mathrm{g}1}\frac{\mathrm{I}'_{\bar{s}_{\mathrm{g}2}}(\bar{s}_{\mathrm{g}1}\bar{r})}{\mathrm{I}_{\bar{s}_{\mathrm{g}2}}(\bar{s}_{\mathrm{g}1}\bar{r})}+\bar{s}_{\mathrm{g}3}\mathrm{K}_{\bar{s}_{\mathrm{g}2}}(\bar{s}_{\mathrm{g}1}\bar{r})\mathrm{I}_{\bar{s}_{\mathrm{g}2}}(\bar{s}_{\mathrm{g}1}\bar{r})\right]\cdot$$

$$\exp\left[\bar{\omega}\bar{t}+\mathrm{i}k_\theta\theta+\mathrm{i}\bar{k}_z\bar{z}+J_\mathrm{i}(\bar{r})\right] \tag{9-124}$$

$$\bar{u}_{\theta\mathrm{gi}}=-c_7\frac{\mathrm{i}k_\theta\bar{U}_z}{Ma_{z\mathrm{g}}^2(\bar{\omega}\bar{r}+\mathrm{i}k_\theta\bar{U}_\theta+\mathrm{i}\bar{k}_z\bar{U}_z\bar{r})}\exp\left[\bar{\omega}\bar{t}+\mathrm{i}k_\theta\theta+\mathrm{i}\bar{k}_z\bar{z}+J_\mathrm{i}(\bar{r})\right] \tag{9-125}$$

$$\bar{u}_{z\mathrm{gi}}=-c_7\frac{\mathrm{i}\bar{k}_z\bar{U}_z\bar{r}}{Ma_{z\mathrm{g}}^2(\bar{\omega}\bar{r}+\mathrm{i}k_\theta\bar{U}_\theta+\mathrm{i}\bar{k}_z\bar{U}_z\bar{r})}\exp\left[\bar{\omega}\bar{t}+\mathrm{i}k_\theta\theta+\mathrm{i}\bar{k}_z\bar{z}+J_\mathrm{i}(\bar{r})\right] \tag{9-126}$$

（2）外环气相扰动速度的通解

r 方向外环气相扰动速度方程为

$$\left(\frac{\bar{\omega}}{\bar{U}_z}+\frac{\mathrm{i}k_\theta}{\bar{r}}\frac{\bar{U}_\theta}{\bar{U}_z}+\mathrm{i}\bar{k}_z\right)\bar{u}_{r\mathrm{go}}(\bar{r})$$

$$=-c_8\frac{1}{Ma_{z\mathrm{g}}^2}\left[\bar{s}_{\mathrm{g}1}\frac{\mathrm{K}'_{\bar{s}_{\mathrm{g}2}}(\bar{s}_{\mathrm{g}1}\bar{r})}{\mathrm{K}_{\bar{s}_{\mathrm{g}2}}(\bar{s}_{\mathrm{g}1}\bar{r})}-\bar{s}_{\mathrm{g}3}\mathrm{I}_{\bar{s}_{\mathrm{g}2}}(\bar{s}_{\mathrm{g}1}\bar{r})\mathrm{K}_{\bar{s}_{\mathrm{g}2}}(\bar{s}_{\mathrm{g}1}\bar{r})\right]\mathrm{e}^{J_\mathrm{o}(\bar{r})} \tag{9-127}$$

θ 方向外环气相扰动速度方程为

$$\left(\frac{\bar{\omega}}{\bar{U}_z}+\frac{\mathrm{i}k_\theta}{\bar{r}}\frac{\bar{U}_\theta}{\bar{U}_z}+\mathrm{i}\bar{k}_z\right)\bar{u}_{\theta\mathrm{go}}(\bar{r})=-c_8\frac{\mathrm{i}k_\theta}{Ma_{z\mathrm{g}}^2\bar{r}}\mathrm{e}^{J_\mathrm{o}(\bar{r})} \tag{9-128}$$

z 方向外环气相扰动速度方程为

$$\left(\frac{\bar{\omega}}{\bar{U}_z}+\frac{\mathrm{i}k_\theta}{\bar{r}}\frac{\bar{U}_\theta}{\bar{U}_z}+\mathrm{i}\bar{k}_z\right)\bar{u}_{z\mathrm{go}}(\bar{r})=-c_8\frac{\mathrm{i}\bar{k}_z}{Ma_{z\mathrm{g}}^2}\mathrm{e}^{J_\mathrm{o}(\bar{r})} \tag{9-129}$$

解得

$$\bar{u}_{rgo}(\bar{r}) = -c_8 \frac{\bar{U}_z \bar{r}}{Ma_{zg}^2(\bar{\omega}\bar{r} + \mathrm{i}k_\theta \bar{U}_\theta + \mathrm{i}\bar{k}_z \bar{U}_z \bar{r})} \cdot \left[\bar{s}_{g1} \frac{\mathrm{K}'_{\bar{s}_{g2}}(\bar{s}_{g1}\bar{r})}{\mathrm{K}_{\bar{s}_{g2}}(\bar{s}_{g1}\bar{r})} - \bar{s}_{g3} \mathrm{I}_{\bar{s}_{g2}}(\bar{s}_{g1}\bar{r}) \mathrm{K}_{\bar{s}_{g2}}(\bar{s}_{g1}\bar{r})\right] \mathrm{e}^{J_o(\bar{r})} \tag{9-130}$$

$$\bar{u}_{\theta go}(\bar{r}) = -c_8 \frac{\mathrm{i}k_\theta \bar{U}_z}{Ma_{zg}^2(\bar{\omega}\bar{r} + \mathrm{i}k_\theta \bar{U}_\theta + \mathrm{i}\bar{k}_z \bar{U}_z \bar{r})} \mathrm{e}^{J_o(\bar{r})} \tag{9-131}$$

$$\bar{u}_{zgo}(\bar{r}) = -c_8 \frac{\mathrm{i}\bar{k}_z \bar{U}_z \bar{r}}{Ma_{zg}^2(\bar{\omega}\bar{r} + \mathrm{i}k_\theta \bar{U}_\theta + \mathrm{i}\bar{k}_z \bar{U}_z \bar{r})} \mathrm{e}^{J_o(\bar{r})} \tag{9-132}$$

则

$$\bar{u}_{rgo} = -c_8 \frac{\bar{U}_z \bar{r}}{Ma_{zg}^2(\bar{\omega}\bar{r} + \mathrm{i}k_\theta \bar{U}_\theta + \mathrm{i}\bar{k}_z \bar{U}_z \bar{r})} \cdot \left[\bar{s}_{g1} \frac{\mathrm{K}'_{\bar{s}_{g2}}(\bar{s}_{g1}\bar{r})}{\mathrm{K}_{\bar{s}_{g2}}(\bar{s}_{g1}\bar{r})} - \bar{s}_{g3} \mathrm{I}_{\bar{s}_{g2}}(\bar{s}_{g1}\bar{r}) \mathrm{K}_{\bar{s}_{g2}}(\bar{s}_{g1}\bar{r})\right] \cdot \exp[\bar{\omega}\bar{t} + \mathrm{i}k_\theta\theta + \mathrm{i}\bar{k}_z\bar{z} + J_o(\bar{r})] \tag{9-133}$$

$$\bar{u}_{\theta go} = -c_8 \frac{\mathrm{i}k_\theta \bar{U}_z}{Ma_{zg}^2(\bar{\omega}\bar{r} + \mathrm{i}k_\theta \bar{U}_\theta + \mathrm{i}\bar{k}_z \bar{U}_z \bar{r})} \exp[\bar{\omega}\bar{t} + \mathrm{i}k_\theta\theta + \mathrm{i}\bar{k}_z\bar{z} + J_o(\bar{r})] \tag{9-134}$$

$$\bar{u}_{zgo} = -c_8 \frac{\mathrm{i}\bar{k}_z \bar{U}_z \bar{r}}{Ma_{zg}^2(\bar{\omega}\bar{r} + \mathrm{i}k_\theta \bar{U}_\theta + \mathrm{i}\bar{k}_z \bar{U}_z \bar{r})} \exp[\bar{\omega}\bar{t} + \mathrm{i}k_\theta\theta + \mathrm{i}\bar{k}_z\bar{z} + J_o(\bar{r})] \tag{9-135}$$

9.1.4.3　内环气相运动学边界条件

以内环作为基准，将方程(9-124)代入环状液膜的线性气相运动学边界条件方程(2-193)。在 $\bar{r} = \bar{r}_i$ 处

$$J_i(\bar{r}_i) = \int \left[\bar{s}_{g1} \frac{\mathrm{I}'_{\bar{s}_{g2}}(\bar{s}_{g1}\bar{r})}{\mathrm{I}_{\bar{s}_{g2}}(\bar{s}_{g1}\bar{r})} - \bar{s}_{g3} \mathrm{I}_{\bar{s}_{g2}}(\bar{s}_{g1}\bar{r}) \mathrm{K}_{\bar{s}_{g2}}(\bar{s}_{g1}\bar{r})\right] \mathrm{d}\bar{r} \Big|_{\bar{r} = \bar{r}_i} \tag{9-136}$$

得

$$\bar{\xi}_0 \frac{(\bar{\omega}\bar{r}_i + \mathrm{i}k_\theta \bar{U}_\theta + \mathrm{i}\bar{k}_z \bar{U}_z \bar{r}_i)}{\bar{U}_z \bar{r}_i} = -c_7 \frac{\bar{U}_z \bar{r}_i}{Ma_{zg}^2(\bar{\omega}\bar{r}_i + \mathrm{i}k_\theta \bar{U}_\theta + \mathrm{i}\bar{k}_z \bar{U}_z \bar{r}_i)} \cdot \left[\bar{s}_{g1} \frac{\mathrm{I}'_{\bar{s}_{g2}}(\bar{s}_{g1}\bar{r}_i)}{\mathrm{I}_{\bar{s}_{g2}}(\bar{s}_{g1}\bar{r}_i)} + \bar{s}_{g3} \mathrm{K}_{\bar{s}_{g2}}(\bar{s}_{g1}\bar{r}_i) \mathrm{I}_{\bar{s}_{g2}}(\bar{s}_{g1}\bar{r}_i)\right] \mathrm{e}^{J_i(\bar{r}_i)} \tag{9-137}$$

令

$$Z_{\mathrm{i}}=\bar{s}_{\mathrm{g1}}\frac{\mathrm{I}'_{\bar{s}_{\mathrm{g2}}}(\bar{s}_{\mathrm{g1}}\bar{r}_{\mathrm{i}})}{\mathrm{I}_{\bar{s}_{\mathrm{g2}}}(\bar{s}_{\mathrm{g1}}\bar{r}_{\mathrm{i}})}+\bar{s}_{\mathrm{g3}}\mathrm{K}_{\bar{s}_{\mathrm{g2}}}(\bar{s}_{\mathrm{g1}}\bar{r}_{\mathrm{i}})\mathrm{I}_{\bar{s}_{\mathrm{g2}}}(\bar{s}_{\mathrm{g1}}\bar{r}_{\mathrm{i}}) \tag{9-138}$$

$$Z_{\mathrm{o}}=\bar{s}_{\mathrm{g3}}\mathrm{I}_{\bar{s}_{\mathrm{g2}}}(\bar{s}_{\mathrm{g1}}\bar{r}_{\mathrm{o}})\mathrm{K}_{\bar{s}_{\mathrm{g2}}}(\bar{s}_{\mathrm{g1}}\bar{r}_{\mathrm{o}})-\bar{s}_{\mathrm{g1}}\frac{\mathrm{K}'_{\bar{s}_{\mathrm{g2}}}(\bar{s}_{\mathrm{g1}}\bar{r}_{\mathrm{o}})}{\mathrm{K}_{\bar{s}_{\mathrm{g2}}}(\bar{s}_{\mathrm{g1}}\bar{r}_{\mathrm{o}})} \tag{9-139}$$

则方程(9-137)变成

$$\bar{\xi}_0\frac{(\bar{\omega}\bar{r}_{\mathrm{i}}+\mathrm{i}k_\theta\bar{U}_\theta+\mathrm{i}\bar{k}_z\bar{U}_z\bar{r}_{\mathrm{i}})}{\bar{U}_z\bar{r}_{\mathrm{i}}}=-c_7\frac{\bar{U}_z\bar{r}_{\mathrm{i}}}{Ma_{z\mathrm{g}}^2(\bar{\omega}\bar{r}_{\mathrm{i}}+\mathrm{i}k_\theta\bar{U}_\theta+\mathrm{i}\bar{k}_z\bar{U}_z\bar{r}_{\mathrm{i}})}Z_{\mathrm{i}}\mathrm{e}^{J_{\mathrm{i}}(\bar{r}_{\mathrm{i}})} \tag{9-140}$$

9.1.4.4 内环气相微分方程的特解

解方程(9-140),积分常数为

$$c_7=-\bar{\xi}_0\frac{(\bar{\omega}\bar{r}_{\mathrm{i}}+\mathrm{i}k_\theta\bar{U}_\theta+\mathrm{i}\bar{k}_z\bar{U}_z\bar{r}_{\mathrm{i}})^2Ma_{z\mathrm{g}}^2}{\bar{r}_{\mathrm{i}}^2\bar{U}_z^2Z_{\mathrm{i}}\mathrm{e}^{J_{\mathrm{i}}(\bar{r}_{\mathrm{i}})}} \tag{9-141}$$

将方程(9-141)代入内环扰动压力通解表达式(9-110),就可以得到内环气相微分方程的特解。

$$\bar{p}_{\mathrm{gi}}=-\bar{\xi}_0\frac{(\bar{\omega}\bar{r}_{\mathrm{i}}+\mathrm{i}k_\theta\bar{U}_\theta+\mathrm{i}\bar{k}_z\bar{U}_z\bar{r}_{\mathrm{i}})^2Ma_{z\mathrm{g}}^2}{\bar{r}_{\mathrm{i}}^2\bar{U}_z^2Z_{\mathrm{i}}}\exp\left[\bar{\omega}\bar{t}+\mathrm{i}k_\theta\theta+\mathrm{i}\bar{k}_z\bar{z}\right] \tag{9-142}$$

9.1.4.5 外环气相运动学边界条件

在 $\bar{r}=\bar{r}_{\mathrm{o}}$ 处

$$J_{\mathrm{o}}(\bar{r}_{\mathrm{o}})=\int\left[\bar{s}_{\mathrm{g1}}\frac{\mathrm{K}'_{\bar{s}_{\mathrm{g2}}}(\bar{s}_{\mathrm{g1}}\bar{r})}{\mathrm{K}_{\bar{s}_{\mathrm{g2}}}(\bar{s}_{\mathrm{g1}}\bar{r})}-\bar{s}_{\mathrm{g3}}\mathrm{I}_{\bar{s}_{\mathrm{g2}}}(\bar{s}_{\mathrm{g1}}\bar{r})\mathrm{K}_{\bar{s}_{\mathrm{g2}}}(\bar{s}_{\mathrm{g1}}\bar{r})\right]\mathrm{d}\bar{r}\Big|_{\bar{r}=\bar{r}_{\mathrm{o}}} \tag{9-143}$$

外环运动学边界条件为

$$\bar{u}_{r\mathrm{go}}=(-1)^{j+1}\bar{\xi}_0\frac{(\bar{\omega}\bar{r}_{\mathrm{o}}+\mathrm{i}k_\theta\bar{U}_\theta+\mathrm{i}\bar{k}_z\bar{U}_z\bar{r}_{\mathrm{o}})}{\bar{U}_z\bar{r}_{\mathrm{o}}}\exp(\bar{\omega}\bar{t}+\mathrm{i}k_\theta\theta+\mathrm{i}\bar{k}_z\bar{z}) \tag{9-144}$$

式中,对于反对称波形,$j=1$,$\bar{\xi}_{\mathrm{go}}=\bar{\xi}_{\mathrm{gi}}$;对于正对称波形,$j=2$,$\bar{\xi}_{\mathrm{go}}=-\bar{\xi}_{\mathrm{gi}}$。得

$$\bar{\xi}_0\frac{(\bar{\omega}\bar{r}_{\mathrm{o}}+\mathrm{i}k_\theta\bar{U}_\theta+\mathrm{i}\bar{k}_z\bar{U}_z\bar{r}_{\mathrm{o}})}{\bar{U}_z\bar{r}_{\mathrm{o}}}=(-1)^jc_8\frac{\bar{U}_z\bar{r}_{\mathrm{o}}}{Ma_{z\mathrm{g}}^2(\bar{\omega}\bar{r}_{\mathrm{o}}+\mathrm{i}k_\theta\bar{U}_\theta+\mathrm{i}\bar{k}_z\bar{U}_z\bar{r}_{\mathrm{o}})}\cdot$$

$$\left[\bar{s}_{\mathrm{g1}}\frac{\mathrm{K}'_{\bar{s}_{\mathrm{g2}}}(\bar{s}_{\mathrm{g1}}\bar{r}_{\mathrm{o}})}{\mathrm{K}_{\bar{s}_{\mathrm{g2}}}(\bar{s}_{\mathrm{g1}}\bar{r}_{\mathrm{o}})}-\bar{s}_{\mathrm{g3}}\mathrm{I}_{\bar{s}_{\mathrm{g2}}}(\bar{s}_{\mathrm{g1}}\bar{r}_{\mathrm{o}})\mathrm{K}_{\bar{s}_{\mathrm{g2}}}(\bar{s}_{\mathrm{g1}}\bar{r}_{\mathrm{o}})\right]\mathrm{e}^{J_{\mathrm{o}}(\bar{r}_{\mathrm{o}})} \tag{9-145}$$

由方程(9-139),则方程(9-145)变成

$$\frac{(\bar{\omega}\bar{r}_o + \mathrm{i}k_\theta \bar{U}_\theta + \mathrm{i}\bar{k}_z \bar{U}_z \bar{r}_o)\bar{\xi}_0}{\bar{U}_z \bar{r}_o} = (-1)^{j+1} c_8 \frac{\bar{U}_z \bar{r}_o}{Ma_{zg}^2(\bar{\omega}\bar{r}_o + \mathrm{i}k_\theta \bar{U}_\theta + \mathrm{i}\bar{k}_z \bar{U}_z \bar{r}_o)} Z_o \mathrm{e}^{J_o(\bar{r}_o)} \tag{9-146}$$

9.1.4.6　外环气相微分方程的特解

由方程(9-146)，得外环的积分常数为

$$c_8 = (-1)^{j+1}\bar{\xi}_0 \frac{(\bar{\omega}\bar{r}_o + \mathrm{i}k_\theta \bar{U}_\theta + \mathrm{i}\bar{k}_z \bar{U}_z \bar{r}_o)^2 Ma_{zg}^2}{\bar{r}_o^2 \bar{U}_z^2 Z_o \mathrm{e}^{J_o(\bar{r}_o)}} \tag{9-147}$$

将方程(9-147)代入外环扰动压力的通解表达式(9-117)，就可以得到外环气相微分方程的特解。

$$\bar{p}_{go} = (-1)^{j+1}\bar{\xi}_0 \frac{(\bar{\omega}\bar{r}_o + \mathrm{i}k_\theta \bar{U}_\theta + \mathrm{i}\bar{k}_z \bar{U}_z \bar{r}_o)^2 Ma_{zg}^2}{\bar{r}_o^2 \bar{U}_z^2 Z_o} \exp(\bar{\omega}\bar{t} + \mathrm{i}k_\theta\theta + \mathrm{i}\bar{k}_z\bar{z}) \tag{9-148}$$

9.2　环状液膜瑞利-泰勒波的色散准则关系式和稳定极限

9.2.1　环状液膜瑞利-泰勒波反对称波形的色散准则关系式

将方程(9-37)代入瑞利-泰勒波量纲一动力学边界条件式(2-366)，得内环气液交界面动力学边界条件为

$$\bar{p}_1 - \bar{P}\bar{p}_{gi} - \frac{2}{Re_1 Eu_1}\bar{u}_{r1,\bar{r}} - \bar{\xi}_0 \frac{(3 - k_\theta^2 - \bar{k}_z^2 \bar{r}^2)}{\bar{r}^2 Eu_1 We_1} \exp(\bar{\omega}\bar{t} + \mathrm{i}k_\theta\theta + \mathrm{i}\bar{k}_z\bar{z}) = 0 \tag{9-149}$$

外环气液交界面动力学边界条件为

$$\bar{p}_1 - \bar{P}\bar{p}_{go} - \frac{2}{Re_1 Eu_1}\bar{u}_{r1,\bar{r}} + \bar{\xi}_0 \frac{(3 - k_\theta^2 - \bar{k}_z^2 \bar{r}^2)}{\bar{r}^2 Eu_1 We_1} \exp(\bar{\omega}\bar{t} + \mathrm{i}k_\theta\theta + \mathrm{i}\bar{k}_z\bar{z}) = 0 \tag{9-150}$$

将方程(9-74)、方程(9-142)和方程(9-124)代入方程(9-149)，且 $\exp(\bar{\omega}\bar{t} + \mathrm{i}k_\theta\theta + \mathrm{i}\bar{k}_z\bar{z}) \neq 0$、$\bar{\xi}_0 \neq 0$。在 $\bar{r} = \bar{r}_i$ 处，由于环状液膜正/反对称波形的内外环气流流速必须相等，有内环反对称波形

$$\frac{(\bar{s}^2 + \bar{k}_z^2)(\bar{\omega} + \mathrm{i}\bar{k}_z)Re_1}{\bar{k}_z}\Delta_7 \begin{Bmatrix} \mathrm{I}_{k_\theta}(\bar{k}_z\bar{r}_i)[\mathrm{K}'_{k_\theta}(\bar{k}_z\bar{r}_i) - \mathrm{K}'_{k_\theta}(\bar{k}_z\bar{r}_o)] - \\ \mathrm{K}_{k_\theta}(\bar{k}_z\bar{r}_i)[\mathrm{I}'_{k_\theta}(\bar{k}_z\bar{r}_i) - \mathrm{I}'_{k_\theta}(\bar{k}_z\bar{r}_o)] \end{Bmatrix} +$$

$$\bar{P} Eu_1 Re_1^2 \frac{Ma_{zg}^2}{\bar{U}_z^2} \frac{(\bar{r}_i\bar{\omega} + \mathrm{i}k_\theta \bar{U}_\theta + \mathrm{i}\bar{k}_z \bar{r}_i \bar{U}_z)^2}{\bar{r}_i^2 Z_i} -$$

$$2\left\langle \begin{aligned} &2\bar{s}\bar{k}_z^2\Delta_8\left\{\begin{aligned}&\mathrm{I}''_{k_\theta}(\bar{s}\bar{r}_\mathrm{i})[\mathrm{K}'_{k_\theta}(\bar{s}\bar{r}_\mathrm{i})-\mathrm{K}'_{k_\theta}(\bar{s}\bar{r}_\mathrm{o})]+\\&\mathrm{K}''_{k_\theta}(\bar{s}\bar{r}_\mathrm{i})[\mathrm{I}'_{k_\theta}(\bar{s}\bar{r}_\mathrm{o})-\mathrm{I}'_{k_\theta}(\bar{s}\bar{r}_\mathrm{i})]\end{aligned}\right\}- \\ &\bar{k}_z(\bar{s}^2+\bar{k}_z^2)\Delta_7\left\{\begin{aligned}&\mathrm{I}''_{k_\theta}(\bar{k}_z\bar{r}_\mathrm{i})[\mathrm{K}'_{k_\theta}(\bar{k}_z\bar{r}_\mathrm{i})-\mathrm{K}'_{k_\theta}(\bar{k}_z\bar{r}_\mathrm{o})]-\\&\mathrm{K}''_{k_\theta}(\bar{k}_z\bar{r}_\mathrm{i})[\mathrm{I}'_{k_\theta}(\bar{k}_z\bar{r}_\mathrm{i})-\mathrm{I}'_{k_\theta}(\bar{k}_z\bar{r}_\mathrm{o})]\end{aligned}\right\}\end{aligned}\right\rangle-\frac{3-k_\theta^2-\bar{k}_z^2\bar{r}_\mathrm{i}^2}{\bar{r}_\mathrm{i}^2Oh_1^2}=0 \tag{9-151}$$

式中，$Oh_1^2=\dfrac{We_1}{Re_1^2}$。

将方程(9-74)、方程(9-148)、方程(9-133)代入方程(9-150)，在 $\bar{r}=\bar{r}_\mathrm{o}$ 处，由于环状液膜正/反对称波形的内外环气流流速必须相等，有外环反对称波形

$$\begin{aligned}&\frac{(\bar{s}^2+\bar{k}_z^2)(\bar{\omega}+\mathrm{i}\bar{k}_z)Re_1}{\bar{k}_z}\Delta_7\left\{\begin{aligned}&\mathrm{I}_{k_\theta}(\bar{k}_z\bar{r}_\mathrm{o})[\mathrm{K}'_{k_\theta}(\bar{k}_z\bar{r}_\mathrm{i})-\mathrm{K}'_{k_\theta}(\bar{k}_z\bar{r}_\mathrm{o})]-\\&\mathrm{K}_{k_\theta}(\bar{k}_z\bar{r}_\mathrm{o})[\mathrm{I}'_{k_\theta}(\bar{k}_z\bar{r}_\mathrm{i})-\mathrm{I}'_{k_\theta}(\bar{k}_z\bar{r}_\mathrm{o})]\end{aligned}\right\}-\\ &\bar{P}Eu_1Re_1^2\,\frac{Ma_{zg}^2}{\bar{U}_z^2}\,\frac{(\bar{r}_\mathrm{o}\bar{\omega}+\mathrm{i}k_\theta\bar{U}_\theta+i\bar{r}_\mathrm{o}\bar{k}_z\bar{U}_z)^2}{\bar{r}_\mathrm{o}^2Z_\mathrm{o}}-\\ &2\left\langle \begin{aligned} &2\bar{s}\bar{k}_z^2\Delta_8\left\{\begin{aligned}&\mathrm{I}''_{k_\theta}(\bar{s}\bar{r}_\mathrm{o})[\mathrm{K}'_{k_\theta}(\bar{s}\bar{r}_\mathrm{i})-\mathrm{K}'_{k_\theta}(\bar{s}\bar{r}_\mathrm{o})]+\\&\mathrm{K}''_{k_\theta}(\bar{s}\bar{r}_\mathrm{o})[\mathrm{I}'_{k_\theta}(\bar{s}\bar{r}_\mathrm{o})-\mathrm{I}'_{k_\theta}(\bar{s}\bar{r}_\mathrm{i})]\end{aligned}\right\}- \\ &(\bar{s}^2+\bar{k}_z^2)\bar{k}_z\Delta_7\left\{\begin{aligned}&\mathrm{I}''_{k_\theta}(\bar{k}_z\bar{r}_\mathrm{o})[\mathrm{K}'_{k_\theta}(\bar{k}_z\bar{r}_\mathrm{i})-\mathrm{K}'_{k_\theta}(\bar{k}_z\bar{r}_\mathrm{o})]-\\&\mathrm{K}''_{k_\theta}(\bar{k}_z\bar{r}_\mathrm{o})[\mathrm{I}'_{k_\theta}(\bar{k}_z\bar{r}_\mathrm{i})-\mathrm{I}'_{k_\theta}(\bar{k}_z\bar{r}_\mathrm{o})]\end{aligned}\right\}\end{aligned}\right\rangle+\frac{3-k_\theta^2-\bar{k}_z^2\bar{r}_\mathrm{o}^2}{\bar{r}_\mathrm{o}^2Oh_1^2}=0\end{aligned} \tag{9-152}$$

定义修正贝塞尔函数的组合

$$\Delta_9=\mathrm{I}_{k_\theta}(\bar{k}_z\bar{r}_\mathrm{i})\mathrm{K}'_{k_\theta}(\bar{k}_z\bar{r}_\mathrm{i})-\mathrm{I}_{k_\theta}(\bar{k}_z\bar{r}_\mathrm{i})\mathrm{K}'_{k_\theta}(\bar{k}_z\bar{r}_\mathrm{o}) \tag{9-153}$$

$$\Delta_{10}=\mathrm{I}'_{k_\theta}(\bar{k}_z\bar{r}_\mathrm{i})\mathrm{K}_{k_\theta}(\bar{k}_z\bar{r}_\mathrm{i})-\mathrm{I}'_{k_\theta}(\bar{k}_z\bar{r}_\mathrm{o})\mathrm{K}_{k_\theta}(\bar{k}_z\bar{r}_\mathrm{i}) \tag{9-154}$$

$$\Delta_{11}=\mathrm{I}_{k_\theta}(\bar{k}_z\bar{r}_\mathrm{o})\mathrm{K}'_{k_\theta}(\bar{k}_z\bar{r}_\mathrm{i})-\mathrm{I}_{k_\theta}(\bar{k}_z\bar{r}_\mathrm{o})\mathrm{K}'_{k_\theta}(\bar{k}_z\bar{r}_\mathrm{o}) \tag{9-155}$$

$$\Delta_{12}=\mathrm{I}'_{k_\theta}(\bar{k}_z\bar{r}_\mathrm{i})\mathrm{K}_{k_\theta}(\bar{k}_z\bar{r}_\mathrm{o})-\mathrm{I}'_{k_\theta}(\bar{k}_z\bar{r}_\mathrm{o})\mathrm{K}_{k_\theta}(\bar{k}_z\bar{r}_\mathrm{o}) \tag{9-156}$$

$$\Delta_{13}=\mathrm{I}'_{k_\theta-1}(\bar{s}\bar{r}_\mathrm{i})\mathrm{K}'_{k_\theta}(\bar{s}\bar{r}_\mathrm{i})-\mathrm{I}'_{k_\theta-1}(\bar{s}\bar{r}_\mathrm{i})\mathrm{K}'_{k_\theta}(\bar{s}\bar{r}_\mathrm{o}) \tag{9-157}$$

$$\Delta_{14}=\mathrm{I}'_{k_\theta}(\bar{s}\bar{r}_\mathrm{o})\mathrm{K}'_{k_\theta-1}(\bar{s}\bar{r}_\mathrm{i})-\mathrm{I}'_{k_\theta}(\bar{s}\bar{r}_\mathrm{i})\mathrm{K}'_{k_\theta-1}(\bar{s}\bar{r}_\mathrm{i}) \tag{9-158}$$

$$\Delta_{15}=\mathrm{I}'_{k_\theta-1}(\bar{s}\bar{r}_\mathrm{o})\mathrm{K}'_{k_\theta}(\bar{s}\bar{r}_\mathrm{i})-\mathrm{I}'_{k_\theta-1}(\bar{s}\bar{r}_\mathrm{o})\mathrm{K}'_{k_\theta}(\bar{s}\bar{r}_\mathrm{o}) \tag{9-159}$$

$$\Delta_{16}=\mathrm{I}'_{k_\theta}(\bar{s}\bar{r}_\mathrm{o})\mathrm{K}'_{k_\theta-1}(\bar{s}\bar{r}_\mathrm{o})-\mathrm{I}'_{k_\theta}(\bar{s}\bar{r}_\mathrm{i})\mathrm{K}'_{k_\theta-1}(\bar{s}\bar{r}_\mathrm{o}) \tag{9-160}$$

$$\Delta_{17}=-\mathrm{I}'_{k_\theta}(\bar{s}\bar{r}_\mathrm{i})\mathrm{K}'_{k_\theta}(\bar{s}\bar{r}_\mathrm{i})+\mathrm{I}'_{k_\theta}(\bar{s}\bar{r}_\mathrm{i})\mathrm{K}'_{k_\theta}(\bar{s}\bar{r}_\mathrm{o}) \tag{9-161}$$

$$\Delta_{18}=\mathrm{I}'_{k_\theta}(\bar{s}\bar{r}_\mathrm{o})\mathrm{K}'_{k_\theta}(\bar{s}\bar{r}_\mathrm{i})-\mathrm{I}'_{k_\theta}(\bar{s}\bar{r}_\mathrm{i})\mathrm{K}'_{k_\theta}(\bar{s}\bar{r}_\mathrm{i}) \tag{9-162}$$

$$\Delta_{19}=-\mathrm{I}'_{k_\theta}(\bar{s}\bar{r}_\mathrm{o})\mathrm{K}'_{k_\theta}(\bar{s}\bar{r}_\mathrm{i})+\mathrm{I}'_{k_\theta}(\bar{s}\bar{r}_\mathrm{o})\mathrm{K}'_{k_\theta}(\bar{s}\bar{r}_\mathrm{o}) \tag{9-163}$$

$$\Delta_{20}=\mathrm{I}'_{k_\theta}(\bar{s}\bar{r}_\mathrm{o})\mathrm{K}'_{k_\theta}(\bar{s}\bar{r}_\mathrm{o})-\mathrm{I}'_{k_\theta}(\bar{s}\bar{r}_\mathrm{i})\mathrm{K}'_{k_\theta}(\bar{s}\bar{r}_\mathrm{o}) \tag{9-164}$$

$$\Delta_{21}=\mathrm{I}_{k_\theta-1}(\bar{k}_z\bar{r}_\mathrm{i})\mathrm{K}'_{k_\theta}(\bar{k}_z\bar{r}_\mathrm{i})-\mathrm{I}_{k_\theta-1}(\bar{k}_z\bar{r}_\mathrm{i})\mathrm{K}'_{k_\theta}(\bar{k}_z\bar{r}_\mathrm{o}) \tag{9-165}$$

$$\Delta_{22}=\mathrm{I}'_{k_\theta}(\bar{k}_z\bar{r}_\mathrm{i})\mathrm{K}_{k_\theta-1}(\bar{k}_z\bar{r}_\mathrm{i})-\mathrm{I}'_{k_\theta}(\bar{k}_z\bar{r}_\mathrm{o})\mathrm{K}_{k_\theta-1}(\bar{k}_z\bar{r}_\mathrm{i}) \tag{9-166}$$

$$\Delta_{23}=\mathrm{I}_{k_\theta-1}(\bar{k}_z\bar{r}_\mathrm{o})\mathrm{K}'_{k_\theta}(\bar{k}_z\bar{r}_\mathrm{i})-\mathrm{I}_{k_\theta-1}(\bar{k}_z\bar{r}_\mathrm{o})\mathrm{K}'_{k_\theta}(\bar{k}_z\bar{r}_\mathrm{o}) \tag{9-167}$$

$$\Delta_{24}=\mathrm{I}'_{k_\theta}(\bar{k}_z\bar{r}_\mathrm{i})\mathrm{K}_{k_\theta-1}(\bar{k}_z\bar{r}_\mathrm{o})-\mathrm{I}'_{k_\theta}(\bar{k}_z\bar{r}_\mathrm{o})\mathrm{K}_{k_\theta-1}(\bar{k}_z\bar{r}_\mathrm{o}) \tag{9-168}$$

将方程(9-151)整理后,把 Δ_9、Δ_{10}、Δ_{13}、Δ_{14}、Δ_{17}、Δ_{18}、Δ_{21}、Δ_{22} 分别代入整理后的方程,得内环反对称波形

$$\begin{aligned}&(\bar{s}^2+\bar{k}_z^2)^2\Delta_7(\Delta_9-\Delta_{10})+\frac{2k_\theta^2(\bar{s}^2+\bar{k}_z^2)}{\bar{r}_\mathrm{i}^2}\Delta_7(\Delta_9-\Delta_{10})-\\&\frac{2\bar{k}_z(\bar{s}^2+\bar{k}_z^2)}{\bar{r}_\mathrm{i}}\Delta_7(\Delta_{21}+\Delta_{22})+\\&\bar{k}_z\bar{P}Eu_1Re_1^2\frac{Ma_{z\mathrm{g}}^2}{\bar{U}_z^2}\frac{(\bar{r}_\mathrm{i}\bar{\omega}+\mathrm{i}k_\theta\bar{U}_\theta+\mathrm{i}\bar{r}_\mathrm{i}\bar{k}_z\bar{U}_z)^2}{\bar{r}_\mathrm{i}^2Z_\mathrm{i}}-4\bar{s}\bar{k}_z^3\Delta_8(\Delta_{13}-\Delta_{14})-\\&\frac{4\bar{k}_z^3k_\theta}{\bar{r}_\mathrm{i}}\Delta_8(\Delta_{17}-\Delta_{18})-\frac{\bar{k}_z(3-k_\theta^2-\bar{k}_z^2\bar{r}_\mathrm{i}^2)}{\bar{r}_\mathrm{i}^2Oh_1^2}=0\end{aligned} \tag{9-169}$$

将方程(9-152)整理后,把 Δ_{11}、Δ_{12}、Δ_{15}、Δ_{16}、Δ_{19}、Δ_{20}、Δ_{23}、Δ_{24} 代入整理后的方程,得外环反对称波形

$$\begin{aligned}&(\bar{s}^2+\bar{k}_z^2)^2\Delta_7(\Delta_{11}-\Delta_{12})+\frac{2k_\theta^2(\bar{s}^2+\bar{k}_z^2)}{\bar{r}_\mathrm{o}^2}\Delta_7(\Delta_{11}-\Delta_{12})-\\&\frac{2\bar{k}_z(\bar{s}^2+\bar{k}_z^2)}{\bar{r}_\mathrm{o}}\Delta_7(\Delta_{23}+\Delta_{24})-\\&\bar{k}_z\bar{P}Eu_1Re_1^2\frac{Ma_{z\mathrm{g}}^2}{\bar{U}_z^2}\frac{(\bar{r}_\mathrm{o}\bar{\omega}+\mathrm{i}k_\theta\bar{U}_\theta+\mathrm{i}\bar{r}_\mathrm{o}\bar{k}_z\bar{U}_z)^2}{\bar{r}_\mathrm{o}^2Z_\mathrm{o}}-4\bar{s}\bar{k}_z^3\Delta_8(\Delta_{15}-\Delta_{16})-\\&\frac{4\bar{k}_z^3k_\theta}{\bar{r}_\mathrm{o}}\Delta_8(\Delta_{19}-\Delta_{20})+\frac{\bar{k}_z(3-k_\theta^2-\bar{k}_z^2\bar{r}_\mathrm{o}^2)}{\bar{r}_\mathrm{o}^2Oh_1^2}=0\end{aligned} \tag{9-170}$$

内环反对称波形方程(9-169)减去外环反对称波形方程(9-170),整理得量纲一反对称波形色散准则关系式。

$$\begin{aligned}&(\bar{s}^2+\bar{k}_z^2)^2\Delta_7(\Delta_9-\Delta_{10}-\Delta_{11}+\Delta_{12})+4\bar{s}\bar{k}_z^3\Delta_8(\Delta_{15}-\Delta_{16}-\Delta_{13}+\Delta_{14})+\\&2k_\theta^2(\bar{s}^2+\bar{k}_z^2)\Delta_7\left(\frac{\Delta_9-\Delta_{10}}{\bar{r}_\mathrm{i}^2}-\frac{\Delta_{11}-\Delta_{12}}{\bar{r}_\mathrm{o}^2}\right)+2\bar{k}_z(\bar{s}^2+\bar{k}_z^2)\Delta_7\left(\frac{\Delta_{23}+\Delta_{24}}{\bar{r}_\mathrm{o}}-\frac{\Delta_{21}+\Delta_{22}}{\bar{r}_\mathrm{i}}\right)+\end{aligned}$$

$$\bar{k}_z\bar{P}Eu_1Re_1^2\frac{Ma_{zg}^2}{\bar{U}_z^2}\left[\frac{(\bar{r}_i\bar{\omega}+\mathrm{i}k_\theta\bar{U}_\theta+\mathrm{i}\bar{r}_i\bar{k}_z\bar{U}_z)^2}{\bar{r}_i^2Z_i}+\frac{(\bar{r}_o\bar{\omega}+\mathrm{i}k_\theta\bar{U}_\theta+\mathrm{i}\bar{r}_o\bar{k}_z\bar{U}_z)^2}{\bar{r}_o^2Z_o}\right]+$$

$$4\bar{k}_z^3k_\theta\Delta_8\left(\frac{\Delta_{19}-\Delta_{20}}{\bar{r}_o}-\frac{\Delta_{17}-\Delta_{18}}{\bar{r}_i}\right)-\frac{\bar{k}_z}{Oh_1^2}\left(\frac{3-k_\theta^2-\bar{k}_z^2\bar{r}_i^2}{\bar{r}_i^2}+\frac{3-k_\theta^2-\bar{k}_z^2\bar{r}_o^2}{\bar{r}_o^2}\right)=0 \quad (9\text{-}171)$$

9.2.2 环状液膜瑞利-泰勒波正对称波形的色散准则关系式

瑞利-泰勒波量纲一动力学边界条件为方程(9-149)和方程(9-150)。将方程(9-91)、方程(9-142)和求得的正对称波形特解 $\bar{u}_{r1}$ 代入方程(9-149)，且 $\exp(\bar{\omega}\bar{t}+\mathrm{i}k_\theta\theta+\mathrm{i}\bar{k}_z\bar{z})\neq 0$、$\bar{\xi}_0\neq 0$。在 $\bar{r}=\bar{r}_i$ 处，有内环正对称波形

$$\frac{(\bar{s}^2+\bar{k}_z^2)(\bar{\omega}+\mathrm{i}\bar{k}_z)Re_1}{\bar{k}_z}\Delta_7\left\{\begin{aligned}&-\mathrm{I}_{k_\theta}(\bar{k}_z\bar{r}_i)[\mathrm{K}'_{k_\theta}(\bar{k}_z\bar{r}_i)+\mathrm{K}'_{k_\theta}(\bar{k}_z\bar{r}_o)]+\\&\mathrm{K}_{k_\theta}(\bar{k}_z\bar{r}_i)[\mathrm{I}'_{k_\theta}(\bar{k}_z\bar{r}_i)+\mathrm{I}'_{k_\theta}(\bar{k}_z\bar{r}_o)]\end{aligned}\right\}-$$

$$2\left\langle\begin{aligned}&2\bar{s}\bar{k}_z^2\Delta_8\left\{\begin{aligned}&\mathrm{I}''_{k_\theta}(\bar{s}\bar{r}_i)[-\mathrm{K}'_{k_\theta}(\bar{s}\bar{r}_i)-\mathrm{K}'_{k_\theta}(\bar{s}\bar{r}_o)]+\\&\mathrm{K}''_{k_\theta}(\bar{s}\bar{r}_i)[\mathrm{I}'_{k_\theta}(\bar{s}\bar{r}_o)+\mathrm{I}'_{k_\theta}(\bar{s}\bar{r}_i)]\end{aligned}\right\}+\\&(\bar{s}^2+\bar{k}_z^2)\bar{k}_z\Delta_7\left\{\begin{aligned}&\mathrm{I}''_{k_\theta}(\bar{k}_z\bar{r}_i)[\mathrm{K}'_{k_\theta}(\bar{k}_z\bar{r}_i)+\mathrm{K}'_{k_\theta}(\bar{k}_z\bar{r}_o)]-\\&\mathrm{K}''_{k_\theta}(\bar{k}_z\bar{r}_i)[\mathrm{I}'_{k_\theta}(\bar{k}_z\bar{r}_i)+\mathrm{I}'_{k_\theta}(\bar{k}_z\bar{r}_o)]\end{aligned}\right\}\end{aligned}\right\rangle+$$

$$\bar{P}Eu_1Re_1^2\frac{Ma_{zg}^2}{\bar{U}_z^2}\frac{(\bar{r}_i\bar{\omega}+\mathrm{i}k_\theta\bar{U}_\theta+\mathrm{i}\bar{r}_i\bar{k}_z\bar{U}_z)^2}{\bar{r}_i^2Z_i}-\frac{3-k_\theta^2-\bar{k}_z^2\bar{r}_i^2}{\bar{r}_i^2Oh_1^2}=0 \quad (9\text{-}172)$$

将方程(9-91)、方程(9-148)和求得的正对称波形特解 $\bar{u}_{r1}$ 代入方程(9-150)，且 $\exp(\bar{\omega}\bar{t}+\mathrm{i}k_\theta\theta+\mathrm{i}\bar{k}_z\bar{z})\neq 0$、$\bar{\xi}_0\neq 0$。在 $\bar{r}=\bar{r}_o$ 处，有外环正对称波形

$$\frac{(\bar{s}^2+\bar{k}_z^2)(\bar{\omega}+\mathrm{i}\bar{k}_z)Re_1}{\bar{k}_z}\Delta_7\left\{\begin{aligned}&-\mathrm{I}_{k_\theta}(\bar{k}_z\bar{r}_o)[\mathrm{K}'_{k_\theta}(\bar{k}_z\bar{r}_i)+\mathrm{K}'_{k_\theta}(\bar{k}_z\bar{r}_o)]+\\&\mathrm{K}_{k_\theta}(\bar{k}_z\bar{r}_o)[\mathrm{I}'_{k_\theta}(\bar{k}_z\bar{r}_i)+\mathrm{I}'_{k_\theta}(\bar{k}_z\bar{r}_o)]\end{aligned}\right\}-$$

$$2\left\langle\begin{aligned}&2\bar{s}\bar{k}_z^2\Delta_8\left\{\begin{aligned}&\mathrm{I}''_{k_\theta}(\bar{s}\bar{r}_o)[-\mathrm{K}'_{k_\theta}(\bar{s}\bar{r}_i)-\mathrm{K}'_{k_\theta}(\bar{s}\bar{r}_o)]+\\&\mathrm{K}''_{k_\theta}(\bar{s}\bar{r}_o)[\mathrm{I}'_{k_\theta}(\bar{s}\bar{r}_o)+\mathrm{I}'_{k_\theta}(\bar{s}\bar{r}_i)]\end{aligned}\right\}+\\&(\bar{s}^2+\bar{k}_z^2)\bar{k}_z\Delta_7\left\{\begin{aligned}&\mathrm{I}''_{k_\theta}(\bar{k}_z\bar{r}_o)[\mathrm{K}'_{k_\theta}(\bar{k}_z\bar{r}_i)+\mathrm{K}'_{k_\theta}(\bar{k}_z\bar{r}_o)]-\\&\mathrm{K}''_{k_\theta}(\bar{k}_z\bar{r}_o)[\mathrm{I}'_{k_\theta}(\bar{k}_z\bar{r}_i)+\mathrm{I}'_{k_\theta}(\bar{k}_z\bar{r}_o)]\end{aligned}\right\}\end{aligned}\right\rangle+$$

$$\bar{P}Eu_1Re_1^2\frac{Ma_{zg}^2}{\bar{U}_z^2}\frac{(\bar{r}_o\bar{\omega}+\mathrm{i}k_\theta\bar{U}_\theta+\mathrm{i}\bar{r}_o\bar{k}_z\bar{U}_z)^2}{\bar{r}_o^2Z_o}-\frac{3-k_\theta^2-\bar{k}_z^2\bar{r}_o^2}{\bar{r}_o^2Oh_1^2}=0 \quad (9\text{-}173)$$

定义修正贝塞尔函数的组合

$$\Delta_{25}=\mathrm{I}_{k_\theta}(\bar{k}_z\bar{r}_i)\mathrm{K}'_{k_\theta}(\bar{k}_z\bar{r}_i)+\mathrm{I}_{k_\theta}(\bar{k}_z\bar{r}_i)\mathrm{K}'_{k_\theta}(\bar{k}_z\bar{r}_o) \quad (9\text{-}174)$$

$$\Delta_{26}=\mathrm{I}'_{k_\theta}(\bar{k}_z\bar{r}_\mathrm{i})\mathrm{K}_{k_\theta}(\bar{k}_z\bar{r}_\mathrm{i})+\mathrm{I}'_{k_\theta}(\bar{k}_z\bar{r}_\mathrm{o})\mathrm{K}_{k_\theta}(\bar{k}_z\bar{r}_\mathrm{i}) \tag{9-175}$$

$$\Delta_{27}=\mathrm{I}_{k_\theta}(\bar{k}_z\bar{r}_\mathrm{o})\mathrm{K}'_{k_\theta}(\bar{k}_z\bar{r}_\mathrm{i})+\mathrm{I}_{k_\theta}(\bar{k}_z\bar{r}_\mathrm{o})\mathrm{K}'_{k_\theta}(\bar{k}_z\bar{r}_\mathrm{o}) \tag{9-176}$$

$$\Delta_{28}=\mathrm{I}'_{k_\theta}(\bar{k}_z\bar{r}_\mathrm{i})\mathrm{K}_{k_\theta}(\bar{k}_z\bar{r}_\mathrm{o})+\mathrm{I}'_{k_\theta}(\bar{k}_z\bar{r}_\mathrm{o})\mathrm{K}_{k_\theta}(\bar{k}_z\bar{r}_\mathrm{o}) \tag{9-177}$$

$$\Delta_{29}=\mathrm{I}'_{k_\theta-1}(\bar{s}\bar{r}_\mathrm{i})\mathrm{K}'_{k_\theta}(\bar{s}\bar{r}_\mathrm{i})+\mathrm{I}'_{k_\theta-1}(\bar{s}\bar{r}_\mathrm{i})\mathrm{K}'_{k_\theta}(\bar{s}\bar{r}_\mathrm{o}) \tag{9-178}$$

$$\Delta_{30}=\mathrm{I}'_{k_\theta}(\bar{s}\bar{r}_\mathrm{o})\mathrm{K}'_{k_\theta-1}(\bar{s}\bar{r}_\mathrm{i})+\mathrm{I}'_{k_\theta}(\bar{s}\bar{r}_\mathrm{i})\mathrm{K}'_{k_\theta-1}(\bar{s}\bar{r}_\mathrm{i}) \tag{9-179}$$

$$\Delta_{31}=\mathrm{I}'_{k_\theta-1}(\bar{s}\bar{r}_\mathrm{o})\mathrm{K}'_{k_\theta}(\bar{s}\bar{r}_\mathrm{i})+\mathrm{I}'_{k_\theta-1}(\bar{s}\bar{r}_\mathrm{o})\mathrm{K}'_{k_\theta}(\bar{s}\bar{r}_\mathrm{o}) \tag{9-180}$$

$$\Delta_{32}=\mathrm{I}'_{k_\theta}(\bar{s}\bar{r}_\mathrm{o})\mathrm{K}'_{k_\theta-1}(\bar{s}\bar{r}_\mathrm{o})+\mathrm{I}'_{k_\theta}(\bar{s}\bar{r}_\mathrm{i})\mathrm{K}'_{k_\theta-1}(\bar{s}\bar{r}_\mathrm{o}) \tag{9-181}$$

$$\Delta_{33}=\mathrm{I}'_{k_\theta}(\bar{s}\bar{r}_\mathrm{i})\mathrm{K}'_{k_\theta}(\bar{s}\bar{r}_\mathrm{i})+\mathrm{I}'_{k_\theta}(\bar{s}\bar{r}_\mathrm{i})\mathrm{K}'_{k_\theta}(\bar{s}\bar{r}_\mathrm{o}) \tag{9-182}$$

$$\Delta_{34}=\mathrm{I}'_{k_\theta}(\bar{s}\bar{r}_\mathrm{o})\mathrm{K}'_{k_\theta}(\bar{s}\bar{r}_\mathrm{i})+\mathrm{I}'_{k_\theta}(\bar{s}\bar{r}_\mathrm{i})\mathrm{K}'_{k_\theta}(\bar{s}\bar{r}_\mathrm{i}) \tag{9-183}$$

$$\Delta_{35}=\mathrm{I}'_{k_\theta}(\bar{s}\bar{r}_\mathrm{o})\mathrm{K}'_{k_\theta}(\bar{s}\bar{r}_\mathrm{i})+\mathrm{I}'_{k_\theta}(\bar{s}\bar{r}_\mathrm{o})\mathrm{K}'_{k_\theta}(\bar{s}\bar{r}_\mathrm{o}) \tag{9-184}$$

$$\Delta_{36}=\mathrm{I}'_{k_\theta}(\bar{s}\bar{r}_\mathrm{o})\mathrm{K}'_{k_\theta}(\bar{s}\bar{r}_\mathrm{o})+\mathrm{I}'_{k_\theta}(\bar{s}\bar{r}_\mathrm{i})\mathrm{K}'_{k_\theta}(\bar{s}\bar{r}_\mathrm{o}) \tag{9-185}$$

$$\Delta_{37}=\mathrm{I}_{k_\theta-1}(\bar{k}_z\bar{r}_\mathrm{i})\mathrm{K}'_{k_\theta}(\bar{k}_z\bar{r}_\mathrm{i})+\mathrm{I}_{k_\theta-1}(\bar{k}_z\bar{r}_\mathrm{i})\mathrm{K}'_{k_\theta}(\bar{k}_z\bar{r}_\mathrm{o}) \tag{9-186}$$

$$\Delta_{38}=\mathrm{I}'_{k_\theta}(\bar{k}_z\bar{r}_\mathrm{i})\mathrm{K}_{k_\theta-1}(\bar{k}_z\bar{r}_\mathrm{i})+\mathrm{I}'_{k_\theta}(\bar{k}_z\bar{r}_\mathrm{o})\mathrm{K}_{k_\theta-1}(\bar{k}_z\bar{r}_\mathrm{i}) \tag{9-187}$$

$$\Delta_{39}=\mathrm{I}_{k_\theta-1}(\bar{k}_z\bar{r}_\mathrm{o})\mathrm{K}'_{k_\theta}(\bar{k}_z\bar{r}_\mathrm{i})+\mathrm{I}_{k_\theta-1}(\bar{k}_z\bar{r}_\mathrm{o})\mathrm{K}'_{k_\theta}(\bar{k}_z\bar{r}_\mathrm{o}) \tag{9-188}$$

$$\Delta_{40}=\mathrm{I}'_{k_\theta}(\bar{k}_z\bar{r}_\mathrm{i})\mathrm{K}_{k_\theta-1}(\bar{k}_z\bar{r}_\mathrm{o})+\mathrm{I}'_{k_\theta}(\bar{k}_z\bar{r}_\mathrm{o})\mathrm{K}_{k_\theta-1}(\bar{k}_z\bar{r}_\mathrm{o}) \tag{9-189}$$

将方程(9-172)整理后，再将 Δ_{25}、Δ_{26}、Δ_{29}、Δ_{30}、Δ_{33}、Δ_{34}、Δ_{37}、Δ_{38} 分别代入整理后的方程，得内环正对称波形

$$\begin{aligned}&(\bar{s}^2+\bar{k}_z^2)^2\Delta_7(-\Delta_{25}+\Delta_{26})+\frac{2k_\theta^2(\bar{s}^2+\bar{k}_z^2)}{\bar{r}_\mathrm{i}^2}\Delta_7(-\Delta_{25}+\Delta_{26})+\\&\frac{2\bar{k}_z(\bar{s}^2+\bar{k}_z^2)}{\bar{r}_\mathrm{i}}\Delta_7(\Delta_{37}+\Delta_{38})+\\&\bar{k}_z\bar{P}Eu_1Re_1^2\frac{Ma_{zg}^2}{\bar{U}_z^2}\frac{(\bar{r}_\mathrm{i}\bar{\omega}+\mathrm{i}k_\theta\bar{U}_\theta+i\bar{r}_\mathrm{i}\bar{k}_z\bar{U}_z)^2}{\bar{r}_\mathrm{i}^2Z_\mathrm{i}}+4\bar{s}\bar{k}_z^3\Delta_8(\Delta_{29}+\Delta_{30})+\\&\frac{4\bar{k}_z^3k_\theta}{\bar{r}_\mathrm{i}}\Delta_8(-\Delta_{33}+\Delta_{34})-\frac{(3-k_\theta^2-\bar{k}_z^2\bar{r}_\mathrm{i}^2)\bar{k}_z}{\bar{r}_\mathrm{i}^2Oh_1^2}=0\end{aligned} \tag{9-190}$$

将方程(9-173)整理后，再将 Δ_{27}、Δ_{28}、Δ_{31}、Δ_{32}、Δ_{35}、Δ_{36}、Δ_{39}、Δ_{40} 分别代入整理后的方程，得外环正对称波形

$$\begin{aligned}&(\bar{s}^2+\bar{k}_z^2)^2\Delta_7(-\Delta_{27}+\Delta_{28})+\frac{2k_\theta^2(\bar{s}^2+\bar{k}_z^2)}{\bar{r}_\mathrm{o}^2}\Delta_7(-\Delta_{27}+\Delta_{28})+\\&\frac{2\bar{k}_z(\bar{s}^2+\bar{k}_z^2)}{\bar{r}_\mathrm{o}}\Delta_7(\Delta_{39}+\Delta_{40})+\end{aligned}$$

$$\bar{k}_z\bar{P}Eu_1Re_1^2\frac{Ma_{zg}^2}{\bar{U}_z^2}\frac{(\bar{r}_o\bar{\omega}+\mathrm{i}k_\theta\bar{U}_\theta+\mathrm{i}\bar{r}_o\bar{k}_z\bar{U}_z)^2}{\bar{r}_o^2Z_o}+4\bar{s}\bar{k}_z^3\Delta_8(\Delta_{31}+\Delta_{32})+$$

$$\frac{4\bar{k}_z^3k_\theta}{\bar{r}_o}\Delta_8(-\Delta_{35}+\Delta_{36})-\frac{(3-k_\theta^2-\bar{k}_z^2\bar{r}_o^2)\bar{k}_z}{\bar{r}_o^2Oh_1^2}=0 \tag{9-191}$$

内环正对称波形方程(9-190)加上外环正对称波形方程(9-191)，整理得量纲一正对称波形色散准则关系式。

$$(\bar{s}^2+\bar{k}_z^2)^2\Delta_7(-\Delta_{25}+\Delta_{26}-\Delta_{27}+\Delta_{28})+2k_\theta^2\Delta_7(\bar{s}^2+\bar{k}_z^2)\left(\frac{-\Delta_{25}+\Delta_{26}}{\bar{r}_i^2}+\frac{-\Delta_{27}+\Delta_{28}}{\bar{r}_o^2}\right)+$$

$$2\bar{k}_z(\bar{s}^2+\bar{k}_z^2)\Delta_7\left(\frac{\Delta_{37}+\Delta_{38}}{\bar{r}_i}+\frac{\Delta_{39}+\Delta_{40}}{\bar{r}_o}\right)+4\bar{s}\bar{k}_z^3\Delta_8(\Delta_{29}+\Delta_{30}+\Delta_{31}+\Delta_{32})+$$

$$\bar{k}_z\bar{P}Eu_1Re_1^2\frac{Ma_{zg}^2}{\bar{U}_z^2}\left[\frac{(\bar{r}_i\bar{\omega}+\mathrm{i}k_\theta\bar{U}_\theta+\mathrm{i}\bar{r}_i\bar{k}_z\bar{U}_z)^2}{\bar{r}_i^2Z_i}+\frac{(\bar{r}_o\bar{\omega}+\mathrm{i}k_\theta\bar{U}_\theta+\mathrm{i}\bar{r}_o\bar{k}_z\bar{U}_z)^2}{\bar{r}_o^2Z_o}\right]+$$

$$4\bar{k}_z^3k_\theta\Delta_8\left(\frac{-\Delta_{33}+\Delta_{34}}{\bar{r}_i}+\frac{-\Delta_{35}+\Delta_{36}}{\bar{r}_o}\right)-\frac{\bar{k}_z}{Oh_1^2}\left(\frac{3-k_\theta^2-\bar{k}_z^2\bar{r}_i^2}{\bar{r}_i^2}+\frac{3-k_\theta^2-\bar{k}_z^2\bar{r}_o^2}{\bar{r}_o^2}\right)=0 \tag{9-192}$$

根据方程(9-99)～方程(9-101)和正/反对称波形色散准则关系式(9-171)和式(9-192)可以看出，当 $k_\theta=0$ 时，无论 $\bar{U}_\theta$ 取何值，R 波的 $f(\bar{\omega}_r,\bar{k}_z)=0$ 曲线均重合，这显然与物理现象不符。反证了对于 R-T 波模型，只要有旋转气流存在，T 波就必然存在，T 波波数 k_θ 就不能为零，即环状液膜内外环气液交界面不可能是个光滑的圆面，而是波动的圆面。

9.2.3 环状液膜瑞利-泰勒波的稳定极限

在最稳定状态下，表面波增长率 $\bar{\omega}_r\equiv0$。方程 $\bar{s}^2=\bar{k}_z^2+Re_1(\bar{\omega}+\mathrm{i}\bar{k}_z)$ 中，由于 $\bar{s}$、$\bar{k}_z$、Re_1 均是实数，所以 $\bar{s}^2$ 的虚部必须等于 0。有

$$\bar{s}=\bar{k}_z \tag{9-193}$$

$$\bar{\omega}+\mathrm{i}\bar{k}_z=\mathrm{i}\bar{\omega}_i+\mathrm{i}\bar{k}_z=0 \tag{9-194}$$

$$\bar{\omega}_i=-\bar{k}_z \tag{9-195}$$

将方程(9-193)～方程(9-195)代入量纲一反对称波形色散准则关系式(9-171)，得

$$4\bar{k}_{z0}^3\Delta_7(\Delta_9-\Delta_{10}-\Delta_{11}+\Delta_{12})+4\bar{k}_{z0}^3\Delta_8(\Delta_{15}-\Delta_{16}-\Delta_{13}+\Delta_{14})+$$

$$4k_{\theta0}^2\bar{k}_z\Delta_7\left(\frac{\Delta_9-\Delta_{10}}{\bar{r}_i^2}-\frac{\Delta_{11}-\Delta_{12}}{\bar{r}_o^2}\right)+4\bar{k}_{z0}^2\Delta_7\left(\frac{\Delta_{23}+\Delta_{24}}{\bar{r}_o}-\frac{\Delta_{21}+\Delta_{22}}{\bar{r}_i}\right)+$$

$$\bar{P}Eu_1Re_1^2\frac{Ma_{zg}^2}{\bar{U}_z^2}\left[\frac{(-\mathrm{i}\bar{k}_{z0}\bar{r}_i+\mathrm{i}k_{\theta0}\bar{U}_\theta+\mathrm{i}\bar{r}_i\bar{k}_{z0}\bar{U}_z)^2}{\bar{r}_i^2Z_i}+\frac{(-\mathrm{i}\bar{k}_{z0}\bar{r}_o+\mathrm{i}k_{\theta0}\bar{U}_\theta+\mathrm{i}\bar{r}_o\bar{k}_{z0}\bar{U}_z)^2}{\bar{r}_o^2Z_o}\right]+$$

$$4\bar{k}_{z0}^2k_{\theta0}\Delta_8\left(\frac{\Delta_{19}-\Delta_{20}}{\bar{r}_o}-\frac{\Delta_{17}-\Delta_{18}}{\bar{r}_i}\right)-\frac{1}{Oh_1^2}\left(\frac{3-k_{\theta0}^2-\bar{k}_{z0}^2\bar{r}_i^2}{\bar{r}_i^2}+\frac{3-k_{\theta0}^2-\bar{k}_{z0}^2\bar{r}_o^2}{\bar{r}_o^2}\right)=0 \tag{9-196}$$

将方程(9-193)～方程(9-195)代入量纲一正对称波形色散准则关系式(9-192)，得

$$4\bar{k}_{z0}^{3}\Delta_{7}(-\Delta_{25}+\Delta_{26}-\Delta_{27}+\Delta_{28})+4k_{\theta0}^{2}\bar{k}_{z0}\Delta_{7}\left(\frac{-\Delta_{25}+\Delta_{26}}{\bar{r}_{\mathrm{i}}^{2}}+\frac{-\Delta_{27}+\Delta_{28}}{\bar{r}_{\mathrm{o}}^{2}}\right)+$$
$$4\bar{k}_{z0}^{2}\Delta_{7}\left(\frac{\Delta_{37}+\Delta_{38}}{\bar{r}_{\mathrm{i}}}+\frac{\Delta_{39}+\Delta_{40}}{\bar{r}_{\mathrm{o}}}\right)+4\bar{k}_{z0}^{3}\Delta_{8}(\Delta_{29}+\Delta_{30}+\Delta_{31}+\Delta_{32})+$$
$$\bar{P}Eu_{1}Re_{1}^{2}\frac{Ma_{zg}^{2}}{\bar{U}_{z}^{2}}\left[\frac{(-\mathrm{i}\bar{k}_{z0}\bar{r}_{\mathrm{i}}+\mathrm{i}k_{\theta0}\bar{U}_{\theta}+\mathrm{i}\bar{r}_{\mathrm{i}}\bar{k}_{z0}\bar{U}_{z})^{2}}{\bar{r}_{\mathrm{i}}^{2}Z_{\mathrm{i}}}+\frac{(-\mathrm{i}\bar{k}_{z0}\bar{r}_{\mathrm{o}}+\mathrm{i}k_{\theta0}\bar{U}_{\theta}+\mathrm{i}\bar{r}_{\mathrm{o}}\bar{k}_{z0}\bar{U}_{z})^{2}}{\bar{r}_{\mathrm{o}}^{2}Z_{\mathrm{o}}}\right]+$$
$$4\bar{k}_{z0}^{2}k_{\theta0}\Delta_{8}\left(\frac{-\Delta_{33}+\Delta_{34}}{\bar{r}_{\mathrm{i}}}+\frac{-\Delta_{35}+\Delta_{36}}{\bar{r}_{\mathrm{o}}}\right)-\frac{1}{Oh_{1}^{2}}\left(\frac{3-k_{\theta0}^{2}-\bar{k}_{z0}^{2}\bar{r}_{\mathrm{i}}^{2}}{\bar{r}_{\mathrm{i}}^{2}}+\frac{3-k_{\theta0}^{2}-\bar{k}_{z0}^{2}\bar{r}_{\mathrm{o}}^{2}}{\bar{r}_{\mathrm{o}}^{2}}\right)=0$$

(9-197)

当 $k_{\theta0}=0$ 时，方程(9-196)变成反对称波形稳定极限 $\bar{k}_{z0}$ 的隐含关系式。

$$4\bar{k}_{z0}^{3}\Delta_{7}(\Delta_{9}-\Delta_{10}-\Delta_{11}+\Delta_{12})+4\bar{k}_{z0}^{3}\Delta_{8}(\Delta_{15}-\Delta_{16}-\Delta_{13}+\Delta_{14})-$$
$$\bar{k}_{z0}^{2}\bar{P}Eu_{1}Re_{1}^{2}Ma_{zg}^{2}\frac{(\bar{U}_{z}-1)^{2}}{\bar{U}_{z}^{2}}\frac{Z_{\mathrm{i}}+Z_{\mathrm{o}}}{Z_{\mathrm{i}}Z_{\mathrm{o}}}+ \qquad (9\text{-}198)$$
$$4\bar{k}_{z0}^{2}\Delta_{7}\left(\frac{\Delta_{23}+\Delta_{24}}{\bar{r}_{\mathrm{o}}}-\frac{\Delta_{21}+\Delta_{22}}{\bar{r}_{\mathrm{i}}}\right)-\frac{1}{Oh_{1}^{2}}\left(\frac{3-\bar{k}_{z0}^{2}\bar{r}_{\mathrm{i}}^{2}}{\bar{r}_{\mathrm{i}}^{2}}+\frac{3-\bar{k}_{z0}^{2}\bar{r}_{\mathrm{o}}^{2}}{\bar{r}_{\mathrm{o}}^{2}}\right)=0$$

方程(9-197)变成正对称波形稳定极限 $\bar{k}_{z0}$ 的隐含关系式。

$$4\bar{k}_{z0}^{3}\Delta_{7}(-\Delta_{25}+\Delta_{26}-\Delta_{27}+\Delta_{28})+4\bar{k}_{z0}^{2}\Delta_{7}\left(\frac{\Delta_{37}+\Delta_{38}}{\bar{r}_{\mathrm{i}}}+\frac{\Delta_{39}+\Delta_{40}}{\bar{r}_{\mathrm{o}}}\right)-$$
$$\bar{k}_{z0}^{2}\bar{P}Eu_{1}Re_{1}^{2}Ma_{zg}^{2}\frac{(\bar{U}_{z}-1)^{2}}{\bar{U}_{z}^{2}}\frac{Z_{\mathrm{i}}+Z_{\mathrm{o}}}{Z_{\mathrm{i}}Z_{\mathrm{o}}}+ \qquad (9\text{-}199)$$
$$4\bar{k}_{z0}^{3}\Delta_{8}(\Delta_{29}+\Delta_{30}+\Delta_{31}+\Delta_{32})-\frac{1}{Oh_{1}^{2}}\left(\frac{3-\bar{k}_{z0}^{2}\bar{r}_{\mathrm{i}}^{2}}{\bar{r}_{\mathrm{i}}^{2}}+\frac{3-\bar{k}_{z0}^{2}\bar{r}_{\mathrm{o}}^{2}}{\bar{r}_{\mathrm{o}}^{2}}\right)=0$$

当 $\bar{k}_{z0}=0$ 时，方程(9-196)变成反对称波形稳定极限 $\bar{k}_{\theta0}$ 的隐含关系式。

$$k_{\theta0}^{2}\bar{P}Eu_{1}Re_{1}^{2}Ma_{zg}^{2}\frac{\bar{U}_{\theta}^{2}}{\bar{U}_{z}^{2}}\frac{\bar{r}_{\mathrm{i}}^{2}Z_{\mathrm{i}}+\bar{r}_{\mathrm{o}}^{2}Z_{\mathrm{o}}}{\bar{r}_{\mathrm{i}}^{2}\bar{r}_{\mathrm{o}}^{2}Z_{\mathrm{i}}Z_{\mathrm{o}}}+\frac{1}{Oh_{1}^{2}}\left(\frac{3-k_{\theta0}^{2}}{\bar{r}_{\mathrm{i}}^{2}}+\frac{3-k_{\theta0}^{2}}{\bar{r}_{\mathrm{o}}^{2}}\right)=0 \qquad (9\text{-}200)$$

方程(9-197)成为正对称波形稳定极限 $\bar{k}_{\theta0}$ 的隐含关系式，与反对称波形稳定极限同为方程(9-200)。正/反对称波形稳定极限 $\bar{k}_{\theta0}$ 的显含关系式为

$$k_{\theta0}=\sqrt{\frac{3Oh_{1}^{2}\bar{U}_{z}^{2}Z_{\mathrm{i}}Z_{\mathrm{o}}(\bar{r}_{\mathrm{i}}^{2}+\bar{r}_{\mathrm{o}}^{2})}{\bar{U}_{z}^{2}Z_{\mathrm{i}}Z_{\mathrm{o}}(\bar{r}_{\mathrm{i}}^{2}+\bar{r}_{\mathrm{o}}^{2})-\bar{P}Eu_{1}We_{1}Oh_{1}^{2}Ma_{zg}^{2}(\bar{U}_{\theta}^{2}\bar{r}_{\mathrm{i}}^{2}Z_{\mathrm{i}}+\bar{r}_{\mathrm{o}}^{2}Z_{\mathrm{o}})}} \qquad (9\text{-}201)$$

9.3　环状液膜瑞利-泰勒波线性不稳定性分析

本章应用 MATLAB 软件或者 FORTRAN 语言，对环状液膜瑞利-泰勒波在单向和复合气流中碎裂的正/反对称波形量纲一色散准则关系式编写程序，进行数值计算。通过改变

内外环顺向气液流速比 $\bar{U}_z$、旋转气液流速比 $\bar{U}_\theta$、刚性涡流强度 $\bar{\Gamma}_j$ 和势涡流强度 $\bar{\chi}_j$、液流 We_1 和 Re_1、气液密度比 $\bar{\rho}$、气流马赫数 Ma_g 等量纲一参数的数值，得到对应的表面波增长率 $\bar{\omega}_r$ 随表面波波数 $\bar{k}_z$、k_θ 的变化关系，并分析了影响环状液膜瑞利-泰勒波碎裂的因素，为实际利用环状液膜这一喷雾形态到生产实践中提供了理论支撑。

9.3.1 气液流速比的影响

9.3.1.1 顺向气流气液流速比的影响

图 9-1 所示为内外环等速顺向气流的气液流速比 $\bar{U}_z$ 对 R 波和 T 波表面波增长率 $\bar{\omega}_r$ 的影响。图 9-1(a) 为正对称波形 $k_\theta=0$ 的 R 波；图 9-1(b)为正对称波形 $\bar{k}_z=0.1$ 的 T 波；图 9-1(c)为反对称波形 $k_\theta=0$ 的 R 波；图 9-1(d)为反对称波形 $\bar{k}_z=0.1$ 的 T 波；图 9-1(e)为正对称波形 $k_\theta=0.5$ 的 R 波；图 9-1(f)为反对称波形 $k_\theta=0.5$ 的 R 波；图 9-1(g)为正对称波形在 $\bar{U}_z=9$ 工况下的 R-T 波三维曲面；图 9-1(h)为反对称波形在 $\bar{U}_z=9$ 工况下的 R-T 波三维曲面。

从图 9-1(a),(c)中可以看出，当 $k_\theta=0$ 时，正/反对称波形的表面波增长率 $\bar{\omega}_r$ 随 R 波波数 $\bar{k}_z$ 的增大先从原点增大、后减小至截断波数点 k_{z0}，曲线有一个峰值点。当 $\bar{U}_z$ 从 0 增加到 1 时，$\bar{\omega}_r$ 随 $\bar{U}_z$ 的增加而略微减小，对应的支配表面波增长率 $\bar{\omega}_{\text{r-dom}}$、支配波数 $\bar{k}_{\text{dom}}$ 和截断波数 $\bar{k}_{z0}$ 都略微减小。说明当内外环顺向等速气流流速从 0 增大到与液膜喷射速度相等时，液膜稳定。然而当 $\bar{U}_z$ 从 1 增加到 6 时，$\bar{\omega}_r$ 随 $\bar{U}_z$ 的增加而增大，对应的支配表面波增长率、支配波数和截断波数都随之增大，而且增幅不断扩大，液膜变得不再稳定。如图 9-1(b)所示，正对称波形 $\bar{k}_z=0.1$ 的表面波增长率 $\bar{\omega}_r$ 随 T 波波数 $\bar{k}_\theta$ 的增大先减小再增大、之后再减小。波峰位于 $\bar{k}_\theta=1.2$ 左右处。在顺向气流流速相等的条件下，T 波的表面波增长率要比 R 波的小得多，说明 R 波是主波，对环状液膜的碎裂起主导作用，T 波只能起到微小的辅助作用。在图 9-1(d)中，反对称波形 $\bar{k}_z=0.1$ 的表面波增长率 $\bar{\omega}_r$ 随 T 波波数 $\bar{k}_\theta$ 的增大而几乎持续减小，T 波的支配表面波增长率 $\bar{\omega}_{\text{r-dom}}$ 位于 $k_\theta=0$ 处，说明当波长 $\lambda_\theta=\infty$，即射流横截面为圆形(没有 T 波，仅有 R 波)时，表面波最不稳定，再次证明 R 波是主波，在射流团块碎裂过程中起主导作用。在这种情况下，虽然 T 波不能增大射流团块的不稳定程度，但它与 R 波一起对射流表面析出离散状的微小卫星液滴起重要作用。从图 9-1(e)和(f)中可以看出，当 $k_\theta>0$ 时，由于 $\lambda_\theta\neq\infty$、射流横截面为波动的圆形曲面，R 波与 T 波同时存在。图中正/反对称波形曲线的起始点均没有位于原点，曲线具有不同的变化趋势。说明 R 波与 T 波并非是单独存在的，而是相互制约、相互牵制的。它们的联合作用共同影响了 R-T 波的不稳定性。比较图 9-1(a)与(c)和图 9-1(b)与(d)可见，反对称波形的不稳定度要比正对称波形的大得多，这在图 9-1(g),(h)的 R-T 波三维曲面中也可以看出。因此，对于顺向气流，R 波比 T 波、反对称波形比正对称波形更加不稳定。

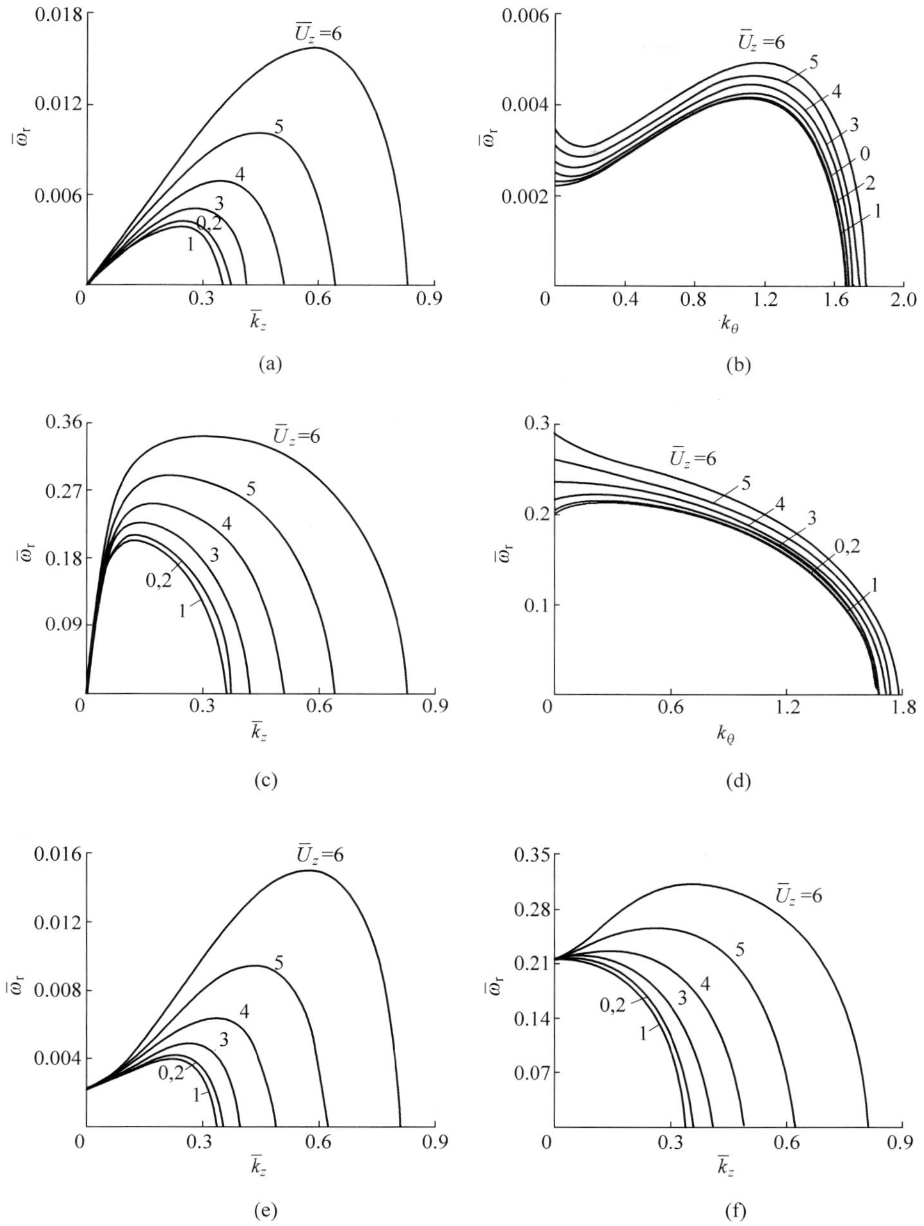

图 9-1　顺向气流气液流速比的影响

$U_1=4$ m/s, $We_1=22$, $Re_1=398$, $\bar{\rho}=1.206\times10^{-3}$, $\bar{U}_\theta=0$

(a) 正对称波形，R 波，$k_\theta=0$；(b) 正对称波形，T 波，$\bar{k}_z=0.1$；

(c) 反对称波形，R 波，$k_\theta=0$；(d) 反对称波形，T 波，$\bar{k}_z=0.1$；

(e) 正对称波形，R 波，$k_\theta=0.5$；(f) 反对称波形，R 波，$k_\theta=0.5$；

(g) 正对称波形，R-T 波，$\bar{U}_z=9$；(h) 反对称波形，R-T 波，$\bar{U}_z=9$

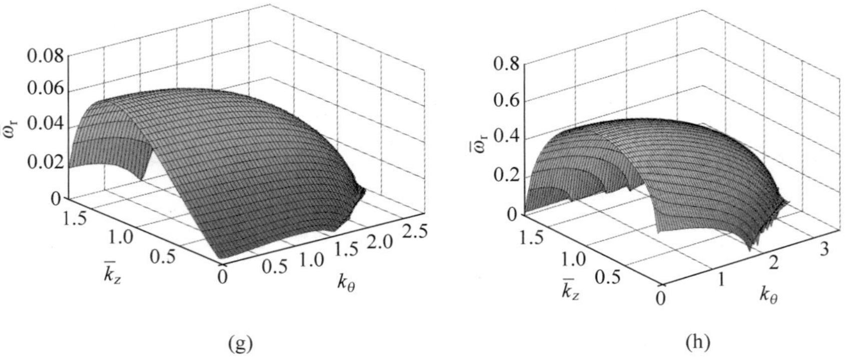

图 9-1 （续）

9.3.1.2 旋转气流气液流速比的影响

图 9-2 所示为内外环等速旋转气流的气液流速比 $\bar{U}_\theta$ 对 R 波和 T 波表面波增长率 $\bar{\omega}_r$

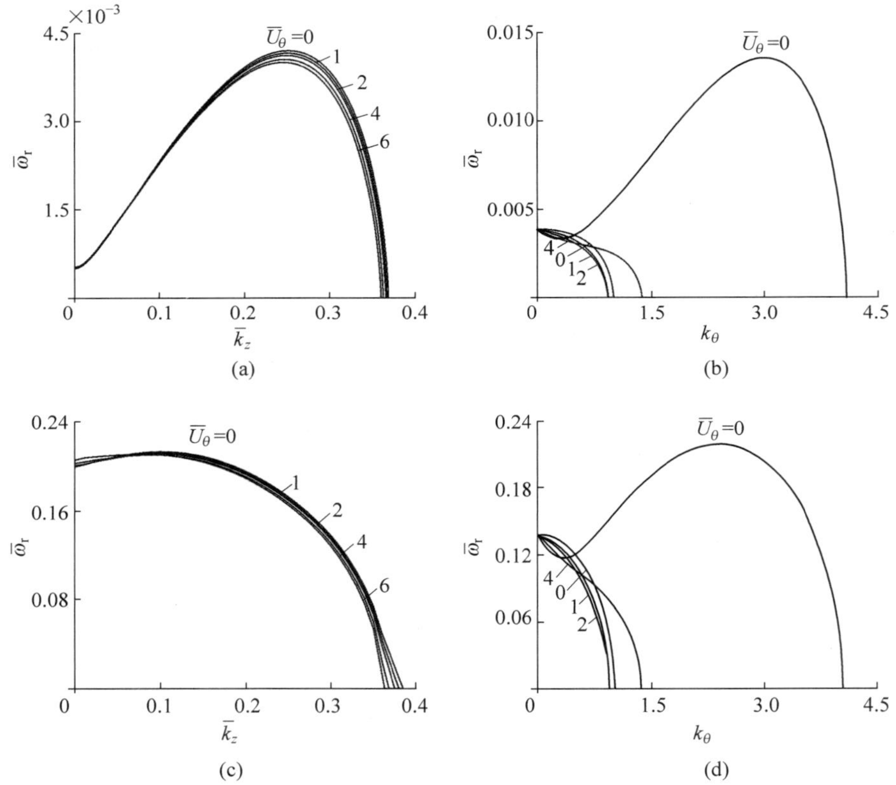

图 9-2 旋转气流气液流速比的影响

$U_1=4\ \mathrm{m/s}, We_1=22, Re_1=398, \bar{\rho}=1.206\times10^{-3}, \bar{U}_z=0$

(a) 正对称波形，R 波，$k_\theta=0.1$；(b) 正对称波形，T 波，$\bar{k}_z=0.3$；(c) 反对称波形，R 波，$k_\theta=0.1$；(d) 反对称波形，T 波，$\bar{k}_z=0.3$；(e) 正对称波形，R 波，$k_\theta=0.5$；(f) 反对称波形，R 波，$k_\theta=0.5$；(g) 正对称波形，R-T 波，$\bar{U}_\theta=9$；(h) 反对称波形，R-T 波，$\bar{U}_\theta=9$

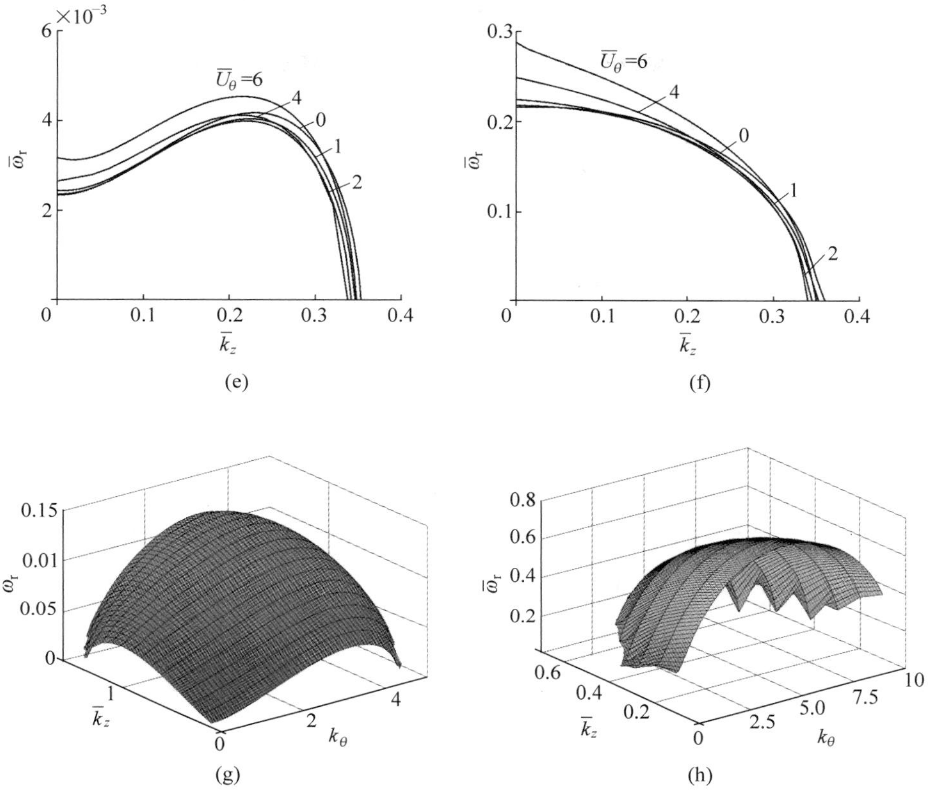

图 9-2　（续）

的影响。图 9-2(a)为正对称波形 $k_\theta=0.1$ 的 R 波；图 9-2(b)为正对称波形 $\bar{k}_z=0.3$ 的 T 波；图 9-2(c)为反对称波形 $k_\theta=0.1$ 的 R 波；图 9-2(d)为反对称波形 $\bar{k}_z=0.3$ 的 T 波；图 9-2(e)为正对称波形 $k_\theta=0.5$ 的 R 波；图 9-2(f)为反对称波形 $k_\theta=0.5$ 的 R 波；图 9-2(g)为正对称波形在 $\bar{U}_\theta=9$ 工况下的 R-T 波三维曲面；图 9-2(h)为反对称波形在 $\bar{U}_\theta=9$ 工况下的 R-T 波三维曲面。

从图 9-2(a)，(c)中可以看出，当 $k_\theta=0.1$ 时，正/反对称波形的表面波增长率 $\bar{\omega}_r$ 随 R 波波数 $\bar{k}_z$ 的增大先增大后减小，曲线有一个峰值点。当 $\bar{U}_z$ 从 0 增加到 6 时，$\bar{\omega}_r$ 随 $\bar{U}_\theta$ 的增加而略微减小，对应的支配表面波增长率、支配波数和截断波数都略微减小。说明当 k_θ 较小时，内外环旋转等速气流流速对于 R 波几乎没有什么影响。然而，当 $k_\theta=0.5$ 时，图 9-2(e)，(f)中，随着 $\bar{U}_\theta$ 从 0 增加到 2，$\bar{\omega}_r$ 减小；随着 $\bar{U}_\theta$ 从 2 增加到 6，$\bar{\omega}_r$ 明显增大。说明当 k_θ 较大时，内外环旋转等速气流流速的不断增加将使 R 波不再稳定。图 9-2(f)中支配表面波增长率 $\bar{\omega}_{r\text{-dom}}$ 位于 $k_z=0$ 处，说明在 R 波平直而没有波动的局部，R-T 波的表面波增长率最大，它是由 T 波造成的。比较图 9-2(a)与(b)和图 9-2(c)与(d)可以看出，在仅有旋转气流而没有顺向气流的情况下，正对称波形 T 波的表面波增长率比 R 波的大，尤其当 $\bar{U}_\theta=6$ 时更是如此；但是，当 $\bar{U}_\theta<6$ 时，反对称波形 R 波的表面波增长率比 T 波的大。说明正对称波形 T 波更不稳定，反对称波形则是 R 波更不稳定。比较正/反对称波形可见，反对称波形

的不稳定度要比正对称波形的大得多，这在图 9-2(g)与(h)的 R-T 波三维曲面中也可以看出。因此，对于旋转气流，反对称波形比正对称波形更加不稳定。而反对称波形 R 波比 T 波、正对称波形 T 波比 R 波更加不稳定，T 波的作用在旋转气流中逐渐显现出来。

9.3.1.3 复合气流气液流速比的影响

图 9-3 所示为内外环等速复合气流的气液流速比 $\overline{U}_z$ 和 $\overline{U}_\theta$ 对 R 波和 T 波表面波增长率 $\bar{\omega}_r$ 的影响。图 9-3(a) 为正对称波形 $k_\theta=0.1$、$\overline{U}_\theta=1$ 和 $\overline{U}_z=0\sim6$ 的 R 波；图 9-3(b)为正对称波形 $\bar{k}_z=0.3$、$\overline{U}_\theta=1$ 和 $\overline{U}_z=0\sim6$ 的 T 波；图 9-3(c)为反对称波形 $k_\theta=0.1$、$\overline{U}_\theta=1$ 和 $\overline{U}_z=0\sim6$ 的 R 波；图 9-3(d)为反对称波形 $\bar{k}_z=0.3$、$\overline{U}_\theta=1$ 和 $\overline{U}_z=0\sim6$ 的 T 波；

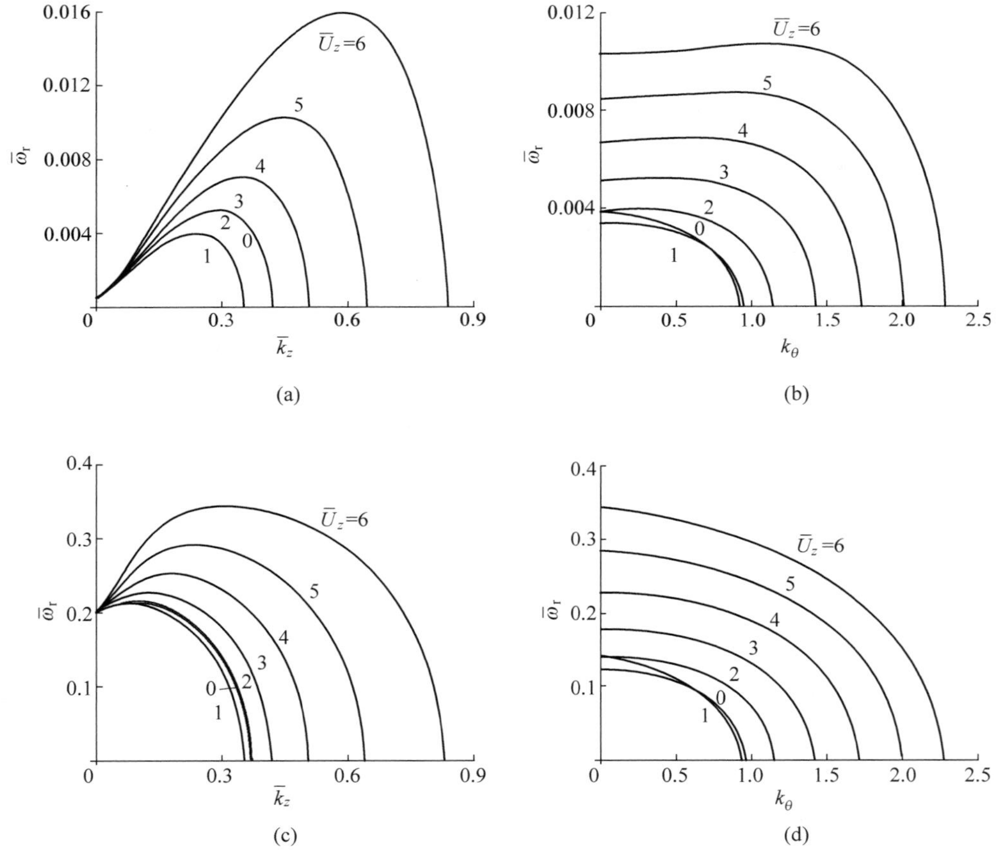

图 9-3 复合气流气液流速比的影响

$U_1=4$ m/s，$We_1=22$，$Re_1=398$，$\bar{\rho}=1.206\times10^{-3}$

(a) 正对称波形，R 波，$\overline{U}_\theta=1$，$k_\theta=0.1$；(b) 正对称波形，T 波，$\overline{U}_\theta=1$，$\bar{k}_z=0.3$；

(c) 反对称波形，R 波，$\overline{U}_\theta=1$，$k_\theta=0.1$；(d) 反对称波形，T 波，$\overline{U}_\theta=1$，$\bar{k}_z=0.3$；

(e) 正对称波形，R 波，$\overline{U}_\theta=1$，$k_\theta=0.5$；(f) 反对称波形，R 波，$\overline{U}_\theta=1$，$k_\theta=0.5$；

(g) 正对称波形，R-T 波，$\overline{U}_z=3$，$\overline{U}_\theta=2$；(h) 反对称波形，R-T 波，$\overline{U}_z=3$，$\overline{U}_\theta=2$

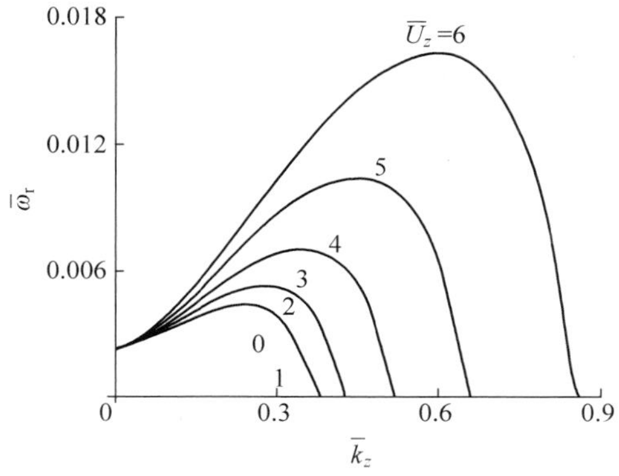

(e)

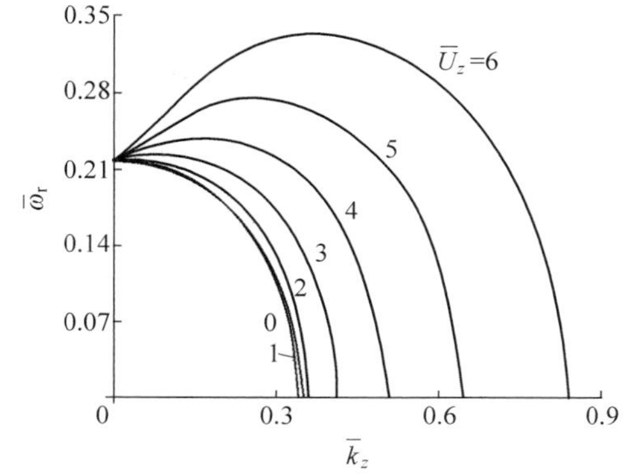

(f)

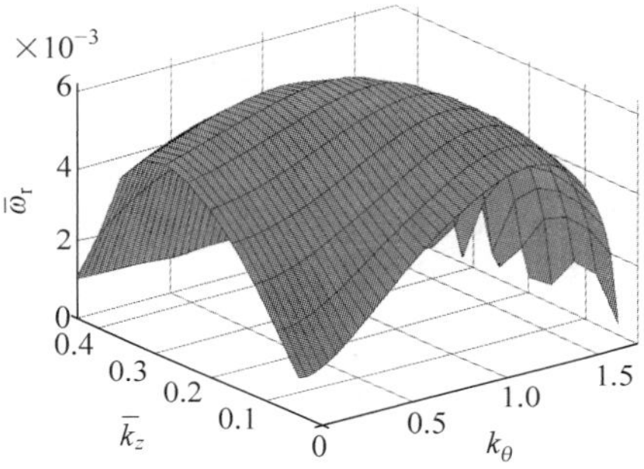

(g)

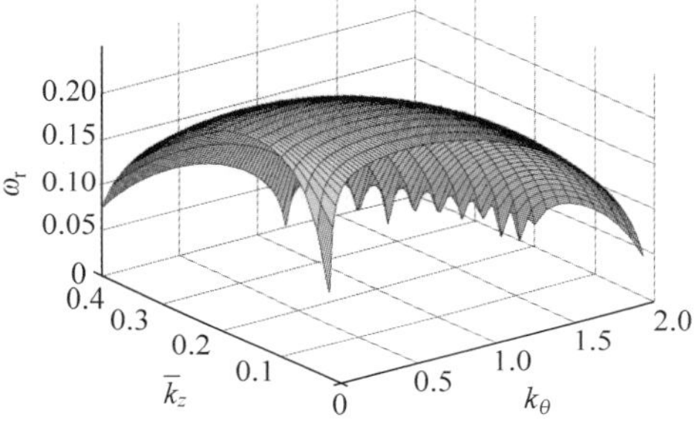

(h)

图 9-3　（续）

图 9-3(e)为正对称波形 $k_\theta=0.5$、$\bar{U}_\theta=1$ 和 $\bar{U}_z=0\sim6$ 的 R 波；图 9-3(f)为反对称波形 $k_\theta=0.5$、$\bar{U}_\theta=1$ 和 $\bar{U}_z=0\sim6$ 的 R 波；图 9-3(g)为正对称波形在 $\bar{U}_\theta=2$ 和 $\bar{U}_z=3$ 工况下的 R-T 波三维曲面；图 9-3(h)为反对称波形在 $\bar{U}_\theta=2$ 和 $\bar{U}_z=3$ 工况下的 R-T 波三维曲面。

从图 9-3(a)，(c)中可以看出，当 $k_\theta=0.1$、$\bar{U}_\theta=1$ 和 $\bar{U}_z=0\sim6$ 时，正/反对称波形的表面波增长率 $\bar{\omega}_r$ 随 R 波波数 $\bar{k}_z$ 的变化趋势与内外环等速顺向气流的类似。在图 9-3(b)，(d)中，当 $k_z=0.3$、$\bar{U}_\theta=1$ 和 $\bar{U}_z=0\sim6$ 时，正/反对称波形的表面波增长率 $\bar{\omega}_r$ 随 T 波波数 $\bar{k}_\theta$ 的增大而几乎持续减小，T 波的支配表面波增长率 $\bar{\omega}_{r\text{-dom}}$ 位于 $k_\theta=0$ 处，说明当波长 $\lambda_\theta=\infty$、即射流横截面为圆形(没有 T 波，仅有 R 波)时，表面波最不稳定，证明 R 波是主波，在射流团块碎裂过程中起主导作用。在这种情况下，虽然 T 波不能增大射流团块的不稳定程度，但它与 R 波一起对射流表面析出离散状的微小卫星液滴起重要作用。从图 9-3(e)和(f)中可以看出，当 $k_\theta>0$ 时，由于 $\lambda_\theta\neq\infty$、射流横截面为波动的圆形曲面，R 波与 T 波同时存在。图中正/反对称波形曲线的起始点均没有位于原点，曲线具有不同的变化趋势。说明 R 波与 T 波并非是单独存在的，而是相互制约、相互牵制的。它们的联合作用共同影响了 R-T 波的不稳定性。比较正/反对称波形可见，反对称波形的不稳定度要比正对称波形的大，说明反对称波形比正对称波形更加不稳定，这在图 9-3(g)，(h)的 R-T 波三维曲面中也可以看出。因此，在复合气流情况下，如果顺向气流的气液流速比较大，复合气流的不稳定性符合顺向单向气流的特点；可以推断，如果旋转气流的气液流速比较大，则复合气流的不稳定性符合旋转单向气流的特点。

9.3.2 气液密度比的影响

图 9-4 所示为内外环等速顺向、旋转、复合气流的气液密度比 $\bar{\rho}$ 对正/反对称波形 R 波和 T 波表面波增长率 $\bar{\omega}_r$ 的影响。图 9-4(a) 为正对称波形 $k_\theta=0.1$、顺向气流 $\bar{U}_z=2$，$\bar{U}_\theta=0$ 的 R 波；图 9-4(b)为正对称波形 $\bar{k}_z=0.3$、顺向气流 $\bar{U}_z=2$，$\bar{U}_\theta=0$ 的 T 波；图 9-4(c)为反对称波形 $k_\theta=0.1$、顺向气流 $\bar{U}_z=2$，$\bar{U}_\theta=0$ 的 R 波；图 9-4(d)为反对称波形 $\bar{k}_z=0.3$、顺向气流 $\bar{U}_z=2$，$\bar{U}_\theta=0$ 的 T 波；图 9-4(e)为正对称波形 $k_\theta=0.1$、$\bar{U}_z=0$，旋转气流 $\bar{U}_\theta=2$ 的 R 波；图 9-4(f)为正对称波形 $\bar{k}_z=0.3$、$\bar{U}_z=0$，旋转气流 $\bar{U}_\theta=1$ 的 T 波；图 9-4(g)为反对称波形 $k_\theta=0.1$、$\bar{U}_z=0$，旋转气流 $\bar{U}_\theta=2$ 的 R 波；图 9-4(h)为反对称波形 $\bar{k}_z=0.3$、$\bar{U}_z=0$，旋转气流 $\bar{U}_\theta=1$ 的 T 波；图 9-4(i)为正对称波形 $k_\theta=0.5$、复合气流 $\bar{U}_z=\bar{U}_\theta=2$ 的 R 波；图 9-4(j)为正对称波形 $\bar{k}_z=0.3$、复合气流 $\bar{U}_z=\bar{U}_\theta=2$ 的 T 波。

从图 9-4 中可以看出，反对称波形的表面波增长率要比正对称波形的大得多。在多数情况下，随气液密度比 $\bar{\rho}$ 的增大，表面波增长率 $\bar{\omega}_r$ 增大，对应的支配表面波增长率、支配波数和截断波数都增大，说明增大气体的密度 ρ_g 或者减小液体的密度 ρ_l 都将促进环状液膜

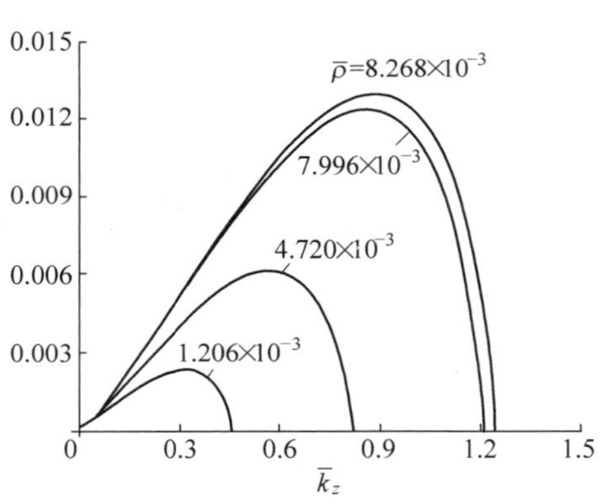

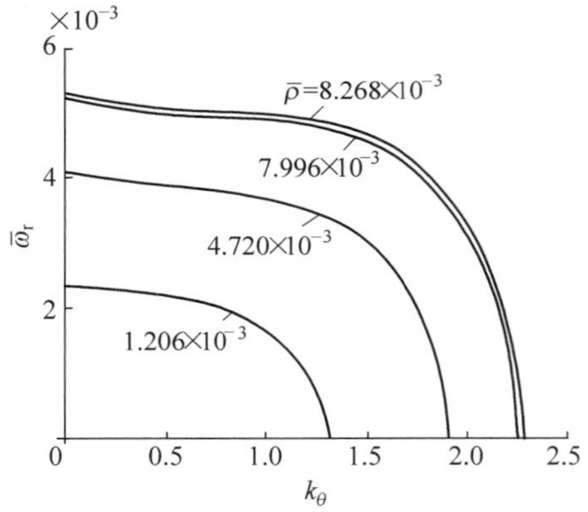

图 9-4 气液密度比的影响

$U_l=10$ m/s，$We_l=137$，$Re_l=994$

(a) 正对称波形，R 波，$\bar{U}_z=2$，$\bar{U}_\theta=0$，$k_\theta=0.1$；(b) 正对称波形，T 波，$\bar{U}_z=2$，$\bar{U}_\theta=0$，$\bar{k}_z=0.3$；

(c) 反对称波形，R 波，$\bar{U}_z=2$，$\bar{U}_\theta=0$，$k_\theta=0.1$；(d) 反对称波形，T 波，$\bar{U}_z=2$，$\bar{U}_\theta=0$，$\bar{k}_z=0.3$；

(e) 正对称波形，R 波，$\bar{U}_z=0$，$\bar{U}_\theta=2$，$k_\theta=0.1$；(f) 正对称波形，T 波，$\bar{U}_z=0$，$\bar{U}_\theta=1$，$\bar{k}_z=0.3$；

(g) 反对称波形，R 波，$\bar{U}_z=0$，$\bar{U}_\theta=2$，$k_\theta=0.1$；(h) 反对称波形，T 波，$\bar{U}_z=0$，$\bar{U}_\theta=1$，$\bar{k}_z=0.3$

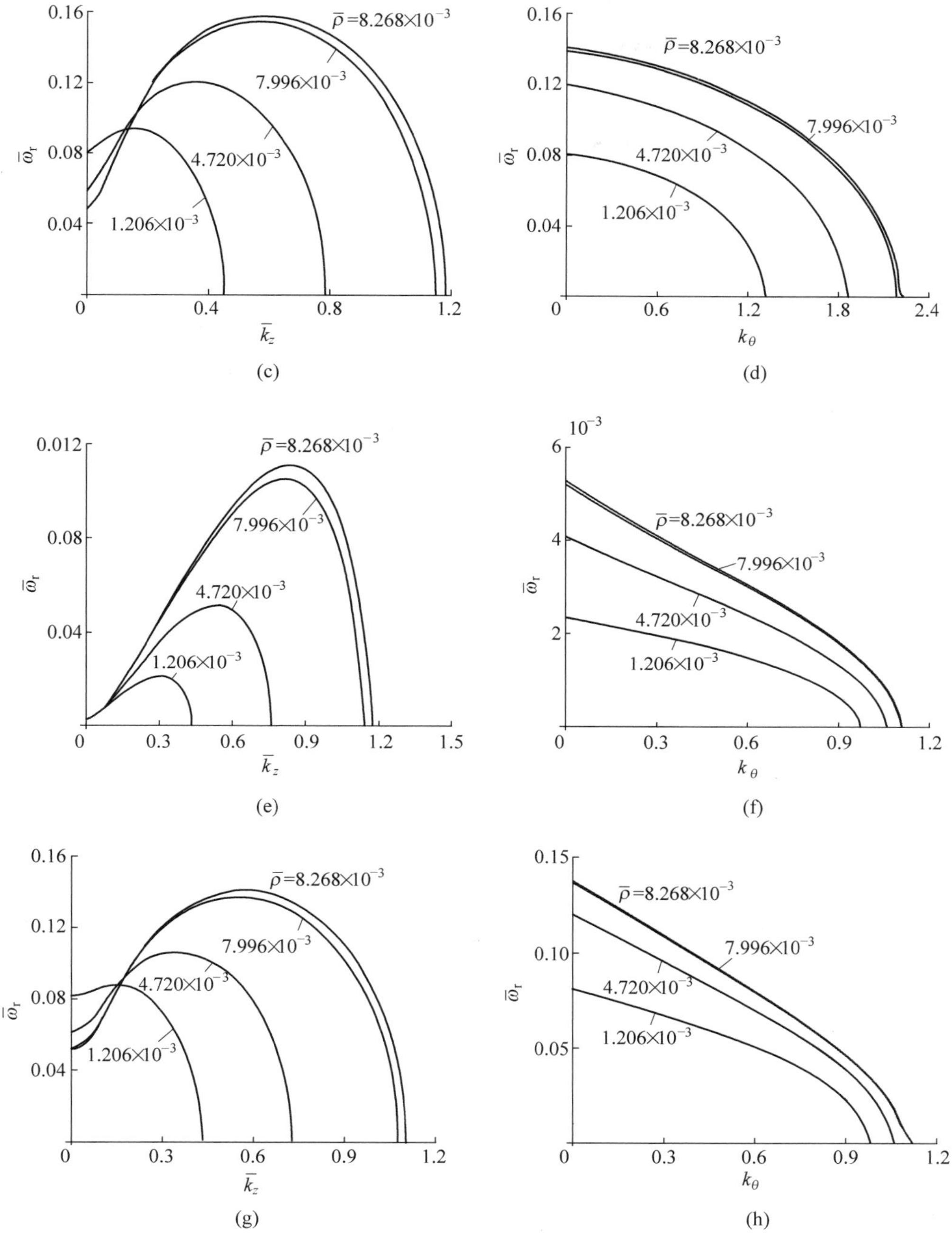

图 9-4　(续)

的碎裂。只有在反对称波形 R 波的小波数、大波长范围是个例外，在该情况下表面波增长率要随着气液密度比 $\bar{\rho}$ 的增大而减小，增大气体的密度 ρ_g 或者减小液体的密度 ρ_l 都将促使液膜更加稳定。比较 R 波与 T 波可以看出，顺向气流下 R 波的 $\bar{\omega}_r$ 总是比 T 波的大；对于旋转气流，当 R 波的流速大于 T 波的流速时，R 波的 $\bar{\omega}_r$ 就会比 T 波的大。

9.3.3 液流韦伯数和雷诺数的影响

为了研究液体表面张力与空气动力对环状液膜不稳定性的影响，应用 MATLAB 软件或者 FORTRAN 语言编写程序，改变 We_1 和 Re_1 的大小，得到内外环等速复合气流 $\overline{U}_z=\overline{U}_\theta=2$ 下的表面波增长率 $\bar{\omega}_r$ 随波数 $\bar{k}_z$ 和 $\bar{k}_\theta$ 变化的关系曲线，如图 9-5 所示。图 9-5(a)为正对称波形 $k_\theta=0.1$ 的 R 波；图 9-5(b)为正对称波形 $\bar{k}_z=0.3$ 的 T 波；图 9-5(c)为反对称波形 $k_\theta=0.1$ 的 R 波；图 9-5(d)为反对称波形 $\bar{k}_z=0.3$ 的 T 波。

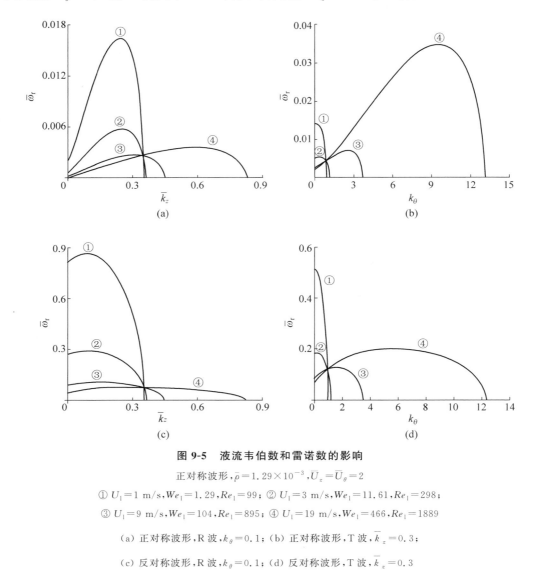

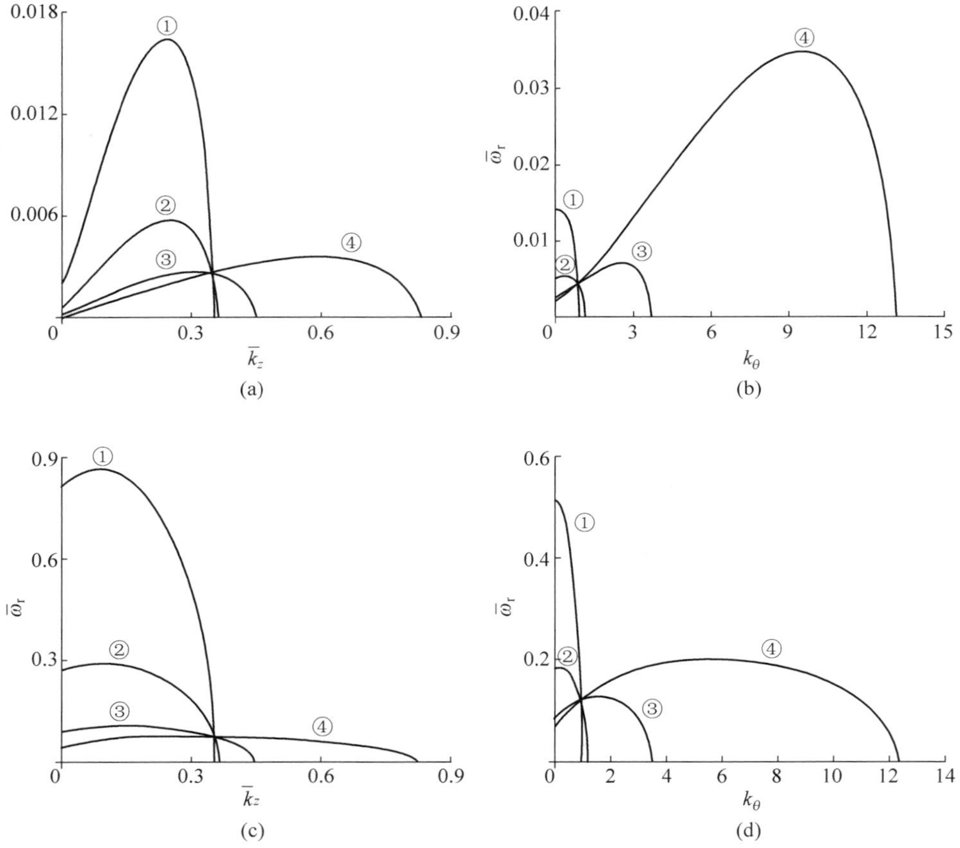

图 9-5 液流韦伯数和雷诺数的影响

正对称波形，$\bar{\rho}=1.29\times10^{-3}$，$\overline{U}_z=\overline{U}_\theta=2$

① $U_1=1$ m/s，$We_1=1.29$，$Re_1=99$；② $U_1=3$ m/s，$We_1=11.61$，$Re_1=298$；

③ $U_1=9$ m/s，$We_1=104$，$Re_1=895$；④ $U_1=19$ m/s，$We_1=466$，$Re_1=1889$

(a) 正对称波形，R 波，$k_\theta=0.1$；(b) 正对称波形，T 波，$\bar{k}_z=0.3$；

(c) 反对称波形，R 波，$k_\theta=0.1$；(d) 反对称波形，T 波，$\bar{k}_z=0.3$

从图 9-5 中可以看出，在同一液流韦伯数和雷诺数下，不论 R 波还是 T 波，反对称波形的表面波增长率总是比正对称波形的大得多。随着液流韦伯数和雷诺数增大，由于截断波数增大，正/反对称波形 R 波和 T 波的表面波增长率均先减小、到达四条曲线相交的临界点之后开始反转成增大趋势。整个曲线图明显分成两个区域，在曲线相交的临界点之前，韦伯数和雷诺数是环状液膜的稳定因素；而在临界点之后，韦伯数和雷诺数转而成为环状液膜碎裂的失稳因素。说明液流韦伯数和雷诺数是影响射流不稳定性的重要因素。究其原因，参见图 1-6。在低速液流情况下，液流处于层流区，液流流速是射流的稳定因素，随着流速的增大，射流碎裂时间延长，碎裂长度增大；当流速增大到第一上临界点（即图 9-5 中曲线相交的临界点）、进入过渡区时，高速液流转而变为射流碎裂的不稳定因素。随着流速的增大，射流碎裂时间和碎裂长度变短。

9.3.4 气流马赫数的影响

图 9-6 所示为内外环等速顺向、旋转、复合气流的马赫数 Ma_{gz} 和 $Ma_{g\theta}$ 对反对称波形 R 波和 T 波表面波增长率 $\bar{\omega}_r$ 的影响。图 9-6(a)为顺向气流 $k_\theta=0.1$ 的 R 波；图 9-6(b)为

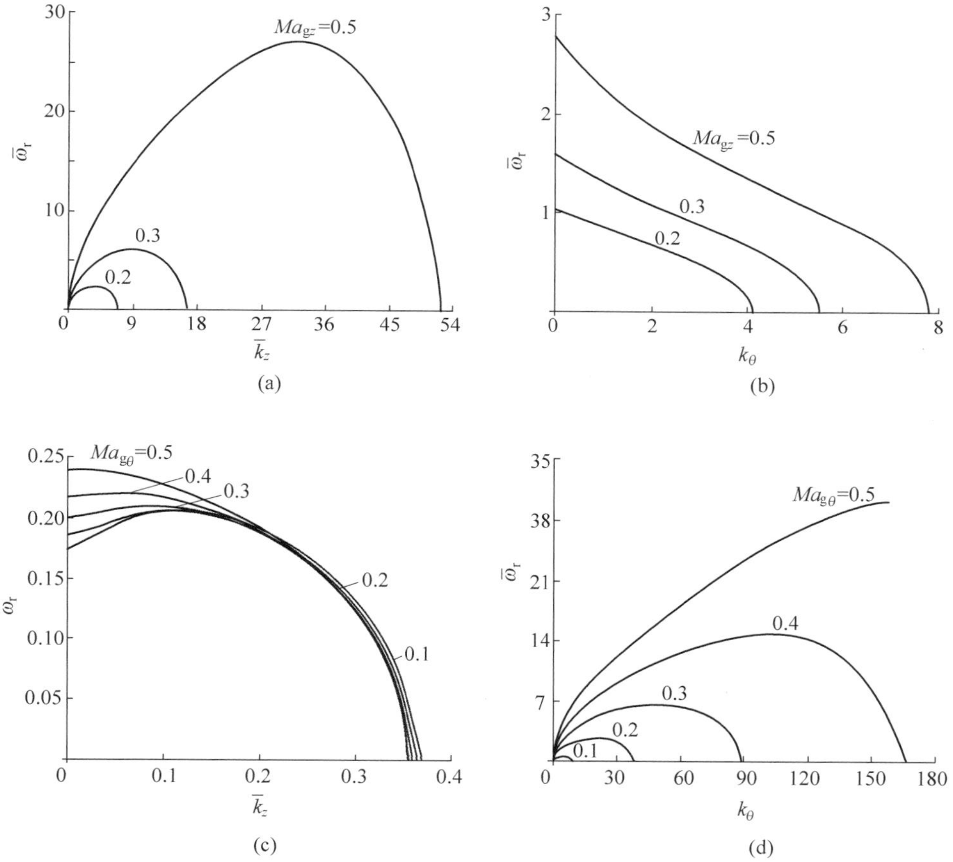

图 9-6 马赫数的影响

反对称波形，$U_1=4$ m/s，$We_1=22$，$Re_1=398$，$\bar{\rho}=1.206\times10^{-3}$

(a) R 波，$Ma_{g\theta}=0$，$k_\theta=0.1$；(b) T 波，$Ma_{g\theta}=0$，$\bar{k}_z=0.3$；(c) R 波，$Ma_{gz}=0$，$k_\theta=0.04$；(d) T 波，$Ma_{gz}=0$，$\bar{k}_z=0.3$；

(e) R 波，$Ma_{g\theta}=0.3$，$k_\theta=0.5$；(f) T 波，$Ma_{gz}=0.3$，$\bar{k}_z=0.3$

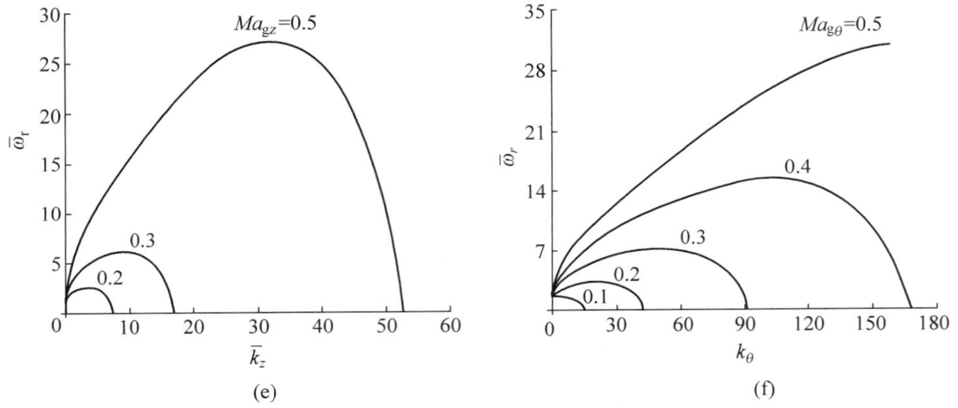

图 9-6 （续）

顺向气流 $\bar{k}_z=0.3$ 的 T 波；图 9-6(c)为旋转气流 $k_\theta=0.04$ 的 R 波；图 9-6(d)为旋转气流 $\bar{k}_z=0.3$ 的 T 波；图 9-6(e)为复合气流 $k_\theta=0.5$ 的 R 波；图 9-6(f)为复合气流 $\bar{k}_z=0.3$ 的 T 波。

从图 9-6 中可以看出，对于顺向气流，不论 R 波还是 T 波，随着顺向气流马赫数 Ma_{gz} 的增大，表面波增长率增大，而且可压缩气流的增长幅度在扩大。在相同的马赫数下，R 波的表面波增长率比 T 波的大了几乎一个数量级，R 波是主波。对于旋转气流，不论 R 波还是 T 波，虽然随着旋转气流马赫数 $Ma_{g\theta}$ 的增大，表面波增长率增大，而且可压缩气流的增长幅度也在扩大，但是 R 波的增幅甚微，而 T 波的增幅很大。在相同的马赫数下，T 波的表面波增长率要比 R 波的大了二个数量级，T 波转而成为主波。对于复合气流，当 $Ma_{gz}>Ma_{g\theta}$ 时，R 波的表面波增长率较大，R 波是主波；当 $Ma_{g\theta}>Ma_{gz}$ 时，T 波的表面波增长率较大，T 波是主波；当 $Ma_{gz}=Ma_{g\theta}$ 时，R 波与 T 波的表面波增长率相当，尤其在 $Ma_g>0.3$ 的可压缩气流范围更是如此。

9.3.5 刚性涡流和势涡流的影响

9.3.5.1 刚性涡流的涡流强度和色散准则关系式

定义刚性涡流的涡流强度为

$$\bar{\Gamma}_j=\bar{U}_\theta\bar{r}_j \tag{9-202}$$

将方程(9-202)代入方程(9-171)，得环状液膜刚性涡流的反对称波形色散准则关系式。

$$(\bar{s}^2+\bar{k}_z^2)^2\Delta_7(\Delta_9-\Delta_{10}-\Delta_{11}+\Delta_{12})+4\bar{s}\bar{k}_z^3\Delta_8(\Delta_{15}-\Delta_{16}-\Delta_{13}+\Delta_{14})+$$

$$2k_\theta^2(\bar{s}^2+\bar{k}_z^2)\Delta_7\left(\frac{\Delta_9-\Delta_{10}}{\bar{r}_\mathrm{i}^2}-\frac{\Delta_{11}-\Delta_{12}}{\bar{r}_\mathrm{o}^2}\right)+2\bar{k}_z(\bar{s}^2+\bar{k}_z^2)\Delta_7\left(\frac{\Delta_{23}+\Delta_{24}}{\bar{r}_\mathrm{o}}-\frac{\Delta_{21}+\Delta_{22}}{\bar{r}_\mathrm{i}}\right)+$$

$$\bar{k}_z\bar{P}Eu_1Re_1^2\frac{Ma_{zg}^2}{\bar{U}_z^2}\left[\frac{(\bar{r}_\mathrm{i}^2\bar{\omega}+\mathrm{i}k_\theta\bar{\Gamma}_\mathrm{i}+\mathrm{i}\bar{r}_\mathrm{i}^2\bar{k}_z\bar{U}_z)^2}{\bar{r}_\mathrm{i}^4Z_\mathrm{i}}+\frac{(\bar{r}_\mathrm{o}^2\bar{\omega}+\mathrm{i}k_\theta\bar{\Gamma}_\mathrm{o}+\mathrm{i}\bar{r}_\mathrm{o}^2\bar{k}_z\bar{U}_z)^2}{\bar{r}_\mathrm{o}^4Z_\mathrm{o}}\right]+$$

$$4\bar{k}_z^3 k_\theta \Delta_8\left(\frac{\Delta_{19}-\Delta_{20}}{\bar{r}_o}-\frac{\Delta_{17}-\Delta_{18}}{\bar{r}_i}\right)-\frac{\bar{k}_z}{Oh_1^2}\left(\frac{3-k_\theta^2-\bar{k}_z^2\bar{r}_i^2}{\bar{r}_i^2}+\frac{3-k_\theta^2-\bar{k}_z^2\bar{r}_o^2}{\bar{r}_o^2}\right)=0 \tag{9-203}$$

将方程(9-202)代入方程(9-192)，得环状液膜刚性涡流的正对称波形色散准则关系式。

$$(\bar{s}^2+\bar{k}_z^2)^2\Delta_7(-\Delta_{25}+\Delta_{26}-\Delta_{27}+\Delta_{28})+2k_\theta^2\Delta_7(\bar{s}^2+\bar{k}_z^2)\left(\frac{-\Delta_{25}+\Delta_{26}}{\bar{r}_i^2}+\frac{-\Delta_{27}+\Delta_{28}}{\bar{r}_o^2}\right)+$$
$$2\bar{k}_z(\bar{s}^2+\bar{k}_z^2)\Delta_7\left(\frac{\Delta_{37}+\Delta_{38}}{\bar{r}_i}+\frac{\Delta_{39}+\Delta_{40}}{\bar{r}_o}\right)+4\bar{s}\bar{k}_z^3\Delta_8(\Delta_{29}+\Delta_{30}+\Delta_{31}+\Delta_{32})+$$
$$\bar{k}_z\bar{P}Eu_1Re_1^2\frac{Ma_{zg}^2}{\bar{U}_z^2}\left[\frac{(\bar{r}_i^2\bar{\omega}+\mathrm{i}k_\theta\bar{\Gamma}_i+\mathrm{i}\bar{r}_i^2\bar{k}_z\bar{U}_z)^2}{\bar{r}_i^4 Z_i}+\frac{(\bar{r}_o^2\bar{\omega}+\mathrm{i}k_\theta\bar{\Gamma}_o+\mathrm{i}\bar{r}_o^2\bar{k}_z\bar{U}_z)^2}{\bar{r}_o^4 Z_o}\right]+$$
$$4\bar{k}_z^3 k_\theta\Delta_8\left(\frac{-\Delta_{33}+\Delta_{34}}{\bar{r}_i}+\frac{-\Delta_{35}+\Delta_{36}}{\bar{r}_o}\right)-\frac{\bar{k}_z}{Oh_1^2}\left(\frac{3-k_\theta^2-\bar{k}_z^2\bar{r}_i^2}{\bar{r}_i^2}+\frac{3-k_\theta^2-\bar{k}_z^2\bar{r}_o^2}{\bar{r}_o^2}\right)=0 \tag{9-204}$$

9.3.5.2　刚性涡流的影响

图 9-7 所示为内外环等速旋转气流的刚性涡流强度 $\bar{\Gamma}_i$ 和 $\bar{\Gamma}_o$ 对正/反对称波形 R 波和 T 波表面波增长率 $\bar{\omega}_r$ 的影响。图 9-7(a) 为正对称波形 $k_\theta=0.1$ 的 R 波；图 9-7(b)为正对称波形 $\bar{k}_z=0.3$ 的 T 波；图 9-7(c)为反对称波形 $k_\theta=0.1$ 的 R 波；图 9-7(d)为反对称波形 $\bar{k}_z=0.3$ 的 T 波。

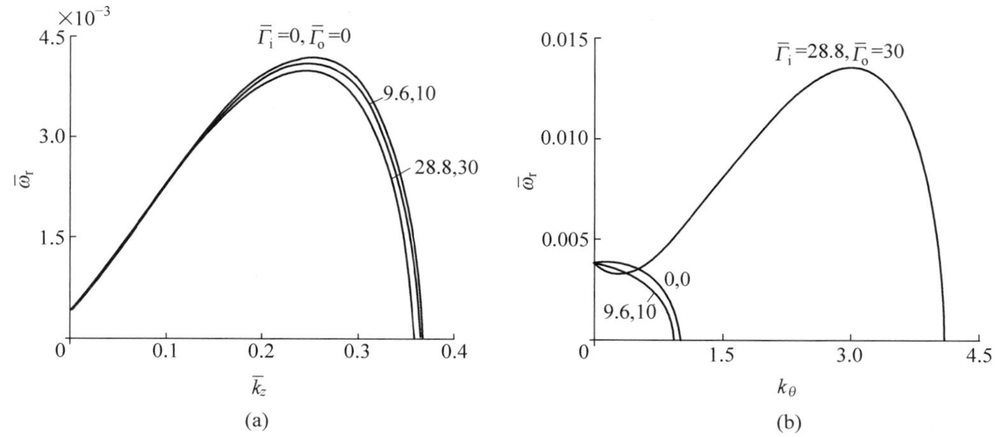

图 9-7　刚性涡流强度的影响

$U_1=4$ m/s, $We_1=22$, $Re_1=398$, $\bar{\rho}=1.206\times10^{-3}$, $\bar{U}_z=0$

(a) 正对称波形，R 波，$k_\theta=0.1$；(b) 正对称波形，T 波，$\bar{k}_z=0.3$；

(c) 反对称波形，R 波，$k_\theta=0.1$；(d) 反对称波形，T 波，$\bar{k}_z=0.3$

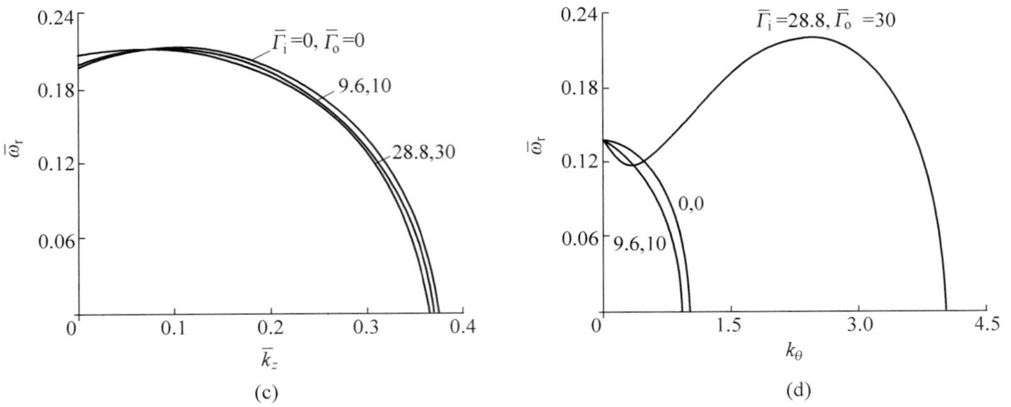

图 9-7 （续）

从图 9-7 中可以看出，随着刚性涡流强度 $\bar{\Gamma}_j$ 的增加，由于仅存在旋转气流而没有顺向气流，R 波表面波增长率随刚性涡流强度的增大而略微减小，但变化甚微。之所以出现这种情况，是因为对于不可压缩气流，在旋转涡流速度一定的情况下，虽然环状液膜内环涡流强度的增大会促使液膜的失稳加剧，但外环刚性涡流强度越大，涡流越远离环状液模的外环表面，表面波增长率越小。由于刚性涡流强度受旋转气流速度和距外环表面径向距离的共同影响，在旋转气流流速的影响大于径向距离影响的情况下，表面波增长率随刚性涡流强度的增大而增大，而当径向距离不断增大，半径 $\bar{r}$ 的影响大于旋转气流流速的影响时，表面波增长率则随着刚性涡流强度的增大而减小。受旋转气流的影响，T 波的表面波增长率比 R 波的大，并且 T 波的增长幅度很大。说明 T 波是主波，内外环双侧刚性涡流强度的增大通过 T 波的不稳定作用促进了环状液膜的碎裂。

9.3.5.3 势涡流的涡流强度和色散准则关系式

定义环状液膜势涡流的涡流强度为

$$\bar{\chi}_j = \frac{\bar{U}_\theta}{\bar{r}_j} \tag{9-205}$$

将方程(9-205)代入方程(9-171)，得环状液膜势涡流的反对称波形色散准则关系式。

$$\begin{aligned}
&(\bar{s}^2+\bar{k}_z^2)^2\Delta_7(\Delta_9-\Delta_{10}-\Delta_{11}+\Delta_{12})+4\bar{s}\bar{k}_z^3\Delta_8(\Delta_{15}-\Delta_{16}-\Delta_{13}+\Delta_{14})+\\
&2k_\theta^2(\bar{s}^2+\bar{k}_z^2)\Delta_7\left(\frac{\Delta_9-\Delta_{10}}{\bar{r}_i^2}-\frac{\Delta_{11}-\Delta_{12}}{\bar{r}_o^2}\right)+2\bar{k}_z(\bar{s}^2+\bar{k}_z^2)\Delta_7\left(\frac{\Delta_{23}+\Delta_{24}}{\bar{r}_o}-\frac{\Delta_{21}+\Delta_{22}}{\bar{r}_i}\right)+\\
&\bar{k}_z\bar{P}Eu_1Re_1^2\frac{Ma_{zg}^2}{\bar{U}_z^2}\left[\frac{(\bar{\omega}+\mathrm{i}k_\theta\bar{\chi}_i+\mathrm{i}\bar{k}_z\bar{U}_z)^2}{Z_i}+\frac{(\bar{\omega}+\mathrm{i}k_\theta\bar{\chi}_o+\mathrm{i}\bar{k}_z\bar{U}_z)^2}{Z_o}\right]+\\
&4\bar{k}_z^3k_\theta\Delta_8\left(\frac{\Delta_{19}-\Delta_{20}}{\bar{r}_o}-\frac{\Delta_{17}-\Delta_{18}}{\bar{r}_i}\right)-\frac{\bar{k}_z}{Oh_1^2}\left(\frac{3-k_\theta^2-\bar{k}_z^2\bar{r}_i^2}{\bar{r}_i^2}+\frac{3-k_\theta^2-\bar{k}_z^2\bar{r}_o^2}{\bar{r}_o^2}\right)=0
\end{aligned} \tag{9-206}$$

将方程(9-205)代入方程(9-192)，得环状液膜势涡流的正对称波形色散准则关系式。

$$(\bar{s}^2+\bar{k}_z^2)^2\Delta_7(-\Delta_{25}+\Delta_{26}-\Delta_{27}+\Delta_{28})+2k_\theta^2\Delta_7(\bar{s}^2+\bar{k}_z^2)\left(\frac{-\Delta_{25}+\Delta_{26}}{\bar{r}_i^2}+\frac{-\Delta_{27}+\Delta_{28}}{\bar{r}_o^2}\right)+$$
$$2\bar{k}_z(\bar{s}^2+\bar{k}_z^2)\Delta_7\left(\frac{\Delta_{37}+\Delta_{38}}{\bar{r}_i}+\frac{\Delta_{39}+\Delta_{40}}{\bar{r}_o}\right)+4\bar{s}\bar{k}_z^3\Delta_8(\Delta_{29}+\Delta_{30}+\Delta_{31}+\Delta_{32})+$$
$$\bar{k}_z\bar{P}Eu_1Re_1^2\frac{Ma_{zg}^2}{\bar{U}_z^2}\left[\frac{(\bar{\omega}+\mathrm{i}k_\theta\bar{\chi}_i+\mathrm{i}\bar{k}_z\bar{U}_z)^2}{Z_i}+\frac{(\bar{\omega}+\mathrm{i}k_\theta\bar{\chi}_o+\mathrm{i}\bar{k}_z\bar{U}_z)^2}{Z_o}\right]+$$
$$4\bar{k}_z^3k_\theta\Delta_8\left(\frac{-\Delta_{33}+\Delta_{34}}{\bar{r}_i}+\frac{-\Delta_{35}+\Delta_{36}}{\bar{r}_o}\right)-\frac{\bar{k}_z}{Oh_1^2}\left(\frac{3-k_\theta^2-\bar{k}_z^2\bar{r}_i^2}{\bar{r}_i^2}+\frac{3-k_\theta^2-\bar{k}_z^2\bar{r}_o^2}{\bar{r}_o^2}\right)=0 \tag{9-207}$$

9.3.5.4　势涡流的影响

图 9-8 所示为内外环等速旋转气流的势涡流强度 $\bar{\chi}_i$ 和 $\bar{\chi}_o$ 对正/反对称波形 R 波和 T 波

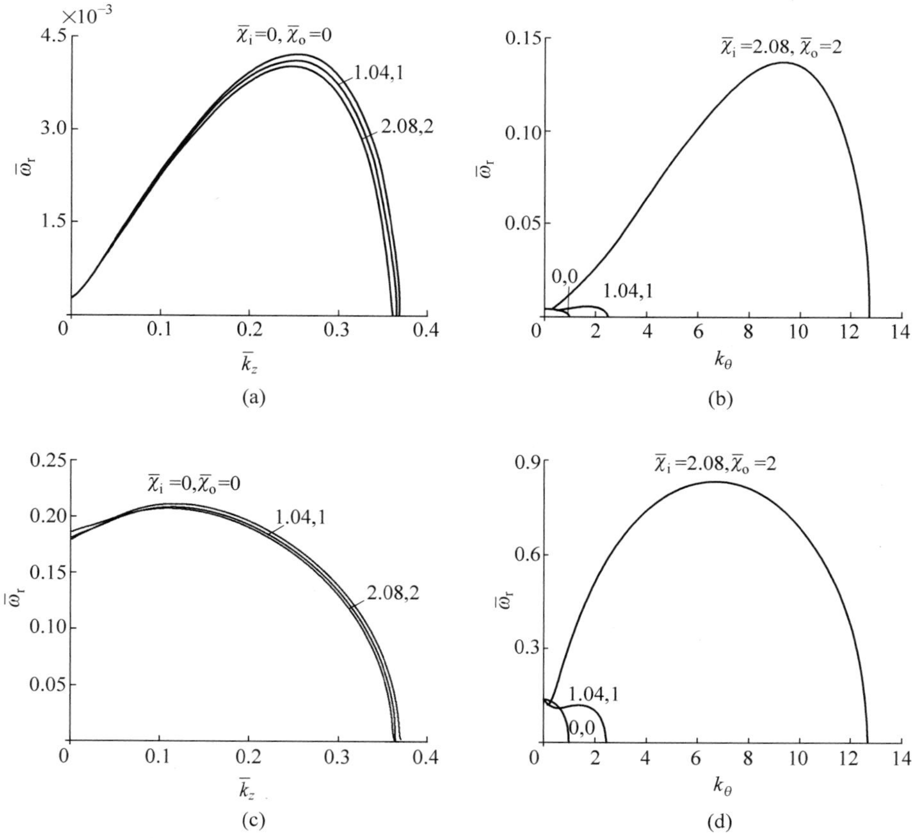

图 9-8　势涡流强度的影响

$U_1=4$ m/s, $We_1=22$, $Re_1=398$, $\bar{\rho}=1.206\times10^{-3}$, $\bar{U}_z=0$

(a) 正对称波形，R 波，$k_\theta=0.05$；(b) 正对称波形，T 波，$\bar{k}_z=0.3$；

(c) 反对称波形，R 波，$k_\theta=0.05$；(d) 反对称波形，T 波，$\bar{k}_z=0.3$

表面波增长率 $\bar{\omega}_r$ 的影响。图 9-8(a) 为正对称波形 $k_\theta=0.05$ 的 R 波；图 9-8(b)为正对称波形 $\bar{k}_z=0.3$ 的 T 波；图 9-8(c)为反对称波形 $k_\theta=0.05$ 的 R 波；图 9-8(d)为反对称波形 $\bar{k}_z=0.3$ 的 T 波。

从图 9-8 中可以看出，随着势涡流强度 $\bar{\chi}_j$ 的增加，由于仅存在旋转气流而没有顺向气流，R 波表面波增长率随势涡流强度的增大而略微减小，但变化甚微。这是因为对于不可压缩气流，在旋转气流速度一定的情况下，虽然环状液膜外环涡流强度的增大会促使液膜的失稳加剧，但内环刚性涡流强度越大，距离内环表面越远，表面波增长率越小。受旋转气流的影响，T 波的表面波增长率要大于 R 波的，并且 T 波的增长幅度很大。说明 T 波是主波，内外环双侧势涡流强度的增大通过 T 波的不稳定作用促进了环状液膜的碎裂。

9.4 结　　语

对环状液膜瑞利-泰勒波在复合气流中的线性不稳定性分析表明：①根据色散准则关系式可见，对于 R-T 波模型，只要有旋转气流存在，那么 $k_\theta\neq0$，T 波就必然存在。②无论是 R 波还是 T 波，反对称波形的表面波增长率都要比正对称波形的大。结合平面液膜和圆射流的情况可知，对于液膜射流，反对称波形总是比正对称波形更加不稳定，更易碎裂。③在大多数工况下，对于顺向单向气流或者顺向气流流速分量明显大于旋转气流流速分量的复合气流，R 波的表面波增长率 $\bar{\omega}_r$ 随波数 $\bar{k}_z$ 的增大先增大后减小，存在支配表面波增长率 $\bar{\omega}_{r\text{-dom}}$ 及其对应的支配波数 $\bar{k}_{z\text{-dom}}$。对于 T 波，表面波增长率 $\bar{\omega}_r$ 随波数 k_θ 的增大而持续减小，直至为零。T 波的支配表面波增长率 $\bar{\omega}_{r\text{-dom}}$ 位于 $k_\theta=0$ 处，说明在仅有 R 波，而没有 T 波的情况下，表面波最不稳定。证明 R 波是主波，在射流团块碎裂过程中起主导作用；在这种情况下，虽然 T 波不能增大射流团块的不稳定程度，但它与 R 波一起对射流表面析出离散状的微小卫星液滴起重要作用。然而，对于高速旋转单向气流或者旋转气流流速分量明显大于顺向气流流速分量的复合气流，T 波的支配表面波增长率 $\bar{\omega}_{r\text{-dom}}$ 常位于 $k_\theta>0$ 处。说明既有 R 波，又有 T 波。而 T 波是主波，在射流团块碎裂过程中起主导作用。④气液密度比 $\bar{\rho}$ 增大时，即增大气体的密度 ρ_g 或者减小液体的密度 ρ_l 都将促进环状液膜的碎裂。但在反对称波形的小 R 波波数范围，增大气液密度比将使得液膜更加稳定。⑤无论是正对称波形还是反对称波形，也无论是 R 波还是 T 波，随着液流韦伯数和雷诺数的增大，环状液膜的表面波增长率均先减小，到达曲线相交的临界点之后开始反转成增大趋势。整个曲线图明显分成两个区域，在曲线相交的临界点之前，韦伯数和雷诺数是环状液膜的稳定因素；而在临界点之后，韦伯数和雷诺数转而成为环状液膜碎裂的失稳因素。⑥当 $Ma_{gz}>Ma_{g\theta}$ 时，R 波的表面波增长率较大，R 波是主波；当 $Ma_{g\theta}>Ma_{gz}$ 时，T 波的表面波增长率较大，T 波是主波；当 $Ma_{gz}=Ma_{g\theta}$ 时，R 波与 T 波的表面波增长率相当，尤其在 $Ma_g>0.3$ 的可压缩气流范围更是如此。⑦在仅存在旋转气流的情况下，内外环刚性涡流强度 $\bar{\Gamma}_j$ 和势涡流强度 $\bar{\chi}_j$ 的增大对于 R 波的影响不大，它们都将由于 T 波的不稳定性而促使环状液膜碎裂。

习　　题

9-1　试写出环状液膜 R-T 波量纲一化的扰动表达式。

9-2　环状液膜 R-T 波物理模型的推导条件是什么?

9-3　环状液膜修正贝塞尔函数的组合参数共有多少个?

9-4　试写出环状液膜 R-T 波的色散准则关系式。

9-5　如何组织环状液膜内外环的气流运动?

第10章

环状液膜时间空间和时空模式的线性不稳定性

环状液膜时间模式、空间模式和时空模式的线性不稳定性理论物理模型包括：①黏性不可压缩液流，仅有顺向液流基流速度，即 $U_{z1}\neq 0, U_{\theta 1}=U_{r1}=0$。②无黏性不可压缩气流，仅有顺向气流基流速度，即 $U_{zgj}\neq 0, U_{\theta gi}=U_{rgj}=0$。③二维扰动连续性方程和纳维-斯托克斯控制方程组，一维扰动运动学边界条件、附加边界条件和动力学边界条件。④仅研究时间模式、空间模式和时空模式的瑞利波。⑤仅研究第一级波，而不涉及第二级波和第三级波及它们的叠加。⑥采用的研究方法为线性不稳定性理论。

10.1 环状液膜时间空间和时空模式的色散准则关系式及稳定极限

环状液膜时间模式瑞利波的扰动表达式为 $\exp(\bar{\omega}\bar{t}+\mathrm{i}\bar{k}\bar{z}+\mathrm{i}\alpha)$，空间模式和时空模式瑞利波的扰动表达式为 $\exp(\mathrm{i}\bar{\omega}\bar{t}+\mathrm{i}\bar{k}\bar{z}+\mathrm{i}\alpha)$。根据《液体喷雾学》[1]中环状液膜时间模式瑞利波的线性不稳定性理论推导，只需将色散准则关系式和稳定极限表达式中的 $\bar{\omega}$ 替换为 $\mathrm{i}\bar{\omega}$，就可以得到空间模式和时空模式的色散准则关系式和稳定极限。

10.1.1 环状液膜时间空间和时空模式的色散准则关系式

环状液膜时间模式瑞利波的内环量纲一分开式色散准则关系式为

$$Li=\frac{\mathrm{e}^{\mathrm{i}\alpha}}{\bar{r}_{\mathrm{i}}}\left[\frac{(\bar{s}^2+k^2)^2}{k}\Delta_2-4k^3\Delta_1\right] \tag{10-1}$$

外环量纲一分开式色散准则关系式为

$$Lo=\pm\frac{\mathrm{e}^{-\mathrm{i}\alpha}}{\bar{r}_{\mathrm{o}}}\left[\frac{(\bar{s}^2+k^2)^2}{k}\Delta_2-4k^3\Delta_1\right] \tag{10-2}$$

式中，正号表示反对称波形，负号表示正对称波形，内外环量纲一合并式色散准则关系式为

$$LiLo=\pm\frac{1}{\bar{r}_{\mathrm{i}}\bar{r}_{\mathrm{o}}}\left[\frac{(\bar{s}^2+\bar{k}^2)^2}{\bar{k}}\Delta_2-4\bar{k}^3\Delta_1\right]^2 \tag{10-3}$$

反对称波形的量纲一色散准则关系式为

$$Li-Lo=\frac{\bar{r}_{\mathrm{o}}\mathrm{e}^{\mathrm{i}\alpha}-\bar{r}_{\mathrm{i}}\mathrm{e}^{-\mathrm{i}\alpha}}{\bar{r}_{\mathrm{i}}\bar{r}_{\mathrm{o}}}\left[\frac{(\bar{s}^2+k^2)^2}{k}\Delta_2-4k^3\Delta_1\right] \tag{10-4}$$

正对称波形的量纲一色散准则关系式为

$$Li + Lo = \frac{\bar{r}_o e^{i\alpha} + \bar{r}_i e^{-i\alpha}}{\bar{r}_i \bar{r}_o}\left[\frac{(\bar{s}^2 + \bar{k}^2)^2}{\bar{k}}\Delta_2 - 4\bar{k}^3\Delta_1\right] \tag{10-5}$$

式中

$$Li = (\bar{s}^2 + \bar{k}^2)^2\Delta_2\Delta_3 + 4\bar{k}^3\bar{s}\Delta_1\left(-\Delta_5 + \frac{1}{\bar{s}\bar{r}_i\Delta_1}\right) - Re_1^2\left[\bar{P}(\bar{\omega} + i\bar{k}\bar{U}_i)^2 G_1 - \frac{\bar{k}}{We_1}\left(\frac{1}{\bar{r}_i^2} - \bar{k}^2\right)\right] - \frac{2}{\bar{r}_i}\bar{k}(\bar{s}^2 + \bar{k}^2) \tag{10-6}$$

$$Lo = (\bar{s}^2 + \bar{k}^2)^2\Delta_2\Delta_4 - 4\bar{k}^3\bar{s}\Delta_1\left(\Delta_6 + \frac{1}{\bar{s}\bar{r}_o\Delta_1}\right) - Re_1^2\left[\bar{P}(\bar{\omega} + i\bar{k}\bar{U}_o)^2 G_2 - \frac{\bar{k}}{We_1}\left(\frac{1}{\bar{r}_o^2} - \bar{k}^2\right)\right] + \frac{2}{\bar{r}_o}\bar{k}(\bar{s}^2 + \bar{k}^2) \tag{10-7}$$

和方程(7-4)。修正贝塞尔函数的组合参数 $\Delta_1 \sim \Delta_6$ 和 G_1、G_2 为方程(9-60)和方程(9-67)；$\bar{k}$ 为实数波数；$\bar{\omega} = \bar{\omega}_r + i\bar{\omega}_i$，$\bar{\omega}_r$ 为时间模式表面波增长率，$\bar{\omega}_i$ 为特征频率。

分别将方程(10-6)～方程(10-7)和方程(7-4)中的 $\bar{\omega}$ 替换为 $i\bar{\omega}$，得空间模式和时空模式的色散准则关系式(10-1)～式(10-5)以及

$$Li = (\bar{s}^2 + \bar{k}^2)^2\Delta_2\Delta_3 + 4\bar{k}^3\bar{s}\Delta_1\left(-\Delta_5 + \frac{1}{\bar{s}\bar{r}_i\Delta_1}\right) + Re_1^2\left[\bar{P}(\bar{\omega} + \bar{k}\bar{U}_i)^2 G_1 + \frac{\bar{k}}{We_1}\left(\frac{1}{\bar{r}_i^2} - \bar{k}^2\right)\right] - \frac{2}{\bar{r}_i}\bar{k}(\bar{s}^2 + \bar{k}^2) \tag{10-8}$$

$$Lo = (\bar{s}^2 + \bar{k}^2)^2\Delta_2\Delta_4 - 4\bar{k}^3\bar{s}\Delta_1\left(\Delta_6 + \frac{1}{\bar{s}\bar{r}_o\Delta_1}\right) + Re_1^2\left[\bar{P}(\bar{\omega} + \bar{k}\bar{U}_o)^2 G_2 + \frac{\bar{k}}{We_1}\left(\frac{1}{\bar{r}_o^2} - \bar{k}^2\right)\right] + \frac{2}{\bar{r}_o}\bar{k}(\bar{s}^2 + \bar{k}^2) \tag{10-9}$$

和方程(7-6)。式中，对于空间模式：$\bar{\omega}$ 为实数特征频率；$\bar{k} = \bar{k}_r + i\bar{k}_i$，$-\bar{k}_i$ 为空间模式表面波增长率，$\bar{k}_r$ 为波数。对于时空模式：$\bar{\omega} = \bar{\omega}_r + i\bar{\omega}_i$，$\bar{k} = \bar{k}_r + i\bar{k}_i$；$-\bar{\omega}_i$ 为时间轴表面波增长率，$-\bar{k}_i$ 为空间轴表面波增长率，$\bar{\omega}_r$ 为特征频率，$\bar{k}_r$ 为波数。

10.1.2　环状液膜时间空间和时空模式的稳定极限

对于时间模式，在最稳定状况下，由于时间轴表面波增长率 $\bar{\omega}_r \equiv 0$，有 $\Delta_1 = \Delta_2$，$\Delta_3 = \Delta_5$，$\Delta_4 = \Delta_6$。根据方程(10-8)，由于 $\bar{s}_1^2$、$\bar{k}_1^2$、Re_1 均为实数，所以$(\bar{\omega} + i\bar{k})$的虚部必须为零。

在 $\bar{U}_i \neq \bar{U}_o$ 的情况下，近反对称波形($\alpha \to 0, e^{i\alpha} \to 1$)的量纲一稳定极限，或者称为截断波数为

$$k_0 = \frac{1}{We_1\bar{\rho}\left[(1 - \bar{U}_i)^2 G_1 - (1 - \bar{U}_o)^2 G_2\right]}\frac{\bar{r}_o^2 - \bar{r}_i^2}{\bar{r}_i^2\bar{r}_o^2} \tag{10-10}$$

近正对称波形($\alpha \to \pi, e^{i\alpha} \to -1$)的量纲一稳定极限为

$$k_0=\frac{1}{4}\left\{\begin{array}{l}We_1\bar{\rho}\left[(1-\bar{U}_i)^2G_1+(1-\bar{U}_o)^2G_2\right]+\\ \sqrt{We_1^2\bar{\rho}^2\left[(1-\bar{U}_i)^2G_1+(1-\bar{U}_o)^2G_2\right]^2+8\dfrac{\bar{r}_o^2+\bar{r}_i^2}{\bar{r}_i^2\bar{r}_o^2}}\end{array}\right\} \tag{10-11}$$

对于空间模式，近反对称波形的空间轴稳定极限，或者称为截断波数为

$$k_{r0}=\frac{1}{We_1\bar{\rho}\left[(1-\bar{U}_i)^2G_1-(1-\bar{U}_o)^2G_2\right]}\frac{\bar{r}_o^2-\bar{r}_i^2}{\bar{r}_i^2\bar{r}_o^2} \tag{10-12}$$

近正对称波形的空间轴稳定极限为

$$k_{r0}=\frac{1}{4}\left\{\begin{array}{l}We_1\bar{\rho}\left[(1-\bar{U}_i)^2G_1+(1-\bar{U}_o)^2G_2\right]+\\ \sqrt{We_1^2\bar{\rho}^2\left[(1-\bar{U}_i)^2G_1+(1-\bar{U}_o)^2G_2\right]^2+8\dfrac{\bar{r}_o^2+\bar{r}_i^2}{\bar{r}_i^2\bar{r}_o^2}}\end{array}\right\} \tag{10-13}$$

对于时空模式，空间轴稳定极限与空间模式的稳定极限相同，为方程(10-12)和方程(10-13)。时间轴稳定极限与空间模式的几乎完全相同，时空模式近反对称波形的时间轴稳定极限为

$$\bar{\omega}_{r0}=\frac{1}{We_1\bar{\rho}\left[(1-\bar{U}_i)^2G_1-(1-\bar{U}_o)^2G_2\right]}\frac{\bar{r}_o^2-\bar{r}_i^2}{\bar{r}_i^2\bar{r}_o^2} \tag{10-14}$$

近正对称波形的空间轴稳定极限为

$$\bar{\omega}_{r0}=\frac{1}{4}\left\{\begin{array}{l}We_1\bar{\rho}\left[(1-\bar{U}_i)^2G_1+(1-\bar{U}_o)^2G_2\right]+\\ \sqrt{We_1^2\bar{\rho}^2\left[(1-\bar{U}_i)^2G_1+(1-\bar{U}_o)^2G_2\right]^2+8\dfrac{\bar{r}_o^2+\bar{r}_i^2}{\bar{r}_i^2\bar{r}_o^2}}\end{array}\right\} \tag{10-15}$$

10.2 环状液膜时间空间和时空模式的线性不稳定性分析

10.2.1 环状液膜时间和空间模式的线性不稳定性分析

空间模式色散准则关系式隐含包含了空间轴液体表面波增长率$-\bar{k}_i$与表面波数$\bar{k}_r$之间的关系。不稳定性分析就是研究内外环气液流速比$\bar{U}_i$和$\bar{U}_o$、气液密度比$\bar{\rho}$、液流韦伯数We_1和雷诺数Re_1等因素对空间模式$-\bar{k}_i$-$\bar{k}_r$曲线图，以及$-\bar{k}_{i\text{-dom}}$、$\bar{k}_{r\text{-dom}}$和$\bar{k}_{r0}$的影响。

10.2.1.1 气液流速比的影响

气液流速比的影响见图10-1～图10-5。

10.2.1.2 韦伯数和雷诺数的影响

韦伯数和雷诺数的影响见图10-6。

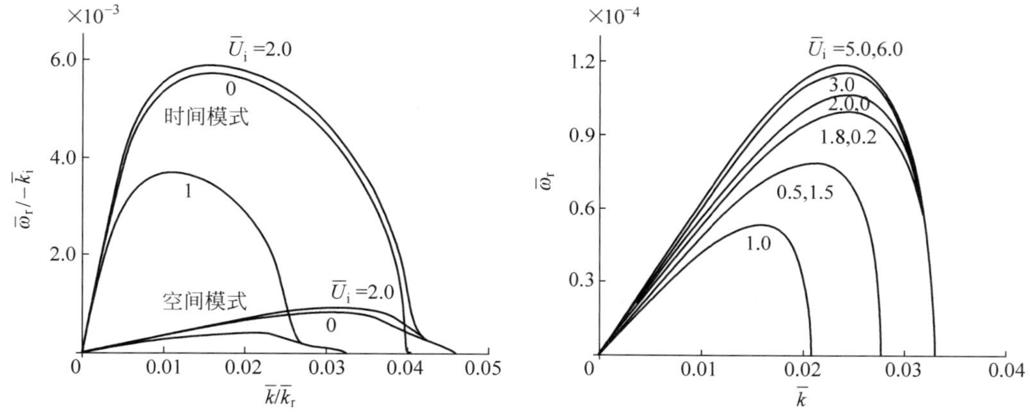

(a) (b)

图 10-1 内环气液流速比对近正/反对称波形的影响

$U_l=4$ m/s, $We_l=22$, $Re_l=398$, $\overline{\rho}=1.206\times10^{-3}$, $\overline{U}_o=0$

(a) 近反对称波形；(b) 近正对称波形

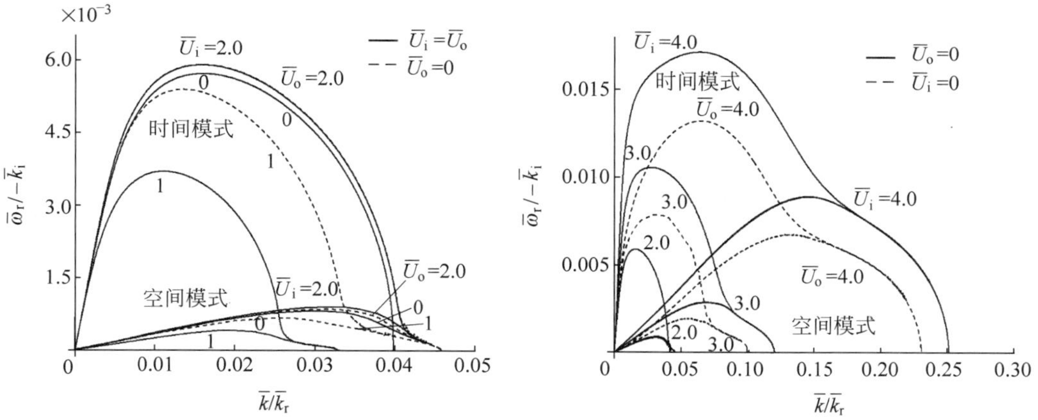

(a) (b)

图 10-2 单侧气流对时间与空间模式的影响

近反对称波形，$U_l=4$ m/s, $We_l=22$, $Re_l=398$, $\overline{\rho}=1.206\times10^{-3}$

(a) 低速气流；(b) 高速气流

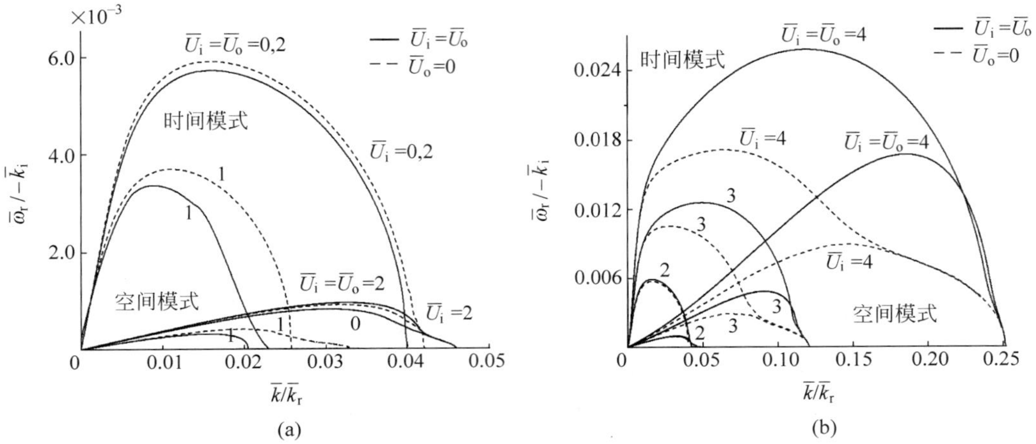

图 10-3 内外环气流对时间与空间模式的影响

近反对称波形，$U_1=4$ m/s，$We_1=22$，$Re_1=398$，$\overline{\rho}=1.206\times10^{-3}$

（a）低速气流；（b）高速气流

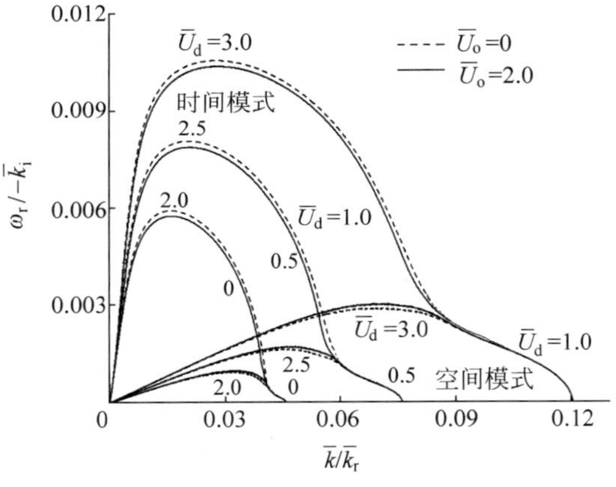

图 10-4 内外环气流速比之差对时间与空间模式的影响

近反对称波形，$U_1=4$ m/s，$We_1=22$，$Re_1=398$，$\overline{\rho}=1.206\times10^{-3}$

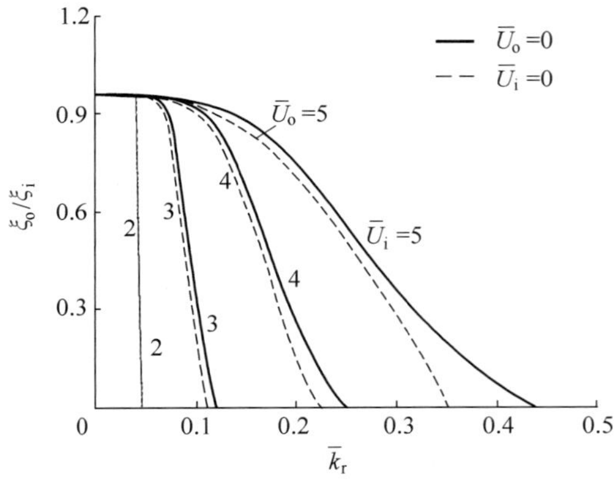

图 10-5 气液流速比对内外环振幅比的影响

近反对称波形，$U_1=4$ m/s，$We_1=22$，$Re_1=398$，$\overline{\rho}=1.206\times10^{-3}$

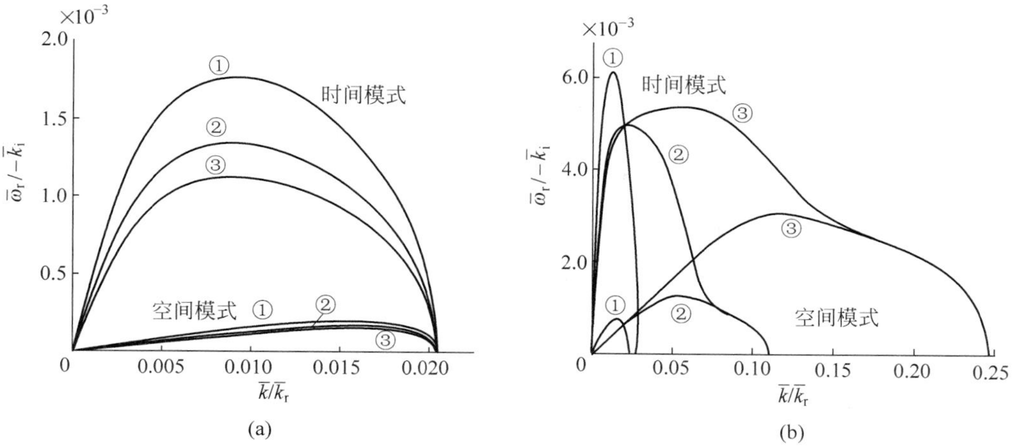

图 10-6　韦伯数和雷诺数对时间与空间模式的影响

近反对称波形，$\bar{\rho}=1.206\times10^{-3}$

① $U_1=7.7$ m/s，$We_1=80$，$Re_1=696$；② $U_1=10$ m/s，$We_1=137$，$Re_1=994$；

③ $U_1=12$ m/s，$We_1=195$，$Re_1=1294$

(a) 内外环等速气流，$\bar{U}_i=\bar{U}_o=1$；(b) 内外环不等速气流，$\bar{U}_i=0$，$\bar{U}_o=1$

10.2.1.3　气液密度比的影响

气液密度比的影响见图 10-7。

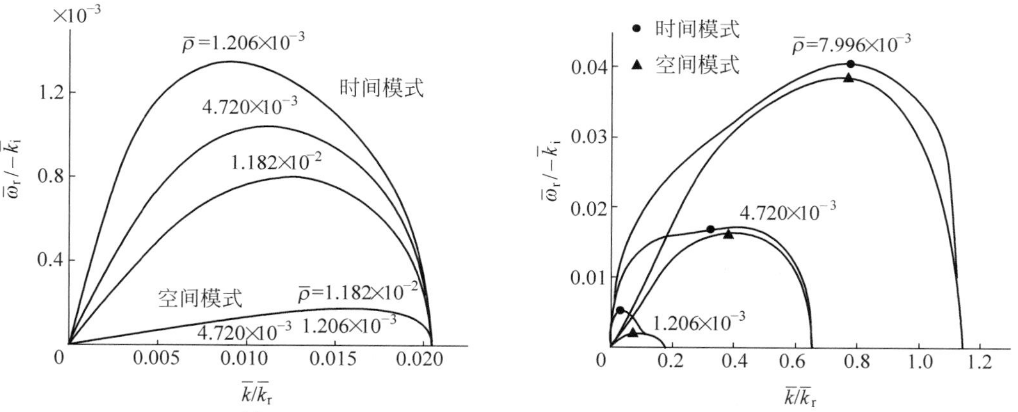

图 10-7　气液密度比对时间与空间模式的影响

近反对称波形，$U_1=10$ m/s，$We_1=137$，$Re_1=994$

(a) 内外环等速气流，$\bar{U}_i=\bar{U}_o=1$；(b) 内外环不等速气流，$\bar{U}_i=0$，$\bar{U}_o=1$

从图 10-1～图 10-7 中可以看出，环状液膜时间模式的表面波增长率均比空间模式的大得多，表面波的时域特性与空域特性极不均衡，因此应采用时间模式进行射流的不稳定性研究。

10.2.2 环状液膜时空模式的线性不稳定性分析

时空模式色散准则关系式隐含包含了时间轴表面波增长率 $-\bar{\omega}_i$ 或空间轴表面波增长率 $-\bar{k}_i$ 随时间轴与空间轴波数平面 $\bar{\omega}_r$-$\bar{k}_r$ 的变化关系。不稳定性分析就是研究内外环气液流速比 $\bar{U}_i$ 和 $\bar{U}_o$、气液密度比 $\bar{\rho}$、液流韦伯数 We_1 和雷诺数 Re_1 等因素对时空模式支配表面波增长率 $\bar{G}_{ab}$ 以及时间轴稳定极限 $\bar{\omega}_{r0}$ 和空间轴稳定极限 $\bar{k}_{r0}$ 的影响。

10.2.2.1 气液流速比的影响

图 10-8 所示为内环气液流速比对时空模式的影响，图 10-8(a)和(b)中的实线表示时间轴，虚线表示空间轴。由图 10-8(a)与(b)和图 10-8(c)与(d)的对比可知，近反对称波形的表面波增长率要比近正对称波形的大得多，因此对于环状液膜不稳定性的分析应以近反对称波形为主。图 10-8(b)中近正对称波形的时间轴与空间轴的表面波增长率曲线几乎完全重合，三维时空曲线位于 $\bar{\omega}_r$-$\bar{k}_r$ 波数平面 45°方向的垂直平面上，时空平直，时空曲率为零。

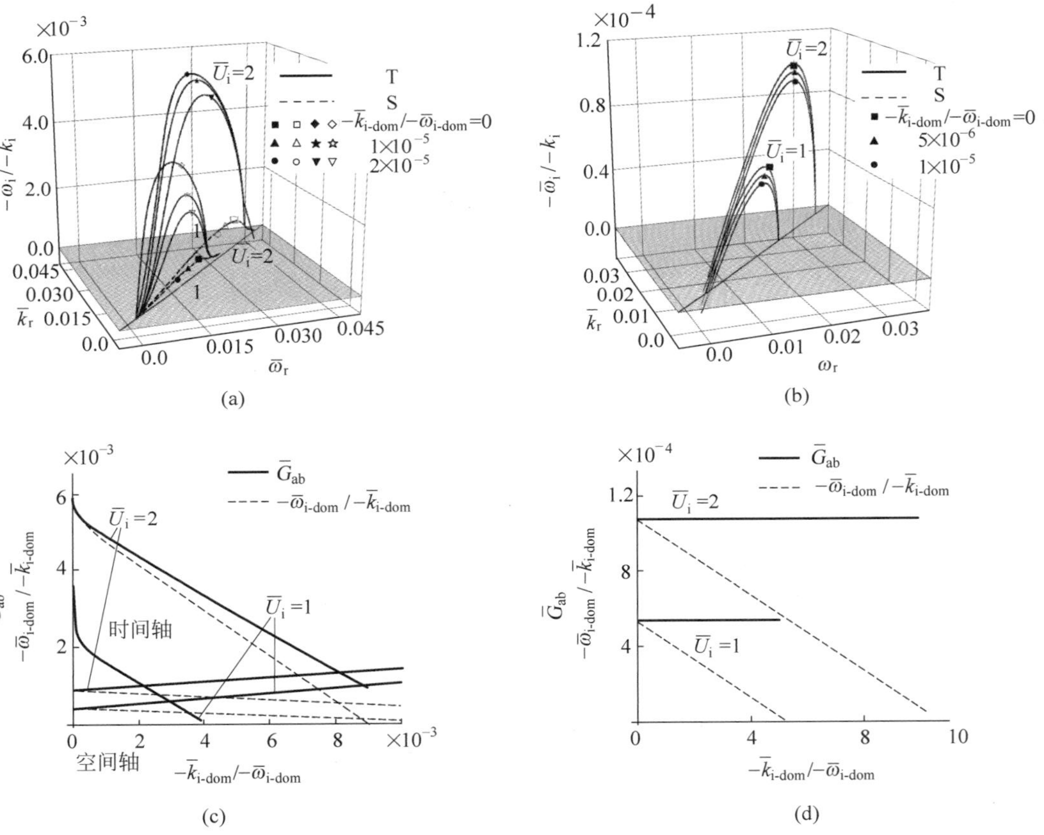

图 10-8 内环气液流速比对时空模式的影响

$U_1=4$ m/s, $We_1=22$, $Re_1=398$, $\bar{\rho}=1.206\times10^{-3}$, $\bar{U}_o=0$

(a) 近反对称波形三维时空曲线；(b) 近正对称波形三维时空曲线；

(c) 近反对称波形的支配表面波增长率；(d) 近正对称波形的支配表面波增长率

图 10-8(a)中近反对称波形的三维时空曲线仍然位于 $\bar{\omega}_r$-$\bar{k}_r$ 波数平面 45°方向的垂直平面上，但时间轴与空间轴的表面波增长率曲线明显分离，时间轴的支配表面波增长率要比空间轴的大得多。随着支配表面波增长率 $-\bar{\omega}_{i\text{-dom}}/-\bar{k}_{i\text{-dom}}$ 的增大，$-k_{i\text{-dom}}/-\bar{\omega}_{i\text{-dom}}$ 持续减小，反之亦然。当时间轴支配表面波增长率 $-\bar{\omega}_{i\text{-dom}}$ 增大到最大值时，空间轴支配表面波增长率下降为 $-\bar{k}_{i\text{-dom}}=0$；当空间轴支配表面波增长率 $-\bar{k}_{i\text{-dom}}$ 增大到最大值时，时间轴支配表面波增长率下降为 $-\bar{\omega}_{i\text{-dom}}=0$。说明时间模式与空间模式不但是时空模式的特例，而且是最高点和最不均衡点。当时间/空间轴的支配表面波增长率都不为零时，只有在 $-\bar{\omega}_{i\text{-dom}}=-\bar{k}_{i\text{-dom}}$ 这个点的时空是均衡的，其余都是不均衡的。在内环气液流速比 $\bar{U}_i$ 的全部变化范围内，$-\bar{k}_i/-\bar{\omega}_i=0$ 曲线的两头都刚好到达零平面。也就是说，时空模式的时间/空间轴表面波增长率曲线的两头正好是临界波数点和截断波数点。当 $-\bar{\omega}_{i\text{-dom}}/-\bar{k}_{i\text{-dom}}>0$ 时，$-\bar{k}_i/-\bar{\omega}_i$ 曲线的两头会穿过零平面，进入稳定区。

从图 10-8(c)和(d)中可以看出，随着支配表面波增长率 $-\bar{\omega}_{i\text{-dom}}/-\bar{k}_{i\text{-dom}}$ 的增大，$-\bar{k}_{i\text{-dom}}/-\bar{\omega}_{i\text{-dom}}$ 持续减小，近正对称波形的时空表面波增长率 $\bar{G}_{ab}=(-\bar{\omega}_{i\text{-dom}})+(-\bar{k}_{i\text{-dom}})$曲线平直，数值大小几乎相等。因此，采用 $-\bar{k}_{i\text{-dom}}=0$ 的时间轴或者 $-\bar{\omega}_{i\text{-dom}}=0$ 的空间轴三维时空曲线作为时空模式的研究对象进行不稳定性分析均可。对于近反对称波形，起初时间轴的时空表面波增长率 $\bar{G}_{ab}$ 要比空间轴的大得多，但时间轴的 G_{ab} 曲线持续大幅下降，而空间轴的 $\bar{G}_{ab}$ 曲线不断缓升。时间/空间轴曲线在低 $-\bar{\omega}_{i\text{-dom}}/-\bar{k}_{i\text{-dom}}$ 和高 $-k_{i\text{-dom}}/-\bar{\omega}_{i\text{-dom}}$ 区域相互交叉，交点即是时空模式的唯一均衡点，在均衡点之前应采用时间轴进行环状液膜的不稳定性分析，在均衡点之后则应采用空间轴进行分析。

由于支配参数是射流碎裂的关键因素，后面将主要论述支配表面波增长率曲线。

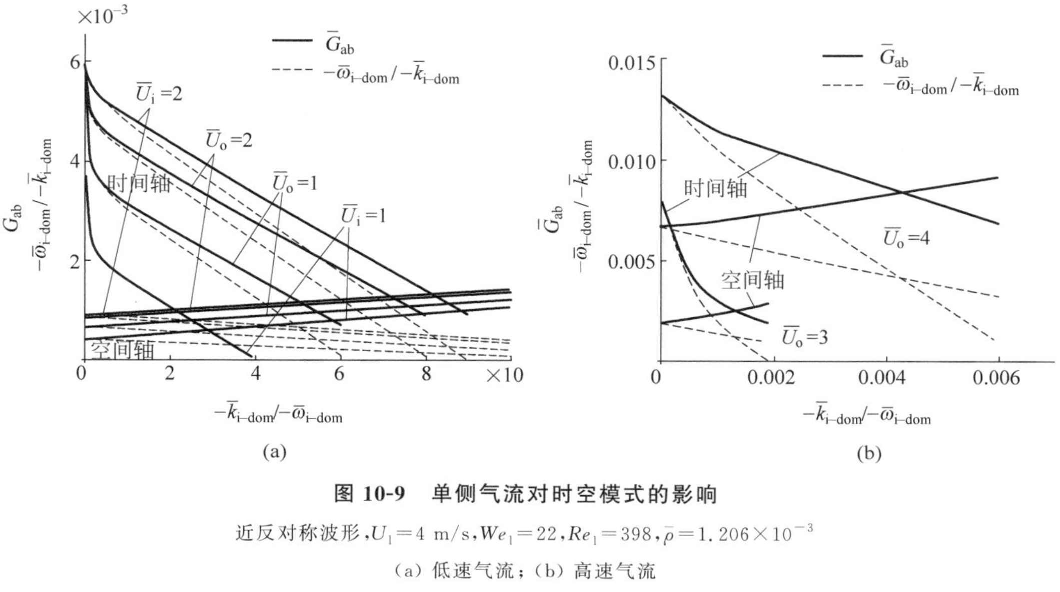

图 10-9　单侧气流对时空模式的影响

近反对称波形，$U_1=4$ m/s，$We_1=22$，$Re_1=398$，$\bar{\rho}=1.206\times10^{-3}$

(a) 低速气流；(b) 高速气流

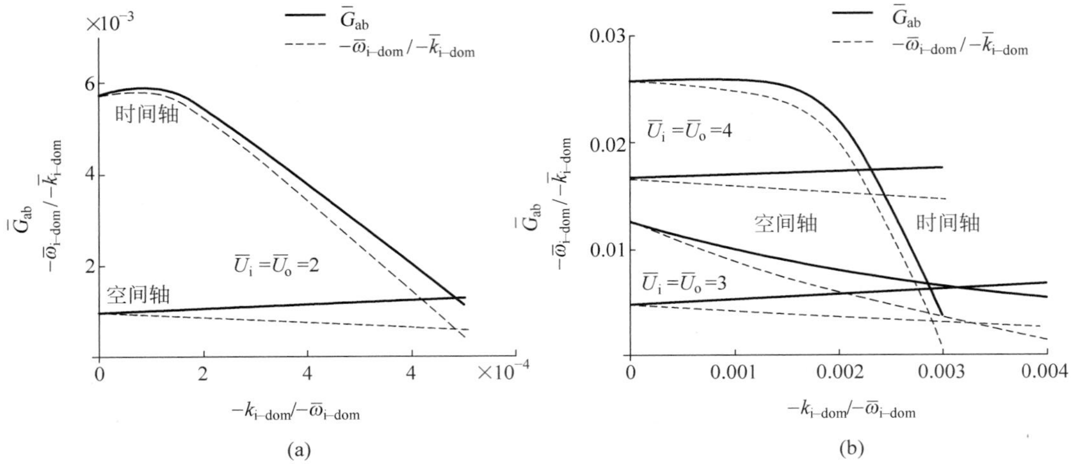

图 10-10　内外环等速气流对时空模式的影响

近反对称波形，$U_1=4$ m/s，$We_1=22$，$Re_1=398$，$\bar{\rho}=1.206\times10^{-3}$

(a) 低速气流；(b) 高速气流

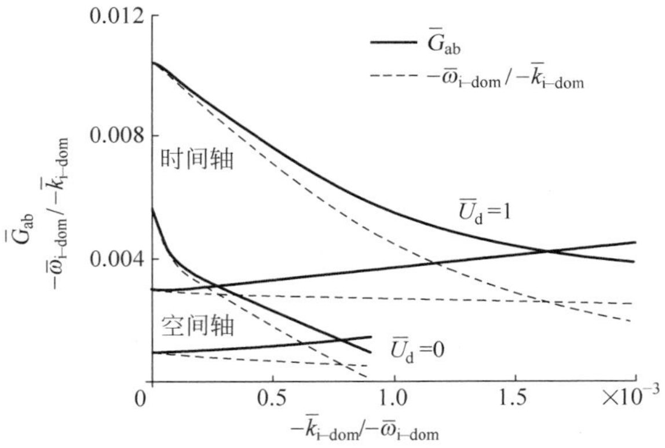

图 10-11　气液流速比之差对时空模式的影响

近反对称波形，$U_1=4$ m/s，$We_1=22$，$Re_1=398$，$\bar{\rho}=1.206\times10^{-3}$

10.2.2.2　韦伯数和雷诺数的影响

韦伯数和雷诺数的影响见图 10-12。

10.2.2.3　气液密度比的影响

气液密度比的影响见图 10-13。

从图 10-9～图 10-13 中可以看出，近反对称波形所有曲线的变化趋势相同，起初时间轴的时空表面波增长率 $\bar{G}_{ab}$ 要比空间轴的大得多，随着时间轴的 $\bar{G}_{ab}$ 曲线持续下降，空间轴的 $\bar{G}_{ab}$ 曲线不断升高，时间/空间轴曲线在均衡点相互交叉，在均衡点之前应采用时间轴进行不稳定性分析，而在均衡点之后则应采用空间轴进行不稳定性分析。

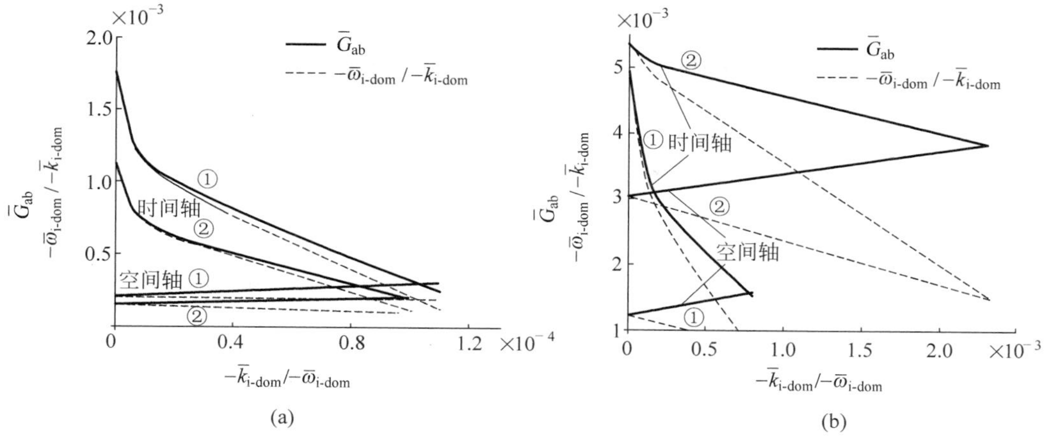

图 10-12　韦伯数和雷诺数对时空模式的影响

近反对称波形，① $U_1=7.7$ m/s，$We_1=80$，$Re_1=696$；

② $U_1=12$ m/s，$We_1=195$，$Re_1=1294$；$U_1=4$ m/s，$We_1=22$，$Re_1=398$，$\bar{\rho}=1.206\times10^{-3}$

(a) $\bar{U}_i=\bar{U}_o=1$；(b) $\bar{U}_i=0$，$\bar{U}_o=1$

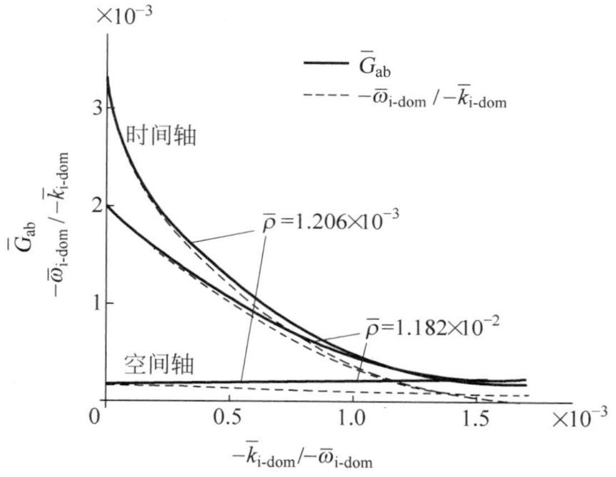

图 10-13　气液密度比对时空模式的影响

近反对称波形，$U_1=10$ m/s，$We_1=137$，$Re_1=994$，$\bar{U}_i=\bar{U}_o=1$

10.3　结　　语

对平面液膜、圆射流、环状液膜的时间模式、空间模式和时空模式的不稳定性分析可知，液膜射流（平面液膜和环状液膜）近反对称波形的表面波增长率较大，不稳定分析以近反对称波形为主；圆射流正/反对称波形的表面波增长率相差无几。

对于平面液膜和圆射流那样的对称射流（注意：不是指对称波形），大多数情况下时间模式与空间模式的表面波增长率曲线平直而均衡，采用哪种模式进行不稳定分析均可，大多数学者采用的是时间模式；对于时空模式，三维时空曲线位于 $\bar{\omega}_r$-$\bar{k}_r$ 波数平面 45°方向的垂直平面，时间/空间轴曲线相互重合，而且随着支配表面波增长率$-\bar{\omega}_{i\text{-dom}}/-\bar{k}_{i\text{-dom}}$的增大，$-\bar{k}_{i\text{-dom}}/-\bar{\omega}_{i\text{-dom}}$持续减小，但时空表面波增长率$\bar{G}_{ab}$曲线平直，数值大小几乎相等。因此，以$-\bar{k}_{i\text{-dom}}=0$的时间轴或者$-\bar{\omega}_{i\text{-dom}}=0$的空间轴三维时空曲线作为时空模式的研究对象进行不稳定性分析均可，大多数学者选择的是时间轴。只有在小韦伯数和高气液密度比情况下是个例外，该情况下空间模式的表面波增长率比时间模式的略大，应首选空间模式进行不稳定性分析。三维时空曲线偏离$\bar{\omega}_r$-$\bar{k}_r$波数平面45°方向的垂直平面上，时空曲率不为零，时空弯曲。空间轴的支配表面波增长率要比时间轴的略大，首选$-\bar{\omega}_{i\text{-dom}}=0$的空间轴进行不稳定性分析。

对于环状液膜那样的内外环半径不相等的非对称射流，时间模式的表面波增长率要比空间模式的大得多，时空极不均衡，应选择时间模式研究；对于时空模式，几乎所有的时间/空间轴曲线都会在一个均衡点相互交叉，在均衡点之前应采用时间轴进行不稳定性分析，而在均衡点之后则应采用空间轴进行不稳定性分析，均衡点是时间轴与空间轴的转换点。

习　题

10-1　圆射流与环状液膜的色散准则关系式包含哪些修正贝塞尔函数？

10-2　圆射流与环状液膜色散准则关系式推导的主要不同之处在哪里？

10-3　为什么环状液膜的时间模式与空间模式极不均衡？

10-4　环状液膜时空模式时间轴与空间轴的$\bar{G}_{ab}$角标曲线交点有何意义？

10-5　为什么环状液膜时空模式存在均衡点的时/空间轴转换问题，而时间与空间模式却没有？

第11章 环状液膜的非线性不稳定性

环状液膜的非线性不稳定性理论物理模型包括：①无黏性不可压缩液流，即液流假设为理想流体，允许使用流函数和势函数进行推导，本章使用势函数推导。仅有轴向液流基流速度，即 $U_{z1}\neq0$，$U_{r1}=U_{\theta1}=0$。②无黏性不可压缩气流，即气流也假设为理想流体，使用势函数进行推导。静止气体环境，即 $U_{rgj}=U_{\theta gj}=U_{zgj}=0$。③二维扰动连续性方程和伯努利控制方程，一维扰动运动学边界条件和动力学边界条件。④仅研究时空模式的瑞利波。⑤研究第一级波、第二级波和第三级波及它们的叠加。⑥采用的研究方法为非线性不稳定性理论。

首先，我们推导出第一级表面波、第二级表面波和第三级表面波的控制方程，再在非线性边界 $\bar{r}=\bar{r}_i+\bar{\xi}_i$ 和 $\bar{r}=\bar{r}_o+\bar{\xi}_o$ 处建立第一级表面波、第二级表面波和第三级表面波的运动学边界条件和动力学边界条件，继而将边界条件在 $\bar{r}_0=\bar{r}_i$ 和 $\bar{r}_0=\bar{r}_o$ 处进行泰勒级数展开，得到在线性边界 $\bar{r}_0=\bar{r}_i$ 和 $\bar{r}_0=\bar{r}_o$ 处的第一级表面波、第二级表面波和第三级表面波的运动学边界条件和动力学边界条件。将采用曹建明提出的时空模式表面波扰动振幅初始函数表达式推导出正/反对称波形第一级表面波、第二级表面波和第三级表面波的解。非线性的时空模式表面波扰动振幅初始函数表达式能够很好地与线性不稳定性理论相衔接。最后，运用 MATLAB 软件或者 FORTRAN 语言编制程序，对时空模式的解进行数值计算，绘制第一级表面波、第二级表面波和第三级表面波正/反对称波形的波形图，以及波形叠加图，预测表面波的碎裂长度，并与实验结果进行对比。

环状液膜的扰动振幅和速度势函数的各阶偏导数、在气液交界面上对速度势函数按泰勒级数的展开式、控制方程组和运动学边界条件的三级波展开式与圆射流的形式相同，动力学边界条件的三级波展开式与零阶圆射流的形式相同。区别在于气液相参数的角标上要加上“j”，其中：$j=\mathrm{i}$ 表示内环参数；$j=\mathrm{o}$ 表示外环参数。气液交界面量纲一非线性边界位于：$\bar{r}=\bar{r}_j+\bar{\xi}_j$ 处。经泰勒级数在 $\bar{r}_0$ 处展开的量纲一线性边界位于：$\bar{r}_0=\bar{r}_j$ 处。假设以内环为基准，则正/反对称波形的 $\bar{\xi}_i$ 均为正；反对称波形的 $\bar{\xi}_o$ 仍为正，而正对称波形的 $\bar{\xi}_o$ 却为负。

11.1 环状液膜第一级波微分方程的建立和求解

环状液膜时空模式表面波正/反对称波形的扰动振幅初始函数表达式是由曹建明于2018年提出的。第一级表面波、第二级表面波和第三级表面波时空模式微分方程的建立和求解是由曹建明和他的研究生张凯姝于2020年完成的。

11.1.1 环状液膜第一级波的扰动振幅

三级波扰动振幅表达式为方程(2-200)。环状液膜第一级表面波的时空模式扰动振幅表达式为

$$\bar{\xi}_{1,j}(\bar{z},\bar{t})=\exp(\mathrm{i}\bar{\omega}_1\bar{t}+\mathrm{i}\bar{k}\bar{z}) \tag{11-1}$$

则

$$\bar{\xi}_{1,j,\bar{t}}(\bar{z},\bar{t})=\mathrm{i}\bar{\omega}_1\exp(\mathrm{i}\bar{\omega}_1\bar{t}+\mathrm{i}\bar{k}\bar{z}) \tag{11-2}$$

$$\bar{\xi}_{1,j,\bar{z}}(\bar{z},\bar{t})=\mathrm{i}\bar{k}\exp(\mathrm{i}\bar{\omega}_1\bar{t}+\mathrm{i}\bar{k}\bar{z}) \tag{11-3}$$

$$\bar{\xi}_{1,j,\bar{z}\bar{z}}(\bar{z},\bar{t})=-\bar{k}^2\exp(\mathrm{i}\bar{\omega}_1\bar{t}+\mathrm{i}\bar{k}\bar{z}) \tag{11-4}$$

11.1.2 环状液膜第一级波液相微分方程的建立和求解

11.1.2.1 液相微分方程的建立

将方程(11-2)和方程(11-3)代入环状液膜第一级表面波按泰勒级数在气液交界面 $\bar{r}_0$ 处展开的液相运动边界条件式(8-75),得

$$\bar{\phi}_{1lj,\bar{r}}\Big|_{\bar{r}_0}=(\mathrm{i}\bar{\omega}_1+\mathrm{i}\bar{k})\exp(\mathrm{i}\bar{\omega}_1\bar{t}+\mathrm{i}\bar{k}\bar{z}) \tag{11-5}$$

方程(11-5)对 $\bar{r}$ 进行积分,得

$$\bar{\phi}_{1lj}\Big|_{\bar{r}_0}=f_1(\bar{r})(\mathrm{i}\bar{\omega}_1+\mathrm{i}\bar{k})\exp(\mathrm{i}\bar{\omega}_1\bar{t}+\mathrm{i}\bar{k}\bar{z})+c_1 \tag{11-6}$$

式中,c_1 为 $\bar{\phi}_{1lj,\bar{r}}\Big|_{\bar{r}_0}$ 对 $\bar{r}$ 的积分常数。

将方程(11-6)代入第一级表面波液相连续性方程(8-72),得第一级表面波反对称波形的液相微分方程(8-102),该式为零阶修正贝塞尔方程。

11.1.2.2 液相微分方程的通解

解零阶修正贝塞尔方程(8-102),其通解为式(8-103)。

11.1.2.3 反对称波形内外环和正对称波形内环液相微分方程的特解

将通解方程(8-103)代入方程(11-6),得

$$\bar{\phi}_{1lj}\Big|_{\bar{r}_0}=[c_2\mathrm{I}_0(\bar{k}\bar{r})+c_3\mathrm{K}_0(\bar{k}\bar{r})](\mathrm{i}\bar{\omega}_1+\mathrm{i}\bar{k})\exp(\mathrm{i}\bar{\omega}_1\bar{t}+\mathrm{i}\bar{k}\bar{z})+c_1 \tag{11-7}$$

方程(11-7)对 $\bar{r}$ 求一阶偏导数,并根据附录 B 中的方程(B-13)和方程(B-14)整理,得

$$\bar{\phi}_{1lj,\bar{r}}\Big|_{\bar{r}_0}=\bar{k}[c_2\mathrm{I}_1(\bar{k}\bar{r})-c_3\mathrm{K}_1(\bar{k}\bar{r})](\mathrm{i}\bar{\omega}_1+\mathrm{i}\bar{k})\exp(\mathrm{i}\bar{\omega}_1\bar{t}+\mathrm{i}\bar{k}\bar{z}) \tag{11-8}$$

在 $\bar{r}=\bar{r}_\mathrm{i}$ 和 $\bar{r}=\bar{r}_\mathrm{o}$ 处,将方程(11-8)代入方程(11-5),得

$$\bar{k}[c_2\mathrm{I}_1(\bar{k}\bar{r}_\mathrm{i})-c_3\mathrm{K}_1(\bar{k}\bar{r}_\mathrm{i})]=1 \tag{11-9}$$

和

$$\bar{k}[c_2\mathrm{I}_1(\bar{k}\bar{r}_\mathrm{o})-c_3\mathrm{K}_1(\bar{k}\bar{r}_\mathrm{o})]=1 \tag{11-10}$$

联立方程(11-9)和方程(11-10)，解得

$$c_2=\frac{c_3\left[\mathrm{K}_1(\bar{k}\bar{r}_\mathrm{i})-\mathrm{K}_1(\bar{k}\bar{r}_\mathrm{o})\right]}{\mathrm{I}_1(\bar{k}\bar{r}_\mathrm{i})-\mathrm{I}_1(\bar{k}\bar{r}_\mathrm{o})} \tag{11-11}$$

将方程(11-11)代入方程(11-9)，得

$$c_2=\frac{\mathrm{K}_1(\bar{k}\bar{r}_\mathrm{i})-\mathrm{K}_1(\bar{k}\bar{r}_\mathrm{o})}{\bar{k}\left[\mathrm{I}_1(\bar{k}\bar{r}_\mathrm{o})\mathrm{K}_1(\bar{k}\bar{r}_\mathrm{i})-\mathrm{K}_1(\bar{k}\bar{r}_\mathrm{o})\mathrm{I}_1(\bar{k}\bar{r}_\mathrm{i})\right]} \tag{11-12}$$

$$c_3=\frac{\mathrm{I}_1(\bar{k}\bar{r}_\mathrm{i})-\mathrm{I}_1(\bar{k}\bar{r}_\mathrm{o})}{\bar{k}\left[\mathrm{I}_1(\bar{k}\bar{r}_\mathrm{o})\mathrm{K}_1(\bar{k}\bar{r}_\mathrm{i})-\mathrm{K}_1(\bar{k}\bar{r}_\mathrm{o})\mathrm{I}_1(\bar{k}\bar{r}_\mathrm{i})\right]} \tag{11-13}$$

根据方程(9-61)，得

$$c_2=-\frac{\Delta_2}{\bar{k}}\left[\mathrm{K}_1(\bar{k}\bar{r}_\mathrm{i})-\mathrm{K}_1(\bar{k}\bar{r}_\mathrm{o})\right] \tag{11-14}$$

$$c_3=-\frac{\Delta_2}{\bar{k}}\left[\mathrm{I}_1(\bar{k}\bar{r}_\mathrm{i})-\mathrm{I}_1(\bar{k}\bar{r}_\mathrm{o})\right] \tag{11-15}$$

将方程(11-14)、方程(11-15)代入方程(11-7)得环状液膜第一级表面波反对称波形内外环和正对称波形内环液相速度势函数的合式。

$$\bar{\phi}_{11j}\Big|_{\bar{r}_0}=-\frac{\left[\mathrm{K}_1(\bar{k}\bar{r}_\mathrm{i})-\mathrm{K}_1(\bar{k}\bar{r}_\mathrm{o})\right]\mathrm{I}_0(\bar{k}\bar{r})+\left[\mathrm{I}_1(\bar{k}\bar{r}_\mathrm{i})-\mathrm{I}_1(\bar{k}\bar{r}_\mathrm{o})\right]\mathrm{K}_0(\bar{k}\bar{r})}{\bar{k}}\cdot$$

$$\Delta_2(\mathrm{i}\bar{\omega}_1+\mathrm{i}\bar{k})\exp(\mathrm{i}\bar{\omega}_1\bar{t}+\mathrm{i}\bar{k}\bar{z})+c_1 \tag{11-16}$$

11.1.2.4　正对称波形外环液相微分方程的特解

正对称波形内环的特解与反对称波形内环的完全相同，但正对称波形外环的却不同。环状液膜第一级表面波按泰勒级数在气液交界面 $\bar{r}_0$ 处展开的液相运动边界条件为

$$\bar{\phi}_{11\mathrm{o},\bar{r}}\Big|_{\bar{r}_0}=-(\mathrm{i}\bar{\omega}_1+\mathrm{i}\bar{k})\exp(\mathrm{i}\bar{\omega}_1\bar{t}+\mathrm{i}\bar{k}\bar{z}) \tag{11-17}$$

将方程(11-17)代入第一级表面波液相连续性方程(8-72)，得第一级表面波的液相微分方程(8-102)。解零阶修正贝塞尔方程(8-102)的通解和特解，得环状液膜第一级表面波正对称波形外环液相微分方程的特解：

$$\bar{\phi}_{11\mathrm{o}}\Big|_{\bar{r}_0}=\frac{\left[\mathrm{K}_1(\bar{k}\bar{r}_\mathrm{i})-\mathrm{K}_1(\bar{k}\bar{r}_\mathrm{o})\right]\mathrm{I}_0(\bar{k}\bar{r})+\left[\mathrm{I}_1(\bar{k}\bar{r}_\mathrm{i})-\mathrm{I}_1(\bar{k}\bar{r}_\mathrm{o})\right]\mathrm{K}_0(\bar{k}\bar{r})}{\bar{k}}\cdot$$

$$\Delta_2(\mathrm{i}\bar{\omega}_1+\mathrm{i}\bar{k})\exp(\mathrm{i}\bar{\omega}_1\bar{t}+\mathrm{i}\bar{k}\bar{z})+c_1 \tag{11-18}$$

比较方程(11-16)和方程(11-18)，可得环状液膜第一级表面波正对称波形内外环液相速度势函数的合式：

$$\bar{\phi}_{11j}\Big|_{\bar{r}_0}=(-1)^j\frac{\left[\mathrm{K}_1(\bar{k}\bar{r}_\mathrm{i})-\mathrm{K}_1(\bar{k}\bar{r}_\mathrm{o})\right]\mathrm{I}_0(\bar{k}\bar{r})+\left[\mathrm{I}_1(\bar{k}\bar{r}_\mathrm{i})-\mathrm{I}_1(\bar{k}\bar{r}_\mathrm{o})\right]\mathrm{K}_0(\bar{k}\bar{r})}{\bar{k}}\cdot$$

$$\Delta_2(\mathrm{i}\bar{\omega}_1+\mathrm{i}\bar{k})\exp(\mathrm{i}\bar{\omega}_1\bar{t}+\mathrm{i}\bar{k}\bar{z})+c_1 \tag{11-19}$$

式中，$j=\mathrm{i}$ 为内环，$j=\mathrm{o}$ 为外环。

11.1.3 环状液膜第一级波气相微分方程的建立和求解

11.1.3.1 气相微分方程的建立

将方程(11-2)代入环状液膜第一级表面波按泰勒级数在气液交界面 $\bar{r}_0$ 处展开的气相运动边界条件式(8-77),得

$$\bar{\phi}_{1gj,\bar{r}}\Big|_{\bar{r}_0} = \mathrm{i}\bar{\omega}_1 \exp(\mathrm{i}\bar{\omega}_1 \bar{t} + \mathrm{i}\bar{k}\bar{z}) \tag{11-20}$$

方程(11-20)对 $\bar{r}$ 进行积分,得

$$\bar{\phi}_{1gj}\Big|_{\bar{r}_0} = f_2(\bar{r})\mathrm{i}\bar{\omega}_1 \exp(\mathrm{i}\bar{\omega}_1 \bar{t} + \mathrm{i}\bar{k}\bar{z}) + c_4 \tag{11-21}$$

式中,c_4 为 $\bar{\phi}_{1gj,\bar{r}}\Big|_{\bar{r}_0}$ 对于 $\bar{r}$ 的积分常数。

将方程(11-21)代入第一级表面波气相连续性方程(8-73),得第一级表面波的气相微分方程(8-117)。

11.1.3.2 气相微分方程的通解

解零阶修正贝塞尔方程(8-117),其通解为方程(8-118)。

11.1.3.3 正/反对称波形内环气相微分方程的特解

将通解方程(8-118)代入方程(11-21),得

$$\bar{\phi}_{1gi}\Big|_{\bar{r}_0} = [c_5 \mathrm{I}_0(\bar{k}\bar{r}) + c_6 \mathrm{K}_0(\bar{k}\bar{r})]\,\mathrm{i}\bar{\omega}_1 \exp(\mathrm{i}\bar{\omega}_1 \bar{t} + \mathrm{i}\bar{k}\bar{z}) + c_4 \tag{11-22}$$

方程(11-22)对 $\bar{r}$ 求一阶偏导数,并根据附录 B 中的方程(B-13)和方程(B-14)整理,得

$$\bar{\phi}_{1gi,\bar{r}}\Big|_{\bar{r}_0} = \bar{k}\,[c_5 \mathrm{I}_1(\bar{k}\bar{r}) - c_6 \mathrm{K}_1(\bar{k}\bar{r})]\,\mathrm{i}\bar{\omega}_1 \exp(\mathrm{i}\bar{\omega}_1 \bar{t} + \mathrm{i}\bar{k}\bar{z}) \tag{11-23}$$

根据附录 B 中的图 B-2,对于气相,当 $\bar{r}\to 0$ 时,$\mathrm{K}_n\to\infty$,所以 $c_6=0$,即

$$f_2(\bar{r}) = c_5 \mathrm{I}_0(\bar{k}\bar{r}) \tag{11-24}$$

将方程(11-24)代入方程(11-21),得

$$\bar{\phi}_{1gi}\Big|_{\bar{r}_0} = c_5 \mathrm{I}_0(\bar{k}\bar{r})\mathrm{i}\bar{\omega}_1 \exp(\mathrm{i}\bar{\omega}_1 \bar{t} + \mathrm{i}\bar{k}\bar{z}) + c_4 \tag{11-25}$$

方程(11-25)对 $\bar{r}$ 求一阶偏导数,得

$$\bar{\phi}_{1gi,\bar{r}}\Big|_{\bar{r}_0} = \bar{k}c_5 \mathrm{I}_1(\bar{k}\bar{r})\mathrm{i}\bar{\omega}_1 \exp(\mathrm{i}\bar{\omega}_1 \bar{t} + \mathrm{i}\bar{k}\bar{z}) \tag{11-26}$$

在 $\bar{r}_0 = \bar{r}_{\mathrm{i}}$ 处,将方程(11-26)代入方程(11-20),得

$$c_5 = \frac{1}{\bar{k}\mathrm{I}_1(\bar{k}\bar{r}_{\mathrm{i}})} \tag{11-27}$$

将方程(11-27)代入方程(11-25),可得环状液膜第一级表面波正/反对称波形内环气相速度势函数。

$$\bar{\phi}_{1gi}\Big|_{\bar{r}_0} = \frac{\mathrm{I}_0(\bar{k}\bar{r})}{\bar{k}\mathrm{I}_1(\bar{k}\bar{r}_{\mathrm{i}})}\mathrm{i}\bar{\omega}_1 \exp(\mathrm{i}\bar{\omega}_1 \bar{t} + \mathrm{i}\bar{k}\bar{z}) + c_4 \tag{11-28}$$

11.1.3.4　反对称波形外环气相微分方程的特解

根据附录 B 中的图 B-2，对于气相，当 $\bar{r}\to\infty$ 时，$I_n\to\infty$，因此，有 $c_5=0$，即

$$f_2(\bar{r})=c_6\mathrm{K}_0(\bar{k}\bar{r}) \tag{11-29}$$

将方程(11-29)代入方程(11-21)，得

$$\bar{\phi}_{1go}\Big|_{\bar{r}_0}=c_6\mathrm{K}_0(\bar{k}\bar{r})\mathrm{i}\bar{\omega}_1\exp(\mathrm{i}\bar{\omega}_1\bar{t}+\mathrm{i}\bar{k}\bar{z})+c_4 \tag{11-30}$$

方程(11-30)对 $\bar{r}$ 求一阶偏导数，得

$$\bar{\phi}_{1go,\bar{r}}\Big|_{\bar{r}_0}=-\bar{k}c_6\mathrm{K}_1(\bar{k}\bar{r})\mathrm{i}\bar{\omega}_1\exp(\mathrm{i}\bar{\omega}_1\bar{t}+\mathrm{i}\bar{k}\bar{z}) \tag{11-31}$$

在 $\bar{r}_0=\bar{r}_o$ 处，将方程(11-31)代入方程(11-20)，得

$$c_6=-\frac{1}{\bar{k}\mathrm{K}_1(\bar{k}\bar{r}_o)} \tag{11-32}$$

将方程(11-32)代入方程(11-30)，可得环状液膜第一级表面波反对称波形外环气相速度势函数。

$$\bar{\phi}_{1go}\Big|_{\bar{r}_0}=-\frac{\mathrm{K}_0(\bar{k}\bar{r})}{\bar{k}\mathrm{K}_1(\bar{k}\bar{r}_o)}\mathrm{i}\bar{\omega}_1\exp(\mathrm{i}\bar{\omega}_1\bar{t}+\mathrm{i}\bar{k}\bar{z})+c_4 \tag{11-33}$$

11.1.3.5　正对称波形外环气相微分方程的特解

正对称波形内环的特解与反对称波形内环的特解完全相同，但正对称波形外环的却不同。由于正对称波形外环的表面波扰动振幅为负，因此方程(11-20)变成

$$\bar{\phi}_{1go,\bar{r}}\Big|_{\bar{r}_0}=-\mathrm{i}\bar{\omega}_1\exp(\mathrm{i}\bar{\omega}_1\bar{t}+\mathrm{i}\bar{k}\bar{z}) \tag{11-34}$$

方程(11-34)对 $\bar{r}$ 进行积分，得

$$\bar{\phi}_{1go}\Big|_{\bar{r}_0}=-f_2(\bar{r})\mathrm{i}\bar{\omega}_1\exp(\mathrm{i}\bar{\omega}_1\bar{t}+\mathrm{i}\bar{k}\bar{z})+c_4 \tag{11-35}$$

将方程(11-35)代入第一级表面波气相连续性方程(8-73)，得第一级表面波正对称波形外环气液交界面的气相微分方程通解式(8-118)。解零阶修正贝塞尔方程(8-117)，可得环状液膜第一级表面波正对称波形外环气相速度势函数。

$$\bar{\phi}_{1go}\Big|_{\bar{r}_0}=\frac{\mathrm{K}_0(\bar{k}\bar{r})}{\bar{k}\mathrm{K}_1(\bar{k}\bar{r}_o)}\mathrm{i}\bar{\omega}_1\exp(\mathrm{i}\bar{\omega}_1\bar{t}+\mathrm{i}\bar{k}\bar{z})+c_4 \tag{11-36}$$

11.1.4　环状液膜第一级波反对称波形的色散准则关系式

(1) 第一级表面波反对称波形液相势函数方程(11-16)对 $\bar{t}$ 求一阶偏导数

$$\bar{\phi}_{1lj,\bar{t}}\Big|_{\bar{r}_0}=\frac{[\mathrm{K}_1(\bar{k}\bar{r}_i)-\mathrm{K}_1(\bar{k}\bar{r}_o)]\mathrm{I}_0(\bar{k}\bar{r})+[\mathrm{I}_1(\bar{k}\bar{r}_i)-\mathrm{I}_1(\bar{k}\bar{r}_o)]\mathrm{K}_0(\bar{k}\bar{r})}{\bar{k}}\cdot$$
$$\Delta_2(\bar{\omega}_1^2+\bar{k}\bar{\omega}_1)\exp(\mathrm{i}\bar{\omega}_1\bar{t}+\mathrm{i}\bar{k}\bar{z}) \tag{11-37}$$

(2) 方程(11-16)对 $\bar{z}$ 求一阶偏导数

$$\bar{\phi}_{1lj,\bar{z}}\Big|_{\bar{r}_0}=\frac{[K_1(\bar{k}\bar{r}_i)-K_1(\bar{k}\bar{r}_o)]I_0(\bar{k}\bar{r})+[I_1(\bar{k}\bar{r}_i)-I_1(\bar{k}\bar{r}_o)]K_0(\bar{k}\bar{r})}{\bar{k}}\cdot$$
$$\Delta_2(\bar{k}\bar{\omega}_1+\bar{k}^2)\exp(i\bar{\omega}_1\bar{t}+i\bar{k}\bar{z}) \tag{11-38}$$

(3) 第一级表面波内环反对称波形气相势函数方程(11-28)对 $\bar{t}$ 求一阶偏导数

$$\bar{\phi}_{1gi,\bar{t}}\Big|_{\bar{r}_0}=-\frac{I_0(\bar{k}\bar{r})}{\bar{k}I_1(\bar{k}\bar{r}_i)}\bar{\omega}_1^2\exp(i\bar{\omega}_1\bar{t}+i\bar{k}\bar{z}) \tag{11-39}$$

(4) 第一级表面波外环反对称波形气相势函数方程(11-33)对 $\bar{t}$ 求一阶偏导数

$$\bar{\phi}_{1go,\bar{t}}\Big|_{\bar{r}_0}=\frac{K_0(\bar{k}\bar{r})}{\bar{k}K_1(\bar{k}\bar{r}_o)}\bar{\omega}_1^2\exp(i\bar{\omega}_1\bar{t}+i\bar{k}\bar{z}) \tag{11-40}$$

在内环处,将方程(11-37)~方程(11-39)代入第一级表面波按泰勒级数在边界 $\bar{r}_0$ 处展开的动力学边界条件式(8-79),并去掉 θ 项,得

$$\frac{[K_1(\bar{k}\bar{r}_i)-K_1(\bar{k}\bar{r}_o)]I_0(\bar{k}\bar{r})+[I_1(\bar{k}\bar{r}_i)-I_1(\bar{k}\bar{r}_o)]K_0(\bar{k}\bar{r})}{\bar{k}}\Delta_2(\bar{\omega}_1^2+\bar{k}\bar{\omega}_1)+$$
$$\frac{[K_1(\bar{k}\bar{r}_i)-K_1(\bar{k}\bar{r}_o)]I_0(\bar{k}\bar{r})+[I_1(\bar{k}\bar{r}_i)-I_1(\bar{k}\bar{r}_o)]K_0(\bar{k}\bar{r})}{\bar{k}}\Delta_2(\bar{k}\bar{\omega}_1+\bar{k}^2)+$$
$$\frac{\bar{\rho}}{\bar{k}}\frac{I_0(\bar{k}\bar{r})}{I_1(\bar{k}\bar{r}_i)}\bar{\omega}_1^2-\frac{1}{We_1}[1-(-1)^j\bar{k}^2]=0 \tag{11-41}$$

在 $\bar{r}_0=\bar{r}_i$ 处整理方程(11-41),得

$$\frac{[K_1(\bar{k}\bar{r}_i)-K_1(\bar{k}\bar{r}_o)]I_0(\bar{k}\bar{r}_i)+[I_1(\bar{k}\bar{r}_i)-I_1(\bar{k}\bar{r}_o)]K_0(\bar{k}\bar{r}_i)}{\bar{k}}\Delta_2(\bar{\omega}_1^2+\bar{k}\bar{\omega}_1)+$$
$$\frac{[K_1(\bar{k}\bar{r}_i)-K_1(\bar{k}\bar{r}_o)]I_0(\bar{k}\bar{r}_i)+[I_1(\bar{k}\bar{r}_i)-I_1(\bar{k}\bar{r}_o)]K_0(\bar{k}\bar{r}_i)}{\bar{k}}\Delta_2(\bar{k}\bar{\omega}_1+\bar{k}^2)+$$
$$\frac{\bar{\rho}}{\bar{k}}\frac{I_0(\bar{k}\bar{r}_i)}{I_1(\bar{k}\bar{r}_i)}\bar{\omega}_1^2-\frac{1}{We_1}[1-(-1)^j\bar{k}^2]=0 \tag{11-42}$$

令

$$\Delta_{41}=I_0(\bar{k}\bar{r}_i)K_1(\bar{k}\bar{r}_i)-I_0(\bar{k}\bar{r}_i)K_1(\bar{k}\bar{r}_o) \tag{11-43}$$

$$\Delta_{42}=I_1(\bar{k}\bar{r}_i)K_0(\bar{k}\bar{r}_i)-I_1(\bar{k}\bar{r}_o)K_0(\bar{k}\bar{r}_i) \tag{11-44}$$

根据方程(9-61)和方程(9-66)化简方程(11-42),得

$$[\Delta_2(\Delta_7+\Delta_{42})+\bar{\rho}G_1]\bar{\omega}_1^2+2\bar{k}\Delta_2(\Delta_{41}+\Delta_{42})\bar{\omega}_1+$$
$$\bar{k}^2\Delta_2(\Delta_{41}+\Delta_{42})-\frac{\bar{k}}{We_1}[1-(-1)^j\bar{k}^2]=0 \tag{11-45}$$

解一元二次方程(11-45),可得环状液膜第一级表面波反对称波形内环气液交界面色散准则

关系式。

$$\bar{\omega}_1 = \frac{-\bar{k}\Delta_2(\Delta_{41}+\Delta_{42}) \pm \mathrm{i}\bar{k}\sqrt{\Delta_2(\Delta_{41}+\Delta_{42})\bar{\rho}G_1 - [\Delta_2(\Delta_{41}+\Delta_{42})+\bar{\rho}G_1]\frac{1}{\bar{k}We_1}[1-(-1)^j\bar{k}^2]}}{\Delta_2(\Delta_{41}+\Delta_{42})+\bar{\rho}G_1} \tag{11-46}$$

则

$$\bar{\omega}_{\mathrm{r}1} = -\frac{\bar{k}\Delta_2(\Delta_{41}+\Delta_{42})}{\Delta_2(\Delta_{41}+\Delta_{42})+\bar{\rho}G_1} \tag{11-47}$$

$$\bar{\omega}_{\mathrm{i}1} = \pm\frac{\bar{k}\sqrt{\Delta_2(\Delta_{41}+\Delta_{42})\bar{\rho}G_1 - [\Delta_2(\Delta_{41}+\Delta_{42})+\bar{\rho}G_1]\frac{1}{\bar{k}We_1}[1-(-1)^j\bar{k}^2]}}{\Delta_2(\Delta_{41}+\Delta_{42})+\bar{\rho}G_1} \tag{11-48}$$

在外环处，将方程(11-37)、方程(11-38)和方程(11-40)代入第一级表面波按泰勒级数在边界 $\bar{r}_0$ 处展开的动力学边界条件式(8-79)，并去掉 θ 项，得

$$\frac{[\mathrm{K}_1(\bar{k}\bar{r}_\mathrm{i})-\mathrm{K}_1(\bar{k}\bar{r}_\mathrm{o})]\mathrm{I}_0(\bar{k}\bar{r})+[\mathrm{I}_1(\bar{k}\bar{r}_\mathrm{i})-\mathrm{I}_1(\bar{k}\bar{r}_\mathrm{o})]\mathrm{K}_0(\bar{k}\bar{r})}{\bar{k}}\Delta_2(\bar{\omega}_1^2+\bar{k}\bar{\omega}_1)+$$

$$\frac{[\mathrm{K}_1(\bar{k}\bar{r}_\mathrm{i})-\mathrm{K}_1(\bar{k}\bar{r}_\mathrm{o})]\mathrm{I}_0(\bar{k}\bar{r})+[\mathrm{I}_1(\bar{k}\bar{r}_\mathrm{i})-\mathrm{I}_1(\bar{k}\bar{r}_\mathrm{o})]\mathrm{K}_0(\bar{k}\bar{r})}{\bar{k}}\Delta_2(\bar{k}\bar{\omega}_1+\bar{k}^2)-$$

$$\frac{\bar{\rho}}{\bar{k}}\frac{\mathrm{K}_0(\bar{k}\bar{r})}{\mathrm{K}_1(\bar{k}\bar{r}_\mathrm{o})}\bar{\omega}_1^2-\frac{1}{We_1}[1-(-1)^j\bar{k}^2]=0 \tag{11-49}$$

在 $\bar{r}_0=\bar{r}_\mathrm{o}$ 处整理方程(11-49)，得

$$\frac{[\mathrm{K}_1(\bar{k}\bar{r}_\mathrm{i})-\mathrm{K}_1(\bar{k}\bar{r}_\mathrm{o})]\mathrm{I}_0(\bar{k}\bar{r}_\mathrm{o})+[\mathrm{I}_1(\bar{k}\bar{r}_\mathrm{i})-\mathrm{I}_1(\bar{k}\bar{r}_\mathrm{o})]\mathrm{K}_0(\bar{k}\bar{r}_\mathrm{o})}{\bar{k}}\Delta_2(\bar{\omega}_1^2+2\bar{k}\bar{\omega}_1+\bar{k}^2)-$$

$$\frac{\bar{\rho}}{\bar{k}}\frac{\mathrm{K}_0(\bar{k}\bar{r}_\mathrm{o})}{\mathrm{K}_1(\bar{k}\bar{r}_\mathrm{o})}\bar{\omega}_1^2-\frac{1}{We_1}[1-(-1)^j\bar{k}^2]=0 \tag{11-50}$$

令

$$\Delta_{43}=\mathrm{I}_0(\bar{k}\bar{r}_\mathrm{o})\mathrm{K}_1(\bar{k}\bar{r}_\mathrm{i})-\mathrm{I}_0(\bar{k}\bar{r}_\mathrm{o})\mathrm{K}_1(\bar{k}\bar{r}_\mathrm{o}) \tag{11-51}$$

$$\Delta_{44}=\mathrm{I}_1(\bar{k}\bar{r}_\mathrm{i})\mathrm{K}_0(\bar{k}\bar{r}_\mathrm{o})-\mathrm{I}_1(\bar{k}\bar{r}_\mathrm{o})\mathrm{K}_0(\bar{k}\bar{r}_\mathrm{o}) \tag{11-52}$$

根据方程(9-61)和方程(9-67)，化简方程(11-50)，得

$$\Delta_2(\Delta_{43}+\Delta_{44})(\bar{\omega}_1^2+2\bar{k}\bar{\omega}_1+\bar{k}^2)-\bar{\rho}G_2\bar{\omega}_1^2-\frac{\bar{k}}{We_1}[1-(-1)^j\bar{k}^2]=0 \tag{11-53}$$

解一元二次方程(11-53)，可得环状液膜第一级表面波反对称波形外环气液交界面色散准则关系式：

$$\bar{\omega}_1 = \frac{-\bar{k}\Delta_2(\Delta_{43}+\Delta_{44}) \pm \mathrm{i}\bar{k}\sqrt{-\Delta_2(\Delta_{43}+\Delta_{44})\bar{\rho}G_2 - [\Delta_2(\Delta_{43}+\Delta_{44})-\bar{\rho}G_2]\frac{1}{\bar{k}We_1}[1-(-1)^j\bar{k}^2]}}{\Delta_2(\Delta_{43}+\Delta_{44})-\bar{\rho}G_2} \tag{11-54}$$

则

$$\bar{\omega}_{r1} = -\frac{\bar{k}\Delta_2(\Delta_{43}+\Delta_{44})}{\Delta_2(\Delta_{43}+\Delta_{44})-\bar{\rho}G_2} \tag{11-55}$$

$$\bar{\omega}_{i1} = \pm\frac{\bar{k}\sqrt{-\Delta_2(\Delta_{43}+\Delta_{44})\bar{\rho}G_2 - [\Delta_2(\Delta_{43}+\Delta_{44})-\bar{\rho}G_2]\frac{1}{\bar{k}We_1}[1-(-1)^j\bar{k}^2]}}{\Delta_2(\Delta_{43}+\Delta_{44})-\bar{\rho}G_2} \tag{11-56}$$

11.1.5 环状液膜第一级波正对称波形的色散准则关系式

时空模式第一级表面波正对称波形内环色散准则关系式与反对称波形内环的完全相同,为方程(11-46)。

(1) 第一级表面波正对称波形液相方程(11-19)对 $\bar{t}$ 求一阶偏导数

$$\bar{\phi}_{1lj,\bar{t}}\Big|_{\bar{r}_o} = (-1)^{j+1}\frac{[\mathrm{K}_1(\bar{k}\bar{r}_i)-\mathrm{K}_1(\bar{k}\bar{r}_o)]\mathrm{I}_0(\bar{k}\bar{r}) + [\mathrm{I}_1(\bar{k}\bar{r}_i)-\mathrm{I}_1(\bar{k}\bar{r}_o)]\mathrm{K}_0(\bar{k}\bar{r})}{\bar{k}}\cdot \Delta_2(\bar{\omega}_1^2+\bar{k}\bar{\omega}_1)\exp(\mathrm{i}\bar{\omega}_1\bar{t}+\mathrm{i}\bar{k}\bar{z}) \tag{11-57}$$

(2) 方程(11-19)对 $\bar{z}$ 求一阶偏导数

$$\bar{\phi}_{1lj,\bar{z}}\Big|_{\bar{r}_o} = (-1)^{j+1}\frac{[\mathrm{K}_1(\bar{k}\bar{r}_i)-\mathrm{K}_1(\bar{k}\bar{r}_o)]\mathrm{I}_0(\bar{k}\bar{r}) + [\mathrm{I}_1(\bar{k}\bar{r}_i)-\mathrm{I}_1(\bar{k}\bar{r}_o)]\mathrm{K}_0(\bar{k}\bar{r})}{\bar{k}}\cdot \Delta_2(\bar{k}\bar{\omega}_1+\bar{k}^2)\exp(\mathrm{i}\bar{\omega}_1\bar{t}+\mathrm{i}\bar{k}\bar{z}) \tag{11-58}$$

(3) 第一级表面波外环正对称波形气相方程(11-36)对 $\bar{t}$ 求一阶偏导数

$$\bar{\phi}_{1go,\bar{t}}\Big|_{\bar{r}_o} = -\frac{\mathrm{K}_0(\bar{k}\bar{r})}{\bar{k}\mathrm{K}_1(\bar{k}\bar{r}_o)}\bar{\omega}_1^2\exp(\mathrm{i}\bar{\omega}_1\bar{t}+\mathrm{i}\bar{k}\bar{z}) \tag{11-59}$$

将方程(11-57)、方程(11-58)和方程(11-59)代入第一级表面波按泰勒级数在边界 $\bar{r}_o$ 处展开的动力学边界条件式(8-79),并去掉 θ 项,且 ξ_o 为负,得

$$\frac{[\mathrm{K}_1(\bar{k}\bar{r}_i)-\mathrm{K}_1(\bar{k}\bar{r}_o)]\mathrm{I}_0(\bar{k}\bar{r}) + [\mathrm{I}_1(\bar{k}\bar{r}_i)-\mathrm{I}_1(\bar{k}\bar{r}_o)]\mathrm{K}_0(\bar{k}\bar{r})}{\bar{k}}\Delta_2(\bar{\omega}_1^2+\bar{k}\bar{\omega}_1) + \frac{[\mathrm{K}_1(\bar{k}\bar{r}_i)-\mathrm{K}_1(\bar{k}\bar{r}_o)]\mathrm{I}_0(\bar{k}\bar{r}) + [\mathrm{I}_1(\bar{k}\bar{r}_i)-\mathrm{I}_1(\bar{k}\bar{r}_o)]\mathrm{K}_0(\bar{k}\bar{r})}{\bar{k}}\Delta_2(\bar{k}\bar{\omega}_1+\bar{k}^2) - \frac{\bar{\rho}}{\bar{k}}\frac{\mathrm{K}_0(\bar{k}\bar{r})}{\mathrm{K}_1(\bar{k}\bar{r}_o)}\bar{\omega}_1^2 - \frac{1}{We_1}[1-(-1)^j\bar{k}^2] = 0 \tag{11-60}$$

化简，得

$$\frac{[\mathrm{K}_1(\bar{k}\bar{r}_\mathrm{i})-\mathrm{K}_1(\bar{k}\bar{r}_\mathrm{o})]\,\mathrm{I}_0(\bar{k}\bar{r})+[\mathrm{I}_1(\bar{k}\bar{r}_\mathrm{i})-\mathrm{I}_1(\bar{k}\bar{r}_\mathrm{o})]\,\mathrm{K}_0(\bar{k}\bar{r})}{\bar{k}}\Delta_2(\bar{\omega}_1^2+2\bar{k}\bar{\omega}_1+\bar{k}^2)-$$

$$\frac{\bar{\rho}}{\bar{k}}\frac{\mathrm{K}_0(\bar{k}\bar{r})}{\mathrm{K}_1(\bar{k}\bar{r}_\mathrm{o})}\bar{\omega}_1^2-\frac{1}{We_1}[1-(-1)^j\bar{k}^2]=0 \tag{11-61}$$

在 $\bar{r}_0=\bar{r}_\mathrm{o}$ 处整理方程(11-61)，得

$$\frac{[\mathrm{K}_1(\bar{k}\bar{r}_\mathrm{i})-\mathrm{K}_1(\bar{k}\bar{r}_\mathrm{o})]\,\mathrm{I}_0(\bar{k}\bar{r}_\mathrm{o})+[\mathrm{I}_1(\bar{k}\bar{r}_\mathrm{i})-\mathrm{I}_1(\bar{k}\bar{r}_\mathrm{o})]\,\mathrm{K}_0(\bar{k}\bar{r}_\mathrm{o})}{\bar{k}}\Delta_2(\bar{\omega}_1^2+2\bar{k}\bar{\omega}_1+\bar{k}^2)-$$

$$\frac{\bar{\rho}}{\bar{k}}\frac{\mathrm{K}_0(\bar{k}\bar{r}_\mathrm{o})}{\mathrm{K}_1(\bar{k}\bar{r}_\mathrm{o})}\bar{\omega}_1^2-\frac{1}{We_1}[1-(-1)^j\bar{k}^2]=0 \tag{11-62}$$

化简，得

$$\Delta_2(\Delta_{43}+\Delta_{44})(\bar{\omega}_1^2+2\bar{k}\bar{\omega}_1+\bar{k}^2)-\bar{\rho}G_2\bar{\omega}_1^2-\frac{\bar{k}}{We_1}[1-(-1)^j\bar{k}^2]=0 \tag{11-63}$$

解一元二次方程(11-63)，可得环状液膜第一级表面波正对称波形外环气液交界面色散准则关系式：

$$\bar{\omega}_1=$$

$$\frac{-\bar{k}\Delta_2(\Delta_{43}+\Delta_{44})\pm \mathrm{i}\bar{k}\sqrt{-\bar{\rho}G_2\Delta_2(\Delta_{43}+\Delta_{44})-[\Delta_2(\Delta_{43}+\Delta_{44})-\bar{\rho}G_2]\dfrac{1}{\bar{k}We_1}[1-(-1)^j\bar{k}^2]}}{\Delta_2(\Delta_{43}+\Delta_{44})-\bar{\rho}G_2} \tag{11-64}$$

则

$$\bar{\omega}_{\mathrm{r}1}=-\frac{\bar{k}\Delta_2(\Delta_{43}+\Delta_{44})}{\Delta_2(\Delta_{43}+\Delta_{44})-\bar{\rho}G_2} \tag{11-55}$$

$$\bar{\omega}_{\mathrm{i}1}=\pm\frac{\bar{k}\sqrt{-\bar{\rho}G_2\Delta_2(\Delta_{43}+\Delta_{44})-[\Delta_2(\Delta_{43}+\Delta_{44})-\bar{\rho}G_2]\dfrac{1}{\bar{k}We_1}[1-(-1)^j\bar{k}^2]}}{\Delta_2(\Delta_{43}+\Delta_{44})-\bar{\rho}G_2} \tag{11-65}$$

11.1.6 对环状液膜第一级波色散准则关系式的分析

当环状液膜时空模式第一级表面波正/反对称波形的色散准则关系式(11-46)、式(11-54)和式(11-64)中根号内的值大于 0 时，$\bar{\omega}_{\mathrm{i}1}$ 为一个实数；当根号内的值等于 0 时，$\bar{\omega}_{\mathrm{i}1}=0$，$\bar{\omega}_{\mathrm{r}1}$ 由方程(11-47)、方程(11-55)和方程(11-65)决定；当根号内的值小于 0 时，$\bar{\omega}_{\mathrm{i}1}$ 为一个虚数，则圆频率 $\bar{\omega}_1$ 只有实部而没有虚部，即是一个实数。虚部为零意味着 $\bar{\omega}_{\mathrm{i}1}=0$。而 $\bar{\omega}_{\mathrm{r}1}$ 的方程变为：

正/反对称波形内环气液交界面

$$\bar{\omega}_{r1}=\frac{-\bar{k}\Delta_2(\Delta_{41}+\Delta_{42})\mp\bar{k}\sqrt{\Delta_2(\Delta_{41}+\Delta_{42})\bar{\rho}G_1-[\Delta_2(\Delta_{41}+\Delta_{42})+\bar{\rho}G_1]\frac{1}{\bar{k}We_1}[1-(-1)^j\bar{k}^2]}}{\Delta_2(\Delta_{41}+\Delta_{42})+\bar{\rho}G_1} \tag{11-66}$$

正/反对称波形外环气液交界面

$$\bar{\omega}_{r1}=\frac{-\bar{k}\Delta_2(\Delta_{43}+\Delta_{44})\mp\bar{k}\sqrt{-\Delta_2(\Delta_{43}+\Delta_{44})\bar{\rho}G_2-[\Delta_2(\Delta_{43}+\Delta_{44})-\bar{\rho}G_2]\frac{1}{\bar{k}We_1}[1-(-1)^j\bar{k}^2]}}{\Delta_2(\Delta_{43}+\Delta_{44})-\bar{\rho}G_2} \tag{11-67}$$

11.2 环状液膜第二级波微分方程的建立和求解

11.2.1 环状液膜第二级波的扰动振幅

三级波的扰动振幅表达式为方程(2-200)。环状液膜第二级波的时空模式扰动振幅表达式为

$$\bar{\xi}_{2j}(\bar{z},\bar{t})=\exp(\mathrm{i}\bar{\omega}_2\bar{t}+2\mathrm{i}\bar{k}\bar{z}) \tag{11-68}$$

则

$$\bar{\xi}_{2j,\bar{t}}(\bar{z},\bar{t})=\mathrm{i}\bar{\omega}_2\exp(\mathrm{i}\bar{\omega}_2\bar{t}+2\mathrm{i}\bar{k}\bar{z}) \tag{11-69}$$

$$\bar{\xi}_{2j,\bar{z}}(\bar{z},\bar{t})=2\mathrm{i}\bar{k}\exp(\mathrm{i}\bar{\omega}_2\bar{t}+2\mathrm{i}\bar{k}\bar{z}) \tag{11-70}$$

$$\bar{\xi}_{2j,\bar{z}\bar{z}}(\bar{z},\bar{t})=-4\bar{k}^2\exp(\mathrm{i}\bar{\omega}_2\bar{t}+2\mathrm{i}\bar{k}\bar{z}) \tag{11-71}$$

11.2.2 环状液膜第二级波液相微分方程的建立和求解

11.2.2.1 正/反对称波形内环液相微分方程的建立

方程(11-16)对 $\bar{r}$ 求二阶偏导数,得

$$\bar{\phi}_{11j,\bar{r}\bar{r}}\Big|_{\bar{r}_o}=\left\{\begin{array}{l}[\mathrm{K}_1(\bar{k}\bar{r}_o)-\mathrm{K}_1(\bar{k}\bar{r}_i)]\left[\bar{k}\mathrm{I}_0(\bar{k}\bar{r})-\frac{1}{\bar{r}}\mathrm{I}_1(\bar{k}\bar{r})\right]+\\ [\mathrm{I}_1(\bar{k}\bar{r}_o)-\mathrm{I}_1(\bar{k}\bar{r}_i)]\left[\bar{k}\mathrm{K}_0(\bar{k}\bar{r})+\frac{1}{\bar{r}}\mathrm{K}_1(\bar{k}\bar{r})\right]\end{array}\right\}\cdot$$

$$\Delta_2(\mathrm{i}\bar{\omega}_1+\mathrm{i}\bar{k})\exp(\mathrm{i}\bar{\omega}_1\bar{t}+\mathrm{i}\bar{k}\bar{z}) \tag{11-72}$$

将方程(11-72)和方程(11-38)代入环状液膜第二级表面波按泰勒级数在气液交界面 $\bar{r}_0$ 处展开的液相运动边界条件式(8-83),得

$$\bar{\phi}_{21j,\bar{r}}\Big|_{\bar{r}_0}=(\mathrm{i}\bar{\omega}_2+2\mathrm{i}\bar{k})\exp(\mathrm{i}\bar{\omega}_2\bar{t}+2\mathrm{i}\bar{k}\bar{z})-\left\{\begin{matrix}[\mathrm{K}_1(\bar{k}\bar{r}_o)-\mathrm{K}_1(\bar{k}\bar{r}_i)]\left[2\bar{k}\mathrm{I}_0(\bar{k}\bar{r})-\dfrac{1}{\bar{r}}\mathrm{I}_1(\bar{k}\bar{r})\right]+\\ [\mathrm{I}_1(\bar{k}\bar{r}_o)-\mathrm{I}_1(\bar{k}\bar{r}_i)]\left[2\bar{k}\mathrm{K}_0(\bar{k}\bar{r})+\dfrac{1}{\bar{r}}\mathrm{K}_1(\bar{k}\bar{r})\right]\end{matrix}\right\}\cdot$$
$$\Delta_2(\mathrm{i}\bar{\omega}_1+\mathrm{i}\bar{k})\exp(2\mathrm{i}\bar{\omega}_1\bar{t}+2\mathrm{i}\bar{k}\bar{z})\tag{11-73}$$

在 $\bar{r}_0=\bar{r}_i$ 处,将方程(11-73)对 $\bar{r}$ 进行积分,得

$$\bar{\phi}_{21i}\Big|_{\bar{r}_0}=f_3(\bar{r})\left\langle\begin{matrix}(\mathrm{i}\bar{\omega}_2+2\mathrm{i}\bar{k})\exp(\mathrm{i}\bar{\omega}_2\bar{t}+2\mathrm{i}\bar{k}\bar{z})-\\ \left\{\begin{matrix}[\mathrm{K}_1(\bar{k}\bar{r}_o)-\mathrm{K}_1(\bar{k}\bar{r}_i)]\left[2\bar{k}\mathrm{I}_0(\bar{k}\bar{r}_i)-\dfrac{1}{\bar{r}_i}\mathrm{I}_1(\bar{k}\bar{r}_i)\right]+\\ [\mathrm{I}_1(\bar{k}\bar{r}_o)-\mathrm{I}_1(\bar{k}\bar{r}_i)]\left[2\bar{k}\mathrm{K}_0(\bar{k}\bar{r}_i)+\dfrac{1}{\bar{r}_i}\mathrm{K}_1(\bar{k}\bar{r}_i)\right]\end{matrix}\right\}\\ \Delta_2(\mathrm{i}\bar{\omega}_1+\mathrm{i}\bar{k})\exp(2\mathrm{i}\bar{\omega}_1\bar{t}+2\mathrm{i}\bar{k}\bar{z})\end{matrix}\right\rangle+c_7\tag{11-74}$$

式中,c_7 为 $\bar{\phi}_{21i,\bar{r}}\Big|_{\bar{r}_0}$ 对 $\bar{r}$ 的积分常数。

将方程(11-74)代入第二级表面波液相连续性方程(8-80),得第二级表面波反对称波形的液相微分方程(8-149),该式为零阶修正贝塞尔方程。

11.2.2.2　正/反对称波形内环液相微分方程的通解

解零阶修正贝塞尔方程(8-149),其通解为方程(8-150)。

11.2.2.3　正/反对称波形内环液相微分方程的特解

将通解方程(8-150)代入方程(11-74),得

$$\bar{\phi}_{21i}\Big|_{\bar{r}_0}=\begin{bmatrix}c_8\mathrm{I}_0(2\bar{k}\bar{r})+\\ c_9\mathrm{K}_0(2\bar{k}\bar{r})\end{bmatrix}\left\langle\begin{matrix}(\mathrm{i}\bar{\omega}_2+2\mathrm{i}\bar{k})\exp(\mathrm{i}\bar{\omega}_2\bar{t}+2\mathrm{i}\bar{k}\bar{z})-\\ \left\{\begin{matrix}[\mathrm{K}_1(\bar{k}\bar{r}_o)-\mathrm{K}_1(\bar{k}\bar{r}_i)]\left[2\bar{k}\mathrm{I}_0(\bar{k}\bar{r}_i)-\dfrac{1}{\bar{r}_i}\mathrm{I}_1(\bar{k}\bar{r}_i)\right]+\\ [\mathrm{I}_1(\bar{k}\bar{r}_o)-\mathrm{I}_1(\bar{k}\bar{r}_i)]\left[2\bar{k}\mathrm{K}_0(\bar{k}\bar{r}_i)+\dfrac{1}{\bar{r}_i}\mathrm{K}_1(\bar{k}\bar{r}_i)\right]\end{matrix}\right\}\cdot\\ \Delta_2(\mathrm{i}\bar{\omega}_1+\mathrm{i}\bar{k})\exp(2\mathrm{i}\bar{\omega}_1\bar{t}+2\mathrm{i}\bar{k}\bar{z})\end{matrix}\right\rangle+c_7\tag{11-75}$$

方程(11-75)对 $\bar{r}$ 求一阶偏导数,得

$$\bar{\phi}_{2\mathrm{li},\bar{r}}\bigg|_{\bar{r}_0}=2\bar{k}\begin{bmatrix}c_8\mathrm{I}_0'(2\bar{k}\bar{r})+\\ c_9\mathrm{K}_0'(2\bar{k}\bar{r})\end{bmatrix}\left\langle\begin{matrix}(\mathrm{i}\bar{\omega}_2+2\mathrm{i}\bar{k})\exp(\mathrm{i}\bar{\omega}_2\bar{t}+2\mathrm{i}\bar{k}\bar{z})-\\ \left\{\begin{matrix}[\mathrm{K}_1(\bar{k}\bar{r}_\mathrm{o})-\mathrm{K}_1(\bar{k}\bar{r}_\mathrm{i})]\left[2\bar{k}\mathrm{I}_0(\bar{k}\bar{r}_\mathrm{i})-\dfrac{1}{\bar{r}_\mathrm{i}}\mathrm{I}_1(\bar{k}\bar{r}_\mathrm{i})\right]+\\ [\mathrm{I}_1(\bar{k}\bar{r}_\mathrm{o})-\mathrm{I}_1(\bar{k}\bar{r}_\mathrm{i})]\left[2\bar{k}\mathrm{K}_0(\bar{k}\bar{r}_\mathrm{i})+\dfrac{1}{\bar{r}_\mathrm{i}}\mathrm{K}_1(\bar{k}\bar{r}_\mathrm{i})\right]\end{matrix}\right\}\cdot\\ \Delta_2(\mathrm{i}\bar{\omega}_1+\mathrm{i}\bar{k})\exp(2\mathrm{i}\bar{\omega}_1\bar{t}+2\mathrm{i}\bar{k}\bar{z})\end{matrix}\right\rangle \tag{11-76}$$

根据附录 B 中的方程(B-13)和方程(B-14)，$\mathrm{I}_0'(2\bar{k}\bar{r})=\mathrm{I}_1(2\bar{k}\bar{r})$，$\mathrm{K}_0'(2\bar{k}\bar{r})=-\mathrm{K}_1(2\bar{k}\bar{r})$。因此，方程(11-76)变为

$$\bar{\phi}_{2\mathrm{li},\bar{r}}\bigg|_{\bar{r}_0}=2\bar{k}\begin{bmatrix}c_8\mathrm{I}_1(2\bar{k}\bar{r})-\\ c_9\mathrm{K}_1(2\bar{k}\bar{r})\end{bmatrix}\left\langle\begin{matrix}(\mathrm{i}\bar{\omega}_2+2\mathrm{i}\bar{k})\exp(\mathrm{i}\bar{\omega}_2\bar{t}+2\mathrm{i}\bar{k}\bar{z})-\\ \left\{\begin{matrix}[\mathrm{K}_1(\bar{k}\bar{r}_\mathrm{o})-\mathrm{K}_1(\bar{k}\bar{r}_\mathrm{i})]\left[2\bar{k}\mathrm{I}_0(\bar{k}\bar{r}_\mathrm{i})-\dfrac{1}{\bar{r}_\mathrm{i}}\mathrm{I}_1(\bar{k}\bar{r}_\mathrm{i})\right]+\\ [\mathrm{I}_1(\bar{k}\bar{r}_\mathrm{o})-\mathrm{I}_1(\bar{k}\bar{r}_\mathrm{i})]\left[2\bar{k}\mathrm{K}_0(\bar{k}\bar{r}_\mathrm{i})+\dfrac{1}{\bar{r}_\mathrm{i}}\mathrm{K}_1(\bar{k}\bar{r}_\mathrm{i})\right]\end{matrix}\right\}\cdot\\ \Delta_2(\mathrm{i}\bar{\omega}_1+\mathrm{i}\bar{k})\exp(2\mathrm{i}\bar{\omega}_1\bar{t}+2\mathrm{i}\bar{k}\bar{z})\end{matrix}\right\rangle \tag{11-77}$$

在 $\bar{r}_0=\bar{r}_\mathrm{o}$ 处，将方程(11-77)代入方程(11-73)，得

$$2\bar{k}\,[c_8\mathrm{I}_1(2\bar{k}\bar{r}_\mathrm{o})-c_9\mathrm{K}_1(2\bar{k}\bar{r}_\mathrm{o})]=1 \tag{11-78}$$

在 $\bar{r}_0=\bar{r}_\mathrm{i}$ 处，将方程(11-77)代入方程(11-73)，得

$$2\bar{k}\,[c_8\mathrm{I}_1(2\bar{k}\bar{r}_\mathrm{i})-c_9\mathrm{K}_1(2\bar{k}\bar{r}_\mathrm{i})]=1 \tag{11-79}$$

联立方程(11-78)，方程(11-79)，并令

$$\Delta_{45}=[\mathrm{I}_1(2\bar{k}\bar{r}_\mathrm{i})\mathrm{K}_1(2\bar{k}\bar{r}_\mathrm{o})-\mathrm{K}_1(2\bar{k}\bar{r}_\mathrm{i})\mathrm{I}_1(2\bar{k}\bar{r}_\mathrm{o})]^{-1} \tag{11-80}$$

得

$$c_9=\frac{\Delta_{45}}{2\bar{k}}[\mathrm{I}_1(2\bar{k}\bar{r}_\mathrm{o})-\mathrm{I}_1(2\bar{k}\bar{r}_\mathrm{i})] \tag{11-81}$$

$$c_8=\frac{\Delta_{45}}{2\bar{k}}[\mathrm{K}_1(2\bar{k}\bar{r}_\mathrm{o})-\mathrm{K}_1(2\bar{k}\bar{r}_\mathrm{i})] \tag{11-82}$$

将方程(11-81)和方程(11-82)代入方程(11-75)，得

$$\bar{\phi}_{2\mathrm{li}}\bigg|_{\bar{r}_0}=\frac{\left\{\begin{matrix}[\mathrm{K}_1(2\bar{k}\bar{r}_\mathrm{o})-\mathrm{K}_1(2\bar{k}\bar{r}_\mathrm{i})]\,\mathrm{I}_0(2\bar{k}\bar{r})+\\ [\mathrm{I}_1(2\bar{k}\bar{r}_\mathrm{o})-\mathrm{I}_1(2\bar{k}\bar{r}_\mathrm{i})]\,\mathrm{K}_0(2\bar{k}\bar{r})\end{matrix}\right\}\Delta_{45}}{2\bar{k}}\cdot$$

$$\left\langle \begin{matrix} (\mathrm{i}\bar{\omega}_2+2\mathrm{i}\bar{k})\exp(\mathrm{i}\bar{\omega}_2\bar{t}+2\mathrm{i}\bar{k}\bar{z})- \\ \left\{\begin{matrix}[\mathrm{K}_1(\bar{k}\bar{r}_\mathrm{o})-\mathrm{K}_1(\bar{k}\bar{r}_\mathrm{i})]\left[2\bar{k}\mathrm{I}_0(\bar{k}\bar{r}_\mathrm{i})-\dfrac{1}{\bar{r}_\mathrm{i}}\mathrm{I}_1(\bar{k}\bar{r}_\mathrm{i})\right]+ \\ [\mathrm{I}_1(\bar{k}\bar{r}_\mathrm{o})-\mathrm{I}_1(\bar{k}\bar{r}_\mathrm{i})]\left[2\bar{k}\mathrm{K}_0(\bar{k}\bar{r}_\mathrm{i})+\dfrac{1}{\bar{r}_\mathrm{i}}\mathrm{K}_1(\bar{k}\bar{r}_\mathrm{i})\right]\end{matrix}\right\}\cdot \\ \Delta_2(\mathrm{i}\bar{\omega}_1+\mathrm{i}\bar{k})\exp(2\mathrm{i}\bar{\omega}_1\bar{t}+2\mathrm{i}\bar{k}\bar{z}) \end{matrix}\right\rangle+c_7 \tag{11-83}$$

11.2.2.4　反对称波形外环液相微分方程的建立

在 $\bar{r}_0=\bar{r}_\mathrm{o}$ 处，对方程(11-73)对 $\bar{r}$ 进行积分，得

$$\bar{\phi}_{21\mathrm{o}}\Big|_{\bar{r}_0}=f_3(\bar{r})\left\langle \begin{matrix} (\mathrm{i}\bar{\omega}_2+2\mathrm{i}\bar{k})\exp(\mathrm{i}\bar{\omega}_2\bar{t}+2\mathrm{i}\bar{k}\bar{z})- \\ \left\{\begin{matrix}[\mathrm{K}_1(\bar{k}\bar{r}_\mathrm{o})-\mathrm{K}_1(\bar{k}\bar{r}_\mathrm{i})]\left[2\bar{k}\mathrm{I}_0(\bar{k}\bar{r}_\mathrm{o})-\dfrac{1}{\bar{r}_\mathrm{o}}\mathrm{I}_1(\bar{k}\bar{r}_\mathrm{o})\right]+ \\ [\mathrm{I}_1(\bar{k}\bar{r}_\mathrm{o})-\mathrm{I}_1(\bar{k}\bar{r}_\mathrm{i})]\left[2\bar{k}\mathrm{K}_0(\bar{k}\bar{r}_\mathrm{o})+\dfrac{1}{\bar{r}_\mathrm{o}}\mathrm{K}_1(\bar{k}\bar{r}_\mathrm{o})\right]\end{matrix}\right\}\cdot \\ \Delta_2(\mathrm{i}\bar{\omega}_1+\mathrm{i}\bar{k})\exp(2\mathrm{i}\bar{\omega}_1\bar{t}+2\mathrm{i}\bar{k}\bar{z}) \end{matrix}\right\rangle+c_7 \tag{11-84}$$

将方程(11-84)代入第二级表面波液相连续性方程(8-80)，得第二级表面波反对称波形的液相微分方程(8-149)。

11.2.2.5　反对称波形外环液相微分方程的通解

解零阶修正贝塞尔方程(8-149)，其通解为式(8-150)。

11.2.2.6　反对称波形外环液相微分方程的特解

将通解方程(8-150)代入方程(11-84)，得

$$\bar{\phi}_{21\mathrm{o}}\Big|_{\bar{r}_0}=\begin{bmatrix}c_8\mathrm{I}_0(2\bar{k}\bar{r})+ \\ c_9\mathrm{K}_0(2\bar{k}\bar{r})\end{bmatrix}\left\langle \begin{matrix} (\mathrm{i}\bar{\omega}_2+2\mathrm{i}\bar{k})\exp(\mathrm{i}\bar{\omega}_2\bar{t}+2\mathrm{i}\bar{k}\bar{z})- \\ \left\{\begin{matrix}[\mathrm{K}_1(\bar{k}\bar{r}_\mathrm{o})-\mathrm{K}_1(\bar{k}\bar{r}_\mathrm{i})]\left[2\bar{k}\mathrm{I}_0(\bar{k}\bar{r}_\mathrm{o})-\dfrac{1}{\bar{r}_\mathrm{o}}\mathrm{I}_1(\bar{k}\bar{r}_\mathrm{o})\right]+ \\ [\mathrm{I}_1(\bar{k}\bar{r}_\mathrm{o})-\mathrm{I}_1(\bar{k}\bar{r}_\mathrm{i})]\left[2\bar{k}\mathrm{K}_0(\bar{k}\bar{r}_\mathrm{o})+\dfrac{1}{\bar{r}_\mathrm{o}}\mathrm{K}_1(\bar{k}\bar{r}_\mathrm{o})\right]\end{matrix}\right\}\cdot \\ \Delta_2(\mathrm{i}\bar{\omega}_1+\mathrm{i}\bar{k})\exp(2\mathrm{i}\bar{\omega}_1\bar{t}+2\mathrm{i}\bar{k}\bar{z}) \end{matrix}\right\rangle+c_7 \tag{11-85}$$

将方程(11-81)和方程(11-82)代入方程(11-85)，得

$$\bar{\phi}_{21\mathrm{o}}\Big|_{\bar{r}_0}=\frac{\left\{\begin{matrix}[\mathrm{K}_1(2\bar{k}\bar{r}_\mathrm{o})-\mathrm{K}_1(2\bar{k}\bar{r}_\mathrm{i})]\mathrm{I}_0(2\bar{k}\bar{r})+ \\ [\mathrm{I}_1(2\bar{k}\bar{r}_\mathrm{o})-\mathrm{I}_1(2\bar{k}\bar{r}_\mathrm{i})]\mathrm{K}_0(2\bar{k}\bar{r})\end{matrix}\right\}\Delta_{45}}{2\bar{k}}\cdot$$

$$\left\langle\begin{array}{l}(\mathrm{i}\bar{\omega}_2+2\mathrm{i}\bar{k})\exp(\mathrm{i}\bar{\omega}_2\bar{t}+2\mathrm{i}\bar{k}\bar{z})-\\ \left\{\begin{array}{l}[\mathrm{K}_1(\bar{k}\bar{r}_o)-\mathrm{K}_1(\bar{k}\bar{r}_i)]\left[2\bar{k}\mathrm{I}_0(\bar{k}\bar{r}_o)-\dfrac{1}{\bar{r}_o}\mathrm{I}_1(\bar{k}\bar{r}_o)\right]+\\ [\mathrm{I}_1(\bar{k}\bar{r}_o)-\mathrm{I}_1(\bar{k}\bar{r}_i)]\left[2\bar{k}\mathrm{K}_0(\bar{k}\bar{r}_o)+\dfrac{1}{\bar{r}_o}\mathrm{K}_1(\bar{k}\bar{r}_o)\right]\end{array}\right\}\cdot\\ \Delta_2(\mathrm{i}\bar{\omega}_1+\mathrm{i}\bar{k})\exp(2\mathrm{i}\bar{\omega}_1\bar{t}+2\mathrm{i}\bar{k}\bar{z})\end{array}\right\rangle+c_7 \tag{11-86}$$

11.2.2.7 正对称波形外环液相微分方程的建立

方程(11-19)对 $\bar{r}$ 求二阶偏导数,得

$$\bar{\phi}_{11j,\bar{r}\bar{r}}\bigg|_{\bar{r}_0}=(-1)^{j+1}\left\{\begin{array}{l}[\mathrm{K}_1(\bar{k}\bar{r}_o)-\mathrm{K}_1(\bar{k}\bar{r}_i)]\left[\bar{k}\mathrm{I}_0(\bar{k}\bar{r})-\dfrac{1}{\bar{r}}\mathrm{I}_1(\bar{k}\bar{r})\right]+\\ [\mathrm{I}_1(\bar{k}\bar{r}_o)-\mathrm{I}_1(\bar{k}\bar{r}_i)]\left[\bar{k}\mathrm{K}_0(\bar{k}\bar{r})+\dfrac{1}{\bar{r}}\mathrm{K}_1(\bar{k}\bar{r})\right]\end{array}\right\}\cdot$$
$$\Delta_2(\mathrm{i}\bar{\omega}_1+\mathrm{i}\bar{k})\exp(\mathrm{i}\bar{\omega}_1\bar{t}+\mathrm{i}\bar{k}\bar{z}) \tag{11-87}$$

将方程(11-87)和方程(11-58)代入环状液膜第二级表面波按泰勒级数在气液交界面 $\bar{r}_0$ 处展开的液相运动边界条件式(8-83),得

$$\bar{\phi}_{21j,\bar{r}}\bigg|_{\bar{r}_0}=(-1)^{j+1}(\mathrm{i}\bar{\omega}_2+2\mathrm{i}\bar{k})\exp(\mathrm{i}\bar{\omega}_2\bar{t}+2\mathrm{i}\bar{k}\bar{z})-$$
$$\left\{\begin{array}{l}[\mathrm{K}_1(\bar{k}\bar{r}_o)-\mathrm{K}_1(\bar{k}\bar{r}_i)]\left[2\bar{k}\mathrm{I}_0(\bar{k}\bar{r})-\dfrac{1}{\bar{r}}\mathrm{I}_1(\bar{k}\bar{r})\right]+\\ [\mathrm{I}_1(\bar{k}\bar{r}_o)-\mathrm{I}_1(\bar{k}\bar{r}_i)]\left[2\bar{k}\mathrm{K}_0(\bar{k}\bar{r})+\dfrac{1}{\bar{r}}\mathrm{K}_1(\bar{k}\bar{r})\right]\end{array}\right\}\cdot$$
$$\Delta_2(\mathrm{i}\bar{\omega}_1+\mathrm{i}\bar{k})\exp(2\mathrm{i}\bar{\omega}_1\bar{t}+2\mathrm{i}\bar{k}\bar{z}) \tag{11-88}$$

在 $\bar{r}_0=\bar{r}_o$ 处,对方程(11-88)对 $\bar{r}$ 进行积分,得

$$\bar{\phi}_{21o}\bigg|_{\bar{r}_0}=f_3(\bar{r})\left\langle\begin{array}{l}-(\mathrm{i}\bar{\omega}_2+2\mathrm{i}\bar{k})\exp(\mathrm{i}\bar{\omega}_2\bar{t}+2\mathrm{i}\bar{k}\bar{z})-\\ \left\{\begin{array}{l}[\mathrm{K}_1(\bar{k}\bar{r}_o)-\mathrm{K}_1(\bar{k}\bar{r}_i)]\left[2\bar{k}\mathrm{I}_0(\bar{k}\bar{r}_o)-\dfrac{1}{\bar{r}_o}\mathrm{I}_1(\bar{k}\bar{r}_o)\right]+\\ [\mathrm{I}_1(\bar{k}\bar{r}_o)-\mathrm{I}_1(\bar{k}\bar{r}_i)]\left[2\bar{k}\mathrm{K}_0(\bar{k}\bar{r}_o)+\dfrac{1}{\bar{r}_o}\mathrm{K}_1(\bar{k}\bar{r}_o)\right]\end{array}\right\}\cdot\\ \Delta_2(\mathrm{i}\bar{\omega}_1+\mathrm{i}\bar{k})\exp(2\mathrm{i}\bar{\omega}_1\bar{t}+2\mathrm{i}\bar{k}\bar{z})\end{array}\right\rangle+c_7 \tag{11-89}$$

11.2.2.8 正对称波形外环液相微分方程的通解

将方程(11-89)代入第二级表面波液相连续性方程(8-80),得第二级表面波反对称波形的液相微分方程(8-149),解零阶修正贝塞尔方程(8-149),其通解为式(8-150)。

11.2.2.9 正对称波形外环液相微分方程的特解

将通解方程(8-150)代入方程(11-89),得

$$\bar{\phi}_{2\mathrm{lo}}\Big|_{\bar{r}_0}=\begin{bmatrix}c_8\mathrm{I}_0(2\bar{k}\bar{r})+\\ c_9\mathrm{K}_0(2\bar{k}\bar{r})\end{bmatrix}\left\langle\begin{matrix}-(\mathrm{i}\bar{\omega}_2+2\mathrm{i}\bar{k})\exp(\mathrm{i}\bar{\omega}_2\bar{t}+2\mathrm{i}\bar{k}\bar{z})-\\ \left\{\begin{matrix}[\mathrm{K}_1(\bar{k}\bar{r}_o)-\mathrm{K}_1(\bar{k}\bar{r}_i)]\left[2\bar{k}\mathrm{I}_0(\bar{k}\bar{r}_o)-\frac{1}{\bar{r}_o}\mathrm{I}_1(\bar{k}\bar{r}_o)\right]+\\ [\mathrm{I}_1(\bar{k}\bar{r}_o)-\mathrm{I}_1(\bar{k}\bar{r}_i)]\left[2\bar{k}\mathrm{K}_0(\bar{k}\bar{r}_o)+\frac{1}{\bar{r}_o}\mathrm{K}_1(\bar{k}\bar{r}_o)\right]\end{matrix}\right\}\cdot\\ \Delta_2(\mathrm{i}\bar{\omega}_1+\mathrm{i}\bar{k})\exp(2\mathrm{i}\bar{\omega}_1\bar{t}+2\mathrm{i}\bar{k}\bar{z})\end{matrix}\right\rangle+c_7 \tag{11-90}$$

方程(11-90)对 $\bar{r}$ 求一阶偏导数,得

$$\bar{\phi}_{2\mathrm{lo},\bar{r}}\Big|_{\bar{r}_0}=2\bar{k}\begin{bmatrix}c_8\mathrm{I}_1(2\bar{k}\bar{r})-\\ c_9\mathrm{K}_1(2\bar{k}\bar{r})\end{bmatrix}\left\langle\begin{matrix}-(\mathrm{i}\bar{\omega}_2+2\mathrm{i}\bar{k})\exp(\mathrm{i}\bar{\omega}_2\bar{t}+2\mathrm{i}\bar{k}\bar{z})-\\ \left\{\begin{matrix}[\mathrm{K}_1(\bar{k}\bar{r}_o)-\mathrm{K}_1(\bar{k}\bar{r}_i)]\left[2\bar{k}\mathrm{I}_0(\bar{k}\bar{r}_o)-\frac{1}{\bar{r}_o}\mathrm{I}_1(\bar{k}\bar{r}_o)\right]+\\ [\mathrm{I}_1(\bar{k}\bar{r}_o)-\mathrm{I}_1(\bar{k}\bar{r}_i)]\left[2\bar{k}\mathrm{K}_0(\bar{k}\bar{r}_o)+\frac{1}{\bar{r}_o}\mathrm{K}_1(\bar{k}\bar{r}_o)\right]\end{matrix}\right\}\cdot\\ \Delta_2(\mathrm{i}\bar{\omega}_1+\mathrm{i}\bar{k})\exp(2\mathrm{i}\bar{\omega}_1\bar{t}+2\mathrm{i}\bar{k}\bar{z})\end{matrix}\right\rangle \tag{11-91}$$

将方程(11-81)和方程(11-82)代入方程(11-91),可得环状液膜第二级表面波正对称波形外环液相微分方程的特解。

$$\bar{\phi}_{2\mathrm{lo}}\Big|_{\bar{r}_0}=\frac{\left\{\begin{matrix}[\mathrm{K}_1(2\bar{k}\bar{r}_o)-\mathrm{K}_1(2\bar{k}\bar{r}_i)]\,\mathrm{I}_0(2\bar{k}\bar{r})+\\ [\mathrm{I}_1(2\bar{k}\bar{r}_o)-\mathrm{I}_1(2\bar{k}\bar{r}_i)]\,\mathrm{K}_0(2\bar{k}\bar{r})\end{matrix}\right\}\Delta_{45}}{2\bar{k}}\cdot$$
$$\left\langle\begin{matrix}-(\mathrm{i}\bar{\omega}_2+2\mathrm{i}\bar{k})\exp(\mathrm{i}\bar{\omega}_2\bar{t}+2\mathrm{i}\bar{k}\bar{z})-\\ \left\{\begin{matrix}[\mathrm{K}_1(\bar{k}\bar{r}_o)-\mathrm{K}_1(\bar{k}\bar{r}_i)]\left[2\bar{k}\mathrm{I}_0(\bar{k}\bar{r}_o)-\frac{1}{\bar{r}_o}\mathrm{I}_1(\bar{k}\bar{r}_o)\right]+\\ [\mathrm{I}_1(\bar{k}\bar{r}_o)-\mathrm{I}_1(\bar{k}\bar{r}_i)]\left[2\bar{k}\mathrm{K}_0(\bar{k}\bar{r}_o)+\frac{1}{\bar{r}_o}\mathrm{K}_1(\bar{k}\bar{r}_o)\right]\end{matrix}\right\}\cdot\\ \Delta_2(\mathrm{i}\bar{\omega}_1+\mathrm{i}\bar{k})\exp(2\mathrm{i}\bar{\omega}_1\bar{t}+2\mathrm{i}\bar{k}\bar{z})\end{matrix}\right\rangle+c_7 \tag{11-92}$$

11.2.3　环状液膜第二级波气相微分方程的建立和求解

11.2.3.1　气相微分方程的建立

方程(11-28)对 $\bar{r}$ 求二阶偏导数,得

$$\bar{\phi}_{1\mathrm{gi},\bar{r}\bar{r}}\Big|_{\bar{r}_0}=\frac{\bar{k}\mathrm{I}_0(\bar{k}\bar{r})-\frac{1}{\bar{r}}\mathrm{I}_1(\bar{k}\bar{r})}{\mathrm{I}_1(\bar{k}\bar{r}_i)}\mathrm{i}\bar{\omega}_1\exp(\mathrm{i}\bar{\omega}_1\bar{t}+\mathrm{i}\bar{k}\bar{z}) \tag{11-93}$$

方程(11-28)对 $\bar{z}$ 求一阶偏导数,得

$$\bar{\phi}_{1\mathrm{gi},\bar{z}}\Big|_{\bar{r}_0}=-\frac{\mathrm{I}_0(\bar{k}\bar{r})}{\mathrm{I}_1(\bar{k}\bar{r}_\mathrm{i})}\bar{\omega}_1\exp(\mathrm{i}\bar{\omega}_1\bar{t}+\mathrm{i}\bar{k}\bar{z}) \tag{11-94}$$

将方程(11-93)和方程(11-94)代入第二级表面波按泰勒级数在气液交界面 $\bar{r}_0$ 处展开的气相运动学边界条件式(8-85),得

$$\bar{\phi}_{2\mathrm{gj},\bar{r}}\Big|_{\bar{r}_0}=\mathrm{i}\bar{\omega}_2\exp(\mathrm{i}\bar{\omega}_2\bar{t}+2\mathrm{i}\bar{k}\bar{z})-\frac{2\bar{k}\mathrm{I}_0(\bar{k}\bar{r})-\frac{1}{\bar{r}}\mathrm{I}_1(\bar{k}\bar{r})}{\mathrm{I}_1(\bar{k}\bar{r}_\mathrm{i})}\mathrm{i}\bar{\omega}_1\exp(2\mathrm{i}\bar{\omega}_1\bar{t}+2\mathrm{i}\bar{k}\bar{z}) \tag{11-95}$$

在 $\bar{r}_0=\bar{r}_\mathrm{i}$ 处,方程(11-95)对 $\bar{r}$ 进行积分,得

$$\bar{\phi}_{2\mathrm{gi}}\Big|_{\bar{r}_0}=f_4(\bar{r})\left[\mathrm{i}\bar{\omega}_2\exp(\mathrm{i}\bar{\omega}_2\bar{t}+2\mathrm{i}\bar{k}\bar{z})-\frac{2\bar{k}\mathrm{I}_0(\bar{k}\bar{r}_\mathrm{i})-\frac{1}{\bar{r}_\mathrm{i}}\mathrm{I}_1(\bar{k}\bar{r}_\mathrm{i})}{\mathrm{I}_1(\bar{k}\bar{r}_\mathrm{i})}\mathrm{i}\bar{\omega}_1\exp(2\mathrm{i}\bar{\omega}_1\bar{t}+2\mathrm{i}\bar{k}\bar{z})\right]+c_{10} \tag{11-96}$$

式中,c_{10} 为 $\bar{\phi}_{2\mathrm{gi},\bar{r}}\Big|_{\bar{r}_0}$ 对于 $\bar{r}$ 的积分常数。

将方程(11-96)代入第二级表面波气相连续性方程(8-81),得第二级表面波的气相微分方程(8-168)。

11.2.3.2 气相微分方程的通解

解零阶修正贝塞尔方程(8-168),其通解为方程(8-169)。

11.2.3.3 正/反对称波形内环气相微分方程的特解

将通解方程(8-169)代入方程(11-96),得

$$\bar{\phi}_{2\mathrm{gi}}\Big|_{\bar{r}_0}=\left[c_{11}\mathrm{I}_0(2\bar{k}\bar{r})+c_{12}\mathrm{K}_0(2\bar{k}\bar{r})\right]\cdot\left[\mathrm{i}\bar{\omega}_2\exp(\mathrm{i}\bar{\omega}_2\bar{t}+2\mathrm{i}\bar{k}\bar{z})-\frac{2\bar{k}\mathrm{I}_0(\bar{k}\bar{r}_\mathrm{i})-\frac{1}{\bar{r}_\mathrm{i}}\mathrm{I}_1(\bar{k}\bar{r}_\mathrm{i})}{\mathrm{I}_1(\bar{k}\bar{r}_\mathrm{i})}\mathrm{i}\bar{\omega}_1\exp(2\mathrm{i}\bar{\omega}_1\bar{t}+2\mathrm{i}\bar{k}\bar{z})\right]+c_{10} \tag{11-97}$$

根据附录 B 中的图 B-2 可知,对于气相,当 $\bar{r}\to 0$ 时,$\mathrm{K}_n\to\infty$,所以 $c_{12}=0$,即

$$f_4(\bar{r})=c_{11}\mathrm{I}_0(2\bar{k}\bar{r}) \tag{11-98}$$

将方程(11-98)代入方程(11-97),得

$$\bar{\phi}_{2\mathrm{gi}}\Big|_{\bar{r}_0}=c_{11}\mathrm{I}_0(2\bar{k}\bar{r})\cdot\left[\mathrm{i}\bar{\omega}_2\exp(\mathrm{i}\bar{\omega}_2\bar{t}+2\mathrm{i}\bar{k}\bar{z})-\frac{2\bar{k}\mathrm{I}_0(\bar{k}\bar{r}_\mathrm{i})-\frac{1}{\bar{r}_\mathrm{i}}\mathrm{I}_1(\bar{k}\bar{r}_\mathrm{i})}{\mathrm{I}_1(\bar{k}\bar{r}_\mathrm{i})}\mathrm{i}\bar{\omega}_1\exp(2\mathrm{i}\bar{\omega}_1\bar{t}+2\mathrm{i}\bar{k}\bar{z})\right]+c_{10} \tag{11-99}$$

对方程(11-99)求一阶偏导数,得

$$\bar{\phi}_{2\text{gi},\bar{r}}\Big|_{\bar{r}_0}=2\bar{k}c_{11}\text{I}_1(2\bar{k}\bar{r})\left[\begin{array}{l}\text{i}\bar{\omega}_2\exp(\text{i}\bar{\omega}_2\bar{t}+2\text{i}\bar{k}\bar{z})-\\ \dfrac{2\bar{k}\text{I}_0(\bar{k}\bar{r}_\text{i})-\dfrac{1}{\bar{r}_\text{i}}\text{I}_1(\bar{k}\bar{r}_\text{i})}{\text{I}_1(\bar{k}\bar{r}_\text{i})}\text{i}\bar{\omega}_1\exp(2\text{i}\bar{\omega}_1\bar{t}+2\text{i}\bar{k}\bar{z})\end{array}\right] \tag{11-100}$$

在 $\bar{r}_0=\bar{r}_\text{i}$ 处，将方程(11-100)代入方程(11-95)，得

$$c_{11}=\frac{1}{2\bar{k}\text{I}_1(2\bar{k}\bar{r}_\text{i})} \tag{11-101}$$

将方程(11-101)代入方程(11-99)，得

$$\bar{\phi}_{2\text{gi}}\Big|_{\bar{r}_0}=\frac{\text{I}_0(2\bar{k}\bar{r})}{2\bar{k}\text{I}_1(2\bar{k}\bar{r}_\text{i})}\cdot$$

$$\left[\text{i}\bar{\omega}_2\exp(\text{i}\bar{\omega}_2\bar{t}+2\text{i}\bar{k}\bar{z})-\frac{2\bar{k}\text{I}_0(\bar{k}\bar{r}_\text{i})-\dfrac{1}{\bar{r}_\text{i}}\text{I}_1(\bar{k}\bar{r}_\text{i})}{\text{I}_1(\bar{k}\bar{r}_\text{i})}\text{i}\bar{\omega}_1\exp(2\text{i}\bar{\omega}_1\bar{t}+2\text{i}\bar{k}\bar{z})\right]+c_{10} \tag{11-102}$$

11.2.3.4　反对称波形外环气相微分方程的特解

方程(11-33)对 $\bar{r}$ 求二阶偏导数，得

$$\bar{\phi}_{1\text{go},\bar{r}\bar{r}}\Big|_{\bar{r}_0}=-\frac{\bar{k}\left[\text{K}_0(\bar{k}\bar{r})+\dfrac{1}{\bar{k}\bar{r}}\text{K}_1(\bar{k}\bar{r})\right]}{\text{K}_1(\bar{k}\bar{r}_\text{o})}\text{i}\bar{\omega}_1\exp(\text{i}\bar{\omega}_1\bar{t}+\text{i}\bar{k}\bar{z}) \tag{11-103}$$

方程(11-33)对 $\bar{z}$ 求一阶偏导数，得

$$\bar{\phi}_{1\text{go},\bar{z}}\Big|_{\bar{r}_0}=\frac{\text{K}_0(\bar{k}\bar{r})}{\text{K}_1(\bar{k}\bar{r}_\text{o})}\bar{\omega}_1\exp(\text{i}\bar{\omega}_1\bar{t}+\text{i}\bar{k}\bar{z}) \tag{11-104}$$

将方程(11-103)和方程(11-104)代入第二级表面波按泰勒级数在气液交界面 $\bar{r}_0$ 处展开的气相运动学边界条件式(8-85)，得

$$\begin{aligned}\bar{\phi}_{2\text{go},\bar{r}}\Big|_{\bar{r}_0}=&\ \text{i}\bar{\omega}_2\exp(\text{i}\bar{\omega}_2\bar{t}+2\text{i}\bar{k}\bar{z})+\\ &\frac{2\bar{k}\text{K}_0(\bar{k}\bar{r})+\dfrac{1}{\bar{r}}\text{K}_1(\bar{k}\bar{r})}{\text{K}_1(\bar{k}\bar{r}_\text{o})}\text{i}\bar{\omega}_1\exp(2\text{i}\bar{\omega}_1\bar{t}+2\text{i}\bar{k}\bar{z})\end{aligned} \tag{11-105}$$

在 $\bar{r}_0=\bar{r}_\text{o}$ 处，方程(11-105)对 $\bar{r}$ 进行积分，得

$$\bar{\phi}_{2\text{go}}\Big|_{\bar{r}_0}=f_4(\bar{r})\left[\begin{array}{l}\text{i}\bar{\omega}_2\exp(\text{i}\bar{\omega}_2\bar{t}+2\text{i}\bar{k}\bar{z})+\\ \dfrac{2\bar{k}\text{K}_0(\bar{k}\bar{r}_\text{o})+\dfrac{1}{\bar{r}_\text{o}}\text{K}_1(\bar{k}\bar{r}_\text{o})}{\text{K}_1(\bar{k}\bar{r}_\text{o})}\text{i}\bar{\omega}_1\exp(2\text{i}\bar{\omega}_1\bar{t}+2\text{i}\bar{k}\bar{z})\end{array}\right]+c_{10} \tag{11-106}$$

根据附录 B 中的图 B-2，对于气相，当 $\bar{r}\to\infty$ 时，$\text{I}_n\to\infty$，因此，有 $c_{11}=0$，即

$$f_4(\bar{r})=c_{12}\text{K}_0(2\bar{k}\bar{r}) \tag{11-107}$$

将通解方程(11-107)代入方程(11-106),得

$$\bar{\phi}_{2\mathrm{go}}\Big|_{\bar{r}_0}=c_{12}\mathrm{K}_0(2\bar{k}\bar{r})\left[\begin{array}{l}\mathrm{i}\bar{\omega}_2\exp(\mathrm{i}\bar{\omega}_2\bar{t}+2\mathrm{i}\bar{k}\bar{z})+\\ \dfrac{2\bar{k}\mathrm{K}_0(\bar{k}\bar{r}_\mathrm{o})+\dfrac{1}{\bar{r}_\mathrm{o}}\mathrm{K}_1(\bar{k}\bar{r}_\mathrm{o})}{\mathrm{K}_1(\bar{k}\bar{r}_\mathrm{o})}\mathrm{i}\bar{\omega}_1\exp(2\mathrm{i}\bar{\omega}_1\bar{t}+2\mathrm{i}\bar{k}\bar{z})\end{array}\right]+c_{10} \tag{11-108}$$

对方程(11-108)求一阶偏导数,得

$$\bar{\phi}_{2\mathrm{go},\bar{r}}\Big|_{\bar{r}_0}=-2\bar{k}c_{12}\mathrm{K}_1(2\bar{k}\bar{r})\left[\begin{array}{l}\mathrm{i}\bar{\omega}_2\exp(\mathrm{i}\bar{\omega}_2\bar{t}+2\mathrm{i}\bar{k}\bar{z})+\\ \dfrac{2\bar{k}\mathrm{K}_0(\bar{k}\bar{r}_\mathrm{o})+\dfrac{1}{\bar{r}_\mathrm{o}}\mathrm{K}_1(\bar{k}\bar{r}_\mathrm{o})}{\mathrm{K}_1(\bar{k}\bar{r}_\mathrm{o})}\mathrm{i}\bar{\omega}_1\exp(2\mathrm{i}\bar{\omega}_1\bar{t}+2\mathrm{i}\bar{k}\bar{z})\end{array}\right] \tag{11-109}$$

在 $\bar{r}=\bar{r}_\mathrm{o}$ 处,将方程(11-109)代入方程(11-105),得

$$c_{12}=-\frac{1}{2\bar{k}\mathrm{K}_1(2\bar{k}\bar{r}_\mathrm{o})} \tag{11-110}$$

将方程(11-110)代入方程(11-108),得

$$\bar{\phi}_{2\mathrm{go}}\Big|_{\bar{r}_0}=-\frac{\mathrm{K}_0(2\bar{k}\bar{r})}{2\bar{k}\mathrm{K}_1(2\bar{k}\bar{r}_\mathrm{o})}\left[\begin{array}{l}\mathrm{i}\bar{\omega}_2\exp(\mathrm{i}\bar{\omega}_2\bar{t}+2\mathrm{i}\bar{k}\bar{z})+\\ \dfrac{2\bar{k}\mathrm{K}_0(\bar{k}\bar{r}_\mathrm{o})+\dfrac{1}{\bar{r}_\mathrm{o}}\mathrm{K}_1(\bar{k}\bar{r}_\mathrm{o})}{\mathrm{K}_1(\bar{k}\bar{r}_\mathrm{o})}\mathrm{i}\bar{\omega}_1\exp(2\mathrm{i}\bar{\omega}_1\bar{t}+2\mathrm{i}\bar{k}\bar{z})\end{array}\right]+c_{10} \tag{11-111}$$

11.2.3.5 正对称波形外环气相微分方程的特解

方程(11-36)对 $\bar{r}$ 求二阶偏导数,得

$$\bar{\phi}_{1\mathrm{go},\bar{r}\bar{r}}\Big|_{\bar{r}_0}=\frac{\bar{k}\left[\mathrm{K}_0(\bar{k}\bar{r})+\dfrac{1}{\bar{k}\bar{r}}\mathrm{K}_1(\bar{k}\bar{r})\right]}{\mathrm{K}_1(\bar{k}\bar{r}_\mathrm{o})}\mathrm{i}\bar{\omega}_1\exp(\mathrm{i}\bar{\omega}_1\bar{t}+\mathrm{i}\bar{k}\bar{z}) \tag{11-112}$$

方程(11-36)对 $\bar{z}$ 求一阶偏导数,得

$$\bar{\phi}_{1\mathrm{go},\bar{z}}\Big|_{\bar{r}_0}=-\frac{\mathrm{K}_0(\bar{k}\bar{r})}{\mathrm{K}_1(\bar{k}\bar{r}_\mathrm{o})}\bar{\omega}_1\exp(\mathrm{i}\bar{\omega}_1\bar{t}+\mathrm{i}\bar{k}\bar{z}) \tag{11-113}$$

将方程(11-112)和方程(11-113)代入第二级表面波按泰勒级数在气液交界面 $\bar{r}_0$ 处展开的气相运动学边界条件式(8-85),得

$$\bar{\phi}_{2\mathrm{go},\bar{r}}\Big|_{\bar{r}_0}=-\mathrm{i}\bar{\omega}_2\exp(\mathrm{i}\bar{\omega}_2\bar{t}+2\mathrm{i}\bar{k}\bar{z})+\frac{2\bar{k}\mathrm{K}_0(\bar{k}\bar{r})+\dfrac{1}{\bar{r}}\mathrm{K}_1(\bar{k}\bar{r})}{\mathrm{K}_1(\bar{k}\bar{r}_\mathrm{o})}\mathrm{i}\bar{\omega}_1\exp(2\mathrm{i}\bar{\omega}_1\bar{t}+2\mathrm{i}\bar{k}\bar{z}) \tag{11-114}$$

在 $\bar{r}=\bar{r}_\mathrm{o}$ 处,方程(11-114)对 $\bar{r}$ 进行积分,得

$$\bar{\phi}_{2go}\Big|_{\bar{r}_o} = f_4(\bar{r})\left[\begin{array}{l}-\mathrm{i}\bar{\omega}_2\exp(\mathrm{i}\bar{\omega}_2\bar{t}+2\mathrm{i}\bar{k}\bar{z})+\\ \dfrac{2\bar{k}\mathrm{K}_0(\bar{k}\bar{r}_o)+\dfrac{1}{\bar{r}_o}\mathrm{K}_1(\bar{k}\bar{r}_o)}{\mathrm{K}_1(\bar{k}\bar{r}_o)}\mathrm{i}\bar{\omega}_1\exp(2\mathrm{i}\bar{\omega}_1\bar{t}+2\mathrm{i}\bar{k}\bar{z})\end{array}\right]+c_{10} \tag{11-115}$$

根据附录 B 中的图 B-2，对于气相，当 $\bar{r}\to\infty$ 时，$\mathrm{I}_n\to\infty$，因此，有 $c_{11}=0$，即

$$f_4(\bar{r})=c_{12}\mathrm{K}_0(2\bar{k}\bar{r}) \tag{11-116}$$

将通解方程(11-116)代入方程(11-115)，得

$$\bar{\phi}_{2go}\Big|_{\bar{r}_o} = c_{12}\mathrm{K}_0(2\bar{k}\bar{r})\left[\begin{array}{l}-\mathrm{i}\bar{\omega}_2\exp(\mathrm{i}\bar{\omega}_2\bar{t}+2\mathrm{i}\bar{k}\bar{z})+\\ \dfrac{2\bar{k}\mathrm{K}_0(\bar{k}\bar{r}_o)+\dfrac{1}{\bar{r}_o}\mathrm{K}_1(\bar{k}\bar{r}_o)}{\mathrm{K}_1(\bar{k}\bar{r}_o)}\mathrm{i}\bar{\omega}_1\exp(2\mathrm{i}\bar{\omega}_1\bar{t}+2\mathrm{i}\bar{k}\bar{z})\end{array}\right]+c_{10} \tag{11-117}$$

方程(11-117)对 $\bar{r}$ 求一阶偏导数，得

$$\bar{\phi}_{2go,\bar{r}}\Big|_{\bar{r}_o} = -2\bar{k}c_{12}\mathrm{K}_1(2\bar{k}\bar{r})\left[\begin{array}{l}-\mathrm{i}\bar{\omega}_2\exp(\mathrm{i}\bar{\omega}_2\bar{t}+2\mathrm{i}\bar{k}\bar{z})+\\ \dfrac{2\bar{k}\mathrm{K}_0(\bar{k}\bar{r}_o)+\dfrac{1}{\bar{r}_o}\mathrm{K}_1(\bar{k}\bar{r}_o)}{\mathrm{K}_1(\bar{k}\bar{r}_o)}\mathrm{i}\bar{\omega}_1\exp(2\mathrm{i}\bar{\omega}_1\bar{t}+2\mathrm{i}\bar{k}\bar{z})\end{array}\right] \tag{11-118}$$

在 $\bar{r}=\bar{r}_o$ 处，将方程(11-118)代入方程(11-114)，得

$$c_{12}=-\frac{1}{2\bar{k}\mathrm{K}_1(2\bar{k}\bar{r}_o)} \tag{11-119}$$

将方程(11-119)代入方程(11-117)，得

$$\bar{\phi}_{2go}\Big|_{\bar{r}_o} = -\frac{\mathrm{K}_0(2\bar{k}\bar{r})}{2\bar{k}\mathrm{K}_1(2\bar{k}\bar{r}_o)}\left[\begin{array}{l}-\mathrm{i}\bar{\omega}_2\exp(\mathrm{i}\bar{\omega}_2\bar{t}+2\mathrm{i}\bar{k}\bar{z})+\\ \dfrac{2\bar{k}\mathrm{K}_0(\bar{k}\bar{r}_o)+\dfrac{1}{\bar{r}_o}\mathrm{K}_1(\bar{k}\bar{r}_o)}{\mathrm{K}_1(\bar{k}\bar{r}_o)}\mathrm{i}\bar{\omega}_1\exp(2\mathrm{i}\bar{\omega}_1\bar{t}+2\mathrm{i}\bar{k}\bar{z})\end{array}\right]+c_{10} \tag{11-120}$$

11.2.4　环状液膜第二级波反对称波形的色散准则关系式

(1) 第一级表面波反对称波形液相方程(11-16)对 $\bar{r}$ 求一阶偏导数

$$\bar{\phi}_{11j,\bar{r}}\Big|_{\bar{r}_o} = \left\{\begin{array}{l}[\mathrm{K}_1(\bar{k}\bar{r}_o)-\mathrm{K}_1(\bar{k}\bar{r}_i)]\mathrm{I}_1(\bar{k}\bar{r})-\\ [\mathrm{I}_1(\bar{k}\bar{r}_o)-\mathrm{I}_1(\bar{k}\bar{r}_i)]\mathrm{K}_1(\bar{k}\bar{r})\end{array}\right\}\cdot$$

$$\Delta_2(\mathrm{i}\bar{\omega}_1+\mathrm{i}\bar{k})\exp(\mathrm{i}\bar{\omega}_1\bar{t}+\mathrm{i}\bar{k}\bar{z}) \tag{11-121}$$

(2) 方程(11-121)对 $\bar{t}$ 求一阶偏导数

$$\bar{\phi}_{11j,\bar{r}\bar{t}}\Big|_{\bar{r}_o} = -\left\{\begin{array}{l}[\mathrm{K}_1(\bar{k}\bar{r}_o)-\mathrm{K}_1(\bar{k}\bar{r}_i)]\mathrm{I}_1(\bar{k}\bar{r})-\\ [\mathrm{I}_1(\bar{k}\bar{r}_o)-\mathrm{I}_1(\bar{k}\bar{r}_i)]\mathrm{K}_1(\bar{k}\bar{r})\end{array}\right\}\cdot$$

$$\Delta_2(\bar{\omega}_1^2+\bar{k}\bar{\omega}_1)\exp(\mathrm{i}\bar{\omega}_1\bar{t}+\mathrm{i}\bar{k}\bar{z}) \tag{11-122}$$

(3) 方程(11-38)对 $\bar{r}$ 求一阶偏导数

$$\bar{\phi}_{1lj,\bar{z}\bar{r}}=-\left\{\begin{array}{l}[K_1(\bar{k}\bar{r}_o)-K_1(\bar{k}\bar{r}_i)]I_1(\bar{k}\bar{r})-\\ [I_1(\bar{k}\bar{r}_o)-I_1(\bar{k}\bar{r}_i)]K_1(\bar{k}\bar{r})\end{array}\right\}\Delta_2(\bar{k}\bar{\omega}_1+\bar{k}^2)\exp(\mathrm{i}\bar{\omega}_1\bar{t}+\mathrm{i}\bar{k}\bar{z}) \tag{11-123}$$

(4) 第二级表面波反对称波形内环液相方程(11-83)对 $\bar{t}$ 求一阶偏导数

$$\bar{\phi}_{2li,\bar{t}}\Big|_{\bar{r}_0}=-\frac{\left\{\begin{array}{l}[K_1(2\bar{k}\bar{r}_o)-K_1(2\bar{k}\bar{r}_i)]I_0(2\bar{k}\bar{r})+\\ [I_1(2\bar{k}\bar{r}_o)-I_1(2\bar{k}\bar{r}_i)]K_0(2\bar{k}\bar{r})\end{array}\right\}\Delta_{45}}{2\bar{k}}\cdot$$

$$\left\langle\begin{array}{l}(\bar{\omega}_2^2+2\bar{k}\bar{\omega}_2)\exp(\mathrm{i}\bar{\omega}_2\bar{t}+2\mathrm{i}\bar{k}\bar{z})-\\ \left\{\begin{array}{l}[K_1(\bar{k}\bar{r}_o)-K_1(\bar{k}\bar{r}_i)]\left[2\bar{k}I_0(\bar{k}\bar{r}_i)-\dfrac{1}{\bar{r}_i}I_1(\bar{k}\bar{r}_i)\right]+\\ [I_1(\bar{k}\bar{r}_o)-I_1(\bar{k}\bar{r}_i)]\left[2\bar{k}K_0(\bar{k}\bar{r}_i)+\dfrac{1}{\bar{r}_i}K_1(\bar{k}\bar{r}_i)\right]\end{array}\right\}\cdot\\ \Delta_2(2\bar{\omega}_1^2+2\bar{k}\bar{\omega}_1)\exp(2\mathrm{i}\bar{\omega}_1\bar{t}+2\mathrm{i}\bar{k}\bar{z})\end{array}\right\rangle \tag{11-124}$$

(5) 方程(11-83)对 $\bar{z}$ 求一阶偏导数

$$\bar{\phi}_{2li,\bar{z}}\Big|_{\bar{r}_0}=-\frac{\left\{\begin{array}{l}[K_1(2\bar{k}\bar{r}_o)-K_1(2\bar{k}\bar{r}_i)]I_0(2\bar{k}\bar{r})+\\ [I_1(2\bar{k}\bar{r}_o)-I_1(2\bar{k}\bar{r}_i)]K_0(2\bar{k}\bar{r})\end{array}\right\}}{2\bar{k}}\Delta_{45}\cdot$$

$$\left\langle\begin{array}{l}(2\bar{k}\bar{\omega}_2+4\bar{k}^2)\exp(\mathrm{i}\bar{\omega}_2\bar{t}+2\mathrm{i}\bar{k}\bar{z})-\\ \left\{\begin{array}{l}[K_1(\bar{k}\bar{r}_o)-K_1(\bar{k}\bar{r}_i)]\left[2\bar{k}I_0(\bar{k}\bar{r}_i)-\dfrac{1}{\bar{r}_i}I_1(\bar{k}\bar{r}_i)\right]+\\ [I_1(\bar{k}\bar{r}_o)-I_1(\bar{k}\bar{r}_i)]\left[2\bar{k}K_0(\bar{k}\bar{r}_i)+\dfrac{1}{\bar{r}_i}K_1(\bar{k}\bar{r}_i)\right]\end{array}\right\}\cdot\\ \Delta_2(2\bar{k}\bar{\omega}_1+2\bar{k}^2)\exp(2\mathrm{i}\bar{\omega}_1\bar{t}+2\mathrm{i}\bar{k}\bar{z})\end{array}\right\rangle \tag{11-125}$$

(6) 第二级表面波反对称波形外环液相方程(11-86)对 $\bar{t}$ 求一阶偏导数

$$\bar{\phi}_{2lo,\bar{t}}\Big|_{\bar{r}_0}=-\frac{\left\{\begin{array}{l}[K_1(2\bar{k}\bar{r}_o)-K_1(2\bar{k}\bar{r}_i)]I_0(2\bar{k}\bar{r})+\\ [I_1(2\bar{k}\bar{r}_o)-I_1(2\bar{k}\bar{r}_i)]K_0(2\bar{k}\bar{r})\end{array}\right\}\Delta_{45}}{2\bar{k}}\cdot$$

$$\left\langle\begin{array}{l}(\bar{\omega}_2^2+2\bar{k}\bar{\omega}_2)\exp(\mathrm{i}\bar{\omega}_2\bar{t}+2\mathrm{i}\bar{k}\bar{z})-\\ \left\{\begin{array}{l}[K_1(\bar{k}\bar{r}_o)-K_1(\bar{k}\bar{r}_i)]\left[2\bar{k}I_0(\bar{k}\bar{r}_o)-\dfrac{1}{\bar{r}_o}I_1(\bar{k}\bar{r}_o)\right]+\\ [I_1(\bar{k}\bar{r}_o)-I_1(\bar{k}\bar{r}_i)]\left[2\bar{k}K_0(\bar{k}\bar{r}_o)+\dfrac{1}{\bar{r}_o}K_1(\bar{k}\bar{r}_o)\right]\end{array}\right\}\cdot\\ \Delta_2(2\bar{\omega}_1^2+2\bar{k}\bar{\omega}_1)\exp(2\mathrm{i}\bar{\omega}_1\bar{t}+2\mathrm{i}\bar{k}\bar{z})\end{array}\right\rangle \tag{11-126}$$

(7) 方程(11-86)对 $\bar{z}$ 求一阶偏导数

$$\bar{\phi}_{2\mathrm{lo},\bar{z}}\bigg|_{\bar{r}_0}=-\frac{\left\{\begin{matrix}[\mathrm{K}_1(2\bar{k}\bar{r}_o)-\mathrm{K}_1(2\bar{k}\bar{r}_i)]\,\mathrm{I}_0(2\bar{k}\bar{r})+\\ [\mathrm{I}_1(2\bar{k}\bar{r}_o)-\mathrm{I}_1(2\bar{k}\bar{r}_i)]\,\mathrm{K}_0(2\bar{k}\bar{r})\end{matrix}\right\}}{2\bar{k}}\Delta_{45}\cdot$$

$$\left\langle\begin{matrix}(2\bar{k}\bar{\omega}_2+4\bar{k}^2)\exp(\mathrm{i}\bar{\omega}_2\bar{t}+2\mathrm{i}\bar{k}\bar{z})-\\ \left\{\begin{matrix}[\mathrm{K}_1(\bar{k}\bar{r}_o)-\mathrm{K}_1(\bar{k}\bar{r}_i)]\left[2\bar{k}\mathrm{I}_0(\bar{k}\bar{r}_o)-\dfrac{1}{\bar{r}_o}\mathrm{I}_1(\bar{k}\bar{r}_o)\right]+\\ [\mathrm{I}_1(\bar{k}\bar{r}_o)-\mathrm{I}_1(\bar{k}\bar{r}_i)]\left[2\bar{k}\mathrm{K}_0(\bar{k}\bar{r}_o)+\dfrac{1}{\bar{r}_o}\mathrm{K}_1(\bar{k}\bar{r}_o)\right]\end{matrix}\right\}\cdot\\ \Delta_2(2\bar{k}\bar{\omega}_1+2\bar{k}^2)\exp(2\mathrm{i}\bar{\omega}_1\bar{t}+2\mathrm{i}\bar{k}\bar{z})\end{matrix}\right\rangle \tag{11-127}$$

(8) 第二级表面波反对称波形内环气相方程(11-102)对 $\bar{t}$ 求一阶偏导数

$$\bar{\phi}_{2\mathrm{gi},\bar{t}}\bigg|_{\bar{r}_0}=-\frac{\mathrm{I}_0(2\bar{k}\bar{r})}{2\bar{k}\mathrm{I}_1(2\bar{k}\bar{r}_i)}\left[\begin{matrix}\bar{\omega}_2^2\exp(\mathrm{i}\bar{\omega}_2\bar{t}+2\mathrm{i}\bar{k}\bar{z})-\\ \dfrac{2\bar{k}\mathrm{I}_0(\bar{k}\bar{r}_i)-\dfrac{1}{\bar{r}_i}\mathrm{I}_1(\bar{k}\bar{r}_i)}{\mathrm{I}_1(\bar{k}\bar{r}_i)}2\bar{\omega}_1^2\exp(2\mathrm{i}\bar{\omega}_1\bar{t}+2\mathrm{i}\bar{k}\bar{z})\end{matrix}\right] \tag{11-128}$$

(9) 第二级表面波反对称波形外环气相方程(11-111)对 $\bar{t}$ 求一阶偏导数

$$\bar{\phi}_{2\mathrm{go},\bar{t}}\bigg|_{\bar{r}_0}=\frac{\mathrm{K}_0(2\bar{k}\bar{r})}{2\bar{k}\mathrm{K}_1(2\bar{k}\bar{r}_o)}\left[\begin{matrix}\bar{\omega}_2^2\exp(\mathrm{i}\bar{\omega}_2\bar{t}+2\mathrm{i}\bar{k}\bar{z})+\\ \dfrac{2\bar{k}\mathrm{K}_0(\bar{k}\bar{r}_o)+\dfrac{1}{\bar{r}_o}\mathrm{K}_1(\bar{k}\bar{r}_o)}{\mathrm{K}_1(\bar{k}\bar{r}_o)}2\bar{\omega}_1^2\exp(2\mathrm{i}\bar{\omega}_1\bar{t}+2\mathrm{i}\bar{k}\bar{z})\end{matrix}\right] \tag{11-129}$$

(10) 第一级表面波反对称波形内环气相方程(11-28)对 $\bar{r}$ 求一阶偏导数

$$\bar{\phi}_{1\mathrm{gi},\bar{r}}\bigg|_{\bar{r}_0}=\frac{\mathrm{I}_1(\bar{k}\bar{r})}{\mathrm{I}_1(\bar{k}\bar{r}_i)}\mathrm{i}\bar{\omega}_1\exp(\mathrm{i}\bar{\omega}_1\bar{t}+\mathrm{i}\bar{k}\bar{z}) \tag{11-130}$$

(11) 方程(11-130)对 $\bar{t}$ 求一阶偏导数

$$\bar{\phi}_{1\mathrm{gi},\bar{r}\bar{t}}\bigg|_{\bar{r}_0}=-\frac{\mathrm{I}_1(\bar{k}\bar{r})}{\mathrm{I}_1(\bar{k}\bar{r}_i)}\bar{\omega}_1^2\exp(\mathrm{i}\bar{\omega}_1\bar{t}+\mathrm{i}\bar{k}\bar{z}) \tag{11-131}$$

(12) 第一级表面波反对称波形外环气相方程(11-33)对 $\bar{r}$ 求一阶偏导数

$$\bar{\phi}_{1\mathrm{go},\bar{r}}\bigg|_{\bar{r}_0}=\frac{\mathrm{K}_1(\bar{k}\bar{r})}{\mathrm{K}_1(\bar{k}\bar{r}_o)}\mathrm{i}\bar{\omega}_1\exp(\mathrm{i}\bar{\omega}_1\bar{t}+\mathrm{i}\bar{k}\bar{z}) \tag{11-132}$$

(13) 方程(11-132)对 $\bar{t}$ 求一阶偏导数

$$\bar{\phi}_{1\mathrm{go},\bar{r}\bar{t}}\bigg|_{\bar{r}_0}=-\frac{\mathrm{K}_1(\bar{k}\bar{r})}{\mathrm{K}_1(\bar{k}\bar{r}_o)}\bar{\omega}_1^2\exp(\mathrm{i}\bar{\omega}_1\bar{t}+\mathrm{i}\bar{k}\bar{z}) \tag{11-133}$$

在 $\bar{r}_0=\bar{r}_i$ 处，将以上方程代入第二级表面波按泰勒级数在边界 $\bar{r}_0$ 处展开的动力学边

界条件式(8-87),并去掉 θ 项,得

$$\left\langle \begin{array}{l} -\dfrac{\left\{\begin{array}{l}[\mathrm{K}_1(2\bar{k}\bar{r}_o)-\mathrm{K}_1(2\bar{k}\bar{r}_i)]\,\mathrm{I}_0(2\bar{k}\bar{r})+\\ [\mathrm{I}_1(2\bar{k}\bar{r}_o)-\mathrm{I}_1(2\bar{k}\bar{r}_i)]\,\mathrm{K}_0(2\bar{k}\bar{r})\end{array}\right\}\Delta_{45}}{2\bar{k}}\cdot \\ (\bar{\omega}_2^2+4\bar{k}\bar{\omega}_2+4\bar{k}^2)+\bar{\rho}\dfrac{\mathrm{I}_0(2\bar{k}\bar{r})}{2\bar{k}\mathrm{I}_1(2\bar{k}\bar{r}_i)}\bar{\omega}_2^2 \end{array} \right\rangle \exp(\mathrm{i}\bar{\omega}_2\bar{t}+2\mathrm{i}\bar{k}\bar{z})+$$

$$\left[\begin{array}{l} \dfrac{\left\{\begin{array}{l}[\mathrm{K}_1(2\bar{k}\bar{r}_o)-\mathrm{K}_1(2\bar{k}\bar{r}_i)]\,\mathrm{I}_0(2\bar{k}\bar{r})+\\ [\mathrm{I}_1(2\bar{k}\bar{r}_o)-\mathrm{I}_1(2\bar{k}\bar{r}_i)]\,\mathrm{K}_0(2\bar{k}\bar{r})\end{array}\right\}\Delta_{45}}{2\bar{k}}\cdot \\ \left\{\begin{array}{l}[\mathrm{K}_1(\bar{k}\bar{r}_o)-\mathrm{K}_1(\bar{k}\bar{r}_i)]\left[2\bar{k}\mathrm{I}_0(\bar{k}\bar{r}_i)-\dfrac{1}{\bar{r}_i}\mathrm{I}_1(\bar{k}\bar{r}_i)\right]+\\ [\mathrm{I}_1(\bar{k}\bar{r}_o)-\mathrm{I}_1(\bar{k}\bar{r}_i)]\left[2\bar{k}\mathrm{K}_0(\bar{k}\bar{r}_i)+\dfrac{1}{\bar{r}_i}\mathrm{K}_1(\bar{k}\bar{r}_i)\right]\end{array}\right\}\cdot \\ \Delta_2(2\bar{\omega}_1^2+4\bar{k}\bar{\omega}_1+2\bar{k}^2)- \\ \bar{\rho}\dfrac{\mathrm{I}_0(2\bar{k}\bar{r})}{2\bar{k}\mathrm{I}_1(2\bar{k}\bar{r}_i)}\dfrac{2\bar{k}\mathrm{I}_0(\bar{k}\bar{r}_i)-\dfrac{1}{\bar{r}_i}\mathrm{I}_1(\bar{k}\bar{r}_i)}{\mathrm{I}_1(\bar{k}\bar{r}_i)}2\bar{\omega}_1^2+2\bar{\rho}\dfrac{\mathrm{I}_1(\bar{k}\bar{r})}{\mathrm{I}_1(\bar{k}\bar{r}_i)}\bar{\omega}_1^2- \\ \{[\mathrm{K}_1(\bar{k}\bar{r}_o)-\mathrm{K}_1(\bar{k}\bar{r}_i)]\,\mathrm{I}_1(\bar{k}\bar{r})-[\mathrm{I}_1(\bar{k}\bar{r}_o)-\mathrm{I}_1(\bar{k}\bar{r}_i)]\,\mathrm{K}_1(\bar{k}\bar{r})\}\cdot \\ \Delta_2^2(\bar{\omega}_1^2+2\bar{k}\bar{\omega}_1+\bar{k}^2)+ \\ \dfrac{1}{2}\left\langle\begin{array}{l}\{[\mathrm{K}_1(\bar{k}\bar{r}_o)-\mathrm{K}_1(\bar{k}\bar{r}_i)]\,\mathrm{I}_0(\bar{k}\bar{r})+[\mathrm{I}_1(\bar{k}\bar{r}_o)-\mathrm{I}_1(\bar{k}\bar{r}_i)]\,\mathrm{K}_0(\bar{k}\bar{r})\}^2-\\ \{[\mathrm{K}_1(\bar{k}\bar{r}_o)-\mathrm{K}_1(\bar{k}\bar{r}_i)]\,\mathrm{I}_1(\bar{k}\bar{r})-[\mathrm{I}_1(\bar{k}\bar{r}_o)-\mathrm{I}_1(\bar{k}\bar{r}_i)]\,\mathrm{K}_1(\bar{k}\bar{r})\}^2\end{array}\right\rangle\cdot \\ \Delta_2^2(\bar{\omega}_1+\bar{k})^2+\dfrac{\bar{\rho}}{2}\left[\dfrac{\mathrm{I}_1^2(\bar{k}\bar{r})}{\mathrm{I}_1^2(\bar{k}\bar{r}_i)}+\dfrac{\mathrm{I}_0^2(\bar{k}\bar{r})}{\mathrm{I}_1^2(\bar{k}\bar{r}_o)}\right]\bar{\omega}_1^2 \end{array}\right]\cdot$$

$$\exp(2\mathrm{i}\bar{\omega}_1\bar{t}+2\mathrm{i}\bar{k}\bar{z})-$$

$$\frac{1}{We_1}\left[\begin{array}{l}-(-1)^j4\bar{k}^2\exp(\mathrm{i}\bar{\omega}_2\bar{t}+2\mathrm{i}\bar{k}\bar{z})+\exp(\mathrm{i}\bar{\omega}_2\bar{t}+2\mathrm{i}\bar{k}\bar{z})-\\ \exp(2\mathrm{i}\bar{\omega}_1\bar{t}+2\mathrm{i}\bar{k}\bar{z})-\dfrac{1}{2}\bar{k}^2\exp(2\mathrm{i}\bar{\omega}_1\bar{t}+2\mathrm{i}\bar{k}\bar{z})\end{array}\right]=0 \tag{11-134}$$

在 $\bar{r}_0=\bar{r}_i$ 处整理方程(11-134),得

$$\left\langle \begin{array}{l} -\dfrac{\left\{\begin{array}{l}[\mathrm{K}_1(2\bar{k}\bar{r}_o)-\mathrm{K}_1(2\bar{k}\bar{r}_i)]\mathrm{I}_0(2\bar{k}\bar{r}_i)+\\ [\mathrm{I}_1(2\bar{k}\bar{r}_o)-\mathrm{I}_1(2\bar{k}\bar{r}_i)]\mathrm{K}_0(2\bar{k}\bar{r}_i)\end{array}\right\}\Delta_{45}}{2\bar{k}}\cdot \\ (\bar{\omega}_2^2+4\bar{k}\bar{\omega}_2+4\bar{k}^2)+\bar{\rho}\dfrac{\mathrm{I}_0(2\bar{k}\bar{r}_i)}{2\bar{k}\mathrm{I}_1(2\bar{k}\bar{r}_i)}\bar{\omega}_2^2-\dfrac{1}{We_1}[1-(-1)^j 4\bar{k}^2] \end{array}\right\rangle \exp(\mathrm{i}\bar{\omega}_2\bar{t}+2\mathrm{i}\bar{k}\bar{z})+$$

$$\left[\begin{array}{l} \dfrac{\left\{\begin{array}{l}[\mathrm{K}_1(2\bar{k}\bar{r}_o)-\mathrm{K}_1(2\bar{k}\bar{r}_i)]\mathrm{I}_0(2\bar{k}\bar{r}_i)+\\ [\mathrm{I}_1(2\bar{k}\bar{r}_o)-\mathrm{I}_1(2\bar{k}\bar{r}_i)]\mathrm{K}_0(2\bar{k}\bar{r}_i)\end{array}\right\}\Delta_{45}}{2\bar{k}}\cdot \\ \left\{\begin{array}{l}[\mathrm{K}_1(\bar{k}\bar{r}_o)-\mathrm{K}_1(\bar{k}\bar{r}_i)]\left[2\bar{k}\mathrm{I}_0(\bar{k}\bar{r}_i)-\dfrac{1}{\bar{r}_i}\mathrm{I}_1(\bar{k}\bar{r}_i)\right]+\\ [\mathrm{I}_1(\bar{k}\bar{r}_o)-\mathrm{I}_1(\bar{k}\bar{r}_i)]\left[2\bar{k}\mathrm{K}_0(\bar{k}\bar{r}_i)+\dfrac{1}{\bar{r}_i}\mathrm{K}_1(\bar{k}\bar{r}_i)\right]\end{array}\right\}\Delta_2(2\bar{\omega}_1^2+4\bar{k}\bar{\omega}_1+2\bar{k}^2)- \\ \bar{\rho}\dfrac{\mathrm{I}_0(2\bar{k}\bar{r}_i)}{2\bar{k}\mathrm{I}_1(2\bar{k}\bar{r}_i)}\dfrac{2\bar{k}\mathrm{I}_0(\bar{k}\bar{r}_i)-\dfrac{1}{\bar{r}_i}\mathrm{I}_1(\bar{k}\bar{r}_i)}{\mathrm{I}_1(\bar{k}\bar{r}_i)}2\bar{\omega}_1^2+2\bar{\rho}\,\bar{\omega}_1^2- \\ \{[\mathrm{K}_1(\bar{k}\bar{r}_o)-\mathrm{K}_1(\bar{k}\bar{r}_i)]\mathrm{I}_1(\bar{k}\bar{r}_i)-[\mathrm{I}_1(\bar{k}\bar{r}_o)-\mathrm{I}_1(\bar{k}\bar{r}_i)]\mathrm{K}_1(\bar{k}\bar{r}_i)\}\Delta_2^2(\bar{\omega}_1^2+2\bar{k}\bar{\omega}_1+\bar{k}^2)+ \\ \dfrac{1}{2}\left\langle\begin{array}{l}\{[\mathrm{K}_1(\bar{k}\bar{r}_o)-\mathrm{K}_1(\bar{k}\bar{r}_i)]\mathrm{I}_0(\bar{k}\bar{r}_i)+[\mathrm{I}_1(\bar{k}\bar{r}_o)-\mathrm{I}_1(\bar{k}\bar{r}_i)]\mathrm{K}_0(\bar{k}\bar{r}_i)\}^2- \\ \{[\mathrm{K}_1(\bar{k}\bar{r}_o)-\mathrm{K}_1(\bar{k}\bar{r}_i)]\mathrm{I}_1(\bar{k}\bar{r}_i)-[\mathrm{I}_1(\bar{k}\bar{r}_o)-\mathrm{I}_1(\bar{k}\bar{r}_i)]\mathrm{K}_1(\bar{k}\bar{r}_i)\}^2\end{array}\right\rangle\Delta_2^2(\bar{\omega}_1+\bar{k})^2+ \\ \dfrac{\bar{\rho}}{2}\left[1+\dfrac{\mathrm{I}_0^2(\bar{k}\bar{r}_i)}{\mathrm{I}_1^2(\bar{k}\bar{r}_o)}\right]\bar{\omega}_1^2+\dfrac{1}{We_1}\left(1+\dfrac{1}{2}\bar{k}^2\right) \end{array}\right]\cdot$$

$$\exp(2\mathrm{i}\bar{\omega}_1\bar{t}+2\mathrm{i}\bar{k}\bar{z})=0 \tag{11-135}$$

令

$$\Delta_{46}=\mathrm{K}_1(2\bar{k}\bar{r}_o)\mathrm{I}_0(2\bar{k}\bar{r}_i)-\mathrm{K}_1(2\bar{k}\bar{r}_i)\mathrm{I}_0(2\bar{k}\bar{r}_i) \tag{11-136}$$

$$\Delta_{47}=\mathrm{I}_1(2\bar{k}\bar{r}_o)\mathrm{K}_0(2\bar{k}\bar{r}_i)-\mathrm{I}_1(2\bar{k}\bar{r}_i)\mathrm{K}_0(2\bar{k}\bar{r}_i) \tag{11-137}$$

$$G_3=\frac{\mathrm{I}_0(2\bar{k}\bar{r}_i)}{\mathrm{I}_1(2\bar{k}\bar{r}_i)} \tag{11-138}$$

根据方程(11-136)～方程(11-138)化简方程(11-135)，得

$$\left\{-\frac{(\Delta_{46}+\Delta_{47})\Delta_{45}}{2\bar{k}}(\bar{\omega}_2^2+4\bar{k}\bar{\omega}_2+4\bar{k}^2)+\bar{\rho}\frac{G_3}{2\bar{k}}\bar{\omega}_2^2-\frac{1}{We_1}[1-(-1)^j 4\bar{k}^2]\right\}\cdot$$

$$\exp(\mathrm{i}\bar{\omega}_2\bar{t}+2\mathrm{i}\bar{k}\bar{z})+$$

$$\left\{\begin{array}{l}\dfrac{(\Delta_{46}+\Delta_{47})\Delta_{45}}{2\bar{k}}\left[-2\bar{k}(\Delta_{41}+\Delta_{42})-\dfrac{1}{\bar{r}_i\Delta_2}\right]\Delta_2(2\bar{\omega}_1^2+4\bar{k}\bar{\omega}_1+2\bar{k}^2)- \\ \bar{\rho}\dfrac{G_3}{\bar{k}}\dfrac{2\bar{k}\bar{r}_i I_0(\bar{k}\bar{r}_i)-I_1(\bar{k}\bar{r}_i)}{\bar{r}_i I_1(\bar{k}\bar{r}_i)}\bar{\omega}_1^2+2\bar{\rho}\,\bar{\omega}_1^2-2(\bar{\omega}_1+\bar{k})^2+ \\ \dfrac{1}{2}\left[(\Delta_{41}+\Delta_{42})^2-\dfrac{1}{\Delta_2^2}\right]\Delta_2^2(\bar{\omega}_1+\bar{k})^2+ \\ \dfrac{\bar{\rho}}{2}\left[1+\dfrac{I_0^2(\bar{k}\bar{r}_i)}{I_1^2(\bar{k}\bar{r}_o)}\right]\bar{\omega}_1^2+\dfrac{1}{We_1}\left(1+\dfrac{1}{2}\bar{k}^2\right)\end{array}\right\}$$

$$\exp(2i\bar{\omega}_1\bar{t}+2i\bar{k}\bar{z})=0 \tag{11-139}$$

令环状液膜第二级表面波反对称波形中与第一级表面波相关的源项为

$$S_{asi2}=\left\{\begin{array}{l}\dfrac{(\Delta_{46}+\Delta_{47})\Delta_{45}}{2\bar{k}}\left[-2\bar{k}(\Delta_{41}+\Delta_{42})-\dfrac{1}{\bar{r}_i\Delta_2}\right]\Delta_2(2\bar{\omega}_1^2+4\bar{k}\bar{\omega}_1+2\bar{k}^2)- \\ \bar{\rho}\dfrac{G_3}{\bar{k}}\dfrac{2\bar{k}\bar{r}_i I_0(\bar{k}\bar{r}_i)-I_1(\bar{k}\bar{r}_i)}{\bar{r}_i I_1(\bar{k}\bar{r}_i)}\bar{\omega}_1^2+2\bar{\rho}\,\bar{\omega}_1^2- \\ 2(\bar{\omega}_1+\bar{k})^2+\dfrac{1}{2}\left[(\Delta_{41}+\Delta_{42})^2-\dfrac{1}{\Delta_2^2}\right]\Delta_2^2(\bar{\omega}_1+\bar{k})^2+ \\ \dfrac{\bar{\rho}}{2}\left[1+\dfrac{I_0^2(\bar{k}\bar{r}_i)}{I_1^2(\bar{k}\bar{r}_o)}\right]\bar{\omega}_1^2+\dfrac{1}{We_1}\left(1+\dfrac{1}{2}\bar{k}^2\right)\end{array}\right\}\cdot$$

$$\exp(2i\bar{\omega}_1\bar{t}+2i\bar{k}\bar{z}). \tag{11-140}$$

在 $\bar{r}_0=\bar{r}_i$ 处，当 $\exp(i\bar{\omega}_{1/2}\bar{t})=\pm1$ 时，表面波波动项达到最大值。取 $\exp(i\bar{\omega}_{1/2}\bar{t})=\pm1$，方程(11-140)变成

$$\begin{aligned}S_{asi2}=&\frac{(\Delta_{46}+\Delta_{47})\Delta_{45}}{2\bar{k}}\left[-2\bar{k}(\Delta_{41}+\Delta_{42})-\frac{1}{\bar{r}_i\Delta_2}\right]\Delta_2(2\bar{\omega}_1^2+4\bar{k}\bar{\omega}_1+2\bar{k}^2)- \\ &\bar{\rho}\frac{G_3}{\bar{k}}\frac{2\bar{k}\bar{r}_i I_0(\bar{k}\bar{r}_i)-I_1(\bar{k}\bar{r}_i)}{\bar{r}_i I_1(\bar{k}\bar{r}_i)}\bar{\omega}_1^2+2\bar{\rho}\,\bar{\omega}_1^2-2(\bar{\omega}_1+\bar{k})^2+ \\ &\frac{1}{2}\left[(\Delta_{41}+\Delta_{42})^2-\frac{1}{\Delta_2^2}\right]\Delta_2^2(\bar{\omega}_1+\bar{k})^2+\frac{\bar{\rho}}{2}\left[1+\frac{I_0^2(\bar{k}\bar{r}_i)}{I_1^2(\bar{k}\bar{r}_o)}\right]\bar{\omega}_1^2+\frac{1}{We_1}\left(1+\frac{1}{2}\bar{k}^2\right)\end{aligned} \tag{11-141}$$

将方程(11-141)代入方程(11-139)，得

$$\begin{aligned}&-\frac{(\Delta_{46}+\Delta_{47})\Delta_{45}}{2\bar{k}}(\bar{\omega}_2^2+4\bar{k}\bar{\omega}_2+4\bar{k}^2)+\bar{\rho}\frac{G_3}{2\bar{k}}\bar{\omega}_2^2- \\ &\frac{1}{We_1}[1-(-1)^j 4\bar{k}^2]+S_{asi2}=0\end{aligned} \tag{11-142}$$

化简为

$$\begin{aligned}&\left[\frac{(\Delta_{46}+\Delta_{47})\Delta_{45}}{2\bar{k}}-\bar{\rho}\frac{G_3}{2\bar{k}}\right]\bar{\omega}_2^2+2(\Delta_{46}+\Delta_{47})\Delta_{45}\bar{\omega}_2+2\bar{k}(\Delta_{46}+\Delta_{47})\Delta_{45}+ \\ &\frac{1}{We_1}[1-(-1)^j 4\bar{k}^2]-S_{asi2}=0\end{aligned} \tag{11-143}$$

解一元二次方程(11-143)，可得环状液膜第二级表面波反对称波形内环气液交界面色散准则关系式为

$$\bar{\omega}_2=\frac{-2\bar{k}(\Delta_{46}+\Delta_{47})\Delta_{45}\pm\mathrm{i}2\bar{k}\sqrt{-\bar{\rho}G_3(\Delta_{46}+\Delta_{47})\Delta_{45}+\frac{1}{2\bar{k}}\left[(\Delta_{46}+\Delta_{47})\Delta_{45}-\bar{\rho}G_3\right]\left\{\frac{1}{We_1}\left[1-(-1)^j4\bar{k}^2\right]-S_{\mathrm{asi2}}\right\}}}{(\Delta_{46}+\Delta_{47})\Delta_{45}-\bar{\rho}G_3}\tag{11-144}$$

$$\bar{\omega}_{\mathrm{r}2}=-\frac{2\bar{k}(\Delta_{46}+\Delta_{47})\Delta_{45}}{(\Delta_{46}+\Delta_{47})\Delta_{45}-\bar{\rho}G_3}\tag{11-145}$$

$$\bar{\omega}_{\mathrm{i}2}=\pm\frac{2\bar{k}\sqrt{-\bar{\rho}G_3(\Delta_{46}+\Delta_{47})\Delta_{45}+\frac{1}{2\bar{k}}\left[(\Delta_{46}+\Delta_{47})\Delta_{45}-\bar{\rho}G_3\right]\left\{\frac{1}{We_1}\left[1-(-1)^j4\bar{k}^2\right]-S_{\mathrm{asi2}}\right\}}}{(\Delta_{46}+\Delta_{47})\Delta_{45}-\bar{\rho}G_3}\tag{11-146}$$

在 $\bar{r}_0=\bar{r}_{\mathrm{o}}$ 处，将方程代入第二级表面波按泰勒级数在边界 $\bar{r}_0$ 处展开的动力学边界条件式(8-87)，并去掉 θ 项，得

$$\left\langle\begin{array}{l}-\dfrac{\left\{\begin{array}{l}\left[\mathrm{K}_1(2\bar{k}\bar{r}_{\mathrm{o}})-\mathrm{K}_1(2\bar{k}\bar{r}_{\mathrm{i}})\right]\mathrm{I}_0(2\bar{k}\bar{r})+\\\left[\mathrm{I}_1(2\bar{k}\bar{r}_{\mathrm{o}})-\mathrm{I}_1(2\bar{k}\bar{r}_{\mathrm{i}})\right]\mathrm{K}_0(2\bar{k}\bar{r})\end{array}\right\}\Delta_{45}}{2\bar{k}}(\bar{\omega}_2+2\bar{k})^2-\\\bar{\rho}\dfrac{\mathrm{K}_0(2\bar{k}\bar{r})}{2\bar{k}\mathrm{K}_1(2\bar{k}\bar{r}_{\mathrm{o}})}\bar{\omega}_2^2-\dfrac{1}{We_1}\left[1-(-1)^j4\bar{k}^2\right]\end{array}\right\rangle\exp(\mathrm{i}\bar{\omega}_2\bar{t}+2\mathrm{i}\bar{k}\bar{z})+$$

$$\left|\begin{array}{l}\dfrac{\left\{\begin{array}{l}\left[\mathrm{K}_1(2\bar{k}\bar{r}_{\mathrm{o}})-\mathrm{K}_1(2\bar{k}\bar{r}_{\mathrm{i}})\right]\mathrm{I}_0(2\bar{k}\bar{r})+\\\left[\mathrm{I}_1(2\bar{k}\bar{r}_{\mathrm{o}})-\mathrm{I}_1(2\bar{k}\bar{r}_{\mathrm{i}})\right]\mathrm{K}_0(2\bar{k}\bar{r})\end{array}\right\}\Delta_{45}}{2\bar{k}}\cdot\\\left\{\begin{array}{l}\left[\mathrm{K}_1(\bar{k}\bar{r}_{\mathrm{o}})-\mathrm{K}_1(\bar{k}\bar{r}_{\mathrm{i}})\right]\left[2\bar{k}\mathrm{I}_0(\bar{k}\bar{r}_{\mathrm{o}})-\dfrac{1}{\bar{r}_{\mathrm{o}}}\mathrm{I}_1(\bar{k}\bar{r}_{\mathrm{o}})\right]+\\\left[\mathrm{I}_1(\bar{k}\bar{r}_{\mathrm{o}})-\mathrm{I}_1(\bar{k}\bar{r}_{\mathrm{i}})\right]\left[2\bar{k}\mathrm{K}_0(\bar{k}\bar{r}_{\mathrm{o}})+\dfrac{1}{\bar{r}_{\mathrm{o}}}\mathrm{K}_1(\bar{k}\bar{r}_{\mathrm{o}})\right]\end{array}\right\}\Delta_2(\bar{\omega}_1+\bar{k})^2-\\\bar{\rho}\dfrac{\mathrm{K}_0(2\bar{k}\bar{r})}{\bar{k}\mathrm{K}_1(2\bar{k}\bar{r}_{\mathrm{o}})}\dfrac{2\bar{k}\mathrm{K}_0(\bar{k}\bar{r}_{\mathrm{o}})+\dfrac{1}{\bar{r}_{\mathrm{o}}}\mathrm{K}_1(\bar{k}\bar{r}_{\mathrm{o}})}{\mathrm{K}_1(\bar{k}\bar{r}_{\mathrm{o}})}\bar{\omega}_1^2+2\bar{\rho}\dfrac{\mathrm{K}_1(\bar{k}\bar{r})}{\mathrm{K}_1(\bar{k}\bar{r}_{\mathrm{o}})}\bar{\omega}_1^2-\\\left\{\left[\mathrm{K}_1(\bar{k}\bar{r}_{\mathrm{o}})-\mathrm{K}_1(\bar{k}\bar{r}_{\mathrm{i}})\right]\mathrm{I}_1(\bar{k}\bar{r})-\left[\mathrm{I}_1(\bar{k}\bar{r}_{\mathrm{o}})-\mathrm{I}_1(\bar{k}\bar{r}_{\mathrm{i}})\right]\mathrm{K}_1(\bar{k}\bar{r})\right\}\Delta_2 2(\bar{\omega}_1+\bar{k})^2+\\\dfrac{1}{2}\left\langle\begin{array}{l}\left\{\left[\mathrm{K}_1(\bar{k}\bar{r}_{\mathrm{o}})-\mathrm{K}_1(\bar{k}\bar{r}_{\mathrm{i}})\right]\mathrm{I}_0(\bar{k}\bar{r})+\left[\mathrm{I}_1(\bar{k}\bar{r}_{\mathrm{o}})-\mathrm{I}_1(\bar{k}\bar{r}_{\mathrm{i}})\right]\mathrm{K}_0(\bar{k}\bar{r})\right\}^2-\\\left\{\left[\mathrm{K}_1(\bar{k}\bar{r}_{\mathrm{o}})-\mathrm{K}_1(\bar{k}\bar{r}_{\mathrm{i}})\right]\mathrm{I}_1(\bar{k}\bar{r})-\left[\mathrm{I}_1(\bar{k}\bar{r}_{\mathrm{o}})-\mathrm{I}_1(\bar{k}\bar{r}_{\mathrm{i}})\right]\mathrm{K}_1(\bar{k}\bar{r})\right\}^2\end{array}\right\rangle\cdot\\\Delta_2^2(\bar{\omega}_1+\bar{k})^2+\dfrac{\bar{\rho}}{2}\dfrac{\mathrm{K}_0^2(\bar{k}\bar{r})+\mathrm{K}_1^2(\bar{k}\bar{r})}{\mathrm{K}_1^2(\bar{k}\bar{r}_{\mathrm{o}})}\bar{\omega}_1^2+\dfrac{1}{We_1}\left(1+\dfrac{1}{2}\bar{k}^2\right)\end{array}\right|\cdot$$

$$\exp(2\mathrm{i}\bar{\omega}_1\bar{t}+2\mathrm{i}\bar{k}\bar{z})=0 \tag{11-147}$$

在 $\bar{r}_0=\bar{r}_\mathrm{o}$ 处整理方程(11-147)，得

$$\left\langle \begin{array}{l} -\dfrac{\left\{\begin{array}{l}[\mathrm{K}_1(2\bar{k}\bar{r}_\mathrm{o})-\mathrm{K}_1(2\bar{k}\bar{r}_\mathrm{i})]\,\mathrm{I}_0(2\bar{k}\bar{r}_\mathrm{o})+\\ [\mathrm{I}_1(2\bar{k}\bar{r}_\mathrm{o})-\mathrm{I}_1(2\bar{k}\bar{r}_\mathrm{i})]\,\mathrm{K}_0(2\bar{k}\bar{r}_\mathrm{o})\end{array}\right\}\Delta_{45}}{2\bar{k}}\cdot \\ (\bar{\omega}_2+2\bar{k})^2-\bar{\rho}\dfrac{\mathrm{K}_0(2\bar{k}\bar{r}_\mathrm{o})}{2\bar{k}\mathrm{K}_1(2\bar{k}\bar{r}_\mathrm{o})}\bar{\omega}_2^2-\dfrac{1}{We_1}[1-(-1)^j4\bar{k}^2] \end{array}\right\rangle \exp(\mathrm{i}\bar{\omega}_2\bar{t}+2\mathrm{i}\bar{k}\bar{z})+$$

$$\left|\begin{array}{l} \dfrac{\left\{\begin{array}{l}[\mathrm{K}_1(2\bar{k}\bar{r}_\mathrm{o})-\mathrm{K}_1(2\bar{k}\bar{r}_\mathrm{i})]\,\mathrm{I}_0(2\bar{k}\bar{r}_\mathrm{o})+\\ [\mathrm{I}_1(2\bar{k}\bar{r}_\mathrm{o})-\mathrm{I}_1(2\bar{k}\bar{r}_\mathrm{i})]\,\mathrm{K}_0(2\bar{k}\bar{r}_\mathrm{o})\end{array}\right\}\Delta_{45}}{\bar{k}}\cdot \\ \left\{\begin{array}{l}[\mathrm{K}_1(\bar{k}\bar{r}_\mathrm{o})-\mathrm{K}_1(\bar{k}\bar{r}_\mathrm{i})]\left[2\bar{k}\mathrm{I}_0(\bar{k}\bar{r}_\mathrm{o})-\dfrac{1}{\bar{r}_\mathrm{o}}\mathrm{I}_1(\bar{k}\bar{r}_\mathrm{o})\right]+\\ [\mathrm{I}_1(\bar{k}\bar{r}_\mathrm{o})-\mathrm{I}_1(\bar{k}\bar{r}_\mathrm{i})]\left[2\bar{k}\mathrm{K}_0(\bar{k}\bar{r}_\mathrm{o})+\dfrac{1}{\bar{r}_\mathrm{o}}\mathrm{K}_1(\bar{k}\bar{r}_\mathrm{o})\right]\end{array}\right\}\Delta_2(\bar{\omega}_1+\bar{k})^2- \\ \bar{\rho}\dfrac{\mathrm{K}_0(2\bar{k}\bar{r}_\mathrm{o})}{\bar{k}\mathrm{K}_1(2\bar{k}\bar{r}_\mathrm{o})}\dfrac{2\bar{k}\mathrm{K}_0(\bar{k}\bar{r}_\mathrm{o})+\dfrac{1}{\bar{r}_\mathrm{o}}\mathrm{K}_1(\bar{k}\bar{r}_\mathrm{o})}{\mathrm{K}_1(\bar{k}\bar{r}_\mathrm{o})}\bar{\omega}_1^2+2\bar{\rho}\,\bar{\omega}_1^2- \\ \{[\mathrm{K}_1(\bar{k}\bar{r}_\mathrm{o})-\mathrm{K}_1(\bar{k}\bar{r}_\mathrm{i})]\,\mathrm{I}_1(\bar{k}\bar{r}_\mathrm{o})-[\mathrm{I}_1(\bar{k}\bar{r}_\mathrm{o})-\mathrm{I}_1(\bar{k}\bar{r}_\mathrm{i})]\,\mathrm{K}_1(\bar{k}\bar{r}_\mathrm{o})\}\Delta_2 2(\bar{\omega}_1+\bar{k})^2+ \\ \dfrac{1}{2}\left\langle\begin{array}{l}\{[\mathrm{K}_1(\bar{k}\bar{r}_\mathrm{o})-\mathrm{K}_1(\bar{k}\bar{r}_\mathrm{i})]\,\mathrm{I}_0(\bar{k}\bar{r}_\mathrm{o})+[\mathrm{I}_1(\bar{k}\bar{r}_\mathrm{o})-\mathrm{I}_1(\bar{k}\bar{r}_\mathrm{i})]\,\mathrm{K}_0(\bar{k}\bar{r}_\mathrm{o})\}^2- \\ \{[\mathrm{K}_1(\bar{k}\bar{r}_\mathrm{o})-\mathrm{K}_1(\bar{k}\bar{r}_\mathrm{i})]\,\mathrm{I}_1(\bar{k}\bar{r}_\mathrm{o})-[\mathrm{I}_1(\bar{k}\bar{r}_\mathrm{o})-\mathrm{I}_1(\bar{k}\bar{r}_\mathrm{i})]\,\mathrm{K}_1(\bar{k}\bar{r}_\mathrm{o})\}^2\end{array}\right\rangle\cdot \\ \Delta_2^2(\bar{\omega}_1+\bar{k})^2+ \\ \dfrac{\bar{\rho}}{2}\dfrac{\mathrm{K}_0^2(\bar{k}\bar{r}_\mathrm{o})+\mathrm{K}_1^2(\bar{k}\bar{r}_\mathrm{o})}{\mathrm{K}_1^2(\bar{k}\bar{r}_\mathrm{o})}\bar{\omega}_1^2+\dfrac{1}{We_1}\left(1+\dfrac{1}{2}\bar{k}^2\right) \end{array}\right|\cdot$$

$$\exp(2\mathrm{i}\bar{\omega}_1\bar{t}+2\mathrm{i}\bar{k}\bar{z})=0 \tag{11-148}$$

令

$$\Delta_{48}=\mathrm{K}_1(2\bar{k}\bar{r}_\mathrm{o})\mathrm{I}_0(2\bar{k}\bar{r}_\mathrm{o})-\mathrm{K}_1(2\bar{k}\bar{r}_\mathrm{i})\mathrm{I}_0(2\bar{k}\bar{r}_\mathrm{o}) \tag{11-149}$$

$$\Delta_{49}=\mathrm{I}_1(2\bar{k}\bar{r}_\mathrm{o})\mathrm{K}_0(2\bar{k}\bar{r}_\mathrm{o})-\mathrm{I}_1(2\bar{k}\bar{r}_\mathrm{i})\mathrm{K}_0(2\bar{k}\bar{r}_\mathrm{o}) \tag{11-150}$$

$$G_4=\frac{\mathrm{K}_0(2\bar{k}\bar{r}_\mathrm{o})}{\mathrm{K}_1(2\bar{k}\bar{r}_\mathrm{o})} \tag{11-151}$$

根据方程(11-149)～方程(11-151)化简方程(11-148)，得

$$\left\{-\frac{(\Delta_{48}+\Delta_{49})\Delta_{45}}{2\bar{k}}(\bar{\omega}_2+2\bar{k})^2-\bar{\rho}\frac{G_4}{2\bar{k}}\bar{\omega}_2^2-\frac{1}{We_1}[1-(-1)^j 4\bar{k}^2]\right\}\exp(\mathrm{i}\bar{\omega}_2\bar{t}+2\mathrm{i}\bar{k}\bar{z})+$$

$$\left\{\begin{aligned}&\frac{(\Delta_{48}+\Delta_{49})\Delta_{45}}{2\bar{k}}\left[-2\bar{k}(\Delta_{43}+\Delta_{44})-\frac{1}{\bar{r}_o\Delta_2}\right]\Delta_2(\bar{\omega}_1+\bar{k})^2-\\&\bar{\rho}\frac{G_4}{2\bar{k}}\frac{2\bar{k}\mathrm{K}_0(\bar{k}\bar{r}_o)+\frac{1}{\bar{r}_o}\mathrm{K}_1(\bar{k}\bar{r}_o)}{\mathrm{K}_1(\bar{k}\bar{r}_o)}\bar{\omega}_1^2+2\bar{\rho}\,\bar{\omega}_1^2-2(\bar{\omega}_1+\bar{k})^2+\\&\frac{1}{2}\left[(\Delta_{43}+\Delta_{44})^2-\frac{1}{\Delta_2^2}\right]\Delta_2^2(\bar{\omega}_1+\bar{k})^2+\\&\frac{\bar{\rho}}{2}\frac{\mathrm{K}_0^2(\bar{k}\bar{r}_o)+\mathrm{K}_1^2(\bar{k}\bar{r}_o)}{\mathrm{K}_1^2(\bar{k}\bar{r}_o)}\bar{\omega}_1^2+\frac{1}{We_1}\left(1+\frac{1}{2}\bar{k}^2\right)\end{aligned}\right\}\exp(2\mathrm{i}\bar{\omega}_1\bar{t}+2\mathrm{i}\bar{k}\bar{z})=0$$

(11-152)

令第二级表面波中与第一级表面波相关的源项为

$$S_{\mathrm{aso2}}=\left\{\begin{aligned}&\frac{(\Delta_{48}+\Delta_{49})\Delta_{45}}{\bar{k}}\left[-2\bar{k}(\Delta_{43}+\Delta_{44})-\frac{1}{\bar{r}_o\Delta_2}\right]\Delta_2(\bar{\omega}_1+\bar{k})^2-\\&\bar{\rho}\frac{G_4}{\bar{k}}\frac{2\bar{k}\mathrm{K}_0(\bar{k}\bar{r}_o)+\frac{1}{\bar{r}_o}\mathrm{K}_1(\bar{k}\bar{r}_o)}{\mathrm{K}_1(\bar{k}\bar{r}_o)}\bar{\omega}_1^2+\\&2\bar{\rho}\,\bar{\omega}_1^2-2(\bar{\omega}_1+\bar{k})^2+\frac{1}{2}\left[(\Delta_{43}+\Delta_{44})^2-\frac{1}{\Delta_2^2}\right]\Delta_2^2(\bar{\omega}_1+\bar{k})^2+\\&\frac{\bar{\rho}}{2}\frac{\mathrm{K}_0^2(\bar{k}\bar{r}_o)+\mathrm{K}_1^2(\bar{k}\bar{r}_o)}{\mathrm{K}_1^2(\bar{k}\bar{r}_o)}\bar{\omega}_1^2+\frac{1}{We_1}\left(1+\frac{1}{2}\bar{k}^2\right)\end{aligned}\right\}\exp(2\mathrm{i}\bar{\omega}_1\bar{t}+2\mathrm{i}\bar{k}\bar{z})$$

(11-153)

在 $\bar{r}_0=\bar{r}_o$ 处，当 $\exp(\mathrm{i}\bar{\omega}_{1/2}\bar{t})=\pm1$ 时，表面波波动项达到最大值。取 $\exp(\mathrm{i}\bar{\omega}_{1/2}\bar{t})=\pm1$，方程(11-153)变成

$$\begin{aligned}S_{\mathrm{aso2}}=&\frac{(\Delta_{48}+\Delta_{49})\Delta_{45}}{\bar{k}}\left[-2\bar{k}(\Delta_{43}+\Delta_{44})-\frac{1}{\bar{r}_o\Delta_2}\right]\Delta_2(\bar{\omega}_1+\bar{k})^2-\\&\bar{\rho}\frac{G_4}{\bar{k}}\frac{2\bar{k}\mathrm{K}_0(\bar{k}\bar{r}_o)+\frac{1}{\bar{r}_o}\mathrm{K}_1(\bar{k}\bar{r}_o)}{\mathrm{K}_1(\bar{k}\bar{r}_o)}\bar{\omega}_1^2+\\&2\bar{\rho}\,\bar{\omega}_1^2-2(\bar{\omega}_1+\bar{k})^2+\frac{1}{2}\left[(\Delta_{43}+\Delta_{44})^2-\frac{1}{\Delta_2^2}\right]\Delta_2^2(\bar{\omega}_1+\bar{k})^2+\\&\frac{\bar{\rho}}{2}\frac{\mathrm{K}_0^2(\bar{k}\bar{r}_o)+\mathrm{K}_1^2(\bar{k}\bar{r}_o)}{\mathrm{K}_1^2(\bar{k}\bar{r}_o)}\bar{\omega}_1^2+\frac{1}{We_1}\left(1+\frac{1}{2}\bar{k}^2\right)\end{aligned}\tag{11-154}$$

将方程(11-154)代入方程(11-152)，得

$$-\frac{(\Delta_{48}+\Delta_{49})\Delta_{45}}{2\bar{k}}(\bar{\omega}_2+2\bar{k})^2-\bar{\rho}\frac{G_4}{2\bar{k}}\bar{\omega}_2^2-\frac{1}{We_1}[1-(-1)^j 4\bar{k}^2]+S_{\mathrm{aso2}}=0 \tag{11-155}$$

化简为

$$\left[\frac{(\Delta_{48}+\Delta_{49})\Delta_{45}}{2\bar{k}}+\bar{\rho}\frac{G_4}{2\bar{k}}\right]\bar{\omega}_2^2+2(\Delta_{48}+\Delta_{49})\Delta_{45}\bar{\omega}_2+$$

$$2\bar{k}(\Delta_{48}+\Delta_{49})\Delta_{45}+\frac{1}{We_1}[1-(-1)^j 4\bar{k}^2]-S_{\mathrm{aso2}}=0 \tag{11-156}$$

解一元二次方程(11-156),可得环状液膜第二级表面波反对称波形外环气液交界面色散准则关系式。

$$\bar{\omega}_2=\frac{-2\bar{k}(\Delta_{48}+\Delta_{49})\Delta_{45}\pm \mathrm{i}2\bar{k}\sqrt{\bar{\rho}G_4(\Delta_{48}+\Delta_{49})\Delta_{45}+\frac{1}{2\bar{k}}[(\Delta_{48}+\Delta_{49})\Delta_{45}+\bar{\rho}G_4]\left\{\frac{1}{We_1}[1-(-1)^j 4\bar{k}^2]-S_{\mathrm{aso2}}\right\}}}{(\Delta_{48}+\Delta_{49})\Delta_{45}+\bar{\rho}G_4} \tag{11-157}$$

$$\bar{\omega}_{\mathrm{r2}}=-\frac{2\bar{k}(\Delta_{48}+\Delta_{49})\Delta_{45}}{(\Delta_{48}+\Delta_{49})\Delta_{45}+\bar{\rho}G_4} \tag{11-158}$$

$$\bar{\omega}_{\mathrm{i2}}=\pm\frac{2\bar{k}\sqrt{\bar{\rho}G_4(\Delta_{48}+\Delta_{49})\Delta_{45}+\frac{1}{2\bar{k}}[(\Delta_{48}+\Delta_{49})\Delta_{45}+\bar{\rho}G_4]\left\{\frac{1}{We_1}[1-(-1)^j 4\bar{k}^2]-S_{\mathrm{aso2}}\right\}}}{(\Delta_{48}+\Delta_{49})\Delta_{45}+\bar{\rho}G_4} \tag{11-159}$$

11.2.5 环状液膜第二级波正对称波形的色散准则关系式

(1) 第一级表面波正对称波形液相方程(11-19)对 $\bar{r}$ 求一阶偏导数

$$\bar{\phi}_{1\mathrm{l}j,\bar{r}}\Big|_{\bar{r}_0}=(-1)^{j+1}\left\{\begin{array}{l}[\mathrm{K}_1(\bar{k}\bar{r}_\mathrm{o})-\mathrm{K}_1(\bar{k}\bar{r}_\mathrm{i})]\,\mathrm{I}_1(\bar{k}\bar{r})-\\ [\mathrm{I}_1(\bar{k}\bar{r}_\mathrm{o})-\mathrm{I}_1(\bar{k}\bar{r}_\mathrm{i})]\,\mathrm{K}_1(\bar{k}\bar{r})\end{array}\right\}\cdot$$

$$\Delta_2(\mathrm{i}\bar{\omega}_1+\mathrm{i}\bar{k})\exp(\mathrm{i}\bar{\omega}_1\bar{t}+\mathrm{i}\bar{k}\bar{z}) \tag{11-160}$$

(2) 方程(11-160)对 $\bar{t}$ 求一阶偏导数

$$\bar{\phi}_{1\mathrm{l}j,\bar{r}\bar{t}}\Big|_{\bar{r}_0}=(-1)^{j}\left\{\begin{array}{l}[\mathrm{K}_1(\bar{k}\bar{r}_\mathrm{o})-\mathrm{K}_1(\bar{k}\bar{r}_\mathrm{i})]\,\mathrm{I}_1(\bar{k}\bar{r})-\\ [\mathrm{I}_1(\bar{k}\bar{r}_\mathrm{o})-\mathrm{I}_1(\bar{k}\bar{r}_\mathrm{i})]\,\mathrm{K}_1(\bar{k}\bar{r})\end{array}\right\}\Delta_2(\bar{\omega}_1^2+\bar{k}\bar{\omega}_1)\exp(\mathrm{i}\bar{\omega}_1\bar{t}+\mathrm{i}\bar{k}\bar{z}) \tag{11-161}$$

(3) 方程(11-58)对 $\bar{r}$ 求一阶偏导数

$$\bar{\phi}_{1\mathrm{l}j,\bar{z}\bar{r}}\Big|_{\bar{r}_0}=(-1)^{j}\left\{\begin{array}{l}[\mathrm{K}_1(\bar{k}\bar{r}_\mathrm{o})-\mathrm{K}_1(\bar{k}\bar{r}_\mathrm{i})]\,\mathrm{I}_1(\bar{k}\bar{r})-\\ [\mathrm{I}_1(\bar{k}\bar{r}_\mathrm{o})-\mathrm{I}_1(\bar{k}\bar{r}_\mathrm{i})]\,\mathrm{K}_1(\bar{k}\bar{r})\end{array}\right\}\Delta_2(\bar{k}\bar{\omega}_1+\bar{k}^2)\exp(\mathrm{i}\bar{\omega}_1\bar{t}+\mathrm{i}\bar{k}\bar{z}) \tag{11-162}$$

（4）第二级表面波正对称波形外环液相方程（11-92）对 $\bar{t}$ 求一阶偏导数

$$\bar{\phi}_{2\mathrm{lo},\bar{t}}\Big|_{\bar{r}_0}=\frac{\left\{\begin{array}{l}[\mathrm{K}_1(2\bar{k}\bar{r}_\mathrm{o})-\mathrm{K}_1(2\bar{k}\bar{r}_\mathrm{i})]\mathrm{I}_0(2\bar{k}\bar{r})+\\ [\mathrm{I}_1(2\bar{k}\bar{r}_\mathrm{o})-\mathrm{I}_1(2\bar{k}\bar{r}_\mathrm{i})]\mathrm{K}_0(2\bar{k}\bar{r})\end{array}\right\}\Delta_{45}}{2\bar{k}}\cdot$$

$$\left\langle\begin{array}{l}(\bar{\omega}_2^2+2\bar{k}\bar{\omega}_2)\exp(\mathrm{i}\bar{\omega}_2\bar{t}+2\mathrm{i}\bar{k}\bar{z})+\\ \left\{\begin{array}{l}[\mathrm{K}_1(\bar{k}\bar{r}_\mathrm{o})-\mathrm{K}_1(\bar{k}\bar{r}_\mathrm{i})]\left[2\bar{k}\mathrm{I}_0(\bar{k}\bar{r}_\mathrm{o})-\dfrac{1}{\bar{r}_\mathrm{o}}\mathrm{I}_1(\bar{k}\bar{r}_\mathrm{o})\right]+\\ [\mathrm{I}_1(\bar{k}\bar{r}_\mathrm{o})-\mathrm{I}_1(\bar{k}\bar{r}_\mathrm{i})]\left[2\bar{k}\mathrm{K}_0(\bar{k}\bar{r}_\mathrm{o})+\dfrac{1}{\bar{r}_\mathrm{o}}\mathrm{K}_1(\bar{k}\bar{r}_\mathrm{o})\right]\end{array}\right\}\cdot\\ \Delta_2(2\bar{\omega}_1^2+2\bar{k}\bar{\omega}_1)\exp(2\mathrm{i}\bar{\omega}_1\bar{t}+2\mathrm{i}\bar{k}\bar{z})\end{array}\right\rangle \tag{11-163}$$

（5）方程（11-92）对 $\bar{z}$ 求一阶偏导数

$$\bar{\phi}_{2\mathrm{lo},\bar{z}}\Big|_{\bar{r}_0}=\frac{\left\{\begin{array}{l}[\mathrm{K}_1(2\bar{k}\bar{r}_\mathrm{o})-\mathrm{K}_1(2\bar{k}\bar{r}_\mathrm{i})]\mathrm{I}_0(2\bar{k}\bar{r})+\\ [\mathrm{I}_1(2\bar{k}\bar{r}_\mathrm{o})-\mathrm{I}_1(2\bar{k}\bar{r}_\mathrm{i})]\mathrm{K}_0(2\bar{k}\bar{r})\end{array}\right\}\Delta_{45}}{2\bar{k}}\cdot$$

$$\left\langle\begin{array}{l}(2\bar{k}\bar{\omega}_2+4\bar{k}^2)\exp(\mathrm{i}\bar{\omega}_2\bar{t}+2\mathrm{i}\bar{k}\bar{z})+\\ \left\{\begin{array}{l}[\mathrm{K}_1(\bar{k}\bar{r}_\mathrm{o})-\mathrm{K}_1(\bar{k}\bar{r}_\mathrm{i})]\left[2\bar{k}\mathrm{I}_0(\bar{k}\bar{r}_\mathrm{o})-\dfrac{1}{\bar{r}_\mathrm{o}}\mathrm{I}_1(\bar{k}\bar{r}_\mathrm{o})\right]+\\ [\mathrm{I}_1(\bar{k}\bar{r}_\mathrm{o})-\mathrm{I}_1(\bar{k}\bar{r}_\mathrm{i})]\left[2\bar{k}\mathrm{K}_0(\bar{k}\bar{r}_\mathrm{o})+\dfrac{1}{\bar{r}_\mathrm{o}}\mathrm{K}_1(\bar{k}\bar{r}_\mathrm{o})\right]\end{array}\right\}\cdot\\ \Delta_2(2\bar{k}\bar{\omega}_1+2\bar{k}^2)\exp(2\mathrm{i}\bar{\omega}_1\bar{t}+2\mathrm{i}\bar{k}\bar{z})\end{array}\right\rangle \tag{11-164}$$

（6）第二级表面波正对称波形外环气相方程（11-120）对 $\bar{t}$ 求一阶偏导数

$$\bar{\phi}_{2\mathrm{go},\bar{t}}\Big|_{\bar{r}_0}=\frac{\mathrm{K}_0(2\bar{k}\bar{r})}{2\bar{k}\mathrm{K}_1(2\bar{k}\bar{r}_\mathrm{o})}\left[\begin{array}{l}-\bar{\omega}_2^2\exp(\mathrm{i}\bar{\omega}_2\bar{t}+2\mathrm{i}\bar{k}\bar{z})+\\ \dfrac{2\bar{k}\mathrm{K}_0(\bar{k}\bar{r}_\mathrm{o})+\dfrac{1}{\bar{r}_\mathrm{o}}\mathrm{K}_1(\bar{k}\bar{r}_\mathrm{o})}{\mathrm{K}_1(\bar{k}\bar{r}_\mathrm{o})}2\bar{\omega}_1^2\exp(2\mathrm{i}\bar{\omega}_1\bar{t}+2\mathrm{i}\bar{k}\bar{z})\end{array}\right] \tag{11-165}$$

（7）第一级表面波正对称波形外环气相方程（11-36）对 $\bar{r}$ 求一阶偏导数

$$\bar{\phi}_{1\mathrm{go},\bar{r}}\Big|_{\bar{r}_0}=-\frac{\mathrm{K}_1(\bar{k}\bar{r})}{\mathrm{K}_1(\bar{k}\bar{r}_\mathrm{o})}\mathrm{i}\bar{\omega}_1\exp(\mathrm{i}\bar{\omega}_1\bar{t}+\mathrm{i}\bar{k}\bar{z}) \tag{11-166}$$

（8）方程（11-166）对 $\bar{t}$ 求一阶偏导数

$$\bar{\phi}_{1\mathrm{go},\bar{r}\bar{t}}\Big|_{\bar{r}_0}=\frac{\mathrm{K}_1(\bar{k}\bar{r})}{\mathrm{K}_1(\bar{k}\bar{r}_\mathrm{o})}\bar{\omega}_1^2\exp(\mathrm{i}\bar{\omega}_1\bar{t}+\mathrm{i}\bar{k}\bar{z}) \tag{11-167}$$

第二级表面波正对称波形内环色散准则关系式与反对称波形内环色散准则关系式完全

相同。

在 $\bar{r}_0=\bar{r}_o$ 处，将以上方程代入第二级表面波按泰勒级数在边界 $\bar{r}_0$ 处展开的动力学边界条件式(8-87)，并去掉 θ 项，且 $\bar{\xi}_o$ 为负，得

$$\left\langle \begin{array}{l} \dfrac{\left\{\begin{array}{l}[\mathrm{K}_1(2\bar{k}\bar{r}_o)-\mathrm{K}_1(2\bar{k}\bar{r}_i)]\,\mathrm{I}_0(2\bar{k}\bar{r})+\\ [\mathrm{I}_1(2\bar{k}\bar{r}_o)-\mathrm{I}_1(2\bar{k}\bar{r}_i)]\,\mathrm{K}_0(2\bar{k}\bar{r})\end{array}\right\}\Delta_{45}}{2\bar{k}}(\bar{\omega}_2+2\bar{k})^2+ \\ \bar{\rho}\,\dfrac{\mathrm{K}_0(2\bar{k}\bar{r})}{2\bar{k}\mathrm{K}_1(2\bar{k}\bar{r}_o)}\bar{\omega}_2^2+\dfrac{1}{We_1}[1-(-1)^j4\bar{k}^2] \end{array}\right\rangle \exp(\mathrm{i}\bar{\omega}_2\bar{t}+2\mathrm{i}\bar{k}\bar{z})+$$

$$\left| \begin{array}{l} \dfrac{\left\{\begin{array}{l}[\mathrm{K}_1(2\bar{k}\bar{r}_o)-\mathrm{K}_1(2\bar{k}\bar{r}_i)]\,\mathrm{I}_0(2\bar{k}\bar{r})+\\ [\mathrm{I}_1(2\bar{k}\bar{r}_o)-\mathrm{I}_1(2\bar{k}\bar{r}_i)]\,\mathrm{K}_0(2\bar{k}\bar{r})\end{array}\right\}\Delta_{45}}{\bar{k}}\cdot \\ \left\{\begin{array}{l}[\mathrm{K}_1(\bar{k}\bar{r}_o)-\mathrm{K}_1(\bar{k}\bar{r}_i)]\left[2\bar{k}\mathrm{I}_0(\bar{k}\bar{r}_o)-\dfrac{1}{\bar{r}_o}\mathrm{I}_1(\bar{k}\bar{r}_o)\right]+\\ [\mathrm{I}_1(\bar{k}\bar{r}_o)-\mathrm{I}_1(\bar{k}\bar{r}_i)]\left[2\bar{k}\mathrm{K}_0(\bar{k}\bar{r}_o)+\dfrac{1}{\bar{r}_o}\mathrm{K}_1(\bar{k}\bar{r}_o)\right]\end{array}\right\}\Delta_2(\bar{\omega}_1+\bar{k})^2- \\ \bar{\rho}\,\dfrac{\mathrm{K}_0(2\bar{k}\bar{r})}{\bar{k}\mathrm{K}_1(2\bar{k}\bar{r}_o)}\,\dfrac{2\bar{k}\mathrm{K}_0(\bar{k}\bar{r}_o)+\dfrac{1}{\bar{r}_o}\mathrm{K}_1(\bar{k}\bar{r}_o)}{\mathrm{K}_1(\bar{k}\bar{r}_o)}\bar{\omega}_1^2+2\bar{\rho}\,\dfrac{\mathrm{K}_1(\bar{k}\bar{r})}{\mathrm{K}_1(\bar{k}\bar{r}_o)}\bar{\omega}_1^2- \\ \left\{\begin{array}{l}[\mathrm{K}_1(\bar{k}\bar{r}_o)-\mathrm{K}_1(\bar{k}\bar{r}_i)]\,\mathrm{I}_1(\bar{k}\bar{r})-\\ [\mathrm{I}_1(\bar{k}\bar{r}_o)-\mathrm{I}_1(\bar{k}\bar{r}_i)]\,\mathrm{K}_1(\bar{k}\bar{r})\end{array}\right\}\Delta_2^2(\bar{\omega}_1+\bar{k})^2+ \\ \dfrac{1}{2}\left\langle\begin{array}{l}\{[\mathrm{K}_1(\bar{k}\bar{r}_o)-\mathrm{K}_1(\bar{k}\bar{r}_i)]\,\mathrm{I}_0(\bar{k}\bar{r})+[\mathrm{I}_1(\bar{k}\bar{r}_o)-\mathrm{I}_1(\bar{k}\bar{r}_i)]\,\mathrm{K}_0(\bar{k}\bar{r})\}^2-\\ \{[\mathrm{K}_1(\bar{k}\bar{r}_o)-\mathrm{K}_1(\bar{k}\bar{r}_i)]\,\mathrm{I}_1(\bar{k}\bar{r})-[\mathrm{I}_1(\bar{k}\bar{r}_o)-\mathrm{I}_1(\bar{k}\bar{r}_i)]\,\mathrm{K}_1(\bar{k}\bar{r})\}^2\end{array}\right\rangle\cdot \\ \Delta_2^2(\bar{\omega}_1+\bar{k})^2+ \\ \dfrac{\bar{\rho}}{2}\,\dfrac{\mathrm{K}_0^2(\bar{k}\bar{r})+\mathrm{K}_1^2(\bar{k}\bar{r})}{\mathrm{K}_1^2(\bar{k}\bar{r}_o)}\bar{\omega}_1^2+\dfrac{1}{We_1}\left(1+\dfrac{1}{2}\bar{k}^2\right) \end{array} \right|\cdot$$

$$\exp(2\mathrm{i}\bar{\omega}_1\bar{t}+2\mathrm{i}\bar{k}\bar{z})=0 \tag{11-168}$$

在 $\bar{r}_0=\bar{r}_o$ 处整理方程(11-168)，得

$$\left\langle \begin{array}{l} \dfrac{\left\{\begin{array}{l}[\mathrm{K}_1(2\bar{k}\bar{r}_o)-\mathrm{K}_1(2\bar{k}\bar{r}_i)]\,\mathrm{I}_0(2\bar{k}\bar{r}_o)+\\ [\mathrm{I}_1(2\bar{k}\bar{r}_o)-\mathrm{I}_1(2\bar{k}\bar{r}_i)]\,\mathrm{K}_0(2\bar{k}\bar{r}_o)\end{array}\right\}\Delta_{45}}{2\bar{k}}(\bar{\omega}_2+2\bar{k})^2+\bar{\rho}\,\dfrac{\mathrm{K}_0(2\bar{k}\bar{r}_o)}{2\bar{k}\mathrm{K}_1(2\bar{k}\bar{r}_o)}\bar{\omega}_2^2+ \\ \dfrac{1}{We_1}[1-(-1)^j4\bar{k}^2] \end{array}\right\rangle \exp(\mathrm{i}\bar{\omega}_2\bar{t}+2\mathrm{i}\bar{k}\bar{z})+$$

$$\left[\begin{array}{l}
\dfrac{\left\{\begin{array}{l}[K_1(2\bar{k}\bar{r}_o)-K_1(2\bar{k}\bar{r}_i)]\,I_0(2\bar{k}\bar{r}_o)+\\ [I_1(2\bar{k}\bar{r}_o)-I_1(2\bar{k}\bar{r}_i)]\,K_0(2\bar{k}\bar{r}_o)\end{array}\right\}\Delta_{45}}{\bar{k}}\cdot \\
\left\{\begin{array}{l}[K_1(\bar{k}\bar{r}_o)-K_1(\bar{k}\bar{r}_i)]\left[2\bar{k}I_0(\bar{k}\bar{r}_o)-\dfrac{1}{\bar{r}_o}I_1(\bar{k}\bar{r}_o)\right]+\\ [I_1(\bar{k}\bar{r}_o)-I_1(\bar{k}\bar{r}_i)]\left[2\bar{k}K_0(\bar{k}\bar{r}_o)+\dfrac{1}{\bar{r}_o}K_1(\bar{k}\bar{r}_o)\right]\end{array}\right\}\Delta_2(\bar{\omega}_1+\bar{k})^2- \\
\bar{\rho}\dfrac{K_0(2\bar{k}\bar{r}_o)}{\bar{k}K_1(2\bar{k}\bar{r}_o)}\dfrac{2\bar{k}K_0(\bar{k}\bar{r}_o)+\dfrac{1}{\bar{r}_o}K_1(\bar{k}\bar{r}_o)}{K_1(\bar{k}\bar{r}_o)}\bar{\omega}_1^2+2\bar{\rho}\,\bar{\omega}_1^2- \\
\left\{\begin{array}{l}[K_1(\bar{k}\bar{r}_o)-K_1(\bar{k}\bar{r}_i)]\,I_1(\bar{k}\bar{r}_o)-\\ [I_1(\bar{k}\bar{r}_o)-I_1(\bar{k}\bar{r}_i)]\,K_1(\bar{k}\bar{r}_o)\end{array}\right\}\Delta_2^2(\bar{\omega}_1+\bar{k})^2+ \\
\dfrac{1}{2}\left\langle\begin{array}{l}\{[K_1(\bar{k}\bar{r}_o)-K_1(\bar{k}\bar{r}_i)]\,I_0(\bar{k}\bar{r}_o)+[I_1(\bar{k}\bar{r}_o)-I_1(\bar{k}\bar{r}_i)]\,K_0(\bar{k}\bar{r}_o)\}^2-\\ \{[K_1(\bar{k}\bar{r}_o)-K_1(\bar{k}\bar{r}_i)]\,I_1(\bar{k}\bar{r}_o)-[I_1(\bar{k}\bar{r}_o)-I_1(\bar{k}\bar{r}_i)]\,K_1(\bar{k}\bar{r}_o)\}^2\end{array}\right\rangle\cdot \\
\Delta_2^2(\bar{\omega}_1+\bar{k})^2+ \\
\dfrac{\bar{\rho}}{2}\dfrac{K_0^2(\bar{k}\bar{r}_o)+K_1^2(\bar{k}\bar{r}_o)}{K_1^2(\bar{k}\bar{r}_o)}\bar{\omega}_1^2+\dfrac{1}{We_1}\left(1+\dfrac{1}{2}\bar{k}^2\right)
\end{array}\right]\cdot$$

$$\exp(2\mathrm{i}\bar{\omega}_1\bar{t}+2\mathrm{i}\bar{k}\bar{z})=0 \tag{11-169}$$

根据方程(11-149)～方程(11-151)化简方程(11-169)，得

$$\left\{\frac{(\Delta_{48}+\Delta_{49})\Delta_{45}}{2\bar{k}}(\bar{\omega}_2+2\bar{k})^2+\bar{\rho}\frac{G_4}{2\bar{k}}\bar{\omega}_2^2+\frac{1}{We_1}[1-(-1)^j4\bar{k}^2]\right\}\exp(\mathrm{i}\bar{\omega}_2\bar{t}+2\mathrm{i}\bar{k}\bar{z})+$$

$$\left\{\begin{array}{l}
\dfrac{(\Delta_{48}+\Delta_{49})\Delta_{45}}{\bar{k}}\left[-2\bar{k}(\Delta_{43}+\Delta_{44})-\dfrac{1}{\bar{r}_o\Delta_2}\right]\Delta_2(\bar{\omega}_1+\bar{k})^2- \\
\bar{\rho}\dfrac{G_4}{\bar{k}}\dfrac{2\bar{k}K_0(\bar{k}\bar{r}_o)+\dfrac{1}{\bar{r}_o}K_1(\bar{k}\bar{r}_o)}{K_1(\bar{k}\bar{r}_o)}\bar{\omega}_1^2+2\bar{\rho}\,\bar{\omega}_1^2- \\
2(\bar{\omega}_1+\bar{k})^2+\dfrac{1}{2}\left[(\Delta_{43}+\Delta_{44})^2-\dfrac{1}{\Delta_2^2}\right]\Delta_2^2(\bar{\omega}_1+\bar{k})^2+ \\
\dfrac{\bar{\rho}}{2}\dfrac{K_0^2(\bar{k}\bar{r}_o)+K_1^2(\bar{k}\bar{r}_o)}{K_1^2(\bar{k}\bar{r}_o)}\bar{\omega}_1^2+\dfrac{1}{We_1}\left(1+\dfrac{1}{2}\bar{k}^2\right)
\end{array}\right\}\exp(2\mathrm{i}\bar{\omega}_1\bar{t}+2\mathrm{i}\bar{k}\bar{z})=0$$

$$\tag{11-170}$$

令第二级表面波中与第一级表面波相关的源项为

$$S_{avo2}=\left\{\begin{aligned}&\frac{(\Delta_{48}+\Delta_{49})\Delta_{45}}{\bar{k}}\left[-2\bar{k}(\Delta_{43}+\Delta_{44})-\frac{1}{\bar{r}_o\Delta_2}\right]\Delta_2(\bar{\omega}_1+\bar{k})^2-\\&\bar{\rho}\frac{G_4}{\bar{k}}\frac{2\bar{k}\mathrm{K}_0(\bar{k}\bar{r}_o)+\dfrac{1}{\bar{r}_o}\mathrm{K}_1(\bar{k}\bar{r}_o)}{\mathrm{K}_1(\bar{k}\bar{r}_o)}\bar{\omega}_1^2+2\bar{\rho}\,\bar{\omega}_1^2-\\&2(\bar{\omega}_1+\bar{k})^2+\frac{1}{2}\left[(\Delta_{43}+\Delta_{44})^2-\frac{1}{\Delta_2^2}\right]\Delta_2^2(\bar{\omega}_1+\bar{k})^2+\\&\frac{\bar{\rho}}{2}\frac{\mathrm{K}_0^2(\bar{k}\bar{r}_o)+\mathrm{K}_1^2(\bar{k}\bar{r}_o)}{\mathrm{K}_1^2(\bar{k}\bar{r}_o)}\bar{\omega}_1^2+\frac{1}{We_1}\left(1+\frac{1}{2}\bar{k}^2\right)\end{aligned}\right\}\exp(2\mathrm{i}\bar{\omega}_1\bar{t}+2\mathrm{i}\bar{k}\bar{z})$$

(11-171)

在 $\bar{r}_0=\bar{r}_o$ 处，当 $\exp(\mathrm{i}\bar{\omega}_{1/2}\bar{t})=\pm 1$ 时，表面波波动项达到最大值。取 $\exp(\mathrm{i}\bar{\omega}_{1/2}\bar{t})=\pm 1$，方程(11-171)变成

$$\begin{aligned}S_{avo2}=&\frac{(\Delta_{48}+\Delta_{49})\Delta_{45}}{\bar{k}}\left[-2\bar{k}(\Delta_{43}+\Delta_{44})-\frac{1}{\bar{r}_o\Delta_2}\right]\Delta_2(\bar{\omega}_1+\bar{k})^2-\\&\bar{\rho}\frac{G_4}{\bar{k}}\frac{2\bar{k}\mathrm{K}_0(\bar{k}\bar{r}_o)+\dfrac{1}{\bar{r}_o}\mathrm{K}_1(\bar{k}\bar{r}_o)}{\mathrm{K}_1(\bar{k}\bar{r}_o)}\bar{\omega}_1^2+2\bar{\rho}\,\bar{\omega}_1^2-\\&2(\bar{\omega}_1+\bar{k})^2+\frac{1}{2}\left[(\Delta_{43}+\Delta_{44})^2-\frac{1}{\Delta_2^2}\right]\Delta_2^2(\bar{\omega}_1+\bar{k})^2+\\&\frac{\bar{\rho}}{2}\frac{\mathrm{K}_0^2(\bar{k}\bar{r}_o)+\mathrm{K}_1^2(\bar{k}\bar{r}_o)}{\mathrm{K}_1^2(\bar{k}\bar{r}_o)}\bar{\omega}_1^2+\frac{1}{We_1}\left(1+\frac{1}{2}\bar{k}^2\right)\end{aligned}\qquad(11\text{-}172)$$

将方程(11-172)代入方程(11-170)，得

$$\frac{(\Delta_{48}+\Delta_{49})\Delta_{45}}{2\bar{k}}(\bar{\omega}_2+2\bar{k})^2+\bar{\rho}\frac{G_4}{2\bar{k}}\bar{\omega}_2^2+\frac{1}{We_1}[1-(-1)^j4\bar{k}^2]+S_{avo2}=0\qquad(11\text{-}173)$$

化简为

$$\begin{aligned}&\left[\frac{(\Delta_{48}+\Delta_{49})\Delta_{45}}{2\bar{k}}+\bar{\rho}\frac{G_4}{2\bar{k}}\right]\bar{\omega}_2^2+2(\Delta_{48}+\Delta_{49})\Delta_{45}\bar{\omega}_2+2\bar{k}(\Delta_{48}+\Delta_{49})\Delta_{45}+\\&\frac{1}{We_1}[1-(-1)^j4\bar{k}^2]+S_{avo2}=0\end{aligned}\qquad(11\text{-}174)$$

解一元二次方程(11-174)，可得环状液膜第二级表面波正对称波形外环气液交界面色散准则关系式。

$$\bar{\omega}_2=\frac{-2\bar{k}(\Delta_{48}+\Delta_{49})\Delta_{45}\pm\mathrm{i}2\bar{k}\sqrt{\bar{\rho}G_4(\Delta_{48}+\Delta_{49})\Delta_{45}+\dfrac{1}{2\bar{k}}[(\Delta_{48}+\Delta_{49})\Delta_{45}+\bar{\rho}G_4]\left\{\dfrac{1}{We_1}[1-(-1)^j4\bar{k}^2]+S_{avo2}\right\}}}{(\Delta_{48}+\Delta_{49})\Delta_{45}+\bar{\rho}G_4}$$

(11-175)

$\bar{\omega}_{r2}$ 为方程(11-158)。

$$\bar{\omega}_{i2} = \pm \frac{2\bar{k}\sqrt{\bar{\rho}G_4(\Delta_{48}+\Delta_{49})\Delta_{45}+\frac{1}{2\bar{k}}[(\Delta_{48}+\Delta_{49})\Delta_{45}+\bar{\rho}G_4]\left\{\frac{1}{We_1}[1-(-1)^j 4\bar{k}^2]+S_{avo2}\right\}}}{(\Delta_{48}+\Delta_{49})\Delta_{45}+\bar{\rho}G_4} \tag{11-176}$$

11.2.6 对环状液膜第二级波色散准则关系式的分析

当环状液膜时空模式第二级表面波正/反对称波形内外环色散准则关系式(11-144)、式(11-157)和式(11-175)中根号内的值大于 0 时，$\bar{\omega}_{i2}$ 为一个实数；当根号内的值等于 0 时，$\bar{\omega}_{i2}=0$，$\bar{\omega}_{r2}$ 由方程(11-145)，方程(11-158)决定；当根号内的值小于 0 时，$\bar{\omega}_{i2}$ 为一个虚数，则圆频率 $\bar{\omega}_2$ 只有实部而没有虚部，即是一个实数。虚部为零意味着 $\bar{\omega}_{i2}=0$。对于正/反对称波形内环，有

$$\bar{\omega}_{r2} = \frac{-2\bar{k}(\Delta_{46}+\Delta_{47})\Delta_{45} \mp 2\bar{k}\sqrt{-\bar{\rho}G_3(\Delta_{46}+\Delta_{47})\Delta_{45}+\frac{1}{2\bar{k}}[(\Delta_{46}+\Delta_{47})\Delta_{45}-\bar{\rho}G_3]\left\{\frac{1}{We_1}[1-(-1)^j 4\bar{k}^2]-S_{ai2}\right\}}}{(\Delta_{46}+\Delta_{47})\Delta_{45}-\bar{\rho}G_3} \tag{11-177}$$

对于反对称波形外环，有

$$\bar{\omega}_{r2} = \frac{-2\bar{k}(\Delta_{48}+\Delta_{49})\Delta_{45} \mp 2\bar{k}\sqrt{\bar{\rho}G_4(\Delta_{48}+\Delta_{49})\Delta_{45}+\frac{1}{2\bar{k}}[(\Delta_{48}+\Delta_{49})\Delta_{45}+\bar{\rho}G_4]\left\{\frac{1}{We_1}[1-(-1)^j 4\bar{k}^2]-S_{aso2}\right\}}}{(\Delta_{48}+\Delta_{49})\Delta_{45}+\bar{\rho}G_4} \tag{11-178}$$

对于正对称波形外环，有

$$\bar{\omega}_{r2} = \frac{-2\bar{k}(\Delta_{48}+\Delta_{49})\Delta_{45} \mp 2\bar{k}\sqrt{\bar{\rho}G_4(\Delta_{48}+\Delta_{49})\Delta_{45}+\frac{1}{2\bar{k}}[(\Delta_{48}+\Delta_{49})\Delta_{45}+\bar{\rho}G_4]\left\{\frac{1}{We_1}[1-(-1)^j 4\bar{k}^2]+S_{avo2}\right\}}}{(\Delta_{48}+\Delta_{49})\Delta_{45}+\bar{\rho}G_4} \tag{11-179}$$

11.3 环状液膜第三级波微分方程的建立和求解

11.3.1 环状液膜第三级波的扰动振幅

三级波的扰动振幅表达式为方程(2-200)。环状液膜第三级波的时空模式扰动振幅表达式为

$$\bar{\xi}_{3j}(\bar{z},\bar{t}) = \exp(i\bar{\omega}_3\bar{t}+3i\bar{k}\bar{z}) \tag{11-180}$$

则

$$\bar{\xi}_{3j,\bar{t}}(\bar{z},\bar{t}) = i\bar{\omega}_3\exp(i\bar{\omega}_3\bar{t}+3i\bar{k}\bar{z}) \tag{11-181}$$

$$\bar{\xi}_{3j,\bar{z}}(\bar{z},\bar{t}) = 3i\bar{k}\exp(i\bar{\omega}_3\bar{t}+3i\bar{k}\bar{z}) \tag{11-182}$$

$$\bar{\xi}_{3j,\bar{z}\bar{z}}(\bar{z},\bar{t}) = -9\bar{k}^2\exp(i\bar{\omega}_3\bar{t}+3i\bar{k}\bar{z}) \tag{11-183}$$

11.3.2 环状液膜第三级波液相微分方程的建立和求解

11.3.2.1 正/反对称波形内环液相微分方程的建立

方程(11-72)对 $\bar{r}$ 求一阶偏导数,得

$$\bar{\phi}_{1lj,\bar{r}\bar{r}\bar{r}}\Big|_{\bar{r}_0}=\left\{\begin{array}{l}[\mathrm{K}_1(\bar{k}\bar{r}_o)-\mathrm{K}_1(\bar{k}\bar{r}_i)]\left[\bar{k}^2\mathrm{I}_1(\bar{k}\bar{r})+\dfrac{2}{\bar{r}^2}\mathrm{I}_1(\bar{k}\bar{r})-\dfrac{\bar{k}}{\bar{k}}\mathrm{I}_0(\bar{k}\bar{r})\right]-\\[\mathrm{I}_1(\bar{k}\bar{r}_o)-\mathrm{I}_1(\bar{k}\bar{r}_i)]\left[\bar{k}^2\mathrm{K}_1(\bar{k}\bar{r})+\dfrac{2}{\bar{r}^2}\mathrm{K}_1(\bar{k}\bar{r})+\dfrac{\bar{k}}{\bar{k}}\mathrm{K}_0(\bar{k}\bar{r})\right]\end{array}\right\}\cdot$$

$$\Delta_2(\mathrm{i}\bar{\omega}_1+\mathrm{i}\bar{k})\exp(\mathrm{i}\bar{\omega}_1\bar{t}+\mathrm{i}\bar{k}\bar{z}) \tag{11-184}$$

方程(11-83)对 $\bar{r}$ 求二阶偏导数,得

$$\bar{\phi}_{2li,\bar{r}\bar{r}}\Big|_{\bar{r}_0}=\left\{\begin{array}{l}[\mathrm{K}_1(2\bar{k}\bar{r}_o)-\mathrm{K}_1(2\bar{k}\bar{r}_i)]\left[2\bar{k}\mathrm{I}_0(2\bar{k}\bar{r})-\dfrac{1}{\bar{r}}\mathrm{I}_1(2\bar{k}\bar{r})\right]+\\[\mathrm{I}_1(2\bar{k}\bar{r}_o)-\mathrm{I}_1(2\bar{k}\bar{r}_i)]\left[2\bar{k}\mathrm{K}_0(2\bar{k}\bar{r})+\dfrac{1}{\bar{r}}\mathrm{K}_1(2\bar{k}\bar{r})\right]\end{array}\right\}\Delta_{45}\cdot$$

$$\left\langle\begin{array}{l}(\mathrm{i}\bar{\omega}_2+2\mathrm{i}\bar{k})\exp(\mathrm{i}\bar{\omega}_2\bar{t}+2\mathrm{i}\bar{k}\bar{z})-\\\left\{\begin{array}{l}[\mathrm{K}_1(\bar{k}\bar{r}_o)-\mathrm{K}_1(\bar{k}\bar{r}_i)]\left[2\bar{k}\mathrm{I}_0(\bar{k}\bar{r}_i)-\dfrac{1}{\bar{r}_i}\mathrm{I}_1(\bar{k}\bar{r}_i)\right]+\\[\mathrm{I}_1(\bar{k}\bar{r}_o)-\mathrm{I}_1(\bar{k}\bar{r}_i)]\left[2\bar{k}\mathrm{K}_0(\bar{k}\bar{r}_i)+\dfrac{1}{\bar{r}_i}\mathrm{K}_1(\bar{k}\bar{r}_i)\right]\end{array}\right\}\cdot\\\Delta_2(\mathrm{i}\bar{\omega}_1+\mathrm{i}\bar{k})\exp(2\mathrm{i}\bar{\omega}_1\bar{t}+2\mathrm{i}\bar{k}\bar{z})\end{array}\right\rangle \tag{11-185}$$

将方程(11-184)和方程(11-185)代入环状液膜第三级表面波按泰勒级数在气液交界面 $\bar{r}_0$ 处展开的液相运动边界条件式(8-91),得

$$\bar{\phi}_{3li,\bar{r}}\Big|_{\bar{r}_0}=(\mathrm{i}\bar{\omega}_3+3\mathrm{i}\bar{k})\exp(\mathrm{i}\bar{\omega}_3\bar{t}+3\mathrm{i}\bar{k}\bar{z})+$$

$$\left\langle\begin{array}{l}-\left\{\begin{array}{l}[\mathrm{K}_1(\bar{k}\bar{r}_o)-\mathrm{K}_1(\bar{k}\bar{r}_i)]\left[3\bar{k}\mathrm{I}_0(\bar{k}\bar{r})-\dfrac{1}{\bar{r}}\mathrm{I}_1(\bar{k}\bar{r})\right]+\\[\mathrm{I}_1(\bar{k}\bar{r}_o)-\mathrm{I}_1(\bar{k}\bar{r}_i)]\left[3\bar{k}\mathrm{K}_0(\bar{k}\bar{r})+\dfrac{1}{\bar{r}}\mathrm{K}_1(\bar{k}\bar{r})\right]\end{array}\right\}\cdot\\\Delta_2(\mathrm{i}\bar{\omega}_1+\mathrm{i}\bar{k})-\\\left\{\begin{array}{l}[\mathrm{K}_1(2\bar{k}\bar{r}_o)-\mathrm{K}_1(2\bar{k}\bar{r}_i)]\left[3\bar{k}\mathrm{I}_0(2\bar{k}\bar{r})-\dfrac{1}{\bar{r}}\mathrm{I}_1(2\bar{k}\bar{r})\right]+\\[\mathrm{I}_1(2\bar{k}\bar{r}_o)-\mathrm{I}_1(2\bar{k}\bar{r}_i)]\left[3\bar{k}\mathrm{K}_0(2\bar{k}\bar{r})+\dfrac{1}{\bar{r}}\mathrm{K}_1(2\bar{k}\bar{r})\right]\end{array}\right\}\Delta_{45}(\mathrm{i}\bar{\omega}_2+2\mathrm{i}\bar{k})\end{array}\right\rangle\cdot$$

$$\exp(\mathrm{i}\bar{\omega}_1\bar{t}+\mathrm{i}\bar{\omega}_2\bar{t}+3\mathrm{i}\bar{k}\bar{z})+$$

$$\left\langle \begin{array}{l} \left\{ \begin{array}{l} [\mathrm{K}_1(2\bar{k}\bar{r}_o) - \mathrm{K}_1(2\bar{k}\bar{r}_i)] \left[3\bar{k}\mathrm{I}_0(2\bar{k}\bar{r}) - \dfrac{1}{\bar{r}}\mathrm{I}_1(2\bar{k}\bar{r})\right] + \\ [\mathrm{I}_1(2\bar{k}\bar{r}_o) - \mathrm{I}_1(2\bar{k}\bar{r}_i)] \left[3\bar{k}\mathrm{K}_0(2\bar{k}\bar{r}) + \dfrac{1}{\bar{r}}\mathrm{K}_1(2\bar{k}\bar{r})\right] \end{array} \right\} \cdot \\ \left\{ \begin{array}{l} [\mathrm{K}_1(\bar{k}\bar{r}_o) - \mathrm{K}_1(\bar{k}\bar{r}_i)] \left[2\bar{k}\mathrm{I}_0(\bar{k}\bar{r}_i) - \dfrac{1}{\bar{r}_i}\mathrm{I}_1(\bar{k}\bar{r}_i)\right] + \\ [\mathrm{I}_1(\bar{k}\bar{r}_o) - \mathrm{I}_1(\bar{k}\bar{r}_i)] \left[2\bar{k}\mathrm{K}_0(\bar{k}\bar{r}_i) + \dfrac{1}{\bar{r}_i}\mathrm{K}_1(\bar{k}\bar{r}_i)\right] \end{array} \right\} \Delta_2\Delta_{45}(\mathrm{i}\bar{\omega}_1 + \mathrm{i}\bar{k}) - \\ \dfrac{1}{2}\left\{ \begin{array}{l} [\mathrm{K}_1(\bar{k}\bar{r}_o) - \mathrm{K}_1(\bar{k}\bar{r}_i)] \left[5\bar{k}^2\mathrm{I}_1(\bar{k}\bar{r}) + \dfrac{2}{\bar{r}^2}\mathrm{I}_1(\bar{k}\bar{r}) - \dfrac{\bar{k}}{\bar{r}}\mathrm{I}_0(\bar{k}\bar{r})\right] - \\ [\mathrm{I}_1(\bar{k}\bar{r}_o) - \mathrm{I}_1(\bar{k}\bar{r}_i)] \left[5\bar{k}^2\mathrm{K}_1(\bar{k}\bar{r}) + \dfrac{2}{\bar{r}^2}\mathrm{K}_1(\bar{k}\bar{r}) + \dfrac{\bar{k}}{\bar{r}}\mathrm{K}_0(\bar{k}\bar{r})\right] \end{array} \right\} \cdot \\ \Delta_2(\mathrm{i}\bar{\omega}_1 + \mathrm{i}\bar{k}) \end{array} \right\rangle \cdot$$

$$\exp(3\mathrm{i}\bar{\omega}_1\bar{t} + 3\mathrm{i}\bar{k}\bar{z}) = 0 \tag{11-186}$$

在 $\bar{r} = \bar{r}_i$ 处,将方程(11-186)对 $\bar{r}$ 进行积分,得

$$\bar{\phi}_{3\mathrm{li}}\Big|_{\bar{r}_0} = f_5(\bar{r}) \left[\begin{array}{l} (\mathrm{i}\bar{\omega}_3 + 3\mathrm{i}\bar{k})\exp(\mathrm{i}\bar{\omega}_3\bar{t} + 3\mathrm{i}\bar{k}\bar{z}) + \\ \left\langle \begin{array}{l} -\left\{ \begin{array}{l} [\mathrm{K}_1(\bar{k}\bar{r}_o) - \mathrm{K}_1(\bar{k}\bar{r}_i)] \left[3\bar{k}\mathrm{I}_0(\bar{k}\bar{r}_i) - \dfrac{1}{\bar{r}_i}\mathrm{I}_1(\bar{k}\bar{r}_i)\right] + \\ [\mathrm{I}_1(\bar{k}\bar{r}_o) - \mathrm{I}_1(\bar{k}\bar{r}_i)] \left[3\bar{k}\mathrm{K}_0(\bar{k}\bar{r}_i) + \dfrac{1}{\bar{r}_i}\mathrm{K}_1(\bar{k}\bar{r}_i)\right] \end{array} \right\} \cdot \\ \Delta_2(\mathrm{i}\bar{\omega}_1 + \mathrm{i}\bar{k}) - \\ \left\{ \begin{array}{l} [\mathrm{K}_1(2\bar{k}\bar{r}_o) - \mathrm{K}_1(2\bar{k}\bar{r}_i)] \left[3\bar{k}\mathrm{I}_0(2\bar{k}\bar{r}_i) - \dfrac{1}{\bar{r}_i}\mathrm{I}_1(2\bar{k}\bar{r}_i)\right] + \\ [\mathrm{I}_1(2\bar{k}\bar{r}_o) - \mathrm{I}_1(2\bar{k}\bar{r}_i)] \left[3\bar{k}\mathrm{K}_0(2\bar{k}\bar{r}_i) + \dfrac{1}{\bar{r}_i}\mathrm{K}_1(2\bar{k}\bar{r}_i)\right] \end{array} \right\} \cdot \\ \Delta_{45}(\mathrm{i}\bar{\omega}_2 + 2\mathrm{i}\bar{k}) \end{array} \right\rangle \cdot \\ \exp(\mathrm{i}\bar{\omega}_1\bar{t} + \mathrm{i}\bar{\omega}_2\bar{t} + 3\mathrm{i}\bar{k}\bar{z}) + \end{array} \right.$$

$$
\left.\begin{array}{l}
\left\langle\begin{array}{l}
\left\{\begin{array}{l}
[\mathrm{K}_1(2\bar{k}\bar{r}_\mathrm{o})-\mathrm{K}_1(2\bar{k}\bar{r}_\mathrm{i})]\left[3\bar{k}\mathrm{I}_0(2\bar{k}\bar{r}_\mathrm{i})-\dfrac{1}{\bar{r}_\mathrm{i}}\mathrm{I}_1(2\bar{k}\bar{r}_\mathrm{i})\right]+\\
[\mathrm{I}_1(2\bar{k}\bar{r}_\mathrm{o})-\mathrm{I}_1(2\bar{k}\bar{r}_\mathrm{i})]\left[3\bar{k}\mathrm{K}_0(2\bar{k}\bar{r}_\mathrm{i})+\dfrac{1}{\bar{r}_\mathrm{i}}\mathrm{K}_1(2\bar{k}\bar{r}_\mathrm{i})\right]
\end{array}\right\}\cdot\\
\left\{\begin{array}{l}
[\mathrm{K}_1(\bar{k}\bar{r}_\mathrm{o})-\mathrm{K}_1(\bar{k}\bar{r}_\mathrm{i})]\left[2\bar{k}\mathrm{I}_0(\bar{k}\bar{r}_\mathrm{i})-\dfrac{1}{\bar{r}_\mathrm{i}}\mathrm{I}_1(\bar{k}\bar{r}_\mathrm{i})\right]+\\
[\mathrm{I}_1(\bar{k}\bar{r}_\mathrm{o})-\mathrm{I}_1(\bar{k}\bar{r}_\mathrm{i})]\left[2\bar{k}\mathrm{K}_0(\bar{k}\bar{r}_\mathrm{i})+\dfrac{1}{\bar{r}_\mathrm{i}}\mathrm{K}_1(\bar{k}\bar{r}_\mathrm{i})\right]
\end{array}\right\}\cdot\\
\Delta_2\Delta_{45}(\mathrm{i}\bar{\omega}_1+\mathrm{i}\bar{k})-\\
\dfrac{1}{2}\left\{\begin{array}{l}
[\mathrm{K}_1(\bar{k}\bar{r}_\mathrm{o})-\mathrm{K}_1(\bar{k}\bar{r}_\mathrm{i})]\cdot\\
\left[5\bar{k}^2\mathrm{I}_1(\bar{k}\bar{r}_\mathrm{i})+\dfrac{2}{\bar{r}_\mathrm{i}^2}\mathrm{I}_1(\bar{k}\bar{r}_\mathrm{i})-\dfrac{\bar{k}}{\bar{r}_\mathrm{i}}\mathrm{I}_0(\bar{k}\bar{r}_\mathrm{i})\right]-\\
[\mathrm{I}_1(\bar{k}\bar{r}_\mathrm{o})-\mathrm{I}_1(\bar{k}\bar{r}_\mathrm{i})]\cdot\\
\left[5\bar{k}^2\mathrm{K}_1(\bar{k}\bar{r}_\mathrm{i})+\dfrac{2}{\bar{r}_\mathrm{i}^2}\mathrm{K}_1(\bar{k}\bar{r}_\mathrm{i})+\dfrac{\bar{k}}{\bar{r}_\mathrm{i}}\mathrm{K}_0(\bar{k}\bar{r}_\mathrm{i})\right]
\end{array}\right\}\cdot
\end{array}\right\rangle\cdot\\
\Delta_2(\mathrm{i}\bar{\omega}_1+\mathrm{i}\bar{k})\\
\exp(3\mathrm{i}\bar{\omega}_1\bar{t}+3\mathrm{i}\bar{k}\bar{z})
\end{array}\right]+c_{13} \tag{11-187}
$$

化简方程(11-187)为

$$
\bar{\phi}_{3\mathrm{li}}\Big|_{\bar{r}_0}=f_5(\bar{r})\left\langle\begin{array}{l}
(\mathrm{i}\bar{\omega}_3+3\mathrm{i}\bar{k})\exp(\mathrm{i}\bar{\omega}_3\bar{t}+3\mathrm{i}\bar{k}\bar{z})+\\
\left\{\begin{array}{l}
\left[3\bar{k}(\Delta_{41}+\Delta_{42})+\dfrac{1}{\bar{r}_\mathrm{i}\Delta_2}\right]\Delta_2(\mathrm{i}\bar{\omega}_1+\mathrm{i}\bar{k})-\\
\left[3\bar{k}(\Delta_{46}+\Delta_{47})-\dfrac{1}{\bar{r}_\mathrm{i}\Delta_{45}}\right]\Delta_{45}(\mathrm{i}\bar{\omega}_2+2\mathrm{i}\bar{k})
\end{array}\right\}\cdot\\
\exp(\mathrm{i}\bar{\omega}_1\bar{t}+\mathrm{i}\bar{\omega}_2\bar{t}+3\mathrm{i}\bar{k}\bar{z})+\\
\left\{\begin{array}{l}
\left[3\bar{k}(\Delta_{46}+\Delta_{47})-\dfrac{1}{\bar{r}_\mathrm{i}\Delta_{45}}\right]\left[-2\bar{k}(\Delta_{41}+\Delta_{42})-\dfrac{1}{\bar{r}_\mathrm{i}\Delta_2}\right]\cdot\\
\Delta_2\Delta_{45}(\mathrm{i}\bar{\omega}_1+\mathrm{i}\bar{k})-\\
\dfrac{1}{2}\left[5\bar{k}^2\dfrac{1}{\Delta_2}+\dfrac{2}{\bar{r}_\mathrm{i}^2\Delta_2}+\dfrac{\bar{k}}{\bar{r}_\mathrm{i}}(\Delta_{41}+\Delta_{42})\right]\Delta_2(\mathrm{i}\bar{\omega}_1+\mathrm{i}\bar{k})
\end{array}\right\}\cdot\\
\exp(3\mathrm{i}\bar{\omega}_1\bar{t}+3\mathrm{i}\bar{k}\bar{z})
\end{array}\right\rangle+c_{13} \tag{11-188}
$$

式中，c_{13} 为 $\bar{\phi}_{3\mathrm{l}j,\bar{r}}\Big|_{\bar{r}_0}$ 对 $\bar{r}$ 的积分常数。

将方程(11-188)代入第三级表面波液相连续性方程(8-88)，得第三级表面波正/反对称波形内环的液相微分方程(8-226)，该式为零阶修正贝塞尔方程。

11.3.2.2　正/反对称波形内环液相微分方程的通解

解零阶修正贝塞尔方程(8-226)，其通解为方程(8-227)。

11.3.2.3　正/反对称波形内环液相微分方程的特解

将通解方程(8-227)代入方程(11-188)，得

$$\bar{\phi}_{3\mathrm{li}}\Big|_{\bar{r}_0}=\left[c_{14}\mathrm{I}_0(3\bar{k}\bar{r})+c_{15}\mathrm{K}_0(3\bar{k}\bar{r})\right]\cdot\left\langle\begin{array}{l}(\mathrm{i}\bar{\omega}_3+3\mathrm{i}\bar{k})\exp(\mathrm{i}\bar{\omega}_3\bar{t}+3\mathrm{i}\bar{k}\bar{z})+\\ \left\{\begin{array}{l}\left[3\bar{k}(\Delta_{41}+\Delta_{42})+\dfrac{1}{\bar{r}_\mathrm{i}\Delta_2}\right]\Delta_2(\mathrm{i}\bar{\omega}_1+\mathrm{i}\bar{k})-\\ \left[3\bar{k}(\Delta_{46}+\Delta_{47})-\dfrac{1}{\bar{r}_\mathrm{i}\Delta_{45}}\right]\Delta_{45}(\mathrm{i}\bar{\omega}_2+2\mathrm{i}\bar{k})\end{array}\right\}\cdot\\ \exp(\mathrm{i}\bar{\omega}_1\bar{t}+\mathrm{i}\bar{\omega}_2\bar{t}+3\mathrm{i}\bar{k}\bar{z})+\\ \left\{\begin{array}{l}\left[3\bar{k}(\Delta_{46}+\Delta_{47})-\dfrac{1}{\bar{r}_\mathrm{i}\Delta_{45}}\right]\cdot\\ \left[-2\bar{k}(\Delta_{41}+\Delta_{42})-\dfrac{1}{\bar{r}_\mathrm{i}\Delta_2}\right]\Delta_2\Delta_{45}(\mathrm{i}\bar{\omega}_1+\mathrm{i}\bar{k})-\\ \dfrac{1}{2}\left[5\bar{k}^2\dfrac{1}{\Delta_2}+\dfrac{2}{\bar{r}_\mathrm{i}^2\Delta_2}+\dfrac{\bar{k}}{\bar{r}_\mathrm{i}}(\Delta_{41}+\Delta_{42})\right]\Delta_2(\mathrm{i}\bar{\omega}_1+\mathrm{i}\bar{k})\end{array}\right\}\cdot\\ \exp(3\mathrm{i}\bar{\omega}_1\bar{t}+3\mathrm{i}\bar{k}\bar{z})\end{array}\right\rangle+c_{13}\tag{11-189}$$

方程(11-189)对 $\bar{r}$ 求一阶偏导数，得

$$\bar{\phi}_{3\mathrm{li},\bar{r}}\Big|_{\bar{r}_0}=3\bar{k}\left[c_{14}\mathrm{I}_1(3\bar{k}\bar{r})-c_{15}\mathrm{K}_1(3\bar{k}\bar{r})\right]\cdot\left\langle\begin{array}{l}(\mathrm{i}\bar{\omega}_3+3\mathrm{i}\bar{k})\exp(\mathrm{i}\bar{\omega}_3\bar{t}+3\mathrm{i}\bar{k}\bar{z})+\\ \left\{\begin{array}{l}\left[3\bar{k}(\Delta_{41}+\Delta_{42})+\dfrac{1}{\bar{r}_\mathrm{i}\Delta_2}\right]\Delta_2(\mathrm{i}\bar{\omega}_1+\mathrm{i}\bar{k})-\\ \left[3\bar{k}(\Delta_{46}+\Delta_{47})-\dfrac{1}{\bar{r}_\mathrm{i}\Delta_{45}}\right]\Delta_{45}(\mathrm{i}\bar{\omega}_2+2\mathrm{i}\bar{k})\end{array}\right\}\cdot\\ \exp(\mathrm{i}\bar{\omega}_1\bar{t}+\mathrm{i}\bar{\omega}_2\bar{t}+3\mathrm{i}\bar{k}\bar{z})+\\ \left\{\begin{array}{l}\left[3\bar{k}(\Delta_{46}+\Delta_{47})-\dfrac{1}{\bar{r}_\mathrm{i}\Delta_{45}}\right]\cdot\\ \left[-2\bar{k}(\Delta_{41}+\Delta_{42})-\dfrac{1}{\bar{r}_\mathrm{i}\Delta_2}\right]\Delta_2\Delta_{45}(\mathrm{i}\bar{\omega}_1+\mathrm{i}\bar{k})-\\ \dfrac{1}{2}\left[5\bar{k}^2\dfrac{1}{\Delta_2}+\dfrac{2}{\bar{r}_\mathrm{i}^2\Delta_2}+\dfrac{\bar{k}}{\bar{r}_\mathrm{i}}(\Delta_{41}+\Delta_{42})\right]\Delta_2(\mathrm{i}\bar{\omega}_1+\mathrm{i}\bar{k})\end{array}\right\}\cdot\\ \exp(3\mathrm{i}\bar{\omega}_1\bar{t}+3\mathrm{i}\bar{k}\bar{z})\end{array}\right\rangle\tag{11-190}$$

在 $\bar{r}_0=\bar{r}_\mathrm{o}$ 处，将方程(11-190)代入到方程(11-186)，得

$$3\bar{k}\left[c_{14}\mathrm{I}_1(3\bar{k}\bar{r}_o)-c_{15}\mathrm{K}_1(3\bar{k}\bar{r}_o)\right]=1 \tag{11-191}$$

在 $\bar{r}_0=\bar{r}_i$ 处，将方程(11-190)代入到方程(11-186)，得

$$3\bar{k}\left[c_{14}\mathrm{I}_1(3\bar{k}\bar{r}_i)-c_{15}\mathrm{K}_1(3\bar{k}\bar{r}_i)\right]=1 \tag{11-192}$$

联立方程(11-191)和方程(11-192)，并令

$$\Delta_{50}=\left[\mathrm{K}_1(3\bar{k}\bar{r}_o)\mathrm{I}_1(3\bar{k}\bar{r}_i)-\mathrm{K}_1(3\bar{k}\bar{r}_i)\mathrm{I}_1(3\bar{k}\bar{r}_o)\right]^{-1} \tag{11-193}$$

得

$$c_{15}=\frac{\Delta_{50}}{3\bar{k}}\left[\mathrm{I}_1(3\bar{k}\bar{r}_o)-\mathrm{I}_1(3\bar{k}\bar{r}_i)\right] \tag{11-194}$$

$$c_{14}=\frac{\Delta_{50}}{3\bar{k}}\left[\mathrm{K}_1(3\bar{k}\bar{r}_o)-\mathrm{K}_1(3\bar{k}\bar{r}_i)\right] \tag{11-195}$$

将方程(11-194)和方程(11-195)代入方程(11-189)，得

$$\bar{\phi}_{3\mathrm{li}}\Big|_{\bar{r}_0}=\frac{\left\{\begin{aligned}&\left[\mathrm{K}_1(3\bar{k}\bar{r}_o)-\mathrm{K}_1(3\bar{k}\bar{r}_i)\right]\mathrm{I}_0(3\bar{k}\bar{r})+\\&\left[\mathrm{I}_1(3\bar{k}\bar{r}_o)-\mathrm{I}_1(3\bar{k}\bar{r}_i)\right]\mathrm{K}_0(3\bar{k}\bar{r})\end{aligned}\right\}}{3\bar{k}}\Delta_{50}\cdot$$

$$\left\langle\begin{aligned}&(\mathrm{i}\bar{\omega}_3+3\mathrm{i}\bar{k})\exp(\mathrm{i}\bar{\omega}_3\bar{t}+3\mathrm{i}\bar{k}\bar{z})+\\&\left\{\begin{aligned}&\left[3\bar{k}(\Delta_{41}+\Delta_{42})+\frac{1}{\bar{r}_i\Delta_2}\right]\Delta_2(\mathrm{i}\bar{\omega}_1+\mathrm{i}\bar{k})-\\&\left[3\bar{k}(\Delta_{46}+\Delta_{47})-\frac{1}{\bar{r}_i\Delta_{45}}\right]\Delta_{45}(\mathrm{i}\bar{\omega}_2+2\mathrm{i}\bar{k})\end{aligned}\right\}\cdot\\&\exp(\mathrm{i}\bar{\omega}_1\bar{t}+\mathrm{i}\bar{\omega}_2\bar{t}+3\mathrm{i}\bar{k}\bar{z})+\\&\left\{\begin{aligned}&\left[3\bar{k}(\Delta_{46}+\Delta_{47})-\frac{1}{\bar{r}_i\Delta_{45}}\right]\cdot\\&\left[-2\bar{k}(\Delta_{41}+\Delta_{42})-\frac{1}{\bar{r}_i\Delta_2}\right]\Delta_2\Delta_{45}(\mathrm{i}\bar{\omega}_1+\mathrm{i}\bar{k})-\\&\frac{1}{2}\left[5\bar{k}^2\frac{1}{\Delta_2}+\frac{2}{\bar{r}_i^2\Delta_2}+\frac{\bar{k}}{\bar{r}_i}(\Delta_{41}+\Delta_{42})\right]\Delta_2(\mathrm{i}\bar{\omega}_1+\mathrm{i}\bar{k})\end{aligned}\right\}\cdot\\&\exp(3\mathrm{i}\bar{\omega}_1\bar{t}+3\mathrm{i}\bar{k}\bar{z})\end{aligned}\right\rangle+c_{13} \tag{11-196}$$

11.3.2.4 反对称波形外环液相微分方程的建立

方程(11-86)对 $\bar{r}$ 求二阶偏导数，得

$$\bar{\phi}_{2\mathrm{lo},\bar{r}\bar{r}}\Big|_{\bar{r}_0}=\left\{\begin{aligned}&\left[\mathrm{K}_1(2\bar{k}\bar{r}_o)-\mathrm{K}_1(2\bar{k}\bar{r}_i)\right]\left[2\bar{k}\mathrm{I}_0(2\bar{k}\bar{r})-\frac{1}{\bar{r}}\mathrm{I}_1(2\bar{k}\bar{r})\right]+\\&\left[\mathrm{I}_1(2\bar{k}\bar{r}_o)-\mathrm{I}_1(2\bar{k}\bar{r}_i)\right]\left[2\bar{k}\mathrm{K}_0(2\bar{k}\bar{r})+\frac{1}{\bar{r}}\mathrm{K}_1(2\bar{k}\bar{r})\right]\end{aligned}\right\}\Delta_{45}\cdot$$

$$\left\langle\begin{aligned}&(\mathrm{i}\bar{\omega}_2+2\mathrm{i}\bar{k})\exp(\mathrm{i}\bar{\omega}_2\bar{t}+2\mathrm{i}\bar{k}\bar{z})-\\&\left\{\begin{aligned}&[\mathrm{K}_1(\bar{k}\bar{r}_o)-\mathrm{K}_1(\bar{k}\bar{r}_i)]\left[2\bar{k}\mathrm{I}_0(\bar{k}\bar{r}_o)-\frac{1}{\bar{r}_o}\mathrm{I}_1(\bar{k}\bar{r}_o)\right]+\\&[\mathrm{I}_1(\bar{k}\bar{r}_o)-\mathrm{I}_1(\bar{k}\bar{r}_i)]\left[2\bar{k}\mathrm{K}_0(\bar{k}\bar{r}_o)+\frac{1}{\bar{r}_o}\mathrm{K}_1(\bar{k}\bar{r}_o)\right]\end{aligned}\right\}\cdot\\&\Delta_2(\mathrm{i}\bar{\omega}_1+\mathrm{i}\bar{k})\exp(2\mathrm{i}\bar{\omega}_1\bar{t}+2\mathrm{i}\bar{k}\bar{z})\end{aligned}\right\rangle \tag{11-197}$$

将方程(11-197)代入环状液膜第三级表面波按泰勒级数在气液交界面 $\bar{r}_0$ 处展开的液相运动边界条件式(8-91)，并去掉 θ 项，得

$$\begin{aligned}\bar{\phi}_{3\mathrm{lo},\bar{r}}\Big|_{\bar{r}_0}=&(\mathrm{i}\bar{\omega}_3+3\mathrm{i}\bar{k})\exp(\mathrm{i}\bar{\omega}_3\bar{t}+3\mathrm{i}\bar{k}\bar{z})+\\&\left\langle\begin{aligned}&-\left\{\begin{aligned}&[\mathrm{K}_1(\bar{k}\bar{r}_o)-\mathrm{K}_1(\bar{k}\bar{r}_i)]\left[3\bar{k}\mathrm{I}_0(\bar{k}\bar{r})-\frac{1}{\bar{r}}\mathrm{I}_1(\bar{k}\bar{r})\right]+\\&[\mathrm{I}_1(\bar{k}\bar{r}_o)-\mathrm{I}_1(\bar{k}\bar{r}_i)]\left[3\bar{k}\mathrm{K}_0(\bar{k}\bar{r})+\frac{1}{\bar{r}}\mathrm{K}_1(\bar{k}\bar{r})\right]\end{aligned}\right\}\cdot\\&\Delta_2(\mathrm{i}\bar{\omega}_1+\mathrm{i}\bar{k})-\\&\left\{\begin{aligned}&[\mathrm{K}_1(2\bar{k}\bar{r}_o)-\mathrm{K}_1(2\bar{k}\bar{r}_i)]\left[3\bar{k}\mathrm{I}_0(2\bar{k}\bar{r})-\frac{1}{\bar{r}}\mathrm{I}_1(2\bar{k}\bar{r})\right]+\\&[\mathrm{I}_1(2\bar{k}\bar{r}_o)-\mathrm{I}_1(2\bar{k}\bar{r}_i)]\left[3\bar{k}\mathrm{K}_0(2\bar{k}\bar{r})+\frac{1}{\bar{r}}\mathrm{K}_1(2\bar{k}\bar{r})\right]\end{aligned}\right\}\Delta_{45}(\mathrm{i}\bar{\omega}_2+2\mathrm{i}\bar{k})\end{aligned}\right\rangle\cdot\\&\exp(\mathrm{i}\bar{\omega}_1\bar{t}+\mathrm{i}\bar{\omega}_2\bar{t}+3\mathrm{i}\bar{k}\bar{z})+\\&\left\langle\begin{aligned}&\left\{\begin{aligned}&[\mathrm{K}_1(2\bar{k}\bar{r}_o)-\mathrm{K}_1(2\bar{k}\bar{r}_i)]\left[3\bar{k}\mathrm{I}_0(2\bar{k}\bar{r})-\frac{1}{\bar{r}}\mathrm{I}_1(2\bar{k}\bar{r})\right]+\\&[\mathrm{I}_1(2\bar{k}\bar{r}_o)-\mathrm{I}_1(2\bar{k}\bar{r}_i)]\left[3\bar{k}\mathrm{K}_0(2\bar{k}\bar{r})+\frac{1}{\bar{r}}\mathrm{K}_1(2\bar{k}\bar{r})\right]\end{aligned}\right\}\cdot\\&\left\{\begin{aligned}&[\mathrm{K}_1(\bar{k}\bar{r}_o)-\mathrm{K}_1(\bar{k}\bar{r}_i)]\left[2\bar{k}\mathrm{I}_0(\bar{k}\bar{r}_o)-\frac{1}{\bar{r}_o}\mathrm{I}_1(\bar{k}\bar{r}_o)\right]+\\&[\mathrm{I}_1(\bar{k}\bar{r}_o)-\mathrm{I}_1(\bar{k}\bar{r}_i)]\left[2\bar{k}\mathrm{K}_0(\bar{k}\bar{r}_o)+\frac{1}{\bar{r}_o}\mathrm{K}_1(\bar{k}\bar{r}_o)\right]\end{aligned}\right\}\Delta_2\Delta_{45}(\mathrm{i}\bar{\omega}_1+\mathrm{i}\bar{k})-\\&\frac{1}{2}\left\{\begin{aligned}&[\mathrm{K}_1(\bar{k}\bar{r}_o)-\mathrm{K}_1(\bar{k}\bar{r}_i)]\left[5\bar{k}^2\mathrm{I}_1(\bar{k}\bar{r})+\frac{2}{\bar{r}^2}\mathrm{I}_1(\bar{k}\bar{r})-\frac{\bar{k}}{\bar{r}}\mathrm{I}_0(\bar{k}\bar{r})\right]-\\&[\mathrm{I}_1(\bar{k}\bar{r}_o)-\mathrm{I}_1(\bar{k}\bar{r}_i)]\left[5\bar{k}^2\mathrm{K}_1(\bar{k}\bar{r})+\frac{2}{\bar{r}^2}\mathrm{K}_1(\bar{k}\bar{r})+\frac{\bar{k}}{\bar{r}}\mathrm{K}_0(\bar{k}\bar{r})\right]\end{aligned}\right\}\cdot\\&\Delta_2(\mathrm{i}\bar{\omega}_1+\mathrm{i}\bar{k})\end{aligned}\right\rangle\cdot\\&\exp(3\mathrm{i}\bar{\omega}_1\bar{t}+3\mathrm{i}\bar{k}\bar{z})\end{aligned} \tag{11-198}$$

在 $\bar{r}_0=\bar{r}_o$ 处，将方程(11-198)对 $\bar{r}$ 进行积分，得

$$
\bar{\phi}_{3lo}\Big|_{\bar{r}_o}=f_5(\bar{r})
\left[\begin{aligned}
&(\mathrm{i}\bar{\omega}_3+3\mathrm{i}\bar{k})\exp(\mathrm{i}\bar{\omega}_3\bar{t}+3\mathrm{i}\bar{k}\bar{z})+\\
&\left\langle\begin{aligned}
&-\left\{\begin{aligned}
&[\mathrm{K}_1(\bar{k}\bar{r}_o)-\mathrm{K}_1(\bar{k}\bar{r}_i)]\left[3\bar{k}\mathrm{I}_0(\bar{k}\bar{r}_o)-\frac{1}{\bar{r}_o}\mathrm{I}_1(\bar{k}\bar{r}_o)\right]+\\
&[\mathrm{I}_1(\bar{k}\bar{r}_o)-\mathrm{I}_1(\bar{k}\bar{r}_i)]\left[3\bar{k}\mathrm{K}_0(\bar{k}\bar{r}_o)+\frac{1}{\bar{r}_o}\mathrm{K}_1(\bar{k}\bar{r}_o)\right]
\end{aligned}\right\}\cdot\\
&\Delta_2(\mathrm{i}\bar{\omega}_1+\mathrm{i}\bar{k})-\\
&\left\{\begin{aligned}
&[\mathrm{K}_1(2\bar{k}\bar{r}_o)-\mathrm{K}_1(2\bar{k}\bar{r}_i)]\left[3\bar{k}\mathrm{I}_0(2\bar{k}\bar{r}_o)-\frac{1}{\bar{r}_o}\mathrm{I}_1(2\bar{k}\bar{r}_o)\right]+\\
&[\mathrm{I}_1(2\bar{k}\bar{r}_o)-\mathrm{I}_1(2\bar{k}\bar{r}_i)]\left[3\bar{k}\mathrm{K}_0(2\bar{k}\bar{r}_o)+\frac{1}{\bar{r}_o}\mathrm{K}_1(2\bar{k}\bar{r}_o)\right]
\end{aligned}\right\}\cdot\\
&\Delta_{45}(\mathrm{i}\bar{\omega}_2+2\mathrm{i}\bar{k})
\end{aligned}\right\rangle\cdot\\
&\exp(\mathrm{i}\bar{\omega}_1\bar{t}+\mathrm{i}\bar{\omega}_2\bar{t}+3\mathrm{i}\bar{k}\bar{z})+\\
&\left\langle\begin{aligned}
&\left\{\begin{aligned}
&[\mathrm{K}_1(2\bar{k}\bar{r}_o)-\mathrm{K}_1(2\bar{k}\bar{r}_i)]\left[3\bar{k}\mathrm{I}_0(2\bar{k}\bar{r}_o)-\frac{1}{\bar{r}_o}\mathrm{I}_1(2\bar{k}\bar{r}_o)\right]+\\
&[\mathrm{I}_1(2\bar{k}\bar{r}_o)-\mathrm{I}_1(2\bar{k}\bar{r}_i)]\left[3\bar{k}\mathrm{K}_0(2\bar{k}\bar{r}_o)+\frac{1}{\bar{r}_o}\mathrm{K}_1(2\bar{k}\bar{r}_o)\right]
\end{aligned}\right\}\\
&\left\{\begin{aligned}
&[\mathrm{K}_1(\bar{k}\bar{r}_o)-\mathrm{K}_1(\bar{k}\bar{r}_i)]\left[2\bar{k}\mathrm{I}_0(\bar{k}\bar{r}_o)-\frac{1}{\bar{r}_o}\mathrm{I}_1(\bar{k}\bar{r}_o)\right]+\\
&[\mathrm{I}_1(\bar{k}\bar{r}_o)-\mathrm{I}_1(\bar{k}\bar{r}_i)]\left[2\bar{k}\mathrm{K}_0(\bar{k}\bar{r}_o)+\frac{1}{\bar{r}_o}\mathrm{K}_1(\bar{k}\bar{r}_o)\right]
\end{aligned}\right\}\cdot\\
&\Delta_2\Delta_{45}(\mathrm{i}\bar{\omega}_1+\mathrm{i}\bar{k})-\\
&\frac{1}{2}\left\{\begin{aligned}
&[\mathrm{K}_1(\bar{k}\bar{r}_o)-\mathrm{K}_1(\bar{k}\bar{r}_i)]\\
&\left[5\bar{k}^2\mathrm{I}_1(\bar{k}\bar{r}_o)+\frac{2}{\bar{r}^2}\mathrm{I}_1(\bar{k}\bar{r}_o)-\frac{\bar{k}}{\bar{r}_o}\mathrm{I}_0(\bar{k}\bar{r}_o)\right]-\\
&[\mathrm{I}_1(\bar{k}\bar{r}_o)-\mathrm{I}_1(\bar{k}\bar{r}_i)]\\
&\left[5\bar{k}^2\mathrm{K}_1(\bar{k}\bar{r}_o)+\frac{2}{\bar{r}^2}\mathrm{K}_1(\bar{k}\bar{r}_o)+\frac{\bar{k}}{\bar{r}_o}\mathrm{K}_0(\bar{k}\bar{r}_o)\right]
\end{aligned}\right\}\cdot\\
&\Delta_2(\mathrm{i}\bar{\omega}_1+\mathrm{i}\bar{k})
\end{aligned}\right\rangle\cdot\\
&\exp(3\mathrm{i}\bar{\omega}_1\bar{t}+3\mathrm{i}\bar{k}\bar{z})
\end{aligned}\right]+c_{13}
\tag{11-199}
$$

令

$$\bar{\phi}_{3lo}\Big|_{\bar{r}_o} = f_5(\bar{r})\left\langle\begin{aligned}&(i\bar{\omega}_3 + 3i\bar{k})\exp(i\bar{\omega}_3\bar{t} + 3i\bar{k}\bar{z}) + \\ &\left\{\begin{aligned}&\left[3\bar{k}(\Delta_{43}+\Delta_{44}) + \frac{1}{\bar{r}_o\Delta_2}\right]\Delta_2(i\bar{\omega}_1 + i\bar{k}) - \\ &\left[3\bar{k}(\Delta_{48}+\Delta_{49}) - \frac{1}{\bar{r}_o\Delta_{45}}\right]\Delta_{45}(i\bar{\omega}_2 + 2i\bar{k})\end{aligned}\right\}\cdot \\ &\exp(i\bar{\omega}_1\bar{t} + i\bar{\omega}_2\bar{t} + 3i\bar{k}\bar{z}) + \\ &\left\{\begin{aligned}&\left[3\bar{k}(\Delta_{48}+\Delta_{49}) - \frac{1}{\bar{r}_o\Delta_{45}}\right]\cdot \\ &\left[-2\bar{k}(\Delta_{43}+\Delta_{44}) - \frac{1}{\bar{r}_o\Delta_2}\right]\Delta_2\Delta_{45}(i\bar{\omega}_1 + i\bar{k}) - \\ &\frac{1}{2}\left[5\bar{k}^2\frac{1}{\Delta_2} + \frac{2}{\bar{r}^2\Delta_2} + \frac{\bar{k}}{\bar{r}_o}(\Delta_{43}+\Delta_{44})\right]\Delta_2(i\bar{\omega}_1 + i\bar{k})\end{aligned}\right\}\exp(3i\bar{\omega}_1\bar{t} + 3i\bar{k}\bar{z})\end{aligned}\right\rangle + c_{13}$$

(11-200)

将方程(11-200)代入第三级表面波液相连续性方程(8-88)，得第三级表面波正/反对称波形的液相微分方程(8-226)。

11.3.2.5　反对称波形外环液相微分方程的通解

解零阶修正贝塞尔方程(8-226)，其通解为式(8-227)。

11.3.2.6　反对称波形外环液相微分方程的特解

将通解方程(8-227)代入方程(11-200)，得

$$\bar{\phi}_{3lo}\Big|_{\bar{r}_o} = \left[c_{14}I_0(3\bar{k}\bar{r}) + c_{15}K_0(3\bar{k}\bar{r})\right]\cdot\left\langle\begin{aligned}&(i\bar{\omega}_3 + 3i\bar{k})\exp(i\bar{\omega}_3\bar{t} + 3i\bar{k}\bar{z}) + \\ &\left\{\begin{aligned}&\left[3\bar{k}(\Delta_{43}+\Delta_{44}) + \frac{1}{\bar{r}_o\Delta_2}\right]\Delta_2(i\bar{\omega}_1 + i\bar{k}) - \\ &\left[3\bar{k}(\Delta_{48}+\Delta_{49}) - \frac{1}{\bar{r}_o\Delta_{45}}\right]\Delta_{45}(i\bar{\omega}_2 + 2i\bar{k})\end{aligned}\right\}\exp(i\bar{\omega}_1\bar{t} + i\bar{\omega}_2\bar{t} + 3i\bar{k}\bar{z}) + \\ &\left\{\begin{aligned}&\left[3\bar{k}(\Delta_{48}+\Delta_{49}) - \frac{1}{\bar{r}_o\Delta_{45}}\right]\cdot \\ &\left[-2\bar{k}(\Delta_{43}+\Delta_{44}) - \frac{1}{\bar{r}_o\Delta_2}\right]\Delta_2\Delta_{45}(i\bar{\omega}_1 + i\bar{k}) - \\ &\frac{1}{2}\left[5\bar{k}^2\frac{1}{\Delta_2} + \frac{2}{\bar{r}^2\Delta_2} + \frac{\bar{k}}{\bar{r}_o}(\Delta_{43}+\Delta_{44})\right]\Delta_2(i\bar{\omega}_1 + i\bar{k})\end{aligned}\right\}\exp(3i\bar{\omega}_1\bar{t} + 3i\bar{k}\bar{z})\end{aligned}\right\rangle + c_{13}$$

(11-201)

方程(11-201)对 $\bar{r}$ 求一阶偏导数，得

$$\bar{\phi}_{3\mathrm{lo},\bar{r}}\Big|_{\bar{r}_\mathrm{o}}=3\bar{k}\left[c_{14}\mathrm{I}_1(3\bar{k}\bar{r})-c_{15}\mathrm{K}_1(3\bar{k}\bar{r})\right]\cdot$$

$$\left\langle\begin{array}{l}(\mathrm{i}\bar{\omega}_3+3\mathrm{i}\bar{k})\exp(\mathrm{i}\bar{\omega}_3\bar{t}+3\mathrm{i}\bar{k}\bar{z})+\\ \left\{\begin{array}{l}\left[3\bar{k}(\Delta_{43}+\Delta_{44})+\dfrac{1}{\bar{r}_\mathrm{o}\Delta_2}\right]\Delta_2(\mathrm{i}\bar{\omega}_1+\mathrm{i}\bar{k})-\\ \left[3\bar{k}(\Delta_{48}+\Delta_{49})-\dfrac{1}{\bar{r}_\mathrm{o}\Delta_{45}}\right]\Delta_{45}(\mathrm{i}\bar{\omega}_2+2\mathrm{i}\bar{k})\end{array}\right\}\exp(\mathrm{i}\bar{\omega}_1\bar{t}+\mathrm{i}\bar{\omega}_2\bar{t}+3\mathrm{i}\bar{k}\bar{z})+\\ \left\{\begin{array}{l}\left[3\bar{k}(\Delta_{48}+\Delta_{49})-\dfrac{1}{\bar{r}_\mathrm{o}\Delta_{45}}\right]\cdot\\ \left[-2\bar{k}(\Delta_{43}+\Delta_{44})-\dfrac{1}{\bar{r}_\mathrm{o}\Delta_2}\right]\Delta_2\Delta_{45}(\mathrm{i}\bar{\omega}_1+\mathrm{i}\bar{k})-\\ \dfrac{1}{2}\left[5\bar{k}^2\dfrac{1}{\Delta_2}+\dfrac{2}{\bar{r}^2\Delta_2}+\dfrac{\bar{k}}{\bar{r}_\mathrm{o}}(\Delta_{43}+\Delta_{44})\right]\Delta_2(\mathrm{i}\bar{\omega}_1+\mathrm{i}\bar{k})\end{array}\right\}\exp(3\mathrm{i}\bar{\omega}_1\bar{t}+3\mathrm{i}\bar{k}\bar{z})\end{array}\right\rangle \tag{11-202}$$

将方程(11-194)和方程(11-195)代入方程(11-201),得

$$\bar{\phi}_{3\mathrm{lo}}\Big|_{\bar{r}_\mathrm{o}}=\frac{\left\{\begin{array}{l}[\mathrm{K}_1(3\bar{k}\bar{r}_\mathrm{o})-\mathrm{K}_1(3\bar{k}\bar{r}_\mathrm{i})]\,\mathrm{I}_0(3\bar{k}\bar{r})+\\ [\mathrm{I}_1(3\bar{k}\bar{r}_\mathrm{o})-\mathrm{I}_1(3\bar{k}\bar{r}_\mathrm{i})]\,\mathrm{K}_0(3\bar{k}\bar{r})\end{array}\right\}}{3\bar{k}}\Delta_{50}\cdot$$

$$\left\langle\begin{array}{l}(\mathrm{i}\bar{\omega}_3+3\mathrm{i}\bar{k})\exp(\mathrm{i}\bar{\omega}_3\bar{t}+3\mathrm{i}\bar{k}\bar{z})+\\ \left\{\begin{array}{l}\left[3\bar{k}(\Delta_{43}+\Delta_{44})+\dfrac{1}{\bar{r}_\mathrm{o}\Delta_2}\right]\Delta_2(\mathrm{i}\bar{\omega}_1+\mathrm{i}\bar{k})-\\ \left[3\bar{k}(\Delta_{48}+\Delta_{49})-\dfrac{1}{\bar{r}_\mathrm{o}\Delta_{45}}\right]\Delta_{45}(\mathrm{i}\bar{\omega}_2+2\mathrm{i}\bar{k})\end{array}\right\}\exp(\mathrm{i}\bar{\omega}_1\bar{t}+\mathrm{i}\bar{\omega}_2\bar{t}+3\mathrm{i}\bar{k}\bar{z})+\\ \left\{\begin{array}{l}\left[3\bar{k}(\Delta_{48}+\Delta_{49})-\dfrac{1}{\bar{r}_\mathrm{o}\Delta_{45}}\right]\cdot\\ \left[-2\bar{k}(\Delta_{43}+\Delta_{44})-\dfrac{1}{\bar{r}_\mathrm{o}\Delta_2}\right]\Delta_2\Delta_{45}(\mathrm{i}\bar{\omega}_1+\mathrm{i}\bar{k})-\\ \dfrac{1}{2}\left[5\bar{k}^2\dfrac{1}{\Delta_2}+\dfrac{2}{\bar{r}^2\Delta_2}+\dfrac{\bar{k}}{\bar{r}_\mathrm{o}}(\Delta_{43}+\Delta_{44})\right]\Delta_2(\mathrm{i}\bar{\omega}_1+\mathrm{i}\bar{k})\end{array}\right\}\exp(3\mathrm{i}\bar{\omega}_1\bar{t}+3\mathrm{i}\bar{k}\bar{z})\end{array}\right\rangle+c_{13} \tag{11-203}$$

11.3.2.7 正对称波形外环液相微分方程的建立

方程(11-87)对 $\bar{r}$ 求一阶偏导数,得

$$\bar{\phi}_{11j,\bar{r}\bar{r}\bar{r}}\Big|_{\bar{r}_0}=(-1)^{j+1}\left\{\begin{aligned}&[\mathrm{K}_1(\bar{k}\bar{r}_o)-\mathrm{K}_1(\bar{k}\bar{r}_i)]\left[\bar{k}^2\mathrm{I}_1(\bar{k}\bar{r})+\frac{2}{\bar{r}^2}\mathrm{I}_1(\bar{k}\bar{r})-\frac{\bar{k}}{\bar{r}}\mathrm{I}_0(\bar{k}\bar{r})\right]-\\&[\mathrm{I}_1(\bar{k}\bar{r}_o)-\mathrm{I}_1(\bar{k}\bar{r}_i)]\left[\bar{k}^2\mathrm{K}_1(\bar{k}\bar{r})+\frac{2}{\bar{r}^2}\mathrm{K}_1(\bar{k}\bar{r})+\frac{\bar{\rho}}{\bar{k}}\mathrm{K}_0(\bar{k}\bar{r})\right]\end{aligned}\right\}\cdot$$
$$\Delta_2(\mathrm{i}\bar{\omega}_1+\mathrm{i}\bar{k})\exp(\mathrm{i}\bar{\omega}_1\bar{t}+\mathrm{i}\bar{k}\bar{z}) \tag{11-204}$$

方程(11-92)对 $\bar{r}$ 求二阶偏导数，得

$$\bar{\phi}_{21o,\bar{r}\bar{r}}\Big|_{\bar{r}_0}=\left\{\begin{aligned}&[\mathrm{K}_1(2\bar{k}\bar{r}_o)-\mathrm{K}_1(2\bar{k}\bar{r}_i)]\left[2\bar{k}\mathrm{I}_0(2\bar{k}\bar{r})-\frac{1}{\bar{r}}\mathrm{I}_1(2\bar{k}\bar{r})\right]+\\&[\mathrm{I}_1(2\bar{k}\bar{r}_o)-\mathrm{I}_1(2\bar{k}\bar{r}_i)]\left[2\bar{k}\mathrm{K}_0(2\bar{k}\bar{r})+\frac{1}{\bar{r}}\mathrm{K}_1(2\bar{k}\bar{r})\right]\end{aligned}\right\}\Delta_{45}\cdot$$
$$\left\langle\begin{aligned}&-(\mathrm{i}\bar{\omega}_2+2\mathrm{i}\bar{k})\exp(\mathrm{i}\bar{\omega}_2\bar{t}+2\mathrm{i}\bar{k}\bar{z})-\\&\left\{\begin{aligned}&[\mathrm{K}_1(\bar{k}\bar{r}_o)-\mathrm{K}_1(\bar{k}\bar{r}_i)]\left[2\bar{k}\mathrm{I}_0(\bar{k}\bar{r}_o)-\frac{1}{\bar{r}_o}\mathrm{I}_1(\bar{k}\bar{r}_o)\right]+\\&[\mathrm{I}_1(\bar{k}\bar{r}_o)-\mathrm{I}_1(\bar{k}\bar{r}_i)]\left[2\bar{k}\mathrm{K}_0(\bar{k}\bar{r}_o)+\frac{1}{\bar{r}_o}\mathrm{K}_1(\bar{k}\bar{r}_o)\right]\end{aligned}\right\}\cdot\\&\Delta_2(\mathrm{i}\bar{\omega}_1+\mathrm{i}\bar{k})\exp(2\mathrm{i}\bar{\omega}_1\bar{t}+2\mathrm{i}\bar{k}\bar{z})\end{aligned}\right\rangle \tag{11-205}$$

将方程(11-204)和方程(11-205)代入环状液膜第三级表面波按泰勒级数在气液交界面 $\bar{r}_0$ 处展开的液相运动边界条件式(8-91)，并去掉 θ 项，得

$$\bar{\phi}_{31,\bar{r}}\Big|_{\bar{r}_0}=[-(\mathrm{i}\bar{\omega}_3+3\mathrm{i}\bar{k})]\exp(\mathrm{i}\bar{\omega}_3\bar{t}+3\mathrm{i}\bar{k}\bar{z})+$$
$$\left\{\begin{aligned}&(-1)^{j+1}\left\{\begin{aligned}&[\mathrm{K}_1(\bar{k}\bar{r}_o)-\mathrm{K}_1(\bar{k}\bar{r}_i)]\cdot\\&\left[3\bar{k}\mathrm{I}_0(\bar{k}\bar{r})-\frac{1}{\bar{r}}\mathrm{I}_1(\bar{k}\bar{r})\right]+\\&[\mathrm{I}_1(\bar{k}\bar{r}_o)-\mathrm{I}_1(\bar{k}\bar{r}_i)]\cdot\\&\left[3\bar{k}\mathrm{K}_0(\bar{k}\bar{r})+\frac{1}{\bar{r}}\mathrm{K}_1(\bar{k}\bar{r})\right]\end{aligned}\right\}\cdot\\&\Delta_2(\mathrm{i}\bar{\omega}_1+\mathrm{i}\bar{k})-\\&\left\{\begin{aligned}&[\mathrm{K}_1(2\bar{k}\bar{r}_o)-\mathrm{K}_1(2\bar{k}\bar{r}_i)]\cdot\\&\left[3\bar{k}\mathrm{I}_0(2\bar{k}\bar{r})-\frac{1}{\bar{r}}\mathrm{I}_1(2\bar{k}\bar{r})\right]+\\&[\mathrm{I}_1(2\bar{k}\bar{r}_o)-\mathrm{I}_1(2\bar{k}\bar{r}_i)]\cdot\\&\left[3\bar{k}\mathrm{K}_0(2\bar{k}\bar{r})+\frac{1}{\bar{r}}\mathrm{K}_1(2\bar{k}\bar{r})\right]\end{aligned}\right\}\Delta_{45}(\mathrm{i}\bar{\omega}_2+2\mathrm{i}\bar{k})\end{aligned}\right\}\exp(\mathrm{i}\bar{\omega}_1\bar{t}+\mathrm{i}\bar{\omega}_2\bar{t}+3\mathrm{i}\bar{k}\bar{z})+$$

$$\left\langle \frac{\begin{array}{l} -\left\{ \begin{array}{l} [K_1(2\bar{k}\bar{r}_o)-K_1(2\bar{k}\bar{r}_i)]\left[3\bar{k}I_0(2\bar{k}\bar{r})-\dfrac{1}{\bar{r}}I_1(2\bar{k}\bar{r})\right]+ \\ [I_1(2\bar{k}\bar{r}_o)-I_1(2\bar{k}\bar{r}_i)]\left[3\bar{k}K_0(2\bar{k}\bar{r})+\dfrac{1}{\bar{r}}K_1(2\bar{k}\bar{r})\right] \end{array} \right\}\cdot \\ \left\{ \begin{array}{l} [K_1(\bar{k}\bar{r}_o)-K_1(\bar{k}\bar{r}_i)]\left[2\bar{k}I_0(\bar{k}\bar{r}_o)-\dfrac{1}{\bar{r}_o}I_1(\bar{k}\bar{r}_o)\right]+ \\ [I_1(\bar{k}\bar{r}_o)-I_1(\bar{k}\bar{r}_i)]\left[2\bar{k}K_0(\bar{k}\bar{r}_o)+\dfrac{1}{\bar{r}_o}K_1(\bar{k}\bar{r}_o)\right] \end{array} \right\}\Delta_2\Delta_{45}(i\bar{\omega}_1+i\bar{k})- \\ \dfrac{1}{2}(-1)^{j+1}\left\{ \begin{array}{l} [K_1(\bar{k}\bar{r}_o)-K_1(\bar{k}\bar{r}_i)]\cdot \\ \left[5\bar{k}^2I_1(\bar{k}\bar{r})+\dfrac{2}{\bar{r}^2}I_1(\bar{k}\bar{r})-\dfrac{\bar{k}}{\bar{r}}I_0(\bar{k}\bar{r})\right]- \\ [I_1(\bar{k}\bar{r}_o)-I_1(\bar{k}\bar{r}_i)]\cdot \\ \left[5\bar{k}^2K_1(\bar{k}\bar{r})+\dfrac{2}{\bar{r}^2}K_1(\bar{k}\bar{r})+\dfrac{\bar{k}}{\bar{r}}K_0(\bar{k}\bar{r})\right] \end{array} \right\}\cdot \end{array}}{\Delta_2(i\bar{\omega}_1+i\bar{k})} \right\rangle \exp(3i\bar{\omega}_1\bar{t}+3i\bar{k}\bar{z}) \tag{11-206}$$

在 $\bar{r}_0=\bar{r}_o$ 处，将方程(11-206)对 $\bar{r}$ 进行积分，得

$$\bar{\phi}_{3lo}\Big|_{\bar{r}_o}=f_5(\bar{r})\left[\begin{array}{l} [-(i\bar{\omega}_3+3i\bar{k})]\exp(i\bar{\omega}_3\bar{t}+3i\bar{k}\bar{z})+ \\ \left\{ \begin{array}{l} -\left\{ \begin{array}{l} [K_1(\bar{k}\bar{r}_o)-K_1(\bar{k}\bar{r}_i)]\cdot \\ \left[3\bar{k}I_0(\bar{k}\bar{r}_o)-\dfrac{1}{\bar{r}_o}I_1(\bar{k}\bar{r}_o)\right]+ \\ [I_1(\bar{k}\bar{r}_o)-I_1(\bar{k}\bar{r}_i)]\cdot \\ \left[3\bar{k}K_0(\bar{k}\bar{r}_o)+\dfrac{1}{\bar{r}_o}K_1(\bar{k}\bar{r}_o)\right] \end{array} \right\}\cdot \\ \Delta_2(i\bar{\omega}_1+i\bar{k})- \\ \left\{ \begin{array}{l} [K_1(2\bar{k}\bar{r}_o)-K_1(2\bar{k}\bar{r}_i)]\cdot \\ \left[3\bar{k}I_0(2\bar{k}\bar{r}_o)-\dfrac{1}{\bar{r}_o}I_1(2\bar{k}\bar{r}_o)\right]+ \\ [I_1(2\bar{k}\bar{r}_o)-I_1(2\bar{k}\bar{r}_i)]\cdot \\ \left[3\bar{k}K_0(2\bar{k}\bar{r}_o)+\dfrac{1}{\bar{r}_o}K_1(2\bar{k}\bar{r}_o)\right] \end{array} \right\}\Delta_{45}(i\bar{\omega}_2+2i\bar{k}) \end{array} \right\}\exp(i\bar{\omega}_1\bar{t}+i\bar{\omega}_2\bar{t}+3i\bar{k}\bar{z})+ \end{array} \right.$$

$$
\left\langle
\begin{aligned}
&-\left\{\begin{aligned}&[\mathrm{K}_1(2\bar{k}\bar{r}_\mathrm{o})-\mathrm{K}_1(2\bar{k}\bar{r}_\mathrm{i})]\cdot\\&\left[3\bar{k}\mathrm{I}_0(2\bar{k}\bar{r}_\mathrm{o})-\frac{1}{\bar{r}_\mathrm{o}}\mathrm{I}_1(2\bar{k}\bar{r}_\mathrm{o})\right]+\\&[\mathrm{I}_1(2\bar{k}\bar{r}_\mathrm{o})-\mathrm{I}_1(2\bar{k}\bar{r}_\mathrm{i})]\cdot\\&\left[3\bar{k}\mathrm{K}_0(2\bar{k}\bar{r}_\mathrm{o})+\frac{1}{\bar{r}_\mathrm{o}}\mathrm{K}_1(2\bar{k}\bar{r}_\mathrm{o})\right]\end{aligned}\right\}\cdot\\
&\left\{\begin{aligned}&[\mathrm{K}_1(\bar{k}\bar{r}_\mathrm{o})-\mathrm{K}_1(\bar{k}\bar{r}_\mathrm{i})]\cdot\\&\left[2\bar{k}\mathrm{I}_0(\bar{k}\bar{r}_\mathrm{o})-\frac{1}{\bar{r}_\mathrm{o}}\mathrm{I}_1(\bar{k}\bar{r}_\mathrm{o})\right]+\\&[\mathrm{I}_1(\bar{k}\bar{r}_\mathrm{o})-\mathrm{I}_1(\bar{k}\bar{r}_\mathrm{i})]\cdot\\&\left[2\bar{k}\mathrm{K}_0(\bar{k}\bar{r}_\mathrm{o})+\frac{1}{\bar{r}_\mathrm{o}}\mathrm{K}_1(\bar{k}\bar{r}_\mathrm{o})\right]\end{aligned}\right\}\Delta_2\Delta_{45}(\mathrm{i}\bar{\omega}_1+\mathrm{i}\bar{k})+\\
&\frac{1}{2}\left\{\begin{aligned}&[\mathrm{K}_1(\bar{k}\bar{r}_\mathrm{o})-\mathrm{K}_1(\bar{k}\bar{r}_\mathrm{i})]\cdot\\&\left[5\bar{k}^2\mathrm{I}_1(\bar{k}\bar{r}_\mathrm{o})+\frac{2}{\bar{r}_\mathrm{o}^2}\mathrm{I}_1(\bar{k}\bar{r}_\mathrm{o})-\frac{\bar{k}}{\bar{r}_\mathrm{o}}\mathrm{I}_0(\bar{k}\bar{r}_\mathrm{o})\right]-\\&[\mathrm{I}_1(\bar{k}\bar{r}_\mathrm{o})-\mathrm{I}_1(\bar{k}\bar{r}_\mathrm{i})]\cdot\\&\left[5\bar{k}^2\mathrm{K}_1(\bar{k}\bar{r}_\mathrm{o})+\frac{2}{\bar{r}_\mathrm{o}^2}\mathrm{K}_1(\bar{k}\bar{r}_\mathrm{o})+\frac{\bar{k}}{\bar{r}_\mathrm{o}}\mathrm{K}_0(\bar{k}\bar{r}_\mathrm{o})\right]\end{aligned}\right\}\cdot\\
&\Delta_2(\mathrm{i}\bar{\omega}_1+\mathrm{i}\bar{k})
\end{aligned}
\right\rangle \exp(3\mathrm{i}\bar{\omega}_1\bar{t}+3\mathrm{i}\bar{k}\bar{z})\Bigg]+c_{13}
\tag{11-207}
$$

方程(11-207)化简为：

$$
\bar{\phi}_{31\mathrm{o}}\Big|_{\bar{r}_\mathrm{o}}=f_5(\bar{r})
\left\langle
\begin{aligned}
&[-(\mathrm{i}\bar{\omega}_3+3\mathrm{i}\bar{k})]\exp(\mathrm{i}\bar{\omega}_3\bar{t}+3\mathrm{i}\bar{k}\bar{z})+\\
&\left\{\begin{aligned}&\left[3\bar{k}(\Delta_{43}+\Delta_{44})+\frac{1}{\bar{r}_\mathrm{o}\Delta_2}\right]\Delta_2(\mathrm{i}\bar{\omega}_1+\mathrm{i}\bar{k})-\\&\left[3\bar{k}(\Delta_{48}+\Delta_{49})-\frac{1}{\bar{r}_\mathrm{o}\Delta_{45}}\right]\Delta_{45}(\mathrm{i}\bar{\omega}_2+2\mathrm{i}\bar{k})\end{aligned}\right\}\cdot\\
&\exp(\mathrm{i}\bar{\omega}_1\bar{t}+\mathrm{i}\bar{\omega}_2\bar{t}+3\mathrm{i}\bar{k}\bar{z})+\\
&\left\{\begin{aligned}&-\left[3\bar{k}(\Delta_{48}+\Delta_{49})-\frac{1}{\bar{r}_\mathrm{o}\Delta_{45}}\right]\cdot\\&\left[-2\bar{k}(\Delta_{43}+\Delta_{44})-\frac{1}{\bar{r}_\mathrm{o}\Delta_2}\right]\Delta_2\Delta_{45}(\mathrm{i}\bar{\omega}_1+\mathrm{i}\bar{k})+\\&\frac{1}{2}\left[5\bar{k}^2\frac{1}{\Delta_2}+\frac{2}{\bar{r}^2\Delta_2}+\frac{\bar{k}}{\bar{r}_\mathrm{o}}(\Delta_{43}+\Delta_{44})\right]\Delta_2(\mathrm{i}\bar{\omega}_1+\mathrm{i}\bar{k})\end{aligned}\right\}\cdot\\
&\exp(3\mathrm{i}\bar{\omega}_1\bar{t}+3\mathrm{i}\bar{k}\bar{z})
\end{aligned}
\right\rangle+c_{13}
\tag{11-208}
$$

将方程(11-208)代入第三级表面波液相连续性方程(8-88),得第三级表面波正/反对称波形的液相微分方程(8-226)。

11.3.2.8 正对称波形外环液相微分方程的通解

解零阶修正贝塞尔方程(8-226),其通解为式(8-227)。

11.3.2.9 正对称波形外环液相微分方程的特解

将通解方程(8-227)代入方程(11-208),得

$$\bar{\phi}_{3lo}\Big|_{\bar{r}_o}=\left[c_{14}\mathrm{I}_0(3\bar{k}\bar{r})+c_{15}\mathrm{K}_0(3\bar{k}\bar{r})\right]\cdot\left\langle\begin{array}{l}\left[-(\mathrm{i}\bar{\omega}_3+3\mathrm{i}\bar{k})\right]\exp(\mathrm{i}\bar{\omega}_3\bar{t}+3\mathrm{i}\bar{k}\bar{z})+\\ \left\{\begin{array}{l}\left[3\bar{k}(\Delta_{43}+\Delta_{44})+\dfrac{1}{\bar{r}_o\Delta_2}\right]\Delta_2(\mathrm{i}\bar{\omega}_1+\mathrm{i}\bar{k})-\\ \left[3\bar{k}(\Delta_{48}+\Delta_{49})-\dfrac{1}{\bar{r}_o\Delta_{45}}\right]\Delta_{45}(\mathrm{i}\bar{\omega}_2+2\mathrm{i}\bar{k})\end{array}\right\}\exp(\mathrm{i}\bar{\omega}_1\bar{t}+\mathrm{i}\bar{\omega}_2\bar{t}+3\mathrm{i}\bar{k}\bar{z})+\\ \left\{\begin{array}{l}-\left[3\bar{k}(\Delta_{48}+\Delta_{49})-\dfrac{1}{\bar{r}_o\Delta_{45}}\right]\cdot\\ \left[-2\bar{k}(\Delta_{43}+\Delta_{44})-\dfrac{1}{\bar{r}_o\Delta_2}\right]\Delta_2\Delta_{45}(\mathrm{i}\bar{\omega}_1+\mathrm{i}\bar{k})+\\ \dfrac{1}{2}\left[5\bar{k}^2\dfrac{1}{\Delta_2}+\dfrac{2}{\bar{r}^2\Delta_2}+\dfrac{\bar{k}}{\bar{r}_o}(\Delta_{43}+\Delta_{44})\right]\Delta_2(\mathrm{i}\bar{\omega}_1+\mathrm{i}\bar{k})\end{array}\right\}\exp(3\mathrm{i}\bar{\omega}_1\bar{t}+3\mathrm{i}\bar{k}\bar{z})\end{array}\right\rangle+c_{13}$$

(11-209)

方程(11-209)对 $\bar{r}$ 求一阶偏导数,得

$$\bar{\phi}_{3lo,\bar{r}}\Big|_{\bar{r}_o}=3\bar{k}\left[c_{14}\mathrm{I}_1(3\bar{k}\bar{r})-c_{15}\mathrm{K}_1(3\bar{k}\bar{r})\right]\cdot\left\langle\begin{array}{l}\left[-(\mathrm{i}\bar{\omega}_3+3\mathrm{i}\bar{k})\right]\exp(\mathrm{i}\bar{\omega}_3\bar{t}+3\mathrm{i}\bar{k}\bar{z})+\\ \left\{\begin{array}{l}\left[3\bar{k}(\Delta_{43}+\Delta_{44})+\dfrac{1}{\bar{r}_o\Delta_2}\right]\Delta_2(\mathrm{i}\bar{\omega}_1+\mathrm{i}\bar{k})-\\ \left[3\bar{k}(\Delta_{48}+\Delta_{49})-\dfrac{1}{\bar{r}_o\Delta_{45}}\right]\Delta_{45}(\mathrm{i}\bar{\omega}_2+2\mathrm{i}\bar{k})\end{array}\right\}\exp(\mathrm{i}\bar{\omega}_1\bar{t}+\mathrm{i}\bar{\omega}_2\bar{t}+3\mathrm{i}\bar{k}\bar{z})+\\ \left\{\begin{array}{l}-\left[3\bar{k}(\Delta_{48}+\Delta_{49})-\dfrac{1}{\bar{r}_o\Delta_{45}}\right]\cdot\\ \left[-2\bar{k}(\Delta_{43}+\Delta_{44})-\dfrac{1}{\bar{r}_o\Delta_2}\right]\Delta_2\Delta_{45}(\mathrm{i}\bar{\omega}_1+\mathrm{i}\bar{k})+\\ \dfrac{1}{2}\left[5\bar{k}^2\dfrac{1}{\Delta_2}+\dfrac{2}{\bar{r}^2\Delta_2}+\dfrac{\bar{k}}{\bar{r}_o}(\Delta_{43}+\Delta_{44})\right]\Delta_2(\mathrm{i}\bar{\omega}_1+\mathrm{i}\bar{k})\end{array}\right\}\exp(3\mathrm{i}\bar{\omega}_1\bar{t}+3\mathrm{i}\bar{k}\bar{z})\end{array}\right\rangle$$

(11-210)

将方程(11-194)和方程(11-195)代入方程(11-209),得

$$\bar{\phi}_{3\text{lo}}\Big|_{\bar{r}_\text{o}}=\frac{\left\{\begin{array}{l}[\text{K}_1(3\bar{k}\bar{r}_\text{o})-\text{K}_1(3\bar{k}\bar{r}_\text{i})]\,\text{I}_0(3\bar{k}\bar{r})+\\ [\text{I}_1(3\bar{k}\bar{r}_\text{o})-\text{I}_1(3\bar{k}\bar{r}_\text{i})]\,\text{K}_0(3\bar{k}\bar{r})\end{array}\right\}}{3\bar{k}}\Delta_{50}\cdot$$

$$\left\langle\begin{array}{l}[-(\text{i}\bar{\omega}_3+3\text{i}\bar{k})]\exp(\text{i}\bar{\omega}_3\bar{t}+3\text{i}\bar{k}\bar{z})+\\ \left\{\begin{array}{l}\left[3\bar{k}(\Delta_{43}+\Delta_{44})+\dfrac{1}{\bar{r}_\text{o}\Delta_2}\right]\Delta_2(\text{i}\bar{\omega}_1+\text{i}\bar{k})-\\ \left[3\bar{k}(\Delta_{48}+\Delta_{49})-\dfrac{1}{\bar{r}_\text{o}\Delta_{45}}\right]\Delta_{45}(\text{i}\bar{\omega}_2+2\text{i}\bar{k})\end{array}\right\}\exp(\text{i}\bar{\omega}_1\bar{t}+\text{i}\bar{\omega}_2\bar{t}+3\text{i}\bar{k}\bar{z})+\\ \left\{\begin{array}{l}-\left[3\bar{k}(\Delta_{48}+\Delta_{49})-\dfrac{1}{\bar{r}_\text{o}\Delta_{45}}\right]\cdot\\ \left[-2\bar{k}(\Delta_{43}+\Delta_{44})-\dfrac{1}{\bar{r}_\text{o}\Delta_2}\right]\Delta_2\Delta_{45}(\text{i}\bar{\omega}_1+\text{i}\bar{k})+\\ \dfrac{1}{2}\left[5\bar{k}^2\dfrac{1}{\Delta_2}+\dfrac{2}{\bar{r}^2\Delta_2}+\dfrac{\bar{k}}{\bar{r}_\text{o}}(\Delta_{43}+\Delta_{44})\right]\Delta_2(\text{i}\bar{\omega}_1+\text{i}\bar{k})\end{array}\right\}\exp(3\text{i}\bar{\omega}_1\bar{t}+3\text{i}\bar{k}\bar{z})\end{array}\right\rangle+c_{13}$$

(11-211)

11.3.3 环状液膜第三级波气相微分方程的建立和求解

11.3.3.1 正/反对称波形内环气相微分方程的建立

方程(11-93)对 $\bar{r}$ 求一阶偏导数,得

$$\bar{\phi}_{1\text{gi},\bar{r}\bar{r}\bar{r}}\Big|_{\bar{r}_\text{o}}=\frac{\bar{k}^2\text{I}_1(\bar{k}\bar{r})+\dfrac{2}{\bar{r}^2}\text{I}_1(\bar{k}\bar{r})-\dfrac{\bar{k}}{\bar{r}}\text{I}_0(\bar{k}\bar{r})}{\text{I}_1(\bar{k}\bar{r}_\text{i})}\text{i}\bar{\omega}_1\exp(\text{i}\bar{\omega}_1\bar{t}+\text{i}\bar{k}\bar{z})\tag{11-212}$$

方程(11-94)对 $\bar{r}$ 求一阶偏导数,得

$$\bar{\phi}_{1\text{gi},\bar{z}\bar{r}}\Big|_{\bar{r}_\text{o}}=-\frac{\bar{k}\text{I}_1(\bar{k}\bar{r})}{\text{I}_1(\bar{k}\bar{r}_\text{i})}\bar{\omega}_1\exp(\text{i}\bar{\omega}_1\bar{t}+\text{i}\bar{k}\bar{z})\tag{11-213}$$

方程(11-102)对 $\bar{r}$ 求二阶偏导数,得

$$\bar{\phi}_{2\text{gi},\bar{r}\bar{r}}\Big|_{\bar{r}_\text{o}}=\frac{\left[2\bar{k}\text{I}_0(2\bar{k}\bar{r})-\dfrac{1}{\bar{r}}\text{I}_1(2\bar{k}\bar{r})\right]}{\text{I}_1(2\bar{k}\bar{r}_\text{i})}\cdot$$

$$\left[\text{i}\bar{\omega}_2\exp(\text{i}\bar{\omega}_2\bar{t}+2\text{i}\bar{k}\bar{z})-\frac{2\bar{k}\text{I}_0(\bar{k}\bar{r}_\text{i})-\dfrac{1}{\bar{r}_\text{i}}\text{I}_1(\bar{k}\bar{r}_\text{i})}{\text{I}_1(\bar{k}\bar{r}_\text{i})}\text{i}\bar{\omega}_1\exp(2\text{i}\bar{\omega}_1\bar{t}+2\text{i}\bar{k}\bar{z})\right]\tag{11-214}$$

方程(11-102)对 $\bar{z}$ 求一阶偏导数,得

$$\bar{\phi}_{2\mathrm{gi},\bar{z}}\Big|_{\bar{r}_0}=-\frac{\mathrm{I}_0(2\bar{k}\bar{r})}{\mathrm{I}_1(2\bar{k}\bar{r}_\mathrm{i})}\left[\bar{\omega}_2\exp(\mathrm{i}\bar{\omega}_2\bar{t}+2\mathrm{i}\bar{k}\bar{z})-\frac{2\bar{k}\mathrm{I}_0(\bar{k}\bar{r}_\mathrm{i})-\dfrac{1}{\bar{r}_\mathrm{i}}\mathrm{I}_1(\bar{k}\bar{r}_\mathrm{i})}{\mathrm{I}_1(\bar{k}\bar{r}_\mathrm{i})}\bar{\omega}_1\exp(2\mathrm{i}\bar{\omega}_1\bar{t}+2\mathrm{i}\bar{k}\bar{z})\right] \tag{11-215}$$

将以上方程代入第三级表面波按泰勒级数在气液交界面 $\bar{r}_0$ 处展开的气相运动学边界条件式(8-93),得

$$\begin{aligned}\bar{\phi}_{3\mathrm{gi},\bar{r}}\Big|_{\bar{r}_0}=&\,\mathrm{i}\bar{\omega}_3\exp(\mathrm{i}\bar{\omega}_3\bar{t}+3\mathrm{i}\bar{k}\bar{z})+\\&\left[\frac{-3\bar{k}\mathrm{I}_0(\bar{k}\bar{r})+\dfrac{1}{\bar{r}}\mathrm{I}_1(\bar{k}\bar{r})}{\mathrm{I}_1(\bar{k}\bar{r}_\mathrm{i})}\mathrm{i}\bar{\omega}_1-\frac{3\bar{k}\mathrm{I}_0(2\bar{k}\bar{r})-\dfrac{1}{\bar{r}}\mathrm{I}_1(2\bar{k}\bar{r})}{\mathrm{I}_1(2\bar{k}\bar{r}_\mathrm{i})}\mathrm{i}\bar{\omega}_2\right]\exp(\mathrm{i}\bar{\omega}_1\bar{t}+\mathrm{i}\bar{\omega}_2\bar{t}+3\mathrm{i}\bar{k}\bar{z})+\\&\left[\begin{gathered}\frac{3\bar{k}\mathrm{I}_0(2\bar{k}\bar{r})-\dfrac{1}{\bar{r}}\mathrm{I}_1(2\bar{k}\bar{r})}{\mathrm{I}_1(2\bar{k}\bar{r}_\mathrm{i})}\,\frac{2\bar{k}\mathrm{I}_0(\bar{k}\bar{r}_\mathrm{i})-\dfrac{1}{\bar{r}_\mathrm{i}}\mathrm{I}_1(\bar{k}\bar{r}_\mathrm{i})}{\mathrm{I}_1(\bar{k}\bar{r}_\mathrm{i})}\mathrm{i}\bar{\omega}_1-\\\frac{1}{2}\,\frac{5\bar{k}^2\mathrm{I}_1(\bar{k}\bar{r})+\dfrac{2}{\bar{r}^2}\mathrm{I}_1(\bar{k}\bar{r})-\dfrac{\bar{k}}{\bar{r}}\mathrm{I}_0(\bar{k}\bar{r})}{\mathrm{I}_1(\bar{k}\bar{r}_\mathrm{i})}\mathrm{i}\bar{\omega}_1\end{gathered}\right]\exp(3\mathrm{i}\bar{\omega}_1\bar{t}+3\mathrm{i}\bar{k}\bar{z})\end{aligned} \tag{11-216}$$

在 $\bar{r}_0=\bar{r}_\mathrm{i}$ 处,方程(11-216)对 $\bar{r}$ 进行积分,得

$$\bar{\phi}_{3\mathrm{gi}}\Big|_{\bar{r}_0}=f_6(\bar{r})\left\{\begin{gathered}\mathrm{i}\bar{\omega}_3\exp(\mathrm{i}\bar{\omega}_3\bar{t}+3\mathrm{i}\bar{k}\bar{z})+\\\left[\begin{gathered}\frac{-3\bar{k}\mathrm{I}_0(\bar{k}\bar{r}_\mathrm{i})+\dfrac{1}{\bar{r}_\mathrm{i}}\mathrm{I}_1(\bar{k}\bar{r}_\mathrm{i})}{\mathrm{I}_1(\bar{k}\bar{r}_\mathrm{i})}\mathrm{i}\bar{\omega}_1-\\\frac{3\bar{k}\mathrm{I}_0(2\bar{k}\bar{r}_\mathrm{i})-\dfrac{1}{\bar{r}_\mathrm{i}}\mathrm{I}_1(2\bar{k}\bar{r}_\mathrm{i})}{\mathrm{I}_1(2\bar{k}\bar{r}_\mathrm{i})}\mathrm{i}\bar{\omega}_2\end{gathered}\right]\exp(\mathrm{i}\bar{\omega}_1\bar{t}+\mathrm{i}\bar{\omega}_2\bar{t}+3\mathrm{i}\bar{k}\bar{z})+\\\left[\begin{gathered}\frac{3\bar{k}\mathrm{I}_0(2\bar{k}\bar{r}_\mathrm{i})-\dfrac{1}{\bar{r}_\mathrm{i}}\mathrm{I}_1(2\bar{k}\bar{r}_\mathrm{i})}{\mathrm{I}_1(2\bar{k}\bar{r}_\mathrm{i})}\cdot\\\frac{2\bar{k}\mathrm{I}_0(\bar{k}\bar{r}_\mathrm{i})-\dfrac{1}{\bar{r}_\mathrm{i}}\mathrm{I}_1(\bar{k}\bar{r}_\mathrm{i})}{\mathrm{I}_1(\bar{k}\bar{r}_\mathrm{i})}\mathrm{i}\bar{\omega}_1-\\\frac{1}{2}\,\frac{5\bar{k}^2\mathrm{I}_1(\bar{k}\bar{r}_\mathrm{i})+\dfrac{2}{\bar{r}_\mathrm{i}^2}\mathrm{I}_1(\bar{k}\bar{r}_\mathrm{i})-\dfrac{\bar{k}}{\bar{r}_\mathrm{i}}\mathrm{I}_0(\bar{k}\bar{r}_\mathrm{i})}{\mathrm{I}_1(\bar{k}\bar{r}_\mathrm{i})}\mathrm{i}\bar{\omega}_1\end{gathered}\right]\exp(3\mathrm{i}\bar{\omega}_1\bar{t}+3\mathrm{i}\bar{k}\bar{z})\end{gathered}\right\}+c_{16} \tag{11-217}$$

将方程(11-217)化简为

$$\bar{\phi}_{3\mathrm{gi}}\Big|_{\bar{r}_0}=f_6(\bar{r})\left\{\begin{aligned}&\mathrm{i}\bar{\omega}_3\exp(\mathrm{i}\bar{\omega}_3\bar{t}+3\mathrm{i}\bar{k}\bar{z})+\\&\left[\left(-3\bar{k}G_1+\frac{1}{\bar{r}_\mathrm{i}}\right)\mathrm{i}\bar{\omega}_1-\left(3\bar{k}G_3-\frac{1}{\bar{r}_\mathrm{i}}\right)\mathrm{i}\bar{\omega}_2\right]\exp(\mathrm{i}\bar{\omega}_1\bar{t}+\mathrm{i}\bar{\omega}_2\bar{t}+3\mathrm{i}\bar{k}\bar{z})+\\&\left[\begin{aligned}&\left(3\bar{k}G_3-\frac{1}{\bar{r}_\mathrm{i}}\right)\left(2\bar{k}G_1-\frac{1}{\bar{r}_\mathrm{i}}\right)\mathrm{i}\bar{\omega}_1-\\&\frac{1}{2}\left(5\bar{k}^2+\frac{2}{\bar{r}_\mathrm{i}^2}-\frac{\bar{k}}{\bar{r}_\mathrm{i}}G_1\right)\mathrm{i}\bar{\omega}_1\end{aligned}\right]\exp(3\mathrm{i}\bar{\omega}_1\bar{t}+3\mathrm{i}\bar{k}\bar{z})\end{aligned}\right\}+c_{16}$$

(11-218)

式中，c_{16} 为 $\bar{\phi}_{3\mathrm{gi},\bar{r}}\Big|_{\bar{r}_0}$ 对于 $\bar{r}$ 的积分常数。

将方程(11-218)代入第三级表面波气相连续性方程(8-89)，得第三级表面波的气相微分方程(8-247)。

11.3.3.2　正/反对称波形内环气相微分方程的通解

解零阶修正贝塞尔方程(8-247)，其通解为方程(8-248)。

11.3.3.3　正/反对称波形内环气相微分方程的特解

将通解方程(8-248)代入方程(11-218)，得

$$\bar{\phi}_{3\mathrm{gi}}\Big|_{\bar{r}_0}=\left[c_{17}\mathrm{I}_0(3\bar{k}\bar{r})+c_{18}\mathrm{K}_0(3\bar{k}\bar{r})\right]\cdot\left\{\begin{aligned}&\mathrm{i}\bar{\omega}_3\exp(\mathrm{i}\bar{\omega}_3\bar{t}+3\mathrm{i}\bar{k}\bar{z})+\\&\left[\left(-3\bar{k}G_1+\frac{1}{\bar{r}_\mathrm{i}}\right)\mathrm{i}\bar{\omega}_1-\left(3\bar{k}G_3-\frac{1}{\bar{r}_\mathrm{i}}\right)\mathrm{i}\bar{\omega}_2\right]\exp(\mathrm{i}\bar{\omega}_1\bar{t}+\mathrm{i}\bar{\omega}_2\bar{t}+3\mathrm{i}\bar{k}\bar{z})+\\&\left[\begin{aligned}&\left(3\bar{k}G_3-\frac{1}{\bar{r}_\mathrm{i}}\right)\left(2\bar{k}G_1-\frac{1}{\bar{r}_\mathrm{i}}\right)\mathrm{i}\bar{\omega}_1-\\&\frac{1}{2}\left(5\bar{k}^2+\frac{2}{\bar{r}_\mathrm{i}^2}-\frac{\bar{k}}{\bar{r}_\mathrm{i}}G_1\right)\mathrm{i}\bar{\omega}_1\end{aligned}\right]\exp(3\mathrm{i}\bar{\omega}_1\bar{t}+3\mathrm{i}\bar{k}\bar{z})\end{aligned}\right\}+c_{16}\quad(11\text{-}219)$$

根据附录 B 中的图 B-2 可知，对于气相，当 $\bar{r}\to 0$ 时，$\mathrm{K}_n\to\infty$，所以 $c_{18}=0$，即

$$f_6(\bar{r})=c_{17}\mathrm{I}_0(3\bar{k}\bar{r})\quad(11\text{-}220)$$

将方程(11-220)代入方程(11-219)，得

$$\bar{\phi}_{3\mathrm{gi}}\Big|_{\bar{r}_0}=c_{17}\mathrm{I}_0(3\bar{k}\bar{r})\left\{\begin{aligned}&\mathrm{i}\bar{\omega}_3\exp(\mathrm{i}\bar{\omega}_3\bar{t}+3\mathrm{i}\bar{k}\bar{z})+\\&\left[\left(-3\bar{k}G_1+\frac{1}{\bar{r}_\mathrm{i}}\right)\mathrm{i}\bar{\omega}_1-\left(3\bar{k}G_3-\frac{1}{\bar{r}_\mathrm{i}}\right)\mathrm{i}\bar{\omega}_2\right]\exp(\mathrm{i}\bar{\omega}_1\bar{t}+\mathrm{i}\bar{\omega}_2\bar{t}+3\mathrm{i}\bar{k}\bar{z})+\\&\left[\begin{aligned}&\left(3\bar{k}G_3-\frac{1}{\bar{r}_\mathrm{i}}\right)\left(2\bar{k}G_1-\frac{1}{\bar{r}_\mathrm{i}}\right)\mathrm{i}\bar{\omega}_1-\\&\frac{1}{2}\left(5\bar{k}^2+\frac{2}{\bar{r}_\mathrm{i}^2}-\frac{\bar{k}}{\bar{r}_\mathrm{i}}G_1\right)\mathrm{i}\bar{\omega}_1\end{aligned}\right]\exp(3\mathrm{i}\bar{\omega}_1\bar{t}+3\mathrm{i}\bar{k}\bar{z})\end{aligned}\right\}+c_{16}$$

(11-221)

方程(11-221)对 $\bar{r}$ 求一阶偏导数，得

$$\bar{\phi}_{3\mathrm{gi},\bar{r}}\Big|_{\bar{r}_0}=3\bar{k}c_{17}\mathrm{I}_1(3\bar{k}\bar{r})\left\{\begin{array}{l}\mathrm{i}\bar{\omega}_3\exp(\mathrm{i}\bar{\omega}_3\bar{t}+3\mathrm{i}\bar{k}\bar{z})+\\ \left[\left(-3\bar{k}G_1+\dfrac{1}{\bar{r}_\mathrm{i}}\right)\mathrm{i}\bar{\omega}_1-\left(3\bar{k}G_3-\dfrac{1}{\bar{r}_\mathrm{i}}\right)\mathrm{i}\bar{\omega}_2\right]\exp(\mathrm{i}\bar{\omega}_1\bar{t}+\mathrm{i}\bar{\omega}_2\bar{t}+3\mathrm{i}\bar{k}\bar{z})+\\ \left[\begin{array}{l}\left(3\bar{k}G_3-\dfrac{1}{\bar{r}_\mathrm{i}}\right)\left(2\bar{k}G_1-\dfrac{1}{\bar{r}_\mathrm{i}}\right)\mathrm{i}\bar{\omega}_1-\\ \dfrac{1}{2}\left(5\bar{k}^2+\dfrac{2}{\bar{r}_\mathrm{i}^2}-\dfrac{\bar{k}}{\bar{r}_\mathrm{i}}G_1\right)\mathrm{i}\bar{\omega}_1\end{array}\right]\exp(3\mathrm{i}\bar{\omega}_1\bar{t}+3\mathrm{i}\bar{k}\bar{z})\end{array}\right\}\tag{11-222}$$

在 $\bar{r}_0=\bar{r}_\mathrm{i}$ 处，将方程(11-222)代入到方程(11-216)，得

$$c_{17}=\frac{1}{3\bar{k}\mathrm{I}_1(3\bar{k}\bar{r}_\mathrm{i})}\tag{11-223}$$

将方程(11-223)代入方程(11-221)，得

$$\bar{\phi}_{3\mathrm{gi}}\Big|_{\bar{r}_0}=\frac{\mathrm{I}_0(3\bar{k}\bar{r})}{3\bar{k}\mathrm{I}_1(3\bar{k}\bar{r}_\mathrm{i})}\left\{\begin{array}{l}\mathrm{i}\bar{\omega}_3\exp(\mathrm{i}\bar{\omega}_3\bar{t}+3\mathrm{i}\bar{k}\bar{z})+\\ \left[\left(-3\bar{k}G_1+\dfrac{1}{\bar{r}_\mathrm{i}}\right)\mathrm{i}\bar{\omega}_1-\left(3\bar{k}G_3-\dfrac{1}{\bar{r}_\mathrm{i}}\right)\mathrm{i}\bar{\omega}_2\right]\exp(\mathrm{i}\bar{\omega}_1\bar{t}+\mathrm{i}\bar{\omega}_2\bar{t}+3\mathrm{i}\bar{k}\bar{z})+\\ \left[\begin{array}{l}\left(3\bar{k}G_3-\dfrac{1}{\bar{r}_\mathrm{i}}\right)\left(2\bar{k}G_1-\dfrac{1}{\bar{r}_\mathrm{i}}\right)\mathrm{i}\bar{\omega}_1-\\ \dfrac{1}{2}\left(5\bar{k}^2+\dfrac{2}{\bar{r}_\mathrm{i}^2}-\dfrac{\bar{k}}{\bar{r}_\mathrm{i}}G_1\right)\mathrm{i}\bar{\omega}_1\end{array}\right]\exp(3\mathrm{i}\bar{\omega}_1\bar{t}+3\mathrm{i}\bar{k}\bar{z})\end{array}\right\}+c_{16}\tag{11-224}$$

11.3.3.4 反对称波形外环气相微分方程的建立

方程(11-103)对 $\bar{r}$ 求一阶偏导数，得

$$\bar{\phi}_{1\mathrm{go},\bar{r}\bar{r}\bar{r}}\Big|_{\bar{r}_0}=\frac{\bar{k}^2\mathrm{K}_1(\bar{k}\bar{r})+\dfrac{2}{\bar{r}^2}\mathrm{K}_1(\bar{k}\bar{r})+\dfrac{\bar{k}}{\bar{r}}\mathrm{K}_0(\bar{k}\bar{r})}{\mathrm{K}_1(\bar{k}\bar{r}_\mathrm{o})}\mathrm{i}\bar{\omega}_1\exp(\mathrm{i}\bar{\omega}_1\bar{t}+\mathrm{i}\bar{k}\bar{z})\tag{11-225}$$

方程(11-104)对 $\bar{r}$ 求一阶偏导数，得

$$\bar{\phi}_{1\mathrm{go},\bar{z}\bar{r}}\Big|_{\bar{r}_0}=-\frac{\bar{k}\mathrm{K}_1(\bar{k}\bar{r})}{\mathrm{K}_1(\bar{k}\bar{r}_\mathrm{o})}\bar{\omega}_1\exp(\mathrm{i}\bar{\omega}_1\bar{t}+\mathrm{i}\bar{k}\bar{z})\tag{11-226}$$

方程(11-111)对 $\bar{r}$ 求二阶偏导数，得

$$\bar{\phi}_{2\mathrm{go},\bar{r}\bar{r}}\Big|_{\bar{r}_0}=-\frac{\left[2\bar{k}\mathrm{K}_0(2\bar{k}\bar{r})+\dfrac{1}{\bar{r}}\mathrm{K}_1(2\bar{k}\bar{r})\right]}{\mathrm{K}_1(2\bar{k}\bar{r}_\mathrm{o})}\left[\mathrm{i}\bar{\omega}_2\exp(\mathrm{i}\bar{\omega}_2\bar{t}+2\mathrm{i}\bar{k}\bar{z})+\frac{2\bar{k}\mathrm{K}_0(\bar{k}\bar{r}_\mathrm{o})+\dfrac{1}{\bar{r}_\mathrm{o}}\mathrm{K}_1(\bar{k}\bar{r}_\mathrm{o})}{\mathrm{K}_1(\bar{k}\bar{r}_\mathrm{o})}\mathrm{i}\bar{\omega}_1\exp(2\mathrm{i}\bar{\omega}_1\bar{t}+2\mathrm{i}\bar{k}\bar{z})\right]\tag{11-227}$$

方程(11-111)对 $\bar{z}$ 求一阶偏导数，得

$$\bar{\phi}_{2go,\bar{z}}\Big|_{\bar{r}_0}=\frac{K_0(2\bar{k}\bar{r})}{K_1(2\bar{k}\bar{r}_o)}\left[\bar{\omega}_2\exp(i\bar{\omega}_2\bar{t}+2i\bar{k}\bar{z})+\frac{2\bar{k}K_0(\bar{k}\bar{r}_o)+\frac{1}{\bar{r}_o}K_1(\bar{k}\bar{r}_o)}{K_1(\bar{k}\bar{r}_o)}\bar{\omega}_1\exp(2i\bar{\omega}_1\bar{t}+2i\bar{k}\bar{z})\right] \tag{11-228}$$

将以上方程代入第三级表面波按泰勒级数在气液交界面 $\bar{r}_0$ 处展开的气相运动学边界条件式(8-93)，并去掉 θ 项，得

$$\begin{aligned}\bar{\phi}_{3go,\bar{r}}\Big|_{\bar{r}_0}=&i\bar{\omega}_3\exp(i\bar{\omega}_3\bar{t}+3i\bar{k}\bar{z})+\\&\left[\frac{3\bar{k}K_0(\bar{k}\bar{r})+\frac{1}{\bar{r}}K_1(\bar{k}\bar{r})}{K_1(\bar{k}\bar{r}_o)}i\bar{\omega}_1+\frac{3\bar{k}K_0(2\bar{k}\bar{r})+\frac{1}{\bar{r}}K_1(2\bar{k}\bar{r})}{K_1(2\bar{k}\bar{r}_o)}i\bar{\omega}_2\right]\exp(i\bar{\omega}_1\bar{t}+i\bar{\omega}_2\bar{t}+3i\bar{k}\bar{z})+\\&\left[\begin{array}{l}\dfrac{3\bar{k}K_0(2\bar{k}\bar{r})+\frac{1}{\bar{r}}K_1(2\bar{k}\bar{r})}{K_1(2\bar{k}\bar{r}_o)}\,\dfrac{2\bar{k}K_0(\bar{k}\bar{r}_o)+\frac{1}{\bar{r}_o}K_1(\bar{k}\bar{r}_o)}{K_1(\bar{k}\bar{r}_o)}i\bar{\omega}_1-\\\dfrac{1}{2}\,\dfrac{5\bar{k}^2K_1(\bar{k}\bar{r})+\frac{2}{\bar{r}^2}K_1(\bar{k}\bar{r})+\frac{\bar{k}}{\bar{r}}K_0(\bar{k}\bar{r})}{K_1(\bar{k}\bar{r}_o)}i\bar{\omega}_1\end{array}\right]\exp(3i\bar{\omega}_1\bar{t}+3i\bar{k}\bar{z})\end{aligned} \tag{11-229}$$

在 $\bar{r}_0=\bar{r}_o$ 处，将方程(11-229)对 $\bar{r}$ 进行积分，得

$$\bar{\phi}_{3go}\Big|_{\bar{r}_0}=f_6(\bar{r})\left\{\begin{array}{l}i\bar{\omega}_3\exp(i\bar{\omega}_3\bar{t}+3i\bar{k}\bar{z})+\\\left[\begin{array}{l}\dfrac{3\bar{k}K_0(\bar{k}\bar{r}_o)+\frac{1}{\bar{r}_o}K_1(\bar{k}\bar{r}_o)}{K_1(\bar{k}\bar{r}_o)}i\bar{\omega}_1+\\\dfrac{3\bar{k}K_0(2\bar{k}\bar{r}_o)+\frac{1}{\bar{r}_o}K_1(2\bar{k}\bar{r}_o)}{K_1(2\bar{k}\bar{r}_o)}i\bar{\omega}_2\end{array}\right]\exp(i\bar{\omega}_1\bar{t}+i\bar{\omega}_2\bar{t}+3i\bar{k}\bar{z})+\\\left[\begin{array}{l}\dfrac{3\bar{k}K_0(2\bar{k}\bar{r}_o)+\frac{1}{\bar{r}_o}K_1(2\bar{k}\bar{r}_o)}{K_1(2\bar{k}\bar{r}_o)}\cdot\\\dfrac{2\bar{k}K_0(\bar{k}\bar{r}_o)+\frac{1}{\bar{r}_o}K_1(\bar{k}\bar{r}_o)}{K_1(\bar{k}\bar{r}_o)}i\bar{\omega}_1-\\\dfrac{1}{2}\,\dfrac{5\bar{k}^2K_1(\bar{k}\bar{r}_o)+\frac{2}{\bar{r}_o^2}K_1(\bar{k}\bar{r}_o)+\frac{\bar{k}}{\bar{r}_o}K_0(\bar{k}\bar{r}_o)}{K_1(\bar{k}\bar{r}_o)}i\bar{\omega}_1\end{array}\right]\exp(3i\bar{\omega}_1\bar{t}+3i\bar{k}\bar{z})\end{array}\right\}+c_{16} \tag{11-230}$$

将方程(11-230)化简为

$$\bar{\phi}_{3go}\Big|_{\bar{r}_o}=f_6(\bar{r})\left\{\begin{aligned}&\mathrm{i}\bar{\omega}_3\exp(\mathrm{i}\bar{\omega}_3\bar{t}+3\mathrm{i}\bar{k}\bar{z})+\\&\left[\left(3\bar{k}G_2+\frac{1}{\bar{r}_o}\right)\mathrm{i}\bar{\omega}_1+\left(3\bar{k}G_4+\frac{1}{\bar{r}_o}\right)\mathrm{i}\bar{\omega}_2\right]\exp(\mathrm{i}\bar{\omega}_1\bar{t}+\mathrm{i}\bar{\omega}_2\bar{t}+3\mathrm{i}\bar{k}\bar{z})+\\&\left[\begin{aligned}&\left(3\bar{k}G_4+\frac{1}{\bar{r}_o}\right)\left(2\bar{k}G_2+\frac{1}{\bar{r}_o}\right)\mathrm{i}\bar{\omega}_1-\\&\frac{1}{2}\left(5\bar{k}^2+\frac{2}{\bar{r}_o^2}+\frac{\bar{k}}{\bar{r}_o}G_2\right)\mathrm{i}\bar{\omega}_1\end{aligned}\right]\exp(3\mathrm{i}\bar{\omega}_1\bar{t}+3\mathrm{i}\bar{k}\bar{z})\end{aligned}\right\}+c_{16}\tag{11-231}$$

式中，c_{16} 为 $\bar{\phi}_{3gj,\bar{r}}\Big|_{\bar{r}_0}$ 对于 $\bar{r}$ 的积分常数。

将方程(11-231)代入第三级表面波气相连续性方程(8-89)，得第三级表面波的气相微分方程(8-247)。

11.3.3.5 反对称波形外环气相微分方程的通解

解零阶修正贝塞尔方程(8-247)，其通解为式(8-248)。

11.3.3.6 反对称波形外环气相微分方程的特解

将通解方程(8-248)代入方程(11-231)，得

$$\bar{\phi}_{3go}\Big|_{\bar{r}_0}=\left[c_{17}\mathrm{I}_0(3\bar{k}\bar{r})+c_{18}\mathrm{K}_0(3\bar{k}\bar{r})\right]\cdot$$

$$\left\{\begin{aligned}&\mathrm{i}\bar{\omega}_3\exp(\mathrm{i}\bar{\omega}_3\bar{t}+3\mathrm{i}\bar{k}\bar{z})+\\&\left[\left(3\bar{k}G_2+\frac{1}{\bar{r}_o}\right)\mathrm{i}\bar{\omega}_1+\left(3\bar{k}G_4+\frac{1}{\bar{r}_o}\right)\mathrm{i}\bar{\omega}_2\right]\exp(\mathrm{i}\bar{\omega}_1\bar{t}+\mathrm{i}\bar{\omega}_2\bar{t}+3\mathrm{i}\bar{k}\bar{z})+\\&\left[\left(3\bar{k}G_4+\frac{1}{\bar{r}_o}\right)\left(2\bar{k}G_2+\frac{1}{\bar{r}_o}\right)\mathrm{i}\bar{\omega}_1-\frac{1}{2}\left(5\bar{k}^2+\frac{2}{\bar{r}_o^2}+\frac{\bar{k}}{\bar{r}_o}G_2\right)\mathrm{i}\bar{\omega}_1\right]\exp(3\mathrm{i}\bar{\omega}_1\bar{t}+3\mathrm{i}\bar{k}\bar{z})\end{aligned}\right\}+c_{16}\tag{11-232}$$

根据附录 B 中的图 B-2，对于气相，当 $\bar{r}\to\infty$ 时，$\mathrm{I}_n\to\infty$，因此，有 $c_{17}=0$，即

$$f_6(\bar{r})=c_{18}\mathrm{K}_0(3\bar{k}\bar{r})\tag{11-233}$$

将方程(11-233)代入方程(11-232)，得

$$\bar{\phi}_{3go}\Big|_{\bar{r}_0}=c_{18}\mathrm{K}_0(3\bar{k}\bar{r})\left\{\begin{aligned}&\mathrm{i}\bar{\omega}_3\exp(\mathrm{i}\bar{\omega}_3\bar{t}+3\mathrm{i}\bar{k}\bar{z})+\\&\left[\left(3\bar{k}G_2+\frac{1}{\bar{r}_o}\right)\mathrm{i}\bar{\omega}_1+\left(3\bar{k}G_4+\frac{1}{\bar{r}_o}\right)\mathrm{i}\bar{\omega}_2\right]\exp(\mathrm{i}\bar{\omega}_1\bar{t}+\mathrm{i}\bar{\omega}_2\bar{t}+3\mathrm{i}\bar{k}\bar{z})+\\&\left[\begin{aligned}&\left(3\bar{k}G_4+\frac{1}{\bar{r}_o}\right)\left(2\bar{k}G_2+\frac{1}{\bar{r}_o}\right)\mathrm{i}\bar{\omega}_1-\\&\frac{1}{2}\left(5\bar{k}^2+\frac{2}{\bar{r}_o^2}+\frac{\bar{k}}{\bar{r}_o}G_2\right)\mathrm{i}\bar{\omega}_1\end{aligned}\right]\exp(3\mathrm{i}\bar{\omega}_1\bar{t}+3\mathrm{i}\bar{k}\bar{z})\end{aligned}\right\}+c_{16}\tag{11-234}$$

方程(11-234)对 $\bar{r}$ 求一阶偏导数，得

$$\bar{\phi}_{3go,\bar{r}}\Big|_{\bar{r}_0} = -3\bar{k}c_{18}\mathrm{K}_1(3\bar{k}\bar{r})\left\{\begin{aligned}&\mathrm{i}\bar{\omega}_3\exp(\mathrm{i}\bar{\omega}_3\bar{t}+3\mathrm{i}\bar{k}\bar{z})+\\&\left[\left(3\bar{k}G_2+\frac{1}{\bar{r}_o}\right)\mathrm{i}\bar{\omega}_1+\left(3\bar{k}G_4+\frac{1}{\bar{r}_o}\right)\mathrm{i}\bar{\omega}_2\right]\exp(\mathrm{i}\bar{\omega}_1\bar{t}+\mathrm{i}\bar{\omega}_2\bar{t}+3\mathrm{i}\bar{k}\bar{z})+\\&\left[\begin{aligned}&\left(3\bar{k}G_4+\frac{1}{\bar{r}_o}\right)\left(2\bar{k}G_2+\frac{1}{\bar{r}_o}\right)\mathrm{i}\bar{\omega}_1-\\&\frac{1}{2}\left(5\bar{k}^2+\frac{2}{\bar{r}_o^2}+\frac{\bar{k}}{\bar{r}_o}G_2\right)\mathrm{i}\bar{\omega}_1\end{aligned}\right]\exp(3\mathrm{i}\bar{\omega}_1\bar{t}+3\mathrm{i}\bar{k}\bar{z})\end{aligned}\right\}$$

(11-235)

在 $\bar{r}_0=\bar{r}_o$ 处，将方程(11-235)代入到方程(11-229)，得

$$c_{18}=-\frac{1}{3\bar{k}\mathrm{K}_1(3\bar{k}\bar{r}_o)} \tag{11-236}$$

将方程(11-236)代入方程(11-234)得

$$\bar{\phi}_{3go}\Big|_{\bar{r}_0} = -\frac{\mathrm{K}_0(3\bar{k}\bar{r})}{3\bar{k}\mathrm{K}_1(3\bar{k}\bar{r}_o)}\left\{\begin{aligned}&\mathrm{i}\bar{\omega}_3\exp(\mathrm{i}\bar{\omega}_3\bar{t}+3\mathrm{i}\bar{k}\bar{z})+\\&\left[\left(3\bar{k}G_2+\frac{1}{\bar{r}_o}\right)\mathrm{i}\bar{\omega}_1+\left(3\bar{k}G_4+\frac{1}{\bar{r}_o}\right)\mathrm{i}\bar{\omega}_2\right]\exp(\mathrm{i}\bar{\omega}_1\bar{t}+\mathrm{i}\bar{\omega}_2\bar{t}+3\mathrm{i}\bar{k}\bar{z})+\\&\left[\begin{aligned}&\left(3\bar{k}G_4+\frac{1}{\bar{r}_o}\right)\left(2\bar{k}G_2+\frac{1}{\bar{r}_o}\right)\mathrm{i}\bar{\omega}_1-\\&\frac{1}{2}\left(5\bar{k}^2+\frac{2}{\bar{r}_o^2}+\frac{\bar{k}}{\bar{r}_o}G_2\right)\mathrm{i}\bar{\omega}_1\end{aligned}\right]\exp(3\mathrm{i}\bar{\omega}_1\bar{t}+3\mathrm{i}\bar{k}\bar{z})\end{aligned}\right\}+c_{16}$$

(11-237)

11.3.3.7　正对称波形外环气相微分方程的建立

方程(11-112)对 $\bar{r}$ 求一阶偏导数，得

$$\bar{\phi}_{1go,\bar{r}\bar{r}\bar{r}}\Big|_{\bar{r}_0} = -\frac{\bar{k}^2\mathrm{K}_1(\bar{k}\bar{r})+\dfrac{2}{\bar{r}^2}\mathrm{K}_1(\bar{k}\bar{r})+\dfrac{\bar{\rho}}{\bar{k}}\mathrm{K}_0(\bar{k}\bar{r})}{\mathrm{K}_1(\bar{k}\bar{r}_o)}\mathrm{i}\bar{\omega}_1\exp(\mathrm{i}\bar{\omega}_1\bar{t}+\mathrm{i}\bar{k}\bar{z}) \tag{11-238}$$

方程(11-113)对 $\bar{r}$ 求一阶偏导数，得

$$\bar{\phi}_{1go,\bar{z}\bar{r}}\Big|_{\bar{r}_0} = \frac{\bar{k}\mathrm{K}_1(\bar{k}\bar{r})}{\mathrm{K}_1(\bar{k}\bar{r}_o)}\bar{\omega}_1\exp(\mathrm{i}\bar{\omega}_1\bar{t}+\mathrm{i}\bar{k}\bar{z}) \tag{11-239}$$

方程(11-120)对 $\bar{r}$ 求二阶偏导数，得

$$\bar{\phi}_{2go,\bar{r}\bar{r}}\Big|_{\bar{r}_0} = -\frac{2\bar{k}\mathrm{K}_0(2\bar{k}\bar{r})+\dfrac{1}{\bar{r}}\mathrm{K}_1(2\bar{k}\bar{r})}{\mathrm{K}_1(2\bar{k}\bar{r}_o)}\cdot$$

$$\left[-\mathrm{i}\bar{\omega}_2\exp(\mathrm{i}\bar{\omega}_2\bar{t}+2\mathrm{i}\bar{k}\bar{z})+\frac{2\bar{k}\mathrm{K}_0(\bar{k}\bar{r}_o)+\dfrac{1}{\bar{r}_o}\mathrm{K}_1(\bar{k}\bar{r}_o)}{\mathrm{K}_1(\bar{k}\bar{r}_o)}\mathrm{i}\bar{\omega}_1\exp(2\mathrm{i}\bar{\omega}_1\bar{t}+2\mathrm{i}\bar{k}\bar{z})\right] \tag{11-240}$$

方程(11-120)对 $\bar{z}$ 求一阶偏导数,得

$$\bar{\phi}_{2go,\bar{z}}\Big|_{\bar{r}_0}=\frac{K_0(2\bar{k}\bar{r})}{K_1(2\bar{k}\bar{r}_o)}\cdot\left[-\bar{\omega}_2\exp(i\bar{\omega}_2\bar{t}+2i\bar{k}\bar{z})+\frac{2\bar{k}K_0(\bar{k}\bar{r}_o)+\frac{1}{\bar{r}_o}K_1(\bar{k}\bar{r}_o)}{K_1(\bar{k}\bar{r}_o)}\bar{\omega}_1\exp(2i\bar{\omega}_1\bar{t}+2i\bar{k}\bar{z})\right] \tag{11-241}$$

将以上方程代入第三级表面波按泰勒级数在气液交界面 $\bar{r}_0$ 处展开的气相运动学边界条件式(8-93),并去掉 θ 项,且 $\bar{\xi}_o$ 为负,得

$$\begin{aligned}\bar{\phi}_{3go,\bar{r}}\Big|_{\bar{r}_0}=&-i\bar{\omega}_3\exp(i\bar{\omega}_3\bar{t}+3i\bar{k}\bar{z})+\\&\left\{\frac{3\bar{k}K_0(\bar{k}\bar{r})+\frac{1}{\bar{r}}K_1(\bar{k}\bar{r})}{K_1(\bar{k}\bar{r}_o)}i\bar{\omega}_1+\frac{3\bar{k}K_0(2\bar{k}\bar{r})+\frac{1}{\bar{r}}K_1(2\bar{k}\bar{r})}{K_1(2\bar{k}\bar{r}_o)}i\bar{\omega}_2\right\}\exp(i\bar{\omega}_1\bar{t}+i\bar{\omega}_2\bar{t}+3i\bar{k}\bar{z})+\\&\left\{\begin{aligned}&-\frac{3\bar{k}K_0(2\bar{k}\bar{r})+\frac{1}{\bar{r}}K_1(2\bar{k}\bar{r})}{K_1(2\bar{k}\bar{r}_o)}\frac{2\bar{k}K_0(\bar{k}\bar{r}_o)+\frac{1}{\bar{r}_o}K_1(\bar{k}\bar{r}_o)}{K_1(\bar{k}\bar{r}_o)}i\bar{\omega}_1+\\&\frac{1}{2}\frac{5\bar{k}^2K_1(\bar{k}\bar{r})+\frac{2}{\bar{r}^2}K_1(\bar{k}\bar{r})+\frac{\bar{k}}{\bar{r}}K_0(\bar{k}\bar{r})}{K_1(\bar{k}\bar{r}_o)}i\bar{\omega}_1\end{aligned}\right\}\exp(3i\bar{\omega}_1\bar{t}+3i\bar{k}\bar{z})\end{aligned} \tag{11-242}$$

在 $\bar{r}_0=\bar{r}_o$ 处,方程(11-242)对 $\bar{r}$ 进行积分,得

$$\bar{\phi}_{3go}\Big|_{\bar{r}_0}=f_6(\bar{r})\left\{\begin{aligned}&-i\bar{\omega}_3\exp(i\bar{\omega}_3\bar{t}+3i\bar{k}\bar{z})+\\&\left[\begin{aligned}&\frac{3\bar{k}K_0(\bar{k}\bar{r}_o)+\frac{1}{\bar{r}_o}K_1(\bar{k}\bar{r}_o)}{K_1(\bar{k}\bar{r}_o)}i\bar{\omega}_1+\\&\frac{3\bar{k}K_0(2\bar{k}\bar{r}_o)+\frac{1}{\bar{r}_o}K_1(2\bar{k}\bar{r}_o)}{K_1(2\bar{k}\bar{r}_o)}i\bar{\omega}_2\end{aligned}\right]\exp(i\bar{\omega}_1\bar{t}+i\bar{\omega}_2\bar{t}+3i\bar{k}\bar{z})+\\&\left[\begin{aligned}&-\frac{3\bar{k}K_0(2\bar{k}\bar{r}_o)+\frac{1}{\bar{r}_o}K_1(2\bar{k}\bar{r}_o)}{K_1(2\bar{k}\bar{r}_o)}\cdot\\&\frac{2\bar{k}K_0(\bar{k}\bar{r}_o)+\frac{1}{\bar{r}_o}K_1(\bar{k}\bar{r}_o)}{K_1(\bar{k}\bar{r}_o)}i\bar{\omega}_1+\\&\frac{1}{2}\frac{5\bar{k}^2K_1(\bar{k}\bar{r}_o)+\frac{2}{\bar{r}_o^2}K_1(\bar{k}\bar{r})+\frac{\bar{k}}{\bar{r}_o}K_0(\bar{k}\bar{r}_o)}{K_1(\bar{k}\bar{r}_o)}i\bar{\omega}_1\end{aligned}\right]\exp(3i\bar{\omega}_1\bar{t}+3i\bar{k}\bar{z})\end{aligned}\right\}+c_{16} \tag{11-243}$$

将方程(11-243)化简为

$$\bar{\phi}_{3go}\Big|_{\bar{r}_o}=f_6(\bar{r})\left\{\begin{array}{l}-\mathrm{i}\bar{\omega}_3\exp(\mathrm{i}\bar{\omega}_3\bar{t}+3\mathrm{i}\bar{k}\bar{z})+\\ \left[\left(3\bar{k}G_2+\frac{1}{\bar{r}_o}\right)\mathrm{i}\bar{\omega}_1+\left(3\bar{k}G_4+\frac{1}{\bar{r}_o}\right)\mathrm{i}\bar{\omega}_2\right]\exp(\mathrm{i}\bar{\omega}_1\bar{t}+\mathrm{i}\bar{\omega}_2\bar{t}+3\mathrm{i}\bar{k}\bar{z})+\\ \left[\begin{array}{l}-\left(3\bar{k}G_4+\frac{1}{\bar{r}_o}\right)\left(2\bar{k}G_2+\frac{1}{\bar{r}_o}\right)\mathrm{i}\bar{\omega}_1+\\ \frac{1}{2}\left(5\bar{k}^2+\frac{2}{\bar{r}_o^2}+\frac{\bar{k}}{\bar{r}_o}G_2\right)\mathrm{i}\bar{\omega}_1\end{array}\right]\exp(3\mathrm{i}\bar{\omega}_1\bar{t}+3\mathrm{i}\bar{k}\bar{z})\end{array}\right\}+c_{16}$$

(11-244)

式中，c_{16} 为 $\bar{\phi}_{3go,\bar{r}}\Big|_{\bar{r}_o}$ 对于 $\bar{r}$ 的积分常数。

将方程(11-244)代入第三级表面波气相连续性方程(8-89)，得第三级表面波的气相微分方程(8-247)。

11.3.3.8　正对称波形外环气相微分方程的通解

解零阶修正贝塞尔方程(8-247)，其通解为式(8-248)。

11.3.3.9　正对称波形外环气相微分方程的特解

将通解方程(8-248)代入方程(11-244)，得

$$\bar{\phi}_{3go}\Big|_{\bar{r}_o}=\left[c_{17}\mathrm{I}_0(3\bar{k}\bar{r})+c_{18}\mathrm{K}_0(3\bar{k}\bar{r})\right]\cdot$$

$$\left\{\begin{array}{l}-\mathrm{i}\bar{\omega}_3\exp(\mathrm{i}\bar{\omega}_3\bar{t}+3\mathrm{i}\bar{k}\bar{z})+\\ \left[\left(3\bar{k}G_2+\frac{1}{\bar{r}_o}\right)\mathrm{i}\bar{\omega}_1+\left(3\bar{k}G_4+\frac{1}{\bar{r}_o}\right)\mathrm{i}\bar{\omega}_2\right]\exp(\mathrm{i}\bar{\omega}_1\bar{t}+\mathrm{i}\bar{\omega}_2\bar{t}+3\mathrm{i}\bar{k}\bar{z})+\\ \left[\begin{array}{l}-\left(3\bar{k}G_4+\frac{1}{\bar{r}_o}\right)\left(2\bar{k}G_2+\frac{1}{\bar{r}_o}\right)\mathrm{i}\bar{\omega}_1+\\ \frac{1}{2}\left(5\bar{k}^2+\frac{2}{\bar{r}_o^2}+\frac{\bar{k}}{\bar{r}_o}G_2\right)\mathrm{i}\bar{\omega}_1\end{array}\right]\exp(3\mathrm{i}\bar{\omega}_1\bar{t}+3\mathrm{i}\bar{k}\bar{z})\end{array}\right\}+c_{16}\qquad(11\text{-}245)$$

根据图 B-2，对于气相，当 $\bar{r}\to\infty$ 时，$\mathrm{I}_n\to\infty$，因此，有 $c_{17}=0$，即

$$f_6(\bar{r})=c_{18}\mathrm{K}_0(3\bar{k}\bar{r})\qquad(11\text{-}246)$$

将方程(11-246)代入方程(11-245)，得

$$\bar{\phi}_{3go}\Big|_{\bar{r}_o}=c_{18}\mathrm{K}_0(3\bar{k}\bar{r})\left\{\begin{array}{l}-\mathrm{i}\bar{\omega}_3\exp(\mathrm{i}\bar{\omega}_3\bar{t}+3\mathrm{i}\bar{k}\bar{z})+\\ \left[\left(3\bar{k}G_2+\frac{1}{\bar{r}_o}\right)\mathrm{i}\bar{\omega}_1+\left(3\bar{k}G_4+\frac{1}{\bar{r}_o}\right)\mathrm{i}\bar{\omega}_2\right]\exp(\mathrm{i}\bar{\omega}_1\bar{t}+\mathrm{i}\bar{\omega}_2\bar{t}+3\mathrm{i}\bar{k}\bar{z})+\\ \left[\begin{array}{l}-\left(3\bar{k}G_4+\frac{1}{\bar{r}_o}\right)\left(2\bar{k}G_2+\frac{1}{\bar{r}_o}\right)\mathrm{i}\bar{\omega}_1+\\ \frac{1}{2}\left(5\bar{k}^2+\frac{2}{\bar{r}_o^2}+\frac{\bar{k}}{\bar{r}_o}G_2\right)\mathrm{i}\bar{\omega}_1\end{array}\right]\exp(3\mathrm{i}\bar{\omega}_1\bar{t}+3\mathrm{i}\bar{k}\bar{z})\end{array}\right\}+c_{16}$$

(11-247)

方程(11-247)对 $\bar{r}$ 求一阶偏导数，得

$$\bar{\phi}_{3go,\bar{r}}\Big|_{\bar{r}_0} = -3\bar{k}c_{18}\mathrm{K}_1(3\bar{k}\bar{r})\left\{\begin{array}{l} -\mathrm{i}\bar{\omega}_3\exp(\mathrm{i}\bar{\omega}_3\bar{t}+3\mathrm{i}\bar{k}\bar{z})+ \\ \left[\left(3\bar{k}G_2+\dfrac{1}{\bar{r}_o}\right)\mathrm{i}\bar{\omega}_1+\left(3\bar{k}G_4+\dfrac{1}{\bar{r}_o}\right)\mathrm{i}\bar{\omega}_2\right]\exp(\mathrm{i}\bar{\omega}_1\bar{t}+\mathrm{i}\bar{\omega}_2\bar{t}+3\mathrm{i}\bar{k}\bar{z})+ \\ \left[\begin{array}{l}-\left(3\bar{k}G_4+\dfrac{1}{\bar{r}_o}\right)\left(2\bar{k}G_2+\dfrac{1}{\bar{r}_o}\right)\mathrm{i}\bar{\omega}_1+ \\ \dfrac{1}{2}\left(5\bar{k}^2+\dfrac{2}{\bar{r}_o^2}+\dfrac{\bar{k}}{\bar{r}_o}G_2\right)\mathrm{i}\bar{\omega}_1\end{array}\right]\exp(3\mathrm{i}\bar{\omega}_1\bar{t}+3\mathrm{i}\bar{k}\bar{z}) \end{array}\right\} \tag{11-248}$$

在 $\bar{r}_0=\bar{r}_o$ 处，将方程(11-248)代入方程(11-242)，得方程(11-236)，将方程(11-236)代入方程(11-247)，得

$$\bar{\phi}_{3go}\Big|_{\bar{r}_0} = -\frac{\mathrm{K}_0(3\bar{k}\bar{r})}{3\bar{k}\mathrm{K}_1(3\bar{k}\bar{r}_o)}\left\{\begin{array}{l} -\mathrm{i}\bar{\omega}_3\exp(\mathrm{i}\bar{\omega}_3\bar{t}+3\mathrm{i}\bar{k}\bar{z})+ \\ \left[\left(3\bar{k}G_2+\dfrac{1}{\bar{r}_o}\right)\mathrm{i}\bar{\omega}_1+\left(3\bar{k}G_4+\dfrac{1}{\bar{r}_o}\right)\mathrm{i}\bar{\omega}_2\right]\exp(\mathrm{i}\bar{\omega}_1\bar{t}+\mathrm{i}\bar{\omega}_2\bar{t}+3\mathrm{i}\bar{k}\bar{z})+ \\ \left[\begin{array}{l}-\left(3\bar{k}G_4+\dfrac{1}{\bar{r}_o}\right)\left(2\bar{k}G_2+\dfrac{1}{\bar{r}_o}\right)\mathrm{i}\bar{\omega}_1+ \\ \dfrac{1}{2}\left(5\bar{k}^2+\dfrac{2}{\bar{r}_o^2}+\dfrac{\bar{k}}{\bar{r}_o}G_2\right)\mathrm{i}\bar{\omega}_1\end{array}\right]\exp(3\mathrm{i}\bar{\omega}_1\bar{t}+3\mathrm{i}\bar{k}\bar{z}) \end{array}\right\}+c_{16} \tag{11-249}$$

11.3.4 环状液膜第三级波反对称波形的色散准则关系式

(1) 第一级表面波反对称波形液相方程(11-72)对 $\bar{t}$ 求一阶偏导数

$$\bar{\phi}_{1j,\bar{r}\bar{r}\bar{t}}\Big|_{\bar{r}_0} = -\left\{\begin{array}{l}[\mathrm{K}_1(\bar{k}\bar{r}_o)-\mathrm{K}_1(\bar{k}\bar{r}_i)]\cdot \\ \left[\bar{k}\mathrm{I}_0(\bar{k}\bar{r})-\dfrac{1}{\bar{r}}\mathrm{I}_1(\bar{k}\bar{r})\right]+ \\ [\mathrm{I}_1(\bar{k}\bar{r}_o)-\mathrm{I}_1(\bar{k}\bar{r}_i)]\cdot \\ \left[\bar{k}\mathrm{K}_0(\bar{k}\bar{r})+\dfrac{1}{\bar{r}}\mathrm{K}_1(\bar{k}\bar{r})\right]\end{array}\right\}\Delta_2(\bar{\omega}_1^2+\bar{k}\bar{\omega}_1)\exp(\mathrm{i}\bar{\omega}_1\bar{t}+\mathrm{i}\bar{k}\bar{z}) \tag{11-250}$$

(2) 方程(11-72)对 $\bar{z}$ 求一阶偏导数

$$\bar{\phi}_{1j,\bar{r}\bar{r}\bar{z}}\Big|_{\bar{r}_0} = -\left\{\begin{array}{l}[\mathrm{K}_1(\bar{k}\bar{r}_o)-\mathrm{K}_1(\bar{k}\bar{r}_i)]\cdot \\ \left[\bar{k}\mathrm{I}_0(\bar{k}\bar{r})-\dfrac{1}{\bar{r}}\mathrm{I}_1(\bar{k}\bar{r})\right]+ \\ [\mathrm{I}_1(\bar{k}\bar{r}_o)-\mathrm{I}_1(\bar{k}\bar{r}_i)]\cdot \\ \left[\bar{k}\mathrm{K}_0(\bar{k}\bar{r})+\dfrac{1}{\bar{r}}\mathrm{K}_1(\bar{k}\bar{r})\right]\end{array}\right\}\Delta_2(\bar{k}\bar{\omega}_1+\bar{k}^2)\exp(\mathrm{i}\bar{\omega}_1\bar{t}+\mathrm{i}\bar{k}\bar{z}) \tag{11-251}$$

(3) 第一级表面波反对称波形内环气相方程(11-93)对 $\bar{t}$ 求一阶偏导数

$$\bar{\phi}_{1\text{gi},\bar{r}\bar{r}\bar{t}}\Big|_{\bar{r}_0} = -\frac{\bar{k}\mathrm{I}_0(\bar{k}\bar{r}) - \dfrac{1}{\bar{r}}\mathrm{I}_1(\bar{k}\bar{r})}{\mathrm{I}_1(\bar{k}\bar{r}_\mathrm{i})}\bar{\omega}_1^2\exp(\mathrm{i}\bar{\omega}_1\bar{t} + \mathrm{i}\bar{k}\bar{z}) \tag{11-252}$$

(4) 第一级表面波反对称波形外环气相方程(11-103)对 $\bar{t}$ 求一阶偏导数

$$\bar{\phi}_{1\text{go},\bar{r}\bar{r}\bar{t}}\Big|_{\bar{r}_0} = \frac{\bar{k}\mathrm{K}_0(\bar{k}\bar{r}) + \dfrac{1}{\bar{r}}\mathrm{K}_1(\bar{k}\bar{r})}{\mathrm{K}_1(\bar{k}\bar{r}_\mathrm{o})}\bar{\omega}_1^2\exp(\mathrm{i}\bar{\omega}_1\bar{t} + \mathrm{i}\bar{k}\bar{z}) \tag{11-253}$$

(5) 第二级表面波反对称波形内环液相方程(11-83)对 $\bar{r}$ 求一阶偏导数

$$\bar{\phi}_{2\text{li},\bar{r}}\Big|_{\bar{r}_0} = \left\{\begin{aligned}&[\mathrm{K}_1(2\bar{k}\bar{r}_\mathrm{o}) - \mathrm{K}_1(2\bar{k}\bar{r}_\mathrm{i})]\,\mathrm{I}_1(2\bar{k}\bar{r}) - \\ &[\mathrm{I}_1(2\bar{k}\bar{r}_\mathrm{o}) - \mathrm{I}_1(2\bar{k}\bar{r}_\mathrm{i})]\,\mathrm{K}_1(2\bar{k}\bar{r})\end{aligned}\right\}\Delta_{45}\cdot$$

$$\left\langle\begin{aligned}&(\mathrm{i}\bar{\omega}_2 + 2\mathrm{i}\bar{k})\exp(\mathrm{i}\bar{\omega}_2\bar{t} + 2\mathrm{i}\bar{k}\bar{z}) - \\ &\left\{\begin{aligned}&[\mathrm{K}_1(\bar{k}\bar{r}_\mathrm{o}) - \mathrm{K}_1(\bar{k}\bar{r}_\mathrm{i})]\cdot \\ &\left[2\bar{k}\mathrm{I}_0(\bar{k}\bar{r}_\mathrm{i}) - \frac{1}{\bar{r}_\mathrm{i}}\mathrm{I}_1(\bar{k}\bar{r}_\mathrm{i})\right] + \\ &[\mathrm{I}_1(\bar{k}\bar{r}_\mathrm{o}) - \mathrm{I}_1(\bar{k}\bar{r}_\mathrm{i})]\cdot \\ &\left[2\bar{k}\mathrm{K}_0(\bar{k}\bar{r}_\mathrm{i}) + \frac{1}{\bar{r}_\mathrm{i}}\mathrm{K}_1(\bar{k}\bar{r}_\mathrm{i})\right]\end{aligned}\right\}\Delta_2(\mathrm{i}\bar{\omega}_1 + \mathrm{i}\bar{k})\exp(2\mathrm{i}\bar{\omega}_1\bar{t} + 2\mathrm{i}\bar{k}\bar{z})\end{aligned}\right\rangle \tag{11-254}$$

(6) 方程(11-254)对 $\bar{t}$ 求一阶偏导数

$$\bar{\phi}_{2\text{li},\bar{r}\bar{t}}\Big|_{\bar{r}_0} = -\left\{\begin{aligned}&[\mathrm{K}_1(2\bar{k}\bar{r}_\mathrm{o}) - \mathrm{K}_1(2\bar{k}\bar{r}_\mathrm{i})]\,\mathrm{I}_1(2\bar{k}\bar{r}) - \\ &[\mathrm{I}_1(2\bar{k}\bar{r}_\mathrm{o}) - \mathrm{I}_1(2\bar{k}\bar{r}_\mathrm{i})]\,\mathrm{K}_1(2\bar{k}\bar{r})\end{aligned}\right\}\Delta_{45}\cdot$$

$$\left\langle\begin{aligned}&(\bar{\omega}_2^2 + 2\bar{k}\bar{\omega}_2)\exp(\mathrm{i}\bar{\omega}_2\bar{t} + 2\mathrm{i}\bar{k}\bar{z}) - \\ &\left\{\begin{aligned}&[\mathrm{K}_1(\bar{k}\bar{r}_\mathrm{o}) - \mathrm{K}_1(\bar{k}\bar{r}_\mathrm{i})]\cdot \\ &\left[2\bar{k}\mathrm{I}_0(\bar{k}\bar{r}_\mathrm{i}) - \frac{1}{\bar{r}_\mathrm{i}}\mathrm{I}_1(\bar{k}\bar{r}_\mathrm{i})\right] + \\ &[\mathrm{I}_1(\bar{k}\bar{r}_\mathrm{o}) - \mathrm{I}_1(\bar{k}\bar{r}_\mathrm{i})]\cdot \\ &\left[2\bar{k}\mathrm{K}_0(\bar{k}\bar{r}_\mathrm{i}) + \frac{1}{\bar{r}_\mathrm{i}}\mathrm{K}_1(\bar{k}\bar{r}_\mathrm{i})\right]\end{aligned}\right\}\Delta_2(2\bar{\omega}_1^2 + 2\bar{k}\bar{\omega}_1)\exp(2\mathrm{i}\bar{\omega}_1\bar{t} + 2\mathrm{i}\bar{k}\bar{z})\end{aligned}\right\rangle \tag{11-255}$$

(7) 第二级表面波反对称波形内环液相方程(11-125)对 $\bar{r}$ 求一阶偏导数

$$\bar{\phi}_{2\text{li},\bar{z}\bar{r}}\Big|_{\bar{r}_0} = -\left\{\begin{aligned}&[\mathrm{K}_1(2\bar{k}\bar{r}_\mathrm{o}) - \mathrm{K}_1(2\bar{k}\bar{r}_\mathrm{i})]\,\mathrm{I}_1(2\bar{k}\bar{r}) - \\ &[\mathrm{I}_1(2\bar{k}\bar{r}_\mathrm{o}) - \mathrm{I}_1(2\bar{k}\bar{r}_\mathrm{i})]\,\mathrm{K}_1(2\bar{k}\bar{r})\end{aligned}\right\}\Delta_{45}\cdot$$

$$(2\bar{k}\bar{\omega}_2+4\bar{k}^2)\exp(\mathrm{i}\bar{\omega}_2\bar{t}+2\mathrm{i}\bar{k}\bar{z})-\left\langle\left\{\begin{aligned}&[\mathrm{K}_1(\bar{k}\bar{r}_o)-\mathrm{K}_1(\bar{k}\bar{r}_i)]\cdot\\&\left[2\bar{k}\mathrm{I}_0(\bar{k}\bar{r}_i)-\frac{1}{\bar{r}_i}\mathrm{I}_1(\bar{k}\bar{r}_i)\right]+\\&[\mathrm{I}_1(\bar{k}\bar{r}_o)-\mathrm{I}_1(\bar{k}\bar{r}_i)]\cdot\\&\left[2\bar{k}\mathrm{K}_0(\bar{k}\bar{r}_i)+\frac{1}{\bar{r}_i}\mathrm{K}_1(\bar{k}\bar{r}_i)\right]\end{aligned}\right\}\Delta_2(2\bar{k}\bar{\omega}_1+2\bar{k}^2)\exp(2\mathrm{i}\bar{\omega}_1\bar{t}+2\mathrm{i}\bar{k}\bar{z})\right\rangle \tag{11-256}$$

(8) 第二级表面波反对称波形外环液相方程(11-86)对 $\bar{r}$ 求一阶偏导数

$$\bar{\phi}_{2\mathrm{lo},\bar{r}}\Big|_{\bar{r}_0}=\left\{\begin{aligned}&[\mathrm{K}_1(2\bar{k}\bar{r}_o)-\mathrm{K}_1(2\bar{k}\bar{r}_i)]\,\mathrm{I}_1(2\bar{k}\bar{r})-\\&[\mathrm{I}_1(2\bar{k}\bar{r}_o)-\mathrm{I}_1(2\bar{k}\bar{r}_i)]\,\mathrm{K}_1(2\bar{k}\bar{r})\end{aligned}\right\}\Delta_{45}\cdot$$

$$(\mathrm{i}\bar{\omega}_2+2\mathrm{i}\bar{k})\exp(\mathrm{i}\bar{\omega}_2\bar{t}+2\mathrm{i}\bar{k}\bar{z})-\left\langle\left\{\begin{aligned}&[\mathrm{K}_1(\bar{k}\bar{r}_o)-\mathrm{K}_1(\bar{k}\bar{r}_i)]\cdot\\&\left[2\bar{k}\mathrm{I}_0(\bar{k}\bar{r}_o)-\frac{1}{\bar{r}_o}\mathrm{I}_1(\bar{k}\bar{r}_o)\right]+\\&[\mathrm{I}_1(\bar{k}\bar{r}_o)-\mathrm{I}_1(\bar{k}\bar{r}_i)]\cdot\\&\left[2\bar{k}\mathrm{K}_0(\bar{k}\bar{r}_o)+\frac{1}{\bar{r}_o}\mathrm{K}_1(\bar{k}\bar{r}_o)\right]\end{aligned}\right\}\Delta_2(\mathrm{i}\bar{\omega}_1+\mathrm{i}\bar{k})\exp(2\mathrm{i}\bar{\omega}_1\bar{t}+2\mathrm{i}\bar{k}\bar{z})\right\rangle \tag{11-257}$$

(9) 方程(11-257)对 $\bar{t}$ 求一阶偏导数

$$\bar{\phi}_{2\mathrm{lo},\bar{r}\bar{t}}\Big|_{\bar{r}_0}=-\left\{\begin{aligned}&[\mathrm{K}_1(2\bar{k}\bar{r}_o)-\mathrm{K}_1(2\bar{k}\bar{r}_i)]\,\mathrm{I}_1(2\bar{k}\bar{r})-\\&[\mathrm{I}_1(2\bar{k}\bar{r}_o)-\mathrm{I}_1(2\bar{k}\bar{r}_i)]\,\mathrm{K}_1(2\bar{k}\bar{r})\end{aligned}\right\}\Delta_{45}\cdot$$

$$(\bar{\omega}_2^2+2\bar{k}\bar{\omega}_2)\exp(\mathrm{i}\bar{\omega}_2\bar{t}+2\mathrm{i}\bar{k}\bar{z})-\left\langle\left\{\begin{aligned}&[\mathrm{K}_1(\bar{k}\bar{r}_o)-\mathrm{K}_1(\bar{k}\bar{r}_i)]\cdot\\&\left[2\bar{k}\mathrm{I}_0(\bar{k}\bar{r}_o)-\frac{1}{\bar{r}_o}\mathrm{I}_1(\bar{k}\bar{r}_o)\right]+\\&[\mathrm{I}_1(\bar{k}\bar{r}_o)-\mathrm{I}_1(\bar{k}\bar{r}_i)]\cdot\\&\left[2\bar{k}\mathrm{K}_0(\bar{k}\bar{r}_o)+\frac{1}{\bar{r}_o}\mathrm{K}_1(\bar{k}\bar{r}_o)\right]\end{aligned}\right\}\Delta_2(2\bar{\omega}_1^2+2\bar{k}\bar{\omega}_1)\exp(2\mathrm{i}\bar{\omega}_1\bar{t}+2\mathrm{i}\bar{k}\bar{z})\right\rangle \tag{11-258}$$

(10) 第二级表面波反对称波形外环液相方程(11-127)对 $\bar{r}$ 求一阶偏导数

$$\bar{\phi}_{2\mathrm{lo},\bar{z}\bar{r}}\Big|_{\bar{r}_0}=-\left\{\begin{aligned}&[\mathrm{K}_1(2\bar{k}\bar{r}_o)-\mathrm{K}_1(2\bar{k}\bar{r}_i)]\,\mathrm{I}_1(2\bar{k}\bar{r})-\\&[\mathrm{I}_1(2\bar{k}\bar{r}_o)-\mathrm{I}_1(2\bar{k}\bar{r}_i)]\,\mathrm{K}_1(2\bar{k}\bar{r})\end{aligned}\right\}\Delta_{45}\cdot$$

$$
(2\bar{k}\bar{\omega}_2 + 4\bar{k}^2)\exp(\mathrm{i}\bar{\omega}_2\bar{t} + 2\mathrm{i}\bar{k}\bar{z}) - \left\langle \left\{ \begin{array}{l} [\mathrm{K}_1(\bar{k}\bar{r}_o) - \mathrm{K}_1(\bar{k}\bar{r}_i)] \cdot \\ \left[2\bar{k}\mathrm{I}_0(\bar{k}\bar{r}_o) - \dfrac{1}{\bar{r}_o}\mathrm{I}_1(\bar{k}\bar{r}_o)\right] + \\ [\mathrm{I}_1(\bar{k}\bar{r}_o) - \mathrm{I}_1(\bar{k}\bar{r}_i)] \cdot \\ \left[2\bar{k}\mathrm{K}_0(\bar{k}\bar{r}_o) + \dfrac{1}{\bar{r}_o}\mathrm{K}_1(\bar{k}\bar{r}_o)\right] \end{array} \right\} \Delta_2(2\bar{k}\bar{\omega}_1 + 2\bar{k}^2)\exp(2\mathrm{i}\bar{\omega}_1\bar{t} + 2\mathrm{i}\bar{k}\bar{z}) \right\rangle \tag{11-259}
$$

(11) 第二级表面波反对称波形内环气相方程(11-102)对 $\bar{r}$ 求一阶偏导数

$$
\bar{\phi}_{2gi,\bar{r}}\Big|_{\bar{r}_o} = \frac{\mathrm{I}_1(2\bar{k}\bar{r})}{\mathrm{I}_1(2\bar{k}\bar{r}_i)}\left[\mathrm{i}\bar{\omega}_2\exp(\mathrm{i}\bar{\omega}_2\bar{t} + 2\mathrm{i}\bar{k}\bar{z}) - \frac{2\bar{k}\mathrm{I}_0(\bar{k}\bar{r}_i) - \dfrac{1}{\bar{r}_i}\mathrm{I}_1(\bar{k}\bar{r}_i)}{\mathrm{I}_1(\bar{k}\bar{r}_i)}\mathrm{i}\bar{\omega}_1\exp(2\mathrm{i}\bar{\omega}_1\bar{t} + 2\mathrm{i}\bar{k}\bar{z})\right] \tag{11-260}
$$

(12) 方程(11-260)对 $\bar{t}$ 求一阶偏导数

$$
\bar{\phi}_{2gi,\bar{r}\bar{t}}\Big|_{\bar{r}_o} = -\frac{\mathrm{I}_1(2\bar{k}\bar{r})}{\mathrm{I}_1(2\bar{k}\bar{r}_i)} \cdot \left[\bar{\omega}_2^2\exp(\mathrm{i}\bar{\omega}_2\bar{t} + 2\mathrm{i}\bar{k}\bar{z}) - \frac{2\bar{k}\mathrm{I}_0(\bar{k}\bar{r}_i) - \dfrac{1}{\bar{r}_i}\mathrm{I}_1(\bar{k}\bar{r}_i)}{\mathrm{I}_1(\bar{k}\bar{r}_i)}2\bar{\omega}_1^2\exp(2\mathrm{i}\bar{\omega}_1\bar{t} + 2\mathrm{i}\bar{k}\bar{z})\right] \tag{11-261}
$$

(13) 第二级表面波反对称波形外环气相方程(11-111)对 $\bar{r}$ 求一阶偏导数

$$
\bar{\phi}_{2go,\bar{r}}\Big|_{\bar{r}_o} = \frac{\mathrm{K}_1(2\bar{k}\bar{r})}{\mathrm{K}_1(2\bar{k}\bar{r}_o)} \cdot \left[\mathrm{i}\bar{\omega}_2\exp(\mathrm{i}\bar{\omega}_2\bar{t} + 2\mathrm{i}\bar{k}\bar{z}) + \frac{2\bar{k}\mathrm{K}_0(\bar{k}\bar{r}_o) + \dfrac{1}{\bar{r}_o}\mathrm{K}_1(\bar{k}\bar{r}_o)}{\mathrm{K}_1(\bar{k}\bar{r}_o)}\mathrm{i}\bar{\omega}_1\exp(2\mathrm{i}\bar{\omega}_1\bar{t} + 2\mathrm{i}\bar{k}\bar{z})\right] \tag{11-262}
$$

(14) 方程(11-262)对 $\bar{t}$ 求一阶偏导数

$$
\bar{\phi}_{2go,\bar{r}\bar{t}}\Big|_{\bar{r}_o} = -\frac{\mathrm{K}_1(2\bar{k}\bar{r})}{\mathrm{K}_1(2\bar{k}\bar{r}_o)} \cdot \left[\bar{\omega}_2^2\exp(\mathrm{i}\bar{\omega}_2\bar{t} + 2\mathrm{i}\bar{k}\bar{z}) + \frac{2\bar{k}\mathrm{K}_0(\bar{k}\bar{r}_o) + \dfrac{1}{\bar{r}_o}\mathrm{K}_1(\bar{k}\bar{r}_o)}{\mathrm{K}_1(\bar{k}\bar{r}_o)}2\bar{\omega}_1^2\exp(2\mathrm{i}\bar{\omega}_1\bar{t} + 2\mathrm{i}\bar{k}\bar{z})\right] \tag{11-263}
$$

(15) 第三级表面波反对称波形内环液相方程(11-196)对 $\bar{t}$ 求一阶偏导数

$$
\bar{\phi}_{3li,\bar{t}}\Big|_{\bar{r}_o} = -\frac{\left\{ \begin{array}{l} [\mathrm{K}_1(3\bar{k}\bar{r}_o) - \mathrm{K}_1(3\bar{k}\bar{r}_i)]\,\mathrm{I}_0(3\bar{k}\bar{r}) + \\ [\mathrm{I}_1(3\bar{k}\bar{r}_o) - \mathrm{I}_1(3\bar{k}\bar{r}_i)]\,\mathrm{K}_0(3\bar{k}\bar{r}) \end{array} \right\}}{3\bar{k}}\Delta_{50} \cdot
$$

$$\left\langle\begin{array}{l}(\bar{\omega}_3^2+3\bar{k}\bar{\omega}_3)\exp(\mathrm{i}\bar{\omega}_3\bar{t}+3\mathrm{i}\bar{k}\bar{z})+\\ \left\{\begin{array}{l}\left[3\bar{k}(\Delta_{41}+\Delta_{42})+\dfrac{1}{\bar{r}_{\mathrm{i}}\Delta_2}\right]\Delta_2(\bar{\omega}_1+\bar{k})-\\ \left[3\bar{k}(\Delta_{46}+\Delta_{47})-\dfrac{1}{\bar{r}_{\mathrm{i}}\Delta_{45}}\right]\Delta_{45}(\bar{\omega}_2+2\bar{k})\end{array}\right\}\cdot\\ (\bar{\omega}_1+\bar{\omega}_2)\exp(\mathrm{i}\bar{\omega}_1\bar{t}+\mathrm{i}\bar{\omega}_2\bar{t}+3\mathrm{i}\bar{k}\bar{z})+\\ \left\{\begin{array}{l}\left[3\bar{k}(\Delta_{46}+\Delta_{47})-\dfrac{1}{\bar{r}_{\mathrm{i}}\Delta_{45}}\right]\cdot\\ \left[-2\bar{k}(\Delta_{41}+\Delta_{42})-\dfrac{1}{\bar{r}_{\mathrm{i}}\Delta_2}\right]\Delta_2\Delta_{45}(\bar{\omega}_1+\bar{k})-\\ \dfrac{1}{2}\left[5\bar{k}^2\dfrac{1}{\Delta_2}+\dfrac{2}{\bar{r}_{\mathrm{i}}^2\Delta_2}+\dfrac{\bar{k}}{\bar{r}_{\mathrm{i}}}(\Delta_{41}+\Delta_{42})\right]\Delta_2(\bar{\omega}_1+\bar{k})\end{array}\right\}3\bar{\omega}_1\exp(3\mathrm{i}\bar{\omega}_1\bar{t}+3\mathrm{i}\bar{k}\bar{z})\end{array}\right\rangle \tag{11-264}$$

(16) 方程(11-196)对 $\bar{z}$ 求一阶偏导数

$$\bar{\phi}_{3\mathrm{li},\bar{z}}\Big|_{\bar{r}_0}=-\left\{\begin{array}{l}[\mathrm{K}_1(3\bar{k}\bar{r}_{\mathrm{o}})-\mathrm{K}_1(3\bar{k}\bar{r}_{\mathrm{i}})]\,\mathrm{I}_0(3\bar{k}\bar{r})+\\ [\mathrm{I}_1(3\bar{k}\bar{r}_{\mathrm{o}})-\mathrm{I}_1(3\bar{k}\bar{r}_{\mathrm{i}})]\,\mathrm{K}_0(3\bar{k}\bar{r})\end{array}\right\}\Delta_{50}\cdot$$

$$\left\langle\begin{array}{l}(\bar{\omega}_3+3\bar{k})\exp(\mathrm{i}\bar{\omega}_3\bar{t}+3\mathrm{i}\bar{k}\bar{z})+\\ \left\{\begin{array}{l}\left[3\bar{k}(\Delta_{41}+\Delta_{42})+\dfrac{1}{\bar{r}_{\mathrm{i}}\Delta_2}\right]\Delta_2(\bar{\omega}_1+\bar{k})-\\ \left[3\bar{k}(\Delta_{46}+\Delta_{47})-\dfrac{1}{\bar{r}_{\mathrm{i}}\Delta_{45}}\right]\Delta_{45}(\bar{\omega}_2+2\bar{k})\end{array}\right\}\exp(\mathrm{i}\bar{\omega}_1\bar{t}+\mathrm{i}\bar{\omega}_2\bar{t}+3\mathrm{i}\bar{k}\bar{z})+\\ \left\{\begin{array}{l}\left[3\bar{k}(\Delta_{46}+\Delta_{47})-\dfrac{1}{\bar{r}_{\mathrm{i}}\Delta_{45}}\right]\cdot\\ \left[-2\bar{k}(\Delta_{41}+\Delta_{42})-\dfrac{1}{\bar{r}_{\mathrm{i}}\Delta_2}\right]\Delta_2\Delta_{45}(\bar{\omega}_1+\bar{k})-\\ \dfrac{1}{2}\left[5\bar{k}^2\dfrac{1}{\Delta_2}+\dfrac{2}{\bar{r}_{\mathrm{i}}^2\Delta_2}+\dfrac{\bar{k}}{\bar{r}_{\mathrm{i}}}(\Delta_{41}+\Delta_{42})\right]\Delta_2(\bar{\omega}_1+\bar{k})\end{array}\right\}\exp(3\mathrm{i}\bar{\omega}_1\bar{t}+3\mathrm{i}\bar{k}\bar{z})\end{array}\right\rangle \tag{11-265}$$

(17) 第三级表面波反对称波形外环液相方程(11-203)对 $\bar{t}$ 求一阶偏导数

$$\bar{\phi}_{3\mathrm{lo},\bar{t}}\Big|_{\bar{r}_0}=-\frac{\left\{\begin{array}{l}[\mathrm{K}_1(3\bar{k}\bar{r}_{\mathrm{o}})-\mathrm{K}_1(3\bar{k}\bar{r}_{\mathrm{i}})]\,\mathrm{I}_0(3\bar{k}\bar{r})+\\ [\mathrm{I}_1(3\bar{k}\bar{r}_{\mathrm{o}})-\mathrm{I}_1(3\bar{k}\bar{r}_{\mathrm{i}})]\,\mathrm{K}_0(3\bar{k}\bar{r})\end{array}\right\}}{3\bar{k}}\Delta_{50}\cdot$$

$$\left\langle \begin{aligned} &(\bar{\omega}_3^2+3\bar{k}\bar{\omega}_3)\exp(\mathrm{i}\bar{\omega}_3\bar{t}+3\mathrm{i}\bar{k}\bar{z})+\\ &\left\{\begin{aligned}&\left[3\bar{k}(\Delta_{43}+\Delta_{44})+\frac{1}{\bar{r}_{\mathrm{o}}\Delta_2}\right]\Delta_2(\bar{\omega}_1+\bar{k})-\\ &\left[3\bar{k}(\Delta_{50}+\Delta_{51})-\frac{1}{\bar{r}_{\mathrm{o}}\Delta_{45}}\right]\Delta_{45}(\bar{\omega}_2+2\bar{k})\end{aligned}\right\}\cdot\\ &(\bar{\omega}_1+\bar{\omega}_2)\exp(\mathrm{i}\bar{\omega}_1\bar{t}+\mathrm{i}\bar{\omega}_2\bar{t}+3\mathrm{i}\bar{k}\bar{z})+\\ &\left\{\begin{aligned}&\left[3\bar{k}(\Delta_{50}+\Delta_{51})-\frac{1}{\bar{r}_{\mathrm{o}}\Delta_{45}}\right]\cdot\\ &\left[-2\bar{k}(\Delta_{43}+\Delta_{44})-\frac{1}{\bar{r}_{\mathrm{o}}\Delta_2}\right]\Delta_2\Delta_{45}(\bar{\omega}_1+\bar{k})-\\ &\frac{1}{2}\left[5\bar{k}^2\frac{1}{\Delta_2}+\frac{2}{\bar{r}^2\Delta_2}+\frac{\bar{k}}{\bar{r}_{\mathrm{o}}}(\Delta_{43}+\Delta_{44})\right]\Delta_2(\bar{\omega}_1+\bar{k})\end{aligned}\right\}3\bar{\omega}_1\exp(3\mathrm{i}\bar{\omega}_1\bar{t}+3\mathrm{i}\bar{k}\bar{z})\end{aligned}\right\rangle \tag{11-266}$$

(18) 方程(11-203)对 $\bar{z}$ 求一阶偏导数

$$\bar{\phi}_{3\mathrm{lo},\bar{z}}\Big|_{\bar{r}_{\mathrm{o}}}=-\left\{\begin{aligned}&[\mathrm{K}_1(3\bar{k}\bar{r}_{\mathrm{o}})-\mathrm{K}_1(3\bar{k}\bar{r}_{\mathrm{i}})]\,\mathrm{I}_0(3\bar{k}\bar{r})+\\ &[\mathrm{I}_1(3\bar{k}\bar{r}_{\mathrm{o}})-\mathrm{I}_1(3\bar{k}\bar{r}_{\mathrm{i}})]\,\mathrm{K}_0(3\bar{k}\bar{r})\end{aligned}\right\}\Delta_{50}\cdot$$

$$\left\langle \begin{aligned} &(\bar{\omega}_3+3\bar{k})\exp(\mathrm{i}\bar{\omega}_3\bar{t}+3\mathrm{i}\bar{k}\bar{z})+\\ &\left\{\begin{aligned}&\left[3\bar{k}(\Delta_{43}+\Delta_{44})+\frac{1}{\bar{r}_{\mathrm{o}}\Delta_2}\right]\Delta_2(\bar{\omega}_1+\bar{k})-\\ &\left[3\bar{k}(\Delta_{50}+\Delta_{51})-\frac{1}{\bar{r}_{\mathrm{o}}\Delta_{45}}\right]\Delta_{45}(\bar{\omega}_2+2\bar{k})\end{aligned}\right\}\exp(\mathrm{i}\bar{\omega}_1\bar{t}+\mathrm{i}\bar{\omega}_2\bar{t}+3\mathrm{i}\bar{k}\bar{z})+\\ &\left\{\begin{aligned}&\left[3\bar{k}(\Delta_{50}+\Delta_{51})-\frac{1}{\bar{r}_{\mathrm{o}}\Delta_{45}}\right]\cdot\\ &\left[-2\bar{k}(\Delta_{43}+\Delta_{44})-\frac{1}{\bar{r}_{\mathrm{o}}\Delta_2}\right]\Delta_2\Delta_{45}(\bar{\omega}_1+\bar{k})-\\ &\frac{1}{2}\left[5\bar{k}^2\frac{1}{\Delta_2}+\frac{2}{\bar{r}^2\Delta_2}+\frac{\bar{k}}{\bar{r}_{\mathrm{o}}}(\Delta_{43}+\Delta_{44})\right]\Delta_2(\bar{\omega}_1+\bar{k})\end{aligned}\right\}\exp(3\mathrm{i}\bar{\omega}_1\bar{t}+3\mathrm{i}\bar{k}\bar{z})\end{aligned}\right\rangle \tag{11-267}$$

(19) 第三级表面波反对称波形内环气相方程(11-224)对 $\bar{t}$ 求一阶偏导数

$$\bar{\phi}_{3\mathrm{gi},\bar{t}}\Big|_{\bar{r}_{\mathrm{o}}}=-\frac{\mathrm{I}_0(3\bar{k}\bar{r})}{3\bar{k}\mathrm{I}_1(3\bar{k}\bar{r}_{\mathrm{i}})}\left\{\begin{aligned}&\bar{\omega}_3^2\exp(\mathrm{i}\bar{\omega}_3\bar{t}+3\mathrm{i}\bar{k}\bar{z})+\\ &\left[\left(-3\bar{k}G_1+\frac{1}{\bar{r}_{\mathrm{i}}}\right)\bar{\omega}_1-\left(3\bar{k}G_3-\frac{1}{\bar{r}_{\mathrm{i}}}\right)\bar{\omega}_2\right]\cdot\\ &(\bar{\omega}_1+\bar{\omega}_2)\exp(\mathrm{i}\bar{\omega}_1\bar{t}+\mathrm{i}\bar{\omega}_2\bar{t}+3\mathrm{i}\bar{k}\bar{z})+\\ &\left[\begin{aligned}&\left(3\bar{k}G_3-\frac{1}{\bar{r}_{\mathrm{i}}}\right)\left(2\bar{k}G_1-\frac{1}{\bar{r}_{\mathrm{i}}}\right)\bar{\omega}_1-\\ &\frac{1}{2}\left(5\bar{k}^2+\frac{2}{\bar{r}_{\mathrm{i}}^2}-\frac{\bar{k}}{\bar{r}_{\mathrm{i}}}G_1\right)\bar{\omega}_1\end{aligned}\right]3\bar{\omega}_1\exp(3\mathrm{i}\bar{\omega}_1\bar{t}+3\mathrm{i}\bar{k}\bar{z})\end{aligned}\right\} \tag{11-268}$$

(20) 第三级表面波反对称波形外环气相方程(11-245)对 $\bar{t}$ 求一阶偏导数

$$\bar{\phi}_{3go,\bar{t}}\Big|_{\bar{r}_o}=\frac{K_0(3\bar{k}\bar{r})}{3\bar{k}K_1(3\bar{k}\bar{r}_o)}\left\{\begin{array}{l}\bar{\omega}_3^2\exp(i\bar{\omega}_3\bar{t}+3i\bar{k}\bar{z})+\\ \left[\left(3\bar{k}G_2+\frac{1}{\bar{r}_o}\right)\bar{\omega}_1+\left(3\bar{k}G_4+\frac{1}{\bar{r}_o}\right)\bar{\omega}_2\right]\cdot\\ (\bar{\omega}_1+\bar{\omega}_2)\exp(i\bar{\omega}_1\bar{t}+i\bar{\omega}_2\bar{t}+3i\bar{k}\bar{z})+\\ \left[\begin{array}{l}\left(3\bar{k}G_4+\frac{1}{\bar{r}_o}\right)\left(2\bar{k}G_2+\frac{1}{\bar{r}_o}\right)\bar{\omega}_1-\\ \frac{1}{2}\left(5\bar{k}^2+\frac{2}{\bar{r}_o^2}+\frac{\bar{k}}{\bar{r}_o}G_2\right)\bar{\omega}_1\end{array}\right]3\bar{\omega}_1\exp(3i\bar{\omega}_1\bar{t}+3i\bar{k}\bar{z})\end{array}\right\}$$

(11-269)

根据第三级表面波按泰勒级数在内环处展开的动力学边界条件式(8-95),并去掉 θ 项。令第三级表面波中与第一级表面波和第二级表面波相关的源项为

$$S_{ai31\text{-}2}=\left|\begin{array}{l}\left\langle\begin{array}{l}-\dfrac{\left\{\begin{array}{l}[K_1(3\bar{k}\bar{r}_o)-K_1(3\bar{k}\bar{r}_i)]\,I_0(3\bar{k}\bar{r})+\\ [I_1(3\bar{k}\bar{r}_o)-I_1(3\bar{k}\bar{r}_i)]\,K_0(3\bar{k}\bar{r})\end{array}\right\}}{3\bar{k}}\Delta_{50}\cdot\\ \left\{\begin{array}{l}\left[3\bar{k}(\Delta_{41}+\Delta_{42})+\dfrac{1}{\bar{r}_i\Delta_2}\right]\Delta_2(\bar{\omega}_1+\bar{k})-\\ \left[3\bar{k}(\Delta_{46}+\Delta_{47})-\dfrac{1}{\bar{r}_i\Delta_{45}}\right]\Delta_{45}(\bar{\omega}_2+2\bar{k})\end{array}\right\}(\bar{\omega}_1+\bar{\omega}_2+3\bar{k})+\\ \bar{\rho}\,\dfrac{I_0(3\bar{k}\bar{r})}{3\bar{k}I_1(3\bar{k}\bar{r}_i)}\left[\left(-3\bar{k}G_1+\dfrac{1}{\bar{r}_i}\right)\bar{\omega}_1-\left(3\bar{k}G_3-\dfrac{1}{\bar{r}_i}\right)\bar{\omega}_2\right](\bar{\omega}_1+\bar{\omega}_2)\end{array}\right\rangle-\\ \bar{\rho}\left[\begin{array}{l}-\dfrac{I_1(\bar{k}\bar{r})}{I_1(\bar{k}\bar{r}_i)}(\bar{\omega}_1\bar{\omega}_2+\bar{\omega}_1^2)-\dfrac{I_1(2\bar{k}\bar{r})}{I_1(2\bar{k}\bar{r}_i)}\bar{\omega}_1\bar{\omega}_2-\\ \dfrac{I_1(2\bar{k}\bar{r})}{I_1(2\bar{k}\bar{r}_i)}\bar{\omega}_2^2-\dfrac{I_1(\bar{k}\bar{r})}{I_1(\bar{k}\bar{r}_i)}\dfrac{I_1(2\bar{k}\bar{r})}{I_1(2\bar{k}\bar{r}_i)}\bar{\omega}_1\bar{\omega}_2+\\ \dfrac{I_0(\bar{k}\bar{r})}{I_1(\bar{k}\bar{r}_i)}\dfrac{I_0(2\bar{k}\bar{r})}{I_1(2\bar{k}\bar{r}_i)}\bar{\omega}_1\bar{\omega}_2\end{array}\right]+\end{array}\right.$$

$$
\begin{aligned}
&-\left\{\begin{array}{l}[\mathrm{K}_1(\bar{k}\bar{r}_{\mathrm{o}})-\mathrm{K}_1(\bar{k}\bar{r}_{\mathrm{i}})]\,\mathrm{I}_1(\bar{k}\bar{r})-\\ [\mathrm{I}_1(\bar{k}\bar{r}_{\mathrm{o}})-\mathrm{I}_1(\bar{k}\bar{r}_{\mathrm{i}})]\,\mathrm{K}_1(\bar{k}\bar{r})\end{array}\right\}\cdot\\
&\Delta_2(\bar{\omega}_1\bar{\omega}_2+\bar{k}\bar{\omega}_2+\bar{\omega}_1^2+4\bar{k}\bar{\omega}_1+3\bar{k}^2)-\\
&\left\{\begin{array}{l}[\mathrm{K}_1(2\bar{k}\bar{r}_{\mathrm{o}})-\mathrm{K}_1(2\bar{k}\bar{r}_{\mathrm{i}})]\,\mathrm{I}_1(2\bar{k}\bar{r})-\\ [\mathrm{I}_1(2\bar{k}\bar{r}_{\mathrm{o}})-\mathrm{I}_1(2\bar{k}\bar{r}_{\mathrm{i}})]\,\mathrm{K}_1(2\bar{k}\bar{r})\end{array}\right\}\cdot\\
&\Delta_{45}(\bar{\omega}_1\bar{\omega}_2+2\bar{k}\bar{\omega}_1+\bar{\omega}_2^2+5\bar{k}\bar{\omega}_2+6\bar{k}^2)-\\
&\left\{\begin{array}{l}[\mathrm{K}_1(\bar{k}\bar{r}_{\mathrm{o}})-\mathrm{K}_1(\bar{k}\bar{r}_{\mathrm{i}})]\,\mathrm{I}_1(\bar{k}\bar{r})-\\ [\mathrm{I}_1(\bar{k}\bar{r}_{\mathrm{o}})-\mathrm{I}_1(\bar{k}\bar{r}_{\mathrm{i}})]\,\mathrm{K}_1(\bar{k}\bar{r})\end{array}\right\}\cdot\\
&\left\{\begin{array}{l}[\mathrm{K}_1(2\bar{k}\bar{r}_{\mathrm{o}})-\mathrm{K}_1(2\bar{k}\bar{r}_{\mathrm{i}})]\,\mathrm{I}_1(2\bar{k}\bar{r})-\\ [\mathrm{I}_1(2\bar{k}\bar{r}_{\mathrm{o}})-\mathrm{I}_1(2\bar{k}\bar{r}_{\mathrm{i}})]\,\mathrm{K}_1(2\bar{k}\bar{r})\end{array}\right\}\Delta_2\Delta_{45}(\bar{\omega}_1+\bar{k})(\bar{\omega}_2+2\bar{k})+\\
&\left\{\begin{array}{l}[\mathrm{K}_1(\bar{k}\bar{r}_{\mathrm{o}})-\mathrm{K}_1(\bar{k}\bar{r}_{\mathrm{i}})]\,\mathrm{I}_0(\bar{k}\bar{r})+\\ [\mathrm{I}_1(\bar{k}\bar{r}_{\mathrm{o}})-\mathrm{I}_1(\bar{k}\bar{r}_{\mathrm{i}})]\,\mathrm{K}_0(\bar{k}\bar{r})\end{array}\right\}\cdot\\
&\left\{\begin{array}{l}[\mathrm{K}_1(2\bar{k}\bar{r}_{\mathrm{o}})-\mathrm{K}_1(2\bar{k}\bar{r}_{\mathrm{i}})]\,\mathrm{I}_0(2\bar{k}\bar{r})+\\ [\mathrm{I}_1(2\bar{k}\bar{r}_{\mathrm{o}})-\mathrm{I}_1(2\bar{k}\bar{r}_{\mathrm{i}})]\,\mathrm{K}_0(2\bar{k}\bar{r})\end{array}\right\}\Delta_2\Delta_{45}(\bar{\omega}_1+\bar{k})(\bar{\omega}_2+2\bar{k})\Bigg\rangle\\
&-\frac{1}{We_1}(-2-2\bar{k}^2)\Bigg|\\
&\exp(\mathrm{i}\bar{\omega}_1\bar{t}+\mathrm{i}\bar{\omega}_2\bar{t}+3\mathrm{i}\bar{k}\bar{z})
\end{aligned}
\tag{11-270}
$$

令第三级表面波中与第一级表面波相关的源项为

$$
\begin{aligned}
S_{\mathrm{ai31}}=&\Bigg|\Bigg\langle-\frac{\left\{\begin{array}{l}[\mathrm{K}_1(3\bar{k}\bar{r}_{\mathrm{o}})-\mathrm{K}_1(3\bar{k}\bar{r}_{\mathrm{i}})]\,\mathrm{I}_0(3\bar{k}\bar{r})+\\ [\mathrm{I}_1(3\bar{k}\bar{r}_{\mathrm{o}})-\mathrm{I}_1(3\bar{k}\bar{r}_{\mathrm{i}})]\,\mathrm{K}_0(3\bar{k}\bar{r})\end{array}\right\}}{\bar{k}}\Delta_{50}\left\{\begin{array}{l}\left[3\bar{k}(\Delta_{46}+\Delta_{47})-\dfrac{1}{\bar{r}_{\mathrm{i}}\Delta_{45}}\right]\cdot\\ \left[-2\bar{k}(\Delta_{41}+\Delta_{42})-\dfrac{1}{\bar{r}_{\mathrm{i}}\Delta_2}\right]\Delta_2\Delta_{45}(\bar{\omega}_1+\bar{k})-\\ \dfrac{1}{2}\left[5\bar{k}^2\dfrac{1}{\Delta_2}+\dfrac{2}{\bar{r}_{\mathrm{i}}^2\Delta_2}+\dfrac{\bar{k}}{\bar{r}_{\mathrm{i}}}(\Delta_{41}+\Delta_{42})\right]\Delta_2(\bar{\omega}_1+\bar{k})\end{array}\right\}(\bar{\omega}_1+\bar{k})+\\
&\bar{\rho}\frac{\mathrm{I}_0(3\bar{k}\bar{r})}{\bar{k}\,\mathrm{I}_1(3\bar{k}\bar{r}_{\mathrm{i}})}\left[\left(3\bar{k}G_3-\frac{1}{\bar{r}_{\mathrm{i}}}\right)\left(2\bar{k}G_1-\frac{1}{\bar{r}_{\mathrm{i}}}\right)\bar{\omega}_1-\frac{1}{2}\left(5\bar{k}^2+\frac{2}{\bar{r}_{\mathrm{i}}^2}-\frac{\bar{k}}{\bar{r}_{\mathrm{i}}}G_1\right)\bar{\omega}_1\right]\bar{\omega}_1\exp(3\mathrm{i}\bar{\omega}_1\bar{t}+3\mathrm{i}\bar{k}\bar{z})\Bigg\rangle-
\end{aligned}
$$

$$\bar{\rho}\left[\begin{matrix}-\dfrac{3}{2}\dfrac{\bar{k}\mathrm{I}_0(\bar{k}\bar{r})-\dfrac{1}{\bar{r}}\mathrm{I}_1(\bar{k}\bar{r})}{\mathrm{I}_1(\bar{k}\bar{r}_\mathrm{i})}\bar{\omega}_1^2+\dfrac{\mathrm{I}_1(2\bar{k}\bar{r})}{\mathrm{I}_1(2\bar{k}\bar{r}_\mathrm{i})}\dfrac{2\bar{k}\mathrm{I}_0(\bar{k}\bar{r}_\mathrm{i})-\dfrac{1}{\bar{r}_\mathrm{i}}\mathrm{I}_1(\bar{k}\bar{r}_\mathrm{i})}{\mathrm{I}_1(\bar{k}\bar{r}_\mathrm{i})}3\bar{\omega}_1^2+ \\ \dfrac{\mathrm{I}_1(\bar{k}\bar{r})}{\mathrm{I}_1(\bar{k}\bar{r}_\mathrm{i})}\dfrac{\mathrm{I}_1(\bar{k}\bar{r})}{\bar{r}\mathrm{I}_1(\bar{k}\bar{r}_\mathrm{i})}\bar{\omega}_1^2+\dfrac{\mathrm{I}_1(\bar{k}\bar{r})}{\mathrm{I}_1(\bar{k}\bar{r}_\mathrm{i})}\dfrac{\mathrm{I}_1(2\bar{k}\bar{r})}{\mathrm{I}_1(2\bar{k}\bar{r}_\mathrm{i})}\dfrac{2\bar{k}\mathrm{I}_0(\bar{k}\bar{r}_\mathrm{i})-\dfrac{1}{\bar{r}_\mathrm{i}}\mathrm{I}_1(\bar{k}\bar{r}_\mathrm{i})}{\mathrm{I}_1(\bar{k}\bar{r}_\mathrm{i})}\bar{\omega}_1^2- \\ \dfrac{\mathrm{I}_0(\bar{k}\bar{r})}{\mathrm{I}_1(\bar{k}\bar{r}_\mathrm{i})}\dfrac{\mathrm{I}_0(2\bar{k}\bar{r})}{\mathrm{I}_1(2\bar{k}\bar{r}_\mathrm{i})}\dfrac{2\bar{k}\mathrm{I}_0(\bar{k}\bar{r}_\mathrm{i})-\dfrac{1}{\bar{r}_\mathrm{i}}\mathrm{I}_1(\bar{k}\bar{r}_\mathrm{i})}{\mathrm{I}_1(\bar{k}\bar{r}_\mathrm{i})}\bar{\omega}_1^2+\dfrac{\mathrm{I}_0(\bar{k}\bar{r})}{\mathrm{I}_1(\bar{k}\bar{r}_\mathrm{i})}\dfrac{\mathrm{I}_1(\bar{k}\bar{r})}{\mathrm{I}_1(\bar{k}\bar{r}_\mathrm{i})}\bar{k}\bar{\omega}_1^2\end{matrix}\right]+$$

$$\left|\begin{matrix}\left\langle\begin{matrix}-\dfrac{3}{2}\left\{\begin{matrix}[\mathrm{K}_1(\bar{k}\bar{r}_\mathrm{o})-\mathrm{K}_1(\bar{k}\bar{r}_\mathrm{i})]\left[\bar{k}\mathrm{I}_0(\bar{k}\bar{r})-\dfrac{1}{\bar{r}}\mathrm{I}_1(\bar{k}\bar{r})\right]+ \\ [\mathrm{I}_1(\bar{k}\bar{r}_\mathrm{o})-\mathrm{I}_1(\bar{k}\bar{r}_\mathrm{i})]\left[\bar{k}\mathrm{K}_0(\bar{k}\bar{r})+\dfrac{1}{\bar{r}}\mathrm{K}_1(\bar{k}\bar{r})\right]\end{matrix}\right\}\Delta_2(\bar{\omega}_1^2+2\bar{k}\bar{\omega}_1+\bar{k}^2)+ \\
\left\{\begin{matrix}[\mathrm{K}_1(2\bar{k}\bar{r}_\mathrm{o})-\mathrm{K}_1(2\bar{k}\bar{r}_\mathrm{i})]\mathrm{I}_1(2\bar{k}\bar{r})- \\ [\mathrm{I}_1(2\bar{k}\bar{r}_\mathrm{o})-\mathrm{I}_1(2\bar{k}\bar{r}_\mathrm{i})]\mathrm{K}_1(2\bar{k}\bar{r})\end{matrix}\right\}\left\{\begin{matrix}[\mathrm{K}_1(\bar{k}\bar{r}_\mathrm{o})-\mathrm{K}_1(\bar{k}\bar{r}_\mathrm{i})]\left[2\bar{k}\mathrm{I}_0(\bar{k}\bar{r}_\mathrm{i})-\dfrac{1}{\bar{r}_\mathrm{i}}\mathrm{I}_1(\bar{k}\bar{r}_\mathrm{i})\right]+ \\ [\mathrm{I}_1(\bar{k}\bar{r}_\mathrm{o})-\mathrm{I}_1(\bar{k}\bar{r}_\mathrm{i})]\left[2\bar{k}\mathrm{K}_0(\bar{k}\bar{r}_\mathrm{i})+\dfrac{1}{\bar{r}_\mathrm{i}}\mathrm{K}_1(\bar{k}\bar{r}_\mathrm{i})\right]\end{matrix}\right\}\Delta_2\Delta_{45}(3\bar{\omega}_1^2+6\bar{k}\bar{\omega}_1+3\bar{k}^2)+ \\
\left\{\begin{matrix}[\mathrm{K}_1(\bar{k}\bar{r}_\mathrm{o})-\mathrm{K}_1(\bar{k}\bar{r}_\mathrm{i})]\mathrm{I}_1(\bar{k}\bar{r})- \\ [\mathrm{I}_1(\bar{k}\bar{r}_\mathrm{o})-\mathrm{I}_1(\bar{k}\bar{r}_\mathrm{i})]\mathrm{K}_1(\bar{k}\bar{r})\end{matrix}\right\}\left\{\begin{matrix}[\mathrm{K}_1(\bar{k}\bar{r}_\mathrm{o})-\mathrm{K}_1(\bar{k}\bar{r}_\mathrm{i})]\left[\bar{k}\mathrm{I}_0(\bar{k}\bar{r})+\dfrac{1}{\bar{r}}\mathrm{I}_1(\bar{k}\bar{r})\right]+ \\ [\mathrm{I}_1(\bar{k}\bar{r}_\mathrm{o})-\mathrm{I}_1(\bar{k}\bar{r}_\mathrm{i})]\left[\bar{k}\mathrm{K}_0(\bar{k}\bar{r})-\dfrac{1}{\bar{r}}\mathrm{K}_1(\bar{k}\bar{r})\right]\end{matrix}\right\}\Delta_2^2(\bar{\omega}_1+\bar{k})^2+ \\
\left\{\begin{matrix}[\mathrm{K}_1(\bar{k}\bar{r}_\mathrm{o})-\mathrm{K}_1(\bar{k}\bar{r}_\mathrm{i})]\mathrm{I}_1(\bar{k}\bar{r})- \\ [\mathrm{I}_1(\bar{k}\bar{r}_\mathrm{o})-\mathrm{I}_1(\bar{k}\bar{r}_\mathrm{i})]\mathrm{K}_1(\bar{k}\bar{r})\end{matrix}\right\}\left\{\begin{matrix}[\mathrm{K}_1(2\bar{k}\bar{r}_\mathrm{o})-\mathrm{K}_1(2\bar{k}\bar{r}_\mathrm{i})]\mathrm{I}_1(2\bar{k}\bar{r})- \\ [\mathrm{I}_1(2\bar{k}\bar{r}_\mathrm{o})-\mathrm{I}_1(2\bar{k}\bar{r}_\mathrm{i})]\mathrm{K}_1(2\bar{k}\bar{r})\end{matrix}\right\}\left\{\begin{matrix}[\mathrm{K}_1(\bar{k}\bar{r}_\mathrm{o})-\mathrm{K}_1(\bar{k}\bar{r}_\mathrm{i})]\cdot \\ \left[2\bar{k}\mathrm{I}_0(\bar{k}\bar{r}_\mathrm{i})-\dfrac{1}{\bar{r}_\mathrm{i}}\mathrm{I}_1(\bar{k}\bar{r}_\mathrm{i})\right]+ \\ [\mathrm{I}_1(\bar{k}\bar{r}_\mathrm{o})-\mathrm{I}_1(\bar{k}\bar{r}_\mathrm{i})]\cdot \\ \left[2\bar{k}\mathrm{K}_0(\bar{k}\bar{r}_\mathrm{i})+\dfrac{1}{\bar{r}_\mathrm{i}}\mathrm{K}_1(\bar{k}\bar{r}_\mathrm{i})\right]\end{matrix}\right\}\Delta_2^2\Delta_{45}(\bar{\omega}_1+\bar{k})^2- \\
\left\{\begin{matrix}[\mathrm{K}_1(\bar{k}\bar{r}_\mathrm{o})-\mathrm{K}_1(\bar{k}\bar{r}_\mathrm{i})]\mathrm{I}_0(\bar{k}\bar{r})+ \\ [\mathrm{I}_1(\bar{k}\bar{r}_\mathrm{o})-\mathrm{I}_1(\bar{k}\bar{r}_\mathrm{i})]\mathrm{K}_0(\bar{k}\bar{r})\end{matrix}\right\}\left\{\begin{matrix}[\mathrm{K}_1(2\bar{k}\bar{r}_\mathrm{o})-\mathrm{K}_1(2\bar{k}\bar{r}_\mathrm{i})]\mathrm{I}_0(2\bar{k}\bar{r})+ \\ [\mathrm{I}_1(2\bar{k}\bar{r}_\mathrm{o})-\mathrm{I}_1(2\bar{k}\bar{r}_\mathrm{i})]\mathrm{K}_0(2\bar{k}\bar{r})\end{matrix}\right\}\left\{\begin{matrix}[\mathrm{K}_1(\bar{k}\bar{r}_\mathrm{o})-\mathrm{K}_1(\bar{k}\bar{r}_\mathrm{i})]\cdot \\ \left[2\bar{k}\mathrm{I}_0(\bar{k}\bar{r}_\mathrm{i})-\dfrac{1}{\bar{r}_\mathrm{i}}\mathrm{I}_1(\bar{k}\bar{r}_\mathrm{i})\right]+ \\ [\mathrm{I}_1(\bar{k}\bar{r}_\mathrm{o})-\mathrm{I}_1(\bar{k}\bar{r}_\mathrm{i})]\cdot \\ \left[2\bar{k}\mathrm{K}_0(\bar{k}\bar{r}_\mathrm{i})+\dfrac{1}{\bar{r}_\mathrm{i}}\mathrm{K}_1(\bar{k}\bar{r}_\mathrm{i})\right]\end{matrix}\right\}\Delta_2^2\Delta_{45}(\bar{\omega}_1+\bar{k})^2\end{matrix}\right\rangle- \\ \dfrac{1}{We_1}\left[-\dfrac{3}{2}(-1)^j\bar{k}^4+1+\dfrac{1}{2}\bar{k}^2\right]\end{matrix}\right|\cdot$$

$$\exp(3\mathrm{i}\omega_1\bar{t}+3\mathrm{i}\bar{k}\bar{z}) \tag{11-271}$$

在 $\bar{r}_0=\bar{r}_\mathrm{i}$ 处,令

$$\Delta_{51}=\mathrm{K}_1(3\bar{k}\bar{r}_\mathrm{o})\mathrm{I}_0(3\bar{k}\bar{r}_\mathrm{i})-\mathrm{K}_1(3\bar{k}\bar{r}_\mathrm{i})\mathrm{I}_0(3\bar{k}\bar{r}_\mathrm{i}) \tag{11-272}$$

$$\Delta_{52}=\mathrm{K}_0(3\bar{k}\bar{r}_\mathrm{i})\mathrm{I}_1(3\bar{k}\bar{r}_\mathrm{o})-\mathrm{K}_0(3\bar{k}\bar{r}_\mathrm{i})\mathrm{I}_1(3\bar{k}\bar{r}_\mathrm{i}) \tag{11-273}$$

$$G_5=\frac{\mathrm{I}_0(3\bar{k}\bar{r}_\mathrm{i})}{\mathrm{I}_1(3\bar{k}\bar{r}_\mathrm{i})} \tag{11-274}$$

当 $\exp(\mathrm{i}\bar{\omega}_{1/2}\bar{t})=\pm1$ 时,表面波波动项达到最大值。取 $\exp(\mathrm{i}\bar{\omega}_{1/2}\bar{t})=\pm1$,方

程(11-270)和方程(11-271)变成

$$S_{\mathrm{ai31\text{-}2}}=\left\{\begin{array}{l}-\dfrac{1}{3\bar{k}}\left[3\bar{k}(\Delta_{41}+\Delta_{42})+\dfrac{1}{\bar{r}_{\mathrm{i}}\Delta_2}\right]\Delta_2\Delta_{50}(\Delta_{51}+\Delta_{52})(\bar{\omega}_1+\bar{k})(\bar{\omega}_1+\bar{\omega}_2+3\bar{k})+\\ \dfrac{1}{3\bar{k}}\left[3\bar{k}(\Delta_{46}+\Delta_{47})-\dfrac{1}{\bar{r}_{\mathrm{i}}\Delta_{45}}\right]\Delta_{45}\Delta_{50}(\Delta_{51}+\Delta_{52})(\bar{\omega}_2+2\bar{k})(\bar{\omega}_1+\bar{\omega}_2+3\bar{k})+\\ \bar{\rho}\dfrac{G_5}{3\bar{k}}\left(-3\bar{k}G_1+\dfrac{1}{\bar{r}_{\mathrm{i}}}\right)\bar{\omega}_1(\bar{\omega}_1+\bar{\omega}_2)-\bar{\rho}\dfrac{G_5}{3\bar{k}}\left(3\bar{k}G_3-\dfrac{1}{\bar{r}_{\mathrm{i}}}\right)\bar{\omega}_2(\bar{\omega}_1+\bar{\omega}_2)\end{array}\right\}+$$
$$\bar{\rho}(3\bar{\omega}_1\bar{\omega}_2+\bar{\omega}_1^2+\bar{\omega}_2^2-G_1G_3\bar{\omega}_1\bar{\omega}_2)-$$
$$\left[\begin{array}{l}(\bar{\omega}_1+\bar{k})(\bar{\omega}_1+\bar{\omega}_2+3\bar{k})+(\bar{\omega}_2+2\bar{k})(\bar{\omega}_1+\bar{\omega}_2+3\bar{k})+\\ (\bar{\omega}_1+\bar{k})(\bar{\omega}_2+2\bar{k})+\\ (\Delta_{41}+\Delta_{42})(\Delta_{46}+\Delta_{47})\Delta_2\Delta_{45}(\bar{\omega}_1+\bar{k})(\bar{\omega}_2+2\bar{k})\end{array}\right]-\frac{1}{We_1}(-2-2\bar{k}^2)\tag{11-275}$$

$$S_{\mathrm{ai31}}=\left\langle\begin{array}{l}-\dfrac{(\Delta_{51}+\Delta_{52})}{\bar{k}}\Delta_{50}\left[3\bar{k}(\Delta_{46}+\Delta_{47})-\dfrac{1}{\bar{r}_{\mathrm{i}}\Delta_{45}}\right]\cdot\\ \left[-2\bar{k}(\Delta_{41}+\Delta_{42})-\dfrac{1}{\bar{r}_{\mathrm{i}}\Delta_2}\right]\Delta_2\Delta_{45}(\bar{\omega}_1+\bar{k})^2+\\ \dfrac{1}{2}\dfrac{(\Delta_{51}+\Delta_{52})}{\bar{k}}\Delta_{50}\left[5\bar{k}^2\dfrac{1}{\Delta_2}+\dfrac{2}{\bar{r}_{\mathrm{i}}^2\Delta_2}+\dfrac{\bar{k}}{\bar{r}_{\mathrm{i}}}(\Delta_{41}+\Delta_{42})\right]\Delta_2(\bar{\omega}_1+\bar{k})^2+\\ \bar{\rho}\dfrac{G_5}{\bar{k}}\left(3\bar{k}G_3-\dfrac{1}{\bar{r}_{\mathrm{i}}}\right)\left(2\bar{k}G_1-\dfrac{1}{\bar{r}_{\mathrm{i}}}\right)\bar{\omega}_1^2-\bar{\rho}\dfrac{G_5}{\bar{k}}\dfrac{1}{2}\left(5\bar{k}^2+\dfrac{2}{\bar{r}_{\mathrm{i}}^2}-\dfrac{\bar{k}}{\bar{r}_{\mathrm{i}}}G_1\right)\bar{\omega}_1^2\end{array}\right\rangle-$$
$$\bar{\rho}\left[-\frac{3}{2}\left(\bar{k}G_1-\frac{1}{\bar{r}_{\mathrm{i}}}\right)\bar{\omega}_1^2+(4-G_1G_2)\left(2\bar{k}G_1-\frac{1}{\bar{r}_{\mathrm{i}}}\right)\bar{\omega}_1^2+\frac{1}{\bar{r}_{\mathrm{i}}}\bar{\omega}_1^2+G_1\bar{k}\bar{\omega}_1^2\right]+$$
$$\left\langle\begin{array}{l}-\dfrac{3}{2}\left[\bar{k}(-\Delta_{41}-\Delta_{42})-\dfrac{1}{\bar{r}_{\mathrm{i}}\Delta_2}\right]\Delta_2+3\left[2\bar{k}(-\Delta_{41}-\Delta_{42})-\dfrac{1}{\bar{r}_{\mathrm{i}}\Delta_2}\right]\Delta_2+\\ \left[\bar{k}(-\Delta_{41}-\Delta_{42})+\dfrac{1}{\bar{r}_{\mathrm{i}}\Delta_2}\right]\Delta_2+\\ \left[2\bar{k}(-\Delta_{41}-\Delta_{42})-\dfrac{1}{\bar{r}_{\mathrm{i}}\Delta_2}\right]\Delta_2-(-\Delta_{41}-\Delta_{42})(\Delta_{46}+\Delta_{47})\cdot\\ \left[2\bar{k}(-\Delta_{41}-\Delta_{42})-\dfrac{1}{\bar{r}_{\mathrm{i}}\Delta_2}\right]\Delta_2^2\Delta_{45}\end{array}\right\rangle(\bar{\omega}_1+\bar{k})^2-$$
$$\frac{1}{We_1}\left[-\frac{3}{2}(-1)^j\bar{k}^4+1+\frac{1}{2}\bar{k}^2\right]\tag{11-276}$$

将方程(11-275)和方程(11-276)代入方程(8-95),得

$$\left\langle \begin{array}{l} -\dfrac{\left\{\begin{array}{l}[\mathrm{K}_1(3\bar{k}\bar{r}_o)-\mathrm{K}_1(3\bar{k}\bar{r}_i)]\mathrm{I}_0(3\bar{k}\bar{r})+\\ [\mathrm{I}_1(3\bar{k}\bar{r}_o)-\mathrm{I}_1(3\bar{k}\bar{r}_i)]\mathrm{K}_0(3\bar{k}\bar{r})\end{array}\right\}}{3\bar{k}}\Delta_{50}(\bar{\omega}_3^2+6\bar{k}\bar{\omega}_3+9\bar{k}^2)+ \\ \bar{\rho}\dfrac{\mathrm{I}_0(3\bar{k}\bar{r})}{3\bar{k}\mathrm{I}_1(3\bar{k}\bar{r}_i)}\bar{\omega}_3^2-\dfrac{1}{We_1}[1-(-1)^j 9\bar{k}^2] \end{array} \right\rangle \cdot$$

$$\exp(\mathrm{i}\bar{\omega}_3\bar{t}+3\mathrm{i}\bar{k}\bar{z})+S_{\mathrm{ai31\text{-}2}}+S_{\mathrm{ai31}}=0 \tag{11-277}$$

在 $\bar{r}_0=\bar{r}_i$ 处，当 $\exp(\mathrm{i}\bar{\omega}_{1/2/3}\bar{t})=\pm1$ 时，表面波波动项达到最大值。取 $\exp(\mathrm{i}\bar{\omega}_{1/2/3}\bar{t})=\pm1$，方程(11-277)变成

$$-\frac{\left\{\begin{array}{l}[\mathrm{K}_1(3\bar{k}\bar{r}_o)-\mathrm{K}_1(3\bar{k}\bar{r}_i)]\mathrm{I}_0(3\bar{k}\bar{r}_i)+\\ [\mathrm{I}_1(3\bar{k}\bar{r}_o)-\mathrm{I}_1(3\bar{k}\bar{r}_i)]\mathrm{K}_0(3\bar{k}\bar{r}_i)\end{array}\right\}}{3\bar{k}}\Delta_{50}(\bar{\omega}_3^2+6\bar{k}\bar{\omega}_3+9\bar{k}^2)+$$

$$\bar{\rho}\frac{\mathrm{I}_0(3\bar{k}\bar{r}_i)}{3\bar{k}\mathrm{I}_1(3\bar{k}\bar{r}_i)}\bar{\omega}_3^2-\frac{1}{We_1}[1-(-1)^j 9\bar{k}^2]+S_{\mathrm{ai31\text{-}2}}+S_{\mathrm{ai31}}=0 \tag{11-278}$$

化简方程(11-278)为

$$-\frac{(\Delta_{51}+\Delta_{52})}{3\bar{k}}\Delta_{50}(\bar{\omega}_3^2+6\bar{k}\bar{\omega}_3+9\bar{k}^2)+\bar{\rho}\frac{G_5}{3\bar{k}}\bar{\omega}_3^2-\frac{1}{We_1}[1-(-1)^j 9\bar{k}^2]+S_{\mathrm{ai31\text{-}2}}+S_{\mathrm{ai31}}=0$$
$$\tag{11-279}$$

解得第三级表面波正/反对称波形内环色散准则关系式为

$$\bar{\omega}_3=$$
$$\frac{-3\bar{k}(\Delta_{51}+\Delta_{52})\Delta_{50}\pm\mathrm{i}3\bar{k}\sqrt{-\bar{\rho}G_5(\Delta_{51}+\Delta_{52})\Delta_{50}+\dfrac{1}{3\bar{k}}[(\Delta_{51}+\Delta_{52})\Delta_{50}-\bar{\rho}G_5]\left\{\dfrac{1}{We_1}[1-(-1)^j 9\bar{k}^2]-S_{\mathrm{ai31\text{-}2}}-S_{\mathrm{ai31}}\right\}}}{(\Delta_{51}+\Delta_{52})\Delta_{50}-\bar{\rho}G_5}$$
$$\tag{11-280}$$

则

$$\bar{\omega}_{\mathrm{r}3}=-\frac{3\bar{k}(\Delta_{51}+\Delta_{52})\Delta_{50}}{(\Delta_{51}+\Delta_{52})\Delta_{50}-\bar{\rho}G_5} \tag{11-281}$$

$$\bar{\omega}_{\mathrm{i}3}=$$
$$\pm\frac{3\bar{k}\sqrt{-\bar{\rho}G_5(\Delta_{51}+\Delta_{52})\Delta_{50}+\dfrac{1}{3\bar{k}}[(\Delta_{51}+\Delta_{52})\Delta_{50}-\bar{\rho}G_5]\left\{\dfrac{1}{We_1}[1-(-1)^j 9\bar{k}^2]-S_{\mathrm{ai31\text{-}2}}-S_{\mathrm{ai31}}\right\}}}{(\Delta_{51}+\Delta_{52})\Delta_{50}-\bar{\rho}G_5}$$
$$\tag{11-282}$$

根据第三级表面波按泰勒级数在外环处展开的动力学边界条件式(8-95)，并去掉 θ 项。令第三级表面波中与第一级表面波和第二级表面波相关的源项为

$$
S_{\mathrm{aso31\text{-}2}}=\left|\begin{array}{l}
\left\langle\begin{array}{l}
-\dfrac{\left\{\begin{array}{l}[\mathrm{K}_1(3\bar{k}\bar{r}_\mathrm{o})-\mathrm{K}_1(3\bar{k}\bar{r}_\mathrm{i})]\,\mathrm{I}_0(3\bar{k}\bar{r})+\\ [\mathrm{I}_1(3\bar{k}\bar{r}_\mathrm{o})-\mathrm{I}_1(3\bar{k}\bar{r}_\mathrm{i})]\,\mathrm{K}_0(3\bar{k}\bar{r})\end{array}\right\}}{3\bar{k}}\cdot\\
\Delta_{50}\left\{\begin{array}{l}\left[3\bar{k}(\Delta_{43}+\Delta_{44})+\dfrac{1}{\bar{r}_\mathrm{o}\Delta_2}\right]\Delta_2(\bar{\omega}_1+\bar{k})-\\ \left[3\bar{k}(\Delta_{48}+\Delta_{49})-\dfrac{1}{\bar{r}_\mathrm{o}\Delta_{45}}\right]\Delta_{45}(\bar{\omega}_2+2\bar{k})\end{array}\right\}\cdot\\
(\bar{\omega}_1+\bar{\omega}_2+3\bar{k})-\\
\bar{\rho}\,\dfrac{\mathrm{K}_0(3\bar{k}\bar{r})}{3\bar{k}\mathrm{K}_1(3\bar{k}\bar{r}_\mathrm{o})}\left[\left(3\bar{k}G_2+\dfrac{1}{\bar{r}_\mathrm{o}}\right)\bar{\omega}_1+\left(3\bar{k}G_4+\dfrac{1}{\bar{r}_\mathrm{o}}\right)\bar{\omega}_2\right](\bar{\omega}_1+\bar{\omega}_2)
\end{array}\right\rangle-\\
\bar{\rho}\left[\begin{array}{l}-\dfrac{\mathrm{K}_1(\bar{k}\bar{r})}{\mathrm{K}_1(\bar{k}\bar{r}_\mathrm{o})}(\bar{\omega}_1\bar{\omega}_2+\bar{\omega}_1^2)-\dfrac{\mathrm{K}_1(2\bar{k}\bar{r})}{\mathrm{K}_1(2\bar{k}\bar{r}_\mathrm{o})}(\bar{\omega}_1\bar{\omega}_2+\bar{\omega}_2^2)-\dfrac{\mathrm{K}_1(\bar{k}\bar{r})}{\mathrm{K}_1(\bar{k}\bar{r}_\mathrm{o})}\dfrac{\mathrm{K}_1(2\bar{k}\bar{r})}{\mathrm{K}_1(2\bar{k}\bar{r}_\mathrm{o})}\bar{\omega}_1\bar{\omega}_2+\\ \dfrac{\mathrm{K}_0(\bar{k}\bar{r})}{\mathrm{K}_1(\bar{k}\bar{r}_\mathrm{o})}\dfrac{\mathrm{K}_0(2\bar{k}\bar{r})}{\mathrm{K}_1(2\bar{k}\bar{r}_\mathrm{o})}\bar{\omega}_1\bar{\omega}_2\end{array}\right]+\\
\left\langle\begin{array}{l}
-\left\{\begin{array}{l}[\mathrm{K}_1(\bar{k}\bar{r}_\mathrm{o})-\mathrm{K}_1(\bar{k}\bar{r}_\mathrm{i})]\,\mathrm{I}_1(\bar{k}\bar{r})-\\ [\mathrm{I}_1(\bar{k}\bar{r}_\mathrm{o})-\mathrm{I}_1(k\bar{r}_\mathrm{i})]\,\mathrm{K}_1(\bar{k}\bar{r})\end{array}\right\}\Delta_2(\bar{\omega}_1\bar{\omega}_2+\bar{k}\bar{\omega}_2+\bar{\omega}_1^2+4\bar{k}\bar{\omega}_1+3\bar{k}^2)-\\
\left\{\begin{array}{l}[\mathrm{K}_1(2\bar{k}\bar{r}_\mathrm{o})-\mathrm{K}_1(2\bar{k}\bar{r}_\mathrm{i})]\,\mathrm{I}_1(2\bar{k}\bar{r})-\\ [\mathrm{I}_1(2\bar{k}\bar{r}_\mathrm{o})-\mathrm{I}_1(2\bar{k}\bar{r}_\mathrm{i})]\,\mathrm{K}_1(2\bar{k}\bar{r})\end{array}\right\}\Delta_{45}(\bar{\omega}_1\bar{\omega}_2+2\bar{k}\bar{\omega}_1+\bar{\omega}_2^2+5\bar{k}\bar{\omega}_2+6\bar{k}^2)-\\
\left\{\begin{array}{l}[\mathrm{K}_1(\bar{k}\bar{r}_\mathrm{o})-\mathrm{K}_1(\bar{k}\bar{r}_\mathrm{i})]\,\mathrm{I}_1(\bar{k}\bar{r})-\\ [\mathrm{I}_1(\bar{k}\bar{r}_\mathrm{o})-\mathrm{I}_1(k\bar{r}_\mathrm{i})]\,\mathrm{K}_1(\bar{k}\bar{r})\end{array}\right\}\cdot\\
\left\{\begin{array}{l}[\mathrm{K}_1(2\bar{k}\bar{r}_\mathrm{o})-\mathrm{K}_1(2\bar{k}\bar{r}_\mathrm{i})]\,\mathrm{I}_1(2\bar{k}\bar{r})-\\ [\mathrm{I}_1(2\bar{k}\bar{r}_\mathrm{o})-\mathrm{I}_1(2\bar{k}\bar{r}_\mathrm{i})]\,\mathrm{K}_1(2\bar{k}\bar{r})\end{array}\right\}\Delta_2\Delta_{45}(\bar{\omega}_1+\bar{k})(\bar{\omega}_2+2\bar{k})+\\
\left\{\begin{array}{l}[\mathrm{K}_1(\bar{k}\bar{r}_\mathrm{o})-\mathrm{K}_1(\bar{k}\bar{r}_\mathrm{i})]\,\mathrm{I}_0(\bar{k}\bar{r})+\\ [\mathrm{I}_1(\bar{k}\bar{r}_\mathrm{o})-\mathrm{I}_1(k\bar{r}_\mathrm{i})]\,\mathrm{K}_0(\bar{k}\bar{r})\end{array}\right\}\cdot\\
\left\{\begin{array}{l}[\mathrm{K}_1(2\bar{k}\bar{r}_\mathrm{o})-\mathrm{K}_1(2\bar{k}\bar{r}_\mathrm{i})]\,\mathrm{I}_0(2\bar{k}\bar{r})+\\ [\mathrm{I}_1(2\bar{k}\bar{r}_\mathrm{o})-\mathrm{I}_1(2\bar{k}\bar{r}_\mathrm{i})]\,\mathrm{K}_0(2\bar{k}\bar{r})\end{array}\right\}\Delta_2\Delta_{45}(\bar{\omega}_1+\bar{k})(\bar{\omega}_2+2\bar{k})
\end{array}\right\rangle-\\
\dfrac{1}{We_1}(-2-2\bar{k}^2)
\end{array}\right|\cdot
$$

$$
\exp(\mathrm{i}\bar{\omega}_1\bar{t}+\mathrm{i}\bar{\omega}_2\bar{t}+3\mathrm{i}\bar{k}\bar{z}) \tag{11-283}
$$

令第三级表面波中与第一级表面波相关的源项为

$$
\begin{aligned}
S_{\mathrm{aso31}}=\Bigg|\Bigg\langle & -\frac{\left\{\begin{aligned}&[K_1(3\bar k\bar r_o)-K_1(3\bar k\bar r_i)]\,I_0(3\bar k\bar r)+\\&[I_1(3\bar k\bar r_o)-I_1(3\bar k\bar r_i)]\,K_0(3\bar k\bar r)\end{aligned}\right\}}{3\bar k}\Delta_{50}\left\{\begin{aligned}&\left[3\bar k(\Delta_{48}+\Delta_{49})-\frac{1}{\bar r_o\Delta_{45}}\right]\\&\left[-2\bar k(\Delta_{43}+\Delta_{44})-\frac{1}{\bar r_o\Delta_2}\right]\Delta_2\Delta_{45}(\bar\omega_1+\bar k)-\\&\frac{1}{2}\left[5\bar k^2\frac{1}{\Delta_2}+\frac{2}{\bar r^2\Delta_2}+\frac{\bar k}{\bar r_o}(\Delta_{43}+\Delta_{44})\right]\Delta_2(\bar\omega_1+\bar k)\end{aligned}\right\}-\\
&(\bar\omega_1+\bar k)-\\
&\bar\rho\frac{K_0(3\bar k\bar r)}{\bar k K_1(3\bar k\bar r_o)}\left[\left(3\bar kG_4+\frac{1}{\bar r_o}\right)\left(2\bar kG_2+\frac{1}{\bar r_o}\right)\bar\omega_1-\frac{1}{2}\left(5\bar k^2+\frac{2}{\bar r_o^2}+\frac{\bar k}{\bar r_o}G_2\right)\bar\omega_1\right]\bar\omega_1\Bigg\rangle-\\
&\bar\rho\left[\begin{aligned}&-\frac{3}{2}\frac{\bar kK_0(\bar k\bar r)+\frac{1}{\bar r}K_1(\bar k\bar r)}{K_1(\bar k\bar r_o)}\bar\omega_1^2-\frac{K_1(2\bar k\bar r)}{K_1(2\bar k\bar r_o)}\frac{2\bar kK_0(\bar k\bar r_o)+\frac{1}{\bar r_o}K_1(\bar k\bar r_o)}{K_1(\bar k\bar r_o)}3\bar\omega_1^2+\\&\frac{K_1(\bar k\bar r)}{K_1(\bar k\bar r_o)}\frac{K_1(\bar k\bar r)}{\bar rK_1(\bar k\bar r_o)}\bar\omega_1^2-\frac{K_1(\bar k\bar r)}{K_1(\bar k\bar r_o)}\frac{K_1(2\bar k\bar r)}{K_1(2\bar k\bar r_o)}\frac{2\bar kK_0(\bar k\bar r_o)+\frac{1}{\bar r_o}K_1(\bar k\bar r_o)}{K_1(\bar k\bar r_o)}\bar\omega_1^2+\\&\frac{K_0(\bar k\bar r)}{K_1(\bar k\bar r_o)}\frac{K_0(2\bar k\bar r)}{K_1(2\bar k\bar r_o)}\frac{2\bar kK_0(\bar k\bar r_o)+\frac{1}{\bar r_o}K_1(\bar k\bar r_o)}{K_1(\bar k\bar r_o)}\bar\omega_1^2-\frac{\bar kK_0(\bar k\bar r)}{K_1(\bar k\bar r_o)}\frac{K_1(\bar k\bar r)}{K_1(\bar k\bar r_o)}\bar\omega_1^2\end{aligned}\right]+\Bigg|
\end{aligned}
$$

$$
\begin{aligned}
\Bigg|\Bigg\langle & -\frac{3}{2}\left\{\begin{aligned}&[K_1(\bar k\bar r_o)-K_1(\bar k\bar r_i)]\left[\bar kI_0(\bar k\bar r)-\frac{1}{\bar r}I_1(\bar k\bar r)\right]+\\&[I_1(\bar k\bar r_o)-I_1(\bar k\bar r_i)]\left[\bar kK_0(\bar k\bar r)+\frac{1}{\bar r}K_1(\bar k\bar r)\right]\end{aligned}\right\}\Delta_2(\bar\omega_1^2+2\bar k\bar\omega_1+\bar k^2)+\\
&\left\{\begin{aligned}&[K_1(2\bar k\bar r_o)-K_1(2\bar k\bar r_i)]\,I_1(2\bar k\bar r)-\\&[I_1(2\bar k\bar r_o)-I_1(2\bar k\bar r_i)]\,K_1(2\bar k\bar r)\end{aligned}\right\}\left\{\begin{aligned}&[K_1(\bar k\bar r_o)-K_1(\bar k\bar r_i)]\left[2\bar kI_0(\bar k\bar r_o)-\frac{1}{\bar r_o}I_1(\bar k\bar r_o)\right]+\\&[I_1(\bar k\bar r_o)-I_1(\bar k\bar r_i)]\left[2\bar kK_0(\bar k\bar r_o)+\frac{1}{\bar r_o}K_1(\bar k\bar r_o)\right]\end{aligned}\right\}\Delta_2\Delta_{45}(3\bar\omega_1^2+6\bar k\bar\omega_1+3\bar k^2)+\\
&\left\{\begin{aligned}&[K_1(\bar k\bar r_o)-K_1(\bar k\bar r_i)]\,I_1(\bar k\bar r)-\\&[I_1(\bar k\bar r_o)-I_1(\bar k\bar r_i)]\,K_1(\bar k\bar r)\end{aligned}\right\}\left\{\begin{aligned}&[K_1(\bar k\bar r_o)-K_1(\bar k\bar r_i)]\left[\bar kI_0(\bar k\bar r)+\frac{1}{\bar r}I_1(\bar k\bar r)\right]+\\&[I_1(\bar k\bar r_o)-I_1(\bar k\bar r_i)]\left[\bar kK_0(\bar k\bar r)-\frac{1}{\bar r}K_1(\bar k\bar r)\right]\end{aligned}\right\}\Delta_2^2(\bar\omega_1+\bar k)^2+\\
&\left\{\begin{aligned}&[K_1(\bar k\bar r_o)-K_1(\bar k\bar r_i)]\,I_1(\bar k\bar r)-\\&[I_1(\bar k\bar r_o)-I_1(\bar k\bar r_i)]\,K_1(\bar k\bar r)\end{aligned}\right\}\left\{\begin{aligned}&[K_1(2\bar k\bar r_o)-K_1(2\bar k\bar r_i)]\,I_1(2\bar k\bar r)-\\&[I_1(2\bar k\bar r_o)-I_1(2\bar k\bar r_i)]\,K_1(2\bar k\bar r)\end{aligned}\right\}\left\{\begin{aligned}&[K_1(\bar k\bar r_o)-K_1(\bar k\bar r_i)]\cdot\\&\left[2\bar kI_0(\bar k\bar r_o)-\frac{1}{\bar r_o}I_1(\bar k\bar r_o)\right]+\\&[I_1(\bar k\bar r_o)-I_1(\bar k\bar r_i)]\cdot\\&\left[2\bar kK_0(\bar k\bar r_o)+\frac{1}{\bar r_o}K_1(\bar k\bar r_o)\right]\end{aligned}\right\}\Delta_{45}\Delta_2^2(\bar\omega_1+\bar k)^2-\\
&\left\{\begin{aligned}&[K_1(\bar k\bar r_o)-K_1(\bar k\bar r_i)]\,I_0(\bar k\bar r)+\\&[I_1(\bar k\bar r_o)-I_1(\bar k\bar r_i)]\,K_0(\bar k\bar r)\end{aligned}\right\}\left\{\begin{aligned}&[K_1(2\bar k\bar r_o)-K_1(2\bar k\bar r_i)]\,I_0(2\bar k\bar r)+\\&[I_1(2\bar k\bar r_o)-I_1(2\bar k\bar r_i)]\,K_0(2\bar k\bar r)\end{aligned}\right\}\left\{\begin{aligned}&[K_1(\bar k\bar r_o)-K_1(\bar k\bar r_i)]\cdot\\&\left[2\bar kI_0(\bar k\bar r_o)-\frac{1}{\bar r_o}I_1(\bar k\bar r_o)\right]+\\&[I_1(\bar k\bar r_o)-I_1(\bar k\bar r_i)]\cdot\\&\left[2\bar kK_0(\bar k\bar r_o)+\frac{1}{\bar r_o}K_1(\bar k\bar r_o)\right]\end{aligned}\right\}\Delta_{45}\Delta_2^2(\bar\omega_1+\bar k)^2\Bigg\rangle-\\
&\frac{1}{We_1}\left[1+\frac{1}{2}\bar k^2-\frac{3}{2}(-1)^j\bar k^4\right]\Bigg|\cdot\\
&\exp(3\mathrm{i}\bar\omega_1\bar t+3\mathrm{i}\bar k\bar z)
\end{aligned}
\tag{11-284}
$$

在 $\bar r_0=\bar r_{\mathrm{o}}$ 处，令

$$\Delta_{53}=K_1(3\bar k\bar r_{\mathrm{o}})I_0(3\bar k\bar r_{\mathrm{o}})-K_1(3\bar k\bar r_{\mathrm{i}})I_0(3\bar k\bar r_{\mathrm{o}})\tag{11-285}$$

$$\Delta_{54}=K_0(3\bar k\bar r_{\mathrm{o}})I_1(3\bar k\bar r_{\mathrm{o}})-K_0(3\bar k\bar r_{\mathrm{o}})I_1(3\bar k\bar r_{\mathrm{i}})\tag{11-286}$$

$$G_6 = \frac{\mathrm{K}_0(3\bar{k}\bar{r}_o)}{\mathrm{K}_1(3\bar{k}\bar{r}_o)} \tag{11-287}$$

当 $\exp(\mathrm{i}\bar{\omega}_{1/2}\bar{t})=\pm 1$ 时，表面波波动项达到最大值。取 $\exp(\mathrm{i}\bar{\omega}_{1/2}\bar{t})=\pm 1$，方程(11-283)和方程(11-284)变成

$$S_{aso31\text{-}2} = \left\{\begin{aligned} & -\frac{(\Delta_{53}+\Delta_{54})}{3\bar{k}}\Delta_{50}\left[3\bar{k}(\Delta_{43}+\Delta_{44})+\frac{1}{\bar{r}_o\Delta_2}\right]\Delta_2(\bar{\omega}_1+\bar{k})(\bar{\omega}_1+\bar{\omega}_2+3\bar{k})+ \\ & \frac{(\Delta_{53}+\Delta_{54})}{3\bar{k}}\Delta_{50}\left[3\bar{k}(\Delta_{48}+\Delta_{49})-\frac{1}{\bar{r}_o\Delta_{45}}\right]\Delta_{45}(\bar{\omega}_2+2\bar{k})(\bar{\omega}_1+\bar{\omega}_2+3\bar{k})- \\ & \bar{\rho}\frac{G_6}{3\bar{k}}\left(3\bar{k}G_2+\frac{1}{\bar{r}_o}\right)\bar{\omega}_1(\bar{\omega}_1+\bar{\omega}_2)-\bar{\rho}\frac{G_6}{3\bar{k}}\left(3\bar{k}G_4+\frac{1}{\bar{r}_o}\right)\bar{\omega}_2(\bar{\omega}_1+\bar{\omega}_2) \end{aligned}\right\}+$$

$$\bar{\rho}\left[3\bar{\omega}_1\bar{\omega}_2+\bar{\omega}_1^2+\bar{\omega}_2^2-G_2G_4\bar{\omega}_1\bar{\omega}_2\right]-$$

$$\left[\begin{aligned} & (\bar{\omega}_1+\bar{k})(\bar{\omega}_1+\bar{\omega}_2+3\bar{k})+(\bar{\omega}_2+2\bar{k})(\bar{\omega}_1+\bar{\omega}_2+3\bar{k})+ \\ & (\bar{\omega}_1+\bar{k})(\bar{\omega}_2+2\bar{k})+(\Delta_{43}+\Delta_{44})(\Delta_{48}+\Delta_{49})\Delta_2\Delta_{45}(\bar{\omega}_1+\bar{k})(\bar{\omega}_2+2\bar{k}) \end{aligned}\right]-\frac{1}{We_1}(-2-2\bar{k}^2) \tag{11-288}$$

和

$$S_{aso31} = \left\langle\begin{aligned} & -\frac{(\Delta_{53}+\Delta_{54})}{\bar{k}}\Delta_{50}\left[3\bar{k}(\Delta_{48}+\Delta_{49})-\frac{1}{\bar{r}_o\Delta_{45}}\right]\cdot \\ & \left[-2\bar{k}(\Delta_{43}+\Delta_{44})-\frac{1}{\bar{r}_o\Delta_2}\right]\Delta_2\Delta_{45}(\bar{\omega}_1+\bar{k})^2+ \\ & \frac{1}{2}\frac{(\Delta_{53}+\Delta_{54})}{\bar{k}}\Delta_{50}\left[5\bar{k}^2\frac{1}{\Delta_2}+\frac{2}{\bar{r}_o^2\Delta_2}+\frac{\bar{k}}{\bar{r}_o}(\Delta_{43}+\Delta_{44})\right]\Delta_2(\bar{\omega}_1+\bar{k})^2- \\ & \bar{\rho}\frac{G_6}{\bar{k}}\left(3\bar{k}G_4+\frac{1}{\bar{r}_o}\right)\left(2\bar{k}G_2+\frac{1}{\bar{r}_o}\right)\bar{\omega}_1^2+\bar{\rho}\frac{G_6}{\bar{k}}\frac{1}{2}\left(5\bar{k}^2+\frac{2}{\bar{r}_o^2}+\frac{\bar{k}}{\bar{r}_o}G_2\right)\bar{\omega}_1^2 \end{aligned}\right\rangle-$$

$$\bar{\rho}\left[\frac{3}{2}\left(\bar{k}G_2+\frac{1}{\bar{r}_o}\right)\bar{\omega}_1^2-(4-G_2G_4)\left(2\bar{k}G_2+\frac{1}{\bar{r}_o}\right)\bar{\omega}_1^2+\frac{1}{\bar{r}_o}\bar{\omega}_1^2-\bar{k}G_2\bar{\omega}_1^2\right]+$$

$$\left\langle\begin{aligned} & -\frac{3}{2}\left[\bar{k}(-\Delta_{43}-\Delta_{44})-\frac{1}{\bar{r}_o\Delta_2}\right]\Delta_2+3\left[2\bar{k}(-\Delta_{43}-\Delta_{44})-\frac{1}{\bar{r}_o\Delta_2}\right]\Delta_2+ \\ & \left[\bar{k}(-\Delta_{43}-\Delta_{44})+\frac{1}{\bar{r}_o\Delta_2}\right]\Delta_2+\left[2\bar{k}(-\Delta_{43}-\Delta_{44})-\frac{1}{\bar{r}_o\Delta_2}\right]\Delta_2- \\ & (-\Delta_{43}-\Delta_{44})(\Delta_{48}+\Delta_{49})\left[2\bar{k}(-\Delta_{43}-\Delta_{44})-\frac{1}{\bar{r}_o\Delta_2}\right]\Delta_{45}\Delta_2^2 \end{aligned}\right\rangle\cdot$$

$$(\bar{\omega}_1+\bar{k})^2-\frac{1}{We_1}\left[1+\frac{1}{2}\bar{k}^2-\frac{3}{2}(-1)^j\bar{k}^4\right] \tag{11-289}$$

将方程(11-288)和方程(11-289)代入方程(8-95)，得

$$\left\{-\frac{\left\{\begin{array}{l}[\mathrm{K}_1(3\bar{k}\bar{r}_o)-\mathrm{K}_1(3\bar{k}\bar{r}_i)]\mathrm{I}_0(3\bar{k}\bar{r})+\\ [\mathrm{I}_1(3\bar{k}\bar{r}_o)-\mathrm{I}_1(3\bar{k}\bar{r}_i)]\mathrm{K}_0(3\bar{k}\bar{r})\end{array}\right\}}{3\bar{k}}\Delta_{50}(\bar{\omega}_3^2+6\bar{k}\bar{\omega}_3+9\bar{k}^2)-\bar{\rho}\frac{\mathrm{K}_0(3\bar{k}\bar{r})}{3\bar{k}\mathrm{K}_1(3\bar{k}\bar{r}_o)}\bar{\omega}_3^2\right\}\cdot$$

$$\exp(\mathrm{i}\bar{\omega}_3\bar{t}+3\mathrm{i}\bar{k}\bar{z})-$$

$$\frac{1}{We_1}[1-(-1)^j 9\bar{k}^2]\exp(\mathrm{i}\bar{\omega}_3\bar{t}+3\mathrm{i}\bar{k}\bar{z})+S_{\mathrm{aso31\text{-}2}}+S_{\mathrm{aso31}}=0$$

(11-290)

在 $\bar{r}_0=\bar{r}_o$ 处，当 $\exp(\mathrm{i}\bar{\omega}_{1/2/3}\bar{t})=\pm1$ 时，表面波波动项达到最大值。取 $\exp(\mathrm{i}\bar{\omega}_{1/2/3}\bar{t})=\pm1$，方程(11-290)变成

$$-\frac{\left\{\begin{array}{l}[\mathrm{K}_1(3\bar{k}\bar{r}_o)-\mathrm{K}_1(3\bar{k}\bar{r}_i)]\mathrm{I}_0(3\bar{k}\bar{r}_o)+\\ [\mathrm{I}_1(3\bar{k}\bar{r}_o)-\mathrm{I}_1(3\bar{k}\bar{r}_i)]\mathrm{K}_0(3\bar{k}\bar{r}_o)\end{array}\right\}}{3\bar{k}}\Delta_{50}(\bar{\omega}_3^2+6\bar{k}\bar{\omega}_3+9\bar{k}^2)-\bar{\rho}\frac{\mathrm{K}_0(3\bar{k}\bar{r}_o)}{3\bar{k}\mathrm{K}_1(3\bar{k}\bar{r}_o)}\bar{\omega}_3^2-$$

$$\frac{1}{We_1}[1-(-1)^j 9\bar{k}^2]+S_{\mathrm{aso31\text{-}2}}+S_{\mathrm{aso31}}=0 \tag{11-291}$$

化简方程(11-291)为

$$-\frac{(\Delta_{53}+\Delta_{54})}{3\bar{k}}\Delta_{50}(\bar{\omega}_3^2+6\bar{k}\bar{\omega}_3+9\bar{k}^2)-\bar{\rho}\frac{G_6}{3\bar{k}}\bar{\omega}_3^2-\frac{1}{We_1}[1-(-1)^j 9\bar{k}^2]+S_{\mathrm{aso31\text{-}2}}+S_{\mathrm{aso31}}=0 \tag{11-292}$$

解得第三级表面波反对称波形外环色散准则关系式为

$$\bar{\omega}_3=\frac{-3\bar{k}(\Delta_{53}+\Delta_{54})\Delta_{50}\pm\mathrm{i}3\bar{k}\sqrt{\bar{\rho}G_6(\Delta_{53}+\Delta_{54})\Delta_{50}+\frac{1}{3\bar{k}}[(\Delta_{53}+\Delta_{54})\Delta_{50}+\bar{\rho}G_6]\left\{\frac{1}{We_1}[1-(-1)^j 9\bar{k}^2]-S_{\mathrm{aso31\text{-}2}}-S_{\mathrm{aso31}}\right\}}}{(\Delta_{53}+\Delta_{54})\Delta_{50}+\bar{\rho}G_6}$$

(11-293)

则

$$\bar{\omega}_{r3}=-\frac{3\bar{k}(\Delta_{53}+\Delta_{54})\Delta_{50}}{(\Delta_{53}+\Delta_{54})\Delta_{50}+\bar{\rho}G_6} \tag{11-294}$$

$$\bar{\omega}_{i3}=$$

$$\pm\frac{3\bar{k}\sqrt{\bar{\rho}G_6(\Delta_{53}+\Delta_{54})\Delta_{50}+\frac{1}{3\bar{k}}[(\Delta_{53}+\Delta_{54})\Delta_{50}+\bar{\rho}G_6]\left\{\frac{1}{We_1}[1-(-1)^j 9\bar{k}^2]-S_{\mathrm{aso31-2}}-S_{\mathrm{aso31}}\right\}}}{(\Delta_{53}+\Delta_{54})\Delta_{50}+\bar{\rho}G_6}$$

(11-295)

11.3.5 环状液膜第三级波正对称波形的色散准则关系式

(1) 第一级表面波正对称波形液相方程(11-87)对 $\bar{t}$ 求一阶偏导数

$$\bar{\phi}_{1lj,\bar{r}\bar{r}\bar{t}}\Big|_{\bar{r}_o}=(-1)^j\left\{\begin{array}{l}[K_1(\bar{k}\bar{r}_o)-K_1(\bar{k}\bar{r}_i)]\cdot\\ \left[\bar{k}I_0(\bar{k}\bar{r})-\dfrac{1}{\bar{r}}I_1(\bar{k}\bar{r})\right]+\\ [I_1(\bar{k}\bar{r}_o)-I_1(\bar{k}\bar{r}_i)]\cdot\\ \left[\bar{k}K_0(\bar{k}\bar{r})+\dfrac{1}{\bar{r}}K_1(\bar{k}\bar{r})\right]\end{array}\right\}\cdot$$

$$\Delta_2(\bar{\omega}_1^2+\bar{k}\bar{\omega}_1)\exp(\mathrm{i}\bar{\omega}_1\bar{t}+\mathrm{i}\bar{k}\bar{z}) \tag{11-296}$$

(2) 方程(11-87)对 $\bar{z}$ 求一阶偏导数

$$\bar{\phi}_{1lj,\bar{r}\bar{r}\bar{z}}\Big|_{\bar{r}_o}=(-1)^j\left\{\begin{array}{l}[K_1(\bar{k}\bar{r}_o)-K_1(\bar{k}\bar{r}_i)]\cdot\\ \left[\bar{k}I_0(\bar{k}\bar{r})-\dfrac{1}{\bar{r}}I_1(\bar{k}\bar{r})\right]+\\ [I_1(\bar{k}\bar{r}_o)-I_1(\bar{k}\bar{r}_i)]\cdot\\ \left[\bar{k}K_0(\bar{k}\bar{r})+\dfrac{1}{\bar{r}}K_1(\bar{k}\bar{r})\right]\end{array}\right\}\cdot$$

$$\Delta_2(\bar{k}\bar{\omega}_1+\bar{k}^2)\exp(\mathrm{i}\bar{\omega}_1\bar{t}+\mathrm{i}\bar{k}\bar{z}) \tag{11-297}$$

(3) 第一级表面波正对称波形外环气相方程(11-112)对 $\bar{t}$ 求一阶偏导数

$$\bar{\phi}_{1go,\bar{r}\bar{r}\bar{t}}\Big|_{\bar{r}_o}=-\frac{\bar{k}K_0(\bar{k}\bar{r})+\dfrac{1}{\bar{r}}K_1(\bar{k}\bar{r})}{K_1(\bar{k}\bar{r}_o)}\bar{\omega}_1^2\exp(\mathrm{i}\bar{\omega}_1\bar{t}+\mathrm{i}\bar{k}\bar{z}) \tag{11-298}$$

(4) 第二级表面波正对称波形外环液相方程(11-92)对 $\bar{r}$ 求一阶偏导数

$$\bar{\phi}_{2lo,\bar{r}}\Big|_{\bar{r}_o}=\left\{\begin{array}{l}[K_1(2\bar{k}\bar{r}_o)-K_1(2\bar{k}\bar{r}_i)]I_1(2\bar{k}\bar{r})-\\ [I_1(2\bar{k}\bar{r}_o)-I_1(2\bar{k}\bar{r}_i)]K_1(2\bar{k}\bar{r})\end{array}\right\}\cdot$$

$$\Delta_{45}\left\langle\begin{array}{l}-(\mathrm{i}\bar{\omega}_2+2\mathrm{i}\bar{k})\exp(\mathrm{i}\bar{\omega}_2\bar{t}+2\mathrm{i}\bar{k}\bar{z})-\\ \left\{\begin{array}{l}[K_1(\bar{k}\bar{r}_o)-K_1(\bar{k}\bar{r}_i)]\cdot\\ \left[2\bar{k}I_0(\bar{k}\bar{r}_o)-\dfrac{1}{\bar{r}_o}I_1(\bar{k}\bar{r}_o)\right]+\\ [I_1(\bar{k}\bar{r}_o)-I_1(\bar{k}\bar{r}_i)]\cdot\\ \left[2\bar{k}K_0(\bar{k}\bar{r}_o)+\dfrac{1}{\bar{r}_o}K_1(\bar{k}\bar{r}_o)\right]\end{array}\right\}\cdot\\ \Delta_2(\mathrm{i}\bar{\omega}_1+\mathrm{i}\bar{k})\exp(2\mathrm{i}\bar{\omega}_1\bar{t}+2\mathrm{i}\bar{k}\bar{z})\end{array}\right\rangle \tag{11-299}$$

(5) 方程(11-299)对 $\bar{t}$ 求一阶偏导数

$$\bar{\phi}_{2lo,\bar{r}\bar{t}}\Big|_{\bar{r}_o}=-\left\{\begin{array}{l}[K_1(2\bar{k}\bar{r}_o)-K_1(2\bar{k}\bar{r}_i)]I_1(2\bar{k}\bar{r})-\\ [I_1(2\bar{k}\bar{r}_o)-I_1(2\bar{k}\bar{r}_i)]K_1(2\bar{k}\bar{r})\end{array}\right\}\cdot$$

$$\Delta_{45}\left\langle\begin{aligned}&-(\bar{\omega}_2^2+2\bar{k}\bar{\omega}_2)\exp(\mathrm{i}\bar{\omega}_2\bar{t}+2\mathrm{i}\bar{k}\bar{z})-\\&\left\{\begin{aligned}&[\mathrm{K}_1(\bar{k}\bar{r}_o)-\mathrm{K}_1(\bar{k}\bar{r}_i)]\cdot\\&\left[2\bar{k}\mathrm{I}_0(\bar{k}\bar{r}_o)-\frac{1}{\bar{r}_o}\mathrm{I}_1(\bar{k}\bar{r}_o)\right]+\\&[\mathrm{I}_1(\bar{k}\bar{r}_o)-\mathrm{I}_1(\bar{k}\bar{r}_i)]\cdot\\&\left[2\bar{k}\mathrm{K}_0(\bar{k}\bar{r}_o)+\frac{1}{\bar{r}_o}\mathrm{K}_1(\bar{k}\bar{r}_o)\right]\end{aligned}\right\}\Delta_2(2\bar{\omega}_1^2+2\bar{k}\bar{\omega}_1)\exp(2\mathrm{i}\bar{\omega}_1\bar{t}+2\mathrm{i}\bar{k}\bar{z})\end{aligned}\right\rangle \tag{11-300}$$

(6) 第二级表面波正对称波形外环液相方程(11-164)对 $\bar{r}$ 求一阶偏导数

$$\bar{\phi}_{2\mathrm{lo},\bar{z}\bar{r}}\Big|_{\bar{r}_o}=\left\{\begin{aligned}&[\mathrm{K}_1(2\bar{k}\bar{r}_o)-\mathrm{K}_1(2\bar{k}\bar{r}_i)]\,\mathrm{I}_1(2\bar{k}\bar{r})-\\&[\mathrm{I}_1(2\bar{k}\bar{r}_o)-\mathrm{I}_1(2\bar{k}\bar{r}_i)]\,\mathrm{K}_1(2\bar{k}\bar{r})\end{aligned}\right\}\cdot$$

$$\Delta_{45}\left\langle\begin{aligned}&(2\bar{k}\bar{\omega}_2+4\bar{k}^2)\exp(\mathrm{i}\bar{\omega}_2\bar{t}+2\mathrm{i}\bar{k}\bar{z})+\\&\left\{\begin{aligned}&[\mathrm{K}_1(\bar{k}\bar{r}_o)-\mathrm{K}_1(\bar{k}\bar{r}_i)]\cdot\\&\left[2\bar{k}\mathrm{I}_0(\bar{k}\bar{r}_o)-\frac{1}{\bar{r}_o}\mathrm{I}_1(\bar{k}\bar{r}_o)\right]+\\&[\mathrm{I}_1(\bar{k}\bar{r}_o)-\mathrm{I}_1(\bar{k}\bar{r}_i)]\cdot\\&\left[2\bar{k}\mathrm{K}_0(\bar{k}\bar{r}_o)+\frac{1}{\bar{r}_o}\mathrm{K}_1(\bar{k}\bar{r}_o)\right]\end{aligned}\right\}\Delta_2(2\bar{k}\bar{\omega}_1+2\bar{k}^2)\exp(2\mathrm{i}\bar{\omega}_1\bar{t}+2\mathrm{i}\bar{k}\bar{z})\end{aligned}\right\rangle \tag{11-301}$$

(7) 第二级表面波正对称波形外环气相方程(11-120)对 $\bar{r}$ 求一阶偏导数，得

$$\bar{\phi}_{2\mathrm{go},\bar{r}}\Big|_{\bar{r}_o}=\frac{\mathrm{K}_1(2\bar{k}\bar{r})}{\mathrm{K}_1(2\bar{k}\bar{r}_o)}\cdot\left[-\mathrm{i}\bar{\omega}_2\exp(\mathrm{i}\bar{\omega}_2\bar{t}+2\mathrm{i}\bar{k}\bar{z})+\frac{2\bar{k}\mathrm{K}_0(\bar{k}\bar{r}_o)+\frac{1}{\bar{r}_o}\mathrm{K}_1(\bar{k}\bar{r}_o)}{\mathrm{K}_1(\bar{k}\bar{r}_o)}\mathrm{i}\bar{\omega}_1\exp(2\mathrm{i}\bar{\omega}_1\bar{t}+2\mathrm{i}\bar{k}\bar{z})\right] \tag{11-302}$$

(8) 方程(11-302)对 $\bar{t}$ 求一阶偏导数

$$\bar{\phi}_{2\mathrm{go},\bar{r}\bar{t}}\Big|_{\bar{r}_o}=-\frac{\mathrm{K}_1(2\bar{k}\bar{r})}{\mathrm{K}_1(2\bar{k}\bar{r}_o)}\cdot\left[-\bar{\omega}_2^2\exp(\mathrm{i}\bar{\omega}_2\bar{t}+2\mathrm{i}\bar{k}\bar{z})+\frac{2\bar{k}\mathrm{K}_0(\bar{k}\bar{r}_o)+\frac{1}{\bar{r}_o}\mathrm{K}_1(\bar{k}\bar{r}_o)}{\mathrm{K}_1(\bar{k}\bar{r}_o)}2\bar{\omega}_1^2\exp(2\mathrm{i}\bar{\omega}_1\bar{t}+2\mathrm{i}\bar{k}\bar{z})\right] \tag{11-303}$$

(9) 第三级表面波正对称波形外环液相方程(11-211)对 $\bar{t}$ 求一阶偏导数

$$\bar{\phi}_{3\text{lo},\bar{t}}\Big|_{\bar{r}_\text{o}}=-\frac{\left\{\begin{aligned}&[\text{K}_1(3\bar{k}\bar{r}_\text{o})-\text{K}_1(3\bar{k}\bar{r}_\text{i})]\,\text{I}_0(3\bar{k}\bar{r})+\\&[\text{I}_1(3\bar{k}\bar{r}_\text{o})-\text{I}_1(3\bar{k}\bar{r}_\text{i})]\,\text{K}_0(3\bar{k}\bar{r})\end{aligned}\right\}}{3\bar{k}}\Delta_{50}\cdot$$

$$\left\langle\begin{aligned}&-(\bar{\omega}_3^2+3\bar{k}\bar{\omega}_3)\exp(\text{i}\bar{\omega}_3\bar{t}+3\text{i}\bar{k}\bar{z})+\\&\left\{\begin{aligned}&\left[3\bar{k}(\Delta_{43}+\Delta_{44})+\frac{1}{\bar{r}_\text{o}\Delta_2}\right]\Delta_2(\bar{\omega}_1+\bar{k})-\\&\left[3\bar{k}(\Delta_{48}+\Delta_{49})-\frac{1}{\bar{r}_\text{o}\Delta_{45}}\right]\Delta_{45}(\bar{\omega}_2+2\bar{k})\end{aligned}\right\}\cdot\\&(\bar{\omega}_1+\bar{\omega}_2)\exp(\text{i}\bar{\omega}_1\bar{t}+\text{i}\bar{\omega}_2\bar{t}+3\text{i}\bar{k}\bar{z})+\\&\left\{\begin{aligned}&-\left[3\bar{k}(\Delta_{48}+\Delta_{49})-\frac{1}{\bar{r}_\text{o}\Delta_{45}}\right]\cdot\\&\left[-2\bar{k}(\Delta_{43}+\Delta_{44})-\frac{1}{\bar{r}_\text{o}\Delta_2}\right]\Delta_2\Delta_{45}(\bar{\omega}_1+\bar{k})+\\&\frac{1}{2}\left[5\bar{k}^2\frac{1}{\Delta_2}+\frac{2}{\bar{r}^2\Delta_2}+\frac{\bar{k}}{\bar{r}_\text{o}}(\Delta_{43}+\Delta_{44})\right]\Delta_2(\bar{\omega}_1+\bar{k})\end{aligned}\right\}3\bar{\omega}_1\exp(3\text{i}\bar{\omega}_1\bar{t}+3\text{i}\bar{k}\bar{z})\end{aligned}\right\rangle$$

(11-304)

(10) 方程(11-211)对 $\bar{z}$ 求一阶偏导数

$$\bar{\phi}_{3\text{lo},\bar{z}}\Big|_{\bar{r}_\text{o}}=-\left\{\begin{aligned}&[\text{K}_1(3\bar{k}\bar{r}_\text{o})-\text{K}_1(3\bar{k}\bar{r}_\text{i})]\,\text{I}_0(3\bar{k}\bar{r})+\\&[\text{I}_1(3\bar{k}\bar{r}_\text{o})-\text{I}_1(3\bar{k}\bar{r}_\text{i})]\,\text{K}_0(3\bar{k}\bar{r})\end{aligned}\right\}\Delta_{50}\cdot$$

$$\left\langle\begin{aligned}&-(\bar{\omega}_3+3\bar{k})\exp(\text{i}\bar{\omega}_3\bar{t}+3\text{i}\bar{k}\bar{z})+\\&\left\{\begin{aligned}&\left[3\bar{k}(\Delta_{43}+\Delta_{44})+\frac{1}{\bar{r}_\text{o}\Delta_2}\right]\Delta_2(\bar{\omega}_1+\bar{k})-\\&\left[3\bar{k}(\Delta_{48}+\Delta_{49})-\frac{1}{\bar{r}_\text{o}\Delta_{45}}\right]\Delta_{45}(\bar{\omega}_2+2\bar{k})\end{aligned}\right\}\exp(\text{i}\bar{\omega}_1\bar{t}+\text{i}\bar{\omega}_2\bar{t}+3\text{i}\bar{k}\bar{z})+\\&\left\{\begin{aligned}&-\left[3\bar{k}(\Delta_{48}+\Delta_{49})-\frac{1}{\bar{r}_\text{o}\Delta_{45}}\right]\cdot\\&\left[-2\bar{k}(\Delta_{43}+\Delta_{44})-\frac{1}{\bar{r}_\text{o}\Delta_2}\right]\Delta_2\Delta_{45}(\bar{\omega}_1+\bar{k})+\\&\frac{1}{2}\left[5\bar{k}^2\frac{1}{\Delta_2}+\frac{2}{\bar{r}^2\Delta_2}+\frac{\bar{k}}{\bar{r}_\text{o}}(\Delta_{43}+\Delta_{44})\right]\Delta_2(\bar{\omega}_1+\bar{k})\end{aligned}\right\}\exp(3\text{i}\bar{\omega}_1\bar{t}+3\text{i}\bar{k}\bar{z})\end{aligned}\right\rangle$$

(11-305)

(11) 第三级表面波正对称波形外环气相方程(11-249)对 $\bar{t}$ 求一阶偏导数

$$\bar{\phi}_{3go,\bar t}\Big|_{\bar r_o}=\frac{K_0(3\bar k\bar r)}{3\bar k K_1(3\bar k\bar r_o)}\left\{\begin{array}{l}-\bar\omega_3^2\exp(i\bar\omega_3\bar t+3i\bar k\bar z)+\\ \left[\left(3\bar kG_2+\dfrac{1}{\bar r_o}\right)\bar\omega_1+\left(3\bar kG_4+\dfrac{1}{\bar r_o}\right)\bar\omega_2\right]\cdot\\ (\bar\omega_1+\bar\omega_2)\exp(i\bar\omega_1\bar t+i\bar\omega_2\bar t+3i\bar k\bar z)+\\ \left[\begin{array}{l}-\left(3\bar kG_4+\dfrac{1}{\bar r_o}\right)\left(2\bar kG_2+\dfrac{1}{\bar r_o}\right)\bar\omega_1+\\ \dfrac12\left(5\bar k^2+\dfrac{2}{\bar r_o^2}+\dfrac{\bar k}{\bar r_o}G_2\right)\bar\omega_1\end{array}\right]3\bar\omega_1\exp(3i\bar\omega_1\bar t+3i\bar k\bar z)\end{array}\right\}\tag{11-306}$$

根据第三级表面波按泰勒级数在内环处展开的动力学边界条件式(8-95)，且 $\bar\xi_o$ 为负。令第三级表面波中与第一级表面波和第二级表面波相关的源项为

$$S_{avo31\text{-}2}=\left\langle\begin{array}{l}-\dfrac{\left\{\begin{array}{l}[K_1(3\bar k\bar r_o)-K_1(3\bar k\bar r_i)]\,I_0(3\bar k\bar r)+\\ [I_1(3\bar k\bar r_o)-I_1(3\bar k\bar r_i)]\,K_0(3\bar k\bar r)\end{array}\right\}}{3\bar k}\Delta_{50}\left\{\begin{array}{l}\left[3\bar k(\Delta_{43}+\Delta_{44})+\dfrac{1}{\bar r_o\Delta_2}\right]\Delta_2(\bar\omega_1+\bar k)-\\ \left[3\bar k(\Delta_{48}+\Delta_{49})-\dfrac{1}{\bar r_o\Delta_{45}}\right]\Delta_{45}(\bar\omega_2+2\bar k)\end{array}\right\}\\ (\bar\omega_1+\bar\omega_2+3\bar k)-\bar\rho\dfrac{K_0(3\bar k\bar r)}{3\bar kK_1(3\bar k\bar r_o)}\left[\left(3\bar kG_2+\dfrac{1}{\bar r_o}\right)\bar\omega_1+\left(3\bar kG_4+\dfrac{1}{\bar r_o}\right)\bar\omega_2\right](\bar\omega_1+\bar\omega_2)\end{array}\right\rangle\cdot$$

$$\exp(i\bar\omega_1\bar t+i\bar\omega_2\bar t+3i\bar k\bar z)-$$

$$\bar\rho\left[\begin{array}{l}-\dfrac{K_1(\bar k\bar r)}{K_1(\bar k\bar r_o)}(\bar\omega_1\bar\omega_2+\bar\omega_1^2)-\dfrac{K_1(2\bar k\bar r)}{K_1(2\bar k\bar r_o)}(\bar\omega_1\bar\omega_2+\bar\omega_2^2)-\\ \dfrac{K_1(\bar k\bar r)}{K_1(\bar k\bar r_o)}\dfrac{K_1(2\bar k\bar r)}{K_1(2\bar k\bar r_o)}\bar\omega_1\bar\omega_2+\dfrac{K_0(\bar k\bar r)}{K_1(\bar k\bar r_o)}\dfrac{K_0(2\bar k\bar r)}{K_1(2\bar k\bar r_o)}\bar\omega_1\bar\omega_2\end{array}\right]\exp(i\bar\omega_1\bar t+i\bar\omega_2\bar t+3i\bar k\bar z)+$$

$$\left\langle\begin{array}{l}-\left\{\begin{array}{l}[K_1(\bar k\bar r_o)-K_1(\bar k\bar r_i)]\,I_1(\bar k\bar r)-\\ [I_1(\bar k\bar r_o)-I_1(\bar k\bar r_i)]\,K_1(\bar k\bar r)\end{array}\right\}\Delta_2(\bar\omega_1\bar\omega_2+\bar k\bar\omega_2+\bar\omega_1^2+4\bar k\bar\omega_1+3\bar k^2)-\\ \left\{\begin{array}{l}[K_1(2\bar k\bar r_o)-K_1(2\bar k\bar r_i)]\,I_1(2\bar k\bar r)-\\ [I_1(2\bar k\bar r_o)-I_1(2\bar k\bar r_i)]\,K_1(2\bar k\bar r)\end{array}\right\}\Delta_{45}(\bar\omega_1\bar\omega_2+2\bar k\bar\omega_1+\bar\omega_2^2+5\bar k\bar\omega_2+6\bar k^2)-\\ \left\{\begin{array}{l}[K_1(\bar k\bar r_o)-K_1(\bar k\bar r_i)]\,I_1(\bar k\bar r)-\\ [I_1(\bar k\bar r_o)-I_1(\bar k\bar r_i)]\,K_1(\bar k\bar r)\end{array}\right\}\left\{\begin{array}{l}[K_1(2\bar k\bar r_o)-K_1(2\bar k\bar r_i)]\,I_1(2\bar k\bar r)-\\ [I_1(2\bar k\bar r_o)-I_1(2\bar k\bar r_i)]\,K_1(2\bar k\bar r)\end{array}\right\}\Delta_2\Delta_{45}(\bar\omega_1+\bar k)(\bar\omega_2+2\bar k)+\\ \left\{\begin{array}{l}[K_1(\bar k\bar r_o)-K_1(\bar k\bar r_i)]\,I_0(\bar k\bar r)+\\ [I_1(\bar k\bar r_o)-I_1(\bar k\bar r_i)]\,K_0(\bar k\bar r)\end{array}\right\}\left\{\begin{array}{l}[K_1(2\bar k\bar r_o)-K_1(2\bar k\bar r_i)]\,I_0(2\bar k\bar r)+\\ [I_1(2\bar k\bar r_o)-I_1(2\bar k\bar r_i)]\,K_0(2\bar k\bar r)\end{array}\right\}\Delta_2\Delta_{45}(\bar\omega_1+\bar k)(\bar\omega_2+2\bar k)\end{array}\right\rangle\cdot$$

$$\exp(i\bar\omega_1\bar t+i\bar\omega_2\bar t+3i\bar k\bar z)-$$

$$\frac{1}{We_1}(-2-2\bar k^2)\exp(i\bar\omega_1\bar t+i\bar\omega_2\bar t+3i\bar k\bar z)\tag{11-307}$$

令第三级表面波中与第一级表面波相关的源项为

$$S_{avo31}=\Bigg\langle -\frac{\left\{\begin{array}{l}[\mathrm{K}_1(3\bar k\bar r_o)-\mathrm{K}_1(3\bar k\bar r_i)]\,\mathrm{I}_0(3\bar k\bar r)+\\ [\mathrm{I}_1(3\bar k\bar r_o)-\mathrm{I}_1(3\bar k\bar r_i)]\,\mathrm{K}_0(3\bar k\bar r)\end{array}\right\}}{\bar k}\Delta_{50}\left\{\begin{array}{l}-\left[3\bar k(\Delta_{48}+\Delta_{49})-\dfrac{1}{\bar r_o\Delta_{45}}\right]\cdot\\ \left[-2\bar k(\Delta_{43}+\Delta_{44})-\dfrac{1}{\bar r_o\Delta_2}\right]\Delta_2\Delta_{45}(\bar\omega_1+\bar k)+\\ \dfrac12\left[5\bar k^2\dfrac{1}{\Delta_2}+\dfrac{2}{\bar r^2\Delta_2}+\dfrac{\bar k}{\bar r_o}(\Delta_{43}+\Delta_{44})\right]\Delta_2(\bar\omega_1+\bar k)\end{array}\right\}\cdot$$

$$(\bar\omega_1+\bar k)-\bar\rho\frac{\mathrm{K}_0(3\bar k\bar r)}{\bar k\,\mathrm{K}_1(3\bar k\bar r_o)}\left[-\left(3\bar kG_4+\frac{1}{\bar r_o}\right)\left(2\bar kG_2+\frac{1}{\bar r_o}\right)\bar\omega_1+\frac12\left(5\bar k^2+\frac{2}{\bar r_o^2}+\frac{\bar k}{\bar r_o}G_2\right)\bar\omega_1\right]\bar\omega_1\Bigg\rangle\cdot$$

$$\exp(3\mathrm{i}\bar\omega_1\bar t+3\mathrm{i}\bar k\bar z)-$$

$$\bar\rho\left[\begin{array}{l}-\dfrac32\dfrac{\bar k\mathrm{K}_0(\bar k\bar r)+\dfrac{1}{\bar r}\mathrm{K}_1(\bar k\bar r)}{\mathrm{K}_1(\bar k\bar r_o)}\bar\omega_1^2+\dfrac{\mathrm{K}_1(2\bar k\bar r)}{\mathrm{K}_1(2\bar k\bar r_o)}\dfrac{2\bar k\mathrm{K}_0(\bar k\bar r_o)+\dfrac{1}{\bar r_o}\mathrm{K}_1(\bar k\bar r_o)}{\mathrm{K}_1(\bar k\bar r_o)}3\bar\omega_1^2-\\ \dfrac{\mathrm{K}_1(\bar k\bar r)}{\mathrm{K}_1(\bar k\bar r_o)}\dfrac{\dfrac{1}{\bar r}\mathrm{K}_1(\bar k\bar r)}{\mathrm{K}_1(\bar k\bar r_o)}\bar\omega_1^2+\dfrac{\mathrm{K}_1(\bar k\bar r)}{\mathrm{K}_1(\bar k\bar r_o)}\dfrac{\mathrm{K}_1(2\bar k\bar r)}{\mathrm{K}_1(2\bar k\bar r_o)}\dfrac{2\bar k\mathrm{K}_0(\bar k\bar r_o)+\dfrac{1}{\bar r_o}\mathrm{K}_1(\bar k\bar r_o)}{\mathrm{K}_1(\bar k\bar r_o)}\bar\omega_1^2-\\ \dfrac{\mathrm{K}_0(\bar k\bar r)}{\mathrm{K}_1(\bar k\bar r_o)}\dfrac{\mathrm{K}_0(2\bar k\bar r)}{\mathrm{K}_1(2\bar k\bar r_o)}\dfrac{2\bar k\mathrm{K}_0(\bar k\bar r_o)+\dfrac{1}{\bar r_o}\mathrm{K}_1(\bar k\bar r_o)}{\mathrm{K}_1(\bar k\bar r_o)}\bar\omega_1^2+\dfrac{\bar k\mathrm{K}_0(\bar k\bar r)}{\mathrm{K}_1(\bar k\bar r_o)}\dfrac{\mathrm{K}_1(\bar k\bar r)}{\mathrm{K}_1(\bar k\bar r_o)}\bar\omega_1^2\end{array}\right]\exp(3\mathrm{i}\bar\omega_1\bar t+3\mathrm{i}\bar k\bar z)+$$

$$\Bigg\langle\frac32\left\{\begin{array}{l}[\mathrm{K}_1(\bar k\bar r_o)-\mathrm{K}_1(\bar k\bar r_i)]\left[\bar k\mathrm{I}_0(\bar k\bar r)-\dfrac{1}{\bar r}\mathrm{I}_1(\bar k\bar r)\right]+\\ [\mathrm{I}_1(\bar k\bar r_o)-\mathrm{I}_1(\bar k\bar r_i)]\left[\bar k\mathrm{K}_0(\bar k\bar r)+\dfrac{1}{\bar r}\mathrm{K}_1(\bar k\bar r)\right]\end{array}\right\}\Delta_2(\bar\omega_1^2+2\bar k\bar\omega_1+\bar k^2)-$$

$$\left\{\begin{array}{l}[\mathrm{K}_1(2\bar k\bar r_o)-\mathrm{K}_1(2\bar k\bar r_i)]\,\mathrm{I}_1(2\bar k\bar r)-\\ [\mathrm{I}_1(2\bar k\bar r_o)-\mathrm{I}_1(2\bar k\bar r_i)]\,\mathrm{K}_1(2\bar k\bar r)\end{array}\right\}\left\{\begin{array}{l}[\mathrm{K}_1(\bar k\bar r_o)-\mathrm{K}_1(\bar k\bar r_i)]\left[2\bar k\mathrm{I}_0(\bar k\bar r_o)-\dfrac{1}{\bar r_o}\mathrm{I}_1(\bar k\bar r_o)\right]+\\ [\mathrm{I}_1(\bar k\bar r_o)-\mathrm{I}_1(\bar k\bar r_i)]\left[2\bar k\mathrm{K}_0(\bar k\bar r_o)+\dfrac{1}{\bar r_o}\mathrm{K}_1(\bar k\bar r_o)\right]\end{array}\right\}$$

$$\Delta_2\Delta_{45}(3\bar\omega_1^2+6\bar k\bar\omega_1+3\bar k^2)-$$

$$\left\{\begin{array}{l}[\mathrm{K}_1(\bar k\bar r_o)-\mathrm{K}_1(\bar k\bar r_i)]\,\mathrm{I}_1(\bar k\bar r)-\\ [\mathrm{I}_1(\bar k\bar r_o)-\mathrm{I}_1(\bar k\bar r_i)]\,\mathrm{K}_1(\bar k\bar r)\end{array}\right\}\left\{\begin{array}{l}[\mathrm{K}_1(\bar k\bar r_o)-\mathrm{K}_1(\bar k\bar r_i)]\left[\bar k\mathrm{I}_0(\bar k\bar r)+\dfrac{1}{\bar r}\mathrm{I}_1(\bar k\bar r)\right]+\\ [\mathrm{I}_1(\bar k\bar r_o)-\mathrm{I}_1(\bar k\bar r_i)]\left[\bar k\mathrm{K}_0(\bar k\bar r)-\dfrac{1}{\bar r}\mathrm{K}_1(\bar k\bar r)\right]\end{array}\right\}\Delta_2^2(\bar\omega_1+\bar k)^2-$$

$$\left\{\begin{array}{l}[\mathrm{K}_1(\bar k\bar r_o)-\mathrm{K}_1(\bar k\bar r_i)]\,\mathrm{I}_1(\bar k\bar r)-\\ [\mathrm{I}_1(\bar k\bar r_o)-\mathrm{I}_1(\bar k\bar r_i)]\,\mathrm{K}_1(\bar k\bar r)\end{array}\right\}\left\{\begin{array}{l}[\mathrm{K}_1(2\bar k\bar r_o)-\mathrm{K}_1(2\bar k\bar r_i)]\,\mathrm{I}_1(2\bar k\bar r)-\\ [\mathrm{I}_1(2\bar k\bar r_o)-\mathrm{I}_1(2\bar k\bar r_i)]\,\mathrm{K}_1(2\bar k\bar r)\end{array}\right\}\left\{\begin{array}{l}[\mathrm{K}_1(\bar k\bar r_o)-\mathrm{K}_1(\bar k\bar r_i)]\cdot\\ \left[2\bar k\mathrm{I}_0(\bar k\bar r_o)-\dfrac{1}{\bar r_o}\mathrm{I}_1(\bar k\bar r_o)\right]+\\ [\mathrm{I}_1(\bar k\bar r_o)-\mathrm{I}_1(\bar k\bar r_i)]\cdot\\ \left[2\bar k\mathrm{K}_0(\bar k\bar r_o)+\dfrac{1}{\bar r_o}\mathrm{K}_1(\bar k\bar r_o)\right]\end{array}\right\}\cdot$$

$$\Delta_{45}\Delta_2^2(\bar\omega_1+\bar k)^2+$$

$$\left\{\begin{array}{l}[\mathrm{K}_1(\bar k\bar r_o)-\mathrm{K}_1(\bar k\bar r_i)]\,\mathrm{I}_0(\bar k\bar r)+\\ [\mathrm{I}_1(\bar k\bar r_o)-\mathrm{I}_1(\bar k\bar r_i)]\,\mathrm{K}_0(\bar k\bar r)\end{array}\right\}\left\{\begin{array}{l}[\mathrm{K}_1(2\bar k\bar r_o)-\mathrm{K}_1(2\bar k\bar r_i)]\,\mathrm{I}_0(2\bar k\bar r)+\\ [\mathrm{I}_1(2\bar k\bar r_o)-\mathrm{I}_1(2\bar k\bar r_i)]\,\mathrm{K}_0(2\bar k\bar r)\end{array}\right\}\left\{\begin{array}{l}[\mathrm{K}_1(\bar k\bar r_o)-\mathrm{K}_1(\bar k\bar r_i)]\cdot\\ \left[2\bar k\mathrm{I}_0(\bar k\bar r_o)-\dfrac{1}{\bar r_o}\mathrm{I}_1(\bar k\bar r_o)\right]+\\ [\mathrm{I}_1(\bar k\bar r_o)-\mathrm{I}_1(\bar k\bar r_i)]\cdot\\ \left[2\bar k\mathrm{K}_0(\bar k\bar r_o)+\dfrac{1}{\bar r_o}\mathrm{K}_1(\bar k\bar r_o)\right]\end{array}\right\}\cdot$$

$$\Delta_{45}\Delta_2^2(\bar\omega_1+\bar k)^2\Bigg\rangle\cdot$$

$$\exp(3\mathrm{i}\bar{\omega}_1\bar{t}+3\mathrm{i}\bar{k}\bar{z})-\frac{1}{We_1}\left[-1-\frac{1}{2}\bar{k}^2+\frac{3}{2}(-1)^j\bar{k}^4\right]\exp(3\mathrm{i}\bar{\omega}_1\bar{t}+3\mathrm{i}\bar{k}\bar{z}) \tag{11-308}$$

在 $\bar{r}_0=\bar{r}_o$ 处，当 $\exp(\mathrm{i}\bar{\omega}_{1/2}\bar{t})=\pm1$ 时，表面波波动项达到最大值。取 $\exp(\mathrm{i}\bar{\omega}_{1/2}\bar{t})=\pm1$，方程(11-307)和方程(11-308)变成

$$S_{\mathrm{avo31\text{-}2}}=\left\{\begin{array}{l}-\dfrac{(\Delta_{53}+\Delta_{54})}{3\bar{k}}\Delta_{50}\left[3\bar{k}(\Delta_{43}+\Delta_{44})+\dfrac{1}{\bar{r}_o\Delta_2}\right]\Delta_2(\bar{\omega}_1+\bar{k})(\bar{\omega}_1+\bar{\omega}_2+3\bar{k})+\\ \dfrac{(\Delta_{53}+\Delta_{54})}{3\bar{k}}\Delta_{50}\left[3\bar{k}(\Delta_{48}+\Delta_{49})-\dfrac{1}{\bar{r}_o\Delta_{45}}\right]\Delta_{45}(\bar{\omega}_2+2\bar{k})(\bar{\omega}_1+\bar{\omega}_2+3\bar{k})-\\ \bar{\rho}\dfrac{G_6}{3\bar{k}}\left(3\bar{k}G_2+\dfrac{1}{\bar{r}_o}\right)\bar{\omega}_1(\bar{\omega}_1+\bar{\omega}_2)-\bar{\rho}\dfrac{G_6}{3\bar{k}}\left(3\bar{k}G_4+\dfrac{1}{\bar{r}_o}\right)\bar{\omega}_2(\bar{\omega}_1+\bar{\omega}_2)\end{array}\right\}-$$
$$\bar{\rho}\left[-3\bar{\omega}_1\bar{\omega}_2-\bar{\omega}_1^2-\bar{\omega}_2^2+G_2G_4\bar{\omega}_1\bar{\omega}_2\right]+$$
$$\left[\begin{array}{l}-(\bar{\omega}_1\bar{\omega}_2+\bar{k}\bar{\omega}_2+\bar{\omega}_1^2+4\bar{k}\bar{\omega}_1+3\bar{k}^2)-\\ (\bar{\omega}_1\bar{\omega}_2+2\bar{k}\bar{\omega}_1+\bar{\omega}_2^2+5\bar{k}\bar{\omega}_2+6\bar{k}^2)-\\ (\bar{\omega}_1+\bar{k})(\bar{\omega}_2+2\bar{k})+\\ (-\Delta_{43}-\Delta_{44})(\Delta_{48}+\Delta_{49})\Delta_2\Delta_{45}(\bar{\omega}_1+\bar{k})(\bar{\omega}_2+2\bar{k})\end{array}\right]-\frac{1}{We_1}(-2-2\bar{k}^2) \tag{11-309}$$

$$S_{\mathrm{avo31}}=\left\{\begin{array}{l}\dfrac{(\Delta_{53}+\Delta_{54})}{\bar{k}}\Delta_{50}\left[3\bar{k}(\Delta_{48}+\Delta_{49})-\dfrac{1}{\bar{r}_o\Delta_{45}}\right]\cdot\\ \left[-2\bar{k}(\Delta_{43}+\Delta_{44})-\dfrac{1}{\bar{r}_o\Delta_2}\right]\Delta_2\Delta_{45}(\bar{\omega}_1+\bar{k})^2-\\ \dfrac{(\Delta_{53}+\Delta_{54})}{\bar{k}}\Delta_{50}\dfrac{1}{2}\left[5\bar{k}^2\dfrac{1}{\Delta_2}+\dfrac{2}{\bar{r}_o^2\Delta_2}+\dfrac{\bar{k}}{\bar{r}_o}(\Delta_{43}+\Delta_{44})\right]\Delta_2(\bar{\omega}_1+\bar{k})^2+\\ \bar{\rho}\dfrac{G_6}{\bar{k}}\left(3\bar{k}G_4+\dfrac{1}{\bar{r}_o}\right)\left(2\bar{k}G_2+\dfrac{1}{\bar{r}_o}\right)\bar{\omega}_1^2-\bar{\rho}\dfrac{G_6}{\bar{k}}\dfrac{1}{2}\left(5\bar{k}^2+\dfrac{2}{\bar{r}_o^2}+\dfrac{\bar{k}}{\bar{r}_o}G_2\right)\bar{\omega}_1^2\end{array}\right\}-$$
$$\bar{\rho}\left[-\frac{3}{2}\left(\bar{k}G_2+\frac{1}{\bar{r}_o}\right)\bar{\omega}_1^2+(4-G_2G_4)\left(2\bar{k}G_2+\frac{1}{\bar{r}_o}\right)\bar{\omega}_1^2-\frac{1}{\bar{r}_o}\bar{\omega}_1^2+\bar{k}G_2\bar{\omega}_1^2\right]+$$
$$\left\langle\begin{array}{l}\dfrac{3}{2}\left[\bar{k}(-\Delta_{43}-\Delta_{44})-\dfrac{1}{\bar{r}_o\Delta_2}\right]\Delta_2(\bar{\omega}_1^2+2\bar{k}\bar{\omega}_1+\bar{k}^2)-\\ \left[2\bar{k}(-\Delta_{43}-\Delta_{44})-\dfrac{1}{\bar{r}_o\Delta_2}\right]\Delta_2(3\bar{\omega}_1^2+6\bar{k}\bar{\omega}_1+3\bar{k}^2)-\\ \left[\bar{k}(-\Delta_{43}-\Delta_{44})+\dfrac{1}{\bar{r}_o\Delta_2}\right]\Delta_2(\bar{\omega}_1+\bar{k})^2-\\ \left[2\bar{k}(-\Delta_{43}-\Delta_{44})-\dfrac{1}{\bar{r}_o\Delta_2}\right]\Delta_2(\bar{\omega}_1+\bar{k})^2+\\ (-\Delta_{43}-\Delta_{44})(\Delta_{48}+\Delta_{49})\left[2\bar{k}(-\Delta_{41}-\Delta_{42})-\dfrac{1}{\bar{r}_o\Delta_2}\right]\Delta_{45}\Delta_2^2(\bar{\omega}_1+\bar{k})^2\end{array}\right\rangle-$$
$$\frac{1}{We_1}\left[-1-\frac{1}{2}\bar{k}^2+\frac{3}{2}(-1)^j\bar{k}^4\right] \tag{11-310}$$

将方程(11-309)和方程(11-310)代入方程(8-95),得

$$\left\langle \begin{array}{l} \dfrac{\left\{\begin{array}{l}[\mathrm{K}_1(3\bar{k}\bar{r}_{\mathrm{o}})-\mathrm{K}_1(3\bar{k}\bar{r}_{\mathrm{i}})]\,\mathrm{I}_0(3\bar{k}\bar{r})+\\ [\mathrm{I}_1(3\bar{k}\bar{r}_{\mathrm{o}})-\mathrm{I}_1(3\bar{k}\bar{r}_{\mathrm{i}})]\,\mathrm{K}_0(3\bar{k}\bar{r})\end{array}\right\}}{3\bar{k}}\Delta_{50}(\bar{\omega}_3^2+6\bar{k}\bar{\omega}_3+9\bar{k}^2)+\\ \bar{\rho}\dfrac{\mathrm{K}_0(3\bar{k}\bar{r})}{3\bar{k}\mathrm{K}_1(3\bar{k}\bar{r}_{\mathrm{o}})}\bar{\omega}_3^2-\dfrac{1}{We_1}[-1+(-1)^j 9\bar{k}^2] \end{array}\right\rangle \exp(\mathrm{i}\bar{\omega}_3\bar{t}+3\mathrm{i}\bar{k}\bar{z})+$$

$$S_{\mathrm{avo31\text{-}2}}+S_{\mathrm{avo31}}=0 \tag{11-311}$$

在 $\bar{r}_0=\bar{r}_{\mathrm{o}}$ 处,当 $\exp(\mathrm{i}\bar{\omega}_{1/2/3}\bar{t})=\pm1$ 时,表面波波动项达到最大值。取 $\exp(\mathrm{i}\bar{\omega}_{1/2/3}\bar{t})=\pm1$,方程(11-311)变成

$$\dfrac{\left\{\begin{array}{l}[\mathrm{K}_1(3\bar{k}\bar{r}_{\mathrm{o}})-\mathrm{K}_1(3\bar{k}\bar{r}_{\mathrm{i}})]\,\mathrm{I}_0(3\bar{k}\bar{r}_{\mathrm{o}})+\\ [\mathrm{I}_1(3\bar{k}\bar{r}_{\mathrm{o}})-\mathrm{I}_1(3\bar{k}\bar{r}_{\mathrm{i}})]\,\mathrm{K}_0(3\bar{k}\bar{r}_{\mathrm{o}})\end{array}\right\}}{3\bar{k}}\Delta_{50}(\bar{\omega}_3^2+6\bar{k}\bar{\omega}_3+9\bar{k}^2)+$$

$$\bar{\rho}\frac{\mathrm{K}_0(3\bar{k}\bar{r})}{3\bar{k}\mathrm{K}_1(3\bar{k}\bar{r}_{\mathrm{o}})}\bar{\omega}_3^2-\frac{1}{We_1}[-1+(-1)^j 9\bar{k}^2]+S_{\mathrm{avo31\text{-}2}}+S_{\mathrm{avo31}}=0 \tag{11-312}$$

化简方程(11-312)为

$$\frac{(\Delta_{53}+\Delta_{54})}{3\bar{k}}\Delta_{50}(\bar{\omega}_3^2+6\bar{k}\bar{\omega}_3+9\bar{k}^2)+\bar{\rho}\frac{G_6}{3\bar{k}}\bar{\omega}_3^2-\frac{1}{We_1}[-1+(-1)^j 9\bar{k}^2]+S_{\mathrm{avo31\text{-}2}}+S_{\mathrm{avo31}}=0 \tag{11-313}$$

解得第三级表面波正对称波形外环色散准则关系式为

$$\bar{\omega}_3=\frac{-3\bar{k}(\Delta_{53}+\Delta_{54})\Delta_{50}\pm i3\bar{k}\sqrt{\bar{\rho}G_6(\Delta_{53}+\Delta_{54})\Delta_{50}-\dfrac{1}{3\bar{k}}[(\Delta_{53}+\Delta_{54})\Delta_{50}+\bar{\rho}G_6]\left\{\dfrac{1}{We_1}[-1+(-1)^j 9\bar{k}^2]-S_{\mathrm{avo31\text{-}2}}-S_{\mathrm{avo31}}\right\}}}{(\Delta_{53}+\Delta_{54})\Delta_{50}+\bar{\rho}G_6} \tag{11-314}$$

则 $\bar{\omega}_{\mathrm{r}3}$ 为方程(11-294)。

$$\bar{\omega}_{\mathrm{i}3}=\pm\frac{3\bar{k}\sqrt{\bar{\rho}G_6(\Delta_{53}+\Delta_{54})\Delta_{50}-\dfrac{1}{3\bar{k}}[(\Delta_{53}+\Delta_{54})\Delta_{50}+\bar{\rho}G_6]\left\{\dfrac{1}{We_1}[-1+(-1)^j 9\bar{k}^2]-S_{\mathrm{avo31\text{-}2}}-S_{\mathrm{avo31}}\right\}}}{(\Delta_{53}+\Delta_{54})\Delta_{50}+\bar{\rho}G_6} \tag{11-315}$$

11.3.6　对环状液膜第三级波色散准则关系式的分析

当环状液膜时空模式第三级表面波正/反对称波形内外环色散准则关系式(11-280)、式(11-293)和式(11-314)中根号内的值大于 0 时,$\bar{\omega}_{\mathrm{i}3}$ 为一个实数;当根号内的值等于 0 时,$\bar{\omega}_{\mathrm{i}3}=0$,$\bar{\omega}_{\mathrm{r}3}$ 由方程(11-281),方程(11-294)决定;当根号内的值小于 0 时,$\bar{\omega}_{\mathrm{i}3}$ 为一个虚数,则圆频率 $\bar{\omega}_3$ 只有实部而没有虚部,即是一个实数。虚部为零意味着 $\bar{\omega}_{\mathrm{i}3}=0$。对于正/反对称波形内环,有

$$\bar{\omega}_{r3}=\frac{-3\bar{k}(\Delta_{51}+\Delta_{52})\Delta_{50}\mp 3\bar{k}\sqrt{-\bar{\rho}G_5(\Delta_{51}+\Delta_{52})\Delta_{50}+\frac{1}{3\bar{k}}[(\Delta_{51}+\Delta_{52})\Delta_{50}-\bar{\rho}G_5]\left\{\frac{1}{We_1}[1-(-1)^j 9\bar{k}^2]-S_{ai31\text{-}2}-S_{ai31}\right\}}}{(\Delta_{51}+\Delta_{52})\Delta_{50}-\bar{\rho}G_5}\tag{11-316}$$

对于反对称波形外环，有

$$\bar{\omega}_{r3}=\frac{-3\bar{k}(\Delta_{53}+\Delta_{54})\Delta_{50}\mp 3\bar{k}\sqrt{\bar{\rho}G_6(\Delta_{53}+\Delta_{54})\Delta_{50}+\frac{1}{3\bar{k}}[(\Delta_{53}+\Delta_{54})\Delta_{50}+\bar{\rho}G_6]\left\{\frac{1}{We_1}[1-(-1)^j 9\bar{k}^2]-S_{aso31\text{-}2}-S_{aso31}\right\}}}{[(\Delta_{53}+\Delta_{54})\Delta_{50}+\bar{\rho}G_6]}\tag{11-317}$$

对于正对称波形外环，有

$$\bar{\omega}_{r3}=\frac{-3\bar{k}(\Delta_{53}+\Delta_{54})\Delta_{50}\mp 3\bar{k}\sqrt{\bar{\rho}G_6(\Delta_{53}+\Delta_{54})\Delta_{50}-\frac{1}{3\bar{k}}[(\Delta_{53}+\Delta_{54})\Delta_{50}+\bar{\rho}G_6]\left\{\frac{1}{We_1}[-1+(-1)^j 9\bar{k}^2]-S_{avo31\text{-}2}-S_{avo31}\right\}}}{(\Delta_{53}+\Delta_{54})\Delta_{50}+\bar{\rho}G_6}\tag{11-318}$$

11.4 环状液膜初始扰动振幅和碎裂点的实验研究

曹建明和他的研究生邵超、武奎、彭畅对环状液膜的初始扰动振幅和碎裂点进行了实验研究。如 5.8 节和 8.8 节所述，初始扰动振幅实验是在射流实验台上进行的，碎裂点实验是在燃油喷射实验台上进行的。ZCK22S147 型单孔轴针式喷油器，喷孔内径 $r_i=0.3$ mm，外径 $r_o=0.5$ mm，喷射压力 $P_1=1$ MPa，背压 $P_g=1.206\times10^{-3}$ MPa。图像观察采用美国 York 调频频闪灯，图像采集使用美国 PHANTOM V9.1 高速摄像机及持续光源。共进行了 2 组实验，取其中之一与理论数值计算结果进行比较。

在上述工况下，测得喷嘴出口处的量纲一初始扰动振幅为 $\bar{\xi}_0=0.1199$。视频显示存在一个油束碎裂长度和碎裂时间的变化范围，如图 11-1 所示。实测碎裂点的平均流速为 $U_1=5.67\sim2.23$ m/s，碎裂长度为 $L_b=11.2\sim17.6$ mm，量纲一碎裂长度为 $\bar{L}_b=112\sim176$，碎裂时间为 $t_b=2.0\sim7.9$ ms，量纲一碎裂时间为 $\bar{t}_b=113\sim176$。

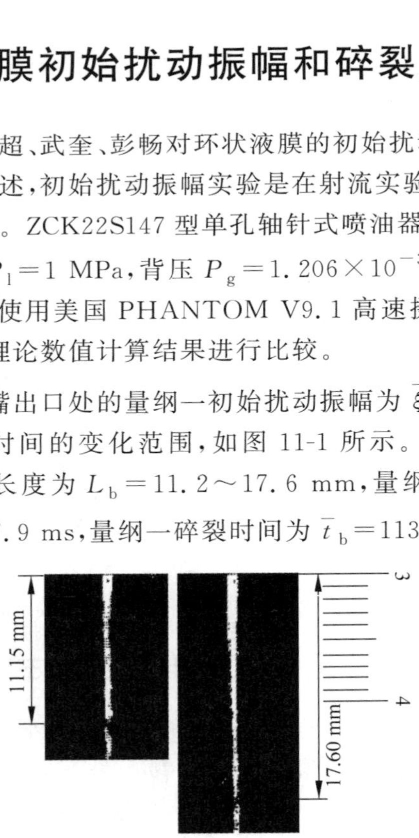

图 11-1 轴针式喷嘴油束碎裂长度的测量值

11.5 环状液膜支配表面波增长率和支配波数的数值计算结果

理论计算是由曹建明和他的研究生张凯姝完成的。样本介质取 20℃的国产 0 号柴油，表面张力系数 $\sigma_1=0.02741$ N/m，运动学黏度系数 $\nu_1=4.41\times10^{-6}$ m^2/s，液体密度 $\rho_1=826$ kg/m^3，气液密度比 $\bar{\rho}=1.458\times10^{-3}$。液体流速 $U_1=5.67$ m/s，韦伯数 $We_1=96.881$，雷诺数 $Re_1=128.6$。静止空气环境。根据实验观测，量纲一初始扰动振幅的数值计算选取：第一级表面波 $\bar{\xi}_0=0.1199$，第二级表面波 $\bar{\xi}_0^2=0.0144$，第三级表面波 $\bar{\xi}_0^3=0.0017$。由于无法观测到环状液膜的内环波形，因此将实验数据与正/反对称两种波形的数值计算结果进行对比。

环状液膜气液交界面表面波的非线性理论推导显示，第一级表面波的色散准则关系式没有源项；第二级表面波正/反对称波形存在与第一级表面波圆频率相关的源项 S_{ai2}、S_{aso2} 和 S_{avo2}；第三级表面波正/反对称波形存在与第一级表面波以及与第一级表面波和第二级表面波圆频率相关的源项 S_{ai31}、$S_{\text{ai31-2}}$、S_{aso31}、$S_{\text{aso31-2}}$、S_{avo31} 和 $S_{\text{avo31-2}}$，这些源项均有明确的解析表达式。支配表面波增长率和支配波数的数值计算结果见表 11-1。

表 11-1　环状液膜支配表面波增长率和支配波数的数值计算结果

级数	波形	$\bar{k}_{\text{r-dom}}$	$\bar{\omega}_{\text{i-dom}}$	$\bar{\omega}_{\text{r-dom}}$
第一级表面波	正/反对称内环	$\bar{k}_{\text{r-dom}}=0.5040$	$\bar{\omega}_{\text{i1-dom}}=1.2693$	$\bar{\omega}_{\text{r1-dom}}=-1.4369$
	正/反对称外环	$\bar{k}_{\text{r-dom}}=0.6300$	$\bar{\omega}_{\text{i1-dom}}=0.0700$	$\bar{\omega}_{\text{r1-dom}}=-0.6291$
第二级表面波	正/反对称内环	$\bar{k}_{\text{r-dom}}=0.0890$	$\bar{\omega}_{\text{i2-dom}}=0.0141$	$\bar{\omega}_{\text{r2-dom}}=-0.1788$
	反对称外环	$\bar{k}_{\text{r-dom}}=0.1390$	$\bar{\omega}_{\text{i2-dom}}=0.0229$	$\bar{\omega}_{\text{r2-dom}}=-0.2777$
	正对称外环	$\bar{k}_{\text{r-dom}}=0.4850$	$\bar{\omega}_{\text{i2-dom}}=0.1254$	$\bar{\omega}_{\text{r2-dom}}=-0.9686$
第三级表面波	正/反对称内环	$\bar{k}_{\text{r-dom}}=0.1670$	$\bar{\omega}_{\text{i3-dom}}=0.1191$	$\bar{\omega}_{\text{r3-dom}}=-0.6820$
	反对称外环	$\bar{k}_{\text{r-dom}}=2.6778$	$\bar{\omega}_{\text{i3-dom}}=0$	$\bar{\omega}_{\text{r3-dom}}=-5.7068$
	正对称外环	$\bar{k}_{\text{r-dom}}=0.4750$	$\bar{\omega}_{\text{i3-dom}}=0.2128$	$\bar{\omega}_{\text{r3-dom}}=-1.4231$

11.6 环状液膜波形图及其不稳定性分析

将 11.5 节计算所得的正/反对称波形第一级、第二级、第三级表面波的 $\bar{\omega}_{\text{i1/2/3-dom}}$、$\bar{k}_{\text{r/23}}$、$\bar{\omega}_{\text{r1/2/3-dom}}$ 分别代入第一级、第二级、第三级表面波的扰动振幅初始函数表达式(8-96)、式(8-141)、式(8-218)，再分别乘以 $\bar{\xi}_0$、$\bar{\xi}_0^2$、$\bar{\xi}_0^3$，即可得到第一级、第二级、第三级表面波的扰动振幅值。环状液膜非线性三级表面波共有 64 组解，我们将选择正/反对称两种波形数值计算结果中碎裂时间最短的那一组解与实验数据进行比较。

11.6.1 环状液膜反对称波形图及其不稳定性分析

图 11-2 是第一级表面波、第二级表面波和第三级表面波反对称波形的波形图以及叠加

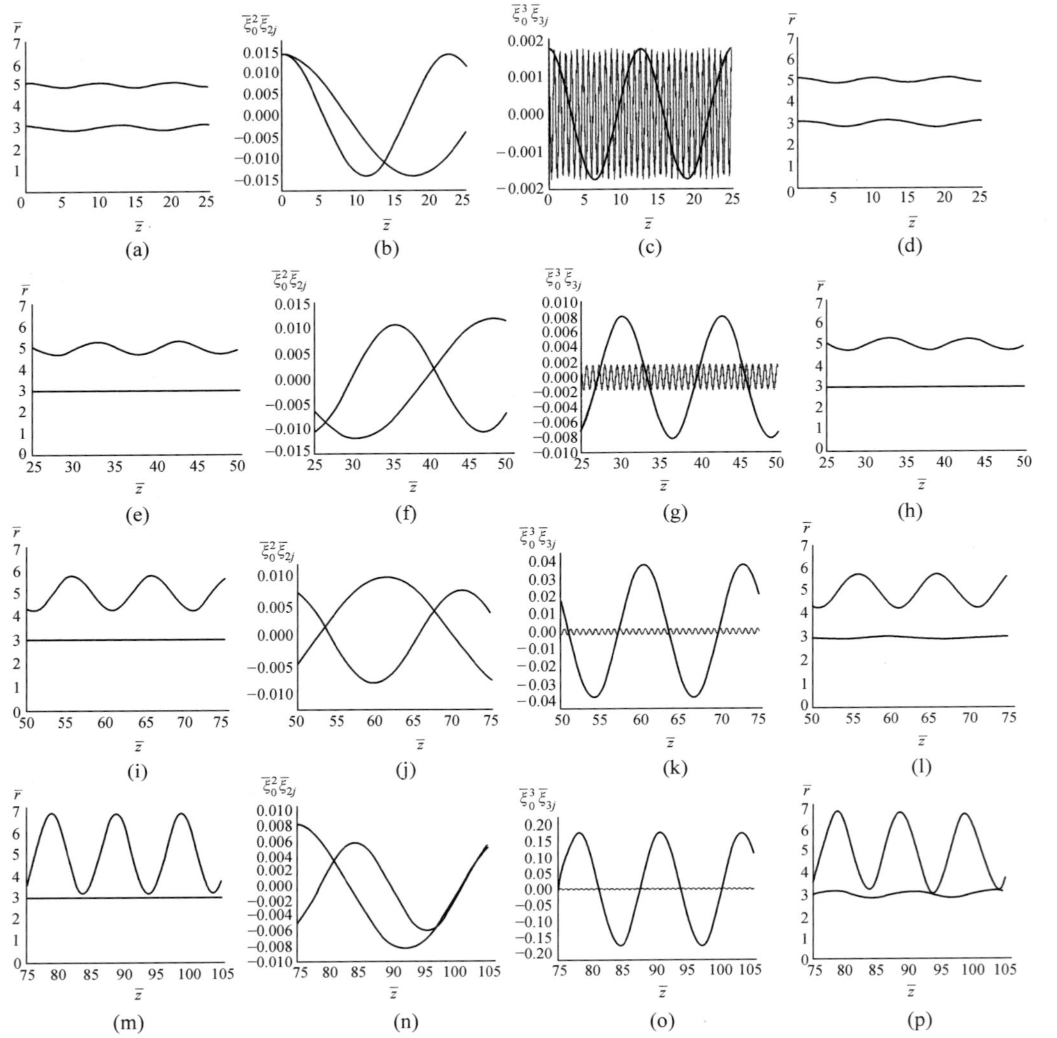

图 11-2 环状液膜表面波反对称波形的波形图

$\bar{\omega}_{i11}$ 取正，$\bar{\omega}_{i12}$ 取负；$\bar{\omega}_{i21}$ 取正，$\bar{\omega}_{i22}$ 取正；$\bar{\omega}_{i31}$ 取负，$\bar{\omega}_{i32}$ 取 0；$\bar{\omega}_{i11\text{-dom}}=1.2693$，$\bar{\omega}_{r11\text{-dom}}=-1.4369$，$\bar{k}_{r11\text{-dom}}=0.5040$，$\bar{\xi}_0=0.1199$，$\bar{\omega}_{i12\text{-dom}}=-0.0700$，$\bar{\omega}_{r12\text{-dom}}=-0.6291$，$\bar{k}_{r12\text{-dom}}=0.6300$，$\bar{\omega}_{i21\text{-dom}}=0.0141$，$\bar{\omega}_{r21\text{-dom}}=-0.1788$，$\bar{k}_{r21\text{-dom}}=0.0890$，$\bar{\xi}_0^2=0.0144$，$\bar{\omega}_{i22\text{-dom}}=0.0229$，$\bar{\omega}_{r22\text{-dom}}=-0.2777$，$\bar{k}_{r22\text{-dom}}=0.1390$，$\bar{\omega}_{i31\text{-dom}}=-0.1191$，$\bar{\omega}_{r31\text{-dom}}=-0.6820$，$\bar{k}_{r31\text{-dom}}=0.1670$，$\bar{\xi}_0^3=0.0017$，$\bar{\omega}_{i32\text{-dom}}=0$，$\bar{\omega}_{r32\text{-dom}}=-5.7067$，$\bar{k}_{r32\text{-dom}}=2.6778$

三级波叠加数值计算碎裂点为 $\bar{L}_b=103.5$，$\bar{t}_b=38.95$

(a) 第一级波 $\bar{t}=0$；(b) 第二级波 $\bar{t}=0$；(c) 第三级波 $\bar{t}=0$；(d) 三级波叠加 $\bar{t}=0$；(e) 第一级波 $\bar{t}=13$；(f) 第二级波 $\bar{t}=13$；(g) 第三级波 $\bar{t}=13$；(h) 三级波叠加 $\bar{t}=13$；(i) 第一级波 $\bar{t}=26$；(j) 第二级波 $\bar{t}=26$；(k) 第三级波 $\bar{t}=26$；(l) 三级波叠加 $\bar{t}=26$；(m) 第一级波 $\bar{t}=38.95$；(n) 第二级波 $\bar{t}=38.95$；(o) 第三级波 $\bar{t}=38.95$；(p) 三级波叠加 $\bar{t}=38.95$

图。第一级表面波、第二级表面波、第三级表面波正对称波形内外环的表面波增长率表达式不同，内外环的表面波扰动振幅幅值大小也不同，并且存在相位差。可以看出：从量纲一时间 $\bar{t}=0$ 到 $\bar{t}=38.95$，随着时间的推移，第一级表面波外环的振幅不断增大，外环的量纲一表面波振幅从 $\bar{\xi}_0=0.1199$ 增大至 2 左右，内环的量纲一表面波振幅从 $\bar{\xi}_0=0.1199$ 减小至 0；第二级表面波内外环量纲一表面波振幅从 $\bar{\xi}_0^2=0.0144$ 分别减小至 0.0083 和 -0.0045 左右；第三级表面波量纲一表面波振幅从 $\bar{\xi}_0^3=0.0017$ 增大至 0.01 左右；波形叠加图中内外环逐渐接近，至 $\bar{t}=38.95$，内外环在量纲一位移 $\bar{z}=103.5$ 处接触。当 $\bar{t}<38.95$ 时，射流没有碎裂点；但当 $\bar{t}\geqslant 38.95$ 时，有多个碎裂点。数值计算就是要寻求 $\bar{t}_b$ 为最小时的碎裂点。因此，理论计算射流的量纲一碎裂长度为 $\bar{L}_b=103.5$，量纲一碎裂时间为 $\bar{t}_b=38.95$。实验得到的量纲一碎裂长度为 $\bar{L}_b=112\sim176$，量纲一碎裂时间为 $\bar{t}_b=113\sim176$。理论预测值与实验测量值相比，碎裂长度和碎裂时间的相对误差分别为 $E_{\bar{L}_b}=7.6\%$ 和 $E_{\bar{t}_b}=65.5\%$，绝对误差分别仅为 $\Delta_{L_b}=0.85\text{mm}$ 和 $\Delta_{t_b}=1.3\text{ms}$。从叠加图中还可以看出，第一级表面波对波形叠加图的影响较大，而第二级表面波、第三级表面波的影响较小。

11.6.2 环状液膜正对称波形图及其不稳定性分析

图 11-3 是第一级、第二级和第三级表面波正对称波形的波形图以及叠加图。第一级、第二级、第三级表面波正对称波形内外环的表面波增长率表达式不同，内外环的表面波扰动振幅幅值大小也不同，并且存在相位差。可以看出：从量纲一时间 $\bar{t}=0$ 到 $\bar{t}=32.3$，随着时间的推移，第一级表面波外环的振幅不断增大，外环的量纲一表面波振幅从 $\bar{\xi}_0=0.1199$ 增大至 1 左右，内环的量纲一表面波振幅从 $\bar{\xi}_0=0.1199$ 减小至 0 左右；第二级表面波内外环量纲一表面波振幅从 $\bar{\xi}_0^2=0.0144$ 分别减小至 0.0043 和 -0.6 左右；第三级表面波量纲一表面波振幅从 $\bar{\xi}_0^3=0.0017$ 分别减小至 -0.08 和 0 左右；叠加图中内外环逐渐接近，至 $\bar{t}=32.3$，内外环在量纲一位移 $\bar{z}=106.6$ 处接触。当 $\bar{t}<32.3$ 时，射流没有碎裂点；但当 $\bar{t}\geqslant 32.3$ 时，有多个碎裂点。数值计算就是要寻求 $\bar{t}_b$ 为最小时的碎裂点。因此，理论计算得到射流的量纲一碎裂长度为 $\bar{L}_b=106.6$，量纲一碎裂时间为 $\bar{t}_b=32.3$。实验得到的量纲一碎裂长度为 $\bar{L}_b=112\sim176$，量纲一碎裂时间为 $\bar{t}_b=113\sim176$。理论预测值与实验测量值相比，碎裂长度和碎裂时间的相对误差分别为 $E_{\bar{L}_b}=4.8\%$ 和 $E_{\bar{t}_b}=71.4\%$，绝对误差分别仅为 $\Delta_{L_b}=0.64\text{mm}$ 和 $\Delta_{t_b}=1.4\text{ms}$。从叠加图中还可以看出，第一级表面波对波形叠加图的影响较大，而第二级、第三级表面波的影响较小。叠加的波形图与第一级表面波的波形图差别不大。说明第一级表面波是导致射流碎裂的主要因素。

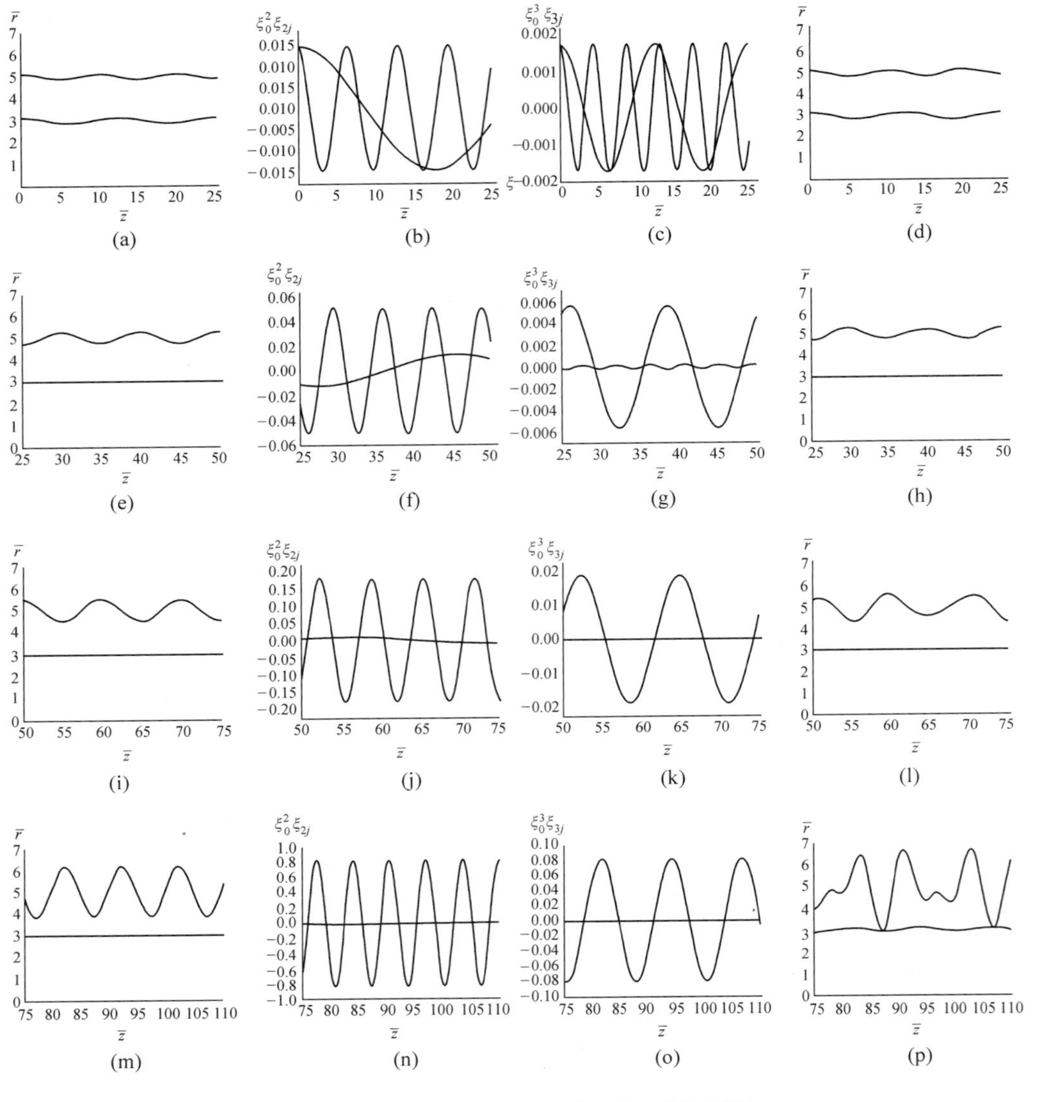

图 11-3 环状液膜表面波正对称波形的波形图

$\bar{\omega}_{i11}$ 取正，$\bar{\omega}_{i12}$ 取负；$\bar{\omega}_{i21}$ 取正，$\bar{\omega}_{i22}$ 取负；$\bar{\omega}_{i31}$ 取负，$\bar{\omega}_{i32}$ 取正；$\bar{\omega}_{i11\text{-dom}}=1.2693$，$\bar{\omega}_{r11\text{-dom}}=-1.4369$，$\bar{k}_{r11\text{-dom}}=0.5040$，$\bar{\xi}_0=0.1199$，$\bar{\omega}_{i12\text{-dom}}=-0.0700$，$\bar{\omega}_{r12\text{-dom}}=-0.6291$，$\bar{k}_{r12\text{-dom}}=0.63$，$\bar{\omega}_{i21\text{-dom}}=0.0141$，$\bar{\omega}_{r21\text{-dom}}=-0.1788$，$\bar{k}_{r21\text{-dom}}=0.0890$，$\bar{\xi}_0^2=0.0144$，$\bar{\omega}_{i22\text{-dom}}=-0.1254$，$\bar{\omega}_{r22\text{-dom}}=-0.9686$，$\bar{k}_{r22\text{-dom}}=0.4850$，$\bar{\omega}_{i31\text{-dom}}=-0.1191$，$\bar{\omega}_{r31\text{-dom}}=-0.6820$，$\bar{k}_{r31\text{-dom}}=0.1670$，$\bar{\xi}_0^3=0.0017$，$\bar{\omega}_{i32\text{-dom}}=0.21275$，$\bar{\omega}_{r32\text{-dom}}=-1.4131$，$\bar{k}_{r32\text{-dom}}=0.475$

三级波叠加数值计算碎裂点为 $\bar{L}_b=106.6$，$\bar{t}_b=32.3$

(a) 第一级波 $\bar{t}=0$；(b) 第二级波 $\bar{t}=0$；(c) 第三级波 $\bar{t}=0$；(d) 三级波叠加 $\bar{t}=0$；(e) 第一级波 $\bar{t}=10$；(f) 第二级波 $\bar{t}=10$；(g) 第三级波 $\bar{t}=10$；(h) 三级波叠加 $\bar{t}=10$；(i) 第一级波 $\bar{t}=20$；(j) 第二级波 $\bar{t}=20$；(k) 第三级波 $\bar{t}=20$；(l) 三级波叠加 $\bar{t}=20$；(m) 第一级波 $\bar{t}=32.3$；(n) 第二级波 $\bar{t}=32.3$；(o) 第三级波 $\bar{t}=32.3$；(p) 三级波叠加 $\bar{t}=32.3$

11.7 结　　语

对环状液膜非线性不稳定性的理论研究表明：①第一级、第二级、第三级表面波正/反对称波形内外环的表面波增长率表达式不同，内外环的表面波扰动振幅幅值大小也不同，并且存在相位差。②第一级表面波的色散准则关系式没有源项，第二级表面波正/反对称波形存在与第一级表面波圆频率相关的源项 S_{ai2}、S_{aso2} 和 S_{avo2}；第三级表面波正/反对称波形存在与第一级表面波，以及与第一级表面波和第二级表面波圆频率相关的源项 S_{ai31}、$S_{ai31\text{-}2}$、S_{aso31}、$S_{aso31\text{-}2}$、S_{avo31} 和 $S_{avo31\text{-}2}$，这些源项均有明确的解析表达式。③环状液膜的初始厚度并非是从喷嘴出口起始的，而是有所偏离。④无论是正对称波形还是反对称波形，随着时间的推移，表面波的波长变化不大，振幅不断增大且是阶段性变化的。⑤从波形叠加图中可以看出，对于正/反对称波形，第一级表面波对波形叠加图的影响较大，而第二级表面波、第三级表面波的影响较小。波形叠加图与第一级表面波的波形图差别不大。说明第一级表面波是导致射流碎裂的主要因素。⑥环状液膜正/反对称波形非线性三级表面波内外环气液交界面各有 64 组解，其中三级波的 $\bar{\omega}_{r1}$、$\bar{\omega}_{r2}$ 和 $\bar{\omega}_{r3}$ 均为负，但 $\bar{\omega}_{i1}$、$\bar{\omega}_{i2}$ 和 $\bar{\omega}_{i3}$ 可为正、可为负、也可为零，因此最多可以得到 64 组解。选择碎裂时间最小的那一组解与实验数据进行比较。⑦在 $U_l=5.67\text{m/s}$ 下，通过对反/正对称波形的碎裂长度和碎裂时间的非线性理论预测值与实验测量值的比较可以看出，碎裂长度和碎裂时间的相对误差分别为 $E_{\bar{L}_b}=7.6\%\sim4.8\%$ 和 $E_{\bar{t}_b}=65.5\%\sim71.4\%$，绝对误差分别仅为 $\Delta_{L_b}=0.85\sim0.64\text{mm}$ 和 $\Delta_{t_b}=1.3\sim1.4\text{ms}$。环状液膜碎裂时间的实验测量值与理论预测值的相对误差比平面液膜和圆射流的略大，但绝对差值也仅有 1.3～1.4ms。单就相对误差而言，碎裂长度的数值计算要比碎裂时间的更为准确。

在三种典型射流——平面液膜、圆射流和环状液膜中，由于环状液膜的抗扭曲能力最弱，因而最容易碎裂。因此，在结构参数和流动条件相近的情况下，选择环状喷嘴将会加剧射流的不稳定度，改善雾化效果。

习　　题

11-1　环状液膜三级波的连续性方程、运动学边界条件和动力学边界条件与圆射流的有何异同？

11-2　试写出环状液膜三级波的色散准则关系式。

11-3　射流实验观测为什么要采用调频频闪灯？

11-4　在物理物性参数和喷嘴结构不变的情况下，射流的碎裂长度就是一定的吗？

11-5　非线性三级波色散准则关系式中的源项有何特点？

主 要 符 号

拉丁字母

a	液膜初始半厚度；圆射流喷口半径
b_n	特征方程的根(平面液膜)
C	声速
C_0	与喷嘴形状有关的系数
c_n	微分方程通解的积分常数
$\cosh(k)$	$=\dfrac{e^k+e^{-k}}{2}$,双曲余弦函数
$\coth(k)$	$=\dfrac{\cosh(k)}{\sinh(k)}=\dfrac{e^k+e^{-k}}{e^k-e^{-k}}$,双曲余切函数
D	液滴直径；全微分
D_1	液体棒或线的直径
d	喷孔直径
div	$=\nabla\cdot$,散度,等于哈密顿算子的点积
E	相对误差
Eu	$=\dfrac{P}{\rho U^2}$,欧拉数(Euler number)
$\boldsymbol{e}$	单位矢量
F_b	质量力
Fr	$=\sqrt{\dfrac{U^2}{ga}}$,弗劳德数(Froude number)
$f(U)$	伯努利方程的拉格朗日积分常数
G_1	$=\dfrac{I_0(k\bar{r}_i)}{I_1(k\bar{r}_i)}$(环状液膜)
G_2	$=\dfrac{K_0(k\bar{r}_o)}{K_1(k\bar{r}_o)}$(环状液膜)
G_3	$=\dfrac{I_0(2\bar{k}\bar{r}_i)}{I_1(2\bar{k}\bar{r}_i)}$(环状液膜)
G_4	$=\dfrac{K_0(2\bar{k}\bar{r}_o)}{K_1(2\bar{k}\bar{r}_o)}$(环状液膜)
G_5	$=\dfrac{I_0(3\bar{k}\bar{r}_i)}{I_1(3\bar{k}\bar{r}_i)}$(环状液膜)

G_6	$=\dfrac{K_0(3\bar{k}\bar{r}_o)}{K_1(3\bar{k}\bar{r}_o)}$(环状液膜)
G_{ab}	时空表面波增长率
g	重力加速度
H_ξ	$=\ln\dfrac{\xi_b}{\xi_0}$
I_n	第一类 n 阶修正贝塞尔函数
i	$=\sqrt{-1}$,单位虚数
K	表面波液面的曲率
K_n	第二类 n 阶修正贝塞尔函数
k	$=k_r+ik_i$;$=\dfrac{2\pi}{\lambda}$,时间模式的波数
k_0	截断波数(稳定极限)
k_i	复数 k 的虚部;负值表示空间模式和时空模式空间轴的表面波增长率
k_r	复数 k 的实部;空间模式和时空模式的波数
k_x	直角坐标系瑞利波(R 波)的波数
k_{xy}	$=\sqrt{k_x^2+k_y^2}$,直角坐标系瑞利-泰勒波(R-T 波)的波数
k_y	直角坐标系泰勒波(T 波)的波数
k_z	圆柱坐标系瑞利波(R 波)的波数
k_θ	圆柱坐标系泰勒波(T 波)的波数
L	长度
Li	内环量纲一分开式色散准则关系式的一部分(环状液膜)
Lo	外环量纲一分开式色散准则关系式的一部分(环状液膜)
Ls	近反对称波形量纲一分开式色散准则关系式的一部分(平面液膜)
Lv	近正对称波形量纲一分开式色散准则关系式的一部分(平面液膜)
Ma	$=\dfrac{U}{C}$,马赫数(Mach number)
m	$=1,2,3$,表面波的级数;米;质量
n	表面波的阶数(圆射流);修正贝塞尔函数的阶数
Oh_1	$=\dfrac{\sqrt{We_1}}{Re_1}=\dfrac{\mu_1}{\sqrt{a\rho_1\sigma_1}}$,欧尼索数(Ohnesorge number)
P	基流压力
p	扰动压力
p_{tot}	$=P+p$,合流压力,等于基流压力与扰动压力之和
$\hat{p}$	应力张量
R	表面波液面的曲率半径;瑞利波
R-T	瑞利-泰勒波
Re	$=\dfrac{aU}{\nu}$,雷诺数(Reynolds number)

r	半径；圆柱坐标系中的 r 坐标
rot	$=\nabla\times$，旋度，等于哈密顿算子的叉积
$\bar{r}_j$	圆柱坐标系中气液交界面处的流体质点位移
S	源项
s	秒
$\sinh(k)$	$=\dfrac{e^k-e^{-k}}{2}$，双曲正弦函数
T	热力学温度，或者称为绝对温度；泰勒波
t	时间；摄氏温度
$\tanh(k)$	$=\dfrac{\sinh(k)}{\cosh(k)}=\dfrac{e^k-e^{-k}}{e^k+e^{-k}}$，双曲正切函数
U	直角坐标系中 x 方向的基流流速，主要流动方向的基流流速；圆柱坐标系中的基流流速
U_d	$=U_l-U_g$，气液体的基流流速差
u	直角坐标系中 x 方向的扰动速度；圆柱坐标系中的扰动速度
u_{tot}	$=U+u$，合流速度，等于基流速度与扰动速度之和
V	速度；直角坐标系中 y 方向的基流流速
v	直角坐标系中 y 方向的扰动速度
v_g	波动的群速度
v_p	波动的相速度
W	直角坐标系中 w 方向的基流流速
We	$=\dfrac{a\rho U^2}{\sigma}$，韦伯数(Weber number)
w	直角坐标系中 z 方向的扰动速度
x	直角坐标系中的 x 坐标；位移
y	直角坐标系中的 y 坐标；位移
$y_{,x}$	$=\dfrac{dy}{dx}$或者$=\dfrac{\partial y}{\partial x}$，$y$ 对 x 的一阶导数或者一阶偏导数
$y_{,xx}$	$=\dfrac{d^2y}{dx^2}$或者$=\dfrac{\partial^2 y}{\partial x^2}$，$y$ 对 x 的二阶导数或者二阶偏导数
$y_{,xxx}$	$=\dfrac{d^3y}{dx^3}$或者$=\dfrac{\partial^3 y}{\partial x^3}$，$y$ 对 x 的三阶导数或者三阶偏导数
z	直角坐标系中的 z 坐标；圆柱坐标系中的 z 坐标

希腊字母

α	平面液膜上下气液交界面的相位差角；环状液膜内外环气液交界面的相位差角
χ	$=\dfrac{U_{g\theta}}{r}$，势涡流强度
Δ	$=\nabla\cdot\nabla=\nabla^2$，拉普拉斯算子，等于哈密顿算子与哈默顿算子的点积，直角坐标系

$\Delta=\frac{\partial^2}{\partial x^2}+\frac{\partial^2}{\partial y^2}+\frac{\partial^2}{\partial z^2}$，圆柱坐标系 $\Delta=\frac{\partial^2}{\partial r^2}+\frac{1}{r}\frac{\partial}{\partial r}+\frac{1}{r^2}\frac{\partial^2}{\partial \theta^2}+\frac{\partial^2}{\partial z^2}$；绝对误差

Δ_1 $=[\mathrm{I}_1(\bar{s}\bar{r}_{\mathrm{i}})\mathrm{K}_1(\bar{s}\bar{r}_{\mathrm{o}})-\mathrm{I}_1(\bar{s}\bar{r}_{\mathrm{o}})\mathrm{K}_1(\bar{s}\bar{r}_{\mathrm{i}})]^{-1}$（环状液膜）

Δ_2 $=[\mathrm{I}_1(k\bar{r}_{\mathrm{i}})\mathrm{K}_1(k\bar{r}_{\mathrm{o}})-\mathrm{I}_1(k\bar{r}_{\mathrm{o}})\mathrm{K}_1(k\bar{r}_{\mathrm{i}})]^{-1}$（环状液膜）

Δ_3 $=\mathrm{I}_0(k\bar{r}_{\mathrm{i}})\mathrm{K}_1(k\bar{r}_{\mathrm{o}})+\mathrm{I}_1(k\bar{r}_{\mathrm{o}})\mathrm{K}_0(k\bar{r}_{\mathrm{i}})$（环状液膜）

Δ_4 $=\mathrm{I}_0(k\bar{r}_{\mathrm{o}})\mathrm{K}_1(k\bar{r}_{\mathrm{i}})+\mathrm{I}_1(k\bar{r}_{\mathrm{i}})\mathrm{K}_0(k\bar{r}_{\mathrm{o}})$（环状液膜）

Δ_5 $=\mathrm{I}_0(\bar{s}\bar{r}_{\mathrm{i}})\mathrm{K}_1(\bar{s}\bar{r}_{\mathrm{o}})+\mathrm{I}_1(\bar{s}\bar{r}_{\mathrm{o}})\mathrm{K}_0(\bar{s}\bar{r}_{\mathrm{i}})$（环状液膜）

Δ_6 $=\mathrm{I}_0(\bar{s}\bar{r}_{\mathrm{o}})\mathrm{K}_1(\bar{s}\bar{r}_{\mathrm{i}})+\mathrm{I}_1(\bar{s}\bar{r}_{\mathrm{i}})\mathrm{K}_0(\bar{s}\bar{r}_{\mathrm{o}})$（环状液膜）

Δ_7 $=[\mathrm{I}'_{k_\theta}(\bar{k}_z\bar{r}_{\mathrm{i}})\mathrm{K}'_{k_\theta}(\bar{k}_z\bar{r}_{\mathrm{o}})-\mathrm{I}'_{k_\theta}(\bar{k}_z\bar{r}_{\mathrm{o}})\mathrm{K}'_{k_\theta}(\bar{k}_z\bar{r}_{\mathrm{i}})]^{-1}$（环状液膜）

Δ_8 $=[\mathrm{I}'_{k_\theta}(\bar{s}\bar{r}_{\mathrm{i}})\mathrm{K}'_{k_\theta}(\bar{s}\bar{r}_{\mathrm{o}})-\mathrm{I}'_{k_\theta}(\bar{s}\bar{r}_{\mathrm{o}})\mathrm{K}'_{k_\theta}(\bar{s}\bar{r}_{\mathrm{i}})]^{-1}$（环状液膜）

Δ_9 $=\mathrm{I}_{k_\theta}(\bar{k}_z\bar{r}_{\mathrm{i}})\mathrm{K}'_{k_\theta}(\bar{k}_z\bar{r}_{\mathrm{i}})-\mathrm{I}_{k_\theta}(\bar{k}_z\bar{r}_{\mathrm{i}})\mathrm{K}'_{k_\theta}(\bar{k}_z\bar{r}_{\mathrm{o}})$（环状液膜）

Δ_{10} $=\mathrm{I}'_{k_\theta}(\bar{k}_z\bar{r}_{\mathrm{i}})\mathrm{K}_{k_\theta}(\bar{k}_z\bar{r}_{\mathrm{i}})-\mathrm{I}'_{k_\theta}(\bar{k}_z\bar{r}_{\mathrm{o}})\mathrm{K}_{k_\theta}(\bar{k}_z\bar{r}_{\mathrm{i}})$（环状液膜）

Δ_{11} $=\mathrm{I}_{k_\theta}(\bar{k}_z\bar{r}_{\mathrm{o}})\mathrm{K}'_{k_\theta}(\bar{k}_z\bar{r}_{\mathrm{i}})-\mathrm{I}_{k_\theta}(\bar{k}_z\bar{r}_{\mathrm{o}})\mathrm{K}'_{k_\theta}(\bar{k}_z\bar{r}_{\mathrm{o}})$（环状液膜）

Δ_{12} $=\mathrm{I}'_{k_\theta}(\bar{k}_z\bar{r}_{\mathrm{i}})\mathrm{K}_{k_\theta}(\bar{k}_z\bar{r}_{\mathrm{o}})-\mathrm{I}'_{k_\theta}(\bar{k}_z\bar{r}_{\mathrm{o}})\mathrm{K}_{k_\theta}(\bar{k}_z\bar{r}_{\mathrm{o}})$（环状液膜）

Δ_{13} $=\mathrm{I}'_{k_\theta-1}(\bar{s}\bar{r}_{\mathrm{i}})\mathrm{K}'_{k_\theta}(\bar{s}\bar{r}_{\mathrm{i}})-\mathrm{I}'_{k_\theta-1}(\bar{s}\bar{r}_{\mathrm{i}})\mathrm{K}'_{k_\theta}(\bar{s}\bar{r}_{\mathrm{o}})$（环状液膜）

Δ_{14} $=\mathrm{I}'_{k_\theta}(\bar{s}\bar{r}_{\mathrm{o}})\mathrm{K}'_{k_\theta-1}(\bar{s}\bar{r}_{\mathrm{i}})-\mathrm{I}'_{k_\theta}(\bar{s}\bar{r}_{\mathrm{i}})\mathrm{K}'_{k_\theta-1}(\bar{s}\bar{r}_{\mathrm{i}})$（环状液膜）

Δ_{15} $=\mathrm{I}'_{k_\theta-1}(\bar{s}\bar{r}_{\mathrm{o}})\mathrm{K}'_{k_\theta}(\bar{s}\bar{r}_{\mathrm{i}})-\mathrm{I}'_{k_\theta-1}(\bar{s}\bar{r}_{\mathrm{o}})\mathrm{K}'_{k_\theta}(\bar{s}\bar{r}_{\mathrm{o}})$（环状液膜）

Δ_{16} $=\mathrm{I}'_{k_\theta}(\bar{s}\bar{r}_{\mathrm{o}})\mathrm{K}'_{k_\theta-1}(\bar{s}\bar{r}_{\mathrm{o}})-\mathrm{I}'_{k_\theta}(\bar{s}\bar{r}_{\mathrm{i}})\mathrm{K}'_{k_\theta-1}(\bar{s}\bar{r}_{\mathrm{o}})$（环状液膜）

Δ_{17} $=-\mathrm{I}'_{k_\theta}(\bar{s}\bar{r}_{\mathrm{i}})\mathrm{K}'_{k_\theta}(\bar{s}\bar{r}_{\mathrm{i}})+\mathrm{I}'_{k_\theta}(\bar{s}\bar{r}_{\mathrm{i}})\mathrm{K}'_{k_\theta}(\bar{s}\bar{r}_{\mathrm{o}})$（环状液膜）

Δ_{18} $=\mathrm{I}'_{k_\theta}(\bar{s}\bar{r}_{\mathrm{o}})\mathrm{K}'_{k_\theta}(\bar{s}\bar{r}_{\mathrm{i}})-\mathrm{I}'_{k_\theta}(\bar{s}\bar{r}_{\mathrm{i}})\mathrm{K}'_{k_\theta}(\bar{s}\bar{r}_{\mathrm{i}})$（环状液膜）

Δ_{19} $=-\mathrm{I}'_{k_\theta}(\bar{s}\bar{r}_{\mathrm{o}})\mathrm{K}'_{k_\theta}(\bar{s}\bar{r}_{\mathrm{i}})+\mathrm{I}'_{k_\theta}(\bar{s}\bar{r}_{\mathrm{o}})\mathrm{K}'_{k_\theta}(\bar{s}\bar{r}_{\mathrm{o}})$（环状液膜）

Δ_{20} $=\mathrm{I}'_{k_\theta}(\bar{s}\bar{r}_{\mathrm{o}})\mathrm{K}'_{k_\theta}(\bar{s}\bar{r}_{\mathrm{o}})-\mathrm{I}'_{k_\theta}(\bar{s}\bar{r}_{\mathrm{i}})\mathrm{K}'_{k_\theta}(\bar{s}\bar{r}_{\mathrm{o}})$（环状液膜）

Δ_{21} $=\mathrm{I}_{k_\theta-1}(\bar{k}_z\bar{r}_{\mathrm{i}})\mathrm{K}'_{k_\theta}(\bar{k}_z\bar{r}_{\mathrm{i}})-\mathrm{I}_{k_\theta-1}(\bar{k}_z\bar{r}_{\mathrm{i}})\mathrm{K}'_{k_\theta}(\bar{k}_z\bar{r}_{\mathrm{o}})$（环状液膜）

Δ_{22} $=\mathrm{I}'_{k_\theta}(\bar{k}_z\bar{r}_{\mathrm{i}})\mathrm{K}_{k_\theta-1}(\bar{k}_z\bar{r}_{\mathrm{i}})-\mathrm{I}'_{k_\theta}(\bar{k}_z\bar{r}_{\mathrm{o}})\mathrm{K}_{k_\theta-1}(\bar{k}_z\bar{r}_{\mathrm{i}})$（环状液膜）

Δ_{23} $=\mathrm{I}_{k_\theta-1}(\bar{k}_z\bar{r}_{\mathrm{o}})\mathrm{K}'_{k_\theta}(\bar{k}_z\bar{r}_{\mathrm{i}})-\mathrm{I}_{k_\theta-1}(\bar{k}_z\bar{r}_{\mathrm{o}})\mathrm{K}'_{k_\theta}(\bar{k}_z\bar{r}_{\mathrm{o}})$（环状液膜）

Δ_{24} $=\mathrm{I}'_{k_\theta}(\bar{k}_z\bar{r}_{\mathrm{i}})\mathrm{K}_{k_\theta-1}(\bar{k}_z\bar{r}_{\mathrm{o}})-\mathrm{I}'_{k_\theta}(\bar{k}_z\bar{r}_{\mathrm{o}})\mathrm{K}_{k_\theta-1}(\bar{k}_z\bar{r}_{\mathrm{o}})$（环状液膜）

Δ_{25} $=\mathrm{I}_{k_\theta}(\bar{k}_z\bar{r}_{\mathrm{i}})\mathrm{K}'_{k_\theta}(\bar{k}_z\bar{r}_{\mathrm{i}})+\mathrm{I}_{k_\theta}(\bar{k}_z\bar{r}_{\mathrm{i}})\mathrm{K}'_{k_\theta}(\bar{k}_z\bar{r}_{\mathrm{o}})$（环状液膜）

Δ_{26} $=\mathrm{I}'_{k_\theta}(\bar{k}_z\bar{r}_{\mathrm{i}})\mathrm{K}_{k_\theta}(\bar{k}_z\bar{r}_{\mathrm{i}})+\mathrm{I}'_{k_\theta}(\bar{k}_z\bar{r}_{\mathrm{o}})\mathrm{K}_{k_\theta}(\bar{k}_z\bar{r}_{\mathrm{i}})$（环状液膜）

Δ_{27} $=\mathrm{I}_{k_\theta}(\bar{k}_z\bar{r}_{\mathrm{o}})\mathrm{K}'_{k_\theta}(\bar{k}_z\bar{r}_{\mathrm{i}})+\mathrm{I}_{k_\theta}(\bar{k}_z\bar{r}_{\mathrm{o}})\mathrm{K}'_{k_\theta}(\bar{k}_z\bar{r}_{\mathrm{o}})$（环状液膜）

Δ_{28} $=\mathrm{I}'_{k_\theta}(\bar{k}_z\bar{r}_{\mathrm{i}})\mathrm{K}_{k_\theta}(\bar{k}_z\bar{r}_{\mathrm{o}})+\mathrm{I}'_{k_\theta}(\bar{k}_z\bar{r}_{\mathrm{o}})\mathrm{K}_{k_\theta}(\bar{k}_z\bar{r}_{\mathrm{o}})$（环状液膜）

Δ_{29} $=\mathrm{I}'_{k_\theta-1}(\bar{s}\bar{r}_{\mathrm{i}})\mathrm{K}'_{k_\theta}(\bar{s}\bar{r}_{\mathrm{i}})+\mathrm{I}'_{k_\theta-1}(\bar{s}\bar{r}_{\mathrm{i}})\mathrm{K}'_{k_\theta}(\bar{s}\bar{r}_{\mathrm{o}})$（环状液膜）

Δ_{30} $=\mathrm{I}'_{k_\theta}(\bar{s}\bar{r}_{\mathrm{o}})\mathrm{K}'_{k_\theta-1}(\bar{s}\bar{r}_{\mathrm{i}})+\mathrm{I}'_{k_\theta}(\bar{s}\bar{r}_{\mathrm{i}})\mathrm{K}'_{k_\theta-1}(\bar{s}\bar{r}_{\mathrm{i}})$（环状液膜）

Δ_{31} $=\mathrm{I}'_{k_\theta-1}(\bar{s}\bar{r}_{\mathrm{o}})\mathrm{K}'_{k_\theta}(\bar{s}\bar{r}_{\mathrm{i}})+\mathrm{I}'_{k_\theta-1}(\bar{s}\bar{r}_{\mathrm{o}})\mathrm{K}'_{k_\theta}(\bar{s}\bar{r}_{\mathrm{o}})$（环状液膜）

Δ_{32} $=\mathrm{I}'_{k_\theta}(\bar{s}\bar{r}_\mathrm{o})\mathrm{K}'_{k_\theta-1}(\bar{s}\bar{r}_\mathrm{o})+\mathrm{I}'_{k_\theta}(\bar{s}\bar{r}_\mathrm{i})\mathrm{K}'_{k_\theta-1}(\bar{s}\bar{r}_\mathrm{o})$(环状液膜)

Δ_{33} $=\mathrm{I}'_{k_\theta}(\bar{s}\bar{r}_\mathrm{i})\mathrm{K}'_{k_\theta}(\bar{s}\bar{r}_\mathrm{i})+\mathrm{I}'_{k_\theta}(\bar{s}\bar{r}_\mathrm{i})\mathrm{K}'_{k_\theta}(\bar{s}\bar{r}_\mathrm{o})$(环状液膜)

Δ_{34} $=\mathrm{I}'_{k_\theta}(\bar{s}\bar{r}_\mathrm{o})\mathrm{K}'_{k_\theta}(\bar{s}\bar{r}_\mathrm{i})+\mathrm{I}'_{k_\theta}(\bar{s}\bar{r}_\mathrm{i})\mathrm{K}'_{k_\theta}(\bar{s}\bar{r}_\mathrm{i})$(环状液膜)

Δ_{35} $=\mathrm{I}'_{k_\theta}(\bar{s}\bar{r}_\mathrm{o})\mathrm{K}'_{k_\theta}(\bar{s}\bar{r}_\mathrm{i})+\mathrm{I}'_{k_\theta}(\bar{s}\bar{r}_\mathrm{o})\mathrm{K}'_{k_\theta}(\bar{s}\bar{r}_\mathrm{o})$(环状液膜)

Δ_{36} $=\mathrm{I}'_{k_\theta}(\bar{s}\bar{r}_\mathrm{o})\mathrm{K}'_{k_\theta}(\bar{s}\bar{r}_\mathrm{o})+\mathrm{I}'_{k_\theta}(\bar{s}\bar{r}_\mathrm{i})\mathrm{K}'_{k_\theta}(\bar{s}\bar{r}_\mathrm{o})$(环状液膜)

Δ_{37} $=\mathrm{I}_{k_\theta-1}(\bar{k}_z\bar{r}_\mathrm{i})\mathrm{K}'_{k_\theta}(\bar{k}_z\bar{r}_\mathrm{i})+\mathrm{I}_{k_\theta-1}(\bar{k}_z\bar{r}_\mathrm{i})\mathrm{K}'_{k_\theta}(\bar{k}_z\bar{r}_\mathrm{o})$(环状液膜)

Δ_{38} $=\mathrm{I}'_{k_\theta}(\bar{k}_z\bar{r}_\mathrm{i})\mathrm{K}_{k_\theta-1}(\bar{k}_z\bar{r}_\mathrm{i})+\mathrm{I}'_{k_\theta}(\bar{k}_z\bar{r}_\mathrm{o})\mathrm{K}_{k_\theta-1}(\bar{k}_z\bar{r}_\mathrm{i})$(环状液膜)

Δ_{39} $=\mathrm{I}_{k_\theta-1}(\bar{k}_z\bar{r}_\mathrm{o})\mathrm{K}'_{k_\theta}(\bar{k}_z\bar{r}_\mathrm{i})+\mathrm{I}_{k_\theta-1}(\bar{k}_z\bar{r}_\mathrm{o})\mathrm{K}'_{k_\theta}(\bar{k}_z\bar{r}_\mathrm{o})$(环状液膜)

Δ_{40} $=\mathrm{I}'_{k_\theta}(\bar{k}_z\bar{r}_\mathrm{i})\mathrm{K}_{k_\theta-1}(\bar{k}_z\bar{r}_\mathrm{o})+\mathrm{I}'_{k_\theta}(\bar{k}_z\bar{r}_\mathrm{o})\mathrm{K}_{k_\theta-1}(\bar{k}_z\bar{r}_\mathrm{o})$(环状液膜)

Δ_{41} $=\mathrm{I}_0(\bar{k}\bar{r}_\mathrm{i})\mathrm{K}_1(\bar{k}\bar{r}_\mathrm{i})-\mathrm{I}_0(\bar{k}\bar{r}_\mathrm{i})\mathrm{K}_1(\bar{k}\bar{r}_\mathrm{o})$(环状液膜)

Δ_{42} $=\mathrm{I}_1(\bar{k}\bar{r}_\mathrm{i})\mathrm{K}_0(\bar{k}\bar{r}_\mathrm{i})-\mathrm{I}_1(\bar{k}\bar{r}_\mathrm{o})\mathrm{K}_0(\bar{k}\bar{r}_\mathrm{i})$(环状液膜)

Δ_{43} $=\mathrm{I}_0(\bar{k}\bar{r}_\mathrm{o})\mathrm{K}_1(\bar{k}\bar{r}_\mathrm{i})-\mathrm{I}_0(\bar{k}\bar{r}_\mathrm{o})\mathrm{K}_1(\bar{k}\bar{r}_\mathrm{o})$(环状液膜)

Δ_{44} $=\mathrm{I}_1(\bar{k}\bar{r}_\mathrm{i})\mathrm{K}_0(\bar{k}\bar{r}_\mathrm{o})-\mathrm{I}_1(\bar{k}\bar{r}_\mathrm{o})\mathrm{K}_0(\bar{k}\bar{r}_\mathrm{o})$(环状液膜)

Δ_{45} $=[\mathrm{I}_1(2\bar{k}\bar{r}_\mathrm{i})\mathrm{K}_1(2\bar{k}\bar{r}_\mathrm{o})-\mathrm{K}_1(2\bar{k}\bar{r}_\mathrm{i})\mathrm{I}_1(2\bar{k}\bar{r}_\mathrm{o})]^{-1}$(环状液膜)

Δ_{46} $=\mathrm{K}_1(2\bar{k}\bar{r}_\mathrm{o})\mathrm{I}_0(2\bar{k}\bar{r}_\mathrm{i})-\mathrm{K}_1(2\bar{k}\bar{r}_\mathrm{i})\mathrm{I}_0(2\bar{k}\bar{r}_\mathrm{i})$(环状液膜)

Δ_{47} $=\mathrm{I}_1(2\bar{k}\bar{r}_\mathrm{o})\mathrm{K}_0(2\bar{k}\bar{r}_\mathrm{i})-\mathrm{I}_1(2\bar{k}\bar{r}_\mathrm{i})\mathrm{K}_0(2\bar{k}\bar{r}_\mathrm{i})$(环状液膜)

Δ_{48} $=\mathrm{K}_1(2\bar{k}\bar{r}_\mathrm{o})\mathrm{I}_0(2\bar{k}\bar{r}_\mathrm{o})-\mathrm{K}_1(2\bar{k}\bar{r}_\mathrm{i})\mathrm{I}_0(2\bar{k}\bar{r}_\mathrm{o})$(环状液膜)

Δ_{49} $=\mathrm{I}_1(2\bar{k}\bar{r}_\mathrm{o})\mathrm{K}_0(2\bar{k}\bar{r}_\mathrm{o})-\mathrm{I}_1(2\bar{k}\bar{r}_\mathrm{i})\mathrm{K}_0(2\bar{k}\bar{r}_\mathrm{o})$(环状液膜)

Δ_{50} $=[\mathrm{K}_1(3\bar{k}\bar{r}_\mathrm{o})\mathrm{I}_1(3\bar{k}\bar{r}_\mathrm{i})-\mathrm{K}_1(3\bar{k}\bar{r}_\mathrm{i})\mathrm{I}_1(3\bar{k}\bar{r}_\mathrm{o})]^{-1}$(环状液膜)

Δ_{51} $=\mathrm{K}_1(3\bar{k}\bar{r}_\mathrm{o})\mathrm{I}_0(3\bar{k}\bar{r}_\mathrm{i})-\mathrm{K}_1(3\bar{k}\bar{r}_\mathrm{i})\mathrm{I}_0(3\bar{k}\bar{r}_\mathrm{i})$(环状液膜)

Δ_{52} $=\mathrm{K}_0(3\bar{k}\bar{r}_\mathrm{i})\mathrm{I}_1(3\bar{k}\bar{r}_\mathrm{o})-\mathrm{K}_0(3\bar{k}\bar{r}_\mathrm{i})\mathrm{I}_1(3\bar{k}\bar{r}_\mathrm{i})$(环状液膜)

Δ_{53} $=\mathrm{K}_1(3\bar{k}\bar{r}_\mathrm{o})\mathrm{I}_0(3\bar{k}\bar{r}_\mathrm{o})-\mathrm{K}_1(3\bar{k}\bar{r}_\mathrm{i})\mathrm{I}_0(3\bar{k}\bar{r}_\mathrm{o})$(环状液膜)

Δ_{54} $=\mathrm{K}_0(3\bar{k}\bar{r}_\mathrm{o})\mathrm{I}_1(3\bar{k}\bar{r}_\mathrm{o})-\mathrm{K}_0(3\bar{k}\bar{r}_\mathrm{o})\mathrm{I}_1(3\bar{k}\bar{r}_\mathrm{i})$(环状液膜)

Γ $=U_{\mathrm{g}\theta}r$,刚性涡流强度

ϕ 速度势函数

θ 圆柱坐标系中的θ坐标

λ 表面波的波长

μ 动力学黏度系数

$\bar{\mu}$ $=\dfrac{\mu_2}{\mu_1}$,射流流体与周围环境流体的动力学黏度系数之比

ν 运动学黏度系数

ξ 表面波的扰动振幅

ξ_0 喷口处表面波的初始扰动振幅

ρ 密度

σ　表面张力系数
τ　液体表面的剪切应力
ψ　速度流函数
$\boldsymbol{\Omega}$　$=\mathrm{rot}\boldsymbol{u}=\nabla\times\boldsymbol{u}$,流场的涡量,等于速度矢量的旋度或者哈密顿算子与速度矢量的叉积
ω　$=\omega_r+\mathrm{i}\omega_i$,时间模式的圆频率；空间模式的特征频率
ω_0　截断特征频率,稳定极限
ω_i　复数 ω 的虚部,时间模式的特征频率,负值表示时空模式时间轴的表面波增长率
ω_r　复数 ω 的实部,时间模式的表面波增长率；空间模式和时空模式的特征频率

数学符号

(T)　时间模式的
(S)　空间模式的
(T,S)　时空模式的
∇　哈密顿算子,直角坐标系 $\nabla=\boldsymbol{e}_x\frac{\partial}{\partial x}+\boldsymbol{e}_y\frac{\partial}{\partial y}+\boldsymbol{e}_z\frac{\partial}{\partial z}$,圆柱坐标系 $\nabla=\boldsymbol{e}_r\frac{\partial}{\partial r}+\boldsymbol{e}_\theta\frac{1}{r}\frac{\partial}{\partial\theta}+\boldsymbol{e}_z\frac{\partial}{\partial z}$
∂　偏微分

下角标

0　截断的,稳定极限的
1　上气液交界面的(平面液膜)；第一级波的
1-2　第一级波和第二级波的
2　下气液交界面的(平面液膜),第二级波的
3　第三级波的
a　环状液膜的
b　液体碎裂时的
c　临界的；圆射流的
d　差值的
dom　支配的
g　气相的
i　内环的(环状液膜)
j　$=1$ 或 2,$=\mathrm{i}$ 或 o,气液交界面的
k　$=x,y,z/r,\theta,z$,气液相流体中的主要流动方向
l　液相的
max　最大的
min　最小的
o　外环的(环状液膜)

p	平面液膜的
r	圆柱坐标系中 r 方向的；对比态的
S	定熵的
s	反对称波形的
tot	合流参数的(基流参数与扰动参数之和的)
v	正对称波形的
x	直角坐标系中 x 方向的
y	直角坐标系中 y 方向的
z	直角坐标系和圆柱坐标系中 z 方向的
θ	圆柱坐标系中 θ 方向的

上标

$'$	一阶导数
$''$	二阶导数
$'''$	三阶导数
$\bar{}$	量纲一的
$\sim$	合并的

参 考 文 献

[1] 曹建明. 液体喷雾学[M]. 北京：北京大学出版社，2013.

[2] Tate R W. Sprays[J]. Kirk-Othmer Encyclopedia of Chemical Technology，1969，18：634-654.

[3] Christensen L S，Steely S L. Monodisperse atomizers for agricultural aviation applications[M]. NACA，1980：CR-159777.

[4] Weber C. Disintegration of liquid jets[J]. Z. Angew. Math. Mech.，1931，11(2)：136-159.

[5] Mahoney T J，Sterling M A. The breakup length of laminar Newtonian liquid jets in air[C]//Proc. of the 1st International Conference on Liquid Atomization and Spray System，Tokyo，1978：9-12.

[6] Grant R P，Middleman S. Newtonian jet stability[J]. AIChE J.，1966，12(4)：669-678.

[7] Baron. Technical Report No. 4. University of Illinois，1949.

[8] Miesse C C. Correlation of experimental data on the disintegration of liquid jets[J]. Ind. Eng. Chem.，1955，47(9)：1690-1701.

[9] Hiroyasu H，Shimizu M，Arai M. The breakup of high speed jet in a high pressure gaseous atmosphere [C]//Proc. of the 2nd International Conference on Liquid Atomization and Spray System，Madison，1982：69-74.

[10] 解茂昭. 内燃机跨临界/超临界燃料喷雾混合过程的机理与模型[J]. 燃烧科学与技术，2014，1：1-9.

[11] Nayfeh A H. Nonlinear stability of a liquid jet[J]. The Physics of Fluids，1970，13(4)：841-847.

[12] Jazayeri S A. Li X. Nonlinear instability of plane liquid sheets[J]. Journal of Fluid Mechanics，2000，406：281-308.

[13] Lefebvre A H. Atomization and Sprays[M]. New York：Hemisphere Press，1989.

[14] Rayleigh L. On the instability of jets[J]. Proc. London Math. Soc，1878，10：4-13.

[15] 史绍熙，杜青，秦建荣，等. 液体圆射流破碎机理研究中的时间模式与空间模式[J]. 内燃机学报，1999，3：205-210.

[16] Gaster M. A note on the relation between temporally-increasing and spatially-increasing disturbances in hydrodynamic stability[J]. J，Fluid Mech，1962，14(2)：222-224.

[17] Li X，Tankin R S. On the temporal instability of a two-dimensional viscous liquid sheet[J]. J. of Fluid Mech.，1991，226：425-443.

[18] Li X. On the instability of plane liquid sheets in two gas streams of unequal velocities[J]. Acta Mechanica，1994，106：137-156.

[19] Li X. Spatial Instability of plane liquid sheets[J]. Chemical Engineering Sci.，1993，48：2973-2981.

[20] Li X，Shen J H. Absolute and convective instability of cylindrical liquid jets in co-flowing gas streams [J]. Atomization and Sprays，1998，8：45-62.

[21] Chen T B，Li X. Liquid jet atomization in a compressible gas stream[J]. J. of Propulsion and Power，1999，15(3)：369-376.

[22] Panchagnula M V，Sojka P E，Santangelo P J. On the three-dimensional instability of a swirling，annular，inviscid liquid sheet subject to unequal gas velocities[J]. Phys. Fluids，1996，8(12)：3300-3312.

[23] 林建忠，阮晓东，陈邦国 等. 流体力学[M]. 北京：清华大学出版社，2005.

[24] Yang L J，Tong M X，Fu Q F. Linear stability analysis of a three-dimensional viscoelastic liquid jet surrounded by a swirling air stream[J]. Journal of Non-Newtonian Fluid Mechanics，2013，191：1-13.

[25] Muller D E. A method for solving algebraic equations using an automatic computer[J]. Math. Tables and Other Aid to Comput,1956,10: 208-215.

[26] 周光坰,严宗毅,许世雄,等. 流体力学[M]. 2 版. 北京: 高等教育出版社,2000.

[27] 曹建明,彭畅. 射流碎裂过程的不稳定性理论研究[J]. 新能源进展,2021,9 (1): 55-61.

[28] Galeev A A. Basic plasma physics[M]. Amsterdam: Holland Publishing Company,1983.

[29] Lin S P,Ibrahim E A. Stability of a viscous liquid jet surrounded by a viscous gas in a vertical pipe [J]. Journal of Fluid Mechanics,1990,218: 641-658.

[30] Emmons H W,Chang C T,Watson B C. Taylor instability of finite surface waves[J]. Journal of Fluid Mechanics,1959,7(2): 177-192.

[31] Amaranath T,Itajappa N R. A study of Taylor instability of superposed fluids[J]. Acta Mechanica, 1976,24: 87-97.

[32] Chen X M, Schrock, Virgil E, et al. Rayleigh-Taylor instability of cylindrical jet with radial motion [J]. Nuclear Engineering and Design,1997,177: 121-129.

[33] Forbes L K. The Rayleigh-Taylor instability for inviscid and viscous fluids[J]. J. Eng. Math. ,2009, 65: 273-290.

[34] Wang S L, Huang Y, Liu Z L. Theoretical analysis of surface waves on the round liquid jet in a gaseous crossflow[J]. Atomization and Sprays,2014,24(1): 23-40.

[35] Squire H B. Investigation of the instability of a moving liquid film[J]. British J. of Applied Physics, 1953,4: 167-169.

[36] Hagerty W W,Shea J F. A study of the stability of plane fluid sheets[J]. J. of Applied Physics,1955, 22: 509-514.

[37] Fraser R P,Dombrowski N,Routley J H. The atomization of a liquid sheet by an impinging air stream [J]. Chem. Eng. Sci. ,1963,18: 339-353.

[38] Lin S P,Lian Z W. Absolute and convective instability of a liquid sheet[J]. J. of Fluid Mechanics, 1990,220: 673-689.

[39] Mansour A,Chigier N A. Disintegration of liquid sheets[J]. Physics of Fluids,1990,2: 706-719.

[40] Hashimoto H,Suzuki T. Experimental and theoretical study of fine interfacial waves on thin liquid sheet[J]. JSME International Journal,Series Ⅱ,1991,34: 277-283.

[41] 丁宁,杜青,郗大光,等. 加热条件下液膜射流破碎尺度影响因素研究[J]. 内燃机学报,2003, 1: 53-56.

[42] 杜青,丁宁,郗大光,等. 射流参数对加热条件下液膜射流破碎不稳定性的影响(1)——射流参数对液膜反对称模式破碎的影响[J]. 内燃机学报,2003,2: 145-149.

[43] 杜青,丁宁,郗大光,等. 射流参数对加热条件下液膜射流破碎不稳定性的影响(2)——射流参数对液膜对称模式破碎的影响[J]. 内燃机学报,2003,2: 150-154.

[44] 曹建明,骆雨. 液体层雾化机理的研究[C]//西安公路交通大学学术论文集,1997: 143-147.

[45] Cao J. Derivation on the linear stability theory of plane liquid sheets spray in two compressible gas streams[J]. 燃烧科学与技术,1999,4: 349-355.

[46] Cao J,Li X. Liquid sheet breakup in compressible gas streams[C]//Proc. of the ASME Energy Sources Technology Conference,Houston,1999: 1-7.

[47] Cao J,Li X. Stability of plane liquid sheets in compressible gas streams[J]. AIAA J. of Propulsion and Power,2000,16(4): 623-627.

[48] 曹建明,蹇小平,李跟宝,等. 平面液体层碎裂过程实验研究[J]. 实验力学. 2010,25(3): 310-318.

[49] 曹建明,熊玮,李雯霖,等. 粘性平面液膜喷入可压缩气流中的线性稳定性分析[J]. 新能源进展. 2018.

[50] Haenlein A. Disintegration of a liquid jet. NACA,1932,TN 659.

[51] Ohnesorge W. Formation of drops by nozzles and the breakup of liquid jets[J]. Z Angew Math Mech, 1936,16: 355-358.
[52] Keller J B,Rubinow S I,Tu Y O. Spatial instability of a jet[J]. Phys Fluids,1973,16: 2052-2055.
[53] Sterling A M,Sleicher C A. The instability of capillary jets[J]. Fluid Mech,1975,68: 477-495.
[54] Reitz B. Mechanism of atomization of a liquid jet[J]. Phys Fluids A,1982,25: 1730-1742.
[55] Li X. Mechanism of atomization of a liquid jet[J]. Atomization and Sprays,1995,5: 89-105.
[56] 史绍熙,郗大光,刘宁,等.高速液体射流初始阶段的破碎[J].内燃机学报,1996,14(4): 349-354.
[57] 史绍熙,郗大光.液体射流的非轴对称破碎[J].燃烧科学与技术,1996,2(3): 1-8.
[58] 史绍熙,郗大光,秦建荣,等.高速粘性液体射流的不稳定模式[J].内燃机学报,1997,1: 1-7.
[59] 史绍熙,林玉静,杜青,等.射流参数对旋流雾化的影响[J].燃烧科学与技术,1999,5(1): 1-6.
[60] Shi S X. Unstable asymmetric modes of a liquid jet[J]. ASME J of Fluids Engineering,1999,121(2): 379-383.
[61] 杜青,史绍熙,刘宁,等.液体燃料圆射流最不稳定频率的理论分析(1)——液体燃料圆射流的最不稳定频率及无量纲数的影响[J].内燃机学报,2000,18(3): 283-287.
[62] 杜青,史绍熙,刘宁,等.液体燃料圆射流最不稳定频率的理论分析(2)——圆射流参数对最不稳定频率的影响及试验观察[J].内燃机学报,2000,18(3): 288-292.
[63] 杜青,刘宁,杨延相,等.受激液体燃料圆射流表面波规律初探[J].内燃机学报,2001,19(6): 511-516.
[64] 曹建明.射流雾化机理的研究[J].汽车运输研究,1997,16(4): 49-53.
[65] 侯婕,曹建明.圆射流零阶色散关系式的线性稳定性理论推导[J].长安大学学报,2011,31(4): 94-97.
[66] 曹建明,侯婕.孔式喷嘴油束碎裂的线性稳定性理论研究[J].动力学与控制学报,2018,16(4): 356-360.
[67] Ooms G. Hydrodynamic stability of core-annular flow of two ideal liquids[J]. Journal of Polymer Science,Macromolecular Reviews,1972,26(12): 147-158.
[68] Dijkstra H A,Steen P H. Thermocapillary stabilization of the capillary breakup of an annular film of liquid[J]. Journal of Fluid Mechanics,1991,229(8): 205-228.
[69] Carron I,Best F R. Gas-liquid annular flow under microgravity conditions: a temporal linear stability study[J]. International Journal of Multiphase Flow,1994,20(6): 1085-1093.
[70] Takamatsu H,Fuji M,Honda H. Stability of annular liquid film in microgravity[J]. Microgravity Science and Technology,1999,12(1): 2-8.
[71] Hashimoto H,Kawano S,Togari H. Basic breakup mechanism of annular liquid sheet jet in cocurrent gas stream[J]. Transactions of the Japan Society of Mechanical Engineers,Part B,1996,62(2): 549-555.
[72] Radwan A E,Elazab S S,Hydia W M. Magnetohydrodynamics stability of a streaming annular cylindrical liquid surface[J]. Physica Scripta,1997,56(2): 193-199.
[73] Alleborn N,Raszillier H,Durst F. Linear stability of non-Newtonian annular liquid sheets[J]. Acta Mechanica,1999,137(1-2): 33-42.
[74] Jeandel X,Dumouchel C. Influence of the viscosity on the linear stability of an annular liquid sheet [J]. International Journal of Heat and Fluid Flow,1999,20(5): 499-506.
[75] 刘联胜,杨华,吴晋湘,等.环状出口气泡雾化喷嘴液膜破碎过程与喷雾特性[J].燃烧科学与技术,2005,11(2): 121-125.
[76] 严春吉,解茂昭.空心圆柱形液体射流分裂与雾化机理的研究[J].水动力学研究与进展,2001,16(2): 200-208.
[77] 严春吉.可压缩气体中的三维黏性液体射流雾化机理[J].内燃机学报,2007,25(4): 346-351.

[78] 严春吉,解茂昭.可压缩气体中的三维粘性液体空心柱射流稳定性分析[J].上海交通大学学报,2008,42(1):128-132.

[79] Shen J, Li X. Breakup of annular viscous liquid jets in two gas streams[J]. AIAA Journal of Propulsion and Power,1996,12(4):752-759.

[80] Li X,Shen J. Experimental study of sprays from annular liquid jet breakup[J]. AIAA Journal of Propulsion and Power,1999,15(1):103-111.

[81] Li X,Shen J. Experiments on annular liquid jet breakup[J]. Atomization and Sprays,2001,11(5):557-573.

[82] 曹建明.环状粘性液体层喷雾的形成与特点[J].西安公路交通大学学报,1997,1:54-59.

[83] Cao J. Theoretical and experimental study of atomization from an annular liquid sheet[J]. Proc. Instn. Mech. Engrs. Part D: J. of Automobile Engineering,2003,217(D8):735-743.

[84] 杜青,郭津,孟艳玲,等.旋转气体介质对环膜液体射流破碎不稳定性影响的研究[J].内燃机学报,2007,25(3):217-222.

[85] 杜青,李献国,刘宁,等.气体旋转运动对类反对称模式下环膜液体射流破碎尺度的影响[J].天津大学学报,2008,41(5):569-575.

[86] 曹建明,李跟宝.高等工程热力学[M].北京:北京大学出版社,2010.

[87] 曹建明.喷雾学研究的国际进展[J].长安大学学报,2005,25(1):720-726.

[88] 曹建明.射流表面波理论的研究进展[J].新能源进展,2014,2(3):165-172.

[89] Clarck C J,Dombrewski N. Aerodynamic instability and disintegration of inviscid liquid sheets[J]. Proc R Soc Lond A. 1972,329:467-478.

[90] Chaudhary K C,Redekopp L G. The nonlinear capillary instability of a liquid jet. Part 1 Theory[J]. Journal of Fluid Mechanics,1980,96(2):257-274.

[91] Chaudhary K C,Maxworthy T. Nonlinear capillary instability of a liquid jet. Part 2. Experiments on jet behavior before droplet formation[J]. Journal of Fluid Mechanics,1980,96(2):275-286.

[92] Ibrahim E A,Lin S P. Weakly nonlinear instability of a liquid jet in a viscous gas[J]. American Society of Mechanical Engineers,1991,91-WA/APM-15:1-6.

[93] Mashayek F,Shgriz N. Nonlinear instability of liquid jets with thermocapillarity[J]. Journal of Fluid Mechanics,1995,283(25):97-123.

[94] Huynh H,Ashgriz N,Mashayek F. Instability of a liquid jet subject to disturbances composed of two wave numbers[J]. Journal of Fluid Mechanics,1996,320(10):185-210.

[95] Park H,Yoon S S,Heister S D. On the nonlinear stability of a swirling liquid jet[J]. International Journal of Multiphase Flow,2006,32(9):1100-1109.

[96] Ibrahim A A,Jog M A. Nonlinear breakup of a coaxial liquid jet in a swirling gas stream[J]. Physics of Fluids,2006,18(11):1141-1501.

[97] Elmonem K E. Nonlinear instability of charged liquid jets: effect of interfacial charge relaxation[J]. Physica A: Statistical Mechanics and its Applications,2007,375(2):411-428.

[98] Lin K J. Nonlinear behavior of thin viscoelastic axisymmetric annular curtains[J]. Physical Science and Engineering Part A,1995,19(6):493-505.

[99] Lin C K,Hwang C C,Ke T C. Three-dimensional nonlinear rupture theory of thin liquid films on a cylinder[J]. Journal of Colloid and Interface Science,2002,256(2):480-482.

[100] Mehring C,Sirignano W A. Axisymmetric capillary waves on thin annular liquid sheets. I. Temporal stability[J]. Physics of Fluids,2000,12(6):1417-1439.

[101] Ibrahim A A,Jog M A. Weakly nonlinear instability of an annular liquid sheet subjected to unequal inner and outer gas streams[C]//ASME International Mechanical Engineering Congress and Exposition,Orlando,2005,251-257.

[102] Ibrahim A A, Jog M A. Breakup model for annular liquid sheets[C]//ASME International Mechanical Engineering Congress and Exposition, Chicago, 2006, 1-6.
[103] Ibrahim A A, Jog M A. Nonlinear instability of an annular liquid sheet exposed to gas flow[J]. International Journal of Multiphase Flow, 2008, 34(7): 647-664.
[104] 魏建勤,傅维标.柴油压力喷射破碎特性试验研究[J].燃烧科学与技术,1999,1: 27-31.
[105] 曹建明,王德超,舒力,等.射流动力学边界条件的研究[J].新能源进展,2019,7(5): 436-447.
[106] 同济大学应用数学系.高等数学[M].7版.北京:高等教育出版社,2014.
[107] 《数学手册》编写组.数学手册[M].北京:高等教育出版社,1979.
[108] 常安定,左大海.非齐次贝塞尔方程的解[J].纺织高校基础科学学报,2000,13(3): 273-274.
[109] 闫凯.圆环旋转粘性液体射流稳定性及破碎研究[D].北京:北京交通大学,2014.
[110] 石庆冬.整数阶复宗量变形贝塞尔函数的计算[J].焦作工学院学报(自然科学版),2001,20(2): 101-104.
[111] 邵惠民.数学物理方法[M].2版.北京:科学出版社,2010.

附录A　双曲函数

A.1　定　义

双曲正弦

$$\sinh x=\frac{e^{x}-e^{-x}}{2} \tag{A-1}$$

双曲余弦

$$\cosh x=\frac{e^{x}+e^{-x}}{2} \tag{A-2}$$

双曲正切

$$\tanh x=\frac{\sinh x}{\cosh x}=\frac{e^{x}-e^{-x}}{e^{x}+e^{-x}} \tag{A-3}$$

双曲余切

$$\coth x=\frac{\cosh x}{\sinh \alpha}=\frac{e^{x}+e^{-x}}{e^{x}-e^{-x}} \tag{A-4}$$

双曲正割

$$\operatorname{sech} x=\frac{1}{\cosh x}=\frac{2}{e^{x}+e^{-x}} \tag{A-5}$$

双曲余割

$$\operatorname{csch} x=\frac{1}{\sinh x}=\frac{2}{e^{x}-e^{-x}} \tag{A-6}$$

A.2　加减法公式

$$\sinh(x+y)=\sinh x\cosh y+\cosh x\sinh y \tag{A-7}$$

$$\cosh(x+y)=\cosh x\cosh y+\sinh x\sinh y \tag{A-8}$$

$$\tanh(x+y)=\frac{\tanh x+\tanh y}{1+\tanh x\tanh y} \tag{A-9}$$

$$\sinh(x-y)=\sinh x\cosh y-\cosh x\sinh y \tag{A-10}$$

$$\cosh(x-y)=\cosh x\cosh y-\sinh x\sinh y \tag{A-11}$$

$$\tanh(x-y)=\frac{\tanh x-\tanh y}{1-\tanh x\tanh y} \tag{A-12}$$

$$\cosh(x+y)+\cosh(x-y)=2\cosh x\cosh y \tag{A-13}$$

$$\cosh(x+y)-\cosh(x-y)=2\sinh x\sinh y \tag{A-14}$$

$$\sinh(x+y)+\sinh(x-y)=2\sinh x\cosh y \tag{A-15}$$

$$\sinh(x+y)-\sinh(x-y)=2\cosh x\sinh y \tag{A-16}$$

A.3 恒 等 式

$$\sinh x+\cosh x=\exp(x) \tag{A-17}$$

$$\sinh x-\cosh x=-\exp(-x) \tag{A-18}$$

$$\cosh^2 x-\sinh^2 x=1 \tag{A-19}$$

$$\tanh x\cdot\coth x=1 \tag{A-20}$$

$$1-\tanh^2 x=\mathrm{sech}^2 x \tag{A-21}$$

$$\coth^2 x-1=\mathrm{csch}^2 x \tag{A-22}$$

A.4 负 角 公 式

$$\sinh(-x)=-\sinh x \tag{A-23}$$

$$\cosh(-x)=\cosh x \tag{A-24}$$

$$\tanh(-x)=-\tanh x \tag{A-25}$$

$$\coth(-x)=-\coth x \tag{A-26}$$

$$\mathrm{sech}(-x)=\mathrm{sech}\,x \tag{A-27}$$

$$\mathrm{csch}(-x)=-\mathrm{csch}\,x \tag{A-28}$$

A.5 二倍角公式

$$\sinh 2x=2\sinh x\cosh x \tag{A-29}$$

$$\cosh 2x=\cosh^2 x+\sinh^2 x=2\cosh^2 x-1=2\sinh^2 x+1 \tag{A-30}$$

$$\tanh 2x=\frac{2\tanh x}{1+\tanh^2 x} \tag{A-31}$$

A.6 三倍角公式

$$\sinh 3x=3\sinh x+4\sinh^3 x \tag{A-32}$$

$$\cosh 3x=4\cosh^3 x-3\cosh x \tag{A-33}$$

A.7 半 角 公 式

$$\sinh\frac{x}{2}=\pm\sqrt{\frac{\cosh x-1}{2}} \tag{A-34}$$

$$\cosh\frac{x}{2}=\pm\sqrt{\frac{\cosh x+1}{2}} \tag{A-35}$$

$$\tanh\frac{x}{2}=\frac{\cosh x-1}{\sinh x}=\frac{\sinh x}{1+\cosh x} \tag{A-36}$$

A.8 与三角函数的关系

$$\sinh x=-\mathrm{i}\sin\mathrm{i}x \tag{A-37}$$
$$\cosh x=\cos\mathrm{i}x \tag{A-38}$$
$$\tanh x=-\mathrm{i}\tan\mathrm{i}x \tag{A-39}$$
$$\coth x=\mathrm{i}\cot\mathrm{i}x \tag{A-40}$$
$$\mathrm{sech}x=\sec\mathrm{i}x \tag{A-41}$$
$$\mathrm{csch}x=\mathrm{i}\csc\mathrm{i}x \tag{A-42}$$

A.9 复　　数

$$\frac{1}{2}[\exp(x+\mathrm{i}y)+\exp(x-\mathrm{i}y)]=\mathrm{e}^{x}\cosh\mathrm{i}y=\mathrm{e}^{x}\cos y \tag{A-43}$$
$$\frac{1}{2}[\exp(x+\mathrm{i}y)-\exp(x-\mathrm{i}y)]=\mathrm{e}^{x}\sinh\mathrm{i}y=\mathrm{i}\mathrm{e}^{x}\sin y \tag{A-44}$$
$$\frac{1}{2}[\exp(\mathrm{i}x)+\exp(-\mathrm{i}x)]=\cosh(\mathrm{i}x)=\cos x \tag{A-45}$$
$$\frac{1}{2}[\exp(\mathrm{i}x)-\exp(-\mathrm{i}x)]=\sinh(\mathrm{i}x)=\mathrm{i}\sin x \tag{A-46}$$
$$\exp(\mathrm{i}x)=\cos x+\mathrm{i}\sin x \tag{A-47}$$
$$\exp(-\mathrm{i}x)=\cos x-\mathrm{i}\sin x \tag{A-48}$$
$$\exp(x+\mathrm{i}y)+\exp(-x)=(\mathrm{e}^{\mathrm{i}y}+1)\cosh x+(\mathrm{e}^{\mathrm{i}y}-1)\sinh x \tag{A-49}$$
$$\exp(x+\mathrm{i}y)-\exp(-x)=(\mathrm{e}^{\mathrm{i}y}-1)\cosh x+(\mathrm{e}^{\mathrm{i}y}+1)\sinh x \tag{A-50}$$
$$\exp(-x+\mathrm{i}y)+\exp(x)=(\mathrm{e}^{\mathrm{i}y}+1)\cosh x-(\mathrm{e}^{\mathrm{i}y}-1)\sinh x \tag{A-51}$$
$$\exp(-x+\mathrm{i}y)-\exp(x)=(\mathrm{e}^{\mathrm{i}y}-1)\cosh x-(\mathrm{e}^{\mathrm{i}y}+1)\sinh x \tag{A-52}$$

A.10 导　　数

$$\sinh' x=\cosh x \tag{A-53}$$
$$\cosh' x=\sinh x \tag{A-54}$$
$$\tanh' x=\mathrm{sech}^2 x=1-\tanh^2 x \tag{A-55}$$
$$\coth' x=-\mathrm{csch}^2 x \tag{A-56}$$
$$\mathrm{sech}' x=-\mathrm{sech}x\cdot\tanh x \tag{A-57}$$
$$\mathrm{csch}' x=-\mathrm{csch}x\cdot\cosh x \tag{A-58}$$

A.11 不定积分

$$\int \sinh x \, dx = \cosh x + c \tag{A-59}$$

$$\int \cosh x \, dx = \sinh x + c \tag{A-60}$$

$$\int \tanh x \, dx = \ln(\cosh x) + c \tag{A-61}$$

$$\int \coth x \, dx = \ln(\sinh x) + c \tag{A-62}$$

$$\int \operatorname{sech} x \, dx = \arctan(\sinh x) + c \tag{A-63}$$

$$\int \operatorname{csch} x \, dx = \ln\left|\tanh \frac{x}{2}\right| + c \tag{A-64}$$

A.12 级 数

$$\sinh x = \sum_{n=0}^{\infty} \frac{x^{2n+1}}{(2n+1)!} = x + \frac{x^3}{3!} + \frac{x^5}{5!} + \cdots \tag{A-65}$$

$$\cosh x = \sum_{n=0}^{\infty} \frac{x^{2n}}{(2n)!} = x + \frac{x^2}{2!} + \frac{x^4}{4!} + \cdots \tag{A-66}$$

附录B　贝塞尔方程及其通解

圆射流和环状液膜均采用圆柱坐标系，它们的微分方程均为贝塞尔方程。目前，可解的贝塞尔方程只有标准贝塞尔方程、修正贝塞尔方程、非齐次修正贝塞尔方程和广义贝塞尔方程四种形式。

B.1　标准贝塞尔方程及其通解

标准贝塞尔方程可以简称为贝塞尔方程，其通解中的标准贝塞尔函数可以简称为贝塞尔函数。

B.1.1　标准贝塞尔方程

$$y_{,rr}+\frac{1}{r}y_{,r}+\left(1-\frac{n^2}{r^2}\right)y=0 \tag{B-1}$$

式中，y 为函数；r 为自变量；n 为常数。

B.1.2　标准贝塞尔方程的通解

（1）当 n 不等于整数时

$$y(r)=c_1\mathrm{J}_n(r)+c_2\mathrm{J}_{-n}(r) \tag{B-2}$$

式中，$\mathrm{J}_n(r)$为第一类 n 阶贝塞尔函数；c_1、c_2 为积分常数。

（2）当 n 等于整数时

有 $\mathrm{J}_{-n}(r)=(-1)^n\mathrm{J}_n(r)$，即 $\mathrm{J}_n(r)$与 $\mathrm{J}_{-n}(r)$是线性相关的。方程(B-2)变为

$$y(r)=c\mathrm{J}_n(r) \tag{B-3}$$

式中，c_1、c_2、c 均为常数。

（3）当 n 等于任意实数时

$$y(r)=c_1\mathrm{J}_n(r)+c_2\mathrm{N}_n(r) \tag{B-4}$$

式中，$\mathrm{N}_n(r)$为第二类 n 阶贝塞尔函数，又可称为诺伊曼函数，也可称作 Y 函数，即 $\mathrm{N}_n(r)=Y_n(r)$；c_1、c_2 是常数。

由此可见，只有当 n 不等于整数时，才有 $\mathrm{J}_{-n}(r)=\mathrm{N}_n(r)$。因此，方程(B-3)为标准贝塞尔方程(B-1)的普适通解形式。

此外，第一类 n 阶贝塞尔函数 $\mathrm{J}_n(r)$与第二类 n 阶贝塞尔函数 $\mathrm{N}_n(r)$还有如下复数关系式。

$$\mathrm{H}_n^{(1)}(r)=\mathrm{J}_n(r)+\mathrm{i}\mathrm{N}_n(r) \tag{B-5}$$

$$\mathrm{H}_n^{(2)}(r)=\mathrm{J}_n(r)-\mathrm{i}\mathrm{N}_n(r) \tag{B-6}$$

式中，$\mathrm{H}_n^{(1)}(r)$和 $\mathrm{H}_n^{(2)}(r)$分别称为第一种和第二种汉克尔(Hankel)函数，由于汉克尔函数与第一类和第二类贝塞尔函数均相互独立、不相关，因此可以将汉克尔函数称为第三类贝塞

尔函数。

（4）标准贝塞尔方程(B-1)的通解曲线图

由图 B-1 可知，无论 $r \to 0$ 或者 $r \to \infty$，都有 $J_n(r) \neq \infty$，$N_n(r) \neq \infty$。因此通解式(B-2)～式(B-6)无法化简。

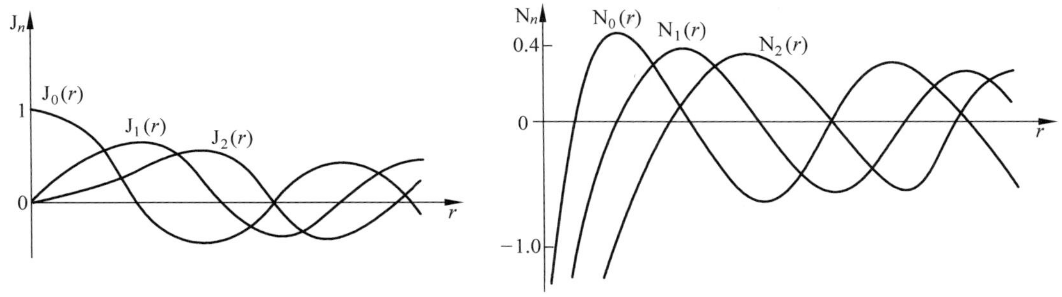

图 B-1　标准贝塞尔方程的通解曲线图

B.2　修正贝塞尔方程及其通解

修正贝塞尔方程又可以称为复宗量贝塞尔方程或者虚宗量贝塞尔方程，它是一个齐次的修正贝塞尔方程。

B.2.1　修正贝塞尔方程

$$y_{,rr} + \frac{1}{r}y_{,r} - \left(k^2 + \frac{n^2}{r^2}\right)y = 0 \tag{B-7}$$

式中，y 为函数；r 为自变量；k、n 为常数。

B.2.2　修正贝塞尔方程的通解

（1）修正贝塞尔方程的通解

$$y(r) = c_1 I_n(kr) + c_2 K_n(kr) \tag{B-8}$$

式中，$I_n(kr)$为第一类 n 阶修正贝塞尔函数；$K_n(kr)$为第二类 n 阶修正贝塞尔函数，该函数又称为麦克唐纳(Macdonald)函数；c_1、c_2 为常数。

（2）修正贝塞尔函数曲线图

由图 B-2 可知，当 $r \to \infty$ 时，$I_n \to \infty$，有 $c_1 \to 0$。通解可化简为

$$y(r) = c_2 K_n(kr) \tag{B-9}$$

当 $r \to 0$ 时，$K_n \to \infty$，有 $c_2 \to 0$。通解可化简为

$$y(r) = c_1 I_n(kr) \tag{B-10}$$

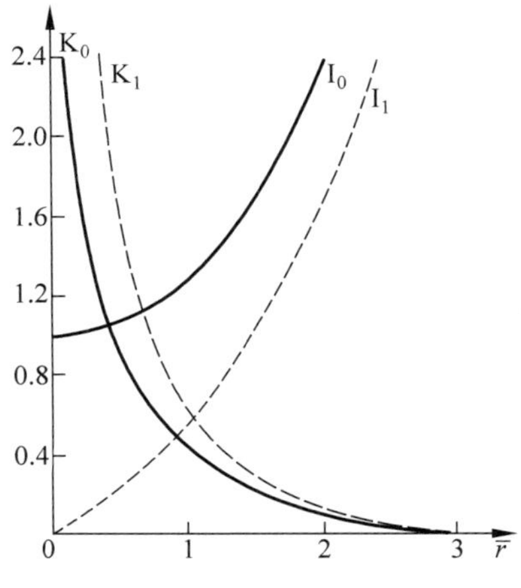

图 B-2　修正贝塞尔函数曲线图

B.2.3 修正贝塞尔函数的公式

$$I_n(kr)=I_{-n}(kr) \tag{B-11}$$

$$K_n(kr)=K_{-n}(kr) \tag{B-12}$$

$$I'_n(kr)=I_{n-1}(kr)-\frac{n}{kr}I_n(kr)=\frac{1}{2}[I_{n-1}(kr)+I_{n+1}(kr)]$$

$$=\frac{n}{kr}I_n(kr)+I_{n+1}(kr) \tag{B-13}$$

$$K'_n(kr)=-K_{n-1}(kr)-\frac{n}{kr}K_n(kr)=-\frac{1}{2}[K_{n-1}(kr)+K_{n+1}(kr)]$$

$$=\frac{n}{kr}K_n(kr)-K_{n+1}(kr) \tag{B-14}$$

$$I_{n-1}(kr)K_n(kr)+I_n(kr)K_{n-1}(kr)=\frac{1}{kr}\ \text{或}$$

$$I_n(kr)K_{n+1}(kr)+I_{n+1}(kr)K_n(kr)=\frac{1}{kr} \tag{B-15}$$

$$kr I_{n-1}(kr)-kr I_{n+1}(kr)=2n I_n(kr) \tag{B-16}$$

$$kr K_{n-1}(kr)-kr K_{n+1}(kr)=-2n K_n(kr) \tag{B-17}$$

其中，方程(B-15)称为朗斯基(Wronskian)关系式[110]。

B.3 非齐次修正贝塞尔方程及其通解

B.3.1 非齐次修正贝塞尔方程

$$y_{,rr}+\frac{1}{r}y_{,r}-\left(k^2+\frac{n^2}{r^2}\right)y=f(r) \tag{B-18}$$

B.3.2 非齐次修正贝塞尔方程的通解

根据《数学手册》[107]中的非齐次线性微分方程解的常数变易法，可以推导得到非齐次修正贝塞尔方程的通解。

$$y=c_1 I_n(kr)+c_2 K_n(kr)+I_n(kr)\int f(r)K_n(kr)r\,\mathrm{d}r-$$

$$K_n(kr)\int f(r)I_n(kr)r\,\mathrm{d}r \tag{B-19}$$

式中，c_1、c_2 均为常数。

B.4　修正贝塞尔函数的求解

B.4.1　运用的公式

(1) 已知 $I_n(x)$、$I_{n+1}(x)$、$K_n(x)$、$K_{n+1}(x)$，求 $I_{n+2}(x)$、$K_{n+2}(x)$

$$I_{n+2}(x)=I_n(x)-\frac{2(n+1)}{x}I_{n+1}(x) \tag{B-20}$$

$$K_{n+2}(x)=K_n(x)+\frac{2(n+1)}{x}K_{n+1}(x) \tag{B-21}$$

(2) 已知 $I_n(x)$、$I_{n+1}(x)$、$K_n(x)$、$K_{n+1}(x)$，求 $I'_n(x)$、$K'_n(x)$、$I'_{n+1}(x)$、$K'_{n+1}(x)$、$I''_n(x)$、$K''_n(x)$

$$I'_n(x)=I_{n+1}(x)+\frac{n}{x}I_n(x)=I_{n-1}(x)-\frac{n}{x}I_n(x) \tag{B-22}$$

$$K'_n(x)=-K_{n+1}(x)+\frac{n}{x}K_n(x)=K_{n-1}(x)-\frac{n}{x}K_n(x) \tag{B-23}$$

$$I'_{n+1}(x)=I_n(x)-\frac{n+1}{x}I_{n+1}(x) \tag{B-24}$$

$$K'_{n+1}(x)=-K_n(x)-\frac{n+1}{x}K_{n+1}(x) \tag{B-25}$$

$$I''_n(x)=I'_{n+1}(x)+\frac{n}{x}I'_n(x)=I'_{n-1}(x)-\frac{n}{x}I'_n(x) \tag{B-26}$$

$$I''_{n+1}(x)=I'_n(x)-\frac{n+1}{x}I'_{n+1}(x) \tag{B-27}$$

$$K''_n(x)=-K'_{n+1}(x)+\frac{n}{x}K'_n(x)=-K'_{n-1}(x)-\frac{n}{x}K'_n(x) \tag{B-28}$$

B.4.2　数值计算的解法

为了对第一类和第二类修正贝塞尔函数编制 FORTRAN 语言子程序进行数值计算，可以采用如下经验公式求解，能够解得 0～5 阶第一类和第二类修正贝塞尔函数。由于圆射流的阶数为 0～4 阶，因此 5 阶修正贝塞尔函数已足够用了。经过与《数学手册》中的修正贝塞尔函数表进行对比验证，数值计算结果与表中数据完全相同。

(1) 求 $I_0(x)$、$I_1(x)$

当 $x<3.75$ 时，令 $y=\left(\frac{x}{3.75}\right)^2$，则

$$I_0(x)=a_0+a_1y+a_2y^2+a_3y^3+a_4y^4+a_5y^5+a_6y^6 \tag{B-29}$$

$$I_1(x)=x(b_0+b_1y+b_2y^2+b_3y^3+b_4y^4+b_5y^5+b_6y^6) \tag{B-30}$$

式中系数为

$a_0=1.0$，　$a_1=3.5156229$，　$a_2=3.0899424$，　$a_3=1.2067492$，

$a_4=0.2659732$，　$a_5=0.0360768$，　$a_6=0.0045813$

$b_0=0.5$, $b_1=0.87890594$, $b_2=0.51498869$, $b_3=0.15084934$,
$b_4=0.02658773$, $b_5=0.00301532$, $b_6=0.00032411$

当 $x\geqslant 3.75$ 时,令 $y=\dfrac{3.75}{x}$,则

$$\mathrm{I}_0(x)=\frac{\mathrm{e}^x}{\sqrt{x}}C(y) \tag{B-31}$$

$$\mathrm{I}_1(x)=\frac{\mathrm{e}^x}{\sqrt{x}}D(y) \tag{B-32}$$

$$C(y)=c_0+c_1y+c_2y^2+c_3y^3+c_4y^4+c_5y^5+c_6y^6+c_7y^7+c_8y^8 \tag{B-33}$$

$$D(y)=d_0+d_1y+d_2y^2+d_3y^3+d_4y^4+d_5y^5+d_6y^6+d_7y^7+d_8y^8 \tag{B-34}$$

式中系数为

$c_0=0.39894228$, $c_1=0.01328592$, $c_2=0.00225319$, $c_3=-0.00157565$,
$c_4=0.00916281$, $c_5=-0.02057706$, $c_6=0.02635537$,
$c_7=-0.01647633$, $c_8=0.00392377$
$d_0=0.39894228$, $d_1=-0.03988024$, $d_2=-0.00362018$,
$d_3=0.00163801$, $d_4=-0.01031555$, $d_5=0.02282967$,
$d_6=-0.02895312$, $d_7=0.01787654$, $d_8=-0.00420059$

(2) 求 $\mathrm{K}_0(x)$、$\mathrm{K}_1(x)$

当 $x\leqslant 2.0$ 时,令 $y=\dfrac{x^2}{4.0}$,则

$$\mathrm{K}_0(x)=A(y)-\mathrm{I}_0(x)\ln\left(\frac{x}{2}\right) \tag{B-35}$$

$$\mathrm{K}_1(x)=\frac{1}{x}B(y)+\mathrm{I}_1(x)\ln\left(\frac{x}{2}\right) \tag{B-36}$$

$$A(y)=a_0+a_1y+a_2y^2+a_3y^3+a_4y^4+a_5y^5+a_6y^6 \tag{B-37}$$

$$B(y)=b_0+b_1y+b_2y^2+b_3y^3+b_4y^4+b_5y^5+b_6y^6 \tag{B-38}$$

式中系数为

$a_0=-0.57721566$, $a_1=0.42278420$, $a_2=0.23069756$, $a_3=0.03488590$,
$a_4=0.00262698$, $a_5=0.00010750$, $a_6=0.0000074$
$b_0=1.0$, $b_1=0.15443144$, $b_2=-0.67278579$, $b_3=-0.18156897$,
$b_4=-0.01919402$, $b_5=-0.00110404$, $b_6=-0.00004686$

当 $x>2.0$ 时,令 $y=\dfrac{2.0}{x}$,则

$$\mathrm{K}_0(x)=\frac{\mathrm{e}^{-x}}{\sqrt{x}}C(y) \tag{B-39}$$

$$\mathrm{K}_1(x)=\frac{\mathrm{e}^{-x}}{\sqrt{x}}D(y) \tag{B-40}$$

$$C(y)=c_0+c_1y+c_2y^2+c_3y^3+c_4y^4+c_5y^5+c_6y^6 \tag{B-41}$$

$$D(y)=d_0+d_1y+d_2y^2+d_3y^3+d_4y^4+d_5y^5+d_6y^6 \tag{B-42}$$

式中系数为

$c_0=1.25331414$，　$c_1=-0.07832358$，　$c_2=0.02189568$，　$c_3=-0.01062446$，
$c_4=0.00587872$，　$c_5=-0.00251540$，　$c_6=0.00053208$

$d_0=1.25331414$，　$d_1=0.23498619$，　$d_2=-0.03655620$，　$d_3=0.01504268$，
$d_4=-0.00780353$，　$d_5=0.00325614$，　$d_6=-0.00068245$

(3) 已知 $\mathrm{I}_0(x)$、$\mathrm{I}_1(x)$、$\mathrm{K}_0(x)$、$\mathrm{K}_1(x)$，求 $\mathrm{I}_2(x)$、$\mathrm{K}_2(x)$

$$\mathrm{I}_2(x)=\mathrm{I}_0(x)-\frac{2}{x}\mathrm{I}_1(x) \tag{B-43}$$

$$\mathrm{K}_2(x)=\mathrm{K}_0(x)+\frac{2}{x}\mathrm{K}_1(x) \tag{B-44}$$

(4) 已知 $\mathrm{I}_0(x)$、$\mathrm{I}_1(x)$、$\mathrm{K}_0(x)$、$\mathrm{K}_1(x)$，求 $\mathrm{I}_0'(x)$、$\mathrm{I}_1'(x)$、$\mathrm{K}_0'(x)$、$\mathrm{K}_1'(x)$

$$\mathrm{I}_0'(x)=\mathrm{I}_1(x) \tag{B-45}$$

$$\mathrm{K}_0'(x)=-\mathrm{K}_1(x) \tag{B-46}$$

$$\mathrm{I}_1'(x)=\mathrm{I}_0(x)-\frac{1}{x}\mathrm{I}_1(x) \tag{B-47}$$

$$\mathrm{K}_1'(x)=-\mathrm{K}_0(x)-\frac{1}{x}\mathrm{K}_1(x) \tag{B-48}$$

(5) 已知 $\mathrm{I}_0'(x)$、$\mathrm{I}_1'(x)$，求 $\mathrm{I}_0''(x)$、$\mathrm{I}_1''(x)$

$$\mathrm{I}_0''(x)=\mathrm{I}_1'(x) \tag{B-49}$$

$$\mathrm{I}_1''(x)=\mathrm{I}_0'(x)-\frac{1}{x}\mathrm{I}_1'(x) \tag{B-50}$$

(6) 已知 $\mathrm{I}_1(x)$、$\mathrm{I}_2(x)$、$\mathrm{K}_1(x)$、$\mathrm{K}_2(x)$，求 $\mathrm{I}_2'(x)$、$\mathrm{K}_2'(x)$

$$\mathrm{I}_2'(x)=\mathrm{I}_1(x)-\frac{2}{x}\mathrm{I}_2(x) \tag{B-51}$$

$$\mathrm{K}_2'(x)=-\mathrm{K}_1(x)-\frac{2}{x}\mathrm{K}_2(x) \tag{B-52}$$

(7) 已知 $\mathrm{I}_1'(x)$、$\mathrm{I}_2'(x)$，求 $\mathrm{I}_2''(x)$

$$\mathrm{I}_2''(x)=\mathrm{I}_1'(x)-\frac{2}{x}\mathrm{I}_2'(x) \tag{B-53}$$

(8) 已知 $\mathrm{I}_1(x)$、$\mathrm{I}_2(x)$、$\mathrm{K}_1(x)$、$\mathrm{K}_2(x)$，求 $\mathrm{I}_3(x)$、$\mathrm{K}_3(x)$

$$\mathrm{I}_3(x)=\mathrm{I}_1(x)-\frac{4}{x}\mathrm{I}_2(x) \tag{B-54}$$

$$\mathrm{K}_3(x)=\mathrm{K}_1(x)+\frac{4}{x}\mathrm{K}_2(x) \tag{B-55}$$

(9) 已知 $\mathrm{I}_2(x)$、$\mathrm{I}_3(x)$、$\mathrm{K}_2(x)$、$\mathrm{K}_3(x)$，求 $\mathrm{I}_3'(x)$、$\mathrm{K}_3'(x)$

$$\mathrm{I}_3'(x)=\mathrm{I}_2(x)-\frac{3}{x}\mathrm{I}_3(x) \tag{B-56}$$

$$K'_3(x) = -K_2(x) - \frac{3}{x}K_3(x) \tag{B-57}$$

(10) 已知 $I'_2(x)$、$I'_3(x)$，求 $I''_3(x)$

$$I''_3(x) = I'_2(x) - \frac{3}{x}I'_3(x) \tag{B-58}$$

(11) 已知 $I_2(x)$、$I_3(x)$、$K_2(x)$、$K_3(x)$，求 $I_4(x)$、$K_4(x)$

$$I_4(x) = I_2(x) - \frac{6}{x}I_3(x) \tag{B-59}$$

$$K_4(x) = K_2(x) + \frac{6}{x}K_3(x) \tag{B-60}$$

(12) 已知 $I_3(x)$、$I_4(x)$、$K_3(x)$、$K_4(x)$，求 $I'_4(x)$、$K'_4(x)$

$$I'_4(x) = I_3(x) - \frac{4}{x}I_4(x) \tag{B-61}$$

$$K'_4(x) = -K_3(x) - \frac{4}{x}K_4(x) \tag{B-62}$$

(13) 已知 $I'_3(x)$、$I'_4(x)$，求 $I''_4(x)$

$$I''_4(x) = I'_3(x) - \frac{4}{x}I'_4(x) \tag{B-63}$$

(14) 已知 $I_3(x)$、$I_4(x)$、$K_3(x)$、$K_4(x)$，求 $I_5(x)$、$K_5(x)$

$$I_5(x) = I_3(x) - \frac{8}{x}I_4(x) \tag{B-64}$$

$$K_5(x) = K_3(x) + \frac{8}{x}K_4(x) \tag{B-65}$$

(15) 已知 $I_4(x)$、$I_5(x)$、$K_4(x)$、$K_5(x)$，求 $I'_5(x)$、$K'_5(x)$

$$I'_5(x) = I_4(x) - \frac{5}{x}I_5(x) \tag{B-66}$$

$$K'_5(x) = -K_4(x) - \frac{5}{x}K_5(x) \tag{B-67}$$

(16) 已知 $I'_4(x)$、$I'_5(x)$，求 $I''_5(x)$

$$I''_5(x) = I'_4(x) - \frac{5}{x}I'_5(x) \tag{B-68}$$

B.5 广义贝塞尔方程及其通解

B.5.1 广义贝塞尔方程

$$y_{,rr} + \left(\frac{1-2\eta}{r} - 2\varepsilon\right)y_{,r} + \left[\beta^2\delta^2 r^{2\beta-2} + \varepsilon^2 + \frac{\varepsilon(2\eta-1)}{r} + \frac{\eta^2-\beta^2 n^2}{r^2}\right]y = 0 \tag{B-69}$$

式中，y 为函数；r 为自变量；η、ε、β、δ、n 等均为常数。

B.5.2 广义贝塞尔方程的通解

$$y(r)=r^{\eta}\mathrm{e}^{\varepsilon r}\left[c_1\mathrm{J}_n(\delta r^{\beta})+c_2\mathrm{N}_n(\delta r^{\beta})\right] \tag{B-70}$$

式中，$\mathrm{J}_n(\delta r^{\beta})$为第一类$n$阶贝塞尔函数；$\mathrm{N}_n(\delta r^{\beta})$为第二类$n$阶贝塞尔函数；$c_1$、$c_2$为积分常数。

由方程(B-70)可以看出，广义贝塞尔方程的通解形式与标准贝塞尔方程的相同。因此，通解式(B-70)也无法化简[111]。

附录C　习 题 答 案